Wolfgang Fuchs (Hrsg.)
Tourismus, Hotellerie und Gastronomie von A bis Z

Tourismus, Hotellerie und Gastronomie von A bis Z

—

Herausgegeben von
Wolfgang Fuchs

DE GRUYTER
OLDENBOURG

ISBN 978-3-11-054407-7
e-ISBN (PDF) 978-3-11-054682-8
e-ISBN (EPUB) 978-3-11-054460-2

Library of Congress Control Number: 2020946353

Bibliografische Information der Deutschen Nationalbibliothek
Die Deutsche Nationalbibliothek verzeichnet diese Publikation in der Deutschen
Nationalbibliografie; detaillierte bibliografische Daten sind im Internet über
http://dnb.dnb.de abrufbar.

© 2021 Walter de Gruyter GmbH, Berlin/Boston
Einbandabbildung: cnythzl / DigitalVision Vectors / Getty Images
Satz: le-tex publishing services GmbH, Leipzig
Druck und Bindung: CPI books GmbH, Leck

www.degruyter.com

Vorwort

„Bildung ist der Boden, den jeder Einzelne
zu erwerben und neu zu bestellen hat."
(Karl Jaspers, deutscher Philosoph)

Es ist über ein Jahrzehnt vergangen, dass das ‚Lexikon Tourismus' auf dem Markt erschienen ist und Anerkennung erfahren hat. Seitdem ist viel passiert. Die Digitalisierung hat an Dynamik gewonnen und Strukturen, Prozesse sowie Produkte neu definiert. Social Media, Sharing Economy, virtuelle Realität und Lieferplattformen sind hierbei nur einige Schlagworte. Gleichzeitig stellen Entwicklungen wie Overtourism, Diskussionen über Nachhaltigkeit und soziale Verantwortung oder zuletzt das Corona-Virus scheinbar Bewährtes und Sinnvolles in Frage.

In der Wissenschaft ist der Markt an Publikationen ebenfalls im Umbruch. Das Netz liefert oft kostenlos und allgegenwärtig Informationen, auch wenn diese nicht immer belastbar und von hoher Güte sind. Lexika in Buchform sind in Zeiten von Online-Medien massiv unter Druck geraten. Verlag und Herausgeber haben sich gleichwohl entschlossen, das ursprüngliche ‚Lexikon Tourismus' neu aufzulegen und modern zu interpretieren, weil fundiert recherchierte Informationen in gebundener Form nach wie vor einen großen Interessentenkreis finden. Mit dem vorliegenden Werk haben wir versucht, einerseits die für den Tourismus zentralen Bereiche und Begriffe vom Luftverkehr über den Tourismus bis hin zur Gastronomie zu berücksichtigen, andererseits wichtige Begriffe mit umfangreicheren Artikeln tiefergehend zu erläutern. Darüber hinaus werden nicht nur touristische, sondern auch solche wirtschafts- und sozialwissenschaftliche Fachtermini berücksichtigt, die für den Tourismus bzw. für Unternehmungen und Organisationen mit Tourismusbezug von Bedeutung sind. Das aktualisierte Werk geht fachlich in Nischen, ordnet ein und empfiehlt weiterführende Literatur für Studium und Praxis. Storytelling, Gedankensplitter, englische Übersetzungen der Fachbegriffe und Cartoons reichern die Ausführungen an.

Das Ziel, Tourismus, Hotellerie und Gastronomie als Ganzes zu erfassen, war vom Herausgeber alleine nicht zu bewältigen. Über 60 Autorinnen und Autoren haben an diesem Werk mitgearbeitet. Ich danke Ihnen aufrichtig für ihre Arbeit, ihr Engagement und ihre Impulse. Ebenso möchte ich Hans Putnoki für die Cartoons, Bettina Kaiser, Axel und Kirstin Pfeifer und Nicolai Scherle für das Korrekturlesen, Andrew Fineron für englische Übersetzungen, Michael Gerster für technologische Hilfe, Cornelia Dietrich für fachliche Gedanken, Stefan Giesen und Monika Pfleghar (De Gruyter Oldenbourg) für die inhaltliche Begleitung ein großes Danke sagen.

https://doi.org/10.1515/9783110546828-201

Das Buch ist Jörn W. Mundt und Hans-Dieter Zollondz gewidmet. Sie waren es, die die Idee zu dem ‚Lexikon Tourismus' hatten. Sie waren es, die die ursprüngliche Auflage maßgeblich prägten. Mittlerweile sind sie von uns gegangen. Ausführungen von ihnen, die Bestand haben, wurden bewusst integriert und aktualisiert – auch als Anerkennung ihrer Arbeit. Danke, Jörn! Danke, Hans-Dieter!

Ravensburg, im Winter 2020   *Wolfgang Fuchs*

Inhalt

Was Sie über den Umgang mit diesem Nachschlagewerk wissen sollten

- Es gibt unterschiedliche Sortierungssystematiken. Wir gehen folgendermaßen vor: Zusammengesetzte Substantive bzw. Bindestrich-Begriffe (Air-Sea, Check-in, Check-out time, E-Mail-Kennzahlen) und Abkürzungen mit Zeichen (Ü/F) werden eingeordnet, als ob sie zusammengeschrieben werden. Begriffe aus mehreren Wörtern und ohne Bindestrich (à la carte, à discretion, en deux) werden eingeordnet, als ob es getrennte Begriffe sind.
- Pfeile innerhalb der Texte sind Querverweise und machen aufmerksam auf inhaltlich zusammenhängende Begriffe.
- Die bei den Begriffen aufgeführte Literatur verweist nicht nur auf die jeweiligen Quellenangaben. Es sind mitunter Werke hinzugefügt, die die entsprechende Thematik vertiefen.
- Im Anhang haben wir insbesondere für Studierende Literatur zusammengestellt, die einen Einstieg in die Welt des Tourismus, der Hotellerie sowie der Gastronomie erleichtern und erste Orientierung geben.
- Jeder Begriff ist am Ende mit den Initialen der Autorin, des Autors bzw. der Autoren gekennzeichnet (abw; bk; nsc/mp). Der im Anhang befindliche Autorenindex nennt die Autorin, den Autor bzw. das Autorenteam. Am Ende des Buches sind die Kurzbiographien aufgeführt, die mit dem Autorenindex verbunden sind.
- Aus Gründen der besseren Lesbarkeit wurde auf das ‚Gendern' (m/w/d) verzichtet. Inhalte und Hinweise in den Ausführungen richten sich selbstverständlich an alle Geschlechter gleichermaßen.

https://doi.org/10.1515/9783110546828-202

A–Z

00 → **Toilette**

1 Dollar für 1.000 Dollar-Methode → **Promille-Regel**

¾P → **Dreiviertelpension**

7/7 → **24/7**

20 nach 4-Stellung **[20 after four position]**
Liegen → Messer und → Gabel analog zu der Uhrzeit ‚20 nach 4' parallel zusammen auf dem Teller mit der Spitze zum Tellermittelpunkt, zeigt der Gast an, dass er fertig gegessen hat. Für die Servicekraft bzw. den Gastgeber ist die Besteckposition das Signal, abräumen zu dürfen. Liegen Messer und Gabel wie ein umgekehrtes ‚V' bzw. analog zu der Uhrzeit ‚20 nach 8' auf dem Teller, macht der Gast eine Essenspause. Er signalisiert der Servicekraft bzw. dem Gastgeber, noch nicht abzuräumen. (wf)

20 nach 8-Stellung → **20 nach 4-Stellung**

24/6 → **24/7**

24/7
Die Zahlenkombination steht für 24 Stunden am Tag und 7 Tage die Woche. Das Symbol als Ausdruck einer ständigen Dienstleistungsbereitschaft, die „rund um die Uhr" besteht, ist etwa bei → Callcentern oder Gastronomiebetrieben anzutreffen. Um die unterschiedlichen Grade der Dienstleistungsbereitschaft zu verdeutlichen, haben sich in der Praxis auch Zahlenkombinationen wie 24/6 (24 Stunden am Tag, 6 Tage die Woche), 7/7 (7 Tage die Woche) oder 365/24 (365 Tage im Jahr, 24 Stunden am Tag) etabliert. (wf)

365/24 → **24/7**

https://doi.org/10.1515/9783110546828-001

A

À discrétion

Begriff aus der gehobenen Gastronomie und Hotellerie für einen Nachservice ohne preislichen Aufschlag. Der Gast hat das Recht, nach Belieben (à discrétion [franz.] = nach Belieben, soviel man will) von einem Produkt zu konsumieren, ohne für den Nachservice zu bezahlen. Auf der → Speisekarte (etwa bei einem → Bankett) ist dann vermerkt: Mineralwasser à discrétion, Kaffee à discrétion oder Spargel à discrétion. (wf)

À la carte [à la carte; to order]

À la carte (franz.) = nach der (Speise-)Karte. → à la carte-Service. (wf)

À la carte-Service [à la carte-Service]

Beim à la carte-Service stellt der Gast sein Essen mit Hilfe der → Speisekarte und → Getränkekarte zusammen, oft durch Beratung des Servicepersonals (Gutmayer, Stickler & Lenger 2018, S. 134). Bei der Auswahl kann es sich sowohl um eine Speise als auch um eine Speisenfolge (→ Menü) handeln, die Gerichte und Getränke sind jeweils einzeln mit Preisen ausgezeichnet.

Der à la carte-Service kann als Weiterentwicklung der Servicekultur gesehen werden. Gastronomische Betriebe wie → Cafés oder → Restaurants boten aus historischer Sicht erstmalig die Möglichkeit, an individuellen Tischen individuelle Bestellungen (nach der Karte) aufzugeben. Gastronomische Vorläufer wie die Inns in Großbritannien boten eine Tagesmahlzeit (ordinary) zu einer festgelegten Uhrzeit an, Wahlmöglichkeiten gab es kaum (Kiefer 2002; Spang 2001). Siehe auch → Table d'hôte-Service. (wf)

Literatur

Gutmayer, Wilhelm; Hans Stickler & Heinz Lenger 2018: Service: Die Grundlagen. Linz: Trauner (10. Aufl.)

Kiefer, Nicholas M. 2002: Economics and the Origin of the Restaurant. In: Cornell Hotel and Restaurant Administration Quarterly, 43 (4), pp. 58–64

Spang, Rebecca 2001: The Invention of the Restaurant: Paris and Modern Gastronomic Culture. Cambridge: Harvard University Press

À la minute

À la minute (franz.) = auf die Minute. In der Gastronomie der Begriff für den Umstand, dass Speisen erst aufgrund einer konkreten Bestellung zubereitet werden. Die Gerichte werden nicht auf Vorrat produziert, weil sie relativ schnell („nach Minuten" bzw. minutengenau) hergestellt werden können. Gleichzeitig kann eine

https://doi.org/10.1515/9783110546828-002

entsprechende Qualität nur durch eine kurzfristige Zubereitung gewährleistet werden. (wf)

À part

À part (franz.) = für sich. Gastronomischer Fachbegriff für eine Zubereitung oder einen Service, die bzw. der gesondert, getrennt bzw. separat erfolgt. (wf)

À point → **Garstufen**

ABC-Analyse [ABC analysis]

Das Verfahren der ABC-Analyse deckt in der Unternehmung strukturelle Muster zwischen Mengen- und Wertegrößen auf, die es ermöglichen, die Ressourcen der Unternehmung effizient zu steuern und auf die als bedeutsam erkannten Handlungsfelder zu konzentrieren. Die ABC-Analyse basiert dabei auf der Erkenntnis, dass ein relativ kleiner Mengenanteil eines Gesamtvolumens häufiger den Hauptteil des gesamten Wertes dieses Volumens repräsentiert. Sie kann mit besonderem Nutzen im Rahmen des Beschaffungs-, Produktions- und Vertriebscontrollings eingesetzt werden. Es lassen sich auf diese Weise Analysen von Waren- und Lieferantenstrukturen, von Leistungs- und Kapazitätsstrukturen wie auch von Produkt-, Markt-, Kunden- oder Vertriebswegestrukturen einer ersten, groben Untersuchung zuführen.

Im Ergebnis wird eine Einteilung des relevanten Untersuchungsgegenstandes nach seinem relativen Anteil am Gesamtwert vorgenommen und der A-, B- oder C-Klasse zugeordnet. Dabei bilden bspw. A-Produkte oder A-Kunden etwa 75–80 % des Gesamtumsatzwertes, Deckungsbeitrages oder Gewinns der Unternehmung ab. Ihr Anteil an der Gesamtzahl der Produkte oder Kunden der Unternehmung ist hingegen relativ gering. Der Anteil der B-Gruppe beträgt ungefähr 15 % der betrachteten Wertegröße und ca. 30–40 % des entsprechenden Volumens. Die C-Klasse repräsentiert schließlich nur mehr etwa 5–10 % des betrachteten Wertes, ist jedoch an der Menge mit 40–55 % beteiligt.

Der methodische Ablauf einer ABC-Analyse kann anhand des Vertriebscontrollings wie folgt in fünf Schritten beschrieben werden:
- Ermittlung des jährlichen Absatzvolumens je Produktart,
- Umrechnung in den Umsatzwert je Produktart,
- Sortieren der Produktarten nach ihrem Umsatzrang in absteigender Folge,
- Errechnen der kumulierten Prozentsätze der Produkte am Gesamtumsatz,
- Identifizierung markanter Entwicklungsbrüche in der Umsatzentwicklung und Zuordnung der jeweiligen Produktarten entsprechend ihres kumulierten Umsatzanteils zu den Klassen A, B und C.

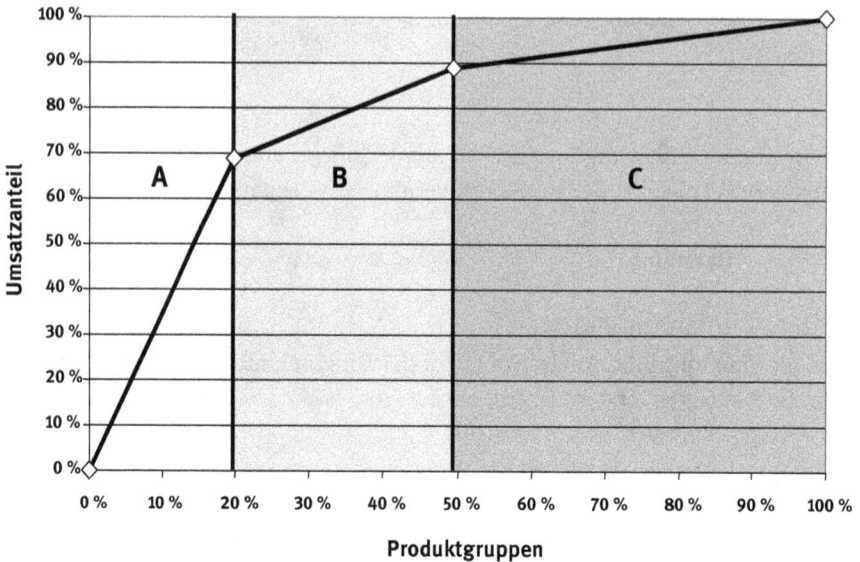

Abb. 1: Ergebnis einer ABC-Analyse

Bei der Absatz- und Vertriebsplanung sowie aus Sicht der Marketingaktivitäten stehen in der Konsequenz der Ergebnisse zunächst die Produktarten der Klasse A im Vordergrund. Hier werden z. B. die Mengen- und Preisentwicklungen besonders exakt geplant und überwacht sowie die erforderlichen Marketingaktivitäten fokussiert, da bereits geringfügige Veränderungen erhebliche Konsequenzen für die Ergebniserwirtschaftung zur Folge haben. Hingegen wird das Vertriebscontrolling der C-Klasse möglichst stark vereinfacht und standardisiert. Ähnlich lässt sich auch bspw. bei der ABC-Analyse der Warenbestände argumentieren. Bei Waren der A-Klasse werden Bestellmenge, Meldemenge, Richtbestände und Bestellperiode besonders exakt geplant und überwacht, da sie von besonderer Bedeutung für den Leistungsprozess sind oder eine hohe Kapitalbindung durch die Vorratshaltung resultiert. Hingegen wird das Warencontrolling der C-Waren zumeist dahingehend vereinfacht, dass die Bestellabwicklung standardisiert wird, der gesamte Bedarf einer Planperiode auf einmal beschafft wird und die Warenkontrolle nur noch stichprobenhaft erfolgt.

Die ABC-Analyse ermöglicht somit dem Entscheidungsträger, bei der Planung, dem Instrumenteneinsatz sowie der Kontrolle Schwerpunkte zu setzen und seine Aktivitäten auf wenige, für den Erfolg der Unternehmung besonders bedeutsame Waren, Produkte, Kunden, Märkte usw. zu konzentrieren. Allerdings dürfen die Elemente der B- und C-Klasse nicht derart in den Hintergrund treten, dass durch nicht erkannte Fehlentwicklungen (z. B. Fehlmengen, Qualitätsmängel u. a.) die angestrebte Ergebnissteuerung in Frage gestellt wird. (vs)

Gedankensplitter
„Innovative Unternehmer haben ihr Lehrbuchwissen im Kopf, trauen sich aber, darauf zu pfeifen." (Prof. Dr. Max Schlereth, CEO Living Hotels)

Abdeckservice [turndown service]

In der Hotellerie der Begriff für eine Dienstleistung, die abends von der Hausdamenabteilung in den Gästezimmern vollzogen wird. Zum Abdeckservice im engeren Sinn gehören das Aufdecken des Betts und ein nochmaliges, oberflächliches Aufräumen des Zimmers. In manchen Hotels wird der Abdeckservice um zusätzliche Dienstleistungen erweitert: Bereitstellung von Wasser, Tee, Kaffee und Süßigkeiten wie Pralinen, Schokolade oder Kekse („Betthupferl"), Herrichten einer Wärmflasche, Zuziehen der Vorhänge, Auswechseln der Handtücher. Diese personalintensive Dienstleistung ist vor allem in der Luxushotellerie anzutreffen. (wf)

Abendbrot → Vesper

Abendzimmermädchen → Zimmermädchen

Abenteuerurlaub [adventure holiday, adventure vacation]

Bezeichnung für eine Urlaubsreise, die durch die Suche nach Abenteuern motiviert ist. Allerdings gibt es keine trennscharfe Definition für diese Reiseart. Dies hängt schon damit zusammen, dass das, was als ‚Abenteuer' angesehen wird, durchaus individuell verschieden ist. Für den einen ist eine Kanufahrt auf einem gemäßigten Wildwasser bereits abenteuerlich, für andere wäre dies erst dann so, wenn sie weitab der Zivilisation in Kanada oder Alaska stattfände. In dem einen Fall kann man davon ausgehen, dass hiermit kein wesentlich höheres als das allgemeine Lebensrisiko eingegangen wird, im anderen ist der Ausgang in erheblicherem Maße ungewiss. Auf diese unterschiedlichen Konzepte von Abenteuer wird schon in der Erläuterung des Begriffs im Grimm'schen Wörterbuch abgehoben: „Mit diesem abenteuer nun verknüpft sich stets die vorstellung eines ungewöhnlichen, seltsamen, unsichern ereignisses oder wagnisses, nicht nur eines schweren, ungeheuren, unglücklichen, sondern auch artigen und erwünschten" (Grimm & Grimm 1854, S. 27; Kleinschreibung i. Orig.). Oft geht es beim Abenteuerurlaub um das Erleben neuer, ungewöhnlicher und allenfalls leidlich planbarer Situationen, die während einer Reise aktiv aufgesucht werden. Dabei geht es um das Bestehen sowohl physischer wie auch psychischer Herausforderungen. Die Reisezufriedenheit speist sich dann aus ihrer Meisterung. Auch wenn manche darin den Antityp einer Pauschalreise sehen, handelt es sich dabei oft nicht um Individual-, sondern von Veranstaltern organisierte Reisen. Viele kleinere Reiseveranstalter haben sich auf diese Urlaubsform spezialisiert und bieten zum Beispiel Trekkingtouren (→ Trekking) und Reisen in Wüstengebiete an. Gemein ist den meisten dieser Reisen ein enger Bezug zur Natur. (jwm)

Literatur
Grimm, Jacob; Wilhelm Grimm 1854: Deutsches Wörterbuch. Bd. 1: A – Biermolke. Leipzig: Verlag von S. Hirzel (cit. n. d. Faksimileausgabe, München: Deutscher Taschenbuch Verlag 1991)

Abfertigung → **Bahnhofsschalter,** → **Check-in**

Abfertigungsgesellschaften [ground handling agents]
Die Abfertigung von Flugzeugen, also die Vorbereitung auf den Flug, wird in der Regel von besonders hierauf spezialisierten Dienstleistern durchgeführt, die als Abfertigungsgesellschaften bezeichnet werden und im Auftrag der Fluggesellschaften tätig sind. Die erbrachte Abfertigungsleistung ist Bestandteil der Abfertigungsgebühren an Flughäfen, die die Abfertigungsgesellschaften den Fluggesellschaften in Rechnung stellen. (hdz)

Abhebegeschwindigkeit [take-off speed, rotation speed]
Geschwindigkeit, bei welcher der am Tragflügel erzeugte Auftrieb eines Flächenflugzeuges höher ist als sein Gewicht. Sie kann durch Auftriebshilfen wie → Landeklappen und → Vorflügel reduziert werden. Sie wird vor dem Start ebenso wie die notwendige → Startstrecke errechnet. (jwm)

Abholer [empty leg]
Bezeichnet die Leerflüge in eine Destination am Ende einer Charterkette. Da am Ende der Saison keine neuen Gäste mehr in das Urlaubsgebiet geflogen werden, sind die Hinflüge leer, während auf den Rückflügen die letzten Gäste nach Hause geflogen werden. (jwm)

Abort → **Toilette**

Abreise → **Zimmerstatus**

Abreise, vorzeitige → **Understay**

Abreisedatum [departure date]
Datum, an dem der Gast das Hotel oder eine andere Örtlichkeit verlässt. → Anreisedatum. (wf)

Abschluss des Reisevertrags [conclusion of the package travel contract]
1 Vertragsschluss Der Pauschalreisevertrag zwischen dem Reiseveranstalter und dem Reisenden kommt wie jeder Vertrag durch Angebot und Annahme nach §§ 145 ff. BGB zustande. Ein Prospekt ist nur eine Aufforderung zur Abgabe eines Vertragsangebots durch den Reisenden, da ein erforderlicher Adressat noch nicht feststeht (invitatio ad offerendum). Die Buchungserklärung ist grundsätzlich formfrei, sie kann also mündlich, mit Telefax, online, schriftlich oder telefonisch erfolgen. Wird die Reise per Fax oder im Internet gebucht, kann der Reisende grundsätzlich in vier Tagen eine Antwort vom Reiseveranstalter erwarten (§ 147 II BGB). Bei schriftlicher Buchung kann der Reisende eine Annahme binnen zwei Wochen erwarten.

Bei Optionsbuchungen hat der Kunde die Möglichkeit, seine Vertragserklärung bis zum Ablauf der Optionsfrist frei zu widerrufen. Da dies keine „Stornierung" ist, fällt keine Entschädigung des Reiseveranstalters nach § 651h BGB an. Mit der Optionsbuchung sind die Informationsblätter (§ 651d I BGB) auszugeben (Führich & Staudinger 2019, § 5 Rn. 30).

2 Online-Buchung Bei einer Online-Buchung ist die Website wie der Katalog eine Aufforderung an den Reisenden, seinerseits ein verbindliches Vertragsangebot durch das Ausfüllen der Buchungsmaske abzugeben. E-Mail und Mausklick sind verbindliche Willenserklärungen. Wird dem Reisenden sofort online mitgeteilt, dass seine Buchung angenommen wurde, ist dies der Vertragsschluss, auch wenn die → Allgemeinen Geschäftsbedingungen noch eine spätere schriftliche Reisebestätigung vorsehen.

Die Vorschriften der §§ 312 b ff. BGB über Fernabsatzverträge finden grundsätzlich auf Pauschalreiseverträge keine Anwendung (§ 312 VII BGB). Ist der Reisende Verbraucher im Sinne des § 13 BGB, hat er bei Fernabsatzgeschäften durch Brief, Telefon/Fax, E-Mail, Call-Center oder Internet kein 14-tägiges Widerrufsrecht. Auch wenn Reisen oder Gutscheine für Reisen bei Ebay versteigert werden, gibt es kein Widerrufsrecht. Bei Buchungen außerhalb von Geschäftsräumen (z. B. bei Kaffeefahrten, Kreuzfahrten) steht dem Verbraucher allerdings ein Widerrufsrecht zu (§§ 312g I, 312 VII 2 BGB).

Unabhängig davon hat jeder Anbieter von technischen Leistungen im elektronischen Geschäftsverkehr des Internets allgemeine und besondere Informationspflichten über den Vorgang der Buchung, die Korrektur von Eingabefehlern, die Vertragsbestätigung und einbezogene AGB (§ 312i BGB). Verstößt der Veranstalter fahrlässig oder vorsätzlich dagegen, hat der betroffene Reisende ein Rücktrittsrecht bzw. ein Recht auf Vertragsanpassung (§§ 311 II, 280 BGB). Nach § 312j III BGB hat der Unternehmer die Buchung im elektronischen Geschäftsverkehr so zu gestalten, dass der Verbraucher mit seiner Bestellung ausdrücklich bestätigt, dass er sich zu einer Zahlung verpflichtet (Bestell-Button). Nach § 312j IV kommt kein Vertrag zustande, wenn dieser Hinweis fehlt (Führich 2018, Rn. 41a).

3 Reisebestätigung Die Vertragsannahme durch den Veranstalter ist grundsätzlich formfrei möglich. Nach Art. 250 § 6 I EGBGB muss dem Reisenden bei oder unverzüglich nach Vertragsschluss eine schriftliche Reisebestätigung auf einem dauerhaften Datenträger als Beweisurkunde zur Verfügung gestellt werden, die alle Informationen und Reisedaten des Vertragsschlusses enthält. Bestätigt der Veranstalter die Reise gegenüber dem Reisenden, kommt der Vertrag häufig erst mit Zugang der Reisebestätigung zustande, insbesondere wenn dies in den AGB vereinbart ist. Zugegangen ist die Vertragsannahme, wenn sie in den Machtbereich des Reisenden gelangt (§ 130 BGB), wozu das vermittelnde Reisebüro nicht gehört.

Soweit die Reisebestätigung von der Reiseanmeldung abweicht, ist dies eine Ablehnung, verbunden mit einem neuen Antrag des Veranstalters (§ 150 II BGB), den der Reisende ausdrücklich oder schlüssig durch Bezahlung der Anzahlung oder den Reiseantritt annehmen kann. Sein bloßes Schweigen ist keine Vertragsannahme. Wenn damit der Reisende das Hotel Miramar bucht, jedoch das vergleichbare Hotel Paradiso bestätigt und die Anzahlung geleistet wird, ist die Änderung akzeptiert.

4 Abweichende Vertragsbestätigung und Mängel des Vertrages Übersieht der Reisende eine wesentliche Abweichung der Bestätigung von seiner Reiseanmeldung, kann er seine schlüssige Annahmeerklärung nach §§ 119 I, 120, 121 BGB wegen Inhaltsirrtums unverzüglich anfechten, wenn er sich über die Abweichung geirrt hat. Wird dagegen bei der Buchung ein falscher Preis durch den Veranstalter bestätigt, kann er nach dem neuen Reiserecht den Vertrag nicht mehr wegen eines Erklärungsirrtums nach § 119 I BGB anfechten (zum alten Recht OLG München NJW 2003, 367). Denn § 651x Nr. 1 BGB sieht eine Pflicht zum Schadensersatz für Fehler im Buchungssystem und § 651x Nr. 2 BGB eine solche für Fehler des Unternehmers während des Buchungsvorgangs vor. Wegen des zwingenden Charakters der vollharmonisierten EU-Pauschalreiserichtlinie (§ 651y S. 2 BGB) ist § 651x BGB vorrangig gegenüber § 119 BGB. Damit hat der Veranstalter kein Anfechtungsrecht. Nach neuem Recht kann der Reisende seinen Erfüllungsschaden ersetzt verlangen.

5 Sonderwünsche Vereinbarte Sonderwünsche, die vom Veranstalter bestätigt werden, müssen in der Reisebestätigung aufgeführt werden (Art. 250 § 6 II Nr. 1 EGBGB). Enthält die Reiseanmeldung einen Sonderwunsch, wie z. B. Zimmer zum

Strand, so kommt der Reisevertrag mit diesem Inhalt zustande, auch wenn die Reisebestätigung insoweit schweigt. Will der Reiseveranstalter dem Wunsch nicht entsprechen, so muss die Reisebestätigung einen Vermerk enthalten, dass dem Kundenwunsch nicht nachgekommen werden könne.

Das vermittelnde Reisebüro ist nur zu solchen Zusagen berechtigt, die nicht im offenen Widerspruch zum Prospekt des Veranstalters stehen. Widersprechende Zusagen werden nicht dem Veranstalter zugerechnet. Daher haftet der Veranstalter nicht, wenn das Reisebüro entgegen dem Prospekt des Veranstalters erklärt, der Veranstalter besorge das Einreisevisum. Allerdings muss dann das Reisebüro damit rechnen, dass der Kunde von ihm wegen fachlich falscher Beratung Schadensersatz aus Verletzung des Vermittlervertrages nach §§ 675, 280 BGB verlangt.

6 Familie, besonderes Näheverhältnis und Gruppenreise Bei der Buchung von Reisen für mehrere Personen ist zwischen Familienreisen (Ehegatte, Kinder, besonderes Näheverhältnis) und anderen Gruppenreisen zu unterscheiden. Erfolgt der Vertragsschluss durch ein Familienmitglied für die Familie, ist der Anmeldende alleiniger Vertragspartner für alle Familienmitglieder und Schuldner des Reisepreises, da der Anmelder in eigenem Namen und nicht als Vertreter seiner Familie auftritt. Der Anmelder kann dann auch für alle Mängelansprüche nach Reiseende geltend machen. Für die anderen Familienmitglieder ist der Reisevertrag ein Vertrag zugunsten Dritter, aus dem diese auch selbständige Ansprüche geltend machen können (§ 328 BGB; BGH, 26.05.2010, Xa ZR 124/09). Diese Grundsätze gelten auch für nichteheliche Lebensgemeinschaften, wenn das besondere Näheverhältnis dem Veranstalter bei der Buchung erkennbar ist. Die Buchung eines Doppelzimmers durch einen Partner auch für den anderen, lässt den Schluss auf eine solche familienähnliche Vertrautheit zu. Reiseverträge fallen nach allgemeiner Meinung nicht unter die Schlüsselgewalt des § 1357 I BGB, so dass ein Ehepartner den anderen nicht als Schuldner des Reisepreises verpflichten kann.

Bei anderen Gruppenreisen ist in der Regel davon auszugehen, dass der Anmelder als Stellvertreter der namensfremden Gruppenmitglieder auftritt (§ 164 BGB) und Reiseverträge zwischen dem Veranstalter und jedem Reiseteilnehmer vorliegen (BGH NJW 2002, 2238: → Incentive-Reise). Das gilt auch für die Buchung einer Klassenfahrt durch einen Lehrer. Etwaige Mängelansprüche müssen dann von jedem Einzelnen geltend gemacht werden, können aber auch an ein Gruppenmitglied abgetreten werden, sodass dieses sie dann für die Anderen durchsetzen kann. Teilt der Buchende die Namen der Mitreisenden nicht mit, kommt es nur zu einem Vertrag mit dem Anmeldenden, da er die Stellvertretung nicht nach § 164 II BGB offen gelegt hat.

Der Reiseveranstalter sollte bei allen Gruppen- und Familienreisen in seine → Allgemeinen Geschäftsbedingungen (AGB) und sein Anmeldeformular eine

Haftungserklärung des Anmelders für den Gesamtpreis aufnehmen. Diese Erklärung ist jedoch nur rechtswirksam, wenn sie ausdrücklich hervorgehoben und gesondert unterschrieben ist (§ 309 Nr. 11a BGB).

Schließt ein Minderjähriger den Reisevertrag, wird er Vertragspartner, auch wenn der Vertrag noch vom gesetzlichen Vertreter genehmigt werden muss (§ 107 BGB). Verweigert er diese, ist der Reisevertrag unwirksam. Dann können keine Stornokosten verlangt werden. Nimmt der Reisende an der Reise teil, sind die Kosten nach den Grundsätzen der ungerechtfertigten Bereicherung gem. §§ 812 ff. BGB zu zahlen (BGH, 07.01.1971, VII ZR 9/70 m. Anm. Führich NJW 2017, 3079).

7 Incentive-Reisen und Gewinnreise Wenn ein Unternehmer Reisen als Prämien für Mitarbeiter oder Kunden anbietet, ist der Unternehmer in eigenem Namen Vertragspartner des Veranstalters (EuGH, 26.09.2013, C-189/11). Der begünstigte Mitarbeiter hat die Stellung eines Dritten (§ 328 BGB). Das Gleiche gilt, wenn Gewinnreisen bei einem Preisausschreiben (§§ 661, 657 BGB) oder einem Gewinnspiel (§ 762 BGB) ausgelost oder verschenkt werden. Der Gewinner hat alle Rechte aus dem Pauschalreisevertrag (BGH, 16.04.2002 NJW 2002, 2238). (ef)

Literatur
Führich, Ernst 2018: Basiswissen Reiserecht. München: C. H. Beck/Vahlen (4. Aufl.; § 2 Rn. 30–51)
Führich, Ernst; Ansgar Staudinger 2019: Reiserecht. München: C. H. Beck (8. Aufl.; § 5 Rn. 30–46, 56–65)

Abteil [compartment]

Ein abgeteilter Bereich in Personenwagen von Eisenbahnen wird Abteil genannt. Das Abteilkonzept geht heute über die frühere Differenzierung nach Raucher-/ Nichtraucher und Abteil erster und zweiter Klasse hinaus, indem auch Abteile für Behinderte oder Kinder geschaffen werden. Im → ICE der → Deutschen Bahn ist diese erweiterte Differenzierung Standard. (hdz/wf)

Achterbahnen → **Fahrgeschäft**

ACM → **Agency Credit Memo**

AD → **Agentenrabatt**

ADAC → **Allgemeiner Deutscher Automobilclub e. V.**

ADM → **Agency Debit Memo**

ADR → **Average Daily Rate**

ADS → **Hotel-Reservierungssystem**

AEO → **Antwortmaschinenoptimierung**

Affiliate

To affiliate [engl.] = verknüpfen, sich zusammenschließen. Der Affiliate ist ein Vertriebspartner in einer speziellen, internetbasierten Vertriebsform. Im Affiliate-System stellt der Affiliate einem Produktanbieter (Merchant) seine Website in der Regel in Form eines Affiliate-Links für dessen Werbemittel zur Verfügung (wirtschaftslexikon.gabler.de). Sobald ein Nutzer auf den Link des Produktanbieters klickt, erhält der Affiliate eine vertraglich vereinbarte Provision (www.gruenderszene.de, www.seo-united.de). Der Produktanbieter wird in diesem Fall zu einem Werbetreibenden, der die Internet-Reichweite des Affiliate nutzt und ihn erfolgsabhängig, je nach Klickzahl vergütet bzw. an seinem Umsatz beteiligt. Nach dem gleichen Prinzip können Affiliates Werbemittel eines Merchants per E-Mail bzw. Newsletter nutzen (www.textbroker.de).

Generell werden diese Vertriebsformen als Affiliate Marketing bezeichnet. Affiliate Marketing lässt sich außerdem über professionelle Affiliate-Netzwerke abwickeln, also Plattformen, die Vertriebspartner und Merchants zusammenbringen und Funktionen wie Werbemittel, Tracking und Erfolgsmessung bündeln. Im Tourismus wird Affiliate Marketing häufig auf Destinationsplattformen in Form von „Local Affiliates" betrieben. Das gängigste Modell ist dabei, über einen Pauschalbetrag oder ein Provisionsmodell die verschiedenen Leistungsträger der → Destination auf einer Plattform (z. B. der Destinationswebsite) zu platzieren und durch die gegenseitige Verlinkung die jeweilige Sichtbarkeit zu erhöhen, also mehr Content und ein größeres Angebot für Websitebesucher zu erzeugen. Beispiel: Platzierung des Miniatur Wunderlands auf hamburg-tourism. com: https://www.hamburg-tourism.de/sehen-erleben/sehenswuerdigkeiten/miniatur-wunderland-hamburg/. (sm)

Literatur

Gabler Wirtschaftslexikon 2018: Affiliate. (https://wirtschaftslexikon.gabler.de/definition/affiliate-53520, zugegriffen am 27.08.2019)

Gründerszene o. J.: Affiliate. (https://www.gruenderszene.de/lexikon/begriffe/affiliate?interstitial, zugegriffen am 27.08.2019)

Lammenett, Erwin 2019: Praxiswissen Online-Marketing: Affiliate-, Influencer-, Content- und E-Mail-Marketing, Google Ads, SEO, Social Media, Online- inklusive Facebook-Werbung. Wiesbaden: Springer Gabler (7. Aufl.)

SEO United o. J.: Affiliate. (https://www.seo-united.de/glossar/affiliate/, zugegriffen am 27.08.2019)

Textbroker o. J.: Affiliate-Marketing. (https://www.textbroker.de/affiliate-marketing, zugegriffen am 05.12.2019)

Affiliate Marketing → **Affiliate**

Affinage [affinage]

Fachbegriff aus dem Französischen für die Käseveredelung bzw. -verfeinerung (affiner [franz.] = reifen lassen, verfeinern). Der Käse wird hierbei in Reifekellern bzw. -kammern so lange gepflegt und bearbeitet, bis er die optimale Reife und das volle Aroma erreicht hat. Für die Affinage verantwortlich ist der Affineur, der sich am ehesten mit Käseveredler übersetzen lässt.

Der Begriff Affinage wird auch bei der Veredelung anderer Lebensmittel (etwa Salami oder Würste) verwendet (Larousse 2017, S. 16). (wf)

Literatur
Larousse (éd.) 2017: Le Grand LAROUSSE Gastronomique. Paris: Larousse Editions (6. Aufl.)

Affineur → **Affinage**

Afternoon tea

Mit afternoon tea (Nachmittagstee) wird eine Zwischenmahlzeit bezeichnet, deren Ursprünge auf die britische Teekultur des 17. Jahrhunderts zurückgehen und die in ihrer formalisierten Struktur seit dem 19. Jahrhundert Bestand hat. Der afternoon tea wird am späten Nachmittag (etwa 16 bis 17 Uhr) eingenommen und besteht aus losem, in einem speziellen teapot bereiteten schwarzen Tee sowie feinen, dünn mit Gurke, Lachs, Thunfisch oder Schinken belegten Sandwichs. Oft werden auch Gebäck, kandierte Früchte oder Pralinen gereicht. Die Teesorte richtet sich dabei nach der → Garnitur: Zum Sandwich passen bread and butter tea, zum Gebäck hingegen cream tea. Bei dem Gebäck handelt es sich um scones (Teebrötchen), die mit ungesüßter Schlagsahne und Erdbeermarmelade gereicht werden.

Bestandteil des afternoon tea sind ein stark formalisierter Service (→ Dienstleistung) und der Verzehr mit rituellem Charakter. Idealerweise wird der afternoon tea im → Salon von der Gastgeberin mit Zucker, Milch oder Zitrone an einem niedrigen Tisch serviert. Ob die spezielle Rolle der Gastgeberin dem Vorbild der japanischen Teezeremonie folgt oder ihren Ursprung darin hat, dass nur die Hausherrin Zugang zum kostbaren Kolonialgut Tee haben durfte, ist unklar. Beim afternoon tea hält der Gast Tasse und Untertasse in Kinnhöhe und trinkt in kleinen Schlucken. Vom Gebäck werden Stücke abgebrochen, bestrichen und gegessen. War der afternoon tea einst im britischen Adel und später auch im Bürgertum weit verbreitet, wird er heute eher an Wochenenden zelebriert und vor allem touristisch inszeniert. Auch in der britischen Geschäftswelt spielt der afternoon tea heute eine wachsende Rolle. In Nordamerika kam er dagegen nie über ein Nischendasein hinaus. (gh)

Literatur
Deutscher Teeverband e. V. (Hrsg.) 2019: Tee als Wirtschaftsfaktor. Hamburg
Schempp, Tilmann 2006: Tee. Geschichte, Kultur, Genuss. Ostfildern: Thorbecke
Standage, Tom 2006: A history of the world in 6 glasses. New York u. a.: Bloomsbury

Kleine Story

Tee nahm die Rolle einer Währung ein, Mönche sahen in seinem beruhigenden, konzentrationsfördernden Konsum ein Mittel zur Meditation. Bis heute ist das Getränk Einkommensquelle für Staaten (Teesteuer), Heilpflanze, Kultur- und Wellness-Getränk. Dass Tee sich weltweit etablieren konnte, ist nachvollziehbar: einfach und schnell in der Zubereitung, kostengünstig, durch das heiß kochende Wasser gesundheitlich ungefährlich. Tee machte Weltpolitik: Handelsgesellschaften wie die „British East India Company", die mit dem Teehandel unvorstellbar reich wurden, finanzierten und beeinflussten die eigenen Regierungen, waren teils mächtiger als sie. Die geographische Nähe Ostfrieslands zu der Teehändlernation Niederlande machte die Ostfriesen seit langem zu „heavy user": Laut Deutschem Teeverband konsumierten sie im Jahr 2018 mit ca. 300 Litern pro Kopf mehr als die Briten (186 Liter) und etwa 11 Mal mehr als der Durchschnittsdeutsche (26 Liter) (Deutscher Teeverband 2019, S. 4 f.; Standage 2006, S. 175 ff. und 203 ff.). (wf)

AGB → **Allgemeine Geschäftsbedingungen**

Agency Credit Memo (ACM)

Verrechnungs-Instrument, das Fluggesellschaften gegenüber IATA-Lizenzagenturen einsetzen. Es handelt sich um eine Rückzahlungsmitteilung bzw. Gutschrift der Fluggesellschaft an das Reisebüro für ein Flugticket oder anderes Reisearrangement. Gründe hierfür sind etwa die Rückgabe von Tickets oder fehlerhafte Berechnungen. (wf)

Agency Debit Memo (ADM)

Verrechnungs-Instrument, das Fluggesellschaften gegenüber IATA-Lizenzagenturen einsetzen, um einen finanziellen Ausgleich zu schaffen für fehlerhaft ausgestellte abgeflogene Flugtickets, unerlaubte Buchungen, Steuerdifferenzen oder nicht korrekte Rückerstattungen. Die (Nach-)Forderungen der Airlines sorgen bei den Agenturen aufgrund verschiedener Aspekte (Prüfkriterien, Verwaltungsgebühren) mitunter für Unmut. Über technologische Lösungen kann das Aufkommen von ADMs reduziert werden (Sabre o. J., S. 10 ff.). (wf)

Literatur
Sabre o. J.: The impact of Agency Debit Memos on Travel Agencies. Industry trends, challenges and best practices. (https://www.sabre.com/files/ADM-Whitepaper-UK.pdf, zugegriffen am 07.03.2019)

Agency Discount → **Agentenrabatt**

Agent → **Agenturtheorie**

Agentenrabatt [agency discount, AD]
Flugpreisermäßigung, die von Linienfluggesellschaften für → IATA-Agenten gewährt wird. Fluggesellschaften wollen damit erreichen, dass Reisebüromitarbeiter eigene, positive Erfahrungen mit ihnen machen und damit ihre Bereitschaft wächst, sie ihren Kunden zu empfehlen und sie zu buchen. (jwm)

Agenturprovision [commission]
Eine Agenturprovision ist das Entgelt für die Leistungen einer erfolgreichen Vermittlung. Sie bezeichnet die prozentuale oder absolute Vermittlungsgebühr einer Fremdleistung. Agenturen treten als Mittler auf, handeln auf fremde Rechnung und ohne eigene Haftung. Vermittlungsprovisionen von Agenturen sind umsatzsteuerpflichtig und – je nach Vertragsart – meist erst nach der erfolgreichen Erbringung der vermittelten Leistung fällig.
Touristische Beispiele:
- Reisebüros erhalten für die Vermittlung von → Pauschalreisen an Endverbraucher im Durchschnitt 10 % Provision auf den Verkaufspreis der Reise vom Reiseveranstalter.
- Hotels zahlen an Veranstaltungsagenturen und Zimmervermittler eine Provision zwischen 8 % auf den F&B-Umsatz und 10 % auf den Logisumsatz, wenn in das Hotel eine Veranstaltung oder Übernachtungsgäste durch die Agentur vermittelt wurden.

Agenturprovisionen sind in ihrer Höhe nach Größe und Art der vermittelten Leistung staffelbar. So erhält eine Agentur in der Regel bei einer Hotelzimmervermittlung eine geringere Provision auf Mengenumsätze (Gruppenbuchungen) und höhere Provisionen auf Einzelumsätze (Individualbuchungen). Einige Reiseveranstalter bieten sogenannte Staffelprovisionen, die sich nach dem vermittelten Gesamtumsatz richten.
Provisionsfähig sind alle Angebotspreise, sofern dies nicht durch einen Zusatz ausgeschlossen wird. Dafür wird der Begriff „netto" oder net of commission verwendet, wobei die Umsatzsteuer hier bereits inbegriffen ist. Siehe auch → Provision. (stg/bvf)

Agenturtheorie [agency theory]
Die Agenturtheorie stellt die Beziehung zwischen den beiden Akteuren Prinzipal und Agent in den Mittelpunkt ihrer Betrachtungen. Charakteristisch für die Bezie-

hung zwischen Prinzipal und Agent ist, dass der Prinzipal den Agenten engagiert und ihm ein Bündel von Kompetenzen überträgt, um durch ihn eine Aufgabe erledigen zu lassen.

Die Problematik, die einer Agenturbeziehung innewohnt, erklärt sich aus den zugrundeliegenden Verhaltensannahmen. Den Akteuren werden unterschiedliche Präferenzstrukturen und die Verfolgung der jeweils eigenen Interessen unterstellt. Hinsichtlich des Verhaltens wird den Akteuren zugleich eine beschränkte Rationalität zugeschrieben. Gleichzeitig wird von unterschiedlichen Risikoeinstellungen ausgegangen. Bezeichnend für das Verhältnis zwischen Prinzipal und Agent ist ein Informationsungleichgewicht, wobei die Informationsverteilung gewöhnlich zugunsten des Agenten ausfällt. Die Informationsasymmetrie kann dazu führen, dass sich die Aktivitäten des Agenten nachteilig auf den Prinzipal auswirken.

Die Agenturtheorie geht vor allem der Frage nach, wie über eine vertragliche Konstellation die Aktivitäten des Agenten in Einklang gebracht werden können mit der Aufgabenvorgabe des Prinzipals. Gesucht wird nach einer effizienten Vertragsgestaltung, die es erlaubt, dass der Agent trotz anderer Interessenschwerpunkte und einem Informationsungleichgewicht entsprechend den Zielvorstellungen des Prinzipals handelt. Ergebnisorientierte Verträge (Miteinbeziehung von Erfolgsgrößen) und verhaltensorientierte Verträge (Installation von Kontrollorganen, Aufbau von Berichtssystemen) stellen Lösungsansätze zur Gestaltung von Vertragswerken dar (vgl. hierzu Christensen 1981; Jensen & Meckling 1976; Ross 1973; Shavell 1979).

Agenturen spielen im Tourismus in unterschiedlichen Formen eine wichtige Rolle. An erster Stelle sind die Reiseagenturen (auch → Reisemittler oder Reisebüro genannt) zu nennen, die Reisen für Leistungsträger und → Reiseveranstalter vermitteln. Im Gastgewerbe agieren Betreibergesellschaften für die Eigner von Hotels in dieser Rolle, indem sie das operative Geschäft auf der Basis eines → Managementvertrages übernehmen. Aber auch öffentliche Tourismusstellen wie lokale → Touristinformationen handeln z. T. als Agenten der Unternehmen der regionalen oder örtlichen Tourismuswirtschaft.

Am deutlichsten werden die unterschiedlichen Interessen beim Reisebüro. Nach der deutschen Rechtslage handelt es sich bei ihm in der Regel um einen Handelsvertreter, der im Auftrag und auf Rechnung des Prinzipals Verträge mit Kunden abschließt. Dafür steht dem Agenten ein Anspruch auf Provision für erfolgreiche Vermittlungen zu. Reisebüros haben also ein Interesse an möglichst hohen Provisionssätzen, Reiseveranstalter dagegen wollen ihre Vertriebskosten so niedrig wie möglich halten. Durch die mit dieser Rechtsbeziehung mögliche Preisbindung der zweiten Hand hat das Reisebüro keinen Einfluss auf den Preis und wird nur indirekt von seinen Kunden durch die Provisionszahlung über den Reiseveranstalter entlohnt. Deshalb ist es aus Sicht des Reisebüros rational, den Reiseveranstalter mit der höchsten Provision zu vermitteln, auch wenn dies nicht im Kundeninteresse liegt. Da Reisebüros, anders als klassische Handelsvertreter, die nur eine oder vielleicht zwei Firmen vertreten, meist eine ganze Palette von Reiseveranstaltern vermitteln, gibt es einen Wettbewerb der Reiseveranstalter um die Buchungen in jedem einzelnen Reisebüro. Er wird ausgetragen über Systeme von Staffelprovisionen und weitere Bindungsmodelle, mit denen die Buchungspräferenzen der Reisebüros beeinflusst werden sollen. Dazu gehören zum Beispiel Prämien für die Aussendarstellung eines Reisebüros mit dem Logo eines Veranstalters, eine entsprechende Schaufenstergestaltung oder die bevorzugte Plazierung der Reisekataloge in den Regalwänden. Über veranstaltereigene Franchisesysteme (→ Franchise) lässt sich zudem ein Teil des Informationsdefizits des Prinzipals kompensieren, indem zum Beispiel alle Buchungsdaten (also auch die konkurrierender Veranstalter) jedes Mitgliedsreisebüros bei der Zentrale auflaufen.

Im Gastgewerbe lässt sich das Prinzipal-Agenten-Problem etwa bei der Konzernhotellerie aufzeigen. Bau, Finanzierung und Betreiben der Hotelimmobilie werden in der Regel getrennt (→ funktionelle Entkopplung), unterschiedliche Akteure wie Grundstücksentwickler (z. B. Baukonzerne, Architekturbüros), Investoren (z. B. Banken, Immobilienfonds, private Pensionsfonds, → Reits, Versicherungen) und Betreiber (Hotelmanagementgesellschaften) treffen mit ihren unterschiedlichen Interessen und unterschiedlichem Informationsstand aufeinander. In Vertragsverhandlungen, etwa zwischen Hoteleigentümern und Hotelbetreibergesellschaften, wird versucht, sensible Eckpunkte, in denen die Interessen zuwiderlaufen, zu klären (de Roos & Wiseheart 2016, S. 2 ff.). Die Investoren beziehen in den Verhandlungsprozess meist Unternehmensberatungen ein, um das Informationsdefizit gegenüber den Hotelbetreibergesellschaften auszugleichen. Ausstiegsklauseln, eingegangene Garantien (z. B. → Stand aside), → FF&E-Regelungen, Gebührenstrukturen, Kapitaleinlagen, Mitspracherechte des Eigentümers, Vertragslaufzeiten und die Möglichkeit, diese zu verlängern, sind ergebnis- und verhaltensorientierte Ansätze zur Lösung des Prinzipal-Agenten-Problems. Welche Vertragspartei sich bei der konkreten Ausgestaltung dieser Punkte durchsetzt, ist vor allem eine Frage der Verhandlungsmacht.

Bei den öffentlichen Tourismusstellen ist die Lage insofern noch komplexer, als es sich bei ihnen um staatliche bzw. staatlich kontrollierte Agenturen unterschiedlicher politischer Ebenen handelt, deren Oberziel die generelle Förderung des Tourismus eines Ortes oder einer Region ist. Zwar hat auch die örtliche Wirtschaft in der Regel Interesse an einer übergreifenden Förderung des Tourismus, die einzelnen gastgewerblichen Anbieter wollen aber in erster Linie, dass die Tourismusstelle als Agentur ihre Angebote vermittelt. Anders als Reiseveranstalter bei den Reisebüros, haben die Leistungsträger keine Möglichkeit, die Tourismusstelle über Provisionsanreize oder andere Maßnahmen in dieser Vermittlungstätigkeit zu beeinflussen. Umgekehrt hat die Tourismusstelle, auch wenn sie in einer weiteren Rolle als Marketingorganisation für einen Ort oder eine Region tätig ist, keine direkten Einwirkungsmöglichkeiten auf die Anbieter und die Art und Qualität der von ihnen für Touristen bereitgestellten Güter und Dienstleistungen. Ob und inwieweit Leistungsträger und weitere Anbieter (zum Beispiel Betriebe des Einzelhandels) überhaupt mit öffentlichen Tourismusstellen zusammenarbeiten wollen, können sie selbst entscheiden. Insofern hat die öffentliche Tourismusstelle als Destinationsagentur ein Informationsdefizit hinsichtlich der Aktivitäten der einzelnen Akteure in dem von ihr vermarkteten Gebiet. (jwm/wf)

Literatur
Christensen, John 1981: Communication in agencies. In: The Bell Journal of Economics, 12 (2), pp. 661–674
De Roos, Jan A.; Malcolm B. Wiseheart 2016: Agency Tests in Hotel Management Agreements. (https://papers.ssrn.com/sol3/papers.cfm?abstract_id=2754217, zugegriffen am 25.09.2018)
Jensen, Michael; William Meckling 1976: Theory of the firm: Managerial behavior, agency costs and ownership structure. In: Journal of Financial Economics, 3 (4), pp. 305–360
Ross, Stephen 1973: The economic theory of agency: The principal's problem. In: The American Economic Review, 63 (2), pp. 134–149
Shavell, Stephen 1979: Risk sharing and incentives in the principal and agent relationship. In: The Bell Journal of Economics, 10 (1), pp. 55–73

Gedankensplitter
„Nichts ist praktischer als eine gute Theorie." (ungeklärte Autorenschaft)

Aggression [aggression]

Aggression ist ein körperliches oder verbales Verhalten, mit dem absichtlich verletzt oder zerstört wird. Aggressionen können offen oder verdeckt, körperlich oder verbal, kulturell gebilligt (beispielsweise Boxkampf) oder kulturell missbilligt (beispielsweise Körperverletzung) sein. Zu Aggressionen mit krimineller Zielrichtung siehe → Kriminalität und Tourismus. Eine fehlgeleitete Aggression liegt beispielsweise vor, wenn ein Servicemitarbeiter sich über einen Gast ärgert und deshalb den nächsten Gast weniger zuvorkommend behandelt. Für Mitarbeiter mit Kundenkontakt ist es daher wichtig, die eigenen → Emotionen kontrollieren zu können. Eine starke emotionale Erregbarkeit und die Tendenz, bereits bei minimaler Verärgerung oder Provokation impulsiv zu reagieren, sind bei Mitarbeitern mit Kundenkontakt nicht zielführend. (ss/gm)

Agraffe [agraffe]
Agrafe (franz.) = Haken, Spange, Klammer. In der Gastronomie der Begriff für die Drahtkonstruktion bzw. den Drahtkorb, der bei Schaumweinen über dem Korken fixiert wird. Die Agraffe sichert den Korken gegen den hohen Innendruck, der in der Schaumweinflasche vorherrscht. Auch Vierdrahtverschluss genannt. (wf)

AI → All inclusive

AIDS [Acquired Immune Deficiency Syndrome]
Immunschwächekrankheit, die meist beim Geschlechtsverkehr oder durch mangelnde Hygiene von Drogensüchtigen bei der Benutzung von Spritzbesteck durch HIV (Human Immuno-Deficiency Virus) übertragen wird. Deshalb stellen auch Sextouristen eine Gefahr für die Verbreitung der Krankheit dar. → Prostitutionstourismus. (jwm)

Air carrier → Fluggesellschaft

Air pass
Stark preisreduzierte Flugscheine von Linienfluggesellschaften für in der Regel inländische Flugreisen in flächenmäßig großen Ländern (USA, Kanada, Australien usw.), die nur von auswärtigen Besuchern erworben werden können und die innerhalb eines bestimmten Zeitraumes abgeflogen werden müssen. Sie können für eine bestimmte Anzahl von frei auswählbaren Flügen gelten, zu einem deutlichen Preisabschlag bei normalen Flügen führen und/oder generell nur auf → Warteliste gebucht werden. (jwm)

Air Shuttle
To shuttle (engl.) = pendeln, hin- und herfahren. Flugbeförderung von Passagieren bzw. Gütern zwischen zwei → Flughäfen in kurzen, regelmäßigen Zeittakten (etwa stündlich). Hauptzielgruppe sind Geschäftsreisende, die morgens mit dem Flugzeug zur Arbeit fliegen und abends wieder zurückkehren. In der Regel handelt es sich um Kurzstrecken (Frankfurt – Berlin; Madrid – Barcelona; Washington – New York; Rio de Janeiro – São Paulo). Die → Dienstleistung ist auf die hohe Frequenz zugeschnitten (vereinfachter Bordservice, vereinfachte Gebührenstruktur, Check-in kurz vor Abflug möglich). Die Luftbrücken auf Kurzstrecken werden aus ökologischen Gründen vermehrt in Frage gestellt. Politische Stimmen fordern einen Umstieg auf den Bahnverkehr. (wf)

Airbnb

Airbnb ist ein Online-Unterkunftsvermittler. Das Geschäftsmodell ist das eines Intermediärs bzw. Online-Mittlers. Das Unternehmen führt auf seiner Plattform Angebot (Mietobjekte wie Zimmer, Wohnungen, Häuser) und Nachfrage (Gäste, die eine Unterkunft buchen möchten) zusammen. Durch die Aggregation des Angebots werden Märkte für Nachfrager hochtransparent, der ‚information overload' reduziert. Der Gast bucht auf der Plattform seine Unterkunft und überweist den Gesamtpreis an Airbnb. Airbnb wiederum leitet nach Abzug einer Servicegebühr für die Vermittlertätigkeit die Einnahmen an den Anbieter weiter (auch Bräutigam, Ludwig & Spengel 2019, S. 3 f.).

Die Gründer von Airbnb kamen aus finanzieller Not auf die Idee, ihre Zimmer in San Francisco auf → Blogs und einer einfachen Website Konferenzteilnehmern als Unterkunftsmöglichkeit anzubieten. Das Angebot war minimalistisch – drei Luftmatratzen und dazu Frühstück. Die Geschäftsidee wurde zum Namensgeber – aus ‚AirBed & Breakfast' wurde Airbnb (Gallagher 2017, S. 31 ff.). Airbnb, das 2018 sein 10-jähriges Jubiläum feierte, ist inzwischen zum Synonym für Online-Unterkunftsvermittler geworden, Mitbewerber erscheinen in der öffentlichen Diskussion kaum. Das Unternehmen spricht auf seiner Website von über sieben Millionen buchbaren Unterkünften in über 190 Ländern und 62 verfügbaren Sprachen (Airbnb 2019a). Airbnb hat als ‚Game Changer' den Markt aufgewirbelt. Das Portal drängt über Zukäufe in den Hotelvertrieb und entwickelt sich zum umfassenden Reiseanbieter. Eine Kooperation mit dem IOC (Internationales Olympisches Komitee) für die Olympischen Spiele (Paris im Jahr 2024, Los Angeles im Jahr 2028) hat zu scharfer Kritik von Hotelverbänden geführt (o. V. 2019, S. 3).

Der europäische Dachverband für → Hotels, → Restaurants und → Cafés (→ HOTREC) fordert vehement die Einhaltung fairer Wettbewerbsbedingungen. Anbieter wie Airbnb würden sich unkontrolliert entwickeln und nicht demselben Regelwerk unterliegen (WKO Fachverband Hotellerie 2016, S. 21 ff.). Um das Phänomen zu erfassen und gleiche Wettbewerbsbedingungen zu gewährleisten, stellte der Dachverband einen 10-Punkte-Plan auf (WKO Fachverband Hotellerie 2016, S. 33):

1. Integration privater Kurzzeit-Vermietungen in die bestehende Gesetzgebung;
2. Registrierungs- und Genehmigungsprozesse für Vermieter;
3. Aufnahme privater Kurzzeit-Vermietungen in die Beherbergungsstatistik;
4. Maßnahmen zur Kontrolle von Sicherheit und Gefahrenabwehr;
5. Einhaltung aller steuerlichen Verpflichtungen;
6. Verifizierung der Gästedaten nach den Schengen-Anforderungen;

7. Sicherstellung von Arbeitnehmerrechten;
8. Wahrung der Lebensqualität in den Stadtteilen (→ Overtourism);
9. Klare Trennung zwischen Wohn- und Gewerbeimmobilien;
10. Kontrolle der Ausbreitung privater Kurzzeit-Vermietungen.

Staatliche Akteure stehen dem relativ neuen Phänomen mitunter überfordert gegenüber. Stellvertretend sei auf laufende Reformdiskussionen für eine zutreffende Besteuerung der auf den Plattformen getätigten Transaktionen verwiesen (Bräutigam, Ludwig & Spengel 2019).

Inzwischen wächst der Druck auf das Unternehmen Airbnb, das sich zuweilen unkooperativ gegenüber Behörden gezeigt hat. Städte führen weltweit Registrierungspflichten für Vermieter ein, legen zeitliche Obergrenzen für Untervermietungen fest, richten Kontrollstellen für Wohnraumschutz ein, entwickeln Bußgeldkataloge und ziehen vor Gericht. Medien berichten erstmals von Rückgängen des Airbnb-Angebots in Kernmärkten (Machatschke & Rest 2020). Der Online-Mittler verweist als Zeichen guten Willens in Pressemitteilungen auf eine erfolgreiche Zusammenarbeit mit Kommunen und Tourismusorganisationen bei der Einziehung von Beherbergungs- und Tourismusabgaben (Airbnb 2019b; Airbnb 2020).

Hotelgruppen und → Online-Reisevermittler (online travel agent, OTA) drängen als Reaktion auf den Wettbewerber in die Vermarktung von Privatunterkünften, gleichzeitig vermarkten einzelne Hotels Kapazitäten über Airbnb (→ Sharing Economy).

Alternativ fallen Begriffe wie Vermittlungsdienst für Privatunterkünfte, Privatvermieter-Portal, Service-Plattform, Sharing-Portal, Bettenportal, Zimmervermittlungsportal, Portal für alternative Unterkünfte, Portal für private Kurzzeitvermietungen, New platform tourism services (NPTS) oder Short-term private accomodation rentals (STR). (wf)

Literatur

Airbnb 2019a: Airbnb ist jetzt in 62 Sprachen weltweit verfügbar. (https://news.airbnb.com/de/airbnb-ist-jetzt-in-62-sprachen-weltweit-verfugbar/, zugegriffen am 29.12.2019)

Airbnb 2019b: Airbnb reicht weltweit 2 Milliarden US-Dollar an lokale Regierungen weiter. (https://news.airbnb.com/de/airbnb-reicht-weltweit-2-milliarden-us-dollar-an-lokale-regierungen-weiter/, zugegriffen am 29.12.2019)

Airbnb 2020: Airbnb und Kanton Genf schließen Vereinbarung zu Tourismussteuer. (https://news.airbnb.com/de/airbnb-und-kanton-genf-schliesen-vereinbarung-zu-tourismus steuer/, zugegriffen am 16.08.2020)

Bräutigam, Rainer; Christopher Ludwig & Christoph Spengel 2019: Steuerlicher Reformbedarf bei Service-Plattformen. Eine Analyse anhand des deutschen Airbnb-Marktes. Mannheim: ZEW

Gallagher, Leigh 2017: Die airbnb Story. Wie drei Studenten die Reiseindustrie revolutionierten. München: Redline

Hotelverband Deutschland (IHA) e. V. (Hrsg.) 2020: Hotelmarkt Deutschland 2020. Berlin: IHA-Service

Machatschke, Michael; Jonas Rest 2020: Airbnb-Angebot schrumpft in Kernmärkten. (https://www.manager-magazin.de/unternehmen/artikel/airbnb-angebot-schrumpft-in-berlin-und-paris-a-1304911.html, zugegriffen am 25.02.2020)

o. V. 2019: Kontroverse. IOC und Airbnb: „Ein fragwürdiger Deal". In: Allgemeine Hotel- und Gastronomie-Zeitung (AHGZ), 119 (48), S. 3

Oskam, Jeroen A. 2019: The Future of Airbnb and the 'Sharing Economy': The Collaborative Consumption of our Cities. Bristol, Blue Ridge Summit: Channel View Publications

WKO Fachverband Hotellerie (Hrsg.) 2016: Hotrec-Grundsatzpapier zur Sharing Economy. Übersetzung des originalen englischen Dokuments (Policy Papers on the "Sharing" Economy). Wien

Gedankensplitter

„Das Geschäftsmodell fußt nicht darauf, dass die Oma das Kinderzimmer vermietet. Das einzig Disruptive ist, dass sie sich an keine Regeln halten. Wir müssen mit der Verklärung des Geschäftsmodells aufhören." (Otto Lindner, Vorsitzender Hotelverband Deutschland, IHA)

In meinem nächsten Leben mache ich Airbnb (Airbed and breakfast).

Airbrake → **Störklappen**

Airline → **Fluggesellschaft**

Airline Catering → **Flight Catering**

Airline-Allianz [airline alliance]

→ Netzwerkfluggesellschaften (Network Carrier) nutzen Allianzen mit anderen Fluggesellschaften zur Erweiterung ihres Streckennetzes. Airline-Allianzen sind enge Kooperationen rechtlich selbständiger Fluggesellschaften. Elemente sind durchgängige Tarife, wechselseitige Codeshare-Partnerschaften und nahtlose Umsteigeverbindungen. Zudem können Markteintrittsbarrieren umgangen werden. Für Kunden ist die wechselseitige Anerkennung von Vielfliegerprogrammen inklusive Statusvorteilen ein wesentlicher Vorteil.

Zu den größten Allianzen, gemessen an angebotenen Passagierkilometern (Available Seat Kilometers, ASK), zählen Star-Alliance, Skyteam und Oneworld.

→ Billigfluggesellschaften sind aus Kostengründen in der Regel keine Mitglieder von Airline-Allianzen. Gegenwärtig wird versucht, ausgewählte Billigfluggesellschaften mit vereinfachten Prozessen und reduzierten Kosten an die Allianzen anzubinden (z. B. Star-Alliance Connecting Partner oder Oneworld Connect), um das eigene Streckennetz zu erweitern und den Kunden nahtloses Umsteigen sowie einheitliche Leistungsstandards zu ermöglichen. Webseiten der Allianzen: www.staralliance.com; www.skyteam.com; www.oneworld.com. (ad)

Literatur

Conrady, Roland; Frank Fichert & Rüdiger Sterzenbach 2019: Luftverkehr. Betriebswirtschaftliches Lehr- und Handbuch. Berlin, Boston: De Gruyter Oldenbourg (6. Aufl.)

o. V. 2019: „Alliances step up digital transition". In: Flight Airline Business, September, p. 32

Airport → **Flughafen**

Airport Hotel → **Flughafenhotel**

Air-Rail, AirRail

Speziell für Fluggäste entwickelte Zugverbindungen zwischen Flughäfen und Ballungsräumen (z. B. Flughafen Frankfurt – Stuttgart; Flughafen Amsterdam Schiphol – Antwerpen). Die Taktung der Verbindungen erfolgt in kurzen Abständen, das Ticket ist für Flug und Zug gültig, Gepäckaufgabe und -ausgabe sind zwischen den Verkehrsträgern abgestimmt. Die Kombination entlastet das Flugaufkommen bei Kurzstrecken und die Umwelt. (wf)

Air-Sea

Die kombinierte Reise Flug/Schiff (ein Weg Flug, ein Weg Schiff) wird als Air-Sea bezeichnet. (hdz)

Airside → **Luftseite**

Akklimatisierung [acclimation]

Anpassung des menschlichen Organismus an gegenüber dem vorherigen Aufenthaltsort veränderte Umweltbedingungen in einer Destination. In erster Linie ist damit die physiologische Anpassung an ein anderes Klima gemeint. (jwm)

Aktivurlaub [activity holiday]

Urlaub, bei dem der Urlauber bestimmten körperlichen oder geistigen Interessen nachgeht. Heute bieten viele Reiseveranstalter → Pauschalreisen an, die speziell auf die mit den betreffenden Aktivitäten verbundenen Bedürfnisse zugeschnitten sind. (hdz)

Al banco

Al banco (ital.) = an der Theke. In Italien wird der Kaffee von den Einheimischen gerne an der Theke der → Bar im Stehen konsumiert. Der ‚Caffè al banco' ist günstiger als der am Tisch (a tavola) konsumierte, die Kommune legt die Preisobergrenze fest. (wf)

Al dente [al dente]

Begriff aus der italienischen Küche, der auf die Konsistenz von Nudeln oder Gemüse nach dem Garen anspielt. Das Gargut soll zwischen den Zähnen eine gewisse Festigkeit haben (dente [ital.] = Zahn; al dente [ital.] = bissfest), also nicht zu weich, aber auch nicht zu hart sein (Larousse 2017, S. 28). Die Sprachwendung „Biss haben" spielt auf diesen Umstand an. (wf)

Literatur
Larousse (éd.) 2017: Le Grand LAROUSSE Gastronomique. Paris: Larousse Editions (6. Aufl.)

Alkoholgehalt [alcoholic strength]

Maß für den Anteil an reinem Alkohol in Getränken bei einer Messtemperatur von 20 °C; in Volumenprozent (% Vol.) auf dem Flaschenetikett angegeben. (bk/cm)

All inclusive

Aufenthalt in einer Club- oder Hotelanlage, bei dem neben allen Mahlzeiten (→ Vollpension) auch (alle) Getränke im Preis inbegriffen sind. In Clubanlagen umfasst das ‚kostenfreie' Angebot zudem meist auch alle sportlichen Aktivitäten wie Tennisspielen, Segeln, Bogenschießen usw. Gäste haben in solchen Anlagen neben der größeren Bequemlichkeit den zentralen Vorteil, dass sie die Gesamtkosten ihres Aufenthaltes damit von vornherein kennen und nicht von versteckten Kosten überrascht werden. Für die Beherbergungsbetriebe liegt der Vorteil neben einem höheren Umsatz auch in (Transaktions-)Kosteneinsparungen, weil Zusatzleistungen nicht mehr einzeln abgerechnet werden müssen. Reiseveranstalter und Reisebüros vertreiben das Produkt gerne als „Rundum-sorglos-Paket".

Entwickelt wurde dieses Konzept 1978 vom jamaikanischen Hotelunternehmen Superclubs vor dem Hintergrund andauernder Belästigungen von Touristen durch Drogenhändler, Schlepper, Prostituierte, Zuhälter und andere zudringliche Verkäufer (Chambers & Airey 2001). Die abgeschirmten Hotel- und Clubanlagen mit ihren eigenen Stränden wurden so im ursprünglichen Sinne zu resorts (= Zuflucht) für die Urlauber, die ihre Unterkünfte außer vielleicht noch für vom → Reiseveranstalter oder vom → Hotel organisierte Ausflüge nicht mehr verlassen mussten. In der Karibik hat sich dieses Modell in den 1980er-Jahren sehr stark verbreitet und wird seit den 1990er-Jahren auch verstärkt in europäischen Ferienanlagen am Mittelmeer angeboten.

Allerdings wird gerade diese Abgeschlossenheit von vielen Kritikern als wesentlicher Nachteil dieses Konzepts gesehen. Damit ist nicht nur die zu sehr eingeschränkter Reiseerfahrung führende Isolation der Touristen von der lokalen Kultur gemeint (die ja durchaus beabsichtigt sein kann), sondern auch der Ausschluss von örtlichen Lokalen und Händlern, denen damit jeder Zugang zu den Touristen fehlt. Damit haben kleine und mittelständische Betriebe kaum noch eine Chance, vom Tourismus in ihrer Region zu profitieren (Vorlaufer 1996). Internationale Hotel- oder Freizeitunternehmen schlagen inzwischen vermehrt die Brücke zu regionalen Lokalen und Händlern und binden diese ein, um den vor Ort herrschenden politischen Druck abzufedern und den regionalen Markt zu erschließen. (jwm/wf)

Literatur

Chambers, Donna; David Airey 2001: Tourism Policy in Jamaica: A Tale of Two Governments. In: John Jenkins (ed.): Tourism Policy Making: Theory and Practice. Clevedon: Channel View Publications (= Current Issues in Tourism, Special Issue, 4 [2–4], pp. 94–120)

Vorlaufer, Karl 1996: Tourismus in Entwicklungsländern. Möglichkeiten und Grenzen einer nachhaltigen Entwicklung durch Fremdenverkehr. Darmstadt: Wissenschaftliche Buchgesellschaft

Alleinreisende [solo traveller, ~ tourist]

Der Begriff Alleinreisende umfasst mindestens vier Ausprägungen. Historisch betrachtet (→ Tourismusgeschichte) sind Alleinreisende eine wichtige Grundlage

des → Tourismus. Der Mythos des Entdeckens und des Abenteuers ist eng verbunden mit Namen wie Isabelle Eberhardt, Alexandra David-Néel, Ida Pfeiffer,
Alexander von Humboldt, Georg Forster und Marco Polo. Auch die tourismuswissenschaftliche Denkfigur des „Fremden" reist allein.

Eine erste Ausprägung bezieht sich auf Personen, die eine Reise durchgängig
ohne Begleitung durchführen. Oft führt das zu Mehrkosten, da viele Angebote auf
mindestens zwei Personen ausgerichtet sind. Der Aufschlag für die Einzelnutzung
von Doppelzimmern und Kabinen liegt bei etwa 75 % bis 90 % des Preises pro Person (→ Einzelzimmerzuschlag). Einzelzimmer sind nur begrenzt verfügbar und
häufig ungünstig gelegen (z. B. neben dem Aufzug). In → Restaurants werden Tische nicht gerne nur mit einer Person besetzt, und manche Angebote (z. B. Zugang
zu einem Wandergebiet) sind aus Gründen der Sicherheit allein nicht nutzbar.
Der gesellschaftliche Wandel (z. B. alternde Gesellschaft, neue Familienstruktu-
ren, veränderte Rollenvorstellungen; → Gender und Tourismus) erhöht die Nachfrage, und es werden vermehrt Reisen für Alleinreisende angeboten, die keinen
oder nur einen geringen Preisaufschlag verlangen. Im Bereich des Geschäftstou-
rismus finden Alleinreisende aufgrund des hohen Anteils ohnehin eine stärkere
Berücksichtigung.

Zweitens bezeichnet der Begriff Alleinreisende Menschen, die ohne Freunde,
Bekannte und Familie verreisen, sich aber einer Gruppe (z. B. Gruppenreisen, Fe-
riencamp) anschließen oder Interesse an dem Kontakt mit anderen haben. Die
Bezeichnung Single-Urlaub betont dieses Interesse. Im Marketing werden Allein-
reisende zunehmend unter dem Begriff Single- oder Soloreisende angesprochen.
Oft handelt es sich dabei nicht um ein spezielles Angebot, sondern nur um die
Option zur Einzelnutzung von Zimmern. In einigen Fällen werden Single-Treffs,
Sport- und Unterhaltungsangebote sowie Wellness als spezielle Leistungen be-
worben.

Für alleinreisende Kinder und Jugendliche bis zu einem gewissen Alter (abhängig von Land und Branche), die ohne Eltern oder Personensorgeberechtigte
reisen, gelten spezielle Gesetze und Vorschriften. Besondere Relevanz hat das bei
touristischen Teilleistungen (z. B. Kinder, die alleine fliegen oder mit der Bahn
fahren) sowie bei Reisen in andere Länder. In der Flugbranche gelten Kinder ab
16 Jahre als erwachsen. Ob und zu welchen Bedingungen und Kosten jüngere Kinder alleine fliegen dürfen, ist bei jeder Fluggesellschaft anders geregelt. Einige bieten einen (kostenpflichtigen) Begleitservice an, während andere die Möglichkeit
nicht bieten (→ Unaccompanied Minor).

Viertens kann das Merkmal „alleinreisend" mit anderen Merkmalen kombiniert werden, um besondere Anforderungen (oft hinsichtlich der Sicherheit) zu
betonen. Beispiele sind alleinreisende Frauen, Alleinreisende höheren Alters, alleinreisende Menschen mit Behinderung oder Alleinreisende mit Kind. (kh)

Literatur
Freericks, Renate 1996: Singles – Eine neue Zielgruppe im Tourismus oder ein alter Hut? In:
   Spektrum Freizeit, 18 (2–3), S. 184–190
Mundt, Jörn W. 2013: Tourismus. München: Oldenbourg (4. Aufl.)
Radojevic, Tijana; Nemanja Stanisic & Nenad Stanic 2015: Solo travellers assign higher ratings
   than families: Examining customer satisfaction by demographic group. In: Tourism Ma-
   nagement Perspectives, 16, pp. 247–258
Steinecke, Albrecht; Kristiane Klemm 1985: Allein im Urlaub. Soziodemographische Struktur,
   touristische Verhaltensweisen und Wahrnehmnungen von Alleinreisenden. Starnberg:
   Studienkreis für Tourismus

Allergene → **Kennzeichnung**

Allgemeine Geschäftsbedingungen (AGB) [general terms and conditions]
1 Allgemeines Allgemeine Geschäftsbedingungen (AGB) sind alle für eine Vielzahl von Verträgen vorformulierten Vertragsbedingungen, die eine Vertragspartei
der anderen Vertragspartei bei Abschluss eines Vertrages stellt (§ 305 I BGB). Die
Bezeichnung der vorformulierten Erklärung ist unerheblich. Die Vertragsbedingungen müssen gestellt, das heißt einseitig dem Vertragspartner auferlegt sein.
Als AGB werden im Reiserecht die Allgemeinen Reisebedingungen der Reiseve-
anstalter (ARB), die Allgemeinen Versicherungsbedingungen (AVB) der Reisever-
sicherungsarten und Allgemeine Vermittlungsbedingungen der → Reisevermittler (Reisebüro, OTA) verwendet.
2 Wirksamkeit Die AGB werden bei einem Vertrag mit einem Verbraucher, der
private Geschäfte tätigt (§ 13 BGB) nur dann berücksichtigt, wenn sie Bestandteil des Reisevertrages durch eine wirksame Einbeziehung nach §§ 305 II, 310 I
BGB mit Hinweis, Möglichkeit der zumutbaren Kenntnisnahme und Einverständnis des Kunden werden (BGH, 26.2.2009, Xa ZR 141/07, Anm. Führich RRa 2009,
114). Überraschende Klauseln werden nie Vertragsbestandteil (§ 305c I BGB). Unklarheiten bei der Auslegung gehen zu Lasten des Verwenders (§ 305c II BGB). Die
einzelnen Klauseln sind nur rechtswirksam, wenn sie nicht gegen die speziellen
Klauselverbote der §§ 308, 309 BGB und nicht gegen die Generalklausel des § 307
BGB verstoßen. Sind AGB ganz oder teilweise nicht Vertragsbestandteil geworden
oder unwirksam, so bleibt der Vertrag im Übrigen wirksam, und es gelten die gesetzlichen Vorschriften §§ 306 I, II BGB.
3 Allgemeine Reisebedingungen (ARB) Der → Deutsche ReiseVerband e. V.
(DRV) empfiehlt als Muster für AGB Allgemeine Geschäftsbedingungen für Pauschalreisen als unverbindliche Rahmenbedingungen nach § 2 II GWB (ARB-DRV
Konditionenempfehlung). Inhalt der ARB sind insbesondere: Vertragsschluss des
Reisevertrages, Bezahlung, Leistungen, Leistungs- und Preisänderungen, Rücktritt durch den Kunden beziehungsweise durch den Reiseveranstalter (Absage der

Reise), Haftung und ihre Beschränkung auf Höchstbeträge, Gewährleistung für Reisemängel, Informationspflichten und Verfahrensregeln. Inhaltlich müssen die Klauseln der ARB den §§ 651a bis y BGB, von denen nicht zum Nachteil des Reisenden abgewichen werden darf (§ 651y BGB), und den Vorschriften zur Kontrolle von AGB in §§ 305 bis 310 BGB entsprechen. Im Rahmen einer Verbandsklage nach §§ 1 ff. UKlaG wurden viele Klauseln vom Bundesgerichtshof allgemeinverbindlich für alle AGB-Verwender und Gerichte für unwirksam erklärt. (ef)

Literatur

Führich, Ernst 2017: Wirtschaftsprivatrecht. Privatrecht, Handelsrecht, Gesellschaftsrecht. München: Vahlen (13. Aufl.; § 9)

Führich, Ernst 2018: Basiswissen Reiserecht. München: C. H. Beck/Vahlen (4. Aufl.; § 2 Rn. 53)

Führich, Ernst; Ansgar Staudinger 2019: Reiserecht. München: C. H. Beck (8. Aufl.; § 3)

Allgemeine Luftfahrt [general aviation]

Bezeichnet den Teil der zivilen Luftfahrt, der nicht dem Linien- und Urlaubscharterverkehr zuzuordnen ist. Neben der in der Regel als Steckenpferd betriebenen Privatfliegerei gehören dazu auch Firmenflugzeuge und die Angebote von Charterunternehmen, die Geschäftsreiseflugzeuge mit Besatzungen insbesondere für den Reisebedarf von Unternehmen anbieten. Vor allem auf Vorstandsebene ist bei vielen Großunternehmen die Benutzung von Geschäftsreiseflugzeugen inkl. solchen mit trans- und interkontinentaler Reichweite üblich.

Die Zahl der Flugplätze, die mit diesem Fluggerät direkt angeflogen werden kann, übersteigt die Zahl der von Linienfluggesellschaften bedienten um ein Mehrfaches. Dadurch können erhebliche Zeitgewinne realisiert werden. Auch durch Angebote von Teileigentum an solchen Flugzeugen (fractional ownership) ist in den letzten Jahren ihre Bedeutung gestiegen und hat neben den Sparmaßnahmen vieler Unternehmen bei den Reisekosten mit dazu geführt, dass die Erste Klasse der Linienfluggesellschaften an Marktbedeutung verloren hat. (jwm/wf)

Allgemeine Reisebedingungen (ARB) → **Allgemeine Geschäftsbedingungen**

Allgemeiner Deutscher Automobilclub e. V. (ADAC)

Unter der Abkürzung ADAC firmiert Deutschlands größter Automobilclub mit Sitz in München. Er folgt der Zwecksetzung, die Interessen rund um das Fahrzeug wahrzunehmen und zu fördern. Mit über 21 Mio. Mitgliedern (Stand: 31.12.2019) ist er zudem Europas größter Automobilclub.

Der ADAC wurde am 24. Mai 1903 in Stuttgart als Deutsche Motorradfahrer-Vereinigung gegründet. Seine heutige Bezeichnung ADAC erhielt er 1911. Der ADAC wird nicht von einem Vereinsvorsitzenden geführt, sondern von einem Präsidenten. Die Art der Mitgliedschaft leitet sich aus den Leistungen ab. So hat das klassische Mitglied weniger Leistungen zu erwarten als das ADAC Plus-Mitglied. Die Organisation folgt dem Regional-Club-Prinzip, nach dem Delegierte gewählt werden, die den Verwaltungsrat bestimmen.

Im Zentrum der Leistungen für die Mitglieder stehen Hilfe bei Panne und Unfall, bei Kfz-Diebstahl, bei Krankheit und Notsituationen. Hinzu kommen Produkte wie Versicherungen, Fahrzeugvermietungen, Finanzdienstleistungen, Fahrsicherheitstrainings, Shops, Bücher, Magazine, Newsletter, Truckservice oder Mitfahrerclub. Reise und Freizeit sind ein weiteres Geschäftsfeld, das von Routenplanung, über Toursets, Mitfahrclubs, Reiseangeboten (ADAC-Mitglieder-reisen) bis hin zu ADAC Reisebüros reicht.

Entsprechend seiner Zwecksetzung engagiert sich der ADAC in vielen Bereichen. In seiner Öffentlichkeitsarbeit geht es um Umweltpolitik, Themen der Verkehrserziehung, des Verkehrsrechts, der Verkehrssicherheit, Mobilitätsfragen, e-Mobilität, Digitalisierung und vieles mehr. Weiterhin gilt der Verein als einer der einflussreichsten Lobbyisten in Deutschland.

2016 wurde die ADAC SE gegründet. Sie ist eine Aktiengesellschaft europäischen Rechts, deren Fokus wiederum auf mobilitätsorientierten Dienstleistungen und Produkten liegt. Die ADAC SE besteht aus 28 Tochter- und Beteiligungsunternehmen (Stand: Oktober 2019). (www.adac.de). (hdz/wf)

Allotmentvertrag → **Hotelreservierungsvertrag**

ALOS → **Durchschnittliche Aufenthaltsdauer**

Alternative Distribution System (ADS) → **Hotel-Reservierungssystem**

Alternativtourismus **[alternative tourism]**
Unspezifischer Sammelbegriff für Formen des Tourismus, die als Gegenentwurf zum → Massentourismus verstanden werden. Es kann sich dabei sowohl um Reisen handeln, die weniger Energie verbrauchen und weniger Emissionen verursachen (zum Beispiel keine Flugreisen), als auch um solche, die eine authentischere Erfahrung (→ Authentizität) in den Destinationen versprechen. Hinter dem letzten Aspekt verbirgt sich häufig die altbekannte elitäre Tourismuskritik, die seit den Anfangstagen der ‚Demokratisierung' des Reisens an den, in ihrer Diktion, ‚ungebildeten' und ‚unkultivierten' Touristen geübt wird. Teilweise ist er aber auch Ausdruck der Fortführung der antikapitalistischen Tradition des Aussteigertourismus aus den Jahren nach dem Ersten Weltkrieg (‚Wandervogel'). Hier geht es um den an anderen, ursprünglicheren Orten gelebten Gegenentwurf zur industriellen Wohlstandsgesellschaft (‚Wohlstandsnomaden'), die als „Zuvielisation" (Ackermann & Ackermann 1975) wahrgenommen wurde. Damit wurden diese ‚Al-

ternativtouristen' nach dem Zweiten Weltkrieg unfreiwillig zu Pionieren für die Entwicklung massentouristischer Ziele wie zum Beispiel Ibiza, einige der griechischen Inseln, die Türkei, Goa (Indien), die Insel Lamu im Norden Kenias (Cohen 1973) und Mexiko (MacCannell 1976).

Mit dem Fortschreiten der Umweltdebatte wurde unter Alternativtourismus auch ‚sozialverträglicher' Tourismus verstanden, der die bestehenden sozialen und ökologischen Verhältnisse vor Ort in den Destinationen nicht zuungunsten der Bewohner verändert und sie an den wirtschaftlichen Erfolgen teilhaben lässt (→ Overtourism). Assoziiert damit sind auch Begriffe wie ‚umweltverträglicher', ‚sanfter' oder ‚verantwortlicher' Tourismus. Sie wurden in den letzten Jahren weitgehend abgelöst durch den Begriff ‚nachhaltiger Tourismus' (→ Corporate Social Responsibility). (jwm)

Literatur

Ackermann, Frieda; Willy Ackermann 1975: Die Alten vom weißen Berg. Brief an die Öko-Zeitschrift Kompost vom 06.12.1975. In: Künstlerhaus Bethanien (Hrsg.): Wohnsitz: Nirgendwo. Vom Leben und Überleben auf der Straße. Berlin: Frölich & Kaufmann, S. 245–249

Cohen, Erik 1973: Nomads from Affluence: Notes on the Phenomenon of Drifter-Tourism. In: International Journal of Comparative Sociology, 14 (1–2), pp. 89–103

MacCannell, Dean 1976: The Tourist. A New Theory of the Leisure Class. New York: Schocken Books (revised edition 1989)

AMA/AIR-Verfahren → **Globales Distributionssystem (GDS)**

Ambiguitätstoleranz [ambiguity tolerance]

Ambiguitätstoleranz umfasst die Fähigkeit, widerstreitende oder widersprüchliche Einzelelemente nebeneinander stehen zu lassen. Menschen mit hoher Ambiguitätstoleranz ertragen Vieldeutigkeit und Unsicherheit vergleichsweise gut. Menschen mit niedriger Ambiguitätstoleranz lösen Vieldeutigkeit und Unsicherheit für sich auf, indem sie Einzelaspekte nur teilweise wahrnehmen und zwar so, dass widersprüchliche Elemente ausgeblendet werden. Ambiguitätstoleranz ist eine Persönlichkeitseigenschaft, kann also nicht ohne weiteres durch ein kurzes Training geändert werden. Die Berücksichtigung dieser Persönlichkeitseigenschaft in der Personalauswahl für Tourismusmitarbeiter ist sinnvoll. Ambiguitätstoleranz ist auch ein Schlüsselfaktor für → interkulturelle Kompetenz. (ss)

Amenities

Amenities (engl.) = Annehmlichkeiten, Aufmerksamkeiten. In Hotels der Begriff für dem Gast kostenlos zur Verfügung gestellte Artikel bzw. auch Dienstleistungen, die den Aufenthalt angenehm, komfortabel und unkompliziert machen sollen.

In der Regel beschränkt sich der Begriff auf Annehmlichkeiten, die im Zimmer zu finden sind (in-room amenities). Dazu gehören etwa Duschgel, Lotion, Rasiercreme, → Slipper oder Schuhreinigungsmittel. Die Kosten für die Gästeartikel fließen – für den Gast nicht sichtbar – in die Zimmerpreiskalkulation ein.

Der Begriff ‚Guest Supplies' wird synonym verwendet. Vereinzelt werden die Begriffe aber auch abgegrenzt: Zu den Guest Supplies zählen dann die Artikel, die quasi standardmäßig auf den Zimmern zu finden sind (Duschgel), zu den Amenities solche, die auf Gästeanfrage oder für spezielle Gäste (→ Very Important Person) zur Verfügung gestellt werden (Obstkorb, Getränke). (wf)

American Express (Amex, AE)

Weltweit tätiges Unternehmen, das 1850 in New York als Speditionsunternehmen für die Express-Zustellung von Briefen und Paketen (daher der Name) gegründet wurde. Da vor allem Banken den Dienst in Anspruch nahmen, ist das Unternehmen in den 1880er Jahren selbst in das Geschäft mit Zahlungsanweisungen eingetreten und hat 1890 den Traveller Cheque (→ Scheck) eingeführt. Damit entwickelte sich das Unternehmen auch zu einer Bank, die seit Ende des 19. Jahrhunderts auch Dependancen in Europa unterhält. 1915 stieg das Unternehmen, das ohnedies schon die Tickets für Reisen zustellte und das Gepäck vieler Touristen transportierte, zudem noch in das Reisegeschäft ein, indem es – unterbrochen durch den Ersten Weltkrieg, in den die USA erst 1917 eintraten – Luxusreisen nahezu in die ganze Welt organisierte. Das Aufkommen von Kreditkarten nach dem Zweiten Weltkrieg schien das Geschäft mit den Reiseschecks zu bedrohen. 1958 entschied sich AE daher, selbst ein Kreditkartensystem aufzubauen. Heute sieht sich das Unternehmen neben seinen Bankaktivitäten als Anbieter von Beratungs- und Vermittlungsleistungen auf dem Privat- und Geschäftsreisemarkt (www.americanexpress.com). (jwm/wf)

American Plan → **Vollpension**

Amerikanischer Service → **Serviermethoden**

Amerikanisches Frühstück → **Frühstücksarten**

Amex → **American Express**

Amphibienflugzeug [amphibian]

Flugboot oder Flugzeug mit Schwimmkörpern oder schwimmfähigem Rumpf, das sowohl im Wasser wie auch auf Landflugplätzen landen kann. Es handelt sich dabei in der Regel um kleinere Maschinen, die im Lufttaxibetrieb (→ Lufttaxi) oder zur Aufrechterhaltung der Verbindung zu kleineren Inseln ohne Landeplätze eingesetzt werden. (jwm)

Amtliche Beherbergungsstatistik → **Tourismusstatistik**

Amtliche Statistik → **Tourismusstatistik**

Amtliche Tourismusstatistik → **Tourismusstatistik**

Amuse-bouche → **Amuse-gueule**

Amuse-gueule [amuse-gueule]
Mundbissen, Appetithäppchen. In der gehobenen Gastronomie wird mitunter vor der Vorspeise ein kleines, delikates Häppchen gereicht. Es soll die Wartezeit (→ Wartezeitenmanagement) bis zum eigentlichen Essen überbrücken und auf das Essen einstimmen (amuser la gueule [franz.] = den Mund/Gaumen unterhalten/erfreuen). In Frage kommen kalte und warme Speisen, etwa kleine Pizzen, Terrinen, Pasteten, gefüllte Oliven oder Fisch. Das Amuse-gueule wird dem Gast nicht berechnet. Alternative Begriffe: „Amuse-bouche" oder „Gruß aus der Küche". „Amuse-bouche" ist im Ausdruck eleganter als „Amuse-gueule"; in der gehobenen Gastronomie setzt sich der Begriff dadurch auch immer mehr durch. (wf)

Anemometer → **Windmesser**

Anerkennungsvoraussetzungen für Heilbäder und Kurorte, Luftkurorte, Erholungsorte → **Begriffsbestimmungen – Qualitätsstandards für Heilbäder und Kurorte, Luftkurorte, Erholungsorte – einschließlich der Prädikatisierungsvoraussetzungen – sowie für Heilbrunnen und Heilstollen**

Angels' share
Angel (engl.) = Engel; share (engl.) = Anteil. Schwund, der bei Destillaten (Cognac, Whiskey usw.) durch Verdunstung über die Jahre der Lagerung eintritt. Der Schwund bzw. ‚Anteil, der den Engeln zusteht', ist von verschiedenen Variablen abhängig (z. B. Fassgröße, Holzart, Lagerdauer, Luftfeuchtigkeit, Temperatur). (wf)

Animateur [animator]
Der Animateur, die Animateurin sind die Träger der Animation. Das Grundverständnis von Animation setzt eine Person voraus, die freundlich, liebenswürdig und herzlich die Gäste einlädt, auffordert, ermutigt. Der entscheidende Impuls der Animation wird immer und grundsätzlich personell verstanden, er muss von einer Person ausgehen.

Wenn Animation als in sich geschlossenes, eigenständiges Arbeitsgebiet definiert wird, hat dies entsprechende Auswirkungen auf die personellen Anforderungen. Die Arbeit als Animateur ist als Dienstleistungsjob derzeit zwar weit verbreitet, aber noch immer ohne geschlossenes Berufsbild.

1 Definition Das Lexikon der Psychologie sieht in einem Animateur den „Anreger, Unterhalter z. B. bei der Freizeitgestaltung" (Lexikon der Psychologie o. J.). Der Duden Online sieht in einem Animateur/einer Animateurin jemanden, „der von einem Reiseunternehmen oder ähnlichem zu dem Zweck angestellt ist, den Gästen Spiele, Sport oder andere Möglichkeiten für die Gestaltung ihres Urlaubs anzubieten". (Duden Online o. J.).

Bei der Charakterisierung des Animateurs/der Animateurin handelt es sich um eine Person, die mit einer besonderen Einstellung zum Gast eine bestimmte anregende Funktion im umfassenden Sinne einnimmt und sich durch eine bestimmte (animative) Arbeitsweise auszeichnet.

Der Begriff „Animateur" beschreibt zwar immer eine Service-Person, nicht immer oder nicht grundsätzlich einen zusätzlichen Mitarbeiter. Ein „Animateur" in diesem Sinne kann auch ein bereits vorhandener, geeigneter, motivierter und gastorientierter Mitarbeiter (haupt-, nebenberuflich, ehrenamtlich o. ä.) sein, ein Hoteldirektor genauso wie eine Rezeptionistin, eine Sekretärin des Verkehrsbüros oder ein pensionierter Förster, eine Hobbygärtnerin oder ein Kneipenwirt – Beispiele gibt es viele.

Animation stellt eine grundlegende Verhaltensweise dar, die nur freiwillig oder überhaupt nicht gegeben werden kann und nicht für Geld zu haben ist: Freundlichkeit, Zuwendung, kurz gesagt: Menschlichkeit als Ausdruck eines sozialen Service, einer persönlichen Dienstleistung. Damit wird Animation zum Berufsfeld für Personen, die im Freizeitbereich eine spezielle und in ihrer umfassenden Funktion anspruchsvolle Aufgabe wahrnehmen. Animation als (inzwischen) selbstverständliches Dienstleistungsangebot von Freizeitunternehmen bietet daher auch für die Zukunft durchaus attraktive und langfristige berufliche Perspektiven; in vermehrtem Maße auch in Leitungspositionen bei größeren Touristikunternehmen.

2 Anforderungsprofil Das Anforderungsprofil des Animateurs unterscheidet die folgenden Kategorien:

Soll: Disziplin – Auftreten – Belastbarkeit – Flexibilität – Führungsfähigkeit – Umgangsformen – Erscheinungsbild – Menschenkenntnis – Einfühlungsvermögen – Kooperationsfähigkeit – Landes-/Ortskenntnisse;

Muss: Kontakt- und Kommunikationsfähigkeit – qualifizierte Ausbildung – Motivations- und Begeisterungsfähigkeit – Planung und Organisation – Allgemeinbildung – „Common Sense";

Kann: Fremdsprachen – Musikinstrumente – Lebenserfahrung – motorische Begabung – Spontaneität – Persönlichkeit – handwerkliche Geschicklichkeit – praktische Erfahrungen.

3 Arbeitsverhalten Für das grundlegende Arbeitsverhalten (als Basis von Leistung, Disziplin und Erfolg) wurden „Zehn Gebote des Animateurs" formuliert:

- Freundlichkeit, Herzlichkeit;
- Geduld, Zuwendung: kein Zwang oder Leistungsdruck gegenüber den Gästen;
- Präsenz, Verfügbarkeit;
- Pünktlichkeit;
- Sauberkeit: ordentliche, der Situation angemessene Kleidung;
- Sprachniveau: kein unverständlicher Dialekt, keine Schimpfworte, keine Politik;
- Verschwiegenheit, Neutralität: keine Cliquenbildung, keine Präferenzen, keine Privataffären mit Gästen oder Kollegen, keine persönlichen Probleme vor den Gästen; keine internen Angelegenheiten;
- Integrität: kein Alkohol (bzw. so wenig wie möglich), keine anderen Drogen;
- adäquate Situationseinschätzung: moralische Verantwortung für den Gast, gesunder Menschenverstand, vor allem: kein Leichtsinn, Übermut oder Vorsatz (Haftung); rechtzeitiges „Ausblenden";
- adäquate Selbsteinschätzung: persönlicher Stil im Verhalten und Auftreten; „keep a low profile" (keine Profilierung auf Kosten anderer, zum Beispiel Gäste, Kollegen, Vorgesetzte).

4 Besondere Belastungen Der Animateur unterliegt beruflichen und sozialen Belastungen. Beschäftigte im Tourismus arbeiten in der Freizeit anderer. Was für die Urlauber Service, Unterhaltung oder Vergnügen ist, bedeutet für sie Arbeit. Als erschwerend kommt vor allem eine besondere problematische soziale und arbeitsrechtliche Situation vieler Animateure hinzu, gekoppelt mit den Gefahren und Gefährdungen, denen besonders die Animateure/innen durch ihre spezifische Aufgabenstellung ausgesetzt sind. Drei daraus entstehende typische Berufsrisiken (kein Privatleben, Oberflächlichkeit und Programmdruck) führen zum Teil zu innerer Abkapselung und Vereinsamung, die sich bei labilen Charakteren bis zu einer massiven psychischen Gefährdung entwickeln kann. Im heutigen Tourismus werden die psychohygienischen Probleme der Animateure von den Verantwortlichen weitestgehend unterschätzt (Finger & Gayler 2003, S. 191 ff.). (cfb/wf)

Literatur
Duden Online o. J.: Animateur. (https://www.duden.de/rechtschreibung/Animateur, zugegriffen am 12.08.2018)
Finger, Claus; Brigitte Gayler 2003: Animation im Urlaub. München, Wien: Oldenbourg

Gengenbach Klaus; Kurt Niclaus 2011: Cluburlaub. In: Jörn W. Mundt (Hrsg.): Reiseveranstaltung. Lehr- und Handbuch. München, Wien: Oldenbourg, S. 355–372 (7. Aufl.)
Lexikon der Psychologie o. J.: Animateur. (https://www.spektrum.de/lexikon/psychologie/animateur/987, zugegriffen am 12.08.2018)

Animation [entertainment programme, (active) guest relations]
1 Grundlagen Animation und ihre aktiven Gästeprogramme in Freizeit und Urlaub sind fester und unverzichtbarer Bestandteil des Gäste-Service innerhalb der gesamten Angebotspalette touristischer Urlaubsanlagen und Ziele: Dabei ist zu unterscheiden zwischen passivem Entertainment und der eigentlichen Animation als Urlaubsangebot mit der Aktivierung und Partizipation der Urlaubsgäste.
1.1 Etymologie und Semantik Animation als Begriff wird im weitestgehenden Umfang als „Anregung" und „Belebung" verstanden, der Begriff in diesem Sinne auch in Publikumspresse und Alltagssprache benutzt. Der Ursprung liegt im Lateinischen animare = Leben einhauchen, beseelen, das zu lat. animus, anima = Lebenshauch, Seele gehört; es besteht Urverwandtschaft mit dem griechischen anemos = Wind (Hauch).

Der Begriff Animation und die davon inzwischen abgeleiteten Formen finden sich auch im gesamten europäischen Sprachraum wider und in fast allen Ländern rund um das Mittelmeer (zum Beispiel „Animasyion" und „Animatörler" in der Türkei) und zum Teil in der Karibik; in allen jenen Regionen also, in denen der europäische Tourismus zu einem wichtigen Wirtschaftsfaktor geworden ist. Ausnahme: Animation ist im englischsprachigen Raum überwiegend die Bewegung von Figuren und Bildern der Film- und der Computer-Industrie. Es wird meist ein alternativer Begriff benutzt, der den gleichen Sinn und Inhalt besitzt: (Active) Guest Relations (als Pendant der Public Relations).
1.2 Soziokulturelle Animation Animation steht innerhalb eines größeren gesellschaftlichen Zusammenhanges, der mit dem vom Europarat geprägten Begriff der „soziokulturellen Animation" (Nahrstedt 1975, S. 105 ff.) bezeichnet wird: „Animation – ein Schlüsselbegriff im Freizeitkultur- und Bildungsbereich – bezeichnet eine neue Handlungskompetenz der nichtdirektiven Motivierung, Anregung und Förderung in offenen Situationsfeldern. Animation ermöglicht Kommunikation, setzt Kreativität frei, fördert die Gruppenbildung und erleichtert die Teilnahme am kulturellen Leben. Wesentlich an der neuen Handlungskompetenz ist, dass sie sich anderer als nur verbaler Mittel bedient, dass sie außer dem intellektuellen auch den emotionalen und sozial-kommunikativen Bereich anspricht und selbst (…) dort noch wirksam ist, wo menschliche Sprache versagt (zum Beispiel im Freizeit-, Beschäftigungs- und sozialtherapeutischen Bereich)" (Opaschowski 1979, S. 47).

2 Definition   Animation ist Anregung zu gemeinsamem Tun in Freizeit und Urlaub. Animation
- ist Anregung,
- bezieht sich auf Freizeit und Urlaub,
- richtet sich vorrangig an Gruppen von Menschen,
- erzeugt und verbessert Kontakt und Kommunikation,
- baut allseitige Beziehungen auf,
- ist die Antwort auf die Bedürfnisse der Urlaubsgäste,
- ist eine → Dienstleistung,
- ist Beziehungs-Management in → Freizeit und Urlaub,
- ist das Arbeitsfeld des → Animateurs/der Animateurin.

Animation ist die
- durch eine Person ausgesprochene,
- freundliche, fröhliche, liebevolle, herzliche, attraktive,
- Aufforderung, Anregung, Einladung, Ermutigung,
- zum gemeinsamen Tun,
- zu Aktivitäten,
- solange sie nur gemeinsam mit anderen Menschen und mit Freude am Neuen, am Erlebnis, an der gemeinsamen Aktivität, an Menschen, Umgebung, Ort, Kultur und Land geschieht.

Diese Definition umfasst den gesamten Bereich dessen, was als Animation beschrieben wird. Das schließt nicht aus, dass Begriffe wie „Animation" oder „animativ" auch in anderen Bereichen genutzt werden. Bestes Beispiel: animative Didaktik für eine methodisch spielerisch aufgelockerte Form der Wissensvermittlung (Opaschowski 1981).

3 Animation als Prozess   Bereits im Jahre 1973 wurden im Zusammenhang mit dem Begriff Animation breitere inhaltliche Bereiche genannt:
- Anregung, Initiative, Vorschlag,
- Aktivität, Bewegung, Sport,
- Geselligkeit, Unterhaltung,
- Kontakt,
- Spaß, Genuss, Abwechslung.

Daraus leiten sich drei Stufen der Animation ab, die den Prozess umfassend beschreiben:
- der Vorgang der Animation (Anregung, Initiative, Aufforderung);
- der Inhalt der Animation (Geselligkeit, Bewegung, Aktivität);
- die Wirkung der Animation (Spaß, Genuss, Kontakt, Beziehung, Erlebnis).

Diese Vorstellung der Animation als Prozess erweitert das Verständnis der Animation in erheblichem Maße. Nicht nur die vordergründige Aktivität steht im Mittelpunkt, sondern die möglichst breite, prozessorientierte Intention.

4 Geschichte der Animation Die Geschichte der Animation ist geprägt durch die Entwicklung der sozialen Gruppenarbeit in der Sowjetunion (heute größtenteils Russland), in Frankreich (später auch in Belgien und Italien) in den 1920er- und 1930er-Jahren (Opaschowski 1979, S. 66–86). Das heutige Wort Animation stammt aus Frankreich, wo es ursprünglich vor allem sozial motivierte Aktivitäten für junge Menschen beschrieb. Damals entstand eine Vorstellung von der Bedeutung der Partizipation der Jugendlichen im sozialen und Freizeit-Bereich. Eng damit verbunden ist die Entstehung der „Maisons des Jeunes et de la Culture" (MJC) in den 1940er-Jahren. Daraus entwickelte sich bereits sehr früh nach dem Zweiten Weltkrieg eine staatlich anerkannte, qualifizierte Ausbildung zum „Animateur".

Dieses Konzept der partizipativen, soziokulturellen Animation wurde frühzeitig auf den Freizeit- und Urlaubsbereich übertragen: in den 1950er-Jahren in den französischen Familien-Feriendörfern, die von Beginn an Animationsprogramme der vielfältigsten Art in ihre Angebote integrierten. Als Pionier begann Club Méditerranée seit 1950 mit Animation als spezifischem Teil eines unverwechselbaren Produktes in seinen Clubs (Finger & Gayler 2003, S. 304 ff.). Parallel dazu hatte sich in Großbritannien bereits seit 1936 die nach ihrem Gründer Sir William Butlin genannte Kette von Familiendörfern, die „Butlins Resorts", entwickelt. Animateure heißen dort nach ihrer Bekleidung „Redcoats". Damit ist Animation zu einem Dienstleistungsbegriff und einem Tätigkeitsfeld geworden, das sich vor allem auf Freizeit bezieht. Das gilt seit den frühen 1970er-Jahren auch für Deutschland. Club Aldiana und Robinson Clubs traten in dieser Zeit als deutsche Alternativen an; ihr Konzept war konsequent auf Bedürfnisse und Mentalität deutscher Urlauber übertragen worden. Anfang der 1980er-Jahre tauchten die ersten Club-Derivate auf, die in ihrer Erscheinungsform die klassischen Club-Anlagen in fast allen Bereichen kopierten: „Club Calimera" von ITS-Reisen (1983) gehörte zu den ersten Anbietern; es folgten dann in den 1990er Jahren Akteure wie „Magic Life".

Erst zu Beginn der 1980er-Jahre erschienen animationsorientierte Ferienprogramme außerhalb von Clubs (Bungalowdörfer, Hotels, Ferienzentren) in großer Zahl auf dem Markt: Iberotel, Grecotel, die „Kärntner Bauerndörfer" der damaligen Rogner-Gruppe in Österreich und in den großen Ferienzentren zum Beispiel an der deutschen Ostsee in Damp.

Die brillante Idee des „→ All inclusive"-Urlaubs, mit der Gründung der „SuperClubs" 1976 bzw. „Couples" 1978 und von „Sandals"-Gründer Gordon „Butch" Steward im Jahr 1981 auf den Markt gebracht, erzeugte Anfang der 1990er-Jahre dann eine vierte Welle der animationsbetonten Urlaubsformen: In Zielgebieten mit niedrigen Personal- und Wareneinsatzkosten (Kuba, Dominikanische Republik, aber auch in der Türkei oder Tunesien) entstand eine große Zahl von club-ähnlichen Hotel-Anlagen, deren Inklusiv-Offerten eine breite Palette von Sport-, Spiel- und Unterhaltungsangeboten enthielt. Führend waren bezeichnenderweise in Kuba und in der Dominikanischen Republik spanische und deutsche Hotelgruppen, wie zum Beispiel Riu, Iberotel, Barcelo, u. a., die ihr Animations-Derivat in einer weiteren Kopie in die All-Inclusive-Resorts exportieren, zum größten Teil mit einheimischen, im Schnellverfahren eher oberflächlich angelernten Animateuren.

Ein weiterer entscheidender Schritt zur Verbreitung der Idee der Urlaubsanimation wurde Mitte der 1980er-Jahre getan, als die Verantwortlichen vieler Hotels und kleinerer Betriebe (zum Beispiel im Rahmen von → Urlaub auf dem Bauernhof) erkannten, dass in einer guten Gäste-Animation (→ Hotelanimation) eine wirtschaftliche Chance liegt. Das galt vor allem für die mittelständische Ferienhotellerie, insbesondere im Alpenraum und in den Mittelgebirgen, für die ein Gästeprogramm mittlerweile zum selbstverständlichen Serviceangebot gehört.

Diese Einsicht in die Notwendigkeit einer qualitativ hochwertigen Animation galt ganz besonders für spezielle Angebotsgruppen wie die „50plus Hotels", die verstärkt aktive Gästeprogramme und Urlaubsanimation für ältere Urlauber anbieten wollten. Es gibt eine übergreifende lebensstilistische Orientierung, welche die meisten Menschen über fünfzig gemeinsam auszeichnet:
– Gemütlichkeit,
– Geselligkeit,
– Gepflegtheit,
– Gesundheit,
– Genussvoll,
– „Anders".

In vielen Bereichen ist allerdings generell eine stärkere Qualitätsorientierung dringend nötig, um das negative Image der „Ballermann"-Animation zu vermeiden und den Begriff (und damit die Idee) nicht zu desavouieren.

Trotz unterschiedlicher Ziele ist allen Animationsbemühungen gemeinsam, dass sie als Ansatz und Ausgangspunkt offene Situationsfelder (insbesondere im Freizeit- und Urlaubsbereich) wählen, dass sie den Menschen die Anonymität der Umwelt nehmen, ihnen Mut machen, Kommunikationsbarrieren, Kontaktschwellen und Hemmungen zu überwinden und ihnen – im Idealfall – ein Gefühl emotionaler Geborgenheit und sozialer Sicherheit geben.

5 Animation: eine selbstverständliche Dienstleistung Genauso, wie man in einem Ferienhotel einen Rezeptionisten für selbstverständlich hält oder einen Barkellner, genauso erwartet der Gast heute in einem guten Haus entweder einen Animateur oder aber einen animativ orientierten Mitarbeiter, der

- die entsprechenden Wünsche seiner Gäste annimmt,
- mit seiner spezifischen Arbeitsweise den Gast auffordert, einlädt, ermutigt,
- Impulse gibt, anstößt und
- das ist entscheidend – präsent ist, erreichbar ist, und nicht nur Programme abspult.

Die Rolle des Gastgebers wird wiederentdeckt und ausgeübt. Die Animation kann heute Teile dieser Funktion übernehmen, sei es direkt in den Beherbergungsbetrieben oder indirekt in Urlaubsorten. Den „guten Gastgeber" zeichnen folgende Funktionen und Verhaltensweisen aus:

- empfangen, begrüßen,
- informieren,
- mit anderen bekannt machen,
- präsent sein, ansprechbar, erreichbar sein,
- bewirten, bedienen,
- sich kümmern, fürsorglich sein,
- Interesse haben und zeigen,
- etwas mit den Gästen gemeinsam unternehmen,
- etwas „Besonderes" organisieren,
- seine Gäste verabschieden.

Diese Funktionen müssen nicht nur von einer einzelnen Person ausgeübt werden. Das kann in einem kleineren Hotel oder in einer Pension auch der Wirt, die Wirtin oder der Hotelier selbst sein oder einer seiner Mitarbeiter.

6 Ziele und Wirkungen der Animation Die Zielsetzung, aber vor allen Dingen auch die Wirkungen der Animation sind Bestandteil ihrer Definition (s. Punkt 2). Animation ist auf die Bedürfnisse und Wünsche der Gäste und deren Befriedigung im Sinne einer Intensivierung des Urlaubserlebnisses hin ausgerichtet. Durch Animation ausgelöste Lernprozesse, die unter Umständen auch das Freizeitverhalten im Alltagsbereich beeinflussen, werden hier als positive Ergänzung der Animation gesehen. Im einzelnen hat die Animation folgende Wirkungen und Ziele:

- Realisierung von Bedürfnissen,
- Steigerung der Eigenaktivität,
- Vermehrung von Kontakten,
- Intensivierung der Kommunikation,
- abwechslungsreichere Urlaubsgestaltung,
- intensiveres Urlaubserlebnis,
- Erhöhung von Spaß, Freude, Vergnügen,
- Chance der Weiterwirkung der gemachten Erfahrungen.

Animation ist folglich ein sozial-kommunikativer Prozess. Animation ermöglicht eine qualitative Veränderung des Erlebniswertes, eine lustvolle Gestaltung der Freizeitaktivität: Es macht „einfach mehr Spaß". Das bezieht sich sowohl auf Einzelaktivitäten als auch auf den Gesamtrahmen des Urlaubs, der dann mit Begriffen wie „freundliche, tolerante Atmosphäre", „gute Stimmung" und „Ambiente" umschrieben wird. Dieser Effekt der Animation kann sich auf alle oben erwähnten inhaltlichen Bereiche beziehen. Animation ist nicht nur Beratung und Anregung, auch nicht nur die Durchführung von Urlaubsaktivitäten, sondern führt zu höherer Lebensqualität im Urlaub und darüber hinaus.

Animation ist eine integrierte Dienstleistung, die in den Betrieb eingebunden sein muss. Das verlangt auf der anderen Seite, dass auch alle Betriebsangehörigen in gleicher Weise, im gleichen Stil, mit gleicher Freundlichkeit, in gleicher animativer Weise auf den Gast zugehen. Die gewandelten Ansprüche des Gastes fordern den Gastgeber auch in seiner inneren Einstellung.

7 Animation ist Beziehungsarbeit und „Emotional Branding" Durch gemeinsames Tun entstehen Beziehungen zwischen den Gästen. Das ist das grundsätzliche Anliegen der Animation. Darüber hinaus aber erzeugen alle Animationsprogramme durch ihre Aktivitätsbereiche weitere Kontakt- und Erlebnis-Chancen: zur Umwelt, zur Kultur und den Menschen in der Urlaubsregion durch „Land & Leute"-Programme, zu Traditionen durch kulturelle Elemente wie Tanz, Musik, Bild und kreatives Tun.

→ Dienstleistung wird in Zukunft eine zum Beispiel durch Erlebnisse und Atmosphäre viel stärkere emotionale Komponente besitzen müssen, um erfolgreich zu sein und nachhaltig vom Gast wahrgenommen zu werden. Es geht darum, ein emotionales Beziehungsnetzwerk zwischen Anbieter und Gast herzustellen. Es gibt genügend Beispiele dafür, dass Hotels und Regionen, die dieser Konzeption folgen, auch wirtschaftlich besonders erfolgreich sind.

Damit erhält Animation in Zukunft eine ergänzende Funktion als Bestandteil eines „emotional branding". Branding (to brand [engl.] = Rindern den Stempel des Eigentümers einbrennen) ist der Prozess, bei dem eine für beide Seiten förderliche und nützliche bzw. gewinnbringende Beziehung zwischen der gastronomischen bzw. Dienstleistungsmarke und dem Gast hergestellt, verstärkt und aufrecht erhalten wird. „Emotional branding" bietet ein hohes Maß an Qualität, ist so anziehend und vertrauenswürdig, dass es Gefühle der Zuneigung und Loyalität hervorruft und Gäste bereit sind, einen höheren Preis dafür zu zahlen. Ziel ist es, jede Dienstleistung und jedes Produkt

- mit Personen zu assoziieren (nicht so sehr mit Gebäuden, mit Orten, mit technischen Vorkehrungen);
- zwischen der Person und dem Konsumenten bzw. dem Gastgeber und dem Gast, eine emotionale Beziehung herzustellen, die man sich wie ein Markenzeichen (brand) vorstellen muss.

Das heißt, der Gast fährt nicht nur in einen bestimmten Ort, sondern er fährt zu einer bestimmten Person, weil er sich bei dieser und mit dieser Person – im Rahmen von Animationserlebnissen – besonders wohl gefühlt hat, weil er durch diese Person im letzten Urlaub Dinge erlebt hat, die er allein nicht hätte finden oder erreichen können. Der gute Gastgeber, der sich um seine Gäste bemüht, der Animateur wird zum Markenzeichen seines touristischen Angebotes; er hat damit eine Chance, der Beliebigkeit und Austauschbarkeit von Tourismus-Produkten zu entgehen (→ Commodity).

„Emotional Branding" ist der zeitgemäße Fachausdruck für Beziehungsarbeit, für ernst genommene Animation als Teil der touristischen Dienstleistung der Zukunft. Diese Form des Service ist nicht nur menschlich wichtig für unsere Gesellschaft, sondern sie ist auch wirtschaftlich erfolgreich. Das ist die für die Unternehmer beste und stärkste Begründung und Motivation, diesem Weg zu folgen. (cfb/wf)

Literatur

Finger, Claus; Brigitte Gayler 2003: Animation im Urlaub. München: Oldenbourg

Gengenbach Klaus; Kurt Niclaus 2011: Cluburlaub. In: Jörn W. Mundt (Hrsg.): Reiseveranstaltung. Lehr- und Handbuch. München, Wien: Oldenbourg, S. 355–372 (7. Aufl.)

Nahrstedt, Wolfgang 1975: Emanzipation oder Manipulation der Ferienmacher? In: Animation im Urlaub. Starnberg: Studienkreis für Tourismus

Opaschowski, Horst W. (Hrsg.) 1979: Einführung in die freizeitkulturelle Breitenarbeit. Methoden und Modelle der Animation. Bad Heilbrunn: Klinkhardt

Opaschowski, Horst W. (Hrsg.) 1981: Methoden der Animation. Praxisbeispiele. Bad Heilbrunn: Klinkhardt

Ankunftsdichte (AD) [arrivals density]

Maß der → Tourismusdichte, in dem die Anzahl der Ankünfte (A) in kommerziellen Beherbergungsbetrieben in einer Gebietseinheit auf 1.000 Einwohner (alle Einwohner = N) bezogen wird. Alternativ kann die Zahl der Ankünfte statt auf die Einwohnerzahl auch auf die Fläche einer Gebietseinheit bezogen werden. (jwm)

Anlageintensität (Hotel) [intensity of investments]

Widerspiegelt das Verhältnis von Anlagevermögen zum Gesamtvermögen und ist durch einen hohen Anteil an Anlagevermögen gekennzeichnet.

$$\text{Anlageintensität} = \frac{\text{Anlagevermögen}}{\text{Gesamtvermögen}}$$

Hotels verfügen, auch im Vergleich zu Unternehmen anderer Wirtschaftsbereiche, über ein hohes (Sach-)Anlagevermögen. Dabei weisen → Eigentümerbetriebe eine höhere Anlageintensität aus (bis 90 % der Bilanzsumme) als Pachtbetriebe, da in deren Bilanz Grund und Boden nicht erscheinen und Gebäude und Einrichtungen einen niedrigeren Anteil aufweisen. Eine hohe Anlageintensität verursacht hohe Fixkosten und beeinträchtigt die Flexibilität von Hotelbetrieben. Deshalb ist eine hohe Kapazitätsnutzung und deren laufende Kontrolle eine wichtige Aufgabe im Hotelmanagement.

Die Anlageintensität hat Auswirkungen auf die Investition und Finanzierung im Hotel. Investitionen in das Anlagevermögen müssen langfristig finanziert werden (goldene Finanzierungsregel), so dass Hotels relativ viel langfristiges Kapital (Eigenkapital oder langfristiges Fremdkapital) benötigen. Insofern spielt die Fristenkongruenz von Finanzierungsmitteln (Übereinstimmung von Kapitalbindungsdauer und Kapitalüberlassungsdauer) eine besondere Rolle. Da mit Investitionen langfristig Entscheidungen getroffen werden, sind mehrfunktionale Lösungen bei der räumlichen Konzeption im Hotel günstig, um auf sich verändernde Marktbedingungen reagieren zu können. Investitionen sind sorgfältig zu planen, wobei relativ lange Planungszeiträume bei Hotelprojekten oft ein Problem darstellen. → Kapitalintensität. (ukh)

Annonceur
Annoncer (franz.) = bekannt geben, mitteilen, ankündigen. Mitarbeiter in der Küche, der die von Servicemitarbeitern bestellten Speisen in der Küche bekannt gibt bzw. ausruft. Oft wird die Aufgabe vom → Chef de cuisine oder vom → Sous-Chef wahrgenommen. → Bonleiste. (wf)

Anreisedatum [arrival date]
Datum, an dem der Gast im Hotel oder in einer anderen Örtlichkeit zur Anreise erwartet wird. → Abreisedatum. (wf)

Anschlussflug [connecting flight]
Flug einer Umsteigeverbindung, der einen zur nächsten bzw. endgültigen Destination bringt. Hierbei sind auf den verschiedenen Flughäfen unterschiedliche → Mindestumsteigezeiten zu beachten. (jwm)

Anstellwinkel [angle of attack, AoA]
Winkel zwischen der anströmenden Luft und der von ihr angeblasenen Tragfläche. Je größer der Anstellwinkel (Alpha), desto stärker steigt ein Flugzeug bis zum Erreichen eines kritischen Punktes, der zum → Strömungsabriss (stall) am Flügel eines Flugzeuges und damit zum Verlust des Auftriebs führt. (jwm)

Answer Engine Optimization → **Antwortmaschinenoptimierung**

Antipasto [antipasto]

Ante (lat.) = vor; pasto (ital.) = Mahlzeit. Kalte italienische Vorspeise; wird als
→ Amuse-gueule zum Aperitif oder zu Beginn einer Mahlzeit gereicht. (bk/cm)

Antipoden [antipodes]

Regionen auf der Erde, die auf der Erdkugel gegenüber liegen, zum Beispiel Australien, Neuseeland auf der einen und Zentraleuropa auf der anderen Seite. (jwm)

Antwortmaschinenoptimierung [Answer Engine Optimization, AEO]

Unter Antwortmaschinenoptimierung versteht man die Verbesserung der Sichtbarkeit der Webpräsenz bei semantischen Suchergebnissen (blog.frase.io). Ziel ist es, dass von den Suchmaschinen für bestimmte → Keywords bzw. häufig gestellte Fragen ein sogenanntes „Featured Snippet" [(engl.) = „hervorgehobenes Schnipsel, Stückchen"] ausgeliefert wird, welches auf die eigene Website verlinkt. So kann von digitalen Assistenten das Featured Snippet als einzige Antwort auf gesprochene Suchanfragen („Voice Search") ausgewählt werden (www.searchenginewatch.com). Mit zunehmender Popularität von semantischen bzw. gesprochenen Suchanfragen in den Suchmaschinen wird somit auch die AEO immer wichtiger für den Erfolg einer Website.

Zusätzlich zum „Featured Snippet" wurden 2018 von Google auch weitere, sogenannte „Rich Results" eingeführt, welche aus verschiedenen Quellen zusätzliche Inhalte zum Suchbegriff einblenden (Bilder, Videos, Karten, News etc.). Im Gegensatz zu SEO (→ Suchmaschinenoptimierung) wird bei AEO auf Basis der am häufigsten gestellten Fragen optimiert und nicht nur auf Basis einzelner Keywords (www.answer-engine-optimisation.com). (sm/lf)

Literatur

Answer Engine Optimisation o. J.: Voice Search. (https://www.answer-engine-optimisation.
com/writing-for-voice-search, zugegriffen am 05.12.2019)
Frase o. J.: Answer Engine Optimization. (https://blog.frase.io/what-is-answer-engine-
optimization/, zugegriffen am 05.12.2019)
Horster, Eric 2015: Suchmaschinenmarketing im Tourismus. Konstanz, München: UVK
Searchenginewatch 2018: Answer Engine Optimization. (https://www.searchenginewatch.
com/2018/02/07/the-rise-of-answer-engine-optimization-why-voice-search-matters/,
zugegriffen am 05.12.2019)

AoA → Anstellwinkel

AP → Vollpension

Apart-Hotel → Apartment-Hotel

Apartment-Hotel [apartment hotel]

Appartement (franz.) = Wohnung. Ein Apartment-Hotel ist ein gastgewerblicher Betrieb, bei dem die Beherbergung in Apartments, also in abgeteilten Wohneinheiten stattfindet. Diese wiederum zeichnen sich durch einen getrennten Wohn- und Schlafbereich und eine Kochgelegenheit aus (s. a. CEN 2003, S. 6 ff.; DEHOGA o. J.). Das hotelübliche Dienstleistungsangebot ist – etwa im Bereich der Verpflegung – eingeschränkt. Die Betriebsart wird aus diesem Grund sehr oft nicht der klassischen Hotellerie zugeordnet. Apartment-Hotels schneiden in Betriebsvergleichen überdurchschnittlich gut ab. Grund hierfür ist der verhältnismäßig niedrige Personalaufwand.

Der aus dem französischen stammende Begriff wurde auch im angelsächsischen Sprachbereich übernommen und entsprechend adaptiert. Dies erklärt die zahlreichen unterschiedlichen Schreibvarianten in der Praxis (beispielsweise Apart-Hotel). (wf)

Literatur

CEN Europäisches Komitee für Normung 2003: Tourismus-Dienstleistungen – Hotels und andere Arten touristischer Unterkünfte – Terminologie (ISO 18513: 2003). Brüssel

DEHOGA Bundesverband o. J.: Definition der Betriebsarten. (https://www.dehoga-bundesver band.de/zahlen-fakten/betriebsarten/, zugegriffen am 13.10.2019)

Aperitif [aperitif]

Appetitanregendes Getränk, das vor dem Essen getrunken wird. Der Aperitif soll die Magentätigkeit anregen, den Magen quasi „öffnen" (aperire [lat.] = öffnen) für das folgende Essen. Bereits im Römischen Reich waren appetitanregende Getränke, etwa Wein aus Honig, im Gebrauch.

Zu den Aperitifs zählen Südweine wie Sherry, Portwein oder Madeira, Anisées (Pastis), Schaumweine, → Cocktails (z. B. Aperol Spritz, Gin Tonic, Hugo), Spirituosen (z. B. Whisky) und alkoholfreie Getränke (Gemüse- oder Fruchtsäfte). Gängige Abkürzung in der betrieblichen Alltagssprache: apéro (franz.). Im medizinischen Bereich ist ein Aperitivum ein Abführmittel. (wf)

> **Gedankensplitter**
> „Wir trinken Champagner im Sitzen, Stehen und im Liegen. Und wenn wir zu Engeln geworden sind, auch im Fliegen." (Bonmot)

APK → **Available Passenger Kilometres**

App → **Mobile Applikationen**

Appartement → **Zimmertypen**

Appartementresidenzen → **Boarding House**

Après Ski
Meist abendliche Vergnügungen (zum Beispiel in Bars oder Diskotheken) nach dem Skifahren. (hdz)

APU → **Auxiliary Power Unit**

Architekturtourismus [architectural tourism, architourism]
Beim Architekturtourismus steht das Bauwerk im Zentrum des touristischen Interesses und erfüllt nicht mehr nur funktionale Aufgaben, die den Tourismus unterstützen bzw. ermöglichen (→ Tourismusarchitektur). Dabei können sowohl einzelne Gebäude als auch zusammenhängende Strukturen zum Ziel der Reise werden (→ Reisemotivation). Die Attraktivität stellt damit einen entscheidenden Faktor dar. Welche Art von Architektur in welchem Kontext als Attraktion verstanden wird, ist aber individuell verschieden und kann je nach → Destination und Besucher variieren (Specht 2020, S. 239 f.). Architekturtourismus beschränkt sich nicht auf eine bestimmte Epoche oder einen Architekturstil. Im weiteren Sinne deckt er alle Arten von Tourismus ab, die der Architektur gewidmet sind. In Bezug auf historische Bauwerke ist die Anwendung des Begriffs jedoch nicht üblich. Stattdessen wird hier häufig der Überbegriff des → Kulturtourismus genutzt, während sich Architekturtourismus in Presse und Literatur oft nur auf zeitgenössische Architektur bezieht (Specht 2014, S. 18). (js)

Literatur
Specht, Jan 2014: Architectural Tourism. Wiesbaden: Springer
Specht, Jan 2020: Architekturtourismus. In: Axel Dreyer; Christian Antz & Martin Linne (Hrsg.): Kulturtourismus. Berlin: De Gruyter Oldenbourg, S. 233–241 (3. Aufl.)

i　**Gedankensplitter**
„Wenn ein Architekt einen Fehler macht, lässt er Efeu darüber wachsen. Wenn ein Arzt einen Fehler macht, lässt er Erde darauf schütten. Und wenn ein Koch einen Fehler macht, gießt er ein wenig Sauce darüber und sagt, dies sei ein neues Rezept." (Paul Bocuse, Jahrhundertkoch)

ARR → **Average Room Rate**

Artbezeichnungen → **Prädikatisierung**

ASK → **Available Seat Kilometres**

asr Allianz Selbständiger Reiseunternehmen
Gegründet 1976 als ‚Arbeitsgemeinschaft Selbständiger Reisebüroinhaber', in der sich Mitglieder des damaligen Deutschen Reisebüroverbands (DRV; → Deutscher Reiseverband) zusätzlich engagierten, um ihre spezifischen Interessen besser vertreten zu können. Die Umbenennung 1983 zunächst zum ‚Berufsverband Mittelständischer Reiseunternehmer' und dann zum ‚Bundesverband Mittelständischer Reiseunternehmen' erfolgte (unter Beibehaltung des Kürzels) 1986, und der asr wurde damit zu einem Konkurrenzverband des DRV. Das bereits zwischen den Verbandsspitzen ausgehandelte Konzept für eine Wiedervereinigung wurde 1998 auf der Mitgliederversammlung des DRV in Hannover akzeptiert, dann aber kurz danach von den Mitgliedern des asr auf ihrer Jahresversammlung in Mallorca abgelehnt. 2007 wurde der Name des Verbandes wiederum geändert in ‚Allianz Selbständiger Reiseunternehmen – Bundesverband e. V.' und entspricht damit wieder der Abkürzung.

Der asr vertritt heute die Belange von → Reisebüros und → Reiseveranstaltern aus dem Mittelstand. Mitglieder sind inhabergeprägte und von Konzernen unabhängige Unternehmen. Die Aufgaben bestehen aus: Beratung seiner Mitglieder, Wissensvermittlung, Interessensvertretung auf der politischen Ebene. Die Geschäftsstelle ist in Berlin (www.asr-berlin.de). (jwm/ad)

ATA → **Tatsächliche Ankunftszeit**

ATD → **Tatsächliche Abflugzeit**

Atoll [atoll]
Im Pazifik und im Indischen Ozean häufig vorkommende Inselform, die aus einem ringförmigen Korallenriff besteht, in deren Mitte sich eine → Lagune befindet. Der Begriff stammt aus dem Maledivischen. (jwm)

Attraktivität [physical attractiveness]
Attraktivität zeigt sich in der Bereitschaft, jemanden positiv zu bewerten, sich anzunähern und sich positiv zu verhalten. Das Aussehen von Menschen wirkt sich auf die Beurteilung von sozialer Kompetenz aus, weniger stark auf die Bewertung intellektueller Fähigkeiten und gering bzw. gar nicht auf die Bewertung von Integrität. Das → Stereotyp attraktiver Menschen ist im Wesentlichen positiv, man nimmt schöne Menschen als gesünder, glücklicher, sensibler und geselliger wahr (Bierhoff 2011, S. 131 ff.). Diese Zuschreibung hängt auch von der Attraktivität der

Beurteiler ab. Unattraktive Beurteiler schreiben neutralen Personen eine höhere soziale Kompetenz zu als besonders attraktiven oder besonders unattraktiven.

Damit beeinflusst die physische Attraktivität von Menschen, die Kundenkontakt haben, die Erwartungshaltung der Kunden. Ebenso kann die Attraktivität von Kunden das Verhalten der Servicemitarbeiter beeinflussen. (ss)

Literatur

Bierhoff, Hans-Werner 2011: Physische Attraktivität. In: Hans-Werner Bierhoff; Dieter Frey (Hrsg.): Sozialpsychologie – Individuum und soziale Welt. Göttingen: Hogrefe, S. 131–149

Bierhoff, Hans-Werner; Dieter Frey (Hrsg.) 2017: Kommunikation, Interaktion und soziale Gruppenprozesse. Enzyklopädie der Psychologie: Themenbereich C, Theorie und Forschung. Serie VI, Sozialpsychologie. Band 3. Göttingen: Hogrefe

---

_i_ **Gedankensplitter**
„Was schön ist, ist gut." (Stereotyp der Schönheit)

Audio-Guide → **Reiseführer (a)**

Aufenthaltsdauer → **Durchschnittliche Aufenthaltsdauer**

Aufenthaltsmuster [stay pattern]
Aufenthaltsmuster in der Hotellerie setzen sich aus Anreisetag, Aufenthaltsdauer (→ Durchschnittliche Aufenthaltsdauer; → Mindestaufenthaltsdauer) und Abreisetag des Gastes zusammen. Die Muster beschreiben Regelmäßigkeiten im Aufenthalt der Gäste. Hotelbetreiber können über die Analyse von Aufenthaltsmustern Auslastungen steuern. Paketangebote oder bspw. Aufenthaltsrestriktionen sind Versuche der Optimierung (→ Ertragsmanagement). (wf)

Aufgegebenes Gepäck [checked baggage]
a) Allgemein: In der Versicherungssparte Reisegepäck-Versicherung wird als aufgegebenes Reisegepäck jenes Gepäck bezeichnet, das einem Beförderungsunternehmen, einem Beherbergungsbetrieb oder einer Gepäckaufbewahrung zum Transport oder zur Aufbewahrung übergeben wird. Im Rahmen dieser Versicherungssparte besteht für aufgegebenes Reisegepäck Versicherungsschutz, wenn es beschädigt wird, abhanden kommt oder verspätet ausgeliefert wird. (hdz)
b) Flug: Im → Passenger Name Record (PNR) registriertes Gepäck, das beim Check-in aufgegeben und mit einem Anhänger (baggage tag mit Barcode) mit Zielort- und ggfs. Umsteigeortinformationen versehen und dann gesondert im Laderaum bis zum Zielflughafen befördert wird. (jwm)

Aufpreis für Übergepäck → **Sondergepäck**

Aufschlagskalkulation [cost-plus pricing]
Kalkulationsverfahren für Bewirtungsleistungen im Gastgewerbe auf Basis von Rohaufschlägen. Stellt eine Variante der Zuschlagskalkulation dar. Der Rohaufschlag ist eine Kennzahl, die einen Zusammenhang zwischen Umsatz und Wareneinsatz herstellt. Er dient zur Deckung der Kosten ohne Wareneinsatzkosten und des Gewinns. Meist wird er als prozentualer Aufschlag berechnet.

$$\text{Rohaufschlag (in \%)} = \frac{(\text{Nettoumsatz} - \text{Wareneinsatzkosten}) \times 100}{\text{Wareneinsatzkosten}}$$

Der Rohaufschlag kann auf Grundlage von Ist- oder Planwerten entsprechend betrieblicher Erfordernisse für den Gesamtbetrieb, für Speisen und Getränke oder für Waren- bzw. Artikelgruppen ermittelt werden, was eine dementsprechende Umsatz- und Kostendifferenzierung voraussetzt. Der Rohaufschlag wird bei der Ermittlung eines kostenorientierten Netto-Verkaufspreises als Prozentsatz auf die Warenkosten, die lt. Rezeptur anfallen, aufgeschlagen:

Verkaufspreis (netto) = Wareneinsatzkosten lt. Rezeptur + Rohaufschlag in %

Vereinfacht kann mit einem durchschnittlichen Kalkulationsfaktor gerechnet werden, der als Quotient aus Umsatz und Wareneinsatzkosten ermittelt wird:

$$\text{Kalkulationsfaktor} = \frac{\text{Nettoumsatz}}{\text{Wareneinsatzkosten}}$$

Der kostenorientierte Netto-Verkaufspreis errechnet sich dann

Verkaufspreis (netto) = Wareneinsatzkosten lt. Rezeptur × Kalkulationsfaktor

Der Vorteil der Aufschlagskalkulation besteht in der relativ einfachen Anwendung. Nachteilig ist, dass Bewirtungsleistungen, die einen hohen Wareneinsatz aufweisen, auch mit hohen Aufschlägen belastet werden. Außerdem wird der unterschiedliche Arbeitsaufwand bei der Erstellung der Bewirtungsleistungen nicht berücksichtigt. (ukh)

Aufwertung [revaluation]
Aufwertung bezeichnet die Verbesserung der Austauschrelation einer → Währung zu einer anderen Währung. Bei den im Allgemeinen verwendeten Mengenkursen (Anzahl der ausländischen Geldeinheiten bezogen auf eine inländische Geldeinheit) steigt der Wechselkurs bei einer Aufwertung. Eine Aufwertung des Euro gegenüber dem US-Dollar bedeutet, dass man für einen Euro mehr US-Dollar erhält. (hp)

Augenblicke der Wahrheit → **Moments of truth**

Augmented Reality → **Erweiterte Realität**

Ausbooten [to unship, to disembark]

Verlassen von Schiffen (→ Ausschiffung), die auf → Reede liegen, weil sie nicht in einen Hafen einlaufen können. Die Passagiere werden dabei in der Regel über tief-liegende Ausgänge nahe der Wasserlinie oder über Strickleitern (Fallreeps) in klei-ne Barkassen (Börteboote) gebracht, die sie dann an Land bringen. Dies ist zum Beispiel auf Helgoland üblich. Bei Kreuzfahrten in Arktis und Antarktis werden die Passagiere in Schlauchbooten (zodiacs) aufs Eis bzw. an Land gebracht. (jwm)

Ausflaggen [to change flag, to flag out a ship]

Registrierung eines Schiffes in einem Staat, der nicht der Heimatstaat der Reede-rei ist (→ Billigflagge). (jwm)

Ausflügler [excursionist, same-day-visitor, day visitor]

Personen, die ihren regelmäßigen Aufenthaltsort (Wohnort) für weniger als 24 Stunden verlassen bzw. an ihrem Zielort nicht übernachten. Sie sind eine Untermenge von → Besuchern eines Ortes. Zu den Ausflüglern gehören nach der Definition der Vereinten Nationen und ihrer Welttourismusorganisation (UNWTO) zum Beispiel auch Kreuzfahrtpassagiere, die sich mehrere Tage in einem Hafen aufhalten und von dort aus die Gegend erkunden, wenn sie dabei jeweils auf dem Schiff übernachten (Mundt 2013, S. 5). (jwm)

Literatur
Mundt, Jörn W. 2013: Tourismus. München: Oldenbourg (4. Aufl.)
UN & UNWTO 2008: International Recommendations for Tourism Statistics. New York, Madrid: United Nations Department of Economic and Social Affairs (Statistics Division) and World Tourism Organisation
United Nations Department for Economic and Social Information and Policy Analysis – Statisti-cal Division 1994: Recommendations on Tourism Statistics. New York: United Nations

Auslandskrankenversicherung [international health insurance]

Für Reisen ins Ausland ist es notwendig, einen ausreichenden Versicherungs-schutz in Fällen von akuter Krankheit, Unfall oder Tod sicherzustellen. Bei Auf-enthalten innerhalb der EU und einigen weiteren europäischen Ländern (EWR-Raum) gelten infolge der zunehmend koordinierten Gesundheits- und Sozial-politik weitreichende grenzüberschreitende Versichertenrechte. Medizinische Leistungen können von gesetzlich Versicherten in der Regel über die Europäi-schen Krankenversicherungskarte (European Health Insurance Card – EHIC) in Anspruch genommen werden. Für Privatversicherte gelten Regelungen der eigenen Krankenkassen, die aber ebenfalls einen weitreichenden Versicherungsschutz in EU- und EWR-Ländern von mindestens einem bis drei Monaten garantieren.

Zusätzlich hat Deutschland mit weiteren Staaten bilaterale Sozialversicherungsabkommen geschlossen, die in einigen Fällen auch den Bereich der Krankenversicherungen umfassen. In der Regel bietet es sich aber für private wie berufliche Auslandsaufenthalte außerhalb der EU und des EWR-Raumes an, sich entsprechend im Vorfeld über staatliche Stellen und die eigene Krankenversicherung zu informieren. Ausreichender Versicherungsschutz kann in der Regel über eine zusätzliche, private Auslandskrankenversicherung sichergestellt werden. (am)

Auslandsnotruf [emergency call from abroad]
Reiseversicherer und andere Hilfsorganisationen stellen ihren Kunden eine Telefonnummer zur Verfügung, unter der sie das ganze Jahr rund um die Uhr erreichbar sind. (hdz)

Gedankensplitter
„Wir haben in unserem Gewerbe keine Probleme mit Ausländern, sondern nur ohne Ausländer." (Eva-Maria Rühle, ehem. Vorsitzende Bundesausschuss Berufsbildung DEHOGA Bundesverband)

Auslastung [occupancy]
Zentrale Steuerungsgröße im Gastgewerbe. Die Auslastung kann sich auf die Betten bzw. Zimmer beziehen. Die Bettenauslastung ergibt sich als Quotient aus der Anzahl der Übernachtungen zu der Übernachtungskapazität (angebotene Betten) × 100 in %. Die Zimmerauslastung ergibt sich als Quotient aus der Anzahl der belegten Zimmer zu der Übernachtungskapazität (angebotene Zimmer) × 100 in %. Die Übernachtungskapazität errechnet sich aus der Anzahl der Betten bzw. Zimmer mal der Öffnungstage (Hänssler 2016, S. 368 f.). Die Auslastung wird in den Betrieben täglich, wöchentlich, monatlich und jährlich erhoben. Sie beeinflusst in der betriebsinternen Vorausschau etwa Folgeumsätze im F&B-Bereich oder die Personalplanung.

In Deutschland wird die Auslastung von staatlicher Seite von den statistischen Landesämtern bzw. vom Statistischen Bundesamt erhoben. Die durchschnittliche Auslastung der angebotenen Betten (in %) aller erfassten Beherbergungsstätten liegt seit Jahren zwischen ca. 30 % und 40 % (2000: 37,6 %; 2010: 32,7 %; 2019: 39,2 %). Die durchschnittliche Auslastung der angebotenen Betten (in %) im klassischen Beherbergungsgewerbe (→ Hotels, → Hotels Garnis, Gasthöfe, → Pensionen) liegt seit Jahren zwischen ca. 35 % und 45 % (2000: 35,0 %; 2010: 37,1 %; 2019: 45,7 %) (Hotelverband Deutschland (IHA) 2020, S. 75 nach Statistischem Bundesamt). Das strukturelle Überangebot drückt auf das heimische Preisniveau. Zu unterschiedlichen Arten der Zimmerbelegung siehe → Doppelbelegung, → Einzelbelegung. (wf)

Literatur

Hänssler, Karl Heinz 2016: Die Analyse der Betriebsergebnisrechnung – Umsätze und Kosten in der Hotellerie. In: Karl Heinz Hänssler (Hrsg.): Management in der Hotellerie und Gastronomie – Betriebswirtschaftliche Grundlagen. Berlin, Boston: De Gruyter Oldenbourg, S. 361–382 (9. Aufl.).

Hotelverband Deutschland (IHA) e. V. (Hrsg.) 2020: Hotelmarkt Deutschland 2020. Berlin: IHA-Service

Gedankensplitter
„A head in every bed" (Harold L. Vogel, Analyst)

Auslaufen [to leave port, to set sail, to take to sea]

Der Begriff aus der Schifffahrt bezeichnet die Abfahrt des Schiffes aus dem Hafen. (jwm)

Ausreisesteuer [departure tax, exit tax]

Steuer, die von manchen Ländern für das Verlassen des Landes erhoben wird. In manchen Fällen wird sie nur auf Flughäfen fällig oder gilt nur für ausländische Besucher oder nur für Einheimische. (jwm)

Ausschiffung [debarkation, disembarkment, disembarkation]

Verlassen eines Schiffes durch die Passagiere. Dies kann direkt über eine → Gangway an Land führen oder aber durch Boote (→ Ausbooten), wenn das Schiff auf → Reede liegt, weil es entweder zu groß für den Hafen ist, einen zu hohen → Tiefgang aufweist oder die Hafenanlagen besetzt sind. (jwm)

Außenposition [remote position]

Parkposition eines Flugzeuges auf dem Vorfeld, d. h. ohne Verbindung zum → Terminal über einen → Finger. Hier findet das Ein- und Aussteigen der Passagiere über eine → Gangway statt. (jwm)

Aussichtswagen [observation car]

Aussichtswagen oder auch Panoramawagen sind spezielle offene oder verglaste Wagen im Bahnbereich, die auf landschaftlich besonders reizvollen Strecken eingesetzt werden. (hdz)

Ausweichflughafen [alternate airport]
Flughafen, der angesteuert wird, wenn der Zielflughafen nicht angeflogen werden kann. Dies kann zum Beispiel durch Unterschreiten der Wetterminima oder bei Verspätungen durch Schließung des Zielflughafens wegen eines → Nachtflugverbotes bzw. → Nachtflugbeschränkungen sein. Der Ausweichflughafen muss im Flugplan aufgeführt werden, und der Flug dorthin muss bei der Berechnung der notwendigen Treibstoffmenge zuzüglich der vorgeschriebenen Reserven berücksichtigt werden. (jwm)

Authentizität [authenticity]
1 Definition Der aus dem Griechischen stammende Begriff bedeutet Echtheit, Glaubwürdigkeit und Zuverlässigkeit. In Zusammenhang mit dem Freizeittourismus wird darin ein Moment der → Reisemotivation gesehen: Die Fremdbestimmtheit des Menschen, „die kalte Rationalität der Fabriken, Büros, Wohnhäuser und Verkehrsanlagen, die Verarmung der zwischenmenschlichen Beziehungen" (Krippendorf 1984, S. 16) usw. in den modernen Industrie- und Dienstleistungsgesellschaften führen nach diesem Argumentationsgang dazu, dass die Menschen wegfahren, „weil es ihnen da nicht mehr wohl ist, wo sie sind; da, wo sie arbeiten und da, wo sie wohnen" (a. a. O.). Sie suchen statt dessen auf ihren Urlaubsreisen nach Authentizität, nach unentfremdetem und selbstbestimmtem Leben, nach unverfälschter Natur und echten sozialen Beziehungen. Empirisch hat Dann (1977) einen solchen Zusammenhang am Beispiel von Touristen, die Barbados als Reiseziel gewählt hatten, zeigen können.

Eine weitere Variante des Authentizitätsbegriffes steht in der bildungsbürgerlichen Tradition von Studienreisen, auf denen es um das Aufsuchen und Erleben einer möglichst von fremden Einflüssen unverfälschten kulturellen und historischen Wirklichkeit gehen sollte. MacCannell (1973) sieht Touristen dabei in der Tradition von Pilgern, die über den genius loci oder die „Aura" (Benjamin 1936/ 1963) eines Ortes die Authentizität wichtiger religiöser Ereignisse nachempfinden wollen.

2 Inszenierte und konstruierte Wirklichkeit Geht es in diesen Fällen in erster Linie um eine authentische Erfahrung durch touristische Aktivitäten, kann man auf der anderen Seite auch Objekte (Gebäude, Möbel, Kunstwerke, Landschaften usw.) unter der Perspektive von Authentizität sehen (Wang 2000, S. 48). Die für den Zugang durch den wachsenden und immer weiteren Kreisen der Bevölkerung zugänglichen Tourismus notwendigen Veränderungen an historisch und kulturell bedeutsamen Reisezielen wurden vielfach aus einer elitär-kulturkritischen Position als Verlust an Wirklichkeit und Echtheit beklagt (vgl. u. a. Boorstin 1961).

Aus sozialwissenschaftlicher Perspektive wird seit den 1970er-Jahren über die Authentizität inszenierter Wirklichkeit (staged authenticity; MacCannell 1973) für

Touristen diskutiert, wie sie etwa in Folklore Shows oder in den künstlichen Fe-
rien- und → Erlebniswelten von Clubanlagen über Center Parcs bis hin zu Disney
World und ähnlichen Einrichtungen ihren Ausdruck findet. Hierbei wurde mit der
Anwendung des begrifflichen Inventars von Erving Goffman (1959) die Perspektive jedoch erweitert, indem in Analogie zu Theaterinszenierungen zwischen der
Bühne für das touristische Publikum und den dem touristischen Blick (Urry 1990)
entzogenen Rückräumen für das Personal der Inszenierungen unterschieden wird
(Vester 1993). Mit dem übergreifenden Ansatz Goffmans ist es fraglich, ob es über-
haupt Bereiche gibt, in denen solche Inszenierungen nicht stattfinden.

Dem Tourismus jedenfalls sind sie integral, denn „jede Reise ist eine Inszenierung, bei der, wie bei jeder anderen Inszenierung am Theater, im Radio oder im
Film, die aus einem Skript entwickelten Vorstellungen über Orte, Personen und
Stimmen in einer bestimmten Weise mit der Wirklichkeit der bestehenden Möglichkeiten konfrontiert werden. Die Skripte der Reisenden setzen sich zusammen
aus Katalogen, Zeitungsberichten, Fernsehbildern, den Erzählungen von anderen, Reiseliteratur, dem Internet. (...) Touristische Erfahrung ist – wie alle Erfahrung – also per se konstruiert und synthetisch" (Mundt 1999, S. 13). Das, was als
‚authentisch' empfunden wird, ist letztlich also das „Ergebnis der Projektion gewisser stereotyper Bilder, die in den Gesellschaften, aus denen die Touristen stammen, für richtig gehalten und vor allem über die Massenmedien und touristisches
Werbematerial kommuniziert werden" (Wang 2000, S. 54; Übers. *jwm*). Man kann
andererseits aber auch davon ausgehen, dass dies wiederum nicht allein touris-
musspezifisch ist, sondern dass die „gesellschaftliche Konstruktion der Wirklichkeit" (Berger & Luckmann 1966) auch in den eigenen Gesellschaften an den ständigen Lebensorten der Menschen stattfindet. So gesehen wäre die Realisierung
der Suche nach Authentizität als Reisemotiv schon deshalb zum Scheitern ver-
urteilt, weil fremde Gesellschaften hinsichtlich dieses Aspektes ja nicht anders
funktionieren (können) als die eigene. Man könnte daher weiter argumentieren,
dass gerade diese Konstruktion generell ein authentisches Merkmal menschlicher
Gesellschaften ist. Kurz: Der Begriff der Authentizität ist selbst eine gesellschaftliche Konstruktion (Cohen 1988) und damit im obigen Sinne zwar authentisch, aber
nicht im ursprünglich gemeinten Sinne. Vor diesem Hintergrund ginge es bei der
→ Reisemotivation also nur vordergründig um das Aufsuchen authentischer Orte
oder das Machen authentischer Erfahrungen, hintergründig jedoch um den Kontrast zwischen den Alltagsorten und -erfahrungen und anderen Orten und Erfahrungen (Mundt 2013, S. 118 ff.).

Mit diesen Überlegungen relativiert sich auch die oben angesprochene Kritik
an den Veränderungen ursprünglich als authentisch angesehener historischer Orte, denn die Geschichtsschreibung selbst ist Ergebnis gesellschaftlicher Prozesse

und damit selbst auch Objekt der Geschichte. Das zeigt sich am deutlichsten daran, dass gleiche historische Ereignisse zu unterschiedlichen Zeiten anders dargestellt und interpretiert werden, was allenfalls zum Teil der weiteren Erschließung historischer Quellen geschuldet ist. Nicht nur von daher kann man fragen, inwieweit die Erfahrung historischer Orte und Objekte überhaupt authentisch im Sinne des Nachempfindens sein kann, denn man kann darüber hinaus auch durchaus der Meinung sein, dass vollständige moderne Rekonstruktionen eher den zeitgenössischen historischen Wahrnehmungen entsprechen als die Betrachtung zwar originaler, aber unvollständiger und zudem patinierter Bruchstücke.

3 Reisen als Realisierung des Imaginären Mit Blick auf komplett und offen für Touristen inszenierte Destinationen und Ereignisse wie zum Beispiel Disneyland, spricht Boorstin (1961) von ‚Pseudo-Ereignissen' (pseudo events), die den Blick auf die wirkliche Welt verstellen. Allerdings kann man solche Inszenierungen von → Erlebniswelten mit Cohen (1988) längst auch als authentischen Bestandteil US-amerikanischer und mittlerweile vielleicht auch der westlichen Kultur generell deuten. Siehe → Erweiterte Realität, → Virtuelle Realität. (jwm/wf)

Literatur

Benjamin, Walter 1963: Das Kunstwerk im Zeitalter seiner technischen Reproduzierbarkeit. Frankfurt am Main: Suhrkamp (Nachdruck 1977; erstmals erschienen in einer franz. Übers. in der Zeitschrift für Sozialforschung, 5. Jg., 1936)

Berger, Peter L.; Thomas Luckmann 1966: The Social Construction of Reality. A Treatise in the Sociology of Knowledge. New York: Doubleday (Dtsch.: Die gesellschaftliche Konstruktion der Wirklichkeit. Eine Theorie der Wissenssoziologie. Frankfurt am Main: S. Fischer 1970)

Boorstin, Daniel J. 1961: The Image or what happened to the American Dream? New York: Atheneum (Dtsch.: Das Image oder was wurde aus dem amerikanischen Traum? Reinbek bei Hamburg: Rowohlt 1964)

Cohen, Erik 1988: Authenticity and Commoditization in Tourism. In: Annals of Tourism Research, 15 (3), pp. 371–386

Dann, Graham M. S. 1977: Anomie, Ego-Enhancement and Tourism. In: Annals of Tourism Research, 4 (4), pp. 184–194

Goffman, Erving 1959: The Presentation of Self in Everyday Life. Garden City, NY: Doubleday (Dtsch.: Wir alle spielen Theater. Die Selbstdarstellung im Alltag. München: Piper 1969)

Krippendorf, Jost 1984: Die Ferienmenschen. Für ein neues Verständnis von Freizeit und Reisen. Zürich, Schwäbisch Hall: Orell Füssli

MacCannell, Dean 1973: Staged Authenticity: Arrangements of Social Space in Tourist Settings. In: American Journal of Sociology, 79 (3), pp. 589–603

Mundt, Jörn W. 1999: Die Authentizität des Geldes. Zur ökonomischen Entwicklung künstlicher Destinationen. In: Voyage. Jahrbuch für Reise- und Tourismusforschung, 3. Jg., S. 13–32

Mundt, Jörn W. 2013: Tourismus. München: Oldenbourg (4. Aufl.)

Sharpley, Richard 1994: Tourism, Tourists & Society. Huntingdon: ELM Publications

Urry, John 1990: The Tourist Gaze. Leisure and Travel in Contemporary Societies. London: Sage Publications

Vester, Heinz-Günter 1993: Authentizität. In: Heinz Hahn; H. Jürgen Kagelmann (Hrsg.): Tourismuspsychologie und Tourismussoziologie. Ein Handbuch zur Tourismuswissenschaft. München: Quintessenz, S. 122–124

Wang, Ning 2000: Tourism and Modernity. A Sociological Analysis. Amsterdam: Pergamon Press

Autofreiheit [car free]

Verkehrsbezogene Beeinträchtigungen werden zu den Schattenseiten des → Tourismus gezählt. Maßnahmen zur Eindämmung und umweltfreundlicheren Abwicklung des touristischen Verkehrs sind bspw. mittels Verkehrsplanung, Verkehrsmanagement oder Mobilitätsmanagement (→ Mobilitätsmanagement im Tourismus) denkbar. Eine der weitestgehenden Lösungswege ist die Etablierung von Autofreiheit in einer → Destination. Es können autofreie Tourismusorte, Kur- und Erholungsorte sowie Ferienparks unterschieden werden, in denen im gesamten Gebiet oder in Teilgebieten (wie Innenstädte) keine Autos fahren. Letztlich seien autofreie Tage und sog. „PARK(ing) Days" genannt, die nicht nur Touristen ansprechen, sondern sich auch bei Einheimischen einer verstärkten Beliebtheit erfreuen.

Ferienparks mit großflächigen Bungalow-Parks und einem meist überdachten und beheizten Zentralkomplex mit Sportanlagen, Einkaufsmöglichkeiten und gastronomischen Einrichtungen (z. B. Center Parcs, Landal GreenParks) sind in ihrer städtebaulichen Anlage darauf ausgerichtet, dass nur zu bestimmten Zeiten Autos auf das Gelände fahren dürfen und die Pkw auf Sammelparkplätzen außen vor bleiben. Die Betriebskonzepte von Ferienparks werden zwischen geschlossenen und halboffenen, außengerichteten Konzepten unterschieden. Während bei geschlossenen Konzepten der Gast den Park möglichst nicht verlassen soll, wird bei halboffenen Konzepten gezielt ein bereits touristisch erschlossenes, attraktives Gebiet gesucht.

Inseln haben auf Grund ihrer geographischen Gegebenheiten eine gute Ausgangslage für eine Autofreiheit, da sie keinen Durchgangsverkehr aufweisen und insbesondere kleinere Inseln auf Grund der geringen Ausdehnung alle wichtigen Einrichtungen auch problemlos zu Fuß oder mit unmotorisierten Verkehrsmitteln, wie Pferdekutschen oder Fahrrädern, zu erreichen sind. In Deutschland sind etwa die autofreien ostfriesischen Inseln Wangerooge, Juist, Baltrum, Langeoog und Spiekeroog, Helgoland sowie die Halligen zu nennen. In der Ostsee sind die Inseln Hiddensee und Vilm autofrei. Daneben lassen sich in weiteren europäischen Gewässern und in Übersee autofreie Inseln finden (VCÖ 1994, S. 29).

Auf Grund ihres speziellen Angebotes und den Anforderungen, die Kur- und Erholungsorte beim gesetzlich vorgeschriebenen Anerkennungsverfahren zu erfüllen haben, sind sie (oft) stärker für die negativen Auswirkungen des Verkehrs sensibilisiert als andere touristische Destinationen. Andererseits sind die Gäste altershalber und auf Grund körperlicher Gebrechen mehr auf den motorisierten Individualverkehr (MIV) angewiesen, so dass in diesen Orten besonders flächendeckende Verkehrsberuhigungsmaßnahmen und autofreie Teilbereiche bzw. Autofreiheit zu bestimmten Tageszeiten, seltener der gesamte Ausschluss des MIV, im Vordergrund stehen.

Eine weitere Form stellen autofreie Tage dar. So gibt es seit 2000 den europaweiten Aktionstag „In die Stadt – ohne mein Auto!" und seit 2002 die Europäische Mobilitätswoche (16.-22.09. eines Jahres), bei der mehr als 2.000 europäische Städte die „nachhaltige Mobilität" in den Mittelpunkt stellen. Seit Anfang der 1980er-Jahre gibt es in Deutschland daneben den bundesweiten Aktionstag „Mobil ohne Auto" und eine Reihe von autofreien Erlebnistagen. Diese finden auf sonst viel befahrenen Bundes- und Landesstraßen sowie Innenstädten oder rund um einen See statt. Die Straßen werden auf einer Länge zwischen ca. 10–120 km für den Autoverkehr gesperrt, und zehn- bis hunderttausende Besucher nutzen diese Gelegenheit und sind zu Fuß, mit dem Rad oder Inline-Skates unterwegs.

Eine 2005 entstandene Idee sind die jährlich am dritten Freitag im September stattfindenden „PARK(ing) Days", die auf die Künstlergruppe REBAR aus San Francisco zurückgehen. Hier werden Auto-Parkplätze für ein paar Stunden in öffentlich nutzbare Flächen umgestaltet und so der öffentliche Raum zurückerobert, sei es zum Spielen, Sitzen, Ausruhen usw. Seitens REBAR wurden verschiedene Informationsmaterialien wie ein Handbuch zur Etablierung einer „PARK(ing)"-Fläche, Poster, Grafiken und Logos zur Verfügung gestellt. Auch in deutschen Städten gibt es dieses Angebot.

Bei den autofreien Tourismusorten sind Gemeindegebiet bzw. wesentliche Siedlungsbereiche, v. a. im Ortszentrum eines Gemeindegebietes, für den Autoverkehr gesperrt. Vollständig freie Orte gibt es selten, da häufig spezifische Verkehrsarten wie Lieferverkehr oder Anwohnerverkehr zu bestimmten Zeiten oder ganztägig in die autofreien Gebiete fahren können. Orte, die auf Grund ihrer topographischen Lage keinen Durchgangsverkehr aufweisen (z. B. alpine Talschlussgemeinden; Orte, die auf Hochplateaus liegen) und deren Siedlungsform kompakt ist (fußläufige Distanzen) haben beste Voraussetzungen für einen autofreien Tourismus (VCÖ 1994, S. 111 ff.).

Seit längerem bekannte Beispiele sind die Orte, die sich Ende der 1980er-Jahre zur Gemeinschaft autofreier Schweizer Tourismusorte (GAST) zusammengeschlossen haben (Bettmeralp, Braunwald, Mürren, Riederalp, Rigi, Saas Fee, Stoos, Wengen, Zermatt; siehe auch Schweiz Tourismus 2020). Allerdings ist die Autofreiheit bei den meisten Orten stärker auf Grund der topographischen Gegebenheiten als durch langwierige politische Diskussionen entstanden. Einige der autofreien Orte haben aus ihrer Not eine Tugend gemacht bzw. waren immer schon autofrei.

Eine weitere Organisation autofreier Tourismusorte ist die im Jahr 2006 – aus zwei EU-Projekten heraus – gegründete Organisation Alpine Pearls. 2020 präsentiert der Verein 21 Mitglieder in fünf Ländern. Er sieht sich als Kooperation von Tourismusorten in den Alpen, die den umweltfreundlichen Tourismus mit Schwerpunkt umweltfreundlicher Mobilität und das Urlaubserlebnis abseits vom Auto fördern will (www.alpine-pearls.com). (sg)

Literatur

Groß, Sven 2017: Handbuch Tourismus und Verkehr – Verkehrsunternehmen, Strategien und Konzepte. Konstanz, München: UVK (2. Aufl.)

Schweiz Tourismus 2020: Autofreie Orte. (https://www.myswitzerland.com/de-de/reiseziele/ferienorte-und-staedte/autofreie-orte/, zugegriffen am 24.03.2020)

VCÖ – Verkehrsclub Österreich 1994: Wege zum Autofreien Tourismus. Wien

Autohof → **Raststätte**

Automatenaufstellvertrag [contract on setting up slot machines]

Beim Automatenaufstellvertrag handelt es sich um einen sog. Gestattungsvertrag, wonach der Gastwirt dem Geräteaufsteller das Recht einräumt, eine bestimmte Anzahl von Automaten in seiner Gaststätte aufzustellen. Hierbei kann es sich um Geld-, Spiel-, Musik- oder sonstige Unterhaltungsautomaten handeln. Der Aufsteller beteiligt den Gastwirt an den Spieleinnahmen. Der Betreiber von Automaten hat die Bestimmungen nach dem Jugendschutzgesetz zu beachten. (bd)

Automatenguide [ticket machine guide]

Man könnte meinen, dass es sich um ein Buch oder eine Broschüre handelt, in dem bzw. der sich Informationen zu Automaten befinden. Diese Annahme ist falsch. Beim Automatenguide handelt es sich um ein dienstleistungsbezogenes Konzept von Unternehmen, das darauf abzielt, Kunden die Hemmschwelle zu nehmen, ihr Ticket am Automaten selbst zu buchen bzw. andere Arbeitsschritte am Automaten selbst zu bewerkstelligen. Speziell eingesetztes Personal unterstützt diejenigen, die Rat zum Bedienen des Automaten benötigen. (hdz/wf)

Automobilclub → **Allgemeiner Deutscher Automobilclub e. V.**

Autopilot [autopilot]

System, das automatisch und sensorengestützt die Fluglage eines Flugzeuges regelt. In modernen Flugzeugen ist es Ausführungsorgan des Flugmanagementsystems (FMS), über das die Navigation gesteuert wird. Der Flugplan wird bei den

Startvorbereitungen in das FMS eingegeben und wird dann nach dem manuell ausgeführten Start über den Autopiloten abgeflogen. Änderungen können jederzeit während des Fluges entweder direkt oder über das FMS eingegeben werden. Landungen unter schlechten Sichtbedingungen werden meist durch den Autopiloten ausgeführt. (jwm/wf)

Autoput

Der serbische Begriff Autoput bezeichnet eine Autobahn. Noch heute wird darunter die erste jugoslawische Autobahn verstanden. Sie hatte für den aufkommenden Tourismus in der zweiten Hälfte des 20. Jahrhunderts für diejenigen Touristen, die mit dem Auto den Balkan bereisten, eine wichtige Bedeutung, vor allem für türkische Gastarbeiter, die den Autoput für die Reise in die Türkei und zurück nutzten. Der Autoput ist heute in das System der Paneuropäischen Verkehrskorridore als Korridor 10 eingeordnet. Umgangssprachlich lebt die Bezeichnung Autoput noch fort. (hdz)

Autoreisezug [motorail train, car train]

Wer sein Automobil an sein Reiseziel mitnehmen möchte, kann hierfür den Autoreisezug buchen. Beim Autoreisezug handelt es sich um einen speziellen Zug für längere Reisestrecken, bei dem auf speziellen Autotransportwagen Autos und/oder Motorräder mittransportiert werden. Mitgeführt werden Reise-, → Speise- und Schlafwagen. Die Reisenden selbst verbleiben nicht bei ihrem Fahrzeug. Beteiligt sind oft verschiedene Bahngesellschaften. (hdz/wf)

Autozug → **Autoreisezug**

Auxiliary Power Unit (APU)

Bordseitig meist im Heck installierte Turbine für die Energieversorgung des Flugzeuges am Boden. Sie liefert auch die Energie für das Anlassen der Triebwerke und ist während des Fluges in der Regel ausgeschaltet. (jwm)

Available Passenger Kilometres (APK)

Angebotene Anzahl von Flugpassagen mal der damit jeweils verbundenen Entfernung in Kilometern. (jwm/wf)

Available Seat Kilometres (ASK)

Anzahl der zum Verkauf angebotenen Flugsitze multipliziert mit der geflogenen Flugdistanz. (wf)

AVE → **Hochgeschwindigkeitszüge**

Average Daily Rate (ADR)

Durchschnittlich erzielter Nettozimmerpreis. Der Begriff wird in der Praxis mit der → Average Room Rate (ARR) gleichgesetzt. (wf)

Average Room Rate (ARR)

Durchschnittlich erzielter Nettozimmerpreis. Umsatz, der durch den Verkauf von Hotelzimmern innerhalb einer Zeitperiode generiert wurde, dividiert durch die Anzahl der belegten und bezahlten Hotelzimmer. (wf)

Avinieren [to rinse the glass, to rinse the decanter]

Avinieren (vin [franz.] = Wein) bezeichnet das Ausschwenken eines Weingefäßes (→ Dekanter, Weinglas) mit einer kleinen Menge Wein. Dadurch sollen störende Nebengerüche, verursacht etwa durch Spülmittelreste, beseitigt werden.

Um die Kosten für das Ausschwenken gering zu halten, werden für das Avinieren einfache, neutrale Weine genommen; bei Weindegustationen (→ Degustation) werden sämtliche Gläser mit dem selben Wein gespült, der „Spülwein" wird von Glas zu Glas gegossen (Gutmayer, Stickler & Lenger 2012, S. 83). Kritiker halten das Avinieren für überflüssig und fordern stattdessen, dass sauber polierte, geruchsneutrale Weingefäße bereitgestellt werden. (wf)

Literatur

Gutmayer, Wilhelm; Hans Stickler & Heinz Lenger 2012: Service: Die Getränke. Linz: Trauner
   (6. Aufl.)

B

Babybett [crib]
Beherbergungsbetriebe bieten zuweilen Spezialbetten/Gitterbetten für Babies oder Kleinkinder an. Die → Dienstleistung wird mitunter in Rechnung gestellt. (wf)

Backbar → **Front bar**

Back-Office
Aus dem Englischen stammender Begriff, der den Teil eines Reisebüros (→ Reisemittler) bezeichnet, in dem die notwendigen Abrechnungs- und Verwaltungsarbeiten erledigt werden. Unter Back-Office-Systemen versteht man die dafür verwendeten Software-Programme, die zum Beispiel die Buchhaltung, Auswertungen aus den Computer Reservierungssystemen, Verwaltung von Kundendaten usw. ermöglichen. Das Back-Office steht im Gegensatz zum → Front-Office, in dem die Kunden am → Counter bedient werden. Der Begriff wird auch in der Hotellerie genutzt. (jwm/wf)

Back-Office-Systeme → **Back-Office**

Back-of-the-house
Back (engl.) = Rückgrat, Rückseite, Hintergrund; house (engl.) = Haus, Firma. Umschreibung für die Bereiche eines Hotels oder gastronomischen Betriebs, die für Kunden nicht zugänglich bzw. nicht einsehbar sind. Hierzu gehören etwa Küche, Verwaltung, Lager oder Wäscherei. Die Mitarbeiter, die im Hintergrund bzw. „hinter den Kulissen" arbeiten, haben in der Regel keinen Kundenkontakt. → Front-of-the-house. (wf)

Backpacker → **Rucksacktourist**

Back-to-Front → **Boarding**

Baedeker
Nach Karl Baedeker (*03.11.1801 – †04.10.1859) wird heute der wohl bekannteste Reiseführer – kurz Der Baedeker – benannt. Der Autor von Reiseführern und Verleger stammte aus Koblenz. Dort eröffnete er 1827 eine Verlagsbuchhandlung. Mit dem Zukauf des Verlags von Friedrich Röhling (1828) erwarb er den von einem Historiker geschriebenen ersten Rheinreiseführer „Rheinreise von Mainz bis Cöln", den er fast vollständig neu verfasst hat. Die „Rheinreise" wurde wiederholt

https://doi.org/10.1515/9783110546828-003

neu aufgelegt und übersetzt. Sie begründete fortan den Ruhm von Baedeker als Reiseführer-Verleger und -Autor. Um 1900 deckten die Baedeker-Reiseführer ganz Europa ab (Simon 2005, S. 120).

In seinem handlichen Format mit rotem Einband wurde besonderer Wert auf Übersichtlichkeit, Genauigkeit, Faktentreue und Aktualität gelegt. Noch heute sind das die zentralen Qualitätsmerkmale, mit denen Baedeker die Reiseliteratur revolutionierte, um die Benutzer unabhängig von Fremdenführern zu machen. Der Name Baedeker wurde zum Synonym für → Reiseführer (a) schlechthin. Seine Reiserouten und Deskriptionen von Sehenswürdigkeiten können heute noch als gültiger Kanon von Reisebeschreibungen angesehen werden. Dabei hat er selbst vor Ort genau recherchiert und trat inkognito seine Erkundungsreisen an.

Ende der 1970er-Jahre geht Baedeker mit der Allianz AG eine Zusammenarbeit mit einem neuen Reiseführer ein. Der Baedeker Allianz Reiseführer wird zum Erfolgsprodukt und existiert derzeit mit ca. 160 deutschsprachigen Titeln auf dem Markt der Reiseführer. Die neuen Generationen der Reiseführer versuchen, dem Druck des Internets entgegenzuwirken, indem sie Mehrwert schaffen durch Infografiken, wertiges Produktdesign, → Storytelling oder spezielle Karten für Touren zu Fuß, Rad oder mit dem ÖPNV. Der Karl Baedeker Verlag ist heute eine 100%-ige Tochter der Verlagsgruppe MAIRDUMONT (www.baedeker.com). (hdz/wf)

Literatur

Cocking, Ben 2020: Travel Journalism and Travel Media. Identities, Places and Imaginings. London: palgrave macmillan

Simon, Marie 2005: Nimm mich mit … Eine kleine Geschichte der Reisebegleiter. München: Frederking & Thaler

> **Gedankensplitter**
> „Kings and governments may err but never Mr. Baedeker." (Aus der englischen Übersetzung des Librettos zu Jacques Offenbachs Operette „La Vie Parisienne")

Bäder, öffentliche [public baths, public pools, swimming pools]

Für Wenzel (2010, S. 26) liegt der besondere Wert von öffentlichen Bädern als Orte der Begegnung und Freizeitwahrnehmung in der „harmonischen Kombination von zwangloser Kommunikation, sportlicher Aktivität, verschiedenen körperlichen, kulinarischen, geistigen und seelischen → Genüssen in Verbindung mit Gesundheitsvorsorge/Prävention und emotionalem Ambiente".

Diese Kernkompetenzen zeichnen vor allem die alten, traditionellen Badekonzepte aus. So standen bei den Bädern der Antike und der folgenden Jahrhunderte weniger sportliche oder hygienische Ansprüche im Vordergrund, vielmehr wurden sinnliche und kulturelle Erlebnisräume geschaffen. Hygienische Aspekte bekamen im Zuge der Industrialisierung und zunehmenden Verstädterung in den mitteleuropäischen Ballungszentren eine große Bedeutung.

Badeanstalten besaßen bis in die 1950er-/1960er-Jahre einen großen Wert zum Erhalt der Gesundheit und zur Regeneration der Produktivität der arbeitenden Stadtbevölkerung. Mit dem ‚Goldenen Plan' der Deutschen Olympischen Gesellschaft zum Aufbau einer Schwimmsport-Infrastruktur wurde den Bädern in der Nachkriegszeit ein neuer Wert zugewiesen: Als Sportstätten für alle trugen sie nach Jahren des Mangels zur Daseinsvorsorge (öffentliche → Dienstleistung zur Grundversorgung) bei und ermöglichten breiten Bevölkerungsschichten, schwimmen zu lernen. Der Erfolg des flächendeckenden Ausbaus der Schwimmbadinfrastruktur in Form von Sporthallenbädern (indoor pools) und Freibädern (outdoor pools) und der Subvention der Eintrittspreise führte zur zunehmenden Freizeitverbringung in Schwimmbädern. Mit zunehmender Freizeitverbringung wurde aber ein Mangel deutlich: Die ab Ende der 1950er-Jahre geplanten und gebauten Schwimmbäder erfüllten die Funktionalität von Sportstätten, nicht aber von Erlebnisräumen. So waren die Freiflächen von Sporthallenbädern, sprich die Beckenumrandungen, nicht als Aufenthaltsräume, sondern als Verkehrsräume konstruiert (Batz 2007, S. 43 ff.).

Der gesellschaftliche Aspekt der Freizeitverbringung verlangte nun zunehmend eine Umgestaltung der Bäder. Nicht mehr möglichst große Becken standen im Vordergrund, sondern die Optimierung des Freizeitwertes durch eine multifunktionale Ausrichtung. Es entstanden folglich ab den 1980er-Jahren die Freizeit- und Familienbäder, auch Spaßbäder (waterparks) genannt. Ebenso rückten die Aspekte der Gesundheitsvorsorge und → Wellness in den Fokus, was zum Entstehen der Thermen (thermal baths) führte, die sich häufig aus klassischen Thermal- und Kurbädern heraus entwickelten (→ Kur; → Mineral- und Thermalheilbad).

Dementsprechend können heute Daseinsvorsorge-orientierte Bädertypen und marktorientierte Bädertypen vorgefunden werden. Sporthallenbäder, Freibäder und Kombibäder, die sowohl über Außen- als auch Innenbecken verfügen, dienen der Daseinsvorsorge und werden häufig von kommunalen Betriebsgesellschaften geführt. Zur Basisausstattung von Sporthallenbädern gehört in der Regel ein 25 Meter-Schwimmbecken und ein Lehrschwimmbecken. Schul- und Vereinsschwimmen sowie die Wohnbevölkerung im unmittelbaren Einzugsgebiet bestimmen die Besucherstruktur, die touristische Relevanz ist gering. Freibäder können in touristischen → Destinationen das Angebot ergänzen, sie werden überwiegend von Individualgästen und für das Vereinsschwimmen besucht und verfügen oft über ein 50 Meter-Schwimmbecken, ein Nichtschwimmerbecken, ein Planschbecken und ein Springerbecken mit Sprungturm und ein einfaches gastronomisches Angebot. Gemein ist diesen Bädertypen, dass der geringe zu erzielende Pro-Kopf-Eintrittserlös in der Regel nicht kostendeckend ist und die Bäder aus den kommunalen Haushalten finanziert werden müssen.

Zu den marktorientierten Anlagen zählen die Freizeitthermen in Verbindung mit Gesundheits- und Wellness-Einrichtungen, welche mit dem aus dem Englischen abgeleiteten Überbegriff als Spa-Einrichtungen bezeichnet werden können. Freizeittherme verfügen meist über eine komplexe Poollandschaft, oft in Verbindung mit Massagedüsen, Sprudelpilzen oder Strömungskanälen. Die Attraktionen sind aber nur teilweise auf Kinder und Jugendliche ausgerichtet. Typisch ist das Vorhandensein einer großzügigen Saunaanlage und weiterer Wellness- und Gesundheitseinrichtungen, wie z. B. der Möglichkeit für Massage- oder Beauty-Anwendungen oder ein angeschlossenes Fitnessstudio. Ebenso gehört eine vollwertige Gastronomie häufig zur Anlage. Viele Thermenanlagen verfügen über ein hochwertiges Beherbergungsangebot, sie entsprechen modernen Ferienresorts und generieren Urlaubsgäste (z. B. Eurothermenresort Bad Schallerbach, St. Martins Therme und Lodge Frauenkirchen, Tamina Therme Bad Ragaz). Über die Verbindung aus hochwertigem Angebot und spektakulärer Architektur (→ Tourismusarchitektur) können Sie überregionale Bekanntheit und touristische Relevanz für die Destination entwickeln (z. B. Therme Bad Aibling, Rogner Bad Blumau, Therme Vals). Der Wert von einzelnen Bädern oder Bäderverbünden (z. B. Thermentrio am Bodensee, Thermenland Steiermark) für das lokale und regionale Tourismusmarketing darf nicht unterschätzt werden und kann besonders in schwachen Saisonzeiten zusätzliche touristische Nachfrage generieren.

Die ebenfalls zu den marktorientierten Anlagen zählenden Freizeit- und Familienbäder bzw. Spaßbäder bieten komplexe Indoor- und Outdoor-Poolanlagen mit überwiegend auf Kinder und Jugendliche ausgelegten Attraktionen in Form von unterschiedlichen Wasserrutschen, Wildwasserkanälen, Wellenbädern und großzügigen Planschbecken. Häufig werden auch diese Badetypen mit Saunaanlagen kombiniert, um den Anforderungen der ganzen Familie zu entsprechen. Den Kommunen werden Zeiten für das Schulschwimmen angeboten. Ein vollwertiges gastronomisches Angebot trägt hier zur Verbesserung des Deckungsbeitrags bei, der für die marktorientierten Typen durchaus positiv ausfallen kann.

Eine Erweiterung des Freizeit- und Familienbades stellen die Indoor- und Outdoor-Wasserparks dar. Ihre Zielgruppen- und Erlösstrukturen gleichen → Freizeitparks. Die aus den Spaßbädern bekannten wasserbasierten Attraktionen prägen das Erscheinungsbild; die Wasserflächen, welche für das Schwimmen verwendet werden, sind gering. Outdoor-Wasserparks befinden sich hauptsächlich in Warmwasser-Urlaubsdestinationen und ergänzen dort das touristische Angebot der Destination (z. B. Siam Park Teneriffa, Aqualandia Jesolo). Indoor-Wasserparks finden sich neben Urlaubsdestinationen auch in großstädtischen Ballungszentren oder deren Einzugsgebieten (z. B. Tropical Islands, Krausnick; Happy Magic Water Cube Peking). Zunehmend werden Wasserparks in das Angebot klassischer Freizeitparks integriert, um diese wiederum für einen mehrtägigen Kurzurlaub attraktiv zu machen (z. B. Rulantica, Europapark Rust; Splash Landings at Alton Towers, Stoke-onTrent; PortAventura Caribe Aquatic Park, Tarragona).

Jene öffentlichen Bäder, die es schaffen, einen Mehrwert im Sinne des eingangs erwähnten Zitats dem Badegast anzubieten, können auch einen wesentlichen Beitrag zur regionalen Wertschöpfung aus dem Tagestourismus leisten. In übernachtungstouristisch geprägten Regionen kann ein gutes Badeangebot dazu beitragen, die entsprechende Destination im Wettbewerb mit anderen Tourismuszielen nachhaltig zu positionieren und imagefördernd zu wirken.

Neben diesem volkswirtschaftlichen Nutzen der Bäder sollte aber vor allem der gesellschaftliche Wert und der Wert für das Individuum betrachtet werden. Moderne multifunktionelle Anlagen entsprechen dem zunehmenden Bedarf von Räumen bzw. Plattformen, die zwanglose und unverbindliche Kommunikation ermöglichen. Diese → Third Places beschreiben in Abgrenzung zum First Place (eigenes Zuhause) und dem Second Place (Arbeitsplatz) öffentliche Räume, die aus Sicht der Nutzer zu einem Teil ihres persönlichen Lebensraums werden. Bäder als Anlagen der Freizeitverbringung mit attraktiven Aufenthaltsflächen können somit wichtige soziale Funktionen übernehmen (Wenzel 2010, S. 26 f.).

Die eigenverantwortliche Gesundheitsvorsorge bekommt im Zusammenhang mit dem demographischen Wandel einen immer größeren Stellenwert (Widmann 2017, S. 149 ff.). Steigende Lebenserwartung durch bessere medizinische Versorgung und zunehmende Mobilität im Alter führen dazu, dass gesundheitsorientierte Bäder immer häufiger zur Erhaltung einer individuellen hohen Lebensqualität ihren Beitrag leisten. Die gesundheitspräventiven Aufgaben der Bäder werden also zukünftig noch weiter an Bedeutung gewinnen. Bei der Diskussion um die Überalterung der Gesellschaft darf nicht übersehen werden, dass zwar die Anzahl der Neugeborenen zurück geht und junge Zielgruppen eher schrumpfen, die Anzahl der Familien aber relativ stabil bleibt. Neue Familienkonstellationen (z. B. Patchwork-Familien, Ein-Kind-Familien, Alleinerziehende) zeigen einen erweiterten Bedarf an Freizeitanlagen auf, die eine gemeinsame erlebnisreiche Freizeitverbringung ermöglichen. Auch hier leisten moderne Bäder bereits heute einen Beitrag.

Insgesamt kann festgehalten werden, dass der Wert der modernen öffentlichen Bäder sich nicht nur ökonomisch bestimmen lässt, vielmehr generieren sie einen vielfältigen gesellschaftlichen Zusatznutzen. Wertsteigerungen lassen sich erreichen, wenn Bäder in ihrer Multifunktionalität möglichst viele Nutzer- und Zielgruppen erreichen und als attraktive Aufenthaltsräume gestaltet werden. Komplexe Bäderresorts, wie die Therme Erding, verbinden diese Aspekte zu modernen Freizeitanlagen. (tw)

Literatur

Batz, Klaus 2007: Freizeitbäder und Thermen als Orte der Freizeitgestaltung. In: Landessport-
bund Hessen e. V. (Hrsg.): Erhalt von Schwimmbädern. (=Zukunftsorientierte Sportstätten-
entwicklung, Band 15). Frankfurt am Main: Eigenverlag, S. 43–52

Wenzel, Carl-Otto 2010: Third Place – Bäderkonzepte für die Zukunft. In: European Waterpark
Association e. V. (Hrsg.): Baden in Erlebniswelten. Lichtenau: G. P. Probst, S. 25–29

Widmann, Torsten 2017: Die Einflüsse der demographischen Entwicklung auf die Freizeitwirtschaft. In: European Waterpark Association e. V. (Hrsg.): Moderne Bäder Welten. Lichtenau: G. P. Probst, S. 149–156

Baggage allowance → **Freigepäckgrenze**

Bahn [train, railway]

Zunächst einmal bezeichnet man als Bahn heute das schienengebundene Verkehrsmittel zum Transport von Personen und Gütern. Bahn ist in diesem Zusammenhang oft als Verkürzung von → Eisenbahn in den Sprachgebrauch eingegangen. Bahn ist im Begriffsspektrum der folgenden Begriffe zu sehen: Fahrbahn,
Flugbahn, Autobahn, Landebahn u. a., mit denen immer der Fahrweg, die Linie
gemeint ist, worauf sich ein Objekt bewegt. Die Eisenbahn präzisiert dann eben
das Schienenfahrzeug der besonderen Art, von dem die früher benutzten Holz-
bahnen abgegrenzt wurden. Schlussendlich steht Bahn auch für das Unternehmen → Deutsche Bahn AG (DB), die selbst wiederum die Benennung Bahn für
sich in vielerlei Zusammenhängen bemüht. (hdz)

Bahnbus [railway bus]

Als Bahnbus bezeichnete man den Omnibus-Linienverkehr der Deutschen Bahn.
Der eigentliche Ursprung der sog. Bahnbusse lässt sich auf das Postkutschenwe-
sen zurückführen. Aus den Postkutschen sind die Postbusse (Kraftpost) hervorgegangen. Erst als die Reichsbahn Verträge mit den Länderbahnen abschloss, wurden die Postbusse abgeschafft bzw. die Organisation in Deutschland in den Über-
landlinienverkehr integriert. Diese Integration lief nicht geradlinig ab. Ende des
20. Jahrhunderts hat sich die Postdienst-Beteiligungs-GmbH (PDB) aus dem Re-
gionalbus-Geschäft endgültig zurückgezogen.

Die Deutsche Bahn AG bedient heute mit DB Regio das regionale Verkehrs-
netz. DB Regio wiederum betreibt neben dem Geschäftsbereich Schiene (DB Regio
Schiene) den Geschäftsbereich Bus (DB Regio Bus). Die Bussparte der Deutschen
Bahn ist der größte Akteur im deutschen Busverkehr (Deutsche Bahn o. J.).

In Österreich können Postbusse auf eine über 100-jährige Geschichte zurückblicken (1907: erste Postautolinie zwischen Neumarkt und Predazzo/Südtirol).
Heute stellen sie das größte Busunternehmen Österreichs dar (ca. 750 Linien, ca.

20.800 Haltestellen in Österreich) und bedienen nationale und internationale Linien. Das Busunternehmen ist eine Tochter des ÖBB-Konzerns (ÖBB o. J.).

In der Schweiz ist die Busunternehmung PostAuto das größte Busunternehmen im öffentlichen Verkehr. Die Anfänge reichen in das Jahr 1849 zurück mit der Entstehung eines Pferdepostnetzes. Die Schweizerische Post ist Eigentümerin der Busunternehmung (Postauto o. J.). (hdz/wf)

Literatur
Deutsche Bahn o. J.: DB Regio.
(https://www.deutschebahn.com/de/konzern/Konzernunternehmen/dbregio-1191846, zugegriffen am 20.08.2020)
ÖBB o. J.: ÖBB-Postbus GmbH. (https://personenverkehr.oebb.at/de/postbus, zugegriffen am 20.08.2020)
Postauto o. J.: Organisation. (https://www.postauto.ch/de/organisation, zugegriffen am 20.08.2020)

BahnCard

Kostenpflichtige Rabatt- bzw. Kundenkarte im Tarifsystem der → Deutschen Bahn. Zentrale Zielsetzung ist eine langfristige Kundenbindung. Am 01.10.1992 brachte die Deutsche Bundesbahn die erste Bahncard auf den Markt. Das Kundenbindungsprodukt etablierte sich schnell: Nach 10 Jahren besaßen drei Millionen Bahnfahrer eine BahnCard, Anfang 2020 waren über fünf Millionen BahnCards im Umlauf (Deutsche Bahn o. J.; Deutsche Bahn 2020).

Die Deutsche Bahn bricht das Produkt breit auf, um private und berufliche Gelegenheits- und Vielfahrer (BahnCard 25, Bahncard 50, BahnCard 100, BahnCard Business 25/50/100) als auch unterschiedliche Altersgruppen anzusprechen (Jugend BahnCard 25, My BahnCard 25/50, BahnCard für Senioren). Zu besonderen Anlässen legt die Deutsche Bahn Aktionskarten auf. (wf/hdz)

Literatur
Deutsche Bahn o. J.: 25 Jahre jung: Happy Birthday, BahnCard! (https://www.deutschebahn.com/de/konzern/im_blickpunkt/20170927_25_jahre_bahncard-1189526, zugegriffen am 20.11.2019)
Deutsche Bahn 2020: BahnCard 25 und 50 jetzt auch zehn Prozent günstiger – Probe BahnCard schon ab 17,90 Euro. (https://www.deutschebahn.com/de/presse/pressestart_zentrales_uebersicht/BahnCard-25-und-50-jetzt-auch-zehn-Prozent-guenstiger-Probe-BahnCard-schon-ab-17-90-Euro-4791818, zugegriffen am 20.08.2020)

Bahnhof (Bhf, Bf) [railway station]

Die grobe Kurzdefinition der Deutschen Bahn charakterisiert den Bahnhof als Verkehrs- und Betriebsanlage einer Eisenbahnorganisation. Gemäß der deutschen Eisenbahn-Bau- und Betriebsordnung (EBO) gilt die folgende Definition (§ 4): „Bahnhöfe sind Bahnanlagen mit mindestens einer Weiche, wo Züge beginnen, enden, ausweichen oder wenden dürfen. Als Grenze zwischen den Bahnhöfen und der freien Strecke gelten im allgemeinen die Einfahrsignale oder Trapeztafeln, sonst die Einfahrweichen."

Aus der Vogelperspektive sind unter den Bahnanlagen die Bahnhöfe die Knoten im Netz der Schienen, denen je nach Verkehrsaufkommen und jeweiliger Funktion unterschiedliche Bedeutung zukommt. Haltepunkte oder Haltestellen sind auch Bahnanlagen, aber eben keine Bahnhöfe, weil sie über keine Weiche verfügen.

Bahnhöfe dienen der Zugbildung. Bei Kopfbahnhöfen ist das sehr gut erkennbar, wenn es heißt, dass ein Zug bereitgestellt wird. Der Zug wird gewissermaßen „fertiggemacht", also in Position gebracht, was sich direkt beobachten lässt (Nuhn & Hesse 2006, S. 74).

Als Hauptbahnhof wird bei mehreren Bahnhöfen am Ort in der Regel der übergeordnete Bahnhof bestimmt. Diese Überordnung hat oftmals historische Gründe. Zudem ist oft ein Hauptbahnhof wegen seiner zentralen Lage und guten Erreichbarkeit ein Hauptbahnhof. Doch im Zuge des Ausbaus von Hochgeschwindigkeitsstrecken werden die klassischen Hauptbahnhöfe gemieden. So muss der ICE-Fahrgast von Bonn-Siegburg zum Bonner Hauptbahnhof eine halbe Stunde mit einer Straßenbahn fahren, um in die City zu gelangen. Weitere Beispiele sind Kassel und Frankfurt am Main. Die Durchgangsbahnhöfe (Kassel-Wilhelmshöhe und Frankfurt am Main-Flughafen) sind errichtet worden, um die Zugabfertigung zu vereinfachen und Zeit einzusparen. Die Zukunft gehört dem Durchgangsbahnhof, was sich in Berlin wieder bestätigte. Wenn Kopfbahnhöfe nicht mehr profitabel genutzt werden können, werden sie umfunktioniert. Ein klassisches Beispiel ist der zur Weltausstellung 1900 erbaute Pariser Bahnhof Quai d'Orsay, der Mitte der 1980er-Jahre zum Kunstmuseum umfunktioniert wurde (Nuhn & Hesse 2006, S. 74).

Licht und Schattenseiten zeigen auch heute noch viele Bahnhöfe in großen und mittleren Städten. Auf der einen Seite entwickelt sich zur Vorderseite die Einkaufsmeile; oft ist es die traditionelle Bahnhofstraße, die in die Stadt führt mit allen Möglichkeiten des Einkaufs und Hotels. Auf der anderen, der Rückseite zeigt das Bahnhofsviertel sein anderes Gesicht mit einfachen Unterbringungsmöglichkeiten und den gar nicht so seltenen Rotlichtvierteln. Seit Jahren gibt es Anstrengungen, insbesondere Bahnhofsgebäude in kleinen und mittleren Städten aufzuwerten, indem diese Raum für neue Dienstleistungen geben (z. B. für Bürgerämter, → Touristinformationen). Die Allianz pro Schiene vergibt seit 2004 jährlich die Auszeichnung „Bahnhof des Jahres" für den kundenfreundlichsten Bahnhof (Allianz pro Schiene o. J.).

Der Verkehrsstandort Bahnhof ist für die → Gastronomie durch die hohe Frequenz lukrativ. Bahnhöfe wie Hamburg oder Frankfurt/Main zählen ca. eine halbe Million Reisende, Abholer und Besucher pro Tag (Holzhäuser 2020, S. 115). Die geringen Zeitfenster der Kunden sprechen für eine schnelle Gastronomie (→ Fast Food) und einen schnellen Einkauf (z. B. Lebensmitteleinzelhandel für Pendler und deren täglichen Bedarf). Gleichzeitig sind Entwicklungen zu erkennen, die Bahnhöfe zu Aufenthaltsorten mit längerer Verweildauer werden lassen. Globale → Marken werden durch lokale ergänzt, die stark auf Ortsansässige zielen und eine örtliche Atmosphäre spiegeln sollen (Holzhäuser 2019, S. 138 ff.)

Zu Konzeptionen von Bahnhöfen des 21. Jahrhunderts siehe van Uffelen 2010; zu dem Innovationsprojekt „Zukunftsbahnhof" der Deutschen Bahn siehe Deutsche Bahn 2020. (hdz/wf)

Literatur

Allianz pro Schiene o. J.: Bahnhof des Jahres. (https://www.allianz-pro-schiene.de/wettbewerbe/bahnhof-des-jahres/, zugegriffen am 20.08.2020)

Deutsche Bahn 2020: Zukunftsbahnhof. (www.bahnhof.de/bahnhof-de/bahnhoferleben/Zukunftsbahnhof-4476510, zugegriffen am 20.08.2020)

Eisenbahn-Bau- und Betriebsordnung (EBO), 08.05.1967, BGBL II, S. 1563 ff.

Holzhäuser, Charlotte 2019: Gastronomie macht Tempo. In: foodservice, 38 (3), S. 138–143

Holzhäuser, Charlotte 2020: Bahnhöfe: Grüner, größer, besser. In: foodservice, 39 (3), S. 114–119

Nuhn, Helmut; Markus Hesse 2006: Verkehrsgeographie. Paderborn u. a.: Schöningh

Van Uffelen, Chris 2010: Stations. Salenstein: Braun

Bahnhofsgastronomie → **Bahnhof**, → **Bahnhofsgaststätte**

Bahnhofsgaststätte **[station restaurant]**

Mit dem Aufkommen der Bahn entstanden in den → Bahnhöfen seit den 1830er-Jahren → Gaststätten, die die Reisenden gastronomisch versorgten. Sie waren in unterschiedliche Klassen eingeteilt, überbrückten → Wartezeiten und streuten in ihrer Bandbreite von einfachen Bahnhofskneipen über Speisebüfetts an den Gleisen bis hin zu luxuriösen → Restaurants. Neue Bahntrassen, enge Zeittaktungen und ein verändertes Konsumverhalten haben Bahnhofsgaststätten nahezu aussterben lassen (Fuchs 2018, S. 7 ff.).

→ Coffee-Shops, DB-Lounges, → Fast Food-Betriebe, → Food Courts, gastronomischer Einzelhandel, Service Stores und → Speisewagen haben zwischenzeitlich deren Funktion eingenommen. Zu der Geschichte von Bahnhofsgaststätten und ihrer Rolle in der Literatur siehe Fuchs 2018. (wf)

Literatur

Fuchs, Guido (Hrsg.) 2018: In der Bahnhofsgaststätte. Ein literarisches Menü in zwölf Gängen. Hildesheim: monika fuchs

Bahnhofshotel [station hotel]

Hoteltyp, dessen zentrales Charakteristikum der Standort am → Bahnhof oder in der Nähe eines Bahnhofs ist. Wie das → Flughafenhotel oder das → Motel richtet sich der Hoteltyp vor allem an der bestehenden Verkehrsinfrastruktur bzw. den Knotenpunkten eines Landes aus.

Der Aufbau des Schienennetzes Ende des 19., Anfang des 20. Jahrhunderts war die Grundlage für den Hoteltyp (Hoffmann 1961, S. 208 ff.; Penner, Adams & Robson 2013, S. 12). Da Großstadtbahnhöfe historisch gesehen in die Stadt- und damit Geschäftszentren gebaut wurden, handelt es sich mehrheitlich um attraktive Standorte, die unter Hotelinvestoren begehrt waren und auch heute wieder sind. So ist seit Jahren zu beobachten, dass insbesondere → Budget-Hotels die Bahnhofsnähe als Standort aufsuchen.

Allerdings ist der Hoteltyp stark von der bestehenden Bahninfrastruktur abhängig. Neue Verkehrsentwicklungen (z. B. Verlegung von Haltestellen, Einrichtung neuer Trassen) können den Standort entwerten. Bahnhöfe, die seitens der Betreiber keine hohe Priorität mehr genießen und deswegen weniger angefahren werden, führen bei den Bahnhofhotels in kleineren und mittleren Städten nahezu automatisch zu Auslastungsproblemen, insbesondere dann, wenn sich um den Bahnhof kein ausreichendes Geschäftszentrum gebildet hat.

Bekanntester Vertreter in Deutschland sind gegenwärtig die InterCityHotels, eine Marke der Deutschen Hospitality (ehemals Steigenberger Hotel Group). Die Hotelgesellschaft verfügt national und international über 40 Hotels an ICE-Bahnhöfen, IC-Bahnhöfen und Flughäfen (Stand 2020). Die gehobenen Mittelklasse-Hotels zielen mit ihrer zentralen Lage und ihrem Angebot (u. a. Konferenzräume, Business Corners in den Foyers, schallisolierte Komfortzimmer, → Frühstücksbüfett ab 6 Uhr mit → Coffee to go, kostenlose Nutzung des örtlichen öffentlichen Nahverkehrs) auf bahnreisende kostenbewusste Geschäftsleute und Städtetouristen (Deutsche Hospitality o. J.). Die Betriebe werden auf Pachtbasis (→ Hotelpacht), über → Franchise oder → Managementverträge geführt (www.deutschehospitality.com). Die Marke wird in den letzten Jahren verstärkt global positioniert, etwa in China (auch o. V. 2015, S. 11). Die Hotelgesellschaft kooperiert mit der → Deutschen Bahn AG, z. B. im Rahmen von Vorteilsaktionen (Online-Bahnticket zum Vorzugspreis). (wf)

Literatur

Deutsche Hospitality o. J.: Intercity Hotel. (https://www.deutschehospitality.com/marken/intercityhotel, zugegriffen am 21.08.2020)

Hoffmann, Moritz 1961: Geschichte des deutschen Hotels: Vom Mittelalter bis zur Gegenwart. Heidelberg: Hüthig

James, Kevin J. 2018: Histories, Meanings and Representations of the Modern Hotel. Bristol: Channel View Publications

o. V. 2015: Zahlen, Daten, Fakten. Die Steigenberger Hotel Group en bloc. In: Top Hotel Spezial: 85 Jahre Steigenberger Hotel Group, 5 (7), S. 11

Penner, Richard H.; Lawrence Adams & Stephani K. A. Robson 2013: Hotel Design. Planning and Development. New York, London: W. W. Norton & Company (2nd ed.)

> **Gedankensplitter**
> „Location, Location, Location." (Conrad Hilton auf die Frage nach zentralen Erfolgsfaktoren für ein Hotel)

Bahnhofsrestaurant → **Bahnhofsgaststätte**

Bahnhofsschalter [railway counter]

Der Begriff scheint zunächst selbsterklärend zu sein. Jeder weiß, was ein Bahnhofsschalter ist. Beim Schalter handelt es sich um den „Schieber", auch den „Riegel" (spätmittelhochdeutsch), der etwas abgrenzt. Die am Schalter agierende Person (der Schalterbedienstete) ist abgegrenzt zu derjenigen, die bedient werden soll. Sie benötigt die nötige Sicherheit, weil sie Dokumente und evtl. nicht unerhebliche Mengen an Geld und auch Daten in ihrer Obhut hat. Das trifft für → Check-in-Schalter im Flugbereich genauso zu wie für Bahnhofs-, Post- oder Bankschalter. Für das moderne Prozessmanagement (→ Prozessorganisation) reicht diese Begriffsbestimmung jedoch nicht. Hier wird der Schalter im Prozessablauf eines → Service Blueprints als Kontaktpunkt (→ Touchpoint) gesehen und codiert.

Mittlerweile sind viele Bahnhofsschalter ganz oder teilweise abgeschafft worden, um die Personalkosten zu senken. Im regionalen Bahnverkehr trifft man immer seltener auf Bahnhofsschalter. Die Zukunft des Bahnschalters ist beschlossene Sache. Sie ist in den Kommunikationskanälen des Internets, der → Callcenter und am Fahrkartenautomat als virtueller Bahnhofsschalter zu sehen. Gleichzeitig hat der Bahnhofsschalter – in Deutschland im heutigen Wording das DB Reisezentrum bzw. die DB Information – dort sein Existenzrecht, wo Kunden komplexere Dienstleistungen (Bahnreise ins Ausland, Gepäckaufgaben, Paketangebote, z. B. Bahn/Hotel) nachfragen. (hdz/wf)

Bahnreise [railway journey]

Bahnreisen erfordern in der Regel einen größeren planerischen Aufwand als zum Beispiel Reisen mit dem Auto. Allein das Heraussuchen der passenden Züge mit den Zugverbindungen und Alternativen erfordert auch heute noch – trotz Internetsuche – einen relativ hohen Aufwand. Wer diesen Aufwand scheut, greift auf die Bahnpauschalreise (→ Pauschalreise) zurück (→ Bahntourismus). (hdz)

Bahnschalter → **Bahnhofsschalter**

Bahnsteig [platform]

Bahnsteige sollen das Aus- und Einsteigen an Bahnhöfen und Haltestellen erleichtern. Sie werden deshalb parallel zum Gleis angelegt. Früher waren Bahnsteige eher einfache Aufschüttungen aus Schotter oder auch asphaltierte Streifen.
Heutige Hochbahnsteige sind massive Konstruktionen, die auch Linien enthalten,
die den Sicherheitsabstand zu den Zügen markieren. Bahnsteige enthalten weitere Elemente, wie Sitzgelegenheiten, Raucherbereiche, Verpflegungsautomaten,
Anzeigetafeln, Lautsprecher und auch Bahnhofsnamensschilder.

Lange gehalten hat sich die Bahnsteigkarte, mit der noch bis in die zweite Hälfte des 20. Jahrhunderts der Zugang für Nichtreisende reglementiert wurde. (hdz/wf)

Bahnsteigkarte → **Bahnsteig**

Bahntourismus [railway tourism]

Für Urlaubsreisen war die Eisenbahn bis zum Zweiten Weltkrieg das am häufigsten genutzte Verkehrsmittel. Mit der Zunahme der Motorisierung durch das privat
genutzte Auto, dem einsetzenden Trend der Flugreise ab der zweiten Hälfte der
1950er-Jahre und der Zunahme der Low Cost Carrier (→ Billigfluggesellschaft) ist
der Bahntourismus unter Druck geraten.

Zwischenzeitlich hat die Deutsche Bahn dem Bereich wieder eine hohe Bedeutung zugemessen und ein vielfältiges Angebot entwickelt. Ein Blick in das Internetportal der DB in die Rubriken „Reise & Services" oder „Urlaub & Städte"
zeigt die Professionalität. Die Bahn spricht unterschiedliche Zielgruppen an (etwa Gruppen, Senioren, Familien, Fußballfans), entwickelt attraktive Paketangebote für Städtereisen (z. B. Bahn + Hotel) und Randdienstleistungen (Apps für die
Reise, Gepäckservice, Shuttle-Service). (hdz/wf)

Literatur
Deutsche Bahn o. J.: Reise & Services. (https://www.bahn.de/p/view/service/index.shtml?db
    kanal_007=L01_S01_D001_KIN0004_top-navi-service_LZ01, zugegriffen am 26.07.2020)
Deutsche Bahn o. J.: Urlaub & Städte. (https://www.bahn.de/p/view/urlaub/index.shtml?db
    kanal_007=L01_S01_D001_KIN0004_top-navi-urlaub_LZ01, zugegriffen am 26.07.2020)

Bain-marie [bain-marie, steam table]

Bain (franz.) = Bad; Marie (franz.) = Maria. Der Begriff für ein Becken in der Küche,
das mit heißem Wasser gefüllt wird. Das Bain-marie dient zum Warmhalten von
Speisen (z. B. von Saucen) und zum schonenden Kochen. Teilweise bezieht sich
der Begriff auch auf die Behälter, die in das Becken eingesetzt werden. Die Her-

kunft des Wortes ist unklar, als mögliche Namensgeberin wird eine Alchemistin aus dem Mittelalter (Maria di Cleofa) angeführt (etwa Pini 2013, S. 63). (wf)

Literatur
Pini, Udo 2013: Das Gourmet Handbuch. Potsdam: h. f. ullmann

Balanced Scorecard

Die kurzfristige Orientierung an Ergebnis- und Finanzkennzahlen, wie sie in verschiedenen theoretischen Konzepten und in der Praxis der Unternehmensführung häufiger zu finden ist, birgt die Gefahr in sich, dass der Aufbau langfristig profitabler Erfolgspotentiale zu Gunsten kurzfristiger Ergebnisverbesserungen vernachlässigt wird. Nicht zuletzt ist diese Tendenz durch eine ausschließlich an Potenzialabschöpfung denn an Potenzialaufbau und -pflege interessierte Shareholder Value-Orientierung (→ Stakeholder-Management) deutlich verstärkt worden. Gleichermaßen scheitern immer wieder Prozesse der Strategieimplementierung am Widerstand der Betroffenen, was anstatt der angestrebten nachhaltigen Wertsteigerung eine massive Wertvernichtung nach sich zieht.

Eine Balanced Scorecard (BSC) stellt ein »ausgewogenes« Kennzahlensystem und Führungsinstrument für ein »ausgewogenes strategisches Denken« dar (Horváth & Partner 2007, S. 40 ff.), mit dessen Hilfe sowohl die Gestaltung wie auch die Implementation einer Unternehmensstrategie unterstützt werden kann. Die »Ausgewogenheit« soll dabei durch die Berücksichtigung verschiedener strategierelevanter Dimensionen bei der Herleitung der Kennzahlen erreicht werden. Die von Kaplan und Norton (1997, S. 7 ff.) postulierte Integrationsleistung einer BSC ist insbesondere darin zu sehen, dass:
- die strategische Steuerung auf eine breite, unterschiedliche Perspektiven einbindende Informationsbasis gestellt wird,
- kurz- und langfristige Orientierung gleichzeitig möglich wird,
- monetäre und nicht-monetäre Kennzahlen berücksichtigt und miteinander verknüpft werden,
- für den Strategieerfolg zentrale Ergebniskennzahlen und Leistungstreiber herausgearbeitet und damit kommunizierbar werden sowie
- die interne und externe Leistungsperspektive zu einem ganzheitlichen Ansatz verbunden werden.

Erklärtes Ziel einer Balanced Scorecard-Entwicklung ist es daher, ein auch langfristige Erfolgspotenziale mit einbeziehendes Kennzahlensystem und Führungsinstrument bereitzustellen (vgl. Abbildung), „... um verschiedene Arten von Unternehmenswertbeiträgen zu kategorisieren, aus denen Unternehmenssynergien entstehen ... " (Kaplan & Norton 2006, S. 36). Zu diesen Erfolgspotenzialen zählen in der Regel (Kaplan & Norton 1997, S. 20 ff.; Weber & Schäffer 2000, S. 9 ff.):

- die Leistungen für Kunden auf den Märkten der Unternehmung, darstellbar z. B. anhand von Marktanteilen, Kundenrentabilität, Kundenzufriedenheit, Kundentreue, Markenimage u. a.,
- die Gestaltung interner (Geschäfts-)Prozesse, abbildbar z. B. über Prozessqualität, Prozess-Timing, Auslastungsquote u. a. sowie
- die Formierung einer fähigkeits- und wissensbasierten Lern- und Entwicklungsperspektive, beschreibbar über das intellektuelle Potenzial der Mitarbeiter (z. B. Innovationsquote), die »Intelligenz« der Strukturen und Systeme einer Unternehmung (z. B. Informationsverfügbarkeit) wie auch das Betriebsklima oder die Motivation der Beteiligten (z. B. Zufriedenheit, Produktivität und Loyalität).

Hierzu ist es erforderlich, diejenigen zentralen Wertetreiber zu verdeutlichen, die hinter diesen Potenzialen und ihrer Entwicklung stehen. Diese Wertetreiber sind in ihren Vernetzungen zu analysieren und in integrierte Werteketten zu überführen: „Jedes Kriterium, das für eine Balanced Scorecard gewählt wird, sollte ein Element einer ... Kette von Ursache-Wirkungsbeziehungen sein, das dem Unternehmen die Bedeutung der Unternehmensstrategie vermittelt" (Kaplan & Norton 1997, S. 144). Es gilt also die Ursache-Wirkungsbeziehungen zu beachten und die dabei wesentlichen Leistungstreiber herauszuarbeiten. Leistungstreiber übernehmen dabei die Funktion sogenannter »Frühindikatoren«. Sie ermöglichen Messungen (bspw. Fehlerhäufigkeit, Verspätungen, Wartezeiten u. ä.) und entsprechend resultierende Steuerungseingriffe, bevor – nicht mehr beeinflussbar – die Zielabweichung als »Spätindikator« feststeht (bspw. Anzahl Gästereklamationen, Kundenunzufriedenheit, Kostenanstieg u. ä.). Neben monetären finden hierbei auch nicht-monetäre Messgrößen Verwendung (Weber & Schäffer 2000, S. 5 f.). Somit lässt sich das Instrument der Balanced Scorecard unmittelbar mit dem Risiko-Controlling (→ Controlling) einer Unternehmung verknüpfen (Horváth & Partner 2007, S. 366 ff.).

Die Potenziale dieser drei Dimensionen werden schließlich in ihren wertewirksamen Konsequenzen mit grundlegenden wertorientierten Finanzkennzahlen wie dem Economic Value Added (EVA) oder dem Return on Capital Employed (ROCE) verbunden. Ein auf diese Art und Weise in seinen Strukturen wie Wirkungsmustern transparenteres strategisches Netz ermöglicht dem Management nunmehr gezieltere Lenkungseingriffe. Noch während der Umsetzung des strategischen Prozesses können dann Steuerungsimpulse in Richtung des gewünschten Wertsteigerungsbeitrages gesetzt werden, die von den Betroffenen verstanden werden. Die Voraussetzung hierzu ist jedoch unabdingbar die Messbarkeit und damit Erfahrbarkeit und Kommunikation der Leistungstreiber.

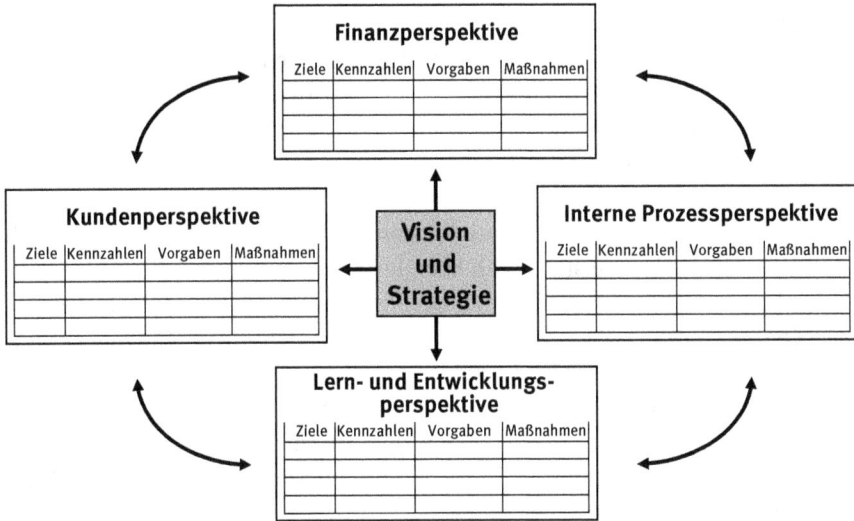

Abb. 2: Grundstruktur einer Balanced Scorecard (nach Norton & Kaplan 1997, S. 9)

Mittlerweile liegen verschiedene inhaltliche Ausgestaltungsformen des BSC-Konzeptes vor, da die Dimensionen der BSC wie auch die zur Anwendung gelangenden Kennzahlen jenseits der generischen, in jeder Unternehmung mehr oder minder identisch vorzufindenden Größen in der Regel branchenspezifisch variiert werden (für Beispiele einer Umsetzungen der BSC im touristischen Umfeld vgl. die Erfahrungsberichte bei Weber & Schäffer 2000, S. 83 ff. und 89 ff., für eine Umsetzung auf die Hotellerie und Gastronomie z. B. Bundschu 2002, kritisch hierzu Horváth & Partner 2007, S. 52).

Bewertet man das Leistungspotenzial der BSC, so lässt sich hervorheben, dass:

– die zumeist unbekannten oder kaum berücksichtigten Interdependenzen von Managementsystemen und Strategiegestaltung aufgedeckt werden,
– alle Aktivitäten durch eine starke Zielfokussierung auf die Unternehmensvision geprägt werden,
– den Gefahren einer substanziellen Aushöhlung einer Unternehmung, etwa durch den Verkauf von Vermögen, unterlassene Mitarbeiterfortbildung oder mangelnde Weiterentwicklung von Produkten vorgebeugt wird und schließlich
– eine Plattform für einen integrativen strategischen Denkansatz geschaffen wird.

Kritisch muss allerdings angemerkt werden, dass

- trotz aller Bemühungen um »Ausgewogenheit« dennoch eine starke Fokussierung auf die letztlich dominierende finanzwirtschaftlichen Perspektive erfolgt und damit der Eindruck eines in seinem Kern überwiegend »technokratisch« ausgerichteten strategischen Controlling-Instrumentes alter Prägung verbleibt,
- die Darlegung der Wirkungsbeziehungen (Inhalt, Zeit, Intensität) innerhalb der Wertketten zumeist deutlich komplexer ist, als dies durch das eingängige Konzept der BSC suggeriert wird, und daher die Analyse häufig nur an der Oberfläche des betrieblichen Geschehens ohne tieferes Verständnis der tatsächlichen Zusammenhänge stattfindet und
- die Messbarkeit strategischer »weicher« Elemente, insbesondere in der Lern- und Entwicklungsperspektive, häufig an ihre Grenzen stößt und bisweilen zu recht trivialen Messgrößen (z. B. Schulungstage von Mitarbeitern als Maß für Lernerfolg) führt. (vs)

Literatur

Bundschu, Frank 2002: Die Balanced Scorecard in der Hotellerie am Beispiel eines F&B Controllingkonzepts. In: Tourismus Jahrbuch, o. Jg. (1), S. 133–160

Horváth & Partner (Hrsg.) 2007: Balanced Scorecard umsetzen. Stuttgart: Schäffer-Poeschel (4. Aufl.)

Kaplan, Robert S.; David P. Norton 1997: Balanced Scorecard. Strategien erfolgreich umsetzen. Stuttgart: Schäffer-Poeschel

Kaplan, Robert S.; David P. Norton 2006: Alignment – Mit der Balanced Scorecard Synergien schaffen. Stuttgart: Schäffer-Poeschel

Weber, Jürgen; Utz Schäffer 2000: Balanced Scorecard & Controlling. Implementierung – Nutzen für Manager und Controller – Erfahrungen in deutschen Unternehmen. Wiesbaden: Gabler (3. Aufl.)

Gedankensplitter
„Alles Leben ist Problemlösen." (Karl Popper, österreichisch-britischer Philosoph)

Ballermann 6

Die Bezeichnung Ballermann geht zurück auf eine Karlsruher Imbissbude in den 1970-er Jahren, deren Pächter – bedingt durch Sanierungen in der Altstadt von Karlsruhe – nach mehrmaligem Ortswechsel in der Stadt schließlich sein Lokal nach Mallorca auf die damals erschlossene Strandpromenade in S'Arenal verlegte und dort am Badeort 6 (Baleario N° 6 [span.] = Badeort 6) das Imbiss-Lokal neu unter identischer Benennung eröffnete, das er dann bei Rückkehr nach Deutschland an einen Spanier verkaufte. Seit den 1990er-Jahren entwickelte sich durch diverse kommerzielle Aktivitäten dort die besonders auf deutsche Biergastronomie und Discokultur ausgerichtete Vergnügungsmeile, die nicht mehr auf das einzelne Strandlokal begrenzt ist.

Das Lokal bzw. die Strandbude wird auch Balneario seis oder Beach Club Six genannt. Das Image schwankt zwischen Kultstatus und Ausdruck eines niveaulosen Massentourismus. 2020 berichteten Medienvertreter, dass der Staat strikt gegen den Feiertourismus und Alkoholmissbrauch vorgehen will, das Image Mallorcas solle verändert werden (Raschke 2020, S. 5). Destinationen wie Bulgarien haben die Logik der Partyhochburgen inzwischen kopiert (z. B. am Goldstrand). (hdz/wf)

Literatur
Raschke, Sylvia 2020: Rote Karte für Exzesse. In: touristik aktuell, 51 (3), S. 5

Ballone [balloons]

Bereits die alten Chinesen und Inkas sollen das Prinzip der Ballonfahrt gekannt haben, und Leonardo da Vinci ließ 1513 zu Ehren der Krönung von Papst Leo X mit Heißluft gefüllte Heiligenfiguren aus Leinwand und Papier aufsteigen (Deilbach & Stump 2009, S. 16). „Die moderne Geschichte der Ballonfahrt beginnt mit den theoretischen Überlegungen, die der Jesuitenpater Francesco Lana de Terzi angestellt (…) hat. Die ersten praktischen Versuche stellte (…) Bartholomeo Laurenço de Gusmão. Er ließ am 8. August 1709 am Hof des portugiesischen Königs im Saal einige Ballone aufsteigen" (Gruber 1996, S. 7). Weitere wichtige Entwicklungsschritte waren die Versuche der Gebrüder Montgolfier (Heißluftballon) und von César Charles (Gasballon) in den Jahren 1782 und 1783. Zuvor soll 1731 vom Stadtplatz des russischen Ryazan erstmals ein bemannter Ballon aus Ochsenhäuten abgehoben sein, so dass Russland für sich den Anspruch auf die erste bemannte Ballonfahrt erhebt. Vor allem im 19. Jahrhundert wurden Rekorde gebrochen, wie die erste Kanalüberquerung (1785), Ballonfahrt über 500 km (1838), über 1.000 km (1859), Alpenüberquerung (1849), Nordseeüberquerung (1870) und Ballonfahrt über 24 Stunden (1886) (Deilbach & Stump 2009, S. 17; Gruber 1996, S. 7 f.). Die heutigen Ballonarten sind vielfältig: So gibt es Gas-, Heißluft-, Fessel-, Solar-, Superpressure- und Clusterballone sowie die Roziere (Groß 2017, S. 408 ff.).

Anbieter von Fahrten mit einem Ballon sind vor allem privatwirtschaftlich organisierte Unternehmen, Sportvereine und Vermittler wie mydays und jollyday. Letztere bieten eine Auswahl an Gutscheinen und Tickets, so auch für Heißluftballone. Das Angebot an Heißluftballonfahrten in Deutschland ist beachtlich: So gab es 1.080 zugelassene Ballone im Jahr 2019. Die Anzahl hat zwar in den letzten Jahren stetig abgenommen, im Vergleich zu den 1980er-Jahren gibt es jedoch immer noch erheblich mehr Ballone (z. B. 1989: 399) (LBA 2019). Bundesweit soll es – nach Recherchen des ZEIT-Magazins – ca. 400 Ballonfahrtanbieter geben (Vereine und Unternehmen). Fast ein Viertel davon ist in Nordrhein-Westfalen zu Hause. Angebotslücken gibt es dagegen im Bayrischen Wald oder Pfälzerwald, da das Landen schwierig ist (Milbradt 2016, S. 12).

Die Vielfalt der Ballonfahrtenanbieter wird immer kreativer und individueller. Neben ein- oder mehrstündigen Fahrten gibt es Alpenüberquerungen, Hochzeiten im Ballon, Ballonerlebnis-Urlaub mit Wellness, Incentives für Unternehmen oder die Möglichkeit, einen Ballon zu chartern. Auch körperlich behinderte Gäste können bei speziellen Anbietern auf einem Spezialsitzplatz im Ballonkorb Platz nehmen. Neben dem Mitfahren in einem Ballon können Interessierte auch ballonspezifische Events besuchen, wie z. B. Weltmeister-, Europa- oder nationale Meisterschaften, Ballonglühen, das Gordon-Bennett-Rennen oder die Veranstaltung „FAI Hot Air Airship World Championship". Darüber hinaus gibt es Events mit ferngesteuerten Modell-Heißluftballonen, die entweder alleiniger Inhalt oder aber eine Bereicherung eines Events sind. Bei diesen Ballonen handelt es sich um naturgetreue Nachbildungen der „echten" Heißluftballone, wobei gängige Modelle 40–80 Kubikmeter Luft fassen und eine Hülle aus Ballonstoff haben. Der Korb besteht aus Weiden und enthält eine Gasflasche sowie die Steuerbox, die dafür sorgt, dass der Ballon über eine Fernsteuerung lenkbar bleibt, was jedoch nur für das Auf und Ab gilt (Schlegel & Jahnke 2005, S. 14 ff.). Neben dem (Mit-)Fahren oder Besuch von ballonspezifischen Veranstaltungen kann in Deutschland auch ein Ballonmuseum in Gersthofen besucht werden (Ballonmuseum Gersthofen 2020).

Ballonfahrten können das ganze Jahr über unternommen werden, wobei im Frühling bis zum Herbst Ballonfahrten meist nur morgens kurz nach Sonnenaufgang oder einige Stunden vor Sonnenuntergang möglich sind. Im Winter kann auch tagsüber gefahren werden. Die Sommermonate sind jedoch die beliebtesten Monate. Es gibt auch eine sog. Nachtfahrterlaubnis; allerdings muss der Ballon dann mit einer speziellen Nachtfahrtbeleuchtung und einem Transponder ausgestattet sein. Auf Grund der Wetterabhängigkeit kann der Fahrttermin nicht 100-prozentig zugesichert werden. Daher kann ein avisierter Fahrttermin auch verschoben werden. Dies führt dazu, dass z. T. bei passendem Wetter kurzfristig noch Passagiere gesucht werden, da vorbestellte Tickets nicht immer eingelöst werden. Die Anbieter haben sich darauf eingerichtet, so dass es auch Last-Minute-Angebote gibt. Darüber hinaus bieten Unternehmen bundesweit gültige Ballonfahrttickets an. Diese Tickets eignen sich v. a. dann, wenn ein Interessierter noch nicht weiß, wo die Fahrt angetreten oder wann eine Fahrt verschenkt werden soll (Groß 2017, S. 416 f.). (sg)

Literatur

Ballonmuseum Gersthofen 2020: Museum. (http://www.ballonmuseum-gersthofen.de/seite/museum.php, zugegriffen am 27.01.2020)

Deilbach, Rolf; Dieter Stump 2009: Ballonfahrer Romantik: Auf den Spuren des Windes. Köln: Komet

Groß, Sven 2017: Handbuch Tourismus und Verkehr – Verkehrsunternehmen, Strategien und Konzepte. Konstanz, München: UVK (2. Aufl.)

Gruber, Werner 1996: Ballonfahren: Montgolfière – Charlière. in: Herbert Weishaupt (Hrsg.): Das große Buch vom Flugsport. Gnas: Weishaupt, S. 7–8 (3. Aufl.)

LBA – Luftfahrt-Bundesamt 2019: Anzahl der in Deutschland zum Verkehr zugelassenen Luftfahrzeuge. (https://www.lba.de/SharedDocs/Downloads/DE/SBl/SBl3/Statistiken/Technik/Verkehrszulasung.html;jsessionid=ECA212000C16B16BC209410A309B773E.live21303?nn=2092166, zugegriffen am 27.01.2020)

Milbradt, Friederike 2016: Ballonfahrten. In: ZEIT Magazin, 71 (18), S. 12

Schlegel, Matthias; Klaus-Dieter Jahnke 2005: Ferngesteuerte Heissluft-Ballone – Geschichte, Bau und Betrieb. Bielefeld: pinguballon (2. Aufl.)

Ballonfahrt → **Ballone**

Balneologie [balneology]

Abgeleitet aus dem lateinischen balneae = Badeanstalt, Bad und dem griechischen logos = das Wort, bezeichnet der Begriff die Lehre von der Wirksamkeit der Bäder oder auch Bäderheilkunde. Gegenstand sind die verschiedenen Kuranwendungen, die hinsichtlich ihrer Wirkungen auf Patienten mit unterschiedlichen Leiden wissenschaftlich untersucht und vor dem Hintergrund der Ergebnisse weiterentwickelt werden sollen. (jwm)

Bankett [banquet]

Generell der Begriff für ein Essen in einem festlichen Rahmen. Im Gastgewerbe versteht man unter einem Bankett eine Extraveranstaltung. Der Anlass kann politischer (z. B. Staatsbankett), gesellschaftlicher (z. B. Bälle, Firmenjubiläen, Konzerte) oder privater Natur (z. B. Geburtstagsfeiern, Hochzeiten) sein. Im Mittelpunkt der Extraveranstaltung steht das festliche Essen, das die Gäste in der Regel zur selben Zeit gemeinsam einnehmen (Gutmayer, Stickler & Lenger 2018, S. 262 ff.).

Betriebe mit einer hohen Anzahl von Extraveranstaltungen haben separate Bankettabteilungen eingerichtet, die die Akquisition, Vorbereitung, Durchführung und Nachbereitung der Veranstaltungen zur Aufgabe haben. Intelligente Web-Lösungen ersetzen Schritt für Schritt klassische Werkzeuge (Bankettmappe). Insbesondere große Banketts stellen für die Betriebe eine komplexe Herausforderung dar, bei der nahezu alle Abteilungen (Direktion, Empfang, Etage, Küche, Service, Technik, Verwaltung) eingebunden sind (Goerke 2002, S. 198 ff.).

Das Wort leitet sich aus dem Italienischen (banchetto = kleine Bank) ab. Diese wurden früher bei Festmählern um die Tafel aufgestellt, um den geladenen Gästen Sitzmöglichkeiten zu bieten. Politische Herrscher jeglicher Couleur nutzten im Laufe der Geschichte Banketts, die mitunter tagelang dauerten und bei denen Tausende von Gästen geladen waren, als Zeichen der Macht und stellten das Kulinarische in den Dienst der Diplomatie (Larousse 2017, S. 71). Zu einem interessanten Einblick in Staatsbanketts der Bundesrepublik Deutschland siehe Bergmann 2018. (wf)

Literatur

Bergmann, Knut 2018: Mit Wein Staat machen: Eine Geschichte der Bundesrepublik Deutschland. Berlin: Insel (2. Aufl.)

Getz, Donald; Stephen J. Page 2020: Event Studies. Theory, Research and Policy for Planned Events. London, New York: Routledge (4th ed.)

Goerke, Thomas E. 2002: Das Bankett: Handbuch für Profis. Stuttgart: Matthaes

Gutmayer, Wilhelm; Hans Stickler & Heinz Lenger 2018: Service: Die Grundlagen. Linz: Trauner (10. Aufl.)

Larousse (éd.) 2017: Le Grand LAROUSSE Gastronomique. Paris: Larousse Editions (6. Aufl.)

ℹ Gedankensplitter

„Gemeinsames Essen ist das Rückgrat des menschlichen Miteinanders." (Marshall Duke, Psychologie-Professor Emory University, Atlanta/USA)

Bankettabteilung → **Bankett**

Bar **(a) [bar]**

Gastronomischer Betrieb mit getränkebezogenem Schwerpunkt. Ebenfalls die Bezeichnung für den Thekenbereich. Der Begriff Bar leitet sich aus „Barriere" ab. Die Barriere (Absperrung) – ein Holzbrett bzw. Balken – diente in der amerikanischen Pionierzeit als Abgrenzung des Thekenbereichs von den übrigen Räumlichkeiten und übernahm eine Schutzfunktion für den Gastwirt. (wf)

BAR (Best-Available-Rate) **(b)**

Der zu einem bestimmten Buchungszeitpunkt der allgemeinen Öffentlichkeit angebotene bestmögliche bzw. günstigste, verfügbare Preis für ein Übernachtungszimmer (best [engl.] = bester; available [engl.] = erhältlich, verfügbar; rate [engl.] = Preis, Tarif). Die Best-Available-Rate (BAR) reduziert das Preisgefüge in den Buchungskanälen des Hotels. Dadurch sollen für den Betrieb die Einnahmen verbessert und für den Gast Transparenz, Sicherheit und Nachvollziehbarkeit erreicht werden (Rohlfs & Kimes 2007, S. 151 ff.).

Da weitere buchbare Zimmerpreise (z. B. Wochenendpreise) von der BAR über Zu- oder Abschläge abgeleitet werden, übernimmt sie die Funktion eines Leitpreises (Goerlich & Spalteholz 2020, S. 65). Aus Sicht des Marketings ist die BAR eine dynamische, auf die tagesaktuelle Nachfrage zugeschnittene Preisfestsetzung.

"Happy hour" in der Bar

Die BAR kann innerhalb eines Tages mehrfach neu festgelegt werden. Hotelgruppen geben der BAR oft einen firmenspezifischen Namen. Zu deren Wahrnehmung aus Gästesicht siehe Rohlfs & Kimes 2007.

Da die BAR in der Praxis zu Missverständnissen führen kann, wird stattdessen vermehrt von einem ‚flexiblen Tagespreis' gesprochen (Goerlich & Spalteholz 2020, S. 65). (wf)

Literatur

Goerlich, Barbara; Bianca Spalteholz 2020: Total Revenue im Hotel. Gewinnmaximierung in Logis Resort Spa Mice. Berlin: Interhoga (3. Aufl.)

Rohlfs, Kristin V.; Sheryl E. Kimes 2007: Customers' Perceptions of Best Available Hotel Rates. In: Cornell Hotel and Restaurant Administration Quarterly, 48 (2), pp. 151–162

Barbecue

Grillparty im Freien. In der Gastronomiebranche oft reduziert auf das Kürzel: BBQ. (wf)

Kleine Story

Der Begriff Barbecue leitet sich aus dem Französischen „de la barbe à la queue" („vom Kopf bis zum Schwanz") ab. Ursprünglich wurde das Tier als Ganzes am Spieß über offenem Feuer gegrillt. (wf)

Bareboat charter → **Trockencharter**

Barfrau → **Barmann**

Barista [barista]

Barista (ital.) = Barmixer, Barbesitzer. Berufsbezeichnung für eine Person, die in → Coffee-Shops vorwiegend Kaffeegetränke zubereitet, verziert und serviert. Hinzu kommen Gästeberatung und kaufmännische Aufgaben. Die Ausbildung basiert gegenwärtig auf unternehmensinternen Trainingsprogrammen; Verbände verfolgen über die Vergabe von Zertifikaten eine Professionalisierung des Berufsbildes. Auch Kaffee-Sommelier genannt. (wf)

Barmann [barkeeper, barman, bartender]

Berufsbezeichnung für eine Person, die in → Bars vorwiegend alkoholische Getränke zubereitet und serviert. In großen Hotelbars ist eine Hierarchie denkbar, die analog zum → Restaurant aufgebaut wird. Der Barchef (oder Chef de bar) leitet die Bar. Sein Team besteht aus Barkellnern (Commis de bar, Barwaiter) und Gehilfen (Barback). Barmitarbeiter haben sich ihre Qualifikation oft über eine Ausbildung als → Restaurantfachmann/-frau oder über Barschulungen angeeignet (auch Gutmayer, Stickler & Lenger 2018, S. 236 f.). (wf)

Literatur
Gutmayer, Wilhelm; Hans Stickler & Heinz Lenger 2018: Service: Die Grundlagen. Linz: Trauner (10. Aufl.)

Barrierefreies Reisen [barrier-free travelling]

Gestaltung von Bauten, Wegen und Verkehrsmitteln, die ihre Nutzung auch durch physisch beeinträchtigte und behinderte Personen, zum Beispiel solche im Rollstuhl, ohne fremde Hilfe ermöglicht (→ Behindertentourismus). Durch das Behindertengleichstellungsgesetz (BGG) vom 27. April 2002 n. F. (zuletzt geändert im Juli 2018) wird festgelegt, dass „öffentliche Wege, Plätze und Straßen, sowie öffentlich zugängliche Verkehrsanlagen und Beförderungsmittel im öffentlichen Personenverkehr (…) barrierefrei zu gestalten" sind (§ 8 [5]).

Bereits vorher gab es eine Reihe von Maßnahmen, um das Reisen vor allem körperlich behinderter Personen zu erleichtern. Dazu gehören entsprechend ausgestattete Abteile und Toiletten in Zügen, der Einbau von Fahrstühlen auf Bahnhöfen, mit denen jeder Bahnsteig erreicht werden kann, Dienstleistungen von Fluggesellschaften und Flughäfen und der Einsatz von absenkbaren Bussen, die ein praktisch stufenloses Ein- und Aussteigen ermöglichen. Diese Infrastruktur kommt nicht nur dauerhaft eingeschränkt mobilen Personen zugute, sondern auch solchen, die etwa durch vorübergehende Unfall- oder Krankheitsfolgen, Kinderwagen oder schweres Gepäck nur zeitweise über eine verringerte Bewegungsfreiheit verfügen und zum Beispiel keine Treppen oder enge Türen nutzen können.

Barrierefreies Reisen steht vor der großen Herausforderung, dass Verlautbarungen von Anbietern und Realität immer noch auseinanderklaffen (IHA 2020, S. 153 ff.). Mit zunehmender Alterung der Gesellschaft wird der Problemdruck auf die beteiligten Akteure steigen. Zu dem bundesweiten touristischen Projekt und Informations- und Kennzeichnungssystem „Reisen für Alle" siehe Deutsches Seminar für Tourismus (DSFT) Berlin e. V. (jwm/wf)

Literatur
Deutsches Seminar für Tourismus (DSFT) Berlin e. V. o. J.: Reisen für Alle. (https://www.reisen-fuer-alle.de/ueber_das_projekt_304.html, zugegriffen am 08.07.2020)
Hotelverband Deutschland (IHA) e. V. (Hrsg.) 2020: Hotelmarkt Deutschland 2020. Berlin: IHA-Service

Base Fee → **Base Management Fee**

Base Management Fee
Zentraler Bestandteil der Management-Gebühr (→ Managementvertrag), teilweise auch nur Base Fee oder Basic Fee genannt. Die Betreibergesellschaften von Hotels erhalten im Rahmen von Managementverträgen für ihre Arbeit eine Gebühr, die eine Art Grundvergütung darstellt. Neben diese Basisgebühr treten bei der Management-Gebühr als weitere Vergütungskomponenten oft auch die → Incentive Management Fee und die → Marketing Fee. Die Basisgebühr orientiert sich oft an den Bruttoerlösen. Sie gibt den Betreibern eine gewisse Planungssicherheit. Zur theoretischen Einordnung der Base Management Fee siehe → Agenturtheorie. (wf)

Basic Fee → **Base Management Fee**

Basisprovision → **Provision**

Bauernhofurlaub → **Urlaub auf dem Bauernhof**

BBQ → **Barbecue**

BdS → **Bundesverband der Systemgastronomie**

Beach Boys → **Prostitutionstourismus und sexuelle Ausbeutung**

Bed and Breakfast (B&B)

Im angelsächsischen Raum häufig anzutreffende Unterkunftsart, in der Übernachtungen und Englisches Frühstück (→ Frühstücksarten) meist durch Privathaushalte angeboten werden.

Die aus Frankreich stammende Budget-Hotelgruppe B&B Hotels (→ Budget-Hotel) lehnt sich in ihrem Namen an die Grundlogik von Bed and Breakfast an: Übernachtung und Frühstück sind das zentrale Dienstleistungsangebot, das nur sehr begrenzt erweitert wird, etwa über Speisen und Getränke in Automaten (www.hotel-bb.com). (wf)

Gedankensplitter

„Wir sind eher keine Love Brand, sondern sehen uns als Mittel zum Zweck. Unsere Gäste würden sich wohl kein T-Shirt mit einem B&B-Logo kaufen. Es läuft ja auch niemand mit einem Aldi-T-Shirt herum, aber alle gehen dort einkaufen und finden es genial. Das ist unser Selbstverständnis." (Max C. Luscher, Geschäftsführer B&B Hotels Deutschland)

Bedarfsluftverkehr [air charter]

Überbegriff für alle Arten des gewerblichen Luftverkehrs, der nicht Linienverkehr ist. Im Luftverkehrsgesetz (§ 22 LuftVG) der Bundesrepublik Deutschland auch „Gelegenheitsverkehr" genannt. Dazu gehören Charterfluggesellschaften (→ Fluggesellschaft, → Ferienfluggesellschaft), ebenso wie Unternehmen, die Lufttaxen (→ Lufttaxi) betreiben. (jwm/wf)

Literatur

Bundesministerium der Justiz und für Verbraucherschutz o. J.: Luftfahrtunternehmen und -veranstaltungen. (https://www.gesetze-im-internet.de/luftvg/__22.html, zugegriffen am 17.08.2020)

Bedienrate [service rate]

Anzahl der Kunden bzw. Gäste, die innerhalb einer bestimmten Zeitspanne von einer Servicekraft/einem Service Agent bedient werden können. Aus der Bedienrate leitet sich das nötige Personalvolumen ab. (wf)

Bedienungsgeld [service charge]

In der Gastronomie zahlreicher Länder ein Entgelt, das Servicemitarbeiter für ihre Dienstleistung erhalten. Der prozentuale Aufschlag von ca. 5–15 % wird entweder in die Preise einbezogen oder auf der Rechnung gesondert ausgewiesen. In der Regel fließt das Bedienungsgeld zuerst dem Gastronomen zu, der aus diesen Einnahmen das Bedienungspersonal entlohnt. Denkbar ist auch – zum Beispiel auf Volksfesten –, dass das Bedienungsgeld von den Gästen direkt an das Bedienungspersonal bezahlt wird. Das Bedienungsgeld kann ausschließlicher Lohnbestandteil sein oder neben andere Entlohnungskomponenten (etwa Garantiemindestlohn, Naturalleistungen in Form von freier Kost und Logis) treten. Das obligatorisch zu entrichtende Bedienungsgeld ist nicht zu verwechseln mit → Trinkgeld, das auf freiwilliger Basis beruht (etwa Cousins et al. 2019, S. 230). Allerdings sind beide geschichtlich gesehen eng miteinander verbunden.

Über Jahrhunderte hinweg war das Bedienungspersonal auf die freiwillige Gabe von Trinkgeld als einzige Einkommensquelle angewiesen (hierzu und zum Folgenden Weigert, 1955, S. 1 ff.; Zenses 1952, S. 329 ff.). Zusätzlichen Lohn erhielten die Bediensteten von den Gaststätten- oder Gasthofinhabern in vielen Betrieben nicht, unter Umständen mussten sie Teile der Trinkgeldeinnahmen an die Arbeitgeber abführen. Seit Mitte des 19. Jahrhunderts entstanden Initiativen mit dem Ziel, den Mitarbeitern einen gewissen sozialen Schutz zu geben. Das Trinkgeld sollte abgeschafft und statt dessen ein garantierter Lohn eingeführt werden. 1921 beschloss ein Schiedsgericht in Berlin anlässlich eines ausgerufenen Generalstreiks, einen obligatorischen Bedienungszuschlag von 10 % für das Bedienungspersonal zu schaffen; die Annahme von Trinkgeld wurde gleichzeitig vertraglich verboten.

Da sich die freiwillige Gabe von Trinkgeld aber nicht unterbinden ließ, bewirkte die Einführung des Bedienungsgeldes zum damaligen Zeitpunkt die Entstehung von zwei Einkommensquellen. (wf)

Literatur
Bolten, Hans-Dieter 1978: Die Entlohnung des Kellners. Diss., Bielefeld
Cousins, John et al. 2019: Food & Beverage Management. Oxford: Goodfellow Publishers
  (5th ed.)
Speitkamp, Winfried 2008: Der Rest ist für Sie! Kleine Geschichte des Trinkgeldes. Stuttgart:
  Reclam
Weigert, Herbert 1955: Bedienungsgeld und Trinkgeld. Diss., Mainz
Zenzes, Maria 1952: Die Lohnformen im deutschen Hotel- und Gaststättengewerbe. In: Walter
  Thoms (Hrsg.): Handbuch für Fremdenverkehrsbetriebe. Gießen: Dr. Pfanneberg & Co.,
  S. 325–341

Gedankensplitter   *i*
„Geben ist seliger als nehmen." (Neues Testament, Die Apostelgeschichte 20, 35)

Beförderungsklasse [class of carriage]

a) Bahn: Im Bahnbereich werden grundsätzlich zwei Beförderungsklassen unterschieden: Erste und Zweite Klasse. Die beiden Klassen unterscheiden sich im Komfort und den zusätzlichen Leistungen. So kann der Fahrgast in der Ersten Klasse beim → ICE z. B. das Zeitungsangebot nutzen oder wird am Platz bedient.

b) Flug: Abgegrenzter Kabinenteil in Verkehrsflugzeugen, der sich durch Einrichtung und/oder bestimmte Serviceleistungen von anderen unterscheidet.
Passagiere höherer Beförderungsklassen können in der Regel mehr Freigepäck mitnehmen und werden zudem auch am Boden speziell betreut, indem
sie zum Beispiel die Airport Lounges der gebuchten Fluggesellschaft benut-
zen können. Beförderungsklassen unterscheiden sich an Bord eines Flugzeuges sichtbar voneinander: Es gibt eine Erste, Business- und eine Economy-
Klasse, die sich in erster Linie durch Sitzabstände, die Breite der Sitze und
durch Qualität und Umfang der Serviceleistungen unterscheiden. In den letzten Jahren haben die Fluggesellschaften Zwischenklassen geschaffen wie Premium Economy Class oder Economy Plus, um potentielle Zielgruppen pass-
genauer anzusprechen. (jwm/wf)

Begriffsbestimmungen – Qualitätsstandards für Heilbäder und Kurorte, Luftkurorte, Erholungsorte – einschließlich der Prädikatisierungsvoraussetzungen – sowie für Heilbrunnen und Heilstollen

Instrument zur Sicherung innerverbandlicher Qualitätsnormen zur Schaffung
von Transparenz und bundesweiter Einheitlichkeit der Qualitätsstandards; erstmals auf Anordnung des damaligen Reichsfremdenverkehrsverbands im Jahr
1937 herausgegeben. Vorläufer existieren seit Gründung des Allgemeinen Deutschen Bäderverbands im Jahr 1892. Als allgemein anerkannte Grundsätze des
Kur- und Bäderwesens sind sie weitgehend materieller Bestandteil der Kurortge-
setze und -verordnungen der Bundesländer, die nach dem Grundgesetz für die
Gestaltung des Gesundheitswesens zuständig sind. Sie enthalten u. a. Mindestanforderungen an Infrastruktur, Grenzwerte für Luftbelastungen, Bedingungen
für die Verabreichung der ortsgebundenen und ortstypischen → Heilmittel und
ihrer Qualität. (abw)

Beherbergungsgewerbe [lodging industry]

1 Definition und Herkunft Zum Beherbergungsgewerbe gehören Betriebe, die
„dazu dienen, Gästen im privaten oder geschäftlichen Reiseverkehr eine Übernachtungsmöglichkeit zur Verfügung zu stellen" (Statistisches Bundesamt 2018,
S. 630). Gemeinsam mit der → Gastronomie – einschließlich Kantinen und Catering-Unternehmen – gehört das Beherbergungsgewerbe zum → Gastgewerbe.

Der Ausdruck ‚beherbergen' kommt von „Herberge" (frz.: auberge, ital.: alber-
go) bzw. von dem althochdeutschen Begriff ‚heriberga', der sich aus ‚her' und ‚bergen' zusammensetzt und ursprünglich „einen das Heer bergenden Ort" bezeichnet; später generell Unterkünfte, die auch größere Gruppen aufnehmen konnten
(Kachel 1924, S. 1). Die Bezeichnung ist erheblich älter als die Ausdrücke ‚Gast-

haus' bzw. ‚Gastwirtschaft' und wurde nach deren Aufkommen im späten Mittelalter eine Zeitlang synonym mit diesen verwendet. Später wurden nur noch einfache Unterkünfte als Herbergen bezeichnet, zum Beispiel die Herbergen der wandernden Handwerksgesellen oder die → Jugendherbergen.

2 Betriebsarten In der Klassifikation der Wirtschaftszweige des Statistischen Bundessamtes werden folgende Betriebsarten des Beherbergungsgewerbes unterschieden (Statistisches Bundesamt 2008, S. 418 f.; Statistisches Bundesamt 2019a S. 4 f.): → Hotels, → Hotels Garni, Gasthöfe, → Pensionen, Erholungs- und Ferienheime, Ferienzentren, → Ferienhäuser und → Ferienwohnungen, → Jugendherbergen und Hütten, → Campingplätze, Privatquartiere.

Die Betriebsarten Hotel, Gasthof, Pension und Hotel Garni zählen zur Hotellerie; Erholungs- und Ferienheime, Ferienzentren, -häuser, -wohnungen, Hütten/Jugendherbergen und Campingplätze sowie Privatquartiere zur → Parahotellerie. Im Unterschied zu Betrieben der Hotellerie werden in der Parahotellerie hotelübliche → Dienstleistungen wie das Reinigen und Aufräumen der Zimmer und/oder Dienstleistungen der Empfangsabteilung nicht oder nur eingeschränkt erbracht.

Die Betriebsarten der Hotellerie werden beim Statistischen Bundesamt wie folgt charakterisiert (Statistisches Bundesamt 2008, S. 418 f.; Statistisches Bundesamt 2019a, S. 4 f.):

- Hotels sind Beherbergungsstätten, für die meist kurzzeitige (tage- oder wochenweise) Beherbergung von Gästen in jedermann zugänglichen möblierten Unterkünften wie Gästezimmern und Suiten. Sie bieten tägliches Bettenmachen und Reinigen der Zimmer und verfügen über ein – auch für Passanten zugängliches – Restaurant sowie weitere Einrichtungen/Dienstleistungen wie Parkplätze, Textilreinigung, Schwimmbäder, Trainings- und Erholungseinrichtungen, Versammlungs- und Konferenzräume.
- Hotels Garni verfügen über kein Restaurant und bieten höchstens Frühstück an.
- Gasthöfe unterscheiden sich von Hotels dadurch, dass außer dem Gastraum in der Regel keine weiteren Aufenthaltsräume zur Verfügung stehen.
- Pensionen sind Beherbergungsstätten, in denen Speisen und Getränke nur an Hausgäste abgegeben werden.

Diese Definitionen werden teilweise konkretisiert bzw. ergänzt, wobei in den charakterisierenden Merkmalen keine größeren Unterschiede bestehen. So sollte nach dem → Deutschen Hotel- und Gaststättenverband e. V. (DEHOGA) ein Hotel über mehr als 20 Gästezimmer und eine Rezeption verfügen (DEHOGA o. J., o. S.). Zusätzlich sollte sich ein Hotel durch einen gehobenen Standard und entsprechende Dienstleistungen auszeichnen. In Hotels wird ein höheres Qualitätsniveau als beispielsweise in Pensionen und Gasthöfen erwartet.

Der Begriff „Gasthof" ist erheblich älter als der Begriff Hotel. Gasthöfe finden sich im Wesentlichen in kleineren Städten und ländlichen Bezirken (Bernecker 1955, S. 169). Der Begriff wurde in früheren Jahren mit „Gasthaus" gleichgesetzt und erfüllte mit dem Angebot von Verpflegung, Schlafgelegenheiten, Stallungen und – nicht zu vergessen – Sicherheit elementare Dienstleistungen für Reisende. Seit dem Aufkommen von Hotels wurden unter Gasthöfen eher einfachere Betriebe mit eingeschränkten (Hotel-)Dienstleistungen verstanden. Gleiches gilt für Pensionen, die früher allerdings in differenzierten Qualitätsniveaus angesiedelt und auf Gäste mit längeren Aufenthalten einschließlich Verpflegung ausgerichtet waren. In Urlaubsorten wird häufig der Begriff „Gästehäuser" verwendet.

Betriebsart	Zahl der Betriebe	Zahl der Betten/Schlafgelegenheiten
Hotels	13.109	1.179.321
Hotels Garni	7.237	420.442
Gasthöfe	6.590	165.818
Pensionen	5.235	123.033
Zusammen	32.171	1.888.614
Erholungs- und Ferienheim	1.629	123.439
Ferienzentren	119	69.752
Ferienhäuser/-wohnungen	11.578	447.681
Jugendherbergen und Hütten	1.934	164.019
Zusammen	15.260	804.891
Campingplätze	3.050	903.184
Vorsorge- u. Reha-Kliniken	861	152.036
Schulungsheime	901	78.838
Gesamt	52.243	3.827.563

3 Branchenstruktur Insgesamt umfasst das Beherbergungsgewerbe bei Einbeziehung der Campingplätze sowie der Vorsorge- und Rehabilitationskliniken in Deutschland 52.243 Betriebe mit ca. 3,83 Mio. Betten/Schlafgelegenheiten, ca. 50 % davon in der Hotellerie. Die Zahl der Betriebe (Stand: Juli 2019) in den einzelnen Betriebsarten sowie die angebotenen Betten zeigt die Tabelle (Statistisches Bundesamt 2019, Tabelle 2.1, o. S.).

Aufgrund ihrer wirtschaftlichen Bedeutung für Heilbäder und Kurorte werden Vorsorge- und Rehabilitationskrankenhäuser (Rehakliniken) zusätzlich ausgewiesen.

Bei der Beurteilung des Angebotes ist zu berücksichtigen, dass Betriebe unter 10 Betten in der Statistik nicht enthalten sind. Insofern wird insbesondere das Angebot an Ferienwohnungen zu niedrig ausgewiesen. Die Auslastung der in der amtlichen Statistik erfassten Betriebe hat im Jahresdurchschnitt 2018 39 % betragen, in der Hotellerie 45,3 % (Statistisches Bundesamt 2019b, S. 629).

Seit Jahrzehnten vollzieht sich ein Strukturwandel innerhalb der Hotellerie. Die Zahl der Gasthöfe, Hotels Garni und Pensionen ist stark rückläufig, nach Jahren geringen Wachstums ist die Zahl der beim Statistischen Bundesamt erfassten Hotels ebenfalls zurückgegangen. Die Entwicklung ist charakterisiert durch eine Vielzahl von Neugründungen von Betrieben, aber auch durch viele Betriebsaufgaben. Deutlich zugenommen hat bei den Betriebsarten Hotels und Hotels Garni die Zahl der Betten und Zimmer pro Betrieb, so dass insgesamt die Zimmerzahl von 2014 bis 2019 (geöffnete Betriebe) von 950.00 auf fast 1 Mio. gestiegen ist (Statistisches Bundesamt 2015, S. 17, 25; Statistisches Bundesamt 2019, o. S., Tabelle 2.1 und 2.8).

Die dargestellte Untergliederung der Klassifikation der Wirtschaftszweige in Betriebsarten kann als eine erste hilfreiche Strukturierung des Beherbergungsgewerbes gesehen werden. Allerdings umfassen die jeweiligen Definitionen ein großes Spektrum an Betrieben, die sich sowohl nach diesen als auch nach weiteren Merkmalen stark unterscheiden. In der Betriebsart Hotel finden sich Betriebe mit 20 und 500 Zimmern oder Betriebe mit Standard- bzw. Luxusausstattung. Insofern ist zur differenzierten Beschreibung des Angebotes eine weitere Untergliederung der Betriebsarten in Betriebstypen (→ Hotelbetriebstypen) notwendig. Dies kann nach Leistungsangebot, Betriebsgröße, Konzeptionsgrad, Grad der wirtschaftlichen Selbständigkeit und Eigentumsverhältnissen erfolgen. (khh)

Literatur
Bernecker, Paul 1955: Der moderne Fremdenverkehr. Markt- und betriebswirtschaftliche Probleme in Einzeldarstellung. Wien: Österreichischer Gewerbeverlag
DEHOGA o. J.: Definition der Betriebsarten. (http://www.dehoga-bundesverband.de/zahlenfakten/betriebsarten/, zugegriffen am 20.11.2019)
Kachel, Johanna 1924: Herberge und Gastwirtschaft in Deutschland bis zum 17. Jahrhundert. Stuttgart: W. Kohlhammer (= Vierteljahrsschrift für Sozial- und Wirtschaftsgeschichte, Beihefte; Heft 3)
Statistisches Bundesamt 2008: Klassifikation der Wirtschaftszweige mit Erläuterungen. (https://www.destatis.de/DE/Methoden/Klassifikationen/GueterWirtschaftklassifikationen/klassifikationwz2008_erl.pdf;jsessionid=15B4FE2283D8026F0EF7666446EC70C6.InternetLive2?__blob=publicationFile, zugegriffen am 27.11.2018)
Statistisches Bundesamt 2015: Binnenhandel, Gastgewerbe, Tourismus – Ergebnisse der Monatserhebung im Tourismus, Fachserie 6, Reihe 7.1. (https://www.destatis.de/DE/Publikationen/Thematisch/BinnenhandelGastgewerbeTourismus/Tourismus/MonatserhebungTourismus2060710151074.pdf?__blob=publicationFile, zugegriffen am 23.09.2015)
Statistisches Bundesamt 2019: Binnenhandel, Gastgewerbe, Tourismus – Ergebnisse der Monatserhebung im Tourismus, Fachserie 6, Reihe 7.1. (https://www.destatis.de/DE/Themen/Branchen-Unternehmen/Gastgewerbe-Tourismus/Publikationen/_publikationen-innen-tourismus-monat.html?nn=206104, zugegriffen am 06.10.2019)

Statistisches Bundesamt 2019a: Qualitätsbericht Monatserhebung im Tourismus 2019. (https://www.destatis.de/DE/Methoden/Qualitaet/Qualitaetsberichte/Gastgewerbe-Tourismus/tourismus-monatserhebung.pdf?__blob=publicationFile, zugegriffen am 06.10.2019)
Statistisches Bundesamt 2019b: Statistisches Jahrbuch 2019. Deutschland und Internationales. (https://www.destatis.de/DE/Themen/Querschnitt/Jahrbuch/statistisches-jahrbuch-2019-dl.pdf?__blob=publicationFile, zugegriffen am 15.12.2019)

Beherbergungsrecht [accomodation law]

Bei gewerblicher oder privater Übernachtung mit und ohne Verpflegung in → Hotels und Ferienunterkünften liegt eine Gastaufnahme zwischen einem gewerblichen Gastwirt oder einem privaten Gastgeber und einem Gast vor. Der Gastwirt überlässt dem Gast eine Unterkunft mit einem vereinbarten Service gegen ein Entgelt. Vertragliche Rechtsgrundlage dieses „Beherbergungsverhältnisses" ist der → Beherbergungsvertrag, welcher als gemischter atypischer Vertrag Elemente des Miet-, Kauf-, Dienst- und Verwahrungsvertrages enthält, jedoch nicht ausdrücklich im BGB geregelt ist (BGH, 24.01.2007, NJW-RR 2007, 777). Es ist nicht nur die Nutzung der Unterkunft, sondern die „Beherbergung" geschuldet mit seinen wesensmäßigen Bestandteilen des Service. Wegen des überwiegenden Anteils der Zimmervermietung ist dieser Vertrag vorrangig nach dem Mietrecht der §§ 535 ff. BGB, ohne die Vorschriften der Wohnraummiete zu behandeln.

Nach § 2 I, II GastG bedarf derjenige, der ein Gaststättengewerbe betreiben will, der Erlaubnis. Die Erlaubnis kann auch nichtrechtsfähigen Vereinen erteilt werden. Der Erlaubnis bedarf nicht, wer alkoholfreie Getränke, unentgeltliche Kostproben, zubereitete Speisen oder in Verbindung mit einem Beherbergungsbetrieb an Hausgäste verabreicht.

Nach der Legaldefinition des § 651a II BGB liegt eine → Pauschalreise vor, wenn mindestens zwei verschiedene Arten von Reiseleistungen für den Zweck derselben Reise als Gesamtheit angeboten werden. Der Unternehmer wird durch die Zusammenstellung zum „Reiseveranstalter", so dass auch ein Beherbergungswirt → Reiseveranstalter werden kann. Nach § 651a III BGB sind Reiseleistungen im Sinne dieses Gesetzes:

- die Beförderung von Personen (Nr. 1),
- die Beherbergung, außer zu Wohnzwecken, also z. B. ein Hotelzimmer oder eine Ferienunterkunft (Nr. 2),
- die Vermietung von vierrädrigen Kraftfahrzeugen sowie Krafträdern der Führerscheinklasse A (Nr. 3), also z. B. ein E-Mobil,
- jede touristische Leistung, die nicht Reiseleistung im Sinne der Nummern 1 bis 3 ist (Nr. 4).

Bereits eine Zusammenstellung von zwei der ersten drei genannten Reiseleistungen (z. B. Anreise mit der Eisenbahn und Unterkunft gebucht auf der Webseite des

Hotels) führt dazu, dass grundsätzlich die Voraussetzungen für eine Pauschalreise eines → Hoteliers als Unternehmer gegeben sind und der Hotelier nach § 651a I BGB einen Pauschalreisevertrag mit dem Reisenden geschlossen und diesem eine Pauschalreise zu verschaffen hat.

Touristische Einzelleistungen wie eine Beherbergung in Hotelzimmern oder Ferienwohnungen unterliegen nicht dem Pauschalreiserecht, da keine weitere Zusammenstellung mit anderen Reiseleistungen vorliegt. Bietet das Hotel zusätzlich zur Beherbergung noch mindestens eine sonstige touristische Leistung im Sinne des § 651a III Nr. 4 BGB an (z. B. Eintrittskarten für Konzerte, Sportveranstaltungen, Ausflüge, Führungen, Vermietung von Sportausrüstungen wie für Ski und Golf, Skipässe oder Green-Fee, Wellness-Behandlungen oder Kinderbetreuung), ist der Hotelier als Reiseveranstalter anzusehen, wenn die sonstige touristische Leistung mindestens 25 % des Gesamtwertes der Zusammenstellung ausmacht, ein wesentliches Merkmal der Zusammenstellung der Reise darstellt oder als ein solches beworben wurde und die sonstige touristische Leistung vor Erbringung der anderen Reiseleistung ausgewählt und vereinbart wurde. Wird die sonstige touristische Leistung wie ein Skipass oder eine Wellness-Behandlung erst nach der Buchung einer Unterkunft – also vor Ort – dazu gebucht, liegt keine Pauschalreise vor, wenn der Unternehmer dem Reisenden nicht von vorn herein im Vertrag das Recht einräumt, die Auswahl der Reiseleistungen aus seinem Angebot nach Vertragsschluss zu treffen (§ 651a II S. 2 Nr. 2 BGB).

Durch die weiteren Nebenleistungen des Beherbergungsbetriebs wird kein Pauschalreisevertrag nach § 651a BGB geschaffen, da sie wesensmäßig Bestandteil der Beherbergung sind (§ 651a III S. 2 BGB). Hierzu zählen Hoteltransfer, Gepäcktransfer, Kurkarte mit Vergünstigungen, Zugang zu hoteleigenen Einrichtungen wie Schwimmbad, Tennisplatz, Sauna, Wellness-Raum oder Fitness-Raum. Auch wenn zusammen mit der Unterkunft Mahlzeiten gebucht werden, ist nur von einer Reiseleistung der Beherbergung auszugehen. Die Verpflegung stellt keine eigenständige touristische Reiseleistung im Sinne des § 651a III Nr. 4 BGB dar, sondern zählt wesensmäßig zur Beherbergung.

Eine Entschädigung für nutzlos aufgewendete Urlaubszeit kann bei einem Beherbergungsvertrag nicht geltend gemacht werden, da § 651n II BGB als Ausnahmevorschrift weder direkt noch analog außerhalb des Pauschalreiserechts anwendbar ist. Neben den Beherbergungsvertrag tritt die gesetzliche verschuldensunabhängige → Gastwirthaftung aus §§ 701 bis 704 BGB für eingebrachte Sachen des Gastes und die Schadensersatzpflicht aus §§ 823 ff. BGB wegen unerlaubter Handlung bei schuldhafter Verletzung der Verkehrssicherungspflichten bei Personenschäden. (ef)

Literatur
Führich, Ernst 2018: Basiswissen Reiserecht. München: C. H. Beck/Vahlen (4. Aufl.; § 19)

Führich, Ernst; Ansgar Staudinger 2019: Reiserecht. München: C. H. Beck (8. Aufl.; § 44)

Beherbergungsvertrag [accomodation contract]

1 Vertragsabschluss Der Vertragsschluss zwischen Gastwirt und Gast erfolgt nach den allgemeinen Regeln der §§ 145 ff. BGB durch Antrag und Annahme. Die Buchung durch den Gast ist daher grundsätzlich formfrei und kann mündlich, schriftlich, mit Fax oder online erfolgen. Unverbindliche Anfragen oder Zimmerverzeichnisse sind noch keine Willenserklärungen, sondern nur Aufforderungen zur Abgabe einer Willenserklärung. Eine „Reservierung" ist ein verbindliches Angebot des Gastes und keine bloße Aufforderung an das Hotel, von sich aus ein Vertragsangebot abzugeben.

Die Online-Buchung einer Unterkunft direkt beim Beherbergungsunternehmen oder über einen Internet-Vermittler wie booking.com ist bei den Gästen beliebt. Das Zustandekommen eines Vertrages im elektronischen Geschäftsverkehr (E-Commerce) bei einer Direktbuchung oder über eine Buchungs-Plattform folgt grundsätzlich den allgemeinen Regeln des BGB nach §§ 145 ff. BGB. Abgabe und Zugang elektronischer Erklärungen richten sich nach den Regeln für verkörperte Willenserklärungen unter Abwesenden.

Das Angebot des Gastes ist in angemessener Zeit vom Hotel anzunehmen (§§ 147 II BGB), wobei bei Postübermittlung eine Bindungsfrist von sieben Tagen, bei Fax oder E-Mail von vier Tagen anzunehmen ist. Nach Ablauf dieser Fristen erlischt das verbindliche Angebot, und der Gast kann sich an ein anderes Hotel wenden. Schweigt der → Hotelier, kommt es zu keinem → Vertrag. Eine Pflicht zur Antwort besteht wegen der Vertragsfreiheit nicht. Bei kurzfristigen Aufenthalten bis zu 3 Tagen nehmen manche Gerichte bereits eine Vertragsannahme durch den Gastwirt mit der Reservierung an. Aus Beweisgründen empfiehlt sich stets eine schriftliche Buchungsbestätigung.

Verwendet der Gastwirt → AGB wie die Konditionenempfehlungen der Verbände → DEHOGA oder → IHA, muss ein Verbraucher als Gast auf ihre Geltung im Rahmen des Vertragsschlusses hingewiesen, ihm die Möglichkeit der zumutbaren Kenntnisnahme gegeben werden und sein generelles Einverständnis vorliegen (§§ 305 II, 310 I BGB). Bei telefonischer Buchung gelten die AGB daher nicht ohne weiteres, sondern nur, wenn der Gast einer Übermittlung mit Vertragsschluss zustimmt. Bei Geschäftsreisenden als Gäste gelten diese Einbeziehungsvorschriften ebenfalls, da die „Wissen-Müssen-Formel" vom BGH aufgegeben wurde. Durch die AGB kann der Beherbergungsvertrag allerdings nur im Rahmen der AGB-Vorschriften §§ 307 bis 309 BGB abgeändert werden.

Bei der Online-Buchung im Fernabsatz von Dienstleistungen in den Bereichen der Beherbergung ist das Widerrufsrecht des § 355 BGB ausgeschlossen, da der Beherbergungsvertrag mit einer Hotelzimmerbestellung oder Miete einer Ferienwohnung einen spezifischen Termin oder Zeitraum vorsieht (§ 312g I Nr. 9 BGB). Dies bedeutet, die online vorgenommene Bestellung des Gastes als sein Angebot wird durch die Annahmeerklärung des Beherbergungswirts zum verbindlich abgeschlossenen Vertrag. Der Gast kann dann nur vom Vertrag nach § 537 BGB in der Regel mit Stornokosten zurücktreten, diesen aber nicht frei widerrufen.

2 Gerichtsstand und anwendbares Recht Bei ausländischen Vertragspartnern kann nach dem Internationalen Privatrecht die Rechtsordnung frei gewählt werden (Art. 3 Rom I-VO). Bei fehlender Rechtswahl unterliegt der Beherbergungsvertrag als gemischter Dienstleistungsvertrag dem Recht des Staates, in dem der Dienstleister seine Hauptverwaltung hat (Art. 4 I lit. b, 19 I Rom I-VO). Ist ein Ferienhaus oder eine Ferienwohnung in der EU oder der Schweiz bis zu 6 Monaten vermietet und haben Vermieter und Mieter ihren Wohnsitz im gleichen EU-Staat, dann gilt mangels Rechtswahl das Recht der beiden Vertragsparteien (Art. 4 I lit. d Rom I-VO). Liegt die Unterkunft in der EU, ist auch dort der internationale Gerichtstand, und der Hotelier muss an seinem Firmensitz verklagt werden (Art. 4 I, 63 I EuGVVO).

Der ausschließliche Gerichtsstand der belegenen Sache nach Art. 24 EuGVVO bei kurzem Gebrauch bis zu sechs Monaten greift nicht ein, da der gemischte Beherbergungsvertrag unionsrechtlich nicht als Miete eines Grundstücks vom Eigentümer, sondern als Dienstleistungsvertrag gem. Art. 7 Nr. 1 lit. b EuGVVO zu qualifizieren ist. Bei Miete einer Ferienwohnung bis zu 6 Monaten von einem Privateigentümer ist dagegen Art. 24 Nr. 1 EuGVVO anzuwenden, wenn beide Vertragsparteien natürliche Personen mit ihrem Wohnsitz in demselben Mitgliedstaat haben (Führich & Staudinger 2019, § 47 Rn. 145).

3 Rechte und Pflichten Der Gastwirt ist verpflichtet, dem Gast die Benutzbarkeit der Räume nach den vertraglichen Vereinbarungen zu gewährleisten (§ 535 I 2 BGB) sowie die Nebenleistungen zu erbringen, die vereinbart wurden oder dem Charakter und der Kategorie entsprechen. Hierzu gehören Bereitstellung der Unterkunft ab 15.00 Uhr des Anreisetages bis mittags am Folgetag, Zimmerreinigung, Instandhaltung, Schutz vor Lärm, Gerüchen, Ungeziefer und gefährlichen Räumen, Treppen und Zugängen. Der Gast ist zur Zahlung des vereinbarten oder betriebsüblichen Preises für die vereinbarte Mietdauer, zur schonenden Behandlung des Zimmers, Besuch und Tiere nur bei Einwilligung des Gastwirts und zur Räumung am Abreisetag bis 12.00 Uhr verpflichtet.

Verletzt der Gastwirt seine Pflichten, kann der Gast bei Hotelmängeln nach vorheriger Anzeige (§ 536c BGB) den Zimmerpreis mindern (§ 536 BGB) oder bei eingetretenen Personen- oder Sachschäden Schadensersatz bei Verschulden (§ 536a BGB) verlangen sowie außerordentlich kündigen (§ 543 II BGB). Als Mängel kommen Fehler oder das Fehlen zugesicherter Eigenschaften in Betracht wie fehlende oder nicht benutzbare Hoteleinrichtungen entgegen einer Zusicherung im Prospekt (Schwimmbad, Sauna, Fahrstuhl, Kinderbetreuung, Meerblick), Unterkunftsmängel und Verpflegungsmängel (§§ 651, 433 ff. BGB).

4 Stornierung und Nichtbenutzung der Unterkunft Den Parteien steht es frei, einverständlich den Beherbergungsvertrag nachträglich wieder formlos aufzuheben, so dass der Gast kein Entgelt zu zahlen hat. Eine solche kostenfreie Stornierung ist oftmals im Vertrag bis zu einem festen Termin vereinbart. Kommt es zu keinem Aufhebungsvertrag, kennt das Mietrecht und damit der Beherbergungsvertrag kein gesetzliches Rücktrittsrecht. Eine einseitige Stornierung bzw. Nichtbenutzung (→ No-show) durch den Gast ist gesetzlich nicht zulässig. Daher hat der Gast den vereinbarten Preis zu zahlen, wenn er aus Gründen seines persönlichen Risikobereichs verhindert ist. Auf ein Verschulden an seiner Verhinderung oder eine Beeinflussbarkeit der Umstände kommt es nicht an. Die gleichen Grundsätze gelten, wenn der Gast nicht erscheint und die Unterkunft nicht benutzt.

Allerdings muss sich der Gastwirt den Wert seiner ersparten Aufwendungen oder einer anderweitigen Vermietung anrechnen lassen (§ 537 BGB). Daher ist der Wirt verpflichtet, sich um eine anderweitige Vermietung der Unterkunft zu bemühen. Gewohnheitsrechtlich haben sich bei kurzfristiger Stornierung folgende handelsübliche Pauschalsätze herausgebildet:
– Übernachtung: 90 % des Preises,
– Übernachtung/Frühstück: 80 % des Preises,
– Übernachtung/Halbpension: 70 % des Preises,
– Übernachtung/Vollpension: 60 % des Preises.

Soweit höhere Pauschalen verlangt werden, sind diese gem. § 309 Nr. 5 BGB unwirksam. Der Gast hat stets die Möglichkeit nachzuweisen, dass kein oder ein geringerer Schaden beim Gastwirt eingetreten ist. Soweit diese Stornopauschalen in AGB aufgenommen werden, ist eine Gegenbeweisklausel aufzunehmen.

Der Gast wird jedoch von seiner Zahlungspflicht ausnahmsweise befreit, wenn objektive Umstände der Nichtnutzbarkeit vorliegen wie → Höhere Gewalt (Naturkatastrophe, Straßensperre, Epidemie, Unzugänglichkeit der Unterkunft (§§ 275, 326 BGB) oder wenn die Gründe der Nichtnutzbarkeit im betrieblichen Risikobereich des Gastwirts liegen, wie z. B. bei einem Hotelbrand. (ef)

Literatur
Führich, Ernst 2018: Basiswissen Reiserecht. München: C. H. Beck/Vahlen (4. Aufl.; § 20)
Führich, Ernst; Ansgar Staudinger 2019: Reiserecht. München: C. H. Beck (8. Aufl.; § 47)

Behindertengerechtes Zimmer [accessible room, handicapped accessible room]
Zimmer in einem Beherbergungsbetrieb, das auf die Bedürfnisse von behinderten Menschen ausgerichtet ist. Zugang und Aufenthalt im Zimmer sind entsprechend gestaltet (etwa Lage im Erdgeschoss, breitere Türen im Zimmer und Bad,

rollstuhlgeeignetes WC, rollstuhlgeeignete Dusche, niedriger angebrachte Lichtschalter). (wf)

Behindertentourismus [tourism for the handicapped]
Möglichkeiten für Personen, die aufgrund einer nicht ausgebildeten oder geschädigten körperlichen, seelischen oder geistigen Funktion in Bezug auf ihre Lebensverrichtungen oder auf ihre Teilhabe am sozialen Leben beeinträchtigt oder behindert sind, zu verreisen und weitere touristische Aktivitäten auszuüben. Vor allem mobilitätsbehinderte Personen haben Probleme bei der Nutzung von Verkehrsmitteln und Gebäuden, bei der Fortbewegung in Städten, im ländlichen Raum, an Stränden und in Beherbergungsbetrieben usw. (→ Barrierefreies Reisen). Daher kann meist nur in Begleitung anderer Personen gereist werden. Bei anderen Beeinträchtigungen oder Behinderungen ist die Mitnahme geschulter Begleiter die Regel (→ Betreutes Reisen). (jwm)

Beinahezusammenstoß [near miss, airprox]
Situation, in der aus Sicht eines Piloten oder Fluglotsen (Air Traffic Control) der horizontale oder vertikale Abstand zwischen zwei oder mehr Luftfahrzeugen unter Berücksichtigung von Kursen und Geschwindigkeiten so gering war, dass die Sicherheit der beteiligten Flugzeuge nicht mehr gewährleistet war oder schien. Solche Vorfälle können entsprechend auch nur von Piloten oder Fluglotsen an die jeweils zuständige nationale Luftfahrtbehörde gemeldet werden, die ggfs. eine Untersuchung dazu einleitet. Durch die Verwendung von → Kollisionswarngeräten wird diese Gefahr erheblich reduziert. (jwm)

Beirat für Fragen des Tourismus beim Bundesministerium für Wirtschaft und Energie (Tourismusbeirat)
Der Beirat für Fragen des Tourismus beim Bundesministerium für Wirtschaft und Energie (BMWi) wird zu Beginn jeder Legislaturperiode von der Bundesregierung eingesetzt. Er setzt sich aus Sachverständigen zusammen und berät den Bundeswirtschaftsminister für Wirtschaft und Energie und den Beauftragten der Bundesregierung für Tourismus in tourismuspolitischen Fachfragen. Die Mitglieder des Beirates sind Vertreter von Unternehmen und Verbänden aus verschiedenen Segmenten der Tourismuswirtschaft, von Verkehrsträgern, von Destinationen sowie aus der Wissenschaft. Die Mitgliedschaft im Beirat ist persönliches Ehrenamt. Der Beirat wird für den Zeitraum der aktuellen Legislaturperiode des Deutschen Bundestages berufen. Der Tourismusbeirat hat keine Entscheidungsbefugnisse und keine Kontrollfunktion. Er wurde 1977 erstmalig eingerichtet (https://www.bmwi.de/Navigation/DE/Ministerium/Beiraete/beiraete.html). → Tourismuspolitik. (cmb)

Beisel [pub (Austria)]

Heutige österreichische Bezeichnung für „Kneipe" – analog zur „Boazn" im Bayrischen und der → Beiz in der Schweiz –, die in ähnlicher Form schon seit dem 15. Jahrhundert geläufig ist, meint eine kleine einfache → Gaststätte. Ursprünglich kommt der Begriff aus dem Jiddischen [jiddisch „Bajis" für Haus oder Gastwirtschaft, abgeleitet von hebräisch „bayit" (בית) für Haus]. Eng an den Raum gebunden und in der Regel für lokales Publikum bestimmt, diente das Beisel neben Kirchen und Rathaus als wichtiges Kommunikationszentrum. Der Ausschank von alkoholischen Getränken stand hier im Vordergrund.

In Österreich zunächst negativ konnotiert, umschrieb der Begriff ein Lokal niederer Güte mit schlechtem Ruf. Als eine Erklärung dieser Stereotypbelegung kann die etymologische Verbindung zwischen der Verkleinerungsform Beisel und dem Hauptwort „hampejz" dienen: Der Ausdruck „Hampeiz" wurde mit den Bedeutungen „Hundehäuschen" und später auch „Bordell" assoziiert. Im Spätmittelalter und in der Frühen Neuzeit verkehrten in den Schenken sozial herab gestufte Schichten, die sich dem gruppeninternen Rauscherlebnis hingaben.

Heute hat sich diese dem Begriff innewohnende Kategorisierung jedoch gelöst: Lokale verfeinerter bodenständiger Küche und Szenebars werden als Nobelbeiseln bezeichnet. → Gaststätte, Gasthaus. (gh)

Literatur

Fränkisches Freilandmuseum Bad Windsheim (Hrsg.) 2004: Gasthäuser – Geschichte und Kultur. Bad Windsheim: Imhof

Katschnig-Fasch, Elisabeth 1985: „Im Wirthaus bin i wia z'haus". Zur kulturellen Bedeutung des Gasthauses für eine städtische Region. Eine volkskundliche Gegenwartsuntersuchung. In: Herwig Ebner (Hrsg.): Grazer Gastlichkeit. Beiträge zur Geschichte des Beherbergungs- und Gastgewerbes in Graz (Publikationsreihe des Grazer Stadtmuseums IV). Graz, Wien: Leykam, S. 119–127

Beiz [pub (Switzerland)]

Der dem Rotwelschen oder Westjiddischen entlehnte Begriff ist etymologisch mit → Beisel verwandt und etwa seit dem 19. Jahrhundert geläufig. Beiz(e) umschreibt im Schweizerischen eine kleine Gastwirtschaft oder Kneipe.

Meist verschreibt sich diese → Gastronomie einer traditionellen und regionalspezifischen Küche (→ Regionale Küche), die neben touristischen Bedürfnissen auch heimatliche Sicherheitsbedürfnisse kompensieren soll. Regionale Spezialitäten stehen im Gastronomiekonzept der Beize im Vordergrund, werden aber auch unter ökonomischen Gesichtspunkten verändert, so dass sich „Traditionelles" dem Trend zur → Erlebnisgastronomie eingliedert. Vielfach werben heute Gastronomiebetriebe unter dem Begriff Beiz mit exklusiven und extravaganten Marketingstrategien, aber auch mit häuslichem Service und bäuerlich-alpinem Ambiente. → Gaststätte, Gasthaus. (gh)

Literatur
Gyr, Ueli 2002: Währschafte Kost. Zur Kulinarisierung von Schweizer Spezialitäten im Gastro-
trend. In: Österreichische Zeitschrift für Volkskunde, LVI (105), S. 105–123
Hirschfelder, Gunther; Manuel Trummer 2016: Bier. Eine Geschichte von der Steinzeit bis heute. Darmstadt: WBG
Standage, Tom 2006: A History of the World in 6 Glasses. New York, London, New Delhi, Sydney: Bloomsbury

Kleine Story

Bier besitzt die längste Geschichte aller alkoholischen Getränke: Erste bierartige Getränke
werden bis 10.000 vor Christus datiert. Bier wurde nicht erfunden, stattdessen wurde die Gä-
rung von Getreide durch Zufall entdeckt. ‚Brot und Bier' waren in vielen Kulturen die gängigen
Grundnahrungsmittel, Synonym für Essen und Trinken und im alten Ägypten sogar ein gängiger Willkommensgruß.

Weil das Getränk oft von minderwertiger Qualität war, wurde 1516 auf dem Landtag im
oberbayerischen Ingolstadt das Reinheitsgebot eingeführt. Bayern war Standort einer fort-
geschrittenen Brautechnik, Agrarland, förderte politisch den Hopfenanbau und gewährte
Bierbrauern Privilegien. Das Oktoberfest, größtes Volksfest der Welt, ist ein Bierfest (Ausschank: ca. 8 Mio. Liter). Und Giganten der globalen Bierindustrie wie Anheuser Busch oder
SAB Miller haben deutsche Gründerväter (Hirschfelder & Trummer 2016; Standage 2006,
S. 9 ff.). (wf)

Belegt → **Zimmerstatus**

Belegung → **Auslastung**

Bellboy → **Page**

Bellcaptain → **Portier**

Bellhop → **Page**

Bellman → **Page**

Benchmarking

1 Gegenstand und Zielsetzungen des Benchmarking Benchmarking kann allgemein als ein kontinuierliches Verfahren verstanden werden, in dem Produkte,
Strukturen, Methoden oder Prozesse der betrieblichen Leistungserstellung und
Leistungsverwertung über mehrere Unternehmungen hinweg verglichen werden.
Durch diesen, in der Regel die Grenzen der eigenen Unternehmung überschrei-
tenden Blick nach außen sollen Leistungsunterschiede, insbesondere markan-
te Schwachstellen der eigenen Unternehmung aufgedeckt und Möglichkeiten

zur Lösung und Verbesserung gewonnen werden (Horváth & Herter 1992, S. 5). „Benchmarking hilft dabei, konsequent und zielorientiert nach neuen Ideen für Methoden, Verfahren und Prozesse außerhalb der eigenen »Unternehmens-/ Organisationswelt« beziehungsweise außerhalb der eigenen Branche zu suchen." (Fraunhofer Institut für Produktionsanlagen und Konstruktionstechnik 2020a). Ansatzpunkt für ein Benchmarking-Projekt ist in der Regel ein einzelner Funktionsbereich und nicht die Unternehmung als Ganzes (Weber & Wertz 1999, S. 17). Die Zielgröße des Benchmarking lautet dabei einfach definiert: „Lerne vom Besten und werde zum Besten der Besten!" Die Idee wie das Instrumentarium des Benchmarking entwickelte sich Ende der 1970er-/Anfang der 1980er-Jahre über vereinzelte Projektstudien US-amerikanischer Unternehmungen und fand danach zunehmend weltweite Akzeptanz. Bekannt wurden insbesondere die Benchmarking-Untersuchungen der Firma Xerox zur Wiedergewinnung ihrer Wettbewerbskraft gegenüber der japanischen Konkurrenz durch branchenübergreifende Prozessanalysen (Lagerhaltungs- und Vertriebsprozessvergleich mit dem Sportartikelversandunternehmen L. L. Bean (hierzu ausführlich Camp 1994, S. 8 ff.).

Allgemein verspricht man sich von Benchmarking-Prozessen deutliche Verbesserungen z. B. der Produktfunktionalität, Qualität, Produktivität oder Kostenwirtschaftlichkeit. Ansatzpunkt hierfür ist die systematische Konfrontation der eigenen Unternehmung mit den exzellenten Leistungen (Benchmarks, Referenzpunkte) anderer Organisationen. Den eigenen Mitarbeitern kann so verdeutlicht werden, dass derartige Leistungen möglich sind und Wege dorthin auch von ihnen beschritten werden können. Ineffiziente und verkrustete Strukturen können aufgebrochen (Camp 1994, S. 12; Weber & Wertz 1999, S. 11) und umfassende Lernprozesse in der eigenen Unternehmung in Gang gesetzt werden, die nicht nur leichte Korrekturen an bisherigen Verfahrensweisen darstellen, sondern diese Leistungen und Prozeduren nachhaltig in ihrer Sinnhaftigkeit hinterfragen (»double-loop-learning«, »higher-level-learning« oder »Veränderungslernen«; Pawlowsky 1992, S. 207 ff.; Probst & Büchel 1994, S. 36 f.; Senge 2011, S. 13 ff.). Derartige Prozesse in Gang zu setzen, heißt jedoch zumeist, einen tiefgreifenden, fundamentalen Wandelprozess zu initiieren, der in letzter Konsequenz alle bisher in der Unternehmung üblichen Formen der Problemerkennung und Problemlösung in Frage stellt (Simon 2000, S. 326 ff.) und alle Bereiche der Unternehmung und Ebenen des Managements tangiert. Damit reicht Benchmarking, insbesondere in seiner prozessorientierten Variante (funktionales und generisches Benchmarking, vgl. Abschnitt 2), deutlich über die üblichen traditionellen Verfahren kennzahlenbasierter Betriebsvergleiche auf der Basis des Rechnungs- und Finanzwesens hinaus (Siebert & Kempf 2002, S. 29 f.; Zdrowomyslaw & Kasch 2002, S. 66; vgl. auch Abbildung).

Art des Vergleichs Merkmale	Klassischer Betriebsvergleich	Benchmarking
Ergebnisziel	Steigerung der Effizienz	Überlegenheit, „the best in class"
Informationsziel	Ermittlung von Zielabweichungen und Leistungslücken	Entdeckung von Innovationen, Ableiten von Zielsetzungen
Planungshorizont	überwiegend operativ, kurzfristig	bisweilen operativ, in der Regel aber strategischer Natur, langfristig
Informationsobjekte	Betriebe oder Teilbetriebe wie Werke, Filialen, Tochtergesellschaften, Funktionsbereiche, Sparten,	Produkte, Strukturen, Methoden, Prozesse, teilweise auch Strategien und „weiche" Potenziale
Vergleichsebenen	intern, Wettbewerber, Branchendurchschnitte	intern, Wettbewerber, funktional, generisch
Instrumente	Kennzahlen des Rechnungs- und Finanzwesens, insbesondere BWA und Bilanzanalyse	Kennzahlen des Rechnungs- und Finanzwesens, insbesondere Betriebswirtschaftliche Analyse und Bilanzanalyse, Betriebsbesichtigung, qualitative Analysen
Analyseprozess	fallweise	kontinuierlich

Abb. 3: Betriebsvergleich vs. Benchmarking

Der Benchmarking-Prozess zeichnet sich somit durch folgende Eigenschaften aus (Camp 1994, S. 13 ff.):

– Zielorientierung: „Benchmarking ist im Grunde ein Zielsetzungsprozess" (Camp 1994, S. 19). Benchmarking definiert eine erstrebenswerte Soll-Situation und beschreibt gleichzeitig den Unternehmensmitgliedern auch den Weg in diese Zukunft – »the best in class«! Für alle in die Studie einbezogenen Führungsebenen, Bereiche und Funktionen sind daher die maßgeblichen Benchmarks, an denen sich zukünftiges Handeln orientieren wird, festzulegen und adressatengerecht zu operationalisieren. Nur über eine nachvollziehbare Zielformulierung und ihre eingängige Kommunikation ist eine Mobilisierung und nachhaltige Motivation der involvierten Mitarbeiter für den steinigen Weg hin zu Spitzenleistungen zu erreichen. Fortschritte können überprüft werden, Abweichungen von den Zielvorstellungen werden deutlich.

- Vergleichende Messung: „Benchmarking is an analytical process for rigorously measuring a company's operations against the best-in-class companies inside and outside its markets" (Furey 1987, S. 30). Ein Großteil der Benchmarking-Arbeit ist daher auf das Sammeln, Aufbereiten und Auswerten von Daten aller Art ausgerichtet. Es gilt eine tragfähige Datenbasis zu erarbeiten, welche die benötigten Messreferenzen für den Leistungstest liefert. Hierzu sind entsprechende Messprozeduren und Richtgrößen (benchmark = Prüfmarke, Maßstab, Bezugswert, Eckwert) festzulegen, die als Vergleichmaßstäbe dienen sollen. Diese können z. B. quantitative Größen des Rechnungs- und Finanzwesens sein, aber auch qualitative Informationen liefern vergleichsrelevante Inhalte.
- Kontinuität: „Obwohl Benchmarking ein fortschreitender, kontinuierlicher Prozess sein sollte, wird es häufig nur in Gang gesetzt, wenn ein Unternehmen Marktanteile verliert, Gewinnmargen sinken oder Kunden spürbar unzufrieden werden" (Camp 1994, S. 11). Kontinuierlich betriebenes Benchmarking ermöglicht der Unternehmung, im dynamischen Wettbewerbsprozess durch kritische Fingerzeige auf Leistungslücken anschlussfähig zu bleiben und damit eine Antwort auf sich ständig ändernde Herausforderungen finden zu können. Wenn auch eine Unternehmenskrise den Anstoß für Benchmarking-Überlegungen geben mag, so ist Benchmarking dennoch nicht als ein solitäres Sanierungskonzept, sondern als strukturierter, informationsdurchdrungener, analytischer Prozess zu verstehen, der den Weg hin zu einer strategisch orientierten Unternehmensentwicklung weisen kann.

2 Arten des Benchmarking   Es lassen sich eine Reihe unterschiedlicher Ausgestaltungsformen des Benchmarking unterscheiden, die sich mit Blick auf die Datenverfügbarkeit, die erforderlichen Personalressourcen sowie den erforderlichen zeitlichen Umfang deutlich unterscheiden (Camp 1994, S. 77 ff.; Puschmann 2000, S. 34 ff.; Watson 1993, S. 106 ff.; Weber & Wertz 1999, S. 12 ff.; Zdrowomyslaw & Kasch 2002, S. 147 f.):

Intern realisiertes Benchmarking weist überwiegend noch die Merkmale klassischer interner Betriebsvergleiche auf. Gegenstand der Untersuchung können bspw.

- ein Vergleich des Leistungsprozesses von der Kundenanfrage über die Beratung bis zur Reisebuchung und Ticketausstellung zweier Betriebe innerhalb einer Reisebürokette mit Blick auf die Verfahrensweise oder die Prozesszeiten oder
- der Vergleich unterschiedlich realisierter Warensysteme, der Qualität der Gästebetreuung oder der Kostenstruktur zwischen zwei Häusern einer Hotelkette o. ä. sein.

Gesucht wird das interne „center of excellence", das mit seinen Spitzenleistungen innerhalb der Gesamtunternehmung eine Vorbildfunktion für andere Bereiche an anderen Standorten oder in anderen Geschäftsbereichen oder Tochterunternehmungen übernehmen soll. Die zumeist einfache Verfügbarkeit der Daten und die genaue Kenntnis der internen Prozessabläufe wird jedoch durch die in der Regel vorherrschende „Betriebsblindheit" konterkariert.

Wettbewerbsbezogenes Benchmarking konzentriert sich auf eine Vergleichsanalyse mit der branchenbesten Unternehmung. Gegenstände der Untersuchung können dabei Produkteigenschaften (z. B. Technologie, Leistungsumfang, Design), Gestaltungsoptionen in der originären Wertschöpfungskette von der Beschaffung bis zum Vertrieb oder auch die Realisation von Verwaltungsprozessen sein. Zentrales Problem stellt dabei die Informationsbeschaffung dar, die zumeist nur mittelbar oder verdeckt möglich ist, handelt es sich bei dem »Benchmark« doch in der Regel um einen direkten Wettbewerber. Für das Benchmarking zwischen Wettbewerbern in der Hotellerie würden sich als analoge oder digitale Informationsquellen bspw. anbieten:

- Hotelprospekte, Preislisten, Speisekarten, Werbeaktivitäten, Geschäftsberichte, Imagebroschüren, Mitarbeiterzeitschriften,
- Vor-Ort-Besichtigungen der Konkurrenzunternehmen,
- Informationen von Branchenkollegen, Geschäftspartnern (Schrand & Schlieper 2016, S. 242) usw.

Teilweise setzen derartige Vergleichsprozesse auch an so genannten „weichen" Faktoren wie bspw. dem → Führungsstil, der → Unternehmensphilosophie oder der → Unternehmenskultur an, was in der Regel jedoch mangels tieferer Einsicht in die grundlegenden Muster wie auch Übertragbarkeit der vermeintlichen Exzellenzfaktoren auf die untersuchende Unternehmung zu wenig Erfolg versprechenden Ergebnissen führt.

Des Weiteren stellt sich die Frage nach der gegebenen Strukturäquivalenz (z. B. Größe, räumliche Reichweite der wirtschaftlichen Aktivitäten, Historie u. ä.) zwischen den Benchmarking-Partnern. Schließlich darf auch nicht übersehen werden, dass einem Vergleich mit dem Branchenbesten in einer »sterbenden« Branche wenig Aussagekraft für die zukünftige Entwicklung der eigenen Unternehmung beizumessen ist.

Eine weitere Möglichkeit des eher wettbewerbsorientierten Benchmarkings stellen Vergleiche mit Branchendurchschnitten dar. Wie Weber und Wertz feststellen, „… gewinnt sogenanntes metrisches Benchmarking an Bedeutung". Das Informationsziel besteht darin, auf relativ einfache Weise einen „… reinen Kennzahlenvergleich mit anonymen, meistens aus der gleichen Branche stammenden Vergleichsunternehmen" durchzuführen (Weber & Wertz 1999, S. 38). So bietet bspw. das Informationszentrum Benchmarking (IPZ) am Fraunhofer Institut für Produktionsanlagen und Konstruktionstechnik, Berlin ein datenbankgestütztes Kennzahlen-Benchmarking für klein- und mittelständische Unternehmen an (Fraunhofer Institut für Produktionsanlagen und Konstruktionstechnik 2020b).

Funktionales Benchmarking hingegen setzt an einem Vergleich funktionsähnlicher Prozesse an. Vergleichsobjekte werden dabei aus unterschiedlichen Branchen herangezogen. Im Rahmen einer derartigen Benchmark-Studie könnte bspw. „... der Check-In-Prozess eines Hotelbetriebs mit dem einer Fluggesellschaft verglichen" (Gewald 2001, S. 137) werden. Damit erhöht sich die Chance für die lernende Unternehmung, tatsächlich die Idee des Lernens vom „Besten der Besten" zu realisieren. Der Nutzen der Benchmarking-Studie steht und fällt auch hier mit der Auswahl der Partnerorganisation. Allerdings sollte der Zugang zu den relevanten Informationen hier vergleichsweise einfacher gelingen, bestehen doch hier keine unmittelbaren wettbewerblichen Rivalitäten. Hinzu kommt, „... dass Methoden aus anderen Branchen bereitwilliger akzeptiert werden als solche aus derselben Branche. ... Die Untersuchung führender Industrieunternehmen überwindet das ‚not-invented-here-Syndrom', das häufig auftritt, wenn innerhalb derselben Branche Benchmarking-Untersuchungen durchgeführt werden" (Camp 1994, S. 80).

Generisches Benchmarking trägt den funktionalen Vergleichsprozess auf eine nochmals abstraktere Ebene der Analyse. Gesucht werden mittels umfassender Datensammlungen über Branchengrenzen hinweg Prozesse, die via Analogieschlüsse auf die lernende Unternehmung übertragen werden und dort zumeist die bestehende Rationalität der bisherigen Prozesse von Grunde auf verändern. Als extremes Beispiel wird in der Benchmarking-Literatur die Untersuchung der South-West Airlines angeführt, die „... die Bodenzeiten ihrer Flugzeuge (Ausstieg der Passagiere, Auftanken etc.) mit den Prozessen während eines Boxenstopps bei einem Autorennen [verglich], um daraus Verbesserungspotentiale zu identifizieren" (Weber & Wertz 1999, S. 13). Der Nutzen solcher analogen Konzeptionen muss dabei jedoch genau bedacht werden, um eine Übertragbarkeit sinnvoll zu gewährleisten.

3 Benchmarking-Prozess Von zentraler Bedeutung für den Erfolg von Benchmarking-Projekten ist die Ausgestaltung des Benchmarking-Prozesses selbst. Es finden sich daher eine Fülle von Vorschlägen zur Ablaufgestaltung derartiger Studien (Camp 1994, S. 22 ff.; Horváth, Gleich & Seiter 2003, S. 223 f.; Regler 2002, Sp. 128 ff.; Siebert & Kempf 2002, S. 70 ff.; Watson 1992, S. 82 ff.; Weber & Wertz 1999, S. 14 ff.; Weber & Schäffer 2016, S. 384 ff.; Zdrowomyslaw & Kasch 2002, S. 149 ff.), die sich allerdings weitestgehend auf eine gemeinsame Grundstruktur zurückführen lassen (siehe Abbildung).

Vorbereitungs-phase	Bestimmung des Benchmarking-Gegenstandes	Auswahl des Benchmarking-Teams	Festlegung der Leistungs-beurteilungs-größen	Auswahl der Benchmarking-Partner

Analyse-phase	Analyse der Informations-quellen	Ermittlung der Leistungs-lücken	Ursachen-diagnose der Leistungs-lücken	Kommunikation der Ergebnisse

Umsetzungs-phase	Definition der Ziele und Strate-gien zur Schlie-ßung der Lücken	Festlegung von Aktions-plänen	Implemen-tation des Aktions-programms	Fortschritts-kontrolle

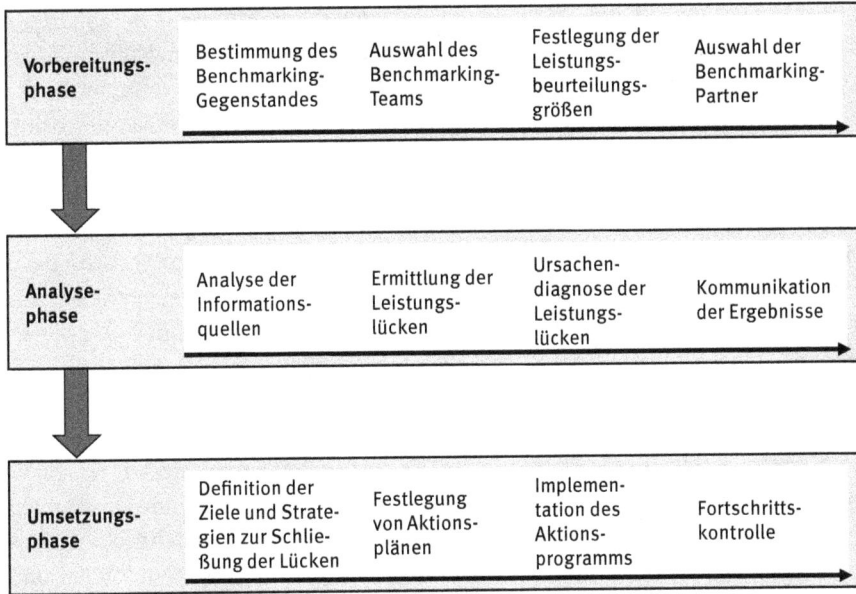

Abb. 4: Benchmarking als Informationsprozess (Horváth & Herter 1992, S. 8 ff.; Weber & Schäffer 2016, S. 385; Zdrowomyslaw & Kasch 2002, S. 149)

3.1 Vorbereitungsphase Ausgangspunkt jedes Benchmarking-Prozesses stellt die Bestimmung des Untersuchungsgegenstandes der Studie, des Benchmarking-Objekts, dar. Wie Weber und Wertz als Ergebnis einer empirischen Studie berichten, werden bereits hier die zentralen Weichen für ein erfolgreiches Benchmarking-Projekt gestellt (Weber & Wertz 1999, S. 20). In der Regel ist diesem Startpunkt des Benchmarking-Prozesses eine Stärken-Schwächen-Analyse (→ Controlling) vorausgegangen, die den unerwünschten aktuellen Zustand dokumentiert und die Suche nach einer umfassenden Problembewältigung anregt. Da es sich somit in der Regel um eine Fragestellung von zentraler Bedeutung für die strategische Entwicklungsrichtung der Unternehmung handelt, ist bei der Zusammensetzung des Benchmarking-Teams (ca. 5–10 Personen, je nach Projektumfang) darauf zu achten, dass ein möglichst weiter, mental offener cross-funktionaler Kreis an Mitgliedern ausgewählt wird (Weber & Wertz 1999, S. 22), um auch ungewöhnliche Vergleichsansätze anzuregen und in ihrer Tragweite für die Unternehmung bewerten zu können. Zur späteren Feststellung relevanter Leistungslücken sind die dabei heranzuziehenden Beurteilungsgrößen zu bestimmen. Hierzu eignen sich je nach Problemstellung sowohl quantitative wie auch qualitative Zielgrößen. Es ist daher erforderlich, in der Unternehmung vorhandene Kennzahlensysteme auf ihre Eignung für den anstehenden Benchmarking-Prozess – in Abhängigkeit vom Benchmarking-Objekt – zu überprüfen. Die Vorbereitungsphase findet ihren Abschluss mit der Bestimmung der »Lernarena« durch die Auswahl der Benchmarking-Partner. Ausgehend von einem »Ideal-Profil« einer Vergleichsunternehmung wird eine konkrete Vergleichsunternehmung auszusuchen sein, in der die als kritisch erkannten Erfolgsfaktoren »best practice« darstellen und so Spitzenleistung sichergestellt werden kann. Um dem sich aus der Studie ergebenden Gedankenaustausch den für ein fruchtbares Benchmarking längerfristigen Charakter zu verleihen, ist ein partnerschaftliches Verhältnis anzustreben. Die Partner im Benchmarking-Prozess sollten eine »win-win«-Situation realisieren können (Weber & Wertz 1999, S. 25).

3.2 Analysephase Im Zentrum der Analysephase steht die Informationsgewinnung und Informationsverarbeitung zur Durchführung des Leistungsvergleichs. Den ersten Schritt hierzu stellt, abhängig von der Benchmarking-Art, das Sammeln von Informationen interner wie externer Art dar. Dabei kann das Benchmarking-Team entweder auf bereits vorhandene, sekundäre Datenbestände des unternehmenseigenen Informationssystems, wie z. B. eigene Produktions- und Kostenstatistiken, Leistungskennzahlen des Personalsystems oder quantitative wie qualitative Datenbestände der unterschiedlichen Planungsebenen zurückgreifen. Ebenso bilden bei Bedarf externe Branchen- und Verbandsmitteilungen oder Fachpublikationen sowie das Datenmaterial der Benchmarking-Partner Ansatzpunkte zur eingehenderen Analyse. Die Besonderheit der Benchmarking-Idee verdeutlicht die Erhebung primärer, auf das Benchmarking-Problem hin ausgerichteter Informationen. Hier kommen neben schriftlichen oder mündlichen Befragungen insbesondere Vor-Ort-Besuche bei den Benchmarking-Partnern eine große Rolle zu. Denkbar ist auch eine zeitlich begrenzte Teilhabe an den relevanten Prozessen der Partner. Bei allem gebotenen Informationsbedarf muss jedoch eine uferlose, zumeist aus Orientierungsschwächen und Unsicherheit resultierende Datensammlung vermieden werden (Weber & Wertz 1999, S. 21).

Im weiteren Verlauf des Benchmarking-Prozesses sind diese Informationen zu interpretieren. Der Blick richtet sich auf das Aufdecken von Lücken anhand der in der Vorbereitungsphase festgelegten Zielkriterien. Die Gründe für die sich zeigenden Abweichungen müssen diagnostiziert und ihre Bedeutung für den Zustand und die Entwicklung der Unternehmung beurteilt werden. Hierzu können alternative Prognoseverläufe der Weiterentwicklung der Leistungslücken – ohne und mit Intervention – durchdacht werden, um Hinweise für den Entwurf von Lösungsstrategien zur erhalten.

3.3 Umsetzungsphase Die Konsequenzen des Benchmarking-Projektes werden sich auf vielfältige Weise in der Unternehmung niederschlagen. So ist zunächst eine Korrektur bisheriger Ziele und Strategien vorzunehmen, um den gewonnenen Benchmarking-Erkenntnissen grundsätzlich Rechnung zu tragen und die Orientierungsmarken für das neuartige, erwünschte Verhalten zu setzen. Aus den Einblicken in die Welt der »best practice« müssen im weiteren Maßnahmenpläne entwickelt werden, welche die Übernahme der als exzellent erkannten Praktiken in den betrieblichen Alltag der betroffenen Bereiche sicherstellen. Dabei sind eventuelle direkte oder mittelbare Auswirkungen der Benchmarking-Ergebnisse auch auf andere Bereiche der Unternehmung, die ursprünglich nicht Gegenstand der Benchmarking-Studie waren, zu beachten und in ihren Konsequenzen zu untersuchen. Zur weiteren sachlich-inhaltlichen Sicherstellung des Umsetzungsprozesses ist die Festlegung von → Meilensteinen zur Fortschrittskontrolle vorzunehmen sowie eine regelmäßige Prozessüberwachung sicherzustellen, um gegebenenfalls Korrekturmaßnahmen einleiten zu können.

Wie bei jeder Neuerung, so ist auch in der Umsetzung der Benchmarking-Studie mit Widerständen der Betroffenen zu rechnen. Um diese Friktionen möglichst abzumildern, bieten sich folgende Maßnahmen im Implementationsprozess an:
- Die gewünschte Akzeptanz durch die Fachabteilungen macht eine umfassende Kommunikation der Ergebnisse im Zuge eines Benchmarking-Berichts erforderlich (Camp 1994, S. 24; Weber & Wertz 1999, S. 17).
- Eine wesentliche Rolle spielt dabei die Qualität der im Bericht dokumentierten Daten. Sind sie für die Betroffenen in ihrer Aussagekraft und den sich ergebenden Konsequenzen glaubwürdig, lassen sich die Schlussfolgerungen aus dem Interpretationsprozess des Benchmarking-Teams nachvollziehen; wird der initiierte Änderungsprozess sowie der sich daraus für den einzelnen Mitarbeiter ergebende Handlungsbedarf transparent, so werden sich die Chancen, dass die Veränderungen durch die Betroffenen akzeptiert werden, deutlich verbessern.
- Eine weitere Möglichkeit zur Senkung der Implementationsschwelle bietet die Einbindung von Mitarbeitern aus dem Benchmarking-Team in die betroffenen Bereiche. In der geforderten Crossfunktionalität des Teams liegt die Chance, Teammitgliedern die Rolle eines Bindegliedes zu übertragen und so die Anschlussfähigkeit zwischen Veränderungswunsch und Umsetzung in die Unternehmensrealität sicherzustellen.
- Schließlich ist die Umsetzung der Benchmarking-Ziele durch eine geeignete Ausgestaltung der Anreiz- und Belohnungssysteme zu unterstützen (Riegler 2002, Sp. 131).

Benchmarking muss in einem dynamischen Wettbewerbsumfeld als kontinuierlicher, fortlaufender Prozess in der Unternehmung verstanden werden (Weber & Wertz 1999, S. 17). Nur eine ständige Überprüfung der gewonnenen Benchmarking-Ergebnisse kann sicherstellen, dass in einer Welt des permanenten Wandels und damit sich ebenfalls ständig verändernder Vergleichspraktiken die eigene Unternehmung den Anschluss an die »best practice«-Realität halten kann. Die Relevanz des Benchmarking-Partners als Leistungsreferenz für Anschlussstudien gilt es daher ebenso ständig zu hinterfragen (Riegler 2002, Sp. 131).

4 Nutzen und Grenzen des Benchmarking   Der Nutzen eines Benchmarking-Prozesses wird maßgeblich von dem zu erwartenden Lernpotenzial bestimmt sowie von der Bereitschaft der betroffenen Unternehmensmitglieder, sich diesem Lernprozess aktiv und unvoreingenommen zu stellen. Eine kommunikativ gute Vorbereitung ist damit ebenso wichtig, wie eine perfekte Ablauforganisation und Ergebnisdokumentation. Allerdings: Eine gute Dokumentation ist für den Prozesserfolg hilfreich, die Lektionen aus dem Benchmarking-Projekt verstanden zu haben, ist essentiell. Gelingt es, aus dem Benchmarking-Projekt Anstöße für die Etablierung eines permanenten Lernprozesses in der eigenen Unternehmung zu gewinnen (Watson 1993, S. 99 ff.), bildet Benchmarking ein wertvolles Element zur Anreicherung und Flexibilisierung der betrieblichen Wissensbasis und damit einen Baustein hin auf dem Weg zu einer »intelligenten« Unternehmung (Simon 2002, S. 239 ff.): „We understand that the only competitive advantage the company of the future will have is its managers' ability to learn faster than their competitors" (de Geus 1988, S. 74). Unter diesen Bedingungen reut die unbestritten hohe Zeit- und Ressourcenintensität eines Benchmarking-Prozesses wohl kaum.

Bleibt es im Benchmarking-Prozess jedoch lediglich beim Abhaken von Checklisten, wird unreflektiert eine Verfahrensweise des Wettbewerbs imitiert, ohne dass die Unternehmensmitglieder die dahinterstehende Philosophie verstanden haben, überfordert der Transfer eines analogen Musters vom Benchmarking-Partner auf die eigene Unternehmung die Vorstellungs- und Interpretationskraft der Beteiligten, so wird Benchmarking zur Fingerübung ohne Nutzwert. Daher verwundern auch nicht die Erfahrungsberichte mancher Unternehmungen, deren Benchmarking-Prozesse gescheitert sind (Weber & Wertz 1999, S. 17 f.). (vs)

Literatur
Camp, Robert C. 1994: Benchmarking. München, Wien: Hanser
De Geus, Arie P. 1988: Planning as Learning. In: Harvard Business Review, 66 (2), pp. 70–74
Fraunhofer Institut für Produktionsanlagen und Konstruktionstechnik 2020a: Informationszentrum Benchmarking am IPK: Benchmarking. (https://izb.ipk.fraunhofer.de/index.php/de/was-ist-benchmarking, zugegriffen am 30.03.2020)

Fraunhofer Institut für Produktionsanlagen und Konstruktionstechnik 2020b: Angebote für KMU: Kennzahlen-Benchmarking für KMU. (https://www.ipk.fraunhofer.de/content/dam/ipk/IPK_Hauptseite/dokumente/themenblaetter/um-themenblatt-kpi-benchmarking-kmu-web.pdf, zugegriffen am 30.03.2020)

Furey, Timothy R. 1987: Benchmarking. The Key to Developing Competitive Advantage in Mature Markets. In: Planning Review, 15 (5), pp. 30–32

Gewald, Stefan 2001: Hotel-Controlling. München, Wien: Oldenbourg (2. Aufl.)

Horváth, Peter; Ronald N. Herter 1992: Benchmarking – Vergleich mit den Besten der Besten. In: Controlling, 4 (1), S. 4–11

Horváth, Peter; Ronald Gleich & Mischa Seiter 2020: Controlling. München: Vahlen (14. Aufl.)

Pawlowsky, Peter 1992: Betriebliche Qualifikationsstrategien und organisationales Lernen. In: Wolfgang H. Staehle; Peter Conrad (Hrsg.): Managementforschung 2. Berlin, New York: De Gruyter, S. 177–237

Probst, Gilbert J. B.; Bettina S. T. Büchel 1994: Organisationales Lernen. Wettbewerbsvorteil der Zukunft. Wiesbaden: Gabler

Puschmann, Norbert 2000: Benchmarking. Organisation, Prinzipien und Methoden. Unna: Externbrink-Puschmann

Riegler, Christian 2002: Benchmarking. In: Hans-Ulrich Küpper; Alfred Wagenhofer (Hrsg.): Handwörterbuch Unternehmensrechnung und Controlling. Stuttgart: Schaeffer-Poeschel, Sp. 126–134 (4. Aufl.)

Schrand, Axel; Thomas Schlieper 2016: Informationsgrundlagen und Entscheidungsrahmen. In: Karl Heinz Hänssler (Hrsg.): Management in der Hotellerie und Gastronomie – Betriebswirtschaftliche Grundlagen. Berlin, Boston: De Gruyter Oldenbourg, S. 237–252 (9. Aufl.)

Senge, Peter M. 2011: Die fünfte Disziplin. Kunst und Praxis der lernenden Organisation. Stuttgart: Schäffer-Poeschel

Siebert, Gunnar; Stefan Kempf 2002: Benchmarking. Leitfaden für die Praxis. München, Wien: Hanser (2.Aufl.)

Simon, Volker 2000: Management, Unternehmungskultur und Problemverhalten. Wiesbaden: DVU, Gabler

Simon, Volker 2002: Intelligente Unternehmen als Idealtyp der Wissensgesellschaft. In: Knut Bleicher; Jürgen Berthel (Hrsg.): Auf dem Weg in die Wissensgesellschaft. Veränderte Strukturen, Kulturen und Strategien. Frankfurt: FAZ, S. 223–244

Watson, Gregory H. 1993: Benchmarking – Vom Besten lernen. Landsberg/Lech: moderne industrie

Weber, Jürgen; Utz Schäffer 2016: Einführung in das Controlling. Stuttgart: Schäffer-Poeschel (15. Aufl.)

Weber, Jürgen; Boris Wertz 1999: Benchmarking Excellence. Vallendar: WHU Koblenz, Otto-Beisheim-Hochschule

Zdrowomyslaw, Norbert; Robert Kasch 2002: Betriebsvergleiche und Benchmarking für die Managementpraxis. Unternehmensanalyse, Unternehmenstransparenz und Motivation durch Kenn- und Vergleichsgrößen. München, Wien: Oldenbourg

Gedankensplitter

„Du musst die Guten vor den Schlechten schützen." (Bernd Reutemann, ehem. Hotelier und Gastronom, Markdorf, Konstanz)

Beratungssysteme Touristik → **Bewertungssysteme,** → **Globales Distributionssystem,** → **Internet Booking Engine**

Bergbahnen [mountain railways, ropeways]

Eine Bergbahn ist ein Transport- bzw. Beförderungsmittel auf einer festen Fahrbahn, mit dem sich Höhendifferenz und horizontale Distanz (z. B. Verbindung zweier Punkte ohne wesentliche Höhenüberwindung) überwinden lässt. Bergbahnen können für den Gütertransport, als Erschließungsbahn (z. B. in städtischen Gebieten) oder als touristisches Spezialverkehrsmittel eingesetzt werden (Bieger & Rüegger 1991, S. 11 f.).

Bereits 250 v. Chr. wurden in China, wie alte Darstellungen zeigen, erste Zweiseilbahnen zum Steintransport verwendet. Die ersten Seilbahnen im heutigen Sinne wurden seit dem 14. Jahrhundert im Bergbau für den Transport von Material und Arbeitern eingesetzt. Die Erfindung des Drahtseiles 1834 (andere Quellen: 1827) durch den Harzer Oberbergrat Albert machte die Beförderung größerer Lasten an Seilen möglich, wodurch der Beginn der heutigen Seilbahntechnik eingeläutet wurde. Bei der Entwicklung der modernen Bergbahn können vier Phasen unterschieden werden.

In der Pionierphase (1871 bis ca. 1890) wurden die ersten Bergbahnen gebaut: 1877 in Deutschland die erste Standseilbahn in Zeitz und 1882 die erste Zahnradbahn auf den Drachenfels. 1890 bis ca. Mitte der 1930er-Jahre wird als Phase der Sommer-/Ausflugsbahnen bezeichnet, da hier insbesondere Aussichtspunkte erschlossen wurden (1912 Inbetriebnahme der Wendelsteinbahn, älteste Zahnradbahn in den deutschen Alpen). Der erste nachweisbar maschinell betriebene Schlepplift nahm in Deutschland 1904 am Feldberg (Schwarzwald) seinen Betrieb auf, und 1926 ging die erste deutsche Kabinenseilbahn, die Kreuzeckbahn in Garmisch-Partenkirchen, in Betrieb. In der dritten Phase von ca. 1930 bis 1978 entstanden die Wintersportbahnen für den sich zunehmend etablierenden Wintersport. 1927 eröffnete die erste moderne Luftseilbahn heutigen Typs. Mit der wirtschaftlichen Konsolidierung ab Mitte der 1950er-Jahre wurde der Wintertourismus immer populärer, so dass mehr Bergbahnen entstanden. Seit Ende der 1970er-Jahre wird von der 4. Phase, der Konsolidierung und Optimierung, gesprochen. In diese Zeit fällt die Konzessionierung von Bergbahnen, d. h. der Natur- und Landschaftsschutz wurde stärker beachtet. Mit der Zeit wurden die Anlagen immer komfortabler und leistungsfähiger bzw. haben eine höhere Geschwindigkeit (Bieger & Rüegger 1991, S. 64 ff.; STMWIVT 2007, S. 17).

Systematisierungen von Bergbahnen finden sich unterschiedliche. Nach Bieger & Rüegger (1991, S. 45) sind Adhäsionsbahnen (reine Schienenbahnen), Seil- und Zahnradbahnen zu unterscheiden. Der Begriff „Seilbahn" umfasst nach dem Europäischen Komitee für Normung Anlagen des Personenverkehrs, bei denen die Fahrgäste entweder in Fahrzeugen befördert oder mittels Schleppvorrichtungen gezogen werden, die durch ein oder mehrere Seile getragen und bewegt werden und die keine Aufzüge sind. Bei den Seilbahnen wird zwischen Standseilbahnen (bodengebundene Bahnen), Seilschwebe- bzw. Luftseilbahnen und besondere Seilbahnen unterschieden.

Nach einer Grundlagenuntersuchung resultiert aus den durchschnittlichen Tagesausgaben der Seilbahnnutzer (Tages- und Übernachtungsgäste sowie Saisonkartenbesitzer) in Höhe von 71,80 € (Seilbahnticket 14,70 €, Unterkunft 23,20 €, Gastronomie 15,60 €, Einkäufe 8,00 € und sonstige Dienstleistungen 10,30 €) ein Gesamtumsatz von insgesamt 739,8 Mio. €. Sofern die Einkommenseffekte (Löhne, Gehälter und Gewinne bei den direkten Profiteuren und den Vorleistungslieferanten) betrachtet werden, ergibt sich ein Multiplikator von 5,1. Nach dieser Studie schafft bzw. sichert ein Arbeitsplatz bei einer Seilbahn insgesamt 5,1 Arbeitsplätze in der jeweiligen Region (VDS 2015, S. 1 f.).

Die deutschen Seilbahn- und Schleppliftunternehmen sind in der Mehrzahl privatwirtschaftliche Unternehmen. Die Größe reicht dabei vom saisonalen Nebenerwerbsbetrieb mit zwei bis drei zeitweilig Beschäftigten bis hin zur GmbH oder AG mit mehreren hundert Beschäftigten. Die Betriebe leisten in Regionen, in denen sonst kaum industrielle Arbeitsplätze vorhanden sind, einen wirtschaftlichen Beitrag. Bei einem Teil der Seil- und Zahnradbahnen in Deutschland bestehen keine Wintersportmöglichkeiten, so dass sie nur während der sommerlichen Ausflugsmonate betrieben werden. Knapp 80 % aller Seilbahnanlagen haben jedoch einen Mischbetrieb aus Sommer- und Wintergeschäft. Über alle deutschen Seilbahnen verkehren sie witterungsbedingt zwischen 160 und 180 Betriebstage im Sommer pro Jahr und zwischen 100 und 140 Betriebstagen im Winter. Im Geschäftsjahr 2018/19 wurden in Deutschland nach dem Verband Deutscher Seilbahnen und Schensplifte e. V. ca. 10,9 Mio. Gäste mit Seilbahnen befördert (6,0 Mio. im Winter 2018/2019 und 4,9 Mio. im Sommer 2019) und damit mehr Gäste als in den meisten Vorjahren (Huber 2008, S. 4; VDS 2016, S. 4 ff.; VDS 2020).

Ein Drittel aller Seilbahnen befindet sich in den deutschen Mittelgebirgen und zwei Drittel in den Alpen. Somit hat Bayern mit Abstand die meisten Anlagen zu verzeichnen. Nordrhein-Westfalen und Baden-Württemberg folgen mit weitem Abstand auf den Plätzen 2 und 3 (VDS 2020). (sg)

Literatur
Bieger Thomas; Eugenio Rüegger (Hrsg.) 1991: Management einer Bergbahnunternehmung. Chur, Zürich: Rüegger

Groß, Sven 2017: Handbuch Tourismus und Verkehr – Verkehrsunternehmen, Strategien und Konzepte. Konstanz, München: UVK (2. Aufl.)

Huber, Peter 2008: Wertschöpfung eines Seilbahnunternehmens. Vortrag auf einem Seminar des O. I. T. A. F. Oslo

STMWIVT – Bayrisches Staatsministerium für Wirtschaft, Verkehr, Infrastruktur und Technologie 2007: Seilbahnen in Bayern. München

VDS – Verband Deutscher Seilbahnen und Schlepplifte e. V. 2015: Seilbahnen Motor der Region – Ergebnisse der Grundlagenuntersuchung 2015 des dwif. München

VDS – Verband Deutscher Seilbahnen und Schlepplifte e. V. 2016: Nur fliegen ist höher ... Zahlen – Daten – Fakten. Verbandsbroschüre. München

VDS – Verband Deutscher Seilbahnen und Schlepplifte e. V. 2020: Seilbahn- und Liftsysteme. (https://www.seilbahnen.de/bahn-und-liftsysteme, zugegriffen am 28.01.2020)

Bergstation [mountain station]

Im Seilbahnverkehr oder bei Schleppliften wird die obere Ausstiegsstelle Bergstation, die untere Einstiegsstelle Talstation genannt. (hdz)

Berlitz Complete Guide to Cruising & Cruise Ships

Innerhalb der existierenden Kreuzfahrtschiff-Klassifizierungen gehört jene von Berlitz wohl zu den bekanntesten und renommiertesten.

Die Klassifizierung des 1985 zum ersten Mal erschienenen Kreuzfahrt-Führers (→ Kreuzfahrttourismus) verbindet das weltweit gängige Sternesystem (1*-5*+) mit einer Punkteskala (minimale Punktzahl: 501, maximale Punktzahl: 2.000). Die kombinierte Skala reicht von 1* (und 501–650 Punkten) bis 5*+ (und 1.851– 2.000 Punkten). Für die Qualitätsbeurteilung von Kreuzfahrtschiffen ist der detaillierte Punktewert aussagefähiger. Bewertet werden bis zu 400 Aspekte in den Bereichen

- Schiff (Punktegewichtung: 25 %),
- Unterkunft (Punktegewichtung: 10 %),
- Küche (Punktegewichtung: 20 %),
- Service (Punktegewichtung: 20 %),
- Unterhaltungsangebot (Punktegewichtung: 5 %),
- Erlebnisqualität (Punktegewichtung: 20 %).

In das Bewertungssystem fließen objektive Kriterien (z. B. Ausstattungsmerkmale) und subjektive Kriterien (z. B. Speisequalität oder Ambiente) ein (Ward 2019, S. 171 ff.). Der Klassifizierungsprozess basiert auf Einschätzungen, die von professionellen Testern vorgenommen werden, Gästekommentare fließen in die Beurteilungen zusätzlich ein (Ward 2019, S. 7).

Die Europa 2 und die Europa der Hapag-Lloyd Cruises wurden im Berlitz 2020 als beste Kreuzfahrtschiffe der Welt mit den Spitzenwerten von 1864 bzw. 1852 Punkten in die „5*+"-Klasse eingestuft (Ward 2019, S. 178).

Zu einer Übersicht von unterschiedlichen Kreuzfahrtschiff-Bewertungssystemen siehe auch Groß 2017, S. 198 ff. (wf)

Literatur
Groß, Sven 2017: Handbuch Tourismus und Verkehr. Konstanz, München: UVK (2. Aufl.)
Ward, Douglas 2019: Berlitz Cruising & Cruise Ships 2020. London: APA (28th ed.)

Bermuda Abkommen [Bermuda Agreement]

Bilaterales Luftverkehrsabkommen, das 1946 zwischen Großbritannien und den Vereinigten Staaten von Amerika geschlossen wurde und als Modell für weitere solcher bilateralen Abkommen zwischen einzelnen Staaten diente. Nachdem 1977 das Abkommen zwischen Großbritannien und den USA neu verhandelt wurde, wurde das erste Abkommen als ‚Bermuda I' und das folgende als ‚Bermuda II' bezeichnet. In den 1990er-Jahren erfolgte ein Überarbeitung des Vertragswerks.

2007 wurde ein neues Abkommen (Open-Skies Agreement) zwischen den USA und der EU (inkl. Großbritannien) unterzeichnet, welches 2008 in Kraft trat und das Bermuda Abkommen ablöste. „Open-Skies"-Abkommen (offene bzw. freie Lufträume) zielen auf die Liberalisierung des zivilen Luftfahrtsektors (Conrady, Fichert & Sterzenbach 2019, S. 42 ff.). (jwm/wf)

Literatur
Conrady, Roland; Frank Fichert & Rüdiger Sterzenbach 2019: Luftverkehr. Betriebswirtschaftliches Lehr- und Handbuch. Berlin, Boston: De Gruyter Oldenbourg (6. Aufl.)

Berührungspunkt → Customer Journey, → Customer Touchpoint Management, → Touchpoint

Besatzung → Crew

Beschaffung (Hotel) → Supply Chain Management (Hotel)

Beschwerdemanagement [Complaint Management]

Das Beschwerdemanagement (Reklamationsmanagement) ist im Rahmen des Customer-Relationship-Managements eine der wichtigsten Aufgabenbereiche des Kundenbindungs- und Kundenbeziehungsmanagements. Eine Beschwerde ist die Äußerung von Unzufriedenheit eines Kunden oder anderer Anspruchsgruppen gegenüber einem Unternehmen. Kunden können Einzelpersonen (B2C) oder Firmen sein (B2B), Anspruchsgruppen sind zum Beispiel Organisationen oder Verbände. Durch die Beschwerde wird auf ein subjektiv als schädigend wahrgenommenes Verhalten eines Anbieters aufmerksam gemacht, um eine Wiedergutmachung für erlittene Beeinträchtigungen zu erreichen und/oder eine Änderung des kritisierten Verhaltens zu erwirken.

Das Beschwerdemanagement umfasst die Planung, Durchführung und Kontrolle aller Maßnahmen, die ein Unternehmen im Zusammenhang mit Kundenbeschwerden ergreift (Stauss & Seidel 2014). Ziel des Beschwerdemanagements ist es, Kundenzufriedenheit wiederherzustellen, die negativen Auswirkungen der Kundenunzufriedenheit zu minimieren und die in den Beschwerden enthaltenen Hinweise auf betriebliche Schwächen zu nutzen sowie Hinweise auf marktbezogene Chancen zu identifizieren. Mit einem effektiven und effizienten Beschwerdemanagement werden Kundenbeschwerden systematisch erfasst, die im Weiteren kategorisiert und zu Berichten zusammengefasst werden können. Damit ist das Unternehmen in der Lage, Verbesserungen für seine Produkte und Prozesse abzuleiten. Das Beschwerdemanagement stellt somit einen wesentlichen Ausgangspunkt für ein auf die Kundenzufriedenheit ausgerichtetes → Qualitätsmanagement dar. Zur konkreten Umsetzung einer Kultur des Beschwerdemanagements siehe etwa → Complaint ownership. (sb)

Literatur

Kandampully, Jay; David Solnet 2018: Service Management Principles for Hospitality and Tourism. Oxford: Goodfellow (3rd ed.)

Stauss, Bernd; Wolfgang Seidel 2014: Beschwerdemanagement. Unzufriedene Kunden als profitable Zielgruppe. München: Hanser (5. Aufl.)

Thissen, Michael 2018: Der Service Guide. So sind Sie immer den entscheidenden Schritt voraus. Weinheim: Wiley

i **Gedankensplitter**
„Fehler sind Schätze." (Japanisches Sprichwort)

Besenwirtschaft → Straußwirtschaft

Besitz [possession]

In der Umgangssprache fälschlicherweise oft mit → Eigentum synonym verwendet, bezeichnet aber juristisch nur die „tatsächliche Gewalt über die Sache" (§ 854 BGB), d. h. die Möglichkeit, die Sache zu beherrschen oder auf sie einzuwirken. Der Besitzer ist in der Regel, aber nicht notwendigerweise, auch der Eigentümer. Das Besitzrecht kann aufgrund von Pacht (→ Pachtvertrag) oder → Miete übertragen werden und hängt bezüglich Umfang, Dauer, Entgelt etc. von der vertraglichen Ausgestaltung zwischen Besitzer (Pächter, Mieter) und Eigentümer (Verpächter, Vermieter) ab, dem die Sache trotz des übertragenen Besitzrechtes weiterhin gehört. Wird der Besitz durch verbotene Eigenmacht dem Besitzer entzogen oder dieser im Besitz gestört, so hat er einen Wiedereinräumungsanspruch bzw. einen Beseitigungs- und Unterlassungsanspruch gegen den unrechtmäßigen Besitzer. (gd)

Best ager

Anglizismus, der im Zusammenhang mit dem Seniorentourismus als Fachbegriff entstanden ist. Gemeint sind diejenigen Personen, die im ‚besten Alter' stehen. Es handelt sich also um eine demographische Kategorie für eine Konsumentengruppe. Im Tourismus werden Altersgruppierungen ab 50, 55 oder auch 60 Jahren darunter verstanden.

Reiseversicherer sehen in den Best agern eine besondere Risikogruppe, von denen in der Auslandsreisekrankenversicherung sehr oft ein sog. Alterszuschlag verlangt wird. (hdz/wf)

Best-Available-Rate → **BAR (b)**

Besteck [cutlery]

Besteck ist Handwerkzeug und Esswerkzeug zugleich, die Grundgarnitur besteht aus → Messer, → Gabel und → Löffel.

Bis zum Spätmittelalter wurde in Europa mit Händen und/oder Messer und/oder Löffel gegessen. Erst im Spätmittelalter fand das Besteck Einzug auf den Esstischen der Gesellschaft. Das Ensemble wurde in identischen Garnituren angeschafft und zum Essen eingedeckt (Spode 1994, S. 26 f.). Besteck war in den Anfängen ein wertvolles, künstlerisches Gut und einem elitären Kreis der Bevölkerung vorbehalten, die Herstellung war anspruchsvoll.

Im 18. Jahrhundert wurden mit der aufkommenden Industrialisierung Technologien und Werkstoffe (Neusilber, Schwarzblech) entwickelt, die eine Serienfertigung ermöglichten. Im 19. Jahrhundert erfuhr das Besteck mit der Vergrößerung des kulinarischen Angebots (Früchte, Fisch, Obst) eine Ausdifferenzierung in Spezialbesteck. Die Entwicklung von rostfreiem Stahl (stainless steel) Anfang des 20. Jahrhunderts bewirkten in Europa den Durchbruch zum Massenprodukt. Weltweit betrachtet ist Besteck nicht das vorherrschende Esswerkzeug (Bauer 2008, S. 172 ff.; Müller 2009, S. 87 ff.; Spode 1994, S. 36). (wf)

Literatur

Bauer, Wolfgang-Otto 2008: Das Besteck und die Vielfalt der Kulturen. In: Alois Wierlacher; Regina Bendix (Hrsg.): Kulinaristik. Forschung – Lehre – Praxis. Berlin: LIT, S. 172–185

Müller, Klaus E. 2009: Kleine Geschichte des Essens und Trinkens: Vom offenen Feuer zur Haute Cuisine. München: Beck

Spode, Hasso 1994: Von der Hand zur Gabel. Zur Geschichte der Esswerkzeuge. In: Alexander Schuller; Jutta Anna Kleber (Hrsg.): Verschlemmte Welt: Essen und Trinken historisch-anthropologisch. Göttingen: Vandenhoeck und Ruprecht, S. 20–46

Wilson, Bee 2014: Am Beispiel der Gabel. Eine Geschichte der Koch- und Esswerkzeuge. Berlin: Insel

> **i** **Kleine Story**
> Zu Zeiten großer Festmahle am Hofe brachten Gäste ihr Besteck mit. Bis etwa ins 16. Jahrhundert war es ihr persönliches Eigentum. Der Begriff Besteck spielt darauf an, dass das Esswerkzeug in ein Futteral „gesteckt" wurde, welches oft am Gürtel befestigt war. Saß man an der Tafel, wurde das Besteck aus dem Futteral gezogen und auf den Tisch gelegt. Durch das Esswerkzeug wurde eine Distanz zu den Lebensmitteln gewahrt. Das Besteck war Ausdruck einer Etikette, zeigte Kultiviertheit und Wohlstand (siehe auch Bauer 2008, S. 173; Müller 2009, S. 89). (wf)

Besucher [visitor]

Reisende, die sich zeitweilig an einem anderen Ort als dem ihres ständigen Wohnsitzes aufhalten. Davon zu unterscheiden sind → Touristen und → Ausflügler (Mundt 2013, S. 4 ff.). (jwm)

Literatur
Mundt, Jörn W. 2013: Tourismus. München, Wien: Oldenbourg (4. Aufl.)

Besucherleitsystem → **Touristisches Besucherleitsystem**

Betreutes Reisen [assisted travelling]

Reiseform für in ihrer räumlichen Mobilität behinderte oder beeinträchtige Personen (→ Behindertentourismus). Es handelt sich dabei in der Regel um Gruppenreisen, die von entsprechend qualifiziertem Personal begleitet werden. Je nach Art der Beeinträchtigungen und Behinderungen der Mitglieder der Reisegruppe (körperlich, seelisch, geistig) sind dabei andere Anforderungen zu erfüllen. Die Betreuung bezieht sich auf den gesamten Ablauf der Reise. Durch die zunehmende Lebenserwartung und den steigenden Anteil alter Menschen an der Bevölkerung gewinnt betreutes Reisen eine immer größere Bedeutung. Die wachsende Nachfrage wird vor allem durch gemeinnützige Organisationen wie zum Beispiel das Rote Kreuz, die Arbeiterwohlfahrt, den Malteser Hilfsdienst usw. abgedeckt. (jwm)

Betriebsergebnis I [gross operating profit, ~ result]

Bezeichnet gemäß SKR 70 (ehemaligem Sonderkontenrahmen des Gastgewerbes)/SKR 03/04 die Differenz aus Betriebsertrag und betriebsbedingtem Aufwand. Für einen Hotelbetrieb stellt der Betriebsertrag die Summe der Erträge aller operativen Abteilungen dar (Beherbergungsertrag, Gastronomieertrag, sonstige Erträge zum Beispiel aus Vermietung von Tagungsräumen, aus Telefonnutzung, Nutzung der → Wellness- und Sporteinrichtungen etc.). Vom Betriebsertrag werden die sog. betriebsbedingten Aufwendungen (Waren-, Personal-, Energieaufwand, ertragsunabhängige Steuern und Versicherungsbeiträge sowie der Verwaltungsaufwand) in Abzug gebracht. Aufwendungen, die zwar den gesamten Betrieb betreffen, aber den operativen Abteilungen nur schwer zuzuordnen sind, bleiben als nicht zugewiesene Gemeinkosten (Fixkosten) unberücksichtigt. Das Betriebsergebnis I entspricht somit dem betrieblichen Überschuss vor Mieten/Pachten, Leasing, Steuern, AfA & GWG und Zinsen.

Oftmals wird das Betriebsergebnis I mit dem im → Uniform System of Accounts for the Lodging Industry (USALI) verwendeten gross operating profit gleichgesetzt. Dieser beinhaltet rein formal allerdings nicht die ertragsunabhängigen Steuern und Versicherungsbeiträge, jedoch die Aufwendungen für Instandhaltung. → GOPPAR. (stg/bvf)

Betriebsergebnis II [net operating profit, ~ result]

Bezeichnet gemäß SKR 70 (ehemaligem Sonderkontenrahmen des Gastgewerbes)/SKR 03/04 die Differenz aus → Betriebsergebnis I und anlagebedingtem Aufwand bzw. der nicht einzeln zuzuordnenden Gemeinkosten. In einem Hotelbetrieb zählen zum anlagebedingten Aufwand Mieten und Pachten, Management- und Franchisegebühren (overheads), Aufwendungen für Leasing und Miete, Instandhaltung, FF&E Reserve (→ Furniture, Fittings & Equipment), AfA & GWG (= Absetzung für Abnutzung und geringfügige Wirtschaftsgüter) sowie Zinsaufwendungen. Bei Betrachtung des Betriebsergebnisses II ist im Gegensatz zur Betrachtung von Betriebsergebnis I ein Vergleich zwischen Eigentums- und Pachtbetrieben nur noch sehr eingeschränkt möglich. Betriebsfremder (sonstiger) Aufwand und Ertrag werden im Betriebsergebnis II nicht berücksichtigt.

Oftmals wird das Betriebsergebnis II mit dem im → Uniform System of Accounts for the Lodging Industry (USALI) verwendeten net operating profit gleichgesetzt. Dieser beinhaltet rein formal allerdings noch die sonstigen/außerordentlichen Erträge und Aufwendungen, häufig dafür aber keine Pachtzahlungen. (stg/bvf)

Betriebsergebnis III [net operating profit plus/minus other adjustments]

Differenz aus → Betriebsergebnis II und sonstigem Aufwand zuzüglich sonstigem Ertrag. Sonstige Erträge (z. B. Versicherungsentschädigungen) und sonstige Aufwendungen (z. B. Wertberichtigungen) zeichnen sich dadurch aus, dass sie nicht direkt den betrieblichen Vorgängen zuzuordnen sind. (stg/bvf)

Gedankensplitter

„Man kann aus einem Hotel ein kleines Vermögen machen, wenn man davor ein großes gehabt hat." (Hubertus Holzbock, Hotelier, Kurhotel & Spa Fontenay)

Betriebsordnung Kraft (BO-Kraft) [work rules for passenger transport with motor vehicles]

Korrekter Name: Verordnung über den Betrieb von Kraftfahrtunternehmen im Personenverkehr. Sie gilt für alle Unternehmen, die den kommerziellen Transport von Personen mit Kraftfahrzeugen betreiben. Das sind zum einen Taxibetriebe und zum anderen Busunternehmen sowohl im Linien- wie im Bedarfsverkehr. Hierin werden die Rechte und Pflichten der Unternehmer festgelegt. (jwm)

Betriebspflicht [transport obligation]

Pflicht von → Fluggesellschaften, die im Liniendienst tätig sind, ihre Flüge unabhängig von der Buchungslage gemäß den veröffentlichten Flugplänen durchzuführen. Streichungen (cancellations) von Flügen sind nur aufgrund technischer, wetterbedingter oder Faktoren → höherer Gewalt (unvermeidbare, außergewöhnliche Umstände) zulässig. (jwm)

Bettenauslastung → Auslastung

Bettenportal → Airbnb, → Sharing Economy

Bettensteuer [overnight-stay fee]

Die sog. Bettensteuer ist eine ‚Sondersteuer', die von den Kommunen für Übernachtungen von Gästen erhoben wird. Sie gilt als Reaktion auf die Mehrwertsteuersenkung (01.01.2010) für das Beherbergungsgewerbe. Die daraus resultierenden Einnahmeverluste wollen einzelne Städte und Gemeinden durch die sog. ‚Bettensteuer', ‚Beherbergungssteuer' bzw. Kulturförderabgabe oder Abgaben mit ähnlichen Bezeichnungen kompensieren.

Die Rechtmäßigkeit dieser Sonderabgabe wurde mehrfach juristisch, aber noch nicht abschließend geprüft, bisher aber meistens abschlägig beschieden. Das Bundesverwaltungsgericht bemängelte z. B. im Jahr 2012, dass viele Satzungen nicht zwischen privater und geschäftlich bedingter Übernachtung unterscheiden, denn nur der Privatgast dürfe mit einer solchen Abgabe belegt werden. Die entsprechende Erhebung müsste nun vom Beherbergungsbetrieb beim → Check-in gemacht werden, was als unzumutbarer bürokratischer Aufwand abgelehnt bzw. aus rechtlichen Gründen für bedenklich angesehen wird. Die Berufsverbände → DEHOGA bzw. → IHA gehen massiv gegen die ‚Bettensteuer' vor und unterstützen die betroffenen Hoteliers bei ihrem Gang vor den Gerichten. Die letzte Instanz ist das Bundesverfassungsgericht. (bd)

Bewertungsportale → Bewertungssysteme

Bewertungssysteme [rating systems]

Die Planung und Buchung einer Reise, insb. einer Freizeitreise, ist verbunden mit einer hohen erwartungsfrohen Emotionalität (→ Emotion), aber auch mit der Ungewissheit, ob die → Reiseentscheidung sich als individuell richtig erweisen wird, insbesondere wenn ein Reiseziel erstmalig ausgewählt wird. Das touristische Produkt, z. B. die → Pauschalreise, ist als Bündel von Serviceleistungen immateriell. Es kann folglich nicht physisch vor der Kaufentscheidung geprüft werden, Produktion und Konsum der Leistungen erfolgen zeitgleich (uno-actu) zu einer späteren Zeit.

Traditionell werden die touristischen Leistungen, denen besonders große Bedeutung für die Urlaubszufriedenheit zukommt, z. B. Hotelübernachtungen und -services, den Kunden mit standardisierten Kriterien und statischen Medien dargestellt, z. B. mit Sterneklassifizierung (→ Qualitätszeichen) und Bildern (one-way Kommunikation, one-to-many). Jede Reiseentscheidung basiert somit auf einem pauschalierten Leistungsversprechen des Anbieters. Der Reisekunde hat aber stets den zusätzlichen Wunsch nach persönlichen und vertrauensvollen Informationen, z. B. nach individuellen Empfehlungen aus dem Freundeskreis; er sucht nach Entscheidungshilfe durch kundige Personen mit gleichen individuellen Interessen.

Die Entwicklung des Internets bzw. des World Wide Web hat Anfang der 2000er-Jahre unter dem Begriff Web 2.0 datenbankbasierte Content-Management-Systeme hervorgebracht, die redaktionell, d. h. lesend und schreibend, offen sind für ihre Nutzer (→ Digitalisierung). Aus einer Anbieter gesteuerten Kommunikation ist eine Kommunikation geworden, in der die Nutzer auch als Produzenten von Information agieren und selbst Inhalte erzeugen (many-to-many durch user generated content). Eine elektronische Mund-zu-Mund-Kommunikation ist möglich geworden und hat zum Aufbau von Bewertungssystemen geführt, die zunächst von Konzernen wie Amazon und ebay etabliert worden sind. Pioniere im Bereich des Tourismus waren die Hotelbewertungssysteme HolidayCheck im deutschsprachigen Raum und Tripadvisor international. Diese Systeme sind weiterentwickelt worden:
- In touristischen Bewertungssystemen können z. B. auch → Destinationen, → Fluggesellschaften, Gastronomiebetriebe und touristische POI (points of interest) bewertet werden.
- Die Hotelbewertungssysteme, die als offene Gemeinschaft (user community) gestartet sind, haben ihre Geschäftsmodelle weiterentwickelt und agieren vielfach im Geschäftsmodell eines → Online-Reisevermittlers (online travel agent, OTA) mit umfänglichem Sortiment.
- Bewertungssysteme für touristische Serviceleistungen sind integrierter Bestandteil nahezu aller touristischen Beratungs- und Vertriebssysteme.

-   Es ist davon auszugehen, dass die aus den Kundenbewertungen gewonnenen Daten zur systematischen Auswertung genutzt werden (datamining), um z. B. Marktentwicklungen zu erkennen oder Zielgruppen mit ihren Wünschen und Verhaltensweisen differenzieren und analysieren zu können. Diese Daten sind dann Grundlage für das operative und strategische Marketing der Reiseanbieter und Leistungsträger.

Die Bewertungssysteme haben eine besondere Bedeutung für den Online-Vertrieb, z. B. über → Web-Portale, weil sie ohne persönliche Beratung und folglich durch Selbstbedienung des Kunden genutzt werden.

Die Bewertungssysteme müssen sich den besonderen Forderungen nach Ehrlichkeit und Sachlichkeit stellen. Beispielsweise müssen diffamierende Bewertungen oder Bewertungen durch Dritte mit dem Ziel der Wettbewerbsbeeinflussung weitgehend ausgeschlossen werden. Diesen Forderungen kann durch den Systemaufbau wie folgt nachgekommen werden:

-   Geschlossene Systeme bitten ihre Reisekunden nach Abschluss der Reise um die Bewertung, so dass unter Ausweis der konkreten Buchungstransaktion nur die getätigten Reisen bzw. ihre Leistungen zeitnah durch den Reisenden bewertet werden können.
-   Transaktionsunabhängige offene Systeme ermöglichen Bewertungen auch unabhängig von konkreten Reisebuchungen. Sie prüfen zunächst softwaretechnisch die eingehenden Bewertungen auf ihre Plausibilität und Sachlichkeit, und darüber hinaus werden Bewertungen durch ein geschultes Mitarbeiterteam überprüft.
-   Als Voraussetzung zur Abgabe von Bewertungen in transaktionsunabhängigen Systemen kann eine Registrierung gefordert werden, so dass ein Bezug zwischen Bewertung und Bewertenden gespeichert werden kann.
-   Bewertungssysteme können einen bewerteten Leistungsanbieter vor Veröffentlichung der Bewertung automatisiert einbeziehen, indem sie ihm die Möglichkeit zur Stellungnahme oder zum Kundenkontakt geben. Anschließend ist zu prüfen, ob die Bewertung ggf. mit der Reaktion des Bewerteten im System veröffentlicht wird.
-   Darüber hinaus kann davon ausgegangen werden, dass unsachliche, unehrliche oder sehr abweichend individuell geprägte Bewertungen in einer Massenkommunikation (many-to-many) überlagert und damit bedeutungslos werden, wenn sie von einer großen Zahl anderslautender Bewertungen abweichen.

Grundsätzlich kann ein Online-Händler und somit auch ein Online-Reiseanbieter ein eigenes spezifisches Bewertungsmodul in seinem Beratungs- und Vertriebssystem aufbauen oder ein am Markt verbreitetes System integrieren. Kriterien für diese Entscheidung sind die angestrebte Vielzahl der Bewertungen und die inhaltliche Ausrichtung in Bezug zum Produkt und Marktsegment des Händlers. Zur Integration eines Fremdsystems ist zu unterscheiden, ob es mit der Marke des Bewertungssystems oder diesbezüglich anonym (white label) unter der Marke des Händlers geführt wird.

Die Online-Formulare zur Bewertung bieten vorstrukturierte und freie Bereiche an, z. B.:

– Eine zusammenfassende Gesamtbewertung des Leistungsbündels kann gemäß einer vorgegebenen Bewertungsskala (z. B. Schulnoten) abgefragt werden.
– Standardkriterien, z. B. Qualität der Animation im Hotel, werden gemäß einer vorgegebenen Bewertungsskala abgefragt.
– Freie Texterfassung zur individuellen Bewertung.

Da die Abgabe von Bewertungen immer optional bzw. freiwillig ist, dient die Vorstrukturierung auch dem Ziel einer einfachen und motivierenden Durchführung. Es ist das Anliegen der Betreiber von Bewertungssystemen, möglichst viele Kunden zur Bewertung zu motivieren, um damit die Online-Beratungskompetenz zu stärken. Da aber mittlerweile Online-Händler aller Branchen ihre Kunden zu Bewertungen auffordern, sinkt ihre Bereitschaft. Es kann davon ausgegangen werden, dass diejenigen, die subjektiv in besonderer Weise, d. h. begeistert oder enttäuscht, ihre Reiseleistungen erfahren haben, stärker motiviert sind, ausführliche Bewertungen abzugeben. Um dadurch kein Zerrbild der Extreme auszuweisen, ist eine Motivation aller Reisenden zur Bewertung besonders wichtig. Während eine zusätzliche Registrierung zur Bewertung demotivierenden Charakter hat, kann die Motivation durch Mehrwerte, z. B. in Form von Gutscheinen unterstützt werden.

Die Vorstrukturierung der Bewertungen vereinfacht vergleichende Auswertungen und ermöglicht den Nutzern im Rahmen ihrer Online-Beratung und Entscheidung das Sortieren und Filtern der Bewertungen. Dabei besteht nicht der Anspruch auf ein objektivierbares Ranking der Angebote, sondern der Abgleich mit den individuellen Wünschen wird angestrebt. Somit können auch negative Bewertungen entscheidend sein für eine allseits positive Entscheidung: Wenn beispielsweise ein Hotel die Zielgruppe der älteren Reisenden fokussiert, kann eine negative Bewertung bzgl. seines Animationsprogramms die „richtigen" Gäste, d. h. eine in ihren Ansprüchen homogene Klientel in das Hotel führen und Gäste mit anderen Ansprüchen vor individuellen Fehlentscheidungen bewahren.

Die Bewertungen geben den touristischen Leistungsträgern und den Reiseanbietern wertvolle Informationen zum Qualitätsmanagement, zur Produktgestaltung und -entwicklung, zur Kundenkommunikation sowie zu den Erwartungen,

Verhaltensweisen und Entwicklungen im Käufermarkt. Voraussetzung ist, dass der Online-Leumund regelmäßig überprüft wird und die mit den Bewertungen übermittelten Informationen stets bearbeitet, analysiert und in die Marketingentscheidungen einbezogen werden. (uw)

Literatur

Frisch, Thomas 2019: Digitale Bewertungskultur im Tourismus 2.0 – Grenzüberschreitung und Normalisierungsdruck. In: Jonathan Kropf; Stefan Laser (Hrsg.): Digitale Bewertungspraktiken. Für eine Bewertungssoziologie des Digitalen. Wiesbaden: Springer, S. 41–70
Hotelverband Deutschland (IHA) e. V. (Hrsg.) 2020: Hotelmarkt Deutschland 2020. Berlin: IHA-Service

Bewirtungsvertrag [service agreement]

Unterart des Gastaufnahmevertrages. Er ist ein sog. Mischvertrag und setzt sich je nach Art der → Dienstleistung aus einem Kaufvertrag (Getränke), einem Werkvertrag (→ Menü) und dem Mietvertrag (Reservierung von bestimmten Räumen) zusammen. Sollte einer der Leistungen einen Fehler (Mangel) aufweisen, kann der Gast von seinen gesetzlichen Gewährleistungsrechten (z. B. §§ 434 ff. BGB) Gebrauch machen. Nimmt der Gast hingegen die bestellten Leistungen nicht ab, bleibt er dennoch zur Zahlung verpflichtet (u. a. nach § 648 BGB). (bd)

Bezahlte Rankings → Ranking Booster

Bien cuit → Garstufen

Bierlieferungsvertrag [beer supply agreement]

Bierlieferungsverträge (auch Getränkebezugsverträge genannt) sind in der gewerblichen Gastronomie sehr häufig, schon deshalb, weil Brauereien/Getränkegroßhändler in Deutschland oft als Verpächter von Gaststätten auftreten. Durch entsprechende Vereinbarungen (Bierlieferungsvertrag) wird bestimmt, dass der Pächter/Gastwirt nur ausschließlich Getränke seines Verpächters verkaufen darf. Jedoch auch außerhalb eines Pachtvertrages gibt es eine solche vertragliche Bindung, wenn z. B. ein Gastwirt Leistungen der Brauerei/Getränkehändler wie Inventar, Darlehen usw. annimmt.

Der Bierlieferungsvertrag ist gesetzlich nicht geregelt und kann deshalb nach dem Grundsatz der Vertragsfreiheit relativ frei gestaltet werden. Die Rechtsprechung hat lediglich Schranken bzgl. der Bezugsdauer gesetzt. In der Regel darf ein Bierlieferungsvertrag nicht länger als 15 Jahre laufen. Häufig beinhalten diese Verträge auch sog. Mindestbezugsverpflichtungen, wonach der Gastwirt sich verpflichtet, eine bestimmte Anzahl von Hektolitern abzunehmen. Soweit Bierlieferungsverträge mit einem Existenzgründer abgeschlossen werden, unterliegt der Vertrag einem 14-tägigen Widerrufsrecht. Hierüber muss der Schuldner (Wirt) ordnungsgemäß belehrt werden (vgl. §§ 510, 355 ff. BGB). (bd)

Gedankensplitter
„Außer den Frauen liebe ich drei Dinge: Spaghetti, italienischen Rotwein und deutsches Bier." (Enrico Caruso, italienischer Sänger)

Big Data → **Digitalisierung**

Big five → **Safari**

Bilbao-Effekt → **Museum**

Bildungsreise → **Kulturtourismus**

Billigflagge [flag of convenience]
Nationalfahne eines Landes, das nur minimale Anforderungen an die Registrierung von Schiffen knüpft. Sie werden von vielen Reedern aus den reichen Industrieländern genutzt, die ihre Schiffe → ausflaggen, um damit günstigere Rahmenbedingungen ihres Betriebes zu erreichen. Auch die meisten Kreuzfahrtschiffe (→ Kreuzfahrttourismus) sind nicht in den Ländern registriert, in denen sich der Sitz der Reederei befindet. Dabei geht es vor allem darum, Steuern zu sparen, Umweltschutzbestimmungen zu umgehen, Tarifverträge in den Heimatländern und gesetzliche Vorschriften wie zum Beispiel die minimale Zahl der Besatzungsmitglieder und ihre Ausbildung zu umgehen. Gleichzeitig hat man wegen der oft fragwürdigen Staatlichkeit dieser Länder die Möglichkeit, bestehende Regeln zu ändern, wenn sie nicht passend sind (Mundt 2004, S. 257–265, 357 f.; Steinecke 2018, S. 45).

Da die meisten Besatzungsmitglieder von Kreuzfahrtschiffen (auch auf eigenen Wunsch) in der Regel nur auf mehrere Monate befristete Arbeitsverträge haben und aus einer Vielzahl von Ländern mit jeweils ganz unterschiedlichen sozialen und wirtschaftlichen Verhältnissen stammen (wie den Philippinen, der Ukraine oder Georgien), ist dies nicht in jedem Fall als Nachteil anzusehen. Wie schon Douglas & Douglas (2004, S. 34–44) detailliert aufgezeigt haben, geht eine pauschale Bewertung der Ausflaggung vor diesem Hintergrund an der komplexen Wirklichkeit vorbei. Nicht zuletzt führen die hier gezahlten Löhne und Gehälter und die Möglichkeit, sie über → Trinkgelder zu verbessern, zu Einkommen, die in den meisten Herkunftsländern praktisch nie zu erzielen wären. Oft dienen sie zudem der sonst nicht zu finanzierenden Ausbildung der Kinder und/oder dem Aufbau einer selbständigen Existenz im Heimatland. Gleichzeitig ist der Effekt auf die Arbeitsmärkte in den bereisten Regionen wiederum gering (Steinecke 2018, S. 86). Durchweg problematisch bleiben die mit den Billigflaggen verbundenen geringeren Sicherheitsstandards, die auch durch die meist viel zu seltenen und kurzen Inspektionen in den Häfen, wie sie zum Beispiel in den USA und in der EU möglich sind, nicht vollständig kompensiert werden können. (jwm/wf)

Literatur

Douglas, Norman; Ngaire Douglas 2004: The Cruise Experience. Global and Regional Issues in Cruising. Frenchs Forest: Pearson Hospitality Press (= Australian Studies in Tourism Series, Vol. 3)

Mundt, Jörn W. 2004: Tourismuspolitik. München, Wien: Oldenbourg

Steinecke, Albrecht 2018: Kreuzfahrttourismus. Konstanz, München: UVK

Billigfluggesellschaft **[Low Cost Carrier (LCC), no frills airline, low budget airline]**

Fluggesellschaften, die ihre Flüge bei meist sehr eingeschränktem oder gar keinem → Bordservice (no frills – kein Schnickschnack) sehr deutlich unter den Preisen von normalen bzw. → Netzwerkfluggesellschaften anbieten.

1 Geschichte Die erste Billigfluggesellschaft war die 1967 in Dallas gegründete Southwest Airlines, die ab 1971 im zu dieser Zeit noch regulierten Luftverkehrsmarkt der USA zunächst nur innerhalb des Bundesstaates Texas fliegen konnte. Nach der Liberalisierung des US-Luftverkehrsmarktes (open skies policy, Liberalisierung des Luftverkehrs) durch die Carter-Administration 1978 konnte deshalb erst 1979 die erste bundesstaatenübergreifende Verbindung (von Dallas nach New Orleans) aufgenommen werden. Während sich Southwest Airlines zu einer der fünf größten → Fluggesellschaften der USA entwickelte, musste der ab 1977 auf der Langstrecke zwischen London und New York fliegende Skytrain von Laker Airways 1982 u. a. aufgrund unfairer Wettbewerbspraktiken vor allem von Seiten der damals noch staatlichen British Airways und der (von American Airlines übernommenen) TWA den Betrieb wieder einstellen, und Laker Airways ging in Konkurs. Erst nach der weitgehenden Liberalisierung des europäischen Luftverkehrsmarktes begann 1995 die zehn Jahre zuvor gegründete private irische Charterfluggesellschaft Ryanair mit zehn Flugzeugen sieben Routen nach dem Modell von Southwest Airlines zu befliegen. Im gleichen Jahr gründete der griechische Reedersohn Stelios Haji-Ioannou in London die Fluggesellschaft EasyJet nach dem gleichen Vorbild. Nachdem beide Fluggesellschaften einen unerwarteten Erfolg hatten und mit einem rasanten Wachstum den europäischen Luftverkehrsmarkt in Bewegung brachten, gab es um die Jahrtausendwende Dutzende von Neugründungen, teilweise auch von traditionellen Netzwerkfluggesellschaften, in Europa, Nordamerika, Australien und Südostasien.

2 Konzept Primär sollten mit zum Teil extrem niedrigen Flugpreisen Personenkreise angesprochen werden, für die bislang aus Kostengründen das Fliegen bei ihren Reisen nicht in Frage kam. Herb Callaher, einer der Gründer und langjähriger Vorstandsvorsitzender von Southwest Airlines, hat dies so ausgedrückt: „Wir konkurrieren nicht mit anderen Fluggesellschaften, sondern mit landgebundenen Verkehrsmitteln." Die niedrigen Flugtarife werden durch die Kumulation von einzelnen Kosteneinsparungen möglich, die zu Kosteneinsparungen von grob etwa 30 Prozent gegenüber Netzwerkfluggesellschaften (Conrady, Fichert & Sterzenbach 2019, S. 242) führen. Eine Studie der European Cockpit Association (ECA), des europäischen Dachverbandes der nationalen Pilotengewerkschaften, arbeitete die wichtigsten Kostenvorteile heraus: geringe Sitzabstände, stärkere tägliche Nutzung des Fluggeräts, geringe Kosten für die Besatzungen, billigere Flughäfen/geringere Landegebühren, Punkt zu Punkt-Verbindungen, Outsourcing der Wartung, homogene Flotte, geringe Stationskosten durch Outsourcing, kein Catering, keine Reisebüroprovisionen, geringere Verkaufs- und Reservierungskosten, niedrigere Verwaltungs- und Gemeinkosten (ECA 2002; auch Conrady, Fichert & Sterzenbach 2019, S. 238 ff.; Mundt 2013, S. 278 f.).

Die Verwendung einheitlichen Fluggerätes senkt die Wartungs- und Lagerhaltungskosten für Ersatzteile. Gleichzeitig werden die Trainingskosten reduziert und die Flexibilität des Piloteneinsatzes dadurch erhöht, weil alle über die gleiche Musterberechtigung verfügen.

Die meisten Billigfluggesellschaften meiden die großen Flughäfen und konzentrieren sich auf eher in der Peripherie der großen europäischen Siedlungsagglomerationen gelegene Flughäfen oder auf Regionalflughäfen (zum Beispiel Stansted in der Nähe von London, Bergamo in der Nähe von Mailand, Girona in der Nähe von Barcelona, Memmingen in der Nähe von München). Dadurch werden nicht nur → Landegebühren gespart, auch die → Umkehrzeiten sind auf diesen meist weit unter der Kapazität genutzten Flughäfen kürzer, so dass mehr Flüge pro Tag und Flugzeug als bei ‚normalen' Fluggesellschaften durchgeführt werden können. Die kurzen Umkehrzeiten sind auch nur möglich durch den Verzicht auf die Beförderung von Luftfracht, wie sie bei den traditionellen Netzwerkfluggesellschaften in Passagierflugzeugen üblich ist. Weitere Produktivitätsgewinne entstehen durch den Verzicht auf einen Bordservice, der die Reduktion der → Flugbegleiter auf das gesetzlich vorgeschriebene Minimum ermöglicht. Durch den Bordverkauf von Mahlzeiten, Getränken und Gewinnlosen werden weitere Einnahmen erzielt. Indem → Flugbegleiter durch den Verzicht auf Bordservice in der Regel weniger verschmutzte Kabine säubern, können Zeit und Kosten gespart werden. Einige Anbieter fliegen zum Teil Metropolenflughäfen wie Frankfurt/Main, Zürich, Genf, München, Amsterdam, Madrid usw. an. Allerdings verzichten auch sie konsequent auf → Interlining und die meisten sogar auf Umsteigeverbindungen und reduzieren damit nicht nur ihre Kosten, sondern auch die Zahl der Verspätungen.

Die → Flugzeugumläufe werden so geplant, dass die Flugzeuge abends wieder am Heimatflughafen sind. Dadurch entfallen Hotel-, Transfer- und Aufenthaltskosten für die Besatzungen.

Wurden Billigflüge in den Anfangsjahren in den USA noch ganz traditionell über Reisebüros mit entsprechender Zahlung von → Provisionen verkauft, wurden sie nach einem Zwischenstadium des Telefonverkaufs zum größten Teil über das Internet abgesetzt. Sitzplatzreservierungen werden bei der Buchung im Internet ermöglicht – gegen eine zusätzliche Gebühr. Zusätzliches Gepäck wird gesondert berechnet. Pioniere waren Billigfluggesellschaften auch bei der Einführung von Internet → Check-in. Darüber hinaus werden Abfertigungskosten durch die Bereitstellung von Eincheckautomaten auf allen großen Flughäfen reduziert.

Ein weiterer nicht zu unterschätzender Kostenvorteil der Billigfluggesellschaften liegt in ihrem Wachstum. Dadurch kann immer wieder neues, junges Personal eingestellt werden, das am Anfang seiner Karriere weniger verdient und damit die durchschnittlichen Kosten pro Mitarbeiter niedrig hält. Dieses Wachstum und die vergleichsweise hohe Zahl von Flugstunden macht sie auch für Piloten attraktiv, denn je schneller eine Fluggesellschaft wächst, desto schneller können sie mit entsprechender Flugstundenzahl zum Flugkapitän aufsteigen. Billigfluggesellschaften verwenden flexible Preissysteme zur Ertragsoptimierung (→ Ertragsmanagement). Wie bei den Netzwerkfluggesellschaften steigen die durchschnittlichen Flugpreise mit zunehmender zeitlicher Nähe zum Abflugtermin an.

3 Perspektiven Auch wenn es ursprünglich nicht unbedingt ihre Intention war, sind Billigfluggesellschaften auf den innereuropäischen Strecken längst zu einer Konkurrenz für Netzwerkfluggesellschaften geworden. Dies zeigt sich im steigenden Anteil Geschäftsreisender, die (auch) Billigfluggesellschaften nutzen, weil die meisten Firmen ein starkes Interesse an der Senkung ihrer Reisekosten haben (Conrady, Fichert & Sterzenbach 2019, S. 240 f.; Mundt 2013, S. 280). Mit dem Anfliegen von Ferienzielen (wie zum Beispiel Mallorca) kommen schon seit längerem → Reiseveranstalter und traditionelle Charterfluggesellschaften (→ Charterflug) unter Druck (Mercer 2002), denn in Kombination mit den auf den Internetseiten der Billigfluggesellschaften direkt buchbaren Hotels sind diese Reisen oft preisgünstiger als die angebotenen → Pauschalreisen.

Die Netzwerkfluggesellschaften haben sich an die neuen Mitbewerber angepasst und ihre Kosten- und Preisstruktur so geändert, dass sie zumindest in Teilen die Konkurrenz mit den Billigfluggesellschaften bestehen können. Eine typische Reaktion auf den Wettbewerbsdruck ist die Gründung von Low Cost Carrier-Tochtergesellschaften. Der regelmäßig erscheinende „Low Cost Monitor" des

Deutschen Zentrums für Luft- und Raumfahrt e. V. (DLR) zeigt die Evolution des Marktes auf (DLR 2017, S. 1 ff.; DLR 2018, S. 1 ff.; DLR 2019, S. 1 ff.; auch Mundt 2013, S. 280 ff.): Die zunehmende Zahl an günstigen Flugverbindungen lässt Preise fallen, Luftverkehr und Konkurrenz innerhalb der Billigfluggesellschaften anwachsen. Marktbereinigungen und eine Phase der Konsolidierung sind logische Konsequenz. Die Sättigungstendenzen führen zu einer Weiterentwicklung des traditionellen Low Cost-Modells: Der Low Cost-Verkehr verlagert sich zunehmend auch auf Großflughäfen, Anschlussflüge zeigen eine erste Abkehr von Punkt zu Punkt-Verbindungen, Langstreckenflüge nach Afrika, Asien und in die USA gewinnen an Bedeutung. Allianzen zwischen Billigfluggesellschaften und Netzwerkfluggesellschaften sind ein weiterer Reflex und verwischen immer mehr die Grenzen zwischen den unterschiedlichen Geschäftsmodellen. Im Sommer 2019 machte der Low Cost-Verkehr ca. ein Drittel am innereuropäischen Luftverkehr (nach Anzahl der Starts) aus (DLR 2019, S. 17). Zum weltweiten Einbruch im Luftverkehr durch Corona siehe www.dlr.de. (jwm/wf)

Literatur

Bingelli, Urs; Lucio Pompeo 2002: Hyped Hopes for Europe's Low Cost Airlines. In: The McKinsey Quarterly, No. 4, pp. 87–88

Civil Aviation Authority (CAA) 2006: No-frills Carriers: Evolution or Revolution? London (= CAP 770)

Conrady, Roland; Frank Fichert & Rüdiger Sterzenbach 2019: Luftverkehr. Betriebswirtschaftliches Lehr- und Handbuch. Berlin, Boston: De Gruyter Oldenbourg (6. Aufl.)

DLR 2017: DLR-Studie zu Billigfliegern: Rekordangebot, steigender Wettbewerb und fallende Preise. (https://www.dlr.de/dlr/desktopdefault.aspx/tabid-10204/296_read-22428/year-all/296_page-4/#/gallery/27032, zugegriffen am 05.10.2018)

DLR 2018: Low Cost Monitor 1/2018. Der aktuelle Markt der Low Cost Angebote von Fluggesellschaften im deutschen Luftverkehr. (https://www.dlr.de/dlr/Portaldata/1/Resources/documents/2018/18062018_Low_Cost_Monitor_I_2018_150618_final_.pdf, zugegriffen am 05.10.2018)

DLR 2019: Low Cost Monitor 2/2019: Der aktuelle Markt der Low Cost Angebote von Fluggesellschaften im deutschen Luftverkehr. (https://www.dlr.de/content/de/downloads/2019/low-cost-monitor-02-2019.pdf?__blob=publicationFile&v=5, zugegriffen am 22.08.2020)

ECA – European Cockpit Association, Industrial Subgroup 2002: The Low Cost Airlines. Präsentation auf der IFALPA-Konferenz in Stavanger (Norwegen; http://www.eca-cockpit.com/media/lc-lr.pps; 02.07.2004)

Mercer Management Consulting 2002: Impact of Low Cost Carriers. Summary of Mercer Study. München, Paris (Power Point Präsentation)

Mundt, Jörn W. 2013: Tourismus. München: Oldenbourg (4. Aufl.)

Page, Stephen J. 2019: Tourism Management. London, New York: Routledge (6th ed.)

Gedankensplitter
„Die Deutschen würden für niedrige Preise splitternackt über Glassplitter kriechen!" (Michael O'Leary, CEO der Billigfluggesellschaft Ryanair)

Billing and Settlement Plan (BSP) → **International Air Transport Association**

Biosphärenreservat → **Natürliche Freizeiträume**

Bissfest → **Al dente**

Bistro(t)

Gastronomischer Betrieb mit in der Regel kleinerem, einfachem Speiseangebot, teilweise auch Weinstube bzw. Trinklokal. Den Überlieferungen nach abgeleitet aus dem Begriff b'stroje (Ruf nach zügiger Bedienung von Anfang des 19. Jahrhunderts in Frankreich stationierten kosakischen Besatzungskräften; bystro [russ.] = schnell). Bistros gibt es mittlerweile auf der ganzen Welt, gemein ist ihnen oft die französische Façon (Augé 2016, S. 9). (wf)

Literatur
Augé, Marc 2016: Das Pariser Bistro. Eine Liebeserklärung. Berlin: Matthes & Seitz

BlaBlaBus → **Fernbus**

Black box → **Flugschreiber**

Blanchieren [to blanch]

Blanchir (franz.) = weiß machen. Vorbereitungsverfahren in der Küche; Lebensmittel werden kurzzeitig in siedendem Wasser oder heißem Wasserdampf gegart; verhindert unerwünschte Produktveränderungen. (bk/cm)

Blaue Flagge [Blue Flag]

1985 von der Foundation for Environmental Education in Europe (F. E. E. E.) in Frankreich ins Leben gerufen. Seit 1987 wird die von der Deutschen Gesellschaft für Umwelterziehung in Zusammenarbeit mit anderen Verbänden für hohe Umweltstandards sowie gute Sanitär- und Sicherheitseinrichtungen vergebene Auszeichnung vergeben. Zielobjekt sind Sportboothäfen und Badestellen an Küsten und Binnengewässern. Die Vergabekriterien orientieren sich an den Bereichen Wasserqualität, Umweltkommunikation, Umweltmanagement und Service/Sicherheit. Die Kriterien haben sich über die Jahre quantitativ und qualitativ weiterentwickelt. Die Blaue Flagge wird immer für eine Saison vergeben und darf nur aufgestellt werden, solange die Vorgabekriterien eingehalten sind. (Un-)angemeldete Kontrollen sichern das Niveau des Umweltsymbols (Deutsche Gesellschaft für Umwelterziehung 2020, o. S.).

Im ersten Jahr wurden mit Unterstützung der damaligen Europäischen Gemeinschaft bereits 244 Strände und 208 → Marinas in zehn Ländern ausgezeichnet. 2001 wurde das Konzept über Europa hinaus weltweit verfolgt und daher der Zusatz „in Europe" aus dem Namen der Stiftung entfernt. Zwischenzeitlich hat sich das Umweltsymbol weltweit etabliert: 2020 wurden in 46 Ländern mehr als 4.600 Strände, Badestellen, Marinas und nachhaltig agierende, touristische Schiffsbetreiber mit der Blauen Flagge prämiert (www.blueflag.global). (jwm/wf)

Literatur

Deutsche Gesellschaft für Umwelterziehung 2020: 34 Jahre „Blaue Flagge" in der Bundesrepublik Deutschland im Jahr 2020. (http://www.blaue-flagge.de/download/DGU_2020_Infoblatt.pdf, zugegriffen am 22.08.2020)

Gedankensplitter

"In every outthrust headland, in every curving beach, in every grain of sand there is the story of the earth." (Rachel Carson, US-amerikanische Zoologin, Biologin und Wissenschaftsjournalistin)

Blaues Regal [ocean dumping]

Das „blaue Regal" ist ein symbolisches Bild für das Meer als Entsorgungsstelle für Abfälle. Die Ablage im „blauen Regal" bedeutet, dass man etwas in das Wasser bzw. über Bord wirft. Kreuzfahrtschiffe zum Beispiel produzieren ein überproportionales Müllaufkommen, das an Bord verbrannt, in eigenen Kläranlagen aufbereitet, zurück in die Hafenstädte gebracht oder eben auf hoher See – teils legal, teils illegal – entsorgt wird. Die Folgen für die marine Flora und Fauna sind ausgesprochen bedenklich (Steinecke 2018, S. 167 f.). (wf)

Literatur

Steinecke, Albrecht 2018: Kreuzfahrttourismus. Konstanz, München: UVK

Bleibe → **Zimmerstatus**

Bleisure-Reise

Wortschöpfung aus der Praxis für eine Reise, die Geschäft (engl.: business) und Freizeit (engl.: leisure) vereint. Zu dem Phänomen und unterschiedlichen Kategorien siehe Eisenstein et al. 2019, S. 313 ff. (wf)

Literatur

Eisenstein, Bernd et al. 2019: Geschäftsreisen. Merkmale, Anlässe, Effekte. München: UVK

Blender

Der Blender (to blend [engl.] = mischen, vermischen) ist ein elektrischer Standmixer mit Glasaufsatz und Edelstahlmessern zur Herstellung von Mixdrinks, auch mit Zutaten, die püriert bzw. zerkleinert werden sollen (Früchte, Eis). Meistens kann zwischen drei Geschwindigkeitsstufen gewählt werden. Im Blender können

Smoothies, Frappes und Frozen drinks, wie beispielsweise Strawberry Daiquiri mit Erdbeeren, crushed ice oder Eiswürfeln hergestellt werden. (tg)

Bleu → **Garstufen**

Blimps → **Zeppelin**

Block space agreement

Form der → Kooperation zwischen Fluggesellschaften, nach der einer der Partner feste Plätze auf Flügen des anderen Unternehmens übernimmt und diese unter eigenem Namen und auf eigenes Risiko vermarktet. In der Regel werden solche Flüge als Gemeinschaftsflüge (→ Codesharing) mit jeweils eigenen Flugnummern der Partner durchgeführt. (jwm)

Blockcharter → **Teilcharter**

Blockzeit → **Flugzeit**

Blog

Blog ist ein zusammengesetztes Wort aus den Begriffen Web und Log bzw. Logbuch (www.onlinemarketing.de). Die ersten Blogs, die auch als solche bezeichnet wurden, entstanden Ende der 1990er-Jahre. Die Autoren veröffentlichten hauptsächlich tagebuchähnliche Einträge und Links zu anderen Webseiten (www.carta.info). Mit der Weiterentwicklung des Internets wurden Blogs immer populärer. Zum einen wurde das Erstellen eines Blogs schrittweise vereinfacht und auch für Techniklaien realisierbar, zum anderen etablierten sich mit Zunahme der Leserschaft die Blogs zu Journalismus-ähnlichen Formaten (www.basicthinking.de).

In der Tourismusbranche sind Reiseblogs mittlerweile ein bedeutendes Medium. Private Personen und auch Reiseunternehmen betreiben Reiseblogs häufig mit dem Fokus auf besondere Reiseformen oder Zielgebiete wie z. B. nachhaltiges Reisen oder Reisen durch Europa (www.fachjournalist.de). Je nach Sichtbarkeit und Anzahl der Follower, also regelmäßiger Leser, kann mit einem Blog z. B. durch Affiliate-Marketing (→ Affiliate) auch Geld verdient werden. Durch die Verschmelzung von → Social Media und traditionellem Bloggen entstand das Microblogging: Angelehnt an das frühere SMS-Format werden Kurznachrichten mit einer begrenzten Anzahl Zeichen zur Massenkommunikation genutzt. Der gängigste Anbieter von Microblogging ist der Nachrichtendienst Twitter (www.gruenderszene.de, www.ionos.de).

Vlog ist ein zusammengesetztes Wort aus den Begriffen Video und Blog. Ein Vlogger führt einen Blog in Videoform bzw. erstellt Videos zu bestimmten Themen und lädt diese auf eine Videoplattform wie z. B. YouTube (www.praxistipps.chip. de). Reichweitenstarke Vlogger mit einer großen Anzahl regelmäßiger Zuschauer werden von großen Unternehmen und → Marken dazu genutzt, Markenbotschaften bei einer großen Zielgruppe zu platzieren, bei der gleichzeitig das Vertrauen in den Sender der Botschaft hoch ist (www.onlinemarketing.de).

Reiseblogs und Reisevlogs sind beliebt, da sie tiefe Einblicke und Insidertipps von Gleichgesinnten einer breiten Zielgruppe vermitteln können. Bei Servicedienstleistungen und intangiblen Leistungen wie im Tourismus ist das Vertrauen in Word-to-mouth, also mündlich verbreitete Erfahrungen und Tipps, grundsätzlich größer als in Werbebotschaften der touristischen Leistungsanbieter. (lf)

Literatur
Basic Thinking 2015: Zukunft des Blogs. (https://www.basicthinking.de/blog/2015/11/12/die-geschichte-von-blogs-zukunft/, zugegriffen am 27.08.2019)
Carta 2012: Geschichte des Weblogs. (http://www.carta.info/46871/die-geschichte-des-weblogs/, zugegriffen am 27.08.2019)
Chip 2019: Vlog. (https://praxistipps.chip.de/was-bedeutet-vlog-einfach-erklaert_45934, zugegriffen am 18.11.2019)
Cocking, Ben 2020: Travel Journalism and Travel Media. Identities, Places and Imaginings. London: palgrave macmillan
Fachjournalist 2017: Reiseblogs. (http://www.fachjournalist.de/reiseblogs-den-kinderschuhen-entwachsen/, zugegriffen am 27.08.2019)
Gründerszene o. J.: Blog. (https://www.gruenderszene.de/lexikon/begriffe/blog?interstitial, zugegriffen am 18.11.2019)
Ionos 2017: Microblogging. (https://www.ionos.de/digitalguide/online-marketing/social-media/microblogging-kompaktes-bloggen-leicht-gemacht/, zugegriffen am 18.11.2019)
Onlinemarketing o. J.a: Blog. (https://onlinemarketing.de/lexikon/definition-blog, zugegriffen am 27.08.2019)
Onlinemarketing o. J.b: Influencer Marketing. (https://onlinemarketing.de/lexikon/definition-influencer-marketing, zugegriffen am 18.11.2019)

Gedankensplitter *i*
"A wealth of information creates a poverty of attention." (Herbert A. Simon, US-amerikanischer Sozialwissenschaftler)

Blue Flag → **Blaue Flagge**

Blueprinting → **Service Blueprint**

Boarding

To board (engl.) = an Bord gehen, einsteigen. Im Flugverkehr der Prozess des Einsteigens in das Flugzeug. Das Boarding ist durch mobile Endgeräte über das Auslesen des Barcodes am Gate erleichtert und beschleunigt worden (Conrady, Fichert & Sterzenbach 2019, S. 422).

„Pre-Boarding" ist ein besonderer Service für bestimmte Passagiergruppen (Familien mit Babies oder Kleinkindern, allein reisende Kinder [→ Unaccompanied Minor], Reisende mit eingeschränkter Mobilität etc.), der vor dem Abflug kostenlos gewährt wird. „Priority Boarding" steht für eine bevorzugte Behandlung (priority [engl.] = Vorrang). In der Regel handelt es sich bei den „Priority-Gruppen" um Passagiere der First oder Business Class. Das Boarding findet bei vielen Fluggesellschaften hierarchisch statt: Dem „Pre-Boarding" folgt das „Priority Boarding", danach werden Reisende der Economy Class zum Einsteigen gebeten (Lufthansa o. J.).

→ Billigfluggesellschaften haben das „Priority Boarding" ebenfalls entdeckt. Sie bieten die Möglichkeit, zuerst und vor den anderen Passagieren an Bord zu gehen. Dadurch kann auch leichter ein Platz für das Handgepäck in der Kabine gefunden werden. Die → Dienstleistung wird gegen Bezahlung angeboten und macht bei Billigfluggesellschaften einen bedeutenden Anteil der Zusatzeinnahmen aus.

Um den Boarding-Prozess zu beschleunigen (→ Wartezeitenmanagement), testen Fluggesellschaften unterschiedliche Verfahren: Zufallsmodus (zuerst Pre- und Priority-Gruppen, dann Zustieg nach Zufall, den Passagieren wurde vorab ein Sitzplatz zugewiesen); Back-to-Front (zuerst Pre- und Priority-Gruppen, dann Auffüllen der Sitze von hinten nach vorne); WILMA (zuerst Pre- und Priority-Gruppen, dann Zustieg nach Sitzposition Fenster (window seats) – Sitzposition Mitte (middle seats) – Gangplatz (aisle seats); freie Sitzplatzwahl (zuerst Pre- und Priority-Gruppen, dann Zustieg nach Zufall, den Passagieren wurde vorab kein Sitzplatz zugewiesen). (jwm/wf)

Literatur

Conrady, Roland; Frank Fichert & Rüdiger Sterzenbach 2019: Luftverkehr. Betriebswirtschaftliches Lehr- und Handbuch. Berlin, Boston: De Gruyter Oldenbourg (6. Aufl.)

Lufthansa o. J.: Boarding. (https://www.lufthansa.com/de/de/boarding, zugegriffen am 22.07.2020)

Boarding House

Boarding house (engl.) = Pension, Wohngebäude eines Internats. In der Hotelbranche der Begriff für einen Beherbergungsbetrieb, der vor allem Langzeitnutzer ansprechen soll. Der Standort liegt meist in Großstädten. Klassische Zielgruppe sind Geschäftsleute, die aus beruflichen Gründen für eine längere Zeit den Arbeits- und Wohnort wechseln („Wohnen auf Zeit"). Touristen sind eine weitere Zielgruppe; ihre Aufenthaltsdauer ist in der Regel kürzer.

Die Gasträumlichkeiten bestehen aus Wohn- und Schlafbereich, Bad und (kleiner) Küche bzw. Kitchenette. Das Spektrum an angebotenen Dienstleistungen (Einkaufsservice, Gastronomie, Wäschereinigung, Zimmerreinigung) variiert.

Im Vergleich zu Vollhotels zeichnen sich die Betriebe durch eine niedrige-re Personalintensität und eine geringere Saisonalität aus und werden dadurch ökonomisch attraktiv. Teilweise treten Boarding Häuser als eigenständige Einheit auf dem Markt auf, teilweise sind sie in konventionelle Hotels (als separater Flü-gel) integriert. Der Betriebstyp ist in den 1980er-Jahren in den USA entstanden (Jones Lang Lasalle Hotels 2002, S. 1 ff.). Dieser Teilmarkt des Beherbergungs-gewerbes wächst seit Jahren, neue, international agierende Anbieter verschär-fen den Wettbewerb. Synonyme: Appartementresidenzen, Extended-stay hotels, Longstay apartments, Serviced apartments. Zu der Begriffsvielfalt und definitori-schen Abgrenzungsversuchen siehe Gregorius 2020, S. 104 ff. (wf)

Literatur
Gregorius, Anett 2020: Serviced Apartments. In: Hotelverband Deutschland (IHA) e. V. (Hrsg.): Hotelmarkt Deutschland 2020. Berlin: IHA-Service, S. 104–111
Jones Lang Lasalle Hotels (ed.) 2002: Serviced Apartments. Hotel Topics, Issue No. 12, New York

Bodden → **Lagune**

Bodega
Spanische Weinstube, gleichzeitig der Begriff für ein Weinlager. (hdz)

Bodenabfertigungsgesellschaften **[ground handling agents]**
Unternehmen, die sich auf → Dienstleistungen rund um die Bodenabfertigung von Flugzeugen spezialisiert haben. Dazu gehören zum Beispiel die Be- und Ent-ladung von Flugzeugen, die Kabinenreinigung und Entsorgung der Abwässer, Be-tankung und → Catering. (jwm)

Bodenzeit → **Umkehrzeit**

BO-Kraft → **Betriebsordnung Kraft**

Bon **[sales slip]**
Bon (franz.) = Gutschein, Schein, Kassenzettel. In der Hotellerie und Gastrono-mie ein Beleg/Kassenzettel/elektronischer Code, mit dem Speisen oder Getränke betriebsintern etwa von der Küche oder vom → Büfett angefordert werden. Bons können handschriftlich, über Kassensysteme oder digital ausgestellt werden. Sie dienen vor allem zur Kontrolle des internen Warenflusses. (wf)

Bonbrett → **Bonleiste**

Bonleiste

Ein Brett oder eine Leiste am → Pass einer (Hotel-)küche, an dem die → Bons fixiert werden. Servicekräfte geben die Bons an Küchenverantwortliche – als Ausdruck oder elektronisch – weiter, diese rufen die auf dem Bon genannten Speisen in der Küche als Bestellung aus (→ Annonceur) und befestigen den Bon auf der Leiste. Die Bonleiste ist ein organisatorisches Hilfs- und Kontrollinstrument im Rahmen der Speisenherstellung.

Elektronische Displays bzw. technologische Lösungen, die von den verschiedenen Arbeitsbereichen der Küche eingesehen werden können, ersetzen kontinuierlich das herkömmliche System der Bonleiste. (wf)

Bordbuch → **Logbuch**

Bordküche [galley]

Die Bordküche ist der Bereich einer Flugzeugkabine, in dem die angelieferten Mahlzeiten und Getränke (ggfs. auch andere Artikel des Reisebedarfs, z. B. Duty-Free-Verkaufsware) in speziellen Behältnissen (z. B. Trolleys) verstaut sind. Eine Zubereitung von Mahlzeiten findet heutzutage meist nur noch in Form von Erhitzung bereits fertiger Gerichte statt, in den Premium-Klassen auch noch das individuelle Anrichten auf Porzellan. Alle verwendeten Geräte (z. B. Öfen, Kaffeemaschinen, etc.) unterliegen den Regeln für Luftsicherheit und müssen entsprechend zugelassen, gewartet und geprüft werden.

Die Lage und Anzahl sowie das Design der Bordküchen hängen von dem Flugzeugtyp und der → Fluggesellschaft ab und sollen einen effizienten und reibungslosen Service an Bord ermöglichen. (sr)

Bordservice [in-flight service, ~ catering]

Versorgung der Passagiere während des Fluges mit Speisen und Getränken. Traditionell war die Verpflegung im Flugpreis inbegriffen. Marktentwicklungen haben dazu geführt, dass die Verpflegung heutzutage – ausgenommen im Premium-Segment – reduziert oder als zusätzliche kostenpflichtige Dienstleistung angeboten wird (→ Flight Catering).

Zum Bordservice gehören auch Audio- und Videoprogramme, die vor allem auf Langstreckenflügen angeboten werden. In Langstreckenflugzeugen gibt es oft komplexe In-flight-Entertainment-Systeme, bei denen jeder Sitz über einen Bildschirm verfügt, über den verschiedene Unterhaltungsmöglichkeiten (Kinofilme, Hörspiele, Musik, Videospiele usw.) ausgewählt werden können. (jwm/wf)

Bordunterhaltung → **Flugunterhaltung**

Boston Shaker

Zweiteiliger Schüttelbecher (to shake [engl.] = schütteln) mit einem Glas- und einem Edelstahlteil. Die Zutaten werden auf Eis in den Glasbecher gegeben und dieser mit dem Metallbecher verschlossen. Geschüttelt wird der Drink etwa 6 bis 8 Sekunden, bis der Edelstahlbecher eindeutig beschlägt. Danach wird der Shaker auf dem Metallteil abgesetzt, geöffnet und mit dem → Strainer vom Eis in das Gästeglas abgeseiht. (tg)

Botanischer Garten → **Parks**

Bouquet garni [bouquet garni]

Bouquet (franz.) = Strauß, Bund; garnir (franz.) = schmücken, verzieren. Kräutersträußchen zum Aromatisieren von Speisen; wird mit einem Faden zusammengehalten und zum Würzen von Saucen und Suppen verwendet. (bk/cm)

Boutiquehotel [boutique hotel]

Boutique (franz.) = kleiner Laden, kleines Geschäft. Der Begriff Boutiquehotel umreißt einen Hoteltyp, der sich – angelehnt an die Charakteristika einer Boutique – durch geringe Größe (weniger als 100 Zimmer), Individualität, Unabhängigkeit (kein Konzernhotel), gehobenes Dienstleistungsniveau, außergewöhnliche Architektur und außergewöhnliches Design auszeichnet. Die Merkmale sind zwischenzeitlich aufgeweicht, so dass heute Boutiquehotels existieren, die mehr als 100 Zimmer haben oder auch der Konzernhotellerie angehören. Die Grenzen zwischen Boutiquehotels, Designhotels oder Lifestylehotels verschwimmen (Penner, Adams & Robson 2013, S. 53 ff.).

Der Hoteltyp kann als Gegenentwurf zu traditionellen, standardisierten Hotels gesehen werden. Die bewusst erzeugte Individualität soll dem Kunden neben dem eigentlichen Grundnutzen (Beherbergungsleistung) einen Zusatznutzen (Intimität, personalisierte → Dienstleistung, Erlebnis) stiften. Beispielhafte Vertreter: die Hotelgruppe Kimpton, die zur Intercontinental Gruppe gehört (www.ihg.com/kimptonhotels/hotels) oder die W Hotels der Marriott Gruppe (www.w-hotels.marriott.com). (wf)

Literatur

Hotelverband Deutschland (IHA) e. V. (Hrsg.) 2020: Hotelmarkt Deutschland 2020. Berlin: IHA-Service

Penner, Richard H.; Lawrence Adams & Stephani K. A. Robson 2013: Hotel Design. Planning and Development. New York, London: W. W. Norton & Company (2nd ed.)

Gedankensplitter   *i*
„Design sells." (Weisheit aus der Hotelwelt)

Boutique-Schiff [boutique cruise liner]

Boutique (franz.) = kleiner Laden, kleines Geschäft. Der Begriff Boutique-Schiff umreißt einen Typ von Kreuzfahrtschiffen, der sich – angelehnt an die Charakteristika einer Boutique – durch geringe Größe (maximal 250 Passagiere) und Individualität auszeichnet. Durch die geringere Größe sind die Schiffe wendiger und können in Häfen und Küstenregionen vordringen, die großen Kreuzfahrtschiffen verwehrt bleiben (Steinecke 2018, S. 52 ff.). → Kreuzfahrttourismus. (wf)

Literatur
Steinecke, Albrecht 2018: Kreuzfahrttourismus. Konstanz, München: UVK

Brand Park → **Markenwelten**, → **Freizeitpark**

Brasserie

Ursprünglich der französische Begriff für eine Bierbrauerei bzw. ein Brauhaus. Historisch gesehen lässt es sich am besten als Bierlokal übersetzen. Heutzutage wird unter einer Brasserie ein gastronomischer Betrieb verstanden, der neben Bier und anderen Getränken eine eher deftige, volkstümliche Küche (Hausmannskost) anbietet. Brasserien sind gewöhnlich einfacher ausgestattet als → Restaurants. (wf)

Bratstufen → **Garstufen**

Break-Even-Analyse [break-even analysis]

Für die operative, ergebnisorientierte Steuerung einer Unternehmung ist es von besonderer Bedeutung zu wissen, welche geplanten bzw. realisierten Umsatzerlöse aus dem Verkauf von Unternehmensleistungen erforderlich sind, um zumindest die Gesamtkosten der Unternehmung – inkl. der Vorlaufkosten wie bspw. Kosten der Produkt-Entwicklung oder der Marktanalyse – zu erreichen oder einen geforderten Mindestgewinn gerade zu realisieren. Die Untersuchungen hierüber werden als Break-Even-Analyse bezeichnet; diejenige Verkaufsmenge bzw. derjenige Umsatzerlös, die diese Bedingungen erfüllen, nennt man Break-Even-Punkt, Gewinnschwelle, Deckungspunkt, kritische Menge oder Nutzschwelle (vgl. Abbildung 5). Eine Ausdehnung der Verkaufsmenge über diesen Break-Even-Punkt hinaus – bei ansonsten konstanten Parametern – ermöglicht der Unternehmung eine entsprechende Gewinnerzielung über diese Mindestforderungen hinaus in Höhe des Stück- → Deckungsbeitrags (vgl. Abbildung 6). Die Break-Even-Analyse lotet somit die Leistungsfähigkeit eines Produktes in seinem Markt aus.

Generell ist die Break-Even-Analyse in ihrer Grundform nur auf eine Einproduktunternehmung anwendbar. Der Break-Even-Punkt (BEP) x_0 lässt sich durch die Gegenüberstellung der Gesamtkosten (K) der Unternehmung – bestehend aus

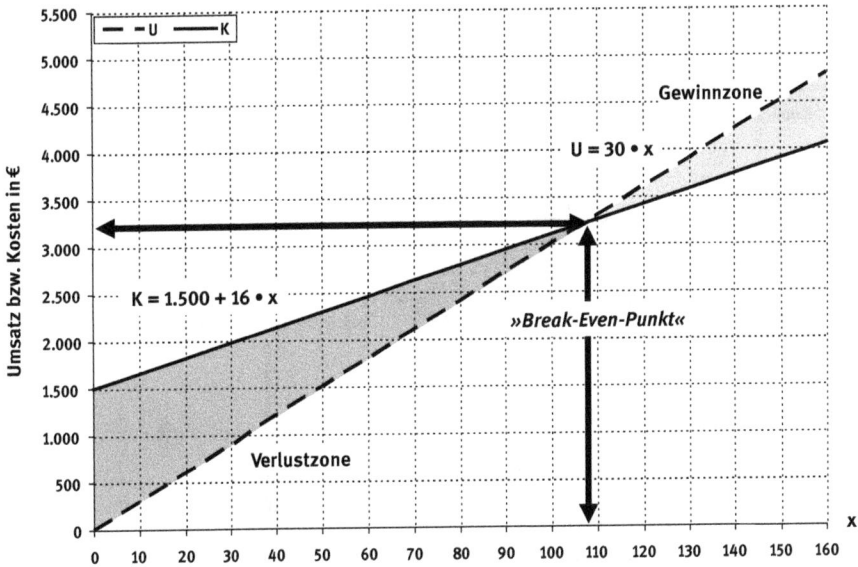

Abb. 5: Das Grundmodell der Break-Even-Analyse

den fixen, mengenunabhängigen Kosten (K_f) und den mengenabhängigen, variablen Kosten (k_v) je Leistungseinheit (x) – und der Gesamtumsatzerlöse (U) – ermittelt aus Stückpreis (p) und zugehöriger Absatzmenge (x) – der Unternehmung bestimmen:

$$U(x_0) = K(x_0)$$

$$p \cdot x_0 = K_f + (k_v \cdot x_0)$$

$$(p - k_v) \cdot x_0 = K_f$$

$$x_0 = \frac{K_f}{p - k_v} = \frac{K_f}{d}$$

Danach ermittelt man den mengenspezifischen Break-Even-Punkt, indem man die fixen Kosten der Unternehmung durch den Stück-Deckungsbeitrag (d) dividiert. Somit lässt sich Abbildung 5 wie in Abbildung 6 dargestellt modifizieren.

Diese erforderliche Break-Even-Menge – z. B. die erforderliche Zimmerauslastung im Hotel, der erforderliche Sitzladefaktor im Linien- und Charterflugverkehr, die Mindestbelegung im Wellness-Bereich, die Mindestbesucherzahl in einem Freizeitpark o. ä. – ist stets eindeutig an das zugehörige Umsatzvolumen gebunden, eine alleinige Orientierung an der erforderlichen Leistungsmenge genügt also als Steuerungsgröße nicht (z. B. Gefährdung des erforderlichen, kostendeckenden Umsatzvolumens durch Preisreduktionen zur Förderung des Absatzvolumens hin zur Break-Even-Menge).

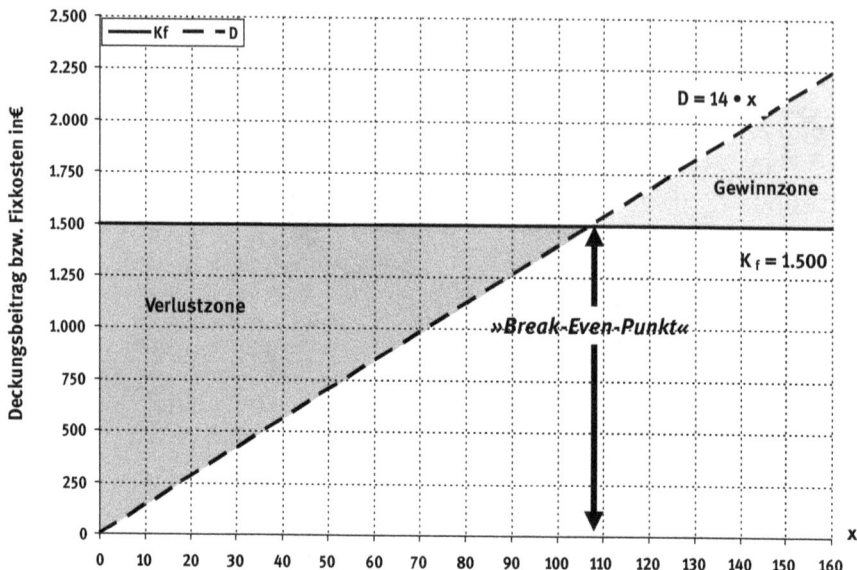

Abb. 6: Das Grundmodell der Break-Even-Analyse – Variante

Die Break-Even-Analyse ermöglicht über die einfache Darstellung dieses Grundzusammenhangs hinaus eine Reihe von Simulations-Rechnungen zur Untersuchung von zu erwartenden

- Ergebniskonsequenzen bei exogen induzierten Absatz- oder Preisschwankungen auf den Märkten (Konjunktur- oder Wettbewerbseinflüsse) wie auch
- Ergebniskonsequenzen (und eventuelle finanzielle Konsequenzen) durch Entscheidungen seitens der Unternehmens- bzw. Bereichsleitung hinsichtlich Mengen-, Preis- und/oder Kostenveränderungen.

Dabei gilt der grundsätzliche Wirkungszusammenhang, dass der Break-Even-Punkt sich in Richtung einer höheren abzusetzenden Mindestmenge x_0 verschiebt, wenn:

- die Absatzpreise sinken,
- die variablen Kosten steigen (z. B. Warenkosten, Anteile der Personalkosten, Anteile der Energiekosten u. ä.) oder
- die fixen Kosten steigen (z. B. Gehälter, Kosten für Versicherungen, Anteile der Energiekosten, Abschreibungen, Kapitalkosten u. ä.).

Ein analoger Zusammenhang gilt in Richtung einer abnehmenden Mindestmenge x_0. Die Stabilität des ermittelten Ergebnisses lässt sich für weiterreichende operative Planungszwecke u. a. durch folgende Sensitivitätstests prüfen:

- die Sicherheitsspanne (die Menge an Leistungen, die am Markt innerhalb der Planungsperiode eingebüßt werden kann, ohne den Break-Even-Punkt zu unterschreiten),
- den Cash-Point (die erforderliche Verkaufsmenge, bei der der → Cash Flow der Unternehmung gerade den Wert 0 erreicht),
- den minimalen kostendeckenden Angebotspreis (Analyse des Spielraums für Rabatte oder Preissenkungen im Wettbewerb bei gegebener Absatzmenge),
- die maximalen variablen oder fixen Kosten (Analyse des Spielraums bspw. bei Verteuerung der Löhne bzw. Gehälter, der Warenkosten, der Energiepreise, der Mietkosten, der Fremdkapitalzinsen usw.) sowie
- die erforderliche Kapazitätsauslastung zur Realisierung der Break-Even-Menge.

Bei Mehrproduktunternehmungen ergibt sich die zusätzliche Schwierigkeit, die allgemeinen Unternehmenskosten (Fixkosten) auf die einzelnen Produkte zuordnen zu müssen, da für jedes Produkt ein eigenständiger Break-Even-Punkt ermittelt werden muss. Dies wird umso schwieriger, je intensiver die einzelnen Leistungsprozesse Verbundwirkungen aufweisen (z. B. gemeinsame Nutzung von Beschaffungs-, Leistungs- oder Vertriebskapazitäten).

Ein häufig gewählter Lösungsweg besteht darin, in einem ersten Schritt die produktspezifischen Fixkosten zu berechnen. Hierzu werden die Produkt-Fixkosten jeder Produktart ermittelt (z. B. produktbezogene Werbekosten, Kosten des Produktmanagements, Kosten der produktspezifischen Vertriebsorganisation u. a.). Danach werden weitere anteilige Fixkosten (insbesondere Kosten der übergeordneten Managementebenen) nach dem Durchschnitts- oder Tragfähigkeitsprinzip bzw. nach dem Anteil der jeweiligen Produktart am Absatz- oder Umsatzvolumen der Unternehmung durch die Bildung von Verrechnungssätzen hinzu addiert. Die somit ermittelten produktspezifischen Fixkosten können nun durch die zugehörigen Produktdeckungsbeiträge (= Produkt-Erlöse – variable Produkt-Kosten) dividiert werden, um die jeweiligen produktspezifischen Break-Even-Punkte zu ermitteln. (vs)

Literatur

Siu, Ricardo C. S. 2020: Economic Principles for the Hospitality Industry. London, New York: Routledge

Gedankensplitter
„Der Gewinn kommt die Treppe hinab." (Weisheit aus der Hotelwelt)

Breitspur [broad gauge]

Als Breitspur wird die Spurweite von Schienenwegen bezeichnet, die größer ist als die Normalspur (1.435 mm Spurweite). In Finnland, Russland und anderen GUS-Staaten sind Breitspurnetze (1.524 mm Spurweite) installiert, ebenfalls in Irland, Australien und Brasilien (1.665 mm Spurweite), in Spanien (1.674 mm Spurweite), in Argentinien, Chile und Indien (1.676 mm Spurweite). Die Gründe für die Ausgestaltung unterschiedlicher Spurweiten sind auch militärstrategischer Natur. In Spanien ist durch den Neubau von Schnelltrassen auf Normalspurweite ein Mix aus zwei Spurweiten entstanden, der durch Spurwechselanlagen synchronisiert wird. (hdz/wf)

Brillat-Savarin

Jean Anthelme (1755–1826). Französischer Jurist, Abgeordneter, Feinschmecker und Schriftsteller. Berühmt wurde Brillat-Savarin durch sein gastronomisches Werk „Physiologie du goût" (Physiologie des Geschmacks) aus dem Jahr 1825. Auch Namensgeber für Speisen (z. B. Käse). Weltweit wurden Fachschulen, Akademien und Stiftungen unter seinem Namen gegründet mit dem Ziel, die gastronomische Kultur zu fördern. Siehe auch Larousse 2017, S. 133 f. (wf)

Literatur

Larousse (éd.) 2017: Le Grand LAROUSSE Gastronomique. Paris: Larousse Editions (6. Aufl.)

Gedankensplitter

„The discovery of a new dish does more for human happiness than the discovery of a new star." (Jean Anthelme Brillat-Savarin, französischer Schriftsteller)

Bring Your Own (BYO)

Nicht voll lizensierte Restaurants in Australien und in den USA, in die man seine eigenen alkoholischen Getränke gegen ein geringes Entgelt (für Gläser und Bedienung) mitbringen kann. → Korkengeld. (jwm)

Brinner

Wortkomposition aus „Breakfast" (→ Frühstück) und „Dinner" (Abendessen). Gerichte, die normalerweise zum Frühstück gereicht werden (Müsli, Obstsalat, Pancakes, Rührei, Waffeln), werden ganztags bzw. auch am Abend angeboten. Süße Produkte werden teilweise mit deftigem Belag kombiniert. Brinner werden in den USA als Trend betrachtet. In Deutschland sind inzwischen ebenfalls derartige gastronomische Konzepte auf dem Markt. (wf)

Broker

Innerhalb des Tourismus spielen Makler (broker [engl.]) im Mietwagengeschäft (→ Mietwagen) eine wichtige Rolle. Als reine Vermittler von Ferienmietwagen sind sie in der Lage, den Interessenten für die meisten Urlaubsorte in den Zielgebieten Angebote zu machen. Sie greifen auf die Angebote ihrer Kooperationspartner, die Anbieter von Mietwagen, zurück und ergänzen diese mit weiteren Leistungen, vor allem im Versicherungsbereich.

Der Markt hat sich über Plattformen bzw. Mietwagenportale in das Internet verlagert. Das Vertragsgeflecht zwischen Kunde, Vermittler und Vermieter ist nicht immer transparent. Zu sensiblen Punkten bei Suche und Übernahme von Mietwagen in der Praxis siehe etwa Stiftung Warentest 2016, S. 78 ff. (hdz/wf)

Literatur
Stiftung Warentest (Hrsg.) 2016: Mietwagenportale: Billigbucher zahlen drauf. In: test, o. Jg. (5), S. 78–83

Bruch

In der Hotellerie und Gastronomie
(a) **[pressed in wrinkle]**
    der Begriff für Tischwäschefalten, die beim Bügeln oder Mangeln entstehen.
(b) **[breakage]**
    der Begriff für zerstörtes Glas oder Porzellan. (wf)

Brücke **[bridge]**

In der Schifffahrt wird hierunter die Steuerzentrale eines Schiffes bezeichnet. (hdz)

Brunch

Bezeichnet eine Kombination aus Frühstück und Mittagessen und setzt sich aus den beiden englischen Termini „breakfast" (→ Frühstück) und „lunch" (Mittagessen) zusammen. Historisch gesichert gilt, dass man sich zum Brunch bereits im 17. Jahrhundert am späten Vormittag zu einer kompletten Hauptmahlzeit traf, die ein reichhaltiges Angebot an verschiedenen kalten und warmen Speisen umfasste. Der Brunch hat vor allem im angloamerikanischen Sprachraum eine lange Tradition und weist ein fest umrissenes Speisenangebot auf. In der Regel wird mit einem Brunch ein geselliges Beisammensein mit Freunden assoziiert, das entweder in einem (Hotel-)Restaurant oder aber im privaten Umfeld stattfindet und vom späteren Vormittag (10 bis 11 Uhr) bis zum frühen Nachmittag (14 bis 15 Uhr) andauert.

In Abhängigkeit vom Zeitpunkt und der Dauer des Brunchs werden den Gästen ein reichhaltiges Angebot an Lebens- und Genussmitteln sowie alkoholische und nichtalkoholische Getränke offeriert. Zu einer Renaissance des Brunchs in der Hotelgastronomie siehe Fuchs, Nikitsin & Pflaum 2018, S. 107. (wf)

Literatur
Fuchs, Wolfgang; Viachaslau Nikitsin & Andreas Pflaum 2018: Das Frühstück im Hotel. Ansichten einer stillen Revolution. In: Alois Wierlacher (Hrsg.): Kulinaristik des Frühstücks: Analysen – Theorien – Perspektiven. München: Iudicium, S. 100–112

Bruttoinlandsprodukt [gross domestic product]

Bruttoinlandsprodukt (BIP) ist der Wert „aller" im Inland erbrachten volkswirtschaftlichen Leistungen, die innerhalb einer Rechnungsperiode erstellt wurden. Erfasst werden kann das BIP über seine Entstehungs-, Verwendungs- und Verteilungsseite. Die Wachstumsrate des preisbereinigten Bruttoinlandsprodukts dient als Messgröße für die Veränderung des Wohlstandes einer Volkswirtschaft, denn mit der Wachstumsrate des BIP gehen auch Veränderungen des Einkommens, der Beschäftigung und der Steuereinnahmen einher.

Was aber letztlich in die Berechnung des BIP aufgenommen und somit als wertschöpfend angesehen wird, unterliegt keinem Naturgesetz und richtet sich nach den Strömungen der Zeit. Während beispielsweise der Bankensektor noch bis in die 1970er-Jahre in der Sozialproduktrechnung nahezu bedeutungslos war – der einzige Teil, der Berücksichtigung fand, waren die Bankgebühren für die berechneten Bankdienstleistungen – wurde der Bankensektor ab den 1970er-Jahren als immer bedeutungsvoller angesehen. Jetzt wurden neben den Nettozinsen auch die bepreisten und verkauften Bankprodukte in die Sozialproduktberechnung mit einbezogen. Hierdurch wurden Banken, die zuvor als nicht sonderlich wertschöpfend angesehen wurden, plötzlich zu Wertschöpfern. Die Gehälter in den oberen Etagen wuchsen mit.

Keine angemessene Berücksichtigung finden nach wie vor produktionsverursachte Umweltschäden, große Teile der häuslichen → Dienstleistungen und vieles mehr. Kurzum: Die Berechnung des BIP ist eine Mischung aus Konventionen, Urteilen über die Adäquanz von Daten und einem Konsens hinsichtlich der aktuell herrschenden ökonomischen Theorie. (hp)

Bruttoreiseintensität [gross departure rate]

Statistische Kennzahl für die touristischen Aktivitäten der Einwohner einer Gebietseinheit: Anzahl der von der Bevölkerung in einer Periode (in der Regel ein Jahr) gemachten Reisen (n), bezogen auf 100 Einwohner (N) dieser Gebietseinheit. Berechnung: → Nettoreiseintensität × Reisehäufigkeit. (jwm)

Bruttowertschöpfung (BWS) [gross value added, GVA]
Die Bruttowertschöpfung (BWS) entspricht – für die zu erfassenden Wirtschaftsbereiche – der Differenz des Produktionswertes abzüglich der Vorleistungen. Er stellt den im Produktionsprozess geschaffenen Mehrwert dar. Die Bruttowertschöpfung ist zu Herstellungspreisen bewertet, d.h. ohne die auf die Güter zu zahlenden Steuern, aber einschließlich der empfangenen Gütersubventionen. Im Gegensatz zur Bruttowertschöpfung erfolgt beim → Bruttoinlandsprodukt eine Bewertung zu Marktpreisen. Hierzu sind zum Ausgleich die Nettogütersteuern (Differenz zwischen Gütersteuern und Gütersubventionen) hinzuzufügen. (hp)

BTW → **Bundesverband der Deutschen Tourismuswirtschaft**

Buchungsklasse [booking class]
Gruppe von Preisen und Konditionen (zum Beispiel Vorausbuchungsfristen, Mindestaufenthalte u.a.m.). Für jede → Beförderungsklasse (b) gibt es in der Regel eine Reihe von Buchungsklassen. Sie dienen insbesondere zur Auslastungssteuerung und zur Optimierung der Erlöse (→ Ertragsmanagement) aus den einzelnen Flügen. (jwm)

Buchungskode [file code]
Für jede Buchung bei einer → Fluggesellschaft wird automatisch eine Vorgangsnummer erzeugt (zum Beispiel X8GJU6), mit der diese Buchung jederzeit identifiziert werden kann. (jwm)

Buchungsportal → **Internet Booking Engine,** → **Reservierungssystem,**
→ **Web-Portal**

Buchungssteuerung → **Ertragsmanagement**

Buchungswidgets → **Widget**

Budget Design Hotel → **Budget-Hotel**

Budget-Hotel [budget hotel]
Hotel, das sich über einen grundsätzlich niedrigen Preis und ein stark reduziertes Dienstleistungsangebot auf dem Markt positioniert. Im Extremfall besteht die Kernleistung aus der Übernachtung. Synonyme Bezeichnungen sind Billighotel, Ultra Budget Hotel, Low Budget Hotel oder Economy Hotel; eine trennscharfe Abgrenzung fällt schwer (siehe auch Hotelverband Deutschland (IHA) 2020,

S. 121 f.). Budget-Hotels sind vor allem im 1*-Segment (z. B. easyHotel, Formule 1) und 2*/2,5*-Segment (z. B. A&O, B&B Hotels, Hampton by Hilton, Holiday Inn Express, Ibis, Meininger, Motel One) angesiedelt.

Um einen niedrigen Preis anbieten zu können, setzen die unterschiedlichen Konzepte auf Kostenoptimierungen in allen Bereichen (niedrigere Grundstückspreise durch Standorte in den Außenbereichen von Städten, Fertigbauweise, modularisierte Architekturkonzepte, keine Unterkellerung, geringe Zimmergröße, hoher Anteil an produktiven Flächen, hohe Standardisierung des Produktes, Reduktion von personalintensiven → Dienstleistungen durch Automatisierung und Digitalisierung, z. B. Buchbarkeit über Internet, Check-in-Automaten, elektronische Schließsysteme, Getränkeautomaten, sich selbst reinigende Sanitäranlagen, schnelle Errichtung durch Modulbauweise). Da die durchschnittliche Aufenthaltsdauer relativ niedrig ist, unterliegen die Immobilien einer höheren Abnutzung (Münster & Quandt 2005, S. 20).

Aus historischer Sicht können die Budget-Hotels als Nachfolger der → Motels gesehen werden (Penner, Adams & Robson 2013, S. 72 f.). Wie diese etablierten sie sich – in der Anfangsphase – entlang der Verkehrsadern (Roadside hotels). Seit Jahren verlagern Budget Hotels ihre Standorte in die Innenstädte (z. B. in Bahnhofsnähe). Um die höheren Investitionskosten (Grundstückspreise) auszugleichen, weisen die Neubauten dann eine deutlich höhere Zimmeranzahl auf. Viele Wettbewerber setzen zur Abgrenzung auf Design (z. B. Ibis Styles, Motel One, Moxy, Prizeotel, Ruby). Dadurch haben sich neue Mischformen (Budget Design Hotels) entwickelt. Der Budget-Gedanke wird darüber hinaus im Wettbewerb konsequent auf weitere Segmente übertragen (Budget und Langzeitaufenthalte (→ Boarding House), Budget und Urlaub, Budget und Wellness).

Die standardisierten und rationalisierten Hotelkonzepte üben einen massiven Druck auf Pensionen, Gasthöfe und privat geführte Hotels im 1* bis 2,5*-Segment aus und verdrängen diese.

Die Grenzen des Budget-Markts sind fließend, und so agieren unterschiedliche Akteure (→ Jugendherbergen, → Hostels, → Hotels und Vermittlungsportale wie → Airbnb, → Kapselhotels) auf dem Markt. Der Wettbewerb wird undurchsichtiger und härter, die hohen Wachstumsraten der Vergangenheit schwächen sich durch neue Budget-Anbieter auf dem Markt ab. Gleichwohl bleiben Budget-Hotels durch ihre relativ hohe Stabilität bei → Auslastung und Durchschnittsrate (→ Average Room Rate) für institutionelle Investoren attraktiv. (wf)

Literatur

Hotelverband Deutschland (IHA) e. V. (Hrsg.) 2020: Hotelmarkt Deutschland 2020. Berlin: IHA-Service

Münster, Marco; Birgit Quandt 2005: Raus aus der Schmuddelecke: Budget-Hotels entwickeln innovative Konzepte. In: fvw international, Spezial: Hotel, 39 (12), S. 12–20

Penner, Richard H.; Lawrence Adams & Stephani K. A. Robson 2013: Hotel Design. Planning and Development. New York, London: W. W. Norton & Company (2nd ed.)

Gedankensplitter   *i*

„Die Aldisierung der Hotellerie schreitet voran." (Matthias Niemeyer, Stiwa Immobilienmanagement & Consulting)

„Unser Konzept lebt von der Optimierung der Flächen." (Dieter Müller, CEO Motel One)

Budgetierung [budgeting]

1 Gegenstand der Budgetierung Der Budgetierungsbegriff stammt ursprünglich aus der Haushaltsrechnung des Staates und bezeichnet dort normalerweise die Gegenüberstellung der voraussichtlichen Einzahlungen und Auszahlungen der öffentlichen Hand. Auch heute noch werden häufiger – insbesondere im Bereich öffentlicher Betriebe, aber auch in kleineren Unternehmungen – Finanzbudgets erstellt. Aus Sicht einer → Controlling-basierten operativen Unternehmenssteuerung bezeichnet die Budgetierung hingegen in der Regel die kurzfristige, funktionsbereichs- wie gesamtunternehmensbezogene Kosten- und Erlösplanung (Horváth, Gleich & Seiter 2020, S. 135 ff.; Weber & Schäffer 2016, S. 301 ff.). Das Ergebnis dieser Berechnungen stellen Budgets oder Planungsrechnungen dar. Sie beinhalten im Abgleich mit den Prämissen der strategischen Rahmenplanung (→ Strategie/Strategisches Management) sowie den operativen Zielvorstellungen der Unternehmensleitung Berechnungen über die erwartete wirtschaftliche Entwicklung der Unternehmung.

Im Rahmen der Planerstellung wird der Gesamtplan einer Unternehmung zumeist in diverse Teilplanungselemente (Schröder 2003, S. 158 ff.; Weber & Schäffer 2016, S. 303 ff.) gegliedert, wie:
- funktionale Teilpläne (z. B. Absatz-, Marketing-, Einkaufs-, Leistungs-, Personalpläne),
- objektorientierte Teilpläne (z. B. für Geschäftsbereiche, Kundengruppen oder Regionen) oder
- wertmäßige Teilpläne (z. B. Kostenpläne, detailliert nach Kostenarten, Erlöspläne, detailliert nach Erlösquellen).

Das Gesamtbudget einer Unternehmung wird somit in eine Vielzahl materieller und wertmäßiger Teilbudgets differenziert. Hierdurch werden die der Unternehmung zur Verfügung stehenden Ressourcen auf die einzelnen Bereiche zielorientiert zugeordnet. Diese einzelnen Teilpläne müssen wiederum materiell wie wertmäßig stimmig miteinander verbunden und in ihrer Ergebniswirksamkeit untersucht werden, soll das Gesamtsystem seine Richtung gebende Wirkung entfalten (vgl. Abbildung 7).

Abb. 7: Grundzüge der betrieblichen Budgetierung

2 Budgetierungsprozess Die Festlegung der Budgetinhalte ist Aufgabe der jeweiligen Budgetverantwortlichen. Aufgabe des Controllings hingegen ist es, den folgenden Ablauf des Budgetierungsprozesses zu steuern und für seine sachgerechte Durchführung zu sorgen (z. B. durch prozessbegleitende Hochrechnungen, Tests, Abweichungsanalysen, aber auch durch die Übernahme von Moderationsaufgaben und „Pflege" des Budgetierungssystems). Bei sukzessivem Vorgehen wird – ausgehend von einem Primärplan – der Budgetentwurf Planungsrunde für Planungsrunde weiter konkretisiert und detailliert. Der Primärplan stellt dabei entweder einen Grobplan dar, der die grundsätzlichen Umrisse der Planungs„stossrichtung" vorgibt, oder häufiger einen – kritischen – Engpassplan, der die übrigen Pläne in ihrem Inhalt und Umfang determiniert. Als solcher fun-

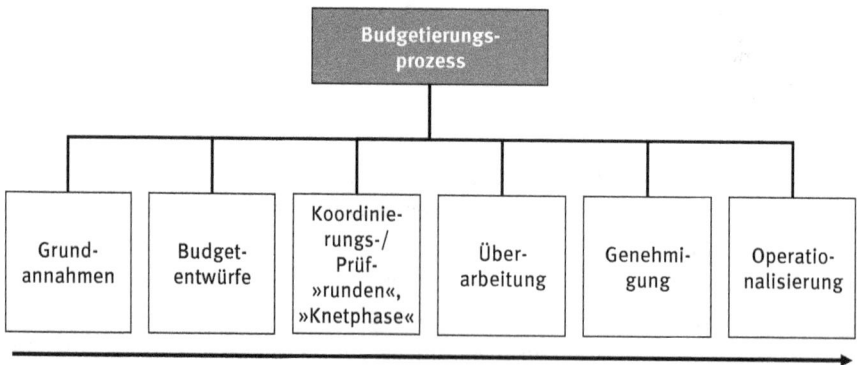

Abb. 8: Prozessablauf der Budgetierung (Darstellung in Anlehnung an Horváth u. a. 1986, S. 31)

giert in der Regel der Absatz- bzw. Umsatzplan. Reine Fortschreibungen realisierter Vergangenheitswerte sind dabei als Budgetvorgaben unbedingt zu vermeiden, um nicht mittelmäßige oder gar schlechte Ergebnisse auf diesem Weg zur Leitlinie zukünftigen Verhaltens aufzuwerten. Die nun folgenden Abstimmungszyklen führen schließlich zu einem als sinnvoll interpretierten Planergebnis. Damit ergibt sich der in Abbildung 8 dargestellte formale Ablauf eines Budgetierungsprozesses, für dessen Durchführung in der Regel ein Zeitraum von drei bis vier Monaten zu veranschlagen ist.

3 Nutzen, Gefahren und Erweiterungen der Budgetierung Das Budget fungiert für die budgetverantwortlichen Mitarbeiter als Zielvorgabe, für deren Erreichung sie dann die Verantwortung zu tragen haben und die u. a. die Grundlage ihrer Leistungsbeurteilung darstellt. Daher muss sichergestellt sein, dass das Zielsystem einer Unternehmung, ihre Organisationsstruktur sowie das Planungssystem im logischen Aufbau weitgehend strukturell kongruent sind, um dysfunktionale Überschneidungen in Kompetenzen und Verantwortungsbereichen zu vermeiden. Zu diesem Zweck werden Budgets – wenn möglich – an organisatorisch oder abrechnungstechnisch verantwortliche Einheiten geknüpft (Kostenstellenbudget, Abteilungsbudget, Funktionsbereichsbudget, Kundenbudgets als Cost-Center, Geschäftsbereichs- und Regionenbudgets als Profit- oder Investment-Center).

Das Budget kann seine Funktion als Richtgröße des täglichen Handelns nur solange erfüllen, wie die tatsächliche Entwicklung der Unternehmung oder ihrer Teilbereiche nicht wesentlich vom erwarteten Soll des Budgets abweicht. Hier wird die koordinative Bedeutung der Plan- und Budgetsteuerung und -kontrolle deutlich: Sie soll einerseits die unverzügliche Korrektur von Teilplänen und damit Dispositionen ermöglichen, wenn sich die Notwendigkeit dazu zeigt, und andererseits aufdecken, warum Planziele nicht erreicht wurden und was in Zukunft dagegen unternommen werden muss. Neben Plan- und Ist-Zahlen werden hierzu im Zuge der Budgetrealisierung auch so genannte voraussichtliche Ist-Zahlen ("Wird-Zahlen") über Hochrechnungen als Indikatoren des Budgetzustandes ermittelt. Die Unternehmensführung wird dadurch so früh wie möglich von abweichenden Entwicklungen unterrichtet und kann rechtzeitig durch Lenkungseingriffe reagieren (permanente oder begleitende Budgetkontrolle und -anpassung). Hierzu werden in der Regel zumindest Monats- oder Quartalsberichte erstellt (Horváth, Gleich & Seiter 2020, S. 329 ff.; Steinmann, Schreyögg & Koch 2013, S. 357 ff.).

Erfreut sich die Budgetierung im praktischen Einsatz in vielfältigen Ausbauvarianten gerade auch in der Touristikbranche in der Regel großer Beliebtheit (für die Hotellerie z. B. Widmann 2016, S. 447 ff.), so werden an der realen Erscheinungsform "klassischer" Budgetierungssysteme immer wieder doch Problembereiche (Dysfunktionalitäten) lokalisiert, die am Nutzen derartiger Systeme durchaus Zweifel aufkommen lassen (Steinmann, Schreyögg & Koch 2013, S. 350 f.; Weber & Schäffer 2016, S. 312):

- Häufiger Kritikpunkt sind die Starrheit und Inflexibilität der definierten Budgetvorgaben, die – mit hohem Zeit- und Ressourceneinsatz „optimiert" – nicht mehr hinterfragbar erscheinen. Eigeninitiativen werden beschränkt, die individuelle Leistungsbemessung wird schwierig. In der Konsequenz kann sich eine deutlich verringerte Reaktionsfähigkeit auf dynamische Veränderungen im Handlungsumfeld einstellen.
- Die Budgetierung wird häufig als Entlastungsstrategie vom Denken für den Budgetierungszeitraum aufgefasst. Begleitende Budgetüberwachung wird damit ausgesetzt.
- Ein zu rigides Etatdenken der Budgetverantwortlichen bewirkt allzu häufig, dass gegen Ende des Budgetierungszeitraumes überschüssige Mittel „sinnlos" verbraucht werden, da die Neubewilligung von Mitteln sich am Verbrauch des vorangegangenen Budgets orientiert. In die gleiche Richtung zielt auch der sogenannte »budgetary slack«, durch den »stille Plan-Reserven« über eine Überbudgetierung aufgebaut werden, um eventuelle Planungsrisiken im Vorfeld bereits abzufedern.
- Ein nur kurzfristig ausgelegtes, nicht hinreichend an den strategischen Rahmenplan angekoppeltes Budgetdenken verstellt den Blick auf strategisch notwendige Aktivitäten. Insbesondere bei Profit-Center-Konzepten kann dies zu einer Aushöhlung der wirtschaftlichen Leistungskraft führen.
- Budgetierung fördert die Verengung des Blickwinkels auf lediglich die eigenen Ressortinteressen. Rationalisierungs- und Synergieeffekte gehen so verloren. Zudem fehlt durch die starke Binnenorientierung die dringend erforderliche Markt- bzw. Kundenorientierung einzelner Unternehmensbereiche.
- Eine zu starke Fixierung auf quantitative Kenngrößen (»number crunching«) verringert die Komplexität von Entscheidungssituationen unzulässig. Das Budgetierungsergebnis ist quantifiziert und damit »richtig«.
- Budget-»Spiele« führen zu einem enormen Ressourcen- und Zeitverbrauch zur Erstellung und Abstimmung der Budgets. Budgetierung »verkommt« zu einem bloßen Ritual, wie es Russell L. Ackoff (1981, S. 359) drastisch formuliert: „Most corporate planning is like a ritual rain dance: it has no effect on the weather that follows, but it makes those who engage in it feel that they are in control. Most discussions of the role of models in planning are directed at improving the dancing, not the weather."

Als Lösungen dieser Probleme wurden verschiedene konzeptionelle Korrekturen bis hin zu einer völligen Loslösung von überkommenen Budgetierungsverfahren vorgeschlagen. Am weitesten gehen dabei die Vorschläge zum »Beyond Budgeting« (Fraser & Hope 2001; Horváth, Gleich & Seiter 2020, S. 146; Schäffer & Zyder 2003; Weber & Schäffer 2016, S. 312 ff.). Im Kern soll hierbei durch eine starke Betonung der Eigeninitiative und des unternehmerischen Denkens, der Wettbewerbsorientierung sowie der Eigenverantwortung der einzelnen Mitarbeiter, unterstützt durch eine Führung durch Ziele, Prinzipien und Werte anstelle von zentralen Regeln und Verfahren eine nachhaltige, markt- und kundenorientierte Ausrichtung aller Unternehmensaktivitäten ermöglicht werden. Ressourcen werden bei Bedarf zugeteilt, Kontrolle erfolgt zeitnahe größtenteils in Eigenverantwortung, Anreizsysteme orientieren sich ausschließlich an der erbrachten Leistung auf der jeweiligen Ebene und nicht mehr an vorher vereinbarten Standards. Letztlich gelingt auch eine deutliche, integrative Koppelung der operativen Ebene an die strategischen Rahmenkonzepte. Allerdings machen derartige Überlegungen einen fundamentalen strategischen Wandel zur Bedingung, der mit seinen hohen Anforderungen an die Eigengestaltungskraft der Betroffenen vielfach die Unternehmensmitglieder überfordert und entsprechende Implementationswiderstände auslöst.

Weniger weitreichend und damit eher anschlussfähig an die bisherige Erfahrungswelt der Unternehmensmitglieder erscheinen daher Vorschläge zu einem „Better Budgeting" (Horváth, Gleich & Seiter 2020, S. 145 f.; Weber & Schäffer 2016, S. 312 ff.). Gefordert wird hier eine Entschlackung der bestehenden Budgetierungssysteme sowie eine Fokussierung des gesamten Budgetierungsprozesses auf erfolgskritische Größen, sowohl in der Planung wie in der Kontrolle. Über eine Vermeidung häufig anzutreffender (Trend-)Fortschreibungen, eine stärkere Marktorientierung, flexible, schnelle Hochrechnungen, eine top-down-Straffung des Budgetierungsprozesses, die einen deutlich geringeren Abstimmungsbedarf und damit einen erheblichen Zeitgewinn mit sich bringt, sowie eine zeitflexible, von der Sache her bestimmte Festlegung der Fristigkeit des Budgets soll eine nachhaltige Verbesserung bestehender Budgetierungssysteme erreicht werden. Allerdings besteht die Gefahr, dass durch die eher inkrementalen Verbesserungen sich unter der Last des Alltagsgeschäftes vertraute, alte Routinen im Zeitablauf wieder einschleifen werden. (vs)

Literatur
Ackoff, Russell L. 1981: On the Use of Models in Corporate Planning. In: Strategic Management Journal, 2 (4), pp. 353–359
Fraser, Robert; Jeremy Hope 2001: Beyond Budgeting. In: Controlling, 13 (8/9), pp. 437–442
Horváth, Peter u. a. 1986: Budgetierung in industriellen Großunternehmen. In: ZfB, 56 (1), S. 25–39
Horváth, Peter; Ronald Gleich & Mischa Seiter 2020: Controlling. München: Vahlen (14. Aufl.)
Schäffer, Utz; Michael Zyder 2003: Beyond Budgeting – ein neuer Management-Hype? In: Controlling & Management, 47 (Sonderheft 1), S. 101–110
Schröder, Ernst F. 2003: Modernes Unternehmens-Controlling. Ludwigshafen: Kiehl (8. Aufl.)

Steinmann, Horst; Georg Schreyögg & Jochen Koch 2013: Management. Grundlagen der Unternehmensführung. Konzepte – Funktionen – Fallstudien. Wiesbaden: Springer Gabler (7. Aufl.)

Weber, Jürgen; Utz Schäffer 2016: Einführung in das Controlling. Stuttgart: Schaeffer-Poeschel (15. Aufl.)

Widmann, Doris 2016: Budgetierung in der Hotellerie. In: Karl Heinz Hänssler (Hrsg.): Management in der Hotellerie und Gastronomie – Betriebswirtschaftliche Grundlagen. Berlin, Boston: De Gruyter Oldenbourg, S. 447–464 (9. Aufl.)

Büfett [buffet]

Anrichte, auf der Speisen (und Getränke) bereitgestellt werden. Abhängig vom Speisenangebot wird von einem kalten oder/und warmen Büfett (cold/warm buffet) gesprochen. Im Gegensatz zum Service am Tisch bedienen sich die Gäste grundsätzlich selbst. Die Gründe für die Einrichtung eines Büfetts sind vielfältig (etwa Erlebniswert, Wartezeitenoptimierung, freie Auswahl von Gerichten), wobei das zentrale Motiv aus betrieblicher Sicht die Reduktion des Personalaufwands ist.

In der Hotellerie und Gastronomie steht der Begriff des Weiteren auch für einen Schanktisch bzw. -tresen. (wf)

Büfettschürze [skirting]

Tischvorhang, der zur Verkleidung von (Büfett)Tischen und zum Sichtschutz dient. Die Büfettschürze wird etwa mit Druckknöpfen oder Klettverschlüssen befestigt und läuft von der Tischoberkante bis zum Boden um den Tisch herum (to skirt [engl.] = sich am Rand hinziehen, am Rand entlanggehen, herumgehen). (wf)

Büfetttablett [buffet tray]

Tablett auf einem → Büfett, auf dem Speisen dargeboten werden. Das Tablett steht oft erhöht auf einem Büfettständer und kann aus unterschiedlichem Material (z. B. Edelstahl, Glas, Stein) gefertigt sein. Der dekorative Aspekt steht im Vordergrund. Eine ähnliche Funktion übernehmen auch → Étagèren. (wf)

Bürgschaft [bond guarantee, suretyship]

Als einseitiges Vertragsverhältnis tritt der Bürge gegenüber einem Gläubiger eines Dritten auf. Der Bürge steht für die Erfüllung von Verbindlichkeiten gegenüber dem Dritten ein. Geregelt wird dieses Beziehungsdreieck in verschiedenen Bürgschaftsformen. Im Tourismus spielen Bürgschaften, also Rückzahlungsgarantien, im Verhältnis zwischen Reiseveranstalter und Reisemittler eine Rolle. Viele Reiseveranstalter verlangen Bürgschaften, um sich vor finanziellen Verlusten zu schützen. (hdz)

Buffeting → **Strömungsabriss**

Bugstrahlruder [**bow thruster**]
Einrichtung im Bug eines Schiffes zum besseren Manövrieren beim An- und Ablegen im Hafen. Es handelt sich um ein unter der Wasserlinie liegendes Rohr mit einem in der Mitte angebrachten Verstellpropeller, das den in der Regel schmalen Schiffsbug quert. Mit der Blattverstellung des Propellers kann Wasser sowohl von Backbord nach Steuerbord als auch umgekehrt geleitet werden. Durch den dadurch entstehenden Schub wird der Schiffsbug nach Back- oder nach Steuerbord bewegt. Damit wird die Manövrierbarkeit vor allem von großen Schiffen wie zum Beispiel Kreuzfahrtschiffen (→ Kreuzfahrttourismus) im Hafen deutlich erhöht. (jwm)

Bundes- und Landesgartenschau → **Parks**

Bundesinstitut für Risikobewertung → **Lebensmittelsicherheit**

Bundesverband der Campingwirtschaft in Deutschland (BVCD)
→ **DTV-Klassifizierung**

Bundesverband der Deutschen Tourismuswirtschaft (BTW) [**Federal Association of the German Tourism Industry**]
Der Bundesverband der Deutschen Tourismuswirtschaft e. V. (BTW) ist der Dachverband der deutschen Tourismuswirtschaft mit Sitz in Berlin. Seine Hauptaufgabe ist es, sich für die gemeinsamen übergreifenden Interessen und Bedürfnisse der Tourismuswirtschaft einzusetzen. Mitglieder sind rund 30 der größten Verbände und Unternehmen aus allen Bereichen der Tourismuswirtschaft in Deutschland. Das Spektrum reicht vom Luft-, Straßen- und Schienenverkehr über Hotellerie und Gastronomie, Reiseveranstalter und -mittler, Kongresszentren bis hin zum Tourismusmarketing. Beispielhaft sind zu nennen: → DEHOGA, DRV, Europapark, → ITB und → Lufthansa. Der BTW wurde 1995 gegründet, um die Interessen der heterogenen, teilweise sehr kleinteiligen Tourismusbranche zu bündeln und ein Sprachrohr Richtung Politik, Medien und Öffentlichkeit zu schaffen. Jedes Jahr im Herbst veranstaltet der BTW den Tourismusgipfel, eines der wichtigsten Treffen von Tourismuswirtschaft und Politik in Deutschland (www.btw.de). (cmb)

Bundesverband der Systemgastronomie (BdS)

Arbeitgeber- und Wirtschaftsverband, der die Interessen der → Systemgastronomie vertritt (ca. 830 Mitgliedsunternehmen; Stand: 2020). 1988 von McDonald's Deutschland und Burger King gegründet, Sitz in München.

2007 handelte der Verband als Tarifpartner mit der → Gewerkschaft Nahrung – Genuss – Gaststätten (NGG) erstmals bundesweit geltende Tarifverträge aus (BdS 2019, S. 144; BdS 2020, o. S.) Der BdS ist nicht im → Deutschen Hotel- und Gaststättenverband (DEHOGA) organisiert. (wf)

Literatur

BdS (Hrsg.) 2019: Jahresbericht 2018/2019: Werte. München: GDA

BdS 2020: Auftrag des BdS. (https://www.bundesverband-systemgastronomie.de/de/Auftrag_des_BdS.html, zugegriffen am 20.08.2020)

Bundesverband Deutscher Omnibusunternehmer e. V. (BDO)

Einer der beiden Spitzenverbände des deutschen Omnibusgewerbes. Die Mitgliedsunternehmen sind in den Geschäftsfeldern Öffentlicher Personennahverkehr (ÖPNV), Bustouristik (→ Bustourismus) und Fernlinienbus (→ Fernbus) tätig; es sind überwiegend private und mittelständisch geprägte Unternehmen. Sitz des Verbandes ist Berlin; es gibt fünf ständige Ausschüsse und enge Kooperationen mit Busherstellern, Versicherungsunternehmen sowie weiteren Dienstleistern. Der BDO verfügt über eine starke föderale Struktur und hat 17 Landesverbände. In Bremen gibt es keinen eigenen Landesverband des BDO, Schleswig-Holstein und Hamburg sind in einem Verband zusammengefasst, in Rheinland-Pfalz sind es drei, in Sachsen zwei Landesverbände. Um auch bei der Europäischen Union Gehör zu finden, ist der BDO Mitglied der International Road Transport Union (IRU). Neben diesem stark die föderale Struktur widerspiegelnden Busverband BDO besteht der → Internationaler Bustouristik Verband e. V. (RDA) als zweiter Verband im Busbereich. Eine Doppelmitgliedschaft im BDO und RDA ist möglich (www.bdo.org). (cmb)

Bus boy → **Hilfskellner**

Busbeförderung [bus transportation]

Soweit der Fahrgast eine Einzelbeförderung ohne ÖPNV, wie durch → Fernbusse, in Anspruch nimmt, liegt grundsätzlich ein Busbeförderungsvertrag als Werkvertrag nach §§ 631 ff. BGB vor, der durch Allgemeine Beförderungsbedingungen des Busunternehmens als vorrangig verdrängt wird. Diese → AGB gelten nur dann, wenn diese bei Vertragsschluss in den Busbeförderungsvertrag einbezogen worden sind mit Hinweis, Möglichkeit der Kenntnisnahme und Einverständnis (§§ 305 II BGB) und nicht den AGB-Kontrollvorschriften der §§ 307 ff. BGB widersprechen. So hat das LG Frankfurt/Main (13.03.2015, RRa 2015, 203) viele Klauseln von Fernbusreisebedingungen für unwirksam erklärt. Im Linienverkehr gilt stets die VO (Verordnung) über die Allgemeinen Beförderungsbedingungen für den Straßenbahn- und O-Bus-Verkehr sowie den Linienverkehr mit Kraftfahrzeugen (VO AllgBefBed). Insoweit muss keine Einbeziehungsvereinbarung vorliegen (§ 305a Nr. 1 BGB).

Die Fahrgastrechte für Personen-, Gepäckschäden und bei Annullierung oder Verspätung werden – in Anlehnung an Fahrgastrechte bei den Verkehrsträgern Flug, Schiff und Bahn – seit 01.03.2013 in der VO (EU) Nr. 181/2011 über die Fahrgastrechte im Kraftomnibusverkehr geregelt.

Neben den privat-rechtlichen Vorschriften aus dem Busbeförderungsvertrag verpflichten öffentlich-rechtliche Vorschriften des gewerberechtlichen Personenbeförderungsrechts den Busunternehmer. Hierzu zählen: a) das Personenbeförderungsgesetz (PersBefG) mit Bestimmungen des Genehmigungsverfahrens, Sonderbestimmungen zu einzelnen Verkehrsarten, des Auslandsverkehrs, der Aufsicht und des Verfahrens, b) die Verordnung über den Betrieb von Kraftunternehmen im Personenverkehr (BOKraft), welche die besonderen Anforderungen an den Betrieb sowie die Ausrüstung und Beschaffenheit der Fahrzeuge regelt sowie c) Spezialverordnungen nationaler Art und des EU-Rechts, insbesondere die Regelungen für die Personenbeförderung mit Kraftomnibussen im grenzüberschreitenden Verkehr (VO [EWG] Nr. 684/92) und VO [EWG] Nr. 1839/92 sowie VO [EWG] Nr. 2121/98) hinsichtlich der Beförderungsdokumente. (ef)

Literatur
Führich, Ernst 2018: Basiswissen Reiserecht. München: C. H. Beck/Vahlen (4. Aufl.; § 19)
Führich, Ernst; Ansgar Staudinger 2019: Reiserecht. München: C. H. Beck (8. Aufl.; § 44)

Business Center

Räumlichkeit in Hotels oder → Flughäfen, die es Geschäftsreisenden erlaubt, während ihres Aufenthalts zu arbeiten. Die Infrastruktur orientiert sich an der Ausstattung von Büros (PC, Tablets, Drucker, Fax, Videokonferenz). Neue Technologien und die damit verbundene (Online-)Mobilität haben dazu geführt, dass Business Center in Hotels oder Flughäfen auf dem Rückzug sind.

Business Center können auch als eigenes Geschäftsmodell außerhalb des Tourismus agieren. Das Leistungspaket ist umfangreich (Parkplätze, Sekretariatsservice, Telefonservice, Empfang, Seminarräume, Urlaubsvertretung, Geschäftsadresse) und kann auch tageweise gebucht werden. (wf)

Business Class → **Beförderungsklasse b)**

Business Travel Management (BTM) → **Geschäftsreisemanagement-System**

Busser → **Hilfskellner**

Bustourismus [coach tourism]

1 Marktentwicklung und Marktsituation Der Bustourismus wird in seiner ökonomischen Bedeutung oft unterschätzt. Seit Jahren beträgt der Bus-Anteil bei der
Reiseverkehrsmittelnutzung konstant ca. 8 % für die Haupt-Urlaubsreise ab 5 Tagen, bei der Kurzreise von 2 bis 4 Tagen ist der Marktanteil des Busses fast doppelt
so hoch (Forschungsgemeinschaft Urlaub und Reisen e. V. (F. U. R.) 2018).

Das deutsche Bustouristik-Gewerbe besteht weitgehend aus mittelständisch
geprägten Familienbetrieben. Ein Vordringen der Groß- und Universalveranstal-
ter (TUI, Neckermann, ITS) in den Bustouristikmarkt in den 1970er-Jahren blieb
erfolglos. Markt- und Kundennähe, Flexibilität und Markterfahrung der etablierten Busreiseveranstalter können als Gründe des Marktausstieges der Touristik-
konzerne angeführt werden.

Die 1950er-Jahre waren die große Zeit des Bustourismus, der hier einen Marktanteil von ca. 20 % erreichte. Ab den 1960er-Jahren sank der Marktanteil des Busses als Reiseverkehrsmittel aus folgenden Gründen:
- die Automobilisierung der Deutschen in den 1960er-Jahren, die jetzt erstmals
  ihre Kleinwägen für ihre Urlaubsreise nutzten;
- die Komfortverbesserung der Bahn mit Direktverbindungen und Liegewagen-
  zügen von deutschen Städten in deutsche und europäische Zielgebiete (Tou-
  ropa- und Alpen-See-Express);
- der Einstieg der Kauf- und Versandhäuser (Neckermann, Quelle, Kaufhof)
  in die Flugtouristik mit preisattraktiven Angeboten im sog. „Warmwasserbe-
  reich" (Mittelmeer).

Nach der Wiedervereinigung Deutschlands im Jahr 1990 erlebte der Bustourismus
eine zweite Aufschwungphase: Nach 40 Jahren strikter Reiseeinschränkung zu
DDR-Zeiten und einem daraus entstandenen „Reisestau" entwickelte sich in Ost-
deutschland ein expansiver Bustourismusmarkt, der auch noch heute vergleichsweise volumenstärker ist als in Westdeutschland.

Das Marktumfeld gestaltet sich für den Bustourismus zunehmend schwieriger. Folgende Entwicklungen können hierfür genannt werden:
- die Low Cost Airlines (→ Billigfluggesellschaften) ziehen den Bus-Reiseveranstaltern im dem für sie sehr wichtigen Marktsegment Städte- und Eventtouris-
  mus (potentielle) Kunden ab;
- das gleiche gilt für die → Bahn, die mit ihren Hochgeschwindigkeitszügen
  (→ ICE, TGV) schnelle und preisattraktive Städtereisen anbietet (Paris, Wien,
  Amsterdam, Berlin, München, Hamburg etc.);

– die traditionelle bustouristische Kern-Zielgruppe „Jugendliche" zeigt zunehmend ein anderes, nicht unbedingt busfokussiertes Reiseverhalten;
– die volumenstarke bustouristische Kern-Zielgruppe „Senioren" nimmt zwar quantitativ zu, benutzt aufgrund ihres verbesserten Allgemeinzustandes den eigenen Pkw als Reiseverkehrsmittel viel länger und wird wahrscheinlich erst mit einer zeitlichen Verzögerung zum Busreisenden.

2 Angebotsstruktur: Typologie des Bustourismus Die Angebotsstruktur im Bustourismus ist durch eine starke Verrechtlichung, insbesondere durch das Personenbeförderungsgesetz (PBefG), gekennzeichnet. Danach können folgende Arten des Busverkehrs unterschieden werden (Bundesministerium der Justiz und für Verbraucherschutz o. J.; auch Groß 2017, S. 115 f.):

– Öffentlicher Linienverkehr (§ 42 PBefG) – Hier handelt es sich um Fernbuslinien im sog. Punkt-zu-Punkt-Verkehr (point-to-point-transport*)*, also klassischerweise um Städteverbindungen nach einem verbindlichen Fahrplan. Mit der Novellierung und Liberalisierung des Personenbeförderungsgesetzes (PBefG) verzeichnet der Fernbusverkehr seit dem Jahr 2013 einen lebhaften Aufschwung: Im Jahr 2018 wurden ca. 25 Mio. Fahrgäste in Deutschland einen Fernbus bei einer Auslastung von ca. 55 % als Reiseverkehrsmittel nutzen (Vergleich ICE: ca. 140 Mio. Fahrgäste bei einer Auslastung von ca. 53 %). Absoluter Marktführer im Fernbusmarkt ist „Flixbus". Durch den Aufkauf von Konkurrenzunternehmen (z. B. den damaligen Marktführer „Mein Fernbus") wurde Flixbus mit einem Marktanteil von ca. 95 % zum „Quasi-Monopolisten" und baut sein innerdeutsches und europäisches Streckennetz weiter aus.
– Sonderformen des Linienverkehrs (§ 43 PBefG) – Bei diesen Busverkehren dürfen nur bestimmte Fahrgastgruppen, die eine bestimmte Affinität aufweisen, unter Ausschluss non-affiner Fahrgäste befördert werden. Zu diesen Affinitätsgruppen gehören z. B. Theaterbesucher (Theaterfahrten) und Fluggäste (Flughafen-Transfer);
– Ausflugsverkehr (§ 48 (1) PBefG) – Unter diesem heterogenen und anachronistischen Begriff versteht man öffentlich ausgeschriebene Tages- und Mehrtagesfahrten, also den Kernbereich des Bustourismus, wie Kurz-, Städte-, Event-, Rund- und Studienreisen. Der Reisezweck (Erholung, Besichtigung, Veranstaltungsbesuch) muss in der Ausschreibung (Katalog) klar definiert sein, und die Reise muss zum Ausgangspunkt zurückführen;
– Ferienzielverkehr (§ 48 (2) PBefG) – Ferienzielfahrten, auch als Turnus- oder Pendelverkehr bezeichnet, sind Fahrten im Zielverkehr (Punkt-zu-Punkt-Verkehr) zu Erholungszwecken mit Arrangement (Unterkunft, Verpflegung etc.). Im Vordergrund steht bei dieser Reiseform der Aufenthalt in der Tourismus-Destination, z. B. Lloret de Mar/Costa Brava;

- Mietomnibusverkehr (§ 49 (1) PBefG) – Bei dieser Reiseform wird nur der Bus plus Fahrer von einer Person oder Organisation angemietet. Die Reiseorganisation (Reiseverlauf, Beherbergung, Verpflegung, Gästeprogramm) erfolgt nicht durch das Busunternehmen, sondern durch den Busmieter. Der Mietomnibusverkehr „Rent a Bus" ist neben dem Ausflugsverkehr der Hauptumsatzträger im Bustourismus und konstituiert sich aus einer Vielzahl von nicht-öffentlichen, geschlossenen Gruppenreisen, wie z. B. Vereins-, Schul- und Betriebsausflüge und ist somit auch ein wesentlicher Teil der sog. Schwarztouristik.

3 Nachfragestruktur: Typologie der Busreisenden Die Kernzielgruppen des Bustourismus sind Jugendliche und Senioren, d. h. die Busreise ist ein alterspolares Produkt, das durch eine sog. mid ager-gap (25 bis 50jährige) charakterisiert ist (auch Groß 2017, S. 141 ff.). Die Kenntnisse über Motive, Präferenzen, Erwartungen und Aktivitäten der Busreisenden, die dann in diverse Busreise-Typen verdichtet werden, sind eine Voraussetzung zu einer nachfragegerechten und erfolgreichen Angebotsgestaltung. Im Folgenden soll eine Busreisende-Typologie vorgestellt werden, die der Bundesverband Deutscher Omnibusunternehmer e. V. (bdo) in einer Auftragsstudie entwickeln ließ.

Bei der Studie geht es um die Nutzungsfrequenz und Aktivierbarkeit von Busreisenden. Man ermittelte fünf Typen von Busreisenden (Bundesverband Deutscher Omnibusunternehmer e. V. (bdo) 2006, S. 29 ff.):

- Reise-Affine, jedoch Bus-Averse – Diese Gruppe ist zwischen 30 und 49 Jahre alt, hat ein überdurchschnittliches Einkommen, ist qualitätsbewusst, freizeit- und reiseaktiv; Paare und Singles mit Kindern sind überdurchschnittlich vertreten. Die Bus-Aversen haben erhebliche Vorbehalte gegen eine Busreise und dürften nur schwer für diese Reiseform zu gewinnen sein.
- Test-/Einmal-Busreisende – Diese relativ junge Zielgruppe (60 % sind unter 40 Jahre alt) hat auf ihrer ersten Busreise gute Erfahrung gemacht, ist dann aber dem Bus-Reiseveranstalter ferngeblieben. Diese wichtige Gruppe kann durchaus zu weiteren Busreisen aktiviert werden.
- Gelegenheits-Busreisende – Diese ältere Zielgruppe (43 % sind über 60 Jahre alt) gehört zu den sog. „empty nestern" (ältere Paare, deren Kinder bereits aus dem Haus sind) und hat eine durchweg positive Einstellung zur Busreise. Durch entsprechende Angebote (Service, Komfort, gutes Preis-Leistungs-Verhältnis) kann diese Gruppe vom „light user" zum „heavy user" der Busreise werden.
- Reise-Affine/Bus-Fans – Bus-Fans sind überwiegend weiblich und gehören der Altersklasse 60+ an. Sie sind erfahrene und begeisterte Busreisende und treue Stammkunden des Bus-Reiseveranstalters. Bei dieser wichtigen Ziel-

gruppe sollte Customer Relationship Management (CRM) und Virales Marketing (VM) zur Anwendung kommen.

– Reisemuffel – Reisemuffel sind vorwiegend unter 40 Jahre alt, weiblich und verfügen über ein geringes Einkommen. Reisen empfindet der Reisemuffel generell als zu teuer; er schreibt dem Bus jedoch ein gutes Preis-Leistungs-Verhältnis zu. Durch preisattraktive Angebote kann auch diese Gruppe u. U. zum Buchen einer Busreise bewegt werden.

4 Das Image: Pro- und Contra-Argumente einer Busreise Der Bus hat im Vergleich zu den Reiseverkehrsträgern Flugzeug, Bahn, Auto und Schiff ein geringeres Sozialprestige. Das liegt u. a. daran, dass sich zwei Negativ-Stereotype (→ Stereotyp) – die sog. „5 A" der Bustouristik" – hartnäckig halten:

– Das „Arme Leute-Syndrom" der Busreise: „Arme", „Auszubildende", „Asoziale", „Ausländer";

– Das „Alte Leute-Syndrom" der Busreise: „Rollendes Altersheim", „Rentner-Jet", „Gruftimobil", „Mumien-Express".

Betrachtet man die einzelnen Kriterien einer Busreise detaillierter, kommt man zu einem differenzierteren Bild. Von den Busverbänden gibt es Aktivitäten, dem dargestellten Negativimage, das Busreisen teilweise anhaftet, mit Informations- und PR-Kampagnen entgegenzuwirken.

5 Bus und Sicherheit Der Bus ist, trotz medial aufbereiteter spektakulärer Unfälle in den letzten Jahren, im Vergleich zu den anderen Reiseverkehrsträgern das sicherste Verkehrsmittel. Hauptursache von Busunglücken ist menschliches Versagen, d. h. konkretes Fehlverhalten von Busfahrern oder anderen Verkehrsteilnehmern. Übermüdung und Sekundenschlaf von Busfahrern führen zu Auffahrunfällen und Verlassen der Fahrbahn mit Abstürzen und Überschlagen in Böschungen. Videokameras sollen in Zukunft durch Pupillenbeobachtung Mikroschlafphasen des Busfahrers erkennen und dann ein Alarmsignal senden. Auch elektronische Abstandsregler und Fahrbahnbegrenzer, separate Bremssysteme und automatische Tempobegrenzer sollen Busunfälle verhindern helfen. Verstärkte polizeiliche Sicherheitskontrollen an Autobahn-Parkplätzen sollen die Einhaltung der Lenk- und Ruhezeiten der Busfahrer sowie die technische Sicherheit des Busses überprüfen.

6 Bus und Umwelt Auch unter Umweltaspekten schneidet der Bus im Verkehrssystemvergleich am besten ab. So verbraucht ein Reise- und Fernlinienbus 1,4 Liter Benzinäquivalent pro Person auf 100 km Strecke (Bahn Fernverkehr: 1,9 Liter; Flugzeug: 4,9 Liter, PKW: 6,1 Liter, Stand: 2016). Bei den Treibhausgasen sind Reise- und Fernlinienbusse laut Umweltbundesamt im Vergleich der Verkehrsträger emissionsarm. Pro Personenkilometer liegt ihr Wert bei 32 Gramm (Bahn Fernverkehr: 41 Gramm; PKW: 142 Gramm; Flugzeug: 211 Gramm). Im Straßenverkehr ersetzt ein Bus im Durchschnitt 30 PKW. (Bundesverband Deutscher Omnibus-unternehmer e. V. (bdo) 2017, S. 4; Bundesverband Deutscher Omnibusunterneh-mer e. V. (bdo) 2018, S. 4).

In Zukunft wird es verstärkt Reisebusse mit alternativen, regenerativen Energieträgern geben, die die Umweltbilanz des Busses weiter verbessern werden. Bereits heute sind Busse mit „green energy" im Einsatz, wie Bio-Diesel (Raps), Erdgas, Solarenergie oder Hybrid-Antrieb (Diesel und Elektrobatterie).

7 Kooperationen in der Bustouristik Bei zunehmender Wettbewerbsintensität mit anderen Reiseverkehrsträgern können viele kleine mittelständische Bus-Rei-severanstalter ihre Existenz nur durch Kooperation mit anderen Busunternehmen sichern (Schrand 2003, S. 220 ff.; Groß 2017, S. 149 ff.). Eine Bus-Kooperation be-steht typischerweise aus zwei bis fünf selbstständigen Bus-Reiseveranstaltern, die dann i. d. R. folgende Synergie-Effekte erzielt:

- bessere Auslastung der Busse durch konkurrenzreduzierende Programmab-stimmung und daraus resultierende Durchführungsgarantie der ausgeschrie-benen Reisen,
- Kosteneinsparungen durch gemeinsame Wartung, Reparatur und Neukauf von Bussen,
- Einkaufsvorteile durch größere Nachfrage nach Bettenkapazitäten in den Ho-tels der Destinationen,
- Risikostreuung bei der Neuaufnahme von Produkten und Destinationen,
- Kostenreduktionen in der gemeinsamen Distributions- und Kommunikati-onspolitik wie Reisebüro-, Online-, Callcenter-Vertrieb, Katalogerstellung, Public Relations etc.

8 Wirtschaftsfaktor Bus Omnibusunternehmen stellen einen wichtigen Wirt-schaftsfaktor in Deutschland dar: Knapp 4.400 Omnibusunternehmen verantwor-ten über 75.000 Busse und fast 104.000 Beschäftigte alleine im Fahrdienst. Über 62 Mrd. Personenkilometer, rund 5,6 Mrd. Passagiere pro Jahr und ein Gesamt-umsatz von über 14 Mrd. Euro machen die Dimension deutlich (Bundesverband Deutscher Omnibusunternehmer e. V. (bdo) 2017, S. 15; dwif 2017, S. 9 ff.). Zu Um-sätzen, Einkommens- und Multiplikatoreffekten der Branche siehe dwif 2017.

Zur Geschichte und Zukunft des Busverkehrs siehe kompakt Bundesverband Deutscher Omnibusunternehmer (bdo) 2020. (axs)

Literatur

Bundesministerium der Justiz und für Verbraucherschutz o. J.: Personenbeförderungs-gesetz (PBefG). (http://www.gesetze-im-internet.de/pbefg/BJNR002410961.html# BJNR002410961BJNG000101305, zugegriffen am 14.01.2019)

Bundesverband Deutscher Omnibusunternehmer (bdo) 2006: Bestandsaufnahme und Perspek-tiven im Bustourismus. Berlin

Bundesverband Deutscher Omnibusunternehmer (bdo) 2014: Der Busunternehmer. (https://www.bdo.org/uploads/assets/5447715d8c43ad599b00001e/original/14-116_Anlage_Newsletter_Der_Busunternehmer.pdf?1413968221, zugegriffen am 14.01.2019)

Bundesverband Deutscher Omnibusunternehmer (bdo) 2017: Wegweiser Omnibus: Impulse für einen nachhaltigen, wirtschaftlichen und zukunftsorientierten öffentlichen Verkehr. (https://www.bdo.org/uploads/assets/59db53b58c43ad98b3000001/original/bdo-brosch%C3%BCre-wahlpr%C3%BCfsteine-web.pdf?1507546037, zugegriffen am 14.01.2019)

Bundesverband Deutscher Omnibusunternehmer (bdo) 2018: Rundherum gut: Zahlen, Daten und Fakten zur Umweltbilanz des Omnibusverkehrs. (https://www.bdo.org/uploads/assets/5b03d6568c43ad65fc000001/original/Rundherum_gut_-_Zahlen__Daten_und_Fakten_zur_Umweltbilanz_des_Omnibusverkehrs.pdf?1526978134, zugegriffen am 14.01.2019)

Bundesverband Deutscher Omnibusunternehmer (bdo) 2020: 125 Jahre Busverkehr – Eine weltweite Erfolgsgeschichte, die wir in Deutschland weiterschreiben wollen. (https://www.bdo.org/uploads/assets/5e725d38f0d0d0140e00012b/original/125_Jahre_Busverkehr.pdf?1584553272, zugegriffen am 23.08.2020)

dwif (Hrsg.) 2017: Wirtschaftsfaktor Bustourismus in Deutschland 2017. Schriftenreihe des dwif. Nr. 57. München: dwif

Forschungsgemeinschaft Urlaub und Reisen (F. U. R.) 2018: Reiseanalyse 2018. Kiel

Groß, Sven 2017: Handbuch Tourismus und Verkehr – Verkehrsunternehmen, Strategien und Konzepte. Konstanz, München: UVK (2. Aufl.)

Gutjahr, Gerhard 1978: Das Image des Omnibusses als Reiseverkehrsmittel. Starnberg: Studienkreis für Tourismus

Pompl, Wilhelm 1996: Touristik-Management 1, Beschaffungsmanagement. Berlin: Springer

Schrand, Axel 2003: Bustouristik-Marketing. In: Peter Roth; Axel Schrand (Hrsg.): Touristik-Marketing. München: Vahlen, S. 211–230 (4. Aufl.)

BYO → **Bring Your Own**

C

Cache-Systeme

Verfügbarkeiten und Preise von touristischen Produkten (Pauschalreisen, Einzelbausteine, Hotelbett, Sitz in einem Flugzeug, Mietwagen,…) werden üblicherweise in Buchungs- und → Reservierungssystemen verwaltet und abgebildet. Neben der Steuerung von Preisen und Kapazitäten (→ Ertragsmanagement, Yield Management) wird in der Verfügbarkeitssteuerung (Inventory Management) sichergestellt, dass ein Produkt nicht mehrfach verkauft werden kann.

Viele der Buchungs- und Reservierungssysteme von Veranstaltern und touristischen Leistungsträgern basieren auf Technik aus den 1980er- und 1990er-Jahren. In der Praxis werden Buchungen zu großen Teilen über Intermediäre wie Suchmaschinen, Preisvergleichssysteme, Meta-Searcher oder Bettenbanken durchgeführt (→ Touristische Suchmaschinen, → Web-Portal). Vor einer Buchung von touristischen Produkten sind in der Regel eine Vielzahl von einzelnen Datenabfragen z. B. zu Produkten, Preisen, Reisedaten und Verfügbarkeiten nötig. Aufgrund der hohen Komplexität und großen Datenmengen dieser Abfragen können sie von vielen Systemen nicht in ausreichender Geschwindigkeit bearbeitet werden.

Um dieses Problem zu lösen, verwenden eine Vielzahl von Systemen Zwischenspeicher – sog. Cache-Systeme oder Caches: Die Buchungs- und Reservierungssysteme übertragen meistens nachts ihre Preise und Verfügbarkeiten an die Systeme der Intermediäre (Preisvergleichssysteme, Meta-Searcher, …). Wenn ein Kunde oder Intermediär nach Reiseangeboten sucht, werden Preise und Verfügbarkeiten nicht direkt beim Leistungsträger abgefragt, sondern es werden Daten aus dem Zwischenspeicher des Intermediärs (Cache) bezogen. Erst bei einer konkreten Buchungsanfrage werden die echten Preise und Verfügbarkeiten beim Leistungsträger abgefragt. Aus diesem Grund kann es vorkommen, dass diese Preise und Verfügbarkeiten nicht mehr aktuell sind, wenn z. B. das konkrete Zimmer oder der Flug bereits von einem anderen Gast gebucht wurde. Das Produkt wird dann entweder als „ausgebucht" angezeigt, oder der Preis erhöht sich. Die einfachste Möglichkeit, die echten Verfügbarkeiten abzufragen, wäre ein direkter Zugriff auf das jeweilige Buchungs- und Reservierungssystem. Aufgrund der Vielzahl von Schnittstellen ist dies aber oft nicht mit vertretbarem Aufwand realisierbar. Es müsste jeder Intermediär zu jedem Leistungsträger eine direkte Verbindung aufbauen.

https://doi.org/10.1515/9783110546828-004

Eine Möglichkeit einer direkten Anbindung zwischen Intermediär und Leistungsträger ist das sogenannte „Player-Hub-System". Dieses verknüpft Intermediäre und Leistungsträger mit standardisierten Schnittstellen und bündelt diese in einem Hub. Dieser kommt ohne Zwischenspeicher aus, und Preise- und Verfügbarkeiten werden in Echtzeit aus dem jeweiligen Reservierungssystem übernommen.

In der Vergangenheit wurden Fälle bekannt, in denen Intermediäre bewusst günstige veraltete, aber nicht mehr buchbare Preise in ihrem System belassen haben, um Kunden auf die eigene Buchungsseite zu locken. Unterschiede in den dargestellten Preisen beruhen oft auf Cache-bedingten Artefakten der Intermediäre. Das macht Preisvergleichssysteme mitunter obsolet. (ad)

Café [café, coffee bar, coffee-shop]

Gastronomischer Betrieb, in dessen Mittelpunkt ursprünglich die Heißgetränke Kaffee, Tee oder Schokolade standen. Heute kaum noch in Gebrauch ist der Begriff → Kaffeehaus.

Während Kaffee im arabischen, persischen und afrikanischen Raum schon sehr früh konsumiert wurde – manche Quellen sprechen vom 9. bzw. 10. Jahrhundert –, findet die Verbreitung nach Europa erst Jahrhunderte später statt. Anfang des 17. Jahrhunderts brachten wahrscheinlich venezianische Handelsleute den Kaffee nach Europa. In der Folge entstanden die ersten Kaffeehäuser in Handelszentren wie Venedig, Marseille, Paris, Amsterdam, Wien oder London. Zur Geschichte des Kaffees siehe Bunzel 2006, S. 11 ff.; Deutscher Kaffeeverband 2012, S. 12 ff.; Rosskamp & Sauerbier 2018, S. 10 ff. Zu Marktentwicklungen und Konsumverhalten siehe die regelmäßig erscheinenden Kaffeereports von Tchibo (www.tchibo.com) und die Fachzeitschrift Food Service (www.food-service.de). (wf)

Literatur

Bunzel, Susanne 2006: Kaffee: Eine heiße Leidenschaft mit langer Tradition. (Übersetzung der italienischen Originalausgabe). Würzburg: Flechsig

Deutscher Kaffeeverband (Hrsg.) 2012: Faszination Kaffee: Alles über eines der beliebtesten Getränke der Welt. München: Bucher

Rosskamp, Robert; Rolf Sauerbier 2018: Kaffee-Irrtümer. Bremen: Edition Temmen

Tchibo (Hrsg.) 2020: Tchibo Kaffeereport 2020. (https://www.tchibo.com/servlet/cb/1326428/data/-/Kaffeereport2020.pdf, zugegriffen am 11.08.2020)

Gedankensplitter

„Es gibt drei Dinge im Leben, die unerträglich sind: kalter Kaffee, lauwarmer Champagner und eine überreizte Frau." (Orson Welles, Filmschauspieler)

Cafeteria [cafeteria]

Gastronomischer Betrieb, der sich vor allem durch Selbstbedienung auszeichnet. Die Konsumenten stellen sich an einer Theke ihre Auswahl zusammen. Das Konzept wird aufgrund seiner relativ geringen Personalintensität oft auch in Unternehmen, Hochschulen oder Krankenhäusern zur Verpflegung eingesetzt. (wf)

Call to Action (CTA)

Call to Action (engl.) = Handlungsaufforderung. Sie bedeutet im Online-Marketing, dass ein Nutzer durch einen bestimmten Hinweis wie etwa eine Schaltfläche oder einen Text aufgefordert wird, diesen anzuklicken. Call to Action-Schaltflächen wie „jetzt kaufen!" werden z. B. am Ende einer digitalen Produktpräsentation genutzt, um den Nutzer aufzufordern, das gewählte Produkt zu erwerben.

Der ‚Call to Action' verkörpert die zentrale Vertriebsstrategie einer Website. Auf umsatzorientieren Websites sollte der Nutzer durch jede Information wie in einem Trichter zu dem ‚Call to Action' geführt werden. Im Tourismus ist dies meist der „Buchen"-Button, der zu einer Trefferliste von Unterkünften, Erlebnissen oder anderen touristischen Leistungen führt. (lf)

Literatur

Gründerszene o. J.: Call to Action. (https://www.gruenderszene.de/lexikon/begriffe/call-to-action-cta?interstitial, zugegriffen am 27.08.2019)

Onlinemarketing o. J.: Call to Action. (https://onlinemarketing.de/lexikon/definition-call-to-action-cta, zugegriffen am 27.08.2019)

Onlinemarketing Praxis o. J.: Call to Action. (https://www.onlinemarketing-praxis.de/glossar/call-to-action-cta, zugegriffen am 27.08.2019)

Callcenter [call centre]

Im Tourismus hat es seit den 1990er-Jahren einen regelrechten Callcenter-Boom gegeben. Beim Callcenter handelt es sich um einen Organisationstyp, der sich vor allem im Dienstleistungsbereich durchgesetzt hat. Callcenter können als Prototypen einer speziellen Outsourcing-Organisation (→ Outsourcing) bezeichnet werden.

Technisch gesehen wachsen bisher getrennt voneinander von der Informationstechnik entwickelte Lösungen zusammen, Telefon und Internet verschmelzen gewissermaßen miteinander. Folglich hat sich ein breites Spektrum hoch entwickelter Telefonielösungen, die sämtliche Forderungen an ein technisches Kommunikationssystem abdecken und sich nahtlos in die IT-Landschaft einer jeden Organisation integrieren lassen, etabliert. Dabei sind → Dienstleistungen wie Planung, Aufbau und Betrieb von Callcentern und Telekommunikationsanlagen nur ein Teil des Geschäftsmodells. Unter Einsatz von Technologien wie Voice over IP oder Breitband werden Herausforderungen in puncto Mobilität, Erreichbarkeit,

Flexibilität, Effizienz und Servicefreundlichkeit in Callcenter-Systeme integriert. Callcenter sind im Gesamtzusammenhang des → Electronic Tourism zu sehen.

Die Callcenter-Technik ermöglicht es, Mitarbeiter organisatorisch in reale und/oder virtuelle Gruppen zusammenzufassen bei:
- hohem Anrufaufkommen,
- Vorhersehbarkeit von Anrufzwecken.

Anrufer bei einem Callcenter kennen nur eine Anrufnummer und werden automatisch über den ACD (automated call distributor = automatische Anrufverteilung) zu einem freien Agenten geschaltet. Auf diesem zentralen Merkmal eines jeden Callcenters beruht die folgende Begriffsbestimmung:

Beim Callcenter handelt es sich um eine interne oder externe Organisationseinheit, in der ein- und ausgehende Transaktionen (Calls) mit dem Ziel geführt werden, einen dienstleistungsorientierten und effizienten Dialog mit Kunden, Interessenten und Lieferanten zu gewährleisten. Ziel des Callcenter-Dialogs ist die schnelle Lösung von Kundenproblemen und -wünschen.

In der Callcenter-Branche hat sich eine eigene Fachsprache herausgebildet. So wird der Mitarbeiter „agent" genannt, die als „call" bezeichnete Transaktion, das Telefonat, ist mehr als nur der Telefonanruf. Auch Faxe, E-Mails, jegliche Kontakte aus dem Internet werden unter dem Oberbegriff „call" zusammengefasst. Die Organisationsform unterscheidet nach Einsatzgebieten in „Inbound" und „Outbound":
- Als Inbound-Aktivitäten (ankommende Anrufe) bezeichnet man vor allem Auftragsannahme, Hotline-Kundenservice, Beschwerdemanagement.
- Anrufe, die aus dem Callcenter nach außen vorgenommen werden, bezeichnet man als Outbound-Aktivitäten (ausgehende Anrufe). Anwendungsgebiete sind u. a. Neukundengewinnung, After-Sales-Betreuung oder das Direktmarketing.

Zu weiteren Klassifikationen von Callcenter-Systemen siehe auch Herzog 2017, S. 5 ff. (hdz/wf)

Literatur
Bergevin, Réal 2007: Call Center für Dummies. Weinheim: Wiley
Herzog, Alexander 2017: Callcenter – Analyse und Management. Modellierung und Optimierung mit Warteschlangensystemen. Studienbücher Wirtschaftsmathematik. Wiesbaden: Springer Gabler

Camping [camping]

Camping ist die hausungebundene, mobile Form des Freizeitwohnens in selbst mitgeführten Unterkünften. Camping wird in der Regel auf dafür eingerichteten und mit einer gewissen Sanitär- und Versorgungsinfrastruktur ausgestatteten

→ Campingplätzen ausgeübt, wobei als Unterkünfte Zelte, Wohnwagen als Anhänger oder mit eigenem Antrieb (Wohnmobil) dienen können.

Nicht zum Camping im engeren Sinn gehört das Dauercamping. Diese Begriffsbestimmung macht deutlich, dass Camping als Form des Freizeitwohnens sich in vielerlei Hinsicht ausdifferenziert. Wichtigstes Abgrenzungsmerkmal neben der für das Campingverhalten prägenden Art der mitgeführten Unterkunft → Caravan ist die Art des Bindungsverhältnisses der Camper an die Stätte der Ausübung des Campings sowie der Grad der Mobilität und das damit verbundene Reise- und Freizeitverhalten der Campingteilnehmer. Es muss folglich unterschieden werden zwischen dem touristischen Camping, das mit einem hohen Grad an Mobilität verbunden ist und der Teilnahme am touristischen Reiseverkehr dient, und dem Dauercamping als ortsgebundenes Freizeitwohnen, das eine geringe Mobilität aufweist und bei der die Campingunterkunft ortsfest als Freizeitwohnsitz genutzt wird. Meist erfolgt Dauercamping in Form eines ortsfest gemachten Wohnwagens. Dieser wird als Ersatz für ein Wochenend- oder → Ferienhaus als Freizeitwohnsitz genutzt (Widmann 2006, S. 38 ff.).

Als wesentliches Unterscheidungskriterium zwischen touristischem und Dauercamping stellt Newig (2000, S. 69) die Langfristigkeit der Bindung des Campingplatznutzers an den Platz fest. Es könne von Dauercamping gesprochen werden, wenn die Nutzung an eine Mindestvertragslaufzeit von einem Jahr gebunden ist. Das Statistische Bundesamt geht allerdings von einer Nutzungsdauergrenze von zwei Monaten aus, die touristisches Camping von Dauercamping unterscheidet. Dauercamping wird somit nicht durch die amtliche Beherbergungsstatistik erfasst, sondern der Klassifikation der Wirtschaftszweige entsprechend statistisch dem Bereich der Vermietung und Verpachtung von Grundstücken zugeordnet. Ein weiteres wichtiges Unterscheidungskriterium zwischen touristischem Camping und Dauercamping ist neben der Nutzungsdauer die Nutzungsverteilung im Jahresverlauf. Während das touristische Camping deutlichen saisonalen Schwankungen unterworfen ist, streuen die Dauercampingaufenthalte stärker über das Jahr, da es sich beim Dauercamping vorwiegend um Wochenendnutzung bzw. Nutzung während einzelner oder weniger zusammenhängender freier Tage zur Gestaltung der kurzfristigen → Freizeit handelt. Touristik- bzw. Urlaubscamping findet dagegen überwiegend während der längerfristigen Freizeit statt (Widmann 2006, S. 42 ff.).

In jüngerer Zeit lässt sich verstärkt beobachten, dass zur Umschreibung der Tourismusform häufig zwischen (Zelt-)Camping und Caravaning unterschieden wird. Ausgehend von den doch deutlich voneinander abgrenzbaren Grundformen der Art der mitgeführten Behausung in ,Zelt' und ,Wohnwagen' macht diese Unterscheidung durchaus Sinn. Die Wohnwagen müssen ihrerseits wieder unterteilt werden in jene, welche als Anhänger mitgeführt werden, und jene, die über einen eigenen Antrieb verfügen. Da letztere allerdings der Einfachheit halber als Wohnmobile von den erstgenannten Wohnwagen abgegrenzt werden, ist die Einführung des Oberbegriffs → Caravan für Campingfahrzeuge sinnvoll. Dem entsprechend wird mit dem Begriff Caravaning im Gegensatz zum Camping das Reisen zu speziellen, für die niedrigen infrastrukturellen Ansprüche der Wohnmobile vorgesehenen Wohnmobilstellplätze beschrieben. → Wirtschaftsfaktor Campingplatz- und Reisemobil-Tourismus. (tw)

Literatur

dwif (Hrsg.) 2018: Der Campingplatz- und Reisemobil-Tourismus als Wirtschaftsfaktor – Angebot, Nachfrage und ökonomische Relevanz in Deutschland 2016/17. Schriftenreihe des dwif. Nr. 58. München: dwif

Newig, Jürgen 2000: Freizeitwohnen mobil und stationär. In: Institut für Länderkunde (Hrsg.): Nationalatlas Bundesrepublik Deutschland – Freizeit und Tourismus, Bd. 10, Leipzig, Heidelberg, Berlin: Spektrum, S. 68–71

Widmann, Torsten 2006: Wohnmobiltourismus in Deutschland – Segmentierung von Angebots- und Nachfragestrukturen und Analyse der regionalökonomischen Effekte am Beispiel der Destination Mosel (= Materialien zur Fremdenverkehrsgeographie, Heft 66). Trier: Geographische Gesellschaft Trier

Campingplatz [campsite, campground]

Im klassischen Verständnis kann der Campingplatz als ein Gelände bezeichnet werden, auf dem mitgeführte Unterkünfte (Zelt, → Caravan) zum Zweck der touristischen Übernachtung aufgestellt werden dürfen (→ Camping). Campingplätze entwickelten sich ab den 1920er-Jahren aus dem Wochenendausflugsverkehr, der durch die zunehmende Verstädterung der industriellen Zentren in ländliche Regionen oder an Küsten, Flussläufe und Seen führte. In Ermangelung einer für die Arbeiterschaft bezahlbaren Hotelinfrastruktur wurden zunächst Zelte auf Fahrrädern oder in Faltbooten mitgeführt. Im Zuge der massenhaften individuellen Motorisierung wurden ab den 1960er-Jahren der Wohnanhänger bzw. Wohnwagen populär und nicht nur als Vehikel zur Urlaubsverbringung, sondern auch als Freizeitwohnsitz (Dauercamping) vermarktet. In den 1980er-Jahren schließlich erfolgte der Marktdurchbruch der Wohnmobile, bei denen die Wohneinheit Teil des Fahrzeugs ist. Sie erlauben den Nutzern ein Reiseverhalten mit ausgedehnten Reiseverläufen und zeitweiser Unabhängigkeit (Autarkie) von den typischen Infrastrukturmerkmalen eines Campingplatzes wie Stromversorgung, Wasserversorgung und -entsorgung, Sanitäranlagen. Entsprechend der Diversifizierung des Campingsektors haben sich unterschiedliche Typen von Campingplätzen entwickelt. Es kann zwischen Touristikcampingplätzen, Dauercampingplätzen und Wohnmobilstellplätzen unterschieden werden.

Je größer die touristische Bedeutung eines Campingplatzes wird, desto mehr erhöht sich der Bedarf an Wirtschafts- und Freiflächen. Zur funktionalen Gliederung eines modernen Campingplatzes empfiehlt der ADAC (1992 in Widmann 2006, S. 95 ff.) für Zelte, Wohnmobile und Caravans getrennte Stellflächen auszuweisen. Außerdem muss hinsichtlich der Caravanplätze noch zwischen Touristikstellplätzen, die in den besten Lagen des Platzes zu finden sein sollten, Dauercampingplätzen und Stellflächen für Mietwohnwagen unterschieden werden. Alle diese Stellplatzkategorien und deren Nutzer haben unterschiedliche Bedürfnisse hinsichtlich der Versorgung mit Strom, Wasserversorgung und Abfallentsorgung. Gegenüber Plätzen, die ausschließlich oder zu einem großen Teil Dauercamper beherbergen, steigen auf dem Touristikcampingplatz die Anforderungen an das Versorgungsangebot mit Sanitäranlagen, → Gastronomie, Einkaufsmöglichkeiten, Sport- und Spielplatzanlagen. Die Infrastrukturausstattung von Campingplätzen wird vergleichbar der → Hotelklassifizierung durch ein Sternesystem klassifiziert. In Deutschland ist hierfür der → Deutsche Tourismusverband (DTV) in Zusammenarbeit mit dem Bundesverband der Campingwirtschaft in Deutschland (BVCD) zuständig.

Da Touristikcampingplätze grundsätzlich ein innenorientiertes Betriebskonzept aufweisen, zielt die Einrichtung eines solchen Platzes darauf ab, den Gast während seines Aufenthalts durch ein komplexes Angebot an die Freizeitanlage zu binden. Großflächige Campinganlagen, wie sie hauptsächlich im europäischen Mittelmeerraum zu finden sind (z. B. Union Lido Vacanze, Cavallino; Camping Marina di Venezia, Punta Sabbioni), diversifizieren daher auch zunehmend ihr Beherbergungsangebot. Durch die Vermietung von Ferienbungalows und Mobilheimen treten sie in Konkurrenz zu Ferienparks und übernehmen deren Infrastrukturmerkmale (Wasserparks, Einkaufszentren, Gastronomie, Animation) und Gästegruppen (Nitschke 2010, S. 11 ff.). So findet in diesen Anlagen auch immer weniger das klassische Camping in mitgeführten Unterkünften statt, verschiedene Anbieter sprechen stattdessen von ‚Lodging'. In der Campingbranche hat sich zur Vermarktung des Campings ohne mitgeführte Unterkunft der Begriff ‚Glamping', abgeleitet von ‚glamouröses Camping', etabliert. Auch werden Stellplätze zunehmend langfristig an Campingreiseveranstalter (→ Reiseveranstalter) vermietet, die diese Parzellen mit eigenen Mobilheimen belegen und eigenständig vermarkten (z. B. Eurocamp, Suncamp).

Gerade dieser Resortcharakter widerspricht allerdings den Wünschen und dem Reiseverhalten der überwiegenden Mehrheit der Wohnmobilisten. Sie bevorzugen eher kurzfristige Aufenthalte am jeweiligen Ort in Verbindung mit Wander- und Fahrradausflügen, Besuch der lokalen Gastronomie, Besuch von Events usw. Bei Wohnmobilstellplätzen handelt es sich um eigens für die spezifischen Anforderungen von autarken Wohnmobilen ausgestattete Übernachtungsplätze außerhalb einer traditionellen Campinganlage. Neben den klassischen Zielgebieten sind Wohnmobilstellplätze zunehmend im städtischen Umfeld oder in der

Nähe von Freizeitanlagen wie Thermen (→ Bäder) oder → Freizeitparks zu finden. Zu einem zeitgemäßen Wohnmobilplatz gehören vor allem Müllbehälter, eine Ver- und Entsorgungseinrichtung für Frisch- und Brauchwasser, die Gästeansprache durch eine Info-Tafel oder einen Betreuer und Stromanschlüsse. Der Untergrund muss für die im Vergleich zu Wohnwagen schwereren Wohnmobile gut befahrbar sein. Generell gilt, dass die umfangreichen sanitären Einrichtungen, die für die Anlage eines Campingplatzes vorgeschrieben sind, selten auf Wohnmobilstellplätzen angetroffen werden (Widmann 2006, S. 85 ff.). (tw)

Literatur
dwif (Hrsg.) 2018: Der Campingplatz- und Reisemobil-Tourismus als Wirtschaftsfaktor – Angebot, Nachfrage und ökonomische Relevanz in Deutschland 2016/17. Schriftenreihe des dwif. Nr. 58. München: dwif
Nitschke, Horst 2010: Der Campingplatz der Zukunft. Camping Resort – Ferienpark. Leitfaden für die Planung, Erweiterung, Modernisierung und Führung des Campingplatzes der Zukunft. Stuttgart: Dolde Medien
Widmann, Torsten 2006: Wohnmobiltourismus in Deutschland – Segmentierung von Angebots- und Nachfragestrukturen und Analyse der regionalökonomischen Effekte am Beispiel der Destination Mosel (= Materialien zur Fremdenverkehrsgeographie, Heft 66). Trier: Geographische Gesellschaft Trier

Campingtourismus → **Wirtschaftsfaktor Campingplatz- und Reisemobil-Tourismus**

Canapé [canapé]

Häppchen, Appetitschnitte. Kleine Brotstückchen, in der Regel mit Butter bestrichen und ansprechend belegt und garniert. Canapés werden warm oder kalt gereicht, etwa bei Empfängen. Im Gegensatz zu Sandwiches werden sie mit nur einer Brotscheibe angerichtet. (wf)

Cap-Klausel [cap clause]

Wichtiger Vertragsaspekt bei Pacht- und Managementverträgen (→ Hotelpacht, → Managementvertrag). Über die Cap-Klausel können Obergrenzen von Zahlungen (cap [engl.] = Deckel, Hut) zwischen den Vertragsparteien fixiert werden, die Akteure nehmen eine Risikobegrenzung vor.

Die vorgenommene Deckelung des Risikos kann etwa so aussehen, dass ein Pächter seine Haftung gegenüber dem Verpächter auf eine bestimmte Anzahl von Monats- bzw. Jahrespachten vertraglich begrenzt (Baurmann 2007, S. 67 f.). Vorstellbar sind auch Cap-Vereinbarungen, mit denen der Pächter seine Pachtzinszahlungen durch das Fixieren einer Obergrenze „deckelt" (z. B. 8 % vom Nettoumsatz, aber maximal 50.000 Euro/Jahr). Aus organisationstheoretischer Sicht übernimmt die Vertragskomponente eine Steuerungsfunktion; sie soll die unterschiedlichen Interessen zwischen den Beteiligten ausgleichen. Die konkrete vertragliche Ausgestaltung der Klausel ist Spiegelbild der Machtverhältnisse. Zum agenturtheoretischen Hintergrund siehe De Roos & Wiseheart 2016 und → Agenturtheorie. (wf)

Literatur

Baurmann, Jürgen 2007: Vertragsmodelle für Hotelimmobilien. In: Jörg Frehse; Klaus Weiermair (Hrsg.): Hotel Real Estate Management: Grundlagen, Spezialbereiche, Fallbeispiele. Berlin: Schmidt, S. 57–70

De Roos, Jan A.; Malcolm B. Wiseheart 2016: Agency Tests in Hotel Management Agreements. (https://papers.ssrn.com/sol3/papers.cfm?abstract_id=2754217, zugegriffen am 04.12.2019)

Caravan [caravan]

Da der aus dem angelsächsischen Sprachraum stammende Begriff Caravan synonym für Campingfahrzeuge aller Art verwendet werden kann, ist die Differenzierung auf dieser übergeordneten Ebene in solche mit eigenem Antrieb (Wohnmobile) und jene, die als Anhänger mitgeführt werden (Wohnwagen), sinnvoll.

Grundsätzlich ist unter einem Wohnwagen (brit.: caravan; amerik.: trailer) ein hinter einem Kraftfahrzeug mitgeführtes Fahrzeug zu verstehen, das für Wohnzwecke bestimmt ist. Der Wohnanhänger kann im Gegensatz zum Wohnmobil am Zielort abgehängt werden, um mit dem Zugfahrzeug zum Beispiel Ausflüge zu unternehmen. Neben dem Wohnwagen mit festem Aufbau existieren noch die Formen Falt- und Klappcaravans. Darunter sind Wohnanhänger zu verstehen, die im fahrbereiten Zustand in Größe und Form etwa einem mittleren Gepäckanhänger entsprechen und am Zielort mit einigen Handgriffen zu einer Unterkunft umgebaut werden können und bei denen der Anhänger die Basis bildet. Nicht als Wohnwagen im Sinne der Definition eines mitgeführten Anhängers zu verstehen sind Mobilheime (engl.: mobile homes). Sie können zwar ebenfalls Räder besitzen und von einem Zugfahrzeug bewegt werden, besitzen aber keine Straßenzulassung. Sie sind zwischen 7 und 12 Meter lang und bieten die Ausstattung eines kleinen Ferienappartements. Die primären Einsatzmöglichkeiten von Mobilheimen liegen in der gewerblichen Vermietung in Form von Unterkünften auf → Campingplätzen oder im Bereich des Dauercampings.

Wohnmobile besitzen gegenüber den Wohnwagen einen eigenen Antrieb und müssen, um vom Kraftfahrt-Bundesamt als Sonder-Kraftfahrzeug Wohnmobil zugelassen werden zu können, über eine Mindestausstattung des Wohnteils verfügen. Neben fest eingebautem Mobiliar muss der Wohnraum den überwiegenden Teil des Fahrzeugs einnehmen und den Eindruck eines für Wohnzwecke geeigneten und bestimmten Raumes hervorrufen. Neben Größe und Gewicht unterscheiden sie sich vor allem hinsichtlich ihres Wohnauf- bzw. -ausbaus. Ähnlich wie bei den Wohnwagen kann bei den Wohnmobilen (engl.: motor caravan, recreational vehicle, ‚RV') zunächst in Fahrzeuge mit festem Auf- bzw. Ausbau und in Fahrzeuge mit abnehmbarem Aufbau, den Pick-Up-Wohnmobilen, unterschieden werden.

Ein Ausbaufahrzeug ist der Campingbus (engl.: camper van), bei dem die Außenhaut und die Form des zugrundeliegenden Kastenwagens weitgehend erhalten bleibt und hauptsächlich innen ausgebaut wird. Die Aufbaufahrzeuge unterscheiden sich hinsichtlich der Gestaltung des Aufbaus in die drei Kategorien Alkoven-Mobil, Teilintegriertes Wohnmobil und Vollintegriertes Wohnmobil. Charakteristisches Merkmal des Alkoven-Mobils ist ein Aufsatz (Alkoven), der sich über dem Fahrerhaus erstreckt und eine Schlafgelegenheit in Form eines Doppelbetts beinhaltet und somit mit mindestens vier Schlafplätzen ausgestattet ist. Dieser Typus eignet sich besonders für Familien und bezeichnet die klassische Form des Wohnmobils. Da Wohnmobiltouristen allerdings heute überwiegend zu zweit reisen, reagiert die Wohnmobilbranche auf diese Marktverhältnisse mit den teilintegrierten Wohnmobilen. Die Besonderheit dieser Aufbauart liegt darin, dass sich das Fahrerhaus mit dem Wohnausbau verbindet, ohne jedoch einen Schlafaufbau über dem Fahrerhaus zu besitzen. Stattdessen lassen sich die Fahrer- und Beifahrersitze drehen und namensgebend in den Wohnraum integrieren, wobei im Gegensatz zu den vollintegrierten Wohnmobilen das Fahrerhaus des Basisfahrzeuges unverändert erhalten bleibt. Im Unterschied zu den Teilintegrierten haben diese Fahrzeuge jedoch keine eigenständige Fahrerkabine mehr, sie weicht einem vom Reisemobilhersteller entworfenen Aufbau, bei dem Fahrerkabine und Wohnraum nahtlos ineinander übergehen. Das Fahrerhaus ist also vollständig in den Wohnbereich integriert.

Bei der Darstellung der Fahrzeugtypen wird deutlich, dass die beschriebenen Wohnmobile mehr und mehr die Charakteristika eines Nutzfahrzeugs ablegen und diejenigen eines Freizeitfahrzeugs einnehmen. Während das Pick-Up-Mobil ohne seine Aufsatzkabine noch zu völlig anderen Zwecken genutzt werden kann, handelt es sich bei der Kategorie der vollintegrierten Wohnmobile um reine Wohn- und Reisefahrzeuge. Ebenso auffällig ist die mit dieser Entwicklung einhergehende Zielgruppenorientierung von Familien hin zu ohne Kinder reisenden Paaren. Im Zusammenhang mit der hohen Ausdifferenzierung der Wohnmobiltypen sind die komplementären immobilen Angebotsformen in Form der Campingplatz-Infrastruktur zu betrachten. Insbesondere die hoch komfortablen Aufbaufahrzeuge besitzen bereits verschiedene Infrastruktureinrichtungen eines Campingplatzes (z. B. Sanitäreinrichtungen, Küche, Stromversorgung aus Solarzellen) und weisen einen hohen Autarkiegrad (Möglichkeit zur zeitweisen Selbstversorgung) auf. Es bedarf folglich lediglich eines infrastrukturell gering ausgestatteten Übernachtungsplatzes, um den Ansprüchen der Zielgruppe zu genügen, sprich der so genannte (Wohnmobil-)Stellplatz oder Wohnmobilplatz (Widmann 2006, S. 41 ff.). (tw)

Literatur
Widmann, Torsten 2006: Wohnmobiltourismus in Deutschland – Segmentierung von Angebots- und Nachfragestrukturen und Analyse der regionalökonomischen Effekte am Beispiel der Destination Mosel (= Materialien zur Fremdenverkehrsgeographie, Heft 66). Trier: Geographische Gesellschaft Trier

Caribbean Carousel

Englische Bezeichnung für das weltweit populäre Kreuzfahrtgebiet (→ Kreuzfahrttourismus) in der Karibik (das Gebiet zwischen Florida (USA), Zentralamerika und der Nordküste Südamerikas). Von den Kreuzfahrthäfen in Miami, Fort Lauderdale usw. starten das ganze Jahr über Kurzkreuzfahrten auf vielen → Vergnügungsdampfern (fun ships) mit einer Dauer ab drei Tagen, die wieder an ihren Ausgangspunkt zurückkehren. (jwm)

Carrier → **Fluggesellschaft**

Carsharing → **Mietwagen**

Carver → **Schnitzen**

Cash Flow

Im Zusammenhang mit der Finanzplanung und -kontrolle wird neben der → Liquidität häufig auch auf die Kennzahl Cash Flow zurückgegriffen. Der Cash Flow gilt als Maß für das Selbstfinanzierungspotenzial einer Unternehmung. Er trifft als finanzieller Überschuss aus den laufenden Geschäftstätigkeiten eine Aussage darüber, welche finanziellen Mittel eine Unternehmung aus eigener Kraft zu erwirtschaften in der Lage ist, um:
- Investitionen (Ersatz- und Erweiterungsinvestitionen) vornehmen zu können,
- Kreditschulden zu tilgen und
- Dividendenzahlungen (Gewinnentnahmen) und Steuerzahlungen leisten zu können.

Die Berechnung des Cash Flow kann auf verschiedene Art und Weise erfolgen, wodurch die Genauigkeit wie auch die Beurteilung dieser Kennzahl z. B. im Rahmen von Unternehmens- oder Branchenvergleichen erschwert wird. Grundsätzlich lassen sich ein direkter und ein indirekter Berechnungsweg unterscheiden:
- Im Zuge der direkten Berechnung werden allen erfolgswirksamen Einzahlungen, die einer Unternehmung aus ihrer laufenden Geschäftstätigkeit zu-

fließen (in erster Linie Umsatzerlöse aus ihren Marktaktivitäten, aber auch Finanzmittelzuflüsse aus Zins- oder Mieterträgen u. a.), alle erfolgswirksamen Auszahlungen des entsprechenden Zeitraumes gegenübergestellt. Dazu ist es erforderlich, aus den einzelnen Unternehmensbereichen (z. B. Vertrieb, Marketing, Wareneinkauf, Leistungserstellung, Technik, EDV, Personal usw.) detaillierte Informationen über die realisierten oder zu erwartenden Finanzströme zu ermitteln. Dieses Verfahren eignet sich insbesondere zur internen finanziellen Planung, Steuerung und Kontrolle (Finanz-→ Controlling). Ergebnis dieser detaillierten Erfassungsmethodik ist eine entsprechend höhere Informationsqualität im Vergleich zu der eher näherungsweisen indirekten Methode.

– Weite Verbreitung – insbesondere bei extern an der Unternehmung interessierten Personen oder Institutionen – hat die indirekte Ermittlung des Cash Flow aus Wertgrößen des externen, bilanziellen Rechnungswesens erlangt. Ausgangspunkt ist bei diesem Vorgehen die Erfolgsrechnung (GuV) der Unternehmung und der darin ermittelte oder geplante bilanzielle Gewinn (auch pagatorischer Gewinn, Reingewinn, Jahresüberschuss) vor Steuern. Der Cash Flow lässt sich dann näherungsweise ermitteln als Saldo der zahlungswirksamen Erträge und zahlungswirksamen Aufwendungen. Dementsprechend ist der bilanzielle Gewinn um in ihn einberechnete, nicht-zahlungswirksame Aufwendungen zu mehren und um nicht-zahlungswirksame Erträge zu mindern:

	bilanzieller Gewinn vor Steuern
+/–	Abschreibungen/Zuschreibungen auf das Anlagevermögen
+/–	Erhöhung/Auflösung langfristiger Rückstellungen
+/–	sonstige Berichtigungsgrößen
=	Cash Flow vor Steuern (aus laufender Geschäftstätigkeit)

In den letzten Jahren hat sich das Interesse an der Finanzkennzahl Cash Flow zunehmend verstärkt, da sie insbesondere von externen Analysten als eine von bilanzpolitischen Einflüssen weitgehend unabhängige und damit realistischere Größe zur Bewertung des Unternehmenserfolgs angesehen wird, als der normalerweise hierzu bilanziell ermittelte Gewinn. Dies hat zu einer Fülle verschiedenster Cash Flow-Definitionen geführt, was den ursprünglichen Informationswert der Kennzahl Cash Flow verwässert und die Interpretation der jeweiligen Cash Flow-Begriffe zunehmend erschwert. Mit Blick auf die Cash Flow-Verwendung wird bspw. der Cash Flow aus laufender Geschäftstätigkeit weiter untergliedert (vgl. auch die Berechnung nach den Deutschen Rechnungslegungsstandards [DRS]; Krause & Arora 2008, S. 78) in einen:

	Cash Flow vor Steuern (aus laufender Geschäftstätigkeit)
+/−	Desinvestitionseinzahlungen/Investitionsauszahlungen
=	Cash Flow vor Steuern nach Investitionstätigkeit
+/−	Außenfinanzierungseinzahlungen/Außenfinanzierungsauszahlungen (inkl. Gewinnausschüttungen und Zinszahlungen)
=	Cash Flow vor Steuern nach Finanzierungstätigkeit

Nach Abzug der Ergebnissteuern und Ergänzung des Finanzmittelbestandes errechnet sich auf diesem Wege die → Liquidität der Unternehmung.

Weitere Differenzierungen stellen auf die Quellen des Cash Flow aus laufender Geschäftstätigkeit (Krause & Arora 2008, S. 77 f.) ab und unterscheiden in einen:

- Operativen Cash Flow, der den finanziellen Überschuss aus den betriebszweckbezogenen Aktivitäten einer Unternehmung abbildet und einen
- Nicht-Operativen Cash Flow, der Einzahlungsüberschüsse abbildet, die sich aus betriebszweckneutralen Aktivitäten der Unternehmung ergeben (finanzwirtschaftliche und außerordentliche/periodenfremde Prozesse).

Im Rahmen von Wertsteigerungsüberlegungen (Behringer & Lühn 2016, S. 184 ff.; Krause & Arora 2008, S. 75 f.) spielt hingegen der

- Free Cash Flow (FCF) eine wichtige Rolle, der sich als Cash Flow vor Kapitalkosten (Eigen- und Fremdkapitalzinsen) abzüglich der erforderlichen Steuerzahlungen, Ersatzinvestitionen sowie der strategisch notwendigen Erweiterungsinvestitionen ergibt. Wird auf diesen FCF die erwartete Mindestverzinsung (Kapitalkosten) angewendet, so zeigt
- der Discounted Free Cash Flow (DFCF) die erzielte Wertsteigerung der Unternehmung, während der Discounted Free Operating Cash Flow (DFOCF) den mit den durchschnittlichen, gewichteten Kapitalkosten diskontierten Gegenwartswert der ausschließlich betriebszweckverursachten Wertsteigerung zum Ausdruck bringt. (vs)

Literatur

Behringer, Stefan; Michael Lühn 2016: Cash Flow und Unternehmensbeurteilung. Berechnungen und Analysefelder für die Finanzanalyse. Berlin: Erich Schmidt (11. Aufl.)

Krause, Hans-Ulrich; Dayanand Arora 2008: Controlling-Kennzahlen/Key Performance Indicators. München: Oldenbourg

i **Gedankensplitter**
"It is all about making money." (Managerweisheit)

Cash Tray

Cash (engl.) = Bargeld, Barzahlung, Kasse; tray (engl.) = Ablage, Schale, Tablett. Generell versteht man unter einem Cash Tray ein Aufbewahrungs- bzw. Ablagefach für Bargeld, oft auch die Bezeichnung für den Zahlteller, auf dem beim Verkauf über den Tresen das Bargeld gelegt wird.

Im Gastgewerbe bezeichnet der Begriff darüber hinaus das (Silber-)Tablett, auf welchem dem Gast die Rechnung vorgelegt wird (siehe auch Gutmayer, Stickler & Lenger 2018, S. 173). (wf)

Literatur
Gutmayer, Wilhelm; Hans Stickler & Heinz Lenger 2018: Service: Die Grundlagen. Linz: Trauner (10. Aufl.)

Casino [casino]

(a) Räumlichkeit, die Kunden aufsuchen, um im Rahmen unterschiedlicher Spiele (z. B. Baccarat, Blackjack, Roulette) Geld gewinnbringend einzusetzen. Synonym: Spielbank.

Geldspiele und Wetten sind keine Erfindung der Neuzeit. Sie haben die Geschichte der Menschheit begleitet, historische Beispiele lassen sich etwa in der Antike oder bei den Römern finden (Vogel 2012, S. 183 f.). Das „Spiel mit dem Geld" enthält konsumtive und investive Elemente. Je nach Perspektive ist es anregende Unterhaltung, potentielle Gewinnchance, bedeutender Wirtschaftsfaktor, Ausdruck menschlicher Kultur, lukrative Steuerquelle oder zu bekämpfende Suchtkrankheit (Vogel 2012, S. 209 ff.).

Für Casinos besonders interessant sind Stammkunden bzw. die sogenannten „high rollers" (to roll in money [engl.] = in Geld schwimmen), die sich durch regelmäßigen Casinobesuch und hohe Spieleinsätze auszeichnen. Die Definition des Personenkreises wird von den jeweiligen Casinos festgelegt. Die US-amerikanische Spielerstadt Atlantic City etwa definierte „high rollers" als Personen, die mit 100 US-$ Chips (black chips) spielen. Individualtouristen und Busgruppen sind weitere wichtige Zielgruppen. Diese zeichnen sich im Gegensatz zu den „high rollers" durch einmaligen bzw. seltenen Casinobesuch aus, ihr Spieleinsatz ist begrenzt und eher niedrig („low rollers") (Barrows, Powers & Reynolds 2012, S. 488 f.).

Casinos sind eine weltweite Erscheinung. In den Ländern, in denen das Glücksspiel von staatlicher Seite verboten wird, entstehen erfahrungsgemäß illegale Spielszenen und ein Abwandern in ausländische Spielszenen oder ins Internet. Um die räumlichen Distanzen zu überbrücken, die Attraktivität zu steigern und die durchschnittliche Verweildauer zu erhöhen, werden Casinos oft um Beherbergungskapazitäten ergänzt (→ Casino-Hotel). Ein zentraler Treiber für den Anstieg der Casinoanzahl ist nicht zuletzt der nach zusätzlichen Einkom-

mensquellen suchende Staat. Durch Vergabe von Casinolizenzen sollen Steuereinnahmen aus dem Glücksspiel erhöht werden.

Macau, ehemalige portugiesische Kolonie, seit 1999 als Sonderverwaltungs-
zone zu China gehörend und das „Las Vegas Asiens" bzw. das „Monte Carlo des
Ostens" oder die „Casino-Hauptstadt der Welt", hat das Spielermekka der USA
überholt und ist weltweit der größte Casino-Standort (Stand: 2019) (FAZ 2019; Statista 2018, o. S.). Betreiber aus Las Vegas stehen zu Teilen hinter den Investitionen
in Macau (Loi & Kim 2010, S. 270 ff.).

Casinos stehen vor einem technologischen Umbruch, neue Technologien für
das Glücksspiel (Online Casino, virtuelles Casino, Mobile gaming) halten Einzug
(Konietzny 2017, S. 144 ff.; Lennhoff & Brooks 2017, S. 196) und machen daraus eine globale Industrie. Die Auswirkungen eines internetbasierten länderübergrei-
fenden Glücksspiels sind nicht absehbar, gleichwohl steigt der Wettbewerbsdruck
durch das „online gaming". Weltweit lässt sich beobachten, wie einzelne Staaten
hadern. Einerseits realisieren sie, dass der technologische Fortschritt das Glücksspiel virtualisiert und damit auch privatisiert hat, andererseits möchten sie eine
einst oft staatliche Domäne nicht widerstandslos aufgeben (Schutz von Minder-
jährigen oder Suchtgefährdeten, illegales Glücksspiel, Geldwäsche, Steuererfas-
sung, offshore gaming, staatliche Aufsicht etc.). Über gesetzgeberische Regulierung wird in vielen Staaten versucht, einen geeigneten formalen Rahmen zu ziehen (o. V. 2020, S. 4).

(b) Der Begriff Casino (casa [ital.] = Haus) fällt auch als Bezeichnung für ein
Klubhaus oder einen Speiseraum für militärische Führungskräfte (Offizierskasi-
no) oder Führungskräfte aus der Wirtschaft. (wf)

Literatur
Barrows, Clayton W.; Tom Powers & Dennis Reynolds 2012: Introduction to the Hospitality In-
    dustry. Hoboken, New Jersey: John Wiley & Sons (8th ed.)
FAZ 2019: Macau. Reich werden im Casino. (https://www.faz.net/aktuell/wirtschaft/macau-
    reich-werden-im-casino-16446893.html, zugegriffen am 11.08.2020)
Konietzny, Jirka 2017: No risk, no fun: implications for positioning of online casinos. In: Interna-
    tional Gambling Studies, 17 (1), pp. 144–159
Lennhoff, David C.; David J. Brooks 2017: Valuation of Casinos: Risky Business. In: The Apprai-
    sal Journal, 85 (3), pp. 194–204
Loi, Kim-Ieng; Woo Gon Kim 2010: Macao's Casino Industry: Reinventing Las Vegas in Asia. In:
    Cornell Hospitality Quarterly, 51 (2), pp. 268–283
o. V. 2020: Bundesländer einigen sich auf neue Regeln für das Glücksspiel: Online-Casinos und
    Online-Poker sollen im neuen Staatsvertrag erlaubt werden. In: Die Tabak Zeitung, o. Jg.
    (5), S. 4
Statista 2018: Casino and Gambling Industry: – Statistics & facts. (https://www.statista.com/
    topics/1053/casinos/, zugegriffen am 29.11.2019)
Vogel, Harold L. 2012: Travel industry economics: A guide for financial analysis. New York: Cam-
    bridge University Press (2nd ed.)

Casino-Hotel [casino hotel]

Hoteltyp, in dessen Mittelpunkt das Betreiben von Spielcasinos (→ Casino) steht. Der Hoteltyp ist weltweit vertreten, die USA bilden einen Schwerpunktmarkt und dort wiederum die Stadt Las Vegas/Nevada. Letztere konzentriert die größten Casino-Hotels der Welt auf sich (Anzahl der Zimmer bzw. Suiten: z. B. MGM Grand Hôtel and Casino ca. 6.800, Luxor Hotel and Casino ca. 4.400, Venetian Resort Hotel and Casino ca. 4.000, Excalibur ca. 4.000). Bei einer Bevölkerung von rund 2 Millionen Menschen (Metropolitan Area) bietet die Stadt ca. 150.000 Hotel- und Motelzimmer an (Stand: 2019) (Barrows, Powers & Reynolds 2012, S. 479; ISA-Guide o. J.; Penner, Adams & Robson 2013, S. 173; Vallen & Vallen 2018, S. 10; www.visitlasvegas.com).

Casinos lassen sich als Händler von Gewinnchancen verstehen, die darüber hinaus Unterhaltung in ihr Angebot einbeziehen. Die Wachstumsraten der Casinobranche waren über die letzten Jahrzehnte hoch. Da die Spieler auf lange Sicht immer gegenüber den Casinos verlieren, fahren diese – wenn auch in einer breiten Streuung – hohe Gewinne ein (Vallen & Vallen 2018; S. 31; Vogel 2012, S. 200 ff.). Die relativ stabile Ertragsseite erlaubt den Casinobetreibern eine Quersubventionierung der Beherbergungskomponente.

Der Hotelbereich weist gegenüber anderen Hoteltypen oft einen höheren Anteil von unproduktiven Flächen auf, die Hotelzimmer sind großzügiger konzipiert und luxuriöser ausgestattet (Penner, Adams & Robson 2013, S. 176 ff.). Kunden, die sich durch hohe Spieleinsätze auszeichnen („high rollers"), erhalten mitunter Übernachtungen in Hotelzimmern/Suiten oder Essen als kostenlose Dienstleistung. Die Zimmerpreise sind auf niedrigerem Niveau kalkuliert. In der Folge werden die Hotels nicht nur von der ursprünglichen Zielgruppe (Spieler) nachgefragt, sondern auch von anderen Kundensegmenten wie Familien. Um die hohen Bettenkapazitäten auszulasten, reichern die Hotel-Casinos ihr originäres Angebot mit zusätzlichen Komponenten an. Entertainment durch Live-Konzerte, Shows, Nachtclubs, Sportveranstaltungen, Theater, Einkaufsmöglichkeiten in hoteleigenen Shopping Malls, → Wellness-Abteilungen, gehobene → Gastronomie oder der Aufbau von Tagungs- und Kongressbereichen sind Beispiele hierfür. Neueröffnungen positionieren sich weltweit über spektakuläres Design von Stararchitekten, themenorientierte Hotels befinden sich auf dem Rückzug (Penner, Adams & Robson 2013, S. 174).

Die Branche geht weltweit weiterhin – trotz zwischenzeitlichen konjunkturellen Einbrüchen – von einem Wachstum aus; neuere Märkte wie Mexiko, Osteuropa, China, Südkorea, Singapur, Indien oder Australien wurden erschlossen. Der US-Markt ist hart umkämpft und von Sättigung und Überangebot gekennzeichnet: Die traditionellen Hotel-Casinos verspüren zusätzlichen Wettbewerbs-

druck durch Casinos, die auf Booten („Riverboat Casinos"), in Indianerreserva-
ten („Indian Gaming") oder virtuell im Internet (Online Casinos) entstanden sind
(Konietzny 2017, S. 144 ff.; Penner, Adams & Robson 2013, S. 173 f.; Statista 2018,
o. S.). (wf)

Literatur

Barrows, Clayton W.; Tom Powers & Dennis Reynolds 2012: Introduction to the Hospitality Industry. Hoboken, New Jersey: John Wiley & Sons (8th ed.)
ISA-Guide o. J.: Las Vegas in Zahlen. (https://www.isa-guide.de/isa-casinos/las-vegas/
allgemeine-infos/las-vegas-in-zahlen, zugegriffen am 11.08.2020)
Konietzny, Jirka 2017: No risk, no fun: implications for positioning of online casinos. In: Interna-
tional Gambling Studies, 17 (1), pp. 144–159
Lennhoff, David C.; David J. Brooks 2017: Valuation of Casinos: Risky Business. In: The Apprai-
sal Journal, 85 (3), pp. 194–204
Penner, Richard H.; Lawrence Adams & Stephani K. A. Robson 2013: Hotel Design. Planning and
Development. New York, London: W. W. Norton & Company (2nd ed.)
Statista 2018: Casino and Gambling Industry: – Statistics & facts. (https://www.statista.com/
topics/1053/casinos/, zugegriffen am 29.11.2018)
Vallen, Gary K.; Jerome J. Vallen 2018: Check-In Check-Out: Managing Hotel Operations. Bos-
ton: Pearson (10th ed.)
Vogel, Harold L. 2012: Travel industry economics: A guide for financial analysis. New York: Cam-
bridge University Press (2nd ed.)

Casual Fine Dining → **Fine Dining**

CAT → **Clear Air Turbulence, → Landekategorien**

Catering

To cater (engl.) = Lebensmittel liefern. Catering umfasst Planung, Einkauf, Produktion, Distribution, Service und Entsorgung von Lebensmitteln. Die → Dienstleistung erfolgt im Auftrag einer natürlichen oder juristischen Person für eine
bestimmte Zielgruppe zu einem fixierten Termin an einem fixierten Ort. Zu der
Definition, den unterschiedlichen Catering-Märkten (u. a. Verkehr, Schule, Care,
Sport, Messe, Militär, Sicherheit) und den hohen logistischen Anforderungen siehe Davis et al. 2018, S. 76 ff.; Kriegesmann 2012, S. 1 ff. Zu den Marktentwicklungen
siehe das Magazin Catering inside (https://www.cateringinside.de/). → Flight Catering. (wf)

Literatur

Davis, Bernard et al. 2018: Food and Beverage Management. London, New York: Routledge
(6th ed.)
Kriegesmann, Ulrich 2012: Der Cateringmarkt. In: Harald Becker (Hrsg.): Catering-Management.
Portrait einer Wachstumsbranche in Theorie und Praxis. Hamburg: Behr's, S. 1–11 (2. Aufl.)

CAVE → **Virtuelle Realität**

CCP → **Kritischer Lenkungspunkt**

Central Reservation System (CRS) → **Globales Distributionssystem (GDS),**
→ **Reservierungssystem**

Certified

Zertifikat, das von der Certified Das Kundenzertifikat GmbH & Co. KG, Bad Sobernheim nach einer Qualitätsprüfung vergeben wird.

Die Anfänge von Certified liegen in einer Hotelzertifizierung, die durch den → Verband Deutsches Reisemanagement e. V. (VDR), die Deutsche Gesellschaft für Verbandsmanagement e. V. (DGVM) und das German Convention Bureau e. V. (GCB) im Jahr 2005 eingeführt wurde. Die Zertifizierung sollte die Zusammenarbeit von Industrie und Hotellerie verbessern: Die Unternehmen erhielten durch die Zertifizierung eine Orientierungshilfe bei der Suche und Auswahl von Hotels, die Hotels konnten ihr Produkt auf dem Markt deutlicher positionieren.

Inzwischen bietet das unabhängige Prüfinstitut Zertifizierungen für Hotels (Certified Business Hotel, Certified Conference Hotel, Certified Green Hotel), Serviced Apartments (Certified Serviced Apartment), Event Locations (Certified Event Location) und Schiffe (Certified Conference Ship) an. Die Prüfungen erfolgen aus Kundensicht und auf Basis umfangreicher Kriterienkataloge. Nach einer erfolgreichen Prüfung werden die Betriebe auf Basis des erreichten Standards in die Kategorien „Gut", „Sehr Gut" oder „Exzellent" eingeordnet. Die geschulten, unabhängigen und nicht weisungsgebundenen Prüfer kommen aus der Praxis – dem Travel Management, der Veranstaltungsplanung oder sind Business Kunden. Die kostenpflichtige Zertifizierung hat eine Gültigkeitsdauer von drei Jahren (https://www.certified.de/about-us).

Die Zertifizierungen werden zwiespältig gesehen. Befürworter erkennen in ihr ein Mehr an Kundenorientierung, Transparenz, Sicherheit und Qualität. Gegner befürchten aufgrund der bereits bestehenden Klassifizierungen und Zertifizierungen bei den Entscheidungsträgern einen information overload, Intransparenz und Bürokratisierungstendenzen. (wf)

Literatur
Certified o. J.: About us. (https://www.certified.de/about-us/pruefung#audit_accordion, zugegriffen am 11.08.2020)

Chafing dish

To chafe (engl.) = sich reiben; dish (engl.) = flache Schüssel, Schale. Vorrichtung zum Warmhalten, teilweise auch zum Kochen von Speisen. Die in der Regel aus

Edelstahl gefertigten Geräte werden mit Wasser gefüllt, das auf unterschiedliche Art (Strom, Gas, Brennpaste) erwärmt werden kann. In die mit Wasser gefüllte Vorrichtung werden Einsätze mit den warm zu haltenden Speisen gestellt. Chafing dishes werden vor allem zur Speisenbereitstellung auf → Büfetts genutzt. Teilweise auch → Bain-marie pour buffet genannt. (wf)

Chambrieren [to bring sth. to room temperature]

Bezeichnung für den Vorgang, Lebensmittel – insbesondere Wein oder Käse – auf Zimmertemperatur (chambre [franz.] = Zimmer) zu bringen. Damit die Aromastoffe optimal zur Geltung kommen, muss das Chambrieren langsam erfolgen. Rotweine werden mitunter schon am Vortag aus dem Weinkeller geholt, Käse Stunden vor dem Verzehr aus dem Kühlschrank gestellt. Zu rasche Temperaturregulierungen bewirken Qualitätseinbußen (Broadbent 1999, S. 311 ff.). Zu den richtigen Serviertemperaturen verschiedener Weine siehe Johnson 2018, S. 41; zu dem Chambrieren von Käse siehe Harbutt 2011, S. 24. (wf)

Literatur
Broadbent, Michael 1999: Weine: prüfen – kennen – genießen. Bern, Stuttgart: Hallwag (8. Aufl.)
Harbutt, Juliet (Hrsg.) 2011: Käse der Welt: Über 750 Sorten. London: Dorling Kindersley
Johnson, Hugh 2018: Der Kleine Johnson: Weinführer 2019. München: Hallwag (40. Aufl.)

Charterflug → Fluggesellschaft

Charterkette [back to back (aircraft charter)]

Charterketten werden für Saisonziele (zum Beispiel März bis Oktober) aufgebaut. Beispiel: Hamburg – Santorin mit wöchentlichem Abflug. Geht man von einer durchschnittlichen Aufenthaltsdauer der Urlauber von 14 Tagen im Zielgebiet aus, dann gibt es sogar zwei Leerflüge als Rückflüge zu Anfang der Charterkette und zwei weitere Hinflüge ohne Passagiere zum Ende (Abholer), weil die Rückflüge durch die im Zielgebiet befindlichen Gäste bereits ausgebucht sind. Es müssen also insgesamt vier Leerflüge bei der Kalkulation berücksichtigt werden. (jwm/wf)

Chauffe-assiette → Rechaud

Chauffe-plat → Rechaud

Check-in

a) Flughafen: Bezeichnung für die Abfertigung des Fluggastes vor dem Flug.
b) Hotel/Kreuzfahrtschiff: Begriff für die Anmeldung des Gastes im Rahmen der Anreise.

Abstrakt gesprochen wird der Gast im jeweiligen technischen System formal geprüft und erfasst (to check sth. [engl.] = etwas prüfen). Am Flughafen gehört die Überprüfung der Reisedokumente, des Gepäckgewichts, die Zuteilung des Sitzplatzes und die Vergabe der Bordkarte dazu. In Hotels und Kreuzfahrtschiffen werden die Personalien erfasst, das Zimmer zugewiesen, eine Rechnung angelegt und der Zimmerschlüssel bzw. die → Key Card ausgehändigt. Das Check-in kann an unterschiedlichen Orten und zu verschiedenen Zeiten stattfinden. Waren lange Zeit Check-in-Schalter (Counter Check-in) am Flughafen oder in Häfen und die → Rezeption im Hotel die üblichen Orte des Verfahrens, erfolgt das Check-in zunehmend über neue Kommunikationsmedien (Apps, → Callcenter, mobile Endgeräte, PC, SMS). Der Prozess wird schneller, flexibler, bequemer und günstiger und findet zuhause, in Stadtzentren, an Bahnhöfen oder Self-Service Systemen statt (Conrady, Fichert & Sterzenbach 2019, S. 420 ff.). Die technologischen Entwicklungen verändern fundamental die traditionellen Strukturen und Prozesse. Wenn bspw. Zimmerschlüssel bzw. Key Card und Zimmernummer in elektronischer Form per App zugesandt werden, müssen Abteilungen wie die Rezeption neu definiert werden. Gleichzeitig wird der Gast immer mehr in den Dienstleistungserstellungsprozess einbezogen, oft ohne es wahrzunehmen und übernimmt ursprüngliche Aufgaben des Dienstleisters (Self Check-in).

c) Unternehmen wie die → Deutsche Bahn AG haben den Begriff in ihr Wording übernommen und verbinden damit den Kauf eines Online-Tickets. (wf)

Literatur
Conrady, Roland; Frank Fichert & Rüdiger Sterzenbach 2019: Luftverkehr. Betriebswirtschaftliches Lehr- und Handbuch. Berlin, Boston: De Gruyter Oldenbourg (6. Aufl.).

Check-out

In der Hotellerie der Begriff für die Abmeldung des Gastes (am Empfang) im Rahmen der Abreise. Die Prozedur umfasst Rechnungsausstellung, -begleichung, Abgabe der → Key Card (vereinzelt noch des Zimmerschlüssels), Verabschiedung und Ausbuchung des Gastes. Technologische Lösungen über Smartphones (Apps), Terminals in der → Lobby, TV-Nutzung im Hotelzimmer und zeitliche Umschichtungen (Verlagerung des Check-out in den Vorabend) erlauben eine Beschleunigung des Abmeldeprozesses (Quick Check-out, Express Check-out). Gleichzeitig eine Kennung zur Beschreibung des → Zimmerstatus.

Der Begriff findet darüber hinaus in der Kreuzfahrt (→ Kreuzfahrttourismus) Anwendung und bezeichnet dort ebenfalls den Abmeldeprozess. (wf)

Check-out hour → **Check-out time**

Check-out time

To check out (engl.) = die Rechnung bezahlen und abreisen; weggehen. Zeitpunkt, zu dem ein Hotelgast das Zimmer räumen bzw. sich im Rahmen der Abreise abmelden muss. Gängige Check-out-Zeiten liegen zwischen 10 Uhr morgens und 12 Uhr mittags. Ein Überziehen der Check-out-Zeit ohne Rücksprache mit dem Empfang kann dem Gast in Rechnung gestellt werden. → Zimmerstatus. (wf)

Chef de cuisine [chef, chief cook]

Küchenchef. Die Aufgaben des Chef de cuisine variieren mit der Größe des Betriebs bzw. der Küchenabteilung. In kleineren gastgewerblichen Küchen beteiligt sich der Chef de cuisine am Kochen, in größeren Küchenabteilungen können sich die Aufgaben auf den organisatorischen Bereich reduzieren (etwa Einkauf, Speisekartenerstellung, Personaleinsatzplanung, Kalkulation). → Küchenbrigade. (wf)

Chef de partie [chef de partie]

Leiter einer Abteilung (partie [franz.] = Teil) bzw. eines Postens innerhalb einer gastgewerblichen Küche. So leitet bspw. der Chef → Gardemanger die kalte Küche. Vorgesetzter des Chef de partie ist der → Chef de cuisine bzw. dessen Stellvertreter (→ Sous-Chef). Die Position des Chef de partie ist vor allem in größeren → Küchenbrigaden anzutreffen. (wf)

Chef de rang [station waiter]

Stationsleiter im Servicebereich. Der Chef de rang (rang [franz.] = Platz, Position, Revier) verantwortet eine Station im → Restaurant, die etwa fünf bis zehn Tische bzw. 20 bis 30 Gäste umfasst. Die Chefs de rang sind direkt dem → Restaurantleiter unterstellt. Die Position des Chef de rang ist vor allem in größeren → Servicebrigaden anzutreffen. (wf)

Chef de service → **Restaurantleiter**

Chef de vin → **Sommelier**

Chefpilot [chief pilot]

Position eines leitenden Flugkapitäns bei → Fluggesellschaften, der in der Regel für den Flugbetrieb und die Aus- und Weiterbildung des fliegenden Personals verantwortlich zeichnet. Bei großen Fluggesellschaften mit mehreren Flotten (Flugzeugmustern) gibt es zudem die Position des Flottenchefs, der diese Aufgaben für die Flugzeugführer, die mit entsprechender Musterberechtigung auf dem jeweiligen Typ eingesetzt werden, übernimmt. (jwm)

Chief Steward → **Stewarding**

Circle trip
Flugreise mit gleichem Ausgangs- und Endflughafen, aber mit unterschiedlichen Ankunfts- und Weiterflughäfen (→ Gabelflug), wobei der Flugpreis geringer ist als bei einem normalen Rückflugticket. Beispiel: Zürich – Bangkok, Kuala Lumpur – Perth, Melbourne – Bangkok, Bangkok – Zürich. (jwm)

City Air Terminal
Möglichkeit des → Check-in in der (Innen-)Stadt, so dass man schon bei der Fahrt zum Flughafen kein Gepäck mehr tragen muss. (jwm)

City Codes
Aus drei Buchstaben bestehende Abkürzung der → International Air Transport Association (IATA) für Städte mit mehreren Flughäfen. Beispiel: NYC für New York, das mit La Guardia, John F. Kennedy International (Idlewild) und Newark International (auch wenn dieser schon im Staate New Jersey liegt) über drei Flughäfen verfügt. (jwm)

Clear Air Turbulence (CAT)
Hierbei handelt es sich um → Turbulenzen, die meist in großen Höhen in wolkenfreier Luft und deshalb in der Regel im Reiseflug auftreten. CAT wird ausgelöst durch das Aufeinandertreffen von starken Luftströmungen mit unterschiedlichen Temperaturen, Bewegungsrichtungen und/oder Geschwindigkeiten. Von besonderer Stärke ist CAT am Rande des Jetstream. Diese Turbulenzen sind schwer vorhersagbar und können extrem stark sein, so dass unangeschnallte Passagieren stark gefährdet sein können. Dies ist auch der Grund dafür, dass man Passagieren generell empfiehlt, während des gesamten Fluges (wie es für die Cockpitbesatzung vorgeschrieben ist) angeschnallt zu bleiben. (jwm)

Click-Through-Rate (CTR)
Kennzahl, die im Deutschen auch „Klickrate" genannt wird. Im Online Marketing wird mit CTR das Verhältnis zwischen der Anzahl Klicks auf eine Werbeanzeige und der Häufigkeit der Einblendung bzw. Impression der Anzeige bezeichnet. Mit CTR kann die Effizienz von Werbeanzeigen im Internet gemessen werden: Je häufiger eine Anzeige im Verhältnis zu ihrer Einblendung geklickt wird, desto höher ihr Qualitätsfaktor.

Die Click-Through-Rate ist ein Faktor, der jedoch nicht zur Erfolgsmessung einer Kampagne eingesetzt werden sollte. Er bestimmt nur, wie auffällig eine Werbeanzeige ist und ob diese an der richtigen Stelle bzw. für die richtige Zielgruppe platziert wird. Entscheidend ist jedoch nicht nur die Auffälligkeit der Werbeanzeige, sondern auch die Qualität der dahinter liegenden → Landing Page. Eine hohe Click-Through-Rate kann dennoch eine niedrige → Konversionsrate haben, wenn die Vertriebswebsite hinter der Werbekampagne nicht ausreichend optimiert ist. (sm)

Literatur

Gründerszene o. J.: Click through rate. (https://www.gruenderszene.de/lexikon/begriffe/click-through-rate-ctr?interstitial, zugegriffen am 27.08.2019)
Horster, Eric 2015: Suchmaschinenmarketing im Tourismus. Konstanz, München: UVK
Onlinemarketing o. J.: Click through rate. (https://onlinemarketing.de/lexikon/definition-click-through-rate-ctr, zugegriffen am 27.08.2019)
Onlinemarketing Praxis o. J.: Klickrate. (https://www.onlinemarketing-praxis.de/glossar/click-through-rate-click-rate-ctr-klickrate, zugegriffen am 27.08.2019)

Cloche [plate cover, cloche]

Cloche (franz.) = Glocke. In der Gastronomie der Fachbegriff für eine Haube, die zum Abdecken von Gerichten auf Tellern oder Platten dient. Die versilberten oder aus rostfreiem Stahl hergestellten Tellerhauben werden vor allem eingesetzt, um Speisen warm zu halten. Gleichzeitig sind sie Ausdruck eines gehobenen Service. Plattenhauben, die auch aus Kunststoff oder Glas sein können, übernehmen zudem eine hygienische Funktion (beispielsweise das Fernhalten von Fliegen durch eine Käsehaube). (wf)

Cloud Computing

Cloud (dt.: Wolke) Computing ist ein Begriff aus dem englischsprachigen Raum, der sich im IT-Bereich auch in Deutschland durchgesetzt hat. Er beschreibt die Auslagerung der Bereitstellung von Softwareanwendungen und Speicherkapazitäten an einen externen Dienstleister, der die benötigten Servereinheiten für die Nutzung anbietet und die Administration übernimmt (www.cloudcomputing-insider.de, wirtschaftslexikon.gabler.de).

Die Dienstleister bieten ihre Cloud Computing Services häufig in flexiblen Abo-Modellen an, was für den Kunden geringere Kosten in der Bereitstellung und Investition in eigene IT-Infrastruktur bedeutet. Im Zusammenhang mit dem Datenschutz ergeben sich bei der Nutzung von Cloud-Diensten mögliche Nachteile, da man als Nutzer eines Cloud-Services sicherstellen muss, dass alle Kundendaten nach Datenschutzrichtlinien verarbeitet und gespeichert werden (www.computerwoche.de). Cloud-Anbieter, deren Server im Ausland liegen, könnten jedoch unter Umständen gegen geltende Datenschutzrichtlinien anderer Länder verstoßen. (lf)

Literatur
Cloudcomputing Insider 2016: Cloud Computing. (https://www.cloudcomputing-insider.de/
was-ist-cloud-computing-a-563624/, zugegriffen am 27.08.2019)
Computerwoche 2016: Datenschutz in der Cloud. (https://www.computerwoche.de/a/tipps-
zum-datenschutz-in-der-cloud, 3323057, zugegriffen am 27.08.2019)
Gabler Wirtschaftslexikon 2018: Cloud Computing. (https://wirtschaftslexikon.gabler.de/
definition/cloud-computing-53360, zugegriffen am 27.08.2019)

Cloud Kitchen → **Dark Kitchen**

Club Level → **Executive Floor**

Clubchef → **Clubdirektor**

Clubdirektor [club manager]

Verantwortlicher Leiter für die Clubanlage/Clubdorf und die Umsetzung des definierten Urlaubskonzeptes. Dazu gehören einerseits die Organisation der klassischen Bereiche der Hotellerie als auch die eher clubtypischen Elemente Unterhaltung, Sport und Kinderbetreuung. Kennzeichnend für einen Chef de Village (Club Med) oder Clubdirektor (ROBINSON) ist im Vergleich zum klassischen → Hoteldirektor seine ausgeprägte „Präsenz am Gast". Als „erster Gastgeber" in der Anlage fördert er gemeinsam mit seinen Mitarbeitern die ungezwungene und freundschaftliche Atmosphäre unter den Gästen. Zusätzlich ist er verantwortlich für die Führung von – abhängig von Land und Clubgröße – 80–300 Mitarbeitern unterschiedlicher Berufsgruppen und Nationalitäten. Desweiteren gehört die Planung und Einhaltung des Budgets genauso zu den Aufgaben wie die Beziehungspflege zu Gesellschaftern, Eigentümern und zu lokalen Institutionen. Auch wenn bei den großen deutschen Clubgesellschaften der Vertrieb zum großen Teil zentral (über Veranstalter) gesteuert wird, gewinnen Lokal- und Direktvertrieb und damit eigenständige Vertriebsaktivitäten des Clubdirektors an Bedeutung.

Waren in den Anfangszeiten der Clubidee viele Direktoren Quereinsteiger, ist heute vielfach eine fundierte Ausbildung in der Hotellerie, ergänzt durch mehrjährige Erfahrung in den speziellen Ausprägungen dieses Urlaubskonzeptes, unabdingbar (Gengenbach & Niclaus 2011, S. 360). (mb)

Literatur
Gengenbach Klaus; Kurt Niclaus 2011: Cluburlaub. In: Jörn W. Mundt (Hrsg.): Reiseveranstaltung. Lehr- und Handbuch. München, Wien: Oldenbourg, S. 355–372 (7. Aufl.)

Clubhotel → **Cluburlaub**

Clubschiff [club cruise ship]

Kreuzfahrtschiff mit Einrichtungen und Aktivitätsangeboten, die weitgehend dem eines Ferienclubs (→ Cluburlaub) entsprechen. Das erste Clubschiff war 1996 die CS AIDA, die nach anfänglichen Schwierigkeiten den Kreuzfahrtenmarkt in Deutschland revolutioniert hat. Mit ihr war es gelungen, ein weitaus jüngeres Publikum für die Kreuzfahrt zu gewinnen. (jwm/wf)

Cluburlaub [club holiday]

Integriertes Urlaubskonzept, das unabhängig vom jeweiligen Standort eine vielfältige Ferienwelt inszeniert, in der die Förderung von Gemeinschaft und Kommunikation zwischen den Gästen eine zentrale Rolle spielen. Anfang der 1950er-Jahre des letzten Jahrhunderts setzte der Belgier Gerard Blitz auf Mallorca die Idee eines naturnahen und zivilisationsfernen Urlaubs in ungezwungener Atmosphäre mit Zelten aus US-Armee-Beständen als erster um. Gemeinsam mit Gilbert Trigano entwickelte er daraus das Unternehmen Club Méditerranée.

Auch wenn mit den wachsenden Komfort- und Serviceansprüchen der Gäste die ehemals einfachen Unterkünfte Bungalows und Hotelbauten in landestypischer Architektur wichen, zeichnet sich der Cluburlaub auch heute noch durch ein umfassendes touristisches Angebot in landschaftlich attraktiver Umgebung aus: Neben komfortabler Unterbringung und reichhaltiger Restauration gehören ein umfangreiches Sport- und Unterhaltungsprogramm und vielfach auch eine professionelle Kinderbetreuung dazu.

Im Zentrum aller baulichen und programmlichen Aktivitäten steht das Ziel, die Kommunikationsbereitschaft und das Gemeinschaftsgefühl zwischen den Gästen zu fördern: beim gemeinsamen Essen (ursprünglich nur an Achter-Tischen), bei Sportturnieren, Spielen, gemeinsamen Ausflügen in die Umgebung und Besuchen im clubeigenen Theater. Die Abgegrenztheit der Anlage sowie die Gruppierung von Gemeinschaftseinrichtungen (wie Theater, Restaurant, Bar, Disco, Atelier, kleine Läden) um einen zentralen Kern schaffen für die Zeit des Urlaubs eine „kleine Welt für sich" (Küblböck 2005, S. 129).

Zentrale Rolle bei der Gestaltung des Clublebens spielen die → Animateure. Als Gastgeber erleichtern sie das gegenseitige Kennenlernen, helfen bei der Entdeckung neuer Talente, sind Ansprechpartner bei Problemen, Gesprächspartner beim Essen und an der Bar, Trainer, Organisatoren von Wettkämpfen, Ausflügen und vielfach auch noch Teil der abendlichen Shows. In der Regel sind sie ausgebildete Fachkräfte in ihrem Tätigkeitsbereich (z. B. Erzieher, Fitness-Trainer, Tennislehrer, Dekorateure, Choreographen), die über spezielle Trainings vor dem Einsatz auf ihre Gastgeberrolle vorbereitet werden. Im Gegensatz zu den eher lokalen Mitarbeitern in den traditionellen Hotelbereichen (insbesondere Housekeeping, Küche, Restaurant) stammen die Animateure aufgrund der Spracherfordernisse meist aus den Herkunftsländern der Gäste bzw. sprechen mehrere Sprachen.

Abhängig vom jeweiligen Anbieter ist die Animation unterschiedlich stark ausgeprägt. Vermehrt lässt sich aber ein Trend erkennen, der den Gedanken „jeder kann, keiner muss" stärker berücksichtigt. Der Wunsch vieler Gäste nach Ruhe und Aktivitäten ohne Zwang steht damit nicht (mehr) im Widerspruch zum Cluburlaub. Dies gilt auch für den gesellschaftlichen Trend nach zunehmender Individualisierung: Aus dem vielseitig angelegten Programmangebot kann sich sogar innerhalb einer Familie jeder einen maßgeschneiderten Urlaub zusammenstellen. Charakteristik des Cluburlaubs war lange Zeit die Integration der vielfältigen Leistungen in den Reisepreis. Mit der weiteren Ausdifferenzierung des Angebots (v. a. im Sport-, Wellnessbereich und in der Gastronomie) können besondere Zusatzleistungen (wie z. B. qualifizierte Einzeltrainings, Wellness-Anwendungen oder Essen im Spezialitätenrestaurant) teilweise nur gegen einen entsprechenden Aufpreis in Anspruch genommen werden. In der Restauration ist allerdings aufgrund des Marktdrucks auch eine gegenläufige Entwicklung zu beobachten: Immer mehr Clubanlagen – auch im Premium-Segment – stellen auf → All inclusive um. Damit sind neben → Vollpension und Tischgetränken auch Getränke an der Bar im Preis inbegriffen.

Auch wenn in Deutschland mittlerweile eine Vielzahl von kleineren Hotels und Veranstaltern Cluburlaub in unterschiedlicher Ausprägung anbieten, haben in Deutschland nur wenige Unternehmen den ursprünglichen Gedanken konsequent umgesetzt und kontinuierlich weiterentwickelt: Dazu gehören ROBINSON, Marktführer im Premium-Segment, Aldiana, Club Méditerranée und Magic Life (Laage 2015, o. S.).

Das gesamte Potential für Cluburlaub liegt laut einer Befragung (deutschsprachige Bürger ab 14 J.) in Deutschland bei 8,2 Mio. Gästen (Institut für Demoskopie Allensbach 2017). Am beliebtesten ist diese Urlaubsform bei Familien, gefolgt von Paaren und Singles. Im gehobenen Clubsegment (Beispiel ROBINSON oder Aldiana) arbeitet ein hoher Anteil der Gäste in leitenden Funktionen oder als Selbständige und verfügt über ein gehobenes monatliches Haushaltsnettoeinkommen. Cluburlaub erfüllt einerseits den Wunsch nach → Sicherheit und Bequemlichkeit und bietet andererseits die Freiheit und Unabhängigkeit der Individualreisenden. Aus einem vielfältigen Angebot kann sich jeder sein persönliches Urlaubserlebnis zusammenstellen. Dieser Trend nach Individualisierung einerseits und der Kostendruck andererseits haben dazu geführt, dass neben den Clubangeboten „für die ganze Familie" immer stärker auch auf einzelne Zielgruppen spezialisierte Angebote entstanden sind.

Kreuzfahrten sind zum Wettbewerber von Cluburlauben geworden, bieten sie doch im Grunde ein sehr ähnliches Leistungspaket auf einem Schiff (o. V. 2019). Zu Entwicklungen in dem Segment (→ Digitalisierung, Nachhaltigkeit, Programmgestaltung) siehe touristik aktuell 2019, S. 35 ff. (mb)

Literatur

Gengenbach Klaus; Kurt Niclaus 2011: Cluburlaub. In: Jörn W. Mundt (Hrsg.): Reiseveranstaltung. Lehr- und Handbuch. München, Wien: Oldenbourg, S. 355–372 (7. Aufl.)

Institut für Demoskopie Allensbach 2017: Bevorzugung Cluburlaub bei Urlaubsreisen. (https://de.statista.com/statistik/daten/studie/265416/umfrage/bevorzugte-urlaubsreisen-cluburlaub, zugegriffen am 04.07.2018)

Küblböck, Stefan 2005: Urlaub im Club – zum Verständnis künstlicher Urlaubswelten. München: Profil

Laage, Philipp 2015: Von ROBINSON bis Aldiana, Das sind die wichtigsten Ferienclub-Anbieter. (http://www.manager-magazin.de/lifestyle/reise/die-wichtigsten-cluburlaub-anbieter-von-robinson-bis-aldiana-a-1046804.html, zugegriffen am 04.07.2019)

o. V. 2019: Wie sich Cluburlaub gegen die Kreuzfahrten behaupten will. (https://www.derwesten.de/reise/wie-sich-cluburlaub-gegen-die-kreuzfahrten-behaupten-will-id227048199.html, zugegriffen am 11.08.2020)

touristik aktuell (Hrsg.) 2019: Special Cluburlaub. In: touristik aktuell, 50 (42), S. 35–39

Cluster General Manager

Hoteldirektor bzw. → General Manager, der zwei oder drei Hotels führt bzw. für diese die Verantwortung trägt. Die Bündelung (cluster [engl.] = Ansammlung, Bündel, Klumpen) in der Hotelführung verfolgt das Ziel der Kosteneinsparung und Effizienzsteigerung. Siehe auch → Clustering. (wf)

Cluster GM → **Cluster General Manager**

Cluster Manager

Führungskraft in einer zentralisierten Abteilung (z. B. Cluster-Abteilung Human Resources), die die Verantwortung für eine Abteilung für mehrere Betriebe im Unternehmen übernimmt. Denkbar wäre etwa ein Cluster Manager Human Resources, der für drei Hotels einer Hotelgruppe in einer Stadt zentral die Verantwortung trägt. Da durch die Zentralisierung der individuelle Arbeitsaufwand steigt, werden Cluster Manager durch Cluster Assistant Manager unterstützt. Siehe auch → Clustering. (wf)

Clustering

Unter Clustering (to cluster sth. [engl.] = etwas zusammenballen, anhäufen) wird die Bündelung von Unternehmensaufgaben verstanden. Abteilungen wie Finanzbuchhaltung, Personal, Einkauf, IT oder Revenue Management werden nicht in den einzelnen Betrieben aufgebaut, sondern in einer zentralen, übergeordneten

Stelle zusammengeführt. Aus organisatorischer Sicht ist Clustering eine Zentra-lisierung, die durch Ausschöpfung der Synergiepotenziale und Schaffung eines größeren Ressourcenpools effizienzsteigernd wirken soll. Die Zentralisierung kann allerdings auch zu ineffizienten Organisationsstrukturen und -prozessen führen. In der Hotellerie ist das Clustering vor allem in administrativen Bereichen zu beobachten, weniger dagegen in operativen Bereichen. Siehe auch → Hotel-park. (wf)

Cockpit [cockpit, flight deck]

Führungskanzel eines Flugzeuges. Gab es früher noch einen Flugingenieur und bis in die 1960er-Jahre hinein auch noch einen Navigator, werden moderne Flug-zeuge nur noch von zwei Piloten geflogen. (jwm/wf)

Cocktail

(a) Misch- bzw. Mixgetränk, in der Regel auf alkoholischer Basis. Eine gängige Einteilung unterscheidet in trockene „before-dinner cocktails", eher halbtrocke-ne oder bitter-süße „after-dinner cocktails" und Sekt- oder Champagnercocktails (Stevancsecz et al. 2008, S. 23 ff.). Der Begriff (cock [engl.] = Hahn; tail [engl.] = Schwanz, Schweif) spielt auf die Buntheit des Hahnenschwanzes an und über-trägt das Bild der Farben auf die Getränkekompositionen. Zu der umstrittenen Entstehungsgeschichte des Getränks siehe auch Bolsmann 1999, S. 17 ff.

(b) Kalte Vorspeise, oft auf der Basis von Meerestieren oder Geflügel (Larousse 2017, S. 232). Der Begriff deutet wiederum die Verwendung von unterschiedlich farbigen Rohstoffen an. (wf)

Literatur
Bolsmann, Eric H. 1999: Lexikon der Bar. Stuttgart: Matthaes (7. Aufl.)
Larousse (éd.) 2017: Le Grand LAROUSSE Gastronomique. Paris: Larousse Editions (6. Aufl.)
Stevancsecz, Stefan et al. 2008: Barlexikon: Mixgetränke – Barkunde – Spirituosen. Linz: Trau-ner (4. Aufl.)

Codesharing

Gemeinschaftsflug von zwei oder mehreren Fluggesellschaften. Die Durchfüh-rung des Fluges findet mit nur einem Fluggerät der beteiligten Fluggesellschaften statt, allerdings unter unterschiedlichen Flugnummern. Der Begriff ist insofern irritierend, dass nicht der Code, sondern das Fluggerät geteilt wird (Conrady, Fi-chert & Sterzenbach 2019, S. 276). Das Motiv für Codesharing liegt vor allem in Kostensenkungspotenzialen und in der Erweiterung des Streckennetzes. (wf)

Literatur
Conrady, Roland; Frank Fichert & Rüdiger Sterzenbach 2019: Luftverkehr. Betriebswirtschaftli-ches Lehr- und Handbuch. Berlin, Boston: De Gruyter Oldenbourg (6. Aufl.)

Coffee Bar → **Coffee-Shop**

Coffee to go → **Coffee-Shop**

Coffee-Shop

(a) Gastronomischer Betrieb, in dessen Mittelpunkt das Produkt Kaffee steht, teilweise auch Kaffeebar oder Coffee-House genannt. Auf dem Markt der Coffee-Shops treten vor allem Anbieter italienischer Prägung, US-amerikanischer Prägung oder österreichischer Prägung auf. Einzelhandelsunternehmen wie Tchibo lassen sich dem Markt ebenfalls zuordnen. Coffee-Shops können als gastronomisches Trendprodukt bezeichnet werden, das die traditionellen → Cafés ablöst. In der Regel handelt es sich um standardisierte Konzepte, die über unterschiedliche Betreiberformen auf dem Markt multipliziert werden.

Die Betriebe befinden sich in einem starken ökonomischen Spannungsfeld: Die geringe Wareneinsatzquote (Warenaufwand/F&B-Umsatz × 100 [in %]) und der relativ niedrige Personalaufwand (Selbstbedienung, mehrheitlich angelerntes Personal) verheißen attraktive Gewinnspannen, gleichzeitig kann die erforderliche Passantenfrequenz nur durch teure – in der Konsequenz relativ kleine – 1a- und 1b-Lagen erreicht werden, die Gestaltung des Ambiente erfordert hohe Investitionen, der durchschnittliche Verzehr pro Gast (→ Durchschnittsbon) ist niedrig, der Konsum abhängig von der Tages- und Jahreszeit. Weniger kapitalintensive „Coffee Corners" (geringere Grundfläche, ausschließliches Angebot von Mitnahmeprodukten [„To Go"-; „take away"-Produkte]), mobile Einheiten oder ‚Shop in the Shop'-Konzepte verheißen einen Ausweg aus dem ökonomischen Dilemma. Während das Marktsegment vor einigen Jahren noch sehr optimistisch eingeschätzt wurde, tritt in Deutschland inzwischen ein verschärfter Wettbewerb auf, der zu Marktbereinigungen führt (Renner 2019, S. 24 ff.; Renner 2020, S. 90 ff.). Bäckereien und industrielle SB-Konzepte (z. B. Backwerk) sind zu ernsthaften Mitbewerbern aufgestiegen. Die deutsche Gruppe Coffee Fellows erschließt neue Märkte und eröffnete 2018 in Dortmund ihr erstes Hotel (Coffee Fellows Hotel) in Kombination mit einem dazugehörigen Coffee-Shop, 2019 folgte ein Longstay Apartment in Trier (Renner 2020, S. 94).

(b) In den Niederlanden ist der Begriff doppelt besetzt. Neben den konventionellen gastronomischen Betrieben sind auch solche zu finden, die ihre Angebotspalette durch den Verkauf von Drogen erweitern. In den letzten Jahren gingen Kommunen wie Amsterdam gegen diese Art Coffee-Shops vor und veranlassten sie zur Schließung, wenn gewisse Kriterien nicht eingehalten wurden (z. B. räumlicher Mindestabstand zu Schulen). Gleichzeitig stellen die verbliebenen Coffee-Shops immer noch eine touristische Attraktion dar. (wf)

Literatur

Renner, Ilona 2019: Kaffeebar-Markt. Der Markt wird neu gemischt. In: foodservice, 38 (10), S. 24–29

Renner, Ilona 2020: Kaffeebars. Expansion in kleinen Schritten. In: foodservice, 39 (3), S. 90–105

Gedankensplitter
„Dieses Getränk des Satans ist köstlich, wir können es nicht den Ungläubigen überlassen." (Papst Clemens VIII. zu dem Siegeszug des „heidnischen" Kaffees)

Commis de cuisine

Commis (franz.) = Handlungsgehilfe. In der gastgewerblichen Küche ist der Commis de cuisine die Bezeichnung für einen Koch, der soeben seine Ausbildung abgeschlossen hat (Jungkoch). Direkter Vorgesetzter des Commis de cuisine ist der → Chef de partie (Leiter einer Abteilung bzw. eines Postens innerhalb einer gastgewerblichen Küche) bzw. dessen Stellvertreter, der → Demi-Chef de partie. Die Position des Commis de cuisine ist vor allem in größeren → Küchenbrigaden anzutreffen. (wf)

Commis de rang

Commis (franz.) = Handlungsgehilfe. Im Servicebereich ist der Commis de rang die Bezeichnung für eine Servicefachkraft in einer Station, die die Ausbildung abgeschlossen hat (Jungkellner) und Verantwortung für eine Station übernimmt. Direkter Vorgesetzter des Commis de rang ist der → Chef de rang (Stationsleiter im Servicebereich) bzw. dessen Stellvertreter, der → Demi-Chef de rang. Die Position des Commis de rang ist vor allem in größeren → Servicebrigaden anzutreffen. (wf)

Commis débarrasseur

Commis (franz.) = Handlungsgehilfe. Begriff für eine Servicekraft, die sich vor allem auf das Abräumen (débarrasser [franz.] = abräumen, abdecken) der Gästetische fokussiert. (wf)

Commitment → **Mitarbeiterbindung**

Commodity

Commodity (engl.) = Gebrauchsartikel, Ware. Ein Commodity ist ein Handelsgut. Normalerweise bezieht sich der Begriff auf Produkte aus dem Rohstoffbereich, dem Bergbau und der Landwirtschaft, die nicht oder kaum weiterverarbeitet sind. Beispiele hierfür sind Erdöl, Erdgas, Metalle wie Kupfer oder Gold und Lebensmittel wie Getreide oder Rinderhälften. Das zentrale Merkmal einer Commodity ist, dass es sich um ein relativ homogenes Gut handelt. Die Qualität variiert zwar, kann aber in standardisierten Beschreibungen klar umrissen werden. In der Folge ist es möglich, dass solche Güter auf Warenbörsen (Commodity Exchanges) weltweit gehandelt werden.

Der Begriff wird seit längerem auf andere Bereiche ausgedehnt. Nicht nur standardisierbare (Roh)handelsware, sondern auch Konsum- und Investitionsgüter, Dienstleistungen, Technologien, Unternehmensstandorte oder organisatorisches Wissen werden mitunter als Commodity bezeichnet. Damit soll zum Ausdruck gebracht werden, dass sich viele Konsum- und Investitionsgüter, Dienstleistungen, Technologien, Unternehmensstandorte oder auch organisatorisches Wissen immer mehr angleichen und drohen, austauschbar zu werden.

Das Phänomen kann auch im Tourismus beobachtet werden. Für → Fluggesellschaften, → Reiseveranstalter und → Reisemittler, Hotelgesellschaften oder Restaurantketten ist es extrem schwierig, einen Wettbewerbsvorsprung aufzubauen und auf Dauer zu halten. Das relevante Wissen ist vielen Marktteilnehmern bekannt. Die Markteintrittsbarrieren, die vor Wettbewerb schützen könnten, werden von den Wettbewerbern oft sehr schnell überwunden, und so verflüchtigt sich der Wettbewerbsvorsprung. In der Konsequenz nähern sich die touristischen Wettbewerber in ihrem Angebotsprofil an. Viele Unternehmen suchen dadurch einen Ausweg, dass sie – da die Kerndienstleistungen ähnlich sind – Randdienstleistungen (z. B. Reduktion der → Wartezeiten) oder weiche Faktoren stärker betonen (z. B. Verbesserung der „touch quality").

Der im Rahmen des Marketing geforderte Aufbau eines einzigartigen Verkaufsarguments (USP bzw. unique selling proposition) ist wichtig und anzustreben, gestaltet sich in der betrieblichen Umsetzung aber als schwierig. Zur Problematik der „Commoditization" der US-Hotelindustrie siehe Beldona, Miller, Francis & Kher 2015, S. 298 ff. (wf)

Literatur

Beldona, Srikanth; Brian Miller; Tiffany Francis & Hemant V. Kher 2015: Commoditization in the U. S. Lodging Industry: Industry and Customer Perspectives. In: Cornell Hospitality Quarterly, 56 (3), pp. 298–308

Company Card → **Geschäftsreisemanagement-System**

Company Rate → **Corporate Rate**

Complaint ownership

Complaint (engl.) = Beschwerde, Reklamation; ownership (engl.) = Besitz. Hinter dem Konstrukt „complaint ownership" steht der Gedanke, dass ein Mitarbeiter, der eine Beschwerde (→ Beschwerdemanagement) von einem Kunden annimmt, die Beschwerde „besitzt" und selbst lösen soll. Die US-amerikanische Hotelgruppe Ritz-Carlton formuliert in ihrem Leitbild „Gold Standards" das Prinzip wie folgt: „I own and immediately resolve guest problems" (Service Value 6). In der deutschsprachigen Version heißt es: „Ich trage die Verantwortung für jegliche Anliegen der Gäste und löse diese umgehend" (Servicewert 6).

Um eine Beschwerde „vor Ort" direkt regulieren zu können, wird Mitarbeitern am Hotelempfang oder im → Restaurant ein Budget zur Verfügung gestellt, auf das sie zugreifen können. Innerbetriebliche Abstimmungsprozesse finden im Rahmen der konkreten Beschwerdebearbeitung kaum oder nicht mehr statt. Aus Kundensicht wird der Bearbeitungsprozess beschleunigt, aus Unternehmenssicht wird die Kundenorientierung verdeutlicht. Bei der Gestaltung der internen Beschwerdebearbeitungsprozesse ist darauf zu achten, dass die Verantwortungsbereiche klar festgelegt und den Mitarbeitern entsprechende Entscheidungskompetenzen übertragen werden. (wf)

Literatur
Ritz Carlton o. J.: Gold Standards. (http://www.ritzcarlton.com/en/about/gold-standards, zugegriffen am 05.02.2020)

Gedankensplitter
„Wenn Sie zufrieden waren, sagen Sie es Ihren Freunden. Wenn Sie unzufrieden waren, sagen Sie es uns!" (Aufsteller in einem Hotel)

Computer Reservierungssystem (CRS) [computer reservation system, CRS]
Unter Computer Reservierungssystemen können allgemein IT-gestützte Informations-, Buchungs- und → Reservierungssysteme verstanden werden. Sie werden in unterschiedlichen Marktsegmenten eingesetzt, z. B. in Hotels als → Hotel-Reservierungssystem, in Tourismusdestinationen als → Destinationsmanagement-System oder beim → Reiseveranstalter/-produzenten. Das Akronym CRS wird auch zur Bezeichnung zentraler Hotel-Reservierungssysteme (central reservation system) im Rahmen von → Hotelketten und → Hotelkooperationen verwendet.

Geprägt wurde der Begriff Computer Reservierungssystem CRS ursprünglich für die von Fluggesellschaften kooperativ und zentral gegründeten Systeme, die sich im Lauf der Zeit zu → Globalen Distributionssystemen GDS entwickelt haben. Das erste CRS wurden bereits in den 1960er-Jahren von Fluggesellschaften in den Vereinigten Staaten als Informations- und Buchungssystem Sabre (Semi-automated business research environment) aufgebaut. In den 1980er-Jahren folgten Galileo, heute Teil des Travelport IT-Konzerns, und Amadeus, gegründet durch einen Verbund europäischer Fluggesellschaften, als weltweite Vermarktungssysteme der Fluggesellschaften (→ Reisevermittler). Durch die Liberalisierung der Märkte, damit verbunden durch die Lockerung strikter Standardisierungen im Flugverkehr, z. B. im Rahmen der → IATA, sowie getrieben durch veränderte und erweiterte Kundenanforderungen haben sich diese CRS in einem permanenten technologischen Prozess zu den heutigen Globalen Distributionssystemen mit einem erheblich erweiterten Produkt- und Serviceportfolio entwickelt.

Exemplarisch sei an dieser Stelle die in den 1970er-Jahren gegründete Studiengesellschaft zur Automatisierung für Reise und Touristik, START, genannt. In Kooperation führender Reiseveranstalter wurde ein Vermittlungssystem entwickelt, das seit 1979 den angeschlossenen → Reisevermittlern standardisiert den Zugriff auf die Reservierungssysteme der angeschlossenen → Reiseveranstalter bietet. Dieses System wurde in den ersten 2000er-Jahren schrittweise in das Amadeus-System integriert und ausgebaut. Die beiden anderen genannten CRS/GDS sind einen vergleichbaren Weg gegangen, um ein vollständiges Reise- und Tourismusangebot im Rahmen ihrer GDS anbieten zu können.

Die Fluggesellschaften nutzen zwar weiterhin, teilweise in eingeschränktem Umfang, die GDS, sie haben aber ihr strategisches Interesse daran verloren und ihre Unternehmensbeteiligungen verkauft. Die standardisierten und damit im Vertrieb einschränkenden Bedingungen und die hohen Vertriebskosten erscheinen seit langem angesichts der internetbasierten Entwicklungen und Möglichkeiten langfristig nicht mehr akzeptabel. Die GDS haben aber bisher durch eine Vielzahl von Anpassungen eine starke Position im Reisevertrieb bewahren können, z. B. → New Distribution Capability (NDC). (uw)

Literatur

Schulz, Axel; Uwe Weithöner; Roman Egger & Robert Goecke 2015: eTourismus: Prozesse und Systeme. Berlin: De Gruyter Oldenbourg, insb. Kapitel 3.2 – 3.4 (2. Aufl.) (3. Aufl. in Vorbereitung)

Jeweils aktuelle und detaillierte Informationen zu den Geschäfts- und Transaktionsdaten der GDS (vormals CRS), zu ihren konkreten IT-Dienstleistungsangeboten sowie Informationen zur Unternehmensstruktur können den entsprechenden Web-Seiten entnommen werden (Stand 2020: amadeus.com, www.sabre.com, www.travelport.com; ergänzend www.iata. org)

Concierge [concierge, head porter, hall porter]

Concierge (franz.) = Hausmeister, Pförtner. In der Hotellerie ein synonymer Begriff für den → Portier. (wf)

Concierge Floor → Executive Floor

Concorde

Gemeinsam von Frankreich und Großbritannien entwickeltes Überschallflugzeug (höchste Fluggeschwindigkeit Mach 2,2) für ca. 100 Passagiere mit Erstflug des Prototyps 1969, das von 1976 bis 2003 im Liniendienst von Air France und British Airways stand. Andere Fluggesellschaften hatten nach der Energiekrise von 1973 ihre Bestellungen und Lieferoptionen storniert, so dass insgesamt nur 20 Maschinen gebaut wurden (je 10 in Frankreich und Großbritannien). Nach dem Absturz einer Concorde der Air France bei Paris im Juli 2000 wurde ein Flugverbot erlassen, das nach Modifikationen von Treibstofftanks und Fahrwerksreifen Ende 2001 wieder aufgehoben wurde.

Der nicht zuletzt durch die veraltete Technologie der 1960er-Jahre bedingte extrem hohe Treibstoffverbrauch hat einen profitablen Betrieb der Maschine verhindert. Die beiden damals in Staatsbesitz befindlichen Fluggesellschaften konnten die Maschinen nur betreiben, weil sie ihnen aus nationalen Prestigegründen von den beteiligten Regierungen praktisch geschenkt wurden. Andere Überschallprojekte von Boeing und Douglas in den USA kamen über das Planungsstadium nie hinaus, die russische Tupolev TU 144 (wegen ihrer Ähnlichkeit mit dem britisch-französischen Projekt im Westen „Concordski" genannt) wurde u. a. nach einem spektakulären Absturz des Prototyps auf der Luftfahrtschau 1973 in Paris aufgegeben.

Die Öffentlichkeit spricht wieder von einer Renaissance des kommerziellen Überschallflugs und weltweiten Projekten, die an dem Flugzeug der Zukunft arbeiten (NZZ 2018). Wirtschaftliche, ökologische und technische Gründe (mangelnde Rentabilität, hohe CO_2-Emissionen, hoher Kraftstoffverbrauch, massive Geräuschbelästigungen) lassen auf absehbare Zeit eine Realisierung nicht erwarten (zu Emissionen und Fluglärm etwa Illinger 2019). (jwm/wf)

Literatur

Illinger, Patrick 2019: Umweltexperten warnen vor Überschallfliegern. (https://www.sueddeutsche.de/wissen/ueberschallflugzeug-concorde-gutachten-icct-fluglaerm-1.4309196, zugegriffen am 12.08.2020)

NZZ 2018: Jetzt kommen die neuen Überschallflugzeuge. (https://www.nzz.ch/wissenschaft/jetzt-kommen-die-neuen-ueberschallflugzeuge-ld.1392478, zugegriffen am 06.12.2018)

Condo Hotel → **Condominium Hotel**

Condominium Hotel

Condominium, condo (engl.) = Eigentumswohnung. Ein Condominium Hotel ist ein Hoteltyp, bei dem private Investoren die Möglichkeit haben, einzelne Zimmereinheiten zu kaufen. Nach außen tritt das Hotel als Einheit auf, die von einer Hotelgesellschaft unter einem Markennamen betrieben wird.

Vorstellbar ist eine Konstellation, bei der Projektentwickler die Hotelimmobilie konzipieren, bauen und einzelne Zimmereinheiten an private Anleger veräußern. Diese nutzen die Zimmereinheiten über das gesamte Jahr oder über eine vertraglich bestimmte Anzahl von Tagen pro Jahr. Die eingebundene Hotelgesellschaft vermarktet die Zimmer dann für die restliche Zeit des Jahres. Der Erlös aus der Zimmervermietung wird zwischen Hotelbetreiber und Eigentümer auf Basis eines Pachtvertrages (→ Hotelpacht) oder eines → Managementvertrages aufgeteilt. Neben der Vermarktung übernimmt die Hotelbetreibergesellschaft die laufende Unterhaltung und administrative Aufgaben. Die privaten Investoren profitieren von Mieterlösen, möglichen Wertsteigerungen und Steuervorteilen. (Jones Lang Lasalle Hotels 2006, S. 6 ff.; Penner, Adams & Robson 2013, S. 234 ff.)

Condominium Hotels liegen in ausgewählten Ferienregionen und Metropolen; die Märkte in Asien und USA sind weiterentwickelter als in Europa. Von ihrem Standard her sind sie häufig dem First Class- und Luxussegment zuzuordnen. Im Rahmen von *mixed-use*-Konzepten werden Condominium Hotels in konventionelle Hotels integriert und um Einzelhandelsflächen, Büroflächen und Fitnessclubs ergänzt. Durch die Einbindung von renommierten Hotelgesellschaften als Betreiber lassen sich beim Verkauf der Zimmereinheiten an private Investoren überdurchschnittliche Preise erzielen.

Zu einer Abgrenzung von artverwandten Hoteltypen siehe Jones Lang Lasalle Hotels 2006; Penner, Adams & Robson 2013, S. 237; Vallen & Vallen 2018, S. 46 ff. (wf)

Literatur

Jones Lang Lasalle Hotels (ed.) 2006: Focus@n: Condominium Hotels – Europe's Latest Hotel Phenomenon, New York

Penner, Richard H.; Lawrence Adams & Stephani K. A. Robson 2013: Hotel Design. Planning and Development. New York, London: W. W. Norton & Company (2nd ed.)

Vallen, Gary K.; Jerome J. Vallen 2018: Check-In Check-Out: Managing Hotel Operations. Boston: Pearson (10th ed.)

Connecting rooms → **Zimmertypen**

Connection Code Share

Umsteigeverbindungen zwischen zwei Orten, die als Gemeinschaftsflüge von → Codesharing-Partnern durchgeführt werden. Beispiel: Stuttgart – Chiang Mai (Thailand). Der Zubringerflug von Stuttgart nach Frankfurt Rhein/Main wird von der → Lufthansa durchgeführt, gleichzeitig aber auch unter einer Thai Airways → Flugnummer angeboten. Zwischen Frankfurt Rhein/Main und Bangkok fliegen Thai oder Lufthansa als → Point-to-Point Code Share. Der → Anschlussflug von Bangkok nach Chiang Mai wird von der Thai wieder als Gemeinschaftsflug unter eigener und unter einer Lufthansa-Flugnummer durchgeführt. (jwm/wf)

Continental breakfast → **Frühstücksarten**

Continental plan → **Übernachtung mit Frühstück**

Controlling

1 Controlling: Informationsdienstleistung im Führungsregelkreis Eine Unternehmung zu führen, bedeutet das Treffen, Realisieren und Überprüfen von Entscheidungen genereller, strategischer und operativer Art. Die realisierbare inhaltliche Qualität dieser Führungsaufgaben hängt dabei im Wesentlichen von einer leistungsfähigen Informationsversorgung ab. Daher muss die Unternehmensführung bestrebt sein, ein adäquates Management-Informationssystem aufzubauen, das diesen komplexen Führungsprozess auf allen Ebenen mit einem umfassenden Informationsgewinnungs-, -verarbeitungs- und -abgabeprozess begleitet. Der Aufbau wie die problemadäquate Konfiguration derartiger Informationssysteme werden damit zu einem wesentlichen Wettbewerbsfaktor, versetzten sie doch die Führung in die Lage,
– frühzeitig sich andeutende Probleme zu erkennen,
– die Unternehmensmitglieder entsprechend einzustimmen,
– aktiv durch die erforderliche Bündelung von sachlichen, finanziellen und personellen Ressourcen auf Herausforderungen gestaltend und lenkend einzuwirken und somit
– die Lebens- und Entwicklungsfähigkeit der Unternehmung im Wettbewerb zu verbessern.

Controlling als Hauptbestandteil eines solchen Management-Informationssystems übernimmt die Aufgabe, die Planung, Steuerung und Kontrolle des Unternehmensgeschehens informationell, vorrangig mit Hilfe der Zahlen des Rechnungs- und Finanzwesens, aber auch mit nicht-quantitativen Informationen, zu unterstützen und damit das Streben nach einer optimalen Ergebniserwirtschaftung mit zu ermöglichen (Hahn & Hungenberg 2001, S. 272). Erreicht werden soll auf diesem Wege eine Verbesserung der Entscheidungsqualität für alle am Entscheidungsprozess Beteiligten (Reichmann, Kißler & Baumöl 2017, S. 19).

Controlling als Aufgabe des Controllers umfasst grundsätzlich die informationelle Mitwirkung bei der zielorientierten Lenkung (»to control«) der Unternehmung als Ganzes, ihrer einzelnen Teilbereiche wie auch der erforderlichen Projekte. Lenkung bedeutet dabei nach systemischem Verständnis die einem problembehafteten Ereignis zeitlich vorlaufende Steuerung zur Vermeidung oder Abmilderung möglicher Risiken wie auch die situative Regelung unter dem Druck eines eingetretenen (Stör-)Ereignisses (Ulrich & Probst 1991, 78 ff.). Hierzu muss das Controlling eine angemessene Informationsinfrastruktur aufbauen und sicherstellen, dass die einzelnen entscheidungsrelevanten Aktivitäten der Unternehmensteilbereiche sinnvoll aufeinander abgestimmt werden. In diesem Sinne wirkt Controlling systembildend – z. B. durch den Aufbau einer leistungsfähigen Kosten- und Leistungsrechnung oder die Gestaltung eines zweckgerechten Planungsablaufs – wie auch systemkoppelnd – z. B. im Zuge der integrativen Moderation des inhaltlichen Budgetierungsprozesses (Horváth, Gleich & Seiter 2020, S. 87 f. und S. 135 f.).

Durch ein geeignetes System der Informationsbeschaffung, -verarbeitung und -bereitstellung wird ein ergebnisorientiertes Denken bei allen Entscheidungen und Handlungen in der Unternehmung gefördert und in seinen Konsequenzen analysiert und überwacht. Controlling trägt somit dazu bei, die grundsätzlich unsichere Unternehmensentwicklung gedanklich transparenter zu machen und auf die gesteckten Unternehmensziele hin auszurichten. Damit bewegt sich ein Controller in seinem formalen Aufgabenspektrum in folgendem konkreten Aktivitäten-Viereck, das er integrativ zu bewältigen hat (Huber 2000, S. 45 ff.; Schröder 2003, S. 27 ff.; Schroeter 2002, S. 77 ff.; Weber & Schäffer 2016, S. 269 ff.; zum Gesamtprozess vgl. auch Abbildung 9):

1.1 Informationsaufgabe Informationen bilden den Kerninhalt eines Controllingsystems. Das Controllingsystem hat sicherzustellen, dass die erforderlichen Informationen (Soll-, Ist-, Wird-Informationen) problembezogen, adressatengerecht verdichtet (z. B. in Form von Kennzahlen, → Return on Investment) sowie rechtzeitig verfügbar sind. Für diese Informationsaufgabe bietet ein adäquat ausgebautes Rechnungs- und Finanzwesen die Grundlage, gestützt auf eine leistungsfähige Informations- und Kommunikationstechnologie. Der Controller unterstützt auf dieser Grundlage die Führungskräfte bei ihrer Planungstätigkeit, informiert in regelmäßigen Abständen über den jeweiligen Geschäftsverlauf und damit den Zustand der Planrealisierung und schafft die informationellen Grundlagen zur Ermittlung von Abweichungen sowie ihrer Interpretation. Controlling erhöht damit die Chance, eine Sensibilisierung der Entscheidungsträger für ihre operativen wie strategischen Aufgaben zu erreichen. Diese generelle Informationsaufgabe lässt sich auf den einzelnen Stufen des Führungsprozesses (siehe Abschnitt 1.2 bis 1.4) weiter konkretisieren.

1.2 Planungsaufgabe Im Rahmen der Planungsaufgabe unterstützt das Controlling den Prozess der Aufstellung, Abstimmung und Verabschiedung von Teilplanungen im Zuge des unternehmensweiten Entscheidungsprozesses. Der Controller übernimmt hierbei insbesondere Initiativ-, Informations- und Beratungsfunktionen, aber keine Entscheidungsaufgaben (vgl. auch Abschnitt 4 »Controlling-Organisation«). Der Controller hat auf die Formulierung operationaler Ziele zu achten, sorgt für eine Kongruenz von Kompetenz und Verantwortung im Planungssystem und nimmt so Einfluss auf eine realistische und inhaltlich konsistente Formulierung der Zielvorgaben bzw. -vereinbarungen auf den unterschiedlichen Führungsebenen. Inhaltlich liegt der Schwerpunkt der Controllingaufgaben auf der Bewertung erarbeiteter Entscheidungsalternativen, wobei als zentrales Instrument die Planungsrechnung in unterschiedlichen Varianten und zeitlicher Reichweite (Plankostenrechnungssysteme, Investitionsrechnungsverfahren, projektbezogene Sonderrechnungen, Sensitivitätstests, Simulationen usw.) auch unter Einbezug qualitativer Informationen zur Verfügung steht.

1.3 Steuerungsaufgabe Mit der Steuerungsfunktion soll die zukunftsorientierte Ausrichtung der Unternehmung ermöglicht werden. Das Controlling übernimmt hierbei die Integrationsaufgabe, die einzelnen suboptimalen Lösungen von Unternehmensteilbereichen (Funktions-, Geschäfts- oder Regionalbereiche) bzw. auf unterschiedlichen Planungsebenen (strategisch wie operativ) auf die übergeordneten Unternehmensziele hin zusammenzuführen und zu vernetzen. Hierzu ist es erforderlich, das Controllinginstrumentarium ständig weiterzuentwickeln und auszubauen. Für die Akzeptanz der Controllerarbeit in der Unternehmung und damit die erfolgreiche Umsetzung dieser Teilaufgabe sind das fachliche und methodische Wissen, aber auch die persönlichen Eigenschaften und sozialen Fähigkeiten des Controllers im Kommunikationsprozess mit den einzelnen Fachabteilungen und der Geschäftsleitung von ausschlaggebender Bedeutung. Gleichzeitig unterstützt das Controlling die Führung in ihrer inhaltlichen Steuerungsaufgabe durch die Verfolgung und Überprüfung von definierten → Meilensteinen sowie die Hochrechnung von möglichen Entwicklungspfaden (Wird-Ist-Analyse) während der Entscheidungsrealisierung, um rechtzeitige zielorientierte inhaltliche Korrekturen durch die Unternehmensführung zu ermöglichen. Hierin deutet sich bereits die vierte Controllingaufgabe an, die Analyse und Kontrolle.

1.4 Kontroll- und Analyseaufgabe Die Durchführung von ergebnisorientierten Kontrollen (laufend oder fallweise) wird zumeist – und damit wie gesehen inhaltlich unzureichend – direkt mit dem Begriff »Controlling« assoziiert. Diese Kontrollprozesse können ergebnis- oder verfahrensorientiert durchgeführt werden. Dabei geht es allerdings bei der Ermittlung von Soll-/Ist-Differenzen weniger um Schuldzuweisungen, sondern um einen zentralen inhaltlichen Baustein im kybernetischen Regelkreis. Der Schwerpunkt controllingrelevanter Analysen ist in der Ursachenerkennung von Planabweichungen zu sehen. Auf diesem Wege regt Controlling in seiner diagnostischen Leistung die Wahrnehmung neuer, wiederum entscheidungsrelevanter Problemstellungen an und eröffnet gleichzeitig auch die Chance zur Entstehung von Lernprozessen und damit zur Bildung, Anreicherung, Modifikation und Entwicklung einer wettbewerbsorientierten Wissensbasis der Unternehmung.

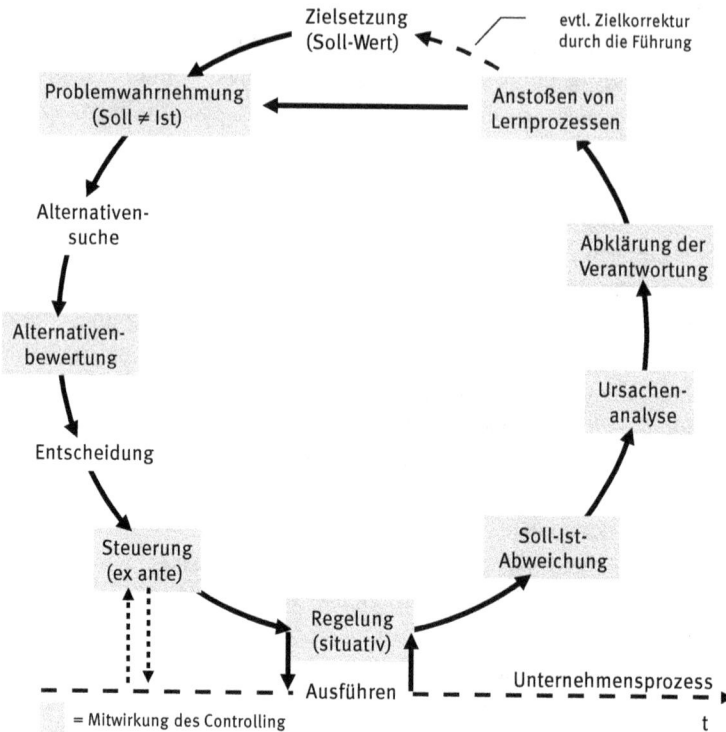

Abb. 9: Controlling im Führungsregelkreis

Zusammenfassend lässt sich damit folgendes Bild der Controlling-Aufgabe in Unternehmungen zeichnen (ähnlich Internationaler Controller Verein 2013):

- Controlling ist eine Navigationsaufgabe, wirkt in Richtung einer zielorientierten Ergebnissteuerung und -sicherung und damit in Richtung Unternehmenserfolg.
- Controlling ist stets zukunftsorientiert und frühwarnend ausgerichtet.
- Controlling zeigt Engpässe auf und weist Wege zu ihrer Bewältigung.
- Controlling deckt Abweichungen auf und stößt Entscheidungsprozesse an.
- Controlling macht die bestehenden Wechselwirkungen durch ein ganzheitlich vernetztes Denken transparent und regt Lernprozesse an.
- Controlling entwickelt und pflegt entscheidungsunterstützende Informationssysteme zur Sicherung einer entscheidungsadäquaten Datenqualität.
- Controlling leistet als Partner des Managements betriebswirtschaftliche (Anwendungs-) Beratung für die Entscheidungsträger in der Unternehmung und ist grundsätzlich als eine Dienstleistungsfunktion zu verstehen und umzusetzen.

2 Controlling-Ebenen

2.1 Operatives Controlling Gegenstand des operativen Controllings ist die ergebnisorientierte Kursfixierung und Kurseinhaltung innerhalb eines Berichtsjahres (es sind in Abhängigkeit von der Branchendynamik auch kürzere oder bei jahresübergreifenden Projekt-Controllingaufgaben auch entsprechend längere Berichtszeiträume denkbar). Diese für die Controllingfunktion in der Unternehmung zumeist als typisch angesehene Aufgabe hilft, „... von der Rückschaurechnung der Finanzbuchhaltung den Blick nach vorne zu lenken und – auch innerhalb des begrenzten Zeitraums der Einjahresperiode – rechtzeitig Maßnahmen einzuleiten, sofern sichtbar wird, dass das Unternehmen von dem durch die Planung gesetzten Kurs abweicht. Das operative Controlling liefert den Werkzeugkasten, der sich mit in Zahlen verdichteten Informationen ... beschäftigt und Basis der kurzfristigen Gewinnsteuerung im Unternehmen ist" (Schröder 2003, S. 107). Hierzu benutzt das operative Controlling das betriebliche Rechnungswesen (Kosten- und Leistungsrechnung), das zu einer ergebnisorientierten Planungs- und Kontrollrechnung ausgebaut wird. Damit bestimmt insbesondere die realisierte Qualität dieser betrieblichen Informationsbasis (Vollständigkeit, Genauigkeit, Aktualität wie auch Flexibilität) sowie die jeweilige Ausbausituation des vorhandenen Kostenrechnungssystems (Voll- und/oder Teilkostenrechnung, Ist- und/ oder Plankostenrechnung) im Kern die Informationssituation zur Realisation operativer Controllingaufgaben. Eine zentrale Funktion zur Planung, Steuerung und Kontrolle der Ergebniswirtschaftlichkeit nimmt dabei im Zuge des operativen Controllings die → Budgetierung von Kosten und Erlösen ein.

Als zentrale Orientierungsgrößen zur Wahrung dieser Steuerungs- und Regelungsfunktion werden im Zuge eines operativen Controllings Kennzahlen wie Umsatz, variable und fixe Kosten, kalkulatorischer Gewinn, → Deckungsbeitrag, Gewinnschwelle, → Rentabilität oder → Cash Flow als Ganzes wie auch in ihrer strukturellen Zusammensetzung erarbeitet und ausgewertet. Zur Planung und Ermittlung dieser Kennzahlen hat sich im Verlaufe der Zeit ein überaus umfangreicher Methodenkasten des operativen Controllings herausgebildet. Er reicht von der Plankosten- und Grenzplankostenrechnung und ihren Abweichungsanalysen über Varianten der kurzfristigen Erfolgsrechnung, ein- und mehrstufige Deckungsbeitragsanalysen mit Blick auf Produkte, Kunden oder Gebiete, Break-Even-Simulationen für Ein- und Mehrproduktunternehmungen oder auch → ABC- und Wertanalysen bis hin zu umfangreichen Prozesskostenrechnungssystemen (Vollmuth 2017, S. 16 ff.).

2.2 Strategisches Controlling Der Schwerpunkt des operativen Controllings liegt auf der Steigerung der Effizienz des Managementprozesses durch eine fundierte Informationsbeschaffung, -aufbereitung und -weitergabe (»Die Dinge richtig tun!«) sowie der Entwicklung der dazu geeigneten Instrumente vornehmlich aus dem Umfeld der Kosten- und Leistungsrechnung. In den letzten Jahren hat sich zunächst noch recht zögerlich, mittlerweile jedoch zunehmend auch in der betrieblichen Realität, die strategische Controllingarbeit sowohl in der Wahrnehmung seitens der Unternehmensführung als auch im Selbstverständnis der Controller durchgesetzt und instrumentell verfestigt (Weber 2005, S. 9 f.). Diese Entwicklung ist nicht zuletzt auch auf die zunehmende Bedeutung einer wertorientierten Unternehmensführung (Shareholder Value-Management) zurückzuführen (Coenenberg & Salfeld 2003, S. 10 ff.; Kaplan & Norton 1997, S. 7 ff.; Rappaport 1995). Seinem Wesen nach ist ein strategisches Controllingkonzept auf die Überprüfung der Sinnhaftigkeit des Führungshandelns wie des dazu erforderlichen Ressourceneinsatzes ausgerichtet (»Die richtigen Dinge tun!«) und folgt als Orientierungslinie der Wahrung der »Effektivität«. Aufgabe des strategischen Controllings ist es daher, „... dafür zu sorgen, dass heute Maßnahmen ergriffen werden, die zur zukünftigen Existenzsicherung beitragen. Das heißt, es sind heute systematisch zukünftige Chancen und Gefahren zu erkennen und zu beachten und damit Erfolgspotenziale für die Zukunft aufzubauen" (Schröder 2003, S. 233). Zur Wahrnehmung dieser Aufgaben richtet die strategische Controllingarbeit

– ihren Zeithorizont längerfristig aus (je nach Branchendynamik zwischen etwa 2 und 5 Jahren, selten auch länger),
– bezieht neben der typischen quantitativen Orientierung des Operativen in besonderem Maße auch qualitative, eher »weiche« Informationen in ihre Aktivitäten ein,
– wendet den Blick von der eher internen, unternehmensprozessorientierten und -optimierenden Sicht des operativen Controllings nunmehr verstärkt auch nach außen auf den Zustand wie die Entwicklung des Unternehmensumfeldes und
– befasst sich somit mit den Einflussfaktoren wie auch Optionen einer nachhaltigen Unternehmensentwicklung.

Die Analyse von aktuellen wie zukünftigen Erfolgsquellen sowie die Entwicklung langfristig angelegter Konzepte zur Zukunftssicherung einer Unternehmung stehen somit im Mittelpunkt strategisch angelegter Planungs-, Steuerung- und Kontrollsysteme (Baum, Coenenberg & Günther 2013, S. 8 ff.), die es informationell zu unterstützen gilt. Damit rücken nunmehr das Potenzial von Leistungsprogrammen, Märkten, Wertschöpfungsprozessen und Ressourcen (→ Strategie/Strategisches Management) in das Blickfeld der Controllingaufgaben (Simon 2014, S. 36 ff.).

Verfolgt man den strategischen Planungsprozess und seine Objekte anhand der oben skizzierten Problemstellungen, so wird deutlich, dass die Informationsarbeit des strategischen Controllers durch eine stark subjektivierte, von erheblicher Prognoseunsicherheit durchdrungene und mehrdeutige, also schlecht-strukturierte Datenbasis gekennzeichnet ist (Simon 2007, S. 398 ff.). Für die Ausgestaltung der strategischen Controllerarbeit ergeben sich dadurch eine Reihe von Aufgaben und Konsequenzen:

- die Mitwirkung bei der Analyse der relevanten Umwelt und des relativen Leistungspotenzials der Unternehmung im Zuge der SWOT-Analyse (Strength, Weaknesses, Opportunities, Threats) sowie die Interpretation der Ergebnisse und die Prognose des daraus abzuleitenden Handlungsbedarfs für die Zukunft,
- die Mitwirkung beim Aufspüren und Beobachten neuartiger, eventuell strategierelevanter »schwacher« Signale durch den Aufbau eines strategischen Frühaufklärungssystems,
- die Moderation des Entwurfs alternativer Szenarien (»best case«, »worst case«, realistisch),
- Hochrechnungen und Interpretationen strategischer Konsequenzen von möglichen Trendbrüchen und Diskontinuitäten für das bisherige strategische Programm mittels Gap-Analysen. Aufzudecken sind marktliche, technologische, personelle und finanzielle strategische Lücken,
- die Verdeutlichung der aktuellen strategischen Positionierung (Portfolio-Analyse) anhand von Kennzahlen wie Umsatzentwicklung, Rentabilität, Cash Flow, Marktanteil (absolut und relativ) oder Wertsteigerungsbeitrag der einzelnen Geschäftsfelder sowie die Hochrechnung dieser Werte für den strategischen Prognosezeitraum,
- die Bewertung strategischer Investitionsprojekte (Produkt, Märkte, Kunden, Technologien, Standorte) anhand von Investitionsrechnungsverfahren (statisch, dynamisch, Nutzwertanalyse, Sensitivitätstests),
- die Mitwirkung bei der Steuerung strategischer Projekte wie auch
- die permanente Begleitung aller strategischer Prozessschritte durch eine leistungsfähige strategische Kontrolle und Analyse zur Sicherstellung des strategischen Entwicklungsprozesses (Steinmann & Schreyögg 2013, S. 249 ff.).

Um der Gefahr einer kurzfristigen Steuerung von Strategien über die herkömmlichen ausschließlich quantitativen Kennzahlen des Ergebnis- und Finanzwesens zu begegnen (→ Return on Investment) und den Aufbau langfristiger Erfolgspotenziale zu unterstützen, greift das strategische Controlling zunehmend auf das Instrument der → Balanced Scorecard zur Unterstützung des Entwurfs wie auch der Implementation strategischer Konzepte zurück.

3 Controlling-Objekte touristischer Unternehmungen Über die vergangenen Jahre hinweg haben sich unter dem Eindruck ständig zunehmender marktlicher, technologischer, politischer wie auch gesellschaftlicher Turbulenzen in Unternehmungen der Tourismusbranche professionelle Controllingsysteme verbreitet. Dies trifft insbesondere auf große, weltweit agierende Konzernunternehmungen im Veranstalterbereich und in der Hotellerie zu (Kaspar 1995, S. 181; Holleis 1992, S. 9 f.; Gewald 2001, S. 1), deren ausgereifte Management-Informationssysteme als selbstverständlicher Kernbestandteil eines zukunftsfähigen Führungskonzeptes gelten und denen anderer Branchen in nichts nachstehen. In gleichem Maße zeigen sich allerdings in mittelständischen und insbesondere in kleineren lokalen oder regional tätigen Unternehmungen (lokale Reisebüros [→ Reisemittler], Familienhotels, regionale → Reiseveranstalter oder öffentliche Tourismusstellen [→ Touristinformation]) häufiger noch deutliche Defizite im Umgang mit Controllinginstrumenten. Mangelnde einschlägige Kenntnisse und fehlende Erfahrungswerte sowie das Vertrauen auf ein bisher tragendes intuitives "Gespür" für das Geschäft lassen eine entsprechende Controllingphilosophie nur langsam und meist nur unter dem Druck wirtschaftlichen Misserfolgs entstehen. Allzu oft wird der Aufbau eines führungsunterstützenden Controllingsystems eher als überflüssige Investition angesehen (vgl. die Berichte bei Huber 2000, S. 21 und Swillims 2002, S. 21). Diese Einschätzung muss mit Nachdruck korrigiert werden:

– Das Handlungsumfeld kleiner und mittelständischer touristischer Unternehmungen hat sich in den letzten Jahren massiv verändert. Marktliche und insbesondere auch technologische Veränderungen (z. B. Buchungsplattformen) stellen bspw. die Reisebürobranche vor existenzielle Herausforderungen, politische Krisen oder Naturkatastrophen, Epidemien schlagen durch die Globalisierung der Produktpaletten unmittelbar in den geschäftlichen Erfolg auch klein- und mittelständischer Anbieter durch. Überkommene Führungsrezepte sind daher nur noch sehr bedingt tauglich.

– Ein robustes Kern-Controlling lässt sich in jeder Unternehmensgröße und jeder Branche realisieren. Einige wenige Grundkennzahlen aus der Buchführung sind grundsätzlich verfügbar, einige wenige grundlegende strategische Überlegungen zur Verdeutlichung der zu erwartenden Unternehmensentwicklung sind generell möglich, wenn sich die Führung mit der wirtschaftlichen Entwicklung ihrer Unternehmung systematisch befassen will. Diese Grundinformationen sind auch dringend nötig, um Unternehmungen im rauen und dynamischen Wettbewerb touristischer Leistungen auf Kurs zu halten. Bei kleineren Betriebsgrößen, die über eine nur geringe funktionale Differenzierung ihrer Verwaltungsaufgaben verfügen, wird dabei auch die Sicherung der Liquidität als »Sauerstoff« der Unternehmung in die Controllingsicht zu integrieren sein. Die Wahrung des finanziellen Gleichgewichts als unabdingbare Voraussetzung der Unternehmensexistenz, eine grundsätzliche Verzinsung eingesetzten Eigenkapitals sowie die dauerhafte Sicherung der

Unternehmenssubstanz sind essentielle Fragen jeder Unternehmensführung und müssen durch entsprechende Informationen unterstützt werden.

– Auch wenn Controlling nicht als eigenständige Funktion im Organigramm der Unternehmung ausgewiesen ist, heißt dies nicht, dass die Geschäftsleitung Controlling als verzichtbar ansehen kann. Vielmehr betreiben viele Unternehmer intuitiv Controlling, ohne dies zu institutionalisieren. Wichtig ist, dass der Controllinggedanke gelebt, in Controllingkategorien gedacht wird und der Unternehmer sich verdeutlicht, dass ein »sich treiben lassen« oder Führen mit »Bauchgefühl« oder »Daumenpeilverfahren« (Huber 2000, S. 21) nur zufällig zum Erfolg führen kann, er die Kontrolle über sein eigenes Handeln somit dem »Schicksal« überlässt.

Bei aller Heterogenität touristischer Betriebe und touristischer Produkte ist allen Unternehmungen dieses Branchenfeldes gemeinsam, dass ihre Controllingobjekte in besonderem Maße durch die Eigenheiten touristischer Leistungen, ihren Dienstleistungscharakter und den sich daraus ergebenden typischen Prozess der Leistungserstellung und -verwertung geprägt sind. Die anstehenden Steuerungsaufgaben müssen sich daher insbesondere mit folgenden Problemen auseinandersetzen (Fischer 2000, S. 2 f.):

– Die Immaterialität und damit fehlende Speicherbarkeit touristischer Leistungen erfordert eine besonders intensive Untersuchung der Beziehungen von Leistungserstellungskapazitäten und Nachfrage im Zuge eines Fixkosten- bzw. Leerkosten-Controllings. Der Fixkostencharakter einer Vielzahl von Kostenarten (teilweise bis zu 90 % des Kostenvolumens) führt aufgrund erheblicher Kostenremanenzen (anlagebedingte Kosten, Personalkosten) häufig zu Problemen bei einem erforderlichen raschen Marktaustritt bzw. einer strategischen Umorientierung.

– Die Kosten der Dienstleistungsunternehmung enthalten somit überproportional hohe Kostenanteile der Betriebsbereitschaft, so dass den Leistungen über proportionale Schlüsselungen entsprechend hohe Gemeinkostenanteile zugerechnet werden müssen, was je nach Ausbaustufe und Qualität des Kostenrechnungssystems zu deutlichen Verzerrungen der Informationen und daraus resultierenden Fehlentscheidungen bei der Beurteilung von Produkten, Märkten und Personen führen kann.

– Die Qualität der → Dienstleistungen schwankt und ist nicht eindeutig definiert, was zu nachhaltigen Messproblemen führt.

Dennoch haben sich im Controlling von Tourismusunternehmungen eine ganze Reihe von insbesondere operativen Controllinginstrumenten, -methoden und -systemen herausgebildet, die entweder aus allgemeinen Konzepten analog übertragen und angepasst wurden oder eigenständige Entwicklungen der Branche darstellen. Hierzu zählen bspw. integrierte → Back-Office-Systeme, die neben klassisch buchhalterischen Aufgaben insbesondere auch über ihre Auswertungsinstrumente die Realisierung umfangreicher operativer Controllingaufgaben ermöglichen. In Reisebüros dienen sie z. B. zur datenbankgestützten Dokumentation und Interpretation des gesamten Leistungserstellungs- und -verwertungsprozesses. Ermöglicht werden u. a. die Anbindung an gängige → Reservierungssysteme, die Erfassung kundenspezifischer Profil-Daten oder auch die Verbuchung der laufenden Geschäftsvorfälle im branchenspezifischen Kontenrahmen. Diese Datenbasis ermöglicht dann u. a.:

- Erlös- und Provisionskontrollen,
- die ergebnisorientierte Steuerung von Produkten und Kunden,
- eine umfassende betriebswirtschaftliche Analyse zur Beurteilung des Geschäftsganges oder auch
- die Überwachung der Ergebnis- und Liquiditätsentwicklung.

Im Verbund mit entsprechenden Kennzahlenübersichten und grafischen Auswertungen steht damit ein Informations-Cockpit zur Sicherung der Prozesstransparenz zur Verfügung, das bspw. auch unter Bereitstellung der geeigneten IT-Infrastruktur die datenbasierte Steuerung von regional verteilt agierenden Filialen z. B. in der → Reisebürokette ermöglicht:

- Budgetierungssysteme in der Hotellerie, die den Beherbergungs- und Gastronomiebereich durchleuchten und planerisch zugänglich machen (Gewald 2001, S. 100 ff.; Swillims 2002, S. 105 ff.; Widmann 2016, S. 447 ff.). In der langen Tradition des → Uniform Systems of Accounts for the Lodging Industry steht ein amerikanisches, aber international anerkanntes Betriebsabrechnungssystem als Orientierungsrahmen zur Ermittlung und Analyse des betrieblichen Ergebnisses aus Teilkostenrechnungsperspektive zur Verfügung, das sich auch für kleinere und mittelgroße Hotels in Deutschland eignet (Scheefer 2016, S. 383 ff.).
- Prozesskosten-Analysen zur Durchleuchtung des Fixkostenblocks z. B. bei Reisebüros, Hotelbetrieben oder → Fluggesellschaften. Ziel ist es, auf diesem Wege zum einen die Klärung der Kostenbelastung einzelner Prozessaktivitäten (→ Prozessorganisation) herbeizuführen und zum anderen die Steuerung der Fixkosten zu den sie verursachenden Leistungen durch die Identifizierung der relevanten Kostentreiber zu realisieren, um so Fehlsteuerungen in der Kostenstruktur von Leistungen, wie sie durch die pauschale Schlüsselungen von Gemeinkosten in traditionellen Vollkostensystemen immer wieder zu beobachten sind, zu vermeiden.

–   Revenue-/Yield-Management-Systeme (→ Ertragsmanagement) zur dynami-
     schen ergebnisorientierten Auslastungssteuerung fixer Kapazitäten bei Flug-
     gesellschaften und Hotels (Hilz 2011, S. 531 ff.; Krüger 1990, S. 245). So ist es
     bspw. in der Hotellerie das Ziel des Yield Managements, „... die richtige quan-
     titative und qualitative Anzahl von Hotelzimmern der richtigen Anzahl und
     der richtigen Art von Gästen zum richtigen Aufenthalts- und Buchungszeit-
     punkt zum richtigen Preis anzubieten" (Schrand & Schlieper 2016, S. 289).
     Mittels Marktsegmentierung, preislicher Differenzierung des Angebotes in
     Abhängigkeit von Leistungsinhalt und Terminierung der Nachfrage, Kontin-
     gentierung des Angebotes und Überbuchung wird unter Einsatz computerge-
     stützter Optimierungsmodelle das Ziel der Ergebnisoptimierung angestrebt.

Mit zunehmender → vertikaler Integration von touristischen Aktivitäten und den
sich daraus entwickelnden integrativen Strukturen global agierender Tourismuskonzerne rücken generelle, weniger branchenaffine Controllingaktivitäten wie die
ergebnisorientierte Steuerung von Geschäftsfeldern (Controlling von Produkten,
Marken, Zielgebieten), die Gestaltung interner Verrechnungspreissysteme oder
das Controlling von Beteiligungen zunehmend in den Mittelpunkt des Interesses.
Wie häufig in Konzernstrukturen wird dabei Synergien nachgespürt, werden Risiken zu streuen versucht und durch eine weitgehende Steuerung der Wertschöpfungskette auf den unterschiedlichen Leistungsstufen eine Bündelung der Rendi-
techancen und damit eine ganzheitliche Wertsteigerungsstrategie verfolgt. Diese
Beispiele zeigen bereits deutliche Verbindungen zu strategischen Überlegungen
der Positionierung im Wettbewerb bzw. der Gestaltung und Steuerung der Wertschöpfungskette auf. So verwundert es kaum, dass – wenn auch noch vorwiegend
in größeren touristischen Organisationen – mittlerweile weitere strategische Ana-
lyseinstrumente wie bspw. Frühaufklärungssysteme, Portfolio-Analysen, → Balanced Scorecard-Anwendungen oder auch dynamisierte Investitions- oder Customer Lifetime Value-Rechnungen mit Erfolg eingesetzt werden.

4 Controlling-Organisation   Die effiziente Realisierung der Controllingarbeit in
einer Unternehmung macht eine Reihe von Rahmenentscheidungen erforderlich. Neben der Sicherstellung der informations- und abrechnungstechnischen,
der personellen und führungsstrukturellen Voraussetzungen zur Umsetzung des
Controllingauftrages kommt insbesondere der strukturellen Einbindung der Controllingfunktion in das organisatorische Gefüge einer Unternehmung eine zentrale Bedeutung für das realisierbare Leistungsprofil zu (zu einer empirischen Studie
der Controlling-Infrastruktur Exner-Merkelt & Keinz 2005). Zur Einordnung der
Controllingfunktion stehen dabei eine begrenzte Anzahl von alternativen Struk-
turierungsformen zur Verfügung. Als wesentliche Einflussfaktoren für die Wahl

der zu realisierenden Alternative lassen sich insbesondere die Größe der Unternehmung sowie der realisierte Führungsstil herausheben:

- In kleinen Unternehmensgrößen wird die Controllingaufgabe bewusst oder unbewusst in der Regel vom Eigentümer oder der Eigentümergruppe mit ausgefüllt. Je nach fachlichem und methodischem Kenntnisstand über den Nutzen und den Einsatz unterschiedlicher Controllinginstrumente sollten zumindest einige grundlegende, »robuste« Tools aus dem Methodenkasten der kosten- und leistungsrechnungsgestützten betriebswirtschaftlichen Analyse sowie der finanziellen Sicherung der Unternehmung zum Einsatz kommen. Nicht selten wird die Controllingaufgabe extern an einen Steuerberater delegiert, was nicht selten zu konkurrierenden Informationsinteressen einer unternehmerischen, entwicklungsorientierten vs. einer Steuerzahlungen vermeidenden Interpretation des Unternehmensgeschehens führt.

- Die organisatorische Umsetzung der Controllingaufgabe mittels einer Stabsstelle oder -abteilung kommt dem Charakter des Controllings als Dienstleistungsfunktion bereits recht nahe. Stabsstellen sind Hilfsstellen ohne Leitungsfunktion, die einer Instanz beigeordnet werden (vgl. Abbildung 10). Die organisatorische Zwecksetzung einer Stabsstelle besteht darin, ihre jeweilige Leitungsstelle quantitativ oder qualitativ zu entlasten. Das Hauptgewicht liegt dabei in der entscheidungsvorbereitenden Beratung und Information der Linienstelle. In dieser Interpretation kann dann eine als Stab organisierte Controllingabteilung als ein Spezialisten-Stab mit fachlichen Beratungsaufgaben interpretiert werden. Diese Lösung findet sich typischerweise bei kleineren Unternehmensgrößen, in denen sich das Controlling zum ersten Mal als eigenständige Aufgabe aus der allgemeinen Unternehmensführungsaufgabe organisatorisch emanzipiert. Die weiterhin gegebene starke Anbindung an die Unternehmensleitung sichert dieser die Kontrolle über Aufgaben und Verfahrensweisen der Controllingarbeit und betont die vorherrschende Zentralisierung der Informationshoheit an der Unternehmensspitze. Darüber hinaus stellt eine derartige Lösung eine noch recht kostengünstige Realisierung eines Controllerdienstes dar.

Abb. 10: Controlling als Stabsstelle

– Die Einordnung des Controlling-Bereichs als Linienfunktion stellt die Controllingabteilung auf eine Ebene gleichberechtigt zu den übrigen Linienfunktionen. Sie ist daher mit den gleichen Rechten und Pflichten ausgestattet. Aufgrund des erheblichen Informationsvorsprungs dürfte sich allerdings zunehmend ein »Übergewicht der quantitativen Argumente« bei der Controllingabteilung bilden. Damit besteht die Gefahr, dass die Controllingabteilung ihren Dienstleistungscharakter zunehmend verliert und aktiv in das inhaltliche Management der Unternehmung eingreift. Dennoch lässt sich diese Variante bei allen Unternehmensgrößen mit zunehmender Bedeutung der Controllingarbeit immer wieder finden.

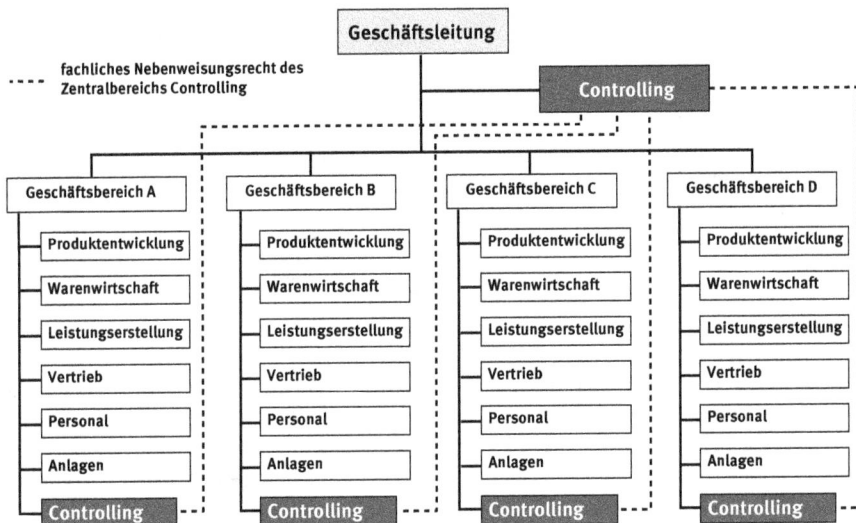

Abb. 11: Controlling als Zentralbereich mit funktionalem Nebenweisungsrecht und dezentralen Bereichscontrollern

– Zentralstellen bzw. -abteilungen oder -bereiche dienen in Unternehmungen hingegen zur Erfüllung stellenübergreifender, querschnitthafter Aufgaben. Dabei können sich die Zentralabteilungen entweder bestimmter, grundsätzlich im organisatorischen Aufbau vernachlässigter Aufgabeninhalten annehmen oder andere Stellen im organisatorischen Gefüge koordinieren, beraten oder anderweitig unterstützen. Dies verdeutlicht den grundsätzlichen Dienstleistungs-/Servicecharakter von Zentralabteilungen gegenüber anderen organisatorischen Einheiten und damit auch den typischen Dienstleistungscharakter eines derart strukturierten Controllings für die übrigen organisatorischen Einheiten (und nicht nur für die Geschäftsleitung, wie bei der

Stabslösung). Controllingleistung kann nun über interne Verrechnungspreise anderen Abteilungen angeboten werden. Mit zunehmender Unternehmensgröße bietet sich eine weiter gehende Dezentralisierung der Controllingarbeit in der Unternehmung an. Hierzu erhalten Funktions- oder Geschäftsbereiche dezentrale »Haus-Controller«, die durch ein zentrales Controlling fachlich gesteuert werden (vgl. Abbildung 11). Je nach Delegationsgrad sind dabei unterschiedlich realisierbare Varianten denkbar (Küpper u. a. 2013, S. 688 ff.). (vs)

Literatur

Baum, Heinz-Georg; Adolf G. Coenenberg & Thomas Günther 2013: Strategisches Controlling. Stuttgart: Schaeffer-Poeschel (5. Aufl.)

Coenenberg, Adolf G.; Rainer Salfeld 2003: Wertorientierte Unternehmensführung. Vom Strategieentwurf zur Implementierung. Stuttgart: Schaeffer-Poeschel

Exner-Merkelt, Karin; Peter Keinz 2005: Wie effektiv ist Controlling in der Praxis? In: Controlling, 17 (1), S. 15–21

Fischer, Regina 2000: Dienstleistungs-Controlling. Wiesbaden: Gabler

Gewald, Stefan 2001: Hotel-Controlling. München, Wien: Oldenbourg (2. Aufl.)

Hahn, Dietger; Harald Hungenberg 2001: PuK: Planung und Kontrolle, Planungs- und Kontrollsysteme, Planungs- und Kontrollrechnung: Wertorientierte Controllingkonzepte. Wiesbaden: Gabler (6. Aufl.)

Hilz, Andreas 2011: Revenue-Management für Reiseveranstalter. In: Jörn W. Mundt (Hrsg.): Reiseveranstaltung. Lehr- und Handbuch. München: Oldenbourg, S. 531–565 (7. Aufl.)

Horváth, Peter; Ronald Gleich & Mischa Seiter 2020: Controlling. München: Vahlen (14. Aufl.)

Huber, Heinz 2002: Controlling im Hotel- und Restaurantbetrieb. Ein Leitfaden für kleine und mittelständische Unternehmen. Wien: Ueberreuter

Internationaler Controller Verein 2013: Das Controller-Leitbild der IGC. (https://www.icv-controlling.com/fileadmin/Verein/Verein_Dateien/Sonstiges/Das_Controller-Leitbild.pdf, zugegriffen am 24.03.2020)

Kaplan, Robert S.; David P. Norton 1997: Balanced Scorecard. Strategien erfolgreich umsetzen. Stuttgart: Schaeffer-Poeschel

Kaspar, Claude 1995: Management im Tourismus. Eine Grundlage für das Management von Tourismusunternehmungen und -organisationen. Bern, Stuttgart, Wien: Haupt (2. Aufl.)

Krüger, Lutz 1990: Yield Management. Dynamische Gewinnsteuerung im Rahmen integrierter Informationstechnologie. In: Controlling, 2 (5), S. 240–251

Küpper, Hans-Ulrich u. a. 2013: Controlling. Konzeption, Aufgaben und Instrumente. Stuttgart: Schaeffer-Poeschel (6. Aufl.)

Rappaport, Alfred 1995: Shareholder Value. Wertsteigerung als Maßstab für die Unternehmensführung. Stuttgart: Schaeffer-Poeschel

Reichmann, Thomas; Martin Kißler, & Ulrike Baumöl 2017: Controlling mit Kennzahlen: die systemgestützte Controlling-Konzeption. München: Vahlen (9. Aufl.)

Scheefer, Ulrike 2016: Die Kostenstellenrechnung. In: Karl Heinz Hänssler (Hrsg.): Management in der Hotellerie und Gastronomie – Betriebswirtschaftliche Grundlagen. Berlin, Boston: De Gruyter Oldenbourg, S. 383–395 (9. Aufl.)

Schrand, Axel; Thomas Schlieper 2016: Preis- und Konditionenpolitik. In: Karl Heinz Hänssler (Hrsg.): Management in der Hotellerie und Gastronomie – Betriebswirtschaftliche Grundlagen. Berlin, Boston: De Gruyter Oldenbourg, S. 285–291 (9. Aufl.)

Schröder, Ernst F. 2003: Modernes Unternehmens-Controlling. Ludwigshafen: Kiehl (8. Aufl.)

Schroeter, Bernhard 2002: Operatives Controlling. Aufgaben, Objekte, Instrumente. Wiesbaden: Gabler

Simon, Volker 2007: Zukunftsträchtige Managementtechniken. In: Roman Egger; Thomas Herdin (Hrsg.): Tourismus – Herausforderung – Zukunft. Wissenschaftliche Schriftenreihe des Zentrums für Tourismusforschung – Salzburg Band I. Wien, Berlin: LIT, S. 395–412

Simon, Volker 2014: Herausforderungen des Controlling in der Hotellerie. In: Burkhard von Freyberg (Hrsg.): Hospitality Controlling. Erfolgreiche Konzepte für die Hotellerie. Berlin: Erich Schmidt, S. 27–46 (2. Aufl.)

Steinmann, Horst; Georg Schreyögg 2013: Management. Grundlagen der Unternehmensführung. Konzepte – Funktionen – Fallstudien. Wiesbaden: Springer Gabler (7. Aufl.)

Swillims, Wolfgang 2002: Controlling im Gastgewerbe. Brennpunkte – Praxisbeispiele. Haan-Gruiten: Pfanneberg (2. Aufl.)

Ulrich, Hans; Gilbert J. B. Probst 1991: Anleitung zum ganzheitlichen Denken und Handeln. Ein Brevier für Führungskräfte. Bern, Stuttgart: Haupt (3. Aufl.)

Vollmuth, Hilmar J. 2017: Controlling-Instrumente. Freiburg: Haufe (6. Aufl.)

Weber, Jürgen 2005: Strategisches Controlling. Wie Controller auf diesem Spielfeld wettbewerbsfähig werden. Advanced Controlling, Band 44. Weinheim: Wiley

Weber, Jürgen; Utz Schäffer 2016: Einführung in das Controlling. Stuttgart: Schaeffer-Poeschel (15. Aufl.)

Widmann, Doris 2016: Budgetierung in der Hotellerie. In: Karl Heinz Hänssler (Hrsg.): Management in der Hotellerie und Gastronomie – Betriebswirtschaftliche Grundlagen. Berlin, Boston: De Gruyter Oldenbourg, S. 447–464 (9. Aufl.)

Gedankensplitter   *i*
„Wer viel misst, misst viel Mist." (Reinhard K. Sprenger, Autor Managementliteratur)

Convenience Food

Convenience bedeutet im englischen Bequemlichkeit, Annehmlichkeit, Komfort (siehe auch Davis et al. 2018, S. 22 f.). Convenience Food steht für Lebensmittel, die in der Verarbeitung Annehmlichkeiten und Komfort mit sich bringen. Die Lebensmittel zeichnen sich gegenüber der Rohware durch einen höheren Be- bzw. Verarbeitungsgrad und durch eine längere Haltbarkeit aus.

Es lassen sich verschiedene Verarbeitungsgrade (→ Convenience-Grad) bei den zu kaufenden Lebensmittel unterscheiden (Nestlé o. J., S. 14 f.). Die Grundstufe (Convenience-Grad 0) beinhaltet Produkte, die noch bearbeitet werden müssen. Darüber hinaus gibt es teilbearbeitete (Convenience-Grad 1), küchenfertige (Convenience-Grad 2), aufbereitete (Convenience-Grad 3), regenerierfertige und verzehrfertige Produkte (Convenience-Grad 4). Die unterschiedlichen Convenience-Grade können ineinander fließen. Mit steigendem Convenience-Grad sinkt der noch einzubringende Arbeitsaufwand für die Fertigstellung.

Die Diskussion über den Einsatz von Convenience-Produkten ist – vor allem in der gehobenen Gastronomie – immer noch wertbeladen. Realistisch gesehen, kommt heute keine Hotelküche an Convenience-Gütern vorbei, sind doch nach der Begriffsabgrenzung und den genannten Convenience-Graden auch Produkte wie Mehl, Sauerkraut, Senf oder Olivenöl Convenience-Güter.

Die Befürworter eines Einsatzes in der Gastronomie bringen folgende Argumente vor: Minimierung von falschen Arbeitsschritten, längere Haltbarkeit der Produkte, höhere Qualität durch optimalen Erntezeitpunkt, kurzfristige Verarbeitung durch den Einsatz moderner Produktionsverfahren, Transparenz bei den Zutaten, geringerer Kaloriengehalt, gleichbleibende Qualität hinsichtlich der enthaltenen Nährwerte, Möglichkeit der Individualisierung der gefertigten Produkte, keine Überproduktion, transparentes Warenwirtschaftssystem und gezielte Einkaufsplanung mit gut kalkulierbaren Wareneinstandspreisen. Zentrales Argument sind Kosteneinsparungspotenziale in den Bereichen Wareneinsatz, Personal, Energie, Entsorgung, Lagerhaltung und Verwaltung (Nestlé o. J., S. 16 ff.; o. V. 2017, S. 12 ff.).

Die Argumente, die gegen Convenience Food angeführt werden, sind: mangelnde Frische, mangelnde Individualität der Speisen, schwammige Begriffsdefinition, Beschneidung der professionellen Kreativität, Abwertung der Kochausbildung, Infragestellen des Berufsstandes sowie ein schlechter Ruf (Dohrmann 1999, S. 24 f.; o. V. 2017, S. 12 ff.)

Objektiv betrachtet, haben die Hersteller von Convenience-Gütern in den letzten Jahren – trotz der in der Öffentlichkeit diskutierten Probleme (Beispiel: genmanipulierte Lebensmittel) – Qualitätsverbesserungen erreicht. Die früher bestehende Kluft zwischen Convenience-Gütern und konventionell hergestellten Produkten ist kleiner geworden, in manchen Bereichen ist sie nicht mehr festzustellen. Vegane und Bio-Produkte sind heutzutage Standard im Convenience-Angebot. Kostendruck und Fach- bzw. Arbeitskräftemangel in der Küche begünstigen die Nachfrage nach Convenience Food mit höherem Convenience-Grad. → Esskultur. (wf)

Literatur
Davis, Bernard et al. 2018: Food and Beverage Management. London, New York: Routledge (6th ed.)
Dohrmann, Annette 1999: Convenience: Die große Angst vor dem Outing. In: First Class, o. Jg. (12), S. 24–26
Nestlé, o. J.: Convenienceprodukte: eine Informationsschrift für Lehrberufe im Gastgewerbe. Gräfelfing: E. Albrecht
o. V. 2017: Convenience: Persönliche Note. In: GVmanager, 68 (9), S. 12–15
Spiekermann, Uwe 2018: Künstliche Kost. Ernährung in Deutschland, 1840 bis heute. Göttingen: Vandenhoeck & Ruprecht

Convenience-Grad

Grad der Verarbeitung von → Convenience Food. (wf)

Cook & Chill

To cook and to chill (engl.) = kochen und abkühlen. Verfahren der Speisenproduktion, bei dem es zu einer zeitlichen Entkoppelung von Herstellung und Verzehr kommt. Die Speisen werden gegart, unmittelbar danach in noch heißem Zustand mit Hilfe von Schnellkühlern (Chiller) abgekühlt und im Kühlraum gelagert. Der Abkühlungsprozess geschieht schnell (max. bis zu 90 Minuten). Die zu erreichende Temperatur liegt bei 0 bis +3 °C, da in dem Bereich das bakterielle Wachstum gering ist. Die Speisen können mehrere Tage gelagert werden, bevor sie dann für den Verzehr hergerichtet bzw. wiederum erhitzt werden. Cook & Chill findet vor allem in der Großverpflegung Anwendung (z. B. bei Kantinen, Krankenhäusern, Mensen, Banketts [→ Bankett]).

Die ökonomische Einschätzung der Produktionsmethode muss fallweise geschehen: Vorteilen in den Bereichen Hygiene und Küchenorganisation (etwa Überbrückung von langen Transportwegen, Einsparung von Personalkosten, Verteilung der Arbeitsbelastung) stehen Nachteile (hoher Investitionsaufwand in den Produktionsprozess, Umstellung der Küchenorganisation, erhöhter Energieaufwand, potentielle Qualitätsverluste durch die Lagerung, Eignung nur für gewisse Produkte) gegenüber. (wf)

Cook & Serve

To cook and to serve (engl.) = kochen und servieren/auftragen. Begriff für eine Speisenproduktion, bei der Herstellung und Verzehr zeitnah beieinander liegen. Cook & Serve kann als Gegenpol zu → Cook & Chill gesehen werden. (wf)

Cook, Thomas → **Thomas Cook**

Corporate Card → **Geschäftsreisemanagement-System**

Corporate Executive Chef

Corporate (engl.) = Unternehmen; Executive Chef (engl.) = → Küchendirektor, → Küchenchef. Arbeitsstelle in der Konzernhotellerie, die für die Hotelküchen der gesamten Hotelgruppe Verantwortung zeichnet. Die Stelle ist in der Unternehmenszentrale bzw. im Headquarter verortet. Zu den Aufgaben gehören vor allem die Definition von gastronomischen Standards, die Entwicklung von neuen Konzepten und Personalentwicklung innerhalb der Abteilung Küche. (wf)

Corporate Rate

Corporate (engl.) = Unternehmen; rate (engl.) = Tarif, Rate. Spezialpreise, die Beherbergungsbetriebe Organisationen bzw. deren Mitarbeitern in Rahmenverträgen einräumen. In Abhängigkeit des erzielten Umsatzvolumens werden Preise zugestanden, die in der Regel 10 % bis 20 % unter der → Rack Rate liegen (Schrand & Schlieper 2016, S. 288). (wf)

Literatur

Schrand, Axel; Thomas Schlieper 2016: Preis- und Konditionenpolitik. In: Karl Heinz Hänssler (Hrsg.): Management in der Hotellerie und Gastronomie – Betriebswirtschaftliche Grundlagen. Berlin, Boston: De Gruyter Oldenbourg, S. 285–291 (9. Aufl.)

Corporate Social Responsibility (CSR)

1 Grundlagen CSR und Nachhaltigkeit Unter dem Konzept CSR versteht man Formen der gesellschaftlichen Verantwortungsübernahme durch Unternehmen, die seit Jahren in Wirtschaft und Gesellschaft an Bedeutung gewinnen. Dies gilt insbesondere auch für die Leistungsträger im → Tourismus sowie in der Hotellerie und → Gastronomie. Auch wenn die Diskussion um eine gesellschaftliche Verantwortung von Unternehmen schon sehr viel älter ist und bis in die Anfangsjahre der Industrialisierung zurückreicht, hat die heutige Debatte um CSR ihren Ausgangspunkt in der Umweltdiskussion der 1970er-Jahre genommen. Von Anfang an wurden die ökologischen Folgen durch und für den Tourismus intensiv diskutiert. Seit der UN-Konferenz für Umwelt und Entwicklung in Rio de Janeiro 1992 wird das Konzept eng mit dem Begriff der „Nachhaltigkeit" und einer „Nachhaltigen Entwicklung" von Wirtschaft und Gesellschaft verbunden. Deswegen lassen sich die beiden Begriffe CSR und Nachhaltigkeit auch nicht klar voneinander abgrenzen (Mundt 2011, S. 93). Als eine der großen Wachstumsbranchen der letzten Jahrzehnte haben touristische Unternehmen in besonderer Weise zu den Umweltproblemen beigetragen. Umgekehrt stehen das touristische System und seine Unternehmen in großer Abhängigkeit zu den natürlichen Ressourcen der Reisedestinationen, sodass sie auch mit der ganzen Breite der negativen Folgen konfrontiert sind (Herrmann 2016, S. 35–39). Aktuell vermischt sich die Diskussion mit den Auseinandersetzungen, die rund um das Schlagwort → Overtourism geführt werden.

Das CSR-Konzept verweist grundsätzlich auf einen verantwortlichen Umgang der Wirtschaftsakteure mit den Produktionsfaktoren der Tourismus-Branche sowie das Mitdenken der Auswirkungen des eigenen Handelns auf Umwelt und Gesellschaft. Zu den relevanten Produktionsfaktoren gehören insbesondere die natürliche und (sozio-) kulturelle Umwelt, ohne die wesentliche Teile des touristischen Angebots nicht funktionieren würden. Hierzu gehören aber auch ein verantwortlicher Umgang mit den eigenen Mitarbeitern, der ökonomischen Substanz der Unternehmen, der eigenen Region oder Branche sowie mit den Gästen und anderen Stakeholdern (Fifka 2017, S. 8 f.). Diese unterschiedlichen Dimensionen von CSR werden in aktuellen Ansätzen noch um das Prinzip der Generationen-Gerechtigkeit ergänzt, also der Maxime, sowohl den Bedürfnissen der gegenwärtigen Generation als auch zukünftigen Generationen gerecht zu werden. Dieser Ansatz wird insbesondere von der Schüler- und Jugendbewegung „Fridays for Future" gegenüber Politik und Wirtschaft eingefordert.

Im engeren Sinne und in Abgrenzung zu den Entscheidungen in der Politik meint der CSR-Ansatz „ein Konzept, das den Unternehmen als Grundlage dient, auf freiwilliger Basis soziale Belange und Umweltbelange in ihre Tätigkeit und in die Wechselbeziehungen mit den Stakeholdern zu integrieren." (Definition der EU, zitiert nach Loew & Rohde 2013, S. 6). Betont werden hier also die Freiwilligkeit und Eigenverantwortung der Unternehmen.

2 CSR-Ansätze in Tourismus, Hotellerie und Gastronomie Orientiert werden können die Handlungsfelder des CSR-Ansatzes am Drei-Säulen-Modell aus der Nachhaltigkeitsdiskussion, mit dem sowohl die ökologischen, ökonomischen und sozialen Aspekte des Gesamtkonzeptes betont werden und das die Wechselwirkungen und Abhängigkeiten der Aspekte untereinander in den Blick nimmt. CSR verfolgt damit den Grundsatz ‚Nachhaltigen Tourismus': „[Dieser] erfüllt die Ansprüche sowohl von → Touristen als auch der Bevölkerung in den Zielgebieten, wobei außerdem zukünftige Entwicklungsmöglichkeiten gesichert und verbessert werden sollten. Ressourcen werden so genutzt, dass ökonomische, soziale und ästhetische Bedürfnisse befriedigt und gleichzeitig kulturelle Integrität, wesentliche ökologische Prozesse, die biologische Artenvielfalt und lebenswichtige Systeme erhalten bleiben" (Balaš & Strasdas 2019, S. 21). Von den Vereinten Nationen wurde beschlossen, dass der Tourismus einen wichtigen Beitrag zur Erfüllung der weltweiten Nachhaltigkeitsziele leisten soll. Hierfür wurden insgesamt 17 „Globale Nachhaltigkeitsziele" verabschiedet, die Zielvorgaben enthalten, die wiederum auf nationaler Ebene – auf freiwilliger Basis – umgesetzt werden sollen.

Aus unternehmerischer Perspektive kann CSR entlang der kompletten Wertschöpfungskette im Tourismus zum Ansatz kommen. Mögliche Themen und Instrumente gibt es in den Bereichen Immobilien- und Ressourcenmanagement, im Einkauf, im Personalmanagement, im Mobilitätskonzept und in der Gestaltung der Produkt- und Dienstleistungsangebote (Unterschiedliche Praxisbeispiele finden sich bei: von Freyberg, Gruner & Hübschmann 2015; Stomporowski & Laux 2019). Es ist aber genauso ein zentrales Thema für Marketing und Kommunikation (siehe Abschnitt 3: CSR als Kommunikationsansatz) oder kann als Kernkomponente eines strategischen Management-Ansatzes verstanden werden.

Für einen Hotelbetrieb bedeutet das beispielsweise, sich mit Fragen des Energieverbrauchs, der Umstellung auf regenerative Energiequellen, des Wasserverbrauchs und der Verpackungs- und Müllvermeidung zu beschäftigen. Für gastronomische Betriebe stellen sich insbesondere Fragen nach dem Speise- und Getränkeangebot. Inwieweit berücksichtigt man Herkunfts- und Qualitätskriterien wie Ökologischer Landbau, Fairer Handel, Regionalität oder Saisonalität des Angebots (von Freyberg, Gruner & Hübschmann 2015, S. 10–21)? Für einen touristischen Verkehrsträger stellen sich ganz grundsätzlich Fragen nach den eigenen Verkehrsmitteln, den damit verbundenen Mobilitätsangeboten (→ Mobilitätsmanagement im Tourismus) oder der verwendeten Antriebstechnologie. Für einen → Reiseveranstalter oder eine touristische → Destination stellt sich die vieldimensionale Frage nach ökologischen oder sozialen Standards bzw. einer entsprechenden Profilierung im eigenen Reiseangebot.

Erste Angebote starteten unter dem Begriff eines Sanften Tourismus, mit dem schon vor Jahrzehnten alternative Reise- und Urlaubskonzepte im heutigen Sinne der Nachhaltigkeit konzipiert wurden. Grundgedanke war von Anfang an, möglichst wenig in einen Naturraum oder eine Kultur einzugreifen, aber auch Partizipation und Selbstbestimmung der Reisenden und Einheimischen ernst zu nehmen. Heute gibt es weiter ausdifferenzierte touristische Angebote, die auch andere Begriffe nutzen. Im „Öko-Tourismus" bzw. „Naturtourismus" wird der Schwerpunkt des Reisens auf naturnahe bzw. naturbelassene Ziele gelegt. Häufig geht es um den (organisierten) Besuch von Schutzgebieten und Nationalparks (Rein & Schuler 2019, S. 13–17). Andere sprechen von „Fairem Reisen" oder „(sozial) verantwortlichem Reisen", wobei die Grundsätze Fairen Handelns auf touristische Angebote zu übertragen sind. Dabei geht es in der Regel um Tourismus in Entwicklungs- und Schwellenländern. Immer wichtiger werden hier auch Angebote im Bereich „Barrierefreies Reisen", die Infrastrukturen und Urlaubsangebote für körperlich beeinträchtigte Menschen ermöglichen wollen. In diesem Konzept betonen die Anbieter die soziale Komponente des Nachhaltigkeits-Dreiecks und damit sind auch die größer werdenden Schnittmengen zum heutigen, breiteren Ansatz eines → Sozialtourismus erkennbar.

Im Bereich der Hotellerie gibt es zudem Zusammenschlüsse und Kooperationen (→ Hotelkooperation), die CSR in ihr Geschäftsmodell integriert haben. So gibt es beispielsweise den Zusammenschluss der Bio Hotels, die ein „grünes Hotelerlebnis für Genießer, die Wert auf Nachhaltigkeit legen", versprechen. Vergleichbare Plattformen sind beispielsweise die „Green Hotels" oder „Greenline Hotels". Einen anderen Schwerpunkt setzt die Kooperation der „VeggieHotels", die Hotels und → Hostels mit 100 % vegetarischen bzw. veganen Angeboten vereint (Stomporowski & Laux 2019, S. 53 f.).

3 CSR als Kommunikationsansatz Die Kommunikation von CSR spielt in der betriebswirtschaftlichen Praxis und als Teil der Unternehmenskommunikation eine immer größere Rolle:»Tue Gutes und rede darüber«. Das kann entweder in Form einer Markenstrategie, wie in den gerade genannten Beispielen der Hotelkooperationen, oder aber in einer Nachhaltigkeits- oder CSR-Berichterstattung geschehen (Rein & Strasdas 2017, S. 270–279). Häufig finden sich mittlerweile auf Websites von Tourismusunternehmen und Hotelbetrieben entsprechende Berichte oder Bereiche zum eigenen CSR-Engagement. Am häufigsten sind diese Berichte bei den großen Konzernen und Ketten zu finden und werden dort jährlich neu aufgelegt. Für DAX-Konzerne sind entsprechende Mitteilungen mittlerweile Teil ihrer gesetzlichen Lageberichtspflicht.

Gängig und ebenfalls verbreitet sind Zertifizierungssysteme, mit denen in der Regel Gütesiegel an teilnehmende Unternehmen verliehen werden. Gästen und Kunden soll damit die Orientierung in der Vielfalt der Angebote erleichtert werden. Gleichzeitig gibt es aber mittlerweile eine große Vielfalt dieser Gütesiegel, die teilweise über unabhängige Stellen verliehen werden, aber auch unternehmenseigene Labels sein können. Insofern weicht deren Qualität und Aussagekraft erheblich voneinander ab. Laut einer Studie des Umweltbundesamtes von 2016 nutzen immerhin über 4.300 Tourismusunternehmen ein Zertifikat aus dem Bereich Nachhaltiger Tourismus. Beteiligt sind etwa 5 % aller Hotels und Pensionen (→ Hotelpension) und 7 % der → Campingplätze. Diese Zahl zeigt aber auch, dass das Thema CSR und Nachhaltigkeit erst langsam aus den ursprünglichen Nischen herauswächst. Zu den seriösen Labels auf internationaler Ebene gehören „Biosphere Responsible Tourism", „Green Globe", „Green Key", „Earthcheck" und „Travelife" (Hotelverband Deutschland 2020, S. 219–221). Im europäischen Geltungsbereich war die „Blaue Schwalbe" 1989 das erste Zertifikat für Unterkünfte. Mittlerweile gibt es aber auch ein offizielles Label der EU („European Ecolabel"). Wichtig sind ebenso das Label „Tourcert" für Reiseveranstalter und Destinationen, „Viabono" und „Partner der Nationalen Naturlandschaften" für Tourismusunternehmen in Deutschland, der „DEHOGA-Umweltcheck" für das Gastgewerbe, aber auch „Nordic Swan" in Skandinavien oder das „Green Business Tourism Scheme (GBTS)" für die britischen Inseln (Herrmann 2016, S. 207–213).

4 CSR als Managementansatz Zertifiziert werden häufig einzelne Bereiche wie Energie- oder Abfallsysteme. Immer stärker werden aber breitere Ansätze unterstützt, in denen CSR als ein strategischer Management-Ansatz verstanden wird. Das heißt, CSR wird als integrativer Teil der Unternehmensführung verstanden, der auf alle Unternehmens- und Geschäftsbereiche ausstrahlt. Einzelne Maßnahmen sind an sich wirkungslos, sie müssen in eine Gesamtlogik eingebettet und zu einem strategischen Gesamtkonzept verbunden werden. Außerdem betont wird damit die Bedeutung der Unternehmensebene. Der Wirtschaftsethiker Josef Wieland hat in seinem Konzept der Governanceethik darauf verwiesen, „dass moderne Gesellschaften steuerungstechnisch Organisationsgesellschaften sind und dass Unternehmensorganisationen [heute und in absehbarer Zukunft] eine wesentliche gesellschaftliche Steuerungsaufgabe zufällt" (Wieland 2005, S. 16). In seinem Konzept ist nicht mehr der einzelne Mitarbeiter oder Manager entscheidend. Es sind stattdessen die unternehmerischen Strukturen und darin geförderte bzw. gelebte Werte und Normen, die für den Erfolg eines CSR-Ansatzes hauptverantwortlich sind.

Kommunikations- und Managementansätze verweisen aber nicht nur auf die Chancen, sondern sie konfrontieren uns auch mit den Grenzen des Ansatzes. Viele CSR-Maßnahmen haben das Potential, mit Nachhaltigkeitskonzepten schwarze Zahlen schreiben zu können. Wenn ein Hotel eine Modernisierung seiner Heizanlage durchführt oder wenn es auf den täglichen Austausch der Handtücher verzichtet, wird sich das relativ schnell über gesparte Heizkosten oder reduzierte Reinigungsaufwendungen in der Gewinnrechnung niederschlagen. Einige Maßnahmen und Konzepte werden sich betriebswirtschaftlich vielleicht nicht heute, aber unter sich verändernden politischen Rahmenbedingungen einer verschärften Umwelt- oder Klimapolitik rechnen.

Es gibt aber auch Maßnahmen, die sich für Unternehmen unter rein betriebswirtschaftlicher Bewertung nicht rechnen. Der St. Gallener Unternehmensethiker Peter Ulrich unterscheidet hier einen rein instrumentellen Ansatz (Schwarze Zahlen mit Grünen Ideen schreiben) von einem korrektiven und einem integrativen Ansatz verantwortlichen Handelns (Ulrich 2016, S. 451–472). Korrektive Verantwortung meint beispielsweise die oben genannten VeggieHotels, die auf Fleisch und Fisch auf ihrer → Speisekarte völlig verzichten. Es meint aber auch → Restaurants, die konsequent saisonale und regionale Speisen anbieten, Reiseveranstalter, die keine Kreuzfahrten (→ Kreuzfahrttourismus) mehr anbieten, oder die nur noch mit Destinationen und Ressorts zusammenarbeiten, in denen soziale Mindeststandards für Beschäftigte eingehalten werden. Im Verhältnis zu ihren Mitbewerbern verzichten sie damit zumindest auf potentielle Zusatzgewinne aus diesen Geschäftssegmenten.

Im weiterreichenden, integrativen Ansatz fordert Ulrich, den ethischen Ansatz als Grundlage aller Geschäftsaktivitäten zu verstehen. Eine aktuelle Umsetzung dieser Maxime findet in der Bewegung Gemeinwohl-Ökonomie statt, die sich der Umsetzung der Nachhaltigkeits-Trias im Wirtschaftsprozess verschrieben hat. Mit Hilfe einer Gemeinwohl-Bilanz können Unternehmen ihren wirtschaftlichen Erfolg einer gemeinwohlorientierten Bewertung unterziehen. Auch in der Hotellerie, in der Gastronomie und im Tourismus gibt es mittlerweile einige Unternehmen, die sich diesem System angeschlossen haben. (am)

Literatur

Balaš, Martin; Wolfgang Strasdas 2019: Nachhaltigkeit im Tourismus: Entwicklungen, Ansätze und Begriffsklärung. Dessau-Roßlau: Umweltbundesamt

Fifka, Matthias 2017: Strategisches CSR-Management und Tourismus, In: Dagmar Lund-Durlacher; Matthias Fifka & Dirk Reiser (Hrsg.): CSR und Tourismus: Handlungs- und branchenspezifische Felder. Wiesbaden: Springer Gabler, S. 3–16

Freyberg, Burkhard von; Axel Gruner & Manuel Hübschmann, 2015: Nachhaltigkeit als Erfolgsfaktor in Hotellerie und Gastronomie. Stuttgart: Matthaes

Herrmann, Frank 2016: FAIRreisen. Das Handbuch für alle, die umweltbewusst unterwegs sein wollen. München: oekom

Hotelverband Deutschland (IHA) e. V. (Hrsg.) 2020: Hotelmarkt Deutschland 2020. Berlin: IHA-Service

Kreilkamp, Edgar 2020: Nachhaltigkeit bei Urlaubsreisen: Wunsch und Wirklichkeit. In: Julian Reif; Bernd Eisenstein (Hrsg.): Tourismus und Gesellschaft. Kontakte – Konflikte – Konzepte. Berlin: Erich Schmidt, S. 81–96

Loew, Thomas; Friederike Rohde 2013: CSR und Nachhaltigkeitsmanagement. Definitionen, Ansätze und organisatorische Umsetzung im Unternehmen. Berlin: Institute for Sustainability

Mundt, Jörn W. 2011: Tourism and Sustainable Development. Reconsidering a Concept of Vague Policies. Berlin: Erich Schmidt

Page, Stephen J. 2019: Tourism Management. London, New York: Routledge (6th ed.)

Rein, Hartmut; Alexander Schuler 2019: Naturtourismus. UTB: Stuttgart

Rein, Hartmut; Wolfgang Strasdas (Hrsg.) 2017: Nachhaltiger Tourismus. Einführung. Konstanz, München: UVK (2. Aufl.)

Stomporowski, Stephan; Benjamin Laux 2019: Nachhaltig handeln in Hotel- und Gastgewerbe. Maßnahmen erfolgreich einführen und umsetzen. München: UVK

Ulrich, Peter 2016: Integrative Wirtschaftsethik. Grundlagen einer lebensdienlichen Ökonomie. Bern: Haupt (5. Aufl.)

Wieland, Josef 2005: Normativität und Governance: Gesellschaftstheoretische und philosophische Reflexionen der Governanceethik. Berlin: Metropolis

Cost per Click (CPC)

Cost per Click (engl.) = Kosten per Klick. Abrechnungsmodell, welches die Anzeigenschaltung im Internet zwischen Werbetreibenden und Werbepartner (Webseiten-Betreiber) regelt. Der Werbetreibende muss nur dann für die Schaltung der Anzeige einen vorher vereinbarten Betrag zahlen, wenn ein Nutzer auf die Anzeige geklickt hat. Statt ‚Cost per click' fällt oft auch der Begriff ‚Pay per Click' = Bezahlung per Klick. (sm)

Literatur

Gründerszene o. J.: Cost per Click. (https://www.gruenderszene.de/lexikon/begriffe/cost-per-click-cpc?interstitial, zugegriffen am 27.08.2019)

Onlinemarketing o. J.: Cost per Click. (https://onlinemarketing.de/lexikon/definition-cost-per-click-cpc, zugegriffen am 27.08.2019)

Textbroker o. J.: Cost per Click. (https://www.textbroker.de/cost-per-click-cpc, zugegriffen am 27.08.2019)

Cost per Lead (CPL)

CPL ist ein spezielles Abrechnungsmodell für Online-Werbung. Cost per Lead kann im Deutschen als Kosten pro Kontaktadresse übersetzt werden (www.onlinemarketing-praxis.de). CPL wird zwischen Werbetreibenden und Webseiten-Betreiber vertraglich geregelt (www.unternehmer.de). Sobald ein Nutzer auf die Anzeige eines Werbetreibenden klickt, wird er aufgefordert, bestimmte persönliche Daten anzugeben. Nur wenn der Nutzer das Formular ausgefüllt und bestätigt hat, zählt der Vorgang als abgeschlossen, und dem Werbetreibenden werden die Anzeigenkosten berechnet (www.gruenderszene.de).

CPL und CPC (→ Cost per Click) sind die wichtigsten Abrechnungsmodelle im Online-Marketing, es gibt jedoch auch noch andere Abrechnungsmodelle wie z. B. Cost per Mille, Cost per Order oder Cost per Action. (sm)

Literatur

Gründerszene o. J.: Cost per Lead. (https://www.gruenderszene.de/lexikon/begriffe/cost-per-lead-cpl, zugegriffen am 27.08.2019)

Onlinemarketing Praxis o. J.: Cost per Lead. (https://www.onlinemarketing-praxis.de/glossar/cost-per-lead-cpl, zugegriffen am 27.08.2019)

Unternehmer o. J.: Cost per Lead. (https://www.unternehmer.de/lexikon/online-marketing-lexikon/cost-per-lead, zugegriffen am 27.08.2019)

Couchette [couchette]

Französische Bezeichnung für einen Liege(wagen)platz oder Schlafplatz für Zugreisende (se coucher [fra.] = sich hinlegen, zu Bett gehen). Die Bahngesellschaften bieten unterschiedliche Konzepte in ihren Nachtreisezügen (train-couchettes) an. Die Österreichischen Bundesbahnen (ÖBB) zum Beispiel unterscheiden in ihrem „ÖBB nightjet" die Reisekategorien: Sitzwagen (günstigste Reisevariante), Liegewagen und Schlafwagen (komfortabelste Reisevariante):

- Sitzwagen: sechs Sitzplätze in einem Abteil, Wasch- und Toilettenräume im Zugwagen;
- Liegewagen: von innen verschließbare Abteile mit vier oder sechs Liegen, Bettwäsche, Wasch- und Toilettenräume im Zugwagen. Einfaches Frühstück inklusive. Sonderabteile für Frauen, Familien und Rollstuhlfahrer (→ Behindertentourismus);
- Schlafwagen: von innen und außen verschließbare Abteile für eine Person, zwei oder drei Personen, bezogenes Bett, Rufsystem zu Zugteam, Waschbecken (Standard-Abteil), eigenes Bad (Deluxe-Abteil), Handtücher, Toilettenartikel, Weckservice, À la carte-Frühstück (→ À la carte-Service) u. a. (ÖBB o. J.). (hdz/wf)

Literatur
ÖBB o. J.: ÖBB Nightjet Ausstattung. (https://www.nightjet.com/de/komfortkategorien, zugegriffen am 05.08.2020)

> **Gedankensplitter**
> „Der Schlaf ist doch die köstlichste Erfindung." (Heinrich Heine, Dichter)

Counter

Aus dem Englischen stammender Begriff für den Schalter oder Ladentisch, an dem die Kunden eines Reisebüros (→ Reisemittler) von Expedienten beraten werden und an dem in der Regel über die Terminals von → Computer Reservierungssystemen Buchungen von Reiseleistungen vorgenommen werden. (jwm)

Counter Check-in →**Check-in**

Couvert →**Gedeck**

CP →**Continental Plan**

CPC →**Cost per Click**

CPL →**Cost per Lead**

Crew

Englische Bezeichnung für Besatzung. Dabei kann es sich um eine Schiffs- oder um eine Flugzeugbesatzung handeln. Bei der Flugzeugbesatzung wird unterschieden zwischen der Besatzung im → Cockpit und der aus → Flugbegleitern bestehenden Kabinenbesatzung (cabin crew). (jwm)

Cross Crew Qualification

Aufgrund einer einheitlichen Gestaltung der → Cockpits möglicher Einsatz von Piloten mit einer einzigen Musterberechtigung auf verschiedenen Flugzeugmustern des gleichen Herstellers. Dadurch werden einerseits Trainingskosten reduziert, andererseits steigt die Flexibilität des Piloteneinsatzes, so dass insgesamt weniger Piloten beschäftigt werden müssen. (jwm/wf)

Crossworking → Guest Service Agent

Croûtons [croutons]

Croûte (franz.) = Rinde, Teigmantel. Gegrillte, geröstete, frittierte oder getrocknete Brotstückchen; häufig Suppen- oder Salateinlage. (bk/cm)

CRS → Computer Reservierungssystem, → Globales Distributionssystem, → Reservierungssystem

Crumb down-Service

Crumb (engl.) = Krümel, Brösel. Beseitigung von (Brot)Krümeln und anderen Essensresten auf dem Gästetisch (Decrumbing) nach dem Ausheben des Hauptganges. Der Service wird mithilfe einer kleinen Tischbürste/Krümelbürste (crumber; crumb remover; table crumber) oder einer gerollten Serviette durchgeführt. Nur in der sehr gehobenen Gastronomie üblich. (wf)

Crumb remover → Crumb down-Service

Crumber → Crumb down-Service

CSR → Corporate Social Responsibility

CTA → Call to Action

CTR → Click-Through-Rate

Customer Journey

Der Begriff Customer Journey bezeichnet die „Reise" (engl. Journey) eines potenziellen Kunden über verschiedene Kontaktpunkte (engl. → Touchpoints) mit einem Produkt, einer → Dienstleistung, einer → Marke oder einem Unternehmen, bis er eine gewünschte Zielhandlung durchführt. Gängige Zielhandlungen sind Käufe, Bestellungen oder Anfragen bei Unternehmen. Zentraler Aspekt des Customer Journey-Ansatzes ist, dass sich ein Kunde im zeitlichen Verlauf mit dem Kauf eines Produktes beschäftigt und seinen individuellen Informationsbedarf im Rahmen des Entscheidungsverhaltens befriedigt. Eine Customer Journey kann sich über sehr unterschiedliche Zeiträume (z. B. über mehrere Stunden, Tage, Wochen oder auch Monate) erstrecken. Anspruchsvoll wird der Umgang mit der Customer Journey insbesondere dadurch, dass Kunden ein sehr interindividuelles Informationsverhalten bei Kauf- und Konsumentscheidungen aufweisen. Aus diesem Grund lassen sich Informationsverläufe von Kunden in der Regel nur grob abschätzen und sind deshalb besonders schwierig von Unternehmen nachzuvollziehen (Keller & Ott 2019). Dies gilt vor allem für eine Customer Journey, die sich sowohl über Online- als auch Offlinekanäle vollzieht. Eine gängige Differenzierung der unterschiedlichen Touchpoints in der Unternehmenspraxis stellt die Einteilung in Paid Media (klassische Werbung, Verkaufsförderung, Sponsoring, Product Placement etc.), Owned Media (Unternehmenshomepage, E-Mail-Marketing, Corporate Publishing Medien, eigene → Social Media Kanäle etc.) und Earned Media (Presseberichterstattung, Word-of-Mouth-Kommunikation, Bewertungen etc.) dar.

Aus Marketingsicht sind insbesondere folgende Fragen zur Customer Journey relevant: (1) Wie sehen Informationspfade von Kunden aus bzw. lassen sich Gemeinsamkeiten feststellen? (2) Welche Medien werden aus Kundensicht gern kombiniert, welche Kombinationen von Medien werden wenig genutzt? (3) Welche Wirkung haben die verschiedenen Medien, um den Kunden in seiner Kaufentscheidung zu beeinflussen? (4) Was ist der effizienteste Einstieg in eine Customer Journey? (5) Wo wird nach Abschluss des Informationsprozesses gekauft? (6) Wie sollte das Budget auf die verschiedenen Medien innerhalb der Customer Journey verteilt werden? (7) Inwiefern lässt sich die Customer Journey unternehmensseitig beeinflussen? (8) Wie lassen sich durch ein effizientes Management der Customer Journey Wettbewerbsvorteile im Markt erzielen? → Customer Touchpoint Management, → Digitalisierung; → Service Blueprint. (sb)

Literatur
Keller, Bernhard; Cirk Sören Ott (Hrsg.) 2019: Touchpoint Management. Entlang der Customer Journey erfolgreich agieren. Freiburg, München, Stuttgart: Haufe Group (2. Aufl.)

Customer Touchpoint Management

Customer Touchpoint Management (Kundenkontaktpunkt-Management) vereint die Erfassung, Systematisierung, Planung und Koordination aller unternehmerischen Maßnahmen mit dem Ziel, Kundenbedürfnisse und Kundenerlebnisse zu erkennen, zu analysieren, zu steuern und zu optimieren. Entsprechend sollen den Kunden an jedem Interaktionspunkt (→ Touchpoint) eine konsistente, widerspruchsfreie, positive und vertrauenswürdige Erfahrung geboten werden. Mit Hilfe der Orchestrierung und Abstimmung der einzelnen Berührungspunkte in den unterschiedlichen Phasen des (Kauf-)Entscheidungsprozesses werden dem Kunden konsistente emotionale und kognitive Kontakteindrücke vermittelt. Dabei ist eine höhere Anzahl an Kundenkontaktpunkten mit einer zunehmenden Komplexitätssteigerung verbunden. Siehe auch → Customer Journey; → Moment(s) of truth; → Service Blueprint. (sb)

Literatur

Keller, Bernhard; Cirk Sören Ott (Hrsg.) 2019: Touchpoint Management. Entlang der Customer Journey erfolgreich agieren. Freiburg, München, Stuttgart: Haufe Group (2. Aufl.)

D

D-A-CH

Akronym für die Region Deutschland (D), Österreich (A) und Schweiz (CH). Die Region wird in exportorientierten Unternehmen oft zusammengefasst, da Sprache, Raum und Kultur nahe beieinander liegen. Der Markt wird dadurch – mit Abstrichen – ähnlich bearbeitet. (wf)

Dach und Fach [wall and roof]

Reparaturverpflichtung an „Dach und Fach" (obligation to repair „wall and roof") meint die konstruktive Instandsetzung und Instandhaltung der Mieträume und des Mietobjektes, insbesondere auch der Zentralheizungsanlage und der Versorgungsleitungen.

Nach der gesetzlichen Regelung obliegt dem Vermieter grundsätzlich die Verpflichtung, die Mietsache in einem vertragsgemäßen Zustand zu überlassen und zu halten (§ 535 Abs. 1, S. 2 BGB). Eine vollständige Überbürdung der Pflicht zur Instandsetzung und -haltung der Mietsache durch → Allgemeine Geschäftsbedingungen (AGB) ist rechtlich unzulässig. Zwar ist es grundsätzlich möglich, dem Mieter gewerblicher Räume – anders als dem Mieter von Wohnräumen, dem formularmäßig nur Schönheitsreparaturen der Mietsache auferlegt werden können – weitergehende Pflichten zur Instandsetzung und -haltung im Inneren der Räume durch Formularvertrag zu übertragen. Allerdings sind Klauseln in AGB, nach denen der gewerbliche Mieter vollständig Instandsetzungs- und Reparaturverpflichtungen an „Dach und Fach" übernimmt, unwirksam (OLG Naumburg, NJW-RR 2000, 823). So bleibt es bspw. Sache des Vermieters, die Substanz des Gebäudes zu erhalten bzw. dafür zu sorgen, dass das Dach dicht ist und die Räume beheizbar sind.

Von dieser Rechtsprechung bleiben einzelvertraglich getroffene Vereinbarungen unberührt, die den Mieter zum großen Teil verpflichten, Arbeiten an „Dach und Fach" durchzuführen, wenn die Übernahme dieser Instandsetzungsverpflichtung anderweitig kompensiert wird, z. B. durch einen entsprechenden Nachlass des Mietpreises, dessen Höhe sich an den zu erwartenden Kosten für die Instandsetzung orientiert. Der Begriff wird international als feststehender Terminus genutzt. (gd)

Dachmarke [umbrella brand]

Eine Dachmarke fasst die Leistungen und Produkte eines Unternehmens unter einem Markendach zusammen. Eine solche Strategie ist anspruchsvoll und findet vor allem in großen Unternehmen und im Dienstleistungsbereich Anwendung.

https://doi.org/10.1515/9783110546828-005

Auch die Aktivitäten und Produkte innerhalb einer touristischen → Destination können gebündelt und unter einem einheitlichen Markennamen vermarktet werden. Dies ist für die Destination mit verschiedenen Chancen und Risiken verbunden. Die Leistungen zeichnen sich durch die gleiche Markierung aus, und somit kann die territoriale Verankerung sichtbar gemacht werden. Neue Destinationsprodukte werden durch die Dachmarke mit bestimmten positiven Assoziationen versehen, und es brauchen nicht neue schutzfähige → Marken erarbeitet werden. Die Kosten können auf die Akteure aufgeteilt werden. Die Herausforderungen bestehen darin, dass es vielfach schwierig ist, eine große Vielfalt an Leistungen unter einer Marke zu positionieren. Bei Unzufriedenheit oder sonstigen negativen Ereignissen leidet die gesamte Destination. Die Wirkung einer Destinationsmarke ist unter anderem von der Akzeptanz der einheimischen Unternehmen und Bevölkerung abhängig. Deshalb ist es notwendig, dass die Marke auf Werten, Kultur und Identität der Bewohner basiert, damit sie sich mit dieser identifizieren können. (fr)

Literatur

Eisenstein, Bernd 2018: Markenführung von Destinationen – Zwischen ökonomischem Nutzen, sozialer Konstruktion und Machbarkeit. In: Zeitschrift für Tourismuswissenschaft, 10 (1), S. 67–95

Scherhag, Knut 2003: Destinationsmarken und ihre Bedeutung im touristischen Wettbewerb. Köln: Josef Eul

Daily Service Briefing

Daily (engl.) = täglich; service (engl.) = Dienstleistung, Bedienung; Briefing (engl.) = Einweisung, Unterrichtung. Tägliche Einsatzbesprechung, oft im → Restaurant. Eine Führungskraft, in der Regel der Restaurantleiter, informiert über anstehende Veranstaltungen im Haus, Restaurantbelegung, Gäste (z. B. VIP), → Speisekarte, Getränkekarte und besondere Empfehlungen. (wf)

Dampfer → Dampfschiff

Dampfschiff [steam ship]

Schiff mit Dampfantrieb. In der klassischen Version waren es Dampfkolbenmotoren, die durch Kohlefeuer beheizt wurden, später Dampfturbinen, die mit Öl betrieben wurden. Dampfer mit Kolbenantrieb wurden zunächst mit Schaufelrädern (Schaufelraddampfer, engl. paddle wheel steamer), später auch mit Schiffsschrauben ausgerüstet. Historische Schaufelraddampfer fahren heute vorwiegend als Touristenattraktionen zum Beispiel auf der Elbe (Dresden), auf dem Vierwaldstätter- und auf dem Bodensee. Dampfschiffe spielen heute praktisch keine Rolle mehr, nachdem auch Dampfturbinenschiffe durch moderne und verbrauchsärmere Schiffsdiesel abgelöst wurden. (jwm)

Dark Kitchen

Der Begriff ist neu und verkörpert ein innovatives Geschäftsmodell in der → Gastronomie. Lieferdienste bzw. -portale (Online Delivery Provider, → Home Delivery Service) bauen stationäre oder mobile Küchenflächen auf, die sie an verschiedene gastronomische Partner vermieten oder für eine Provision zur Verfügung stellen. Diese kochen in den zur Verfügung gestellten Produktionsküchen und vertreiben ihre auf Auslieferung zugeschnittenen Produkte exklusiv durch Lieferportale. Die gastronomischen Partner stellen die Küchenmitarbeiter an. Gäste werden in den Dark Kitchens nicht empfangen, Bestellung und Verkauf erfolgen über Apps (GDI Gottlieb Duttweiler Institute 2019, S. 85 f.).

Das Geschäftsmodell ist von den Lieferdiensten getrieben: Sie suchen günstige Standorte für die Produktion und den Vertrieb aus, erstellen durch die Auswahl der Partner eine diversifizierte, flexibel anpassbare Poollösung, reduzieren Overhead-Kosten, nutzen ihre Kundendatenbanken konsequent aus, etwa bei der Suche nach neuen Standorten. Neue gastronomische Angebote können relativ risikolos in den Märkten getestet werden. Die Lieferdienste schlüpfen aus der Rolle des ausschließlichen Mittlers und versuchen, die Wertschöpfungskette neu zu modellieren, Machtverhältnisse zu ihren Gunsten zu verschieben.

In der Praxis fallen synonym die Begriffe ‚virtual kitchen', ‚delivery-only kitchen', ‚cloud kitchen' oder ‚ghost kitchen', in der Literatur wird versucht, diese Begriffe voneinander abzugrenzen. Zu einer tabellarischen Abgrenzungsübersicht siehe GDI Gottlieb Duttweiler Institute 2019, S. 87. (wf)

Literatur
GDI Gottlieb Duttweiler Institute (Hrsg.) 2019: European Food Trends Report. Hacking Food: Die Neuerfindung unseres Essens. Zürich: GDI

Dark Rides → **Fahrgeschäft,** → **Medienbasierte Attraktionsformate**

Dark Tourism

Das Konzept des Dark Tourism, in der deutschsprachigen Literatur auch als dunkler oder schwarzer Tourismus bezeichnet, ist eng mit jenem des Thanatourismus verbunden. In den vergangenen 20 Jahren der wissenschaftlichen Auseinandersetzung mit den Begriffen hat sich Dark Tourism als Überbegriff für Formen des Tourismus durchgesetzt, die in Verbindung mit Tod, Leiden, Gräueltaten, Tragödien und Verbrechen stehen (Light 2017, S. 277), während Thanatourismus einen ausschließlichen Fokus auf den Tod und im Besonderen auf einen gewaltsamen Tod hat (Seaton 1996, S. 240).

Neben der Konzeptionalisierung der Begriffe beschäftigt sich die Forschung im Bereich des Dark Tourism insb. mit ethischen Fragestellungen (z. B. wie kann und darf man Schauplätze des Leides und des Todes inszenieren und profitabel in

Wert setzen?) sowie mit Motiven (z. B. warum werden Dark Tourism-Schauplätze besucht?) und dem Besucherverhalten (z. B. was sind die Erwartungen der Besucher, und was denken und fühlen sie während des Besuchs vor Ort?). Fragestellungen rund um das Management kamen erst in der jüngeren Forschung hinzu, das Marketing von Dark Tourism-Attraktionen ist seit den 2010er-Jahren in den Fokus des wissenschaftlichen Interesses gerückt (Light 2017).

Das Phänomen des Dark Tourism hat eine rege Medienpräsenz und verzeichnet steigende Nachfrage (Light 2017, S. 276). Typische Attraktionen bzw. Schauplätze des Dark Tourism sind u. a. Schlachtfelder (z. B. Verdun), aktuelle Kriegsgebiete (z. B. Syrien), Friedhöfe (z. B. Katakomben von Paris), Orte von Katastrophen (z. B. Tschernobyl, Hiroshima, Pompeji, Ground Zero in New York), Konzentrationslager (z. B. Auschwitz), aber auch Slums bzw. Townships oder Favelas (z. B. Rocinha/Rio de Janeiro). Entsprechend der Charakteristika der Schauplätze werden in der Literatur Unterformen des Dark Tourism unterschieden, u. a. Slum/Favela/Township Tourism (Hartmann & Nagel 2012; Frenzel & Koens 2012), Poverty Tourism (Rolfes 2010), Disaster Tourism (Shondell Miller 2008) oder Genocide Tourism (Sharpley & Friedrich 2016). (mh)

Literatur

Frenzel, Fabian; Ko Koens 2012: Slum Tourism: Developments in a Young Field of Interdisciplinary Tourism Research. In: Tourism Geographies, 14 (2), pp. 1–18 (10.1080/14616688. 2012.633222., zugegriffen am 10.03.2020)

Hartmann, Rainer; Verena Nagel 2012: Township-Tourismus in Südafrika. In: Heinz-Dieter Quack; Albrecht Steinecke (Hrsg.): Dark Tourism. Faszination des Schreckens. (Paderborner Geographische Studien zu Tourismusforschung und Destinationsmanagement. Band 25), Paderborn, S. 277–290

Light, Duncan 2017: Progress in dark tourism and thanatourism research: An uneasy relationship with heritage tourism. In: Tourism Management: research, policies, practice, 61 (August), pp. 275–301

Rolfes, Manfred 2010: Poverty tourism: theoretical reflections and empirical findings regarding an extraordinary form of tourism. In: GeoJournal, 75 (5), pp. 421–442 (10.1007/s10708-009-9311-8., zugegriffen am 10.03.2020)

Seaton, A. V. 1996: Guided by the dark: From thanatopsis to thanatourism. In: International Journal of Heritage Studies, 2 (4), pp. 234–244 (10.1080/13527259608722178., zugegriffen am 10.03.2020)

Sharpley, Richard; Mona Friedrich 2016: Genocide tourism in Rwanda: contesting the concept of the 'dark tourist'. In: Glenn Hooper; John J. Lennon (eds.): Dark Tourism: Practice and interpretation. London: Routledge, pp. 146–158

Shondell Miller, DeMond 2008: Disaster tourism and disaster landscape attractions after Hurricane Katrina. In: International Journal of Culture, Tourism and Hospitality Research, 2 (2), pp. 115–131 (10.1108/17506180810880692., zugegriffen am 10.03.2020)

Datumsgrenze [(international) date line]

Durch die Erdrotation ergeben sich an verschiedenen Orten unterschiedliche Tageszeiten. Da die Erde in 360 Längengrade eingeteilt ist und jeder Tag 24 Stunden dauert, errechnet sich daraus eine Zeitdifferenz von einer Stunde pro 15 Längengrade. Entsprechend wurde die Welt in unterschiedliche Zeitzonen eingeteilt, die allerdings nicht strikt den Längengraden, sondern auch geographischen bzw. nationalen Einheiten folgen. Der 180. Längengrad, der östlich von Neuseeland den Pazifik vom Nord- zum Südpol durchläuft, wurde zur Grenze zwischen den Zeitzonen, die ein Datum zuerst und denen, die es zuletzt durchlaufen, bestimmt. Ein Datum beginnt also als erstes auf dem 180. Längengrad und setzt sich dann zeitversetzt in den Zeitzonen nach Westen weiter fort. In der letzten Zeitzone östlich des 180. Längengrades beginnt es zum gleichen Zeitpunkt, zu dem bereits ein neues Kalenderblatt in der ersten Zeitzone westlich des 180. Längengrades aufgeschlagen wird. Beim Überqueren der Zeitzone nach Osten ‚gewinnt‘ man also einen Tag, beim Überqueren nach Westen ‚verliert‘ man ihn. Um die daraus entstehenden Probleme so gering wie möglich zu halten, wurde die Datumsgrenze in ein weitgehend unbesiedeltes Gebiet gelegt. Dennoch gibt es, wie bei den Zeitzonen, hier auch Abweichungen, indem zum Beispiel zusammengehörende Inselgruppen wie Kiribati, die zum Teil östlich des 180. Längengrades liegen, durch die Verschiebung der Datumsgrenze die Zeit der ersten Zeitzone westlich des 180. Längengrades übernommen haben. (jwm)

Dauercamping →Camping

DB →Deutsche Bahn AG

DB Fahrkartenautomat →Bahnhofsschalter

DB Reisezentrum →Bahnhofsschalter

DBC →Denied Boarding Compensation

DCS →Destination-Card-Systeme

Deckserviette →Napperon

Deckteller →Platzteller

Deckungsbeitrag [contribution margin]

Der Deckungsbeitrag (DB) entspricht dem Restbetrag, der nach Abzug der variablen Kosten des Leistungsprozesses von den Umsatzerlösen verbleibt. Dieser Umsatzrest = Deckungsbeitrag muss hinreichend groß sein, um zumindest die Fixkosten des Betriebes »abdecken« zu können. Darüber hinaus soll – wenn möglich – auch ein Betriebsgewinn erzielt werden. Von einem realisierten oder geplanten positiven Deckungsbeitrag kann somit noch nicht unmittelbar auf eine Gewinnerzielung geschlossen werden. Daher spricht man bisweilen auch von einem »auskömmlichen«, also gewinnträchtigen Deckungsbeitrag als Zielgröße. Der Deckungsbeitrag kann dabei als Gesamtbetrag der Unternehmung oder als mengenrelative Größe ermittelt werden (z. B. DB/Übernachtung, DB/Zimmer, DB/verkaufte Speise, DB/Bar, DB/Reise, DB/Flugsitz usw.). Wird der Deckungsbeitrag zum Umsatz (U) (bzw. der Stück-Deckungsbeitrag [db] zum Preis [p]) in Beziehung gesetzt, spricht man vom Deckungsgrad (= DB/U oder db/p) als Maß für die DB-Ergiebigkeit des Umsatzes.

Zur Verfeinerung dieser einstufigen Deckungsbeitragsermittlung kann eine detailliertere Analyse des zunächst als homogen definierten Fixkostenblocks im Zuge einer mehrstufigen DB-Rechnung bzw. Fixkostendeckungsrechnung vorgenommen werden. Die entscheidungsrelevanten »Einzelfixkosten« sind jeweils nur stufenspezifisch definiert und stellen für andere Stufen nicht verursachungsgerecht zurechenbare fixe Gemeinkosten dar (vgl. bspw. für die Hotellerie das sogenannte → Uniform System of Accounts for the Lodging Industry). Der jeweilige Stufen-Deckungsbeitrag gibt dann an, ob die jeweilige Stufe ihre Fixkosten abdecken konnte und welcher Umsatz-Restbetrag für die weitere Deckung der noch nicht verrechneten Fixkosten und darüber hinaus zur Gewinnerzielung zur Verfügung steht. Besonders informativ sind hierbei mehrdimensionale Auswertungen des Fixkostenblocks nach unterschiedlichen Planungsobjekten (= Stufen) wie bspw. nach Produktgruppen, Kostenstellen, Projekten, Kunden, Filialen, regionalen Märkten u. a.

Die Kennzahl »Deckungsbeitrag« erlaubt somit – je nach Informationslage und Ausbaustufe – eine entscheidungssituationsabhängige, beliebig tiefe Schichtung und Detaillierung der Ergebnisplanung und -kontrolle und verleiht damit dem operativen → Controlling von Unternehmungen einen erheblichen Grad an Informationsflexibilität. (vs)

Degustation

Dégustation (franz.) = Kostprobe, Probe. Verkostung von Lebensmitteln, etwa von Wein, Wasser, Tee oder Speiseöl. „Bonne dégustation" ist die elegante französische Übersetzung für „Guten Appetit". (wf)

DEHOGA → **Deutscher Hotel- und Gaststättenverband**

Dekanter [decanter]
Décanteur (franz.) = Abklärgefäß. Karaffe, die beim → Dekantieren von Wein eingesetzt wird. Auch Dekantierkaraffe genannt. (wf)

Dekantieren [to decant]
Décanter (franz.) = klären, abgießen. Unter Dekantieren versteht man das Abgießen einer Flüssigkeit, um sie von einem Bodensatz zu trennen. Der Prozess kann sich in der Gastronomie auf viele Flüssigkeiten beziehen, wie etwa Suppen oder Saucen; in der Praxis wird der Begriff vor allem mit älterem Rotwein und Portwein in Verbindung gebracht.

Das Dekantieren des Weines von der Weinflasche in eine Karaffe (→ Dekanter) verfolgt zwei Ziele: Der Wein soll zum einen von Rückständen bzw. Ablagerungen (Gerbstoffe, Farbpigmente, kristalline Ausscheidungen) getrennt werden, die im Rahmen des Reifeprozesses entstehen. Zum anderen soll der Wein mit Sauerstoff in Kontakt kommen, damit er an Bouquet gewinnt. Insbesondere ältere Weine können durch den Umfüllprozess allerdings Qualitätseinbußen erleiden (GAD 2012, S. 16; Gutmayer, Stickler & Lenger 2018, S. 205). (wf)

Literatur
GAD 2012: Regeln für das Servieren von Speisen und Getränken. Erarbeitet in Zusammenarbeit mit E. T. I. Arnsberg: GAD
Gutmayer, Wilhelm; Hans Stickler & Heinz Lenger 2018: Service: Die Grundlagen. Linz: Trauner (10. Aufl.)

Dekantierkaraffe → **Dekanter**

Delivery → **Home Delivery Service**

Delivery-only kitchen → **Dark Kitchen**

Demi-Chef de partie
Demi (franz.) = halb; Stellvertreter des → Chef de partie (Leiter einer Abteilung bzw. eines Postens innerhalb einer gastgewerblichen Küche). Die Position des Demi-Chef de partie ist vor allem in größeren → Küchenbrigaden anzutreffen. (wf)

Demi-Chef de rang
Demi (franz.) = halb; Stellvertreter des → Chef de rang (Stationsleiter im Servicebereich). Die Position des Demi-Chef de rang ist vor allem in größeren → Servicebrigaden anzutreffen. (wf)

Denied Boarding Compensation (DBC)

To deny (engl.) = zurückweisen, verweigern; to board sth. (engl.) = etwas besteigen; compensation (engl.) = Entschädigung. Kompensation der Luftverkehrsgesellschaft an einen Fluggast, der eine Buchung vorgenommen hat, aber nicht befördert wird. Grund für die Ablehnung des Zustiegs zum Flugzeug ist eine → Überbuchung des Flugs. Zu den grundsätzlichen rechtlichen Ansprüchen von Passagieren innerhalb der EU siehe Conrady, Fichert & Sterzenbach 2019, S. 58 ff. (wf)

Literatur
Conrady, Roland; Frank Fichert & Rüdiger Sterzenbach 2019: Luftverkehr. Betriebswirtschaftliches Lehr- und Handbuch. Berlin, Boston: De Gruyter Oldenbourg (6. Aufl.)

Deposit [deposit]

Déposer (franz.) = deponieren, in Verwahrung geben. Sicherheitsleistung, die Gäste bei Hotelbuchungen unter Umständen leisten müssen. Der Betrieb sichert sich durch eine Vorauszahlung oder die Angabe der Kreditkartendaten ab, dass der Gast auch wirklich anreist. → No-show-Rechnung. (wf)

Deregulierung [deregulation]

Deregulierung meint den kontrollierten Abbau staatlicher Eingriffe in wirtschaftliche Prozesse auf heimischen Märkten. Damit sollen durch staatliche Ordnungspolitik eintretende marktwirtschaftliche Verzerrungen beseitigt werden. (hdz)

Designer Food → Functional Food

Destination [destination]

Seit nunmehr 30 Jahren setzen sich die Tourismuswissenschaften mit dem Begriff ‚Destination' auseinander, von ihrer Abgrenzung bis hin zur Idealform (Schuler 2014, S. 1), von der Anbieter- hin zur Nachfrager-Perspektive. Zu Beginn des freizeit- und erholungsorientierten Reisens war nahezu ausschließlich die Attraktivität der Landschaft der Initiator für die Entwicklung sogenannter Fremdenverkehrsgebiete oder Reiseziele. Traditionelle Reiseziele kamen mit einer relativ einfachen touristischen Infrastruktur aus. Mit dem technischen Fortschritt wurden nicht nur Angebote in bestehenden Fremdenverkehrsgebieten ausgebaut, sondern weltweit neue Orte des touristischen Konsums entwickelt. Im Zuge des technischen Fortschritts und der fortschreitenden Mobilität erfolgte dann eine bessere Erschließung und Erreichbarkeit der Reiseziele, heute auch Destination genannt.

1 Begriff Erst seit Mitte der 1995er-Jahre findet der Begriff ‚Destination' im deutschsprachigen Raum für die Bezeichnung von Reisezielen Anwendung. Etymologisch betrachtet, bedeutet Destination in der ursprünglichen Übersetzung aus dem Lateinischen ‚Bestimmung' oder ‚Endzweck' (ähnlich ‚destiny' [engl.] = Schicksal). Im deutschen Sprachgebrauch diente der Begriff bis dahin als Synonym für den Ziel- oder Bestimmungsort des letzten Landeplatzes im Beförderungsvertrag bei Flügen oder Schifffahrten (Brittner-Widmann 2003, S. 120, nach Schröder 1998). So zeigt sich, dass Freyer (1993, S. 197) in seinem Lehr- und Fachbuch noch Fremdenverkehrsorte, Reiseziele oder Resorts als übergreifende Begriffe für verschiedene Anbieter wie z. B. Gemeinde, Land, Stadt, Gebiet, Region, Resort, Landschaft nutzt. Inskeep (1991, S. 199) definiert ein relativ abgeschlossenes Resort mit entsprechender Infrastruktur als Tourismusdestination, die damalige World Tourism Organisation (WTO 1993, S. 52) definiert Destination als Ort mit einem Muster von Attraktionen und damit verbundenen Tourismuseinrichtungen und Dienstleistungen. Kaspar (1996, S. 70) spricht von „Kristallisationspunkt der Nachfrage". In Anpassung an den englischsprachigen Begriff wurde ‚destination' in der deutschsprachigen Tourismuswissenschaft als auch in der Tourismuspraxis zunehmend transformiert, zu dem auch die seither vielfach zitierte Definition von Bieger aus seinem 1997 erschienenen Lehrbuch „Management von Destinationen und Tourismusorganisationen" beigetragen hat: Eine Destination ist ein „geographischer Raum (Ort, Region, Weiler), den der jeweilige Gast (oder ein Gästesegment) als Reiseziel auswählt. Sie enthält sämtliche für einen Aufenthalt notwendigen Einrichtungen für Beherbergung, Verpflegung, Unterhaltung/Beschäftigung. Sie ist damit das eigentliche Produkt und die Wettbewerbseinheit im Tourismus, die als strategische Geschäftseinheit geführt werden muss" (Bieger 1997, S. 75; Bieger & Beritelli 2012, S. 54; → Strategie). Diese vielfach zitierte Definition von Bieger erhielt durch weitere Beiträge inhaltliche Erweiterungen, so dass auch künstlich geschaffene Räume und deren „Grenzen" als durch Gäste wahrgenommene Destinationen (Schwarz 2015, S. 36) bestimmt werden, z. B. ein Hotel, ein Freizeitpark oder ein Kreuzfahrtschiff.

2 Abgrenzung Aus der Definition von Bieger lassen sich zwei Perspektiven zur Betrachtung einer Destination ableiten. 1. die Sicht des Gastes; 2. die Sicht des Anbieters. Aus Sicht des Gastes (oder eines Gästesegmentes) definiert sich die Größe einer Destination durch unterschiedliche Erwartungen, Bedürfnisse und Wahrnehmungen. Der ausgewählte geographische Raum soll einen ganzheitlichen Nutzen für den Gast (oder ein Gästesegment) erbringen – und zwar unabhängig von administrativen Grenzen (Verwaltungsgrenzen). Für einen Gast, z. B. einen Golfspieler, ist möglicherweise ein Ferienzentrum mit einem Golfplatz die Destination; für Überseegäste aus Amerika, die Europa in einer kurzen Zeit bereisen, ist möglicherweise ein ganzer Kontinent die Destination (Bieger & Beritelli 2012, S. 54). Zudem hängt die Wahrnehmung der Destination auch von der Distanz zwischen Quell- und Zielgebiet ab. Steinecke und Herntrei (2017, S. 19) nennen als

Regel: Je weiter entfernt das Reiseziel, desto umfassender und damit auch unpräziser ist der Begriff der Destination. Reisende aus Bayern können die Region oder den Urlaubsort in Südtirol genau benennen; für Norweger oder Finnen ist es eine Reise nach Italien; für chinesische Urlauber wird es ein Teil ihrer Europareise sein. Aus Sicht des Anbieters ist die Destination ein Ort mit einem Muster an Attraktionen und damit verbundenen Tourismuseinrichtungen und Dienstleistungen, die für unterschiedliche Gäste bzw. Gästegruppen unterschiedliche Leistungsbündel erstellt. Sie stellt für den Gast ein Produkt dar.

Die Destination kann für verschiedene Gästegruppen unterschiedliche Kernprodukte und Nutzen generieren. Als solches bezeichnen Bieger und Beritelli (2012, S. 54) die Destination als Wettbewerbseinheit im Incomingtourismus. Becker (2003, S. 464 f.) kritisiert die Adaption des Begriffes Destination ohne fachspezifische Reflexion, da sie im eigentlichen Sinne keine geographische Abgrenzung zulässt, zeigt sie doch das Spektrum von einem Resort bis zu ganzen Kontinenten als Reiseziele auf. Er weist in diesem Zusammenhang darauf hin, dass die räumlichen Abgrenzungen aus Sicht des Gastes und aus Sicht der Organisation einer Destination als Wettbewerbseinheit nicht deckungsgleich sind.

Bereits in den 1980er-Jahren hat die Tourismusgeographie begonnen, mit Hilfe von Tagesprotokollen zu Aktivitäten die Aktionsräume von Urlaubern zu ermitteln. Becker fand durch unterschiedliche Analysen heraus, dass Touristen sich in Aktionsräumen bewegen und sich dabei vorwiegend in einem Kernraum aufhalten, der aber Beziehungen zu anderen Destinationen aufzeigt, so dass sich Überschneidungen von Destinationsräumen ergeben. Interessanterweise zeigten die Studien aber auch, dass es Destinationen gibt, bei denen sich der Aktionsraum der Gäste nahezu mit den administrativen oder naturräumlichen Grenzen der Destination deckt: Städtetouristen konzentrieren sich bei ihren Aktivitäten i. d. R. auf die jeweilige Stadt (und damit administrative Einheit), ebenso Inselurlauber. Auch Gäste in Heilbädern und Kurorten verlassen diese nur selten, wenn sie wegen der Kuranwendungen an die Infrastruktur gebunden sind. Hier erkennt man einen offensichtlichen Zusammenhang zwischen den Bedürfnissen und Erwartungen der Gäste in Bezug auf die besuchte Destination. Die Diskussion um die Größe einer Destination führte zu verschiedenen Meinungen. So plädierte zum Beispiel Bleile (2001, S. 7 f.) dafür, eine Mindestgröße von Destinationen bei 5 Mio. Übernachtungen festzulegen. Kreilkamp (2001, S. 64) folgte dieser Linie, um im Destinationsmanagement wenige starke professionelle Verbände zu fördern statt viele kleine. Schuler (2014, S. 43) zeigt noch weitere Abgrenzungsmöglichkeiten nach Marketingetat oder Größe auf. Der in den 1990er- bis Mitte der 2000er-Jahre geführte wissenschaftliche Diskurs zur Abgrenzung von Destinationen nach Übernachtungszahlen oder gar die Konzentration auf maximal 35–40 wettbewerbsstarke Destinationen in Deutschland (Becker 2003, S. 470) konnte sich nicht durchsetzen, zeigt aber deutlich die Problematik von Destinationen als Wettbewerbseinheiten auf. In Deutschland gibt es mehr als 11.000 eingetragene Gemeinden bzw. Gemeindeteile, die wiederum in der Regionalgliederung in Gemeindeverbänden, Landkreisen, Regierungsbezirke (nur in einzelnen Bundesländern), in Bundesländer bzw. Stadtstaaten aufgeteilt sind. Diese decken sich nicht mit den knapp 150 Reisegebieten des Statistischen Bundesamtes, die sich – nach einer Aktualisierung im Jahr 2009 – im Wesentlichen an den Zuständigkeitsbereichen der regionalen Tourismusverbände (Destinationsmanagementorganisationen) und an naturräumlichen Gegebenheiten orientieren. In Bayern heißen die entsprechenden Regionen Tourismusregionen. Für die Stadtstaaten sind keine Reisegebiete definiert.

So scheint der Begriff ‚Destination‘ mittlerweile ein Sammelbegriff für Orte (im Sinne eines Raumes) zu sein, der je nach Inanspruchnahme der angebotenen Infrastruktur, Produkte und Leistungen unterschiedlich groß sein kann. Diese Tatsache führt dazu, dass Schwarz (2015, S. 39) aus den beiden Perspektiven, der Nachfragerperspektive als Entscheidungsgrundlage für die Inanspruchnahme touristischer Leistung und der Anbieterperspektive als Abgrenzungskriterium für die Erbringung eines touristischen Leistungsbündels, eine dritte Perspektive einbringt. Es muss eine generelle Bereitschaft für das koordinativ-kooperative Zusammenarbeiten der Leistungsträger im Sinne eines Netzwerkes vorhanden sein. Deshalb bedarf es einer koordinierenden Tourismusorganisation im Sinne einer → Destinationsmanagementorganisation. (abw)

Literatur

Becker, Christoph 2003: Destinationsmanagement. In: Christoph Becker; Hans Hopfinger & Albrecht Steinecke (Hrsg.): Geographie der Freizeit und des Tourismus. Bilanz und Ausblick. München: Oldenbourg, S. 464–474

Bieger, Thomas 1997: Management von Destinationen. München, Wien: Oldenbourg

Bieger, Thomas; Pietro Beritelli 2012: Management von Destinationen. München, Wien: Oldenbourg (8. Aufl.)

Bleile, Georg 2001: Neue Tourismuslandkarte „D" – Leitfaden für ein marktorientiertes Destination Management. Akademie für Touristik Freiburg. Schriftenreihe Tourismus, Heft 5. Freiburg

Brittner-Widmann, Anja 2003: Destinationsmanagement. Herausforderung für die Planung. In: Standort – Zeitschrift für Angewandte Geographie, 27 (3), S. 120–124

Freyer, Walter 1993: Tourismus – Einführung in die Fremdenverkehrsökonomie. München, Wien: Oldenbourg

Inskeep, Edward 1991: Tourism Planning: an integrated and sustainable development approach. New York: Van Nostrand Reinhold

Kaspar, Claude 1996: Die Tourismuslehre im Grundriß. St. Galler Beiträge zum Tourismus und zur Verkehrswirtschaft, Reihe Tourismus, Bd. 1. Stuttgart, Bern: Haupt (5. Aufl.)

Kreilkamp, Edgar 2001: Zukunftsorientierte Tourismuspolitik in Deutschland – Ergebnisse des 3. Kolloquiums der Deutschen Gesellschaft für Tourismuswissenschaft e. V. In: Edgar Kreilkamp; Harald Pechlaner & Albrecht Steinecke (Hrsg.): Gemachter oder gelebter Tourismus? Destinationsmanagement und Tourismuspolitik. Wien, S. 57–65

Schuler, Alexander 2014: Management der Bildung und Veränderung von Destinationen. Ein prozessorientierter Ansatz im Tourismus. (= Schriftenreihe Strategisches Management, Band 163). Hamburg: Dr. Kovač

Schwarz, Dennis D. 2015: Zielsysteme und Erfolgsfaktoren von Kooperationen im Destinationsmanagement. Ein Beitrag zum effektiven Kooperationsmanagement von Tourismusorganisationen durch theorie- und empiriegeleitete Exploration. Inauguraldissertation an der Universität Trier. (https://ubt.opus.hbz-nrw.de/opus45-ubtr/frontdoor/deliver/index/docId/701/file/DissertationSchwarzDennis.pdf, zugegriffen am 02.02.2020)

Steinecke, Albrecht; Marcus Herntrei 2017: Destinationsmanagement. Konstanz, München: UVK (2. Aufl.)

WTO 1993: Sustainable Development. Guide for local planners. Madrid

Destination-Card-Systeme (DCS) [Destination-Cards-Systems, DCS]

Destination-Card-Systeme sind Kartensysteme mit der Zielsetzung, Attraktionen und → Dienstleistungen in → Destinationen als virtuelles Netzwerk zu bündeln, um die Attraktivität der Destinationen zu erhöhen und → Touristen während ihres Aufenthalts in der ausgewiesenen Region zu halten. Sie können den Aktionsraum eines Gastes durch die Konsumtion der in der Karte enthaltenen Leistungen lenken.

Destination-Card-Systeme werden sowohl aus Marketingzwecken als auch zum Zweck der Kundenbindung und -lenkung inhaltlich, räumlich und funktionsorientiert so gebündelt, dass die Bedürfnisse und Erwartungen der spezifischen Zielgruppen abgedeckt werden (Pechlaner & Zehrer 2005). Eine weitere Zielsetzung liegt in der Förderung der Zusammenarbeit der an der Karte beteiligten Leistungspartner und -träger innerhalb der Destination. Durch die Bündelung der verschiedenen Teilleistungen innerhalb einer Destination wird das Gesamtangebot transparenter und schließt Lücken innerhalb der Dienstleistungskette. Mit einem deutlichen Preisvorteil gegenüber dem getrennten Kauf von ÖPNV-Tickets, Eintrittskarten und weiteren Vergünstigungen entsteht für Gäste ein Anreiz zur Nutzung umweltfreundlicher Verkehrsmittel, wenn sie als Leistung in die Destination Card inkludiert sind. Herausgeber sind meist öffentliche Träger, Verbände, Tourismusorganisationen oder Kommunen.

Unter die sogenannten ‚Kaufkarten‘ fallen ‚Kauf-Rabattkarten‘ und ‚Kauf-All-Inclusive-Karten‘: Kauf-Rabattkarten ermöglichen Kunden mit dem Kauf einer solchen Karte eine Rabattierung bestimmter Leistungen, Kauf-All-Inclusive-Karten die kostenfreie Inanspruchnahme bestimmter Leistungen. Daneben existieren sogenannte ‚Kostenlose Rabattkarten‘ oder ‚Kostenlose All-Inclusive-Karten‘, bei denen Karteninhaber zum vergünstigten oder kostenlosen Konsum berechtigt sind; meist werden sie nur Übernachtungsgästen gewährt (Bochert 2010, S. 80).

Kostenlos zur Verfügung gestellte Destination Cards werden auch als umlagefinanzierte Karten bezeichnet, die in der Regel von den Leistungsträgern finanziert und nur an Übernachtungsgäste ausgegeben werden. Eine weitere Finanzierungsmöglichkeit stellt die Gästekarte dar, die über die solidarisch finanzierte Umlage der → Kurtaxe finanziert wird. Dabei handelt es sich um eine Kurabgabe, die im Zusammenhang mit dem kommunalen Meldewesen in prädikatisierten → Erholungsorten, → Luftkurorten und hoch prädikatisierten → Heilbädern und Kurorten von Übernachtungsgästen erhoben wird. Tagesgäste und Einheimische finden keine Berücksichtigung. Die Karten unterliegen einer Gültigkeit hinsichtlich des angebotenen Leistungszeitraums, der von 24 Stunden über mehrere Tage (einzeln oder zusammenhängend), den Zeitraum des Urlaubsaufenthalts bis hin zu einem Jahr (Jahreskarte) reichen kann.

Die Kartentechnologie reicht von der Art des Trägermerkmals (Papier, PVC), der Identifikation (aufgedruckt oder elektronisch), der elektronischen Kontrolle (kontaktlos/-behaftet, Chip-/Magnetstreifen) bis zur Art des Chips und Speicherplatzes (Speicher-, Prozessor- oder Geldkarte). Neben den erwähnten Vorteilen für die Destinationen und deren Übernachtungsgäste, zu denen auch die Möglichkeiten des Trackings von Besuchern und der damit verbundenen Messung von Besucherströmen zählen, können Kartenmodelle auch zu Konflikten innerhalb der Destination führen (Kritik am fehlenden Datenschutz von Karteninhabern; Beschwerden von Einheimischen hinsichtlich der Benachteiligung durch die kostenpflichtige Nutzung des ÖPNV im Vergleich zu Übernachtungsgästen bei umlage- oder Kurtaxe-finanzierten Karten; Problematik der Zuordnung von Kommunen zu zwei sich angrenzenden räumlichen Destination-Card-Systemen). (abw)

Literatur
Bochert, Ralf 2010: Politik der Destination. Ordnungspolitik im Incomingtourismus. Berlin: uni-edition (2. Aufl.)
Pechlaner, Harald; Anita Zehrer 2005: Destination-Card-Systeme. Entwicklung – Management – Kundenbindung (Schriftenreihe Management und Unternehmenskultur, Band 11). Wien: Linde
Steinecke, Albrecht; Marcus Herntrei 2017: Destinationsmanagement. Konstanz, München: UVK (2. Aufl.)

Destinationsmanagement [destination management]

Management versteht sich als Gestalten, Lenken und Entwickeln von zweckorientierten sozialen Systemen (→ Managementfunktionen). Destinationsmanagement umfasst die Planung, die Angebotsgestaltung, das Marketing, die strategische Führung und die Interessenvertretung von → Destinationen. In diesem Kontext wird die Destination als marktfähige und eigenständige Wettbewerbseinheit betrachtet, die sich durch einen genügend großen Nachfragermarkt und eine definierbare Konkurrenz auszeichnet. Schwarz (2015, S. 46) zeigt zwei Management-Modelle für das Destinationsmanagement auf: 1. Community-Modell und 2. Corporate-Modell. Sie unterscheiden sich hinsichtlich der Heterogenität der Anbieter und deren Leistungen, der Eindeutigkeit organisationaler Grenzen, der Eigentums-, Führungs- und Kontrollstruktur sowie der Weisungsbefugnis und dem Durchgriffsrecht des Destinationsmanagements.

Im Community-Modell werden die komplementären Leistungen des touristischen Leistungsbündels von unterschiedlichen, rechtlich und wirtschaftlich unabhängigen Wirtschaftseinheiten bereitgestellt, die innerhalb der Destination dezentral voneinander agieren. Die → Destinationsmanagementorganisation (häufig auch Tourismusorganisation [TO] genannt) übernimmt die beschriebenen Funktionen als marktgeprägte Organisationsform und agiert als koordinatives Organ ohne Weisungsbefugnis in einer Destination.

In einem Corporate-Modell sind die Leistungsträger in einer Destination hingegen von einem zentral lenkenden Unternehmen dominiert. Ähnlich einem Konzern tritt dieses als mehrheitlicher, gewinnorientierter Besitzer der Destination auf und deckt die wesentlichen wertschöpfenden und nutzenstiftenden Teilleistungen des touristischen Produktes ab. Die verschiedenen Leistungsträger in der Destination sind entweder im Eigentum oder durch vertragliche Vereinbarungen an dieses Unternehmen gebunden. Bei dieser Form des Destinationsmanagements nimmt die Destinationsmanagementorganisation entsprechend hohen Einfluss auf die Destination.

Die Strukturen im Deutschlandtourismus sind nahezu ausschließlich durch öffentliche Destinationen geprägt und damit auf das öffentliche Destinationsmanagement im Sinne des Community-Modells ausgelegt. Das touristische Leistungsbündel in einer Destination ist als kollektives Produkt einer Vielzahl von Leistungsträgern (→ Stakeholder-Management) zu verstehen, die ihre Produkte unabhängig von der Steuerung, d. h. weisungsungebunden, von einer Destinationsmanagementorganisation auf dem Markt anbieten (Bieger & Beritelli 2012, S. 82 ff.). Die oftmals betriebswirtschaftliche Perspektive des Destinationsmanagements führt dazu, dass Destinationen als touristische Zielgebiete betrachtet werden, die sich in Form von Unternehmen „verstehen und entsprechend tätig werden, aber de facto handelt es sich um öffentliche Räume, sie sind also weit mehr als nur betriebswirtschaftlich definierte Marktgrößen" (Steinecke 2017, S. 61). Für einen erfolgreichen Marktauftritt bedarf es deshalb einer guten Kooperation der einzelnen Akteure durch ein professionell geführtes Destinationsmanagement.

Die Aufgabe des Destinationsmanagements liegt darin, die Zusammenarbeit der Leistungsträger (z. B. Beherbergungsbetriebe, Freizeit-, Kultur- und Sportanbieter, Gastronomiebetriebe etc.) in einer Destination (Gemeinde, Region) zu unterstützen, fördern, moderieren, koordinieren und damit eine durchgehende

Dienstleistungskette zwischen den Akteuren herzustellen und nach außen zu vermarkten. Die hierbei auftretenden Interessenkonflikte sind ebenso zu berücksichtigen wie die historisch gewachsenen Strukturen des Destinationsmanagements in Deutschland, wodurch es zu Hemmnissen in der professionellen Durchführung der Aufgaben kommen kann. Bedingt durch räumliche Überlagerungen von Destinationen kommt es zu Überschneidungen in der Aufgabenteilung und Kompetenzzuweisung. Das wiederum führt zu unkoordinierten Maßnahmen (wie z. B. unterschiedliche Wanderwege-Beschilderungen benachbarter Gemeinden innerhalb einer regionalen Destination). Hinzu kommen Interessenskonflikte der unterschiedlichen Anspruchsgruppen sowie ein großer Einfluss der Politik, da das Destinationsmanagement in der Regel mit öffentlichen Geldern finanziert wird. Eine zusätzliche Herausforderung liegt im Querschnittscharakter des Tourismus (Steinecke 2017, S. 29), der zu einem nicht zu unterschätzenden Koordinationsbedarf mit Bereichen wie Wirtschaftsförderung, Stadtmarketing, Natur- und Umweltschutz, Kulturförderung, Bürgerinitiativen und weiteren Interessengruppen führt. Da eine Destination vom Gast als ein zusammenhängendes Produkt wahrgenommen wird (Bieger & Beritelli 2012, S. 233), braucht sie für eine erfolgreiche Koordination gewisse Verbindlichkeiten, an denen sich alle Leistungsträger und Akteure orientieren sollten.

Die vier zentralen Funktionen des Destinationsmanagements liegen nach Bieger und Beritelli (ebd., S. 68 f.) in der Planung (unter anderem Entwicklungsleitbild, Destinationsstrategie), der Angebotsgestaltung (unter anderem Vertrieb, Gestaltung vermarktbarer Produkte, Sicherstellung Gästeinformation, Qualitätssicherung, Schulung des Personals, Organisation großer Veranstaltungen und Events), dem Marketing (unter anderem Marketingstrategie, Marktforschung, Markenmanagement, Imagewerbung, Verkaufsförderung, Öffentlichkeitsarbeit, → Incomingtourismus) sowie der Interessenvertretung (unter anderem Information der Branche und Bevölkerung, Förderung des Tourismusbewusstseins, politische Interessenvertretung). In einem übergreifenden Planungssystem sollte auf der normativen Managementebene ein → Leitbild für die Destination vorhanden sein, auf dem die strategischen und operativen Ziele und Maßnahmen (zum Beispiel in Form eines Tourismuskonzeptes) abgeleitet werden. Im Destinationsmanagement ist zu beachten, dass sich Destinationsräume aufgrund sich verändernder Marktbedingungen und Leistungsprozesse laufend verändern und immer individueller zugeschnitten werden. Bieger, Laesser und Beritelli (2011, S. 4) sprechen in diesem Zusammenhang von zwei wesentlichen „Reformschritten (Destinationsmanagement '95 und Destinationsmanagement '05)", mit welchen in traditionellen Alpenländern versucht wurde, den notwendigen Wandel in neuen Strukturen für das Destinationsmanagement nachzuvollziehen (Tourismusorganisation).

Gleichzeitig rückt mit den räumlichen, organisatorischen und strukturellen Veränderungen im Destinationsmanagement die Bedeutung der Destination als → Marke in den Vordergrund (Engl 2017), bei der nicht geographische, sondern thematische Aspekte relevant sind. Aufgrund der genannten Aspekte ist ein erfolgreiches Destinationsmanagement unter den Bedingungen der fehlenden Weisungsbefugnis nur dann umsetzbar, wenn ein hohes Maß an Führungs-, Kooperations- und Moderationskompetenz in der Destination vorhanden ist. → Hotel-Reservierungssystem; → Destinationsmanagement-System. (abw)

Literatur

Bieger, Thomas; Pietro Beritelli 2012: Management von Destinationen. München, Wien: Oldenbourg (8. Aufl.)

Bieger, Thomas; Christian Laesser & Pietro Beritelli 2011: Destinationsstrukturen der 3. Generation – Der Anschluss zum Markt. (https://www.alexandria.unisg.ch/206537/1/dmo_nextgeneration_2011-10.pdf, zugegriffen am 09.09.2019)

Engl, Christoph 2017: Destination Branding. Von der Geografie zur Bedeutung. Konstanz, München: UVK

Schwarz, Dennis D. 2015: Zielsysteme und Erfolgsfaktoren von Kooperationen im Destinationsmanagement. Ein Beitrag zum effektiven Kooperationsmanagement von Tourismusorganisationen durch theorie- und empiriegeleitete Exploration. Inauguraldissertation an der Universität Trier. (https://ubt.opus.hbz-nrw.de/opus45-ubtr/frontdoor/deliver/index/docId/701/file/DissertationSchwarzDennis.pdf, zugegriffen am 02.02.2020)

Steinecke, Albrecht; Marcus Herntrei 2017: Destinationsmanagement. Konstanz, München: UVK (2. Aufl.)

Destinationsmanagementorganisation (DMO) [destination management organisation]

Für die Koordination von Erlebnisleistungen, die von Gästen als Erlebnisleistungen in Form eines Produktbündels wahrgenommen werden, ist nach Bieger und Beritelli (2012, S. 65 ff.) in einer → Destination ein „virtuelles Dienstleistungsunternehmen" mit einer minimalen Koordinationsstruktur in Form einer Destinationsmanagementorganisation notwendig. Synonym findet häufig der Begriff Tourismusorganisation (TO) Verwendung. Die kooperativen Aufgaben innerhalb einer Destination müssen von einer Destinationsmanagementorganisation geplant, koordiniert, moderiert und durchgeführt werden.

Die Umsetzung des Destinationsmanagements erfolgt organisatorisch auf unterschiedlichen räumlichen Ebenen, wenngleich in der Realität häufig sich überlappende Ebenen existieren (hierzu → Destinationsmanagement). Zu diesen Ebenen gehören: kommunale (örtliche) Ebene, regionale und überregionale Ebene, (Bundes-)Länderebene, nationale Ebene (Bundesebene) sowie internationale bzw. grenzüberschreitende Ebene.

- **Kommunale Ebene:** Auf kommunaler und regionaler Ebene erfolgt das Destinationsmanagement unmittelbar zwischen der örtlichen Destinationsmanagementorganisation bzw. der → Touristinformation (TI) und den Leistungsträgern (Binnenmarketing), um die touristische Grundversorgung des Gastes sicherzustellen (Information, Gästebetreuung etc.), die touristische Infrastruktur zu entwickeln und zu erhalten, Produkte für den Gast zu formen und zu vermarkten. In selbstständigen Tourismusorten, Heilbädern und Kurorten sowie Städten mit einem hohen Tourismusaufkommen können die Aufgaben ganz oder teilweise von der zuständigen Touristinformation ausgeführt werden, die dann auch als Destinationsmanagementorganisation bezeichnet wird.
- **Regionale und überregionale Ebene:** Auf regionaler bzw. überregionaler Ebene erfolgt das Destinationsmanagement in unterschiedlichen, räumlich abgegrenzten Strukturen. Die Landkreise nehmen i. d. R. keine Funktion nach außen wahr, sondern konzentrieren sich auf die Aufgaben als Gebietskörperschaft im Rahmen der Entwicklung und Erhaltung touristischer Infrastruktur sowie im Bereich der → Tourismuspolitik (Schuler 2014, S. 65). Gleichzeitig führen regionale bzw. überregionale Destinationsmanagementorganisationen überregionales, kooperatives Marketing (Vermarktung mehrerer Orte, d. h. der Region) durch, sie koordinieren die Produkte der kommunalen und regionalen Ebene und sind für die Markenentwicklung und -führung zuständig. Vor diesem Hintergrund werden sie häufig auch als Destinationsmarketingorganisationen bezeichnet, wenngleich ihre Aufgaben nicht nur in der Vermarktung der Destination liegen. Sie sind Träger der Marke und der Marktforschung mit dem Ziel der Produktentwicklung und Positionierung.

In Deutschland sind Landkreise nach Regional- und Gebietseinheiten administrativ strukturiert. Destinationen orientieren sich mittlerweile kaum noch an Landkreisgrenzen, sondern bilden sich eher nach naturräumlichen oder geographischen Gegebenheiten heraus. So können regionale und überregionale Destinationsmanagementorganisationen nach naturräumlichen und thematischen Gegebenheiten landkreisübergreifend und bundesländerübergreifend organisiert sein. Zu nennen sind hier die Beispiele Eifel (zwei Bundesländer sowie mehrere Landkreise anteilig involviert) oder Rhön (drei Bundesländer sowie mehrere Landkreise anteilig involviert).

Die Wechselbeziehungen und der Austausch der Tourismusakteure mit der Destinationsmanagementorganisation sind sehr unterschiedlich ausgeprägt, da sie sich an Produkten und/oder Themen orientieren. Je nach Intensität der Zusammenarbeit bilden sich innerhalb der Destinationen sowie destinationsüberschreitend → Netzwerke oder Cluster (→ Clustering), die sich wiederum mit ihren organisatorischen und räumlichen Ausprägungen von den regionalen Destinationen unterscheiden. Als Beispiele sind → Touristenstraßen mit landschaftlichen, kulturellen oder kulinarischen Themen zu erwähnen, die organisatorisch oftmals als Verein geführt werden (z. B. Schwäbische Bäderstraße als „linienförmige Destination" mit beteiligten Heilbädern und Kurorten in den Bundesländern Baden-Württemberg und Bayern). Als weiteres Beispiel ist die Destination „Heidiland" in der Schweiz zu nennen, die zwar räumlich verortet werden kann, sich aber thematisch auf die Figur aus dem gleichnamigen Roman der Schweizer Schriftstellerin Johanna Spyri fokussiert.

Auch auf grenzüberschreitender Ebene agieren Destinationsmanagementorganisationen, wenn sich eine Destination als geographische oder naturräumliche Region über verschiedene Bundesländer und Staaten ausdehnt. Die Aufgaben sind vergleichbar mit denen der Organisationen auf regionaler bzw. überregionaler Ebene. Als Beispiel sei die Vierländerregion Bodensee erwähnt, die von der Internationalen Bodensee Tourismus GmbH koordiniert und vermarktet wird.

– **Landes-Ebene (Bundesländer-Ebene):** In Deutschland verfügt jedes Bundesland mindestens über einen eigenen Tourismusverband bzw. eine Tourismusmarketingorganisation. Der Tourismusverband sieht sich dabei eher als Interessen- und Lobbyverband für seine Mitglieder gegenüber der Politik sowie im Bereich der Qualitätssicherung (→ Tourismuslobbying). Die Tourismusmarketingorganisation konzentriert sich auf das internationale Marketing in bestehenden und potenziellen Märkten. Im Idealfall koordinieren sie eine eigene Buchungsplattform und die Produktentwicklung für diese Märkte in Kooperation mit beteiligten Akteuren der kommunalen und regionalen Ebenen. In einigen Bundesländern sind diese beiden Funktionen in einer Organisation zusammengeführt. Mittlerweile liegen in vielen Bundesländern landesweite Tourismuskonzeptionen vor, die auch den Destinationsmanagementorganisationen auf den regionalen und kommunalen Ebenen zur Orientierung dienen.

– **Nationale Ebene (Bundes-Ebene):** Zuständig für die Vermarktung des Reiselandes Deutschland ist die → Deutsche Zentrale für Tourismus e. V. (DZT). Der → Deutsche Tourismusverband e. V. (DTV) setzt sich vor allem auf politischer Ebene für die Interessen seiner Mitglieder und die Qualität im Deutschlandtourismus ein. (abw)

Literatur
Bieger, Thomas; Pietro Beritelli 2012: Management von Destinationen. München, Wien: Oldenbourg (8. Aufl.)

Bieger, Thomas; Christian Laesser & Pietro Beritelli 2011: Destinationsstrukturen der 3. Generation – Der Anschluss zum Markt. (https://www.alexandria.unisg.ch/206537/1/dmo_next-generation_2011-10.pdf, zugegriffen am 09.09.2019)

Schuler, Alexander 2014: Management der Bildung und Veränderung von Destinationen. Ein prozessorientierter Ansatz im Tourismus. (= Schriftenreihe Strategisches Management, Band 163). Hamburg: Dr. Kovač

Steinecke, Albrecht; Marcus Herntrei 2017: Destinationsmanagement. Konstanz, München: UVK (2. Aufl.)

Tourismus- und Heilbäderverband Rheinland-Pfalz e. V. (Hrsg.) 2012: Strukturen und Aufgaben der lokalen Ebene im Tourismus in Rheinland-Pfalz. Ein Leitfaden zur Umsetzung der Tourismusstrategie 2015 in den rheinland-pfälzischen Tourismuskommunen. (https://rlp.tourismusnetzwerk.info/wp-content/uploads/2012/08/Leitfaden_20101.pdf, zugegriffen am 09.09.2019)

Destinationsmanagement-System (DMS) [destination management system]

Eine regionale → Destination ist mit ihrer Vielzahl touristischer und infrastruktureller Angebote und Attraktionen im Rahmen ihres spezifischen geografischen Raumes ein Zielgebiet, das vom Gast als eine homogene Angebotseinheit wahrgenommen wird. Ein IT-basiertes Destinationsmanagement-System (DMS) unterstützt und integriert das tourismuswirtschaftliche Management einer Freizeit- und Urlaubsdestination in folgenden Aufgabenbereichen:

- Integration der einzelwirtschaftlichen Angebote und Attraktionen zu einem ganzheitlichen homogenen Portfolio inkl. Qualitätsmanagement und Unterstützung der Leistungsanbieter,
- Serviceleistungen einer Incoming-Agentur zur Gästebetreuung und zur Unterstützung der Aufenthaltsqualität,
- Vermittlung von Reise- und Serviceleistungen durch Information und Kommunikation, durch Reisemittler-Dienste, durch Kooperationen mit externen Vertriebssystemen und im Rahmen von Reisepaketen (→ Reisemittler; → Reiseveranstalter).

Ein DMS muss einerseits die heterogenen einzelwirtschaftlichen Bedingungen abbilden können, um den Anforderungen der Leistungsträger und Servicepartner gerecht zu werden. Andererseits sind eine gemeinschaftliche „Identity" mit einheitlichem Erscheinungsbild und gemeinschaftlich betriebene Vertriebskanäle erforderlich, um die Destination gegenüber den Reisenden zu repräsentieren und ihre Angebote ganzheitlich zu vermarkten. Ein Geschäftsmodell mit verbindlichen Prozessen und destinationsweiten Normen und Standardisierungen sowie ein umfassendes Service- und → Qualitätsmanagement sind erforderlich. Die Abbildung gibt einen Überblick über Aufbau und Funktionsbereiche eines DMS.

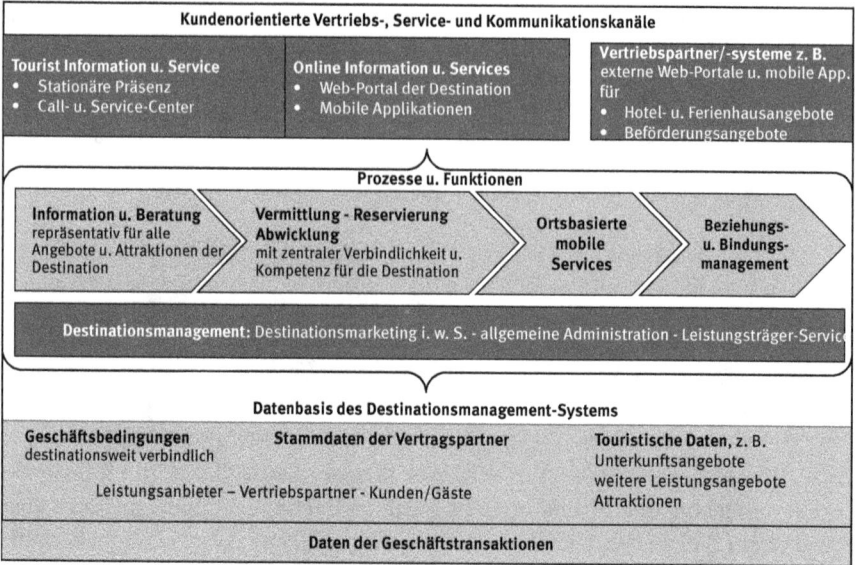

Abb. 12: Aufbau und Funktionsbereiche eines Destinationsmanagement-Systems

Destinationsmanagement-Systeme werden nicht (mehr) vor Ort bei der Tourismusorganisation technisch betrieben, sondern zentral in Rechenzentren spezialisierter IT-Dienstleister. Das Destinationsmanagement bzw. die berechtigten Nutzer greifen über eine gesicherte Internetverbindung auf „ihr" entferntes System zu und erhalten softwaregesteuert und gesichert ihre vereinbarten Zugriffsrechte auf Funktionen und Daten. Eine Destination erwirbt folglich die Lizenz zur Nutzung des Systems (Application Service bzw. Software as a Service, SaaS) mit allen Rechten zur Nutzung der vertraglich und kostenpflichtig vereinbarten Systemfunktionalität inkl. ihrer Daten. Das Destinationsmanagement nimmt eine Unterverteilung der Nutzungs- und Zugriffsrechte vor. Sie vergibt Rollen, d. h., sie differenziert die Rechte aufgabenabhängig und vergibt ihren Mitarbeitern, Geschäftspartnern und Partnersystemen die Nutzungs- und Datenbankzugriffsrechte, die zur Erfüllung ihrer jeweiligen Aufgaben erforderlich sind. Durch die Systemanmeldung oder durch systemtechnische Schnittstellen werden diese Rollen gesichert und gesteuert. → Hotel-Reservierungssystem. (uw)

Literatur

Schulz, Axel; Uwe Weithöner; Roman Egger & Robert Goecke 2015: eTourismus: Prozesse und Systeme. Berlin, Boston: De Gruyter Oldenbourg, insb. Kapitel 3.6 (2. Aufl.) (3. Aufl. in Vorbereitung)

Deutsche Alleenstraße → **Touristenstraße**

Deutsche Bahn AG (DB AG)

Die Deutsche Bahn AG ist ein international tätiges Unternehmen der Reiseverkehrsbranche mit Sitz in Berlin, das operativ in über 130 Ländern der Welt tätig ist. Hauptgeschäftsfelder des Konzerns sind der Eisenbahnverkehr und die Eisenbahninfrastruktur in Deutschland und einigen europäischen Nachbarländern sowie die Bereiche Transport und Logistik. Mit rund 338.000 Mitarbeitern und einem Jahresumsatz von über 44 Mrd. € weltweit (2019) gehört die DB zu den größten Eisenbahn- und Logistikunternehmen der Welt (Deutsche Bahn 2020).

Bis heute ist die Deutsche Bahn AG zu 100 % im Eigentum der Bundesrepublik Deutschland. Gleichzeit hat das Unternehmen seit den 1990er-Jahren eine dynamische Unternehmensentwicklung durchlaufen. Gegründet wurde die Aktiengesellschaft 1994 als Ergebnis der Bahnreform, mit der die deutsche Verkehrspolitik verschiedene Ziele verknüpfte. Aus der alten „Behördenbahn" sollte ein modernes, nach wirtschaftlichen Kriterien aufgestelltes Unternehmen werden. Es sollte mehr Verkehr auf die Schiene gebracht, die Haushaltsbelastung des Bundes zurückgefahren, mehr Wettbewerb im Schienenverkehr ermöglicht und das Eisenbahnwesen auf die Herausforderungen der Europäisierung und der sich globalisierenden Wirtschaft eingestellt werden. Dafür wurde das komplette Geschäft der westdeutschen Bundesbahn und der ostdeutschen Reichsbahn zusammengelegt (Groß 2017, S. 314–321).

Geleitet wird die Deutsche Bahn von einem Vorstand und kontrolliert von einem Aufsichtsrat. Im Aufsichtsrat sitzen Vertreter verschiedener Bundesministerien und Arbeitnehmervertreter, die Grundsätze der Konzernpolitik festlegen. Der Vorstand besteht aus einem Vorstandsvorsitzenden und weiteren Vorstandsmitgliedern für die einzelnen Funktions- und Geschäftsbereiche. Heute ist der Bahnkonzern in drei Unternehmensbereiche gegliedert (Bereiche Personenverkehr, Güterverkehr und Logistik sowie Infrastruktur). Diese drei Bereiche machen auch die Hauptgeschäftsfelder der Deutsche Bahn aus (Groß 2017, S. 314 f.).

In kleinerem Umfang ist die Deutsche Bahn auch selbst als → Reiseveranstalter tätig. Die Tochtergesellschaft Ameropa-Reisen GmbH wird als Kompetenzzentrum für unterschiedliche Formen von Bahn-Erlebnisreisen geführt. In wachsendem Umfang ist sie auch im Bereich neuer Mobilitätsformen aktiv (→ Mobilitätsmanagement im Tourismus). So bietet sie ein umfangreiches und wachsendes Angebot mit einer eigenen Carsharing-Flotte der Marke Flinkster und mit dem eigenen Fahrradverleih Call-a-bike an. Schwerpunkte sind hier die großen deutschen Metropolregionen.

Mit der Bahnreform wurde das Schienennetz in Deutschland für konkurrierende Unternehmen geöffnet. Seit 1999 ist die eigenständige Tochtergesellschaft DB Netz AG für den Betrieb und Erhalt des deutschen Schienennetzes verantwortlich, sodass anderen Eisenbahnunternehmen dieses Netz diskriminierungsfrei und gegen Nutzungsentgelte zur Verfügung steht. Eine komplette Trennung von Netzinfrastruktur und Bahnbetrieb wurde von der deutschen Politik bislang nicht beschlossen (Groß 2017, S. 315).

Im deutschen Fernverkehr ist die Deutsche Bahn bis heute faktischer Monopolist. Bislang betreiben Wettbewerber nur einzelne Züge. Im Regionalverkehr hingegen ist die Situation deutlich ausdifferenzierter, auch wenn die DB hier weiterhin über 75 % Marktanteil verfügt. Über Art und Umfang (Tarife und Fahrpläne) des Regionalverkehrs entscheiden die Bundesländer mit Hilfe eines Ausschreibungssystems, über welches Strecken an unterschiedliche Eisenbahnunternehmen vergeben werden (Besteller-Ersteller-System). Hierfür stehen den Ländern sogenannte Regionalisierungsmittel des Bundes zur Verfügung, mit denen die Anbieter bezuschusst werden.

Das wesentliche Wachstum des Konzerns DB fand aber im Auslandsgeschäft statt. Durch Zukäufe großer, internationaler Verkehrs- und Logistikunternehmen beträgt der Auslandsanteil am Umsatz mittlerweile mehr als 43 %. So erwarb man 2002 die Stinnes AG und deren Tochterunternehmen Schenker, eines der weltweit größten Logistikunternehmen (Lkw-, Schiffs- und Luftfracht). 2010 folgte der Kauf des britischen Unternehmens Arriva plc. und mit ihm der Einstieg ins internationale Nahverkehrsgeschäft. In mittlerweile über 140 Ländern befinden sich über 500 Tochterunternehmen der Deutschen Bahn AG (Bundesrechnungshof 2019, S. 9 ff.).

Aktuell befindet sich die Deutsche Bahn mit ihrem Kerngeschäft Personenverkehr in einer strukturellen Krise, die auch breit in der Öffentlichkeit diskutiert wird. Unzufriedenheit herrscht sowohl mit der Quantität als auch der Qualität der Konzerntätigkeit. Seit der Bahnreform wurde keine echte Trendwende hin zur Schiene erreicht. Der Anteil des Verkehrsträgers Eisenbahn stagniert im Personenverkehr bei rund 8 % und im Güterverkehr bei rund 18 %. 2019 stellte der Bundesrechnungshof fest, dass der Fernverkehr unpünktlich läuft und die Zugflotte, die Infrastruktur sowie das Personal nur eingeschränkt verfügbar sind. Auch wurde mittlerweile wieder ein sehr hoher Schuldenstand erreicht (Bundesrechnungshof 2019, S. 12). Der Bericht bestätigt damit die Unzufriedenheit vieler Bahnkunden. Einig sind sich die politisch Verantwortlichen darin, dass dringend mehr Investitionen in die Bahninfrastruktur und die Zugflotte notwendig sind, was aber die Probleme frühestens mittelfristig lösen wird. (am)

Literatur

Bundesrechnungshof 2019: Bericht nach § 99 BHO zur strukturellen Weiterentwicklung und Ausrichtung der Deutschen Bahn AG am Bundesinteresse. (https://www.bundesrechnungs hof.de/de/veroeffentlichungen/produkte/sonderberichte/langfassungen-ab-2013/2019/ 2019-sonderbericht-strukturelle-weiterentwicklung-und-ausrichtung-der-deutschen-bahn-ag-am-bundesinteresse, zugegriffen am 15.06.2019)

Deutsche Bahn (Hrsg.) 2020: Daten & Fakten 2019. (https://www.deutschebahn.com/resource/ blob/5058456/05c0e4b2c061ff2bf196ca5644a1ac3e/20190325_bpk_2020_daten_fakten-data.pdf, zugegriffen am 09.08.2020)

Groß, Sven 2017: Handbuch Tourismus und Verkehr. Verkehrsunternehmen, Strategien und Konzepte. Konstanz, München: UVK (2. Aufl.)

Deutsche Fachwerkstraße → **Touristenstraße**

Deutsche Gesellschaft für Ernährung e. V. (DGE)

1953 gegründeter, gemeinnütziger Verein, Hauptgeschäftsstelle in Bonn. Die DGE sieht ihre zentralen Aufgaben in der Ernährungsaufklärung, -beratung und -erziehung der Bevölkerung. Der Verein unterstützt die ernährungswissenschaftliche Forschung und sammelt und wertet wissenschaftliches Ernährungswissen aus. Durch Publikationen und Veranstaltungen werden die neuen Erkenntnisse der Allgemeinheit zugänglich gemacht (DGE o. J.). (wf)

Literatur

DGE o. J.: Die Deutsche Gesellschaft für Ernährung e. V. (DGE). (https://www.dge.de/wir-ueber-uns/die-dge/, zugegriffen am 09.08.2020)

> **Gedankensplitter**
> „Essen nur auf Inhaltsstoffe zu reduzieren, ist totaler Quatsch." (Christoph Klotter, Ernährungspsychologe)

Deutsche Gesellschaft für Tourismuswissenschaft e. V. (DGT)

Die Deutsche Gesellschaft für Tourismuswissenschaft ist die führende Vereinigung von deutschsprachigen Tourismuswissenschaftlern in Deutschland, Österreich und der Schweiz. Ziel der DGT ist nach eigenen Angaben 1) die Information und Beratung von Hochschulen, Unternehmen, Politik und Gesellschaft zu allen wichtigen und aktuellen Fragen des Tourismus, 2) die Förderung der Tourismuswirtschaft und -lehre und 3) der interdisziplinäre Wissensaustausch innerhalb der Tourismuswissenschaft.

Die DGT hat 247 Mitglieder (Stand: 02/2020). Satzungsmäßige Organe der DGT sind die Mitgliederversammlung, die einmal jährlich stattfindet, und der

Vorstand, der alle drei Jahre gewählt wird. Darüber hinaus gibt es die Kommission für Weintourismus und Kulinarik und die Kommission für Tourismus und Architektur. Die Mitgliederversammlung findet auf der DGT-Jahrestagung statt, die eine der wichtigsten Austauschplattformen der tourismuswissenschaftlichen Disziplin darstellt und jährlich im Herbst an wechselnden Orten stattfindet. Die Beiträge der Jahrestagung finden sich in der DGT-Schriftenreihe, die ebenfalls jährlich erscheint.

Die DGT engagiert sich im Bereich der Nachwuchsförderung und verleiht jährlich auf der → ITB Berlin den DGT-ITB Wissenschaftspreis für herausragende wissenschaftliche Arbeiten in folgenden vier Kategorien: beste Dissertation, beste Nachwuchsarbeit, beste Arbeit zum Thema Nachhaltigkeit im Tourismus und beste Arbeit zum Thema E-Tourismus (www.dgt.de). (cmb)

Deutsche Hotelklassifizierung [German Hotel Classification]

Die auf freiwilliger Basis beruhende »Deutsche Hotelklassifizierung« wurde 1996 vom → DEHOGA auf bundesweitem Niveau eingeführt (Maihöfer 2000, S. 154 ff.). Anhand objektiver Kriterien werden die Beherbergungsbetriebe mit Hilfe von Sternen in fünf Komfortkategorien (*-*****) eingeteilt. Über das Zusatzmerkmal »Superior« kann eine Differenzierung innerhalb der einzelnen Kategorien erfolgen. Durch die bundesweit einheitliche Klassifizierung werden für die beteiligten Akteure verschiedene Ziele erreicht: Aus Kundensicht wird eine höhere Angebotstransparenz und damit eine bessere Orientierung geschaffen, aus Unternehmenssicht erfolgt eine deutlichere Produktpositionierung, aus Absatzmittlersicht ist ein aussagefähiges Beratungs- und Orientierungskriterium entstanden. Zum Stichtag 01.01.2020 haben sich 7.931 Hotels klassifizieren lassen (Hotelverband Deutschland 2020, S. 311).

Das Klassifizierungssystem unterscheidet Mindestkriterien, anhand derer die Hotels eingestuft werden. Es existieren obligatorische und fakultative Kriterien. Je höher die Komfortkategorie, desto höher die Anforderungen in den jeweiligen Kriterien. Die Klassifizierung erfolgt auf der Basis von Erhebungsbögen, die durch die Hotels in einem ersten Schritt ausgefüllt und dann elektronisch ausgewertet werden. Unabhängige Klassifizierungskommissionen, die die Betriebe in einem Folgeschritt bereisen, stellen einen Kontrollmechanismus dar. Um den Marktentwicklungen gerecht zu werden, werden die Kriterien – im Grundsatz alle fünf Jahre – fortgeschrieben, der neue Kriterienkatalog gilt von 2020–2025. Der Kriterienkatalog wurde bei der letzten Überarbeitung auf 247 Einzelkriterien entschlackt, Digitalisierung und Nachhaltigkeit in den Fokus gestellt (Hotelstars Union o. J.; Hotelstars Union 2020).

Die Klassifizierung gilt für drei Jahre. Die Entgelte variieren von Bundesland zu Bundesland. Für die Erstklassifizierung zahlen Mitglieder des → Deutschen

Hotel- und Gaststättenverbands (DEHOGA) bspw. in Baden-Württemberg 395 €, für die Folgeklassifizierung 305 €. Nichtmitglieder zahlen das Doppelte. Hinzu kommen Nutzungskosten für das Schild von 65 € zzgl. 13 € für die Plakette und eine Umlage von 10,50 € pro Zimmer (Stand: 2020). Die »Deutsche Hotelklassifizierung« ist ein markenrechtlich geschützter Begriff, die Eigenvergabe von Sternen durch Hoteliers ist aus wettbewerbsrechtlicher Sicht nicht möglich (Hotelstars Union o. J.). Der DEHOGA ist gegen Hotels vorgegangen, die ohne gültige Hotelklassifizierung mit Sternen warben. Mit der Wettbewerbszentrale wurden kostenpflichtige Abmahnungen ausgesprochen und Gerichtsverfahren wegen irreführender Werbung eingeleitet (o. V. 2018, S. 22). Software zur Prüfung von Hotel-Homepages und verschärfte Stichproben-Kontrollen sollen in Zukunft den Missbrauch unterbinden. Mit der Gründung der → Hotelstars Union im Jahr 2009, in der der DEHOGA mit der »Deutschen Hotelklassifizierung« Mitglied ist, ist der Weg zu einer europäischen Hotelklassifizierung geebnet worden.

Vereinzelt wird Kritik gegenüber der Klassifizierung vorgetragen (etwa Bürokratisierungstendenzen, Einengung des unternehmerischen Wirkens, Bewertung einer ausschließlich objektiven Dienstleistungsqualität). Die auf subjektiven Kriterien basierenden Online-Bewertungen stellen einen Gegenpol von Qualitätsbewertung dar. Das oft beschworene Szenario, dass Hotelklassifizierungen in Zeiten von subjektiven Gästebewertungen im Internet überflüssig werden, ist nicht eingetroffen. Gäste brauchen einen objektiven Qualitätsstandard, gerade in Zeiten eines durch das Internet erzeugten »information overload«. Insofern ergänzen sich subjektive Online-Bewertungen und objektive Klassifizierungssysteme zu einem Gesamtbild der Beherbergungsqualität. (wf)

Literatur

Hotelstars Union o. J.: Das System der Deutschen Hotelklassifizierung. (https://www.hotelstars.eu/de/deutschland/system/beschreibung/, zugegriffen am 07.10.2019)

Hotelstars Union 2020: Kriterienkatalog 2020–2025. Brüssel

Hotelverband Deutschland (IHA) e. V. (Hrsg.) 2020: Hotelmarkt Deutschland 2020. Berlin: IHA-Service

Maihöfer, Gregor 2000: Das Projekt Deutsche Hotelklassifizierung. In: Tourismus Jahrbuch, 4 (2), S. 154–170

o. V. 2018: Hotelklassifizierung: Bußgelder für Schummel mit Hotelsternen. In: Dehoga Magazin, o. Jg. (3), S. 22

Deutsche Klassifizierung für Gästehäuser, Gasthöfe und Pensionen

Die auf freiwilliger Basis beruhende »Deutsche Klassifizierung für Gästehäuser, Gasthöfe und Pensionen« (G-Klassifizierung) wurde vom → Deutschen Hotel- und Gaststättenverband (DEHOGA) in Zusammenarbeit mit dem → Deutschen Tourismusverband (DTV) 2005 auf bundesweitem Niveau eingeführt. Die Klassifizierung richtet sich an „Beherbergungsbetriebe mit mehr als neun Gästebetten und nicht mehr als 20 Gästezimmern, die keinen Hotelcharakter aufweisen und in deren Betriebsname der Begriff »Hotel« nicht enthalten sein darf" (DEHOGA Bundesverband o. J.).

Die G-Klassifizierung soll die Lücke zwischen den durch den DTV klassifizierten Privatzimmern, Ferienwohnungen und Ferienhäusern auf der einen Seite und den durch den DEHOGA klassifizierten Hotels auf der anderen Seite schließen. Anhand objektiver Kriterien werden die Betriebe mit Hilfe von Sternen in fünf Komfortkategorien (G*-G*****) eingeteilt. Der zugrunde liegende Kriterienkatalog wird regelmäßig aktualisiert (Laufzeit aktueller Katalog: 2019–2023). Das System orientiert sich in seinem grundsätzlichen Aufbau an der vom DEHOGA entwickelten → Deutschen Hotelklassifizierung („kleine Schwester der Deutschen Hotelklassifizierung"). Die Klassifizierung hat eine Gültigkeit von drei Jahren. Die anfallenden Kosten variieren von Bundesland zu Bundesland. Die Erstklassifizierung ist teurer als die Folgeklassifizierungen, Mitglieder des DEHOGA zahlen ca. die Hälfte des Entgelts. Zum Stichtag 01.01.2020 sind 621 Betriebe deutschlandweit G-klassifiziert (Hotelverband Deutschland 2020, S. 319). Das Gasthofsterben auf dem Land führt indirekt zu einem Rückgang der klassifizierten Betriebe.

Durch die bundesweit einheitliche Klassifizierung werden für die beteiligten Akteure verschiedene Ziele erreicht: Aus Kundensicht wird eine höhere Angebotstransparenz und damit eine bessere Orientierung geschaffen, aus Unternehmenssicht erfolgt eine deutlichere Produktpositionierung. (wf)

Literatur

DEHOGA Bundesverband o. J.: G-Klassifizierung. (https://www.dehoga-bundesverband.de/branchenthemen/klassifizierung/g-klassifizierung/, zugegriffen am 02.01.2019)
Hotelverband Deutschland (IHA) e. V. (Hrsg.) 2020: Hotelmarkt Deutschland 2020. Berlin: IHA-Service

Deutsche Zentrale für Tourismus (DZT) [German National Tourist Organisation]

Die DZT ist die deutsche nationale Tourismusorganisation (NTO) und damit die zentrale staatliche Marketingorganisation für das Reiseland Deutschland. Sie ist zuständig für das Auslandsmarketing der → Destination Deutschland und hat die Förderung des → Incomingtourismus zur Aufgabe. Die Marke „Reiseland Deutschland" wird v. a. durch eine thematische Vermarktung geleistet sowie durch Marktforschung, nationale und internationale Koordinierung, Kooperation und Gremienarbeit. Die DZT unterstützt darüber hinaus die jeweils aktuellen tourismuspolitischen Schwerpunkte des Bundesministeriums für Wirtschaft und Energie (BMWi). Die Arbeit der DZT wird zu mehr als drei Vierteln aus Mitteln des BMWi im Rahmen einer institutionellen Förderung getragen, knapp ein Viertel wird aus eigenen Einnahmen finanziert (DZT 2019, S. 105).

Organisiert ist die DZT in Form eines eingetragenen Vereins mit rund 70 Mitgliedern, darunter Körperschaften, Verbände und Stiftungen von bundesländerübergreifenden Bedeutungen wie → BTW, → DEHOGA, DIHK oder → DRV sowie Einzelunternehmen aus dem Gastgewerbe, der Verkehrswirtschaft sowie Reiseveranstaltern und weiteren touristischen Dienstleistern. Darüber hinaus sind die touristischen Marketingorganisationen der Bundesländer Mitglied. Die DZT hat weltweit 31 Standorte und 150 Mitarbeiter, sie kümmert sich um die Marktbearbeitung von über 50 Ländern (Stand: 01/2020). Die DZT wurde 1948 in Frankfurt am Main gegründet, wo sie auch heute noch ihren Sitz hat. Vorsitzende des Vorstandes ist seit 2003 Petra Hedorfer. In Verwaltungsrat, Beirat und im Marketingausschuss Ausland sind praktisch alle Bereiche der deutschen Tourismuswirtschaft bis hin zur regionalen Ebene vertreten und haben Mitsprache bei der Formulierung der Ziele und der Maßnahmen zur Förderung des Incomingtourismus (www.dzt.de). (cmb)

Literatur

DZT 2019: Jahresbericht 2019. (https://www.germany.travel/media/pdf/ueber_uns_2/2020/DZT_Jahresbericht2019_RZ_WEB.pdf, zugegriffen am 23.03.2020)

Deutscher Heilbäderverband (DHV) e. V.

1892 gegründet als ‚Allgemeiner Deutscher Bäderverband‘, vertritt der Deutsche Heilbäderverband (DHV) e. V. als Spitzenverband und ältester Gesundheitsverband in Deutschland mit Sitz in Berlin Heilbäderverbände der Bundesländer sowie weitere Fachverbände (www.deutscher-heilbaederverband.de). Der Deutsche Heilbäderverband e. V. setzt sich für die gemeinsamen Interessen seiner Mitglieder auf nationaler, europäischer und internationaler Ebene in der Öffentlichkeit, insbesondere gegenüber den Parlamenten des Bundes und der EU, den zuständigen Ministerien sowie gegenüber Behörden, Sozialversicherungen und Kostenträgern, Verbänden und Organisationen auf Bundesebene ein.

Neben Informationen zur → Kur, zu → Heilmitteln und zu den → Artbezeichnungen leistet er einen wichtigen Beitrag zur Qualitätssicherung in Heilbädern und Kurorten, u. a. durch die Vergabe des Zertifikats Allergikerfreundliche Kommune oder die Gütesiegel Park im Kurort, Prävention im Kurort und Wellness im Kurort. Wichtigstes Instrument zur Sicherung innerverbandlicher Qualitätsnormen sind die ‚→ Begriffsbestimmungen – Qualitätsstandards für Heilbäder und Kurorte, Luftkurorte, Erholungsorte – einschließlich der Prädikatisierungsvoraussetzungen – sowie für Heilbrunnen und Heilstollen‘, die der DHV e. V. zusammen mit dem → Deutschen Tourismusverband e. V. herausgibt. (abw)

Deutscher Hotel- und Gaststättenverband e. V. (DEHOGA)

Als Unternehmer- und Berufsorganisation nimmt der DEHOGA Bundesverband die Interessen von Hotellerie und Gastronomie in der Bundesrepublik Deutschland wahr. Er setzt sich ein für die Verbesserung der politischen Rahmenbedingungen und eine Wirtschaftspolitik, deren Ziel der unternehmerische Erfolg und die Sicherung von Arbeitsplätzen ist. Hierzu gehören die Felder Arbeitsmarkt- und Tarifpolitik, Aus- und Weiterbildung, Recht und Steuern, Umweltschutz und Urheberrecht, aber auch Marketingaktivitäten wie die → Deutsche Hotelklassifizierung oder die → Deutsche Klassifizierung für Gästehäuser, Gasthöfe und Pensionen.

Der DEHOGA gliedert sich in 17 rechtlich selbständige Landesverbände und in die Fachverbände → Hotelverband Deutschland (IHA) und UNIPAS (Union der Pächter von Autobahn-Service-Betrieben). Darüber hinaus vertreten die Fachabteilungen im DEHOGA – → Systemgastronomie, Gemeinschaftsgastronomie (→ Gemeinschaftsverpflegung), Bahnhofsgastronomie, Diskotheken und Catering – die speziellen Belange ihrer Mitglieder. In Berlin, Brüssel sowie in den Landeshauptstädten ist der DEHOGA Gesprächspartner für Politik, Verwaltung und Presse. 2019 feierte der Bundesverband sein 70-jähriges Bestehen (ahgz das spezial 2019). (bd)

Literatur

ahgz das spezial 2019: Power in Berlin. 70 Jahre DEHOGA Bundesverband. Stuttgart: Matthaes
DEHOGA Bundesverband (Hrsg.) o. J.: Über uns. (https://www.dehoga-bundesverband.de/
    ueber-uns/, zugegriffen am 25.09.2019)

Gedankensplitter

„Wir sind die öffentlichen Wohnzimmer der Gesellschaft, Orte des Genusses, der Begegnung und der Kommunikation – in einer immer digitaler werdenden Welt wichtiger denn je." (Guido Zöllick, Präsident DEHOGA Bundesverband über die Rolle des Gastgewerbes)

Deutscher Reiseverband (DRV) [German Travel Association]

Der Deutsche Reiseverband (DRV) repräsentiert die Reisewirtschaft in Deutschland. Als Spitzenverband bündelt der DRV eine bedeutende Wirtschaftskraft. Seine Mitglieder sind Reisebüros und Reiseveranstalter aller Größen und Organisationsformen sowie zahlreiche touristische Dienstleister; er vertritt dabei eine enorme Bandbreite vom inhabergeführten Einzelunternehmen bis hin zum börsennotierten internationalen Konzern. Dadurch ist er einer der wichtigsten touristischen Interessensverbände. Nach eigenen Aussagen hat der Verband mehrere tausend Mitglieder.

Ziel des DRV ist es, Interessensvertretung in Politik, Wirtschaft und Öffentlichkeit für die Anliegen der Reisewirtschaft zu betreiben. Der Verband versteht sich aber auch als Serviceorganisation für die Mitglieder mit Geschäftsstelle in Berlin.

Der DRV wurde 1950 in Frankfurt am Main von ca. 20 Reisebürovertretern als Deutscher Reisebüroverband und damit zu einer Zeit gegründet, als es noch kaum reine → Reiseveranstalter gab und → Reisebüros nicht nur als → Reisevermittler agierten, sondern selbst auch ‚Gesellschaftsreisen‘ zusammenstellten und an ihre noch vergleichsweise wenigen Kunden verkauften. Die Zahl der Mitglieder und Aufgaben stieg seitdem deutlich an.

Um der heterogenen Mitgliederstruktur gerecht zu werden, wurde Ende der 1990er-Jahre eine neue Organisationsstruktur eingeführt, die eigene Arbeitsgruppen (‚Säulen‘ genannt) für mittelständische und konzerneigene Unternehmen vorsieht und auch nach Reiseveranstaltung und Reisevermittlung differenziert (Säule A: Mittelständische Reisemittler; Säule B: Konzerngebundene Reisemittler; Säule C: Mittelständische Reiseveranstalter; Säule D: Konzern-Reiseveranstalter; Säule E: Assoziierte Mitglieder [Reiseunternehmen, die weder Reisemittler noch Reiseveranstalter sind, sowie touristische Leistungsträger und Dienstleister]). Der DRV ist Mitglied in weiteren Verbänden im In- und Ausland, z. B. → BTW, → DZT, → VDR, ECTAA, ÖRV, SRV (www.drv.de). (cmb)

Deutscher Tourismusverband e. V. (DTV) [German Tourism Association]

Der Deutsche Tourismusverband ist der Dachverband kommunaler, regionaler und landesweiter Tourismusorganisationen und spiegelt das föderale Prinzip im Deutschlandtourismus wider. Mitglieder sind die Landestourismusverbände, regionale und kommunale Marketingorganisationen sowie die kommunalen Spitzenverbände. Darüber hinaus gibt es Fördermitglieder wie Messen, touristische Verbände, privatwirtschaftliche Unternehmen der Touristik sowie Verlage und Versicherungen.

Insgesamt gehören dem DTV über 100 Mitglieder an, der Verband finanziert sich über Mitgliedsbeiträge. Er vertritt die Interessen seiner Mitglieder gegenüber Politik und Behörden, vernetzt die Akteure im Deutschlandtourismus und bietet seinen Mitgliedern → Dienstleistungen bei der Klassifizierung und Zertifizierung an (→ Qualitätszeichen). Der DTV hat sich – beginnend 2016 – einer Neustrukturierung unterzogen und die Arbeitsgruppen → Tourismuspolitik, Qualität und Kundenorientierung sowie Zukunftsentwicklung gegründet. Der DTV veranstaltet jährlich den Deutschen Tourismustag sowie das Deutsche Städte- und Kulturforum. Auf dem Tourismustag wird der Deutsche Tourismuspreis verliehen. Ziel ist es, innovative und nachhaltige Produkte und Projekte im Deutschlandtourismus zu prämieren.

Der DTV hat in der 1970 gegründeten DTV Service GmbH (DTS) eine 100-prozentige Tochter, unter anderem zur Betreuung von touristischen Qualitätssystemen zur Klassifizierung sowie Zertifizierung touristischer Dienstleister wie → Touristinformationen mit der i-Marke sowie → Campingplätze und Ferienunterkünfte mit DTV-Sternen. Zudem führt die DTS die Initiative „ServiceQualität

Deutschland" und koordiniert die Zusammenarbeit der 16 Länderstellen, die in der Initiative organisiert sind.

Seine Geschichte geht zurück auf die Gründung des ‚Bundes Deutscher Verkehrsvereine (BDV)' im Jahr 1902 in Frankfurt am Main. Unter dem Vorsitz des damaligen Kölner Oberbürgermeisters und späteren ersten Bundeskanzlers der Bundesrepublik Deutschland (1949–1963), Konrad Adenauer, beschloss die Mitgliederversammlung 1930 eine neue Satzung, mit welcher der BDV zum ‚Bund Deutscher Verkehrsverbände' und damit zum Dachverband der Fremdenverkehrswirtschaft wurde. Mitglieder des BDV waren damals die regionalen Verbände, in denen die örtlichen Verkehrsvereine organisiert waren. 1963 wurde er umbenannt in ‚Deutscher Fremdenverkehrsverband (DFV)' und nach der Deutschen Einheit dann 1999 in Deutscher Tourismusverband (DTV). www.deutschertourismusverband.de. (cmb/jwm)

Deutsches Jugendherbergswerk (DJH) [German Youth Hostel Association]

Der Verband mit dem Namen „Deutsches Jugendherbergswerk, Hauptverband für Jugendwandern und Jugendherbergen e. V." ist ein rechtsfähiger, gemeinnütziger, eingetragener Verein, Sitz ist Detmold. Daneben unterhält der Verein ein Hauptstadtbüro in Berlin. Der Vereinszweck besteht laut Satzung in der „Förderung der Jugendhilfe, der Völkerverständigung sowie des Umwelt- und Landschaftsschutzes". Hierzu unterstützt der Verband insbesondere die Einrichtung und Führung von → Jugendherbergen. Träger des DJH sind neben dem Hauptverband 14 Landesverbände, die selbständig agieren und ebenfalls eingetragene, gemeinnützige Vereine sind.

Die Jugendherbergen befinden sich oft im Eigentum der Landesverbände und werden von diesen betrieben. Darüber hinaus werden bspw. auch Immobilien, die kirchlichen Trägern oder der öffentlichen Hand gehören, gepachtet und von den Landesverbänden geführt. Das DJH finanziert sich über Mitgliedsbeiträge, Zuschüsse Dritter (insbesondere Zuwendungen der öffentlichen Hand) und sonstige Einnahmen (z. B. zweckgebundene Spenden) (DJH 2017, S. 6).

1909 gilt als das Geburtsjahr des DJH. Während einer Klassenfahrt entwarf der Lehrer Richard Schirrmann die Idee einer günstigen Unterkunftsmöglichkeit für Jugendliche, insbesondere für Volksschüler. 1912 wurde die erste Jugendherberge der Welt auf der Burg Altena/Sauerland eingerichtet, 1932 das Fundament für eine internationale Jugendherbergsvereinigung (→ Hostelling International) gelegt, Schirrmann zu ihrem Präsidenten gewählt. Die Jugendherbergen wurden 1933 in die Jugendorganisationen der Nationalsozialisten eingebunden, 1949 gründete sich der Dachverband neu, 1990 traten die Landesverbände der Neuen Bundesländer bei. 2009 feierte das DJH 100 Jahre Jugendherbergen (Reulecke & Stambolis 2009; www.jugendherberge.de).

Der gewichtige, oft unterschätzte touristische Akteur verantwortet – Stand 01.01.2020 – 441 Jugendherbergen, über 69.000 Betten und mehr als 9,7 Millionen Übernachtungen. Auf der Basis der Übernachtungszahlen ist der Landesverband Bayern mit mehr als 1,2 Millionen Übernachtungen der größte. Ausländische Gäste machen einen Übernachtungsanteil von knapp 7 % aus. Die Mitgliederzahl beläuft sich auf fast 2,5 Millionen (DJH 2020, S. 28 ff.). Zu beobachten ist über die Jahre hinweg gleichwohl ein tendenziell schleichender Rückgang relevanter ökonomischer Indikatoren (Anzahl Jugendherbergen, Bettenanzahl, Übernachtungen). (wf)

Literatur

DJH (Hrsg.) 2017: Satzung des Deutschen Jugendherbergswerkes, Hauptverband für Jugendwandern und Jugendherbergen e. V. Verabschiedete Neufassung. (https://www.jugendherberge.de/fileadmin/hauptverband/downloads/ueber-uns/djh-satzung-2017.pdf, zugegriffen am 02.01.2019)

DJH (Hrsg.) 2020: Die Jugendherbergen. Jahresbericht 2019. Detmold: Bösmann (https://www.jugendherberge.de/fileadmin/hauptverband/downloads/jahresberichte/2019/djh_jahresbericht_2019_scr.pdf, zugegriffen am 09.08.2020)

Reulecke, Jürgen; Barbara Stambolis (Hrsg.) 2009: 100 Jahre Jugendherbergen 1909–2009. Anfänge – Wandlungen – Rück- und Ausblicke. Essen: Klartext

DGT → **Deutsche Gesellschaft für Tourismuswissenschaft e. V.**

DHV → **Deutscher Heilbäderverband**

Dienstleistung **[service]**

Die Heterogenität des Dienstleistungssektors und damit verbunden der Dienstleistungen machen eine Begriffsdefinition schwierig. In der Literatur wird versucht, über spezifische Merkmale, die Dienstleistungen ausmachen, den Begriff zu fixieren und ihn von der Sachleistung bzw. von Sachgütern abzugrenzen. Als konstitutive Merkmale werden genannt (etwa Kandampully & Solnet 2018, S. 24; Klose 1999, S. 6 ff.; Meffert, Bruhn & Hadwich 2018, S. 12 ff.; Mudie & Pirrie 2006, S. 3 ff.; Nerdinger 2011, S. 13 ff.; Zollondz 2016, S. 217 f.):

- Immaterialität bzw. Intangibilität (intangibility [engl.] = Nichtgreifbarkeit, Unstofflichkeit),
- Simultaneität von Produktion und Konsum im Falle persönlicher Dienstleistung,
- Integration des externen Faktors,
- Variabilität,
- Nicht-Lagerfähigkeit und
- Standortgebundenheit.

Die persönlichen Dienstleistungsbeispiele „Beratungsgespräch im Reisebüro" oder „Empfehlung des Weinkellners (→ Sommelier) im → Restaurant" verdeutlichen dies. Der Prozess der Dienstleistungserstellung (nicht das Ergebnis) hat immateriellen Charakter, im Gegensatz zu einem Sachgut ist die Dienstleistung nicht stofflich bzw. nicht greifbar. Produktion (Wissensvermittlung des Mitarbeiters) und Konsum (Wissensaufnahme durch den Bedienten) erfolgen simultan (sogenanntes uno-actu-Prinzip), der Kunde ist bei der Erstellung physisch präsent (Integration des externen Faktors). Da die Mitarbeiter natürlichen Leistungsschwankungen unterliegen, kann die Dienstleistung über die Zeit hinweg nicht konstant auf dem gleichen Qualitätsniveau erfolgen (Variabilität). Das Gespräch bzw. die Empfehlung ist nicht lager- und auch nicht transportfähig (Standortgebundenheit).

Die genannten Merkmale sind nicht eindeutig, teilweise in der wissenschaftlichen Diskussion umstritten (etwa Klose 1999, S. 6 ff.; Meffert, Bruhn & Hadwich 2018, S. 15 ff.). Viele Dienstleistungen lassen sich nicht trennscharf von Sachleistungen abgrenzen. Oft umfassen Sachleistungen Anteile von Dienstleistungen und Dienstleistungen Anteile von Sachleistungen (z. B. Getränke und Essen im Restaurant). Die → Erholung aus einem → Urlaub wirkt nach, geht mit dem Konsum nicht verloren und ist insofern begrenzt lagerfähig. Die Variabilität bei der Dienstleistungserstellung ist reduzierbar (bspw. durch standardisierte Begrüßungsformeln von Hotel- oder → Callcenter-Mitarbeitern bei Telefongesprächen oder durch Standardisierungen mittels Klassifizierungen und Zertifizierungen), und im bestimmten Umfang sind Dienstleistungen – etwa Flug- oder Hotelbuchungen über Internetportale – auch transportierbar.

Um die Vielfalt von Dienstleistungen erfassen zu können, werden Definitionen gezwungenermaßen breit und abstrakt gefasst. Die Definition von Meffert, Bruhn & Hadwich (2018, S. 15) als ein Beispiel hierfür versucht, gleichzeitig die Potential-, Prozess- und Ergebnisorientierung von Dienstleistungen zu erschließen: „Dienstleistungen sind selbständige, marktfähige Leistungen, die mit der Bereitstellung (z. B. Versicherungsleistungen) und/oder dem Einsatz von Leistungsfähigkeiten (z. B. Friseurleistungen) verbunden sind (Potenzialorientierung). Interne (z. B. Geschäftsräume, Personal, Ausstattung) und externe Faktoren (also solche, die nicht im Einflussbereich des Dienstleisters liegen) werden im Rahmen des Erstellungsprozesses kombiniert (Prozessorientierung). Die Faktorenkombination des Dienstleistungsanbieters wird mit dem Ziel eingesetzt, an den externen Faktoren, an Menschen (z. B. Kunden) und deren Objekten (z. B. Auto des Kunden) nutzenstiftende Wirkungen (z. B. Inspektion beim Auto) zu erzielen (Ergebnisorientierung)".

Klassifikationen bzw. Typologien sind ebenfalls Versuche, den komplexen Begriff zu systematisieren. Über ein- oder mehrdimensionale Ansätze soll Ordnung geschaffen bzw. die Heterogenität von Dienstleistungen reduziert werden (etwa Meffert, Bruhn & Hadwich 2018, S. 15 ff.; Nerdinger 2011, S. 16 ff.).

Aus etymologischer und historischer Sicht hat der Begriff Dienstleistung einen ambivalenten Charakter. Einerseits beinhaltet er einen feudalen Kern und verweist so auf ein Abhängigkeits- bzw. Unterstellungsverhältnis (servus [lat.] = Diener, Knecht steckt im Wortstamm der englischen Übersetzung ‚service‘), andererseits wurde in der Geschichte mit dem „Dienst leisten" an anderen oder für andere sehr wohl auch ehrenhafte und wertvolle Arbeit assoziiert (Nerdinger 1994, S. 18 ff.; Nerdinger 2011, S. 44).

Die Grundbedeutung des Dienens wandelt sich mit der gesellschaftlichen Einstellung zu Dienstleistungen. In der gegenwärtigen Dienstleistungsgesellschaft hat der Begriff eine wichtige, positive Aufwertung erfahren. Durch die → Digitalisierung erfährt die Dienstleistung eine Neuausrichtung. Die Kunst besteht in einer gelungenen Kombination aus digital und analog, aus „online" und „offline". Der Wert menschlicher Dienstleistungen und Begegnungen kann durch die Digitalisierung nicht vollständig ersetzt werden. (wf)

Literatur
Kandampully, Jay; David Solnet 2018: Service Management Principles for Hospitality and Tourism. Oxford: Goodfellow (3rd ed.)
Klose, Martin 1999: Dienstleistungsproduktion – ein theoretischer Rahmen. In: Hans Corsten; Herfried Schneider (Hrsg.): Wettbewerbsfaktor Dienstleistung: Produktion von Dienstleistungen – Produktion als Dienstleistung. München: Vahlen, S. 3–22
Meffert, Heribert; Manfred Bruhn & Karsten Hadwich 2018: Dienstleistungsmarketing: Grundlagen – Konzepte – Methoden. Wiesbaden: Springer Gabler (9. Aufl.)
Mudie, Peter; Angela Pirrie 2006: Services Marketing Management. Oxford: Butterworth-Heinemann (3rd ed.)
Nerdinger, Friedemann W. 1994: Zur Psychologie der Dienstleistung: theoretische und empirische Studien zu einem wirtschaftspsychologischen Forschungsgebiet. Stuttgart: Schäffer-Poeschel
Nerdinger, Friedemann W. 2011: Psychologie der Dienstleistung. Göttingen u. a.: Hogrefe
Thissen, Michael 2018: Der Service Guide. So sind Sie immer den entscheidenden Schritt voraus. Weinheim: Wiley
Zollondz, Hans-Dieter 2016: Dienstleistung. In: Hans-Dieter Zollondz; Michael Ketting & Raimund Pfundtner (Hrsg.): Lexikon Qualitätsmanagement. Handbuch des Modernen Managements auf Basis des Qualitätsmanagements. Berlin, Boston: De Gruyter, S. 216–219 (2. Aufl.)

Gedankensplitter   *i*
„Life is service." (Ellsworth Milton Statler, US- amerikanischer Hotelpionier)

Dienstleistungsdefekt → **Dienstleistungsversagen**

Dienstleistungsgarantie [service guarantee]

Ein Versprechen des Unternehmens, dass Gäste bzw. Kunden mit deren Produkten oder → Dienstleistungen zufrieden sind oder sein sollen. Ist dies nicht der Fall, versprechen Unternehmen die Behebung des Problems bzw. Wiedergutmachung.

Die französische Hotelgruppe Accor hat bei ihrer Budget-Marke ibis seit vielen Jahren die „15-Minuten-Servicegarantie" (Mission 15') etabliert. Sollten Gäste während ihres Aufenthalts mit einem Umstand nicht zufrieden sein, verspricht das Unternehmen, dass Mitarbeiter (the „Smile Team") sich innerhalb von 15 Minuten um das Problem kümmern. (wf)

Literatur
Ibis o. J.: Unsere 15-Minuten-Servicegarantie. (https://ibis.accorhotels.com/discovering/ibis-hotel/index.de.shtml#services, zugegriffen am 08.08.2020)

Gedankensplitter
„Wir Asiaten können Service wirklich." (Chanin Donavanik, CEO Dusit International)

Dienstleistungsklima [service climate]

Theoretisches Konstrukt, das eine spezielle Ausprägung des Organisationsklimas darstellt. Es umfasst die Wahrnehmung von Mitarbeitern, was ihre Organisation im Rahmen der → Dienstleistung für den Gast/Kunden belohnt und unterstützt. Das Dienstleistungsklima wird von Mitarbeitern und Gästen bzw. Kunden wahrgenommen. Es wirkt auf verschiedene Größen (Mitarbeiterverhalten, Mitarbeiterzufriedenheit, Dienstleistungsqualität, Kundenerlebnis, Loyalität, Kundenzufriedenheit). Mitunter werden in der Literatur auch Wirkungszusammenhänge zwischen Dienstleistungsklima und ökonomischen Größen wie Umsatz oder Gewinn hergestellt (Nerdinger 2011, S. 184 ff.; Ryan & Ployhart 2003, S. 386 f.; Schneider et al. 2000, S. 21 ff.).

Neben den Auswirkungen des Dienstleistungsklimas konzentriert sich die Forschung auf die Frage, wie das Klima positiv gestaltet werden kann, etwa über Entscheidungsteilhabe, Führung oder Trainings. (wf)

Literatur
Nerdinger, Friedemann W. 2011: Psychologie der Dienstleistung. Göttingen u. a.: Hogrefe
Ryan, Ann Marie; Robert E. Ployhart 2003: Customer Service Behavior. In: Walter C. Borman; Daniel R. Ilgen & Richard J. Klimoski (eds.): Handbook of Psychology. Vol. 12: Industrial and organizational psychology. Hoboken: Wiley, pp. 377–397
Schneider, Benjamin; David E. Bowen; Mark G. Ehrhart & Karen M. Holcombe 2000: The climate for service: evolution of a construct. In: Neal M. Ashkanasy; Celeste Wilderom & Mark F. Peterson (eds.): Handbook of organizational culture and climate. Thousand Oaks, CA: Sage, pp. 21–36
Thissen, Michael 2018: Der Service Guide. So sind Sie immer den entscheidenden Schritt voraus. Weinheim: Wiley

Dienstleistungsversagen [service failure]

Fehler, die bei der Erstellung einer → Dienstleistung auftreten und dazu führen, dass die Erwartungen des Gastes nicht oder nur unvollständig erfüllt werden (Koc 2017, S. 1). Der zentrale Grund für die Defekte liegt in den Unzulänglichkeiten des Dienstleisters. Menschen sind nicht fehlerfrei in ihrem Verhalten, und so treten unweigerlich Fehler im Rahmen der Dienstleistung auf. Da das Versagen vielfache Konsequenzen mit sich bringt (z. B. Kundenunzufriedenheit, Beschwerden, negative Mundpropaganda, Abwanderung von Kunden), stellt die Vermeidung von Qualitätsschwächen bei der Erstellung von Dienstleistungen eine zentrale Fragestellung in Theorie und Praxis dar. Siehe dazu etwa Koc 2017; Meffert, Bruhn & Hadwich 2018; Norvell, Kumar & Dass 2018; Thissen 2018; Zeithaml, Parasuraman & Berry 1990. (wf)

Literatur

Koc, Erdogan 2017: Introduction: Service Failures and Recovery. In: Erdogan Koc (ed.) 2017: Service Failures and Recovery in Tourism and Hospitality. Oxfordshire, Boston: Cabi, pp. 1–8

Meffert, Heribert; Manfred Bruhn & Karsten Hadwich 2018: Dienstleistungsmarketing: Grundlagen – Konzepte – Methoden. Wiesbaden: Springer Gabler (9. Aufl.)

Norvell, Tim; Piyush Kumar & Mayukh Dass 2018: The Long-Term Impact of Service Failure and Recovery. In: Cornell Hospitality Quarterly, 59 (4), pp. 376–389

Thissen, Michael 2018: Der Service Guide. So sind Sie immer den entscheidenden Schritt voraus. Weinheim: Wiley

Zeithaml, Valarie. A.; A. Parasuraman & Leonard L. Berry 1990: Delivering Quality Service: Balancing Customer Perceptions and Expectations. New York: Free Press

Dienstreisemanagement → Geschäftsreisemanagement-System

Dienstreisen → Geschäftsreisen

Digestif [digestif, after-dinner drink]

Alkoholisches Getränk, das nach dem Essen zur Verdauungsförderung bzw. zum Abschluss eingenommen wird. In Frage kommen z. B. Dessertweine, Destillate, Liköre und Kaffeegetränke mit Alkohol. Unter digestion (lat.) wird im medizinischen Sinne die Verdauung verstanden. (wf)

Digital Payment → **Digitalisierung**

Digital Pricing → **Preisfestsetzung**

Digital Storytelling → **Digitalisierung,** → **Storytelling**

Digitale Gästemappe → **Gästemappe**

Digitaler Meldeschein → **Meldeschein**

Digitaler Tourismus → **Electronic Tourism**

Digitalisierung [digitalization]

1 Konzeptionelles Selbstverständnis und Relevanz von Digitalisierung Die Digitalisierung zählt zu den wichtigsten Metaprozessen und Herausforderungen des 21. Jahrhunderts. Längst versteht man unter entsprechendem Phänomen nicht nur eine bloße technologieinduzierte Umwandlung von analogen in digitale Formate, sondern vielmehr einen komplexen sozio-kulturellen und ökonomischen Transformationsprozess, der nahezu alle Bereiche des menschlichen Alltags durchdringt und unter wechselnden Schlagworten wie Big Data, Internet der Dinge oder → Social Media diskutiert wird (Jung & Kraft 2017). In tourismusspezifischen Kontexten erfolgt der einschlägige Diskurs primär vor dem Hintergrund der Schlagworte E-Tourismus und M-Tourismus (Landvogt, Brysch & Gardini 2017), wobei sich ein Transfer der ungemein vielschichtigen Aspekte von Digitalisierung auf den Tourismus- und Hospitality-Sektor als ein ausgesprochen schwieriges Unterfangen erweist, da die Branche als Querschnittsindustrie kein homogenes Bild abgibt. So unterscheiden sich die einzelnen Akteure – vom stationären → Reisebüro über die Destinationsmanagementorganisation bis zum klassischen Gastronomiebetrieb – nicht nur hinsichtlich ihrer Bedürfnisse und Erwartungen an Digitalisierung, sondern auch in Bezug auf ihre digitalen Reifegrade (Brysch 2017). Hinzu kommt, dass sich verstärkt neue – teilweise ausschließlich digital operierende – Anbieter auf dem Markt etablieren und gleichzeitig die Grenzen zwischen den einzelnen touristischen Teilbereichen angesichts fortschreitender digitaler Vernetzungstendenzen an Bedeutung verlieren.

2 Zentrale Entwicklungsschritte der Digitalisierung in der Tourismus- und Hospitality-Branche Die Digitalisierung in der Tourismus- und Hospitality-Branche lässt sich – in Bezugnahme auf das primär auf Digitalisierungsprozesse fokussierte Expertennetzwerk Tourismuszukunft (Tourismuszukunft 2019) – in folgende Entwicklungsschritte einteilen:

1999: Entstehung von Bewertungsportalen Die Gründung von Holidaycheck und Tripadvisor ermöglicht nicht nur eine onlinebasierte, ausgesprochen unkomplizierte Bewertung touristischer → Dienstleistungen und Produkte, sondern einschlägige Bewertungsportale stellen auch eine immer wichtigere Informationsquelle dar, die nachhaltig die → Reiseentscheidung beeinflusst.

2001: Nutzung digitaler Content-Plattformen Durch die sukzessive Etablierung digitaler Content-Plattformen wird es für Kunden zunehmend leichter, Urlaubserfahrungen zu teilen und Inspiration für die nächste Reise zu finden; gleichzeitig entsteht auf der Angebotsseite eine immer erfolgreichere digitale Konkurrenz zu klassischen Printprodukten wie Hotelkatalogen, Imagebroschüren und → Reiseführern (a).

2003: Aufkommen sozialer Netzwerke Mit der Gründung von MySpace 2003 und Facebook 2004 beginnt der Boom der sogenannten Social Networking Services, die eine in dieser Intensität bis dato nicht gekannte Verzahnung von touristischer Angebots- und Nachfrageseite ermöglichen.

2007: Boomphase digitaler Reiseportale Sogenannte Online Travel Agencies (OTAs; → Online-Reisevermittler) wie Expedia oder Ab-in-den-Urlaub läuten eine nach wie vor persistente Boomphase digitaler Reiseportale ein, die mit einem deutlichen Strukturwandel der Tourismusbranche – insbesondere auf Kosten stationärer Reisebüros – einhergeht.

2008: Vernetzung der tourismusspezifischen Akteure Eine forcierte Öffnung sozialer Netzwerke für externe Programmierer und eine verstärkte Verbreitung sogenannter Widgets – kleine Fenster, mit deren Hilfe ohne größeren technischen Aufwand fremde Inhalte auf der eigenen Webseite integriert werden können – implizieren eine zunehmende Vernetzung der tourismusspezifischen Akteure auf der Angebotsseite.

2009: Content-Sharing und Nutzung sozialer Informationen Angesichts technologischer Innovationen erschließen sich für touristische Unternehmen verstärkt Möglichkeiten, nachfragerelevante Informationen aus sozialen Netzwerken in externe Portale (z. B. Tripadvisor) zu überführen und somit den Mehrwert sowohl für die User als auch für die Plattformen zu steigern. Vor diesem Hintergrund nehmen eine individualisierte Kundenansprache und Distribution von Inhalten (Targeting) einen immer größeren Stellenwert ein.

2011: Verschmelzung von Identitäten und Webseiten Mit der Öffnung von Facebooks Open Graph API und der zunehmenden Relevanz sogenannter Social Plugins (etwa Comment Cox oder Like-Button) werden nicht nur das Entwickeln und Teilen sozialer Inhalte deutlich vereinfacht, sondern auch die Zusammenführung von eigenen und fremden Inhalten. Vor diesem Hintergrund entwickelt sich das Internet zu einem immer unübersichtlicheren ‚Mashup' (engl.: Verknüpfung), in dem sich verschiedene Content-Quellen in unterschiedlichen Kontexten immer wieder neu zusammenstellen lassen.

2012: Mobilisierung und Geo-Targeting Angesichts einer zunehmenden Verbreitung von Smartphones wird nicht nur der Konsum von Informationen mobilisiert, sondern auch die Kommunikation über tourismusspezifische Produkte und Dienstleistungen. Darüber hinaus erlaubt Geo-Targeting eine gezielte räumliche und soziale Filterung von Informationen, die Touristen ‚taylor-made' für ihre Reisebedürfnisse in Wert setzen können.

2013: Virtualisierung der Realität/Virtual Reality Mit dem Einsatz sogenannter Virtual Reality Headsets versuchen vor allem Großkonzerne wie TUI, Marriott oder die → Lufthansa, ihren – potenziellen – Kunden in der Inspirations- und Informationsphase einen möglichst realitätsnahen Eindruck von ihren jeweiligen Produkten und Dienstleistungen zu ermöglichen (→ Virtuelle Realität).

2014: Erweiterung der Realität/Augmented Reality Augmented Reality verkörpert letztendlich nichts anderes als eine computergestützte Erweiterung der Realität, in der touristische Praktiken mittels eines zusätzlichen digitalen Inputs bereichert werden sollen. So lassen sich beispielsweise durch das Display eines Smartphones nicht nur Sehenswürdigkeiten betrachten, sondern auch zusätzliche, kontextbezogene Informationen – etwa Hintergrundinformationen zu Architektur (→ Tourismusarchitektur) und Geschichte – abrufen (→ Erweiterte Realität).

2015: Native Content-Inseln/Walled Garden Während vorangegangene Digitalisierungsinnovationen in der Regel dem Vernetzungsgedanken eines weitgehend offenen und partizipativen Internets verhaftet waren, setzen Native Content- bzw. Walled Garden-Konzepte verstärkt auf exklusive Geschäftsmodelle, die ausschließlich seitens der Anbieter erlaubte Inhalte zulassen.

2017: Digitale Intelligenz/Künstliche Intelligenz Die Sprachsuche mithilfe künstlicher Intelligenz – das bekannteste Beispiel stellt Alexa dar – wird immer beliebter und soll den Alltag ihrer Nutzer erleichtern. Im tourismusspezifischen Kontext sei insbesondere auf die steigende Anzahl von Hotels verwiesen, in denen Gäste mit personalisierter Ansprache zentrale Informationen sowohl zur Unterkunft als auch zur → Destination abrufen können.

2018: Dezentrale Datenstrukturen Vor dem Hintergrund von Linked Open Data entstehen zunehmend dezentrale Datenstrukturen, auf deren Basis neue, immer vielfältigere Dienstleistungen in allen Bereichen der touristischen → Customer Journey entwickelt werden können.

2019: Digital Payment Neue, innovative digitale Bezahldienste – wie Apple Pay und Google Wallet – entwickeln sich zu ernst zu nehmenden Alternativen gegenüber der klassischen Bar- bzw. Kartenzahlung. Von Digital Payment-Systemen versprechen sich die meisten touristischen Anbieter nicht nur eine nachhaltige

Reduktion administrativer Komplexität, sondern auch tiefergehende Einblicke in das konsumentenspezifische Nachfrageverhalten.

3 Zentrale Implikationen der Digitalisierung in der Tourismus- und Hospitality-Branche Die vielfältigen und ausgesprochen komplexen Implikationen der fortschreitenden Digitalisierung in der Tourismus- und Hospitality-Branche lassen sich sowohl auf der Angebots- als auch auf der Nachfrageseite ablesen (Amersdorffer et al. 2010; Schulz et al. 2015; Bauhuber & Hopfinger 2016): Durch eine forcierte globale Vernetzung lokaler Informationssysteme hat das Internet den Zugang zu Informationen deutlich erleichtert und die Informationskosten nachhaltig gesenkt. Neue, innovative digitale Kommunikationskanäle und Communities ermöglichen es den Kunden, sich vorab unkompliziert über potenzielle → Destinationen einschließlich ihrer zentralen touristischen Akteure zu informieren und Tipps in den sozialen Netzwerken einzuholen. Gleichzeitig war es für Anbieter noch nie so leicht, mit ihren avisierten Zielgruppen in Interaktion zu treten und mit deren Hilfe bestehende Angebote weiterzuentwickeln (Bayern Tourismus Marketing GmbH 2016). Vom Flug über Unterkunft und → Mietwagen bis hin zu Wetterbericht und Tischreservierung (→ Online-Restaurant-Reservierung) im → Restaurant – digitale Medien erschließen immer unkomplizierter einen Tourismus- und Hospitality-Markt, der bis vor wenigen Jahren fast ausschließlich über örtliche Reisebüros, Veranstalterkataloge und klassische Telefonbücher- und Branchenverzeichnisse erschlossen wurde. Vor diesem Hintergrund ist sukzessive das einstige Vertriebsmonopol stationärer Reisebüros für klassische → Pauschalreisen verlorengegangen, umgekehrt sind neue Online-Anbieter entstanden, die konsequent die vielfältigen Einsatzmöglichkeiten neuer Medien nutzen und dabei verstärkt den zunehmend hybriden Konsummustern entgegenkommen (Günter & Hopfinger 2009; Scherle 2010). Hinzu kommt, dass lange Zeit prädominierende lineare Wertschöpfungsketten durch komplexe Wertschöpfungsnetzwerke ersetzt wurden, die nicht nur zwischen Tourismusunternehmen und Konsumenten (B2C) neue informationelle und ökonomische Austauschbeziehungen generieren, sondern auch zwischen Unternehmen (B2B) und Konsumenten (C2C).

Einschlägige Transformationsprozesse gehen mit weiteren medialen Entwicklungen einher, insbesondere einer fortschreitenden Konvergenz bis dato getrennt operierender Medien. Dabei führen Medienproduzenten Inhalte respektive Dienstleistungen zusammen, die sie bis vor wenigen Jahren noch auf ganz unterschiedlichen Medienschienen vermarkteten. In einem weiteren Schritt die konvergierenden Mediendienste mit touristischen Dienstleistungen zu vernetzen, ist angesichts der dadurch implizierten Synergieeffekte nur konsequent (Kleinsteuber & Lühmann 2001). Als konkretes Beispiel sei in diesem Zusammenhang auf TV-Sendungen verwiesen, deren im Fernsehen vorgestellte → Hotels potenzielle Kunden online auf den eigenen Homepages buchen können. Der aus Kundenperspektive wahrscheinlich größte Innovationsschub markiert die Weiterentwicklung des Internets zum interaktiven „Mitmach"-Netz, dessen konzeptionelles Selbstverständnis primär auf der Partizipation seiner Nutzer respektive dem ‚user generated content' beruht und gleichzeitig mit einem Empowerment der Nachfrageseite einhergeht (Payandeh 2010; Brysch 2017). Der individuelle touristische Erfahrungskontext wird hier zunehmend mittels Foren, Blogs oder Wikis einer tourismusaffinen community erschlossen, wobei → Social Media in diesem Zusammenhang primär als Resonanzkörper für einen weitgehend basisdemokratischen Informationsaustausch fungieren und sich deshalb → Marken kaum noch top-down steuern lassen. Aus Perspektive der Anbieter ist es weniger entscheidend, auf welchen Kanälen und mit welchen Zusatzservices sie sich auf dem touristischen Markt positionieren, vielmehr gilt es, die komplette Customer Journey – von der Inspiration über Information, Planung und Buchung, Erlebnis vor Ort bis hin zur Nachbereitung – zu verstehen, zu begleiten und auszugestalten (Bayern Tourismus Marketing GmbH 2016).

4 Kritische Würdigung und Ausblick Wie kaum ein zweiter Metaprozess hat die Digitalisierung die Tourismus- und Hospitality-Branche in den letzten Jahren nachhaltig verändert. Dabei handelt es sich in der öffentlichen Wahrnehmung durchaus um einen ambivalenten Prozess: Einerseits lösen die mit der Digitalisierung einhergehenden sozio-ökonomischen Innovationen vielfach eine Technikeuphorie aus, andererseits befürchten Kritiker die sozialen Implikationen einer neuen Medienkultur, deren weitere Entwicklung man nur bedingt antizipieren kann (Scherle 2010). Eines der wohl faszinierendsten Momente der fortschreitenden Digitalisierung der Tourismus- und Hospitality-Branche manifestiert sich darin, dass der Nachfrageseite neue, bis dato völlig unbekannte Formen des Reisens erschlossen werden. In virtuellen Welten wie Datenhighways oder Chatrooms, die durch digitale Kommunikation im Internet gestiftet werden, geht die physische Präsenz des Raums sukzessive verloren. Für einen Internetsurfer zu Beginn des 3. Jahrtausends ist Reisen weitgehend frei und physisch-räumlich entgrenzt, ihm erschließen sich neue – virtuelle – Räume des Reisens, die – analog zu künstlichen → Erlebniswelten – keine ‚entweder-oder'-Alternativen zum konventionellen Reisen darstellen, sondern Anreicherungen des bisherigen Angebotsspektrums (Krüger 2001).

In dieser komplexen und fragmentierten virtuellen Welt des Cyberspace kristallisiert sich vor allem eine zentrale Herausforderung heraus, nämlich jene einer zunehmenden Angebotsunübersichtlichkeit, in der sich Nutzer permanent mit folgenden Fragen konfrontiert sehen: Was soll zuerst gelesen, gehört bzw. gesehen werden? Was ist wichtig, und was ist weniger wichtig, respektive welches Angebot lässt sich am besten mit den jeweiligen Bedürfnissen in Einklang bringen? Vor diesem Hintergrund wird zukünftig die Bildung digitaler Kompetenzen zu einem immer wichtigeren Erfolgsfaktor, will man die unerwünschten Folgen der digitalen Transformation minimieren und gleichzeitig deren vielfältige Potenziale effektiv in Wert setzen (Baldi 2017).

Zu digitalen Ansatzpunkten in Hotellerie und Gastronomie siehe Roland Berger GmbH 2016; Holzhäuser 2020, S. 32 ff.; o. V. 2020, S. 16 ff.; Stähler 2020. (nsc)

Literatur

Amersdorffer, Daniel et al. (Hrsg.) 2010: Social Web im Tourismus: Strategien – Konzepte – Einsatzfelder. Berlin: Springer

Baldi, Stefan 2017: Grenzenlos digital und digitale Grenzen. In: Hans Jung; Patricia Kraft (Hrsg.): Digital vernetzt. Transformation der Wertschöpfung: Szenarien, Optionen und Erfolgsmodelle für smarte Geschäftsmodelle. München: Hanser, S. 371–383

Bauhuber, Florian; Hans Hopfinger (Hrsg.) 2016: Mit Auto, Brille, Fon und Drohne: Aspekte neuen Reisens im 21. Jahrhundert. Mannheim: MetaGIS

Bayern Tourismus Marketing GmbH 2016: Digitalisierung im Tourismus in Bayern: Ein Handlungsleitfaden für Destinationen. (https://www.stmwi.bayern.de/fileadmin/user_upload/stmwi/Themen/Tourismus/Dokumente_und_Cover/2016-12-09_Handlungsleitfaden_fuer_Tourismusdestinationen.pdf, zugegriffen am 26.11.2019)

Berger GmbH, Roland (Hrsg.) 2016: Think Act. Beyond Mainstream. Hotellerie 4.0. Wien

Brysch, Armin 2017: Tourismus 4.0 – Digitale Herausforderungen für die Reisebranche. In: Markus Landvogt; Armin Brysch & Marco Gardini (Hrsg.): Tourismus – E-Tourismus – M-Tourismus: Herausforderungen und Trends der Digitalisierung im Tourismus. Berlin: ESV, S. 35–42

Günther, Armin; Hans Hopfinger 2009: Neue Medien – Neues Reisen? Wirtschafts- und kulturwissenschaftliche Perspektiven der eTourismus Forschung. In: Zeitschrift für Tourismuswissenschaft, 1 (2), S. 121–150

Holzhäuser, Charlotte 2020: Digitaler Durchbruch. In: foodservice, 39 (7/8), S. 32–41

Jung, Hans; Patricia Kraft (Hrsg.) 2017: Digital vernetzt. Transformation der Wertschöpfung: Szenarien, Optionen und Erfolgsmodelle für smarte Geschäftsmodelle. München: Hanser

Kleinsteuber, Hans; Diana Lühmann 2001: Reisejournalismus: Phantasieprodukte für den Ohrensessel? In: Tourismus Journal, 5 (1), S. 97–113

Krüger, Rainer 2001: Zwischen Strandurlaub und Internet: Räume des Reisens. In: Tourismus Journal, 5 (3), S. 365–374

Landvogt, Markus; Armin Brysch & Marco Gardini (Hrsg.) 2017: Tourismus – E-Tourismus – M-Tourismus: Herausforderungen und Trends der Digitalisierung im Tourismus. Berlin: ESV

o. V. 2020: Technische Features im A-Stay Antwerpen: 10 smarte Teaser für Digital Natives. In: Hotel + Technik, 31 (2), S. 16–19

Payandeh, Diana 2010: Die Bedeutung von User Generated Content für die Hotellerie. In: Daniel Amersdorffer et al. (Hrsg.): Social Web imTourismus: Strategien – Konzepte – Einsatzfelder. Berlin: Springer, S. 149–159

Scherle, Nicolai 2010: „Get connected": Internetkulturen im Kontext gesellschaftlicher Erwartungen und vor dem Hintergrund des öffentlichen Mediendiskurses. In: Daniel Amersdorffer et al. (Hrsg.): Social Web im Tourismus: Strategien – Konzepte – Einsatzfelder. Berlin: Springer, S. 283–295

Schulz, Axel et al. (Hrsg.) 2015: eTourismus: Prozesse und Systeme. Informationsmanagement im Tourismus. Berlin: De Gruyter (2. Aufl.)

Stähler, Jochen 2020: Gastro Digital. Stuttgart: Matthaes

Tourismuszukunft 2019: Digitalisierung im Tourismus. (https://www.tourismuszukunft.de/digitalisierung-im-tourismus-infografik/, zugegriffen am 22.11.2019)

Dinnertainment → Erlebnisgastronomie

Director (of) Operations

Führungskraft in der Hotellerie, die die Verantwortung für die operativen Bereiche der Leistungserstellung (→ Empfang, → Etage, → F&B, Service) übernimmt (→ Hotel Operations). Die Funktion ist auf sehr große Einzelhotels oder auf mehrere Hotels zugeschnitten. Aus organisatorischer Sicht sollen durch die übergeordnete, zentral eingerichtete Stelle Synergiepotenziale ausgeschöpft werden (→ Clustering, → Cluster Manager). (wf)

Direktflug [direct flight]

Flug zwischen zwei Destinationen, der entweder als → Non-stop Flug betrieben werden kann oder eine oder mehrere Zwischenlandungen beinhaltet, die nicht mit einem Flugzeugwechsel bzw. Wechsel der → Flugnummer verbunden ist bzw. sind. (jwm)

Direktionsassistent [executive assistant manager, assistant manager]

Der Direktionsassistent bzw. Betriebsassistent unterstützt den Hoteldirektor (General Manager), Restaurantleiter (Restaurant Manager) oder andere Managerpositionen. In Karriereverläufen ist die Position der Direktionsassistenz traditioneller Bewährungsschritt hin zum Hoteldirektor. (wf)

Diversitätsmanagement [Diversity Management]

Vor dem Hintergrund bestimmter sozio-kultureller und ökonomischer Metaprozesse – insbesondere demographischer Wandel, Globalisierung sowie Individualisierung und Pluralisierung der Lebensstile – entwickelt sich der Umgang mit personaler Vielfalt im Sinne eines strategischen Diversitätsmanagements zu einem immer wichtigeren Erfolgsfaktor für Unternehmen und Organisationen im Tourismus- und Hospitality-Sektor (Kalargyrou & Costen 2017; Scherle & Rosenbaum 2019). Um die komplexe Heterogenität menschlicher Individuen erfassen zu können, greift man auf sogenannte Diversitätsdimensionen zurück, die zumeist anhand sozio-kultureller Kategorien gebildet werden. Die wichtigsten Diversitätsdimensionen stellen – in Bezugnahme auf die EU-Antidiskriminierungsrichtlinie – Alter, Behinderung, Ethnizität, Geschlecht, Religion und sexuelle Orientierung dar, auch wenn es letztendlich unzählige Diversitätsdimensionen gibt

(Bendl, Eberherr & Mensi-Klarbach 2012). Im Sinne von Thomas (1996) gilt es, Diversität als eine komplexe, sich ständig transformierende Mischung von Eigenschaften, Verhaltensweisen und Talenten aufzufassen, wobei die einzelnen Diversitätsdimensionen in letzter Konsequenz vergleichsweise austauschbar sind und im Idealfall weniger die Gruppenzugehörigkeit von Personen, sondern vielmehr deren spezifische Individualität in den Erkenntnisfokus rückt.

Während es sich bei Diversität zunächst nur um ,anthropogenes Rohmaterial' (Becker 2006, S. 8) handelt, das als Humankapital in Unternehmen vorhanden ist, versucht Diversitätsmanagement als ganzheitliche und inklusive Managementstrategie personale Vielfalt in allen Strukturen, Prozessen und Hierarchieebenen für das Unternehmen strategisch in Wert zu setzen (Cox & Blake 1991; Kühlmann & Heinz 2017). Der seit einigen Jahren zu verzeichnende Bedeutungszuwachs dieses Managementkonzepts basiert vor allem auf folgenden Entwicklungen bzw. Push-Faktoren: fortschreitende Globalisierungs- und Migrationsprozesse, eine zunehmende Individualisierung und Pluralisierung der Lebensstile, demographische Herausforderungen und damit einhergehend ein zunehmender Fachkräftemangel sowie nicht zuletzt eine immer strengere nationale wie internationale Antidiskriminierungsgesetzgebung (Scherle 2016). Ein strategisches Diversitätsmanagement geht über eine rein reaktive Gleichberechtigungs- und Antidiskriminierungspolitik hinaus, vielmehr setzt es proaktiv und nachhaltig die vielfältigen Potentiale zunehmend heterogener Belegschaften in Wert. Dabei werden – in Bezugnahme auf das Kompetenzzentrum Fachkräftesicherung (Scherle 2016, S. 4 und S. 9) – unter anderem folgende Ziele anvisiert:

- Arbeitgeberattraktivität steigern: Die Offenheit gegenüber unterschiedlichen Talenten innerhalb einer Belegschaft wirkt sich positiv in der Außenwahrnehmung aus.
- Fach- und Nachwuchskräfte gewinnen: Durch eine höhere Arbeitgeberattraktivität wird die Position im Wettbewerb um zukünftige Fach- und Nachwuchskräfte gesteigert.
- Mitarbeiterbindung erhöhen: Ein wertschätzender Umgang fördert die Zufriedenheit der Belegschaft und stärkt deren Bindung an die Organisation. Das schafft Stabilität und sichert das Know-how im Unternehmen. Darüber hinaus sind zufriedene Mitarbeiterinnen und Mitarbeiter ideale Werbeträger bei der Personalrekrutierung.
- Kundenorientierung verbessern: Mit einer – kulturell – vielfältigen Belegschaft lassen sich nicht nur zunehmend heterogene Kundschaften besser ansprechen, sondern es werden auch einfacher neue Kundengruppen und ausländische Märkte erschlossen.
- Innovationskraft steigern: Mit vielfältigen Teams können leichter kreative Prozesse in einer Organisation gefördert werden. Mitarbeiterinnen und

Mitarbeiter mit unterschiedlichen demographischen und kulturellen Hintergründen bringen alternative Ideen ein und ermöglichen somit wertvolle Perspektivenwechsel.

Gerade im Kontext der Tourismus- und Hospitality-Branche gewinnt die Implementierung von Diversitätsmanagement zunehmend an Bedeutung: Zum einen weist die Branche einen weit überdurchschnittlichen Internationalisierungsgrad auf, zum anderen ist sie wie kaum eine zweite von einem immer größeren Fachkräftemangel betroffen. Erschwerend kommt – vor allem in den Bereichen Gastronomie und Hotellerie – eine vergleichsweise hohe Fluktuationsrate hinzu, die besonders kleine und mittlere Unternehmen massiv in ihrer Wettbewerbsfähigkeit einschränkt; ganz abgesehen davon, dass etliche Unternehmen vor einer ungelösten Nachfolgeregelung stehen. Da die Tourismus- und Hospitality-Branche aufgrund ihres spezifischen Charakters deutlich stärker von den persönlichen Interaktionen zwischen Mitarbeitern und Kunden geprägt ist als andere Branchen und sich diese nur bedingt automatisieren lassen, sind die meisten Unternehmen gut beraten, Diversitätsmanagement im Rahmen ihrer Personal- und Führungspolitik in Wert zu setzen. In der unternehmerischen Praxis bieten sich beispielsweise folgende Maßnahmen an:

- Implementierung eines aktiven Generationenmanagements: Stärkung des Verständnisses und Wissenstransfers der Generationen untereinander unter dezidiertem Einbezug eines aktiven Gesundheitsmanagements und der Schaffung individueller Karriere-, Weiterbildungs- und Entwicklungsmöglichkeiten.
- Förderung interkultureller Kompetenzen: Interkulturelle Trainings sensibilisieren nicht nur für systemimmanente kulturelle Gemeinsamkeiten und Unterschiede, sondern erleichtern auch ein erfolgreiches ‚managing across cultures' in einer Branche, die wie kaum eine zweite einen grenzüberschreitenden Charakter aufweist.
- Flexibilisierung von Arbeitszeitmodellen: Flexible Arbeitszeitmodelle, die zusätzlich durch Home office unterstützt werden können, ermöglichen einerseits eine gesunde Balance zwischen Beruf und Privatleben, andererseits sind sie – insbesondere im Kontext von Elternzeit – ein wichtiger Impuls für einen zeitnahen Wiedereinstieg in den Job.
- Wertschätzung von lebenslangem Lernen: Die gezielte Förderung von Fortbildungsmaßnahmen sichert nicht nur die Employability von Mitarbeiterinnen und Mitarbeitern in einem sich immer schneller transformierenden Arbeitsumfeld, sondern sie entwickelt sich auch zu einem immer wichtigeren Erfolgsfaktor der nachhaltigen Mitarbeiterbindung.

In letzter Konsequenz erlaubt nur eine offene, diversitätsaffine Organisationskultur, dass Mitarbeiter ihre Fähigkeiten entfalten und – im Sinne einer Win-win-Situation – für sich und das Unternehmen in Wert setzen können. In diesem Kontext gilt es, die Implementierung von Diversitätsmanagement weniger als einmaliges und zeitlich befristetes Projekt, sondern vielmehr als eine inkrementelle Strategie der Unternehmensführung zu konzeptualisieren, die in engem Konnex zu Change Management und organisationalem Lernen steht (Herrmann-Pillath 2007; Hanappi-Egger & Hofmann 2012). (nsc/mp)

Literatur

Becker, Manfred 2006: Wissenschaftstheoretische Grundlagen des Diversity Management. In: Manfred Becker; Alina Seidel (Hrsg.): Diversity Management: Unternehmens- und Personalpolitik der Vielfalt. Stuttgart: Schäffer-Poeschel, S. 3–38

Bendl, Regine; Helga Eberherr & Heike Mensi-Klarbach 2012: Vertiefende Betrachtungen zu ausgewählten Diversitätsdimensionen. In: Regine Bendl; Edeltraud Hanappi-Egger & Roswitha Hofmann (Hrsg.): Diversität und Diversitätsmanagement. Wien: Facultas, S. 79–136

Cox, Taylor; Stacy Blake 1991: Managing cultural diversity: implications for organizational competitiveness. In: Academy of Management Executive, 5 (3), pp. 45–56

Hanappi-Egger, Edeltraud; Roswitha Hofmann 2012: Diversitätsmanagement unter der Perspektive organisationalen Lernens: Wissens- und Kompetenzentwicklung für inklusive Organisationen. In: Regine Bendl; Edeltraud Hanappi-Egger & Roswitha Hofmann (Hrsg.): Diversität und Diversitätsmanagement. Wien: Facultas, S. 327–349

Herrmann-Pillath, Carsten 2007: Diversity: Management der offenen Unternehmung. In: Iris Koall; Verena Bruchhagen & Friederike Höher (Hrsg.): Diversity Outlooks: Managing Diversity zwischen Ethik, Profit und Antidiskriminierung. Hamburg: LIT, S. 202–222

Kalargyrou, Valentini; Wanda Costen 2017: Diversity management research in hospitality and tourism: past, present and future. In: International Journal of Contemporary Hospitality Management, 29 (1), pp. 68–114

Kühlmann, Torsten; Ramona Heinz 2017: Managing Cultural Diversity in Small- and Medium-Sized Organizations: A Guideline for Practitioners. Wiesbaden: Springer Gabler

Scherle, Nicolai 2016: Kulturelle Geographien der Vielfalt: Von der Macht der Differenzen zu einer Logik der Diversität. Bielefeld: Transcript

Scherle, Nicolai; Philipp Rosenbaum 2019: Erfolgsfaktor Diversity Management? Konzeptionelle Zugänge und empirische Befunde im Kontext der Aviation-Branche. In: Zeitschrift für Tourismuswissenschaft, 11 (3), S. 403–428

Thomas, Roosevelt 1996: Redefining Diversity. New York: AMACOM

Gedankensplitter
„Ich möchte ein Bruder der Weißen sein, nicht der Schwager." (Martin Luther King, Bürgerrechtler)

DJH → **Deutsches Jugendherbergswerk**

DLH → **Lufthansa**

DMO → **Destinationsmanagementorganisation**

DMS → **Hotel-Reservierungssystem**

DND → **Türanhänger**

Doorman

Generell eine Person, die den Eingang eines Gebäudes kontrolliert, auch gate kee-per oder hall porter genannt. In der Hotellerie ein Mitarbeiter, der im Eingangs-bereich des Hotels tätig ist. Zu seinen Aufgaben gehören das Begrüßen der Gäste, das Öffnen der Eingangstüren und Servicedienste bei der An- und Abreise, etwa Mithilfe beim Ein- und Aussteigen in Fahrzeuge. Teilweise übernimmt der Door-man auch Aufgaben des → Wagenmeisters. Die Position existiert nur in Hotels der Luxuskategorie. (wf)

Doppelbelegung [double-occupancy]

Unter Doppelbelegung wird die Belegung eines gastgewerblichen Zimmers (→ Zimmertypen) mit zwei Personen verstanden. Der Begriff bezieht sich auf die verkauften, nicht auf die verfügbaren Zimmer.

Für die betriebsinterne Analyse existieren die Kennzahlen Doppelbelegungs-anteil bzw. -quote (double-occupancy percentage, double-occupancy rate) und Doppelbelegungsfaktor (double-occupancy factor). Der Doppelbelegungsanteil bzw. die Doppelbelegungsquote wird berechnet, indem die Zahl der doppelbe-legten Zimmer durch die Zahl der belegten Zimmer geteilt wird. Der Doppelbele-gungsfaktor wird berechnet, indem die Zahl der Übernachtungen bzw. die Zahl der belegten Betten durch die Zahl der belegten Zimmer geteilt wird (Hänssler 2016, S. 368). Ein Hotel mit 100 Doppelzimmern, bei dem in einer Nacht 70 Dop-pelzimmer mit zwei Personen und 30 Doppelzimmer mit einer Person belegt sind, hat einen Doppelbelegungsanteil bzw. eine Doppelbelegungsquote von 70 % und einen Doppelbelegungsfaktor von 1,7.

Für die Preisfestsetzung kann das Zimmer als auch die Anzahl der darin untergebrachten Gäste Ausgangsbasis sein. Die Befürworter einer zimmerba-sierten Preisbildung – die Anzahl der im Zimmer untergebrachten Gäste wird ausgeblendet – argumentieren mit relativ geringen Mehrkosten, die durch eine Doppelbelegung verursacht werden. Gleichzeitig verweisen sie auf zusätzliches Umsatzpotential in anderen → Operations-Abteilungen, z. B. → Bar, → Casino oder → Restaurant (Hänssler 2016, S. 368; Vallen & Vallen 2018, S. 295). Die Befürworter einer personenbasierten Preisbildung – die Anzahl der im Zimmer untergebrachten Gäste ist Grundlage der Berechnung – argumentieren über die Logik, dass jede einzeln nachgefragte → Dienstleistung berechnet werden muss.

Die Problematik tritt auch bei der Belegung von Kreuzfahrtschiffen (→ Kreuzfahrttourismus) auf. → Einzelbelegung, → Mehrfachbelegung. (wf)

Literatur

Hänssler, Karl Heinz 2016: Die Analyse der Betriebsergebnisrechnung – Umsätze und Kosten in der Hotellerie. In: Ders. (Hrsg.): Management in der Hotellerie und Gastronomie – Betriebswirtschaftliche Grundlagen. Berlin, Boston: De Gruyter Oldenbourg, S. 361–382 (9. Aufl.)

Vallen, Gary K.; Jerome J. Vallen 2018: Check-In Check-Out: Managing Hotel Operations. Boston: Pearson (10th ed.)

Doppelbelegungsanteil → **Doppelbelegung**

Doppelbelegungsfaktor → **Doppelbelegung**

Doppelumlauf

→ Flugzeugumlauf, bei dem eine Verbindung zwischen zwei Zielorten zweimal hintereinander beflogen wird. (jwm)

Doppelzimmer → **Zimmertypen**

Dorm → **Zimmertypen**

Dormitory → **Zimmertypen**

Double-Double Room → **Zimmertypen**

Downgrading

Beförderung eines Fluggastes in einer niedrigeren als in der gebuchten Beförderungsklasse, zum Beispiel wegen → Überbuchung der Kabine in diesem Bereich. (jwm)

DPE → **Reiseveranstalter: (c) Dynamische Reiseproduktion**

Drehflügler [helicopter, rotary wings]

Flugzeuge, deren Auftrieb durch rotierende Flügel erzeugt wird. Diese auch Hubschrauber genannten Flugzeuge bleiben auf der Stelle stehen, bis die Tragflügel die entsprechende Rotationsgeschwindigkeit erreicht haben, die bei entsprechender Einstellung der Rotorblätter einen Auftrieb erzeugen, der höher ist als das Gewicht des Fluggerätes. (jwm)

Drehkreuz → **Netzwerkfluggesellschaft**

Dreibettzimmer → **Zimmertypen**

Dreiviertelpension [3/4 board]
In der Hotelbranche der Begriff für ein Leistungspaket, das die Übernachtung und drei Mahlzeiten pro Person pro Tag beinhaltet (Frühstück, leichter Mittagssnack oder Nachmittagssnack, Abendessen). Das Leistungspaket ist zwischen → Halbpension und → Vollpension einzuordnen. Da die Vollpension mit drei vollwertigen Mahlzeiten opulent bzw. massig ist, ist die Dreiviertelpension für viele Gäste im Urlaub eine attraktive Alternative. In den Betrieben oft auch als Verwöhnpension angeboten. Kürzel: 3/4 P. (wf)

Dresscode
Dress (engl.) = Kleidung; code (engl.) = Kodex, Regelbuch. Unter einem Dresscode wird eine Kleiderordnung, -vorschrift bzw. Kleidungserwartung verstanden. Dresscodes können im Berufsleben (company's „look policy") in Form einer vorgeschriebenen Berufskleidung (z. B. Uniformen bei Fluglinien, Hotels), im Freizeitbereich und bei gesellschaftlichen Anlässen aufgestellt werden. Gedacht werden kann hierbei an Kleidervorschriften, die von → Casinos, Kreuzfahrtschiffen, Nachtclubs, Hotels oder → Restaurants evtl. formuliert werden. Ein Ignorieren der Kleidervorschrift – die Person ist "overdressed" oder "underdressed" – stellt unter Umständen einen gravierenden Bruch mit einer sozialen Norm dar.

Seit Jahren werden Kleidervorschriften entschlackt respektive gelockert. So gibt es Hotelgruppen im gehobenen Segment, deren Berufskleidung informal, leger und „stylish" gestaltet ist als Ausdruck einer trendigen Unternehmenskultur (corporate fashion). Gleichzeitig werden Gäste in Luxushotels gebeten, keine Krawatte zu tragen (Casual luxury). Kreuzfahrtreedereien entwickeln Konzepte (Freestyle Cruising), die es Gästen erlauben, sich so zu kleiden, wie es ihnen gefällt. Eine formelle, steife Atmosphäre wird durch eine ungezwungene, lockere abgelöst (Steinecke 2018, S. 120; auch Ward 2019, S. 11).

Das Tragen religiöser Kleidungsbestandteile („religious outfits") während der Arbeit ist in den letzten Jahren zum Diskussionsthema geworden und hat Gerichte weltweit beschäftigt. Die juristische Entscheidungsfindung befindet sich in einem Spannungsfeld von religiöser Diskriminierung, individuellen Persönlichkeitsrechten und betrieblichen Interessen.

Zur Erklärung international gängiger Dresscodes wie White Tie, Black Tie, Morning Coat, Cutaway oder Smart Casual siehe Hanisch 2014, S. 18 ff.; Herren Globus 2007, S. 132; Nagiller 2004, S. 226 f. Zu einem Dresscode, der zum Markenzeichen wurde, siehe → Singapore Girls. (wf)

Literatur
Hanisch, Horst 2014: Kleiner Business-Knigge. Die wichtigsten Benimmregeln für Beruf und
    privat. Planegg: Haufe

Herren Globus (Hrsg.) 2007: Der Dresscode. Zürich: Orell Füssli
Nagiller, Brigitte 2004: Knigge, Kleider und Karriere: Sicher auftreten mit Stil und Etikette. München: Goldmann (3. Aufl.)
Steinecke, Albrecht 2018: Kreuzfahrttourismus. Konstanz, München: UVK
Ward, Douglas 2019: Berlitz Cruising & Cruise Ships 2020. London: APA (28th ed.)

Gedankensplitter
„Todsünden können ganz klein sein, aber sie wirken." (Jil Sander, Modedesignerin)

DRIFT
Akronym für: Do it right the first time. Es ist Ausdruck eines Null-Fehler-Strebens im Rahmen des → Qualitätsmanagements. (wf)

Drink Tourism → **Food Tourismus**

Drive-in Restaurant
Vor allem in den USA verbreitete Form von → Restaurants, in denen man seine Mahlzeiten im Automobil auf dem dazugehörigen Parkplatz bestellt und verzehrt. Um das Bedienen auf den oft weiträumigen Parkplätzen zu beschleunigen, fahren die Servicekräfte in manchen dieser Restaurants auf Rollschuhen. (jwm)

Drive-through Restaurant

Aus den USA stammende Form eines → Restaurants, das neben der normalen Bedienung im Gastraum auch den Verkauf von Speisen und Getränken an einem Schalter für Autofahrer bietet, die ihre Mahlzeiten dann mitnehmen und an einem anderen Ort verzehren. In Europa wird dieses Konzept durch Filialen der amerikanischen Schnellimbisskette McDonalds umgesetzt. (jwm)

Drop-Stop

Drop (engl.) = Tropfen; to stop (engl.) = aufhören, stoppen, hindern. Dünne, runde Scheibe aus Kunststofffolie. Die Scheibe, die eingerollt und in den Flaschenhals gesteckt wird, verhindert das Nachtropfen beim Ausgießen von Wein oder anderen Getränken. Nach einer Reinigung ist die Folie wieder verwendbar. (wf)

Druckabfall [decompression]

In sehr seltenen Fällen technischen Versagens kann es bei Flugzeugen mit → Druckkabinen zu einem plötzlichen Verlust des Kabinendrucks kommen. Dann fällt für jeden Sitz in den Passagierkabinen automatisch eine Sauerstoffmaske aus der Kabinendecke, die sofort angelegt werden muss. Sie ist über einen Schlauch mit der Sauerstoffnotversorgung des Flugzeuges verbunden. Im → Cockpit wird ein entsprechendes Warnsignal ausgelöst, nach dem die Piloten ca. 20–25 Sekunden Zeit haben, sich die neben den Sitzen befindlichen Sauerstoffmasken aufzusetzen. Dann wird ein Notabstieg (emergency descent) mit maximalem Sinken eingeleitet, um möglichst schnell eine Flughöhe zu erreichen, in der keine Sauerstoffmasken mehr benötigt werden (→ Druckkabine) und um auf dem nächsten geeigneten Flughafen zu landen. (jwm)

Druckkabine [pressurised cabin]

Da mit steigender Höhe der Druck und damit auch der Sauerstoffgehalt der Luft geringer wird, muss auf Flügen über einer Höhe von ca. 3.000 m über Seehöhe (NN) entweder für die Flugzeit ausreichender Sauerstoff für Besatzung und Passagiere mitgeführt werden, oder die Flugzeugzelle muss als Druckkabine gebaut sein. In einer solchen Druckkabine wird über Kompressoren bzw. Zapfluft (bleed air) aus den Triebwerken ein konstanter Druck erzeugt, der auch in Reiseflughöhen von über 10.000 m einer Höhe von maximal ca. 2.400 m entspricht (Kabinenhöhe; engl. cabin altitude). In modernen Flugzeugmustern wird die Kompression während des Steig- und Reiseflugs ebenso wie die Dekompression während des Sink- und des Landeanflugs automatisch geregelt.

Früher war dies Aufgabe des Flugingenieurs oder musste von den Piloten manuell geregelt werden. Durch das Druckdifferential zwischen Innen- und Außendruck bläht sich die Kabine während des Fluges in großen Höhen auf und zieht sich während des Sinkfluges wieder zusammen. Eine Druckkabine muss also nicht nur so stabil ausgeführt werden, dass sie den enormen Druckunterschied aushält, sondern hat auch die entsprechende Dehnung und Kontraktion des Flugzyklus zu verkraften. Das trifft für die Zelle selbst und vor allem für Fenster und Türen zu. (jwm/wf)

DRV → **Deutscher Reiseverband (DRV)**

Dry Lease
Leasing eines Flugzeuges oder eines Schiffes (hier in der Regel → Bareboat charter genannt) ohne Betriebsmittel (→ Wet lease). (jwm)

DTV → **Deutscher Tourismusverband e. V.**

DTV-Klassifizierung [DTV Classification]
Die DTV-Klassifizierung ist eine freiwillige Qualitätskontrolle für Ferienhäuser und -wohnungen sowie Ferienzimmer mit bis zu neun Betten und erfolgt anhand eines bundesweit einheitlichen Kriterienkatalogs mit Punktesystem des → Deutschen Tourismusverband e. V. (DTV). Gastgeber können drei Jahre mit den DTV-Sternen werben, danach ist eine erneute Klassifizierung erforderlich. Die Klassifizierung ist für verschiedene Unterkunftsformen möglich:
– Die Klassifizierung von Ferienhäusern und -wohnungen sowie von Ferienzimmern nach den Kriterien des Deutschen Tourismusverbandes wird mit dem Buchstaben „F" sowie einem bis fünf Sternen ausgezeichnet. Die klassifizierten Unterkünfte werden unter www.sterneferien.de gelistet. Grundsätzlich müssen für die Erreichung allgemeine Mindestkriterien erfüllt sein (z. B. Sauberkeit, Zugänglichkeit, Größe der Wohnfläche, Heizquellen, Ausstattung, Beleuchtung), bevor eine Eingruppierung anhand weiterer Kriterien in die Sternekategorien erfolgen kann. In verschiedenen, aufeinander aufbauenden Kategorien müssen jeweils Mindestkriterien erfüllt werden, damit die Eingruppierung in eine der fünf Klassifikationen (1–5 Sterne) erfolgen kann. Die Klassifikation ist dabei das Endprodukt einer Klassifizierung.
– Gemeinsam mit dem Bundesverband der Campingwirtschaft in Deutschland (BVCD) hat der Deutsche Tourismusverband e. V. (DTV) im Jahr 2000 ein Klassifizierungssystem zur Qualitätsverbesserung und -sicherung des Infrastruktur-, Dienstleistungs- und Serviceangebots auf Camping- und Freizeitanlagen in Deutschland entwickelt. Unterschiedliche Kriterien der angebotenen Leistungen werden mit Hilfe eines Einstufungssystems beurteilt. Bewertet werden die Bereiche Rezeption und Service sowie Sanitäranlagen und Standplätze. Die erreichbaren Sterne-Klassen reichen von einem Stern für einfache Ausstattung bis zu fünf Sternen, was für ein exklusives Serviceangebot auf einem Campingplatz spricht (https://www.deutschertourismusverband.de). (abw)

DTV-Sterne → **DTV-Klassifizierung**

Dünsten [to steam]
Garverfahren, bei dem Lebensmittel mit geringer Hitze in Fett, Flüssigkeit oder eigenem Saft schonend gegart werden. (bk/cm)

Düsenverkehrsflugzeug → **Jet**

Dunkler Tourismus → **Dark Tourism**

Durchgangstarif [through rate]
Tarif, der für eine bestimmte Umsteigeverbindung aufgestellt wird und günstiger ist als die Summe der Tarife für die Einzelstrecken. Wird im Fähr- und Flugverkehr angewendet. (jwm)

Durchschnittliche Aufenthaltsdauer [average length of stay (ALOS)]
Die durchschnittliche Aufenthaltsdauer bezeichnet die Anzahl der Tage, die Gäste im Durchschnitt im Betrieb verweilen. Sie wird berechnet, indem die Zahl der Übernachtungen durch die Zahl der Gästeankünfte dividiert wird. In Deutschland ist in allen Beherbergungsbetrieben seit langem ein Rückgang der durchschnittlichen Aufenthaltsdauer zu verzeichnen. Betrug diese 1992 noch 3,5 Tage, sank sie 2000 auf 3,0 Tage, 2010 auf 2,7 Tage. Seitdem stagniert sie (2019: 2,6 Tage) (Hotelverband Deutschland 2020, S. 81; Statistisches Bundesamt 2019, o. S.). Die Zunahme von Kurzzeiturlauben und restriktivere Unternehmensreiserichtlinien dürften den Rückgang der durchschnittlichen Aufenthaltsdauer mit erklären. Innerhalb der gastgewerblichen Betriebsarten treten deutliche Unterschiede auf. In Hotels verweilten Gäste im Jahr 2019 im Durchschnitt 2,0 Tage, in Ferienwohnungen bzw. Ferienhäusern 5,4 Tage (Hotelverband Deutschland 2020, S. 81 nach Statistisches Bundesamt, diverse Jahrgänge). Flughafenhotels wiederum liegen deutlich unter dem Durchschnittswert von Hotels. Insofern spiegelt sich in der Kennzahl Betriebsart, Betriebstyp, Gästestruktur und Standort.

Die durchschnittliche Aufenthaltsdauer beeinflusst betriebliche Leistungserstellung und Kosten (Hänssler 2016, S. 367 f.). Niedrigere Aufenthaltsdauern führen zu höherem Arbeitsaufwand am Empfang (steigende Zahl von An- und Abreisen), auf der Etage (erhöhter Zeitansatz bei Reinigung von Abreisezimmern im Vergleich zu Bleibezimmern) und zu höherem Investitionsbedarf (verstärkte Abnutzung der Zimmerausstattung). Höhere durchschnittliche Aufenthaltsdauern (→ Langzeitgast) münden grundsätzlich in höhere Renditen. (wf)

Literatur

Hänssler, Karl Heinz 2016: Die Analyse der Betriebsergebnisrechnung – Umsätze und Kosten in der Hotellerie. In: Ders. (Hrsg.): Management in der Hotellerie und Gastronomie – Betriebswirtschaftliche Grundlagen. Berlin, Boston: De Gruyter Oldenbourg, S. 361–382 (9. Aufl.)

Hotelverband Deutschland (IHA) e. V. (Hrsg.) 2020: Hotelmarkt Deutschland 2020. Berlin: IHA-Service

Statistisches Bundesamt (Hrsg.) 2019: Tourismus in Zahlen 2018. (https://www.destatis.de/DE/Publikationen/Thematisch/BinnenhandelGastgewerbeTourismus/Tourismus/TourismusinZahlen.html, zugegriffen am 21.12.2019)

Durchschnittsbon [average check]

Misst die durchschnittlichen Ausgaben pro Gast- bzw. Kundenrechnung, etwa in der → Gastronomie. Der Wert wird für eine bestimmte Periode (ein Jahr, eine Saison) errechnet, um dessen Entwicklung über die Zeitachse analysieren zu können.

→ Coffee-Shops beispielsweise haben mit 3 bis 5 € relativ niedrige Durchschnittsbons. Die Unternehmen reagieren: Sie forcieren das ‚to go'-Geschäft, verbreitern die Produktpalette oder gestalten das Ambiente so, dass Gäste kürzer verweilen (unbequemere Sitzgelegenheiten, Stehtische). (wf)

Duty Free

Zollfreier Verkauf von Gütern (vor allem Alkoholika, Zigaretten und Parfums) für international Reisende. Dies kann in speziellen Geschäften auf → Flughäfen (duty free shops), in Flugzeugen oder auf Schiffen geschehen. Für jedes Ankunftsland gelten spezifische Regeln über die maximal möglichen Mengen der Einfuhr solcher zollfreien Güter durch Reisende. Da es sich bei der EU um einen gemeinsamen Wirtschaftsraum der Mitgliedsländer handelt, sind solche Verkäufe generell auch bei grenzüberschreitenden Reisen innerhalb dieses Gebietes nicht erlaubt. (jwm)

Duty Manager → **Manager on Duty**

dwif-Tagesreisenmonitor → **Wirtschaftsfaktor Tourismus**

Dynamic Packaging → **Reiseveranstalter: (c) Dynamische Reiseproduktion**

Dynamic Packaging Engine → **Reiseveranstalter: (c) Dynamische Reiseproduktion**

Dynamic Pre-Packaging → **Internet Booking Engine**

DZT → **Deutsche Zentrale für Tourismus**

E

Early-Bird

Early (engl.) = früh; bird (engl.) = Vogel. In der Hotellerie und Gastronomie wird mit dem Ausdruck jene Person bezeichnet, die früher als üblich frühstückt oder das Mittag- bzw. Abendessen einnimmt. Unter Umständen werden für diese Gäste spezielle Speiseangebote (early-bird specials) zu einem reduzierten Preis entwickelt. Dadurch kann der Umsatz in nachfrageschwachen Phasen erhöht werden (Wade 2006, S. 16). Essenszeiten, in denen eine hohe Nachfrage herrscht, werden gleichzeitig entlastet. Problematisch hierbei sind mögliche Kannibalisierungseffekte beim Umsatz mit Vollzahlern (Thompson 2015, S. 1 ff.). Siehe auch → Night-Owl.

Der Begriff wird auch für Frühbuchungen von Reisen genutzt (early-bird booking). Auch hier ist es das Ziel, die Nachfrage zu entzerren und in nachfrageschwächere Zeitphasen zu lenken. (wf)

Literatur

Thompson, Gary M. 2015: Deciding whether to offer "Early-Bird" or "Night-Owl" Specials in Restaurants: a cross-functional view. In: Journal of Service Research, 18 (4), pp. 1–15
Wade, Donald 2006: Successful Restaurant Management: From Vision to Execution. New York: Thomson Delmar Learning

Earnings before interests and taxes (Ebit)

Ist eine Kennzahl der Unternehmensbewertung. Sie bezeichnet das operative Ergebnis oder auch das Betriebsergebnis und entspricht dem Jahresüberschuss vor den Nettozinszahlungen (interests) und Steuern (taxes). Durch das Herausrechnen dieser Bilanzpositionen gestattet Ebit einen objektiveren Vergleich der operativen Ertragskraft zwischen Unternehmungen und erlaubt im Gegensatz zu Umsatz und Ertrag eine genauere Aussage über den wirtschaftlichen Wert eines Unternehmens. Ebit stellt neben dem reinen Ergebnis vor Zinsen und Steuern auch das operative Ergebnis vor dem Finanzergebnis dar. Der Gewinn kann von diesem Ergebnis noch in erheblichem Maße abweichen, wenn zum Beispiel hohe Ein-

https://doi.org/10.1515/9783110546828-006

künfte aus Finanzierungstätigkeiten generiert werden. Erstmalig wurde der Begriff Ebit im so genannten PIMS-Programm (Profit Impact of Market Strategies) genannt, einem Strategieforschungsprogramm, das in den 1960er Jahren bei General Electric entwickelt wurde, um die Leistung unterschiedlicher Geschäftsfelder beurteilen bzw. vergleichbar machen zu können. Eine weitere Form des Ebit ist → Ebitda. (stg/bvf)

Earnings before interests, taxes, depreciation and amortisation (Ebitda)

Ist eine Kennzahl der Unternehmensbewertung, die insbesondere im Rahmen der Jahresabschlussanalyse Anwendung findet. Sie wurde in den USA entwickelt und bezeichnet das Betriebsergebnis vor Zinsen, Steuern, Abschreibungen auf Sachanlagen und Abschreibungen auf immaterielle Vermögenswerte. Dabei wird das Ergebnis der gewöhnlichen Geschäftätigkeit (Betriebsergebnis) um bestimmte Faktoren bereinigt. In vereinfachter Form stellt das Ebitda das Ergebnis der gewöhnlichen Geschäftätigkeit zuzüglich der Nettozinszahlungen, Steuern sowie Abschreibungen dar.

Mit Hilfe des Ebitda wird ermittelt, inwieweit das Unternehmen aus seiner gewöhnlichen Geschäftätigkeit (Betriebsergebnis) einen Überschuss erzielt. Die Kennzahl ermöglicht Vergleiche der operativen Ertragskraft von Unternehmen, die international aufgestellt sind und daher unter verschiedenen Gesetzgebungen bilanzieren (FAZ.NET Börsenlexikon).

Die englischen Begriffe depreciation und amortisation werden im Deutschen mit Abschreibung gleichgesetzt. Depreciation bedeutet allerdings den Werteverzehr an materiellen Gütern, amortisation wird im Zusammenhang mit immateriellen Gütern verwendet. Das Verhältnis von Abschreibungen zum operativen Gewinn ist die Ebitda-Marge. Subtrahiert man vom Ebitda die Abschreibungen, so erhält man den Ebit (→ Earnings before interests and taxes). (stg/bvf)

Gedankensplitter
„Ich hasse Anglizismen. Das ist alles Bullshit." (Georg Kofler, ehem. Geschäftsführer Premiere)

Eatertainment → **Erlebnisgastronomie**

Ebit → **Earnings before interests and taxes**

Ebitda → **Earnings before interests, taxes, depreciation and amortisation**

E-Boards → **Segway**

EC → **Eurocity**

Economy Class → **Beförderungsklasse**

Economy Hotel → **Budget-Hotel**

ECx → **Eurocity**

EDF → **Internet Booking Engine**

EFSA → **Europäische Behörde für Lebensmittelsicherheit**

Eigenanreise [self arranged journey]

Unter Eigenanreise bzw. Selbstanreise wird die eigene Anreise zum Reiseziel verstanden. Unabhängig von der Art der Unterkunft (Hotel, Ferienhaus etc.) kann die Anreise mit Bahn, Auto, Flugzeug, Fähre etc. erfolgen. Die Buchung enthält folglich nur die Unterkunft als Vertragsgegenstand. Für den Reisenden liegt der Vorteil dieser Reiseart in der Individualität, was sich auch auf den oft günstigeren Reisepreis auswirkt. Reiseziele sind oft das Inland oder das benachbarte Ausland. Allerdings ist der organisatorische Aufwand bei der eigenen Anreise höher einzuschätzen. Zu beachten ist, dass sich im Falle der Eigenanreise auch der Versicherungsschutz in der Reiserücktrittskosten- und Reiseabbruch-Versicherung nur auf gebuchte Leistungen beziehen kann. (hdz)

Eigentouristik → **Eigenveranstaltung**

Eigentümerbetrieb [proprietor operation]

In der Hotel- und Gastronomiebranche der Begriff für einen Betrieb, bei dem Eigentümer und Betreiber identisch sind, eine → funktionelle Entkopplung findet nicht statt. Der Begriff zielt demnach auf die Betreiber- bzw. Eigentümerstruktur und wird Pacht- (→ Hotelpacht) oder Managementbetrieben (→ Managementvertrag) gegenübergestellt. Eigentümerbetriebe und mittelständische Familienbetriebe werden oft sprachlich gleichgesetzt. Da aber auch große Hotel- und Gastronomiekonzerne in ihrem Eigentum befindliche Einheiten betreiben, ist die synonyme Verwendung nicht korrekt. (wf)

Eigentum [property]

Bezeichnet das absolute Herrschaftsrecht an einer beweglichen (Gegenstand) oder unbeweglichen (Immobilie) Sache, das bei Beeinträchtigungen durch Unbefugte sowohl zivilrechtlichen Schutz in Form von Beseitigungs-, Unterlassungs-

und Schadensersatzansprüche als auch strafrechtlichen Schutz durch Verfolgung als Sachbeschädigung, Diebstahl, Unterschlagung etc. genießt.

Eigentum und → Besitz sind rechtlich streng voneinander abzugrenzen. Eigentümer einer Sache ist derjenige, dem sie gehört, nicht notwendigerweise derjenige, der sie auch besitzt. Eigentümer eines Grundstückes ist nur, wer als solcher im Grundbuch eingetragen ist, unabhängig davon ob er es selbst nutzt, vermietet oder verpachtet hat. Eigentum kann auch an Rechten (z. B. Patent-, Urheber-, Lizenz- oder Warenzeichenrechte) bestehen, die ebenfalls gegen unzulässige Beeinträchtigungen rechtlich geschützt sind. (gd)

Eigenveranstaltung [tour operating by travel agencies]

In diesen Fällen tritt ein Reisebüro nicht als → Reisevermittler von → Pauschalreisen auf, sondern wird selbst zum → Reiseveranstalter, indem es verschiedene Leistungen zu einem Reisepaket bündelt und zu einem pauschalierten Preis verkauft. Dies kann zum einen ein lukratives Zusatzgeschäft sein, zum anderen lässt sich damit auch Kundenbindung betreiben, wenn zum Beispiel der Reisebüroinhaber als kompetenter → Reiseleiter auftritt, dem seine Kunden auch bei der Vermittlung von Reisen vertrauen. (jwm)

Eingehungsbetrug [fraud when the contract is concluded]

Ist eine Erscheinungsform des Betruges, bei der der Betrüger bei Abschluss des → Vertrages über seine Zahlungsfähigkeit bzw. Zahlungsabsicht im Zeitpunkt der Fälligkeit täuscht, bspw. → Zechprellerei, → Einmietbetrug. Neben der strafrechtlichen Verfolgung (§ 263 StGB) kann der Betrüger mit einem → Hausverbot durch den Betreiber der Einrichtung belegt werden. (gd)

Einkaufsgesellschaften und -genossenschaften (Hotel)

Eine Möglichkeit, Einkauf, Kosten und alle mit der Beschaffung in Verbindung stehenden Prozesse zu optimieren, ist der Anschluss an eine Einkaufsgesellschaft oder -genossenschaft oder die Zusammenarbeit und Unterstützung durch ein auf Einkaufsoptimierung spezialisiertes Beratungsunternehmen. In Deutschland gibt es ca. zwanzig Einkaufsgesellschaften und -genossenschaften sowie Beratungsunternehmen, die → Dienstleistungen und Lösungen zur Einkaufsoptimierung anbieten. Etwa 350 Übernachtungsbetriebe (eigene Hochrechnung) entscheiden sich jährlich neu für den Anschluss an eine Einkaufsgesellschaft oder -genossenschaft bzw. für eine Zusammenarbeit mit einem Beratungsunternehmen.

Grundsätzlich gilt es, zwei Varianten am Markt zu unterscheiden: Zum einen die sogenannten reinen Einkaufsverbünde oder auch Pools, zum anderen reine Einkaufsberater. Selten gibt es auch Anbieter, die sowohl Poollösungen als auch Beratung aus einer Hand anbieten. Allerdings sind Einkaufsverbünde, Einkaufsgesellschaften und Einkaufsberater nicht für jedes Hotel gleichermaßen geeignet, was man bei der Auswahl berücksichtigen muss. Jeder Hotelier sollte für sich entscheiden, wie viel „Einkaufsqualität und -tiefe" er haben möchte. Zu den Auswahlkriterien zählen etwa:

- Wie ist die Einkaufskompetenz generell?
- Wie ist die Lieferantenstrategie gestaltet?
- Welche Qualitätskriterien gibt es bei der Lieferantenauswahl?
- Wie sieht die Preis- und Konditionsstrategie aus?
- Wie umfangreich ist die Sortimentsbreite und -tiefe?
- Welche Art von Lieferanten sind gelistet und wie viele?
- Wie stark sind die Leistungsfelder ausgebaut?
- Welche Einkaufsservices und -beratungen gibt es?
- Wie ist die Kommunikation gestaltet?
- Welche Einkaufsunterlagen werden angeboten?
- Gibt es ein papierloses Belegmanagement?
- Wird ein webbasiertes Zahlungsmanagement oder Zentralregulierungssystem angeboten?
- Wie sind Rückvergütungssysteme aufgebaut?
- Wie gut ist die digitale Kompetenz des Anbieters?
- Liegen Zertifikate für digitale (Online-)Lösungen des Anbieters vor?
- Besteht ein webbasiertes Ordersystem, das multilieferantenfähig ist?
- Wie ist die Einkaufsorganisation an digitale Systeme angebunden, oder welche verwendet sie?
- Bestehen mehrstufig gestaltbare Genehmigungsworkflows bei den Online-Bestell- oder/und Rechnungssystemen?
- Welche Reportings/Berichte werden geboten?
- Wie steht es um die Revisionssicherheit der Vorgänge/Dokumente, die online abgewickelt werden?
- Wo und wie werden die Online-Systeme des Anbieters gehostet?
- Welche Schnittstellen bestehen zwischen Online-Bestellsystem als auch Rechnungssystem zu korrespondierenden Finanzbuchhaltungs- oder Kassensystemen?
- Wie ist die Mitarbeiterzahl und -qualifikation des Anbieters?
- Wie sieht die Betreuung vor Ort aus?
- Gibt es eine Einarbeitung, Integration oder Schulung zum Start der Zusammenarbeit, und wie umfangreich ist sie?
- Gibt es bei Bedarf Einkaufsberatungen über den Standard hinaus?
- Welche Referenzen liefert der Anbieter?
- Wie hoch sind die Kosten für die jeweiligen Lösungen?
- Bietet der Anbieter aktiv eine jährliche Kosten-Nutzen-Analyse an?

Bei den Einkaufsverbünden oder -pools handelt es sich um standardisierte Systeme. Für die Zusammenarbeit mit Einkaufsgesellschaften und auf Einkauf spezialisierte Beratungsunternehmen sprechen im optimalen Fall:

- Kostenoptimierung durch den Zugang zu allen zentral verhandelten Konditionen (Preise, Rabatte, Zahlungsbedingungen, Rückvergütungen etc.),
- laufende Optimierung und zentrale Kontrolle der Konditionsentwicklung,
- Vorbeugung oder Abfederung von Preissteigerungen,
- laufender Ausbau der Lieferantenabkommen,
- relative Kostensicherheit durch Volumenwachstum,
- schneller Zugriff auf Lieferantenportfolio,
- Vorbeugung von Fehlkäufen durch gezielte Vorauswahl und Beratung,
- Einkaufsverzeichnisse (Online/Offline),
- Arbeitserleichterung durch Angebots-Services,
- Erleichterung der Abrechnungen/Sammelrechnungen durch papierlose Belege,
- Vereinfachung in der Abrechnung/Zahlung der Lieferantenrechnungen,
- Technische Lösungen im Bereich Ordering und Invoice,
- Erhöhung der Transparenz,
- Verbesserung der Kontrolle und Einhaltung der Compliance-Regeln.

Im Gegenzug dazu kann der Einkauf im Hotel durch den Anschluss an eine Einkaufsgesellschaft oder Nutzung eines Beraters nur dann Erfolg haben, wenn das Hotel das System und die Lösungen auch konsequent nutzt und die empfohlenen Maßnahmen umsetzt. Um sich einem Einkaufspool oder Einkaufsverbund anzuschließen, werden entweder Dienstleistungsverträge unterschrieben, oder es müssen Genossenschaftsanteile erworben werden. In einigen Fällen gibt es Mindesteinkaufsvolumen, die erbracht werden müssen. Was alle Einkaufsverbünde eint, ist, dass die angeschlossenen Hotels keinem Kaufzwang unterliegen. Sie können wählen, bei welchen Lieferanten des Pools eingekauft wird. Ausnahmen gibt es dann, wenn es gezielte Bündelungsmaßnahmen gibt, bei denen sich der Hotelier aus freien Stücken verpflichtet, über einen gewissen Zeitraum ein bestimmtes Sortiment bei einem ausgesuchten Lieferanten zu beschaffen.

Wer anstrebt, dass im eigenen Haus mit Hilfe Dritter auch die individuellen Einkaufsprozesse und -regeln überprüft und erneuert werden oder sogar das Vertragsmanagement (→ Supply Chain Management) oder der Zentral-Einkauf ausgelagert werden soll, dem reicht in der Regel der Anschluss an einen Einkaufspool oder einen Verbund nicht. Hierzu muss man sich an Komplettanbieter im Einkauf oder Berater wenden. Bei der Zusammenarbeit mit Beratungsunternehmen im Einkauf liegt in der Regel ein Beratungsvertrag zugrunde. Dieser regelt die Leistungen. Die Leistungen sind individuell abgestimmt und zugeschnitten auf das jeweilige Hotel. Dazu können bspw. zählen:

- Analyse der Lieferantenumsätze sowie eingekauften Produkte nach Kosten, Mengen, Beschaffenheit etc.,
- Analyse der Prozessabläufe,
- Analyse der digitalen Infrastruktur (Bestellwesen, Warenwirtschaft, Rechnungsmanagement, Finanzbuchhaltung, Kasse, → PMS),
- Erstellung eines Analyseberichts inkl. Handlungsempfehlungen,
- Definition von Zielsetzungen im Einkauf,
- Entwicklung eines strategischen und operativen Maßnahmenplans,
- Coaching und Training,
- Entwicklung von Einkaufsregeln für das jeweilige Hotel,
- Entwicklung von Ordersätzen, Transferbelegen, Bestellvorlagen,
- Unterstützung bei der Einführung digitaler Lösungen für webbasierte Bestellabwicklung (Ordering), Warenwirtschaft (Inventory) und Rechnungsmanagement (Invoice/Kreditorenmanagement),
- Durchführung von lieferantenneutralen/-offenen Ausschreibungen,
- Verhandlungsführung und Kostenoptimierung,
- Vertragsmanagement (Vertragsverwaltung und -kontrolle),
- Lieferantenmanagement,
- Komplettübernahme Zentraleinkauf (→ Outsourcing).

Die Honorierung erfolgt aufwandsbezogen oder nach Erfolg. Nach Erfolg bedeutet, dass ein Teil des Honorars fix ist und der andere – abhängig vom Erfolg – variabel. Beispiele sind 50 % fixes Honorar, 50 % – gestaffelt – variables Honorar, wenn die vereinbarten Ziele erreicht wurden. Bei der erfolgsorientierten Variante ist sorgfältig auf Formulierungen zu achten. Allein an den ‚cost savings‘ (Kosteneinsparungen) den Vertrag fest zu machen, kann riskant sein, weil der Berater versucht sein wird, das Maximale an Kosteneinsparungen zu erzielen, um somit ein Maximum an Honorar zu bekommen. Daher sollte zum einen das Honorar nach oben hin „gedeckelt", also fixiert sein. Zum anderen muss bereits im Vorfeld durch ein Pflichtenheft festgelegt werden, welchen Bedarf das Hotel hat und welche Qualitätsforderungen (quality requirements) prinzipiell nicht zu unterschreiten sind. (joe)

Literatur
Oehler, Jochen; Christian Buer 2017: MACHT EINKAUF – Power-Methoden für erfolgreiches Einkaufsmanagement in der Hotellerie. Stuttgart: Matthaes

Einmietbetrug [fraud when booking a hotel accommodation]

Unterfall des → Eingehungsbetruges, für dessen Strafbarkeit die Absicht, die Miete bzw. den Übernachtungspreis nicht zu bezahlen, bereits bei Bezug des Wohnraumes vorliegen muss. Die Täuschungshandlung des Betrügers liegt darin, dass er durch die Inanspruchnahme der Leistung (Beziehen des Hotelzimmers/Mietwohnung) schlüssig erklärt, bei Fälligkeit zahlungswillig bzw. -fähig zu sein. (gd)

Einschiffen [embarkation]
Betreten eines Schiffes durch Passagiere. (jwm)

Einwegmiete [one-way rental]
Gebühr für das Mieten eines PKW, Motorrads oder LKW, bei dem Abhol- und Abgabestation voneinander abweichen. Gründe hierfür sind bspw. ein Urlaub, bei dem die Rückführung keinen Sinn macht (Reise mit dem angemieteten PKW von San Francisco nach Los Angeles) oder Wohnungsumzüge (Kiel nach München).

Viele Autovermietungen ermöglichen Einwegmieten gegen eine Pauschale, die für die notwendig werdende Rückführung angesetzt wird. Die Höhe variiert in Abhängigkeit von der Destination und der zurückgelegten Distanz. (wf)

Einzelbelegung [single-occupancy]
Unter Einzelbelegung wird die Belegung eines gastgewerblichen Zimmers (→ Zimmertypen) mit einer Person verstanden. Der Begriff bezieht sich auf die verkauften, nicht auf die verfügbaren Zimmer. Zur Festsetzung des Zimmerpreises bei Einzelbelegung siehe → Doppelbelegung, → Einzelzimmerzuschlag, → Mehrfachbelegung. (wf)

Einzelbelegungspreis → Einzelzimmerzuschlag

Einzelzimmer → Zimmertypen

Einzelzimmerzuschlag [single supplement]
Zuschlag, der von Hotelbetreibern bei der Bereitstellung eines Doppelzimmers zur Einzelnutzung mitunter in Rechnung gestellt wird. Im Vergleich zu der Doppelbelegung ist der Zimmerpreis für Einzelreisende höher. Die Hotels rechtfertigen den Zuschlag mit einem relativen Mehraufwand, etwa bei der Zimmerreinigung. (wf)

Eisdiele [ice-cream parlour]
Gastronomischer Betrieb, in dessen Mittelpunkt das Produkt Eis steht, auch Eiscafé genannt. Niedrige Wareneinsätze machen die Betriebsart im Grundsatz attraktiv. Italienische Familien dominieren in vielen europäischen Ländern den Markt. (wf)

Eisenbahn [train, rail]

Der Name Eisenbahn leitet sich aus der Verwendung von eisernen Schienen anstelle von Materialien wie Holz für die Räder und Stein für die Fahrbahn ab, weshalb sie auch die ‚eiserne Bahn' genannt wurde. Synonym wird sie auch kurz → Bahn genannt, das schienengebundene Transportmittel, zu dem aus technischer Sicht auch S-Bahn, U-Bahn und Straßenbahn zählen. (hdz)

Eisenbahnbeförderung [rail transportation]

Der Beförderungsvertrag zwischen der Eisenbahn und dem Reisenden richtet sich als Werkvertrag subsidiär nach §§ 631 ff. BGB und den vorrangigen Spezialvorschriften der nationalen Bestimmungen der Eisenbahnverkehrsordnung (EVO) und den Tarifen der jeweiligen Bahn.

Die verschuldensunabhängige Bahnhaftung für Unfälle mit Tod, Körperverletzung und Sachschaden ergibt sich vorrangig aus dem Haftpflichtgesetz und – verschuldensabhängig – dem Recht der unerlaubten Handlung der §§ 823 ff. BGB. Die Fahrgastrechte sind unionsrechtlich für den nationalen und internationalen Fernverkehr in der VO (EG) Nr. 1371/2007 und für den Nahverkehr in der nationalen EVO geregelt. Bei einer Beförderung auf einer internationalen Strecke gilt die CIV (Übereinkommen über den internationalen Eisenbahnverkehr).

Wenn der Reisende eine Bahnticket erwirbt, schließt er mit der Bahn einen Beförderungsvertrag im Sinne eines Werkvertrages nach §§ 631 ff. BGB ab. Das Haftungssystem des BGB wird jedoch bei Zugausfall, Zugverspätung und Versäumnis durch die Fahrgastrechte-Verordnung für den Fernverkehr und durch § 17 EVO für den Nahverkehr verdrängt. Beide Regelungen sehen nur eine Fahrpreiserstattung und standardisierte Hilfeleistungen vor. Ergänzt werden diese Vorschriften durch die Tarife der konkreten Beförderungsbedingungen des jeweiligen Bahnunternehmens. (ef)

Literatur
Führich, Ernst 2018: Basiswissen Reiserecht. München: C. H. Beck/Vahlen (4. Aufl.; § 19)
Führich, Ernst; Ansgar Staudinger 2019: Reiserecht. München: C. H. Beck (8. Aufl.; § 45)

Eisenbahnstrecke [railway line (brit.), railroad (US)]

Strecke, genauer Eisenbahnstrecke, ist ein bahntechnischer Begriff, der den von Ort zu Ort verbundenen Schienenweg meint. Auf diesen Schienenwegen findet regelmäßig Eisenbahnverkehr statt. Auf Eisenbahnstrecken werden Trassen errichtet. So kann eine Trasse aus mehreren Gleisen, Hochbauten, Weichen und Signalanlagen bestehen. Ebenfalls kann eine Trasse mit → Bahnhöfen ausgestattet sein.

Für die Organisation des Streckennetzes werden in Deutschland Kursbuchstrecken elektronisch verkodet, die dann auf Fahrplanebene abgebildet werden. Ein weiterer Gesichtspunkt der Ordnung von Eisenbahnstrecken ist die Unterscheidung nach Haupt- und Nebenbahnstrecken. Fernzüge verkehren in der Regel auf Hauptbahnstrecken. Sehr oft handelt es sich um Schnellfahrstrecken für den Hochgeschwindigkeitsverkehr (high speed transport). → Hochgeschwindigkeitszüge. (hdz/wf)

Elastizität [elasticity]

Elastizität ist das Verhältnis zweier relativer Veränderungen. Die Elastizität ist ein wichtiges Hilfsmittel der ökonomischen Analyse. Beispielsweise beschreibt die Preiselastizität der Nachfrage, wie stark die Nachfrage, z. B. nach Inlandsflügen, auf eine Preisänderung (z. B. des Flugpreises) reagiert. Nach den betrachteten Zusammenhängen unterscheidet man Einkommens- und Angebotselastizitäten. Nach der Art ihrer Berechnung differenziert man in Punkt- und Bogenelastizität. Bei der Bogenelastizität werden die absoluten Veränderungen der betrachteten Variablen auf den jeweiligen Mittelwert des Intervalls bezogen. Bei der Punktelastizität lässt man die absoluten Veränderungen gegen Null gehen. (hp)

Electronic Tourism

Elektronischer Tourismus (E-Tourismus, e-tourism) ist die tourismuswirtschaftliche Ausprägung des Electronic Business (e-business). E-Tourismus ist der Oberbegriff für die IT-Unterstützung und Automatisierung betriebswirtschaftlicher Aufgaben und Prozesse der Tourismus- und Reiseverkehrsunternehmen mit dem Ziel der betriebswirtschaftlichen Optimierung.

Prozesse, Kommunikationen und der Fluss der begleitenden Daten und Dokumente (workflow) werden auf Basis der Internet-Technologie gesteuert und realisiert. In diese Abläufe werden datenbankbasierte Systeme, z. B. → Reservierungssysteme, elektronisch eingebunden. Sie vollziehen die jeweiligen Funktionen in den Prozessstufen (z. B. Reservierung, Inkasso und Fulfillment). Angestrebt wird dabei eine weitgehende oder vollständige Integration und Automatisierung der internen und externen Unternehmensprozesse im jeweiligen tourismuswirtschaftlichen Marktsegment (siehe z. B. → Internet Booking Engine, → Globales Distributionssystem, → Geschäftsreisemanagement-System). (uw)

Literatur
Schulz, Axel; Uwe Weithöner; Roman Egger & Robert Goecke 2015: eTourismus: Prozesse und Systeme. Berlin, Boston: De Gruyter Oldenbourg, insb. Kapitel 2.3 (2. Aufl.) (3. Aufl. in Vorbereitung)

Electronic Word-of-Mouth-Prinzip → **Social Media**

E-Mail-Kennzahlen [email metrics]

Kennzahlen, die Aufschluss über die Effizienz von E-Mails im Rahmen von Marketing-Aktivitäten geben (zu wichtigen Kennzahlen Meier 2017, S. 329 ff.). Die Kennzahlen analysieren das Verhalten der Nutzer (z. B. Öffnungsrate [Email open rate],

Klickrate des in der Mail angegebenen Links [Email click through rate], Konversionsrate in dem Sinne, dass die Nutzer die gewünschte Aktion bzw. den Kauf tätigen [Email conversion rate], Bounce-Rate im Sinne nicht zugestellter Mails [Bounce rate]). Auf Basis der Kennzahlenanalyse wird das E-Mail-Marketing weiterentwickelt, indem etwa Adressverteilerlisten aktualisiert oder zielgruppengerecht zugeschnitten werden. Zu einem Einstieg in E-Mail-Marketing siehe Lammenett 2019, S. 95 ff.; Meier 2017, S. 291 ff. (wf)

Literatur

Lammenett, Erwin 2019: Praxiswissen Online-Marketing: Affiliate-, Influencer-, Content- und E-Mail-Marketing, Google Ads, SEO, Social Media, Online- inklusive Facebook-Werbung. Wiesbaden: Springer Gabler (7. Aufl.)

Meier, Manuela 2017: E-Mail-Marketing. In: Felix Beilharz & Expertenteam (Hrsg.): Der Online Marketing Manager. Handbuch für die Praxis. Heidelberg: dpunkt, S. 291–340

EMEA

Abkürzung für den geographischen Wirtschaftsraum Europa, Naher Osten und Afrika (Europe, Middle East, Africa). Teilweise ist auch der Begriff EAME (Europe, Africa, Middle East) gebräuchlich.

Touristische Konzerne, die sich organisatorisch regional strukturieren, richten entsprechende Stellen oder Einheiten ein (z. B. Vice President EMEA Communications, Office EMEA). (wf)

Emergency Descent → **Druckabfall**

Emotion [emotion]

Eine Emotion geht einher mit Veränderungen im Gefühl, im körperlichen Zustand und im Ausdruck (SchmidtAtzert, Peper & Stemmler 2014, S. 2). Gefühle sind die Wahrnehmung des eigenen emotionalen Zustandes (SchmidtAtzert 2009, S. 339). Nur vier Emotionen tauchen durchgängig in den verschiedenen Klassifikationsansätzen auf (Schmidt-Atzert 2008, S. 190; Schmidt-Atzert, Peper & Stemmler 2014, S. 33): Angst, Ärger, Traurigkeit, Freude/→ Glück.

Menschen unterscheiden sich in ihren emotionalen Erwartungen. Das gilt auch für emotionale Erwartungen von Kunden. Was manchen bereits zu nahe oder zu emotional ist, ist anderen noch zu distanziert. Neben einer angemessenen Regulierung von Nähe-Distanz ist eine Kontrolle eigener negativer Emotionen in Kontaktsituationen zu Kunden wichtig. Zeigt ein Servicemitarbeiter negative Emotionen gegenüber einem Kunden, wird regelmäßig die Kundenbeziehung beeinträchtigt, oft nicht nur zum Servicemitarbeiter, sondern auch zum dahinterstehenden Unternehmen. Da eine Emotion beim Gegenüber häufig dieselbe Emotion auslöst, sind Servicemitarbeiter in besonderer Weise gefordert, wenn sie beispielsweise mit wütenden Kunden konfrontiert sind. Die natürliche Reaktion wäre, ebenfalls mit Wut zu reagieren. Das würde jedoch zu einer Eskalation führen. Besser ist es, sich in einen Kunden einzufühlen, dessen Emotion, beispielsweise Ärger, zu respektieren und einen geeigneten Ausgleich anzubieten (siehe beispielsweise → Complaint ownership). Negative Emotionen von Kunden sind regelmäßig dann zu erwarten, wenn Erwartungen (→ Erwartung) enttäuscht werden, beispielsweise wenn das Hotelzimmer zur vereinbarten Zeit noch nicht gereinigt und damit noch nicht bezugsfertig ist.

Auf der anderen Seite kann das Zeigen einer sozial erwünschten, aber nicht innerlich erlebten Emotion als mangelnde Authentizität wahrgenommen werden. Durch nicht authentisches Verhalten kann man Glaubwürdigkeit und Sympathie einbüßen. Ist eine solche Emotionsarbeit, das Zeigen einer anderen als der gefühlten Emotion, nun hilfreich oder nicht? Grundsätzlich: Ja. Der Vorteil von Emotionsarbeit liegt im Entkoppeln von Emotionserleben und Ausdruck (Rastetter 2001), wodurch automatische Reaktionen unterbunden werden. Rastetter (2001, S. 117) unterscheidet zwischen:

- Oberflächenhandeln: Nur die äußere Darstellung (Gefühlsausdruck) wird angepasst. Man verhält sich beispielsweise freundlich, obwohl man das Gegenüber unsympathisch findet. In einem solchen Fall wird die eigentlich negative Emotion nur unterdrückt, bleibt aber weiter wirksam. Eine Emotionsunterdrückung kostet Kraft, und ein solches Verhalten kann aufgesetzt wirken.
- Tiefenhandeln: Beeinflussung der Emotion durch Selbststeuerung. Beispielsweise sucht man ein sympathisches Detail an einem insgesamt unsympathischen Menschen und konzentriert sich auf das sympathische Detail. In einem solchen Fall wird die negative Emotion durch Lenkung der Wahrnehmung verändert. Ein solches Verhalten wirkt authentisch, weil die gezeigte positive Emotion echt ist.

Beim Tiefenhandeln entspricht die gezeigte positive Emotion der empfundenen Emotion. Eine besondere Willensanstrengung ist also nicht mehr erforderlich, sobald die Neubewertung abgeschlossen ist. Eine solche Neubewertung ist allerdings nicht immer einfach herzustellen. Dass Emotionsarbeit unerwünschte Nebenwirkungen haben kann, zeigt folgendes Beispiel: „Die Beschäftigten der Supermarktkette Safeway müssen zu jedem Kunden so freundlich sein, dass es als Folge davon immer wieder zu Belästigungen kommt, weil die (männlichen) Kunden .... [das freundliche Verhalten] zu persönlich nehmen." (Schiessel 1998, S. 109; zitiert nach Rastetter 2001, S. 120).

Bei aller Wichtigkeit können Emotionen analytisches Denken nicht ersetzen und sind diesem nicht grundsätzlich überlegen (Damasio 1995). Emotionen können zu Fehlern und Verzerrungen führen. Bei negativen Emotionen hält man negative Ereignisse für wahrscheinlicher und umgekehrt (Schmidt-Atzert, Peper & Stemmler 2014, S. 239 f.). Im Idealfall ergänzen sich analytisches Denken und Emotionen. (ss)

Literatur

Damasio, Antonio R. 1995: Der Spinoza-Effekt. Wie Gefühle unser Leben bestimmen. Berlin: List

Litzcke, Sven 2017: Emotionen und Führung – Umgang mit Emotionen als Führungsaufgabe. In: Karin Häring; Sven Litzcke (Hrsg.): Führungskompetenzen lernen. Stuttgart: Schäffer-Poeschel, S. 247–271 (2. Aufl.)

Rastetter, Daniela 2001: Emotionsarbeit – Betriebliche Steuerung und individuelles Erleben. In: Georg Schreyögg; Jörg Sydow (Hrsg.): Emotionen im Management. Managementforschung 11, Wiesbaden: Gabler, S. 111–134

Schmidt-Atzert, Lothar 2008: Klassifikation von Emotionen. In: Wilhelm Janke; Martin Schmidt-Daffy & Günter Debus (Hrsg.): Experimentelle Emotionspsychologie. Methodische Ansätze, Probleme, Ergebnisse. Lengerich: Pabst, S. 179–191

Schmidt-Atzert, Lothar 2009: Gefühle als Emotionsmonitor. In: Gerhard Stemmler (Hrsg.): Psychologie der Emotion. Enzyklopädie der Psychologie. Göttingen: Hogrefe, S. 339–386

Schmidt-Atzert, Lothar; Martin Peper & Gerhard Stemmler 2014: Emotionspsychologie. Stuttgart: Kohlhammer (2. Aufl.)

Empathie [empathy]

Empathie bezeichnet die Fähigkeit, sich in die Denkweisen, Gefühle und Motivlagen anderer Personen hineinzuversetzen. Voraussetzung für Empathie ist die Aufmerksamkeit für verbale und nonverbale Signale des Gegenübers sowie die Erstellung von Annahmen über mögliche Deutungen der Signale. Wer empathisch ist, kann sich sowohl gedanklich als auch emotional in andere Menschen hineinversetzen. Gerade im Dienstleistungssektor ist die Fähigkeit zur empathischen Wahrnehmung eine zentrale Fähigkeit. Empathisch zu sein bedeutet, die Perspektive des Gegenübers zu verstehen und nachvollziehen zu können. Es bedeutet nicht, die Perspektive des anderen zu übernehmen. (gm/ss)

Empfang → Rezeption

Empowerment

Power (engl.) = (Voll)macht, Befugnis. Konstrukt bzw. Methode aus dem Personalmanagement, das Mitarbeitern größeren Handlungsspielraum und Autonomie einräumt. Hierzu stellen Unternehmen die entsprechenden Ressourcen (Anreize, Informationen, Instrumente, Kapital, Qualifikation) bereit. Unternehmen erzielen dadurch grundsätzlich ein Mehr an Flexibilität, Kundenorientierung, Mitarbeiterzufriedenheit und ein höheres Commitment der Mitarbeiter (→ Mitarbeiterbindung), Mitarbeiter erhalten mehr Selbstbestimmung, Selbstinitiative und Verantwortung.

Empowerment ist ein langwieriger und komplexer unternehmenspolitischer Prozess, bei dem Macht innerhalb der Hierarchien nach unten verlagert wird; ohne eine zentrale Steuerung droht der Prozess zu scheitern (Zollondz 2016, S. 261).

Die US-amerikanische Hotelgruppe Ritz-Carlton formuliert in ihrem Leitbild (deutschsprachige Version) das Konstrukt wie folgt: „Ich bin dazu ermächtigt, einzigartige, unvergessliche und persönliche Erlebnisse für unsere Gäste zu kreieren." (Servicewert 3) (Ritz Carlton o. J.). (wf)

Literatur

Ritz Carlton o. J.: Gold Standards. (http://www.ritzcarlton.com/en/about/gold-standards, zugegriffen am 07.08.2020)

Zollondz, Hans-Dieter 2016: Empowerment. In: Hans-Dieter Zollondz; Michael Ketting & Raimund Pfundtner (Hrsg.): Lexikon Qualitätsmanagement. Handbuch des Modernen Managements auf Basis des Qualitätsmanagements. Berlin, Boston: De Gruyter Oldenbourg, S. 261–262 (2. Aufl.)

En deux [split, split dish]
Begriff aus der gehobenen Gastronomie bzw. aus der Küchensprache für das Teilen einer Essensportion in zwei Portionen (couper quelque chose en deux [franz.] = etwas halbieren, durchschneiden). Der Grund für das Aufteilen liegt meist in dem Gästewunsch nach einer kleineren Portion. (wf)

Endemie [endemic disease]
Eine bestimmte Erkrankung, die ständig oder in regelmäßigen Intervallen auftritt. → Epidemie. (hdz)

Endküche → Satellitenküche

Engagement-Kennzahlen (Social Media) [Engagement rate]
Kennzahlen, die Aufschluss über das Engagement von Nutzern bzw. Followers bei Posts geben. Interaktionen wie Likes (Gefällt mir) oder Favoriten werden analysiert (Applaus- oder Beifall-Rate), um den Content (Inhalt) weiterzuentwickeln. (wf)

Engelsanteil → Angels' share

Englischer Landschaftsgarten/-park → Parks

Englischer Service → Serviermethoden

Englisches Frühstück → Frühstücksarten

En-suite-Musicals → **Musical**

Entrée → **Hors d'œuvre**

Entremetier **[vegetable cook]**
Französische Bezeichnung für den Gemüsekoch, teilweise wird dieser auch Légumier genannt. Er ist zuständig für die Zubereitung der Beilagen wie Reis, Kartoffeln oder Gemüse sowie gegebenenfalls für Suppen oder Eierspeisen. Der Bereich des Entremetier stellt einen klassischen Posten bzw. eine Abteilung in → Küchenbrigaden dar. (wf)

Entrepreneurship → **Touristisches Unternehmertum**

EP → **European Plan**

Epidemie **[epidemic]**
Eine plötzlich entstehende und sich rasch ausbreitende ansteckende Erkrankung in einer Region, wo sie endemisch (→ Endemie) ist, oder wo sie sich in einer vorher verschonten Gemeinschaft ausbreitet. → Vogelgrippe. (hdz)

Literatur
Harth, Volker et al. (Hrsg.) 2018: Reisemedizin und Impfen: Empfehlungen für Ärzte, Betriebe und beruflich Reisende. Landsberg am Lech: ecomed Medizin

Epidemiologie **[epidemiology]**
Die wissenschaftliche Disziplin der Erforschung von Entwicklung und Verbreitung der bestimmenden Faktoren verschiedener Gesundheitszustände und Erkrankungen in menschlichen Gruppen und Populationen mit Hauptaugenmerk auf Präventivmedizin und öffentliches Gesundheitswesen wird als Epidemiologie bezeichnet. Dabei bezieht sich die deskriptive Epidemiologie auf die geographische, zeitliche und soziale Verbreitung, wogegen die erklärende Epidemiologie die Ursachen der Gesundheitsprobleme untersucht, welche die deskriptive Epidemiologie vorher festgestellt hat. (hdz)

Literatur
Harth, Volker et al. (Hrsg.) 2018: Reisemedizin und Impfen: Empfehlungen für Ärzte, Betriebe und beruflich Reisende. Landsberg am Lech: ecomed Medizin

E-Procurement → **Supply Chain Management (Hotel)**

Erfa-Gruppen → **Hotelkooperation**

Erholung [recreation]

Erholung gehört zu den individuellen Effekten von → Freizeit und → Urlaubsreisen (Lohmann 2018). Der Wunsch nach Erholung ist Treiber von Verhalten, etwa als Motiv für Ferienreisen (Lohmann 2017, S. 60), und wird von Anbietern (zum Beispiel → Hotels, → Destinationen oder → Reiseveranstalter) als Nutzen versprochen. Eine solche Nutzenerwartung steckt implizit auch im deutschen Bundesurlaubsgesetz (§ 1), das für Arbeitnehmer einen gesetzlichen Anspruch auf Erholungsurlaub festschreibt. Die Verbindung von Erholung und → Urlaub erscheint so offensichtlich, dass sie bisher kaum kritisch hinterfragt worden ist.

In der Wissenschaft wurde Erholung früher meist unter physiologischen Aspekten in relativ kurzer Zeit (zum Beispiel in Arbeitspausen; Schmidtke 1981) untersucht, mittlerweile sind vor dem Hintergrund des gesellschaftlichen und wirtschaftlichen Wandels psychologische Aspekte der Erholung in das Zentrum gerückt (Fritz & Sonnentag 2004).

Erholung ist ein Prozess, der von einem Zustand der Belastung zu einem unbelasteten führt. Erholung wird als hypothetisches Konstrukt aufgefasst, das in allen seinen Komponenten einer Operationalisierung bedarf (Lohmann 1993). Dabei besteht eine Wechselbeziehung zwischen Ausgangszustand der Person, Belastung und Erholung (Kallus & Erdmann 1994, Wieland-Eckelmann & Baggen 1994; Ulig 2000). Menschliche Erholung ist als dynamisches psychophysisches Geschehen anzusehen, das sowohl elementare biologische Regulationsprozesse auf unterschiedlichen physiologischen Ebenen als auch psychische Regulations- und Steuerungsvorgänge umfasst bis hin zu komplexen → Emotionen, Kognitionen, Handlungen und sozialen Interaktionen (Allmer 1994). Erholungsbedürftigkeit ist Folge von Belastungen und Beanspruchungen. Belastung stellt eine Einwirkungsgröße externer Faktoren dar, die eine subjektiv wahrgenommene Beanspruchung hervorruft. Die wichtigsten negativen Beanspruchungszustände sind (Hacker & Richter 1980): psychische Ermüdung als Folge einer kognitiv (über-)fordernden Tätigkeit; Monotonie als Folge kognitiver Unterforderung; psychische Sättigung als ausführungsbedingter Verlust an Motivation für eine bestimmte Handlung (Unlustgefühle) sowie → Stress. Auf die so entstandene Erholungsbedürftigkeit folgt die eigentliche Erholung, die als Prozess verstanden wird, für den es unterschiedliche Modellvorstellungen gibt (Wieland-Eckelmann & Baggen 1994). Die Erholung als Ergebnis stellt sich nicht automatisch durch die Abwesenheit von Belastung ein. Das Konzept der ‚aktiven Erholung' in der Sportwissenschaft zeigt das eindrücklich (Allmer 1994). Die optimale Erholungsmaßnahme ist dabei von der Art der Beanspruchung abhängig (Lohmann 1993). Bei Zuständen der Ermüdung sind eher ruhige, nach Monotonie anregende und nach Sättigung abwechslungsreiche Erholungstätigkeiten indiziert. Bei Stress sind körperliche Aktivitäten geeignet, die dessen negative Folgen reduzieren. Außerdem sind die interindividuell unterschiedlichen Voraussetzungen für Erholung zu berücksichtigen (Franke 1998), die Erholungsfähigkeit und die Erholungsbereitschaft. Erholung kann durch zusätzliche Anforderungen (zum Beispiel Hausarbeit, Kindererziehung) verhindert oder durch Stressoren (zum Beispiel familiäre Konflikte) gestört bzw. unmöglich gemacht werden.

Die Erforschung von Erholungseffekten einer Reise hat ihren Ursprung in der Kurerfolgsforschung. Dabei erwartete man als Erfolg einer → Kur neben den spezifischen Effekten von Heilmitteln vor Ort auch eine unspezifische Erholung, also etwa das, was sich auch viele Urlaubsreisende von ihren Ferien versprechen. Die Basis-Idee war, dass sich im Alltag Belastung, Beanspruchung und Ermüdung aufbauen und dass irgendwann und irgendwie wieder ein Abbau stattfinden muss. So argumentiert bereits 1924 der Arzt Karl Behm in seiner „Theorie" der schiefen Ebene: „Jeden Tag, so seine Vorstellung, bleibt ein Rest von Ermüdung in uns hängen, der sich nach einer gewissen Zeit zur Erholungsreife addiert und nur durch einen Urlaub wieder rückgängig gemacht werden kann" (Mundt & Lohmann 1988, S. 44 ff.). Eine belastbare empirische Überprüfung blieb aber sowohl in der Kurforschung wie auch in der Tourismusforschung bis in die neunziger Jahre des vergangenen Jahrhunderts aus, als erste quantitative Studien zur Erholungswirkung von Urlaubsreisen durchgeführt wurden (z. B. Lohmann 1996).

In einer pragmatischen Herangehensweise wurde dafür ein induktives Vorgehen gewählt. Der Ausgangspunkt war, dass Menschen in der Lage sind, sich als erholt oder erholungsbedürftig einzustufen. Die zentrale Frage war dann: „Was unterscheidet einen erholten Menschen von einem erholungsbedürftigen?" Als Messmethoden wurden vor allem Selbsteinschätzungen auf etablierten Skalen (Befindlichkeitsfragebögen) eingesetzt, andere Forscher ergänzten das Bild durch physiologische Daten, also etwa Parameter des Herz-Kreislaufsystems oder Messung der Laktatkonzentration im Blut (beispielsweise Gretz & Stick 1993).

Mit verfeinerten Messmethoden und einem breiten Verständnis von Erholung haben in jüngster Zeit Jessica de Bloom und andere eine ganze Serie von empirischen Untersuchungen bzw. Veröffentlichungen zu den Wirkungen von Urlaubsreisen gemacht, die frühere Ergebnisse bestätigen konnten und die das Verständnis von Erholungsprozessen erheblich verbessert haben (beispielsweise de Bloom 2012; de Bloom et al. 2012; de Bloom et al. 2013; Nawijn et al. 2013). Die Daten der Untersuchung „Reiseanalyse" 2019 zeigen, dass bei 77 % aller Urlaubsreisen der Deutschen die Touristen „erholt" zurückkamen (FUR 2019, S. 7). Man weiß aufgrund all dieser Arbeiten einiges über Erholung auf Urlaubsreisen, etwa,

- dass Erholung ein Prozess ist,
- dass Erholung, subjektiv erlebt, in vielen Fällen tatsächlich während einer Urlaubsreise eintritt,
- dass das Gefühl „erholt" zu sein in einem Syndrom aus mehreren Merkmalen besteht; man fühlt sich gesünder, weniger müde, ist in einer ausgeglichenen Stimmung, weder offensiv noch ängstlich, und kommt mit den alltäglichen Herausforderungen besser zurecht,
- dass physiologische Daten einen Trainingseffekt zeigen im Sinne von verbesserter Ausdauer,
- dass der Erholungseffekt nach der Reise einige Wochen anhält.

Die grundsätzliche Fragestellung dieser Arbeiten war zunächst aus der Arbeitspsychologie entstanden, nicht aus einer theoretischen oder praktischen touristischen Perspektive. Im Zentrum stand das Konzept der „Erholung" im weiteren Sinn. Was immer noch fehlt, ist eine detaillierte Verknüpfung von touristischem Produkt und Erholung, eine belastbare vergleichende Untersuchung zur „Erholungspower" unterschiedlicher touristischer Angebote für verschiedene Zielgruppen. Andererseits wurde durch die Übertragung oder Anwendung der Grundlagen der positiven Psychologie auf den Tourismus die konzeptionelle Basis der Erholungseffektforschung in jüngster Zeit sukzessive erweitert (beispielsweise Filep 2012, Filep et al. 2017), etwa um Begriffe wie Wohlbefinden allgemein oder Glück (Lohmann 2018). Aus Kundensicht ist die erreichte Erholung einer der zentralen Effekte, die man durch eine Urlaubsreise zu erreichen sucht. Inwieweit die Produkte der Tourismusbranche geeignet sind, diesen erwünschten Produktnutzen auch zu erzielen, wie man die Urlaubsreiseangebote im Hinblick darauf weiter optimieren kann und welche Urlaubsreiseerholungsstrategien unter welchen individuellen Voraussetzungen zu bevorzugen sind, sind spannende zukünftige Forschungsfragen. (ml)

Literatur
Allmer, Henning 1994: Psychophysische Erholungseffekte von Bewegung und Entspannung. In: Rainer Wieland-Eckelmann; Henning Allmer; Konrad-Wolfgang Kallus & Jürgen H. Otto (Hrsg.): Erholungsforschung. Beiträge der Emotionspsychologie, Sportpsychologie und Arbeitspsychologie. Weinheim: Beltz, S. 68–101
De Bloom, Jessica 2012: How do vacations affect workers' health and well-being? Vacation (after-)effects and the role of vacation activities and experiences. (PhD). Radboud University Nijmegen, Hertogenbosch
De Bloom, Jessica; Sabine A. E. Geurts & Michiel A. J. Kompier 2012: Effects of short vacations, vacation activities and experiences on employee health and well-being. In: Stress and Health, 28 (4), pp. 305–318
De Bloom, Jessica; Sabine A. E. Geurts & Michiel A. J. Kompier 2013: Vacation (after-)effects on employee health and well-being, and the role of vacation activities, experiences and sleep. In: Journal of Happiness Studies, 14 (2), pp. 613–633

Filep, Sebastian 2012: Positive psychology and tourism. In: Muzaffer Uysal; Richard Perdue & Joseph Sirgy (eds.): The handbook of tourism and quality-of-life: The missing links. Dordrecht, pp. 31–50

Filep, Sebastian; Jennifer Laing & Mihaly Csikszentmihalyi (eds.) 2017: Positive Tourism. New York, NY: Routledge

Franke, Joachim 1998: Optimierung von Arbeit und Erholung. Ein kompakter Überblick für die Praxis. Stuttgart: Enke

Fritz, Charlotte; Sabine Sonnentag 2004: Urlaubsmanagement – Die Rolle von Erholung im betrieblichen Gesundheitsmanagement. In: Matthias T. Meifert; Mathias Kesting (Hrsg.): Gesundheitsmanagement im Unternehmen. Konzepte, Praxis, Perspektiven. Berlin: Springer, S. 121–133

FUR (Forschungsgemeinschaft Urlaub und Reisen e. V.) 2019: Erste ausgewählte Ergebnisse der 49. Reiseanalyse zur ITB 2019. Kiel

Gretz, Martin; Carsten Stick 1993: Veränderungen der körperlichen Ausdauer-Leistungsfähigkeit während eines Urlaubs an der Nordsee. In: Physikalische Medizin, Rehabilitationsmedizin, Kurortmedizin. 3 (5), S. 133–136

Hacker, Winfried; Peter Richter 1980: Psychische Fehlbeanspruchung: Psychische Ermüdung, Monotonie, Sättigung und Streß. In: Winfried Hacker (Hrsg.): Spezielle Arbeits- und Ingenieurpsychologie in Einzeldarstellungen, Lehrtext 2. Berlin: VEB Deutscher Verlag der Wissenschaften

Kallus, Konrad Wolfgang; Gisela Erdmann 1994: Zur Wechselbeziehung zwischen Ausgangszustand, Belastung und Erholung. In: Rainer Wieland-Eckelmann; Henning Allmer; Konrad Wolfgang Kallus & Jürgen H. Otto (Hrsg.): Erholungsforschung. Beiträge der Emotionspsychologie, Sportpsychologie und Arbeitspsychologie. Weinheim: Beltz, S. 46–67

Lohmann, Martin 1993: Langfristige Erholung. In: H. Jürgen Kagelmann; Heinz Hahn (Hrsg.): Tourismuspsychologie und -soziologie. Ein Handbuch zur Tourismuswissenschaft. München: Quintessenz, S. 253–258

Lohmann, Martin 1996: You'll better stay at home? – Studies on the Recreational Effects of Holidays and Holiday Tourism. In: Revue de Tourisme, 51 (3), S. 39–44

Lohmann, Martin 2017: Urlaubsmotive: Warum wir Urlaubsreisen machen. In: Harald Pechlaner; Michael Volgger (Hrsg.): Die Gesellschaft auf Reisen – Eine Reise in die Gesellschaft. Wiesbaden: Springer, S. 49–68

Lohmann, Martin 2018: Machen Urlaubsreisen glücklich? In: Sven Groß et al. (Hrsg.): Wandel im Tourismus. Berlin: Erich Schmidt, S. 15–29

Mundt, Jörn W.; Martin Lohmann 1988: Erholung und Urlaub. Zum Stand der Erholungsforschung im Hinblick auf Urlaubsreisen. Starnberg: Studienkreis für Tourismus

Nawijn, Jerome; Jessica de Bloom & Sabine A. E. Geurts 2013: Pre-vacation time: Blessing or burden? In: Leisure Sciences, 35 (1), pp. 33–44

Schmidtke, Heinz 1981: Lehrbuch der Ergonomie. München: Hanser

Ulig, Thomas 2000: Erholung als biopsychologisches Konstrukt. Empirische Untersuchungen zur Konzeptualisierung der subjektiven Erholungs-Beanspruchungs-Bilanz als biopsychologisches Konstrukt im Kontext experimenteller und quasi-experimenteller Reaktivitätsstichproben. Dissertation, Philosophische Fakultät III der Universität Würzburg

Wieland-Eckelmann, Rainer; Robert Baggen 1994: Beanspruchung und Erholung im Arbeit-Erholungs-Zyklus. In: Rainer Wieland-Eckelmann; Henning Allmer; Konrad Wolfgang Kallus & Jürgen H. Otto (Hrsg.): Erholungsforschung. Beiträge der Emotionspsychologie, Sportpsychologie und Arbeitspsychologie. Weinheim: Beltz, S. 102–155

Erholungsort [certified resort town, certified recreation place]
Erholungsorte sind klimatisch und landschaftlich bevorzugte Gemeinden oder Gemeindeteile, die als Reiseziel einen spezifischen, touristisch geprägten Ortscharakter aufweisen und stark auf → Urlaub, → Freizeit und → Erholung spezialisiert sind. Erholung bedeutet in diesem Zusammenhang die Wiedererlangung, also spontane Rekompensation des körperlichen und seelischen Gleichgewichts nach einseitiger Über- oder Unterforderung durch → Stress oder andere Belastungen.

Die touristische Ausrichtung eines Erholungsortes muss entweder durch ein Leitbild oder Tourismuskonzept sowie durch eine langfristige Planung dokumentiert sein. Bei der Erhaltung und Förderung der Gesundheit (Prävention und Salutogenese) übernehmen sie eine wichtige Aufgabe. Sie zählen zur Gruppe der prädikatisierten Orte (→ Prädikatisierung) und unterliegen den Qualitätsmerkmalen und Mindestvoraussetzungen nach den → Begriffsbestimmungen – Qualitätsstandards für Heilbäder und Kurorte, Luftkurorte, Erholungsorte – einschließlich der Prädikatisierungsvoraussetzungen – sowie für Heilbrunnen und Heilstollen; hierauf verweisen die Kurortgesetzlichkeiten der Bundesländer.

Erholungsorte müssen die allgemeinen Anerkennungsvoraussetzungen sowie die der sie betreffenden Artbezeichnung im Wesentlichen erfüllen. Sie weisen unter anderem ein entsprechendes Bioklima mit hoher Luftqualität auf, hohe Qualitätsstandards im Beherbergungssektor (mindestens 100 Schlafgelegenheiten) mit entsprechendem Nachweis von → Qualitätszeichen und Klassifizierungsmaßnahmen (→ Deutsche Hotelklassifizierung), möglichst geringe Umweltbeeinträchtigungen (Verkehr, Lärm, Immissionen), gepflegtes, einheitliches und durchgängig ausgeschildertes Wander- und Fahrradwegenetz, Kultur-, Sport- und Freizeitprogramme, eine zertifizierte → Tourist Information und ganzjähriges Gästeprogramm. Eine Mindestaufenthaltsdauer von 2,5 Tagen sollte nicht unterschritten werden.

Erholungsorte weisen somit unterschiedlich bauliche und naturräumliche Strukturen und differenzierte Angebotsprofile auf, allerdings halten sie kein Angebot von Heilbehandlungen vor, die mit dem Begriff → Kur umschrieben werden können. (abw)

Literatur
Deutscher Tourismusverband e. V.; Deutscher Heilbäderverband e. V. 2018: Begriffsbestimmungen – Qualitätsstandards für Heilbäder und Kurorte, Luftkurorte, Erholungsorte – einschließlich der Prädikatisierungsvoraussetzungen – sowie für Heilbrunnen und Heilquellen. Berlin (13. Aufl.; Fassung vom 28.09.2018)

Erholungstourismus → **Erholungsort,** → **Muße**

Erlebnis → **Erlebnisgastronomie,** → **Erlebniswelten,** → **Freizeitpark**

Erlebnisgastronomie **[atmosphere dining, entertained dining and variety]**
→ Gastronomie, bei der das eigentliche Angebot (Speisen, Getränke, Service, Ambiente) fortentwickelt und um eine Erlebniskomponente erweitert wird. Die Versorgungsfunktion der Gastronomie tritt in den Hintergrund, die Unterhaltungsfunktion in den Vordergrund (eatertainment; dinnertainment; themed eatery). Die Betriebe schaffen mit dem Erlebnis einen emotionalen Mehrwert, der für den Gast einen Zusatznutzen darstellt (Flad 2002, S. 31 ff.; Warham 2018, S. 8; Wittersheim 2004, S. 10). Die inszenierten, multisensitiven und außergewöhnlichen Erlebnisse sollen einen bewussten Kontrast zur Alltagswelt schaffen und begeistern (→ Wow-Effekt) (Gruner, von Freyberg & Phebey 2014, S. 16 f.; Opaschowski 2000, S. 47 ff.; Warham 2018, S. 8).

Der Architektur (→ Tourismusarchitektur) kommt eine zentrale Aufgabe zu: Räume werden ästhetisch gestaltet, atmosphärisch aufgeladen und eventisiert; neben die objektiv erfassbare Raumgestaltung tritt ein subjektiv gefühltes Raumerlebnis (Scherle & Pillmayer 2018, S. 151 f.).

Beispiele für erlebnisgastronomische Konzepte sind Restaurant-Theater, Tasting Rooms, Themenrestaurants oder nur für eine kurze Zeit geöffnete → Pop-up-Restaurants. Darüber hinaus kann Erlebnisgastronomie als ergänzende Komponente in andere → Erlebniswelten einfließen (z. B. in → Casino-Hotels, → Flughäfen, → Freizeitparks, Kreuzfahrtschiffe, → Markenwelten oder → Urban Entertainment Center).

Durch die zunehmende Zahl von Erlebnisgastronomien steigt der Wettbewerbsdruck („Wettlauf der Erlebniswelten"). Superlative jagen einander, soziale Medien befeuern den Prozess, Innovationszyklen verkürzen sich. Individualisierte Konzepte mindern den Wettbewerbsdruck und bieten einen Ausweg.

Ein theoretisches Fundament, das die Beeinflussung des Erlebens durch Raumgestaltung erklärt, existiert in Teilen. Siehe hierzu Bitner 1992, S. 57 ff.; Nerdinger 2011, S. 147 ff.; Rosenbaum & Massiah 2011, S. 471 ff. Zur Inszenierung von gastronomischen Angeboten siehe Gruner, von Freyberg & Phebey 2014; Steinecke 2009; Warham 2018. (wf)

Literatur
Bitner, Mary Jo 1992: Servicescapes: The Impact of Physical Surroundings on Customers and Employees. In: Journal of Marketing, 56 (2), pp. 57–71
Flad, Patrick Oliver 2002: Dienstleistungsmanagement in Gastronomie und Foodservice-Industrie. Frankfurt am Main: dfv
Gruner, Axel; Burkhard von Freyberg & Katharina Phebey 2014: Erlebnisse schaffen in Hotellerie & Gastronomie. Stuttgart: Matthaes
Nerdinger, Friedemann W. 2011: Psychologie der Dienstleistung. Göttingen u. a.: Hogrefe
Opaschowski, Horst W. 2000: Kathedralen und Ikonen des 21. Jahrhunderts: Zur Faszination von Erlebniswelten. In: Albrecht Steinecke (Hrsg.): Erlebnis- und Konsumwelten. München: Oldenbourg, S. 44–54

Rosenbaum, Mark S.; Carolyn Massiah 2011: An expanded servicescape perspective. In: Journal of Service Management, 22 (4), pp. 471–490

Scherle, Nicolai; Markus Pillmayer 2018: Übernachten mit Frühstück war gestern – Innovative Übernachtungskonzepte vor dem Hintergrund ausgewählter gesellschaftlicher Metaprozesse. In: Tobias Ehlen; Knut Scherhag (Hrsg.): Aktuelle Herausforderungen in der Hotellerie: Innovationen und Trends. Berlin: Erich Schmidt, S. 149–161

Steinecke, Albrecht 2009: Themenwelten im Tourismus: Marktstrukturen – Marketing-Management – Trends. München: Oldenbourg

Warham, Johanna 2018: EventRäume. Designkonzepte für Veranstaltungen mit dem Schwerpunkt Gastronomie. Frankfurt am Main: dfv

Wittersheim, Nicole 2004: Erlebnisgastronomie in Deutschland, Materialien zur Fremdenverkehrsgeographie. Heft 61. Trier: Geographische Gesellschaft Trier

Gedankensplitter
„Am Anfang und im Zentrum jeder Veranstaltung steht der Raum." (Michael Käfer, Inhaber Feinkost Käfer, München)

Erlebnispark → **Freizeitpark**

Erlebnisurlaub → **Aktivurlaub**

Erlebniswelten [theme parks, worlds of experience]
Erlebniswelten haben sich spätestens seit den 1990er-Jahren zu einem immer wichtigeren Phänomen im komplexen Spannungsfeld von → Tourismus, Hospitality und einer zunehmend ausdifferenzierten Freizeitindustrie entwickelt. Der Terminus Erlebniswelten kommt – analog zu den häufig synonym verwendeten Begriffen Freizeit- und Themenwelten – in der Regel dann zum Einsatz, wenn es um die Bezeichnung jener → Destinationen respektive begrenzten (Real-)Räume geht, die – thematisch aufgeladen – zu einer erlebnisreichen Freizeitgestaltung aufgesucht werden (Steinkrüger 2013).

Im Rahmen einer theoretischen Auseinandersetzung mit Erlebniswelten wird zumeist auf das von Schulze (2005) entwickelte Konzept der Erlebnisgesellschaft verwiesen, das in engem Konnex mit den komplexen Transformationsprozessen von Moderne zu Postmoderne und von Fordismus zu Postfordismus steht. Nach Schulze stellt die zunehmende Erlebnisorientierung eine logische Konsequenz des Übergangs von der Mangel- zur Überflussgesellschaft dar. Der Soziologe geht in seinem kultursoziologischen Standardwerk ‚Die Erlebnisgesellschaft' davon aus, dass seit Ende des ausgehenden 20. Jahrhunderts unterschiedliche Formen des physischen und psychischen → Genusses das soziale Leben dominieren. Kontrastierend zu den ersten Nachkriegsjahrzehnten, die wesentlich von Arbeit und Normenerfüllung bestimmt waren und vorwiegend der Erfüllung materieller

Wünsche einschließlich deren Außenrepräsentation dienten, lassen sich heutige, postmoderne Zeitgenossen vermehrt von innenorientierten, hedonistischen Zielen leiten (Köck 2005) – getreu dem von Schulze (2005, S. 59) postulierten Handlungsimperativ: „Erlebe Dein Leben!" In diesem Kontext konstatiert Steinkrüger (2013, S. 36): „In der heutigen westlichen Gesellschaft sind (...) die Grundbedürfnisse bei einem Großteil der Gesellschaft gedeckt und die Märkte gesättigt, so dass Platz für individualisierte Interessen ist und der Markt darauf reagieren muss; der reine Gebrauchswert tritt in den Hintergrund gegenüber einem Zusatznutzen sowohl materieller als auch emotionaler Art." Vor diesem Hintergrund lassen sich Erlebniswelten als konsequente Produktantwort des Freizeit- und Tourismussektors auf sich immer rascher wandelnde, zunehmend hybride Nachfragemuster konzeptualisieren, in denen Basisleistungen wie Unterkunft, → Gastronomie und Unterhaltungsangebot größtenteils als selbstverständlich empfunden werden und erst durch Zusatzleistungen mit ausgeprägtem Erlebnischarakter einen Mehrwert erreichen (Steinecke 2000a; Steinkrüger 2013).

Der inzwischen weitgehend global beobachtbare Boom von Erlebniswelten ist auf ganz spezifische Erfolgsfaktoren zurückzuführen, die Kagermeier (2015, S. 50 f.) – in Bezugnahme auf Kagelmann (1998) – wie folgt zusammenfasst:
-   das Eintauchen der Besucher in eine Kontrastwelt zum konventionellen Alltag,
-   eine größere Anzahl von Erlebnissen auf hohem und verlässlichem Niveau,
-   die Entwicklung immer wieder neuer, multifunktionaler Angebote mit wechselnden Attraktionen und Events, die eine weitgehend hybride Nachfrage befriedigen,
-   eine professionelle Organisation, die einen ungestörten, möglichst perfekten (Konsum-)Genuss ermöglicht,
-   ein thematisches Leitmotiv, das idealerweise dem Grundprinzip des → Storytellings folgt und ein unverwechselbares Erlebnis verspricht.

Einhergehend mit der fortschreitenden Inwertsetzung und Kommerzialisierung von Erlebnissen entstand im Laufe der Zeit „eine beinahe unüberschaubare Vielfalt an Angeboten, die bewusst mit dem Erlebnismoment als ‚added value' vermarktet werden" (Wachter 2001, S. 55). Dabei folgen die Anbieter respektive Betreiber von Erlebniswelten dezidiert den Grundsätzen der modernen Marketingforschung, die insbesondere auf folgende drei Elemente setzt: Inszenierung, Multisensualität und Einmaligkeit (Opaschowski 2000). Als vergleichsweise neue Orte des touristischen Konsums verkörpern Erlebniswelten komplexe, multifunktionale Einrichtungen – sogenannte Mixed-Use-Center –, aus deren diversifiziertem Angebotsportfolio sich die Konsumenten maßgeschneidert ihre ‚individuelle

Mischung' zusammenstellen (Steinecke 2000b). In diesem Kontext lassen sich –
ohne Anspruch auf Vollständigkeit – unter anderem folgende Typen von Erlebniswelten unterscheiden (Steinecke 2009, S. 60 ff.):

– → Freizeit- und Themenparks gelten nicht nur als Prototypen kommerziali-
  sierter Erlebniswelten, sondern sie setzen auch explizit auf die strategische
  Inwertsetzung bestimmter Themen, etwa ,Wilder Westen' oder ,Die Zukunft
  der Menschheit'. Ausgewählte Fallbeispiele: Disney World in Orlando und
  Phantasialand in Brühl.

– Themenrestaurants und -hotels fokussieren in der Regel kleinräumige Inszenierungen standortfremder Themen, wobei vor allem ,vermeintlich fremde respektive exotische Destinationen' als besonders attraktives Setting herhalten
  müssen. Ausgewählte Fallbeispiele: Hard Rock Café-Kette und Venetian Hotel
  in Las Vegas (→ Erlebnisgastronomie).

– → Urban Entertainment Center verkörpern eine erlebnis- und freizeitorien-
  tierte Weiterentwicklung klassischer Shopping Malls: einerseits vereinen sie
  Konsum- und Freizeiteinrichtungen, andererseits tragen sie zu einer fortschreitenden Privatisierung des öffentlichen Raums bei. Ausgewählte Fallbeispiele: West Edmonton Mall in Edmonton und CentrO in Oberhausen.

– Markenerlebniswelten (→ Markenwelten) fungieren – gerade für transnatio-
  nale Konzerne – als immer wichtigere Plattformen der Unternehmenskommunikation, die vor allem dem Reputationsmanagement und der Kundenbindung dienen sollen. Ausgewählte Fallbeispiele: Swarovski Kristallwelten in
  Wattens und VW Autostadt in Wolfsburg.

Ungeachtet der bemerkenswerten Popularität von Erlebniswelten, die Opaschowski (2000, S. 44) pointiert als „Kathedralen und Ikonen des 21. Jahrhunderts" bezeichnet, rufen einschlägige Destinationen immer wieder Kritiker auf den Plan:
Umweltschützer verweisen auf ihre gravierenden ökologischen Implikationen –
insbesondere den häufig intensiven Flächen- und Energieverbrauch sowie das
nicht zu unterschätzende Verkehrsaufkommen –, Feuilletonisten monieren ihren
kommerziellen Charakter und ihre offensichtliche Banalität, und nicht zuletzt er-
örtern Vertreter der sozialwissenschaftlichen Tourismusforschung ihre ambiva-
lente Zwitterstellung im Spannungsfeld von postulierter Authentizität und ,Fake
Tourism' (Bachleitner 1998; Steinecke 2009; Lovell & Bull 2018). Angesichts des
letztgenannten Aspekts konzediert Steinkrüger (2013, S. 84) zurecht, dass es im
Kontext von Erlebniswelten letztendlich keinen triftigen Grund gibt, diese „einzig
aufgrund ihrer Künstlichkeit geringer zu schätzen als Kirchenbauten oder Schlösser. Denn auch der Kölner Dom und der Schlosspark von Versailles sind ,künst-
lich'. Unterschiedlich sind nur ihr Alter und ihr soziopolitischer Kontext." (nsc)

Literatur

Bachleitner, Reinhard 1998: Erlebniswelten: Faszinationskraft, gesellschaftliche Bedingungen und mögliche Effekte. In: Max Rieder; Reinhard Bachleitner & Hans Jürgen Kagelmann (Hrsg.): Erlebniswelten: Zur Kommerzialisierung der Emotionen in touristischen Räumen und Landschaften. München: Profil, S. 43–57

Gruner, Axel; Burkhard von Freyberg & Katharina Phebey 2014: Erlebnisse schaffen in Hotellerie & Gastronomie. Stuttgart: Matthaes

Kagelmann, Hans Jürgen 1998: Erlebniswelten – Grundlegende Bemerkungen zum organisierten Vergnügen. In: Max Rieder; Reinhard Bachleitner & Hans Jürgen Kagelmann (Hrsg.): Erlebniswelten: Zur Kommerzialisierung der Emotionen in touristischen Räumen und Landschaften. München: Profil, S. 58–94

Kagermeier, Andreas 2016: Tourismusgeographie. Konstanz: UVK

Köck, Christoph 2005: Die Konstruktion der Erlebnisgesellschaft. Eine kurze Revision. In: Karlheinz Wöhler (Hrsg.): Erlebniswelten: Herstellung und Nutzung touristischer Welten. Münster: LIT, S. 3–16

Lovell, Jane; Chris Bull 2018: Authentic and Inauthentic Places in Tourism: From Heritage Sites to Theme Parks. London: Routledge

Opaschowski, Horst W. 2000: Kathedralen und Ikonen des 21. Jahrhunderts: Zur Faszination von Erlebniswelten. In: Albrecht Steinecke (Hrsg.): Erlebnis- und Konsumwelten. München: Oldenbourg, S. 44–54

Schulze, Gerhard 2005: Die Erlebnisgesellschaft: Kultursoziologie der Gegenwart. Frankfurt am Main: Campus

Steinecke, Albrecht 2000a: Erlebniswelten und Inszenierungen im Tourismus. In: Geographische Rundschau, 52 (2), S. 42–45

Steinecke, Albrecht 2000b: Tourismus und neue Konsumkultur: Orientierungen – Schauplätze – Werthaltungen. In: Albrecht Steinecke (Hrsg.): Erlebnis- und Konsumwelten. München: Oldenbourg, S. 11–27

Steinecke, Albrecht 2009: Themenwelten im Tourismus: Marktstrukturen – Marketing-Management – Trends. München: Oldenbourg

Steinkrüger, Jan-Erik 2013: Thematisierte Welten: Über Darstellungspraxen in Zoologischen Gärten und Vergnügungsparks. Bielefeld: transcript

Wachter, Markus 2001: Künstliche Freizeitwelten – Touristisches Phänomen und kulturelle Herausforderung. Frankfurt am Main: Peter Lang

Gedankensplitter
„Wir schaffen Glückseligkeit." (Euro Disney)

ERO → **Raumauslastung**

Ertragsmanagement **[Revenue Management, Yield Management]**
Ertragsmanagement (im angelsächsischen Raum Yield Management bzw. Revenue Management) stellt ein immer wichtigeres unternehmerisches Konzept der Preis- und Produktpolitik dar, das der Steuerung saisonal und strukturell schwankender Nachfragemuster durch prognosebasierte Preise und Konditionen

mit dem Ziel einer ertragsoptimalen Auslastung der angebotenen Kapazitäten dient. Konzipiert wurden die dafür notwendigen Instrumente und Methoden bereits in den 1960er-Jahren seitens US-amerikanischer Fluggesellschaften. Zentrale Prämisse für deren Inwertsetzung war die Darstellung der Buchungen für jeden einzelnen Flug in Echtzeit, sprich über Computerreservierungssysteme (CRS). Längst ist Ertragsmanagement nicht mehr auf Fluggesellschaften beschränkt, sondern wird von fast allen touristischen Anbietern zur Maximierung von Erlösen praktiziert (Tscheulin & Lindenmeier 2003; Sfodera 2006; Hilz 2011; Sensen 2018; Goerlich & Spalteholz 2020). Gerade die Anbieter kapitalintensiver touristischer Dienstleistungen leiden häufig aufgrund von Nachfrageschwankungen unter Kapazitätsauslastungsproblemen und den dadurch implizierten Ertrags- und Gewinneinbußen. Vor diesem Hintergrund konzeptualisiert man Ertragsmanagement im Idealfall als strategische Kombination aus intelligenter Preispolitik und Customer Relationship Management, die weit über eine reine → Controlling-Funktion hinausgeht (Weiermair & Peters 2005).

In Bezugnahme auf die Flugbranche, die nach wie vor als prototypische Branche für Ertragsmanagement (bzw. Revenue Management und Yield Management) gilt, ist es nicht dessen Ziel, für jeden Flug die höchste, sondern die ertragsoptimale Auslastung zu erreichen, ohne dass ein fest auf einen Flug gebuchter Passagier abgewiesen werden muss. Basierend auf Erfahrungen aus der Vergangenheit und aktuellen, das Reiseverhalten beeinflussenden Faktoren (Schulferien, Messetermine, Sicherheitslage usw.) lässt sich dafür eine Bandbreite des Buchungsverlaufs in den verschiedenen Buchungsklassen festlegen. Zur Korrektur eines aus diesem Rahmen fallenden Buchungsverlaufs wird die Nachfrage über die Freigabe oder Schließung der vorab festgelegten Tarifkontingente (Buchungsklassen) gesteuert. Liegen die Ist-Zahlen zu einem bestimmten Zeitpunkt unter dem Soll, lassen sich weitere Kontingente mit billigeren Tarifen öffnen; liegen sie über dem Soll, kann man diese Kontingente schließen und akzeptiert nur noch Vollzahler, die auch Sitze belegen können, die ursprünglich für Sondertarife vorgesehen waren. Um die jeweils höherwertigen Buchungsklassen gegenüber den niedrigeren zu schützen, werden die Kontingente also derart ineinander geschachtelt (nesting), dass bei entsprechend hoher Nachfrage theoretisch alle Flugscheine zum Normaltarif verkauft werden könnten. Wettbewerbsrechtliche Einschränkungen zwingen jedoch zu tatsächlich verfügbaren Mindestkontingenten für die beworbenen niedrigeren Buchungsklassen. Ist die niedrigste Buchungsklasse nicht mehr verfügbar, werden viele, die ursprünglich wegen des günstigsten Sondertarifs ihre Reise geplant hatten, trotzdem ihre Reise buchen. In diesem Fall haben die niedrigsten Sondertarife eine ‚Lockvogelfunktion', weil dann oft eine höhere Tarifklasse gebucht wird (upsell).

Weitgehend unabhängig vom touristischen Segment subsumiert Ertragsmanagement (respektive ein generisches Yield Management) folgende Komponenten: Datenakquisition und Datenverarbeitung, ein effizientes Berichtssystem, eine Benutzeroberfläche sowie die Modellierung der Resultate (Weiermair & Peters 2005). In diesem Kontext setzt man – in Bezugnahme auf Conrady, Fichert & Sterzenbach (2019, S. 369 ff.) – insbesondere auf folgende Kernelemente:

a) Marktsegmentierung und Preisdifferenzierung: Einteilung des Gesamtmarkts in weitgehend homogene Marktsegmente, die unterschiedlichen Buchungsklassen mit unterschiedlichen Preisen zugeordnet werden.

b) Nachfragelenkung im Zeitverlauf: In der Regel tritt niederwertige Nachfrage sehr frühzeitig und hochwertige Nachfrage sehr spät am Markt auf. Um zu verhindern, dass Kontingente mit niederwertiger Nachfrage zugebucht werden und damit hochwertige Nachfrage verdrängt wird, werden Kontingente für niederwertige Nachfrage begrenzt.

c) Überbuchung (overbooking): → Überbuchung soll eine im Idealfall hundertprozentige Auslastung der Kapazitäten ermöglichen, da es immer wieder kurzfristige Umbuchungen und Stornierungen gibt.

d) Nesting: Die Buchungsklassen sind ineinander geschachtelt. Hochwertige Buchungsklassen können automatisch auf Kontingente der niederwertigen Buchungsklassen zugreifen, umgekehrt ist dies nicht möglich.

e) Verkaufsursprungsbezogene Buchungsklassensteuerung: Vor dem Hintergrund des Point of Sales richtet sich die Verfügbarkeit des Angebots danach, in welcher Verkaufsregion die höchsten Preise erwirtschaftet werden.

Es ist davon auszugehen, dass angesichts einer fortschreitenden → Digitalisierung der Tourismus- und Hospitality-Branche die analytischen Methoden und Techniken leistungsstärker und damit merklich komplexer werden. Vor diesem Hintergrund steigen auch die Anforderungen hinsichtlich Ausbildung und Beschäftigung in diesem Managementsegment. Darüber hinaus rücken – gerade aus unternehmensethischer Perspektive – verstärkt normativ aufgeladene Fragen hinsichtlich Preisfairness und der damit verbundenen Herausforderungen in der Interaktion zwischen Angebots- und Nachfrageseite in das Erkenntnisinteresse, etwa welche potenziellen Konflikte aus der Verbindung von Kunden- und Ertragsmanagement entstehen und wie diese Konflikte gelöst werden können (Wirtz & Heidig 2014). Zu Ertragsmanagement in der Gastronomie siehe Holzhäuser 2020. (nsc/jwm)

Literatur

Conrady, Roland; Frank Fichert & Rüdiger Sterzenbach 2019: Luftverkehr. Betriebswirtschaftliches Lehr- und Handbuch. Berlin, Boston: De Gruyter Oldenbourg (6. Aufl.)

Goerlich, Barbara; Bianca Spalteholz 2020: Total Revenue im Hotel. Gewinnmaximierung in Logis Resort Spa Mice. Berlin: Interhoga (3. Aufl.)

Hilz, Andreas 2011: Revenue-Management für Reiseveranstalter. In: Jörn W. Mundt (Hrsg.): Reiseveranstaltung: Lehr- und Handbuch. München: Oldenbourg, S. 531–565 (7. Aufl.)

Holzhäuser, Charlotte 2020: Dynamic Pricing. Samstags mit Aufschlag .... In: foodservice, 39 (5), S. 40–43

Sensen, Barbara 2018: Revenue Management im Hotel. Von Kennzahlen bis MICE am Beispiel erklärt. Berlin, Boston: De Gruyter Oldenbourg

Sfodera, Fabiola (Hrsg.) 2006: The Spread of Yield Management Practices: The Need for Systematic Approaches. Heidelberg: Physica

Tscheulin, Dieter K.; Jörg Lindenmeier 2003: Yield-Management – Ein State-of-the-Art. In: Zeitschrift für Betriebswirtschaft (ZfB), 73 (6), S. 629–662

Weiermair, Klaus; Mike Peters 2005: Kapazitätsauslastungs- und Ertragscontrolling von touristischen Dienstleistungen durch das Yield Management. In: Manfred Bruhn; Bernd Stauss (Hrsg.): Dienstleistungscontrolling. Wiesbaden: Gabler, S. 397–412

Wirtz, Jochen; Wibke Heidig 2014: Wahrgenommene Preisfairness und Ansätze zur Konfliktlösung im Revenue Management. In: Torsten Tomczak; Wibke Heidig (Hrsg.): Revenue Management aus der Kundenperspektive. Wiesbaden: Springer Gabler, S. 83–103

Erwartung [expectancy]

Eine Erwartung ist die gedankliche Vorwegnahme eines kommenden Ereignisses. Erwartungen basieren auf früheren Erfahrungen, auf vorhandenen Informationen sowie auf → Stereotypen. Erwartungen können diffus sein oder sehr präzise. Beispielsweise bringen Reisegäste Erwartungen an eine touristische Leistung mit, die von ihren Erfahrungen mit dem Reiseveranstalter oder von dessen Marketing geprägt sein können. Weitere Erwartungen knüpfen sich an das Verhalten der Einheimischen und an das, was sie im Reiseland sehen und erleben werden. Diese sind häufig geprägt von stereotypem Wissen zur → Destination. Eine Erwartung kann durch selektive Wahrnehmung bestätigt werden. In einem solchen Fall blendet man Wahrnehmungen aus, die den eigenen Erwartungen nicht entsprechen. So kann ein Tourist, der eine arme einheimische Bevölkerung erwartet, alle Anzeichen für Wohlstand ignorieren und umgekehrt. Wenn Erwartung und Realität sehr weit voneinander abweichen, kann die Erwartung nicht aufrechterhalten werden. Zu hohe Erwartungen an eine touristische Leistung, die sich in der Realität nicht erfüllen, führen zu Unzufriedenheit (→ Emotion) und infolgedessen häufig zu Beschwerden oder Reklamationen, die objektiv nicht immer haltbar sind. (ss/gm)

Erweiterte Realität [augmented reality]

Unter Erweiterter Realität (AR) versteht man die computergestützte Anreicherung der realen Umgebung durch digitale Inhalte wie kontextbezogene Informationen, interaktive Elemente oder (3D-)Animationen (Schart & Tschanz 2018, S. 21). So werden in durch integrierte Kameras (z. B. Smartphone, Tablet oder transparente Datenbrille) aktuell erfasste Aufnahmen der realen Umwelt digitale Zusatzinformationen eingeblendet. Dazu müssen die Geräte über sogenannte Trackingsysteme verfügen, die eine Bestimmung der genauen Position von Nutzer und anvisierten Objekten in der Umwelt ermöglichen.

Im Gegensatz zur → Virtuellen Realität, bei der ein Nutzer komplett in eine virtuelle Umwelt eintaucht, steht bei der Erweiterten Realität die Bereitstellung ergänzender und meist ortsbezogener Informationen im Vordergrund.

In Tourismus, Hotellerie und Gastronomie gibt es vielfältige Einsatzmöglichkeiten für die Technologie der Erweiterten Realität. Beispiele reichen von praktischen Navigationslösungen bis hin zu Angeboten, Preisen, Öffnungs- und Wartezeiten, die als Zusatzinformationen zu Restaurants, Hotels oder Sehenswürdigkeiten auf dem Smartphone eingeblendet werden. Auch können bestehende Gebäude, Ruinen oder Baulücken aufgenommen und mit historischen Bildern oder Videos überlagert werden. (js)

Literatur

Schart, Dirk; Nathaly Tschanz 2018: Augmented und Mixed Reality für Marketing, Medien und Public Relations. Konstanz: UVK (2. Aufl.)

Essenslieferdienste → **Home Delivery Service**

Esskultur [food culture]

1 Allgemein Der Begriff Esskultur bezeichnet zunächst die kulturspezifische Ernährung des Menschen, welche sich in die komplementären Handlungen Essen und Trinken gliedert. Nahrungsaufnahme ist in hohem Maße kulturell geprägt, unterliegt also temporalen, lokalen und sozialen Einflussfaktoren: z. B. Klima, Ökonomie, Religion, Medien, etc. Gegessen und getrunken wird nicht nur, was physiologisch möglich oder sinnvoll ist, sondern auch was den Norm- und Wertigkeitsmustern konkreter kultureller Systeme entspricht. Die Esskultur einer Gesellschaft ist dabei selten homogen, häufig lässt sie sich entlang sozialer Bezugsgruppen weiter differenzieren.

Menschliche Ernährung muss als soziales Totalphänomen bezeichnet werden. Sie wird täglich mehrfach realisiert, spiegelt gesellschaftliche Rahmenfaktoren sowie in diachroner Betrachtung auch sozio-kulturellen Wandel. Die organische Notwendigkeit bildet dabei nur eine Bedeutungsebene, die sich in konkreten Verzehrsituationen äußert. Die tradierte Methodik der Nahrungsaufnahme verweist stets auf einen sozialen Mehrwert, der neben hedonistischen z. B. Prestige- und Statusfunktionen impliziert. Essen und Trinken beeinflussen die subjektive Lebensqualität, sind entsprechend Ausdruck des Lebensstils und ermöglichen überdies die Institutionalisierung von Kommunikation.

Im engeren Sinn und aus der Perspektive der Hochkultur wird mit Esskultur daneben auch eine spezifische, von zivilisatorischem Fortschritt beeinflusste Nahrungsaufnahme bezeichnet, die vor allem von zunehmend differenzierten und normierten Ess-Sitten beeinflusst wurde. Viele Strömungen wie etwa der zunehmende Gebrauch von Tischtuch und Servietten oder komplexere Regeln für den Umgang mit vielteiligem Besteck gingen vor allem seit dem 16. Jahrhundert von Frankreich aus. Mit dem Aufkommen der Fast-Food-Kultur (→ Fast Food) haben sich diese Trends seit dem letzten Drittel des 20. Jahrhunderts umgekehrt.

2 Historische Entwicklung   Fragen der Nahrungsgewinnung und -verteilung sowie spezifische Formen des Verzehrs sind bereits seit der Frühzeit bedeutsam. Der Mensch war von natürlichen Ressourcen abhängig, die seine Ernährung weitestgehend determinierten: Hinreichende Wasser- und Wildvorkommen bildeten die Basis lokalen Zusammenlebens. Die zeitgenössischen Konzepte des Jagens und Sammelns geben Auskunft über soziale Systeme, gesellschaftliche Rangordnungen und gruppenimmanente Aufgaben. Mit der Domestizierung des Feuers gewannen Aspekte der Zubereitung an Gewicht, die Bandbreite der konsumierten Lebensmittel weitete sich aus. Die Kultivierung von Pflanzen und Tieren im Neolithikum schuf die Grundlagen für eine differenziertere Esskultur. Eine zunehmend sesshafte Lebensweise ermöglichte ferner neue Formen der Bevorratung und Aufbereitung von Nahrung.

Genauere Kenntnisse über die historische Bedeutung des Essens und Trinkens liegen erstmals für die frühen Hochkulturen, so z. B. die extrem stark vom Wasser abhängigen so genannten „Hydraulic Civilisations" am Nil, Indus und im Zweistromland, vor. Neben Wasser erweiterten Milch, Bier und Wein die lokale Trinkkultur; Vögel und Fische wurden gewürzt, gekocht sowie gebraten verzehrt. Rind, Schaf und Ziege waren wichtige Milch- und Fleischlieferanten, zudem war der Getreideanbau bedeutsam. Im alten Ägypten wurden Nahrungsmittel zudem erstmals in rituellen Zusammenhängen, insbesondere im Totenbrauch, verwandt.

Die Bedeutung von Speisen und Getränken als Opfergaben war auch in der griechischen und römischen Antike groß. Ferner entwickelte sich die gemeinsame Mahlzeit zu einem wichtigen Instrument sozialer Interaktion; sie erfüllte kommunikative, repräsentative sowie häufig auch diplomatische Funktionen. Mit der breitflächigen Institutionalisierung der Mahlzeit differenzierten sich auch Tischrituale, Sitzordnungen und Essgeschirr weiter aus.

Im Frühmittelalter verursachten die Völkerwanderungen eine Diffusion germanischer und griechisch-römischer Esskultur, wobei neue Nahrungselemente tendenziell zögerlich integriert wurden und tradierte Ernährungsgewohnheiten dominant blieben. Mit der Urbanisierung des Hoch- und Spätmittelalters gewann die kommerzielle → Gastlichkeit an Bedeutung und der Fleischverbrauch stieg,

Breie blieben allerdings weiterhin wichtiges Grundnahrungsmittel der Bevölkerungsmehrheit.

In der Frühen Neuzeit wurde maßgeblich die mittelalterliche Esskultur konserviert, Neuerungen betrafen primär die Trinkkultur der Oberschicht: Hier verbreiteten sich seit dem 17. Jahrhundert insbesondere die kolonialen Heißgetränke Kaffee, Tee und Kakao. Der transkontinentale Kulturtransfer popularisierte zwar ebenso die Kartoffel, doch blieb diese vorerst botanische Zierpflanze und nahm erst im Kontext der aufkommenden Industrialisierung ihren Platz in der mitteleuropäischen Esskultur ein. Besonders prägend wirkte das Vorbild der französischen Oberschicht, was zu einem neuen Umgang mit Besteck, Serviette und Tischtuch führte.

Erst der Industriegesellschaft gelang es, den Hunger in der zweiten Hälfte des 19. Jahrhunderts zu besiegen. Entscheidende Faktoren waren u. a. der Ausbau des europäischen Eisenbahnnetzes und die Dampfschifffahrt sowie die Mechanisierung und Chemisierung der Landwirtschaft. Die Genese der Klasse der Fabrikarbeiter führte zu einer spezifisch proletarischen Esskultur, deren Kennzeichen hohe Wertschätzung von Fleisch und Alkohol waren. In der ersten Hälfte des 20. Jahrhunderts stagnierte die Entwicklung durch Weltkriege und Wirtschaftskrisen. Neu waren vor allem die Durchsetzung der Konserve und eine Modernisierung der Sachkultur (Design von Besteck). Im Zweiten Weltkrieg und den frühen Nachkriegsjahren wirkte der Hunger für viele prägend. Die massive Mangelernährung wurde zwar überwunden, führte aber in den 1950er-Jahren zu einer übersteigerten Wertschätzung des Essens und zu einem massiven Anstieg der Kalorienversorgung. Für die 1950er-Jahre spricht man daher auch von der Zeit der „Fresswelle".

In Osteuropa und z. T. auch in der Deutschen Demokratischen Republik führten der Einfluss der Sowjetunion und die Kollektivierung der Landwirtschaft zum plötzlichen Verschwinden der kleinbäuerlichen Strukturen und zur Genese einer neuen standardisierten Esskultur. In den westlichen Industrieländern erlebte die Esskultur in den 1960er-Jahren durch massiven Wirtschaftsaufschwung und extreme Fortschrittsgläubigkeit einen fundamentalen Wandel. Es kam zu einer raschen und fast flächendeckenden Technisierung des Haushalts (Küchenmaschine, Kühltechnik, Fertiggerichte) und zu einem starken Rückgang der traditionellen Konservierungsmethoden Trocknen, Einsalzen, Räuchern und Einkochen. Dadurch kam es auch zu einer Entkoppelung des Essens von den Jahreszeiten.

Wenig später erfuhr das System der Esskultur weitere Modifikationen: Auch im bürgerlichen Haushalt trat die Erlebnisküche als neue Form der Freizeitbeschäftigung neben die reine Versorgungsküche. Wesentliche Impulse erhielten die neuen Formen durch internationale, vor allem südeuropäische Einflusse, die ihrerseits Konsequenz von Massenmotorisierung und neuem Urlaubsverhalten waren. Pizza, Spaghetti, Paella oder Gyros hielten auf diese Weise Einzug in die Mahlzeitensysteme. Kritische Sichtweisen auf die agro-industrielle Esskultur traten infolge der Energiekrise des Jahres 1973 auf den Plan und führten langfristig zu alternativen ökologischen Lebensstilen und zum Aufkommen der heute wachstumsstarken Bio-Produkte. Eine Standardisierung der Esskultur wurde nicht zuletzt durch das Aufkommen der Schnellrestaurants (erste dt. McDonald's-Filiale 1971) begünstigt. Parallel kam es seit den 1980er-Jahren zu neuer Vielfalt bei asiatischen, türkischen und griechischen Schnellimbissen. Industriell gefertigte und veränderte Produkte (→ Functional Food, Light-Produkte) treten seit den 1990er-Jahren erfolgreich auf den Markt.

Hinsichtlich der Esskultur trägt die gegenwärtige Situation klar erkennbare Züge einer Wendezeit, deren Konsequenzen unabsehbar sind: Erstmals in der Geschichte der Esskultur ist seit den 1990er-Jahren ein stark individualisiertes und undogmatisches Essverhalten zu beobachten. Fett- (Adipositas) und Magersucht (Anorexie) sind in kürzester Zeit zu Massenerscheinungen geworden. Besteck und Esswerkzeuge wurden im Laufe der Zeit immer differenzierter, während inzwischen ein großer Teil des Essens als Fast Food oder → Finger Food aus der Hand gegessen wird. Zudem haben sich gewachsene Mahlzeiten- und Tischordnungen zunehmend aufgelöst. Zu beobachten sind ferner steigender Konsum von Fertigprodukten (→ Convenience Food) und zunehmender Außer-Haus-Verzehr. → Kulinaristik. (gh)

Literatur

Barlösius, Eva 2016: Soziologie des Essens. Eine sozial- und kulturwissenschaftliche Einführung in die Ernährungsforschung. Weinheim, München: Juventa

Hirschfelder, Gunther 2001: Europäische Esskultur. Geschichte der Ernährung von der Steinzeit bis heute. Frankfurt, New York: Campus

Neumann, Gerhard; Alois Wierlacher & Rainer Wild (Hrsg.) 2001: Essen und Lebensqualität. Natur- und kulturwissenschaftliche Perspektiven. Frankfurt, New York: Campus

Rützler, Hanni 2005: Was essen wir morgen? 13 Food Trends der Zukunft. Wien: Springer

Schürmann, Thomas 1994: Tisch- und Grußsitten im Zivilisationsprozeß (Beiträge zur Volkskultur in Nordwestdeutschland, Heft 82). Münster u. a.: Waxmann

Wiegelmann, Günter 2006: Alltags- und Festspeisen in Mitteleuropa. Innovationen, Strukturen und Regionen vom späten Mittelalter bis zum 20. Jahrhundert. Münster u. a.: Waxmann

Zukunftsinstitut (Hrsg.) 2020: Hanni Rützlers Foodreport 2021. Frankfurt: Zukunftsinstitut

Kleine Story   **i**

Warum finden wir in der Gastronomie Biere (Paulaner, Franziskaner) oder Liköre (Chartreuse, Bénédictine) mit religiösem Hintergrund, was haben Mönche mit Champagner zu tun (Dom Pérignon), warum gibt es Käse, auf denen Mönchsköpfe zu sehen sind (Tête de Moine)? Mönche waren im Durchschnitt gebildeter und hatten die Muße, sich mit Nahrungsmitteln auseinanderzusetzen und diese weiterzuentwickeln (ora et labora et lege bzw. bete, arbeite und lies). Durch ihre Fähigkeit zu schreiben – was viele Menschen der damaligen Zeit nicht konnten – waren sie in der Lage, Wissen über Rezepturen und Produktionsweisen schriftlich niederzulegen, es zu konservieren und über Generationen in den Köpfen weiterzugeben. Schweigegelübde sicherten die Geheimhaltung der Rezepturen. Die Orden genossen göttlichen Schutz und waren Kriegswirren weniger ausgesetzt. Das erworbene Wissen wurde so seltener vernichtet. (wf)

Super Slow Food!

ETA → **Voraussichtliche Ankunftszeit**

Etage [floor]
Stockwerke eines Beherbergungsbetriebs, auf denen Gästezimmer oder öffentliche Flächen wie Aussichtsterrasse, → Bar, Garage, → Lobby, → Restaurant, → Rezeption oder Spa untergebracht sind. (wf)

Etagenbett [bunk bed]
Zwei oder drei Betten, die fest verbunden übereinander angebracht sind. Die oberen Betten sind mit einer Leiter zu erreichen. Die Bettenvariante ist in → Budget-Hotels oder in Schlafsälen von → Hostels (dormitory bunk) vorzufinden.

Aufsehen erregte die Fluggesellschaft Air New Zeland, die Etagenbetten für die Economy Class entwickelt hat, die sogenannten „Economy Skynests". Die Innovation soll Kunden auf → Ultra-Langstreckenflügen (z. B. Auckland – New York 17 Stunden, 40 Minuten) mehr Komfort bieten. Die abgetrennten Schlafkapseln bzw. „Skynests" beinhalten sechs Etagenbetten und sollen zusätzlich zu den Economy-Sitzplätzen gebucht werden können. Der Komfort würde insofern nur einem Teil der Economy-Passagiere zur Verfügung stehen (Air New Zeland 2020). Synonym: Stockbett. (wf)

Literatur
Air New Zealand 2020: Air New Zealand to put economy travellers to sleep. Press release. (https://www.airnewzealand.co.nz/press-release-2020-airnz-to-put-economy-travellers-to-sleep, zugegriffen am 03.03.2020)

Etagenhausdame → **Hausdame, stellvertretende**

Etagenoffice [storage room, storeroom]
Funktionsfläche bzw. Zwischenlager auf den einzelnen Stockwerken eines Beherbergungsbetriebs. Die dezentralen Lager beschleunigen den täglichen Reinigungsprozess der Zimmer und öffentlichen Flächen (Verringern der Wege); sie sind Außenstellen des zentralen Lagers. Das Office dient zur Lagerung von Reinigungsgeräten, Reinigungsmitteln, Zustellbetten, Bettwaren, Wäsche, Bügelutensilien, Sicherheitsausstattung und evtl. von Zimmermädchenwagen bzw. Reinigungswagen. Teilweise sind die Funktionsflächen mit Waschbecken, Lift und Abwurfschächten für die Schmutzwäsche ausgestattet. Ein klassischer Fehler bei Neubauten ist die Unterdimensionierung der Funktionsfläche (Pfleger 2017, S. 327). (wf)

Literatur
Pfleger, Andrea 2017: Bitte reinigen – aber richtig! Mit gelungenem Housekeeping-Management zum Unternehmenserfolg. Linz: Trauner

Etagenservice [room service]
Bereitstellung von Essen und Getränken und weiteren Produkten (Kopfkissen, Bademantel etc.) durch Service-Mitarbeiter in den Gästezimmern. Die → Dienstleistung kann im Rahmen von → Hotelklassifizierungen ein obligatorisches Kriterium darstellen. Da die Dienstleistung in der Regel separat in Rechnung gestellt wird, z. B. durch einen pauschalen Aufschlag von 5 €, nimmt die Mehrheit der Hotelgäste sie nicht in Anspruch.

Der personalintensive Service wird seit Jahren durch die fortschreitende Technologisierung und SB-Konzepte reduziert: → Minibars, Apps für die Bestellung (→ Mobile Applikationen), zentral positionierte Kühlschränke in Hotelfluren,

24 h-Shops im Hoteleingangsbereich mit erweitertem Produktangebot sind Beispiele hierfür. (wf)

Étagère [etagere]

Ètagère (franz.) = Regal(brett), Gestell. In der Gastronomie der Begriff für einen mehrstöckigen (étage [franz.] = Stockwerk), oft versilberten Ständer, auf dem vor allem Desserts, → Petits fours oder Obst dargeboten werden. Der dekorative Aspekt steht im Vordergrund. In wenigen Luxushotels wird für den einzelnen Gast zuweilen das Frühstück auf Etagèren zusammengestellt und am Tisch eingesetzt. (wf)

ETD → **Voraussichtliche Abflugzeit**

Ethnozentrismus [ethnocentrism]

Ethnozentrismus ist in erster Linie ein Differenzbegriff, der in die komplexe Dialektik des Verständnisses von Eigenem und Fremdem eingebunden ist. Der Terminus bezeichnet eine als „Wir" verstandene Gemeinschaft und grenzt diese – primär auf Grundlage bestimmter Merkmale wie Ethnizität, Nationalität oder Religion – von einer nicht dazugehörigen Umwelt der „Anderen" ab. Ethnozentrismus bezeichnet somit sowohl die Eigengruppe als auch die Fremdgruppen, die sich von ihr unterscheiden (Fuchs, Gerhards & Roller 1993). Das entsprechende Beziehungsverhältnis entspringt keiner ausschließlichen Abgrenzung, sondern vielmehr einem komplexen Prozess von Ein- und Ausgrenzung, der sich im Konnex kultureller Überschneidungssituationen ergibt. Dabei sind die Grenzlinien zwischen Eigenem und Fremdem grundsätzlich labil und verschiebbar, sie sind integrierender Teil der Überlieferung, in der das Eigene jeweils neu umgesetzt und das Andere, das Fremde, in verschiedener Hinsicht ausgegrenzt wird (Scherle 2016). Einschlägige Konstruktionsprozesse weisen in der Regel sowohl eine kognitive als auch eine evaluative Dimension auf und konstituieren letztendlich die Identität eines Kollektivs (Fuchs, Gerhards & Roller 1993).

Die Praxis des Unterscheidens geht im Allgemeinen damit einher, dass aus den ausgesprochen heterogenen menschlichen Verschiedenheiten einzelne herausgegriffen und mit Sinn versehen werden. Etwas als unterscheidbar zu bezeichnen, impliziert, jene Attribute hervorzuheben, die vermeintlich eine faktische Differenz erkennen lassen. Einschlägige Unterscheidungspraktiken sind jedoch keine neutralen Ausdifferenzierungen, sondern beziehen sich auf Kategorisierungen in Gegensatzpaare – etwa ‚Wir und die Anderen', ‚die Eigenen und die Fremden' oder ‚das Vertraute und das Unbekannte' –, deren Verhältnis in der Regel eine hierarchische Ordnung aufweist. Durch Prozesse der symbolischen Grenzziehung und hierarchischen Unterscheidung werden – häufig unter Einbezug von → Stereotypen und Vorurteilen – asymmetrische Verhältnisse konstruiert und reproduziert (Brocker & Nau 1997; Scherle 2016). Vor diesem Hintergrund zielt vor allem interkulturelles Lernen auf eine forcierte Entwicklung von Fremdverstehen, die proaktiv – im Sinne interkultureller Sensitivität respektive Handlungskompetenz – Ethnozentrismus entgegenwirken soll (Thomas 2016). In diesem Zusammenhang ist insbesondere das klassische Stufenmodell interkulturellen Lernens des US-amerikanischen Psychologen Bennett (1993) zu nennen, der in zwei verschiedenen Stadien – dem ethnozentrischen und dem ethnorelativen Stadium – sechs unterschiedliche Phasen im Umgang mit kulturellen Differenzen (→ Interkulturelle Unterschiede) unterscheidet:

1. Die Phasen des ethnozentrischen Stadiums
   a) Denial: Das Leugnen kultureller Differenzen bzw. die Abgrenzung von kulturellen Unterschieden und Lebenswelten;
   b) Defense: Die aktive Abwehr kultureller Differenzen, da sie als bedrohlich und identitätsgefährdend wahrgenommen werden;
   c) Minimization: Die Minimierung der Relevanz kultureller Unterschiede durch Hervorhebung kultureller Gemeinsamkeiten oder durch ihre Einordnung in das eigenkulturelle Orientierungssystem.

2. Die Phasen des ethnorelativen Stadiums
   a) Acceptance: Die Akzeptanz, dass die Maßstäbe anderer Kulturen ebenso bedeutsam sind wie die der eigenen Kultur und dass kulturell bedingte Verhaltensunterschiede und Werte beachtet und anerkannt werden;
   b) Adaption: Die Anpassung impliziert eine Erweiterung des eigenkulturellen Orientierungssystems in Bezug auf multiple kulturelle Bezüge als Bestandteil der eigenen Identität;
   c) Integration: Integration bedeutet, dass es dem Handelnden gelingt, unterschiedliche kulturelle Rahmenbedingungen für das eigene situationsadäquate Handeln zu reflektieren und flexibel einzusetzen.

In Anbetracht fortschreitender Internationalisierungs- und Vernetzungsprozesse der Tourismus- und Hospitality-Branche versteht es sich von selbst, dass sich → interkulturelle Kompetenz zu einem immer wichtigeren Erfolgsfaktor im Berufsalltag entwickelt. Vor diesem Hintergrund wurden in den letzten Jahren verstärkt interkulturelle sowie diversitätsorientierte Lehrinhalte in tourismus- und hospitalityspezifische Curricula aufgenommen: wohl wissend, dass ein ethnorelatives, im Idealfall sogar kosmopolitisches Weltbild – das wertvolle Perspektivenwechsel ermöglicht – eine Conditio sine qua non für ein erfolgreiches „managing across cultures" darstellt. (nsc)

Literatur

Bennett, Milton 1993: Towards Ethno relativism: A Developmental Model of Intercultural Sensitivity. In: Michael Paige (ed.): Education for the Intercultural Experience. Yarmouth: Intercultural Press, pp. 21–71

Brocker, Manfred; Heino Heinrich Nau (Hrsg.) 1997: Ethnozentrismus: Möglichkeiten und Grenzen des interkulturellen Dialogs. Darmstadt: Wissenschaftliche Buchgesellschaft

Fuchs, Dieter; Jürgen Gerhards & Edeltraud Roller 1993: Wir und die Anderen. Ethnozentrismus in den zwölf Ländern der europäischen Gemeinschaft. In: Kölner Zeitschrift für Soziologie und Sozialpsychologie, 45 (2), S. 238–253

Scherle, Nicolai 2016: Kulturelle Geographien der Vielfalt: Von der Macht der Differenzen zu einer Logik der Diversität. Bielefeld: Transcript

Thomas, Alexander 2016: Interkulturelle Psychologie: Verstehen und Handeln im internationalen Kontext. Göttingen: Hogrefe

Etikette, gastronomische → **Tafelkultur**

ETOPS → **Extended Range Twin Operations**

E-Tourism → **Electronic Tourism**

EU-Fluggastrechte-Verordnung Nr. 261/2004 [**air transport-regulation (EC) No. 261/2004**]

Die VO (EG) Nr. 261/2004 des Europäischen Parlaments und des Rates vom 11.02.2004 über eine gemeinsame Regelung für Ausgleichs- und Unterstützungsleistungen für Fluggäste im Fall der Nichtbeförderung und bei Annullierung oder großer Verspätung von Flügen (Fluggastrechte-VO) ist für den Reisenden die wichtigste Rechtsgrundlage für seinen Verbraucherschutz (ABlEG Nr. L 46, S. 1). Die Verordnung schafft einen Schutz der Rechte von Fluggästen durch Mindestrechte, die nicht unter die vorrangige Schadenvorschrift des Art. 19 MÜ fallen. Nach Art. 19 der Verordnung trat sie am 17.02.2005 in Kraft und ist in allen Teilen verbindlich und gilt unmittelbar in jedem Mitgliedstaat.

Die Fluggastrechte-VO wird reformiert. Hierzu legte die Europäische Kommission im April 2013 einen Vorschlag für eine Änderung der Fluggastrechte-VO Nr. 261/2004/EG und der Luftunfallhaftungs-VO 2027/97/EG vor. Die Novelle verfolgt das Ziel, eine Präzisierung unbestimmter Rechtsbegriffe herbeizuführen, die umfangreiche Kasuistik der nationalen Gerichte und des EuGH in den Verordnungstext einzuarbeiten und den Defiziten bei der Umsetzung der UN-Behindertenrechtskonvention im Bereich Luftverkehr zu begegnen. Diese Reform wird von der Kommission weiterverfolgt. (ef)

Literatur

Führich, Ernst 2018: Basiswissen Reiserecht. München: C. H. Beck/Vahlen (4. Aufl.; § 17)

Führich, Ernst; Ansgar Staudinger 2019: Reiserecht. München: C. H. Beck (8. Aufl.; §§ 38–43)

EU-Pauschalreiserichtlinie **[EU Council Directive 2015/2302 on package travel and linked arrangement]**
25 Jahre nach der ersten Richtlinie über → Pauschalreisen 90/314/EWG vom 13.06.1990 legte der Gesetzgeber der EU am 25.11.2015 die neue Richtlinie (EU) 2015/2302 über Pauschalreisen und verbundene Reiseleistungen (PRL), zur Änderung der Verordnung (EG) Nr. 2006/2004 und der Richtlinie 2011/83/EU des Europäischen Parlaments und des Rates sowie zur Aufhebung der Richtlinie 90/314/EWG des Rates vor, mit der Absicht, die Pauschalreise an das digitale Zeitalter (→ Digitalisierung) und das geänderte Buchungsverhalten durch das Internet anzupassen. Durch die zunehmende Buchung von Einzelbausteinen durch den Reisenden drohte das bisherige Pauschalreiserecht ausgehöhlt zu werden. Zudem wollte der Gesetzgeber der EU den Online-Vertrieb über Internet-Plattformen dem stationären Vertrieb über → Reisebüros gleichstellen. Daher führt die Richtlinie neue Pflichten für die stationären und Online-Vermittler ein, die über die bisherigen Pflichten der Reisebüros hinausgehen und welche bisher überwiegend durch die Rechtsprechung bestimmt wurden.

Die PRL schafft neben dem Begriff der klassischen Pauschalreise eine neue Kategorie der Vermittlung verbundener Reiseleistungen, um den Reisenden bei selbst zusammengestellten Reisen besser zu schützen. Dieser Reisetyp ist keine Pauschalreise und gewährt dem Reisenden nur einen „Basisschutz" durch Informationspflichten und einen Insolvenzschutz, wenn der Reisevermittler Zahlungen durch Eigeninkasso selbst „erhält".

Darüber hinaus sieht die PRL eine Vollharmonisierung vor. Der vollharmonisierende Ansatz der Richtlinie in Art. 4 lässt den Mitgliedstaaten keinen großen Spielraum bei der Umsetzung. Überschießender, bisher für den Reisenden und den Reiseveranstalter oft besserer Rechtsschutz musste abgebaut werden. Allerdings greift der Grundsatz der Vollharmonisierung nur ein, soweit der Anwendungsbereich der Richtlinie reicht. So lässt die Richtlinie einen Spielraum für die Mitgliedstaaten zu – und zwar für: Gelegenheitsreisen nicht gewerblicher Non-Profit-Organisationen, Tagesreisen, Geschäftsreisen mit Rahmenverträgen mit einem Unternehmen für die Organisation von Geschäftsreisen und bei Gastschulaufenthalten. Letztlich führt die Vollharmonisierung zu einem fast gleichen Schutzniveau der Pauschalreisenden in der EU.

Die Umsetzung der Richtlinie (EU) 2015/2302 durch das 3. Gesetz zur Änderung reiserechtlicher Vorschriften führte zu einer Umgestaltung des bisherigen Reisevertragsrechts der bisherigen §§ 651a bis m BGB unter Aufhebung der BGB-InfoV. Der Untertitel 4 über den Reisevertrag im Schuldrecht wurde neu benannt mit Pauschalreisevertrag, Reisevermittlung und Vermittlung verbundener Reiseleistungen und vollständig neu gefasst in §§ 651a bis y BGB und den Informationspflichten des Art. 250 bis 253 EGBGB. Neu aufgenommen wurden neben den novellierten Regelungen über Pauschalreisen vor allem Vorschriften über die Reisevermittlung und die Vermittlung verbundener Reiseleistungen, um den Vorgaben der Richtlinie zu entsprechen. Die neuen Regelungen gelten für alle Vertragsschlüsse, die nach dem Stichzeitpunkt des 1. Juli 2018 vereinbart werden (Art. 229 § 42 EGBGB). Im Hinblick auf viele Zweifelsfragen des neuen Rechts ist es hilfreich, die Gesetzesbegründung heranzuziehen (BR-Drs. 18/10822). (ef)

Literatur

Führich, Ernst 2018: Basiswissen Reiserecht. München: C. H. Beck/Vahlen (4. Aufl.; § 2 Rn. 6, 7)
Führich, Ernst; Ansgar Staudinger 2019: Reiserecht. München: C. H. Beck (8. Aufl.; § 1)

EU-Qualitätsregelungen für geografische Angaben und traditionelle Spezialitäten [EU Quality Scheme]

Seit 1992 besteht mit der EU-Herkunftsschutz-Verordnung ein Schutzsystem für geografische Angaben und traditionelle Spezialitäten bei Agrarprodukten und Lebensmitteln. Kerngedanke der EU-Qualitätsregelungen ist es, Produkte zu schützen, die aufgrund ihrer Geschichte, Rezeptur oder Qualität als Original anzusehen sind. Mit den EU-Gütezeichen geschützte Ursprungsbezeichnung (g. U.), geschützte geografische Angabe (g. g. A.) und garantiert traditionelle Spezialität (g. t. S.) will die Europäische Union die Vielfalt der landwirtschaftlichen Produktion fördern, die Produktbezeichnungen gegen Missbrauch und Nachahmung schützen und Verbraucher über die besonderen Merkmale der Erzeugnisse informieren.

Die besonderen Eigenschaften und Merkmale einer geografischen Angabe oder garantiert traditionellen Spezialität sind in einer sogenannten Spezifikation zusammengefasst und bei der Europäischen Kommission hinterlegt. Mit der Eintragung solcher Lebensmittel und Agrarerzeugnisse, Weine oder Spirituosen in das bei der Europäischen Kommission geführte Verzeichnis als g. g. A. (bzw. bei Spirituosen als g. A.), g. U. oder g. t. S. erhalten diese einen besonderen Schutz. Das EU-Register ist unter der öffentlichen und frei zugänglichen Datenbank eAmbrosia der Europäischen Union einsehbar (EU KOM 2020).

Aktuell sind EU-weit über 3.300 Produktbezeichnungen geschützt. Ferner hat die EU mit mehr als 30 Drittländern internationale Abkommen zum gegenseitigen Schutz von geografischen Angaben und garantiert traditionellen Spezialitäten geschlossen. Aus Deutschland sind über 160 Bezeichnungen in das bei der EU geführte Register eingetragen. Der überwiegende Anteil entfällt dabei auf Lebensmittel und Agrarerzeugnisse, gefolgt von Weinen und Spirituosen. Eine frühe Übersicht über traditionelle regionaltypische Lebensmittel aus Deutschland findet sich bei Thiedig (1998), viele der darin aufgeführten Spezialitäten sind zwischenzeitlich als geografische Angaben geschützt.

1 Drei Schutzkategorien

Geschützte Ursprungsbezeichnung (g. U.) Das EU-Gütezeichen „Geschützte Ursprungsbezeichnung" garantiert, dass Erzeugung, Verarbeitung und Herstellung dieses Erzeugnisses in einem bestimmten geografischen Gebiet nach einem anerkannten und festgelegten Verfahren erfolgt ist. Sämtliche Produktionsschritte müssen also in dem betreffenden Gebiet stattfinden. Die Produkte weisen somit Merkmale auf, die ausschließlich mit dem Gebiet und den Fähigkeiten der Erzeuger in der Herstellungsregion zusammenhängen. Zwischen den Merkmalen des Produkts und seiner geografischen Herkunft muss ein objektiv enger Zusammenhang bestehen. Ein Beispiel ist Allgäuer Bergkäse. Bei diesem Erzeugnis ist der gesamte Verarbeitungsprozess von der Erzeugung der Milch bis zur Käseherstellung auf das Allgäu beschränkt. Nur Milch aus dem Allgäu darf zur Herstellung des Allgäuer Bergkäses verwendet werden. Die geologischen und klimatischen Verhältnisse des Allgäus beeinflussen wesentlich die Güte des Rohstoffs Milch und damit des Allgäuer Bergkäses. Hinzu kommt das in der langen Tradition der Käseherstellung gewonnene Know-how. Der Allgäuer Bergkäse weist dementsprechend Merkmale auf, die ausschließlich mit dem Gebiet und den Fähigkeiten der Erzeuger in der Herstellungsregion zusammenhängen. Ein anderes Beispiel sind die geschützten Ursprungbezeichnungen im Weinbereich. Deutschland verfügt über 13 Weinanbaugebiete, deren Namen von der Europäischen Union als geschützte Ursprungsbezeichnungen (g. U.) anerkannt sind, u. a. „Pfalz" oder „Rheinhessen". Die hier erzeugten Weine müssen zu 100 % aus der Region stammen, und jeder dieser Weine muss eine Qualitätsweinprüfung durchlaufen und bestehen.

Geschützte geografische Angabe (g. g. A.) Agrarerzeugnisse mit der Bezeichnung geschützte geografische Angabe (g. g. A.) müssen mindestens eine Verbindung zwischen dem geografischen Herkunftsgebiet und einer Produktionsstufe aufweisen. Das bedeutet, mindestens eine Phase des Produktionsprozesses muss in dem Gebiet erfolgen, während das für ihre Herstellung verwendete Rohmaterial aus einer anderen Region stammen kann. Bei geschützten geografischen Angaben können Verbraucher am Produkt selbst nicht unmittelbar erkennen, auf welche Produktionsstufe/n sich die Herkunftskomponente des geschützten Namens bezieht (Benner, Profeta & Wirsig 2009). Mit g. g. A. gekennzeichnete Produkte besitzen damit eine spezifische Eigenschaft oder ein Ansehen, die sie mit einer bestimmten Region verbinden. Beispiel: Die geschützte geografische Angabe Schwarzwälder Schinken steht für einen geräucherten Rohschinken ohne Knochen. Schwarzwälder Schinken wird ausschließlich im Schwarzwald nach einem traditionellen, durch die EU geschützten Verfahren hergestellt. Dabei wird der Schinken mit Salz und Gewürzen nach überlieferten Rezepturen gepökelt und nach dem sogenannten „Brennen" über heimischem Nadelholz geräuchert und abschließend über mehrere Wochen gereift.

Garantiert traditionelle Spezialitäten (g. t. S.) Im Gegensatz zu den geografischen Angaben bezieht sich dieses EU-Gütezeichen nicht auf den geografischen Ursprung, sondern hebt die traditionelle Zusammensetzung des Produkts oder ein traditionelles Herstellungs- und/oder Verarbeitungsverfahren hervor. Der Produktionsprozess ist an kein Gebiet gebunden; entscheidend ist allein, dass dem traditionellen Rezept oder Herstellungsverfahren gefolgt wird. Ein typisches Beispiel für eine garantiert traditionelle Spezialität ist die Heumilch. Die Produktion von Heumilch ist an keine geografischen Vorgaben gebunden, lediglich an die traditionellen Vorgaben in der Zusammensetzung, Herstellung und Verarbeitung. So ist der Einsatz von vergorenen Futtermittel wie Silage unzulässig.

2 Kontrollsystem Jeder Erzeuger oder Verarbeiter kann ein Lebensmittel oder Agrarerzeugnis mit einer geografischen Angabe oder als garantiert traditionelle Spezialität benennen und vermarkten, sofern er die Anforderungen der jeweiligen Spezifikation erfüllt und sich dem Kontrollsystem unterstellt. In den einzelnen Bundesländern ist die Zuständigkeit für die Kontrollen bei den Herstellern unterschiedlich geregelt. Die Kontrollen zur Einhaltung der geschützten Bezeichnung werden üblicherweise durch von der Vor-Ort-Behörde dafür zugelassenen privaten Kontrollstellen durchgeführt. Für Kontrollen im Handel sind die jeweiligen Lebensmittelüberwachungsbehörden zuständig. Sofern ein Gastronom Lebensmittel mit einer geschützten geografischen Angabe oder eine garantiert traditionelle Spezialität lediglich anbietet und zukauft, muss er sicherstellen, dass es sich auch um entsprechend zertifizierte Waren handelt. Wird beispielsweise in der → Speisekarte Feta ausgelobt, so muss in den Gerichten auch Käse mit der geschützten Ursprungsbezeichnung Feta enthalten sein. Ein in Deutschland hergestellter Weichkäse aus Kuh- und/oder Schafsmilch darf hingegen nicht mit der Bezeichnung Feta ausgelobt werden. Auch eine Anlehnung mit Ausdrücken wie „Art", „Typ" oder „Fasson" ist unzulässig. Im Falle, dass ein Gastronom Lebensmittel mit einer geschützten geografischen Angabe, z. B. Schwäbische Maultaschen, Frankfurter Grüne Sauce oder Obazda selber herstellen will, ist es nicht ausreichend, dass die Herstellung im geografischen Gebiet und nach den Vorgaben der jeweiligen Spezifikation erfolgt. Vielmehr muss der Gastronom sich dann auch dem Kontrollverfahren unterstellen.

3 Bekanntheit und wirtschaftliche Bedeutung Basierend auf Schätzungen von Experten (AND 2020) summieren sich die Umsätze mit geografischen Angaben und garantiert traditionellen Spezialitäten auf über 75 Mrd. EUR. Dieser liegt höher als der Umsatz mit ökologisch erzeugten Produkten im Europäischen Markt. Analog zum Biomarkt entwickelt sich der Markt für Lebensmittel mit geografischen Angaben und garantiert traditionellen Spezialitäten seit Jahren dynamisch und lässt weiteres Marktwachstum erwarten. Der Verkaufswert eines Erzeugnisses mit einer geografischen Angabe oder garantiert traditionelle Spezialitäten ist im Durchschnitt doppelt so hoch wie der Verkaufswert eines vergleichbaren Produkts ohne Zertifizierung. Unter den Top 10 der deutschen Produkte mit geschützter Angabe (nach Verkaufswert) finden sich vor allem Bier, wie beispielsweise die geschützte geografische Angabe „Bayerisches Bier", sowie Weine aus geschützten Anbaugebieten, etwa die geschützte Ursprungsbezeichnung „Rheinhessen", aber auch Fleischerzeugnisse wie die geschützte geografische Angabe „Schwarzwälder Schinken". Trotz der hohen wirtschaftlichen Bedeutung sind in Deutschland die EU-Qualitätsregelungen zu geschützten Angaben und traditionellen Spezialitäten in der → Gastronomie immer noch weitgehend unbekannt. Repräsentative Umfragen der EU Kommission (DG Agri 2018) zeigen, dass deren Bekanntheit deutlich unter dem EU-Durchschnitt liegt: Nur rund jeder achte Befragte gibt an, die EU-Logos für geschützte Angaben, geschützte Ursprungsbezeichnung (g. U.) oder geschützte geografische Angabe (g. g. A.), zu kennen. Das EU-Logo für garantiert traditionelle Spezialitäten (g. t. S.) ist sogar nur jedem 13. Verbraucher geläufig. Im europäischen Durchschnitt liegen die Werte hierfür deutlich höher. Hohe Bekanntheitswerte weisen insbesondere romanische Länder auf, die eine lange Historie mit dem Herkunftsschutz von Lebensmitteln verbindet wie Italien oder Frankreich. So kann der Schutz von geografischen Angaben für Lebensmittel in Frankreich bis auf das 14. Jahrhundert zurückgeführt werden. Auch wenn noch auf vergleichsweise niedrigem Niveau, so steigen die Bekanntheitswerte in Deutschland dennoch stetig an und erreichen derzeit ca. alle fünf Jahre eine Verdoppelung. (aw)

Literatur

AND International 2020: Study on economic value of EU quality schemes, geographical indications (GIs) and traditional specialities guaranteed (TSGs). Studie im Auftrag der Europäischen Kommission. Amt für Veröffentlichungen der Europäischen Kommission. Luxemburg

Benner, Eckhard; Adriano Profeta & Alexander Wirsig 2009: Die EU-Übergangsregelung zum Herkunftsschutz bei Agrarprodukten und Lebensmitteln aus dem Blickwinkel der Transaktions- und der Informationsökonomie. In: Ernst Berg et al. (Hrsg.): Risiken in der Agrar- und Ernährungswirtschaft und ihre Bewältigung. Schriften der Gesellschaft für Wirtschafts- und Sozialwissenschaften des Landbaues e. V., Band 44, Münster-Hiltrup: Landwirtschaftsverlag, S. 423–434

DG Agri 2018: Special Eurobarometer 473: Europeans, Agriculture and the CAP. (http://data.europa.eu/88u/dataset/S2161_88_4_473_ENG, zugegriffen am 27.04.2020)

EU KOM 2020: eAmbrosia-Datenbank – das EU-Register der geografischen Angaben. (https://ec.europa.eu/info/e-ambrosia-database_de, zugegriffen am 27.04.2020)

Thiedig, Frank 1998: Deutschlands kulinarisches Erbe. Traditionelle regionaltypische Lebensmittel und Agrarerzeugnisse. Cadolzburg: Ars vivendi

Eurocity (EC)

Die Eurocity-Züge waren die Nachfolger der legendären TEE-Züge. Wie der Name nahelegt, werden sie im europäischen Bahnnetz länderübergreifend zwischen

Städten (z. B. Berlin – Warschau; Saarbrücken – Metz; München – Verona) eingesetzt. An den Eurocity werden definierte Qualitätsforderungen gestellt, die allerdings von den nationalen Bahnen unterschiedlich interpretiert werden. Eurocity-
Züge hatten oft bekannte Namen, mit denen sie vielfach identifiziert wurden (z. B.
‚Einstein' oder ‚Rembrandt'). Seit 2003 hat die Deutsche Bahn diese Namen entfernt. Mit Einführung des → ICE haben EC-Strecken und EC-Züge an Bedeutung
verloren.

2019 bestellte die → Deutsche Bahn neue Fernverkehrszüge (Arbeitstitel
„ECx") bei dem spanischen Hersteller Talgo (Deutsche Bahn 2019). Die Auslieferung soll ab 2023 erfolgen. Die „ECx"-Züge sollen auf nationalen und internationalen Strecken eingesetzt werden, der Komfort dem ICE entsprechen. Der Zug
bietet 570 Sitzplätze und erreicht eine Höchstgeschwindigkeit von 230 km/h. Die
Deutsche Bahn betont neue Maßstäbe bei Barrierefreiheit durch einen stufenlo-
sen Einstieg auf Bahnsteighöhe. (hdz/wf)

Literatur

Deutsche Bahn (Hrsg.) 2019: Presseinformation. Mehr Komfort, mehr Verlässlichkeit,
mehr Platz: Deutsche Bahn stellt neuen Fernverkehrszug „ECx" vor. (https://www.
deutschebahn.com/resource/blob/3934882/10c2b19cd1f0be71b964626b5205b405/
Presseinformation_ECx-data.pdf, zugegriffen am 22.02.2020)

Eurocontrol

Europäische Flugsicherungsorganisation mit 41 europäischen Mitgliedstaaten
(Stand: 2020). Mit zwei außereuropäischen Staaten (Israel, Marokko) wurden
darüber hinaus Vereinbarungen geschlossen. Die Organisation geht auf eine
1960 von sechs europäischen Staaten in Brüssel unterzeichnete Konvention zurück, die 1963 in Kraft trat. Ihre Aufgabe ist es, den Verkehrsfluss im Luftraum
über Europa sicherzustellen bzw. zu optimieren. Ökologische Fragestellungen
stehen ebenfalls auf der Agenda. In Deutschland zum Beispiel ist Eurocontrol mit
eigenen Kontrollstellen zuständig (www.eurocontrol.int). (jwm/wf)

Literatur

Eurocontrol o. J.: About us. (https://www.eurocontrol.int/about-us, zugegriffen am 07.08.2020)

Europäische Behörde für Lebensmittelsicherheit [European Food Safety Authority]

Die Europäische Behörde für Lebensmittelsicherheit wird als EFSA abgekürzt und
hat ihren Sitz in Parma (Italien). Auf der Internetseite www.efsa.europa.eu können umfassende Informationen über das Allgemeine Lebensmittelrecht abgerufen werden. Die Europäische Behörde für Lebensmittelsicherheit wird von der
Europäischen Union finanziert und arbeitet unabhängig von der Europäischen
Kommission, dem Europäischen Parlament und den EU-Mitgliedstaaten. Sie wur-

de 2002 infolge einer Reihe von Lebensmittelkrisen in den späten 1990er-Jahren als unparteiische Quelle für wissenschaftliche Beratung und Kommunikation zu Risiken im Zusammenhang mit der Lebensmittelkette eingerichtet. Die rechtmäßige Gründung der Behörde durch die Europäische Union erfolgte im Rahmen der Verordnung (EG) Nr. 178/2002, welche auch als Basis-Verordnung bezeichnet wird. Damit schuf das Allgemeine Lebensmittelrecht ein europäisches Lebensmittelsicherheitssystem, in dem die Zuständigkeiten für die Risikobewertung und das Risikomanagement voneinander getrennt sind. (mjr)

Literatur

Amtsblatt der Europäischen Gemeinschaften (Hrsg.) 2002: Verordnung (EG) Nr. 178/2002 des europäischen Parlaments und des Rates vom 28. Januar 2002 zur Festlegung der allgemeinen Grundsätze und Anforderungen des Lebensmittelrechts, zur Errichtung der Europäischen Behörde für Lebensmittelsicherheit und zur Festlegung von Verfahren zur Lebensmittelsicherheit. Brüssel

Europa-Park → **Freizeitpark**

European Plan → **Übernachtung ohne Frühstück**

Eurostar

Eurostar wird der Hochgeschwindigkeitszug genannt, der seit 1994, also seit Fertigstellung des → Eurotunnel, London und Brüssel und London und Paris miteinander verbindet. Das Streckennetz wurde kontinuierlich um weitere Destinationen (z. B. Amsterdam, Rotterdam, Disneyland Paris, Lyon, Avignon, Marseille) erweitert, die teilweise saisonal bedient werden. Die Eurostar-Züge wurden auf der Basis des französischen TGV (Train à grande vitesse) entwickelt.

Ursprünglich war Eurostar im Eigentum der britischen (British Rail), französischen (SNCF) und belgischen Staatsbahn (SNCB). Privatisierungen haben die Eigentumsverhältnisse zu Teilen verändert. www.eurostar.com (hdz/wf)

Eurotunnel [Channel Tunnel, Chunnel]

Syn.: Kanaltunnel. Seit 1994 existiert ein Eisenbahntunnel zwischen dem europäischen Festland und Großbritannien, der Eurotunnel. Fahrplanmäßig verkehrt – neben dem Kombizug „Le Shuttle" – der → Eurostar auf dieser Strecke. Die Länge des Tunnels beträgt etwa 50 km, die Fahrzeit 35 min. Als längster Unterseetunnel zählt er zu den sieben Weltwundern der modernen Welt (Eurotunnel Le Shuttle 2019). (hdz/wf)

Literatur

Eurotunnel Le Shuttle 2019: Infographic. (https://www.eurotunnel.com/build, zugegriffen am 07.08.2020)

Eurozentrismus
Variante des → Ethnozentrismus, die sich auf die europäische Kultur bezieht und im Kolonialismus ihren augenfälligsten Ausdruck fand, der auch heute noch nachwirkt. (jwm)

Eventgastronomie → **Erlebnisgastronomie**

Events → **Messen, Kongresse und Events**

E-Voucher → **Voucher**

Excess baggage → **Übergepäck**

Exchange rate → **Wechselkurs**

Executive Chef → **Küchenchef, → Küchendirektor**

Executive Floor
Als Stockwerk (engl.: floor, level) für geschäftsreisende Führungskräfte (engl.: executives) ist in vielen Hotels eine der obersten Etagen vorgesehen. Hotels mit executive floor finden sich häufig in Kettenhotels der 4- oder 5-Sternekategorie (z. B. Sheraton Tribeca New York Hotel, Hilton München Flughafen), aber auch andere Hotels bieten Zimmer und Bereiche exklusiv für Geschäftsreisende an, etwa wenn dieses Reisesegment eine wichtige Zielgruppe darstellt (Baker 2020; Vallen & Vallen 2018, S. 72 f.).

Meist sind „executive"-Stockwerke nur über separate Aufzüge erreichbar; teilweise verfügen sie über einen eigenen → Concierge oder eine separate → Rezeption (Vallen & Vallen 2018, S. 72 f.). Wenn ein Zugang über den öffentlichen Aufzug möglich ist, sind die Etagen ausschließlich mit speziellen → Key Cards zu erreichen (Vallen & Vallen 2018, S. 72). Zimmergröße, (technologische) Ausstattung und das Angebot kostenfreier Speisen und Getränke in den Hotelzimmern dieser Etage variieren von Hotel zu Hotel (Baker 2020). Die uneingeschränkte Nutzung der sog. executive lounge ist eine Inklusivleistung für Übernachtungsgäste des executive floors. Die Hotels bieten den meist geschäftlich Reisenden mit diesen Aufenthaltsräumen Rückzugsorte (für Arbeit, Entspannung, Besprechungen, Konsum von Speisen und Getränken) (Mohn 2011). Je nach Verfügbarkeit können auch Hotelgäste, die nicht an einem Bonusprogramm teilnehmen, gegen Gebühr ein Upgrade (→ Upgrading) für den executive floor buchen (Baker 2020). Synonym: club level, concierge floor. (mn)

Literatur

Baker, Michael 2020: What is the Executive Floor in Hotels? (https://traveltips.usatoday.com/executive-floor-hotels-107778.html, zugegriffen am 06.03.2020)

Mohn, Tanya 2011: Hotels Spruce Up Their Executive Lounges. (https://www.nytimes.com/2011/04/26/business/26lounges.html?_r=0, zugegriffen am 06.03.2020)

Vallen, Gary K.; Jerome J. Vallen 2018: Check-In Check-Out: Managing Hotel Operations. Boston: Pearson (10th ed.)

Exit-Klausel **[exit clause]**

Die Exit-Klausel beschreibt ein außerordentliches Kündigungsrecht (exit [engl.] = Ausgang, Ausstieg) und ist wichtiger, optionaler Vertragsaspekt im Rahmen von Managementverträgen (→ Managementvertrag).

Exit-Klauseln schaffen gewollt Unsicherheit in Verträgen und können beidseitig (Hotelinvestor, Betreibergesellschaft) oder nur von einer Seite verankert werden. Die vertragliche Verankerung ist ein Aushandlungsprozess (bargaining) und eine Frage der Machtkonstellation. Aus organisationstheoretischer Sicht übernimmt die Vertragskomponente eine Steuerungsfunktion. Zum theoretischen Hintergrund siehe → Agenturtheorie. (wf)

Expedientenreisen **[familiarisation trips (fam trips)]**

Expedientenreisen sind spezielle Reiseangebote der → Reiseveranstalter, die den → Reisevermittlern offeriert werden. Sie werden in beruflichen Kontexten der Touristiker oft kurz PEP genannt. Diese Abkürzung leitet sich aus dem Begriff „personal education programme" ab. PEPs werden genutzt, um die Zielgebiets- und besonders die Hotelkenntnisse zu vertiefen. Sie sind folglich als von Expedienten freiwillig erbrachte Ausbildungsleistungen zu verstehen, die dem beruflichen Wissen im praktischen Verkauf dienen. PEP-Angebote können direkt über den speziellen Vertrieb des Reiseveranstalters in Anspruch genommen werden. (hdz/wf)

Express Check-out → **Check-out**

Express-Schlangen → **Warteschlangen**

Extended Range Twin Operations (ETOPS)

Langstreckenflüge durch besonders ausgerüstete zweistrahlige Flugzeugmuster, die verschärften Wartungsbestimmungen unterliegen. Da solche Flüge in der Regel über große Wasserflächen und/oder unbewohnte Landmassen führen, gibt es auch spezielle Regeln für die Streckenführung solcher Flüge. Je nach Flugzeugmuster und den Erfahrungen der jeweiligen Fluggesellschaften damit, dürfen die

Maschinen nie weiter als bspw. 90, 120, 180 oder 207 Minuten Flugzeit mit Einmotorengeschwindigkeit vom nächstgelegenen offenen Ausweichflughafen entfernt sein. Deshalb können mit solchen Flugzeugen nicht immer die kürzesten Flugstrecken geflogen werden. Neue Flugzeuggenerationen erhalten inzwischen ETOPS-Zulassungen von 330 Minuten und mehr. Der Begriff wird nicht einheitlich verwendet; es existieren mehrere Synonyme. (jwm/wf)

Extended-stay hotels → **Boarding House**

Extensible Markup Language (XML)

XML ist ein textbasiertes Format für den automatisierten Austausch strukturierter Daten. IT-Systeme der Tourismuswirtschaft, z. B. → Reservierungssysteme und → Internet Booking Engines, kooperieren und tauschen dazu automatisiert Daten aus. Ein Reiseveranstaltersystem transferiert beispielsweise kurzfristige Restkontingente zur Vermarktung an ein Lastminute-Anbietersystem. Um diesen Prozess des Datentransfers im Hintergrund zu automatisieren, müssen zwischen den Systemen und ihren Datenbanken softwaretechnische Schnittstellen (interfaces) vorhanden sein, die auf der Basis der Internet-Übertragungstechnologie mit einheitlichem Standard arbeiten.

Die XML-Programmierung hat sich hierfür zum Standard entwickelt. XML ist eine Meta-(Text-)Sprache, die es ermöglicht, die zu transferierenden Daten gemäß den Datenstrukturen der kommunizierenden Datenbanken anwendungsnah zu beschreiben. Der konkrete Transfer der Daten wird begleitet durch die Beschreibungen ihrer Datentypen, die bei der Schnittstellendefinition vereinbart worden sind. Die jeweils transferierten Daten können durch das Empfängersystem eindeutig interpretiert und in seine Datenbank überführt werden. Dadurch wird die Schnittstellenprogrammierung begrifflich sprechend, vereinfacht und wartungs- bzw. anpassungsfreundlich. Neue Partner können damit relativ schnell in einen Kooperations- und Transferverbund aufgenommen werden. Diese Meta-Programmierung wird dann automatisch in die technische, maschinell umsetzbare Version übersetzt. (uw)

Literatur

Schulz, Axel; Uwe Weithöner; Roman Egger & Robert Goecke 2015: eTourismus: Prozesse und Systeme. Berlin, Boston: De Gruyter Oldenbourg, Kapitel 2.3, insbes. 2.3.4 (2. Aufl.) (3. Aufl. in Vorbereitung)
Quellen im Internet z. B.: https://opentravel.org (Stand 02/2020); https://wiki.selfhtml.org/wiki/XML (Stand 02/2020)

F

Fachkraft für Gastronomie → **Fachkraft im Gastgewerbe**

Fachkraft im Gastgewerbe [specialist in the hospitality services industry]
Berufsbezeichnung und gleichzeitig anerkannte Berufsausbildung im Gastgewerbe. Die Ausbildung dauert zwei Jahre, Ausbildungsorte sind der jeweilige Betrieb und die Berufsschule. Zu den Ausbildungsinhalten gehören etwa das Herstellen von einfachen Speisen, der Ausschank von Getränken, das Servieren von Speisen und Getränken oder das Herrichten von Gasträumen. Die Ausbildung zielt auf eine spätere Beschäftigung in der Küche, am → Büfett oder im → Restaurant. Durch ein weiteres Jahr Ausbildung besteht die Möglichkeit, den Abschluss zum/zur → Hotelfachmann/-frau oder zum/zur → Restaurantfachmann/-frau zu erlangen (DEHOGA o. J.).

Im Rahmen des anstehenden Neuordnungsverfahrens für die gastgewerblichen Ausbildungsberufe wird der zweijährige Ausbildungsberuf in zwei separate zweijährige Ausbildungsberufe aufgespalten: Fachkraft für Gastronomie sowie Fachkraft Küche. Die Fachkraft für Gastronomie wird in die zwei Schwerpunkte Restaurantservice und Systemgastronomie binnendifferenziert und bildet eine Berufsgruppe mit den Restaurantfachleuten und Fachleuten für Systemgastronomie; auf diese wird dann eine zweijährige Anrechnung möglich sein. Inhaltlich erfolgt eine Fokussierung auf die Themen Service, Umgang mit Gästen und Wirtschaftsdienst. Die Fachkraft Küche wird ein Monoberuf sein und bildet eine Berufsgruppe mit dem Ausbildungsberuf → Koch/Köchin; auf diesen wird dann eine zweijährige Anrechnung möglich sein. Ausbildungsinhalte sind insbesondere die Herstellung einfacher Gerichte, Arbeitstechniken in der Küche und die Annahme und Einlagerung von Waren. Das Inkrafttreten ist für August 2022 geplant. (sw)

Literatur

Bundesministerium für Wirtschaft und Energie 2019: Eckwertekatalog Fachkraft für Gastronomie sowie Katalog der vorläufigen Fertigkeiten, Kenntnisse und Fähigkeiten. Nicht veröffentlichtes Skript. Bonn

DEHOGA (Hrsg.) o. J.: Berufsausbildung und Karrierechancen in Gastronomie und Hotellerie. Berlin

Fachkraft Küche → **Fachkraft im Gastgewerbe**, → **Koch/Köchin**

Fachmann/Fachfrau für Systemgastronomie [professional caterer]
Berufsbezeichnung und gleichzeitig anerkannte Berufsausbildung im Gastgewerbe. Die Ausbildung dauert drei Jahre, Ausbildungsorte sind der jeweilige Betrieb und die Berufsschule. Das Berufsbild ist für den Bereich der → Systemgastrono-

https://doi.org/10.1515/9783110546828-007

mie entwickelt worden. Zu den Ausbildungsinhalten gehören etwa die Präsentation und der Verkauf von Produkten, die Organisation von Arbeitsabläufen, die Auswertung betrieblicher Kennzahlen oder die Personaleinsatzplanung (DEHOGA o. J.).

Im Rahmen des Neuordnungsverfahrens werden die Ausbildungsinhalte aktualisiert. Kompetenzen im Hygiene- und Systemmanagement, in der Umsetzung von Personalprozessen, → Digitalisierung und Kommunikation sowie unternehmerisches Handeln werden im Ausbildungsrahmenplan und entsprechend in den Lehrplänen verstärkt. Der Wechsel zur Prüfungsform der gestreckten Abschlussprüfung wird angestrebt. Der Ausbildungsberuf Fachmann/-frau für Systemgastronomie bildet eine Berufsgruppe mit den Restaurantfachleuten und den Fachkräften für Gastronomie. Das Inkrafttreten ist für August 2022 geplant. (sw)

Literatur

Bundesministerium für Wirtschaft und Energie 2019: Eckwertekatalog Fachmann und Fachfrau für Systemgastronomie sowie Katalog der vorläufigen Fertigkeiten, Kenntnisse und Fähigkeiten. Nicht veröffentlichtes Skript. Bonn

DEHOGA (Hrsg.) o. J.: Berufsausbildung und Karrierechancen in Gastronomie und Hotellerie. Berlin

Facility Management [facility management, facilities management]

Seinen Ursprung hat das Facility Management in den Vereinigten Staaten der 1950er-Jahre, von wo aus es über Großbritannien in den späten 1980ern auch nach Deutschland kam. Das Verständnis von Umfang und Inhalt des Konzepts variiert bis heute, je nach Land und Branche (Hirschner, Hahr & Kleinschrot 2018, S. 1; Nävy & Schröter 2013, S. 2).

1989 wurde in Deutschland die German Facility Management Association (GEFMA) gegründet, die sich als Netzwerk der Entscheider im Facility Management versteht und unter anderem in der Normungsarbeit engagiert. Sie definiert das Facility Management als eine zentrale Managementdisziplin, welche die notwendigen Unterstützungs- (Sekundär-)Prozesse des Kerngeschäfts eines Unternehmens vereint. Demnach erfolgt beim Facility Management „die permanente Analyse und Optimierung der kostenrelevanten Vorgänge rund um bauliche und technische Anlagen, Einrichtungen und im Unternehmen erbrachte (Dienst-)Leistungen, die nicht zum Kerngeschäft gehören" (GEFMA 100-1 2004, S. 3).

Mit der DIN EN 15221 entstand 2017 die erste europaweite Definition für das Facility Management, als „Integration von Prozessen innerhalb einer Organisation zur Erbringung und Entwicklung der vereinbarten Leistungen, welche zur Unterstützung und Verbesserung der Effektivität der Hauptaktivitäten der Organisation dienen" (DIN EN 15221-1 2007, S. 5). Auch wenn bei dieser Definition, anders als bei der GEFMA, nicht mehr die Immobilie im Fokus steht, wird das Facility Management in beiden Ansätzen als eine notwendige Voraussetzung für die eigentliche Leistungserstellung im Unternehmen verstanden, indem es die Kernprozesse unterstützt und so erst ermöglicht (Hirschner, Hahr & Kleinschrot 2018, S. 3).

Anders als das → Gebäudemanagement, das sich auf die Nutzungs- oder Bewirtschaftungsphase einer Immobilie konzentriert, betrachtet das Facility Management den gesamten Lebenszyklus (Zahn 2013, S. 81). Häufig wird das → Gebäudemanagement daher auch als operatives Facility Management bezeichnet, dem das lebenszyklusbezogene und strategische Facility Management gegenübersteht (Preuss & Schöne 2016, S. 81).

Anders als bei der Produktion von Sachgütern kommt der Kunde bzw. Gast in Tourismus, Hotellerie und Gastronomie meist direkt in Kontakt mit dem Ort der Leistungserstellung. Damit kommt nicht nur der Gestaltung bzw. der Entwicklung und dem Bau der entsprechenden Immobilien eine besondere Rolle zu, sondern insbesondere auch deren reibungslosem Betrieb. Das gilt ebenso für Hotelgebäude, wie auch für → Flughäfen oder Freizeitimmobilien. Besondere Rahmenbedingungen wie die in der Hotellerie häufig vorkommende → funktionelle Entkopplung von Eigentum und Betrieb können für eine zusätzliche Erhöhung der Komplexität gebäuderelevanter Prozesse sorgen. Ähnliches gilt auch für das → Outsourcing von Leistungen, die in direkter oder indirekter Verbindung mit der Immobilie stehen. Ein ganzheitliches Verständnis des Facility Managements kann entscheidend zur Sicherung der Dienstleistungsqualität und zum Unternehmenserfolg beitragen und die Unternehmensführung unterstützen, sich auf das Kerngeschäft zu konzentrieren (Specht 2018, S. 319–329). (js)

Literatur

DIN EN 15221 2007: Facility Management (Deutsche Fassung EN 15221:2006)

GEFMA 100-1 2004: Facility Management – Grundlagen (Ausgabe 2004-07)

Hirschner, Joachim; Henric Hahr & Katharina Kleinschrot 2018: Facility Management im Hochbau – Grundlagen für Studium und Praxis. Heidelberg: Springer Vieweg (2. Aufl.)

Nävy, Jens; Matthias Schröter 2013: Facility Services – Die operative Ebene des Facility Managements. Heidelberg: Springer

Preuss, Norbert; Lars Schöne 2016: Real Estate und Facility Management – Aus Sicht der Consultingpraxis. Heidelberg: Springer

Specht, Jan 2018: Facility Management in der Hotellerie – Möglichkeiten zum wirtschaftlichen Betrieb von Hotelimmobilien. In Tobias Ehlen; Knut Scherhag (Hrsg.): Aktuelle Herausforderungen in der Hotellerie – Innovationen und Trends. Berlin: ESV, S. 315–331

Zahn, Peter 2013: Gebäudemanagement. In: Hans-Peter Braun; Martin Reents; Peter Zahn & Patrick Wenzel (Hrsg.): Facility Management – Erfolg in der Immobilienbewirtschaftung. Heidelberg: Springer Vieweg, S. 81–102 (6. Aufl.)

Factory Outlet Center

Seit Anfang der 1980er-Jahre des letzen Jahrhunderts konnten sich Factory Outlet Center als Weiterentwicklung des klassischen Fabrikverkaufs als eigenständiger Betriebstypus etablieren. Es handelt sich hierbei um eine Agglomeration von Verkaufsniederlassungen verschiedener Hersteller in einem oder mehreren Gebäudekomplex(en), die ähnlich wie bei klassischen Shopping Centern von einer Betreibergesellschaft geplant, entwickelt und gemanagt wird. Der Standort liegt verkehrsgünstig, deckt ein großes Einzugsgebiet ab und lebt häufig auch von touristischem Potenzial. Kennzeichen sind ein überdurchschnittlich hoher Anteil an Herstellern der Bekleidungsindustrie, eine kleinteilige Mieterstruktur sowie ein hoher Bekanntheitsgrad der Anbieter. Sortimente aus den Bereichen Schuhe und Lederwaren, Glas/Porzellan/Keramik, Haushaltswaren, Heimtextilien, Süßwaren und Elektrowaren ergänzen das Angebot. Das Angebot zeichnet sich durch einen hohen Anteil an Markenware wie Produktionsüberhänge, Zweite-Wahl-Waren mit kleineren Fehlern sowie mit größeren Mängeln behaftete Produkte, Restposten und Auslaufmodelle, Retouren, Produkte des Vorjahres oder vergangener Saisonen, Musterkollektionen sowie exklusiv für den Fabrikverkauf produzierte Waren aus. Die Preise liegen hierbei deutlich unter denen des sonstigen Einzelhandels. (sb)

> **Gedankensplitter**
> „In the factory we make cosmetics, in the store we sell hope." (Charles Revson, Gründer Kosmetikunternehmen Revlon)

Fahrgeschäft [ride]

Fahrgeschäfte im engeren Sinn sind Freizeitpark- oder Volksfestattraktionen, mit denen die Nutzer in einer zeitlich begrenzten Fahrt innerhalb der Attraktion transportiert werden. Im weiteren Sinn müssen auch stationäre Fahr-, Reit- und Flugsimulatoren hinzugezählt werden. Aus dem englischen entlehnt ist der Begriff ‚Rides', der sich immer mehr für Fahrgeschäfte durchsetzt. Hinsichtlich der Erlebnisqualität kann zwischen ‚Thrill Rides' und ‚Family Rides' unterschieden werden. Thrill Rides beziehen ihre Attraktivität aus dem kontrollierten Kontrollverlust, der sich während der Fahrt einstellt und beispielsweise durch wechselnde Geschwindigkeiten, Kurvenfahrten, temporäre Schwerelosigkeit und simulierte Freifall-Situationen erzeugt wird. Die hierbei ausgeschütteten Endorphine versetzen die Passagiere in einen Zustand der Euphorie, der bis zu mehreren Stunden nach der Fahrt anhalten kann (Rogers & Noll 2002, S. 48). Family Rides hingegen befördern ihre Passagiere durch Phantasiewelten oder erzeugen einen → Genuss an der eher langsamen oder gleichförmigen Bewegung wie beispielsweise bei

Kettenkarussellen. Unabhängig von der Ausrichtung als Thrill Ride oder Family Ride können folgende Grundtypen von Fahrgeschäften unterschieden werden (Clavé 2011; Szabo 2006):

- **Achterbahnen:** Im 17. Jahrhundert entstanden erstmals in der Umgebung von St. Petersburg eisbedeckte Rutschbahnen aus Holz, auf denen man mit Schlitten herunter rutschte. Noch heute werden Achterbahnen im französischen Sprachgebrauch als ‚montagnes russes' bezeichnet, während der deutsche Begriff Achterbahnen von Berg- und Talbahnen in Form einer liegenden Acht abgeleitet ist. Im Sea Lion Park in Coney Island (New York) wurden die erste Wasserrutsche und das erste 360°-Looping Ende des 19. Jahrhunderts gebaut. Achterbahnen zählen heute zu den Hauptattraktionen von → Freizeitparks und werden den Anforderungen der Parks entsprechend thematisiert. Sie werden als optische Wahrzeichen gestaltet und sind maßgebliche Imageträger für die Freizeitparks. Achterbahnen (engl.: ‚roller coaster', Kurzform ‚coaster') bilden ein System aus einer Tragekonstruktion, Schienen und darauf fahrenden Zügen mit in der Regel mehreren Wagen. Hinsichtlich der Tragekonstruktion kann zwischen dem üblichen Stahlbau (‚steel coaster') und der Holzkonstruktion (‚wooden coaster') unterschieden werden. Die Holzachterbahnen sind aufgrund ihrer imposanten Konstruktion und der eher ruppigen Fahrt in Verbindung mit holztypischer Geräuschkulisse attraktiv. Stahlachterbahnen erlauben eine Vielzahl von Ausgestaltungsmöglichkeiten. Ein wichtiges Unterscheidungskriterium ist die Art des Antriebs. Die klassische Antriebsform ist das Ziehen des Zuges über den ersten Berg der Fahrtstrecke (‚lift hill'), die Züge fahren dann aus eigener Kraft weiter. Des Weiteren gibt es Achterbahnen, bei denen die Züge mit eigenem Antrieb ausgestattet sind (‚powered coaster'), Achterbahnen mit Katapultstart aus der Horizontalen (‚launch bzw. impulse coaster') und Achterbahnen, deren Wagen nicht auf Schienen, sondern auf einer Bahn talwärts fahren (‚bobsled bzw. toboggan'). Hinsichtlich der Anbringung der Wagen können die beiden Untertypen ‚suspended/inverted coaster' bzw. ‚floorless coaster', erwähnt werden, bei denen die Wagen unter der Schiene hängen und die Beine der Passagiere keinen Kontakt zum Wagen haben. Beim ‚spinning coaster' rotieren die Wagen während der Fahrt um die eigene Achse. Eine neue Entwicklung ist auch die Verbindung von Achterbahnen mit den Anwendungen der → Virtuellen Realität. Durch das Tragen von VR-Brillen erleben die Passagiere die Achterbahnfahrt als wilden Ritt durch eine Phantasiewelt. Auch erscheinen immer mehr Hybridachterbahnen auf dem Markt, bei denen die klassische Achterbahnfahrt mit Elementen anderer Fahrgeschäfte, beispielsweise Wildwasserbahnen kombiniert werden.

- **Dark rides (Themenfahrten)** entwickelten sich aus den Volksfestattraktionen des 19. Jahrhunderts heraus. Schienengelenkte elektrische Grottenbahnen ('Tunnel of Love') erlaubten es Verliebten, für eine kurze Zeit im Dunkeln zu verschwinden. Die Verbindung mit Elementen des Laufgeschäfts 'Haunted House' führte zur Geisterbahn, wie sie heute noch als transportables Fahrgeschäft vor allem auf Rummelplätzen zu finden ist. In abgedunkelten Hallen fahren die Wagen an bewegten Szenen vorbei, die in der Regel mit Animatronics, also mechanisch bewegten Figuren, bestückt sind und je nach Thema variieren. Manche Dark rides enthalten laserbasierte Schießspiele ('target response systems') und treten somit das Erbe der Jahrmarktschießbuden an. Moderne Dark rides sorgen für umfassende Unterhaltung, indem die klassischen Elemente der Bewegung aus Film und Theater kombiniert und durch weitere sensorische Erfahrungen (beispielsweise Gerüche, Luftbewegung, Geräusche) angereichert werden. Ähnlich wie bei den Achterbahnen kann durch den Einsatz von VR-Technologie eine Immersion (Eintauchen) in die fiktive Welt der Themenfahrt erzeugt werden. Weite Verbreitung finden die Dark Rides besonders bei filmorientierten Freizeitparks, wie den Disney Parks, bei denen der Wagen der Themenfahrt quasi die Filmkamera ersetzt und durch bekannte Filmszenen fährt, was wiederum die Mehrfachverwertung der Filmidee begünstigt.
- **Flat Rides** besitzen eine klassische Mechanik, die auf gleichförmigen, iterativen Bewegungen basieren. Hierunter fallen alle Arten von sich drehenden Fahrgeschäften ('spin rides'), von den bekannten drehenden Tassen, Berg- und Talbahnen, Schiffschaukeln, Bodenkarussellen bis hin zu Kettenkarussellen. Traditionsgemäß drehen sich die Karusselle in Nordamerika gegen den Uhrzeigersinn, während sie sich in Europa im Uhrzeigerinn drehen. Zu den Flat Rides kann auch aufgrund seiner gleichförmigen Bewegung in der Vertikalen das Riesenrad gezählt werden. Riesenräder, auch 'Russische Schaukeln' genannt, sind seit dem 17. Jahrhundert dominierende Attraktionen auf Jahrmärkten und später in Freizeitparks, obwohl sie oft nicht höher als 12 Meter waren. Das erste Riesenrad heutiger Stahl-Bauweise war das 1893 von George Ferris anlässlich der Weltausstellung von Chicago gebaute 'Observation Roundabout'. Riesenräder werden bis heute im englischen Sprachgebrauch als 'Ferris-Wheels' bezeichnet.
- **Wasserfahrgeschäfte ('splash rides'):** Zu den gängigsten Arten zählen die 'rapids'. Bei diesen Fahrgeschäften sitzen die Besucher in einem großen, kreisförmigen Fahrzeug und fahren einen Wasserkanal hinunter, der Stromschnellen enthält, wobei die Passagiere je nach Sitzposition dabei unerwartet nass werden können. Die Wildwasserbahn ('log flume') ist einer Bahn zur Beförderung von großen frisch geschlagenen Holzstämmen nachempfunden,

entsprechend sind die Fahrzeuge auch als ausgehöhlte Baumstämme gestaltet. In der Wildwasserbahn bewegen sich die Fahrzeuge schienengelenkt durch Wasserwege mit deutlichen Höhen und Tiefen. Dadurch entstehen ruckartige Bewegungsabläufe und Wasserspritzer. Am Ende der Fahrt erfolgt eine steile Abfahrt (‚drop') in ein Wasserbecken, und die meisten Passagiere werden nass durch den harten Aufprall auf das Wasser (‚dive').

–   **Freefall-Attraktionen:** In diesen Fahrgeschäften fahren die Besucher in Wagen bis zur Spitze eines Turmes (‚free fall tower') hoch, um dann wie im freien Fall wenige Sekunden am Turm herunterzustürzen, bis ein automatisches Bremssystem sie kurz vor dem Boden zum Halt bringt.

Zur Erlangung einer höheren Erlebnisdichte kombinieren moderne Fahrgeschäfte verschiedene Elemente der vorgestellten Grundtypen. So werden beispielsweise Dark Rides als Wasserfahrten konzipiert (Pirates of the Carribean, Disneyland) oder mit Achterbahnelementen verknüpft (Arthur und die Minimoys, Europapark). Ein weiterer Trend ist die Aufwertung und Individualisierung von Fahrgeschäften durch die Anwendung von VR-Technologien (→ Virtuelle Realität). → Medienbasierte Attraktionsformate. (tw)

Literatur
Clavé, Salvador Anton 2011: The Global Theme Park Industry. Wallingford: CABI International (2nd ed.)
Rogers, Bob; Edward C. Noll 2002: Thrill Therapy. In: Amusements & Theming, o. Jg. (50), pp. 29–50
Szabo, Sascha 2006: Rausch und Rummel. Attraktionen auf Jahrmärkten und in Vergnügungsparks. Bielefeld: Transkript

Fake Tourism → **Erlebniswelten**

Fakultativ → **Obligatorisch**

Familiarisation trips (fam trips) → **Expedientenreisen**

F&B → **Food and Beverage**

FAP → **Full American Plan,** → **Vollpension**

Farce [filling, stuffing]
Farce (franz.) = Füllung. Mischung aus rohen oder gegarten, mehr oder weniger fein gehackten und gewürzten Zutaten; mit ihr werden Eier, Fisch, Fleisch, Geflügel, Pasteten oder Wild gefüllt. (bk/cm)

Fast Food

Fast (engl.) = schnell; food (engl.) = Nahrung. Fast Food bezeichnet eine Art der Verpflegung, die sich durch Schnelligkeit auszeichnet. Schnellimbiss dürfte die passendste Übersetzung sein. Der Zeitaspekt ist die zentrale Variable. Die Kunden haben das Bedürfnis, in relativ kurzer Zeit Speisen und/oder Getränke einzunehmen. Bezahlbarkeit und eine ungezwungene Atmosphäre sind weitere Kennzeichen (Penfold 2012, S. 290). Die Unternehmen agieren auf der Produktebene (z. B. standardisiertes Angebot, begrenztes Produktspektrum, Mitnahmemöglichkeit, → Home Delivery Service), auf der Prozessebene (z. B. digitales Bestellen und Bezahlen, vorproduzierte Speisen, Selbstbedienung, Optimierung von Warteschlangen) und auf der Strukturebene (z. B. Standardisierung der Produktion, hohe Arbeitsteilung). Fast Food-Unternehmen sind nicht notwendigerweise Unternehmen der → Systemgastronomie.

Fast Food erfährt in der Gesellschaft massive Kritik (etwa Penfold 2012, S. 294 ff.; Schlosser 2002). Ernährungsphysiologisch fragwürdig, industrielle Massenproduktion, junk food („Abfallessen"), amerikanisierte → Esskultur sind nur einige Schlagwörter. → Slow Food wird als (rettende) Gegenbewegung gesehen, wobei die Diskussion oft undifferenziert verläuft und eher Ausdruck eines Glaubenskampfs ist (Spiekermann 2003). Fast Food ist nicht automatisch ungesund, ebenso wenig ist es Ausdruck einer amerikanisierten Esskultur, war das „schnelle Essen" doch schon über Jahrtausende eine weltweit verbreitete Alternative in der Verpflegung (von Paczensky & Dünnebier 1999, S. 125 ff.). Zur Geschichte von Fast Food siehe Penfold 2012; Wagner 2001. (wf)

Literatur

Davis, Bernard et al. 2018: Food and Beverage Management. London, New York: Routledge (6th ed.)

Paczensky, Gert von; Anne Dünnebier 1999: Kulturgeschichte des Essens und Trinkens. München: Orbis

Penfold, Steve 2012: Fast Food. In: In: Jeffrey M. Pilcher (ed.): The Oxford Handbook of Food History. Oxford, New York: Oxford University Press, pp. 279–301

Schlosser, Eric 2002: Fast Food Gesellschaft. Die dunkle Seite von McFood & Co. München: Riemann

Spiekermann, Uwe 2003: Verfehlter Gegensatz?! Fast Food contra Slow Food. In: Ernährungs-Umschau, 50 (9), S. 344–349

Wagner, Christoph 2001: Fast schon Food. Die Geschichte des schnellen Essens. Frankfurt/Main: Lübbe

> **i** **Gedankensplitter**
> „Auch Hamburger haben ein Recht darauf, gegessen zu werden." (Christoph Wagner, Autor)

Fast tracks → **Warteschlangen**

FASTPASS™ → **Warteschlangen**

Fehlermöglichkeits- und Einflussanalyse [Failure Mode and Effects Analysis]

Die Fehlermöglichkeits- und Einflussanalyse ist eine analytische Methode, um potenzielle Schwachstellen zu finden und wird mit FMEA abgekürzt. Bei dieser Analyse, die eine Risikoprioritätszahl (RPZ) als Produkt aus den Wahrscheinlichkeiten über das Auftreten (A), der Bedeutung (B) und der Entdeckung (E) möglicher Gefahren berechnet, wird beispielsweise zur vorbeugenden Fehlervermeidung eingesetzt. Fehler, die während der Produktion oder dem Einsatz von Produkten auftreten, verursachen hohe Kosten für die Fehlerbeseitigung. Oft führen sie zum Imageverlust eines Unternehmens bei seinen Kunden. Deshalb ist es sinnvoll, bereits in einer frühen Phase der Produkt- und Prozessplanung sowie Produktentwicklung auftretende Fehler zu betrachten. Durch das frühe Beschäftigen mit möglichen Fehlerquellen wird eine Strategie der Fehlervermeidung anstatt aufwändiger Fehlerbeseitigung verfolgt. Die Fehlermöglichkeits- und Einflussanalyse ist daher besonders gut für Neuentwicklungen und Änderungen von Produkten und Prozessen geeignet. Durch die Risikobewertung können kritische Komponenten gefunden und Schwerpunkte bei der Vermeidung von Fehlern gesetzt werden. Die mit der Fehlermöglichkeits- und Einflussanalyse erzielte Qualitätssteigerung senkt die Gefahr, dass Produktfehler beim Kunden auftreten, Kosten verursacht werden und ein Ansehensverlust eintritt. Dem höheren Aufwand zu Beginn der Entwicklung steht die Vermeidung von späteren Fehlern gegenüber. Weitere Vorteile dieser Methode sind die Steigerung des Qualitätsbewusstseins der Mitarbeiter, der fachübergreifende Wissensaustausch sowie die geordnete und lückenlose Dokumentation der Fehler und Korrekturmaßnahmen. (mjr)

Literatur
ISO (International Organization for Standardization) (Hrsg.) 2018: ISO 31000:2018-02 Risikomanagement – Leitlinien. Genf

Felke-Kur
Das als Felke-Kur bezeichnete Heilverfahren beruht auf dem von Pastor Emanuel Felke vor mehr als 100 Jahren entwickelten ganzheitlichen Therapiekonzept mit natürlichen → Heilmitteln. Die Therapie erfolgt unter Anwendung von Lehm in verschiedenen Variationen, mit Bewegung an frischer Luft, kombiniert mit gesunder Ernährung beziehungsweise Fasten unter Anleitung. Die → Prädikatisierung als Felke-Kurort oder Felke-Heilbad unterliegt in Deutschland den ‚→ Begriffsbestimmungen – Qualitätsstandards für Heilbäder und Kurorte, Luftkurorte, Erholungsorte – einschließlich der Prädikatisierungsvoraussetzungen – sowie für Heilbrunnen und Heilstollen'. (abw)

Ferien [holiday, vacation]
Aus dem lateinischen feriae = Feier- bzw. Ruhetage abgeleitetes Lehnwort. Auch das deutsche Wort ‚Fest' ist damit verwandt. Im britischen Englisch sind es die ‚heiligen Tage' (holy days), im amerikanischen Englisch die vom lateinischen vacatio = Befreitsein, Entlastung abgeleitete vacation. Ferien sind heute ein Synonym für → Urlaub, das vor allem im schulischen Bereich üblich ist (Pfingstferien, Sommerferien usw.). (jwm)

Ferienclub → Cluburlaub

Feriendorf [holiday village]
Anlage von Bungalows bzw. → Ferienhäusern, u. U. auch mit → Ferienwohnungen, die als Urlaubsunterkünfte gebaut wurden. In den Niederlanden entstanden aus solchen Bungalowdörfern die sogenannten Center Parcs, die durch ein tropisches Badeparadies im Zentrum ergänzt werden. (jwm)

Ferienfluggesellschaft [leisure carrier]

→ Fluggesellschaft, die sich auf Gelegenheitsverkehr in Feriengebiete spezialisiert hat. Ursprünglich waren dies Charterfluggesellschaften, die mit der Liberalisierung des Luftverkehrs in der Europäischen Union seit den 1990er-Jahren nicht nur Kontingente über Reiseveranstalter abgesetzt, sondern zunehmend auch Einzelplätze direkt an Endkunden verkauft haben. Zudem konnten sie einzelne Flüge auch als Linienflüge durchführen, so dass die Unterscheidung zwischen Linien- und Charterflug weitgehend obsolet geworden ist.

Conrady, Fichert & Sterzenbach skizzieren das aktuelle Geschäftsmodell von Ferienfluggesellschaften wie folgt (2019, S. 251 f.): primär kontinentaler Aktionsraum – häufig heterogene Flotte – Streckennetztyp „Point-to-Point" – kleine bis mittelgroße Zielflughäfen – Zielgruppe primär Privatreisende – Produkt- und Serviceangebot auf mittlerem Niveau – Einzelplatzverkauf an Endverbraucher (über Internet, → Callcenter) und Kontingente an Reiseveranstalter (Vertrieb über Reiseveranstalter) – kaum Marketingkommunikation für Kontingentverkäufe, aktive Bewerbung Einzelplatzverkäufe – flache Managementstrukturen. (jwm/wf)

Literatur

Conrady, Roland; Frank Fichert & Rüdiger Sterzenbach 2019: Luftverkehr. Betriebswirtschaftliches Lehr- und Handbuch. Berlin, Boston: De Gruyter Oldenbourg (6. Aufl.).

Mundt, Jörn W. 2013: Tourismus. München, Wien: Oldenbourg (4. Aufl.).

Ferienhaus [holiday cottage, vacation home]

Haus, das zu Ferienzwecken genutzt wird. Es besteht aus mehreren Zimmern (Aufenthalts-, Schlafzimmer), Nebenräumen, Küche, Bad, WC, Terrasse und Garten. Ferienhäuser existieren als einzelne, isolierte Objekte, oder sie sind in größere Einheiten (z. B. Bungalow-Feriendörfer, Ferienparks oder Campingplätze) eingebettet. Ferienhäuser werden oft wochenweise vermietet. Sie haben in den letzten Jahren weltweit eine architektonische Aufwertung erfahren (etwa Hamer 2020).

Ferienhäuser können sich auch im Eigentum von Privatpersonen befinden, die sie zur Selbstnutzung (Zweitwohnsitz) gekauft haben. Ebenso denkbar sind Nutzungsmodelle, die auf Teilzeitwohnrechten basieren (→ Timesharing). Ferienhäuser werden der → Parahotellerie zugeordnet. Zu dem Erfolg des Beherbergungstyps siehe → Ferienwohnung. (wf)

Literatur

Carstensen, Ines 2003: Der deutsche Ferienhaustourist – schwarzes Schaf oder Goldesel? Ergebnisse empirischer Feldforschung zu deutschen Ferienhausgästen in Dänemark. Potsdam: Universitätsverlag

Hamer, Jan (Hrsg.) 2020: Urlaubsarchitektur – Häuser und Menschen. Hannover: Edition Urlaubsarchitektur

Mundt, Jörn W. 2013: Tourismus. München, Wien: Oldenbourg (4. Aufl.).

Tress, Gunther 2000: Die Ferienhaus-Landschaft: Motivationen, Umweltauswirkungen und Leitbilder im Ferienhaustourismus in Dänemark. Roskilde (Forsknningsrapport nr. 120)

Ferienort → **Destination**

Ferienregion → **Destination**

Ferienwohnung (FeWo) [holiday dwelling, vacation apartment, self catering apartment]
Wohnung, die zu Ferienzwecken genutzt wird. Sie beinhaltet mehrere Räume (Aufenthalts-, Schlaf-, Nebenräume), Küche, Bad, WC und unter Umständen Balkon oder Terrasse und Garten. Ferienwohnungen bilden eine abgeschlossene Einheit innerhalb eines Wohnhauses oder sind Teil einer Ferienanlage. Ferienwohnungen werden oft wochenweise vermietet. Sie können sich auch im Eigentum von Privatpersonen befinden, die sie zur Selbstnutzung (Zweitwohnsitz) gekauft haben. Ebenso denkbar sind Nutzungsmodelle, die auf Teilzeitwohnrechten basieren (→ Timesharing).

Gemietete und im Eigentum befindliche Ferienwohnungen bzw. -häuser gehören der FUR-Reiseanalyse zufolge seit Jahren zu den gefragtesten Unterkunftsformen der Deutschen bei Urlaubsreisen (2018: Hotels/Gasthöfe 48 %; Ferienwohnungen/-häuser 25 %; Camping 7 %; FUR 2019, S. 4). Sie bieten insbesondere für Familien mit kleinen Kindern eine attraktive Beherbergungsmöglichkeit. Selbstverpflegung, höhere Bewegungsfreiheit in den Räumlichkeiten, nicht das Gefühl wie in einem Hotel zu haben, andere Gäste zu stören und niedrigere Kosten im Vergleich zu Hotels erklären zum großen Teil den Erfolg des Beherbergungstyps (Mundt 2013, S. 70). Ferienwohnungen werden der → Parahotellerie zugeordnet. (wf)

Literatur
FUR Forschungsgemeinschaft Urlaub und Reisen e. V. 2019: Reiseanalyse 2019. Erste ausgewählte Ergebnisse der 49. Reiseanalyse zur ITB 2019. (https://reiseanalyse.de/wp-content/uploads/2019/03/RA2019_Erste-Ergebnisse_DE.pdf, zugegriffen am 06.04.2020)
Mundt, Jörn W. 2013: Tourismus. München, Wien: Oldenbourg (4. Aufl.)

Ferienzimmer [vacation guestroom, Bed and Breakfast]
Zimmer in privaten Häusern oder Wohnungen, die an Urlaubsgäste oder, meist in Messestädten, auch an Geschäftsreisende vermietet werden. Der → Deutsche Tourismusverband hatte für Privatzimmer (P) ein Klassifizierungsschema entwickelt: Sie konnten analog zu → Ferienhäusern und → Ferienwohnungen (F), Campingplätzen (C), Gästehäusern, Gasthöfen, Pensionen (G) (→ Deutsche Klassifizierung für Gästehäuser, Gasthöfe und Pensionen) und Hotels (→ Deutsche Hotelklassifizierung) in eine Sterne-Klassifizierung (1*-5*) eingeordnet werden. Durch den vorgestellten Buchstaben (P) wurde deutlich, um was für einen Betrieb es sich dabei handelt.

2019 erfolgte eine Umbenennung: Aus Privatzimmern wurden im Wording nun Ferienzimmer. Damit erfolgte eine sprachliche Angleichung zu Ferienhäusern und -wohnungen, gleichzeitig wirkt der Begriff moderner. (jwm/wf)

Fernbus [long distance coach, remote bus]

Fernbusse waren bis vor wenigen Jahren in Deutschland ein weitgehend unbekanntes Phänomen. Dieses Faktum basierte in erster Linie auf einem geltenden Verbot zugunsten anderer Verkehrsträger (insbesondere → Zug und Regionalbusverkehr), das nur auf ausgewählten Strecken Ausnahmen zuließ. Als Grundlage der Personenbeförderung in Deutschland diente das sogenannte Personenbeförderungsgesetz (PBefG), das am 1. April 1935 in Kraft trat. Vor dem Hintergrund dieses Gesetzes war die Einrichtung neuer Busverbindungen ausschließlich dann möglich, wenn diese zu einer spürbaren respektive nachweisbaren Verbesserung des bestehenden Verkehrs- und Transportwesens im öffentlichen Raum beitrugen. Die Voraussetzungen dafür waren nur dann gegeben, sofern a) eine neue Verbindung eine Strecke bediente, auf der zur gleichen Zeit kein anderes Verkehrsmittel verkehrte, b) keinerlei weitere Alternative bestand und c) eine deutlich kürzere Fahrzeit als bei bereits existierenden Verkehrsträgern nachgewiesen werden konnte. Ferner musste ein neuer Verkehrsträger deutlich preiswerter als eine Alternative auf der identischen Strecke sein. Ausgangspunkt dieser ausgesprochen komplexen Regelung war aus Perspektive des Gesetzgebers einerseits die Wahrung des öffentlichen (Verkehrs-)Interesses, andererseits die Abwendung eines unkontrollierten Wettbewerbsgebarens diverser Anbieter, das unter Umständen Nachteile für den Endkunden impliziert hätte. Insbesondere letztgenannter Aspekt geriet im Laufe der Zeit forciert in die Kritik, da dieser potentiellen Kunden kostengünstigere Alternativen vorenthielt. Die → Deutsche Bahn AG – immerhin mit Fernzug- und Busangebot größter Profiteur des bestehenden Systems – plädierte vehement für eine Beibehaltung des Status quo. Nichtsdestotrotz verständigten sich im September 2012 die Bundestagsfraktionen von CDU/CSU, FDP, SPD und Bündnis 90/Die Grünen auf eine Novellierung des Personenbeförderungsgesetzes (PBefG). Diese trat zum 1. Januar 2013 in Kraft und trug zu einer deutlichen Liberalisierung des bundesdeutschen Personenfernverkehrs bei (Burgdorf 2016; Hanke & Krämer 2014).

Bis dato ist der Wettbewerb im Fernbusverkehr ausgesprochen hart umkämpft. So haben einige etablierte Anbieter ihr Liniennetz kontinuierlich ausgebaut, andere sind in den Markt gedrängt, haben teilweise fusioniert oder wurden zwischenzeitlich wieder vom Markt verdrängt. Insbesondere günstige Preise (Sonderkonditionen bzw. -kontingente, Sparpreise, Frühbuchertickets etc.) lassen Fernbusreisen für Kunden attraktiv erscheinen, denn Busreisen gelten im Vergleich zu Bahnfahrten als deutlich preiswerter. Jedoch rücken neben dem Preis sukzessive auch weitere Aspekte in den Fokus. Je nach Anbieter variieren Komfort und Infotainment-Angebote – bequeme Sitze, Gratiszeitungen, Leihbücher, Getränke und Snacks, Gratis-Wlan und moderne Unterhaltungssysteme sind mittlerweile Standard. Handgepäck und Koffer sind in der Regel frei; erst weitere, vor allem sperrige Gepäckstücke (bspw. Fahrrad, Skier usw.) erfordern häufig einen Aufpreis. Bei den meisten Anbietern können online gebuchte Tickets bis 24 Stunden vor Abfahrt kostenfrei storniert werden. Als dezidierter Nachteil bei Fernbusreisen gelten immer wieder die Fahrtzeiten, die – streckenabhängig – in der Regel mehr Zeit in Anspruch nehmen als bei der Bahn (Süddeutsche Zeitung 2019).

Angesichts eines hart umkämpften Marktes stellen sich für Fernbusanbieter etliche Herausforderungen: So geht es unter anderem um die Lenkzeitenregelung respektive die Einhaltung von Ruhe- und Erholungspausen für die Fernbusfahrer sowie verschiedene Herausforderungen im Organisationsablauf; in diesem Zusammenhang sei vor allem auf den immensen Kostendruck sowie einen zunehmenden Fahrermangel verwiesen (Die Zeit 2018; taz 2018; WAZ 2019). Darüber hinaus gilt es als weitgehend offenes Geheimnis, dass kaum ein Unternehmen im Gewinnbereich agiert (Süddeutsche Zeitung 2016).

Die drei bekanntesten Anbieter in dem ausgesprochen volatilen Angebotssegment sind Flixbus, IC Bus und BlaBlaBus. Nach wie vor existieren allerdings keine gesicherten Zahlen über die Anzahl der Fernbusreisenden, geschweige denn über ihr individuelles Reiseverhalten, da die Fernbusunternehmen ihre Daten bislang nicht dem Statistischen Bundesamt melden müssen (VCD Verkehrsclub Deutschland e. V. o. J.; Schulz 2017). Fernbusse verbinden überwiegend urbane → Destinationen, sie bieten in ihrem Portfolio aber auch beliebte Urlaubsziele in Deutschland und Europa an. Als Voraussetzung für eine Fernbushaltestelle gilt ein Mindestabstand zwischen den Haltestellen von mehr als 50 km bzw. eine Reisezeit von mehr als einer Stunde. Die Personenbeförderung muss im Voraus beantragt und seitens der von der jeweiligen Landesregierung bestimmten Behörde genehmigt werden. Ausgangspunkt ist ein zentraler Ort, in den meisten Fällen ein zentral gelegener Busbahnhof in unmittelbarer Nähe zum Hauptbahnhof (→ Bahnhof) einer Destination. Mitunter findet man Haltestellen auch günstig in der Nähe einer Autobahn gelegen. → Bustourismus. (mp/nsc)

Literatur

Burgdorf, Christian 2016: Potenziale des Fernlinienbusverkehrs in Deutschland: Eine systemdynamische Betrachtung. Wiesbaden: Springer Gabler

Die Zeit 2018: Das Problem sind Tricksereien von Busunternehmen. (https://www.zeit.de/arbeit/2018-07/fernbusse-ruhezeiten-busfahrer-arbeitsbedingungen, zugegriffen am 30.08.2019)

Hanke, Dieter; Kirsten Krämer 2014: Der Fernbusmarkt in Deutschland. In: Omnibusspiegel, 14 (3), S. 8–13

Schulz, Axel 2017: Fernbuslinienverkehr. (https://www.tourismus-schulz.de/verkehr-und-tourismus/stra%C3%9Fenverkehr/busverkehr/fernbuslinienverkehr, zugegriffen am 30.08.2019)

Süddeutsche Zeitung 2016: Zu wenig Schlaf. (https://www.sueddeutsche.de/panorama/fernbusse-zu-wenig-schlaf-1.2901562, zugegriffen am 30.08.2019)

Süddeutsche Zeitung 2019: Welches Reisemittel ist attraktiver – Fernbus oder Bahn? (https://www.sueddeutsche.de/leben/tourismus-welches-reisemittel-ist-attraktiver-fernbus-oder-bahn-dpa.urn-newsml-dpa-com-20090101-190826-99-614477, zugegriffen am 30.08.2019)

taz 2018: Busfahrer lässt Passagier stehen. (https://taz.de/Probleme-bei-Flixbus/!5534677/, zugegriffen am 30.08.2019)

VCD Verkehrsclub Deutschland e. V. o. J.: Fernlinienbusse – Ergänzung zur Bahn. (https://www.vcd.org/themen/fernlinienbusse, zugegriffen am 30.08.2019)

WAZ 2019: Flixbus-Passagiere mussten stundenlang in der Hitze warten. (https://www.waz.de/panorama/flixbus-passagiere-mussten-stundenlang-in-der-hitze-warten-id226149881.html, zugegriffen am 30.08.2019)

Festpacht → **Hotelpacht**

FeWo → **Ferienwohnung**

FF&E → **Furniture, Fittings & Equipment**

FHG

Kürzel für „Förderer der in der Hotellerie und Gastronomie Beschäftigten und Auszubildenden e. V.". Der Förderverein wurde 1989 von baden-württembergischen Spitzenhoteliers unter der Federführung von Hermann Bareiss gegründet (o. V. 2006, S. 7), 2019 feierte der FHG sein 30-jähriges Bestehen (o. V. 2019, S. 22). Zentrales Ziel des Vereins ist die Förderung des gastronomischen Nachwuchses, insbesondere in den Abteilungen Küche und Service. Bekannt wurde der FHG durch ein nach ihm benanntes Aus- und Weiterbildungsmodell → FHG-Modell. (www.fhg-ev.de). (wf)

Literatur

FHG (Hrsg.) o. J.: Willst Du aus dem Vollen schöpfen? Flyer. Ettlingen

o. V. 2006: Hermann-Bareiss-Preis erstmals verliehen. In: Allgemeine Hotel- und Gaststättenzeitung (AHGZ), 106 (31), S. 7

o. V. 2019: FHG-Jubiläum. Der Förderverein und Karrierepartner der deutschen Spitzengastronomie wird 30. In: Dehoga Magazin, o. Jg. (7), S. 22

FHG-Modell

Aus- und Weiterbildungsmodell für die Hotel- und Gastronomiebranche, das vom Verein → FHG initiiert wurde. Das Ursprungsmodell sieht in einem ersten Schritt eine dreijährige duale Ausbildung an der Landesberufsschule in Bad Überkingen vor. Im Vergleich zu einer konventionellen Ausbildung sind die theoretischen Ausbildungsinhalte erweitert. Im Anschluss an die Ausbildung besteht die Option, ein dreijähriges, duales Studium an der DHBW Ravensburg (Studienschwerpunkt: Hotel- und Gastronomiemanagement) zu absolvieren. Das auf sechs Jahre angelegte Modell zielte insbesondere auf die Entwicklung von Führungskräften für die Bereiche Küche und Service.

Das Modell wurde 1993 erstmalig angeboten (o. V. 2006, S. 7), 2004 erhielten der FHG und die beteiligten Partner für das Ausbildungsmodell den internationalen Eckart Witzigmann-Preis für Nachwuchsförderung (www.fhg-ev.de).

Das ursprüngliche Modell wurde über die Jahre differenziert. Neben der Ausbildung mit Abitur existiert nun eine Ausbildungsvariante für mittlere Bildungsabschlüsse (Duales Berufskolleg). Die Möglichkeiten für ein weiterführendes Studium wurden ebenfalls erweitert (FHG o. J.). (wf)

Literatur

FHG (Hrsg.) o. J.: Willst Du aus dem Vollen schöpfen? Flyer. Ettlingen

o. V. 2006: Hermann-Bareiss-Preis erstmals verliehen. In: Allgemeine Hotel- und Gaststättenzeitung (AHGZ), 106 (31), S. 7

FIFO

(a) → Warteschlangen

(b) Akronym für die Lagerhaltungsregel „first in, first out": Produkte, die zuerst in das Warenlager eingehen, müssen zuerst das Warenlager verlassen. Durch die Rotationslogik wird die Frische der Ware gesichert. (wf)

Filetieren [to fillet]

Unter Filetieren (fileter [franz.] = filetieren, schneiden) wird sowohl das Lösen der Fischfilets von den Gräten mittels eines speziellen Messers (Filetiermesser) als auch das Zerlegen bzw. Portionieren von ganzen Fischen verstanden.

Der Begriff wird darüber hinaus bei Zitrusfrüchten verwendet und bedeutet dort das Lösen des Fruchtfleisches (Fruchtfilets) aus der Haut. Synonym: Filieren. Zum Filetieren verschiedener Fisch- und Obstarten siehe Gastrosuisse 2014, S. 65 ff. und Gutmayer et al. 2014, S. 66 ff. (wf)

Literatur

GastroSuisse (Hrsg.) 2014: Arbeiten am Tisch: Die hohe Kunst des Flambierens, Tranchierens, Filetierens und Servierens. Zürich: édition gastronomique

Gutmayer, Wilhelm et al. 2014: Service: Die Meisterklasse. Linz: Trauner (4. Aufl.)

Filieren → Filetieren

Fine Dining

Fine (engl.) = elegant, fein, vornehm; dining (engl.) = Essen. Fine Dining ist eine Umschreibung für ‚Feines Essen' bzw. ‚Gehobene Küche'. Merkmale eines Fine Dining sind: hochwertiges Essen und Trinken, → À la carte-Service, stilvolles Ambiente (auch Davis et al. 2018, S. 48). Der Begriff ist nicht trennscharf, wird in der Praxis aber oft gleichgesetzt mit Gourmetgastronomie (→ Gourmet; → Gastronomie). Fine Dining ausschließlich auf die Sterne-Gastronomie (→ Guide Michelin) zu reduzieren, ist zu eng gefasst.

Casual Fine Dining (casual [engl.] = lässig, leger, salopp) stellt eine Variante dar. Das Fine Dining wird in seiner formalen Struktur aufgebrochen. Essen, Trinken und Service finden in einer entspannten, weniger exklusiven Atmosphäre und mit einem einfacheren Regelwerk statt. Auch die Kleiderordnung (→ Dresscode) wird gelockert und zwangloser. Lane spricht in dem Zusammenhang von einem kulturellen Wandel und einer „Demokratisierung" des Fine Dining. Verantwortlich hierfür seien Finanzkrise, Globalisierung und der gemeinsame Wunsch von Gästen, → Hoteliers und Gastronomen nach dem Abbau von zu starren und steifen Regelwerken (Lane 2014, S. 332 ff.). → Hotelrestaurant. (wf)

Literatur

Davis, Bernard et al. 2018: Food and Beverage Management. London, New York: Routledge (6th ed.)

Lane, Christel 2014: The Cultivation of Taste. Chefs and the Organization of Fine Dining. Oxford: University Press

Gedankensplitter

„Germans read the menu from right [the price] to left." (Zitat Sternekoch; In: Lane 2014, S. 44)

Finger [boarding bridge, passenger bridge]

Fluggastbrücke, über die Passagiere direkt vom → Terminal in ein Flugzeug gehen können. Es handelt sich um einen direkt mit dem Gebäude verbundenen fahrbaren Gang, der in der Höhe verstellt und teleskopartig ein- und ausgefahren und damit direkt an der Flugzeugtür unterschiedlich großer Flugzeuge angedockt werden kann. (jwm)

Finger Food

Finger (engl.) = Finger; food (engl.) = Nahrung. Finger Food ist der Begriff für Essen, das mit Fingern bzw. ohne → Besteck zu sich genommen wird. Die mundgerecht zubereiteten Speisen bieten sich bspw. bei Stehempfängen an. Siehe hierzu auch → Canapés, → Esskultur.

Finger Food ist keine Erfindung der Neuzeit, sondern seit Menschengedenken Usus. Auch heute isst der Großteil der Menschheit nicht mit → Messer, → Gabel und → Löffel. (wf)

Fingerschale [finger bowl]

In der Gastronomie die Bezeichnung für eine mit Wasser gefüllte, kleine Schale, die zum Reinigen der Finger am Tisch nach dem Essen dient. Bei nicht fetten Speisen (wie Obst) wird kaltes Wasser bereitgestellt, bei fetten Speisen (wie Geflügel, Flusskrebse oder Spareribs) warmes Wasser mit einer Zitronenscheibe. Die Schale, die meist aus versilbertem Material oder Edelstahl besteht, wird in einer Serviettentasche am Tisch eingesetzt. Sie wird in der Regel nur in der gehobenen Gastronomie angeboten. (wf)

Firmendienst [corporate travel service department]

Abteilung eines Reisebüros, in dem die Reiseetats von Firmenkunden abgewickelt werden. Anders als für Privatkunden braucht man dafür kein Ladenlokal, da hier kaum Beratungsaufwand anfällt und die Reisen in der Regel telefonisch, per Fax oder E-Mail angefragt werden. Dadurch können konventionelle Büroräume hinter oder über Reisebürolokalen bzw. Standorte außerhalb teurer Lauflagen in Industriegebieten, Home Office usw. genutzt werden. In Fällen großer Reiseetats werden Firmendienste von Reisebüros oft auch in den betreuten Unternehmen selbst eingerichtet (Implant-Reisebüro). Man unterscheidet zwischen geschlossenen und offenen Implants. In geschlossenen werden nur Reisen für die Firma gebucht und abgerechnet, in denen das Reisebüro angesiedelt ist, in offenen werden zusätzlich auch Arbeiten für andere Firmenkunden erledigt. Unter einem Explant versteht man ein Team, das in einem Reisebüro ausschließlich für ein Unternehmen tätig ist. (jwm)

Firmenmuseum → Museum

First Class → Beförderungsklasse

First sitting

In der Gastronomie die Zeitspanne bei Tischzeiten, in der Essen angeboten wird. Die Tischzeiten können in mehrere Zeitfenster (first sitting, second sitting bzw. auch first seating, second seating) aufgebrochen werden. Der Grund für die Fixierung von festen Tischzeiten sind begrenzte Sitzplatzkapazitäten.

Kreuzfahrtgesellschaften (→ Kreuzfahrttourismus) bspw. bieten je nach Zielgebiet in ihren Hauptrestaurants für das Abendessen eine erste Tischzeit von 18.00 bis 19.30 Uhr und eine zweite Tischzeit von 20.00 bis 21.30 Uhr an. Zuweilen werden feste Tische bzw. Essensplätze zugewiesen („assigned seating") oder auch nicht („open seating"). Durch die Schaffung von zusätzlichen gastronomischen Outlets wird auf den neuen Generationen von Kreuzfahrtschiffen das Problem entschärft. → Sitzplatzumschlag. (wf)

Fixkosten → **Controlling**, → **Deckungsbeitrag**

FKK → **Freikörperkultur**

Flag carrier

Englische Bezeichnung für die nationale Fluggesellschaft. Der Begriff stammt aus der Zeit vor der Liberalisierung des Luftverkehrs, als in vielen Ländern meist eine staatliche Fluggesellschaft existierte, welche quasi die eigene Flagge am Leitwerk in die Welt trug. Auch wenn die meisten ehemals staatlichen Fluggesellschaften in den letzten Jahrzehnten privatisiert wurden (zum Beispiel British Airways 1987, → Lufthansa 1997), sind diese auf ihren Heimatmärkten immer noch so dominant, dass der Begriff nach wie vor Verwendung findet. (jwm)

Flambieren **[to flambé]**

(a) Speisen werden mit hochprozentigem Alkohol (z. B. Calvados, Himbeergeist, Kirschwasser, Weinbrand) übergossen und anschließend entzündet. Das Flambieren, das in der Regel vor den Augen des Gastes erfolgt, verfeinert durch die Abgabe von Aroma- und Geschmacksstoffen den Geschmack. Hinzu tritt der optische Effekt bzw. Erlebnischarakter (GastroSuisse 2014, S. 159 ff.; Gutmayer et al. 2014, S. 108 ff.). Die Zubereitung ist aufwendig und in der Folge kostenintensiv. In der betrieblichen Praxis wird das Flambieren nur noch selten praktiziert.

(b) Abflammen bzw. Absengen von Geflügel über offener Flamme (flambée [franz.] = aufloderndes Feuer). Zweck ist die Entfernung von Federresten bzw. kleinen Haaren. (wf)

Literatur
GastroSuisse (Hrsg.) 2014: Arbeiten am Tisch: Die hohe Kunst des Flambierens, Tranchierens, Filetierens und Servierens. Zürich: édition gastronomique
Gutmayer, Wilhelm et al. 2014: Service: Die Meisterklasse. Linz: Trauner (4. Aufl.)

Flat Rides → **Fahrgeschäft**

Flight Catering

Zusammengesetztes Wort aus Flight (engl.) = Flug und dem mittel-englischen, normannisch-französischen acatour, acater = versorgen/kaufen von Vorräten.

Innerhalb des übergeordneten Begriffes → Catering ist das Flight Catering dem Verkehrs-Catering zuzuordnen (auch Davis et al. 2018, S. 84 ff.). In der Luftfahrtbranche häufig nur kurz „Catering" genannt, beschreibt „Flight Catering" die Versorgung eines Fluges mit Bordverpflegungsmitteln (→ Bordservice). Der Begriff beschreibt einerseits das Unternehmen/den Betrieb, welches Catering-leistungen entwickelt, herstellt oder vertreibt und andererseits das tatsächliche Ereignis der Bordversorgung einzelner Flüge mit den angeforderten Leistungen. Der umgangssprachliche Gebrauch des Begriffes „(Airline-) Catering" (= Catering einer Fluggesellschaft) ist historisch gewachsen und macht das Kunden-Lieferan-ten-Verhältnis zwischen Fluggesellschaft und Catering-Unternehmen deutlich. Das Catering beschreibt im Allgemeinen den gesamten Bordverpflegungsbereich auf einem Flug des Linien-, Charter- oder allgemeinen Luftverkehrs und beinhal-tet die Versorgung der Passagiere und der Flugbesatzung mit Lebensmitteln und Getränken, Artikeln des Flugreisebedarfs (beispielsweise Kosmetik, Zeitungslek-türe, Kinderspielzeug, Spielfilme) und Artikeln des Bordverkaufs (beispielsweise Duty-Free: Zigaretten, Parfums, Accessoires, Pralinen). Gegebenenfalls schließt das Leistungspaket auch Elemente der Kabinenausstattung (beispielsweise De-cken und Kissen, Kopfpolsterschoner) ein.

Die Leistungstiefe und -breite für das Catering verschiedener Flüge ist sehr unterschiedlich (beispielsweise Interkontinentalflug einer Linienfluggesellschaft, Boeing 747: 40.000 verschiedene Einzelteile, Gewicht 6 Tonnen im Vergleich zu einem ‚No Frills-Airline'-Inlandsflug (→ Billigfluggesellschaft) mit Getränke- und Snackangebot zum Verkauf an Bord) und hängt weitgehend von folgenden Fak-toren ab:
–   Bordverpflegungskonzept (beispielsweise im Ticketpreis inklusive oder ‚buy-on-board'),
–   Budget des Kunden (hier: die Fluggesellschaft),
–   Produkt-Design des Kunden (beispielsweise Corporate Design des Equip-ments, ethnische bzw. religiöse Vorgaben (→ Koscher; → Halal),
–   Flugdauer (beispielsweise Interkontinental- oder Inlandsflug, daraus abgelei-tetes Service-Stufen-Konzept),
–   Flugzeitpunkt (beispielsweise morgens: Frühstück, nachts: Decken),
–   Klassendiversifikation (beispielsweise Vierklassen-Konzept: First-, Busi-ness-, Premium- und Economy-Class oder Einklassenkonzept),
–   Bedingungen (Lufttüchtigkeit = [engl.] Airworthiness) und Begrenzungen durch das Flugzeug (beispielsweise Erhitzungsmöglichkeiten für Lebensmit-tel an Bord, Stauraum und Gewichtslimitierung an Bord).

Neben den genannten Einflussfaktoren stellen folgende Rahmenbedingungen ei-ne Herausforderung für das Flight Catering dar:
–   hohe Anforderungen an Qualität, Hygiene und Pünktlichkeit,
–   große Vielfalt unterschiedlicher Artikel und ein sich hieraus ergebender ho-her Komplexitätsgrad,

– ständige Änderung der Produktpalette (beispielsweise regelmäßiger Menüwechsel, Neuentwicklungen im Equipment-Bereich: neues Design oder Serviceerleichterung).

Das Flight Catering in seiner heutigen Form ist unter Berücksichtigung der oben genannten Anforderungen und Rahmenbedingungen ein logistischer Prozess, wobei dem gastronomischen Teilprozess „Fertigung" ein hoher Stellenwert zukommt, insbesondere im Premium-Segment First Class. (sr)

Literatur
Davis, Bernard et al. 2018: Food and Beverage Management. London, New York: Routledge (6th ed.)

Flixbus → **Fernbus**

Floaten [to float]
Floaten (to float [engl.] = schwimmen, schweben, gleiten) ist eine Technik, die in der Bar bei der Zubereitung von „geschichteten" Mixdrinks angewandt wird. Hierbei lässt man Flüssigkeiten wie z. B. Liköre oder Sirups über den Barlöffelrücken vorsichtig auf den Drink fließen. Ein klassisches Beispiel ist die Zubereitung eines Tequila Sunrise aus Tequila und Orangensaft, der mit Grenadinesirup (aus Granatäpfeln) ,gefloated' wird. Dadurch wird auch der optische Effekt erzielt, der dem Mixdrink seinen Namen gibt und einem Sonnenaufgang ähneln soll. (tg)

Flugbegleiter [flight attendant, cabin attendant]
Aus Sicherheitsgründen müssen in Passagierflugzeugen in der Kabine ausgebildete Flugbegleiter mitfliegen. Die EASA (European Union Aviation Safety Agency) schreibt Flugzeugherstellern vor, dass diese die Minimalzahl in ihrer internen Dokumentation festzulegen haben. Abweichungen sind bspw. durch unterschiedliche Kabinenkonfigurationen möglich (EASA 2017).

In einigen Ländern müssen Flugbegleiter ebenso wie das übrige Luftfahrtpersonal (Piloten, Mechaniker) lizenziert sein. Auf den meisten Flügen haben die Flugbegleiter Servicefunktionen im Servieren von Getränken und Mahlzeiten und im Bordverkauf (→ Bordservice). Noch stärker verkaufsbezogen arbeiten sie bei → Billigfluggesellschaften, bei denen der Bordservice in der Regel nicht im Flugpreis inbegriffen ist. → Singapore Girls. (jwm/wf)

Literatur
EASA (ed.) 2017: Certification Memo EASA-CM-CS-008 Issue 01. (https://www.easa.europa. eu/sites/default/files/dfu/EASA%20CM-CS-008%20Issue%2001.pdf, zugegriffen am 08.04.2020)

Flugdatenschreiber → **Flugschreiber**

Flugfläche **[flight level]**
Reiseflughöhen, die durch einen konstanten Luftdruck von 1013,2 Hektopascal definiert sind. Da Flughöhen mit barometrischen Geräten, d. h. über den abnehmenden Luftdruck in zunehmender Höhe, gemessen werden, wird damit sichergestellt, dass sich alle Flugzeuge unabhängig vom örtlichen Luftdruck in demselben Druckflächensystem bewegen. Sie werden, wie generell Höhenangaben in der Luftfahrt, in Fuß gemessen (1 Fuß = 0,3048 m). Zur Vereinfachung werden die Hunderter dabei weggelassen: Flugfläche 330 entspricht also einer Druckfläche von 33.000 Fuß (ca. 10.800 m). Eine Ausnahme ist jedoch Russland, wo alle Angaben metrisch erfolgen, d. h., Höhen in Metern und Luftdruck in Millimetern gemessen wird. Da viele Langstreckenflüge zwischen Europa und Asien und mit der Zunahme polarer Routen auch zwischen Asien und Amerika durch russischen Luftraum erfolgen, müssen die Flugzeuge auf diesen Routen entsprechend ausgerüstet sein. (jwm)

Fluggastbrücke → **Finger**

Fluggastdatensatz → **Passenger Name Record**

Fluggesellschaft **[airline, carrier]**
Unternehmen, das gewerbsmäßig Flugverkehrsdienste für Passagiere und/oder Fracht anbietet.

Fluggesellschaften sind anhand verschiedener Kriterien (Aktionsraum, Flugplan, Kapazitätsbereitstellung, Transportobjekt, Zielgruppe) typologisierbar (hierzu Conrady, Fichert & Sterzenbach 2019, S. 224 f.; Mundt 2013, S. 257 ff.). Legt man die Unterscheidungskriterien Aktionsraum (Kurzstrecke, Langstrecke) und Zielgruppe (Privatreisende, Geschäftsreisende) zugrunde, lassen sich die Geschäftsmodelle → Netzwerkfluggesellschaft (Network Carrier), → Billigfluggesellschaft (Low Cost Carrier), → Regionalfluggesellschaft (Regional Carrier), und → Ferienfluggesellschaft (Leisure Carrier) ableiten.

Neben dem eigentlichen Flugverkehr sind große Fluggesellschaften in den Geschäftsfeldern Logistik (Cargo), Technik (Bodendienst, Maintenance, Training), Catering (→ Flight Catering) oder direkt/indirekt luftverkehrsbezogene Dienstleistungen (IT Service, Consulting) aktiv. (jwm/wf)

Literatur
Conrady, Roland; Frank Fichert & Rüdiger Sterzenbach 2019: Luftverkehr. Betriebswirtschaftliches Lehr- und Handbuch. Berlin, Boston: De Gruyter Oldenbourg (6. Aufl.)
Graham, Anne 2018: Managing airports – an international perspective. London: Routledge
Mundt, Jörn W. 2013: Tourismus. München, Wien: Oldenbourg (4. Aufl.)

Flughafen [airport]

Flughäfen fungieren als zentrale und – in einer zunehmend vernetzten, transnationalen Welt – immer wichtigere Institutionen bzw. Knotenpunkte des Luftverkehrssystems, an denen an den Schnittstellen von → Land- und Luftseite eine räumliche und zeitliche Verknüpfung intermodaler und intramodaler Verkehrsströme stattfindet. Ihre essenzielle Aufgabe liegt vor allem darin, einen Wechsel der Verkehrssysteme von der Luft (primär dem Flugzeug) zum Boden (etwa PKW oder Bahn) und umgekehrt zu ermöglichen (Klußmann & Malik 2018; Conrady, Fichert & Sterzenbach 2019).

Vor diesem Hintergrund nehmen Flughäfen als operationale Systeme bestimmte Funktionen ein, die sich in primäre und in sekundäre Funktionen unterteilen lassen: Zu den primären Funktionen zählen die Wegsicherungsfunktion – die Ermöglichung von Starts und Landungen –, die Abfertigungsfunktion – Leistungen, die zur Erbringung von Luftverkehrsdienstleistungen erforderlich sind –, die Transitfunktion – Zubringer- und Verteilerdienstleistungen für Passagiere und Fracht – sowie die Bedürfnisbefriedigungsfunktion im Sinne einer Bereitstellung von Anlagen respektive Infrastrukturen, die über den klassischen Flugbetrieb hinausgehen, etwa Geschäfte, gastronomische Betriebe, Hotels oder Parkhäuser. Zu den sekundären Funktionen zählen die Hilfsfunktion – die Bereitstellung von Flächen für Administration, Flugsicherungskontrolle oder die Wartung von Flugzeugen – sowie die Regionalentwicklungsfunktion im Sinne einer avisierten prosperierenden Wirtschaftsentwicklung (Schulz, Baumann & Wiedenmann 2010; Ashford et al. 2013).

Um einschlägige Funktionen erfüllen zu können, weisen Flughäfen in der Regel folgende Teilbereiche respektive Subsysteme auf: (1) → Start- und Landebahnen, (2) → Flughafenvorfelder, (3) Fluggastanlagen bzw. → Terminals, (4) landgebundene Verkehrsinfrastruktur und (5) Navigationseinrichtungen (Graham 2018; Conrady, Fichert & Sterzenbach 2019). Folgte man etliche Jahrzehnte bei Konzeption und Errichtung von Flughäfen in erster Linie funktionalen, insbesondere luftverkehrsrelevanten Gesichtspunkten, so versucht man in jüngster Zeit verstärkt im Sinne von → Corporate Social Responsibility die Bedürfnisse möglichst vieler Stakeholder – vor allem von Passagieren und local communities – zu berücksichtigen; ein Faktum, das sich – in Bezugnahme auf Klußmann & Malik (2018) – in einem immer komplexeren Spektrum von Anforderungen an Infrastruktur und Architektur (→ Architekturtourismus; Tourismusarchitektur) widerspiegelt:

- Übersichtlichkeit: Vor dem Hintergrund einer forcierten Kundenorientierung sollen die Abläufe und Verkehrsströme im Flughafen möglichst eindeutig erkennbar sein.
- Repräsentation: Flughäfen zeichnen sich im Idealfall nicht nur durch eine hohe Funktionalität aus, sondern sie haben vielfach auch einen hohen symbo-

lischen Wert und sollen unter anderem das kulturelle Selbstverständnis und die ökonomische Leistungsfähigkeit der jeweiligen → Destination abbilden.
- Einstimmung: Im Idealfall stimmt die Architektur die Passagiere atmosphärisch auf den bevorstehenden Flug ein und spiegelt somit dezidiert das konzeptionelle Selbstverständnis der entsprechenden Institution wider.
- Kommerzialisierung: Besonders privatwirtschaftlich betriebene Flughäfen erschließen sich mittels Konzessionseinnahmen aus Einzelhandel, → Gastronomie und sonstigen → Dienstleistungen neue Einnahmequellen und tragen somit zu einer fortschreitenden Kommerzialisierung von Flughäfen bei.
- Einbindung in das räumliche Umfeld: Angesichts forcierter Forderungen nach Bürgerpartizipation und Nachhaltigkeit sollen Flughäfen verstärkt in ihr räumliches Umfeld eingebunden werden.

Flughäfen werden im Allgemeinen anhand verschiedener Strukturmerkmale klassifiziert. Zu den wichtigsten zählen das Passagieraufkommen und die Anzahl der erfolgten Flugbewegungen pro Jahr. Basierend auf einer seitens der Europäischen Kommission im Jahr 2005 verabschiedeten Klassifizierung von Flughäfen, lassen sich anhand des Passagieraufkommens folgende Flughafentypen unterscheiden (Arbeitsgemeinschaft Deutscher Verkehrsflughäfen 2019):
1. Kategorie A: große Gemeinschaftsflughäfen mit mehr als 10 Mio. Passagieren pro Jahr (z. B. Frankfurt am Main)
2. Kategorie B: nationale Flughäfen mit 5 bis 10 Mio. Passagieren pro Jahr (z. B. Hannover)
3. Kategorie C: große Regionalflughäfen mit 1 bis 5 Mio. Passagieren pro Jahr (z. B. Leipzig/Halle)
4. Kategorie D: kleine Regionalflughäfen mit weniger als 1 Mio. Passagieren pro Jahr (z. B. Kassel)

In die Kategorie A fallen auch die sogenannten Hubs, international bedeutende Drehscheiben des Luftverkehrs, in denen eine Airline ihr Hauptdrehkreuz aufgebaut hat und die in der Regel auch als Heimatbasis für die entsprechende Flotte fungieren. Von Hubs aus starten einerseits die meisten Langstreckenflüge, andererseits werden an ihnen die Passagiere aus anderen nationalen Flughäfen mit Zubringerflügen – sogenannten Spokes – über eine kurze oder mittlere Distanz zusammengezogen. Vor diesem Hintergrund spricht man auch von einem Hub-and-Spoke-System. Weitere Charakteristika von Hubs sind unter anderem eine große Anzahl von Non-Stop-Verbindungen, eine hohe Frequenz internationaler Flüge, ein überdurchschnittlicher Anteil an Umsteigern mit kurzen Umsteigezeiten sowie ein hoher Anteil an → Großraumflugzeugen (Klußmann & Malik 2018). Die seit 2015 – hinsichtlich Passagierzahlen – weltweit bedeutendsten Flughäfen mit

Hub-Funktion sind Atlanta, Peking und Dubai. In Deutschland nehmen entsprechende Funktion die Flughäfen Frankfurt am Main sowie München ein.

Flughäfen gelten im kulturanthropologischen Diskurs als klassische Nicht-Orte respektive Transit-Räume, denen es an Geschichte, Identität und Relation mangelt, gleichzeitig müssen sie immer wieder als geradezu paradigmatische Symbole für Anonymität, Einsamkeit und Entwurzelung in einer zunehmend transnationalen Welt herhalten (Augé 2012). Angesichts der häufig massiven Auswirkungen eines Flughafens auf das räumliche Umfeld (insbesondere Versiegelung von Landschaft und Lärmbelästigung) und einer zunehmenden öffentlichen Sensibilität gegenüber den negativen Implikationen von Flugverkehr auf das Klima gelten Flughäfen auch aus einer Nachhaltigkeitsperspektive als eine vergleichsweise problematische Institution, die gerade im Kontext avisierter Ausbaupläne auf forcierten öffentlichen Widerstand stößt. In diesem Zusammenhang darf man jedoch keinesfalls die häufig enorme regional- und gesamtwirtschaftliche Bedeutung von Flughäfen unterschätzen, insbesondere hinsichtlich Beschäftigung, Einkommen, Investitionen und Steuereinnahmen. Darüber hinaus gelingt es einer zunehmenden Anzahl von Flughäfen, sich jenseits ihrer klassischen Kernkompetenz – der Bereitstellung und Abwicklung von Verkehrsdienstleistungen – als multifunktionale, hybride Zentren zu positionieren, indem verstärkt den konsum-, erlebnis- und freizeitbezogenen Bedürfnissen sowohl von Reisenden als auch von Nicht-Reisenden Rechnung getragen wird. Als zentrale Push-Faktoren für diese Entwicklung gelten vor allem die fortschreitende Privatisierung und Kommerzialisierung des Flughafensektors sowie nicht zuletzt die Einsicht, dass sich ein positiv konnotiertes Image zu einem immer wichtigeren strategischen Erfolgsfaktor einer im öffentlichen Diskurs ausgesprochen ambivalent wahrgenommenen Institution entwickelt (Brust 2005; Graham 2018). (nsc)

Literatur

Arbeitsgemeinschaft Deutscher Verkehrsflughäfen 2019: Kategorisierung von Flughäfen. (https://www.adv.aero/randomizer/kategorien/, zugegriffen am 20.09.2019)

Ashford, Norman et al. 2013: Airport Operations. New York: McGraw-Hill

Augé, Marc 2012: Nicht-Orte. München: Beck

Brust, Alexander 2005: Der Flughafen als Zentrum des Verkehrs, des Handels und der Freizeit. Braunschweig: Dissertationsschrift an der Technischen Universität Carolo-Wilhelmina zu Braunschweig

Conrady, Roland; Frank Fichert & Rüdiger Sterzenbach 2019: Luftverkehr. Betriebswirtschaftliches Lehr- und Handbuch. Berlin, Boston: De Gruyter Oldenbourg (6. Aufl.)

Graham, Anne 2018: Managing airports – an international perspective. London: Routledge

Klußmann, Niels; Arnim Malik 2018: Lexikon der Luftfahrt. Berlin: Springer

Schulz, Axel; Susanne Baumann & Simone Wiedenmann 2010: Flughafen Management. München: Oldenbourg

Flughafengastronomie [gastronomy at the airport]

Die Flughafengastronomie als ein Verpflegungsangebot an Reisende lässt sich der Verkehrsgastronomie zuordnen (zu einer anderen Einordnung Cousins et al. 2019, S. 14). Durch die hohe Frequenz sind → Flughäfen für Gastronomiebetreiber im Grundsatz attraktiv. Der Standort spiegelt sich bei Pachtverträgen in einem verhältnismäßig hohen Pachtzins wider, der wiederum in ein hohes Preisniveau für Kunden mündet.

Die Gastronomie wird mitunter von den Flughafenbetreibern selbst verantwortet. Gängig sind auch Modelle, bei denen externe Gastronomieunternehmen über Ausschreibungen den Zuschlag erhalten. In beiden Fällen trägt die Gastronomie zu den so genannten Non Aviation-Erlösen bei. Das Passagieraufkommen ist maßgeblicher Einflussfaktor auf die Umsatzhöhe: Steigende Passagierzahlen führen zu steigenden Umsätzen in der Gastronomie und umgekehrt. Hinzu kommen Parameter wie Flugausfälle und Verspätungen oder der Standort innerhalb des Flughafens. Da Flugpassagiere eine geringe Aufenthaltsdauer haben, sind entsprechende Serviceangebote (→ Grab & Go, → Take-away) logische Konsequenz. Aufwendige Sicherheitskontrollen führen dazu, dass Fluggäste immer mehr das gastronomische Angebot auf der → Luftseite (airside) statt auf der → Landseite (landside) nutzen.

Bewusste Ernährung (‚healthy fast food‘), Nachhaltigkeit, mobile Einheiten, Mixtur von lokaler und internationaler Gastronomie, kontaktlose Bezahlmöglichkeiten, zunehmende Erlebnisorientierung der Gastronomiekonzepte (→ Erlebnisgastronomie; → Erlebniswelten) gehören zu den zentralen → Trends auf deutschen Flughäfen (Pfannschmidt-Wahl 2019, S. 120 ff.; Pfannschmidt-Wahl 2020, S. 46 ff.). (wf)

Literatur
Cousins, John et al. 2019: Food & Beverage Management. Oxford: Goodfellow Publishers (5th ed.)
Pfannschmidt-Wahl, Jutta 2019: Airports 2018. Steigflug. In: foodservice, 38 (3), S. 116–137
Pfannschmidt-Wahl, Jutta 2020: Gastro mit Ausrufezeichen! In: foodservice, 39 (3), S. 42–69

Flughafenhotel [airport hotel]

Hotel, das in der Nähe von bzw. in direktem Zusammenhang mit einem → Flughafen steht. Die Bedeutung von Flughafenhotels hat in den letzten Jahren zugenommen. Dies ist zurückzuführen auf die Entwicklung des Luftverkehrs (steigende Passagierzahlen) und die Entwicklung der Flughäfen hin zu kleinen Mikro-Städten mit Konferenzzentren, Einkaufszentren, → Restaurants, Kunst-Galerien, Museen, Logistikzentren, Ansiedlungen von Unternehmenssitzen etc. (Elyssa 2019, S. 66; Penner, Adams & Robson 2013, S. 76 f). Entsprechend haben sich Flughafenhotels weg von vor allem einfachen, lauten und günstigen → Stopover-/, → Layover-Unterkünften hin zu voll ausgestatteten Business- und Freizeit-Hotels mit Konferenzmöglichkeiten, Wellness-Angeboten, Sporteinrichtungen, Restaurants etc. entwickelt. Gerade für internationale Geschäftsreisende steht die einfache logistische Anbindung an den Flughafen und die damit verbundene Zeitersparnis im Vordergrund.

Flughafenhotels an internationalen Standorten sind aufgrund der im Vergleich hohen Durchschnittsrate (→ Average Room Rate) sowie der hohen → Auslastung (kann aufgrund der Vermietung von → Tageszimmern sogar über 100 % liegen) für Investoren und Betreiber grundsätzlich attraktiv. Kennzeichnend für Flughafenhotels ist weiterhin die niedrige → durchschnittliche Aufenthaltsdauer, auch wenn gegenwärtig mehr und mehr entsprechende Hotels durch Zusatzangebote zur Übernachtung daran arbeiten, die Aufenthaltsdauer zu erhöhen.

Architektonisch geht der Trend der Flughafenhotels in die Richtung, sich dem Erlebnis Flughafen anzupassen und durch entsprechende Bauten die Begeisterung für die Romantik und das Abenteuer des Reisens wiederzugeben. Futuristische Designs sollen die Sichtbarkeit erhöhen (→ Architekturtourismus, → Tourismusarchitektur). Neuerdings ist bei Flughafenhotels auch eine Diversifizierung in Luxus- und Standardhotels, spezifische Betriebe für Mitarbeiter von → Fluggesellschaften sowie Betriebe für extrem kurze Aufenthalte (refreshment-rooms) zu verzeichnen.

Das erste deutsche Flughafenhotel (Steigenberger Airport Hotel) entstand 1969 am Frankfurter Flughafen (Top Hotel Spezial 2015, S. 8). (amj)

Literatur

Elyssa, Abby 2019: Taking flight: Airport Hotels are stepping things up. In: Hotel Business, 28 (7), p. 66

Penner, Richard H.; Lawrence Adams & Stephani K. A. Robson 2013: Hotel Design. Planning and Development. New York, London: W. W. Norton & Company (2nd ed.)

Top Hotel Spezial (Hrsg.) 2015: 85 Jahre Steigenberger Hotel Group. 5 (7), Landsberg: Freizeit

Flughafentransfer [airport transfer]

Transport von Passagieren zum oder vom → Flughafen. In der Regel bezieht sich der Transfer auf den Weg zwischen Flughafen und Unterkunft. (jwm)

Flughafentypologie → **Flughafen**

Flughafenvorfeld [apron, ramp]

Bezeichnet den Teil eines → Flughafens, auf dem Flugzeuge zum Be- und Entladen, zur Wartung bzw. bis zum nächsten Einsatz geparkt (→ Parkposition) werden. Die Kontrolle des Vorfeldes unterliegt bei großen Flughäfen, anders als die Start-/Landebahnen und die entsprechenden Rollwege, speziellen Lotsen auf einer eigenen Funkfrequenz. (jwm)

Flugkapitän [flight captain, pilot in command (PIC)]
Verantwortlicher Luftfahrzeugführer eines Flugzeuges. Im → Cockpit eines Flächenflugzeuges sitzt er immer auf dem linken Sitz; der rechte wird vom Kopiloten bzw. zweiten Flugzeugführer (first officer) eingenommen. Der Flugkapitän trägt die Gesamtverantwortung für einen Flug, auch in den Fällen, in denen er im Rahmen der Arbeitsteilung im Cockpit (crew resource management, CRM) das Flugzeug nicht selbst fliegt, sondern der zweite Flugzeugführer der Pilot Flying (PF) ist. Daher hat er auch in praktisch allen Angelegenheiten die Entscheidungsgewalt an Bord. Er ist nicht zu verwechseln mit dem → Chefpiloten. (jwm)

Flugnummer [flight designator, flight number]
Bezeichnung eines regelmäßig durchgeführten Fluges. Die Flugnummer besteht aus der aus zwei Buchstaben zusammengesetzten Bezeichnung der → Fluggesellschaft und einer Zahl. Beispiele: QF 6 für einen Qantas-, AA 122 für einen American Airlines oder LH 430 für einen → Lufthansa-Flug. Diese Flugnummern werden in den Flugplänen aufgeführt und dort ebenso wie auf den elektronischen Tickets zusammen mit dem Abflugort, dem Abflugdatum, der Abflugzeit und dem Flugziel vermerkt und entsprechend auch auf den Anzeigetafeln der Flughäfen genannt. Im Rahmen von Gemeinschaftsflügen (→ Codesharing) können Fluggesellschaften, die einen Flug nicht selbst durchführen, ihre Flugnummer auch für den einer Partnerfluggesellschaft vergeben. (jwm)

Flugplanperiode [flight scheduling period]
Zeitraum der Gültigkeit eines Flugplanes. Sie beträgt in der Regel etwa ein halbes Jahr. Der Sommerflugplan gilt von April bis Ende Oktober, und der Winterflugplan von November bis Ende März des Folgejahres. Die Flugplanperiode wird international koordiniert durch die halbjährlich stattfindenden Flugplankonferenzen der → International Air Transport Association (IATA). (jwm)

Flugscham [being ashamed of flying, ‚flight shame']
Der Begriff Flugscham kann als Synonym für einen Gewissenskonflikt gesehen werden. Dieser ergibt sich aus der Diskrepanz zwischen der Einstellung zum Umweltschutz und dem tatsächlichen Reiseverhalten (siehe Attitude-Behavior-Gap in → Tourismuspsychologie). So ist einem Großteil der Menschen bewusst, dass touristische Aktivitäten Umwelt und Gesellschaft belasten. Das gilt insbesondere für die Nutzung des Flugzeugs als Transportmittel, aber auch für andere ressourcenverbrauchende Aktivitäten während einer Reise. Viele Menschen sagen aus, dass sie klimafreundlich reisen wollen. Eine entsprechende Verhaltensänderung, also ein Verzicht auf die schnelle, komfortable und oft sehr preisgünstige Überwindung weiter Strecken fällt den meisten Menschen jedoch schwer. Sie schä-

men sich für das Verhalten, suchen nach Entschuldigungen, einem finanziellen Ausgleich (z. B. CO_2-Kompensation) oder schieben die Verantwortung auf andere, z. B. die Fluggesellschaften. Einige Fluggesellschaften ergreifen bereits Maßnahmen, wie die feste Einrechnung von Kompensationszahlungen oder die Reduktion des inländischen Streckennetzes.

Im privaten Umfeld führt die Flugscham dazu, dass Menschen ihr Verhalten entschuldigen oder sogar lügen. Personen, die in der öffentlichen Aufmerksamkeit stehen (z. B. Mitglieder grüner Parteien), müssen bei inkonsequentem Verhalten mit Kritik insbesondere in den Sozialen Medien rechnen. Ebenfalls werden Social-Media-Kanäle genutzt, um auf Alternativen zum Fliegen (z. B. Bahnreisen) hinzuweisen. (kh)

Literatur

FUR Forschungsgemeinschaft Urlaub und Reisen e. V. (Hrsg.) 2019: Reiseanalyse 2019. Kurzfassung der Ergebnisse. Struktur und Entwicklung der Urlaubsreisenachfrage im Quellmarkt Deutschland. Kiel

Kreilkamp, Edgar 2020: Nachhaltigkeit bei Urlaubsreisen: Wunsch und Wirklichkeit. In: Julian Reif; Bernd Eisenstein (Hrsg.): Tourismus und Gesellschaft. Kontakte – Konflikte – Konzepte. Berlin: Erich Schmidt, S. 81–96

Gedankensplitter   *i*
„Flugscham ist der Ausdruck eines inneren Konflikts, nicht dessen Lösung." (Martin Lohmann, FUR)

Flugschreiber [flight recorder]

Unter diesem Begriff werden Aufzeichnungsgeräte über den Flugverlauf in größeren zivilen Verkehrsflugzeugen zusammengefasst:

a) Der Flugdatenschreiber (flight data recorder, FDR), der kontinuierlich Flugparameter wie die Stellung der Steuerflächen, Triebwerksleistung, Kurs, Kerosinmenge, Kabinentemperatur, Höhe und Geschwindigkeit erfasst. Oft auch als black box bezeichnet, befindet sich der FDR in einem leuchtend orangenen, extrem wasser-, stoß- und feuergeschützten Behälter und kann mit speziellen Geräten ausgelesen werden.

b) Aufzeichnungsgerät für sämtliche Geräusche und Gespräche im Cockpit (cockpit voice recorder, CVR) und den Funkverkehr, der noch einmal bodenseitig in allen Kontrollstellen aufgezeichnet wird.

Beide Geräte werden in der Regel im Heckkonus untergebracht und sind jeweils mit einem Ortungssender (pinger) ausgerüstet, der bei der Berührung mit Wasser aktiviert wird und in Wassertiefen bis zu 14.000 Fuß (4.270 m) mit speziellen Empfangsgeräten lokalisiert werden kann. Die Aufzeichnungen beider Geräte werden nach Unfällen zur Ermittlung der wahrscheinlichen Ursache(n) ausgewertet. Abstürze und spurloses Verschwinden von Flugzeugen (z. B. MH 370) haben dazu geführt, dass internationale Luftfahrtorganisationen inzwischen höhere Anforderungen an die Flugschreiber stellen (längeres Ausstrahlen von Ortungssignalen und umfassenderes Speichern von Geräuschen und Gesprächen im Cockpit). Diskutiert werden auch Alternativen wie absprengbare Flugschreiber, die mit einem Fallschirm ausgestattet sind.

Ein dritter Typ von Flugschreiber ist der Quick Access Recorder (QAR). Er zeichnet technische Daten für die Wartung und Analyse auf, ist aber nicht dafür ausgelegt, einen Absturz auszuhalten (Nowack 2017). (jwm/wf)

Literatur

Nowack, Timo 2017: Flugschreiber. Alles, was Sie zur Blackbox wissen müssen. (https://www.aerotelegraph.com/was-sie-zur-black-box-wissen-muessen, zugegriffen am 12.04.2020)

Flugtaxi → **Lufttaxi**

Flugunterbrechung → **Layover-Gast**

Flugunterhaltung [in-flight entertainment (IFE)]

Was mit dem Bordkino des frühen Jetzeitalters auf Langstreckenflügen zum Zeitvertreib der Passagiere begann, wurde mittlerweile zu hochkomplexen, digitalisierten und individualisierten Unterhaltungssystemen weiterentwickelt, die einen Prozentsatz im hohen einstelligen Bereich des Gesamtpreises für ein neues Flugzeug ausmachen können. Weitere erhebliche Kosten entstehen durch den Betrieb solcher Systeme, von denen ein großer Teil für die Inhalte (content), also Film- und Tonträgerrechte, aufgewendet werden muss. Nicht zuletzt sind die Wartungs- und Instandhaltungskosten für die IFE-Systeme erheblich.

Wurde früher nur ein Film gezeigt, der durch einen Kanal entlang der Kabinendecke durch mehrere Projektoren lief, die in jedem Kabinensegment zeitversetzt auf eine Leinwand projizierten, kann man sich jetzt sein eigenes Programm in einer Reihe von Sprachen zusammenstellen, das man auf einem einfach zu bedienenden Bildschirm mit touch screen-Technik vor seinem Sitz betrachtet. Kinofilme, TV-Serien, Dokumentationen, Nachrichten, Sportereignisse, Musik, Hörbücher, Podcasts, Computerspiele, eJournals, Kommunikation via SMS, E-Mail oder Social Media – die Möglichkeiten sind nahezu grenzenlos geworden.

Standard geworden sind auch Karten und Informationen, die einem die derzeitige Position des Flugzeuges, die zurückgelegte Flugstrecke sowie die Flughöhe, -geschwindigkeit, die Zeit bis zum Zielflughafen, Außentemperatur usw. zeigen. Kameras im Bug des Flugzeugs übertragen Bilder über das Geschehen beim Rollen, beim Start und bei der Landung des Flugzeuges. Über eine nach unten gerichtete Kamera kann das überflogene Gelände auf einem eigenen Übertragungs-kanal betrachtet werden. Die Flugunterhaltung kann auch über eigene Endgeräte der Passagiere auf „on demand"-Basis geschehen, VR-Brillen (→ Virtuelle Reali-tät) zum Ausleihen sind inzwischen Realität geworden. (jwm/wf)

Flugzeit [flight time]

Die Zeit vom Abflugort bis zum Zielort. In den Flugplänen der Fluggesellschaften wird nicht die reine Flugzeit vom Abheben bis zum Aufsetzen (elapsed time), son-dern die sogenannte Blockzeit aufgeführt. Das ist die Zeit vom Anlassen der Trieb-werke, bei dem die Bremsklötze von den Rädern weggezogen werden (blocks off) bis zum Abstellen der Triebwerke auf dem Zielflughafen, bei dem die Bremsklöt-ze wieder angelegt werden (blocks on). Die in den Flugplänen veröffentlichte Zeit bezieht sich auf durchschnittliche Erfahrungswerte. Sie kann auf den gleichen Strecken nach Hin- oder Rückflug durch vorherrschende Windrichtungen (zum Beispiel bei Atlantiküberquerungen) und nach den Tageszeiten durch die jeweils zu erwartende Verkehrslage variieren. (jwm)

Flugzeugabfertiger [ground handler]

Sie sind zuständig für das Einweisen und Sichern von Flugzeugen in ihrer Parkpo-sition, das Be- und Entladen von Gepäck und/oder Fracht und Post. Zur Abferti-gung und Versorgung von Flugzeugen gehört auch die Bedienung von verschiede-nen Geräten wie Flugzeugschleppern, → Ground Power Units (GPU), Geräten zum Enteisen von Flugzeugen vor dem Start, Schneeräumgeräten, Feuerlöschgeräten usw. (jwm)

Flugzeugumlauf [aircraft rotation plan]

Tages- (bzw. bei Langstreckenflügen auch Mehrtages-) Planung für den Einsatz ei-nes Flugzeuges. Ziel dabei ist es, eine möglichst hohe Zahl von täglichen Flugstun-den zu erreichen, um den Anteil der Kapitalkosten an den Kosten pro Flugstunde möglichst niedrig zu halten. (jwm)

Flugzeugzelle [airframe]

Rumpf, Leitwerk und Flügel eines Flugzeuges. Die Hersteller von Flugzeugzellen, von Triebwerken, Flugführungselektronik (Avionik) und Fahrwerken sind nicht identisch. (jwm)

Fluktuation [employee turnover]

Als Fluktuation bezeichnet man die von Arbeitnehmerseite initiierte Beendigung des Arbeitsverhältnisses, ergänzt durch die natürliche Fluktuation (Eintritt ins Rentenalter etc.). Dabei kann es sich um eine unternehmensinterne Fluktuation handeln, z. B. im Falle von Abteilungswechseln oder Aufstiegen oder um eine unternehmensexterne, wenn Mitarbeiter das Unternehmen verlassen. Allgemein lässt sich feststellen, dass die Fluktuation in Zeiten einer guten wirtschaftlichen Konjunktur höher ist als in Krisenzeiten. Davon unabhängig sind die Gründe für eine Kündigung von Arbeitnehmerseite vielseitig und lassen sich grob in drei Kategorien einteilen:

Erstens können sie überbetrieblich sein und z. B. die schwindende Attraktivität der Branche oder der Region als Ursache haben. Sie können direkt auf den Betrieb bezogen sein. Insbesondere werden genannt: ein schlechtes Verhältnis zur Führungskraft oder zu den Kollegen. Darüber hinaus sind es die Unzufriedenheit mit Arbeitsinhalten und Arbeitszeiten, die fehlenden Möglichkeiten der persönlichen Weiterentwicklung und eine vergleichsweise schlechtere Vergütung als bei Konkurrenzunternehmen. Eine dritte Kategorie sind persönliche Motive wie Umzug, Familienplanung, Pflege von Angehörigen oder eine berufliche Neuorientierung.

In der Tourismusbranche spielen neben diesen allgemeingültigen Gründen auch die besonderen Karrierewege, die oftmals mehrere Wechsel und berufliche Stationen beinhalten, eine wichtige Rolle. Insgesamt weist die Tourismusbranche und insbesondere der Bereich Hotellerie und Gastronomie eine eher hohe Fluktuationsrate auf.

Die Fluktuationsquote/-rate ist eine wichtige Kennzahl im Personalcontrolling. Sie beschreibt die Anzahl der Beschäftigten, die auf eigenen Wunsch oder aufgrund von natürlichen Faktoren das Unternehmen verlassen im Verhältnis zur Mitarbeitergesamtzahl. Die in Deutschland am weitesten verbreitete Formel zur Errechnung der Fluktuationsrate geht auf die Bundesvereinigung der Deutschen Arbeitgeberverbände (BDA) zurück: Freiwillige Abgänge/Personalbestand einer bestimmten Periode × 100. Diese Kennzahl wird inzwischen in vielen Unternehmen regelmäßig erhoben. Darüber hinaus unterscheiden einige Unternehmen die Frühfluktuation in den ersten sechs Monaten bzw. im ersten Jahr. Wenn diese Rate besonders hoch ist, wird oft ein Zusammenhang mit dem Personalauswahlprozess oder dem Einarbeitungsprozess gesehen. Diese Prozesse gilt es dann zu analysieren und ggf. anzupassen. → Mitarbeiterbindung. (als)

Literatur

Huf, Stefan 2012: Ursachen der Fluktuation verstehen, Mitarbeiterbindung optimieren. (https://www.dgfp.de/hr-wiki/Ursachen_der_Fluktuation_verstehen__Mitarbeiterbindung_optimieren.pdf, zugegriffen am 30.03.2020)

Panagiotis, Stamolampros et al. 2019: Job satisfaction and employee turnover determinants in high contact services: Insights from Employees' Online reviews. (https://www.researchgate.net/publication/333186870_Job_Satisfaction_and_Employee_Turnover_Determinants_in_High_Contact_Services_Insights_from_Employees'Online_Reviews, zugegriffen am 30.03.2020)

Flusskreuzfahrt [river cruise]
Mehrtägige Schiffsreise auf einem Fluss mit Übernachtung an Bord. Gegenüber der Hochseekreuzfahrt (→ Kreuzfahrttourismus) hat sie den Vorteil, dass es keine Seetage ohne Landsicht gibt und man kaum seekrank werden kann. Durchgeführt werden sie praktisch auf allen größeren Flüssen der Welt, in Deutschland zum Beispiel auf Rhein, Elbe, Mosel und Neckar. Eine lange Tradition haben die Nilkreuzfahrten in Ägypten, die noch auf Aktivitäten → Thomas Cooks zurückgehen. Mit Expeditionsschiffen können Hochsee- mit Flusskreuzfahrten kombiniert werden, indem man zum Beispiel in Südamerika über die Mündung des Amazonas weit ins Landesinnere hineinfährt. (jwm)

Flutwelle [tidal wave, tsunami]
Durch Erdrutsch, Vulkanausbruch, Erd- oder Seebeben ausgelöste Extremwelle, die mehrere Meter hoch ist und mit großer zerstörerischer Kraft ganze Küstenstreifen überrollen kann. Den meisten Menschen in Europa ist dieses Phänomen erst durch die Flutwelle im Indischen Ozean an Weihnachten 2004 bewusst geworden, durch die auch viele europäische Touristen ums Leben kamen. Auf hoher See ist eine solche Welle kaum spürbar, sie entwickelt sich erst an der Küste durch das Auflaufen in flachen Gewässern. Sie ist daher nicht zu verwechseln mit dem → Kaventsmann. (jwm)

Fly-Cruise (Fly & Cruise)
Kombination von Flug- und Schiffsreise. So werden zum Beispiel Kreuzfahrten in der Karibik (→ Caribbean Carousel) von Europa aus in der Regel zusammen mit einem Flug zum bzw. vom dortigen Ausschiffungshafen angeboten. (jwm)

Fly-Drive (Fly & Drive)
Reisearrangement, in dem Flug und Mietwagen kombiniert werden. In den Reisepaketen sind in der Regel die Bereitstellung des Mietwagens am Flughafen und die jeweiligen Steuern und Flughafengebühren eingeschlossen. Kunden reduzieren dadurch Such- und Informationskosten. (jwm/wf)

Flying Theater → Medienbasierte Attraktionsformate

FMEA → Fehlermöglichkeits- und Einflussanalyse

Föhn [foehn]
Warmer Fallwind im Hochgebirge, häufig in Sturmstärke, der oft bis weit in das Flachland hinein wirksam wird (in den Rocky Mountains auch Chinook genannt). Er kann selbst im Winter zu frühlingshaften Temperaturen führen.

Im klassischen Fall liegen zwei Tiefdruckgebiete, eines vor (A) und eines hinter (B) einer Gebirgskette, wobei das hintere einen noch niedrigeren Luftdruck aufweist als das vordere. Durch den Druckausgleich entsteht ein Wind von A nach B, der die feuchte Luft gegen die Gebirgsmassen drückt (Luvseite) und sie nach oben zwingt. Da aufsteigende Luft abkühlt, kondensiert das in ihr enthaltene Wasser und die Verdampfungswärme wird wieder freigesetzt. Gleichzeitig entstehen ergiebige Niederschläge (Steigungsregen). Trockene Luft verändert ihre Temperatur um jeweils ca. ein Grad Celsius pro 100 m Höhendifferenz (trockenadiabatischer Temperaturgradient), in Wolken verringert sich diese Temperaturdifferenz durch die freigesetzte Kondensationswärme auf ca. 0,5 Grad Celsius (feuchtadiabatischer Temperaturgradient). Wenn die Luft den Hauptkamm des Gebirges erreicht, ist sie durch das Ausregnen schon relativ trocken. Durch den Fall in die dahinterliegenden Täler und in das Flachland jenseits des Gebirges (Leeseite) wärmt sie sich daher stärker auf, als sie vorher durch Steigung abgekühlt wurde.

Aufgrund des Einfalls des sehr warmen und trockenen Föhnwindes werden die Wolken auf der Leeseite aufgelöst. Dadurch entsteht ein Streifen wolkenlosen Himmels am Gebirgsrand, den man Föhnfenster nennt. Aufgrund der sehr niedrigen relativen Luftfeuchtigkeit auf der Leeseite sind die Sichtweiten extrem hoch und können deutlich über 100 km liegen. (jwm)

Follow Me
In der Regel gelbschwarz-kariert lackiertes Fahrzeug auf großen → Flughäfen, das auf dem Heck eine Leuchttafel mit der Aufschrift „Follow Me" trägt. Mit diesem Fahrzeug werden Flugzeuge nach der Landung zu ihrer → Parkposition geführt. (jwm)

Fond [stock, broth]
Fond (franz.) = Grund. Aromatisierte Brühe als Grundlage für Saucen oder Ragouts; auf der Basis von Geflügel, Kalb oder Rind, Wild, Gemüse und Aromaten. (bk/cm)

Food and Beverage (F&B)
Zu den Kernleistungen vieler Hotelbetriebe gehört neben der Beherbergung die Gastronomie. Branchenweit wird der Verpflegungsbereich mit dem englischen Begriff Food & Beverage (food [engl.] = Essen, Speisen; beverage [engl.] = Getränke) benannt (Gardini 2014, S. 52). Je nach Größe und Leistungsspektrum eines Hotels können folgende Teilbereiche zu der von einem Gastronomiedirektor (Director of F&B) geleiteten Abteilung gehören (Fuchs 2016, S. 147 ff.): → Restaurant(s), → Bar, Club, Lounge, → Bistro, → Café, → Bankett-/Veranstaltungsabteilung, Eta-

gen- bzw. Zimmerservice, Pool- bzw. Wellnessgastronomie, Küche, → Stewarding, Außer-Haus-Gastronomie bzw. Catering.

Der organisatorische Aufbau der Abteilung ist abhängig von Hotelgröße, Betriebsart und -typ (Gardini 2014, S. 52; Bardi 2011, S. 53). Der Gastronomiedirektor (Director of F&B) arbeitet eng mit dem stellvertretenden Gastronomieleiter (Assistant Director of F&B) und den Abteilungsleitern von Restaurant, Bar, Bankett und Küche zusammen, er ist dem Hoteldirektor unterstellt (Bardi 2011, S. 53). Statt eines Gastronomiedirektors kann es in weniger großen Betrieben auch einen gastronomischen Leiter (F&B Manager) geben.

Die Sicherstellung der Speisen- und Getränkequalität, die Einhaltung von Hygienevorschriften und Servicestandards, Einkauf und ordnungsgemäße Lagerung von Speisen und Getränken, Durchführung regelmäßiger Inventuren, Erfolgs- und Kostenkontrolle, der rechtskonforme und effiziente Einsatz und die Schulung von Mitarbeitern, die erfolgreiche abteilungsübergreifende Zusammenarbeit und Gästezufriedenheit sind zentrale Aufgaben (Davis et al. 2018, S. 14 ff.; Bardi 2011, S. 53).

Der Gastronomiebereich kann eine betriebliche Eigenleistung oder ganz bzw. teilweise ausgelagert sein, was vom Stellenwert der Verpflegungsleistung für das Gesamtkonzept des Hauses und von finanziellen Aspekten abhängig ist. Da es sich bei der Hotelgastronomie um eine personalintensive Leistung mit volatiler Nachfrage handelt, entscheidet sich ein Teil der Hoteliers für die Auslagerung (outsourcing) oder ein reduziertes Leistungsspektrum (Gardini 2014, S. 52 f.). Die Passung zwischen Hotel- und Gastronomiekonzept, Beobachtungen von Trends, ein eigenständiges Profil, Design und Qualität des Restaurantkonzepts sowie die daraus resultierende Anziehungskraft auf Gäste inner- und außerhalb des Hotels sind erfolgsrelevante Faktoren (Siguaw & Enz 2011, S. 262 ff.). → Hotelrestaurant. (mn)

Literatur
Bardi, James A. 2011: Hotel Front Office Management. Hoboken: Wiley (5th ed.)
Cousins, John et al. 2019: Food & Beverage Management. Oxford: Goodfellow Publishers (5th ed.)
Davis, Bernard et al. 2018: Food and Beverage Management. London, New York: Routledge (6th ed.)
Fuchs, Wolfgang 2016: Der Gastronomiebereich. In: Karl Heinz Hänssler (Hrsg.): Management in der Hotellerie und Gastronomie – Betriebswirtschaftliche Grundlagen. Berlin, Boston: De Gruyter Oldenbourg, S. 147–174 (9. Aufl.)
Gardini, Marco A. 2014: Grundlagen der Hotellerie und des Hotelmanagements: Hotelbranche, Hotelbetrieb, Hotelimmobilie. Berlin, Boston: De Gruyter Oldenbourg (2. Aufl.)
Siguaw, Judy A.; Cathy A. Enz 2011: Best Practices in Food and Beverage Management. In: Michael J. O'Fallon; Denney G. Rutherford (eds.): Hotel Management and Operations. Hoboken: Wiley, pp. 258–268 (5th ed.)
Wood, Roy C. 2018: Strategic Questions in Food and Beverage Management. London, New York: Routledge (2nd ed.)

Food Court

Restaurantkonzept, bei dem sich mehrere wirtschaftlich voneinander unabhängige gastronomische Unternehmen mit der üblichen Selbstbedienung den gleichen Verzehrbereich, meist mit Tischen und Stühlen, teilen. Solche Einrichtungen sind sinnvoll in Arealen mit hoher Fußgängerfrequenz, so zum Beispiel in → Terminals auf → Flughäfen, in → Bahnhöfen, in manchen Ferien- und in großen Einkaufszentren (→ Malls). Die jeweiligen Flächen wären für ein Konzept zu groß; durch die Zusammenarbeit werden unterschiedliche Food-Segmente abgebildet und gleichzeitig operative Synergieeffekte erzielt. Food Courts gruppieren oft → Systemgastronomie. Das Konzept ist allerdings auch mit sehr hochwertiger Gastronomie realisierbar, etwa in Form von Markthallen. (jwm/wf)

Food Defense → **Produktschutz**

Food Fraud → **Lebensmittelbetrug**

Food Mall → **Food Court**

Food Printing

Möglichkeit, Lebensmittel über einen 3D-Drucker herzustellen. Über das Drucken können insbesondere optisch dekorative Lebensmittel produziert werden (z. B. Tierskulpturen, Aufschriften).

KFC verkündete 2020 Labortests in Russland, um Chicken Nuggets per 3D-Drucker zu fertigen. Das Projekt fließt in das KFC-„Restaurant der Zukunft" ein (o. V. 2020, S. 13). (wf)

Literatur

o. V. 2020: KFC/Russland – Chicken Nuggets aus dem 3D-Drucker. In: food service, 39 (7/8), S. 13

Food Safety → **Lebensmittelsicherheit**

Food Tourismus [Food Tourism]

Eine Variante des → Tourismus, bei der Essen und Trinken das zentrale Reisemotiv sind. Der → Genuss von Lebensmitteln, getrieben von Neugier und der Suche nach etwas Neuem, steht im Mittelpunkt (Timothy 2018, S. 14; Wagner 2015, S. 91 f.). Das Motiv „Essen und Trinken" kann unterschiedlich stark ausgeprägt sein und eine Reise ausschließlich bzw. teilweise initiieren. Beispiele sind der Besuch eines Gourmetrestaurants (Gourmettourismus; siehe hierzu auch die Beschreibungen des → Guide Michelin), eine Reise in eine Getränkeregion (Weinreise, Whiskey-Reise) oder der Besuch einer Großveranstaltung (Oktoberfest; Besuch von Food Festivals). Eine eindeutige Abgrenzung des Begriffs erweist sich als schwierig (Long 2012, S. 389 ff.; Stanley & Stanley 2015, S. 3 ff.). (wf)

Literatur

Long, Lucy M. 2012: Culinary Tourism. In: Jeffrey M. Pilcher (ed.): The Oxford Handbook of Food History. Oxford, New York: Oxford University Press, pp. 389–406

Stanley John; Linda Stanley 2015: Food Tourism. A Practical Marketing Guide. Oxfordshire, Boston: Cabi

Timothy, Dallen J. 2018: Introduction: Heritage cuisines, foodways and culinary traditions. In: Dallen J. Timothy (ed.): Heritage Cusines. Traditions, identities and tourism. London, New York: Routledge, pp. 1–24

Wagner, Daniela 2015: Gastronomie und Culinary Tourism. In: Klaus-Peter Fritz; Daniela Wagner (Hrsg.): Forschungsfeld Gastronomie. Grundlagen – Einstellungen – Konsumenten. Wiesbaden: Springer, S. 87–98

For Adults Only

Bezeichnung für ein Dienstleistungsangebot (z. B. eines Clubs, Hotels, Resorts), das nur für Erwachsene [adult (engl.) = Erwachsene, Erwachsener] gedacht ist. Das Dienstleistungsformat ist entsprechend zugeschnitten. „For Adults only"-Formate gelten als ausgesprochen ambivalentes Phänomen: Gegner sehen eine Diskriminierung, Befürworter eine Schärfung des Angebotsprofils und eine klare Orientierungshilfe bei der Auswahl. „For Family"-Konzepte hingegen nehmen Kinder in den Fokus, „For All"-Konzepte vereinen Erwachsene und Kinder als Zielgruppe. (wf)

For All → **For Adults Only**

For Family → **For Adults Only**

Forschungsgemeinschaft Urlaub und Reisen e. V. (FUR)

Im Jahr 1994 gegründete Organisation in Form eines eingetragenen Vereins, die in Nachfolge des Studienkreises für Tourismus e. V. Träger der jährlichen Untersuchung „→ Reiseanalyse" (RA) ist. Sie führt branchenübergreifend, neutral und kontinuierlich Untersuchungen zum Reiseverhalten in Deutschland durch. Der Vereinigung gehören touristische Organisationen und Unternehmen wie → Reiseveranstalter, Hotelketten, regionale, nationale und internationale Tourismus-(Marketing-)Organisationen, Verlage, Wissenschaft und Verwaltung an. Die FUR versteht sich als neutrale Interessensgemeinschaft der Nutzer von Tourismusforschung; in Deutschland ist sie der größte nichtkommerzielle Organisator von tourismusbezogener Konsumentenforschung. Die FUR macht satzungsgemäß keine Gewinne. Etwaige Überschüsse werden vollständig in die Forschungsarbeit investiert. Neben ihrer Funktion als Träger der RA wirkt die FUR als

Herausgeber einer Reihe von Publikationen wie Trendstudien und zielgruppen- sowie themenbezogenen Analysen (www.reiseanalyse.de). (ml)

i **Gedankensplitter**
„Das Leben wird vorwärts gelebt und rückwärts verstanden." (Søren Kierkegaard, dänischer Philosoph)

Frachtschiffreisen [freighter cruises, travel by cargo ship]

Schiffsreisen an Bord von Frachtern, die eine begrenzte Anzahl von Kabinen für Passagiere an Bord aufweisen (→ Passagierfrachter). In der Regel handelt es sich dabei heute um Containerschiffe; Öltanker und Massengutfrachter (bulk carriers), die oft als Tramper ohne festen Fahrplan unterwegs sind, werden nicht als geeignet für die Mitnahme von Passagieren angesehen. Da Containerschiffe sehr schnell be- und entladen werden können, haben sich die Hafenzeiten sehr stark auf manchmal nur noch wenige Stunden reduziert. Die wirklich großen Schiffe können zudem nur eine beschränkte Anzahl von Häfen anlaufen. Wie auf Kreuzfahrtschiffen (→ Kreuzfahrttourismus) üblich, sind die Mahlzeiten im Preis inbegriffen und werden meist in der Offiziersmesse eingenommen. Zu Zielgruppen, Voraussetzungen, Marktentwicklungen und Frachtschifftypen siehe Groß 2017, S. 163 ff. (jwm/wf)

Literatur
Groß, Sven 2017: Handbuch Tourismus und Verkehr. Konstanz, München: UVK (2. Aufl.)

Franchise

Sonderform einer → Kooperation. In der Regel handelt es sich dabei um ein Vertriebs- oder Betreibersystem, in dem der Franchise-Geber (franchisor) ein Unternehmenskonzept entwickelt und einem Franchise-Nehmer (franchisee) auf vertraglicher Grundlage gegen direktes oder indirektes Entgelt überlässt. Dazu gehört auch ein Warenzeichen sowie ein System- oder Markenname, unter dem der Franchise-Nehmer am Markt auftreten darf. Beide Partner bleiben rechtlich und wirtschaftlich selbständige Unternehmen, auch wenn der Franchise-Nehmer einen Teil seiner unternehmerischen Freiheit aufgibt. Im Tourismus werden Franchise-Modelle etwa im Reisebürobereich (→ Reisevermittler), im → Gastgewerbe oder im Flugbereich angewendet.

1 Reisebüro-Franchise Hier treten Reisebüros nach außen so einheitlich auf wie das Filialsystem einer → Reisebürokette. Franchise-Geber sind meist die großen Reisekonzerne wie TUI oder große Reiseveranstalter wie Alltours und FTI. Die Vorteile (hierzu und im Folgenden Mundt 2013, S. 402 ff.; von Dörnberg, Freyer & Sülberg 2018, S. 400 ff.) für den Reiseveranstalter als Franchise-Geber liegen in erster Linie in der größeren Bindung der → Reisevermittler an ihr Unternehmen und der Steuerungsmöglichkeit in den Büros. Zudem ist der Aufbau eines Franchise-Systems deutlich kostengünstiger als der Aufbau einer eigenen Kette: Es fallen keine Ausgaben für den Kauf oder die Gründung neuer Büros an, denn die meist inhabergeführten Reisebüros existieren in der Regel bereits, es gibt entsprechend auch keine Personalbeschaffungsprobleme, keine Personalverantwortung und kein Auslastungsrisiko. Gleichzeitig kann ein Franchise-System bei deutlich geringerem Kapitalaufwand schneller wachsen als ein Filialsystem. Dafür sind Durchgriff und Kontrolle aber nicht in dem Maße möglich wie bei einer Kette. Für die Reisebüros als Franchise-Nehmer liegen die Vorteile in einem starken Markennamen, dem fertigen Agenturkonzept, einem provisionsoptimierten Sortiment mit durch die größere Einkaufsmacht des Franchise-Gebers möglichen höheren Provisionen, der Werbeunterstützung, dem (Software-)Angebot von Lösungen im Back Office, der Personalschulung und des Gebietsschutzes. Gleichzeitig bleibt die Selbständigkeit des Reisebüroinhabers, wenn auch eingeschränkt durch die von Franchise-Vertrag vorgeschriebenen Kooperationsbereiche, erhalten. Darin liegt auch einer der wesentlichen Nachteile für das Reisebüro als Franchise-Nehmer, denn dies bedeutet meist die Aufgabe der unternehmerischen Unabhängigkeit in zentralen Punkten. Darüber hinaus fallen bei Franchise-Systemen → Franchise-Entgelte an. Unter dem Strich ist es für den Reisebürounternehmer aber in der Regel vorteilhafter, einem Franchise-System anzugehören als in unabhängiger Selbständigkeit zu verharren, denn ohne die Anlehnung an eine → Reisebürokooperation oder ein Franchise-System kann man kaum überleben. Zu Varianten des Reisebüro-Franchise siehe von Dörnberg, Freyer & Sülberg 2018, S. 401 f.

Relativ neu ist die Idee des Reisebüro-Franchise, das nicht stationär, sondern im Homeoffice (home-working travel agents) betrieben wird. Höhere Flexibilität für Mitarbeiter und Kunden sind ein zentrales Argument der Vertriebsidee, die als Reaktion auf den massiven Druck durch → Online-Reisevermittler verstanden werden kann (Page 2019, S. 355). Technologien wie Videokonferenzen eröffnen hierbei innovative Möglichkeiten des Vertriebs.

2 Franchise im Gastgewerbe Das weltweit größte und bekannteste Franchise-System im Gaststättengewerbe ist das 1955 in den USA gegründete von McDonald's. Das Geschäftsmodell ist im Bereich der → Systemgastronomie dominant. Neben McDonald's sind auch Burger King, KFC, Nordsee, Pizza Hut oder Subway teilweise Franchise-Systeme. Hier werden den Franchise-Nehmern neben Konzept, Standortanalysen, Pre-opening-Betreuung, laufenden Marktanalysen, Betriebsvergleichen oder werblicher Unterstützung die komplette Restaurant- und Küchenausstattung und das Kernsortiment an Lebensmitteln (oft Convenience-Produkte) für die genormte Zubereitung der Speisen geliefert.

Eine Reihe von internationalen Hotelgesellschaften ist ebenfalls stark auf dem Franchise-Prinzip aufgebaut (van Ginneken 2018, S. 23; Vallen & Vallen 2018, S. 52 f.; Vogel 2012, S. 157 f.; Weinstein 2019, S. 36). Dazu gehören zum Beispiel Accor, Choice, Hilton, InterContinental Marriott, Wyndham oder Jin Jiang. Der Vorteil für die Franchise-Nehmer liegt neben dem Zugang zu einem Markennamen und betriebswirtschaftlichen Größenvorteilen vor allem in den meist weltweiten Reservierungssystemen, über welche die angeschlossenen Häuser buchbar sind. Den Franchise-Gebern erlaubt das Franchising ein hohes Expansionstempo auf den Weltmärkten bei einer Begrenzung des unternehmerischen Risikos und relativ niedrigen Investitionen. Empirisch lässt sich beobachten, dass die Hotelgesellschaften auf den einzelnen Märkten in einem ersten Schritt oft über → Eigentümerbetriebe eine kritische Masse im Sinne einer Markenbekanntheit aufbauen. Ist diese erreicht, wird versucht, das Konzept über Franchise-Verträge zu multiplizieren.

In der Regel ist Franchising eher bei Hotelmarken im 1*- bis 4*-Segment zu finden, im 5*-Segment wird aufgrund der dort erforderlichen geringeren betrieblichen Standardisierung auf andere Betreibermodelle zurückgegriffen. Über Soft Brands (AC by Marriott; BW Signature Collection, Curio Collection by Hilton) versuchen Hotelgesellschaften auch Hotelbetriebe für Franchising zu gewinnen, die durch ihre Individualität im Grunde nicht dafür in Frage kommen. Beide Seiten profitieren: Die Franchise-Geber verdienen über gewisse Bausteine (z. B. Zugang zum Reservierungssystem), die Franchise-Nehmer behalten zu großen Teilen ihre Individualität und zahlen nur Teile des → Franchise-Entgelts.

3 Franchise bei Fluggesellschaften Zubringerflüge, die mit kleinerem Fluggerät von Regionalflughäfen zu den Drehkreuzen erfolgen, werden aus Kostengründen oft nicht von den großen → Netzwerkfluggesellschaften durchgeführt. Aber auch längere Strecken mit geringerer Nachfrage (long thin routes) oder mit Passagierpotentialen minderer Kaufkraft lassen sich von den großen Traditionsfluggesellschaften meist nicht gewinnbringend betreiben. Deshalb können für solche Strecken vor allem → Regionalfluggesellschaften und kleinere, kostengünstiger produzierende Fluggesellschaften eingesetzt werden, die im Franchise unter dem (abgewandelten) Namen und mit der Flugnummer der großen Fluggesellschaften als Franchise-Geber fliegen. Die Zusammenarbeit mit diesen Zubringerfluggesellschaften hat für die großen Fluggesellschaften auch strategische Bedeutung. Sie legen sich durch die damit besetzten → Slots einen ‚Zubringerschutzgürtel' (Joppien 2003, S. 526 ff.; Pender 2016, S. 228 ff.) um ihre Drehkreuze an und erhöhen damit die Markteintrittsbarrieren für potentielle Mitbewerber. Auf der Ebene der Hauptfluggesellschaft war und ist British Airways ein prominentes Beispiel (Pender 2016, S. 227 ff.; www.britishairways.com). Allerdings sind viele ehemali-

ge Franchise-Nehmer von British Airways im Wettbewerb mit den → Billigfluggesellschaften ausgeschieden.

Der große Vorteil für die Franchise-Nehmer liegt in der Einbindung in das Reservierungssystem der franchisegebenden Fluggesellschaft. Damit fallen für die
kleineren Fluggesellschaften praktisch keine Vermarktungskosten an. (jwm/wf)

Literatur

Dörnberg, Adrian von; Walter Freyer & Werner Sülberg 2018: Reiseveranstalter- und Reisevertriebs-Management: Funktionen – Strukturen – Prozesse. Berlin, Boston: De Gruyter Oldenbourg (2. Aufl.)

Ginneken, Rob van 2018: Trends and issues in hotel ownership and control. In: Roy C. Wood
(ed.): Hotel Accommodation Management. London, New York: Routledge, pp. 15–30

Joppien, Martin Günter 2003: Strategisches Airline-Management. Bern, Stuttgart, Wien: Paul
Haupt

Mundt, Jörn W. 2013: Tourismus. München, Wien: Oldenbourg (4. Aufl.)

Page, Stephen J. 2019: Tourism Management. London, New York: Routledge (6th ed.)

Pender, Lesley 2016: Travel trade and transport. In: Conrad Lashley; Alison Morrison (eds.):
Franchising Hospitality Services. London, New York: Routledge, pp. 219–243

Vallen, Gary K.; Jerome J. Vallen 2018: Check-In Check-Out: Managing Hotel Operations. Boston: Pearson (10th ed.)

Vogel, Harold L. 2012: Travel industry economics: A guide for financial analysis. New York: Cambridge University Press (2nd ed.)

Weinstein, Jeff 2019: 325: Top Hotel Companies. Special Report. In: Hotels, 53 (6), pp. 20–39

Gedankensplitter
"None of us is as good as all of us." (Ray Kroc, McDonald's)

Franchise-Entgelt **[Franchise Fees]**

Bei Franchising zahlt der Franchise-Nehmer (Franchisee) dem Franchise-Geber
(Franchisor) ein Entgelt (Franchise Fees) für die Nutzung der Rechte, der Marke
und des Know-hows. Das Entgelt setzt sich gewöhnlich aus einem einmalig zu
zahlenden Betrag („initial fee") und laufend zu zahlenden Beträgen („continuing
fees" bzw. „ongoing fees") zusammen. Das Entgelt stellt für die Franchise-Nehmer
einen bedeutenden Ausgabenblock dar. In der Hotellerie als einem touristischen
Bereich können die Fees wie folgt zusammengesetzt sein:

Der einmalig zu zahlende Betrag wird für den Eintritt in das Franchise-System
fällig (Aufnahmegebühr bzw. Initial Fee oder Start-up fees). Die laufenden Entgelte werden für die Nutzung der Marke und des Know-hows (Lizenzgebühr bzw.
Royalty Fees), überregionale Marketing-Aktionen (Marketinggebühr bzw. Marketing Contribution Fees) und das interne und externe Reservierungssystem (Reser-
vierungsgebühr bzw. Reservation Fees) in Rechnung gestellt.

Denkbar sind auch Gebühren für Leistungen dritter Vertragspartner wie Trainingsprogramme oder IT-Unterstützung (Miscellaneous Fees), für die Stammkunden der Hotelgruppe (Frequent-Traveller Program Fees) oder für Beratung oder Machbarkeitsstudien vor der eigentlichen Hoteleröffnung (Pre-Opening Fees).

Die monatlich bzw. jährlich zu zahlende Franchise-Gebühr orientiert sich in der Regel am Logisumsatz und liegt bei etwa 6 % bis 15 % der Logisnettoerlöse, die Royalty Fees stellen innerhalb der Fees den größten Anteil (ca. 3 % bis 6 %). Da die Fees mitunter frei ausgehandelt werden und der Leistungsumfang stark variieren kann, stellen die Angaben Orientierungswerte dar (BBG 2018, S. 177; Page 2019, S. 219; Taylor 2016, S. 172 ff.; Vallen & Vallen 2018, S. 50; Vogel 2012, S. 157 f.). Höhere Franchise Fees fallen tendenziell bei höheren Hotelkategorien (First Class, Luxus) an, geringere Franchise Fees bei niedrigeren und mittleren Hotelkategorien (Budget, Mittelklasse). Starke Hotelmarken sind grundsätzlich teurer als weniger starke. (wf)

Literatur
BBG-Consulting 2018: Betriebsvergleich Hotellerie & Gastronomie Deutschland 2018. Düsseldorf, Berlin, Denver: BBG-Consulting
Page, Stephen J. 2019: Tourism Management. London, New York: Routledge (6th ed.)
Taylor, Stephen 2016: Hotels. In: Conrad Lashley; Alison Morrison (eds.): Franchising Hospitality Services. London, New York: Routledge, pp. 170–191
Vallen, Gary K.; Jerome J. Vallen 2018: Check-In Check-Out: Managing Hotel Operations. Boston: Pearson (10th ed.)
Vogel, Harold L. 2012: Travel industry economics: A guide for financial analysis. New York: Cambridge University Press (2nd ed.)

Französischer Landschaftsgarten/-park → **Parks**

Französischer Service → **Serviermethoden**

Französisches Bett → **Grandlit**

Frappieren [to chill, cold stabilization]
In der Gastronomie der Begriff für das schnelle, schockartige Kühlen (frapper [franz.] = kalt stellen, kühlen; frappé [franz.] = (eis)gekühlt) von Getränken (z. B. Cocktails, Sekt, Wein), Speisen (z. B. Cremes, Teigmassen) oder sonstigen Gegenständen (z. B. Gläser, Shaker) durch Eis bzw. Eiswasser. Zum fachgerechten Ablauf des Frappierens siehe Gutmayer, Stickler & Lenger 2018, S. 197. (wf)

Literatur
Gutmayer, Wilhelm; Hans Stickler & Heinz Lenger 2018: Service: Die Grundlagen. Linz: Trauner (10. Aufl.)

Freefall-Attraktionen → **Fahrgeschäft**

Frei → **Zimmerstatus**

Freies Routing → **Kreuzfahrttourismus**

Freigepäckgrenze [baggage allowance, luggage allowance]
Obergrenze des Gewichts oder der Anzahl der Gepäckstücke, zu dem Gepäck ohne zusätzliche Kosten bei einem Flug aufgegeben werden kann. In der Regel gilt, dass mit höherer → Beförderungsklasse auch mehr Freigepäck mitgenommen werden kann. Bei den einzelnen Fluggesellschaften gibt es hier zum Teil sehr unterschiedliche Regelungen, auch was die Kosten für → Übergepäck betrifft. Das gilt gleichfalls für → Handgepäck. (jwm)

Freiheit der Hohen See [freedom of the seas]
Durch internationales Recht und die Charta der Vereinten Nationen verbrieftes Recht zum Durchfahren der Meere, das durch keinen Staat eingeschränkt werden darf. (jwm)

Freiheiten der Luft → **Freiheitsrechte**

Freiheitsrechte [freedoms of the air]
Im Chicagoer Abkommen von 1944 ursprünglich als ‚fünf Freiheiten' abgestuft festgelegte Verkehrsrechte im internationalen Luftverkehr. Die Rechte 6 bis 9 haben sich im Laufe der Zeit entwickelt:
1. Recht zum Überflug des Gebietes eines Vertragsstaates;
2. Recht zu technischen Zwischenlandungen (zum Beispiel Auftanken) in einem Vertragsstaat;
3. Recht, in einem Vertragsstaat Passagiere, Post und Fracht aus dem eigenen Land abzusetzen;
4. Recht, Passagiere, Post und Fracht für das eigene Land in einem Vertragsstaat an Bord zu nehmen;
5. Recht, Passagiere, Post und Fracht zwischen zwei Vertragsstaaten zu befördern, wenn der Flug im Ursprungsland der Fluggesellschaft zu beginnen oder zu enden hat. In der Praxis haben sich seitdem noch weitere vier Freiheiten aus diesem System entwickelt:
6. Recht, Passagiere, Post und Fracht aus einem Vertragsstaat in weitere Vertragsstaaten mit einer Zwischenlandung im Heimatland zu befördern;
7. Recht, Passagiere, Post und Fracht von einem Vertragsstaat ohne Zwischenlandung im Heimatland in einen anderen Vertragsstaat zu befördern;

8. Recht der Beförderung von Passagieren, Post und Fracht innerhalb eines Vertragsstaates, wenn der Flug im Heimatland beginnt oder endet;

9. Recht zur Beförderung von Passagieren, Post und Fracht innerhalb eines Vertragsstaates. (jwm/wf)

Literatur

Conrady, Roland; Frank Fichert & Rüdiger Sterzenbach 2019: Luftverkehr. Betriebswirtschaftliches Lehr- und Handbuch. Berlin, Boston: De Gruyter Oldenbourg (6. Aufl.)

Freikörperkultur (FKK) [nudism]

Das Bedürfnis, sich frei zu machen, Kleidung auszuziehen oder etwas abzulegen, was drückt, was nicht mehr passt oder was bedrückt, ist jedem geläufig. „Mach dich frei" im Sinne von „mach dich nackig" schränkt dieses Bedürfnis ein. Der passende Ort muss gefunden werden, wo das möglich ist, z. B. am FKK-Strand, oder manchmal auch notwendig ist, z. B. beim Arzt. Dieses sich frei zu fühlen an Orten, an denen das möglich ist, unterliegt dennoch Regeln. Fernando Pesoa hat das so formuliert: „So sehr wir ablegen möchten, was wir an Kleidern tragen, nie gelangen wir zur Nacktheit, denn die Nacktheit ist ein Phänomen der Seele und nicht des Kleiderablegens" (Junge 2005, S. 9).

Nacktheit als Synonym für Ursprünglichkeit, Natürlichkeit und Zwanglosigkeit und damit Freiheit ist dann allerdings etwas kaum Erreichbares. Der Weg dorthin wird von unseren Ängsten, unserem Misstrauen und unserer Eitelkeit begleitet. Ein Scheitern ist naheliegend. Was aber drängt den Menschen dennoch zur Nacktheit, zu freiem, befreitem Körper?

1 Begriff Hervorgegangen aus der sog. ‚Körperkultur' (Sport, Wandern und sonstiger Freizeitgestaltung in Kleidung) entwickelte sich die Freikörperkultur als Protestbewegung gegen bürgerliche und proletarische Zwänge. Hinzu kam bei jungen Menschen der Wunsch nach Befreiung von (elterlicher) Bevormundung, so dass diese Bewegung anfänglich auch als eine Jugendprotestbewegung verstanden werden kann. Freikörperkultur war eine Lebenseinstellung, und sie war mit völliger körperlicher Nacktheit verbunden. Der nackte Körper galt als etwas Natürliches, ein Grund für Schamgefühle wurde nicht gesehen. Das Bedürfnis nach Sexualität war nicht intendiert.

Heute unterscheidet man im Rahmen von Freikörperkultur zwei Ausprägungen: Nudismus und Naturismus. Erstere beinhaltet eine Lebensgestaltung ohne Kleidung, wo dies möglich ist. Obwohl Freikörperkultur im traditionellen Sinne rückläufig ist, ist Nacktheit keineswegs ein gesellschaftlich geächtetes Phänomen. So hat z. B. im Jahr 2016 in London das weltweit erste Nacktrestaurant geöffnet. 46.000 Menschen standen auf der Warteliste. Ein anderes Beispiel „moderner" Nacktkultur war das Angebot von Nacktführungen im Museum Palais de Tokyo im Mai 2018 in Paris. 3.500 Menschen rissen sich um 161 Plätze, vor allem junge Menschen (Schwermer 2018). Darüber hinausgehende gesellschaftliche oder ideelle Ansprüche werden nicht formuliert. Das war zur Hochblüte der FKK-Bewegung anders, nicht nur in der ehemaligen DDR. Dort „ging es nebenbei darum zu zeigen, dass es in einem vielfältig reglementierten Staat in Sachen Nacktheit und Sexualität sehr liberal und unverklemmt zuging" (Weller in Schwermer 2018). In der Bundesrepublik erlebte FKK im Rahmen der 68er-Bewegung einen regelrechten Boom.

Anhänger des Naturismus verstehen unter Freikörperkultur eine umfassende ideelle Lebensgestaltung im Sinne einer Lebensform, bei der Nacktheit aber auch nur ein Aspekt darstellt. Körperliche, seelische und geistige Gesundheit stehen im Vordergrund.

2 Geschichte Die Freikörperkulturbewegung (FKK) hatte ihren Ursprung im kaiserlichen Deutschland. Industrialisierung und Verstädterung im Verlaufe der wilhelminischen Epoche hatten gesellschaftliche, kulturelle und ökonomische Veränderungen zur Folge. In dieser Umbruchsituation verstanden sich die sog. ‚Lebensreformer' als gesellschaftliche Gegenbewegung. Innerhalb dieser Bewegung waren die Anhänger der Nacktkultur (die sich selbst als ‚Lichtmenschen' bezeichneten) eine spezifische Sektion. In ihrem ‚Programm' spielte die Ertüchtigung und Ästhetisierung des Körpers durch Leibesübungen eine große Rolle. An die Gesellschaft stellten sie die Forderung nach einer Änderung der Einstellung zur Nacktheit. Die extreme Ausprägung dieser Lebensform führte zu dem Wunsch nach einer mystischen Vereinigung mit der Natur in totaler Nacktheit. Erreicht werden sollte dies durch Sonnenbaden (daher ‚Lichtmenschen') und Schwimmen.

1903 wurde der erste private Naturistenklub gegründet, 1926 schlossen sich die Anhänger der Freikörperkultur zu einem Reichsverband zusammen. Die Nationalsozialisten verboten zwar seit 1933 das Nacktbaden, merkten jedoch bald, dass sich die auch nach dem Verbot nicht nachlassende Beliebtheit des Nacktbadens in ihre rassistischen Vorstellungen gut einpassen ließe. Gleichgeschaltet im ‚Bund für Leibeszucht' konnten die Mitglieder ‚germanischer Selbstzucht' frönen und einen Anlass zur ‚Rasseauslese' finden. Der Ausschluss jüdischer Mitglieder war die Folge. Sie passten nicht in die Vorstellungen zur ‚Hebung der rassischen, gesundheitlichen und sittlichen Volkskraft'.

Nach dem Zweiten Weltkrieg wurde der ‚Bund für Leibeszucht' verboten, 1949 der ‚Verband für Freikörperkultur' gegründet. Das Moralverständnis der Adenauer-Ära machte es den Anhängern der FKK aber nicht leicht. Man begegnete ihnen mit Argwohn. Die sog. ‚Schmutz- und Schundgesetze' aus dieser Zeit verboten z. B. auch den öffentlichen Verkauf von FKK-Verbandszeitschriften.

In den 1960er-Jahren gab es noch hin und wieder Polizeiaktionen gegen Nacktbadende (an nicht autorisierten Plätzen). Die Moralbegriffe wandelten sich in den 1970er-Jahren jedoch deutlich. Eine freiere, lustbetonte Einstellung zum Körper wurde im öffentlichen Bewusstsein immer deutlicher. Allerdings betraf diese Änderung weniger die organisierten FKK'ler als vielmehr die sog. wilden Nacktbader, denen das Nacktbaden in Verbindung mit einer bestimmten Lebenshaltung fremd war. Die Losung, wie sie die FKK'ler vertreten, ‚Wir sind nackt und nennen uns Du', wirkt auf diese Gruppe eher befremdlich.

Auch in der ehemaligen DDR gab es eine FKK-Bewegung, allerdings ohne Vereinsbildung. „Freikörperkultur wurde zur einzigen freiwilligen Massenbewegung der DDR, einer gänzlich unorganisierten Szene, die bis in den letzten Tümpel reichte," schrieb dazu die Süddeutsche Zeitung 1995.

3 Gegenwart Im nördlichen Europa war das Klima einer angenehmen Nacktheit nicht sonderlich förderlich. So waren schon früh nach dem Ende des Zweiten Weltkrieges die Mittelmeerländer und hier vor allem das ehemalige Jugoslawien und Korsika Ziele der FKK-Anhänger. Besonders Jugoslawien hat frühzeitig den touristischen Wert der Nacktbademöglichkeit erkannt. Die hohe Zustimmung der Deutschen zum Nacktbaden schlägt sich allerdings nicht in den Mitgliederzahlen im ‚Verband für Freikörperkultur' nieder. Lag die Zahl der Mitglieder Anfang der 1970er-Jahre noch bei ca. 150.000, so waren es Ende der 1990er-Jahre nur noch ca. 60.000. Auch die Aufnahme des Verbandes 1963 in den Deutschen Sportbund konnte den Mitgliederschwund nicht stoppen. Eine Überalterung der Naturistenverbände ist absehbar.

Hält man die Zahl derjenigen dagegen, die sich jedes Jahr im Urlaub nahtlos bräunen lassen (sie wird auf ca. 12 Millionen geschätzt), wird deutlich, dass Nacktbaden heute keine Sensation mehr ist. Dennoch gibt es einen Unterschied zwischen FKK und „nur" Nacktbaden. „Heute muss alles nett und schön sein und nicht nackt. Man hat Angst davor, seine eigene Unperfektheit zu zeigen" (Weller in Schwermer 2018). Bestehende Einstellungsunterschiede zwischen den ‚echten Naturisten' und den ‚bloß Nackten' ändern aber nichts daran, dass Freikörperkultur Teil des gesellschaftlichen Lebens geworden ist, wenn auch nicht überall und auch noch lange nicht in allen Ländern. Manchmal steht „natürliche Nacktheit" auch in Konkurrenz zur Natur. So z. B. in Belgien, wo an einem ins Auge gefassten Nacktbadestrand in der Nähe von Westende sich Haubenlerchen und Nackte in die Quere kommen könnten. Das Umweltministerium der Region Flandern hat deshalb die Genehmigung für diesen geplanten Nacktbadestrand nicht erteilt. Man befürchtet, dass „Randaktivitäten" der Freikörperkulturliebenden (z. B. Sex) störend auf die Tierwelt wirken könnten (Arnu 2018, S. 8). Und in Paris musste das FKK-Restaurant O'Naturel 2019 nach gut einem Jahr nach der Eröffnung seine Pforten schließen – die Nachfrage war nicht ausreichend (Spiegel Online 2019, o. S.). (rp)

Literatur

Andritzky, Michael; Thomas Rautenberg (Hrsg.) 1989: Wir sind nackt und nennen uns Du. Von Lichtfreunden und Sonnenkämpfern. Eine Geschichte der Freikörperkultur. Gießen: Anabas

Arnu, Titus 2018: Nackt gegen Natur. In: Süddeutsche Zeitung vom 27.07.2018, S. 8

Grisko, Michael (Hrsg.) 1999: Freikörperkultur und Lebenswelt. Studien zur Vor- und Frühgeschichte der Freikörperkultur. Kassel: University Press

Junge, Ricarda 2005: Mach Dich frei. Vom Streben nach Vollkommenheit und Göttlichkeit. In: Frankfurter Rundschau vom 15.10.2005, S. 9

Kiefl, Walter 2004: FKK-Urlaub an der Costa del Sol. Eine Beobachtungsstudie. Unveröffentlichtes Manuskript, München

Kiefl, Walter; Marina Marinescu 2003: „Oben ohne" oder das unsichtbare Kostüm. Versuch einer halbherzigen Befreiung. Taunusstein: Escritor (2. Aufl.)

Schwermer, Alina 2018: Urlaub bei den Nackten. In: taz am Wochenende vom 22./23.09.2018, S. 36–37

Spiegel Online 2019: Pariser FKK-Restaurant muss schließen. (http://www.spiegel.de/reise/aktuell/o-naturel-in-paris-frankreichs-erstes-nudisten-restaurant-schliesst-a-1247070.html, zugegriffen am 09.01.2019)

Weller, Konrad 2018: In Schwermer, Alina, a. a. O.

Freilichtmuseum → **Museum**

Freizeit [leisure, spare time]

Nach Definition der Deutschen Gesellschaft für Freizeit e. V. (1993, o. S.) ist Freizeit jene Zeit, die frei von Erwerbsarbeit oder berufsähnlichen Tätigkeiten, Befriedigung notwendiger biologischer Bedürfnisse (wie Schlaf, Ernährung und Hygiene) sowie obligatorischen Beschäftigungen mit Verpflichtungscharakter im familiären und sozialen Bereich ist. Freizeit bedeutet also frei verfügbare Zeit ohne Zwänge und Verpflichtungen. Allerdings wird ‚Zwangsfreizeit', z. B. Arbeitslosigkeit, nicht als positive Freizeit erlebt. Der Freizeitbegriff geht ursprünglich von der Freizeit als Restgröße von der Arbeitszeit aus (engl.: spare time). Sie ist also im klassischen Verständnis die arbeitsfreie Zeit abzüglich der physiologischen Grundbedürfnisse und stellt somit ein messbares Zeitquantum dar.

Das Deutsche Institut für Wirtschaftsforschung e. V. (DIW Berlin) hat 2013 in einer repräsentativen Studie der deutschen Bundesbürger über 16 Jahre erhoben, wie viele Stunden pro Tag an Werktagen üblicherweise auf Hobbys und sonstige Freizeitbeschäftigungen entfallen. Rund 52 % verbringen täglich 1–2 Stunden mit Hobbys und sonstigen Freizeitbeschäftigungen, 17 % etwa 3–4 Stunden und 6 % etwa 5–6 Stunden. Interessanterweise gaben 23 % der Befragten an, dass sie an Werktagen keinen Freizeitbeschäftigungen nachgehen; bei dieser Gruppe konzentrieren sich die Freizeitbeschäftigungen offensichtlich auf das Wochenende und/oder die Urlaubstage.

Ein Blick in die Vergangenheit zeigt, dass Art und Umfang der Freizeit in den vergangenen Jahrhunderten starken Wandlungen unterworfen waren. Im Mittelalter hatte die Freizeit einen ähnlichen Umfang wie heute, geprägt durch kirchliche Feiertage, Zunftregeln und das ländliche Jahr. Mit Beginn der Industrialisierung im 19. Jahrhundert litt insbesondere die Masse der Industriearbeiter unter unmenschlichen Arbeitsbedingungen mit bis zu 16-Stunden-Arbeitstagen, sodass nur am Sonntag freie Zeit übrigblieb (Becker 2000, S. 13). Im Zuge der schrittweisen Reduzierung der Arbeitszeit gewann die Freizeit zunehmend an Bedeutung im sozialen Alltag. Nach dem Ersten Weltkrieg wurden 1918/19 der 8-Stunden-Tag sowie die 48-Stunden-Woche gesetzlich eingeführt; damals gab es aber nur für Beamte einen Urlaubsanspruch. Ab 1910 standen Arbeitnehmern im Durchschnitt fünf freie Tage pro Jahr zur Verfügung. In den 1950er-Jahren erfolgte in Westdeutschland eine schrittweise Einführung der 5-Tage-Woche, 1965 der 40-Stunden-Woche bis hin zu der – je nach Branche und Bundesland variierenden – 38,5-Stunden-Woche in den 1990er-Jahren (Opaschowski 1995, S. 14 ff.). Damit hat sich der Urlaubsanspruch von 10 Tagen im Jahr 1940 bis heute auf durchschnittlich 30 Tage erhöht. Neben der Arbeitszeitverkürzung trägt auch die Anzahl der bezahlten Urlaubstage nicht unerheblich zur Jahres-Freizeit bei (Becker 2000, S. 12). Freizeitaktivitäten werden folglich nicht nur im häuslichen oder wohnortnahen Umfeld, sondern auch im → Urlaub durchgeführt.

Mit dieser Entwicklung hat sich auch das Freizeitverständnis gewandelt. Nach dem Zweiten Weltkrieg bis in die 1950er-Jahre wurde der Freizeit maßgeblich eine Erholungsfunktion nach getaner Arbeit (Reproduktion) zugeschrieben. Durch den wirtschaftlichen Aufschwung zur Konsumgesellschaft der 1960er- und 1970er-Jahre (,die fetten Jahre') wurde die Freizeit primär für soziale Selbstdarstellung und Konsum genutzt. In den 1980er-Jahren traten Bedürfnisse des gemeinsamen Erlebens und der Entwicklung eines gruppenindividuellen Lebensstils in den Vordergrund. Das Freizeitverhalten wurde wesentlicher Bestandteil der eigenen Lebensverbringung. Freizeitaktivitäten wirken identitätsstiftend und zugleich abgrenzend und tragen damit zum Trend der Individualisierung bei. Seit den 1990er-Jahren ist im Freizeitverhalten das zunehmende Bedürfnis nach innerer Ruhe und → Muße zu beobachten. Die Herausbildung von Lebensstilgruppen wie den LOHAS (Lifestyle of Health and Sustainability) belegt diese Entwicklung.

Aus diesen Trends leitet sich das heutige Freizeitverständnis ab. Freizeit bedeutet, Zeit für etwas zu haben (Rekreation, Kompensation, soziale Integration) – verbunden mit einem hohen Grad der Wahlfreiheit (frei von Zwängen und Verpflichtungen). Es ist eine verhaltensbeliebige, selbstbestimmte, ungebundene Zeit und vom subjektiven Empfinden des Individuums abhängig. Die selbstbestimmte Form von Freizeit kann auch als ,Muße' bezeichnet werden, dies entspricht dem englischsprachigen Begriff leisure. Dieser ,positive' Freizeitbegriff wird in der englischsprachigen Freizeitforschung auch als ‚quality time‘ beschrieben.

Freizeit kann als Dispositionszeit zur Abgrenzung von zwei weiteren Formen der Lebenszeitverbringung herangezogen werden. Die festgelegte, fremdbestimmte und abhängige Determinationszeit (z. B. Arbeitszeit, Schulzeit) hat sich seit 1900 von etwa 150.000 auf 60.000 Stunden Lebenszeit reduziert. Die Obligationszeit, welche sich durch verpflichtende, bindende und verbindliche Tätigkeiten (z. B. Schlaf, Hygiene, Einkäufe, Verpflegung) definiert, über deren Ausübungszeitpunkt und Dauer aber jeder Mensch selbst entscheiden kann, ist im selben Zeitraum von 180.000 auf 290.000 Stunden Lebenszeit gewachsen. Mehr als verdreifacht hat sich hingegen die frei verfügbare Dispositionszeit. Sie ist von rund 110.000 Stunden auf 380.000 Stunden Lebenszeit angestiegen, auch aufgrund der durchschnittlich höheren Lebenserwartung (Popp 2005, in: Freericks u. a. 2010, S. 22).

In diesem Zusammenhang ist auch zu erwähnen, dass sich die Lebens-Freizeit im letzten Jahrhundert durch die längere Ausbildungszeit und vor allem durch den längeren Ruhestand bedeutend erhöht hat. Dazu hat nicht nur der häufiger gewährte Vorruhestand geführt, sondern vor allem auch die deutlich angestiegene Lebenserwartung. Dennoch haben heute viele Menschen den subjektiven Eindruck, immer weniger Zeit zu haben. Becker (2000, S. 13) führt dies auf gestiegene Erwartungen an das Freizeitleben und individuell empfundene innere Verpflichtungen zurück. So vielfältig wie die Freizeit verbracht werden kann, stellt sich auch die Freizeitwirtschaft dar. Grundsätzlich muss hier zwischen den Freizeitdienstleistungen (Erlebnisgestaltung, Events, Aufführungen, Sportausübung usw.) und deren zugehörigen Infrastrukturen (→ Freizeitparks, Museen, Theater, Sportanlagen usw.) einerseits und Freizeitprodukten in Form von Gebrauchsgütern zur Freizeitverbringung (Sportartikel, Kleidung, Spiele usw.) andererseits unterschieden werden. Im Zusammenhang mit der Querschnittsbranche → Tourismus ist hauptsächlich von Freizeitdienstleistungen und -infrastrukturen die Rede.

So sind seit den 1990er-Jahren bis heute insbesondere folgende langfristige Entwicklungen im Freizeitsektor zu beobachten (Brittner-Widmann & Widmann 2017, S. 6): Am individuell betriebenen Freizeitsport besteht ein anhaltendes Interesse, dass sich in der Entwicklung neuer Sportarten ausdrückt (z. B. Nordic Walking, Stand-Up-Paddeling) und zur Nachfrage nach gewerblichen Freizeitsportanbietern führt (z. B. Fitnessstudios), welche den klassischen Vereinssport teilweise ersetzen. Der Trend zu ganzjährig nutzbaren Freizeitangeboten im Indoor-Bereich (z. B. Indoor-Waterparks, → Bäder) geht einher mit Aktivitäten mit moderner, hoch technisierter Ausrüstung in der freien Natur (z. B. Elektrofahrräder). Freizeitanlagen werden zunehmend von privaten Unternehmen betrieben und entwickeln sich zu multifunktionalen Stätten der Freizeitverbringung, deren Besuch Ausdruck des individuellen Lebensstils ist. Allerdings entsteht mit der fortschreitenden Digitalisierung eine bedeutende Konkurrenz zu physischen Freizeiteinrichtungen. Lieferdienste aller Art (z. B. Video-on-demand; Speisen und Getränke, → Home Delivery Service; On-Line-Shopping) verlagern klassische Freizeitaktivitäten in das häusliche Umfeld.

Freizeitanlagen können gegen diese Konkurrenz nur bestehen, wenn sie eine Erlebnisqualität bieten, die sich zu Hause nicht erreichen lässt. (tw)

Literatur

Becker, Christoph 2000: Freizeit und Tourismus in Deutschland – eine Einführung. In: Institut für Länderkunde (Hrsg.): Nationalatlas Bundesrepublik Deutschland. Freizeit und Tourismus, Bd. 10, Leipzig, Heidelberg, Berlin: Spektrum, S. 12–21

Brittner-Widmann, Anja; Torsten Widmann 2017: Freizeit als raumprägender Faktor. Begriffsabgrenzungen, Entwicklungen, Auswirkungen und Herausforderungen. In: Praxis Geographie, 47 (2), S. 4–12

Deutsche Gesellschaft für Freizeit e. V. (DGF) (Hrsg.) 1993: Freizeit in Deutschland. Aktuelle Daten – Fakten – Aussagen. Erkrath: Eigenverlag

Deutsches Institut für Wirtschaftsforschung e. V. (DIW Berlin) 2013: Sozio-ökonomisches Panel: „Wie viele Stunden pro Tag entfallen bei Ihnen an Werktagen üblicherweise auf Hobbys und sonstige Freizeitbeschäftigungen?" Berlin: Eigenverlag

Freericks, Renate; Rainer Hartmann & Bernd Stecker 2010: Freizeitwissenschaft. Handbuch für Pädagogik, Management und nachhaltige Entwicklung. München: Oldenbourg

Opaschowski, Horst W. 1995: Freizeitökonomie. Marketing von Erlebniswelten. Opladen: Springer

ℹ **Gedankensplitter**
„Der Unterschied zwischen existieren und leben liegt im Gebrauch der Freizeit." (US-amerikanisches Sprichwort)

Freizeitgeographie → **Geographie der Freizeit und des Tourismus**

Freizeitpark [leisure park]
1 Begriff Der Begriff Freizeitpark wird in Literatur und Praxis unterschiedlich ausgelegt. Die Definitionen nutzen in der Regel Kriterien wie Ausstattung, Zweck, Flächenausdehnung, Besucheranzahl, Abgeschlossenheit (parricus [mlat.] = eingeschlossener Raum, Gehege), Gewinnerzielungsabsicht und Standort (hierzu etwa Brittner 2002, S. 28 ff.; Fichtner & Michna 1987, S. 7 ff.; Konrath 1999, S. 94 f.; Steinecke 2011, S. 256). Sehr oft werden die Begriffserklärungen an die Definition des Interessenverbands der Freizeitparks in Deutschland, den Verband Deutscher Freizeitparks und Freizeitunternehmen e. V. (VDFU), angelehnt.

Der VDFU nennt in seiner Satzung (§ 4 II) folgende recht allgemeine Definition: „Ordentliche Mitglieder können sein: Privatwirtschaftlich geführte Freizeitparks und Freizeitunternehmen, die dauerhaft stationäre Einrichtungen zur Unterhaltung, zur Vergnügung und zur Erholung anbieten. Die Besucherzahl soll mindestens 100.000 Besucher pro Jahr betragen. Sind Freizeitunternehmen Indoorattraktionen, sollen sie eine Mindestfläche von 1.000 m^2 und eine Besucherzahl von mindestens 75.000 pro Jahr haben." (VDFU 2019, S. 3).

Begriffe wie Ferienpark, Freizeitanlage, Freizeitwelt oder Themenpark werden in der Praxis nahezu synonym verwandt. Die trennscharfe Abgrenzung unter den Begriffen fällt schwer, weil die Betriebsformen sich immer mehr annähern und Grenzen verschwimmen. So gleichen sich etwa Freizeitparks durch den Aufbau von Beherbergungskapazitäten immer mehr den Ferienparks an, diese wiederum investieren in Freizeitanlagen und nähern sich so inhaltlich den Freizeitparks (auch Brittner 2002, S. 25). Moderne Freizeitparks können als Mixed-Use-Center verstanden werden, also multifunktionale Einrichtungen des Erlebniskonsums, deren Angebot sich aus unterschiedlichen Bausteinen zusammensetzt. Ihr spezifisches Profil erhalten sie durch die Schwerpunktsetzung im Vergnügungsbereich, der aber immer mehr mit weiteren, teilweise branchenfremden Leistungen (z. B. Konferenzen und Tagungen) verbunden wird (Steinecke 2011, S. 253 ff.).

2 Geschichte Freizeitparks sind keine Erfindung der Neuzeit. Die Wurzeln des scheinbar modernen Geschäftsmodells bilden Gärten, die in Frankreich und England im 17. und 18. Jahrhundert gebaut wurden (hierzu und zum Folgenden Mundt 2013, S. 337; Vogel 2012, S. 222 ff.). Den künstlich angelegten Gärten folgten schon bald Unterhaltungsangebote etwa in Form von Zirkusvorführungen. 1873 werden dem Publikum auf dem Vergnügungspark Prater in Wien mechanische Fahrgeschäfte vorgestellt. In den 1920er-Jahren existierten in den USA bereits um die 1.500 Vergnügungsparks. Rezession, das Aufkommen von Fernsehen, Kino und Automobil und eine kommunale Politik, die die großflächigen Parkgelände in andere Nutzungen umwidmete, führten zum Niedergang innerstädtischer Vergnügungsparks in den USA und Europa. Die später entstehenden Freizeitparks weichen aufgrund ihres massiven Flächenbedarfs und der hohen innerstädtischen Bodenpreise auf Standorte aus, die außerhalb der Stadtzentren liegen.

1955 fällt mit der Eröffnung von Disneyland in Kalifornien der Startschuss für eine neue Generation von Freizeitparks. Die professionell inszenierten Themenparks von Disney treffen den Puls der Zeit und werden zum Inbegriff perfekter Freizeitunterhaltung („The Happiest Place on Earth"). 1971 eröffnet Disney World in Florida, 1983 Tokyo Disneyland in Japan, 1992 Disneyland bei Paris, 2005 Disneyland in Hong Kong. Bis zum heutigen Tag setzt das Unternehmen ‚Walt Disney Attractions' in der Branche Maßstäbe und ist mit rund 157 Mio. Besuchern im Jahr 2018 der Weltmarktführer für Freizeitparks, gefolgt von der 'Merlin Entertainments Group' (67 Mio. Besucher) und den 'Universal Parks and Resorts' (50 Mio. Besucher) (TEA 2019, S. 9).

In Deutschland entstehen einige Freizeitparks um die Jahrhundertwende vom 19. zum 20. Jahrhundert nach dem Vorbild des Luna-Parks auf Coney Island, New York (1903). Schausteller lassen sich am Rande von Ballungszentren nieder und installieren festmontierte, thematisierte Vergnügungseinrichtungen, welche allerdings im Laufe des frühen 20. Jahrhunderts wieder der städtebaulichen Expansion zum Opfer fallen, wie beispielsweise der Luna-Park Berlin am Halensee oder der Luna-Park Leipzig. Auch waren den nationalsozialistischen Machthabern die unkontrollierten Vergnügungen ein Dorn im Auge, so dass im Laufe der 1930er-Jahre der Freizeitparkbetrieb in Deutschland zum Erliegen kam. Ab den 1950er-Jahren beginnen Ausflugslokale, Fahrgeschäfte zu installieren und bieten Familienunterhaltung in Form von Märchenparks, Vogelparks oder Ponyhöfen an. Ab den späten 1960er-Jahren entstehen mit den 'Safariparks' um Freigehege erweiterte Tierparks wie der Serengeti-Park Hodenhagen oder der Hollywoodpark Teutoburger Wald (heute Safariland Stukenbrok). Das Aufgreifen Walt Disneys Idee der familienfreundlichen Themenwelten erfolgt durch Neugründungen außerhalb der Stadtzentren um die 1970er-Jahre (bspw. 1967: Phantasialand/Brühl; 1971: Holiday Park/Hassloch; 1975: Europa-Park/Rust; 1978: Heide-Park/Soltau), Brand Parks erweitern um die Jahrhundertwende zum 21. Jahrhundert das Spektrum mit familienorientierten, anhand den Produkten der Namensgeber thematisierten Attraktionen (bspw. 1998: Ravensburger Spieleland/Meckenbeuren; 2000: Playmobil-FunPark/Zirndorf; 2002: LEGOLAND Park/Günzburg). Brand Lands bzw. Corporate Lands sind Freizeitparks, die vielfach aus dem Werksbesichtigungstourismus hervorgingen, wie die 'Autostadt Volkswagen' in Wolfsburg (2000) oder die 'Swarowski-Kristallwelten' in Wattens, Tirol (1995) und als Ausdruck des Selbstverständnisses des Unternehmens als Erlebniswelt konzipiert wurden (Widmann 2006, S. 46).

3 Betriebsformen Freizeitparks lassen sich als künstlich angelegte, kommerziell ausgerichtete → Erlebniswelten verstehen (Steinecke 2011, S. 253). Da Freizeitparks multifunktional (Attraktionen, Fahrgeschäfte, Handel, Kultur, Gastronomie, Sport u. a.) ausgerichtet sind und die Betreiber bei ihrer erlebnisorientierten Inszenierung vor allem aus Wettbewerbsgründen auf eine trennscharfe Abgrenzung verzichten, fließen die unterschiedlichen Betriebsformen oft ineinander über. Sinnvoll erscheint eine an Konrath angelehnte Kategorisierung (1999, S. 94 ff.; zu einer weiteren Segmentierung des Freizeitanlagenmarktes Wenzel u. a. 1998, S. 92 ff.). Konrath unterscheidet in:

- thematisierte Freizeit- und Erlebnisparks (z. B. Brand Parks, Filmparks, Sea Parks, Zukunftsparks);
- nicht thematisierte Freizeit- und Erlebnisparks;
- Tier- und Pflanzenparks (z. B. Aquarien, Freigehege, Safariparks, Zoos) und
- sonstige Parks (z. B. Abenteuerspielplätze, Miniaturmodellparks, Sportanlagen).

Diese „klassischen" Formen von Freizeitparks werden durch die Sonderformen der zeitlich begrenzten Vergnügungsparks (z. B. Jahrmärkte, Volksfeste, Kirmessen) und der stationären innerstädtischen Vergnügungsparks (z. B. Wiener Prater, Münchner Volksgarten) ergänzt. Im Gegensatz zu den klassischen Freizeitparks werden hier i. d. R. keine Eintrittsgelder für den Besuch des Parkgeländes verlangt, hingegen ist die Nutzung der einzelnen Attraktionen und Fahrgeschäfte entgeltpflichtig.

Besondere Aufmerksamkeit unter den Freizeitparks finden seit geraumer Zeit die Brand Parks und Brand Lands (brand [engl.] = → Marke; → Markenwelten). Während bei vielen deutschen und europäischen Freizeitparks der ersten Generation (adelige) Grundbesitzer und Unternehmer aus der Freizeitbranche (Schausteller, Produzenten von Freizeiteinrichtungen, Zirkusbetreiber, Zoobetreiber) als Investoren auftraten (Fichtner & Michna 1987, S. 40 ff.), stehen hinter den Brand Parks und Brand Lands Unternehmen, die ursprünglich keine Nähe zur Freizeitwirtschaft aufwiesen. Ausgangspunkt für die Konzeption der Freizeitwelt ist die Marke des Unternehmens. Das Unternehmen bzw. die Marke soll über das Vehikel Freizeitpark positiv aufgeladen, emotionalisiert und erlebbar gemacht werden. Darüber hinaus soll über derartige Anlagen eine verkaufsfördernde Werbewirkung erzielt werden, die durch den Einsatz traditioneller Kommunikationsmedien nur noch schwer erreicht werden kann (Mundt 2013, S. 343).

Beispiel für einen Brand Park in Deutschland ist das Ravensburger Spieleland in Meckenbeuren. Das Ravensburger Spieleland ist ein Geschäftsbereich der Ravensburger Freizeit und Promotion GmbH, welche wiederum als 100%-ige Tochter der Ravensburger AG/Ravensburg fungiert. Der 1998 eröffnete Park fokussiert die Zielgruppe „Familie mit Kindern im Alter von zwei bis zwölf Jahren". Seit 2016 besteht ein Feriendorf mit 50 Ferienhäusern, Ferienzelten und Caravanstellplätzen. Mit über 70 Attraktionen in sieben Themenwelten zog er 2018 etwa 400.000 Besucher an (Ravensburger AG 2019, o. S.). Das Spieleland erweist sich als glänzender Imageträger und Plattform für Produkte, die das Mutterunternehmen herstellt (etwa Kinderbücher, Kinderspiele).

4 Konzeptionelle Erfolgsfaktoren Die Konzeptionierungsphase ist im Lebenszyklus eines Freizeitparks von zentraler Bedeutung. Zum einen deshalb, weil das zu konzeptionierende Gesamtprodukt als auch schon dessen Einzelkomponenten (Attraktionen, Verkehrswege, Transportsysteme, Gastronomie, thematisierter Einzelhandel in Form von Geschenk- und Souvenir-Shopping, Sicherheit, Reinigung u. a.) hohe Komplexität aufweisen („Operating a theme park is very much like operating a small city."; Vogel 2012, S. 224). Zum anderen ist die Konzeptionierungsphase so wichtig, weil Freizeitparks Spezialimmobilien mit hohen Ausgangsinvestitionen darstellen, bei der konzeptionelle Fehler kaum zu korrigieren sind. Im Gegensatz zu Standardimmobilien ist eine Drittverwendbarkeit, also eine Umwidmung in eine andere Verwendung, nahezu ausgeschlossen.

Bei der Anlagenkonzeption ist die Standortauswahl mit einem ausreichend großen Einzugsgebiet von hoher Wichtigkeit. (hierzu und zum folgenden Wenzel u. a. 1998, S. 95 ff.).

Die Konzeptionierung muss das Freizeitpark-Angebot in ein schlüssiges Gesamtkonzept betten. Statt attraktiver Einzelangebote ist ein homogenes Gesamterlebnis anzustreben. Die auf den Freizeitmarkt spezialisierte Unternehmensberatung Wenzel & Partner plädiert für eine Umsetzung hierarchischer Erlebniskonzepte. Dies bedeutet die Konzeptionierung eines zentralen Oberthemas, das in verschiedene Unterthemen bzw. Themenbereiche aufgebrochen wird. Die Hierarchisierung erlaubt eine Ansprache mehrerer Zielgruppen, eine breite Angebotsdifferenzierung und ein erlebnisorientiertes Gesamtkonzept. Die einzelnen Themenbereiche können als eigenständige, in sich geschlossene Attraktionen auftreten, die in einem losen Verbund ihre Gesamtwirkung auf den Besucher entfalten.

5 Schlüsselgröße Besuchervolumen Der ökonomische Erfolg eines Freizeitparks hängt stark von der durchschnittlichen täglichen Besucherzahl, der Zahl der Öffnungstage und den durchschnittlichen Pro-Kopf-Ausgaben ab (Vogel 2012, S. 227 f.). Um den betrieblichen Erfolg sicherzustellen, setzen die Parkbetreiber vor allem an diesen Größen an. Folgende kundenbasierte Strategien zur Erhöhung des Besuchervolumens sind möglich (auch Konrath 1999, S. 111 f.):
- Ausdehnung des Einzugsbereichs:
  Die Ausdehnung der Einzugsbereiche kann einerseits durch das Schaffen verbesserter Verkehrsanbindungen geschehen, wie beispielsweise der Anlage von Autobahn-Zubringerstraßen, ÖPNV-Anbindung, Shuttle-Verkehre oder → Flughäfen. Andererseits ergibt die Umwandlung von Tagesausflugszielen zu Urlaubsresorts auch deutlich ausgedehntere Einzugsbereiche, welche typisch für Kurzurlaubsreisen sind.
- Ausschöpfung des Besucherpotentials:
  Für Freizeitparks ist es von großer Bedeutung, ein auf der thematischen Ausrichtung basierendes Angebot zu schaffen, das für möglichst viele Zielgruppen attraktiv ist. Neue Zielgruppen können durch den Ausbau des Erlebnisangebots angesprochen werden. So verfolgen viele Freizeitparks eine ,Second Gate Strategie', d. h. sie eröffnen weitere thematisch abgegrenzte Parks am

selben Standort (z. B. Disneyland Paris mit Disneyland Park und Walt Disney Studios Park) oder kreieren komplementäre Betriebsformen wie den Indoor-Wasserpark Rulantica beim Europapark Rust. Die Second Gate Strategie führt zu einem Anstieg der Attraktionen vor Ort und stimuliert somit Kurzurlaubsaufenthalte.

– Erhöhung der Wiederholerrate:
Die durchschnittliche Anfahrtsdauer für einen deutschen Freizeitpark beträgt rund 75 Minuten; rund 85 % aller Freizeitparkbesucher sind innerhalb der 2-Stunden Isochrone wohnhaft. Bei einer Anfahrtsdauer von über zwei Stunden lässt die Bereitschaft, einen Freizeitpark zu besuchen, bereits deutlich nach (Stiftung für Zukunftsfragen 2013, o. S.). Um die Wiederholerrate im Kerneinzugsbereich zu steigern und Besuche aus den Randeinzugsbereichen zu stimulieren, müssen die Parks kontinuierlich in neue Attraktionen investieren, was gerade für kleinere Anbieter, die häufig unter finanziellen oder räumlichen Restriktionen leiden, ausgesprochen herausfordernd ist.

– Erzielen von Wettbewerbsvorteilen gegenüber anderen Parks:
Zur Erzielung von Wettbewerbsvorteilen lässt sich auf das klassische Marketing-Instrumentarium verweisen. Die Produktpolitik muss durch eine große Vielfalt an Attraktionen gekennzeichnet sein, damit sich eine möglichst breite Zielgruppe ansprechen lässt. Die Preispolitik dient der Wahrnehmung eines positiven Preis-Leistungs-Verhältnisses. Eine hohe Attraktionsdichte in Verbindung mit Saisontickets und Vergünstigungen bzw. Upgrades für Wiederholungbesucher können hierzu beitragen. Saisontickets (z. B. Merlin-Pass) und Vergünstigungen (z. B. 2-für-1 Aktionen) sind beliebte Instrumente zur Erhöhung der Besucherzahlen und können zum Anstieg der Sekundärausgaben (z. B. Verpflegung, Souvenirs) pro Kopf beitragen. Für eine erfolgreiche Kommunikationspolitik ist es wichtig, den Park konstant im Interesse der Öffentlichkeit zu halten, beispielsweise durch Special-Events, wie saisonal wiederkehrende Veranstaltungsreihen (z. B. Abendveranstaltung Night.Beat.Angels im Europapark Rust im Herbst) oder einmalige, bzw. jährliche Veranstaltungen mit überregionaler Aufmerksamkeit (z. B. Wahl zur Miss Germany im Europapark Rust). Die Zusammenarbeit mit Freizeitpark-Fanclubs und ‚Freizeitpark-Afficionados' ist von größter Bedeutung. Letztere treten in den → Social Media häufig als ‚Influencer' in Erscheinung und müssen entsprechend betreut werden. Überhaupt ist das Vorhandensein von eigenen Kanälen und Profilen in den Sozialen Medien (YouTube Kanal, Instagram und Facebook-Profil, Twitter-Account) wichtig für die Selbstdarstellung geworden. Newsletter, Printmedien und klassische PR-Arbeit ergänzen die Kommunikationspolitik. Im Rahmen der Distributionspolitik ist es von Nutzen, wenn der Park in einer bereits touristisch erschlossenen → Destination

liegt. In diesem Fall kann sich der Park an Vertriebskooperationen beteiligen und Teil eines Netzwerks von touristischen Attraktionen werden.

- Erhöhung der Aufenthaltsdauer im Park:
Die räumliche Ausdehnung, die Anhäufung von Attraktionen und komplementären Einrichtungen am Freizeitpark-Standort im Rahmen der Second Gate Strategie können zum Anstieg der Aufenthaltsdauer führen und eine Erhöhung der Pro-Kopf-Ausgaben stimulieren. Größere Freizeitparks ergänzen ihr Angebot durch thematisierte Beherbergungsbetriebe und werden so zu Kurzurlaubsresorts. Die größten Freizeitparks wie Disneyland Paris schaffen → Urban Entertainment Centers, bei denen ein urbanes Ambiente durch zahlreiche Shoppingmöglichkeiten und Unterhaltungs- und gastronomische Angebote simuliert wird (Widmann 2006, S. 41 ff.). Kleinere Anbieter setzen in der Regel auf Kooperationen, die sie mit Beherbergungsbetrieben außerhalb des Parks eingehen.

- Stimulierung von Sekundärumsätzen:
Der Freizeitparkbetrieb ist grundsätzlich mit hohen Fixkosten verbunden. Zur Verbesserung der Profitabilität sollte nicht nur auf eine möglichst hohe Auslastung der Parkinfrastruktur geachtet werden; auch müssen den Besuchern während ihres Aufenthalts Produkte und Dienstleistungen angeboten werden, die mit hohen Profitmargen ausgestattet sind. Hierzu zählen beispielsweise Verpflegung, Souvenirphotos oder Textilien. Die hierbei zu erzielenden Sekundärumsätze können zur Fixkostendegression beitragen, den Deckungsbeitrag erhöhen und die Gewinne aus dem operativen Geschäft steigern. Ein weiterer Ansatzpunkt umfasst Leistungen, die nicht zum eigentlichen Kerngeschäft eines Freizeitparks gehören. Gedacht werden kann an neue Geschäftsfelder wie Tagungen und → Banketts. Das Phantasialand Brühl (Business2Pleasure) oder der Europapark Rust (Confertainment) stellen in diesen neuen Geschäftsfeldern professionelle Infrastrukturen zur Verfügung.

- Saisonverlängerung:
Besonders für Freizeitparks, die in kaltgemäßigten Klimazonen gelegen sind, ergibt sich die Herausforderung, die saisonalen Öffnungszeiten zu verlängern und Geschäftsmodelle zu erschließen, die einen Ganzjahresbetrieb ermöglichen. Hierfür erhöhen die Parks den Anteil an Indoor-Attraktionen, -shows und -fahrgeschäften, bieten Weihnachtsmärkte an und expandieren ihre Geschäftstätigkeit zum Geschäftsreiseverkehr. Abendunterhaltung in Form von Dinnershows (z. B. Phantissima im Phantasialand Brühl) und Bankette bilden einen Rahmen für Konferenzen und Tagungen und sind auch für Privatkunden attraktiv. Die resortartigen Hotelanlagen der großen Parks öffnen nicht nur während der Parksaison, sondern sind ganzjährig geöffnet.

6 Fokus: Europa-Park Der Europa-Park in der Gemeinde Rust in der Nähe von Freiburg ist der größte Freizeitpark in Deutschland. 1975 mit 15 Attraktionen auf einer Fläche von 16 ha eröffnet, ist der Park, der sich im Eigentum der Familie Mack befindet, die ihn gleichzeitig betreibt, stetig gewachsen und bietet heute über 100 Attraktionen auf 95 ha Fläche an. Um das für das Unternehmen extrem wichtige Segment der Wiederholungsbesucher (2018: 80 %) zu befriedigen, werden kontinuierlich Investitionen getätigt und neue Freizeitattraktionen geschaffen (EAP 2020, S. 32; AHGZ 2019, S. 19).

Anfang der 1990er-Jahre hatte sich der Park aufgrund seines Größenwachstums zu einer Mehrtagesdestination entwickelt. Obwohl zum damaligen Zeitpunkt das Konzept eigener Übernachtungsmöglichkeiten von vielen Branchenkennern als nicht erfolgsversprechend eingeschätzt wurde, entschied sich der Europa-Park zum Bau des ersten Themenhotels in einem Freizeitpark in Deutschland (1995: Eröffnung El Andaluz). Zwischen 1999 und 2012 erfolgten vier weitere Eröffnungen thematisierter Erlebnishotels. Das gastronomische Hotelangebot wurde jeweils thematisiert, Showeinlagen in den Hotelablauf eingebettet. Für preissensible Gästesegmente wurden kostengünstigere Übernachtungsangebote (→ Camping, Gästehaus) entwickelt. 2019 erfolgte die Neueröffnung des jüngsten Hotelprojektes, das im skandinavischen Stil konzipierte Hotel Krønasår, das in Zusammenhang mit der unter Punkt 5 erwähnten Second Gate Strategie zu betrachten ist. So ist am Standort Rust das Europa-Park-Resort mit inzwischen 5.800 Betten entstanden. Das Hotel Krønasår ist Teil der Geschichts- und Themenwelt, die rund um die sagenumwobene Insel ‚Rulantica‘ kreiert wurde, die auch als Namensgeberin des zugehörigen Wasser-Themen-Park fungiert. In neun thematisierten Bereichen können 25 Wasserattraktionen erlebt werden (EAP 2020, S. 33). Durch die Eröffnung dieses zusätzlichen und ganzjährig geöffneten Parkbereichs in Verbindung mit dem umfangreichen Beherbergungsangebot soll die Aufenthaltsdauer der Übernachtungsgäste signifikant gesteigert (2018: 1,4 Tage; AHGZ 2019, S. 13) und der Ausbau des Freizeitparks zur Kurzurlaubsdestination vorangetrieben werden.

Durch den Aufbau der Beherbergungskapazitäten gelang den Betreibern das Erschließen neuer, ursprünglich für einen Freizeitpark untypischer Marktsegmente: Die Hotels generieren aus ihrem Gästekreis Parkbesucher und bilden den Rahmen für Familienfeiern. Gleichzeitig hat der Europa-Park durch eine geschickte Kombination von Tagungsinfrastruktur und Unterhaltung („Confertainment") den Tagungsmarkt erschlossen (ca. 1.000 Tagungen/Jahr). Darüber hinaus nutzt er als inzwischen etablierter Medienstandort (ca. 200 TV-Produktionen/Jahr) die Hotelinfrastruktur. Auch wenn der Aufbau Freizeitpark eigener Hotels mit Problemen behaftet ist (monatelange Schließung einzelner Hotels außerhalb der Parksaison; hohe Betriebskosten – etwa Energiekosten – auch während der Schließung; operative Spannungsfelder zwischen Freizeitpark und Hotels, z. B. gleichzeitige Nachfrage in der Hochsaison nach Beherbergungskapazitäten), ist diese Entscheidung zu einem brancheninternen Allgemeingut geworden. Zwischenzeitlich haben Wettbewerber in Deutschland den Branchenprimus nachgeahmt und ebenfalls eigene Beherbergungskapazitäten aufgebaut. (tw/wf)

Literatur

Allgemeine Hotel- und Gastronomie-Zeitung (AHGZ) 2019: Europa-Park. Meeresschlange auf Gästefang. (= Verlagsbeilage der Allgemeinen Hotel- und Gastronomie-Zeitung, 119 (24), 24.06.2019)

Brittner, Anja 2002: Zur Natürlichkeit künstlicher Ferienwelten. Eine Untersuchung zur Bedeutung, Wahrnehmung und Bewertung von ausgewählten Ferienparks in Deutschland. (= Materialien zur Fremdenverkehrsgeographie), Heft 57, Trier: Geographische Gesellschaft Trier

EuroAmusement Professional (EAP) 2020: Rulantica. Der neue Wasser-Themen-Park in Rust. In: EuroAmusement Professional, o. Jg. (1), S. 32–38

Fichtner, Uwe; Rudolf Michna 1987: Freizeitparks: Allgemeine Züge eines modernen Freizeitangebotes, vertieft am Beispiel des Europa-Park in Rust/Baden. Freiburg: Selbstverlag

Konrath, Andreas 1999: Freizeitparks in Deutschland – aktuelle Situation, Trends und Potentiale. In: dwif (Hrsg.): Jahrbuch für Fremdenverkehr. München: dwif, S. 91–128

Mundt, Jörn W. 2013: Tourismus. München; Wien: Oldenbourg (4. Aufl.)

Ravensburger AG 2019: Zahlen und Fakten zum Ravensburger Spieleland. Ravensburg

Steinecke, Albrecht 2011: Tourismus. (= Reihe: Das Geographische Seminar). Braunschweig: Westermann

Stiftung für Zukunftsfragen 2013: Forschung aktuell, 34 (246), Hamburg: Stiftung für Zukunftsfragen

Themed Entertainment Association (TEA) 2019: TEA/AECOM 2018 Theme Index and Museum Index: The Global Attractions Attendance Report. Los Angeles: TEA

VDFU 2019: Satzung gemäß Beschluss der Mitgliederversammlung vom 19.02.2019. Berlin

Vogel, Harold L. 2012: Travel industry economics: A guide for financial analysis. Cambridge: University Press (2nd ed.)

Wenzel, Carl-Otto u. a. 1998: Freizeitimmobilien. In: Bernd Heuer; Andreas Schiller (Hrsg.): Spezialimmobilien: Flughäfen, Freizeitimmobilien, Hotels, Industriedenkmäler, Reha-Kliniken, Seniorenimmobilien, Tank- und Rastanlagen/Autohöfe. Köln: Müller, S. 85–159

Widmann, Torsten 2006: Shoppingtourismus. Wachstumsimpulse für Tourismus und Einzelhandel in Deutschland. (= Materialien zur Fremdenverkehrsgeographie), Heft 64, Trier: Geographische Gesellschaft Trier

Freizeittherme → **Bäder, öffentliche**

Fremdenverkehr → **Tourismus**

Fremdenverkehrsabgabe → **Tourismusabgabe**

Fremdenverkehrsbeitrag → **Tourismusabgabe**

Fremdenverkehrsstatistik → **Tourismusstatistik**

Frequent flyer programmes → **Vielfliegerprogramme**

Fresswelle → **Esskultur**

Front bar
Teil der → Bar, der von den Gästen eingesehen und genutzt wird. Im Gegensatz hierzu steht die Backbar. Sie dient zur Aufbewahrung von Gläsern, Equipment und Getränkereserven. Dieser Bereich ist für Gäste weder einsehbar noch begehbar. (wf)

Front Cooking
Verfahren der Speisenproduktion, bei dem vor den Augen der Gäste gekocht wird. Im Rahmen des Front Cooking löst sich die räumliche Trennung zwischen Küche und Gästebereich auf; die Gäste werden zu Zuschauern, der Zubereitungsprozess des Essens wird als Ereignis inszeniert. → Erlebnisgastronomie. (wf)

Front-Office
Auch im Deutschen gebräuchlicher englischer Begriff für das Ladenlokal eines Reisebüros (→ Reisemittler), in dem Kunden am → Counter beraten werden und die Buchung von Reiseleistungen vorgenommen wird. Er ist in der Regel räumlich abgegrenzt von dem der Kundschaft nicht zugänglichen → Back-Office.

In der Hotellerie bezeichnet das Front-Office den Empfang (→ Rezeption). (wf)

Front-of-the-house, Front of the house
Front (engl.) = Vorderseite, Vorderfront, Fassade; house (engl.) = Haus, Firma. Umschreibung für die Bereiche eines Hotels oder gastronomischen Betriebs, die für Kunden zugänglich bzw. einsehbar sind. Hierzu gehören etwa Empfangshalle, Bar, Restaurant oder Wellness-Bereich (→ Wellness). Die Mitarbeiter, die „an der Front" arbeiten, haben direkten Kundenkontakt. Siehe im Gegensatz dazu → Back-of-the-house. (wf)

Frühanreise → **Zimmerstatus**

Frühstück [breakfast]
In vielen Teilen der Welt nehmen wir das Morgenessen als erste Mahlzeit eines Tages zu uns und gleiten in den Tag. Das war aber nicht immer so. Über viele Jahrhunderte und in vielen Gesellschaften war es ein gängiges Muster, nur zwei Mahlzeiten am Tag zu sich zu nehmen – eine gegen Mittag, eine gegen Abend. Eine drit-

te morgendliche Mahlzeit wurde abgelehnt – sie galt als zu üppig, war Ausdruck von Völlerei und wurde mitunter als gesundheitsgefährdend betrachtet. Für Bauern oder Tagelöhner wurden Ausnahmen gemacht, da diese für ihre körperliche Arbeit eine morgendliche Energiezufuhr benötigten (Eichinger 2018, S. 369). Das Frühstück nimmt heutzutage in den einzelnen Kulturen einen unterschiedlichen Stellenwert ein. In romanischen Ländern etwa spielt es eine eher untergeordnete Rolle, in angelsächsischen Ländern kommt das Frühstück einer Hauptmahlzeit gleich (zu Frühstück in unterschiedlichen Kulturen ausführlich Wierlacher 2018).

Das Hotelfrühstück ist insofern betriebswirtschaftlich interessant, als dass es oft die einzige Mahlzeit ist, die Gäste im Hotel zu sich nehmen. Der Gastgeber kann beim Frühstück seine gastronomische Kompetenz ausspielen und einen USP entwickeln. Seit geraumer Zeit ist zu beobachten, dass viele Betriebe dem Frühstück denn auch mehr Beachtung schenken. Die Frühstücksvielfalt wird erweitert, Trends (Bio, Regionalität, vegetarisch, vegan) aufgegriffen. Das morgendliche Essen wird inszeniert (Kaffeeröstung vor den Augen der Gäste, → Étagèren am Tisch, Front Cooking-Stationen, Service am Tisch), Marketing-Instrumente wie → Storytelling bewusst eingesetzt (Geschichten über die eigens produzierten Marmeladen, Eier oder Käse) (Fuchs, Nikitsin & Pflaum 2018, S. 105 ff.). (wf/vn)

Literatur

Eichinger, Ludwig M. 2018: Das deutsche Wort Frühstück. In: Alois Wierlacher (Hrsg.): Kulinaristik des Frühstücks. Breakfast across cultures. Analysen – Theorien – Perspektiven. München: Iudicium, S. 367–373

Fuchs, Guido 2018: Das Frühstück im kirchlichen Raum. In: Alois Wierlacher (Hrsg.): Kulinaristik des Frühstücks. Breakfast across cultures. Analysen – Theorien – Perspektiven. München: Iudicium, S. 90–99

Fuchs, Wolfgang; Viachaslau Nikitsin & Andreas Pflaum 2018: Das Frühstück im Hotel. Ansichten einer stillen Revolution. In: Alois Wierlacher (Hrsg.): Kulinaristik des Frühstücks. Breakfast across cultures. Analysen – Theorien – Perspektiven. München: Iudicium, S. 100–112

Wierlacher, Alois (Hrsg.) 2018: Kulinaristik des Frühstücks. Breakfast across cultures. Analysen – Theorien – Perspektiven. München: Iudicium

ⓘ Kleine Story

Das englische Wort für Frühstück (breakfast = Fastenbrechen) führt zum kirchlichen Hintergrund: In der katholischen Welt durfte von Mitternacht bis kurz nach Empfang der Kommunion nichts gegessen und getrunken werden. Das Frühstück war die Mahlzeit, mit der das Gebot der Nüchternheit im Laufe des Tages aufgehoben wurde. Die Nüchternheitsregel galt in katholischen Gegenden Deutschlands bis in die zweite Hälfte des 20. Jahrhunderts, das Frühstück wurde erst nach dem Kirchgang eingenommen (Eichinger 2018, S. 368 f.; Fuchs 2018, S. 90 ff.). (wf)

Frühstücksarten [types of breakfast]

In der nationalen und internationalen Hotellerie und Gastronomie haben sich verschiedene Frühstücksarten etabliert. Zu diesen gehören – aus europäischer Perspektive – das kontinentale Frühstück (continental breakfast), das englische (english breakfast) und das amerikanische Frühstück (american breakfast). Das kontinentale Frühstück kann als Grundvariante gesehen werden (heißes Getränk, Brotsorten, Brötchen, Butter/Margarine, Konfitüre, Honig). Diese Grundvariante kann durch Fruchtsäfte, Wurst-, Schinken- oder Käseaufschnittplatten, Eierspeisen, Joghurts, Quark, Müsli, Obst, Zerealien zum „erweiterten Frühstück" ausgebaut werden. Das kontinentale Frühstück – als das Frühstück auf dem europäischen Festland – erfährt in den einzelnen Ländern eine nationale Prägung, etwa als Französisches Frühstück oder Wiener Frühstück (Gutmayer, Stickler & Lenger 2018, S. 138 ff.).

Im Gegensatz zum kontinentalen Frühstück ist das englische Frühstück noch umfangreicher. Es besteht aus dem heißen Getränk (oft Tee), Fruchtsäften, Brotauswahl mit Toast, Butter, Orangen-Bitter-Marmelade, Honig und Konfitüre. Darüber hinaus werden Eierspeisen (z. B. Rühreier mit Speck), Fischgerichte (z. B. geräucherter Schellfisch), Getreidegerichte (z. B. Haferflockenbrei) und Kompotte angeboten. Das amerikanische Frühstück gleicht dem englischen. Es beinhaltet zusätzlich Eiswasser, Süßgebäck (wie Muffins), kalte Zerealien, Pfannkuchen mit Ahornsirup oder auch Fleischgerichte (Gutmayer, Stickler & Lenger 2018, S. 142). Die skizzierten klaren Abgrenzungen verschwimmen in der Praxis. (vn)

Literatur

Gutmayer, Wilhelm; Hans Stickler & Heinz Lenger 2018: Service: Die Grundlagen. Linz: Trauner (10. Aufl.)

Wierlacher, Alois (Hrsg.) 2018: Kulinaristik des Frühstücks. Breakfast across cultures. Analysen – Theorien – Perspektiven. München: Iudicium

Frühstücksbüfett [breakfast buffet]

Anrichte, auf der die Speisen und Getränke für das Frühstück bereitgestellt sind. Im Gegensatz zum Service am Tisch bedienen sich die Gäste selbst. Die heißen Getränke werden unter Umständen von betrieblichen Mitarbeitern serviert. Das Konzept der Selbstbedienung beim Frühstück stammt aus den USA und ist mittlerweile weltweit gastronomischer Standard. Die Gründe für die Einrichtung eines Büfets sind vielfältig (etwa Erlebniswert, freie Auswahl, → Wartezeitenmanagement), wobei das zentrale Motiv aus betrieblicher Sicht die Reduktion des Personalaufwands ist. (vn)

Führungsstil [leadership]

Führung wird als ein sozialer Interaktionsprozess immer dann erforderlich, wenn mehrere Personen sich in einer Gruppe zusammenfinden und arbeitsteilig tätig werden, um ein gemeinsames Ziel zu verfolgen (Wunderer 2011, S. 4). Dieser soziale Interaktionsprozess ist seinem Wesen nach stets durch das Vorhandensein einer Macht-Asymmetrie zwischen den beteiligten Personen gekennzeichnet, die entweder durch die externe, institutionelle Bestimmung eines Vorgesetzten-Mitarbeiter-Verhältnisses begründet wird (= formale Führung) oder sich in der zunächst noch unstrukturierten Arena eines Gruppenprozesses als Rollenbild herausarbeitet (= informale Führung).

Der Führungsstil eines Führenden kann dann als ein grundlegendes Verhaltensmuster angesehen werden, das der Führende über einen längeren Zeitraum hinweg durchgängig im Führungsprozess gegenüber den Gruppenmitgliedern zeigt (Hentze u. a. 2005, S. 236; Wunderer 2011, S. 16 ff.). Dieses Verhalten äußert sich in

- einer spezifischen Ausprägung des eher aufgabenorientierten, sachlich-rationalen Führungshandelns (Managementfunktionen) sowie in
- einer spezifischen Wahrnehmung der eher mitarbeiterorientierten, sozioemotional geprägten face-to-face-Führung.

Die Führungsliteratur ist reich an Ansätzen zur Typisierung des Führungsverhaltens von Vorgesetzten gegenüber ihren Mitarbeitern. Bei allen Unterschieden in der Blickrichtung, Begründung und Ableitung von Handlungsempfehlungen haben diese Ansätze eine Fragestellung gemeinsam: Welcher Führungsstil ist der richtige? Entsprechend münden auch alle Typisierungsversuche in dem Unterfangen, mehr oder minder »objektive« Kriterien zur Auswahl des geeigneten Führungsstils zu liefern. Ihren Ausgangspunkt hat die heutige Führungsstildiskussion in den als klassisch geltenden experimentellen Studien Kurt Lewins (hierzu näher Hentze u. a. 2005, S. 237 ff.; Wunderer & Grunwald 1980, S. 222 ff.; Staehle, Conrad & Sydow 1999, S. 339 ff.). Lewin unterschied zwischen:

- einem autokratischen (autoritären) Führungsstil mit zentraler Dominanz des Führenden auf allen Ebenen des Führungsprozesses (inhaltlich, informationell usw.),
- einem – von ihm präferierten – demokratischen Führungsstil mit einer deutlich dezentralen Verteilung der Aufgaben und Informationen in der Gruppe sowie
- einem laissez-faire Führungsstil, der durch eine weitgehend funktionale Abwesenheit und Desinteresse des Führenden gekennzeichnet ist und so letztlich keinen wirklichen sinnvoll nutzbaren Führungsstil darstellt.

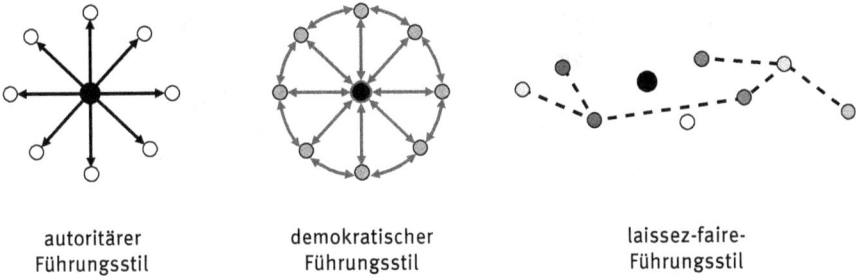

| autoritärer | demokratischer | laissez-faire- |
| Führungsstil | Führungsstil | Führungsstil |

Abb. 13: Archetypen der Führungsstile (nach Wunderer & Grunwald 1980, S. 223)

Aus den Studien Lewins wurden die beiden diametralen Ausprägungen eines autokratischen und demokratischen Führungsstils verallgemeinernd auf die Führung von Unternehmungen übertragen und in der Folge durch eine Reihe von Zwischenformen (z. B. patriarchalisch, beratend, kooperativ, partizipativ) ergänzt.

Zumeist wird heute in der Führungsstildiskussion auf die beiden Grundformen eines eher aufgabenorientierten und eines eher mitarbeiterorientierten Führungsstils abgehoben. Welcher dieser beiden Führungsstile in einer konkreten Führungssituation tendenziell stärker gewichtet zum Vorschein gelangt oder ob es möglich ist, beide Führungsstile idealtypisch gleichgewichtig zu realisieren, ist weitgehend durch eine Reihe sogenannter »situativer« Einflussfaktoren bestimmt, die entweder in der Person des Führenden, den Eigenschaften und/oder Fähigkeiten der Mitarbeiter, der Aufgabenstellung usw. zu finden sind. Besonders häufig werden hierbei als wesentliche Bestimmungsfaktoren genannt (z. B. Hentze u. a. 2005, S. 242; Wunderer 2011, S. 211 ff.):

- die gesellschaftlich vorherrschende Werteprägung bzw. die feststellbare Schwerpunktverlagerung in den überkommenen Wertestrukturen als generelle externe Kontextfaktoren,
- das individuelle Menschenbild bzw. die Werthaltungen des Vorgesetzten, geprägt durch seine Sozialisation und Erfahrung,
- die charismatische Ausstrahlung der Führungskraft (Persönlichkeit, »symbolische« Vorbildrolle),
- die zu erfüllende Aufgabe (z. B. Bedeutung, Schwierigkeitsgrad, Termindruck, → Risiko),
- die Fähigkeiten der Mitarbeiter (z. B. ihr fachlicher und sozialer »Reifegrad«),
- die emotionale Beziehungsstruktur zwischen Führendem und Geführtem (z. B. gemeinsame Erfahrungen, die Prägung durch unternehmenskulturelle Werte, eine geteilte visionäre Stimmung) wie auch
- die gegebenen strukturellen Rahmenbedingungen (z. B. organisatorischer oder informationeller Art).

Pauschale Empfehlungen für einen grundsätzlich »richtigen« Führungsstil lassen sich somit kaum ableiten, wohl aber für ein situativ stimmiges Führungsverhalten. Aufgabe einer Führungskraft muss es daher sein, die Führungssituation zu diagnostizieren, die Wirkung vorhandener Führungsinstrumente (z. B. Anreiz- und Belohnungssysteme, inhaltliche Gestaltung des Arbeitsfeldes, Mitwirkungs- und Entscheidungsrechte) abzuschätzen und Führung in einer für den jeweiligen Mitarbeiter situativ stimmigen und nachvollziehbaren Art und Weise erfahrbar werden zu lassen – eine (heraus-)fordernde Aufgabe.

Die damit einhergehenden Schwierigkeiten, sowohl das mentale Modell der Führenden wie auch die Aufgaben-, System- und Anreizstrukturen auf neue situative Herausforderungen einzustellen, zeigen insbesondere die Diskussionen der vergangenen Jahre zum neuen Werthaltungsmodell der Generation Y, das sich z. B. durch ausgeprägten Individualismus, Selbstverwirklichung als zentrale Antriebskraft, gering ausgeprägte Loyalität zur Unternehmung, Infragestellung von Autoritäten, globale Orientierung, Konsumorientierung, digitale Kompetenzen u. a. umreißen lässt (Hofbauer & Kauer 2014, S. 204 ff.; Fischer 2019, S. 95), und mittlerweile auch zur Wertestruktur einer Generation Z, die z. B. persönliche Entwicklungsmöglichkeiten, Sicherheit, fixe Entlohnung, informationelle Transparenz, wertschätzenden Umgang und anspruchsvolle Aufgaben schätzt und erwartet (Hackl u. a. 2017, S. 40 ff.; Hempel 2019, S. 200). Spätestens mit dem Ruf nach »agilen« Mustern der Strukturierung und Führung zukunftsorientierter, flexibler Unternehmungen des Digitalisierungszeitalters werden nicht nur neue Eigenschaften des Führens erwartet und gefordert, sondern das grundlegende Selbstverständnis von Führung als Macht-asymmetrische Interaktion, wie sie eingangs definiert wurde, an sich in Frage gestellt und durch Muster sich selbst organisierender, eigenverantwortlicher, vertrauensbasierter, flexibler Teamstrukturen ersetzt, in denen die Führungskraft eher als Coach, Mentor oder ‚Enabler' fungiert und in dieser unterstützenden Rolle die notwendigen Rahmenbedingungen einer agilen Führungskultur gestaltet (Bacher 2019, S. 7 f.; Hackl u. a. 2017, 76 f.; Creusen, Gall & Hackl 2017, 138 ff.; Hofert & Thonet 2019, S. 36; Rathert 2019, S. 468 ff.). (vs)

Literatur
Bacher, Karin 2019: Führen agile Strukturen zu Chaos oder Produktivitätssteigerungen? In: Peter Buchenau (Hrsg.): Chefsache Zukunft. Was Führungskräfte morgen brauchen. Wiesbaden: Springer Gabler, S. 1–21
Creusen, Utho; Birte Gall & Oliver Hackl 2017: Digital Leadership. Führung in Zeiten des digitalen Wandels. Wiesbaden: Springer Gabler
Fischer, Kerstin 2019: Führung. Digitales Mi[e]nenfeld. In: Peter Buchenau (Hrsg.): Chefsache Zukunft. Was Führungskräfte morgen brauchen. Wiesbaden: Springer Gabler, S. 63–98
Hackl, Benedikt u. a. 2017: New Work – Auf dem Weg zur neuen Arbeitswelt. Management-Impulse, Praxisbeispiele, Studien. Wiesbaden: Springer Gabler

Hempel, Annette 2019: Ethische Unternehmenskultur – warum gelebte Werte die Zukunft sichern. In: Peter Buchenau (Hrsg.): Chefsache Zukunft. Was Führungskräfte morgen brauchen. Wiesbaden: Springer Gabler, S. 185–207

Hentze, Joachim et al. 2005: Personalführungslehre. Grundlagen, Funktionen und Modelle der Führung. Bern, Stuttgart, Wien: Paul Haupt (4. Aufl.)

Hofbauer, Helmut; Alois Kauer 2014: Einstieg in die Führungsrolle. Praxisbuch für die ersten 100 Tage. München: Hanser (5. Aufl.)

Hofert, Svenja; Claudia Thonet 2019: Der agile Kulturwandel. 33 Lösungen für Veränderungen in Organisationen. Wiesbaden: Springer Gabler

Rathert, Wolfgang 2019: Performance by Design: Die fünf Aufgaben agiler Führung in einer digitalisierten Welt und was Führungskräfte dabei von Game Designern lernen können. In: Peter Buchenau (Hrsg.): Chefsache Zukunft. Was Führungskräfte morgen brauchen. Wiesbaden: Springer Gabler, S. 453–477

Staehle, Wolfgang H.; Peter Conrad & Jörg Sydow 1999: Management. Eine verhaltenswissenschaftliche Perspektive. München: Vahlen (8. Aufl.)

Wunderer, Rolf 2011: Führung und Zusammenarbeit. Eine unternehmerische Führungslehre. München: Luchterhand (9. Aufl.)

Wunderer, Rolf; Wolfgang Grunwald 1980: Führungslehre. Band 1: Grundlagen der Führung. Berlin, New York: De Gruyter

> **Gedankensplitter**　　　　　　　　　　　　　　　　　　　　　　　*i*
> „If we take care of our people, they will take care of our guests." (Bill Marriott, Hotellegende)

Full American Plan → **Vollpension**

Full board → **Vollpension**

Full house → **Volles Haus**

Full pension → **Vollpension**

Fully booked → **Volles Haus**

Fun ship → **Vergnügungsdampfer**

Functional Food

Functional food (engl.) = funktionelles Essen, funktionelle Lebensmittel. Lebensmittel, denen zusätzliche Substanzen wie Vitamine, Bakterienkulturen, Enzyme oder ungesättigte Fettsäuren beigefügt werden. Durch den Konsum soll ein – meist gesundheitlicher – Zusatznutzen erzielt werden. Die Nahrung wird in den Labors der Lebensmittelindustrie von Food-Ingenieuren/Food Designern entwickelt. Der gesundheitliche Nutzen, aber auch die Risiken von Functional Food sind bei vielen Produkten umstritten. Auch Designer Food oder Wellness Food genannt. → Esskultur. (wf)

Literatur
Guptill, Amy E.; Denise A. Copelton & Betsy Lucal 2013: Food & Society: Principles and Paradoxes. Cambridge: Polity

> **Gedankensplitter**
> „Alles, was Sie hier sehen, verdanke ich Spaghetti." (Sophia Loren, italienische Filmschauspielerin)

Fundsachen im Hotel [lost and found in hotels]

Nicht alles, was der Gast im Hotel liegen lässt, wird automatisch zur Fundsache. Es ist zu unterscheiden zwischen:
– einer liegengelassenen Sache: Der Gegenstand kann eindeutig einem Gast zugeordnet werden.
– einer Fundsache: Eine Zuordnung ist eindeutig nicht mehr möglich.

Bei liegengelassenen Sachen ist der Gastgeber nach dem Grundsatz von Treu und Glauben (§ 242 BGB) verpflichtet, den Gast hierüber zu informieren, außerdem muss er die liegengelassene Sache sorgfältig aufbewahren. Für evtl. Beschädigungen oder Verlust haftet der Hotelier nach § 701 BGB ohne Verschulden. Für diese strenge Haftung gelten allerdings gesetzliche Höchstgrenzen. Der Gast ist grundsätzlich verpflichtet, die vergessene Sache beim Hotelier abzuholen bzw. anfallende Kosten für die Zusendung zu übernehmen. Zeigt der benachrichtigte Gast an der liegengelassenen Sache kein Interesse, endet die strenge Haftung nach § 701 BGB; statt dessen unterliegt der Hotelier dann einer weniger strengen Verwahrungspflicht, außerdem kommt der Gast in Annahmeverzug (§ 295 BGB), wobei sich die Haftung des Hoteliers bei Beschädigung bzw. Verlust der Sache nur noch auf Vorsatz und grobe Fahrlässigkeit beschränkt.

Soweit es sich bei der liegengelassenen Sache um ein Geldwertpapier, eine Urkunde oder sonstige Kostbarkeit handelt, kann sie beim örtlichen Amtsgericht hinterlegt werden. Andere Gegenstände können über einen Gerichtsvollzieher versteigert werden. Der Versteigerungserlös wird dann ebenfalls beim Amtsgericht hinterlegt. Der Gast/Gläubiger hat dann 30 Jahre Zeit, den hinterlegten Betrag abzüglich der Kosten abzuholen (§ 382 BGB). Nach Ablauf dieser Frist kann der Hotelier die Herausgabe der hinterlegten Sache/Geldbetrag verlangen. Lässt sich der gefundene Gegenstand keinem bestimmten Gast zuordnen, wird er wie eine Fundsache im Sinne von §§ 965 ff. BGB behandelt. Der Hotelier gibt den Gegenstand beim örtlichen Fundamt ab. Meldet sich der Verlierer dort, muss er den gesetzlichen Finderlohn von 3 % bzw. 5 % bezahlen. Meldet sich der Finder nach Ablauf von 6 Monaten nicht, erwirbt der Hotelier Eigentum an der Sache. Finder einer Sache ist nicht das Personal, sondern der Hotelier selbst.

Sein Personal ist lediglich sogenannter „Besitzdiener", der verpflichtet ist, dem „Besitzherrn", die gefundene Sache herauszugeben. Diese Verpflichtung ergibt sich auch aus arbeitsvertraglichen Bestimmungen. (bd)

Funktionelle Entkopplung [property company: operating company split, PropCo: OpCo split]

In der Hotelbranche versteht man darunter die Trennung von Kapital- bzw. Eigentümerfunktion und Managementfunktion. Insbesondere in der Konzernhotellerie stehen hinter den Kernbereichen Entwicklung, Finanzierung, Bau und Betreiben unterschiedliche Akteure (Projektentwickler, Investoren, Bauträger und Betreiber).

Aus betriebswirtschaftlicher Sicht ist die Entkopplung eine Arbeitsteilung, bei der sich die Beteiligten auf ihre → Kernkompetenzen konzentrieren. Gleichzeitig werden Risiko und Verantwortung geteilt. Auf der funktionellen Entkopplung basieren unterschiedliche Vertragskonstellationen. Die Trennung der Aktivitäten ermöglichte vielen Hotelgesellschaften eine schnelle nationale bzw. internationale Expansion (Jaeschke & Fuchs 2016, S. 75 f.). Das englische Wortspiel bricks:brains split (Jones Lang Lasalle Hotels 2002, S. 2) macht die Konstellation in einem Bild deutlich. (wf)

Literatur

Jaeschke, Arndt Moritz; Wolfgang Fuchs 2016: Zusammenarbeit in der Hotellerie – Funktionelle Entkopplung, Betreiberformen und Kooperationen. In: Karl Heinz Hänssler (Hrsg.): Management in der Hotellerie und Gastronomie – Betriebswirtschaftliche Grundlagen. Berlin, Boston: De Gruyter Oldenbourg, S. 75–91 (9. Aufl.)

Jones Lang Lasalle Hotels (ed.) 2002: Changing Ownership Structures. Hotel Topics: Issue No. 13. New York

> **Gedankensplitter**
> "It must be remembered that brands are not rewarded for owning real estate." (Jones Lang LaSalle, Immobilienunternehmen)

FUR → Forschungsgemeinschaft Urlaub und Reisen e. V.

Furniture, Fittings & Equipment (FF&E)

Dtsch.: Möbel, Ausstattung, Einrichtung. Begriff für Inneneinrichtung und Ausstattung in einem Hotel oder Restaurant (z. B. Einrichtungen in den Gästezimmern, Kücheneinrichtung, Dienstfahrzeuge). Es kann sich um bewegliche oder unbewegliche Gegenstände handeln, die mit dem Gebäude fest verbunden sind oder auch nicht. Der Begriff ist gesetzlich nicht definiert und wird auch in der Praxis nicht einheitlich aufgefasst; insofern gibt es in der Anwendung unterschiedliche Interpretationen. Die synonym benutzten Begriffe SOE (Small Operating Equipment) bzw. OS&E (Operating Supplies & Equipment) stehen in Abgrenzung zu FF&E (Großinventar) für das Kleininventar wie Besteck, Dekoration, Geschirr, Gläser, Vasen, Kosmetiktücher-Box, Seifenspender oder Werkzeug. In der Praxis hat es sich als sinnvoll erwiesen, mit sogenannten Abgrenzungslisten oder Schnittstellenplänen zu arbeiten, in denen die Gegenstände des FF&E und SOE/OS&E detailliert benannt und zugeordnet werden (Glaß 2018, S. 60). Dadurch werden Folgediskussionen zwischen Eigentümer und Betreiber, etwa bei Ersatzbeschaffungen, reduziert.

Die FF&E-Reserve stellt eine Rücklage für Instandhaltungen/Ersatzbeschaffungen dar. Die Höhe der zu bildenden Reserve beträgt etwa 3 bis 6 % des Jahresumsatzes p. a. (JLL Hotels & Hospitality Group & Baker & McKenzie 2014, o. S.). Sie ist ein relevanter Vertragsaspekt im Rahmen von Pachtverträgen (→ Hotelpacht) und → Managementverträgen. Das Eigentum am FF&E und SOE/OS&E kann beim Eigentümer oder Betreiber liegen (Glaß 2019, S. 60). Je nach vertraglicher FF&E-Ausgestaltung (Welche Seite verantwortet Erst- und Ersatzbeschaffung?) ergeben sich steuerliche und Liquiditätseffekte. Aus organisationstheoretischer Sicht übernimmt die Vertragskomponente FF&E eine Steuerungsfunktion; sie soll die unterschiedlichen Interessen zwischen den Beteiligten ausgleichen. Zum theoretischen Hintergrund siehe → Agenturtheorie. Synonym: Furniture, Fixtures & Equipment. (wf)

Literatur

Glaß, Miriam 2018: FF&E – mehr als eine Rücklage (Teil 1): Interview mit Olaf Steinhage & Joachim Peter. (https://www.hotelbau.de/download/downloadarchiv/hotelbau_FFE-Teil12.pdf, zugegriffen am 06.08.2019)

Glaß, Miriam 2019: FF&E – mehr als eine Rücklage (Teil 2): Interview mit Joachim Peter &. Olaf Steinhage. (https://www.hotelbau.de/download/downloadarchiv/hotelbau_FFE-Teil12.pdf, zugegriffen am 06.08.2019)

JLL Hotels & Hospitality Group; Baker & McKenzie (eds.) 2014: Global Hotel Leases. Chicago

Gedankensplitter

Auch wenn es inhaltlich nicht wirklich korrekt ist, so gibt es doch einen ersten Eindruck, was unter FF&E zu verstehen ist: Man stelle ein Hotel auf den Kopf und schüttle kräftig. Alles, was herausfällt, ist FF&E. (Quelle unbekannt)

G

Gabel [fork]

Die Gabel (althochdeutsch: gabala) war ursprünglich ein gegabelter Ast und diente in der Landwirtschaft zum Heuwenden (Dudenredaktion 2001, S. 245).

Für die Küche ist die Gabel eine uralte Erfindung der Menschheit; sie stellte einen großen Spieß zum Hantieren und Wenden beim Garen von Fleisch dar. Im Mittelalter fand sich die Gabel dann als Tranchierwerkzeug, mit dem man das zu zerkleinernde Fleisch fixiert, an der Tafel. Erst in der Neuzeit wurde aus ihr ein Essbesteck (→ Besteck). Kleinteilige, schwer mit der Hand zu essende Speisen ließen sich leichter zum Mund führen. Die Gabel schaffte eine gewisse Distanz zum Essen, zeigte Kultiviertheit (Müller 2009, S. 89; Spode 1994, S. 20 ff.; Wilson 2014, S. 246 f.).

Zu Spezialgabeln in der Gastronomie siehe Beyerle, Brodmann & Herter 2014. → Göffel; → Löffel; → Messer. (wf)

Literatur

Beyerle, Dieter; Romeo Brodmann & Stephan Herter 2014: Arbeiten am Tisch. Die Hohe Kunst des Flambierens, Tranchierens, Filetierens und Servierens. Zürich: édition gastronomique

Dudenredaktion (Hrsg.) 2001: Duden Das Herkunftswörterbuch. Etymologie der deutschen Sprache. Band 7. Mannheim, Leipzig, Wien, Zürich: Duden (3. Aufl.)

Müller, Klaus E. 2009: Kleine Geschichte des Essens und Trinkens: Vom offenen Feuer zur Haute Cuisine. München: Beck

Spode, Hasso 1994: Von der Hand zur Gabel. Zur Geschichte der Esswerkzeuge. In: Alexander Schuller; Jutta Anna Kleber (Hrsg.): Verschlemmte Welt: Essen und Trinken historisch-anthropologisch. Göttingen: Vandenhoeck und Ruprecht, S. 20–46

Wilson, Bee 2014: Am Beispiel der Gabel. Eine Geschichte der Koch- und Esswerkzeuge. Berlin: Insel

Kleine Story [i]

Die Tafelgabel ist erst im 17. Jahrhundert zum europäischen Standard geworden. Die Assoziation mit dem Teufel bremste deren Verbreitung, Menschen sahen in ihr eine Verhöhnung Gottes und werteten sie als nutzlos. Italiener erkannten den Nutzen für den Verzehr von Pasta, setzten sie dann auch für andere Speisen ein und bereiteten so deren Siegeszug vor (Spode 1994, S. 22 ff.; Wilson 2014, S. 249). (wf)

Gabelflug [open jaw]

Rückflug mit verschiedenen Abflugs- und Ankunftsorten (Beispiel Frankfurt am Main – Chicago – London; Beispiel Paris – San Francisco und Rückflug nach Paris ab Los Angeles). (jwm)

https://doi.org/10.1515/9783110546828-008

Gästebefragung [guest survey]

Instrument zur Erfassung von Gästeerwartungen, -einstellungen, -erfahrungen und -bewertungen, das in Form standardisierter (elektronischer) Fragebögen, persönlicher oder telefonischer Interviews oder auch von Gruppendiskussionen eingesetzt werden kann. Sinnvoll ist ihre Anwendung in der Regel jedoch nur bei aktiver Stichprobenrekrutierung, d. h., wenn vorderhand feste Kriterien für die Stichprobenauswahl festgelegt und eingehalten werden. Dies können Zufalls- oder Quotenstichproben sein. Bei Zufallsstichproben werden die Interviewpartner durch einen Zufallsalgorithmus (zum Beispiel je nach geplanter Stichprobengröße jeder zehnte oder jeder hundertste Gast) identifiziert. Bei der Quotenstichprobe weiß man im voraus, wie die Stichprobe zusammengesetzt sein soll (zum Beispiel 20 % Hotel-, 40 % Pensionsgäste und 40 % Camper) und sucht sich durch entsprechende Vorfragen (Filterfragen) die passenden Befragungspersonen.

Passive Rekrutierung, wie sie zum Beispiel durch die Auslage von Fragebögen in Hotelzimmern oder in → Touristinformationen oder durch das Versenden elektronischer Befragungen über Mails immer wieder praktiziert wird, bei der Befragte selbst entscheiden können, ob sie an einer Befragung teilnehmen wollen, ist letztlich sinnlos, weil hierdurch keine repräsentativen Befragungen zustande kommen können. Zudem sind die damit erzielten Rücklaufquoten – sofern man sie überhaupt bestimmen kann – so gering, dass sich schon von daher jede Interpretation der Daten verbietet. (jwm/wf)

Gästedatei [guest history, guest history file]

Vom Beherbergungsbetrieb angelegter Datensatz mit relevanten Gastinformationen (Adresse, Anzahl und Dauer der Aufenthalte, Umsätze, Geburtstag, Zimmerwahl, Präferenzen, Behandlungen, besondere Vorkommnisse etc.). Der Datensatz wird fortwährend gepflegt.

Die Informationen sind Ausgangsbasis für Marketing-Aktionen (Direktmarketing; E-Mail-Aktionen; Kundenbindungsprogramme), Reservierungsprozesse und individualisierte (maßgeschneiderte bzw. ‚tailor-made‘) → Dienstleistungen während des Aufenthalts. Die Informationen dienen allerdings auch zur Ablehnung von ‚Problemgästen‘ (Aufstellung einer ‚Schwarzen Liste‘ oder ‚Blacklist‘).

Was im 19. bzw. 20. Jahrhundert in → Grand Hôtels in handschriftlichen Gästekarteien an der → Rezeption geführt wurde, ist heutzutage in technologische Lösungen eingebettet. Zu denken ist an → Property Management-Systeme oder unternehmensinterne zentrale Datenbanken (z. B. Data Warehouse). (wf)

ℹ Gedankensplitter

„Mit Gästen lebt man nicht leicht – ohne überlebt man nicht lange." (Irmin Burdekat, Gastwirt)

Gästeführer [local guide]

Der ehemalige „Fremdenführer", heute „Gästeführer" oder „local guide" genannt, ist für einen Ort oder ein Objekt zuständig. Er arbeitet meist freiberuflich. Während in anderen Ländern der EU, etwa in Griechenland, Italien, Frankreich, Österreich oder Spanien, dieser Beruf geschützt und mit einer Lizenz verbunden ist, gibt es diese Professionalisierung in Deutschland bisher nur in geringem Umfang.

Gästeführungen vermitteln einen Überblick über die Monumente, Museen und sonstigen Angebote und Einrichtungen des Fremdenverkehrsortes. Inhalte sind zumeist Geschichte und Kultur. Daneben gibt es auch regionaltypische Sonder- und Themenführungen zum Beispiel zu Flora und Fauna, Literatur oder „alternative" Stadtrundgänge. Originelle Varianten sind Radführungen, Stadterkundungsspiele, „Ghost-Walks", Führungen für Kinder und Familien, Mundartführungen und erlebnisbetonte Führungen und Wanderungen. (sst)

Literatur

Bartl, Harald; Ulrich Schöpp & Andreas Wittpohl 1986: Gästeführung in der Fremdenverkehrspraxis. Leitfaden für die Ausbildung von Gästeführern in Fremdenverkehrsorten. München: Huss

Mundt, Jörn W. 2013: Tourismus. München, Wien: Oldenbourg (4. Aufl.)

Schmeer-Sturm, Marie-Louise 1996: Gästeführung. München, Wien: Oldenbourg

Schmeer-Sturm, Marie-Louise 2012: Reiseleitung und Gästeführung. München: Oldenbourg

Gästemappe [guest information, Information directory]

Mappe, in der die relevanten Informationen über den Beherbergungsbetrieb – oft alphabetisch – zusammengestellt sind. Der Serviceleitfaden wird in Betrieben immer mehr digital angeboten. Denkbar sind Zimmertablets, Smartphone-Apps oder hoteleigene Handys. Die digitalen Lösungen stellen neben hotelspezifischen Informationen zusätzliche Angebote bereit (z. B. Telefon, Entertainment-Angebote, Koppelung mit Hotel-TV). Betriebe sehen die digitalen Lösungen mitunter auch als Ergänzung zu herkömmlichen Gästemappen. (wf)

Gästetoilette → **Toilette**

Galley

Ursprünglich der englische Name für eine Schiffsküche (Kombüse); heute bezeichnet dieser Begriff vor allem den Bereich in einem Flugzeug, in dem die am Boden vorbereiteten Mahlzeiten für die Passagiere zusammengestellt und ggf. erwärmt werden (→ Flight Catering). (jwm)

Gamification

Game (engl.) = Spiel. Gamification ist die Übertragung von spieltypischen Elementen und Vorgängen in spielfremde Zusammenhänge, wie z. B. im Kontext des Gesundheits-, Bildungs-, Tourismus-, Unterhaltungs- oder Medienbereichs. Alternative Begriffe im deutschsprachigen Raum sind „Gamifizierung" und „Spielifizierung".

Gamification umfasst verschiedene Spielmechaniken sowie Komponenten, welche sich grundlegender Annahmen der Motivationspsychologie bedienen. Motivationale Aspekte im Kontext von Gamification sind jedoch nicht nur auf einfache Anreiz-Erwartungs-Schemata zurückzuführen, sondern adressieren komplexere menschliche Bedürfnisse nach Sozialisierung, Lernen, Beherrschung, Konkurrenz, sichtbaren Errungenschaften sowie Status und Selbstausdruck. Zentrale Spielmechaniken von Gamification sind Rückmeldungen, Belohnungen, Statusanzeigen sowie die Bewältigung von Aufgaben durch individuelle oder kollaborative Leistungen. Ein wichtiges Prinzip von Gamification ist es, kleinste Fortschritte sichtbar zu machen und damit größer und bedeutender aussehen zu lassen. Dies wird zum Beispiel mit Hilfe von Fortschrittsbalken, Badges (Abzeichen), Ranglisten und ähnlichen Elementen erreicht. Diese Elemente sind in der Kommunikation meist relativ leicht zu integrieren, da sie auf vorhandene (Kunden-)Daten zugreifen und diese lediglich auf eine andere Art und Weise darstellen (Anderie 2018). (sb)

Literatur
Anderie, Lutz 2018: Gamification, Digitalisierung und Industrie 4.0: Transformation und Disruption verstehen und erfolgreich managen. Wiesbaden: Springer Gabler

Gamifizierung → **Gamification**

Gang [course]
Einzelnes Gericht innerhalb einer festgelegten Speisenfolge (→ Menü). (wf)

Gangway
(a) Aus dem Englischen stammender Begriff, der den Laufsteg zwischen Schiff und Land bezeichnet, mit dem man im Hafen Schiffe betreten oder verlassen kann.
(b) Fahrgasttreppe, über die man in Flugzeuge ein- oder aussteigen kann. Sie können auf → Außenpositionen an ein Flugzeug herangefahren oder auch bordseitig von Flugzeugen mitgenommen und auf Flughäfen ausgefahren werden. Auch Fluggastbrücken (→ Finger) werden als Gangway bezeichnet. (jwm)

Ganzjahreshotel → **Saisonhotel**

Garagenmeister → **Wagenmeister**

Garantiert traditionelle Spezialitäten (g. t. S.) → **EU-Qualitätsregelungen für geografische Angaben und traditionelle Spezialitäten**

Gardemanger [cold cook]
Französische Bezeichnung für den Koch der kalten Küche. Er bereitet Fleisch, Wild, Geflügel und Fisch vor und stellt kalte Vorspeisen, kalte Saucen, Terrinen, Pasteten, Sandwiches und Salate sowie kalte → Büfetts her. Der Bereich des Gardemanger stellt einen klassischen Posten bzw. eine Abteilung in größeren → Küchenbrigaden dar. (wf)

Garderobenhaftung [cloakroom liability]
Frage der gesetzlichen Haftung des → Wirtes für Verlust/Beschädigung der seitens des Gastes eingebrachten Garderobe. Es erfolgt eine Unterscheidung zwischen dem Beherbergungswirt (klassischerweise Hotelier) und dem bloßen Schank- und Speisewirt:

Der Beherbergungswirt haftet gegenüber seinen Hausgästen verschuldensunabhängig gemäß §§ 701 ff. BGB für eingebrachte Sachen des Gastes. Hierunter fällt (neben den in das gebuchte Gästezimmer eingebrachten Sachen) auch die Garderobe von Hausgästen, die diese in das mit dem Beherbergungsgebäude räumlich verbundene → Restaurant einbringen. Hausgäste im Restaurant des Beherbergungsbetriebes sind also besser gestellt als bloße Speisegäste.

Der Schank- und Speisewirt hingegen haftet dem Gast für den in seinen Räumlichkeiten erlittenen Verlust bzw. die Beschädigung der Garderobe nur, wenn ihn eine sogenannte Obhutspflicht trifft und ein Verschulden bejaht werden kann: Eine Obhutspflicht existiert nicht bei Garderobe, welche der Gast aus eigenem Antrieb außerhalb des Gastraumes ablegt (MüKo BGB/Henssler Rn. 48) bzw. innerhalb des Gastraumes aufhängt und somit selbst überwachen kann (BGH NJW 1980, 1096). Eine Obhutspflicht wird jedoch bspw. angenommen, wenn der Schank- oder Speisewirt den Gast dazu veranlasst, die Garderobe in einem anderen, durch den Gast unbeaufsichtigten, Raum als dem Schankraum aufzuhängen (LG Hamburg NJW RR 1986, 829), wenn dem Gast die Garderobe mit der Erklärung, diese „in Sicherheit" zu bringen, durch einen Mitarbeiter der Gaststätte abgenommen wird (AG Dortmund NJW-RR 2005,65) oder wenn die Garderobe gegen Entgelt abgegeben werden kann. (tl)

Garnitur [garnish]
Die Begrifflichkeit entstammt aus dem Französischen des 17. Jahrhunderts und wird mit „Verzierung" übersetzt. Im eigentlichen Sinne meint es eine zusammengehörende Ausrüstung.

In der → Gastronomie hat Garnitur unterschiedliche Bedeutungen, die sowohl Zubereitungsarten von Speisen bezeichnet, aber auch die ästhetische Verfeinerung und Präsentation von Gerichten. Soßen und Brühen werden durch Zugabe von Kräutern und Wurzelwerk verfeinert und garniert. Ebenso bezeichnet Garnitur auch eine bestimmte Beilagen- oder Zubereitungsart, die teilweise auf regionale spezifische Vorlieben hinweist, sie aber ebenso auch konstruieren sollen. Beispielsweise eine bestimmte Kombination von Zutaten und Beilagen; z. B. wird der Rehrücken mit pochierter Birne und Preiselbeergelee garniert. Die Garnitur muss stets in Beziehung zur Hauptspeise stehen und ihr neben einer geschmacklichen Ergänzung auch ästhetisches Aussehen verleihen. (gh)

Literatur
Bröhm, Patricia 2012: Die Musen der Köche. In: PM, o. Jg. (4), S. 56–63
Herrmann, F. Jürgen (Hrsg.) 2016: Die Lehrküche. Hamburg: Handwerk und Technik (6. Aufl.)

Gedankensplitter
„Zu meinen besten Gerichten lasse ich mich stets von schönen Frauen inspirieren." (Georges Auguste Escoffier, französische Kochlegende)

Kleine Story
Die Pizza Margherita spielt auf einen Besuch der italienischen Königin Margarethe in Neapel an, bei dem ihr zu Ehren eine Pizza in den Farben der italienischen Flagge (Basilikum, Mozzarella, Tomate) kreiert wurde. „Bloody Mary" soll nach der blutrünstigen englischen Königin Mary I. Tudor benannt sein, der Cocktail B 52 nach der gleichnamigen Band. Diese Geschichten sind oft amüsant, leider aber nicht immer belastbar. Realität und Legende verschmelzen, und so gibt es für viele klassische Garnituren mehrere Erklärungsansätze (Bröhm 2012, S. 56 ff.). Belastbarer sind Namen, die ihren Begriff aus der Wortwurzel ableiten.
Der Obatzda heißt so, weil Käsesorten „verbazt" werden. Obatzn ist das bayerische Wort für vermengen. Der Mozzarella hat seinen Namen von dem Verb „mozzare", das auf italienisch abschneiden bedeutet. Gemeint ist das Schneiden der länglichen Käsemasse in einzelne Portionen. Und die Fischsuppe Bouillabaisse spielt auf „bouillir" (kochen) auf kleiner Flamme (abaisser = senken) an. (wf)

Garstufen [roasting levels]
In der → Gastronomie werden unterschiedliche Garstufen beim Braten von dunklem Fleisch (Rind, Schaf) unterschieden. Ist das Fleischstück innen grau und saftig, lautet die fachliche Bezeichnung „durch" (franz.: bien cuit; engl.: well done). Ist es innen durchgehend rosafarben, lautet die Bezeichnung „rosa" (franz.: à point; engl.: medium). Ist es innen rosafarbig und im Fleischkern noch blutig rot, lautet die Bezeichnung „blutig" (franz.: saignant; engl.: medium rare). Ist das Fleischstück nur kurz angebraten, im Inneren aber roh und kalt, lautet die

Bezeichnung „blau" (franz.: bleu; engl.: raw bzw. rare). Die gewünschte Garstufe wird bei der Bestellung von Servicekräften abgefragt. Helles Fleisch (etwa Kalb oder Schwein) wird grundsätzlich durchgebraten. Zu Druck- und Nadelproben von Garstufen siehe Herrmann 2016, S. 483. (wf)

Literatur
Herrmann, F. Jürgen (Hrsg.) 2016: Die Lehrküche. Hamburg: Handwerk und Technik (6. Aufl.)

Garten → **Parks**

Gartenschau → **Parks**

Gast → **Gastlichkeit**

Gastaufnahmevertrag → **Beherbergungsvertrag**

Gastausweis → **Hotelpass**

Gastfreundschaft → **Gastlichkeit**

Gastgewerbe [hospitality industry, hotel and restaurant industry]
1 Definition   Gastgewerbe bezeichnet eine Branche, die durch eine große Vielfalt unterschiedlicher Betriebsarten und Betriebstypen (→ Hotelbetriebstypen) gekennzeichnet ist (Hänssler 2016, S. 42 f.). Eine erste Untergliederung kann in das → Beherbergungsgewerbe und die → Gastronomie erfolgen. In der Klassifikation der Wirtschaftszweige werden unter diesen Rubriken folgende Betriebsarten unterschieden (Statistisches Bundesamt 2008, S. 418 f.):
–   Beherbergungsgewerbe: → Hotels, → Hotels Garni, Gasthöfe, → Pensionen, Erholungs- und Ferienheime, Ferienzentren, → Ferienhäuser, → Ferienwohnungen, → Jugendherbergen und Hütten, Campingplätze, Privatquartiere, sonstiges Beherbergungsgewerbe.
–   Gastronomie: → Restaurants mit herkömmlicher Bedienung, Restaurants mit Selbstbedienung, Imbissstuben, → Cafés, Eissalons, Caterer sowie Erbringung sonstiger Verpflegungsdienstleistungen wie Kantinen, Schankwirtschaften, Diskotheken und Tanzlokale, → Bars, Vergnügungslokale, sonstige getränkegeprägte Gastronomie.

Die Betriebsarten sind weiter zu differenzieren: So umfassen Restaurants mit herkömmlicher Bedienung beispielsweise First Class-Betriebe, internationale Spezialitätenlokale oder gutbürgerliche Gaststätten. Hotels reichen vom einfachen

Ein-Stern-Hotel bis zum Luxusanbieter (→ Beherbergungsgewerbe, → Hotelbetriebstypen, → Hotelklassifizierung).

2 Funktion Die Betrachtung dieser betrieblichen Vielfalt macht die Bandbreite der gesellschaftlichen Funktionen der Branche deutlich. Grundfunktionen
sind Beherbergung und Bewirtung (Verpflegung) von Gästen im Sinne der Befriedigung physiologischer Bedürfnisse einschließlich der Gewährleistung von
Sicherheit. Gastronomie und Hotellerie weisen jedoch immer auch einen psy-
chisch-soziokulturellen Aspekt auf, der als Motivation zum Besuch eines Betriebes häufig im Vordergrund steht. In Anlehnung an die Bedürfnispyramide
von Maslow erfüllen gastgewerbliche Betriebe soziale Funktionen und dienen
der Befriedigung von Prestige sowie Bedürfnissen nach Selbstverwirklichung
(Maslow 1954; zitiert nach der deutschen Ausgabe 1989, S. 62 ff.). Sie sind u. a.
Orte der geplanten und ungeplanten Begegnung und Kommunikation, der Pflege
der → Gastlichkeit und Tafelkultur, des Feierns, der Erholung und Gesundheit
und vermitteln immer auch Erlebnisse (→ Erlebnisgastronomie).

Angesichts der zunehmenden Individualisierung im Sinne der Auflösung
bzw. des Bedeutungsverlustes traditioneller Einbindungen des Einzelnen in
Gruppen kann die Funktion als Ort unverbindlicher Begegnung und Kommunikation nicht hoch genug eingeschätzt werden. Um so bedauerlicher ist die aus
wirtschaftlichen Gründen in den vergangenen Jahrzehnten deutlich feststellbare
Tendenz des Rückgangs bestimmter Betriebstypen wie Dorfgasthäusern.

3 Gesetzliche Grundlagen Voraussetzung zum Betrieb eines gastgewerblichen
Betriebes ist die Erlaubnis (Konzession). Allerdings haben sich mit der am 1. Juli
2005 in Kraft getretenen Neufassung des → Gaststättengesetzes (GastG) wesentliche Veränderungen ergeben. So fallen Beherbergungsbetriebe auch nach den
Definitionen dieses Gesetzes nicht mehr unter das Gaststättengewerbe und sind,
sofern Speisen und Getränke nur an Hausgäste ausgegeben werden, nicht mehr
konzessionspflichtig (§§ 1 und 2 GastG). Ebenso bedürfen Betriebe, die nur zubereitete Speisen und alkoholfreie Getränke verabreichen – beispielsweise Metzge-
reien, Bäckereien, Lebensmitteleinzelhändler –, nicht mehr der Erlaubnis. Danach sind überwiegend nur noch Gaststättenbetriebe wie Schank- und Speisewirtschaften, die jedermann oder bestimmten Personenkreisen zugänglich sind,
sowie Hotelbetriebe und Gasthöfe, bei denen im Restaurant auch externe Gäste
bewirtet werden, erlaubnispflichtig, soweit in diesen Betrieben Alkohol angeboten wird. Der Alkoholausschank ist somit das entscheidende Kriterium für eine
gaststättenrechtliche Konzession nach § 2 GastG. Wird in Beherbergungsbetrieben
(z. B. Hotel Garni) nur an Hausgäste Alkohol ausgeschenkt, bleiben diese dennoch
konzessionsfrei.

Die Erlaubnis muss beantragt werden und erfolgt in Form einer Urkunde. Gemäß § 4 GastG ist die Erteilung an die Erfüllung persönlicher und betrieblicher

Voraussetzungen gebunden. Sie ist zu versagen, wenn 1.) „Tatsachen die Annahme rechtfertigen, dass der Antragsteller die für den Gewerbebetrieb erforderliche Zuverlässigkeit nicht besitzt (...), 2.) die zum Betrieb des Gewerbes oder zum Aufenthalt der Beschäftigten bestimmten Räume wegen ihrer Lage, Beschaffenheit, Ausstattung oder Einteilung für den Betrieb nicht geeignet sind" (...), 2a.) bestimmte Anforderungen an die Barrierefreiheit nicht erfüllt werden (Betriebe mit Baugenehmigung ab 01.11.2002 bzw. 01.05.2002), 3.) der Betrieb „im Hinblick auf seine örtliche Lage oder auf die Verwendung der Räume dem öffentlichen Interesse widerspricht" (...), 4.) der Antragsteller nicht „durch eine Bescheinigung einer Industrie- und Handelskammer nachweist, dass er (...) über die Grundzüge der für den in Aussicht genommenen Betrieb notwendigen lebensmittelrechtlichen Kenntnisse unterrichtet worden ist und mit ihnen als vertraut gelten kann".

Die Gesetzgebungskompetenz für das Recht der Gaststätten ist innerhalb der Veränderungen der Föderalismusreform I im Jahr 2006 vom Bund auf die Länder übergegangen (Grundgesetz Artikel 74,1 11, Deutscher Bundestag o. J., o. S.). Überwiegend haben die Bundesländer das Bundesgesetz, teilweise mit geringen Änderungen bzw. Ergänzungen, als Landesrecht übernommen (z. B. Baden-Württemberg), teilweise eigene inhaltlich veränderte Gesetze (z. B. Brandenburg) verabschiedet. Generell gilt das Bundesgesetz fort, sofern keine eigene landesrechtliche Regelung verabschiedet wird.

4 Wirtschaftliche Bedeutung und Struktur Das Gastgewerbe zählt zu den großen Wirtschaftszweigen in der Bundesrepublik Deutschland. Nach der Jahresstatistik im Gastgewerbe wurde 2017 in 234.948 erfassten Unternehmen ein Nettoumsatz von ca. 93 Mrd. € erzielt. Die Zahl der Beschäftigten hat 2,37 Mio. betragen, davon waren 1,38 Mio. teilzeitbeschäftigt (Statistisches Bundesamt 2019, o. S.). Die gastgewerblichen Aktivitäten und die daraus resultierenden Umsätze bzw. Beschäftigtenzahlen von Unternehmen, deren wirtschaftlicher Schwerpunkt außerhalb der Branche liegt, beispielsweise von Einzelhandelsunternehmen betriebene Restaurants, sind in diesen Zahlen nicht enthalten.

Trotz deutlich feststellbarer Konzentrationstendenzen ist die Branche nach wie vor überwiegend klein- und mittelbetrieblich strukturiert. So erwirtschaften nach der Umsatzsteuerstatistik in Deutschland 130.707 Betriebe einen Nettoumsatz über 100.000 €, davon 30.829 über 500.000 € und 12.605 über 1.000.000 € (Statistisches Bundesamt 2019a, S. 12). Die Umsätze der Branche sind seit 2010 stark gestiegen.

Die nationale und internationale Interessenvertretung des Gastgewerbes in Deutschland ist der → Deutsche Hotel- und Gaststättenverband (DEHOGA) als Dachverband von 17 Landes- und 2 Fachverbänden: dem → Hotelverband Deutschland (IHA) und der Union der Pächter von Autobahn-Service-Betrieben (Unipas) (DEHOGA 2019, o. S.). Die Tarifarbeit erfolgt über die Landesverbände.

Neben der Beratung und Betreuung der Mitglieder ist die → Deutsche Hotelklassifizierung ein weiterer wesentlicher Aufgabenschwerpunkt. Die Interessen der Arbeitnehmer werden durch die → Gewerkschaft Nahrung – Genuss – Gaststätten (NGG) vertreten. (khh)

Literatur

Brandenburgisches Gaststättengesetz (BbgGastG) vom 02.10.2008, geändert am 07.07.2009

DEHOGA 2019: Über uns. (https://www.dehoga-bundesverband.de/ueber-uns/landes verbaende/, zugegriffen am 23.12.2019)

Deutscher Bundestag o. J.: Gesetzgebungskompetenz von Bund und Ländern. (https://www. bundestag.de/parlament/aufgaben/gesetzgebung_neu/gesetzgebung/bundesstaats prinzip/255460, zugegriffen am 01.12.2018)

Gaststättengesetz (GastG) vom 05.05.1970, geändert am 10.03.2017

Gaststättengesetz für Baden-Württemberg (Landesgaststättengesetz-GastG) vom 10.11.2009. (http://www.landesrecht-bw.de/jportal/?quelle=jlink&query=GastG+BW&psml= bsbawueprod.psml&max=true&aiz=true#jlr-GastGBW2009rahmen, zugegriffen am 23.12.2019)

Grundgesetz der Bundesrepublik Deutschland. (https://www.gesetze-im-internet.de/gg/art_ 74.html, zugegriffen am 15.12.2019)

Hänssler, Karl Heinz 2016: Betriebsarten und Betriebstypen des Gastgewerbes. In: Ders. (Hrsg.): Management in der Hotellerie und Gastronomie – Betriebswirtschaftliche Grundlagen. Berlin, Boston: De Gruyter Oldenbourg, S. 49–73 (9. Aufl.)

Maslow, Abraham H. 1989: Motivation und Persönlichkeit. Hamburg: Rowohlt (urspr. Motivation and Personality, New York 1954)

Statistisches Bundesamt 2008: Klassifikation der Wirtschaftszweige mit Erläuterungen, Ausgabe 2008. (https://www.destatis.de/DE/Methoden/Klassifikationen/GueterWirtschaft klassifikationen/klassifikationwz2008_erl.pdf;jsessionid=15B4FE2283D8026F0EF7666 446EC70C6.InternetLive2?__blob=publicationFile, zugegriffen am 27.11.2018)

Statistisches Bundesamt 2019: Unternehmen, Beschäftigte, Umsatz und weitere betriebs- und volkswirtschaftliche Kennzahlen im Gastgewerbe: Jahresstatistik Gastgewerbe 2017. (https://www-genesis.destatis.de/genesis/online/data?operation=abruftabelleBearbei ten&levelindex=1&levelid=1576739049932&auswahloperation=abruftabelleAuspraegung Auswaehlen&auswahlverzeichnis=ordnungsstruktur&auswahlziel=werteabruf&code= 45342-0001&auswahltext=&werteabruf=Werteabruf, zugegriffen am 15.12.2019)

Statistisches Bundesamt 2019a: Umsatzsteuerstatistik (Voranmeldungen), 2017. (https://www. destatis.de/DE/Themen/Staat/Steuern/Umsatzsteuer/Publikationen/Downloads- Umsatzsteuern/umsatzsteuerstatistik-5733101177004.pdf;jsessionid=B43D64CF212CAF5 5E3E91E3A6D872F2D.internet712?__blob=publicationFile, zugegriffen am 06.10.2019)

i

Gedankensplitter
„Der Gast wird von Gott geschickt." (Georgisches Sprichwort)

Gasthaus → **Gaststätte**

Gasthausnamen → **Wirtshausnamen**

Gastlichkeit [(primitive) hospitality]

Gastlichkeit bezeichnet die Aufnahme eines fremden Menschen, um diesem Unterkunft, Verpflegung und Schutz zu bieten. Gastlichkeit wird als Oberbegriff aufgefasst, der die Formen Gastfreundschaft, christliche Liebesgastlichkeit, herrschaftliche Gastung und geldwirtschaftlich-gewerbliche Gastlichkeit umfasst (Peyer 1987, S. 1).

Das Phänomen Gastlichkeit kann als eine urmenschliche Einstellung gegenüber Fremden (hostis [lat.] = Feind, Fremder) verstanden werden. Der Fremde sollte als Gast zugelassen werden, als jemand, der Vorübergehender, also nicht bei sich selbst ist (Bahr 1997, S. 35 ff.). Oder anders ausgedrückt: Der Gast ist Fremdling. Dort, wo er gerade weilt, ist er nicht zuhause.

Durch seine Gastlichkeit konnte der Gastgeber mehrere Motive befriedigen: Er verringerte das Unbekannte und die Angst und baute gleichzeitig einen Selbstschutz gegenüber dem Fremden auf. Durch das Auflösen der Fremdheit bestand die Möglichkeit, eine längerfristige, friedliche Beziehung mit dem Fremden einzugehen (Müller 2009, S. 102; Peyer 1987, S. 2; Schrutka-Rechtenstamm 1997, S. 47).

Gastlichkeit reicht in die Anfänge der Menschheit zurück. In ihren Ausprägungen ist sie kaum erfassbar. Sie kommt in der Geschichte einseitig oder wechselseitig (ohne/mit Gegenleistung), offen oder ausschließend (Aufnahme aller/bestimmter Personen), geregelt oder freiwillig (mit/ohne vorgegebenen Verpflichtungen), begrenzt oder unbegrenzt (meist bis zu drei Tagen, „Gast und Fisch stinken nach drei Tagen"/dauernd), einfach oder qualifiziert (ohne/mit Verpflegung) vor (Kayed 2007, S. 33). Zeitlich aufeinanderfolgende Entwicklungsphasen lassen sich nicht feststellen. Stattdessen sind das Nebeneinander und der Mix unterschiedlicher Formen der Gastlichkeit ein realistisches Bild der Geschichte und Gegenwart (Peyer 1987, S. 4 ff.). Wierlacher macht darauf aufmerksam, dass Gastlichkeit über die hier im Mittelpunkt stehende kulturelle Ausprägung hinausgeht. Er unterscheidet darüber hinaus noch in die anthropologische Gastlichkeit (alle Menschen sind Gast des Lebens) und die politische Gastlichkeit in Form des Asyls (Wierlacher 2010, S. 6). Im wissenschaftlichen Diskurs herrscht begriffliche Uneinheitlichkeit vor. Zuweilen werden Gastfreundschaft und Gastlichkeit als Synonyme betrachtet, teilweise werden sie als Gegenpole gesehen, bei der der unentgeltlichen Gastfreundschaft die auf Gewinn zielende Gastlichkeit gegenübersteht. Mitunter wird in einer zeitlichen Denkweise die Gastfreundschaft als urtümliches Sozialverhalten interpretiert, aus dem heraus die gewerbliche Gastlichkeit gereift ist. Andere Autoren wiederum sehen die Gastlichkeit als zeitliche Voraussetzung einer sich daraus entwickelnden Gastfreundschaft.

Zum unterschiedlichen Sprachgebrauch siehe etwa Bahr 2009, S. 17 ff.; Kayed 2007, S. 31; Pechlaner & Raich 2007, S. 11 ff.; Schrutka-Rechtenstamm 1997, S. 47 ff. Zur Unterscheidung in primäre und sekundäre Gastlichkeit Liebsch 2010, S. 8; zu einem Einstieg in das Thema Wierlacher 2011. (wf)

Literatur

Bahr, Hans-Dieter 1997: Der Gast. In: Ulrike Kammerhofer-Aggermann (Hrsg.): „Herzlich willkommen!": Rituale der Gastlichkeit. Salzburger Beiträge zur Volkskunde, Band 9, Salzburg: Salzburger Landesinstitut für Volkskunde, S. 35–46

Bahr, Hans-Dieter 2009: Gast-Freundschaft. In: Peter Friedrich; Rolf Parr (Hrsg.): Gastlichkeit: Erkundungen einer Schwellensituation. Heidelberg: Synchron, S. 17–27

Kayed, Christian 2007: Gastfreundschaft und Philosophie. In: Harald Pechlaner; Frieda Raich (Hrsg.): Gastfreundschaft und Gastlichkeit im Tourismus: Kundenzufriedenheit und -bindung mit Hospitality Management. Berlin: Schmidt, S. 31–36

Liebsch, Burkhard 2010: Grundformen der Gastlichkeit: Herausforderungen gastlicher Lebensformen heute. In: Palatum. Zeitschrift für Kulinaristik, 2 (2), S. 7–9

Müller, Klaus E. 2009: Kleine Geschichte des Essens und Trinkens: Vom offenen Feuer zur Haute Cuisine. München: Beck

Pechlaner, Harald; Frieda Raich 2007: Wettbewerbsfähigkeit durch das Zusammenspiel von Gastlichkeit und Gastfreundschaft. In: Dies. (Hrsg.): Gastfreundschaft und Gastlichkeit im Tourismus: Kundenzufriedenheit und -bindung mit Hospitality Management. Berlin: Schmidt, S. 11–24

Peyer, Hans Conrad 1987: Von der Gastfreundschaft zum Gasthaus. Studien zur Gastlichkeit im Mittelalter (Monumenta Germaniae Historica, Schriften 31). Hannover: Hahnsche Buchhandlung

Schrutka-Rechtenstamm, Adelheid 1997: Vom Mythos Gastfreundschaft. In: Ulrike Kammerhofer-Aggermann (Hrsg.): „Herzlich willkommen!": Rituale der Gastlichkeit. Salzburger Beiträge zur Volkskunde. Band 9, Salzburg: Salzburger Landesinstitut für Volkskunde, S. 47–56

Wierlacher, Alois 2010: Einführung. In: Palatum. Zeitschrift für Kulinaristik, 2 (2), S. 5–6

Wierlacher, Alois (Hrsg.) 2011: Gastlichkeit. Rahmenthema der Kulinaristik. Berlin: LIT

i **Kleine Story**

Gastlichkeit wurde auch geboten, weil in dem Fremden ein Vertreter Gottes auf Erden erscheinen konnte. Sie konnte so weit reichen, dass dem männlichen Fremden die eigene Tochter oder Frau zum Beischlaf angeboten wurde („Gastprostitution"). So war der mögliche Nachwuchs von göttlicher Gnade (Müller 2009, S. 102). (wf)

Gastronomie [gastronomy]

Gaster (griech.) = Magen; nomos (griech.) = Brauch, Sitte, Gesetz. Der Begriff der Gastronomie wird unterschiedlich interpretiert. Gastronomie kann zum einen als Kochkunst verstanden werden. Hierbei geht es um die Kenntnis, Auswahl, Zubereitung und den Konsum von Nahrungsmitteln (Scarpato 2002, S. 52 ff.). Zugleich stellt Gastronomie die Ausprägung eines bestimmten Kochstils dar (etwa die deutsche oder französische Gastronomie). Aus einem anderen Blickwinkel betrachtet, bezeichnet sie einen (Wirtschafts-)Zweig innerhalb des → Gastgewerbes und damit einen zentralen Baustein des Tourismus (Wagner 2015, S. 87 ff.).

Dadurch, dass Gastronomie mit Disziplinen wie der Ernährungswissenschaft, Chemie, Geschichte, Politik oder Ökonomie Berührungspunkte aufweist, fällt eine trennscharfe Definition nicht leicht. Zu der Vielschichtigkeit des Begriffs siehe Fritz & Wagner 2015; Gillespie 2001; Lanfant 2002; Larousse 2017, S. 412; Neill et al. 2017. → Esskultur; → Kulinaristik. (wf)

Rang	Unternehmen	Vertriebslinien (Auswahl)	Umsatz (in Mio. EUR)	Zahl der Betriebe
1	McDonald's Deutschland LLC, München	McDonald's, McCafé	3.675,0	1.484
2	Burger King Deutschland GmbH, Hannover	Burger King	985,0	750
3	LSG Lufthansa Service Holding AG, Neu-Isenburg	LSG Sky Chefs	808,0	11
4	Autobahn Tank & Rast GmbH, Bonn	T&R Raststätten, Autohöfe	650,0	413
5	Yum! Restaurants Int. Ltd. & Co. KG, Ratingen	KFC, Pizza Hut	330,0	259
6	Edeka Zentrale AG & Co. KG, Hamburg	Bäcker-Imbiss, Markt-Foodservice	285,0	2.100
6	SSP Deutschland GmbH, Frankfurt/Main	Airport/Bahnhof/Straße: Gastro& Handel	285,0	372
8	Nordsee GmbH, Bremerhaven	Nordsee	267,7	314
9	Subway GmbH, Köln	Subway	267,0	692
10	Valora Food Service Deutschland GmbH, Essen	BackWerk, Ditsch	265,0	495
11	AmRestHoldings, München	Starbucks, KFC, Pizza Hut, La Tagliatella	251,9	281
12	Ikea Deutschland GmbH & Co. KG, Hofheim-Wallau	Ikea-Gastronomie	250,0	53
13	Aral AG (BP Europa SE), Bochum	Petit Bistro; Rewe to Go at Aral	243,0	1.155
14	Domino's Pizza Deutschland GmbH, Hamburg	Domino's, Hallo Pizza	235,0	324
15	FR L'Osteria SE, München	L'Osteria	210,0	100

Abb. 14: Die größten Unternehmen/Systeme der Gastronomie in Deutschland (Stand: 01.01.2020; nach Weiß & Günther 2020, S. 24)

Literatur

Brillat-Savarin, Jean Anthèlme 2007: Physiologie des Geschmacks oder Betrachtungen über das höhere Tafelvergnügen. Frankfurt/Main, Leipzig: Insel (deutsche Übersetzung; Druck nach der zweiten Auflage von 1923)

Fritz, Klaus-Peter; Daniela Wagner (Hrsg.) 2015: Forschungsfeld Gastronomie. Grundlagen – Einstellungen – Konsumenten. Wiesbaden: Springer

Gillespie, Cailein 2001: European gastronomy into the 21st century. Oxford: Butterworth-Heinemann

Lanfant, Marie-Françoise 2002: Die Gastronomie, das Kulturerbe und der Welttourismus In: Voyage – Jahrbuch für Reise- & Tourismusforschung: Reisen & Essen, Band 5, Köln: Du-Mont, S. 30–48

Larousse (éd.) 2017: Le Grand LAROUSSE Gastronomique. Paris: Larousse Editions (6. Aufl.)

Neill, Lindsay et al. 2017: Gastronomy or Food Studies: A Case of Academic Distinction. In: Journal of Hospitality & Tourism Education, 29 (2), pp. 91–99

Scarpato, Rosario 2002: Gastronomy as a tourist product: the perspective of gastronomy studies. In: Anne-Mette Hjalager; Greg Richards (eds.): Tourism and Gastronomy. London, New York: Routledge, pp. 51–70

Wagner, Daniela 2015: Gastronomie und Culinary Tourism. In: Klaus-Peter Fritz; Daniela Wagner (Hrsg.): Forschungsfeld Gastronomie. Grundlagen – Einstellungen – Konsumenten. Wiesbaden: Springer, S. 87–98

Weiß, Gretel; Susanne Günther 2020: 2019 Bestjahr mit vielen Rekorden. Top 100. In: foodservice, 39 (4), S. 22–50

> **Gedankensplitter**
> „Gastronomy is defined as the art, or science, of good eating." (Cailein Gillespie, schottischer Autor und Dozent)

Gastronomieführer → **Restaurantführer**

Gastronomiekritik → **Restaurantkritik**

Gastronomiekritiker → **Restaurantkritiker**

Gastronomie-Tourismus → **Food Tourismus**

Gaststätte [inn, tavern]

1 Allgemein Im rechtlichen Sinne (Deutsches → Gaststättengesetz i. d. F. v. 01.01.2018) ist eine Gaststätte ein prinzipiell jedem oder einem bestimmten Personenkreis zugänglicher Betrieb, in dem im stehenden Gewerbe Schank- (d. h. Getränke werden zum Verzehr an Ort und Stelle ausgeschenkt) oder Speisewirtschaften (d. h. zubereitete Speisen werden zum Verzehr an Ort und Stelle angeboten) betrieben oder Gäste beherbergt werden (Beherbergungsbetrieb), ferner die Wirtschaften im Reisegewerbe mit ortsfester Einrichtung (z. B. Bierzelt). Als multifunktionale Einrichtungen kommt den Gaststätten entscheidende und im Zuge des wachsenden Binnentourismus künftig zunehmende Bedeutung zu: Obgleich sich viele Bereiche des gesellschaftlichen Lebens im Privaten abspielen, ist insofern eine Gegenbewegung zu beobachten, als dass die Nachfrage nach gastronomischen Angeboten und Räumen kommerzieller → Gastlichkeit für die Bereiche Freizeit/Geselligkeit wächst. Dies betrifft auch jenen Trend, der mit dem Begriff „Eventisierung" (→ Messen, Kongresse und Events) bezeichnet werden kann. Öffentliche Veranstaltungen und vor allem sportliche Großereignisse wie Fußball-Weltmeisterschaften werden zunehmend in Gaststätten verfolgt.

2 Historische Entwicklung Im Altertum, etwa in Ägypten, im Vorderen Orient oder in Griechenland, kannte man Gaststätten bereits als Orte kommerzieller Gastlichkeit. Im Römischen Reich lagen Gasthöfe für Reisende mit Zug- und Reittieren (stabulum), Speisegaststätten (popina), Weinstuben (taberna) oder → Hotels (hospituum) nahe dem Stadtzentrum und der Stadttore, bei Kasernen oder an den Fernstraßen. Mit dem Niedergang des Imperiums verschwanden diese Einrichtungen nördlich der Alpen, während sie im Mittelmeerraum bestehen blieben. Ihre Funktion bestand in der Bereitstellung von Speisen und Getränken. Darüber hinaus boten sie Schutz vor Kälte und Dunkelheit. Bis in die Gegenwart hinein kommt ihnen darüber hinaus als Stätten der Kommunikation und des Soziallebens eine wichtige Scharnierfunktion zwischen privatem und öffentlichem Raum zu.

Den Germanen waren Gaststätten zunächst fremd. Im Rahmen der so genannten archaischen nichtkommerziellen Gastfreundschaft war es Pflicht, einen Fremden aufzunehmen; strukturelle Parallelen bestehen z. T. heute noch im arabischen Raum. Das spätere europäische und deutsche Gaststättenwesen ist in seinem Ursprung aber primär römisch beeinflusst. Im frühen Mittelalter gewährten Privathäuser, Klöster, Bischofsresidenzen, Spitäler, Hospize und Elendenherbergen – beeinflusst durch den Gedanken der christlichen Nächstenliebe – den Reisenden freie Unterkunft, im 12. und 13. Jahrhundert von besonderer Bedeutung für die Kreuzzüge und Massenpilgerfahrten (→ Pilgerreise), die gleichzeitig die Entwicklung der gewerblichen Gaststätten förderten.

Seit dem 12. Jahrhundert kam es mit dem Aufschwung des Städtewesens zu einer flächendeckenden Ausbildung kommerzieller Gastlichkeit und damit zu einem starken Bedeutungsanstieg der Gaststätten, die sich zu Kristallisationspunkten städtischen Soziallebens entwickelten. Die Gaststätten bedurften der Erlaubnis des Landesherrn oder der Stadtobrigkeit und unterlagen einer strengen behördlichen Kontrolle. Oft unterhielt der Rat der Stadt eine eigene Gaststätte. An diese Tradition knüpfen viele jener Gaststätten an, die heute noch Ratskeller o. ä. heißen. Seit dem 15. Jahrhundert führte der regelmäßige Postverkehr an den Haltepunkten zur Entstehung größerer Gasthäuser.

Waren die Gaststätten zunächst meist Orte, an denen primär Bier und Wein ausgeschenkt wurden und die meist auch einfache Speisen sowie einen Schlafplatz anboten, erfolgte seit dem 17. Jahrhundert eine zunehmende Differenzierung: Vor allem in größeren und fortschrittlicheren Städten entstanden neue

Varianten, die sich auf den Ausschank der aus den überseeischen Kolonien stammenden alkoholfreien Heißgetränke (Kaffee, Tee, Trinkschokolade) spezialisierten (→ Kaffeehaus).

Seit Beginn des 19. Jahrhunderts weitete sich das Spektrum der Gaststätten erneut: Die Industrialisierung schuf eine spezifische Form der kommerziellen Gastlichkeit für die entstehende Arbeiterklasse, während der Aufschwung des Fremdenverkehrs die Gründung der Ausflugslokale zur Folge hatte. Sonderformen entstanden mit Clubs und Vereinshäusern. Mit der Hochindustrialisierung wurde der Besuch spezieller Gaststätten, der Kneipen, zur Hauptfreizeitbeschäftigung der Industriearbeiter. Überhaupt waren städtisches Leben und städtische Kultur proletarischer wie bürgerlicher Prägung vor allem von der Mitte des 19. Jahrhunderts bis in die 1970er-Jahre hinein in hohem Maße von der Gaststätte bestimmt. Dies wurde dadurch begünstigt, dass der gusseiserne „Sparherd" seit Mitte des 19. Jahrhunderts, der Gasherd seit etwa 1880 und der Elektroherd seit etwa 1900 die offenen Herdfeuer verdrängten und die Zubereitung der Speisen damit maßgeblich erleichterten. Nach dem Zweiten Weltkrieg wurden Sonderformen der Gasthäuser zu Treffpunkten der entstehenden Jugendszenen (z. B. Discotheken seit den 1970er-Jahren). Seit den 1990er-Jahren verwischen die Grenzen zwischen Gaststätten und → Restaurants zunehmend. Zudem ist seit den 1970er-Jahren eine zunächst zögerliche, seit den 1990er-Jahren eine starke Ausweitung des → Imbiss- und → Fast Food-Bereichs zu beobachten, der auf dem Weg ist, zur vorherrschenden Form der Gaststätte zu werden und mit einer zunehmenden Kettenbildung einhergeht. (gh)

Literatur
Dröge, Franz; Thomas Krämer-Badoni 1987: Die Kneipe. Zur Soziologie einer Kulturform. Frankfurt: Suhrkamp

Hirschfelder, Gunther 2003/2004: Alkoholkonsum am Beginn des Industriezeitalters (1700–1850). Vergleichende Studien zum gesellschaftlichen und kulturellen Wandel (2 Bde.). Köln u. a.: Böhlau

Kift, Dagmar (Hrsg.) 1992: Kirmes – Kneipe – Kino. Arbeiterkultur im Ruhrgebiet zwischen Kommerz und Kontrolle (1850–1914). Paderborn: Schöningh

Kümin, Beat; Beverly Ann Tlusty (Hrsg.) 2002: The World of the Tavern: Public Houses in Early Modern Europe. Aldershot: Ashgate

Peyer, Hans Conrad 1987: Von der Gastfreundschaft zum Gasthaus. Studien zur Gastlichkeit im Mittelalter (Monumenta Germaniae Historica, Schriften 31). Hannover: Hahnsche Buchhandlung

i

Gedankensplitter
„Vergesst die Gastfreundschaft nicht, denn durch sie haben einige, ohne es zu ahnen, Engel beherbergt." (Hebräer 13, 2)

Gaststättengesetz (GastG) [licencing act]

Das Gaststättengesetz regelt als gewerbliches ‚lex specialis' die Voraussetzungen zum Betrieb einer Gaststätte. Es findet nur noch Anwendung für Schank- und Speisewirtschaften, nicht aber für die reinen Beherbergungsbetriebe, die nicht nur keiner Erlaubnis (→ Konzession) nach § 2 GastG bedürfen, sondern diesem Gesetz gar nicht mehr unterliegen. Für die Beherbergungsbetriebe gilt lediglich das allgemeine Gewerberecht.

§ 2 GastG regelt, welcher Betrieb einer Konzession bedarf; in § 4 sind detailliert die Versagungsgründe für eine solche aufgeführt. Grundsätzlich bedürfen nur noch alkoholausschenkende Schank- und Speisewirtschaften einer Konzession. Seit 2006 wurde die Gesetzgebungskompetenz für das Gaststättengesetz auf die Bundesländer übertragen. Länder wie Brandenburg, Bremen, Baden-Württemberg u. a. haben hiervon Gebrauch gemacht. Andere Länder lassen das bisherige Gaststättengesetz des Bundes weiterhin gelten. In den meisten Punkten sind Landes- und Bundesrecht deckungsgleich. In ergänzenden Gaststättenverordnungen der Länder werden weitere diverse Sachverhalte geregelt, z. B. die → Sperrzeit oder die Bedingungen für den Betrieb einer → Strauß- bzw. Besenwirtschaft. (bd)

Gaststättengewerbe → **Gastgewerbe**

Gastwirt → **Wirt**

Gastwirtshaftung für eingebrachte Sachen [inkeeper's liability for personal possessions]

Zusätzlich zur vertraglichen Haftung aus dem → Beherbergungsvertrag und zur deliktischen Haftung aus §§ 823 ff. BGB sehen die §§ 701 bis 704 BGB eine verschuldensunabhängige Betriebshaftung des Gastwirts für Verlust, Zerstörung oder Beschädigung der vom Gast eingebrachten Sachen vor. Personenschäden werden nicht erfasst.

Gastwirt im Sinne des § 701 BGB ist nur der gewerbsmäßige Inhaber eines Beherbergungsbetriebes, also der → Hotelier, der Inhaber oder Pächter einer Pension, nicht dagegen der Schank- und Speisewirt, ein privater Zimmervermieter oder ein → Reiseveranstalter.

Eingebrachte Sachen des Gastes sind solche, die vom Gastwirt oder seinen Mitarbeitern in Obhut genommen wurden oder die der Gast auf Anweisung des Gastwirts an einen bestimmten Platz gebracht hat (§ 701 II BGB). Beispiele sind Kleider, persönliche Gegenstände und Koffer mit Inhalt.

Haftungsausschlüsse ergeben sich, wenn der Schaden alleine durch den Gast oder seinen Begleiter, durch die Beschaffenheit der Sache oder durch höhere Gewalt (hierzu zählt nicht ein Hoteldiebstahl) verursacht wird (§ 701 III BGB). Nicht geschützt sind Fahrzeuge (selbst wenn sie in der Hotelgarage stehen), darin belassene Sachen und lebende Tiere (§ 701 IV BGB).

Eine summenmäßige Haftungsbeschränkung erfolgt pro Schadensfall bis zu dem Betrag, der dem Hundertfachen des reinen Übernachtungspreises entspricht, jedoch mindestens bis zu 600 €, höchstens bis zu 3.500 €, bei Geld, Wertpapieren und Kostbarkeiten bis zu 800 €. Eine unbeschränkte Haftung greift ein, wenn der Schaden vom Gastwirt oder seinem Personal verschuldet worden ist oder bei Übernahme oder Ablehnung der Aufbewahrung von eingebrachten Sachen. Der Wirt ist verpflichtet, Geld und Wertsachen zur Aufbewahrung anzunehmen (§ 702 II, III BGB). So liegt ein Verschulden des Gastwirts vor bei mangelhaften Türschlössern oder einem mangelhaften Zimmersafe.

Die Schadensanzeige durch den Gast hat unverzüglich (§ 121 BGB) gegenüber dem Gastwirt formlos zu erfolgen, sonst erlischt der Anspruch. In den Fällen einer unbeschränkten Haftung des § 702 II BGB entfällt die Anzeigepflicht (§ 703 BGB). Die summenmäßig begrenzte Haftung ist zwingend und kann nicht durch Aushang oder Vereinbarung ausgeschlossen werden. Ein schriftlicher Erlassvertrag ist nur wirksam, soweit sie die gesetzlichen Höchstbeträge überschreitet und unwirksam, soweit eine unbeschränkte Haftung nach § 702 II BGB vorliegt. (ef)

Literatur
Führich, Ernst 2018: Basiswissen Reiserecht. München: C. H. Beck/Vahlen (4. Aufl.; § 20)
Führich, Ernst; Ansgar Staudinger 2019: Reiserecht. München: C. H. Beck (8. Aufl.; § 48)

Gate
Auf → Flughäfen der Ausgang für die → Gangway zum Flugzeug bzw. für den Bus, um zu einem auf einer Außenposition geparkten Flugzeug zu gelangen. In der Regel ist dieser Ausgang mit einem davorliegenden Warteraum verbunden, in dem man sich bis zum Aufruf des Fluges aufhalten kann. (jwm)

Gate keeper → **Doorman**

Gault&Millau
→ Restaurantführer. Gegründet von den französischen Feinschmecker-Journalisten Henri Gault und Christian Millau. 1969 erfolgte die Veröffentlichung einer Monatszeitschrift („Le Nouveau Guide"), 1971 die Veröffentlichung eines im Jahresrhythmus erscheinenden Reiseführers, der Sprachrohr und Förderer der „→ Nouvelle Cuisine" war (Echikson 1998, S. 108 ff.). Die Ausgabe für den deutschen Markt erschien 1983 zum ersten Mal.

Die ausgewählten Restaurants werden in journalistischen Beiträgen beurteilt. Der Guide genießt hohes Ansehen in der Fachwelt. In der Vergangenheit war er teilweise umstritten aufgrund seiner scharf formulierten, mitunter respektlosen Kommentare.

Unter den benutzten Zeichen und Symbolen ist das aus dem französischen Schulnotensystem entliehene 20-Punktesystem von zentraler Bedeutung (ZS Verlag 2019, S. 72 f.). Mit ihm wird ausschließlich die Küchenleistung bewertet: ohne Note (keine Bewertung); 12 von 20 Punkten (ambitionierte Küche); 13/14 von 20 Punkten (sehr gute Küche); 15/16 von 20 Punkten (hoher Grad an Kochkunst, Kreativität und Qualität); 17/18 von 20 Punkten (höchste Kreativität und Qualität, bestmögliche Zubereitung); 19 von 20 Punkten (prägende Küche, führend in Kreativität, Qualität und Zubereitung); 19,5 Punkte (Höchstnote für die weltbesten Restaurants); 20/20 Punkten (Idealnote). Der Restaurantführer verlieh 2003 erstmals die bis dahin kategorisch nicht vergebene Idealnote von 20 Punkten an den französischen Starkoch Marc Veyrat (o. V. 2003, S. 3), 2009 noch einmal an den Niederländer Sergio Herman. Die neu eingeführte Bezeichnung ‚pop' wird für „unkonventionelle Konzepte außerhalb des klassischen Restaurantformats" genutzt. Mit Auszeichnungen wie ‚Koch des Jahres', ‚Sommelier des Jahres' oder ‚Pâtissier des Jahres' setzt der Führer herausragende Vertreter ins Rampenlicht (ZS Verlag 2019, S. 38 ff.).

Der Gault&Millau ist mit seinen Bewertungen tendenziell weniger zurückhaltend als der → Guide Michelin. Durch gute Kritiken will der Führer gastronomische Talente bewusst fördern und kulinarischen Fortschritt initiieren. Die Restaurantkritiken werden von freiberuflichen Mitarbeitern vorgenommen. Der Gault&Millau fordert von seinen Testern keine gastronomische Ausbildung im Sinne einer Lehre. Stattdessen werden Erfahrungswissen („gelernte Feinschmecker") und die Fähigkeit, unterhaltsam schreiben zu können, vorausgesetzt. Der Führer betont Anonymität und Unabhängigkeit (ZS Verlag 2019, S. 7).

2017 übernahm der ZS Verlag/München die deutsche Ausgabe über einen Lizenzvertrag mit dem französischen Lizenzgeber. Die Printausgabe sollte in eine multimediale Plattform weiterentwickelt und umgebaut werden. Ende 2019 gab der ZS Verlag das Ende der Zusammenarbeit bekannt. Als Grund wurde die fehlende Unterstützung bei dem geplanten digitalen Umbau der Marke genannt (o. V. 2019). Lizenznehmer für die deutsche Ausgabe ist seit 2020 der Burda Verlag. Mit dem neuen Verlag soll der Gault&Millau Deutschland journalistischer und reichweitenstärker werden (Zwink 2020, S. 3). Die nationalen Ausgaben des Gault&Millau agieren in den einzelnen Ländern in Teilen leicht unterschiedlich (z. B. Bewertungssymbole, -maßstäbe). www.gaultmillau.com. (wf)

Literatur
Echikson, William 1998: Die Sterne Burgunds. München: Knaur
Lassueur, Yves 1983: Je mange pour vous. In: L'Hebdo, o. J. (13), S. 26–31

o. V. 2003: Veyrat: Bestnote nach Gault&Millau. In: Allgemeine Hotel- und Gaststättenzeitung (AHGZ), 103 (11), S. 3

o. V. 2019: Gault&Millau verliert Verlag in Deutschland. (https://www.ahgz.de/news/restaurantführer-gault-millau-verliert-verlag-in-deutschland, zugegriffen am 02.02.2020)

ZS Verlag (Hrsg.) 2019: Gault&Millau Restaurantguide Deutschland 2020. Der Reiseführer für Geniesser. München: ZS

Zwink, Holger 2020: Guides stellen sich neu auf. In: Allgemeine Hotel- und Gastronomie-Zeitung (AHGZ), 120 (34/35), S. 3

i **Gedankensplitter**
„20 Punkte vergibt nur Gott." (ursprüngliches Credo des Gault&Millau)

GDN → **Globales Distributionssystem**

GDS → **Globales Distributionssystem**

Gebäudemanagement [building management]

Das Gebäudemanagement ist ein Teilbereich des → Facility Managements, der sich mit der „Gesamtheit aller Leistungen zum Betreiben und Bewirtschaften von Gebäuden einschließlich der baulichen und technischen Anlagen" befasst (DIN 32736 2000, S. 1).

Anders als das lebenszyklusbezogene → Facility Management bezieht sich das Gebäudemanagement in seinen Leistungen alleinig auf die Nutzungsphase von Immobilien. Dabei stehen die operativen Leistungen im Vordergrund mit dem Ziel, eine möglichst effektive Nutzung der Immobilien zu gewährleisten, verbunden mit maximaler Kostentransparenz und -optimierung (Hirschner, Hahr & Kleinschrot 2018, S. 11).

Untergliedert wird das Gebäudemanagement in technische, kaufmännische und infrastrukturelle Leistungsbereiche. In allen drei Bereichen können flächenbezogene Leistungen enthalten sein (Beuth DIN 32736 2000, S. 1 f.). (js)

Literatur

Beuth Verlag (Hrsg.) 2000: DIN 32736:2000-08 Gebäudemanagement. Berlin

Hirschner, Joachim; Henric Hahr & Katharina Kleinschrot 2018: Facility Management im Hochbau – Grundlagen für Studium und Praxis. Heidelberg: Springer Vieweg (2. Aufl.)

Gedeck

(a) [cover] Begriff für die Tafelausstattung (Besteck, Geschirr, Gläser, Serviette u. a.) für einen Gast im Kontext einer Mahlzeit; in der gastronomischen Fachsprache auch Couvert genannt. Ein Gedeck kann einfach aufgebaut sein (für einen Speisegang) und bspw. nur aus Messer, Gabel und Serviette bestehen oder umfangreich (für eine Speisenfolge). In diesem Fall wird das einfache Gedeck durch weitere Besteckteile, Brotteller, Platzteller und Gläser erweitert. Die Anzahl der Gedecke ist eine wichtige Kennziffer in gastronomischen Betrieben. Sie zeigt die Anzahl der bedienten Gäste in einem definierten Zeitraum (etwa pro Tag oder Woche) auf.

(b) [combination of drinks] Im Deutschen auch der Begriff für eine Getränkekombination, die gleichzeitig bestellt und konsumiert wird, etwa Bier und Schnaps. (wf)

Gedeckpreis [cover charge]

Fixbetrag, den Gäste in einzelnen gastronomischen Betrieben für das → Gedeck (cover) zahlen müssen. Die gesonderte Berechnung des Gedecks (z. B. 2 €) führt zu einer optischen Senkung der Verkaufspreise der Speisen und Getränke auf der → Speise- und Getränkekarte, gleichzeitig kann die separate Berechnung bei Kunden zu Irritationen führen. Eher verbreitet in Südeuropa. (wf)

Geisterstädte [ghost towns]

Städte, die einst während eines Booms entstanden sind und nach seinem Ende entweder vollständig oder weitgehend von den Bewohnern wieder verlassen wurden. Dazu gehören zum Beispiel Goldgräberstädte in den USA und in Australien, von denen einige meist gut erhaltene bzw. restaurierte Orte heute zu wichtigen Touristenattraktionen gehören. (hdz)

GEMA

Gesellschaft für musikalische Aufführungs- und mechanische Vervielfältigungsrechte – die GEMA ist ein privatrechtlich organisierter, wirtschaftlicher Verein im Sinne von § 21 ff. BGB. Sitz der GEMA ist Berlin mit einer Generaldirektion in München. Sie vertritt in Deutschland die ihr übertragenen Urheberrechte (nach Urheberrechtsgesetz) von Komponisten, Textdichtern und Musikverlagen. Die daraus resultierenden Nutzungsrechte werden an Veranstalter gegen Bezahlung (befristet) abgetreten. Durch Rahmenverträge mit ausländischen Verwertungsgesellschaften nimmt sie auch deren Urheberrechte wahr.

Die GEMA genießt folglich eine Monopolstellung mit der Konsequenz, dass die sog. GEMA-Vermutung gilt. Das bedeutet, dass für sämtliche Musikstücke, die in Deutschland öffentlich aufgeführt werden, das Aufführungsrecht bei der GEMA liegt. Entsprechend muss jeder, der öffentlich Musik aufführt (z. B. Musik in einer → Gaststätte), bei der GEMA eine kostenpflichtige Lizenz beantragen. Je nach Art der Musik (Live, Tonträger, Radio, Fernsehen usw.) finden unterschiedliche Tarife Anwendung. Die Höhe der Lizenzgebühren richtet sich überwiegend nach der Größe des Veranstaltungsraumes bzw. der Höhe des Eintrittsgeldes.

2019 vertrat die GEMA die Rechte von über 75.000 Mitgliedern und erwirt-
schaftete über 1 Mrd. € Umsatz. Als Inkassobevollmächtigte zieht die GEMA
auch die Lizenzgebühren anderer Verwertungsgesellschaften wie GVL, VG Wort,
VG Media und VG Bild-Kunst/ZWF ein (BVMV & GEMA 2020). (bd)

Literatur
BVMV; GEMA (Hrsg.) 2020: GEMA-Handbuch 2020. Berlin, München

Gemeinschaftsflug → **Codesharing**

Gemeinschaftsverpflegung [food service, catering]
Unter der Bezeichnung Gemeinschaftsverpflegung wird die spezifische Form des
Herstellens, Behandelns und Abgebens von Speisen und Getränken zur Verpflegung von Verbrauchergruppen, unabhängig vom Zweck der Gewinnerzielung,
zusammengefasst. Hierzu zählen beispielsweise Mensen, Kantinen, → Cafeterien
sowie Küchen und Speisenausgabestellen in Krankenhäusern, sozialen Einrichtungen, Rehabilitationseinrichtungen, Schulen, Kindertagesstätten, Kasernen
und Justizvollzugsanstalten sowie → Gaststätten und → Restaurants. Weiterhin
sollen sich Verpflegungsvorgänge bei Veranstaltungen wie Straßen- und Vereinsfeste, Fest- und Sportveranstaltungen sowie → Catering, Partyservice und
Bankettessen (→ Bankett) an den Rechtsrahmen der Gemeinschaftsverpflegung
orientieren. Die Absicht der Gewinnerzielung spielt bei der Erfüllung der lebensmittelrechtlichen Anforderungen und der unternehmerischen Sorgfaltspflicht für
sichere Lebensmittel eine untergeordnete Rolle. (mjr)

Literatur
Beuth Verlag (Hrsg.) 2018: DIN 10506:2018-07 Lebensmittelhygiene – Gemeinschaftsverpflegung. Berlin

Gender und Tourismus
Die Genderforschung untersucht Geschlechterverhältnisse in Gesellschaften und
sieht Ungleichheiten zwischen Geschlechtern als einen Teil gesellschaftlicher
Machtstrukturen. Sie analysiert spezifische Rollen sowie Bedürfnisse, Interessen
und Lebenssituationen von Menschen unterschiedlichen Geschlechts. Es wird
zwischen dem biologischen Geschlecht (engl.: sex) und dem sozial definierten
Geschlecht (engl.: gender) unterschieden. Geschlechterrollen sind abhängig von
Zeit, Raum und soziokulturellem Kontext (→ Tourismussoziologie). Sie sind somit
gesellschaftlich konstruiert und können durch politische, ökonomische, soziale
und kulturelle Vorgänge geändert werden. Oft stehen Mädchen und Frauen im
Mittelpunkt der Genderforschung, da sie besonders stark von Geschlechterunter-
schieden betroffen sind. Die Debatte um Geschlechtergerechtigkeit geht einher

mit der Forderung nach Rechten für → LGBTI (engl.: lesbian, gay, bisexual, transgender and intersex).

Tourismus ist vielfach durch ungleiche Geschlechterverhältnisse geprägt. Die Vorstellungen vom Reisen, die Schaffung und Nutzung touristischer Leistungen, die Vermarktung derselben sowie Berufe und Beschäftigungsstrukturen zeigen genderbezogene Unterschiede. Die tourismuswissenschaftliche Genderforschung konzentriert sich bislang auf die folgenden Themen: Konsumverhalten, Entscheidungsfindung und Motivation (→ Tourismuspsychologie), → Prostitutionstourismus, ländlicher Tourismus und Ökotourismus (→ Corporate Social Responsibility), Wahrnehmung von → Destinationen, Marktsegmentierung und Marketing, Risikowahrnehmung, Medizintourismus, LGBTI-Tourismus, touristische Typologien sowie touristische Erfahrung.

Die Tatsache, dass im Tourismus in vielen Bereichen überdurchschnittlich viele Frauen beschäftigt oder als Selbständige aktiv sind, ist einerseits die Grundlage für Projekte, die genderbasierte Unterschiede in Gesellschaften reduzieren sollen. Andererseits finden sich zahlreiche Beispiele für eine genderbasierte Benachteiligung (z. B. ungleiche Bezahlung und Aufstiegsmöglichkeiten) bis hin zur sexuellen Ausbeutung, die durch den Tourismus ermöglicht wird. (kh)

Literatur

Figueroa-Domecq, Cristina et al. 2015: Tourism gender research: A critical accounting. In: Annals of Tourism Research, 52, pp. 87–103

Grütter, Karin; Christine Plüss 1996: Herrliche Aussichten! – Frauen im Tourismus. Zürich: Rotpunkt

Pritchard, Annette (ed.) 2007: Tourism and Gender. Wallingford: CABI

UNWTO 2019: Global Report on Women in Tourism. (https://www.e-unwto.org/doi/pdf/10.18111/9789284420384, zugegriffen am 28.01.2020)

General Manager

Der General Manager (GM), auch Hoteldirektor/in genannt, ist die Führungskraft mit der Gesamtverantwortung und Entscheidungsmacht über alle Bereiche eines Hotels (Bardi 2011, S. 50 ff.; Hayes, Ninemeier & Miller 2017, S. 57; Nebel & Ghei 2011, S. 92). Historisch betrachtet, waren Hoteleigentümer und Hoteldirektor oft dieselbe Person, zumeist männlich, mit einer das Haus unverwechselbar prägenden Persönlichkeit (Vallen & Vallen 2018, S. 58 f.). Heute ist der GM meist das Bindeglied zwischen Management und Eigentümer (Hayes, Ninemeier & Miller 2017, S. 57 f.; Vallen & Vallen 2018, S. 58 f.). Organisatorisch betrachtet, verantwortet er neben der finanziellen Seite alle Bereiche, wozu je nach Größe und Ausstattung des Hotels die operativen Abteilungen Beherbergung (Logis) und Gastronomie (F&B) als auch die administrativen Abteilungen Sales/Marketing,

Personal, Verwaltung und Technik gehören (Winter 2016, S. 94 ff.; Gardini 2014, S. 50 ff.).

Die Aufbauorganisation von → Vollhotels und damit einhergehend auch die Rolle des GM hat sich in den vergangenen Jahrzehnten verändert (Vallen & Vallen 2018, S. 58; Winter 2016, S. 97). Neben der Gastgeberrolle erfüllt der Hoteldirektor bereichsübergreifende, administrative Aufgaben, die der Planung, Organisation und Kontrolle der Umsetzung von Zielen und Strategien dienen (Bardi 2011, S. 50 ff.; Hayes, Ninemeier & Miller 2017, S. 61 ff.). Sowohl innerhalb des eigenen Management-Teams als auch zur Pflege der Beziehungen zu Gästen, Shareholdern und Stakeholdern wird die Kommunikationsfähigkeit als eine der wichtigsten Kompetenzen des GM gesehen (Nebel & Ghei 2011, S. 100; Vallen & Vallen 2018, S. 60).

Um den GM im operativen Tagesgeschäft zu unterstützen, kann zwischen Direktionsposition und Abteilungs-/Bereichsleitern (sog. Executive Commitee) ein Assistant GM (auch Operations Manager oder Executive Assistant Manager genannt) vorgesehen sein (Bardi 2011, S. 52; Vallen & Vallen 2018, S. 58). Diese Position gilt in der Hotelbranche als sinnvoller Zwischenschritt in der Karriere von Führungskräften, die eine Stelle als GM anstreben. Siehe auch → Cluster General Manager. (mn)

Literatur

Bardi, James A. 2011: Hotel Front Office Management. Hoboken: Wiley (5th ed.)

Gardini, Marco A. 2014: Grundlagen der Hotellerie und des Hotelmanagements: Hotelbranche, Hotelbetrieb, Hotelimmobilie. Berlin, Boston: De Gruyter Oldenbourg (2. Aufl.)

Hayes, David K.; Jack D. Ninemeier & Allisha A. Miller 2017: Hotel Operations Management. Boston: Pearson Education (3rd. ed.)

Nebel, Eddystone C.; Ajay Ghei 2011: A Conceptual Framework of the Hotel General Manager's Job. In: Michael J. O'Fallon; Denney G. Rutherford (eds.): Hotel Management and Operations, Hoboken: Wiley (5th. ed.)

Vallen, Gary K.; Jerome J. Vallen 2018: Check-In Check-Out: Managing Hotel Operations. Boston: Pearson (10th ed.)

Winter, Kay 2016: Die Aufbauorganisation von Hotelbetrieben. In: Karl-Heinz Hänssler (Hrsg.): Management in der Hotellerie und Gastronomie – Betriebswirtschaftliche Grundlagen. Berlin, Boston: De Gruyter Oldenbourg, S. 93–99 (9. Aufl.)

Generalschlüssel [master key]

Schlüssel, der erlaubt, alle Schlösser in einem Gebäude (z. B. Hotel) zu öffnen. In der Regel werden Schlüssel in Hierarchien bzw. Zugriffsrechten angelegt, so dass nur wenige Mitarbeiter den Zugang zum Generalschlüssel und damit zur gesamten Schlüsselanlage und dem Gebäude haben. (wf)

Gentlemen in Red → Guest Relations Manager

Genuss [consumption, enjoyment, pleasure]

Genuss kann als Wohlgefühl, als Vergnügen verstanden werden. Das Wohlgefühl kann bewusst geplant werden (die Motorradtour) oder auch spontan, überraschend erfolgen (das Erleben der Natur bei einem Waldspaziergang). Der kulinarische Genuss, der nur eine Variante von mehreren ist (geistiger Genuss, körperlicher Genuss), ist bildlich gesprochen eine Gaumenfreude.

Genuss ist subjektiv (manche lieben Innereien, andere verabscheuen sie), genetisch kodiert sowie sozial und kulturell geprägt (Hundefleisch ist in Teilen Chinas eine Delikatesse, in Deutschland ein Tabu, → Speisetabu) (Heindl 2005, S. 270; Honikel 2005, S. 183). Kulinarischer Genuss ist ein sinnliches Erlebnis: Es ist die Sinnlichkeit des Sehens (das Rot eines Apfels), Riechens (der Duft eines Sauerbratens), Hörens (das Zerbeißen eines Radieschens) oder des Schmeckens (der Geschmack eines Bergkäses). Aus chemischer Sicht ist der Prozess ein hoch komplexer Vorgang im Mundraum (Honikel 2005, S. 183 ff.; Lemke 2007, S. 182 ff.).

Auch wenn sich die Entwicklungen nicht eindeutig feststellen lassen, scheint die kulinarische Genussfähigkeit zuteilen verloren zu gehen. Geschmacksempfindungen verschieben sich, Wissen um Lebensmittel geht verloren. Gleichzeitig kann kulinarisches Genießen gelernt werden und wird auch wieder gelernt über → Kochbücher, Kochkurse, Kochsendungen oder Initiativen wie die Miniköche (Lemke 2007, S. 180 f.; Vilgis 2011, S. 221 ff.).

Zur Beteiligung der Sinne beim Essen siehe Barlösius 2016, S. 81 ff.; Spence 2018. Über die Zukunft der Ernährung und des kulinarischen Genusses siehe GDI Gottlieb Duttweiler Institute 2019, Nestlé 2019 und Zukunftsinstitut 2020. → Geschmack; → Kulinaristik. (wf)

Literatur

Barlösius, Eva 2016: Soziologie des Essens. Eine sozial- und kulturwissenschaftliche Einführung in die Ernährungsforschung. Weinheim, Basel: Beltz Juventa (3. Aufl.)

GDI Gottlieb Duttweiler Institute (Hrsg.) 2019: European Food Trends Report. Hacking Food: Die Neuerfindung unseres Essens. Zürich: GDI

Heindl, Ines 2005: Perspektiven einer ästhetisch-kulturellen Ernährungs- und Gesundheitsbildung – Intelligenz in den Sinnen. In: Dietrich von Engelhardt; Rainer Wild (Hrsg.): Geschmackskulturen: Vom Dialog der Sinne beim Essen und Trinken. Frankfurt: Campus, S. 262–277

Honikel, Karl-Otto 2005: Sinn und sinnvolles Messen von Sinneseindrücken beim Essen. In: Dietrich von Engelhardt; Rainer Wild (Hrsg.): Geschmackskulturen: Vom Dialog der Sinne beim Essen und Trinken. Frankfurt: Campus, S. 181–190

Lemke, Harald 2007: Die Kunst des Essens: Eine Ästhetik des kulinarischen Geschmacks. Bielefeld: transcript

Nestlé (Hrsg.) 2019: Nestlé Ernährungsstudie 2019. (https://www.nestle.de/ernaehrungsstudie/hintergrund, zugegriffen am 04.03.2020)

Spence, Charles 2018: Gastrologik. Die erstaunliche Wissenschaft der kulinarischen Verführung. München: C. H. Beck

Vilgis, Thomas 2011: Genuss und Ernährung aus naturwissenschaftlicher Perspektive. In: Angelika Ploeger; Gunther Hirschfelder & Gesa Schönberger (Hrsg.): Die Zukunft auf dem Tisch. Analysen, Trends und Perspektiven der Ernährung von morgen. Wiesbaden: VS, S. 221–240
Zukunftsinstitut (Hrsg.) 2020: Hanni Rützlers Foodreport 2021. Frankfurt: Zukunftsinstitut

> **Gedankensplitter**
> „Der eigentliche Genuss liegt nicht in dem, was man genießt, sondern in der Vorstellung."
> (Søren Kierkegaard, dänischer Philosoph)

Geofencing

Geofencing leitet sich aus den englischen Begriffen geographic (= geographisch) und fencing (= Einzäunung) ab. Es beschreibt eine Technologie, die es erlaubt, auf Geräten wie zum Beispiel dem Smartphone bei Eintritt in digital abgesteckte, geografische Bereiche mit Hilfe von Satelliten- und Mobilfunktechnik bestimmte Aktionen und Funktionen auszulösen (www.giga.de). Geofencing kommt zum Beispiel bei Car-Sharing Diensten zum Einsatz, um Fahrzeuge, die mit Sendern ausgestattet sind, zu orten. Werden die Fahrzeuge aus dem vordefinierten Gebiet bewegt, bekommt das Unternehmen eine Nachricht (www.itwissen.de).

Geofencing wird im Tourismus häufig im Zusammenhang mit → Gamification und → Storytelling angewendet. Damit sind spielerische Angebote gemeint, die über mobile Endgeräte in einer touristischen → Destination genutzt werden können (Bspl. Geocaching). (lf)

Literatur

Giga 2018: Geofencing. (https://www.giga.de/extra/netzkultur/specials/geofencing-was-ist-das-wo-wird-es-eingesetzt/, zugegriffen am 27.08.2019)
IT-Wissen 2017: Geofencing. (https://www.itwissen.info/Geofencing-geofencing.html, zugegriffen am 27.08.2019)

Geographie der Freizeit und des Tourismus [leisure and tourism geography]

Im Vergleich zu anderen Wissenschaftsdisziplinen (Soziologie, Psychologie etc.) hat sich die Geographie bereits sehr frühzeitig mit dem → Tourismus auseinandergesetzt. Sie verfügt über einen fachspezifischen Bestand an Forschungsfragen, Begriffen und Methoden, die innerhalb der mehr als 100-jährigen Disziplingeschichte jeweils den Veränderungen angepasst wurden, die sich in → Freizeit und Tourismus vollzogen haben.

1 Grundlegende Forschungsfragen Die Geographie ist eine Raumwissenschaft: Sie beschreibt und analysiert Naturräume (Physische Geographie) bzw. Kulturräume (Anthropo- bzw. Humangeographie). Im Fokus steht dabei die Frage nach der räumlichen Organisation menschlichen Handelns – also die Beeinflussung des

Menschen durch räumliche Gegebenheiten sowie die Veränderung des Raumes durch menschliche Aktivitäten.

Innerhalb der Anthropo- bzw. Humangeographie hat sich die Geographie der Freizeit und des Tourismus seit den 1960er-Jahren in Deutschland zunehmend als selbstständige Teildisziplin etabliert. Ihr Erkenntnisinteresse gilt generell der Erfassung, Analyse und Erklärung der raumbezogenen Dimensionen des Tourismus (Kagermeier 2016, S. 24 f.).

1.1 Verhaltensdimension des Tourismus Der Tourismus impliziert in jedem Fall eine Distanzüberwindung zwischen Wohnort und Zielort; damit stellt er eine Form der räumlichen (horizontalen) Mobilität dar. Das Reiseverhalten erfährt eine Differenzierung durch die Beteiligung unterschiedlicher Alters-, Bildungs-, Sozial-, Lebenszyklus- und Lebensstilgruppen, die jeweils spezifische Verhaltensweisen sowie Arten der Raumbewertung und Umweltwahrnehmung aufweisen.

1.2 Standortdimension des Tourismus Die natur- bzw. kulturräumliche Ausstattung einer Region (Geofaktoren) stellt vor allem in der Initialphase eine wichtige Grundlage der touristischen Erschließung dar. Im weiteren Verlauf führt die räumliche und zeitliche Ballung von Touristen zur Konzentration von Unternehmen und Infrastruktureinrichtungen, die sich in ihrer Angebotsgestaltung am Nachfrageverhalten der Urlauber orientieren (Übernachtung, Verpflegung, Unterhaltung etc.). Dadurch kommt es zur Herausbildung von → Destinationen (Städte, Regionen, Ressortanlagen etc.).

1.3 Wirkungsdimension des Tourismus Durch die Entstehung touristischer Standorte, aber auch durch die aktive Nutzung der natürlichen Ressourcen löst der Tourismus in den Zielgebieten dauerhafte Wirkungen auf Umwelt und Landschaft, Wirtschaft und Bevölkerung sowie Siedlungen und Verkehr aus.

1.4 Planungsdimension des Tourismus Aufgrund seiner vielfältigen Wirkungen ist der Tourismus zunehmend zum Gegenstand von Planungsmaßnahmen geworden, durch die positive wirtschaftliche Effekte optimiert und ökologische Belastungen minimiert werden sollen.

Das Forschungsinteresse der Geographie der Freizeit und des Tourismus besteht somit in der Analyse und Erklärung von Raumstrukturen, die durch Standortfaktoren/-bildung, Verhaltensweisen und Bewertungen soziodemographischer Gruppen, durch Wirkungen der touristischen Nutzung und der Standortbildung sowie durch Planungsmaßnahmen entstanden sind bzw. entstehen können (Prognose).

2 Disziplingeschichtliche Entwicklung Der Tourismus ist bereits seit Anfang des 20. Jahrhunderts ein Forschungsgegenstand der Geographie. Dabei standen die ersten fremdenverkehrsgeographischen Arbeiten hinsichtlich ihrer Fragestellungen und Forschungsmethoden noch unter dem Einfluss der Nationalökonomie (Volkswirtschaftslehre). Der Begriff „Fremdenverkehrsgeographie" wurde erstmals von Stradner (1905) verwendet. Außerdem haben sich Sputz (1919) und Wegener (1929) bereits frühzeitig mit räumlichen Aspekten des Reiseverkehrs auseinandergesetzt.

Einen wesentlichen Impuls empfing die deutsche Fremdenverkehrsgeographie durch die grundlegende Arbeit von Poser (1939), der in seiner Studie über den Fremdenverkehr im Riesengebirge drei spezifisch geographischen Fragestellungen nachging:

- Wie gestaltet und verändert der Fremdenverkehr die Natur- und Kulturlandschaft (kulturlandschaftsgenetischer Ansatz)?
- Welche räumlichen und zeitlichen Strukturen bildet der Fremdenverkehr generell bzw. bilden speziell die einzelnen Fremdenverkehrsarten heraus (strukturräumlicher Ansatz)?
- Welche räumlich-funktionalen Beziehungen bestehen zwischen dem Zielgebiet des Fremdenverkehrs und den Quellgebieten der Gäste (funktionaler Ansatz)?

Nach einer Pause in den Kriegs- und ersten Nachkriegsjahren entwickelte Christaller (1955) einen neuen standorttheoretischen Ansatz. Auf der Suche nach Regelhaftigkeiten in der räumlichen Verteilung der touristischen Nachfrage bestimmte er den „Drang zur Peripherie" als wesentliches Merkmal des Reiseverhaltens und der Standortstruktur. Neuere Untersuchungen konnten allerdings zeigen, dass die ehemals peripheren Erholungsorte (zum Beispiel an Küsten oder in Hochgebirgen) innerhalb der touristischen Entwicklung neue Formen der „Freizeitzentralität" erlangen. Damit erfahren die traditionellen Zentrum-Peripherie-Beziehungen eine grundlegende Veränderung.

Eine entscheidende Weiterentwicklung vollzog sich zu Beginn der 1970er-Jahre durch die Erweiterung der bisherigen „Fremdenverkehrsgeographie" zur „Geographie des Freizeitverhaltens", die von Ruppert & Maier (1970) als Teilbereich der Sozialgeographie verstanden wurde. Dieser Forschungsansatz basiert auf dem Axiom einer Funktionsgesellschaft, deren Mitglieder in mehreren Grunddaseinsfunktionen raumabhängig sind und raumwirksam werden (zum Beispiel „Wohnen", „Arbeiten", „Sich Versorgen", „Sich Erholen" etc.). Jede Grunddaseinsfunktion weist spezifische Flächenansprüche auf, die sich u. a. in der Herausbildung von verorteten Einrichtungen widerspiegeln (zum Beispiel Versorgungs-, Dienstleistungs-bzw. Infrastruktureinrichtungen). Die Kulturlandschaft fungiert dabei als Prozessfeld, das durch die Raumansprüche und Aktivitäten unterschiedlicher sozialer Gruppen bei der Realisierung der Grunddaseinsfunktionen geprägt wird.

Nach diesem Grundverständnis umfasst die Grunddaseinsfunktion „Sich Erholen" nicht nur den Tourismus (als längerfristigen Reiseverkehr), sondern auch außerhäusliche Erholungsformen wie das Freizeitverhalten im Wohnumfeld und im Naherholungsraum sowie das Phänomen der Zweitwohnsitze. Mit dieser methodologischen Erweiterung reagierte das Fach auf die Entstehung neuer Freizeitaktivitäten und die Bedeutungszunahme kurzfristiger raumbezogener Erholungsformen; darüber hinaus wurde die verhaltenswissenschaftliche Orientierung gegenüber dem standorttheoretischen Ansatz betont.

Entsprechend untersuchte die „Geographie des Freizeitverhaltens" vor allem Raumstrukturen und -prozesse, die sich aus der Grunddaseinsfunktion „Sich Erholen" ergeben:

- das touristische Angebot (natur- und kulturräumliche Grundlagen),
- die touristische Nachfrage (Tourismusarten, Herkunft und Sozialstruktur der Touristen),
- die historische Entwicklung des Tourismus,
- die Destinationen (Tourismusorte und -regionen) (qualitativ-deskriptive Analyse, Typisierung),
- den künftigen Bedarf an Erholungsfläche und Freizeitinfrastruktur (Prognose),
- die regionalwirtschaftliche Bedeutung des Tourismus,
- die Möglichkeiten der freizeit- und tourismusbezogenen Raumordnung und -planung.

Seit den 1970er-Jahren ist die funktionalistische Sozialgeographie generell und speziell auch die „Geographie des Freizeitverhaltens" einer zunehmenden Kritik ausgesetzt gewesen. Sie bezog sich vor allem auf das einfache Gesellschaftsmodell, das diesem Forschungsansatz zugrunde liegt, sowie auf die Dominanz verhaltenswissenschaftlicher Fragestellungen.

Vor dem Hintergrund dieser Kritik setzte sich in den 1980er-Jahren für diese Disziplin zunehmend die Bezeichnung „Geographie des Freizeit- und Fremdenverkehrs" durch. Gleichzeitig führte die fachinterne Diskussion zu einer Reihe von neuen, komplexen bzw. praxisorientierten Fragestellungen (Steinecke 2011, S. 26 f.):

- die Analyse der gesellschaftlichen Ursachen, Steuerfaktoren und Rahmenbedingungen des Tourismus,
- die Bewertung der touristischen Attraktivität und Eignung von Räumen,
- die Bestandsaufnahme der wirtschaftlichen, ökologischen und sozialen Effekte des Tourismus (speziell auch in Entwicklungsländern),
- die Untersuchung von Reiseführern als wichtigen touristischen Informationsquellen,
- die Erarbeitung von Freizeit- und Tourismuskonzepten (Stärken-Schwächen-Analyse, Strategien, Maßnahmenvorschläge etc.).

Aufgrund der rasch wachsenden Zahl von Grundlagenuntersuchungen und Fallstudien innerhalb der „Geographie des Freizeit- und Fremdenverkehrs" und der zunehmenden Bedeutung dieser Disziplin in der universitären Lehre wurden in den 1980er-Jahren die ersten Bibliographien (Steinecke 1981a, 1981b, 1984), Lehrbücher (Kulinat & Steinecke 1984; Wolff & Jurczek 1986) und Sammelbände zur Disziplingeschichte (Hofmeister & Steinecke 1984) veröffentlicht.

Mit dem „Arbeitskreis für Freizeit- und Fremdenverkehrsgeographie" entstand im Jahr 1985 ein loser Zusammenschluss von Wissenschaftlern/innen, der im Jahr 2013 als „Arbeitskreis Tourismusforschung (AKTF) in der „Deutschen Gesellschaft für Geographie (DGfG) e. V." institutionalisiert wurde. Er veranstaltet jährlich eine Fachtagung und gibt die Schriftenreihe „Studien zur Freizeit- und Tourismusforschung (SFT)" heraus (https://www.ak-tourismusforschung.org).

Auch in anderen Ländern kann die geographische Freizeit- und Tourismusforschung auf eine lange Disziplingeschichte zurückblicken – z. B. in Österreich, Großbritannien, Frankreich und den USA.

3 Forschungsstand und Forschungsmethodik In jüngerer Zeit haben sich innerhalb dieser Disziplin ähnliche Entwicklungen vollzogen, wie sie auch in anderen Fächern zu beobachten sind – eine Diversifizierung der Untersuchungsansätze und eine Spezialisierung der Fragestellungen. Darüber hinaus sind folgende Entwicklungen zu beobachten:

- Analysen auf unterschiedlichen Maßstabsebenen (lokal, regional, national, global),
- Erweiterung der Forschung in Grenzbereiche zu Nachbarwissenschaften,
- zunehmender Praxisbezug der Studien,
- Modell- und Theoriebildung auf der Standort- und Verhaltensebene,
- Aufnahme ökologischer Fragestellungen (speziell nachhaltige Regionalentwicklung/sustainable development),
- Analysen der Umweltwahrnehmung und Raumbewertung sowie des Images von Destinationen.

Die Forschungsergebnisse der Geographie der Freizeit und des Tourismus basieren überwiegend auf empirischen Erhebungen; zu den Standardmethoden gehören dabei (Steinecke 2011, S. 28 f.):

Primärerhebungen:
- Beobachtungen (physiognomische Wahrnehmung freizeit- und tourismusrelevanter Erscheinungen),
- Primärkartierungen (kartographische Aufnahme und Darstellung von freizeit- bzw. tourismusbezogenen Raumnutzungen),
- Zählungen (quantitative Erfassung freizeit- und tourismusbezogener Abläufe),

– Befragungen (schriftliche oder mündliche Bevölkerungs- bzw. Besucherbefragungen).

Sekundärerhebungen:
– Sekundärkartierungen (kartographische Aufnahme und Darstellung von Freizeit- und Tourismuskapazitäten und -entwicklungen),
– Auswertungen von Daten der amtlichen und nichtamtlichen Statistik (Sichtung und Interpretation bereits erhobener Freizeit- und Tourismusdaten),
– Quellenstudien (Zusammenstellung und Interpretation sonstiger Freizeit- und Tourismusunterlagen).

Neben den klassischen quantitativen Erhebungsmethoden werden innerhalb der Geographie der Freizeit und des Tourismus auch qualitative Forschungsmethoden verwendet (zum Beispiel problemzentrierte Interviews, Tagebuchaufzeichnungen, teilnehmende Beobachtungen). Weitere empirische Methoden der geographischen Freizeit- und Tourismusforschung sind:
– die Erstellung von Prognosen in Form von Trendanalysen, Szenarien und Delphi-Umfragen,
– die Langzeitbeobachtung von Tourismusregionen mit Hilfe komplexer Monitoring-Systeme,
– die Segmentierung des touristischen Marktes und die Beschreibung unterschiedlicher Zielgruppen.

Innerhalb ihrer mehr als 100-jährigen Forschungsgeschichte hat sich die wissenschaftliche Auseinandersetzung der Geographie mit dem Tourismus gewandelt – von der deskriptiv arbeitenden Strukturforschung der „Fremdenverkehrsgeographie" zur „Geographie der Freizeit und des Tourismus" als einer analytischen und anwendungsorientierten Regional- und Gesellschaftsforschung.
Einen guten Überblick über den Forschungsstand dieser geographischen Teildisziplin vermitteln:
– der Band 10 „Freizeit und Tourismus" des Nationalatlas Bundesrepublik Deutschland (Institut für Länderkunde 2000),
– der handbuchartige Sammelband „Geographie der Freizeit und des Tourismus: Bilanz und Ausblick"(Becker, Hopfinger & Steinecke 2007),
– mehrere Lehrbücher zu diesem Themenbereich (Steinecke 2011; Schmude & Namberger 2015; Kagermeier 2016). (as)

Literatur
Becker, Christoph; Hans Hopfinger & Albrecht Steinecke (Hrsg.) 2007: Geographie der Freizeit und des Tourismus: Bilanz und Ausblick. München, Wien: Oldenbourg (3. Aufl.)
Christaller, Walter 1955: Beiträge zu einer Geographie des Fremdenverkehrs. In: Erdkunde, 9 (1), S. 1–19

Hofmeister, Burkhard; Albrecht Steinecke (Hrsg.) 1984: Geographie des Freizeit- und Fremdenverkehrs. Darmstadt: Wissenschaftliche Buchgesellschaft

Institut für Länderkunde (Hrsg.) 2000: Nationalatlas Bundesrepublik Deutschland. Bd. 10. Freizeit und Tourismus. Heidelberg, Berlin: Spektrum

Kagermeier, Andreas 2016: Tourismusgeographie. Einführung. Konstanz/München: UVK

Kulinat, Klaus; Albrecht Steinecke 1984: Geographie des Freizeit- und Fremdenverkehrs. Darmstadt: Wissenschaftliche Buchgesellschaft

Poser, Hans 1939: Geographische Studien über den Fremdenverkehr im Riesengebirge. Göttingen: Vandenhoeck (= Abhandlungen der Gesellschaft der Wissenschaften zu Göttingen, 3. Folge, Heft 20)

Ruppert, Karl; Jörg Maier (Hrsg.) 1970: Zur Geographie des Freizeitverhaltens. Kallmünz, Regensburg: Laßleben (= Münchner Studien zur Sozial- und Wirtschaftsgeographie, Bd. 6)

Schmude, Jürgen; Philipp Namberger 2015: Tourismusgeographie. Darmstadt: WBG Academic (2. Aufl.)

Sputz, Karl 1919: Die geographischen Bedingungen und Wirkungen des Fremdenverkehrs in Tirol. Wien (maschinenschriftliche Dissertation)

Steinecke, Albrecht (Hrsg.) 1981a: Interdisziplinäre Bibliographie zur Fremdenverkehrs- und Naherholungsforschung. Beiträge zur allgemeinen Fremdenverkehrs- und Naherholungsforschung. Berlin: Institut für Geographie der Technischen Universität Berlin (= Berliner Geographische Studien, Bd. 8)

Steinecke, Albrecht (Hrsg.) 1981b: Interdisziplinäre Bibliographie zur Fremdenverkehrs- und Naherholungsforschung. Beiträge zur regionalen Fremdenverkehrs- und Naherholungsforschung. Berlin: Institut für Geographie der Technischen Universität Berlin (= Berliner Geographische Studien, Bd. 9)

Steinecke, Albrecht (Hrsg.) 1984: Interdisziplinäre Bibliographie zur Fremdenverkehrs- und Naherholungsforschung. Beiträge zur allgemeinen und regionalen Fremdenverkehrs- und Naherholungsforschung. Fortsetzungsband: Berichtszeitraum 1979–1984. Berlin: Institut für Geographie der Technischen Universität Berlin (= Berliner Geographische Studien, Bd. 15)

Steinecke, Albrecht (Hrsg.) 2011: Tourismus. Braunschweig: Bildungshaus Schulbuchverlage Westermann Schroedel Diesterweg Schöningh Winklers (2. Aufl.)

Stradner, Josef 1905: Der Fremdenverkehr. Graz: Leykam

Wegener, Georg 1929: Der Fremdenverkehr in geographischer Betrachtung. In: Industrie- und Handelskammer Berlin (Hrsg.): Fremdenverkehr. Berlin: Georg Stilke, S. 25–53

Wolff, Klaus; Peter Jurczek 1986: Geographie der Freizeit und des Tourismus. Stuttgart: Eugen Ulmer

---

ℹ Gedankensplitter
„Paradise is not a place. It's a feeling." (Autorenschaft unbekannt)

Geotourismus [geotourism]

Themenzentrierter, geführter Tourismus, der zu geologisch und landschaftlich interessanten Orten führt, an denen sich Stationen der erdgeschichtlichen Entwicklung anschaulich darstellen und durch eigene Aktivitäten (klettern, riechen, tasten) erfahren lassen. Mit Geoparks, die in Regionen mit entsprechenden geologischen Sehenswürdigkeiten angelegt werden, sollen diese Orte einerseits geschützt, andererseits zum Nutzen der geowissenschaftlichen Allgemeinbildung und der lokalen Wirtschaft zugänglich gemacht werden.

In Deutschland gibt es inzwischen (Stand: 2020) über 20 solcher Parks, wie zum Beispiel den „Geopark Schwäbische Alb", „Geopark Ries" oder „Geo-Park Ruhrgebiet". Die Parks haben sich in einer Arbeitsgemeinschaft der deutschen Geoparks (AdG) zusammengeschlossen (www.geoparks-in-deutschland. de). (jwm/wf)

Literatur
Rein, Hartmut; Alexander Schuler (Hrsg.) 2019: Naturtourismus. München: UVK

Geozoos → **Zoologischer Garten**

Gepäckaufbewahrung [luggage deposit]
Gepäckaufbewahrungen befinden sich in der Regel an größeren → Bahnhöfen, → Flughäfen, Freizeiteinrichtungen und anderen öffentlichen Stellen. Sofern Reise- und Handgepäck in Schließfächern (= geschützte Behälter) aufbewahrt wird, gelten die entsprechenden Bedingungen für die Vermietung von Schließfächern. (hdz)

Gepäckaufbewahrungsraum [baggage storage room, luggage storage room]
Raum in einem Beherbergungsbetrieb, in dem Gäste ihr Gepäck unterstellen können. Der Raum, der sich in der Nähe der → Rezeption befindet, wird oft bei Frühanreisen oder Abreisen (→ Zimmerstatus) benutzt, um das Problem der zwischenzeitlichen Aufbewahrung zu lösen. (wf)

Gepäckband [carousel]
Transportband, an dem das eingecheckte Gepäck im Zielflughafen von den Passagieren wieder entgegengenommen wird. (jwm)

Gepäckermittlung [baggage tracing]
Zur Ermittlung verlorengegangener oder zur Reklamation beschädigter Gepäckstücke stehen den ankommenden Fluggästen sog. „Lost & Found"-Schalter oder -Büros zur Verfügung. Je nach Flughafen sind diese zentral oder dezentral (nach Fluggesellschaften) organisiert. „Lost & Found"-Schalter finden sich auch im Bahnbereich. (hdz)

Gepäckfolierung [baggage wrapping]

Zur Sicherstellung, dass das Gepäck unbeschädigt transportiert wird, wird abreisenden Fluggästen an manchen Flughäfen die kostenpflichtige → Dienstleistung einer Gepäckfolierung angeboten. Dabei werden die Gepäckstücke maschinell mit einer Kunststofffolie umwickelt. Aus ökologischer Sicht ist das Angebot problematisch. (wf)

Geschäftsreisemanagement-System [business travel management system]

Geschäftsreisen sind kurzzeitige berufsbedingte Ortsveränderungen. Zum Management von → Geschäftsreisen, auch als Business Travel Management BTM und im deutschen öffentlichen Dienst als Dienstreisemanagement bezeichnet, zählen insbesondere folgende Aufgaben:
– Organisation und Optimierung der Geschäftsreiseprozesse, inkl. Aufbau und Betrieb von IT-Systemen,
– Auswahl von und Kooperation mit Servicepartnern (z. B. → Reisebüros, Kreditkartengesellschaften),
– Einkauf von Reiseleistungen, Vertragsgestaltung und Bereitstellung von Reiseservices,
– Kostenplanung und Budgetierung,
– Prozess- und Kosten-Controlling (Analyse, Steuerung und Kontrolle),
– Erstellung und Kontrolle der Reiserichtlinien und Reisestandards,
– Reiseabrechnung.

Ziele des Business Travel Managements sind im Wesentlichen:
– Optimierung der direkten Kosten der Reiseleistungen verbunden mit dem Aufbau von Verhandlungsmacht gegenüber Leistungsgebern,
– Optimierung der indirekten Prozesskosten, z. B. prozessbedingter Gemeinkosten,
– Flexibilisierung und Optimierung der Services und ihrer Inanspruchnahme.

Wichtige Grundlage sind die Reiserichtlinien (travel policy). Sie legen die Regeln und Abläufe des gesamten Reiseprozesses fest. Die Reiserichtlinien sind für alle Mitarbeiter verbindlich und gewährleisten die Regeltreue des Unternehmens (corporate compliance).

Ein IT-basiertes Geschäftsreisemanagement-System unterstützt und integriert die Prozesse und Services der Geschäftsreisen und ihres unternehmensweiten Managements. Es liefert Datenanalysen zur Steuerung und Entscheidung, und es bietet den Reisenden Servicefunktionen über alle Prozessstufen.

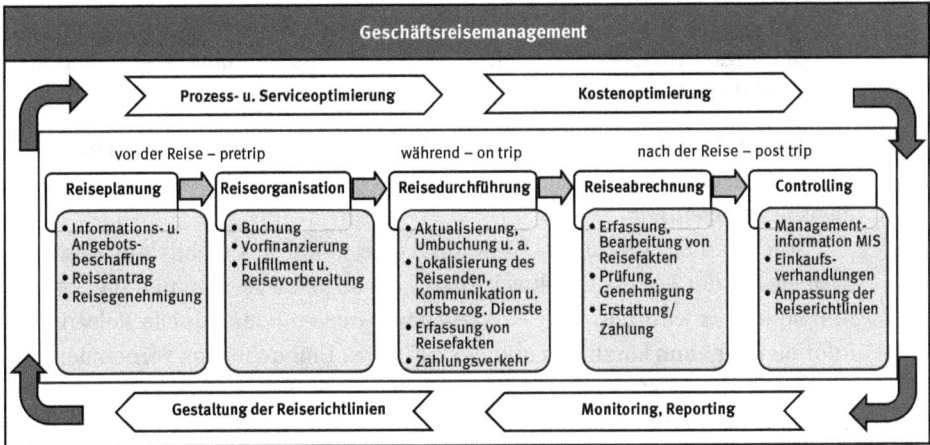

Abb. 15: Geschäftsreiseprozess im Überblick

Die Hauptprozesse einer Geschäftsreise können wie folgt informationstechnologisch unterstützt oder automatisiert werden:

1 Reiseplanung In der Phase der Reiseplanung sind Angebote für die erforderlichen Reiseleistungen zu beschaffen. Das BTM-System verwaltet die Reiserichtlinien und die Informationen über die Positionen, Rechte und Ansprüche der reisenden Mitarbeiter (Mitarbeiterprofile). Mit diesen Daten werden über elektronische Schnittstellen zu den kooperierenden Anbietersystemen (z. B. → Globale Distributionssysteme, → Hotel-Reservierungssysteme, Flug- und Mietwagenanbieter) geeignete Reiseleistungen recherchiert. Dabei werden Best-Price-Funktionen sowie ausgehandelte und im BTM-System oder in den Anbietersystemen hinterlegte → Corporate Rates berücksichtigt. Bei der Reiseplanung kann auch auf bereits früher getätigte vergleichbare Reisen zurückgegriffen werden, um die Reiseabläufe in die neue Planung zu übernehmen.

Ausgewählte Reiseleistungen werden in den internen Reiseantrag aufgenommen, und das BTM-System übermittelt den Reiseantrag automatisch an die im System gespeicherte vorgesetzte Stelle. Die verbindliche Genehmigung kann automatisiert erfolgen, wenn beispielsweise die vorgesetzte Stelle nicht innerhalb einer im System festgelegten Frist widerspricht.

2 Reiseorganisation und Reisedurchführung Die Beantragung und Zahlung von Reisekostenvorschüssen an die Reisenden können entfallen, wenn in Zusammenarbeit mit einem Kreditkartenunternehmen Unternehmenskarten zur Verfügung gestellt werden. Grundsätzlich können zwei Arten unterschieden werden:

– gegenständliche und persönlich auf (Viel-)Reisende ausgestellte Corporate Cards mit zentraler Zahlungsverpflichtung des Unternehmens,

– virtuelle Company Cards, die in kooperierenden Reiseanbieter-Systemen zur Zahlungsabwicklung gespeichert werden und über → mobile Applikationen (App) des BTM-Systems Zahlungen veranlassen.

Nach einem Zahlungsvorgang mit einer Unternehmenskreditkarte werden die Daten direkt in das BTM-System übermittelt und ggf. ins ERP-System des Unternehmens übertragen.

Durch den Zugang zum → Web-Portal oder durch eine mobile App des BTM-Systems hat der Reisende weltweit Zugriff auf seine Reisedaten und die Systemfunktionen. Er wird z. B. über Flugzeitenänderungen oder aktuelle Reiserisiken informiert, er kann kurzfristig und flexibel selbst Umbuchungen vornehmen und ortsbezogene Dienste sind entsprechend seinem Aufenthaltsort verfügbar. Belege über beispielsweise Taxi- oder ÖPNV-Kosten können bereits während der Reise über die App erfasst werden.

3 Reiseabrechnung Durch die Unternehmenskreditkarten sind nach Abschluss einer Reise dem BTM-System bereits alle so bezahlten Reiseleistungen bekannt. Sie werden automatisch in die Reisekostenabrechnung übernommen. Sonstige abzurechnende Leistungen können im Online-Dialog ergänzt werden. Das BTM-System kann eine Vorprüfung der Abrechnung vornehmen, um sie anschließend elektronisch der zuständigen Stelle zur Prüfung vorzulegen. Wird die Abrechnung als genehmigt gekennzeichnet, können ggf. noch zu erstattende Zahlungen automatisch über die Schnittstelle zum System der Finanzbuchhaltung erfolgen.

4 Steuerung/→ Controlling Mit den dargestellten Prozessen integriert das BTM-System alle Daten der Geschäftsreisen. Die relevanten Reisedaten werden an das ERP-System (enterprise resource planning system) des Unternehmens, z. B. zur Finanzbuchhaltung, übermittelt.

Die Reiseauswertungen dienen der Management-Information und sind somit auch die Basis für unternehmens- bzw. konzernzentrale Verhandlungen des Geschäftsreisemanagements mit den → Leistungserbringern (z. B. → Hotelketten, → Flug- und Mietwagengesellschaften, Distributions-/Anbietersysteme), um als ihr Großkunde unternehmensspezielle Corporate Rates für zukünftige Reisen zu vereinbaren. Diese individuellen Corporate Rates werden dann im BTM-System oder in kooperierenden Anbietersystemen (z. B. Globale Distributionssysteme) gespeichert, um sie bei zukünftigen Buchungen zu berücksichtigen.

Direkte Kosten der Reiseleistungen können aber nicht nur durch die Corporate Rates positiv beeinflusst werden. Dadurch, dass BTM-Systeme durch geeignete Schnittstellen auch Zugriff z. B. auf die Angebote von Low Cost- oder Low Budget-Anbietern haben (→ Billigfluggesellschaft, → Budget-Hotel), können in der Reiseplanung ggf. Angebote beschafft werden, die kostengünstiger sind als verhandelte Corporate Rates.

BTM-Systeme können in unterschiedlicher Weise implementiert werden:
- Sie können in den Unternehmen aufgebaut werden, z. B. konzernzentral. Sie werden teilweise als Module umfangreicher finanz- und personalwirtschaftlicher Systeme (z. B. SAP/ERP) angeboten.
- Ein Unternehmen kann als Lizenznehmer an einem zentralen BTM-System teilnehmen, das von einem IT-Dienstleister technisch betrieben wird. Auch die Globalen Distributionssysteme bieten BTM-Systeme in ihrem Dienstleistungsportfolio an.
- Spezialisierte Reisemittler/-büros können als Lizenznehmer im Rahmen eines technisch zentral betriebenen BTM-Systems für ihre Firmenkunden die Dienste des Geschäftsreisemanagements übernehmen und dafür pauschale Management-Gebühren und/oder variable Transaktionsgebühren berechnen (travel management company, TMC).

Zu aktuellen Informationen zum Geschäftsreisemarkt siehe www.vdr-service.de; → Verband Deutsches Reisemanagement e. V. (Leitfaden Travel Management, VDR Geschäftsreiseanalyse). (uw)

Literatur
Fischer, Klaus 2015: Geschäftsreisemanagement und IT-Systeme. In: Axel Schulz; Uwe Weithöner; Roman Egger & Robert Goecke (Hrsg.): eTourismus: Prozesse und Systeme. Berlin, Boston: De Gruyter Oldenbourg, S. 278–300 (2. Aufl.) (3. Aufl. in Vorbereitung)

Geschäftsreisen [business trips]
Reisen, die dienstlich oder geschäftlich veranlasst sind und vom Arbeitgeber finanziert werden. Die Anlässe können vielfältig sein: Das Spektrum reicht von Geschäfts- oder Dienstbesprechungen, Vertragsverhandlungen über Messebesuche, Kongresse und Tagungen (→ Messen, Kongresse und Events) bis hin zu → Incentive- oder Montagereisen. Zu einem Einstieg in das Themenfeld siehe Eisenstein et al. 2019; zu einer detaillierten Analyse des Marktsegments (Eckdaten, Kennzahlen, Strukturen, Entwicklungen) siehe die regelmäßig erscheinenden Geschäftsreiseanalysen des VDR (www.vdr-service.de). (jwm/wf)

Literatur
Eisenstein, Bernd et al. 2019: Geschäftsreisen. Merkmale, Anlässe, Effekte. München: UVK
Verband Deutsches Reisemanagement e. V. (Hrsg.) 2019: VDR-Geschäftsreiseanalyse 2019. (https://www.vdr-service.de/fileadmin/services-leistungen/fachmedien/geschaeftsreise analyse/VDR-Geschaeftsreiseanalyse-2019.pdf, zugegriffen am 09.02.2020)

Geschmack [taste]
Für alle Sektoren des → Tourismus spielt der Geschmack eine überragende Rolle; letztendlich entscheidet er maßgeblich über die Wahl eines bestimmten Reiseziels, → Hotels, → Restaurants oder Produkts. Geschmackliche Präferenzen

entstehen in einem komplexen Geflecht kulturell geprägter, historisch bedingter, individueller und ökonomischer Faktoren. Geschmack (von mittelhochdeutsch gesmac = das Vermögen zu schmecken) hat mehrere Bedeutungsebenen. So wird mit Geschmack etwa die Fähigkeit ästhetischer, modischer oder kulinarischer Urteilsbildung (erlesener Geschmack) bezeichnet. Unter kulturellem Geschmack wird ein dominanter beziehungsweise prägender ästhetischer Wertmaßstab einer bestimmten Epoche verstanden. Der subjektive Geschmack ist ein subjektives Werturteil über etwas, was jemandem gefällt oder wofür er eine Vorliebe entwickelt.

In der Sinnesphysiologie bezeichnet Geschmack den Geschmackssinn im engeren Sinn, also den Sinneseindruck, der sich aus gustatorischen (Geschmackssinn; unterschieden werden die vier reinen Geschmacksqualitäten sauer, süß, salzig, bitter), olfaktorischen (Geruchssinn), haptischen (Tastsinn) und auch optischen Eindrücken zusammensetzt. Die Summe der Faktoren bestimmt den kulinarischen → Genuss. Dieser beginnt mit dem Aussehen der Speisen (bei Blindverkostungen oder in Dunkelheit können viele Konsumenten Fruchtaromen nicht identifizieren und selbst Rot- nicht von Weißwein unterscheiden) und ihrer Präsentation („Das Auge isst mit"), der Umgebungsatmosphäre, dem Geruch sowie dem Vorwissen des Konsumenten: Austern oder Kaviar werden in den westlichen Kulturen spontan als hochwertig eingeschätzt, was den Genussfaktor verstärkt.

Dollase (2005) bezeichnet Geschmack als „kulinarisches Wahlverhalten". Er schreibt allen Gerichten ein geschmackliches Potential zu. Dieses Potential ergibt sich nicht nur aus dem Geschmack der einzelnen Elemente, sondern vor allem aus den unendlich vielen Möglichkeiten ihres Zusammenwirkens.

Speisefolgen und → Menüs der gehobenen → Gastronomie verstehen sich in der Regel als komplexe Geschmackskompositionen. So unterstützt der → Aperitif den Magen bei der Vorbereitung auf das Mahl. Die Aromen wirken dann bereits vom Teller auf den → Gourmet, der oft schon vor dem ersten Bissen versucht, Hauptbestandteile und Gewürze zu identifizieren. Zunge und Gaumen überprüfen die Konsistenz der Speise. Geschmacksintensivierende Funktion hat die Wahl des passenden Weins (→ Korrespondierende Getränke). Die klassische Menüfolge beruht auf der sensorisch bedingten Wahrnehmbarkeit vom wenig hin zum stark ausgeprägten Aroma. Sie besteht daher oft aus der Abfolge: Vorspeise, Fisch, Fleisch, Käse, Dessert. Ein meist süßes Dessert bildet den Kontrapunkt und damit das Finale der Mahlzeit, die mit → Digestif oder Kaffeevariationen ausklingt.

Die Ausbildung eines differenzierten Geschmacksempfindens ist zunächst von der genetischen Prädisposition abhängig. Darüber hinaus ist sie in hohem Maße erlernbar. Wer konsequent auf seine Geschmackswahrnehmung hin trainiert wird, vermag differenziert zu schmecken und wird eine größere Bereitschaft mitbringen, hochwertige und hochpreisige Nahrungsmittel zu konsumieren. Überwiegender Verzehr von stark aromatisierten, übersüßten und geschmacksverstärkten sowie von Convenience-Produkten (→ Convenience Food) niedriger Qualität ist in den westlichen Industrieländern zum Massenphänomen geworden. Dieser Trend vermindert bei vielen Konsumenten die Fähigkeit der differenzierten und damit genussorientierten Geschmackswahrnehmung. (gh)

Literatur

Brandes, Uta (Red.) 1996: Geschmacksache. Von Nasen, Düften und Gestank (Kunst- und Ausstellungshalle der Bundesrepublik Deutschland, Band 6). Göttingen: Steidl

Brillat-Savarin, Jean Anthelme 1982: Physiologie des guten Geschmacks. München: Heyne

Dollase, Jürgen 2005: Geschmacksschule. Wiesbaden: Tre Torri

Engelhardt, Dietrich von; Rainer Wild (Hrsg.) 2005: Geschmackskulturen. Vom Dialog der Sinne beim Essen und Trinken. Frankfurt, New York: Campus

Schivelbusch, Wolfgang 1980: Das Paradies, der Geschmack und die Vernunft. Eine Geschichte der Genussmittel. München: Hanser

Zukunftsinstitut (Hrsg.) 2020: Hanni Rützlers Foodreport 2021. Frankfurt: Zukunftsinstitut

Gedankensplitter
„Kochen ist eine Kunst und keineswegs die unbedeutendste." (Luciano Pavarotti, italienischer Opernsänger)

Geschützte geografische Angabe (g. g. A.) → EU-Qualitätsregelungen für geografische Angaben und traditionelle Spezialitäten

Geschützte Ursprungsbezeichnung (g. U.) → EU-Qualitätsregelungen für geografische Angaben und traditionelle Spezialitäten

Gesundheitsbestimmungen [health regulations, sanitary regulations]

Gesundheitsbestimmungen spielen im beruflichen Kontext eine zentrale Rolle. Sie regeln bereits den Zugang zu vielen Berufen. Im Tourismus beziehen sich Gesundheitsbestimmungen vor allem auf Impfvorschriften und -empfehlungen, sowie auf mitzuführende Gesundheitsdokumente. Zentraler globaler Akteur ist die Weltgesundheitsorganisation (World Health Organisation, WHO), die eine Sonderorganisation der Vereinten Nationen mit Sitz in Genf ist.

Auf internationaler Ebene hat die Weltgesundheitsorganisation internationale Gesundheitsbestimmungen (International Health Regulations; IHR) als Leitlinie herausgegeben und ihre Mitgliedsstaaten aufgefordert, diese umzusetzen (WHO o. J.a). So geht es neben dem persönlichen Schutz des Reisenden in der Leitlinie vor allem darum, eine Verschleppung von Erregern in andere Gebiete zu verhindern. Impfvorschriften (Pflichtimpfungen für die Einreise) werden vom jeweiligen Land vorgeschrieben. Die betreffenden Länder wollen eine Einschleppung der Erkrankung verhindern (Schutz des Landes). Übertragbare Krankheiten wie AIDS, Malaria, SARS, MERS, Ebola-, Zika- oder jüngst das Coronavirus zeigen die unabdingbare Notwendigkeit einer weltweiten Koordination.

→ Reiseveranstalter und → Reisevermittler sind gehalten, auf die jeweils geltenden Gesundheitsbestimmungen hinzuweisen. Es ist jedoch die Angelegenheit der jeweiligen Person, die ein bestimmtes Land bereisen will, sich nicht nur über die Bestimmungen von Pass- und Visa-, sondern auch über die Gesundheitsbestimmungen der → Destination zu informieren und diese zu beachten. Dem Reisenden wird geraten, sich rechtzeitig über Infektions- und Impfschutzmöglichkeiten sowie sonstige Prophylaxe-Maßnahmen fachkundig zu informieren und ggf. ärztlichen Rat einzuholen (WHO o. J.b). Allgemeine Informationen geben insbesondere Gesundheitsämter, reisemedizinisch erfahrene Ärzte, reisemedizinische Online-Informationsdienste, das Bundesgesundheitsministerium sowie die Bundeszentrale für gesundheitliche Aufklärung. (hdz/wf)

Literatur

World Health Organization (ed.) o. J.a: International health regulations. (https://www.who.int/health-topics/international-health-regulations, zugegriffen am 17.02.2020)

World Health Organization (ed.) o. J.b: Travel and health. (https://www.who.int/health-topics/travel-and-health, zugegriffen am 17.02.2020)

Gedankensplitter

„(…) Every scenario is still on the table. (…) These new data address some of the gaps in our understanding, but others remain (…).“ (WHO-Chef Tedros Adhanom Ghebreyesus bei einer Pressekonferenz zum Coronavirus, Februar 2020)

Gesundheits- und Medizintourismus [health and medical tourism]

Gesundheitstourismus zielt auf die „Förderung, Stabilisierung und ggf. Wiederherstellung des körperlichen, geistigen und sozialen Wohlbefindens unter der Inanspruchnahme von Gesundheitsdienstleistungen" ab (Kaspar 1996, S. 56). Diese Definition versteht Gesundheitstourismus als einen weit gefassten Oberbegriff, unter welchem verschiedene Ausprägungen und Unterarten subsumiert werden. Ihre Abgrenzung ist nicht immer klar durchführbar. Als Hilfestellung für eine Klassifizierung werden der Selbstbestimmungsgrad und der Anteil medizinischer Leistungen am Gesamtprodukt herangezogen (Groß 2017, S. 14). Eine Differenzierung kann folglich auch anhand des vorliegenden Motivbündels der Reisenden bzw. Patienten vorgenommen werden.

So stehen beim Wellness-Tourismus nicht die Gesundheits-, sondern die Erholungsmotive im Vordergrund. Über Medical-Wellness-Tourismus, Kur- und Rehabilitationstourismus steht am anderen Ende des Spektrums der Medizintourismus (ebd.). Der neue Ansatz des „Evidenzbasierten Gesundheitstourismus" vermeidet die schwer zu ziehende Grenze zwischen den Bereichen und definiert diesen in Anlehnung an anerkannte Klassifizierungssysteme in der Medizin als Reisen zu Orten, an denen eine konkrete Intervention für eine spezifische gesundheitliche Situation erfolgt, die vorteilhafte Effekte mit sich bringt, Gesundheit und Wohlbefinden steigert und auf bester aktuell verfügbarer wissenschaftlicher Forschung beruht (Steckenbauer et al. 2017, S. 317 f.).

Gesundheitstourismus muss demnach Anwendungen beinhalten, die medizinisch fundiert sind. Dies gilt sowohl für präventive als auch für kurative Anwendungen. In Richtung des Medizintourismus rücken sukzessive klassische Urlaubsmotive und damit auch touristische Dienstleistungen zugunsten medizinischer Leistungen und Kompetenzen in den Hintergrund. Dies gilt es, in der zielgruppen- sowie indikationsspezifischen Produkt- und Angebotsentwicklung zu berücksichtigen. Es ist davon auszugehen, dass u. a. aufgrund eines zunehmenden Wettbewerbs im internationalen Medizintourismus touristische Leistungen zur Differenzierung und für eine zielgruppenspezifische Ansprache an Bedeutung gewinnen werden. Damit entwickeln sich im Medizintourismus tätige Gesundheitseinrichtungen zu attraktiven Arbeitgebern für Absolventen von Tourismusstudiengängen. (mh)

Literatur

Groß, Matilde S. 2017: Gesundheitstourismus. Konstanz, München: UVK

Kaspar, Claude 1996: Gesundheitstourismus im Trend. In: Claude Kaspar; Institut für Fremdenverkehr an der Hochschule St. Gallen (Hrsg.): Jahrbuch der Schweizerischen Tourismuswirtschaft, 1995/96, St. Gallen, S. 53–61

Nungesser, Stefan; Dagmar Rizzato & Karin Stefanie Niederer 2020: Spa & Wellness-Management. Impulse für Optimierung und Profit. Stuttgart: Matthaes

Smith, Melanie Kay; László Puczkó 2014: Health, Tourism and Hospitality. Spas, Wellness and Medical Travel. London, New York: Routledge (2nd ed.)

Steckenbauer, Georg Christian et al. 2017: Destination and product development rested on evidence-based health tourism. In: Melanie Kay Smith & László Puczkó (eds.): The Routledge Handbook of Health Tourism. London, New York: Routledge, pp. 315–331

Gedankensplitter

„In der ersten Hälfte unseres Lebens opfern wir unsere Gesundheit, um Geld zu erwerben, in der zweiten Hälfte opfern wir unser Geld, um die Gesundheit wiederzuerlangen. Und während dieser Zeit gehen Gesundheit und Leben von dannen." (Voltaire, französischer Philosoph)

Getränkekarte [list of beverages]

Verzeichnis der Getränke, die in einem gastronomischen Betrieb angeboten werden. Der Aufbau lehnt sich oft an die Speisenfolge (→ Menü) an. Die Getränke werden systematisch nach Getränkegruppen geordnet; innerhalb derer gibt es wiederum eine feste Reihenfolge (Fuchs & Balch 2019, S. 142 ff.; Gutmayer, Stickler & Lenger 2018, S. 227 ff.). Von den Ordnungsmustern kann abgewichen werden, gleichwohl sollte eine durchgehende Logik erkennbar sein.

Mitunter wird die Getränkekarte in die → Speisekarte integriert, teilweise existieren Spezialkarten, die auf einzelne Getränkegruppen abstellen (z. B. Aperitif-Karte, Bar-Karte, Kaffee-Karte, Tee-Karte, Weinkarte). Zu Ansatzpunkten der Gestaltung (Design, Inhalt, Formalia) siehe Davis et al. 2018, S. 130 ff.; Fuchs & Balch 2019, S. 69 ff.; Gutmayer, Stickler & Lenger 2018, S. 227 ff. (wf)

Literatur

Davis, Bernard et al. 2018: Food and Beverage Management. London, New York: Routledge (6th ed.)

Fuchs, Wolfgang; Natalie Audrey Balch 2019: Die Kartenmacher. Speise- und Getränkekarten richtig gestalten. München: UVK (2. Aufl.)

Gutmayer, Wilhelm; Hans Stickler & Heinz Lenger 2018: Service: Die Grundlagen. Linz: Trauner (10. Aufl.)

Gedankensplitter

„Durst ist ein guter Grund, etwas zu trinken. Hier finden Sie 94 weitere." (Zitat Getränkekarte, Restaurant Holyfields, Frankfurt/Main)

Gedankensplitter

Das Maß des Getränkes

„Jeder hat seine Gnadengabe von Gott, der eine so, der andere so. Deshalb bestimmen wir nur mit einigen Bedenken das Maß der Nahrung für andere. Doch mit Rücksicht auf die Bedürfnisse der Schwachen meinen wir, dass für jeden täglich eine Hemina (römisches Maß für Flüssiges; entspricht 0,274 Liter bzw. ca. einem „Viertel"; Anm. des Hrsg.) Wein genügt. Wem aber Gott die Kraft zur Enthaltsamkeit gibt, der wisse, dass er einen besonderen Lohn empfangen wird.

Ob ungünstige Ortsverhältnisse, Arbeit oder Sommerhitze mehr erfordern, steht im Ermessen des Oberen. Doch achte er darauf, dass sich nicht Übersättigung oder Trunkenheit einschleichen. Zwar lesen wir, Wein passe überhaupt nicht für Mönche. Weil aber die Mönche heutzutage sich davon nicht überzeugen lassen, sollten wir uns wenigstens darauf einigen, nicht bis zum Übermaß zu trinken, sondern weniger. Denn der Wein bringt sogar die Weisen zu Fall.

Wo aber ungünstige Ortsverhältnisse es mit sich bringen, dass nicht einmal das oben angegebene Maß, sondern viel weniger oder überhaupt nichts zu bekommen ist, sollen Brüder, die dort wohnen, Gott preisen und nicht murren. Dazu mahnen wir vor allem: Man unterlasse das Murren."

(Auszug aus: Die Regel des heiligen Benedikt, geschrieben für das um 529 gegründete Benediktinerkloster Monte Cassino; herausgegeben im Auftrag der Salzburger Äbtekonferenz)

Gewährleistungsrecht der Pauschalreise [package tour warranty rights]

1 Verschuldensunabhängige Haftung   Bei den meisten reiserechtlichen Streitigkeiten geht es um die Frage, ob der Reisende, der von den Reiseleistungen enttäuscht ist, Gewährleistungsrechte – also Mängelrechte – gegen den → Reiseveranstalter hat. Unter Gewährleistung versteht man die vertragliche Haftung des Reiseveranstalters für die Mängelfreiheit seiner Reise. Ausgangspunkt ist nach § 651i I BGB, dass der Reiseveranstalter verpflichtet ist, die → Pauschalreise frei von Reisemängeln zu verschaffen. Gemäß § 651i II 1 BGB ist die Pauschalreise frei von Reisemängeln, wenn sie die vereinbarte Beschaffenheit hat. Wenn keine Beschaffenheitsvereinbarung vorliegt, ist eine Pauschalreise mangelhaft, wenn sich die Pauschalreise für den nach dem Vertrag vorausgesetzten Nutzen nicht eignet (§ 651i II Nr. 1 BGB) oder für den gewöhnlichen Nutzen nicht eignet oder eine Beschaffenheit hat, welche bei Pauschalreisen der gleichen Art unüblich ist oder die der Reisende nach der Art der Pauschalreise nicht erwarten kann (§ 651i II Nr. 2 BGB). Darüber hinaus liegt ein Reisemangel vor, wenn die Reiseleistungen nicht oder mit unangemessener Verspätung geleistet werden (§ 651i II 3 BGB). Rechtssystematisch orientiert sich § 651i BGB an dem Gewährleistungsrecht des Kauf- und Werkvertragsrechts und behält die bisherige „Einheitslösung" bei.

Treten nach Vertragsabschluss bis zum Ende der Reise Störungen im vertraglich übernommenen Leistungsbereich des Veranstalters zu Lasten des Reisenden auf, welche nicht allein in der Person des Reisenden liegen, dann haftet der Veranstalter seinem Vertragspartner nach §§ 651k bis m BGB, ohne dass es auf ein Vertreten müssen nach § 276 BGB – also ein vorwerfbares Handeln in Form von Vorsatz oder Fahrlässigkeit – des Veranstalters oder seiner Leistungserbringer ankommt.

Die allgemeinen Regeln des BGB für Leistungsstörungen wie Unmöglichkeit, Verzug oder Nebenpflichtverletzung (§§ 280 ff., 323 ff. BGB) werden durch diese speziellen Gewährleistungsvorschriften verdrängt und nicht angewendet (sog. Einheitslösung). Dies gilt selbst dann, wenn bereits die erste Reiseleistung wie ein Flug oder der Hotelaufenthalt ausfällt und damit die ganze Reise vereitelt wird (BGH, 20.3.1986, XII ZR 191/85; BGH, 11.1.2005, X ZR 118/03: Überbuchung des Hotels auf Malediven). Auch Verletzungen der Fürsorge und Obhut (Verkehrssicherungspflichten), der Informationspflichten oder der Organisation sind Reisemängel, wenn sich diese Pflichtverletzungen auf den Nutzen der Reise auswirken (BGH, 06.12.2016, X ZR 117/15: Geisterfahrer bei Unfall mit Transferbus zu Hotel). Die Richtlinie verwendet für den Begriff des Reisemangels in Art. 3 Nr. 13 die Bezeichnung „Vertragswidrigkeit", das deutsche Recht den Begriff des Reisemangels. Dieses System des Vorrangs der Gewährleistungshaftung führt dazu, dass dann, wenn der Reiseantritt sich verspätet, die Pauschalreise unberechtigt „platzt", der Veranstalter überbucht, das Gepäck fehlgeleitet wird, Baustellenlärm im Hotel den Aufenthalt beeinträchtigt oder der Reisende wegen Sicherheitsmängel des Hotels sich verletzt, stets ein sog. Reisemangel vorliegt, der zu vertraglichen Gewährleistungsansprüchen des § 651i BGB führt.

2 Rechte des Reisenden Bei Reisemängeln hat der Reisende gegen den Reiseveranstalter nach § 651i III BGB folgende vertragliche Rechte:
- Selbstabhilfe und Ersatz der erforderlichen Aufwendungen (§ 651k II BGB),
- Abhilfe durch andere Reiseleistungen (Ersatzleistungen) nach § 651k III BGB,
- Kostentragung für eine notwendige Beherbergung nach § 651k IV und V BGB,
- Kündigung wegen Reisemangels nach Fristablauf bei erheblicher Beeinträchtigung der Reise durch einen Reisemangel (§ 651l BGB),
- Reisepreisminderung (§ 651m BGB) für die Dauer eines Reisemangels nach Beendigung der Reise,
- Schadensersatz nach § 651n BGB oder Ersatz vergeblicher Aufwendungen für Folgeschäden, es sei denn der Veranstalter kann nachweisen, dass der Reisende den Reisemangel verschuldet hat (§ 651n I Nr. 1 BGB), oder der Reisemangel von einem Dritten, der nicht Erfüllungsgehilfe des Reiseveranstalters ist, verschuldet wurde und vom Reiseveranstalter nicht vorhersehbar oder vermeidbar war (§ 651n I Nr. 2 BGB) oder der Reisemangel durch unvermeidbare, außergewöhnliche Umstände verursacht wurde (§ 651n I Nr. 3 BGB),
- Schadensersatz nach § 651n BGB oder Ersatz vergeblicher Aufwendungen für nutzlos aufgewendete Urlaubszeit, wenn der Mangel die Pauschalreise vereitelt oder erheblich beeinträchtigt hat (§ 651n II BGB).

Diese Gewährleistungsrechte hat der Reisende nur, wenn er während der Reise den Mängel beim Veranstalter anzeigt (§ 651o I BGB). Die Ansprüche verjähren nach zwei Jahren, § 651j BGB. Eine Anmeldefrist, wie nach altem Recht von einem Monat nach Reiseende, entfällt.

Neben diesen vertraglichen Ansprüchen kann sich der Reisende – wie jeder Geschädigte – auf parallele oder weitergehende Schadensersatzansprüche aus gesetzlicher unerlaubter Handlung berufen wie nach § 823 I BGB. Insoweit hat der Reisende eine Verletzung eigener Verkehrssicherungspflichten des Reiseveranstalters für sicherheitsgefährdende Anlagen nachzuweisen. Es muss also ein Verschulden des Managements bei der Kontrolle von Sicherheitsstandards vorliegen. Nachlässigkeiten und eine fehlende Kontrolle durch den Leistungsträger spielen bei dieser Deliktshaftung des Veranstalters keine Rolle, denn ein Hotel oder eine Fluggesellschaft sind keine Verrichtungsgehilfen nach § 831 BGB, für die der Veranstalter unter dem Gesichtspunkt dieser speziellen Deliktshaftung einstehen müsste. Das Vertragshotel oder ein örtlicher Subunternehmer für Tagesausflüge unterliegen nicht den direkten Weisungen des Veranstalters und sind damit nicht Verrichtungsgehilfen (BGH, 25.02.1988, VII ZR 348/86: Balkonsturz; BGH, 14.12.1999, X ZR 122/97: Reitclub).

Abgelehnt wird zu Recht eine Gastwirtshaftung des Reiseveranstalters nach §§ 701 bis 704 BGB, da die §§ 651a bis y BGB eine abschließende Sonderregelung darstellen und die Sachen des Reisenden nicht in den räumlichen Bereich des Veranstalters gelangen, sondern in den des Hotels als Leistungserbringer. Bei einem Diebstahl im Hotel eines Veranstalters haftet dieser damit nicht als „Gastwirt". (ef)

Literatur
Führich, Ernst 2018: Basiswissen Reiserecht. München: C. H. Beck/Vahlen (4. Aufl.; § 6
    Rn. 131 ff.)
Führich, Ernst; Ansgar Staudinger 2019: Reiserecht. München: C. H. Beck (8. Aufl.; § 17)

Gewerkschaft Nahrung – Genuss – Gaststätten (NGG)

Eine von acht Einzelgewerkschaften unter dem Dach des DGB (Deutscher Gewerkschaftsbund). Innerhalb des Dachverbands gehört die NGG zu den kleinen Gewerkschaften. In ihr sind 3,3 % der DGB-Mitglieder organisiert (zum Vergleich: ver.di 32,9 % und IG Metall 38,1 %); in absoluten Zahlen vertritt sie rund 198.000 der knapp 6 Millionen DGB-Mitglieder (Stand: 31.12.2019; DGB 2020). Die NGG ist auf drei Ebenen (Ortsebene – Landesebene – Bundesebene) organisiert, die Hauptverwaltung ist in Hamburg.

Die zentralen Arbeitsbereiche der Gewerkschaft (Müller-Jentsch 2004, Sp. 874) sind die Tarif-, Mitbestimmungs-, Industrie- und Gesellschaftspolitik. Im Rahmen des Tarifvertragsgesetzes und der Tarifautonomie schließt die NGG mit dem → Deutschen Hotel- und Gaststättenverband (DEHOGA) Tarifverträge, welche die Arbeitsbedingungen (insbesondere Lohn, Gehalt, Arbeitszeit, Urlaubsdauer, Sonderleistungen) für die jeweils vertretenen Mitglieder festlegen. Die Mitbestimmungspolitik nimmt Einfluss auf die betriebliche und unternehmerische Mitbestimmung. Obwohl die Mitbestimmungsgremien formal unabhängig sind, bilden sie für die NGG faktisch einen wichtigen Zugang in die Unternehmen. Bei der Industriepolitik steht die Sicherung von Wirtschaftsstandorten im Vordergrund. Die Gesellschaftspolitik umfasst – neben anderem – die Mitarbeit der Gewerkschaft in Fachbeiräten und Ausschüssen von Berufsgenossenschaften, Krankenkassen, Kammern, Arbeitsagenturen oder Berufsbildungs- und Prüfungsausschüssen. Die traditionellen gewerkschaftlichen Arbeitsfelder werden durch → Dienstleistungen gegenüber den Mitgliedern (zum Beispiel Versicherungsangebote, Bildungsangebote) angereichert (www.ngg.net).

Die NGG steht – wie auch andere Einzelgewerkschaften – vor massiven Herausforderungen. Mitgliederschwund (Mitglieder: 1990 ca. 275.000, 2000 ca. 261.000, 2010 ca. 206.000, 2019 ca. 198.000), Altersstruktur („Verrentungseffekt"), unausgewogene Mitgliederstruktur (hoher Anteil an Arbeitern, niedriger Anteil an Angestellten), Zunahme atypischer Beschäftigungsverhältnisse und die gemeinsame Vertretung von heterogenen Bereichen und damit Interessen (Getränke, Getreide, Fleisch, Fisch, Milch und Fett, Zucker, Süßwaren und Dauerbackwaren, Obst und Gemüse, Tabak, Hotels, Restaurants und Cafés, Kantinen und Hauswirtschaft) gehören zu den Herausforderungen und Zukunftsfragen, auf die die Gewerkschaft Lösungen finden muss (DGB 2020; Institut der deutschen Wirtschaft 2017, S. 2 f.). (wf)

Literatur

DGB 2020: Über uns. (https://www.dgb.de/uber-uns/dgb-heute/mitgliederzahlen/, zugegriffen am 03.08.2020)

Institut der deutschen Wirtschaft Köln (Hrsg.) 2017: Jungbrunnen gesucht. In: iwd, o. Jg. (18), S. 2–3

Müller-Jentsch, Walther 2004: Gewerkschaften. In: Eduard Gaugler; Walter Oechsler & Wolfgang Weber (Hrsg.): Handwörterbuch des Personalwesens. Stuttgart: Schäffer-Poeschel, Sp. 863–874 (3. Aufl.)

Geysir **[geyser]**

Quellen in vulkanischen Gebieten, die in meist festen Zeitabständen hohe Fontänen heißen (Grund-)Wassers nach oben schleudern. Sie kommen vor allem in Teilen der USA (zum Beispiel Yellowstone National Park), auf Island und der Nordinsel Neuseelands (zum Beispiel Rotorua) vor, wo sie zu den wichtigsten Touristenattraktionen gehören. (jwm)

Ghost-Kitchen → **Dark Kitchen**

GHP → **Gute Hygienepraxis**

Giga-Schiff → **Kreuzfahrttourismus**

G-Klassifizierung → **Deutsche Klassifizierung für Gästehäuser, Gasthöfe und Pensionen**

Glamping → **Campingplatz**

Glasieren **[to glaze]**

Glacer (franz.) = glänzend machen, mit Hochglanz versehen. Überziehen eines Lebensmittels (z. B. Gebäck, Kuchen) oder einer Speisezubereitung mit glänzender, glatter Schicht aus z. B. Zucker oder geschmolzener Schokolade. (bk/cm)

Gletscher [glacier]

Große Masse von Eis, die in Polarregionen oder im Hochgebirge entsteht, in der die Höhe der Niederschläge in Form von Schnee größer ist als der sommerliche Schmelzverlust. Durch den Druck der kumulierten Mengen wird der Schnee über Firn zu Eis, das dadurch langsam talwärts bzw. zum Meer und damit in wärmere Zonen wandert, in denen er abschmilzt. Große Gletscher gehören in den europäischen Alpen, Skandinavien, dem Süden Südamerikas, den nördlichen Rocky Mountains und auf der Südinsel Neuseelands zu wichtigen, inzwischen durch den Klimawandel bedrohten Touristenattraktionen. (jwm/wf)

Gliedertaxe [schedule of compensation]

In der Gliedertaxe, die den Allgemeinen Versicherungsbedingungen der Unfallversicherungen zugrundeliegt, wird die Höhe der Leistung nach dem Grad der → Invalidität errechnet. Wenn das Prinzip der Gliedertaxe – wie bei der Reiseunfall-Versicherung – angewandt wird, wird folglich eine einmalige Summe und keine Rente gezahlt, die sich beispielhaft wie folgt aus der abgeschlossenen Versicherungssumme und der Progression berechnet. Bei Verlust der Funktionsfähigkeit

- eines Armes 70 v. H.,
- einer Hand 55 v. H.,
- eines Daumens 20 v. H.,
- des Gehörs (ein Ohr) 30 v. H.

Über die Regelung der Invaliditätsgrade hinaus, die je nach Tarif zwischen den Versicherungen variieren können, bestimmt sich die vom Versicherer zu erbringende Leistung unter Berücksichtigung medizinischer Gesichtspunkte. So ist im unfallbedingten Falle des Gedächtnisverlustes ein medizinisches Gutachten erforderlich, in dem die prozentuale Höhe der Erstattung ausgewiesen sein muss. (hdz/wf)

Literatur
Rieder Julia 2019: Gliedertaxe und Invaliditätsgrad. Woran sich die Leistung der Unfallversicherung bemisst. (https://finanztip.de/unfallversicherung/gliedertaxe-invaliditaetsgrad, zugegriffen am 19.02.2020)

Global Types → Internet Booking Engine

Globales Distributionssystem (GDS) [global distribution system, GDS]

1 Informationstechnologische Dienstleistungen im Überblick Globale Distributionssysteme bieten den Tourismus- und Reiseunternehmen branchenspezielle informationstechnologische (IT-)Dienstleistungen zur weltweiten Vermarktung ihrer Reiseprodukte. Amadeus IT Group, Sabre Travel Network und Galileo International/Travelport sind die weltweit führenden GDS-Anbieter.

Die GDS-Dienstleistungen umfassen folgende Leistungsbereiche (vgl. auch folgende Abb.):

- Globales Distributionsnetzwerk (global distribution network, GDN) – internationale standardisierte Netzwerke und Kommunikationsverfahren zum Reisevertrieb über → Reisevermittler,
- Globales Reservierungssystem (global reservation system, GRS) – globales und zentrales Reservierungssystem zum Vertrieb von einzelnen Reiseleistungen, insbesondere (Linien-)Flüge, kombinierbar mit Hotelübernachtungen und Mietwagen,
- Ergänzende touristische Beratungs- und Buchungssysteme, Front-Office-Dienste, z. B. mit umfangreichen Angebotsvergleichen, multimedialen Produktdarstellungen, touristischen Informationen sowie Buchungsverfahren und -schnittstellen,
- Weiterverarbeitende Mid- und Back-Office-Dienste (→ Back-Office) insbesondere für Reisemittler, z. B. Kunden- und Vorgangsverwaltung, Management-Information und Datentransfer der Buchungsvorgänge in angeschlossene Mid- und Back-Office-Systeme,
- → Dienstleistungen zum web-basierten Reisevertrieb (→ Internet Booking Engine),
- IT-Dienstleistungen zum Geschäftsreise-Management (business travel management),
- Individuelle IT-Projektentwicklung.

2 Netzwerk- und Kommunikationsstrukturen – GDN Die folgende Abbildung gibt einen Überblick über die Netzwerk- und Kommunikationsstrukturen eines Globalen Distributionssystems am Beispiel Amadeus im deutschen Reisemarkt. Die teilnehmenden Tourismusunternehmen werden über standardisierte Schnittstellen (interfaces) eingebunden. Technisch basieren diese Schnittstellen zum Datenaustausch auf der Internet-Technologie. Sie spezifizieren die für eine bestimmte Reise- oder Leistungsart (z. B. → Pauschalreise bei einem → Reiseveranstalter) und Transaktionsart (z. B. Buchung oder Vakanzabfrage) zu erfassenden und zu transferierenden Daten. Aus anwendungsorientierter Sicht eines stationären Reisemittlers stellen sie sich als die nach Leistungs- oder Reisearten differenzierten Bildschirmmasken zur Datenerfassung und -anzeige dar. Diese spezifischen Masken bilden die jeweiligen Reservierungsverfahren ab, z. B. TOMA-Verfahren (Tour Market) für Pauschalreisen mit Zugriff auf das → Reservierungssystem des gewünschten Reiseveranstalters oder AMA-Verfahren für (Linien-)Flüge mit Zugriff aus das Globale Reservierungssystem (GRS).

Ein GDS stellt den Reisemittlern diese Verfahren via geschützter Internetverbindungen zur Verfügung. Abhängig von den getroffenen Lizenzvereinbarungen erhält ein Reisemittler über das GDS-Portal (für stationäre → Reisebüros z. B. Amadeus Selling Platform Connect) kontrolliert Zugriff auf diese Verfahren. Die Systemteilnahme ist gemäß der lizensierten Verfahren kostenpflichtig.

In Bezug auf Reiseveranstalter und die Buchung von Pauschalreisen arbeiten die GDS nur als Kommunikationsnetzwerke (GDN). Sie stellen die Kommunikationsstrukturen und -standards zwischen den Reisemittlern und den Reservierungssystemen der Reiseveranstalter kostenpflichtig zur Verfügung.

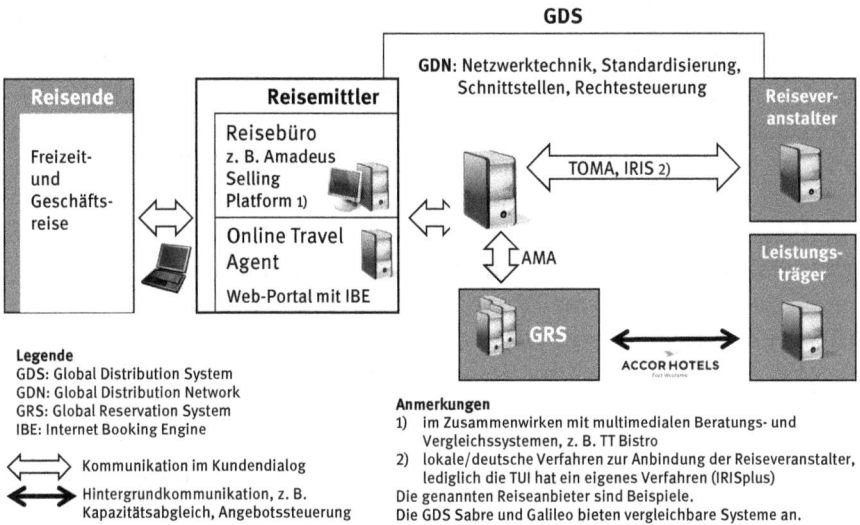

Abb. 16: GDS im Überblick (Beispiel Amadeus am deutschen Reisemarkt)

3 Globale Reservierungssysteme (GRS) Die Globalen Distributionssysteme (GDS) sind ursprünglich mit dem Aufbau internationaler Reservierungszentralen durch kooperierende Linienfluggesellschaften (→ Fluggesellschaft, → Computer Reservierungssystem) gegründet worden. Diese → Reservierungssysteme der im Wettbewerb stehenden GDS-Anbieter verwalten die Flugangebote mit ihren Kontingent-, Preis- und Leistungsdaten in ihren zentralen Rechenzentren. Sie arbeiten als Reservierungszentralen, d. h., sie vermarkten die Flugangebote, verarbeiten die Buchungen und steuern die Abwicklung, z. B. bzgl. Inkasso und Ticketing, zentral und gebührenpflichtig für die teilnehmenden Fluggesellschaften. Grundsätzlich ist davon auszugehen, dass das durch staatliche Regelungen und Mitgliedschaft in der International Air Transport Association (→ IATA) gebundene Angebot des Linienflugverkehrs in allen GDS vorgefunden und in Echtzeit verbindlich gebucht werden kann. Das erfordert einen permanenten und automa-tisierten Abgleich der Angebotsdaten der GRS untereinander (ergänzend zu der Darstellung in Abb.). Reisemittler mit lizensiertem Zugang zum Amadeus-GDS er-halten über das AMA-Verfahren Zugriff auf die Angebote, die die teilnehmenden Fluggesellschaften in das Amadeus-GRS übermittelt haben. Flugbuchungen und ergänzende Hotel- oder Mietwagenbuchungen münden in einen standardisierten Buchungssatz, in den → Passenger Name Record (PNR).

In diesem Sinne sind die GDS zunächst ausschließlich als GRS bzw. damals als sogenannte → Computer Reservierungssysteme gegründet worden – zu einer Zeit, in der der Flugverkehr als Linienflugverkehr staatlich reguliert war, verbun-den mit weitgehender Standardisierung durch die IATA. → Charterflüge im Rah-men von → Pauschalreisen waren und sind nicht Teil des GRS-Angebotes gegen-über Reisekunden und ihren Mittlern. Durch Deregulierung bzw. Liberalisierung des Luftverkehrs konnten neue und flexiblere Geschäftsmodelle im Luftverkehr entwickelt werden, z. B. das Segment der Low Cost Carrier (LCC; → Billigflugge-sellschaft).

Diese Low Cost Carrier sowie Tochtergesellschaften traditioneller Linienflug-gesellschaften vermarkten ihre Flugangebote nicht oder nur eingeschränkt, z. B. durch zusätzliche Gebühren, über die GRS. Sie wollen Reglementierungen und GDS-Vertriebsgebühren vermeiden bzw. erstattet bekommen sowie ihre Angebote flexibler gestalten und steuern. Sie streben den Direktvertrieb und den Vertrieb über eigene oder direkt angebundene → Online-Reisevermittler an.

Die Anforderungen, (Linien-)Flugleistungen flexibler, variantenreicher, mit differenzierten und individuellen Zusatzleistungen anbieten zu können, führen aktuell zur Entwicklung eines neuen Standards, der das starre AMA-Verfahren und die dahinterstehende Angebots- und Buchungsdatenstruktur erweitern oder ersetzen wird. Fluggesellschaften, GDS-Unternehmen sowie die IATA entwickeln den neuen Standard → New Distribution Capability (NDC) für den Flugvertrieb.

Ergänzend zu den Flugleistungen sind auch Mietwagen und Hotelüber-nachtungen über die GRS buchbar. Es sind somit Reiseleistungen einzeln und kombiniert buchbar, die insbesondere für den Geschäftsreiseverkehr (→ Ge-schäftsreisen) relevant sind. Die Globalen Systeme sind damit auch wichtige Vertriebssysteme für die Großhotellerie bzw. für → Hotelketten (→ Hotel-Reser-vierungssystem). Teilnehmende Hotelbetriebe und -ketten übermitteln ihre Ange-bote an eine → Switch-Company, die diese Daten in die Darstellungsweisen und Formate der GRS konvertiert und transferiert. Dabei können auch, wie bei den Flug- und Mietwagenangeboten, spezielle → Corporate Rates hinterlegt werden, die nur für die Unternehmen buchbar sind, mit denen als ihre Großkunden spe-zielle Preiskonditionen vereinbart worden sind. Damit unterstützen die GDS das Geschäftsreise-Management der Anbieter und Nachfrager geschäftlich genutzter Reiseleistungen.

4 Online-Reisevermittler (online travel agent, OTA) im GDS-Verbund Die GDS bieten ihre Dienstleistungen nicht mehr nur zum Vertrieb von Reisen und Reise-leistungen über stationäre Reisevermittler an. Sie bieten auch → Online-Reisever-mittlern, die ihre Kunden über → Web-Portal und → Internet Booking Engine be-dienen, die automatisierte Nutzung ihrer Systeme an. Diese Online Travel Agents können offene Business-to-Consumer-Portale sein, die dem Endkunden Selbst-bedienung ermöglichen oder geschlossene Portale, die als Business-to-Business-Systeme z. B. das Geschäftsreise-Management kostenpflichtig teilnehmender Un-ternehmen unterstützen. (uw)

Literatur

Aktuelle und detaillierte Informationen zu den Geschäfts- und Transaktionsdaten der GDS, zu ihren konkreten IT-Dienstleistungsangeboten sowie Informationen zur Unterneh-mensstruktur können ihren Web-Seiten entnommen werden (Stand 2020: amadeus.com, www.sabre.com, www.travelport.com, ergänzend www.iata.org)

Schulz, Axel; Uwe Weithöner; Roman Egger & Robert Goecke 2015: eTourismus: Prozesse und Systeme. Berlin, Boston: De Gruyter Oldenbourg, insb. Kapitel 3.1–3.4 (2. Aufl.) (3. Aufl. in Vorbereitung)

Glück [happiness]

Reisen kann glücklich machen. Gerade unter den Vorzeichen einer Erlebnisge-sellschaft und einer starken Orientierung der Tourismusbranche an einer positi-ven „Customer Experience" werden Reisemotive immer wichtiger, die im Bereich der Sinnsuche und Lebenszufriedenheit liegen und den Wunsch nach authenti-schen, einmalig-faszinierenden Urlaubserlebnissen ausdrücken (→ Erlebniswel-ten). Insofern entwickelt sich die Tourismus-Branche immer mehr in Richtung ei-ner „Glücksindustrie" (Filep & Pearce 2013, S. 223 f.). Glück wird hier verstanden als subjektives Zufriedenheitsgefühl der Menschen bezüglich des eigenen Lebens. Im Unterschied zur deutschen Begrifflichkeit ist dieses Glücksverständnis im Eng-lischen viel besser mit dem Begriff „Happiness" ausgedrückt. Happiness meint mehr als das reine Gegenteil von Pech und mehr als die schlichte Abwesenheit von Leid und Mangel (Lohmann 2019, S. 21 f.).

Basis der modernen Glücksforschung sind Theorien und Modelle der Posi-tiven Psychologie, die sich im Unterschied zur klassischen Psychologie der Er-forschung der positiven Aspekte des menschlichen Daseins widmet. Warum sind Menschen glücklich? Wie kommen sie dahin, und welche Rahmenfaktoren oder individuelle Strategien unterstützen bzw. hemmen den Weg zum Glücklichsein? Wegweisende Impulse hierzu gingen von den US-Psychologen Martin Seligmann und Mihály Csikszentmihalyi aus. Während Csikszentmihalyi für die Formulie-rung seiner Flow-Theorie bekannt wurde, trug Seligmann zur Glücksforschung v. a. mit seinem PERMA-Modell bei. Mit Flow beschreibt die Positive Psychologie einen als beglückend erlebten Konzentrationszustand, in dem Menschen in ihrer Arbeit bzw. in ihrer Tätigkeit aufgehen (Csikszentmihalyi 2019, S. 22 f.). Die fünf

Buchstaben des PERMA-Modells wiederum stehen für die fünf zentralen Elemente, die zur subjektiven Zufriedenheit beitragen: 1. Positive Emotionen, 2. eigenes Engagement, 3. soziale Beziehungen (Relationships), 4. Sinn bzw. Sinnerfüllung (Meaning) und 5. Zielerreichung (Achievement) (Seligman 2015, S. 34–40). Diese Elemente werden auch als die fünf Säulen des Glücks bezeichnet. Mittlerweile liegen eine Vielzahl von Konzepten und empirischen Studien zu diesen und anderen Einflussfaktoren vor, die ihren positiven Effekt bestätigen (Bormans 2015, S. 7 f.).

Obwohl Glück grundsätzlich eine subjektive Kategorie darstellt, kann sie empirisch gemessen werden. Auf nationaler wie internationaler Ebene werden seit Jahren etablierte Großgruppenbefragungen durchgeführt, die mit Hilfe quantitativer Fragebögen die Lebenszufriedenheit der Menschen erforschen. Dabei sind sich die unterschiedlichen Studien nicht unbedingt einig, sondern veröffentlichen abweichende Ergebnisse. Das hat zum größten Teil damit zu tun, dass unterschiedliche Definitionen und Messverfahren zur Bestimmung von Lebenszufriedenheit zum Einsatz kommen.

Seit 2010 wird die Lebenszufriedenheit in Deutschland im Rahmen des „Glücksatlas" der Deutschen Post vermessen. Auf Basis einer Sonderauswertung des Sozioökonomischen Panels werden jährlich die Daten zu 20 Regionen in Deutschland ausgewertet und in einer Vergleichsstudie zusammengeführt. Darüber hinaus werden weitere Schwerpunktthemen im Kontext Lebenszufriedenheit aufbereitet. Insgesamt werden für Deutschland seit Jahren stetig steigende Werte gemessen, und im interregionalen Vergleich schneiden seit Jahren die nordwestdeutschen Regionen Schleswig-Holstein und Hamburg am besten ab, die ostdeutschen Länder hingegen am schlechtesten. Dazu ist anzumerken, dass die regionalen Werte sehr eng beieinander liegen, sodass sich die Werte von Spitzenreitern und Schlusslichtern nur wenig unterscheiden (Raffelhüschen & Grimm 2019, S. 30 f.). Im Glücksatlas findet sich auch ein europäischer Vergleich, in dem es Deutschland immerhin in die TOP 10 schafft. Die glücklichsten EU-Europäer leben demnach in Dänemark, den Niederlanden und in Schweden (ebd., S. 32).

Von den Vereinten Nationen wird seit 2012 mit dem „World Happiness Report" eine vergleichbare Erhebung zur globalen Situation veröffentlicht. Darin werden subjektive Einschätzungen zur Lebenszufriedenheit mit sozioökonomischen Messdaten aus den einzelnen Ländern kombiniert. In diesem Ländervergleich führen auch die skandinavischen Länder: zuletzt Finnland vor Dänemark und Norwegen. Insgesamt sind die globalen Werte über die letzten acht Jahre aber gesunken. Hinzu kommt, dass die Unterschiede zwischen den Ländern größer werden. Der steigenden Lebenszufriedenheit in einigen europäischen Ländern stehen stark wachsende Unzufriedenheiten in Afrika, Lateinamerika und im Mittleren Osten gegenüber (Helliwell, Layard & Sachs 2019, S. 20).

Gerade die skandinavischen Länder haben mittlerweile angefangen, ihr hohes Glücks-Ranking in der touristischen Vermarktung einzusetzen. Unter Hygge wird im Dänischen und Norwegischen ein Lebensgefühl der Zufriedenheit verstanden, und unter diesem Begriff finden sich mittlerweile zahlreiche touristische Angebote. Diese reichen von kulturtouristischen Arrangements (→ Kulturtourismus) über die Vermarktung von „Glücksmomenten" bis zu gastronomischen Erlebnissen oder einer aktuellen Image-Kampagne der Hotelgruppe Scandic.

Trotz PERMA-Modell bleibt festzuhalten, dass es kein Patentrezept zum Glück gibt und sehr viele Wege zum individuellen Glück führen können. Letztlich hängt es am komplexen Zusammenspiel persönlicher Charaktereigenschaften und Verhaltensweisen mit einer ganzen Reihe externer Faktoren (Lohmann 2019, S. 23–26). Für den Tourismus ist damit sowohl eine gute als auch eine schlechte Botschaft verbunden: Die große und steigende Relevanz des Themas ist sicherlich eine gute Nachricht für alle Leistungsträger, die aktuelle Trends und neue Märkte im Bereich → Freizeit und Tourismus erschließen wollen. Die schlechte Botschaft ist das damit verbundene Risiko. Wo eine sehr große Unsicherheit und Subjektivität im Glückserlebnis vorhanden ist, ist eine Skalierbarkeit und Standardisierung von Leistungsangeboten zur systematischen Verfolgung von Glückszielen im betriebswirtschaftlichen Angebot nicht möglich.

Immerhin sind sich die Forscher darin einig, dass gute Beziehungen Menschen glücklich machen. Die Gastgeberbranche ist also in ihrem zentralen und gleichzeitig traditionellsten Leistungsversprechen angesprochen – der Gastfreundschaft (→ Gastlichkeit). Wenn die Beziehung zwischen Gastgebern und Gästen gelingt, dann wirkt sich das eindeutig positiv auf die subjektive Lebenszufriedenheit – das Glück – der Gäste aus (Bormans 2015, S. 174 ff.). → Muße. (am)

Literatur

Bormans, Leo 2015: Glück – The World Book of Happiness. Das Wissen von 100 Glücksforschern aus aller Welt. Köln: Dumont (3. Aufl.)

Csikszentmihalyi, Mihaly 2019: Flow. Das Geheimnis des Glücks. Stuttgart: Klett-Cotta (6. Aufl.)

Filep, Sebastian; Philip Pearce 2013: A blueprint for tourist experience and fulfilment research. In: Philip Pearce; Sebastian Filep (eds.): Tourist experience and fulfilment: insights from positive psychology. New York, NY: Routledge, pp. 223–232

Helliwell, John F.; Richard Layard & Jeffrey D. Sachs 2019: World Happiness Report 2019. New York: Sustainable Development Solutions Network

Lohmann, Martin 2019: Machen Urlaubsreisen glücklich? In: Sven Groß et al. (Hrsg.): Wandel im Tourismus. Internationalität, Demografie und Digitalisierung. Berlin: Erich Schmidt, S. 15–30

Raffelhüschen, Bernd; Robert Grimm 2019: Deutsche Post Glücksatlas 2019. München: Penguin

Seligman, Martin 2015: Wie wir aufblühen. Die fünf Säulen des persönlichen Wohlbefindens. München: Goldmann (5. Aufl.)

Gedankensplitter

„Eine gute Küche ist das Fundament allen Glücks." (Georges Auguste Escoffier, französische Kochlegende)

Glücksatlas → **Glück**

Gluten **[gluten]**
Klebereiweiß in Getreide (Hafer, Weizen, Gerste und Roggen). In der → Speisekarte als Allergen kennzeichnungspflichtig. (bk/cm)

GMT → **Universal Time Coordinated**

Go show
In den USA Bezeichnung für einen Standby-Passagier (→ Warteliste). In Europa
eher gebräuchlich für jemanden, der ohne Vorabreservierung einen Flug nachfragt.
   Beispiel: Ein Fluggast hat ein Flugticket von Frankfurt/Main nach Hamburg
um 18 Uhr, möchte aber stattdessen kurzfristig den Flug um 14 Uhr antreten. In
der Hotellerie siehe hierzu auch → Walk-in. (jwm/sr)

Göffel **[spork]**
Kombination aus Gabel und Löffel. Die Grundform des Löffels wird am vorderen
Ende durch Gabelzinken erweitert. Das Esswerkzeug hat sich nur in spezifischen
Märkten (z. B. → Camping oder → Flight Catering) etabliert, obwohl es eine über-
zeugende Lösung für den gleichzeitigen Konsum z. B. von Nudeln und Soße oder
Eintöpfen darstellt. Die englische Wortschöpfung „spork" kombiniert ebenfalls
die Begriffe Löffel (spoon) und Gabel (fork). (wf)

GOP → **Betriebsergebnis I**

GOPPAR
Akronym für: Gross Operating Profit Per Available Room. Der Gross Operating Profit (→ Betriebsergebnis I), die Differenz aus Betriebsertrag und betriebsbedingtem
Aufwand, wird verständlicher bzw. greifbarer gemacht, indem der Wert auf die
verfügbaren Hotelzimmer (Per Available Room) umgelegt wird.
   Der GOPPAR hat in der Hotellerie große Aufmerksamkeit erfahren, da er zwei
vermeintliche Schwachstellen des RevPAR (Ausblenden des betrieblichen Aufwands; Beschränkung auf Einnahmen aus dem Bereich ‚Rooms') aufgreift. Empirische Untersuchungen scheinen gleichwohl für eine höhere Aussagekraft des
RevPAR zu sprechen (Lee; Pan & Park 2019, S. 180 ff.). (wf)

Literatur
Lee, Seoki; Bing Pan & Sungbeen Park 2019: RevPAR vs. GOPPAR: Property- and firm-level ana-
    lysis. In: Annals of Tourism Research, 76, pp. 180–190

Gourmand

Gourmand (franz.) = Schlemmer, Naschkatze, Vielesser. Wird oft – auch wenn dies umstritten ist – im Gegensatz zum → Gourmet gebraucht, um eine gewisse Unkultiviertheit zum Ausdruck zu bringen. Der Larousse gastronomique sieht im Gourmand jenen, der das gute und teure Essen liebt, im Gourmet jenen, der das gute Essen auszuwählen und zu beurteilen weiß. (wf)

Gourmandise

Gourmandise (franz.) = Schlemmerei, Naschhaftigkeit. Auch die Bezeichnung für kleine Leckerbissen. (wf)

Gourmet **[gourmet]**

Gourmet (franz.) = Feinschmecker. Siehe zur Abgrenzung auch → Gourmand. (wf)

Gouvernante → **Hausdame**

Grab & Go

To grab (engl.) = greifen; to go (engl.) = gehen. In der Hotellerie und Gastronomie ein Servicekonzept, das sich durch Selbstbedienung und sehr niedrige Personalintensität auszeichnet. Der Gast wählt vorgefertigte, abgepackte Angebote (z. B. belegte Brötchen, Butterbrezel, Salate, Getränke) aus einem Karussell oder einem Regal aus, die sich zum Mitnehmen eignen. Das Konzept findet sich in der Budget-Hotellerie (→ Budget-Hotel) und im Fast Food-Segment (→ Fast Food).

Im Einzelhandel von Flughäfen ist „Grab & Go" ebenfalls präsent. Die Angebotsvielfalt geht weiter und beinhaltet auch Artikel jenseits von Lebensmitteln. (wf)

Grand Hôtel **[Grand Hotel]**

Grand hôtel (franz.) = großes Hotel. Als Reaktion auf die steigende Nachfrage nach Übernachtungsmöglichkeiten entstanden ab dem 18. Jahrhundert „große Hotels". Gasthöfe und Herbergen als historische Vorläufer von Hotels waren in ihren Anfängen eher klein und handwerklich strukturiert (Fusshöller & Maser 1989, S. 64 ff.).

Schon die ersten „Grand Hôtels" zeichneten sich im Vergleich zu den Gasthöfen und Herbergen durch gehobenen Komfort aus. Der Begriff ist heutzutage ein Synonym für ein Hotel mit sehr hohem Dienstleistungsniveau, beeindruckender Architektur und Extravaganz in der Ausstattung, die Größe als Kriterium tritt dagegen zurück (Penner, Adams & Robson 2013, S. 19 f.). Zu Geschichten von Grandhotels siehe etwa Knoch 2016; Wagner 2019. (wf)

Literatur

Fusshöller, Horst; Werner Maser 1989: Sei willkommen, Fremder: Wirtschaften – Herbergen – Hotels – Restaurants – Caféhäuser – Tourismus. Notizen zur Geschichte und Kulturgeschichte. Stuttgart: Matthaes

Knoch, Habbo 2016: Grandhotels: Luxusräume und Gesellschaftswandel in New York, London und Berlin um 1900. Göttingen: Wallstein

Penner, Richard H.; Lawrence Adams & Stephani K. A. Robson 2013: Hotel Design. Planning and Development. New York, London: W. W. Norton & Company (2nd ed.)

Wagner, Gerd (Hrsg.) 2019: Gestrandete Riesen. Geschichten vom schönen Schein und von wirklicher Größe alter Grandhotels. Aarau, München: Edition Zeitblende

i **Gedankensplitter**

„Ich habe mit 540 Freunden Spaß gehabt und mir 15.000 Feinde gemacht." (Truman Capote, Schriftsteller, über seinen legendären Schwarz-Weiß-Ball im New Yorker Hotel Plaza)

„Im Grand Babylon galt es als unfein, von Preisen zu sprechen. Sie waren exorbitant, aber man nannte sie nicht." (Arnold Bennett, Autor „The Grand Babylon Hotel", 1902)

Grand Tour

Seit dem 16. Jahrhundert durchgeführte Reisen junger englischer Adeliger durch die anderen europäischen Länder, die der Vervollkommnung ihrer aristokratischen Bildung und Erziehung dienen sollten. Sie wurden dabei in der Regel von ihren Mentoren und nicht selten auch von Dienern begleitet. Die Reisen waren Vorläufer und Vorbild der Kultur- oder → Studienreisen, die seit dem 17. und 18. Jahrhundert in gedrängter Form mehrere Orte und Sehenswürdigkeiten zusammenfassten.

Diese Veränderung spiegelt sich auch in den Reisezeiten wider: Zwischen der Mitte des 16. Jahrhunderts und 1830 verringerte sich die Dauer der Grand Tour von ca. 40 auf nurmehr vier Monate (Tower 1985, S. 316). Mit dem zunehmenden Bedeutungsverlust des Adels verschwand auch die Grand Tour, die jedoch zusammen mit den ebenfalls zunächst aristokratischen Bäderreisen einen der Anfänge des modernen Tourismus markiert. (jwm)

Literatur

Tower, John 1985: The Grand Tour. A Key Phase in the History of Tourism. In: Annals of Tourism Research, 12 (3), pp. 297–333

Grandfathering → **Großvaterrechte**

Grandlit

Grand (franz.) = groß; lit (franz.) = Bett. Ein Grandlit ist in der Hotellerie die Bezeichnung für ein großes Bett mit durchgängiger Matratze. Der Begriff wird in der Praxis hinsichtlich der Ausmaße unterschiedlich ausgelegt. Die Breite kann zwischen 135–200 cm, die Länge zwischen 180–220 cm betragen (Pfleger 2011, S. 147). Grandlits werden für → Einzel- und → Doppelbelegung angeboten. Synonym: Französisches Bett. Siehe auch → King Size-Bett und → Queen Size-Bett. (wf)

Literatur

Nungesser, Stefan; Maria Th. Radinger 2018: Erfolgsfaktor Zimmer & Etage: Strategisches und Operatives Management. Stuttgart: Matthaes

Pfleger, Andrea 2011: Housekeeping. Management im Hotel. Linz: Trauner (3. Aufl.)

Pfleger, Andrea 2017: Bitte reinigen – aber richtig! Mit gelungenem Housekeeping-Management zum Unternehmenserfolg. Linz: Trauner

Gratinieren [to gratinate]

Gratiner (franz.) = überbacken. Zubereitung im Ofen, so dass die Speise eine feine goldgelbe Kruste bekommt. (bk/cm)

Greenwich Mean Time (GMT) → **Universal Time Coordinated (UTC)**

Grenzkosten [marginal costs]

Grenzkosten sind die Kosten, die mit der Produktion der letzten noch erstellten Einheit entstehen. Die Grenzkosten eines Passagierflugs von A nach B wären die zusätzlichen Kosten, die mit dem Transport des letzten noch aufgenommenen Passagiers verbunden sind. (hp)

Grenznutzen [marginal utility]

Grenznutzen ist der Nutzen, den die letzte Teileinheit des konsumierten Gutes dem Verbraucher stiftet. So ist der Grenznutzen eines Gummibärchens der Nutzen, den der → Genuss des letzten verzehrten Gummibärchens dem Konsumenten stiftet. Mit der Einführung des Grenznutzengedankens in die ökonomische Theorie endet die Klassik und beginnt die Neoklassik. Begründet wurde die Grenznutzentheorie Mitte des 19. Jahrhunderts von Hermann Heinrich Gossen. In seinem Werk „Entwicklung der Gesetze des menschlichen Verkehrs, und der daraus fließenden Regeln für menschliches Handeln" von 1854 formulierte Gossen drei Gesetze, von denen zwei zentral sind: (1.) Das Gesetz vom abnehmenden Grenznutzen und (2.) das Gesetz vom Ausgleich des Grenznutzens beim Konsum mehrerer Güter.

Das Erste Gossensche Gesetz besagt, dass der Grenznutzen eines Gutes mit zunehmender konsumierter Menge abnimmt, aber nicht negativ werden kann. So ist der Nutzen des ersten Gummibärchens am höchsten, der des zweiten schon etwas geringer und so fort, bis der Nutzen des letzten Gummibärchens gerade Null ist. Negativ wird der Nutzen nicht, da ein rational handelnder Entscheidungsträger bei einem Grenznutzen von Null kein weiteres Gummibärchen mehr konsumieren würde. Das Zweite Gossensche Gesetz besagt, dass wenn jemand sein Einkommen nutzenmaximal einsetzen will, er es so auf die verschiedenen Güter verteilen muss, dass der Grenznutzen des jeweils letzten ausgegebenen Euros in allen Verwendungsrichtungen gleich ist. Das Dritte Gossensche Gesetz besagt, dass mit der Hinzufügung eines weiteren neuen Gutes eine Steigerung des Genusses möglich ist. Dieses Gesetz des neuen Gutes ist trivial und findet in der Literatur keine große Beachtung. (hp)

Literatur

Gossen, Hermann Heinrich 1854: Entwicklung der Gesetze des menschlichen Verkehrs, und der daraus fließenden Regeln für menschliches Handeln. Braunschweig (Nachdruck: Liberac N. V. Publishers, Amsterdam 1967)

Grooming Standards

To groom oneself (engl.) = sich pflegen bzw. zurechtmachen. Grooming Standards sind Pflege-Richtlinien, durch die Unternehmen Mitarbeiter in ihrem Auftreten normieren. Die Richtlinien zielen auf persönliche Hygiene (Körper- und Mundpflege, Deodorant), äußere Erscheinung (Frisur, Bart, Make-up, Fingernägel, Schmuck, Tätowierungen), Kleidung (Hosenträger, Krawatten, Schuhwerk, Strümpfe) und Arbeitsutensilien (Namensschild, Schreibzeug). Grooming Standards sind Ausdruck der → Unternehmenskultur und länderspezifisch geprägt. Die Richtlinien können gerade im Luxussegment sehr minutiös gestaltet sein (z. B. max. ein Ring pro Hand am Ringfinger; Absatzhöhe Schuhe min. drei cm). Zu Kleiderordnungen siehe → Dresscode. (wf)

Grooming Standards 1.0   Grooming Standards 4.0

Großraumflugzeug [twin aisle, widebody aircraft]

Flugzeuge mit mehr als einem Kabinengang. Das erste Großraumflugzeug war die Boeing 747-100 (Jumbo Jet), die im Januar 1970 in Dienst gestellt wurde.

2021 will Airbus die Produktion des A380 einstellen, 2022 Boeing die Produktion der 747. Neue effizientere Triebwerke von zweistrahligen Langstreckenflugzeugen, Umweltdiskussionen und das Coronavirus besiegeln das Ende der zwei größten, vierstrahligen Passagierflugzeuge der Welt (Hecking 2020). (jwm/wf)

Literatur

Hecking, Claus 2020: Aus für die Boeing 747. Das Flugzeug, das die Welt zusammenschrumpfen ließ. (https://www.spiegel.de/wirtschaft/unternehmen/boeing-747-das-flugzeug-das-die-welt-zusammenschrumpfen-liess-a-decaf50c-581f-4e31-88bc-f2f198544d08, zugegriffen am 02.08.2020)

Großschutzgebiet → **Natürliche Freizeiträume**

Großvaterrechte [grandfather rights, grandfathering]

Bezeichnet den Umstand, dass einmal zugeteilte Zeitfenster (→ Slots) für Starts und Landungen auf einem Flughafen einer Fluggesellschaft erhalten bleiben, wenn sie diese zu mindestens 80 % in einer → Flugplanperiode nutzt („historische Priorität").

Da Flugstreichungen nicht immer in den Einflussbereich der jeweiligen Fluggesellschaft fallen, sondern auch externe Ursachen aufweisen (Streiks, Sicherheitspannen, Unwetter, Sicherheitslage), findet in der Praxis meist eine Einzelfallentscheidung zwischen Fluggesellschaft und Flughafenkoordinator statt, ob die Großvaterregel ausgesetzt wird oder nicht (Muzik & Schwab 2018). Zu der „Use it or lose it"-Regel siehe Conrady, Fichert & Sterzenbach 2019, S. 174 f.; Muzik & Schwab 2018. (jwm/wf)

Literatur

Conrady, Roland; Frank Fichert & Rüdiger Sterzenbach 2019: Luftverkehr. Betriebswirtschaftliches Lehr- und Handbuch. Berlin, Boston: De Gruyter Oldenbourg (6. Aufl.).

Muzik, Michael; Christian Schwab 2018: So beeinflussen Flugstreichungen die Slot-Planung. (https://www.airliners.de/so-flugstreichungen-slot-planung-gastbeitrag/46813, zugegriffen am 20.02.2020)

Ground handling → **Bodenabfertigungsgesellschaften**

Ground Power Unit (GPU)

Fahrbare, meist mit einem starken Dieselaggregat ausgerüstete Generatoren für die Stromversorgung von Flugzeugen ohne bzw. mit defekter Auxiliary Power Unit. Mit einem Kompressor ausgerüstet können sie auch Starthilfe für Triebwerke leisten. (jwm)

Grounding

To ground (engl.) = niederlegen, erden. Ground (engl.) = Boden, Erde. In der Luftfahrt der Begriff für ein Start- bzw. Flugverbot von Flugzeugen. Gründe hierfür sind z. B. technische Probleme eines Flugzeugtyps, finanzielle Probleme einer Fluggesellschaft oder → höhere Gewalt bzw. „unvermeidbare, außergewöhnliche Umstände" (etwa Naturkatastrophen). (wf)

GRS → **Globales Distributionssystem**

Gruppenrate **[group rate]**

Reduzierter Übernachtungspreis, der großen Reisegruppen für die Übernachtung mit/ohne Verpflegung angeboten wird. Die Gruppe verbindet ein gemeinsames Motiv (z. B. → Bustourismus, → Layover-Gast, → Messen, Kongresse und Events, → Incentive-Reise). Die zugestandene Preisermäßigung ist abhängig von der Gruppengröße; Reduktionen von 20 bis 50 % sind nicht ungewöhnlich (Schrand & Schlieper 2016, S. 287). Die Hotels wiederum profitieren von Skaleneffekten, die in den Management- und Operations-Abteilungen realisiert werden. (wf)

Literatur
Schrand, Axel; Thomas Schlieper 2016: Preis- und Konditionenpolitik. In: Karl Heinz Hänssler (Hrsg.): Management in der Hotellerie und Gastronomie – Betriebswirtschaftliche Grundlagen. Berlin, Boston: De Gruyter Oldenbourg, S. 285–291 (9. Aufl.)

GSA → **Guest Service Agent**

GSM → **Guest Service Agent**

GSS → **Guest Service Agent**

Guéridon **[side table, service table]**

Generell ein kleiner, runder, meist einbeiniger Tisch. In der Gastronomie ein Beistelltisch, der neben dem Gästetisch steht. Er wird von Servicekräften als Ablage- und Arbeitsfläche genutzt, etwa beim Anrichten von Speisen vor dem Gast. (wf)

Guéridon-Service → **Serviermethoden**

G. U. E. S. T.

Akronym. Es steht für Greet (grüßen) – Understand (verstehen) – Empathize (Empathie zeigen) – Solve (lösen) – Track (nachverfolgen). Das Kurzwort ist eine Gedankenstütze für Mitarbeiter im Rahmen des → Beschwerdemanagements (Bagdan 2013, S. 42 ff.). Mitarbeiter erhalten so eine kompakte Handlungsanweisung durch den Arbeitgeber, um im Tagesgeschäft das Beschwerdemanagement korrekt und zügig umzusetzen. Neben G. U. E. S. T. existieren hierzu weitere Akronyme wie etwa → L. E. A. R. N. (wf)

Literatur

Bagdan, Paul 2013: Guest Service in the Hospitality Industry. Hoboken, New Jersey: John Wiley & Sons

Guest Relations Manager

Die Führungskraft (engl.: manager), die sich um eine gute Beziehung (engl.: relation) bzw. das Wohlbefinden der Gäste (engl.: guest) und die Erfüllung von Gästewünschen kümmert, ist organisatorisch dem Bereich Logis zugeordnet. In manchen Hotels sind die Aufgaben, zu denen auch → Beschwerdemanagement zählt, Teil der Stellenbeschreibungen am Empfang; in Hotels mit gehobener Klassifizierung gibt es eine eigens dafür verantwortliche Abteilung (Meinzer 2011, S. 158). In Clubhotels (→ Cluburlaub) ist die Abteilung ‚guest relations‘ ein wichtiges Bindeglied zwischen Konzern, Reiseveranstalter und dem einzelnen Club.

In den W-Hotels von Starwood wird ‚guest relations‘ die „Whatever/Whenever"-Abteilung genannt, wobei Gästewünsche und Vorkommnisse aufgezeichnet werden, um Gästeerwartungen in Zukunft besser erfüllen oder gar übertreffen zu können (Meinzer 2011, S. 158). Auf diese Weise sollen aktuelle Trends und interne Herausforderungen frühzeitig erkannt werden (Meinzer 2011, S. 159). Die Hotelgruppe Kempinski führte 2009 das Konzept der „Ladies in Red" ein. Die Guest Relations Managerinnen tragen elegante rote Kleider, sind in der → Lobby am Guest Relations Desk platziert und Ansprechpartnerinnen für individuelle Gästewünsche. Sie verkörpern besondere → Gastlichkeit, zeigen kulturelles Einfühlungsvermögen, geben den Hotels ein Gesicht und haben sich weltweit zum Markenbestandteil der Hotelgruppe entwickelt (Gabler 2017, S. 22). Die ‚Ikone‘ wurde später um die männliche Variante – „Gentlemen in Red" (rote Krawatte, rote Socken) – ergänzt. www.kempinski.com. (mn)

Literatur

Gabler, Karin 2017: Rot steht für Gästelächeln. In: AHGZ spezial (Hrsg.): Tradition – Innovation. 120 Jahre Kempinski. Stuttgart: Matthaes, S. 22

Meinzer, Oliver 2011: As I See It: Management of the Front Office. In: Michael J. O'Fallon; Denney G. Rutherford (eds.): Hotel Management and Operations. Hoboken: Wiley, pp. 150–162 (5th ed.)

Guest Service Agent

Guest (engl.) = Gast; service (engl.) = Dienst, Dienstleistung; agent (engl.) = Repräsentant, Beauftragter. Arbeitsstelle in der internationalen Konzernhotellerie, die sich am ehesten mit Gästebetreuer übersetzen lässt. Guest Service Agents (GSA)

werden im operativen Bereich (→ Hotel Operations) abteilungsintern (z. B. Empfang) und/oder abteilungsübergreifend (z. B. Empfang, Service, Bar) eingesetzt. Sie ersetzen bzw. fassen klassische Positionen wie Cashier, Rezeptionist, Restaurantfach- oder Barfachkräfte zusammen. Die strenge Arbeitsteilung wird aufgebrochen, mehrere Arbeitsfelder miteinander verbunden („crossworking"; Multifunktionalität, Multitasking). Unternehmen zielen mit der Einführung von GSAs auf höhere Gästeorientierung, höhere Flexibilität, leichtere Mitarbeiterrekrutierung ab. Den GSAs vorgesetzt sind Guest Service Supervisors (GSS) bzw. Guest Service Manager (GSM). (wf)

Guest Supplies → **Amenities**

Gütesiegel → **Qualitätszeichen**

Guide Michelin [Michelin Guide]
→ Hotel- und → Gastronomieführer. Der Führer, ein Produkt aus der Touristikabteilung des Reifenherstellers Michelin, erschien im Jahr 1900 das erste Mal. Sehr hohes Ansehen in der Fachwelt („Gastro-Bibel"), in Frankreich eine „nationale Institution". Das Reisehandbuch, ursprünglich vor allem als technische Unterstützung für Autofahrer durch die Angabe von Werkstätten, Benzindepots und Batterieladestationen gedacht, mutierte in den 1920er- und 1930er-Jahren zum touristischen Produkt (Michelin 2004).

Unter den benutzten Piktogrammen ist der Michelin-Stern das bekannteste Symbol. 1926 wird der Stern für die Küchenleistung eingeführt, in den 1930er-Jahren das 3-Sternesystem etabliert (Wording im Guide Michelin Deutschland 2020: ein Stern = Eine Küche voller Finesse – einen Stopp wert!; zwei Sterne = Eine Spitzenküche – einen Umweg wert!; drei Sterne = Eine einzigartige Küche – eine Reise wert!) (Michelin 2004, S. 277; Michelin Travel Partner 2020, S. 19). Der Führer definiert gastronomische Spitzenleistungen über die Konstanz der Leistungen. Er gilt traditionell als relativ zurückhaltend bei der Vergabe von Sternen. In den letzten Jahren zeigte sich der Guide progressiver und offener und löste sich von seiner zurückhaltenden Position. Sterne werden schneller vergeben und auch wieder weggenommen. So löste im Jahr 2019 die Aberkennung von Sternen bei französischen Starköchen, die diese jahrzehntelang inne hatten, einen Paukenschlag in der Gastronomieszene aus (Zwink 2019, S. 1). Im Michelin-Führer Deutschland 2020 werden 308 Sterne-Restaurants aufgeführt (ein Stern: 255 Betriebe; zwei Sterne: 43 Betriebe; drei Sterne: 10 Betriebe; siehe auch Abb.) (Michelin Travel Partner 2020).

Auf eine Küche mit guten Produkten zu moderaten Preisen spielt der „Bib Gourmand" an („Unser bestes Preis-Leistungs-Verhältnis"). Die Bewertungen

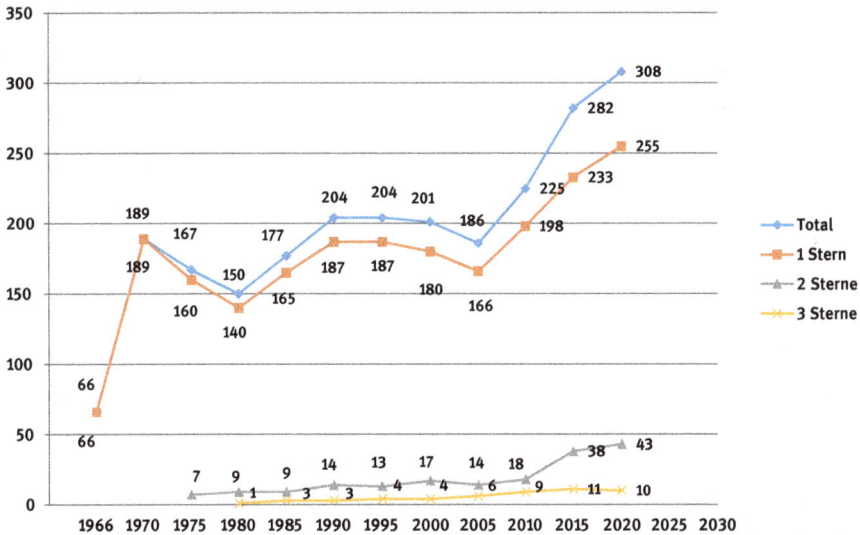

Abb. 17: Sterne Guide Michelin (Deutschland)

werden von hauptberuflichen Mitarbeitern (Inspektoren), die über eine langjährige Erfahrung im Gastgewerbe verfügen, anonym und unabhängig vorgenommen (Michelin Travel Partner 2020, S. 18 f.). Alle Inspektoren verfügen über eine berufsspezifische Ausbildung.

Die Sterne und ihr Wert spalten die Branche: Die Befürworter sprechen von Ritterschlag und Aufstieg in den Olymp, Gegner führen Argumente wie übermäßigen psychischen und ökonomischen Druck an.

Die → Digitalisierung veranlasste den Führer zu einem Umdenken; Präsenz im Internet, Apps, Online-Magazin, Online-Reservierungssysteme und Bewertungen sind Realität geworden. Ende 2019 gab die Presse eine strategische Partnerschaft (Lizenz, Content) zwischen dem Guide Michelin, dem Online-Bewertungsportal TripAdvisor und der Reservierungsplattform TheFork bekannt. Online-Reichweite und Know-how beim Buchungsservice werden mit der gastronomischen Kompetenz des Führers gepaart (Food Service 2019). (wf)

Literatur

Echikson, William 1998: Die Sterne Burgunds. München: Knaur
Food Service 2019: Guide Michelin partnert mit TripAdvisor und TheFork. (https://www.food-service.de/maerkte/news/partnerschaft-guide-michelinarbeitet-mit-tripadvisor-und-thefork-zusammen-44155, zugegriffen am 09.02.2020)
Lane, Christel 2014: The Cultivation of Taste. Oxford: University Press
Michelin (Hrsg.) 2004: La Saga du Guide Michelin. Paris

Michelin Travel Partner (Hrsg.) 2020: Guide Michelin Deutschland 2020. München: Gräfe und Unzer

Zwink, Holger 2019: Restaurantkritik. Botschaft aus Frankreich. In: Allgemeine Hotel- und Gastronomie-Zeitung (AHGZ), 119 (04), S. 1

> **Gedankensplitter**
> „Die Sterneküche ist für unseren Betrieb eine reine Marketinggeschichte."
> (Manfred Lang, Hotelier und Sterne-Koch, Hotel Residenz am See, Meersburg)

Gusto

Deutscher → Hotel- und → Restaurantführer. 2002 vom Journalisten Markus Oberhäußer als regionaler Gasthausführer in Bayern konzipiert, erscheint der Gusto seit 2011 als bundesweites Magazin. Die ausgewählten Betriebe werden in journalistischen Beiträgen beurteilt. Neben der Print-Ausgabe existieren der ‚Gusto Online-Guide' und die Gusto-App. Der Führer hat in kurzer Zeit Aufmerksamkeit und Ansehen in der Fachwelt gewonnen.

Der Gusto legt den Fokus auf → Kulinaristik. Die im Führer stehenden Hotels werden nicht selbst bewertet. Stattdessen ist der Gusto eine Kooperation mit dem → Deutschen Hotel- und Gaststättenverband eingegangen und hat dessen Sterneklassifizierung (→ Deutsche Hotelklassifizierung) übernommen (Oberhäußer 2019, S. 2). Dadurch realisiert er Kooperationsgewinne und konzentriert sich auf seine Kernkompetenz in der Gastronomie.

Unter den benutzten Zeichen und Symbolen sind die Gusto-Pfannen von zentraler Bedeutung (Oberhäußer 2019, S. 2 f.). Mit ihnen wird ausschließlich die Küchenleistung bewertet, die Bewertungsskala reicht von einer Pfanne bis zu maximal zehn Pfannen. Die Skalierung wird bewusst erst ab fünf Pfannen genutzt, um Restaurants auszuzeichnen und um den Fokus auf besonders beachtenswerte Betriebe zu lenken; eine Differenzierung unter dem 5-Pfannen-Niveau wird als überflüssig angesehen. Zusätzlich nutzt der Führer einen ‚Bonus-Pfeil': Restaurants mit einem ‚Bonuspfeil' heben sich von Wettbewerbern der gleichen Bewertungsstufe noch einmal positiv ab. Insofern sind ‚10 Pfannen mit Bonuspfeil' die bestmögliche Bewertung. Auszeichnungen wie ‚Koch des Jahres', ‚Aufsteiger des Jahres' oder ‚Gastgeber des Jahres' sollen herausragende Vertreter ins Rampenlicht setzen (Oberhäußer 2019, S. 4 ff.).

Die Restaurantkritiken werden von festangestellten und freiberuflichen Mitarbeitern vorgenommen. Der Gusto fordert von seinen Testern nicht zwingend eine gastronomische Ausbildung im Sinne einer Lehre. Stattdessen werden fundiertes fachliches Hintergrund- und gastronomisches Erfahrungswissen vorausgesetzt. Der Führer betont Anonymität und Unabhängigkeit. Die Bewertungsphilosophie umschreibt der Gründer und jetzige Redaktionsleiter mit sachorientiert, detailliert und offen für moderne und originelle Küchenstile. Um die wirtschaftliche Tragfähigkeit zu sichern, erhebt der Führer einen freiwilligen Kostenbeitrag (2020: 329 €) von den im Gusto erfassten Betrieben. Betriebe, die den Beitrag nicht zahlen, werden der Vollständigkeit halber auch getestet, allerdings nur in Form eines Kurztextes und ohne Foto (Oberhäußer 2019, S. 2).

Ende 2019 gab der ZS Verlag/München, der zuvor Lizenznehmer für den deutschen Gault&Millau war, die Zusammenarbeit mit dem Gusto bekannt. Gemeinsam wollen die Akteure Gusto zu einer führenden Marke etablieren, Print- und Digitalprodukte sollen weiterentwickelt werden (o. V. 2019; Zwink 2020b, S. 3). www.gusto-online.de (wf)

Literatur
o. V. 2019: Gault&Millau verliert Verlag in Deutschland. (https://www.ahgz.de/news/
    restaurantführer-gault-millau-verliert-verlag-in-deutschland, zugegriffen am 02.02.2020)
Oberhäußer, Markus J. (Hrsg.) 2019: Gusto Deutschland 2019/2020. Der Kulinarische Reiseführer. Landsberg/Lech: Gusto Media
Zwink, Holger 2020a: Gusto zeigt Flagge. In: Allgemeine Hotel- und Gastronomie-Zeitung
    (AHGZ), 120 (06), S. 3
Zwink, Holger 2020b: Guides stellen sich neu auf. In: Allgemeine Hotel- und Gastronomie-Zeitung (AHGZ), 120 (34/35), S. 3

Gedankensplitter
„Nach einem trefflichen Mittagessen ist man geneigt, allen zu verzeihen." (Oscar Wilde, irischer Schriftsteller)

Gute Hygienepraxis (GHP) [good hygiene practice]

Die gute Hygienepraxis umfasst betriebliche Grundregeln, welche Kontaminationen vorbeugen sollen. Unter Kontamination wird in dem Kontext das Vorhandensein oder das Hereinbringen einer Gefahr für den Endverbraucher verstanden. Mit der guten Hygienepraxis soll eine hygienische Herstellung aller Lebensmittel gewährleistet werden. Die Maßnahmen der guten Hygienepraxis werden als Grundlage für das HACCP-Konzept genutzt (→ HACCP). So zählen beispielsweise Betriebshygiene, Produkt- und Produktionshygiene, Personalhygiene, Hygieneschulung, Reinigung und Desinfektion zur guten Hygienepraxis. (mjr)

Literatur
Amtsblatt der Europäischen Union (Hrsg.) 2004: VO (EG) Nr. 852/2004 über Lebensmittelhygiene. Straßburg
Beuth Verlag (Hrsg.) 2018: DIN 10506:2018-07 Lebensmittelhygiene – Gemeinschaftsverpflegung. Berlin

H

HACCP (Hazard Analysis of Critical Control Points)

Hygienekonzept. Zentrale Aufgabe von HACCP-Konzepten ist die Feststellung von Gefahren im Rahmen der Lebensmittelproduktion und die Entwicklung eines innerbetrieblichen Überwachungs- und Kontrollsystems. Das System folgt folgenden Schritten: Gefahrenanalyse – Identifikation von kritischen Kontrollpunkten – Definition Grenzwerte – Überwachung der kritischen Kontrollpunkte – Reaktion bei Grenzwertüberschreitungen – Überprüfung und Weiterentwicklung des bestehenden Systems. (wf)

Hafenabgaben [port dues, port charges]

Entgelte, die für die Nutzung von Häfen anfallen. Sie setzen sich zusammen aus den Hafengebühren (groundage), die mit jedem Ein- und Auslaufen, unabhängig von der Dauer des Aufenthaltes, zu entrichten sind, den Kaigebühren (berthage) und der zeitabhängigen Liegegebühr (demurrage). Allerdings variieren die Begriffe zum Teil je nach Hafen. Bemessungseinheit ist die Größe des Schiffes, Passagierschiffe können auch mit Gebühren pro befördertem Passagier belastet werden. Bei Hochseefähren werden die Hafengebühren häufig getrennt ausgewiesen und sind zum Beispiel bei der Buchung von Kabinen von den Passagieren zusätzlich zu entrichten. (jwm)

Halal [halal]

Halal-Speisen. halal (arab.) = rein, erlaubt, rechtmäßig oder gestattet nach islamischem Recht. Gegenteil von haram (arab.) = verboten oder unrechtmäßig nach islamischem Recht. Universell gültig für alle Bereiche des Lebens (Sachen und Handlungen, beispielsweise Kleidung, Essen) und geregelt im Koran und der Sunna. Im Bereich der Speisen enthalten die Vorschriften neben Verboten (beispielsweise grundsätzlich von Alkohol, Schweinefleisch und Blut, aber auch das Fleisch krepierter Tiere) Gebote zum Umgang mit Lebensmitteln (beispielsweise das Schächten von Rindern oder Ziegen) unter Angabe exakter Verfahrensanweisungen (Mettke 2014, S. 72 ff.).

→ Fluggesellschaften der zivilen Luftfahrt bieten ihren Fluggästen im Rahmen des → Special Meal-Angebots Speisen an, die nach Halal-Grundsätzen bereitet wurden. Die meisten Fluggesellschaften islamisch geprägter Länder (beispielsweise Emirates, Etihad, Malaysian Airlines) bieten ausschließlich Halal-Speisen an (→ Speisetabu).

Halal Hotels zielen auf die spezifischen Bedürfnisse von islamischen Touristen, neben der Speisezubereitung werden weitere Bereiche (wie Toiletten oder Ge-

https://doi.org/10.1515/9783110546828-009

betsmöglichkeiten) islamkonform ausgerichtet. Zum sich entwickelnden Segment des Halal-Tourismus siehe Scharfenort 2020, S. 409 ff. (sr)

Literatur
Mettke, Thomas 2014: Lebensmittel zwischen Illusion und Wirklichkeit – Die religiösen Spei-segebote. In: Stefan Leible (Hrsg.): Lebensmittel zwischen Illusion und Wirklichkeit. Bay-reuth: P. C. O., S. 67–83
Scharfenort, Nadine 2020: Halal-Tourismus: Relevanz für die internationale Touristikbranche und wissenschaftliche Forschung. In: Julian Reif; Bernd Eisenstein (Hrsg.): Tourismus und Gesellschaft. Kontakte – Konflikte – Konzepte. Berlin: Erich Schmidt, S. 409–425

Halbpension [demi-pension, half board, half pension, Modified American Plan (MAP)]

In der Hotelbranche der Begriff für ein Leistungspaket, das die Übernachtung und zwei Mahlzeiten pro Person und Tag beinhaltet (Frühstück und Mittagessen oder Frühstück und Abendessen). In der Regel wählen Hotelgäste die Kombination Frühstück und Abendessen. Brancheninterne Abkürzung: HP. Die internationale Abkürzung MAP (Modified American Plan) ist in betriebsinternen Prozessen in der deutschen Konzernhotellerie inzwischen gängig. (wf)

Half board → **Halbpension**

Half pension → **Halbpension**

Hall porter → **Doorman**

Handelsgastronomie [department store gastronomy]

Gastronomische Angebotsformen, die in Betriebsstätten des stationären Einzelhandels dauerhaft räumlich integriert sind und dem Kunden die Möglichkeit zum sofortigen Verzehr von Speisen und Getränken am Verkaufsort (Point of Sale) anbieten. Handelsgastronomische Angebote können entweder vom Handelsunternehmen selbst, von Tochtergesellschaften des Handelsunternehmens oder externen Dritten betrieben werden. Häufig handelt es sich um standardisierte, multiplizierbare und zentral gesteuerte gastronomische Konzepte, die leicht auf neue Standorte oder sogar Länder übertragen werden können. Siehe auch → Systemgastronomie. (sb)

Handelsvertreter → **Agenturtheorie**, → **Reiseveranstalter (b) rechtlich**

Handgepäck [hand luggage, carry-on baggage]

Kleinere Gepäckstücke mit geringerem Gewicht, die Passagiere mit an Bord eines Flugzeuges nehmen dürfen. Wie für aufgegebenes Gepäck gibt es hier auch

→ Freigepäckgrenzen, die sich von → Fluggesellschaft zu Fluggesellschaft unterscheiden. (hdz)

Handheld

Auch Handheld Computer genannt. Computer im Miniformat; kann in der Hand gehalten (held in the hand) und bedient werden. Zum Einsatz in der Gastronomie siehe → Kassenhandgerät. (wf)

Handled Calls

Anzahl der Gespräche, die ein Agent in einem → Callcenter in einer bestimmten Periode bearbeitet hat. Die Anzahl der Gespräche kann sich auch auf das gesamte Callcenter beziehen. (wf)

Happy Hour

„Glückliche Stunde". Festgesetzte Zeit, in der bestimmte, in der Regel alkoholische Getränke in Lokalen zu einem ermäßigten Preis angeboten werden. Da gesellschaftlichen Konventionen entsprechend der Konsum von Alkohol erst nach Arbeitsende angemessen erscheint, beginnt die Happy Hour in der Regel am späteren Nachmittag und endet am frühen Abend. Mögliche Anreizmodelle sind beispielsweise die Reduktion in Naturalrabatt („Zahlen Sie zwei, trinken Sie drei ... "), Halbpreise oder ein symbolischer Euro pro Getränk.

Mit Hilfe der Happy Hour soll in frequenzschwachen Zeiten der Umsatz der → Gastronomie erhöht werden. Zum ökonomischen Ansinnen siehe auch → Early-Bird, → Night-Owl. (jwm/wf)

Hard opening → **Pre-opening-Phase**

Hauptbahnhof → **Bahnhof**

Hauptküche → **Vollküche**

Haupturlaubsreise [main holiday trip]
Subjektive Kategorie für die Unterscheidung von → Urlaubsreisen, wenn mehr als eine solche Reise in einer Periode (in der Regel ein Jahr) unternommen wurde. Sie wird bei Repräsentativuntersuchungen wie zum Beispiel der → Reiseanalyse verwendet, bei denen der Befragte entscheiden kann, welche der von ihm gemachten Reisen er als seine Haupturlaubsreise ansieht. In der Regel handelt es sich dabei um die längste, weiteste und teuerste Reise. Die zusätzlichen Urlaubsreisen werden dann als Zweit- und Drittreisen bezeichnet. (jwm)

Hausboot [houseboat]

Wie beim Landurlaub der → Caravan, so wird auf Binnengewässern das Hausboot in manchen Urlaubsgebieten genutzt, um von Ort zu Ort zu reisen und so die Fahrt selbst und die Sehenswürdigkeiten zu genießen. In der Regel handelt es sich um Motorboote, die auch ohne größere seemännische Erfahrung gefahren werden können. Das Hausboot dient gleichzeitig als Unterkunft und Transportmittel. Klassische Hausbootreisen werden in folgenden europäischen Ländern angeboten: Belgien, Deutschland, Frankreich, Großbritannien, Italien, Irland, Niederlande und Portugal. (hdz)

Hausdame [executive housekeeper]

Person, die in einem Hotel den Etagen- bzw. Hausdamenbereich verantwortet. Es handelt sich um eine Abteilungsleiterposition: Hierarchisch übergeordnet ist die Direktion, hierarchisch nachgeordnet sind stellvertretende Hausdame, Mitarbeiter der Wäscherei, → Zimmermädchen und unter Umständen → Hausdiener.

Der Aufgabenbereich der Hausdame umfasst Planung, Organisation und Kontrolle der Reinigung von Gästezimmern, administrativem Bereich (Büros, Direktionsräume), öffentlichem Bereich (Empfangshalle, Flure, Treppen), Mitarbeiterbereich (Kantine, → Toiletten, Umkleideräume) und Freizeiteinrichtungen (Schwimmbad, Sauna). Die Position wird in der Praxis nahezu ausschließlich von weiblichen Führungskräften bekleidet. Auch Gouvernante genannt (Nungesser & Radinger 2018, S. 83 ff.; Pfleger 2017, S. 28 ff.). (wf)

Literatur

Nungesser, Stefan; Maria Th. Radinger 2018: Erfolgsfaktor Zimmer & Etage: Strategisches und Operatives Management. Stuttgart: Matthaes
Pfleger, Andrea 2017: Bitte reinigen – aber richtig! Mit gelungenem Housekeeping-Management zum Unternehmenserfolg. Linz: Trauner

Hausdame, stellvertretende [assistant executive housekeeper]

Stellvertreterin der → Hausdame. Der Aufgabenbereich deckt sich grundsätzlich mit dem der Hausdame. In der täglichen Praxis übernimmt die Stellvertreterin oft Kontrollaufgaben (z. B. Minibarkontrolle, „→ Zimmer-Check"].

In Abhängigkeit von der betrieblichen Größe sind organisatorische Lösungen denkbar, bei denen statt einer stellvertretenden Hausdame mehrere Hausdamenassistentinnen oder Etagenhausdamen die leitende Hausdame in ihrer Tätigkeit unterstützen. Die Position wird in der Praxis mehrheitlich von weiblichen Mitarbeitern ausgefüllt. (wf)

Hausdamenassistentin → **Hausdame, stellvertretende**

Hausdiener [houseman]

Hotelmitarbeiter, mitunter auch Hausbursche genannt. Die Stelle des Hausdieners ist der Hausdamenabteilung (→ Hausdame) zugeordnet. Zu den zentralen Aufgaben des Hausdieners gehören: Reinigungsarbeiten, Wäschetransport, Gepäckbeförderung, Botengänge. Die Aufgabenfelder sind fließend: In Abhängigkeit von der Aufbauorganisation können Teile der genannten Aufgaben auch von → Pagen ausgeführt werden. Aufgrund der teilweise negativen Aufladung (Dienen als Stigma) wird der Begriff in der Praxis immer weniger verwendet. (wf)

Hausrecht [domestic authority]

Das Hausrecht besitzt, wer über die Benutzung der Räume verfügen darf, in der Regel also der Eigentümer (→ Eigentum) bzw. Besitzer (→ Besitz) (Mieter/Pächter). In einem Hotel oder einer Gaststätte hat der Betreiber das Hausrecht. Er allein entscheidet, welchen Gast er aufnehmen bzw. bewirten will. Die Zurückweisung bestimmter Gäste darf jedoch nicht diskriminierend (Religion, Hautfarbe usw.) sein. Das Hausrecht berechtigt auch zur Erteilung eines → Haus-/Lokalverbots. Bei Missachtung begeht der Gast Hausfriedensbruch, was auf Antrag als Straftatbestand verfolgt wird. Eine Verpflichtung zur Aufnahme des Gastes kann sich jedoch aus bestimmten Notsituationen (Gefahr für Leib, Leben, Gesundheit) ergeben. In solchen Fällen ist das Hausrecht des Gastwirtes eingeschränkt (Seitter 2000, S. 92). (bd)

Literatur
Seitter, Oswald 2000: Rechtshandbuch des Hoteliers und Gastwirts. Stuttgart: Matthaes

Hausverbot [prohibition of access]

Zeitlich begrenzter oder unbegrenzter Ausschluss einer Person vom Besuch einer Einrichtung, insbesondere einer Vergnügungsstätte. Es kann bei Geschäftsräumen, die dem allgemeinen Publikumsverkehr zugänglich sind, nur bei Verstößen gegen die Hausordnung (z. B. bei Belästigung von Gästen oder Personal, Drogenkonsum) und bei Straftaten (z. B. Betrug, Sachbeschädigung, Diebstahl, Schlägerei) verhängt werden.

Ausgenommen hiervon sind Einrichtungen mit individueller Zugangskontrolle durch Türsteher und Privaträume, bei denen der Einlass beliebig entschieden werden kann. Zuwiderhandlungen gegen das Hausverbot können strafrechtlich als Hausfriedensbruch verfolgt werden. Da das Hausverbot nur vom jeweiligen Hausherrn ausgesprochen werden kann, erlischt es, wenn der Betreiber der Einrichtung wechselt. (gd)

Heilbad → Kurort

Heilklimatischer Kurort [climatic health resort]

Heilklimatische Kurorte zählen zu den hochprädikatisierten (→ Prädikatisierung) Heilbädern und → Kurorten und unterliegen den Qualitätsmerkmalen und Mindestvoraussetzungen nach den → Begriffsbestimmungen – Qualitätsstandards für Heilbäder und Kurorte, Luftkurorte, Erholungsorte – einschließlich der Prädikatisierungsvoraussetzungen – sowie für Heilbrunnen und Heilstollen; hierauf verweisen die Kurortgesetzlichkeiten der Bundesländer. Heilklimatische Kurorte müssen die grundsätzlichen Prädikatisierungsvoraussetzungen an einen → Erholungsort erfüllen. Für hochprädikatisierte Orte gelten darüber hinaus weitere allgemeine Anerkennungsvoraussetzungen bei der kurärztlichen Betreuung von Kurgästen, beispielsweise hinsichtlich der kurortmedizinischen Versorgungsstrukturen sowohl für ambulante als auch stationäre Behandlungsverfahren in Vorsorge- und Rehabilitationseinrichtungen und weiteren Maßnahmen der Qualitätssicherung.

Heilklimatische Kurorte basieren in ihrer Artbezeichnung auf der kurortmedizinischen Anwendbarkeit von Komponenten der örtlichen Klimabedingungen (→ Heilmittel), die in Gemeinden oder Gemeindeteilen vorzuhalten sind. Sie zeichnen sich durch ihr Bioklima und die hohe Luftqualität, vor allem aber durch eine besonders ausgeprägte Abstufung von bioklimatischen Reiz- und Schonfaktoren bei weitgehender Abwesenheit von Belastungsfaktoren aus. Neben einer staub- und allergenarmen Luft sind die vielfältigen thermischen (durch Temperatur bedingte), hygrischen (durch Niederschlag und Luftfeuchtigkeit bedingte) und aktinischen (durch Strahlung bedingte) Wirkungsfaktoren für eine Klimatherapie besonders geeignet. Dazu werden meteorologische Daten erfasst und zur Dosierung der Klimareise in den jeweiligen Therapien verwendet. Ein sogenanntes Heilklima weisen demnach nur Orte auf, deren Luftqualität unter anderem regelmäßig durch ein Gutachten des Deutschen Wetterdienstes überprüft und qualifiziert wird.

Zu den besonderen Anforderungen gehören unter anderem klimatherapeutisch geschultes Fachpersonal, psychologische Begleitung von Kurpatienten, betreute Einrichtungen zur Durchführung der therapeutischen Nutzung des Heilklimas, mindestens ein Kur- oder Badearzt mit Erfahrung in der medizinischen Klimatologie, Einrichtungen zur Anwendung der allgemeinen physikalischen Therapie sowie für sogenannte aktivierende Behandlungsformen, Sport- und Ruheräume, Nutzungsmöglichkeiten des Heilklimas (Liegehalle, Klimapavillon oder Liegewiesen), indikationsbezogene Diät- und Ernährungsprogramme, ein Haus des Gastes oder eine vergleichbare Einrichtung als Kommunikationszentrum für Gäste, Kurpark (→ Parks), Sportanlagen, Spielangebote und Terrainkurwege mit minimal drei unterschiedlichen Belastungsstufen. Heilklimatische Kurorte halten somit ein Angebot von Heilbehandlungen und Einrichtungen vor, die mit dem Begriff → Kur umschrieben werden können. (abw)

Literatur

Deutscher Tourismusverband e. V.; Deutscher Heilbäderverband e. V. 2018: Begriffsbestimmungen – Qualitätsstandards für Heilbäder und Kurorte, Luftkurorte, Erholungsorte – einschließlich der Prädikatisierungsvoraussetzungen – sowie für Heilbrunnen und Heilquellen. Berlin (13. Aufl.; Fassung: 28.09.2018)

Heilmittel [cure]

Grundsätzlich ist ein Heilmittel ein Stoff, Gegenstand oder ein Behandlungsverfahren, von dem eine heilsame Wirkung auf den Patienten ausgehen soll. Bis ins 19. Jahrhundert wurde der Begriff synonym zu Arzneimittel, Arznei oder Medikament verwendet. Durch die Reichsversicherungsordnung aus dem Jahr 1914 wird besonders im deutschen Sozialrecht des 20. Jahrhunderts auf die begriffliche Trennung zwischen Arzneimittel und Heilmittel geachtet. Ein natürliches Heilmittel ist Voraussetzung für die Anerkennung eines Heilbades oder Kurortes.

Zu den natürlichen Heilmitteln des Bodens zählen Heilwässer, Heilgase und Peloide („schlammähnlich", [griech.] = Schlamm). Diese fallen in die Kategorie der ortsgebundenen Heilmittel, da sie nach gültigem Sprachgebrauch des Heilbäderwesens räumlich eng mit dem Ort ihrer Anwendung (Heilquellenkurbetrieb, Kurmittelhaus oder Kurmittelabteilung) in Zusammenhang stehen und hinsichtlich ihres Einsatzes strengen Richtlinien unterliegen. Sie können Arzneimittel oder Medizinprodukte sein, welche die körpereigenen Fähigkeiten zur Selbstheilung unterstützen bzw. aktivieren. Ortstypische Heilmittel kommen zur Anwendung in → Heilklimatischen Kurorten, in Heilstollenkurbetrieben und Heilbädern bzw. Kurorten nach Kneipp (→ Kneipp-Kur), Felke (→ Felke-Kur) oder Schroth (→ Schroth-Kur). (abw)

Literatur

Deutscher Tourismusverband e. V.; Deutscher Heilbäderverband e. V. 2018: Begriffsbestimmungen – Qualitätsstandards für Heilbäder und Kurorte, Luftkurorte, Erholungsorte – einschließlich der Prädikatisierungsvoraussetzungen – sowie für Heilbrunnen und Heilquellen. Berlin (13. Aufl.; Fassung: 28.09.2018)

Heilstollen-Therapie → **Kur**

Heilverfahren → **Kur**

Heliport

Fluggelände, das nur für Flugbewegungen von Hubschraubern (Helikoptern) zugelassen ist. (jwm)

Heuriger, Heurigen

(a) In Österreich der Begriff für den Wein der letzten Ernte (heuer [österr.] = in diesem Jahr). Er wird durch den Wein des Folgejahres abgelöst. Der ehemals junge bzw. neue Wein wird dann als „Alter" bezeichnet (Lexikonredaktion Brockhaus 2009, S. 224).

(b) In Österreich der Begriff für das Lokal, in dem vor allem der Ausschank des (a) Heurigen erfolgt. Auch Buschenschank (→ Straußwirtschaft) genannt. (wf)

Literatur

Lexikonredaktion des Verlags F. A. Brockhaus (Hrsg.) 2009: Der Brockhaus Wein: Rebsorten, Degustation, Weinbau, Kellertechnik, internationale Anbaugebiete. Mannheim, Leipzig: F. A. Brockhaus (2. Aufl.)

HI → **Hostelling International**

High rollers → **Casino**

High-Net-Worth-Individuals (HNWIs)

Privatpersonen mit einem überdurchschnittlich hohen Nettovermögen. Der Personenkreis wird konkretisiert, indem das Nettovermögen in Art und Höhe differenziert wird. Unternehmen definieren die Gruppe unterschiedlich: Eine Bank kann unternehmensintern beispielsweise andere Grenzwerte festlegen (Barnettovermögen > 1 Mio. €) als eine Vermögensverwaltung (Barnettovermögen > 5 Mio €).

 Die weltweit agierende Beratungsgesellschaft Capgemini definiert HNWIs als Personen, die über ein investierbares Vermögen von 1 Mio. US-$ oder mehr verfügen. Vermögenswerte, die nicht direkt investiert werden können (z. B. Erstwohnsitz, Sammlungen, Konsumgüter) werden nicht berücksichtigt. In einer weiteren Unterteilung bricht Capgemini die Personengruppe HNWIs dann in drei Vermögensspektren auf (2020, S. 3 f.):

- „Millionaires next door" (investierbares Vermögen 1 bis 5 Mio. US-$),
- „Mid-tier millionaires" (investierbares Vermögen 5 bis 30 Mio. US-$),
- „Ultra-HNWIs" (investierbares Vermögen > 30 Mio. US-$).

Für das Jahr 2019 zählt Capgemini weltweit rund 19,6 Millionen Menschen, die über ein investierbares Vermögen von 1 Mio. US-$ oder mehr verfügen. Ca. 90 % (17,66 Mio. Personen) sind dem unteren Vermögensbereich zuzuordnen, 9 % (1,75 Mio.) dem mittleren und knapp 1 % (183 Tsd.) dem oberen. Der asiatisch-pazifische Raum (6,5 Mio. Menschen) führt vor Nordamerika (6,3 Mio.), Europa (5,2 Mio.), dem Mittleren Osten (0,8 Mio.), Lateinamerika (0,6 Mio.) und Afrika (0,2 Mio.) (Capgemini 2020, S. 6 ff.; zum Markt der Ultra-HNWIs siehe auch Wealth-X 2020).

HNWIs sind im touristischen Markt wegen ihrer überdurchschnittlich hohen Reiseausgaben eine hochattraktive Zielgruppe. Gleichzeitig treten HNWIs auf der Anbieterseite als Investoren auf, z. B. als Eigentümer von → Casinos, Fluggesellschaften oder Hotelimmobilien. Zum boomenden, gleichzeitig ausgesprochen diskreten Markt der Luxusreisen siehe Steinecke 2019. (wf)

Literatur
Capgemini (ed.) 2020: World Wealth Report 2020. Paris
Steinecke, Albrecht 2019: Tourismus und Luxus. Serie Tourism Now. München: UVK
Wealth-X (ed.) 2020: Global Wealth Outlook: How will the Wealthy Fare in 2020? (https://www. wealthx.com/report/global-wealth-outlook/, zugegriffen am 01.08.2020)

Hilfskellner [bus boy, busser]

Servicehilfskraft im gastronomischen Betrieb, die unterstützend wirkt. Klassische Arbeiten sind das Eindecken oder Abräumen (to bus [amer.] = Geschirr abräumen) des Gästetisches. (wf)

Hippie trail

In den 1960er- und 1970er-Jahren begaben sich vor allem jüngere Leute auf die Reise nach Ostasien. Diese Reisen folgten bestimmten Routen und führten auf dem Landweg über Istanbul, Teheran, Kabul und Peshawar nach Goa oder Kathmandu, wo es immer noch eine Straße namens Freak Street gibt. Die Reisen wurden mit den günstigsten Verkehrsmitteln und auch per Anhalter durchgeführt. Sie dienten vor allem der Selbstfindung. Infolge geänderter politischer Verhältnisse sind Reisen auf diesen Routen nur noch bedingt möglich. (hdz/wf)

HNWIs → **High-Net-Worth-Individuals**

Hochgeschwindigkeitszüge [bullet trains, high speed trains]

Während sich in Deutschland der → InterCity-Express (ICE) als Hochgeschwindigkeitszug etabliert hat und auch als Produkt im Ausland angeboten bzw. eingesetzt wird (u. a. Österreich, Schweiz, Frankreich, Belgien und Niederlande), haben andere Länder ebenfalls Hochgeschwindigkeitszüge entwickelt und in Betrieb genommen. Das zentrale Merkmal der Hochgeschwindigkeitszüge ist die Geschwindigkeit, die unscharf zwischen 200 und über 500 km/h definiert ist. Üblicherweise werden diese Züge elektrisch betrieben. Inzwischen erproben und realisieren viele Eisenbahngesellschaften Hochgeschwindigkeitszüge.

An einigen Beispielen soll der Zugtyp erläutert werden (auch Nefzger 2020):
- **Großbritannien:** Im Februar 2020 hat die britische Regierung entschieden, eine neue Hochgeschwindigkeitsstrecke „High Speed 2" (HS2) mit über 500 km Gesamtstreckenlänge zu bauen, die den wirtschaftlich starken Süden

des Landes mit dem eher strukturschwachen Norden verbinden soll. Damit wird diese Strecke die als „High Speed 1" (HS1) bekannte, 108 Kilometer lange Hochgeschwindigkeitsstrecke zwischen London und dem → Eurotunnel, die das Land mit Frankreich verbindet, ergänzen. Auf der Neubaustrecke können die Züge bis zu 400 km/h erreichen und sind damit nicht nur deutlich schneller als die auf der HS1 verkehrenden Züge, sondern auch die schnellsten in Europa.

– **Japan:** Bereits seit Ende der 1950er-Jahre hat Japan den Hochgeschwindigkeitszug „Shinkansen" entwickelt. Damit kommt Japan in diesem Bereich eine Vorreiterrolle zu. Zu den Olympischen Sommerspielen in Tokyo 1964 fuhren auf neuen Strecken die ersten Shinkansen, für die die JNR (Japanese National Railway) einen Streckenneubau von über 500 km zwischen Tokio und Osaka fertigstellte. Bis heute sind mehrere Typen des Shinkansen entwickelt worden. Während der erste Shinkansen für die Strecke noch ca. 4 Stunden benötigte, verbindet der aktuelle Nachfolger mit einer Fahrzeit von unter 2,5 Stunden die beiden Städte erheblich schneller und dies mit einer sehr hohen Pünktlichkeit – u. a. bedingt durch eine extrem hohe Zuverlässigkeit der Shinkansen und ein Streckennetz, auf dem ausschließlich diese Züge verkehren. Inzwischen verbindet das Hochgeschwindigkeitsnetz sämtliche Landesteile Japans. Der Shinkansen fährt seit einiger Zeit auch in China. U. a. wird er seit 2005 auf der Insel Taiwan eingesetzt.

– **Frankreich:** 1967 begannen in Frankreich die Entwicklungen zum Hochgeschwindigkeitsverkehr. Im April 1967 starteten die französischen Eisenbahnen (SNCF) Hochgeschwindigkeitsfahrten über 200 km/h mit Testfahrzeugen, die eine Höchstgeschwindigkeit von über 250 km/h erreichten. In der Zeit bis 1988 konnten Geschwindigkeiten bis zu 330 km/h erzielt werden. Schließlich entstand nach der Entwicklung von Prototypen der „Train à Grande Vitesse", der mit der Abkürzung TGV in die Geschichte der Hochgeschwindigkeitszüge einging und erstmals 1981 zwischen Paris und Lyon verkehrte. Von ihm wurden bis 1988 107 Züge hergestellt und in Betrieb genommen. Die offizielle Bezeichnung lautet TGV-PSE (Paris-Sud-Est). Acht TGV dieser Bauserie wurden in der Schweiz eingesetzt. Der TGV ist damit schon lange kein nationales Projekt mehr. 1990 wurde ein weiterer TGV in Betrieb genommen, der TGV-Atlantique (offizielle Bezeichnung TGV-A), der die Strecke Paris-Montparnasse-Tours-Le Mans fährt. 1994 wurde die Verbindung durch den Ärmelkanal nach Großbritannien eröffnet (TGV-Transmanche „Eurostar"). Der TGV fährt nach Brüssel, Amsterdam, Köln/Düsseldorf seit 1997 (→ Thalys) und seit 2007 auch nach Süddeutschland (Stuttgart, München). Er verbindet damit Paris mit Baden-Württemberg und Bayern. Die französischen Streckenplaner übernahmen im Gegensatz zu Deutschland einen der größten Vorteile des japanischen Vorbilds: ein getrenntes Streckennetz, das bis auf wenige Kilometer vor Start- und Zielbahnhof durchgängig auf Höchstgeschwindigkeiten ausgerichtet ist.

- **Italien:** In Italien begann man 1962 mit der Planung von Hochgeschwindigkeitsstrecken. Im Versuch konnten Geschwindigkeiten von über 200 km/h erreicht werden. Seit 1988 kommt der sog. „Pendolino" (Hochgeschwindigkeitszug, der durch Neigetechnik auch kurvenreiche Strecken mit hoher Geschwindigkeit befahren kann) der Baureihe ETR 450 zum Einsatz – mittlerweile mit Nachfolgebaureihen neuerer Generation. Eine Schnellfahrstrecke wurde zunächst von Rom nach Florenz gebaut. Das Netz wird seit einigen Jahren deutlich erweitert. Der Pendolino ist für eine Höchstgeschwindigkeit von 250 km/h ausgelegt. Die ersten 15 Züge, die gebaut wurden, waren für die 1. Klasse entwickelt (erst seit 1993 auch Wagen der zweiten Klasse). Neben dem Pendolino verkehren auf den Hochgeschwindigkeitslinien Turin – Mailand, Rom – Neapel, auf der „Direttissima" (nahezu geradlinig verlaufende Bahnstrecke) Florenz – Roma und weiteren Schnellfahrstrecken die ETR-500-Triebzüge (Frecciarossa genannt) des italienischen Marktführers Trenitalia im Schienenverkehr mit bis zu 300 km/h. Seit 2012 hat Trenitalia Konkurrenz durch das private Unternehmen Nuovo Trasporto Viaggiatori, das mit dem Triebzug Alstom AGV die Strecken befährt.
- **Spanien:** In Spanien ging die erste Hochgeschwindigkeitsstrecke aus Anlass der Expo 1992 zwischen Madrid und Sevilla im Jahre 1992 an den Start. Der Markenname der Hochgeschwindigkeitszüge in Spanien ist „AVE" (Alta Velocidad Española). Mit einer Gesamtlänge von über 3.300 km, die sich mittlerweile über ganz Spanien ausdehnt, ist das Netz das weltweit zweitgrößte nach China und gilt als eines der modernsten. Der AVE ist trotz des großen Streckennetzes u. a. aufgrund sehr hoher Ticketpreise und damit verbundenem geringen Passagieraufkommen außerhalb des Hauptnetzes von Madrid nach Barcelona und Sevilla nur wenig bis gar nicht rentabel.
- **China:** Das weltweit mit Abstand größte Hochgeschwindigkeitsnetz mit über 35.000 Streckenkilometern betreibt China. Mit einer Geschwindigkeit von rund 350 Kilometern pro Stunde ist der chinesische Hochgeschwindigkeitszug namens „Fuxing" derzeit der weltweit schnellste Zug im Regelverkehr und soll in Kürze zwischen Peking und Shanghai eine Höchstgeschwindigkeit von 400 km/h erreichen. Das Land begann erst im Jahr 2008, massiv in die Hochgeschwindigkeitstechnologie zu investieren und ist binnen weniger Jahre an die Weltspitze der Fertigung von Hochgeschwindigkeitszügen aufgestiegen. Während frühere Fuxing-Modelle noch bis vor nicht allzu langer Zeit auf ausländischer Technik – etwa von Siemens oder Alstom – basierten, hält Chinas staatliches Bahntechnikunternehmen CRRC inzwischen alle nötigen

Patente selbst. Wie in Spanien sind allerdings auch in China nicht alle Strecken rentabel, die Hochgeschwindigkeitstechnologie stellt nicht zuletzt ein nationales Prestigeobjekt dar. (ap)

Literatur
Dostal, Michael 2018: Triebwagen und Triebzüge. Deutsche Bahn und Privatbahnen. München: GeraMond
Eikhoff, Dieter 2018: ICE: Geschichte – Technik – Einsatz. Stuttgart: transpress
Groß, Sven 2017: Handbuch Tourismus und Verkehr – Verkehrsunternehmen, Strategien und Konzepte. Konstanz, München: UVK (2. Aufl.)
Nefzger, Emil 2020: Hochgeschwindigkeitszüge im Vergleich. Die besseren ICEs. (https://www.spiegel.de/auto/hochgeschwindigkeitszuege-im-vergleich-die-besseren-ice-a-7a3f5497-1975-454c-835d-fe751d7fa14b, zugegriffen am 01.04.2020)
o. V. 2017: Railways: The lure of speed. In: The Economist, 427 (January 14th), pp. 47 f.

Gedankensplitter
„Bullet trains are becoming just like buses." (Zitat über Hochgeschwindigkeitszüge in China; Quelle: o. V. 2017, S. 48)

Hochkaufen → **Ranking Booster**

Höhenmesser [altimeter]
(a) Barometrisches Instrument, das in Flugzeugen die Höhe des Flugzeuges über den mit zunehmender Höhe abnehmenden Luftdruck misst. Beim An- und Abflug wird der Höhenmesser nach dem örtlichen Luftdruck des angeflogenen Flughafens so eingestellt, dass er die Höhe des Flugzeuges über → Normalnull misst (QNH-Wert).
(b) Mit → Radar arbeitendes Instrument (Radarhöhenmesser, radar altimeter), das die Höhe des Flugzeuges über Grund anzeigt und für Präzisionsanflüge verwendet wird (→ Landekategorien). (jwm)

Höhere Gewalt [force majeure, act of God]
Nach der Umsetzung der neuen Pauschalreiserichtlinie (EU) 2015/2302 wird der Begriff der höheren Gewalt nicht mehr verwendet. An dem bislang in § 651j BGB a. F. verwendeten Begriff der höheren Gewalt wird wegen einer einheitlichen Begriffsverwendung nicht festgehalten und der Begriff der unvermeidbaren, außergewöhnlichen Umstände in das BGB neu eingeführt, den die vollharmonisierende Richtlinie verwendet. Damit soll eine Kohärenz mit den EU-Passagierrechten, insbesondere der Kasuistik der EU-FluggastrechteVO, geschaffen werden (BT-Drs. 18/10822, S. 76). Höhere Gewalt ist ein von außen kommendes, keinen betrieblichen Zusammenhang aufweisendes, auch durch äußerste, vernünftigerweise zu erwartende Sorgfalt nicht abwendbares Ereignis (BGH, 15.10.2992, X ZR 147/01:

Hurrikan). Das plötzliche Ereignis darf somit nicht in den Risikobereich des Reisenden (Allgemeines Lebensrisiko) oder des Reiseveranstalters (Betriebsrisiko) fallen.

Wenn die Durchführung der Pauschalreise oder die Beförderung von Personen an den Bestimmungsort erheblich beeinträchtigt wird aufgrund unvermeidbarer, außergewöhnlicher Umstände, die am Bestimmungsort oder in dessen unmittelbarer Nähe auftreten, kann der Reisende vom Pauschalreisevertrag zurücktreten, ohne dass der Reiseveranstalter eine Entschädigung (Stornopauschale) verlangen kann (§ 651h III BGB). Unvermeidbare, außergewöhnliche Umstände liegen vor, wenn sie nicht der Kontrolle der Partei unterliegen, die sich hierauf beruft, und sich ihre Folgen auch dann nicht hätten vermeiden lassen, wenn alle zumutbaren Vorkehrungen getroffen worden wären (§ 651h III 2 BGB). In dem Erwägungsgrund 31 der PRL werden Beispiele in Anlehnung an das alte Recht zur höheren Gewalt genannt. Beispiele aus der bisherigen Rechtsprechung:

- Naturkatastrophen wie Erdrutsche, Lawinen, Wirbelstürme (BGH, 15.10.2002: Hurrikan), Tsunami,
- Krieg und Kriegsgefahr mit flächendeckenden Bürgerkriegszuständen und Terrorakte, welche so gravierend sind, dass sie einem Bürgerkrieg gleichkommen (11.09.) oder sich gezielt gegen Touristen richteten,
- Epidemien wie Cholera, SARS oder Corona,
- Strahlengefahr nach Tschernobyl (BGH, 23.11.1989, NJW 1990, 572) oder Fukushima,
- Behördliche Anordnungen wie Badeverbote, Straßensperren wegen Lawinengefahr, plötzliche Visumpflicht,
- Streik Dritter, für die der Veranstalter nicht vertraglich einzustehen hat, wie Fluglotsen, Flughafenpersonal,
- Streik des eigenen Personals des Veranstalters und der Leistungsträger (Hotel, Luftfahrtunternehmen, da außergewöhnlicher Umstand außerhalb der Betriebssphäre),
- Keine unvermeidbaren, außergewöhnlichen Umstände: Unwirtschaftlichkeit der Reise (Risiko des Veranstalters); Absage oder Insolvenz eines Leistungsträgers, allgemeines Lebensrisiko des Reisenden wie Wetter, Schneelage, Meeresverschmutzung, Algenplage, politische Krisen und Unruhen, Bombenanschläge, vereinzelter Terroranschlag, Angst, allgemeine Überfallgefahr, Tod, Krankheit. (ef)

Literatur

Führich, Ernst 2018: Basiswissen Reiserecht. München: C. H. Beck/Vahlen (4. Aufl.; § 5 Rn. 120 ff.)
Führich, Ernst; Ansgar Staudinger 2019: Reiserecht. München: C. H. Beck (8. Aufl.; § 16)

Home Delivery Service

In den Anfängen ein Dienstleistungsangebot der klassischen → Gastronomie, Speisen und Getränke auf Wunsch direkt nach Hause zu liefern. Beispiele hierfür sind ein Pizza- oder Sushi-Service.

Der Markt hat sich in den letzten Jahren durch das Aufkommen von Lieferplattformen/Lieferportalen (Online Delivery Provider, ODP) bzw. online-Marktplätzen wie Lieferando, Foodora, Just Eat oder Deliveroo massiv verändert. Diese agieren als Intermediäre zwischen Kunden und Gastronomiebetrieben. Der Kunde hat auf den entsprechenden Internet-Seiten über die Angabe des Standorts Zugriff auf die gelisteten gastronomischen Betriebe und kann über verschiedene Suchkriterien (z. B. Bewertungen, Lieferkosten, Lieferzeit, Produktangebot, Produktpreis) seine Auswahl treffen. Die Plattformen profitieren von den Gebühren (für die Listung auf den online-Marktplätzen und für die Auslieferung durch Fahrer der Lieferplattformen), Gastronomen gewinnen über den neuen Vertriebskanal neue Zielgruppen, Kunden kaufen Flexibilität und Bequemlichkeit ein.

Die Herausforderungen des Marktes sind immens und reichen von Personalrekrutierung, schwierigen Arbeitsbedingungen für die meist freiberuflichen Fahrer, Stoßzeiten im Bestellverhalten, Prozessabläufen bei der Abholung durch die Kurierdienste, hohen Gebühren (ca. 10 % bis 15 % Vermittlungsgebühr, ca. 30 % bis 35 % Gebühr für Auslieferung), Qualitätssicherung beim Transport bis hin zur Auswahl des geeigneten Produktportfolios (Roman 2018, S. 24 ff.; Wirminghaus 2020, S. 70 ff.). Gastronomische Betriebe reagieren auf die hohen Provisionssätze der Mittler mit der Installation von eigenen Online-Bestellsystemen (Direktvertrieb), bei denen der Gast das Essen vor Ort selbst abholt oder auch mit Partnerschaften mit den Lieferplattformen. So kooperiert die Plattform Takeaway.com in verschiedenen Ländern mit McDonald's (o. V. 2020a, S. 14).

Das Marktpotenzial in Deutschland wird weiterhin positiv gesehen. Gleichzeitig vollziehen sich im rauen Umfeld national und international Konsolidierungsprozesse und Marktbereinigungen (Roman 2018, S. 24 ff.; Wirminghaus 2020, S. 70 ff.). 2019 hat sich das Unternehmen Deliveroo vom deutschen Markt zurückgezogen. 2020 verkündeten die Unternehmen Just Eat und Takeaway.com eine Zusammenlegung über Aktientausch (o. V. 2020a, S. 14). Solche Fusionen und Unternehmensübernahmen von Mitbewerbern vergrößern das gastronomische Angebot auf den jeweiligen online-Marktplätzen und ziehen in der direkten Folge eine höhere Nachfrage nach sich, was wiederum neue Anbieter auf den Online-Markt lockt. Aus wettbewerbsrechtlicher Perspektive ist der Konzentrationsprozess logisch und bedenklich zugleich. Die Rahmenbedingungen für Gastronomen und Kunden könnten schlechter werden. Lieferplattformen versuchen inzwischen, neue Bereiche wie Firmenverpflegung zu erschließen und konkurrieren so mit unternehmensinternen Kantinen. Gleichzeitig berichtet die Presse von neuen Kooperationen zwischen industriellen Caterern und Lieferdiensten (o. V. 2020b, S. 13). Zu unterschiedlichen Delivery-Modellen siehe GDI 2019, S. 81 ff. → Dark Kitchen. (wf)

Literatur
Davis, Bernard et al. 2018: Food and Beverage Management. London, New York: Routledge (6th ed.)
GDI Gottlieb Duttweiler Institute (Hrsg.) 2019: European Food Trends Report. Hacking Food: Die Neuerfindung unseres Essens. Zürich: GDI
o. V. 2020a: Takeaway.com. Steiler Anstieg bei Lieferando-Bestellungen. In: foodservice, 39 (02), S. 14
o. V. 2020b: Sodexo, Frankreich. Kooperation mit Uber Eats. In: foodservice, 39 (06), S. 13
Roman, Markus 2018: Delivery: Kampf der Lieferdienste. In: foodservice, 37 (10), S. 24–28
Wirminghaus, Niklas 2020: Rennen in den Ruin. In: Capital, o. Jg. (02), S. 70–74

Home Meal Replacement

Home Meal Replacement bezeichnet eine Entwicklung im Konsum- und Verzehrverhalten der Verbraucher, Speisen und Mahlzeiten nicht mehr traditionell im Haushalt aus Basiszutaten selbst zuzubereiten oder Fertigprodukte (→ Convenience Food) zu konsumieren, sondern durch den Verzehr von Speisen und Getränken außer Haus oder unterwegs zu ersetzen. Neben der Möglichkeit, ein → Restaurant zu besuchen, stehen in zunehmendem Maße auch andere Alternativen zur Verfügung (Imbissgeschäft, → Fast Food, → Take-away). Ursächlich für diese Veränderung der Verzehrgewohnheiten sind zum einen soziodemografische Entwicklungen, wie der demografische Wandel und die „Singleisierung" der Gesellschaft, der höhere Frauenanteil an der erwerbstätigen Bevölkerung, die Zunahme von Doppelverdiener-Haushalten sowie das hieraus resultierende höhere, frei verfügbare Haushaltsnettoeinkommen. Zum anderen lässt sich eine zunehmende → Freizeit-, Erlebnis- und Genussorientierung (→ Genuss) als Ausdruck des gesellschaftlichen Wertewandels mit dem Wunsch nach Abwechslung (variety seeking), emotionalem Erleben und Spontankonsum beobachten. Zu den Auswirkungen von Online-Marktplätzen siehe → Home Delivery Service. (sb)

HORECA [horeca]
Abkürzung für die Branchensektoren Hotel, Restaurant, Café bzw. auch Hotel, Restaurant, Catering. Die teilweise vorzufindende Praxis, mit dem Begriff das gesamte → Gastgewerbe zu umreißen (HORECA-Sektor), ist aufgrund der gastgewerblichen betrieblichen Vielfalt missverständlich. (wf)

Hornstein-Ranking
Jährlich stattfindendes Meta-Ranking von deutschsprachigen (D, A, CH, Südtirol) → Hotelrestaurants, das die Bewertungen der etablierten → Hotel- und → Restaurantführer (A la Carte, Der Feinschmecker, Der Große Guide: Restaurants & Hotels, → Gault&Millau, → Guide Michelin, → Gusto, Schlemmer-Atlas, → Varta-Führer) in einem 100-Punkte-System zusammenführt. Durch die Aggregation findet eine Glättung der Ergebnisse statt, Bewertungsausreißer einzelner Führer werden relativiert.

   1981 wurde die „Hornstein-Liste" von dem früheren Sternekoch und Hotelier Wolf Freiherr von Hornstein (1918–2008) erstmalig publiziert. Der Geschäftsführer von Champagne Laurent-Perrier Deutschland, Thomas Schreiner, ist der gegenwärtige Herausgeber (Schreiner o. J.). (wf)

Literatur
Schreiner, Thomas (Hrsg.) o. J.: Hornstein Ranking 2020–2021. (https://hornsteinranking.de/hl/informationen, zugegriffen am 01.08.2020)

Hors d'œuvre [hors d'œuvre]
Ursprünglich aus dem Französischen („außerhalb des Werkes"); steht als Sammelbegriff für kalte und warme Vorspeisen. Im für die französische Küche typischen Mehrgangmenü (→ Menü) dienen sie der Anregung des Appetits und werden sowohl am Tisch als auch im Stehen serviert. Es handelt sich um kleine „Häppchen", die kalt vor der Suppe und in warmer Form nach der Suppe im Speiseablauf gereicht werden. In der Regel dienen Hors d'œuvres der Vorberei-

tung auf den Hauptgang, der vor allem in der französischen Küche geschmacklich den Höhepunkt des Menüs bilden soll. Alle sowohl vor als auch nach dem
Hauptgang gereichten Speisen ordnen sich diesem geschmacklich unter, d. h. her-
vorstechende oder die Hauptspeise dominierende Nuancen werden vermieden.
→ Geschmack. (gh)

Literatur
Davidson, Alan 2014: Art. Hors d'œuvre. In: Alan Davidson: The Oxford Companion to food.
 Oxford: Oxford University Press, pp. 396 f.

Hospiz [hospice]

Im gastronomischen Sinne eine Form der öffentlichen → Gastlichkeit (hospitium
publicum), die sich im frühen Mittelalter entwickelte. Die Wurzeln liegen im kirchlichen Bereich. Die Barmherzigkeit (caritas) als sozial verbindlicher Grundgedanke des christlichen Glaubens liegt dieser Form der Herberge zugrunde. Fremde
und Reisende waren außerhalb ihrer Heimatgemeinde rechtlos und auf die Unterbringung und Bewirtung angewiesen. Nach der Christianisierung wurden Klöster
und Kirchen aufgefordert, gemäß einer Einquartierungs- und Beförderungspflicht
umherziehende Landesherren und Boten, aber auch Pilger, Bettler und Kranke
zu beherbergen. Meist in räumlicher Nähe der Kirchen befindlich, gewinnen Hospize vor allem im Zuge des im 9. Jahrhunderts einsetzenden Reliquienkultes an
Bedeutung. Die sich zunehmend auf regionale → Wallfahrten konzentrierenden
Pilgerströme bilden hier einen wichtigen wirtschaftlichen Faktor für die Kirchen.
In diesem Zusammenhang werden in Hospizen Pilger, aber auch Bedürftige und
Fremde untergebracht und bewirtet.

Man kann sie zu den Vorläufern der heutigen → Gasthäuser zählen. Diese
Form der klerikal verwalteten Unterkünfte wurde seit dem 16. Jahrhundert zunehmend von privatwirtschaftlichen → Gastronomien abgelöst. Lediglich die Versorgung von Alten und Kranken blieb den Hospizen zur Aufgabe, so dass wir im heutigen Sprachgebrauch den Begriff Hospiz meist ausschließlich mit Einrichtungen
zur Pflege und Betreuung Sterbender und Bedürftiger in Verbindung bringen. (gh)

Literatur
Peyer, Hans Conrad 1987: Von der Gastfreundschaft zum Gasthaus. Studien zur Gastlichkeit im
 Mittelalter (Monumenta Germaniae Historica, Schriften 31). Hannover: Hahnsche Buch-
 handlung

Hostel

Hostel (engl.) = Gästehaus, Wohnheim; hospitium (lat.) = Bewirtung, Gastfreundschaft, Herberge. Beherbergungstyp, der sich durch ein reduziertes Dienstleistungsangebot und einfachere Ausstattung auszeichnet. Hostels können der
→ Parahotellerie zugeordnet werden.

Mehrbettzimmer bzw. Schlafsäle (engl.: dorms) mit Doppelstockbetten (→ Zimmertypen), Gemeinschaftsbäder auf dem Gang, Gemeinschaftsküchen zur Selbstversorgung, Waschküchen zur Reinigung der eigenen Wäsche und gemeinschaftliche Aufenthaltsräume sind typische Merkmale der ersten Generation von Hostels. Die in der Regel in Großstädten liegenden Unterkünfte zeichnen sich neben einem niedrigen Preisniveau (in Deutschland ca. 10 bis 30 € je Bett in Abhängigkeit von Saison und Zimmertyp) durch eine ungezwungene Atmosphäre aus. Der Informationsaustausch mit anderen über Erlebtes und Reisetipps ist ein wichtiger Bestandteil des Unternehmenskonzepts. Waren Hostels in ihren Anfängen – vor allem in Australien, Neuseeland und Südostasien – eine günstige Übernachtungsmöglichkeit für → Rucksacktouristen (backpacker), gehören zum Kundenkreis inzwischen auch Gruppenreisende (z. B. Schulklassen, Vereine, Familien mit Kleinkindern) oder Geschäftsreisende; das Durchschnittsalter der Gäste ist relativ niedrig (Hotelverband Deutschland 2020, S. 130 ff.; Quandt 2007, S. 18; Vallen & Vallen 2018, S. 30).

Hostels expandieren in Deutschland seit geraumer Zeit stark. Verhältnismäßig niedrige Investitionskosten (oft durch die Konversion von bereits bestehenden Gebäuden), zentrale Standorte, ein hoher Anteil an produktiven (Umsatz bringenden) Flächen, kleine Zimmergrundrisse, günstige Personalkostenstrukturen (niedrige Personalintensität, keine bzw. wenig ausgebildete Fachkräfte), Online-Vertriebswege und ansprechendes Design haben Hostels zu einem ernst zu nehmenden Wettbewerber auf dem Beherbergungsmarkt gemacht, der im Budget-Bereich mit → Jugendherbergen, → Budget-Hotels und Online-Unterkunftsvermittlern (→ Airbnb) konkurriert.

Dienstleistungsangebote von Hotels werden von Hostels übernommen, die Grenzen zwischen den unterschiedlichen Beherbergungstypen verwischen. Anbieter wie Meininger oder A&O integrieren Hostels und Hotels in einem Gebäude, um unterschiedliche Zielgruppen anzusprechen und gleichzeitig Synergieeffekte realisieren zu können (gemeinsame Nutzung von öffentlichen Flächen wie → Bar, Empfang, Lounge oder Garage).

Inzwischen bieten Teile der Hostel-Anbieter auch Einzelzimmer mit Bad/WC und TV, Frühstücksbüfett, Lunchpakete, durchgehend geöffnete Rezeption, Free WiFi, Spielbereiche (Gamezones), kostenlosen Gepäcktransport, Fahrradverleih und individuelle Programmplanung an (Hotelverband Deutschland 2020, S. 130 ff; Quandt 2007, S. 18 f.; www.aohostels.com; www.meininger-hotels.com). Zur Abgrenzung von Jugendherbergen siehe → Jugendherberge. (wf)

Literatur

Hotelverband Deutschland (IHA) e. V. (Hrsg.) 2020: Hotelmarkt Deutschland 2020. Berlin: IHA-Service

Klanten, Robert; Maria-Elisabeth Niebius & Kash Bhattacharya (Hrsg.) 2018: The Grand Hostels. Die schicksten Designhostels der Welt. Berlin: Gestalten
Quandt, Birgit 2007: Angriff auf die Budget-Hotellerie. In: fvw international, Spezial: Hotel, 41 (12), S. 18–19
Vallen, Gary K.; Jerome J. Vallen 2018: Check-In Check-Out: Managing Hotel Operations. Boston: Pearson (10th ed.)

Gedankensplitter
„Ein Hostel ist immer einfacher, salopper, frecher, jünger und sozialer als ein Hotel. Dort werden auch Fehler toleriert, bei einem Hotel nicht." (Max C. Luscher, Geschäftsführer B&B Hotels Deutschland)

Hostelling International (HI)

Weltweites Netzwerk von nationalen, gemeinnützig ausgerichteten Jugendherbergsverbänden. Über die Bereitstellung von günstigen Unterkünften will Hostelling International insbesondere jungen Menschen die Möglichkeit eröffnen, die Welt kennenzulernen und Wissen zu erwerben. Das Verständnis für andere Kulturen und das friedliche Miteinander sollen – im Sinne → interkultureller Kompetenz – gefördert werden. Hostelling International vertritt rund 90 nationale Jugendherbergsverbände mit über 3,7 Mio. Mitgliedern, Sitz der Organisation ist Welwyn Garden City/Großbritannien (Stand 2020; www.hihotels.com). Über international festgelegte Qualitätskriterien wird ein vergleichbares Niveau der Unterkünfte angestrebt. Das → Deutsche Jugendherbergswerk (DJH) ist Mitglied.

Gleichzeitig war das Deutsche Jugendherbergswerk (DJH) Keimzelle des internationalen Jugendherbergsverbunds. Seit seiner Gründung Anfang des letzten Jahrhunderts förderte das DJH Initiativen im Ausland, die in Anlehnung an das deutsche Modell Jugendherbergen aufbauen wollten. 1932 trafen sich erstmalig Vertreter mehrerer europäischer Länder zu einer internationalen Jugendherbergskonferenz in Amsterdam. Die dort erarbeiteten administrativen und pädagogischen Leitlinien legten das Fundament für eine weltweite Ausbreitung. Kurz darauf wurde die International Youth Hostel Federation (IYHF) gegründet (Hanke 2009, S. 151 ff.; Stubbe 2009, S. 241 ff.). 2006 wurde diese in Hostelling International (HI) umbenannt (Hostelling International o. J.). (wf)

Literatur
Hanke, Stefanie 2009: Die Anfänge des internationalen Jugendherbergswesens. In: Jürgen Reulecke; Barbara Stambolis (Hrsg.): 100 Jahre Jugendherbergen 1909–2009. Anfänge – Wandlungen – Rück- und Ausblicke. Essen: Klartext, S. 151–159
Hostelling International o. J.: Our story. (https://www.hihostels.com/pages/534, zugegriffen am 01.08.2020)

Stubbe, Sinika 2009: Die internationale Arbeit des Jugendherbergswerks in der frühen Nachkriegszeit. In: Jürgen Reulecke; Barbara Stambolis (Hrsg.): 100 Jahre Jugendherbergen 1909–2009. Anfänge – Wandlungen – Rück- und Ausblicke. Essen: Klartext, S. 241–254

Gedankensplitter

„Das Jugendherbergswerk erstrebt die Gesundung der Jugend an Leib und Seele durch Wandern. Brücken des Friedens zu bauen zwischen den Völkern ist sein höchstes Ziel." (Richard Schirrmann, Gründungsvater der deutschen Jugendherbergen. In: Hanke 2009, S. 153)

Hotel [hotel]

1 Definition Betriebsart des → Beherbergungsgewerbes und der Hotellerie. Beim Statistischen Bundesamt werden unter der Rubrik „Hotel" Beherbergungsstätten für die meist kurzzeitige (tage- oder wochenweise) Beherbergung von Gästen in jedermann zugänglichen möblierten Unterkünften wie Gästezimmern und Suiten verstanden. Sie bieten tägliches Bettenmachen und Reinigen der Zimmer und verfügen über ein – auch für Passanten zugängliches – → Restaurant sowie weitere Einrichtungen/→ Dienstleistungen wie Parkplätze, Textilreinigung, Schwimmbäder, Trainings- und Erholungseinrichtungen, Versammlungs- und Konferenzräume (Statistisches Bundesamt 2008, S. 418; Statistisches Bundesamt 2019, S. 4 f.)

Diese Definition wird teilweise weiter konkretisiert bzw. ergänzt, wobei in den charakterisierenden Merkmalen keine größeren Unterschiede bestehen. So sollte nach dem → Deutschen Hotel- und Gaststättenverband (DEHOGA) ein Hotel über mehr als 20 Gästezimmer und eine Rezeption verfügen (DEHOGA o. J., o. S.). Zusätzlich sollte sich ein Hotel durch einen gehobenen Standard und entsprechende Dienstleistungen auszeichnen. In Hotels wird ein höheres Qualitätsniveau als beispielsweise in → Pensionen und Gasthöfen erwartet.

2 Geschichtliches Die Verwendung des französischen Begriffes „hôtel" zur Bezeichnung von Beherbergungsbetrieben erfolgte gegenüber Bezeichnungen wie „Gasthof", „Gastwirtschaft" oder „Herberge" erheblich später. Ursprünglich wurden mit dem Begriff „Hôtel" große, prächtige Gebäude mit Halle und Festräumen als adlige Wohnsitze in der Stadt benannt (Brockhaus 1894, S. 374). Erst seit dem Ende des 18. Jahrhunderts wurde der Begriff auch zur Bezeichnung größerer, moderner Gasthäuser gebraucht, im deutschsprachigen Raum überwiegend nach den napoleonischen Kriegen (Hoffmann 1961, S. 24). Noch heute wird der Begriff für bedeutende öffentliche Gebäude („Hôtel de ville" – Rathaus) verwendet.

Im 19. Jahrhundert, insbesondere von 1871 bis 1914, sind mit der Errichtung von Luxus- und Großhotels auch neue Typen von Beherbergungsbetrieben entstanden, die durch ein insgesamt höheres Qualitätsniveau und über die ursprüngliche Beherbergungs- und Bewirtungsfunktion hinausgehende Dienstleistungen charakterisiert werden können und die auch die Verwendung des Begriffs „Hotel" rechtfertigen. Dazu gehört auch das Hotel als Ort gesellschaftlicher Anlässe wie Ballveranstaltungen.

Ein Beispiel für den Übergang zwischen den primär die Grundfunktionen Beherbergung und Verpflegung erfüllenden Gasthöfen des 18. und den Luxushotels des 19. Jahrhunderts stellt der zwischen 1807 und 1809 errichtete Badische Hof in Baden-Baden dar. Mit 48 geräumigen, ansprechend möblierten Fremden- und zusätzlichen Dienstbotenzimmern, einem großen orientalischen Speisesaal, einem im altrömischen Geschmack erbauten Badehaus, Konversations- und Gesellschaftsräumen sowie einem großen Garten mit schattigen Lauben und Bogengängen geht das Leistungsangebot weit über das der Betriebe früherer Jahre hinaus. Beispiele für Hotelgründungen ab 1871 sind der Kaiserhof, das Bristol, Adlon oder Esplanade in Berlin, das Excelsior in Köln, der Frankfurter Hof in Frankfurt/Main oder das Atlantic und Vier Jahreszeiten in Hamburg (Glücksmann 1927, S. 46; Hoffmann 1961, S. 208 f.; Rauers 1942, S. 667 ff.).

3 Leistungen und Abteilungen Das wesentliche Kriterium zur Charakterisierung von Hotels sind die angebotenen Leistungen (Hänssler 2016, S. 104 f.). Diese lassen sich systematisch in die Beherbergungsleistungen (Beherbergung von Gästen), die gastronomischen (Verpflegung von Gästen) und die sonstigen Leistungen (zum Beispiel → Wellness-, Seminarbereich) untergliedern.

Im Mittelpunkt der Beherbergungsleistung stehen die Hotelzimmer. Sie beanspruchen regelmäßig den überwiegenden Teil der Hotelfläche. Je nach Betriebstyp können unterschiedliche → Zimmertypen (Einzel-, Doppel-, Zweitbett-, Mehrbettzimmer, Suiten und Junior-Suiten, Appartements, Maisonette) mit entsprechend gestalteten Nutzungsbereichen (neben dem Sanitär- und Schlafbereich auch ein zusätzlicher Wohn-, Arbeits- und/oder Verpflegungsbereich) und Ausstattungen (luxuriös, erstklassig, gediegen, zweckmäßig, einfach) angeboten werden. Die Mindest-Zimmergrößen für ein Doppelzimmer haben in früheren Klassifizierungen des DEHOGA bei einem Ein-Stern-Hotel 12 qm (exklusive Bad/WC) und einem Fünf-Sterne-Hotel 26 qm betragen (DEHOGA 2005, S. 4). Ebenfalls umfasst das Basisangebot eines Hotels einen Empfangsbereich und einen Frühstücks-/Speiseraum (→ Frühstück). Dieses Angebot wird je nach Kategorie teilweise erheblich erweitert. So gehören zu einem Luxushotel eine repräsentative Hotelhalle mit Empfangsabteilung, Sitzgelegenheiten, Bewirtung, Aufenthaltsräume sowie bei den sonstigen Leistungen Angebote aus den Bereichen Sport, Gesundheit/Wellness/Schönheit bzw. Kongress/Konferenz/Schulung sowie Einkaufen (Ladengeschäfte).

Dazu kommen als „klassische Hotelleistungen" die Dienstleistungen der Hausdamen- und der Empfangsabteilung. Der Hausdamenabteilung obliegt die

Aufgabe der Reinigung, Pflege und Vorbereitung der Zimmer und Flure, generell der öffentlichen Bereiche (Restaurant, Schwimmbad, Parkplätze). Ebenfalls zugeordnet ist die Wäscherei bzw. die Wäscheverwaltung einschließlich dem Wäscheservice für die Gäste. In First Class- und Luxushotels (→ Hotelbetriebstypen) wird üblicherweise die Couverture oder der Turndown-Service (→ Abdeckservice), d. h. die Vorbereitung der Zimmer am Abend für die Nacht (zum Beispiel Aufdecken des Bettes, Einschalten des Lichts) vorgenommen.

Die Tätigkeit der Empfangsabteilung umfasst die Betreuung vor und während des Aufenthaltes und endet erst nach der Abreise, beispielsweise bei der Zusendung von Fundsachen. Während in mittleren und kleineren Hotelbetrieben alle bzw. mehrere der Aufgaben von einem Mitarbeiter erledigt werden, findet sich in großen Hotels eine weitere Aufgliederung der Empfangsabteilung, „klassisch" in Reservierung, Rezeption, evtl. eine eigenständige Hotelkasse („Cashier"), sowie Concierge bzw. Portierloge.

Die Reservierung übernimmt die bei den Zimmerreservierungen anfallenden Aufgaben. Die → Rezeption ist für die Arbeitsgänge bei Ankunft und Abreise der Gäste zuständig. Die Portierloge bzw. der → Concierge verwaltet – falls noch existent – die Zimmerschlüssel und erbringt eine Vielzahl weiterer Dienstleistungen, beispielsweise die Gepäckbeförderung, die Versorgung der Fahrzeuge, das Arrangieren von Ausflügen oder das Beschaffen von Flug- und Theatertickets, teilweise 24 Stunden am Tag. Allerdings ist die Aufgabenaufteilung von Hotel zu Hotel verschieden, wie auch die strikte Trennung der Abteilungen aufgehoben wird. Teile der Dienstleistungen haben angesichts technologischer und anderer Veränderungen (zum Beispiel → Key Cards und entsprechende Schließanlagen statt Zimmerschlüsseln) an Bedeutung verloren. Ergänzend oder alternativ wird in Hotels auch eine Abteilung Guest Relations eingerichtet (→ Guest Relations Manager).

Hinsichtlich der gastronomischen Leistungen sind nach den Klassifizierungsrichtlinien des Deutschen Hotel- und Gaststättenverbandes zumindest ein Frühstücksraum sowie ein Restaurant notwendig (DEHOGA 2015, S. 18). Je nach Betriebstyp und Standort eines Hotels finden sich darüber hinaus unterschiedliche Gestaltungen der Hotelgastronomie. So verfügen Großhotels in zentralen Stadtlagen häufig über ein → Café, in dem auch kleine Speisen angeboten werden, ein oder mehrere → Hotelrestaurants mit einem Angebot vom Frühstücksbüfett über das Mittag- bis zum Abendessen, ein Feinschmecker-Restaurant, eine Hotelbar, Bankett-Räume verschiedener Größenklassen für unterschiedliche gesellschaftliche Veranstaltungen bis hin zu Ballsälen. Neuere Konzepte konzentrieren das gastronomische Angebot in der → Lobby.

Insgesamt wurden in der amtlichen Statistik in Deutschland im Jahr 2019 über 13.000 Hotels bzw. 7.200 Hotels Garni erfasst (→ Beherbergungsgewerbe). (khh)

Rang	Gesellschaft	Sitz	Zimmer	Hotels	Marken (Auswahl)
1	Marriott International	USA	1.348.532	7.163	Marriott, Courtyard by Marriott, Ritz Carlton, W, Le Méridien
2	Jin Jiang International Holdings	CHINA	1.081.230	10.020	Jin Jiang, Radisson Blu, Tulip, Kyriad
3	Oyo Rooms	INDIA	1.054.000	45.600	OYO
4	Hilton Worldwide Holdings	USA	971.780	6.110	Hilton, Doubletree, Hampton, Conrad, Waldorf Astoria
5	IHG (InterContinental Hotels Group)	GB	883.563	5.903	InterContinental, Holiday Inn, Crowne Plaza, StaybridgeSuites, Holiday Inn Express
6	WyndhamHotels & Resorts	USA	831.025	9.280	Days Inn, Travelodge, Howard Johnson, Ramada, Super 8
7	Accor	F	739.537	5.036	Sofitel, Novotel, Mercure, Ibis Styles, Pullman
8	Choice Hotels International	USA	590.897	7.153	Comfort Inn, Quality, Sleep Inn, Clarion, Econo Lodge
9	Huazhu Group	CHINA	536.876	5.618	Hi Inn, Joya, Manxin, Starway, Steigenberger, Intercity
10	BTG Hotels Group	CHINA	414.952	4.450	Home Inn, Yan Sha, Beijing
66	Kempinski Hotels	CH	22.151	83	Kempinski
71	Motel One	D	20.740	73	Motel One
105	Maritim Hotels	D	13.500	44	Maritim
179	Dorint	D	7.861	62	Dorint, Essential by Dorint

Abb. 18: Die größten Hotelgesellschaften der Welt; Stand: 01.01.2020 (nach Weinstein 2020, S. 23 ff.)

Literatur

DEHOGA o. J: Definition der Betriebsarten. (https://www.dehoga-bundesverband.de/zahlen-fakten/betriebsarten/, zugegriffen am 27.11.2018)

DEHOGA 2005: Kriterienkatalog 2005 – Deutsche Hotelklassifizierung. Berlin: DEHOGA

DEHOGA 2015: Kriterienkatalog Deutsche Hotelklassifizierung 2015–2020. (http://www.hotelsterne.de/fileadmin/download/Deutsche_Hotelklassifizierung_2015-2020_03.pdf, zugegriffen am 31.01.2015)

Glücksmann, Robert 1927: Das Gaststättenwesen. Stuttgart: Poeschel

Hänssler, Karl Heinz 2016: Die gastgewerbliche Leistung als Dienstleistung. In: Ders. (Hrsg.): Management in der Hotellerie und Gastronomie – Betriebswirtschaftliche Grundlagen. Berlin, Boston: De Gruyter Oldenbourg, S. 104–117 (9. Aufl.)

Hoffmann, Moritz 1961: Geschichte des deutschen Hotels. Vom Mittelalter bis zur Gegenwart. Heidelberg: Hüthig

Hotelstars Union 2019: Kriterienkatalog 2020–2025. (https://www.hotelstars.eu/fileadmin/ Dateien/GERMANY/Downloads/Files/Kriterienkatalog_2020-2025_aktuell.pdf, zugegriffen am 18.03.2020)

Rauers, Friedrich 1942: Kulturgeschichte der Gaststätte. Berlin: Metzner

Statistisches Bundesamt 2008: Klassifikation der Wirtschaftszweige mit Erläuterungen. (https://www.destatis.de/DE/Methoden/Klassifikationen/GueterWirtschaftklassifika tionen/klassifikationwz2008_erl.pdf;jsessionid=15B4FE2283D8026F0EF7666446EC70C6. InternetLive2?__blob=publicationFile, zugriffen am 27.11.2018)

Statistisches Bundesamt 2019: Qualitätsbericht Monatserhebung im Tourismus 2019. (https: //www.destatis.de/DE/Methoden/Qualitaet/Qualitaetsberichte/Gastgewerbe-Tourismus/ tourismus-monatserhebung.pdf?__blob=publicationFile, zugegriffen am 06.10.2019)

Weinstein, Jeff 2020: Hotels 325. Special Report. In: hotelsmag, o. Jg. (7/8), S. 22-38

Hotel Garni [hotel with breakfast only]

Ein Hotel Garni ist ein Betrieb, der Beherbergung und Verpflegung anbietet. Die Verpflegungsleistung ist eingeschränkt (nur Frühstück, zusätzlich höchstens noch kleine Speisen) und wird nur Hotelgästen, nicht aber Passanten, angeboten.

Im Rahmen der → Deutschen Hotelklassifizierung kann ein Hotel Garni maximal mit vier Sternen ausgezeichnet werden – im Gegensatz zu → Hotels, die bis zu fünf Sterne erreichen können. Beurteilungskriterien wie das Restaurant entfallen bei der Klassifizierung. In der Schweiz wird synonym der Begriff „Hotel nur mit Frühstück" verwandt. (wf)

Hotel Guide → **Hotelführer**

Hotel Operations

To operate (engl.) = in Betrieb sein, laufen, funktionieren. In der Hotellerie der international gängige Begriff für die Leistungserstellung (insbesondere Empfang, Reservierung, Etage, Bar, Küche, Service).

Die Abteilungen der Leistungserstellung (operating departments; operating divisons) sind direkt in die Dienstleistungserstellung für den Gast eingebunden. Im Gegensatz dazu stehen unterstützende Abteilungen (support divisions) wie → Controlling, Marketing, Personal, Rechnungswesen oder Vertrieb, die nur indirekt an der Erstellung der → Dienstleistung beteiligt sind. (wf)

Hotelanimation [hotel entertainment programme]

Einführung der → Animation als Dienstleistung in Betrieben der (oft mittel-ständischen) Ferienhotellerie außerhalb des Bereiches → Cluburlaub. Auf die klassische Animationsinfrastruktur der Clubs (Amphitheater, Achter-Tisch etc.) wird verzichtet. Die gleichen Arbeitsprinzipien und Anregungsstrategien wie in der klassischen Animation werden dabei nicht durch ein eigenes Animationsteam, sondern durch animativ begabte Mitarbeiter aller Hotelabteilungen realisiert. (cfb/wf)

Hotelbetriebstypen [hotel types]

Die Betriebsart → Hotel in der Bundesrepublik Deutschland umfasst über 13.000 Betriebe, die sich teilweise deutlich voneinander unterscheiden. Um diese Vielzahl systematisch darstellen zu können, ist es sinnvoll, Betriebe, die in einem oder mehreren wesentlichen Merkmalen so weit übereinstimmen, dass sie der gleichen Kategorie zugeordnet werden können, zu Betriebstypen zusammenzufassen. Eine Typisierung kann nach Leistungsangebot, Standort, Betriebsgröße, Konzeptionsgrad, Grad der wirtschaftlichen Selbständigkeit und den Eigentumsverhältnissen erfolgen (Hänssler 2016, S. 53 f.).

Die Typisierung nach dem Leistungsangebot erfolgt nach Art, Umfang und Qualität der Leistungen (→ Hotel). In einem Standardhotel werden – ausgehend von den Grundfunktionen Beherbergung und Bewirtung der Gäste – einerseits die Zimmer und in geringem Umfang weitere bauliche Anlagen, andererseits die Grundleistungen der Hausdamenabteilung und des Empfangsbereichs sowie gastronomische Leistungen zur Verfügung gestellt.

In der Mehrzahl der Hotels werden teilweise erheblich darüber hinausgehende Leistungen angeboten, diese können aber auch verringert werden. Zusätzliche hotelspezifische → Dienstleistungen sind beispielsweise der Wäsche- und Etagenservice, Öffnungszeiten der Empfangsabteilung „rund um die Uhr", Portiersleistungen wie das Arrangieren von Ausflügen oder das Beschaffen von Flug- und Theatertickets. In der Gastronomie gehört dazu ein differenziertes Angebot mit Gourmetrestaurant, Hotelbar, → Café/→ Bistro und Hallenbewirtung. Dazu kommen die „sonstige(n) Leistungen", die wohl nicht unmittelbar aus den ursprünglichen Hotelfunktionen Beherbergung und Verpflegung hervorgehen, die jedoch ab einem bestimmten Niveau von den Gästen erwartet werden und nicht selten den Hotelbetrieb sogar charakterisieren. Solche sind Leistungen aus den Bereichen Sport, Gesundheit/→ Wellness oder Tagungen.

Je nachdem, welche Leistungen angeboten und wie diese gestaltet und zu einem einheitlichen Ganzen kombiniert werden, ergeben sich unterschiedliche Ausprägungen des Produktes ‚Hotel', die in Betriebstypen zusammengefasst werden können.

Sowohl die hotelspezifischen als auch die sonstigen Leistungen werden erbracht, indem zusätzliche bauliche Anlagen (zum Beispiel ein Schwimmbad) bzw. zusätzliche Mitarbeiter zur Verfügung gestellt werden. Die Abbildung zeigt die systematische Einordnung von Hotelbetriebstypen nach diesen Kriterien.

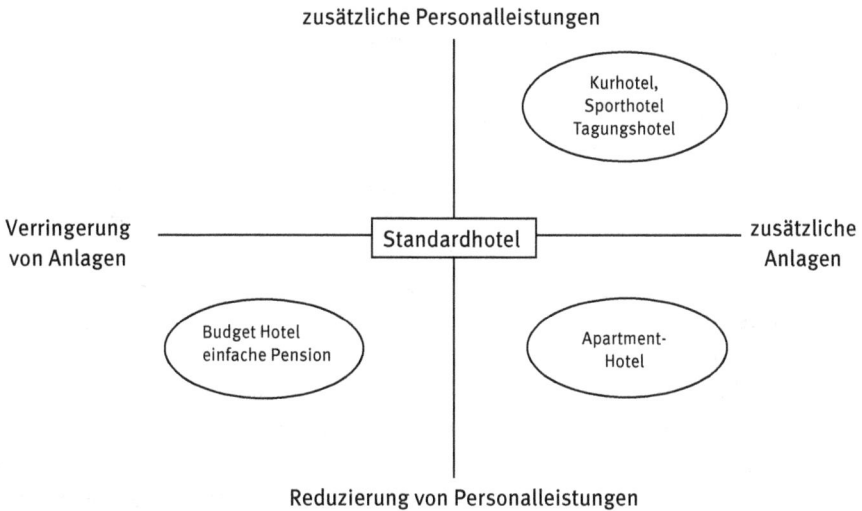

Abb. 19: Hotelbetriebstypen nach Anlagen und personellen Dienstleistungen (nach Hänssler 2016, S. 55)

Im „Standardhotel" werden die oben aufgeführten Leistungen angeboten. Die Betriebe im Quadranten rechts oben bieten sowohl im Mitarbeiterbereich als auch bei den Anlagen zusätzliche Leistungen an: Ein höheres Maß hotelspezifischer Dienstleistungen und/oder einen Kur- und Badebereich, einen Sportbereich oder Tagungsmöglichkeiten. Je nach Umfang ergeben sich eigene Betriebstypen wie das Kurhotel oder das Tagungshotel. Mit der Erweiterung der Anlagen kann auch eine Veränderung der Einrichtung und Funktion der Räume verbunden sein, beispielsweise durch eine kindgerechte Ausstattung.

Bei Betrieben im Quadranten rechts unten werden zusätzliche Anlagen wie Küchen im Apartment (→ Apartment-Hotel) zur Verfügung gestellt. Gleichzeitig werden jedoch personelle Dienstleistungen, beispielsweise bei der Zimmerreinigung, reduziert.

Große Bedeutung hat auch die Verringerung von Anlagen und Mitarbeitern (Quadrant links unten). Dies geschieht durch die Verringerung der Zimmergröße und der Aufenthaltsräume sowie durch Einschränkungen im Dienstleistungsbereich, im Restaurant oder an der Rezeption, mit der Zielsetzung, einen niedrigen Preis anbieten zu können.

Je nachdem, welche baulichen Anlagen den Gästen zur Verfügung gestellt und welche von Personen erbrachte Dienstleistungen angeboten werden, untergliedert die → Deutsche Hotelklassifizierung in die Betriebstypen 1 bis 5 Sterne Hotels.

Weitere Untergliederungen in Betriebstypen können nach folgenden Kriterien erfolgen:

- Standort: Berg-, See-, Land-, Stadt-, → Flughafen-, → Bahnhofshotel u. a.
- Betriebsgröße: Groß-, Mittel- und Kleinbetriebe. Eine einheitliche Definition, ab welcher Betten- oder Zimmerzahl bzw. welchen Umsätzen Hotelbetriebe als Groß- oder Mittelbetriebe gelten, liegt bis dato nicht vor. Hinsichtlich der konzeptionellen Gestaltung wurde in früheren Jahren häufig zwischen den Größenklassen bis 100 Betten (50–60 Zimmer), von 100–200 Betten und über 200 Betten unterschieden. Betriebe bis 100 Betten sind durch einen familiären Charakter geprägt. Wichtige Betriebsgrößenklassen bei der Beherbergungsstatistik liegen zwischen 20–24, 25–49, 50–99, 100–249 sowie 250 und mehr Zimmern. 73 % der Hotels in Deutschland befinden sich in der Größenklasse bis 49 Zimmer, nur 12 %, allerdings mit einem Anteil an den Beherbergungseinheiten von ca. 46 %, gehören zur Größenklasse ab 100 Zimmern (Statistisches Bundesamt 2018, S. 25).
- Konzeptionsgrad: Individual- und Systemhotellerie. Betriebe der Systemhotellerie sind Filial-, Management- oder Franchisebetriebe, deren Angebot und Arbeitsabläufe mehr oder weniger systematisch nach einem bestimmten Konzept ausgerichtet sind. Betriebe der Individualhotellerie werden häufig vom Unternehmer selbst geführt, das Konzept wird individuell durch diesen bestimmt.
- Grad der wirtschaftlichen Selbständigkeit: Einzelbetriebe, → Hotelkooperationen im engeren Sinn, → Franchise-, Konzernbetriebe.
- Eigentumsverhältnisse: → Eigentümerbetrieb, Pachtbetrieb (→ Hotelpacht), Managementbetrieb (→ Managementvertrag). (khh)

Literatur
DEHOGA 2015: Kriterienkatalog Deutsche Hotelklassifizierung 2015–2020. (http://www.hotelsterne.de/fileadmin/download/Deutsche_Hotelklassifizierung_2015-2020_03.pdf, zugegriffen am 31.01.2015)
Hänssler, Karl Heinz 2016: Betriebsarten und Betriebstypen des Gastgewerbes. In: Ders. (Hrsg.): Management in der Hotellerie und Gastronomie – Betriebswirtschaftliche Grundlagen. Berlin, Boston: De Gruyter Oldenbourg, S. 49–73 (9. Aufl.)
Hotelstars Union 2019: Kriterienkatalog 2020–2025. (https://www.hotelstars.eu/fileadmin/Dateien/GERMANY/Downloads/Files/Kriterienkatalog_2020-2025_aktuell.pdf, zugegriffen am 18.03.2020)
Statistisches Bundesamt 2018: Binnenhandel, Gastgewerbe, Tourismus – Ergebnisse der Monatserhebung im Tourismus, Fachserie 6, Reihe 7.1, Juli 2018, erschienen September 2018. Wiesbaden

Hotelbewertungssystem → **Bewertungssysteme**

Hotel-Controlling → **Controlling**

Hoteldirektor → **General Manager**

Hoteleinkauf → **Supply Chain Management (Hotel)**

Hotelfachmann/Hotelfachfrau **[specialist in the hotel business]**
Berufsbezeichnung und gleichzeitig anerkannte Berufsausbildung im → Gastgewerbe. Die Ausbildung dauert drei Jahre, Ausbildungsorte sind der jeweilige Betrieb und die Berufsschule. Während der Ausbildung durchlaufen die Auszubildenden die Abteilungen eines → Hotels, etwa Empfang, Service, Bankett, Küche, Etage, Bar, Verwaltung oder Direktionssekretariat. Durch die breit angelegte Ausbildung entwickeln sich Generalisten, die nach Abschluss der Lehre in verschiedenen Stellen eines Hotel- oder Restaurantbetriebes eingesetzt werden können (DEHOGA o. J.).

Im Rahmen des Neuordnungsverfahrens werden die Ausbildungsinhalte aktualisiert. Neu in den Ausbildungsrahmenplan integriert wird die Umsetzung des betrieblichen Channel und Revenue Managements, insbesondere im Zusammenhang mit digitalen Buchungswegen. Außerdem werden Kompetenzen in den Bereichen Sales, Verkaufsförderung und prozessorientiertes Handeln im Team und an Schnittstellen verstärkt. Als neuer Ausbildungsinhalt kommt die Anleitung und Führung von Mitarbeitern hinzu. Es bleibt bei der generalistischen Ausrichtung des Berufes, daher bleiben auch Ausbildungsinhalte im Housekeeping, im Bereich F&B und bei der Veranstaltungsorganisation erhalten. Der Wechsel zur Prüfungsform der gestreckten Abschlussprüfung wird angestrebt. Der Ausbildungsberuf Hotelfachmann/-frau bildet eine Berufsgruppe mit den Kaufleuten für Hotelmanagement. Das Inkrafttreten ist für August 2022 geplant. (sw)

Literatur
Bundesministerium für Wirtschaft und Energie 2019: Eckwertekatalog Hotelfachmann und Hotelfachfrau sowie Katalog der vorläufigen Fertigkeiten, Kenntnisse und Fähigkeiten. Nicht veröffentlichtes Skript. Bonn
DEHOGA (Hrsg.) o. J.: Berufsausbildung und Karrierechancen in Gastronomie und Hotellerie. Berlin

Hotelführer [hotel guide]

(Online-)Publikation, die Informationen über Hotel- und Beherbergungsunternehmen sammelt, aufbereitet und diese dann (potentiellen) Hotelgästen zur Verfügung stellt. Hotelführer bieten faktische und teilweise auch wertende Informationen.

Zu den faktischen Informationen gehören (mehrsprachige) Aussagen zu Adresse, Anfahrts- und Parkmöglichkeiten, Betten- und Zimmeranzahl, Gastronomie/Einrichtungen, Standort, Öffnungszeiten, Preise, Zahlungsmöglichkeiten, Internetauftritt etc. Um die Informationsfülle zu bewältigen, werden Piktogramme eingesetzt. Mitunter besteht für Hotels die Möglichkeit, individuelle Textbausteine einzufügen. In der Regel entscheiden sich Hotelführer für ein geographisches Ordnungsmuster mit alphabetischer Sortierung nach Städten, Regionen, Ländern oder Kontinenten.

Eine Wertung der Hotels erfolgt durch den Rückgriff auf bestehende Klassifizierungen (z. B. Sterne der → Deutschen Hotelklassifizierung; Sterne der → Deutschen Klassifizierung für Gästehäuser, Gasthöfe und Pensionen), Zertifizierungen oder Kommentare/online-Bewertungen.

Neben Hotelführern, die den Gesamtmarkt abbilden (z. B. Deutscher Hotelführer), existieren solche, die bestimmte Marktsegmente wie Seminare und Tagungen (z. B. Intergerma-Führer) oder → Wellness erschließen. Hotelführer können kostenlos oder kostenpflichtig sein. Sie sind als Druckausgabe und/oder online (E-Book, Internetseiten, → mobile Applikationen [App]) präsent. Online-Lösungen erleichtern Möglichkeiten des Buchens, Bewertens und Weiterempfehlens. Das Buch als gedruckte Form wird dennoch oft als Imageträger und nicht flüchtiges, haptisches Erlebnis fortgeführt.

Manche (Online-)Publikationen beziehen zusätzlich gastronomische Betriebe mit ein (Hotel- und → Restaurantführer wie der → Guide Michelin, → Gusto oder → Varta-Führer). Als Herausgeber treten insbesondere → Hotelkooperationen, Hotelkonzerne, → Reisebüros, → Reiseveranstalter, → touristische Suchmaschinen, Tourismus- und Hotelverbände sowie auf Hotel- und → Restaurantkritik spezialisierte Unternehmen auf.

Aus modelltheoretischer Sicht sind Hotelführer Intermediäre (certification intermediaries), die auf dem Markt Informationen über die Verkäuferseite sammeln, aggregieren und der Käuferseite zur Verfügung stellen. Sie tragen schlussendlich zum Abbau eines Informationsdefizits bei (Biglaiser 1993, S. 222 f.; Lizzeri 1999, S. 214 f.). (wf)

Literatur

Biglaiser, Gary 1993: Middlemen as experts. In: Rand Journal of Economics, 24 (2), pp. 212–223
DEHOGA Bundesverband (Hrsg.) 2020: Deutscher Hotelführer 2020. Stuttgart: Matthaes
    (69. Aufl.)

Intergerma (Hrsg.) 2019: Hotels & Tagungsstätten D/A/CH. Tagungsplanung – leicht gemacht 2020. Hochheim: EuBuCo

Lizzeri, Alessandro 1999: Information revelation and certification intermediaries. In: Rand Journal of Economics, 30 (2), pp. 214–231

Michelin Travel Partner (Hrsg.) 2020: Guide Michelin Deutschland 2020. München: Gräfe und Unzer

Oberhäußer, Markus J. (Hrsg.) 2019: Gusto Deutschland 2019/2020. Der Kulinarische Reiseführer. Landsberg/Lech: Gusto Media

VARTA-Führer (Hrsg.) 2019: Der Varta-Führer 2020. Hotels & Restaurants in Deutschland. Ostfildern: MairDumont

Hotelier [hotelier]

Hôtelier (franz.) = Gastwirt. Der Begriff wird im Alltag etwas diffus eingesetzt. Während die eine Seite – wohl die Mehrheit – mit ihm den selbständigen Unternehmer meint, der ein oder mehrere Hotels im Eigentum oder gepachtet hat und betreibt, setzen andere ihn mit dem angestellten Hotelmanager bzw. Hoteldirektor (→ General Manager) gleich. Der Begriff ist auch Namensgeber für Wettbewerbe (Hotelier des Jahres) oder Fachmagazine (etwa AHGZ – Der Hotelier; das Schweizer Fachmagazin Hotelier). (wf)

Hotelkategorie → **Deutsche Hotelklassifizierung,** → **Hotelklassifizierung,** → **Hotelstars Union**

Hotelkaufmann/Hotelkauffrau [hotel clerk]

Berufsbezeichnung und gleichzeitig anerkannte Berufsausbildung im → Gastgewerbe. Die Ausbildung dauert drei Jahre, Ausbildungsorte sind der jeweilige Betrieb und die Berufsschule. Der Schwerpunkt der Ausbildung liegt im kaufmännischen Bereich; zentrales Arbeitsfeld ist die kaufmännische Steuerung des Hotelbetriebs (DEHOGA o. J.).

Im Rahmen des Neuordnungsverfahrens wird der Ausbildungsberuf die neue Berufsbezeichnung Kaufmann/Kauffrau für Hotelmanagement erhalten. Die Ausbildungsinhalte werden aktualisiert und stärker auf kaufmännische und analytisch-strategische Kompetenzen ausgerichtet. Daher werden insbesondere Kompetenzen in der Durchführung und Planung des Revenue-Managements, der Entwicklung und des Einsatzes von Marketingmaßnahmen, der Durchführung, Kalkulation und Analyse von Veranstaltungen, der Planung und Umsetzung von Arbeits- und Personalprozessen, von Warenwirtschaft und Einkauf sowie des → Controllings verstärkt. Der Wechsel zur Prüfungsform der gestreckten Abschlussprüfung wird angestrebt. Der Ausbildungsberuf Kaufmann/-frau für Hotelmanagement bildet eine Berufsgruppe mit den Hotelfachleuten. Das Inkrafttreten ist für August 2022 geplant. (sw)

Literatur

Bundesministerium für Wirtschaft und Energie 2019: Eckwertekatalog Kaufmann für Hotelmanagement und Kauffrau für Hotelmanagement sowie Katalog der vorläufigen Fertigkeiten,
Kenntnisse und Fähigkeiten. Nicht veröffentlichtes Skript. Bonn

DEHOGA (Hrsg.) o. J.: Berufsausbildung und Karrierechancen in Gastronomie und Hotellerie.
Berlin

Hotelkette [hotel chain]

Unklarer Begriff, für den in der wissenschaftlichen Literatur unterschiedliche
Definitionen existieren. Am häufigsten wird der Begriff der Hotelkette in Zusammenhang mit Hotelkonzernen bzw. Konzentrationsgebilden verwendet. Dem widerspricht allerdings die Verwendung des Begriffs im Zusammenhang mit Franchise-Verbindungen oder auch → Hotelkooperationen, da die Hotels in diesen
Fällen untereinander rechtlich und wirtschaftlich selbständig sind (auch Page
2019, S. 211 ff.).

Die Schwierigkeit einer einheitlichen Definition hängt mit den dahinter stehenden, unterschiedlichen Geschäftsmodellen zusammen. Neben den klassischen Eigentümerhotels werden Hotels mit Pacht- (→ Hotelpacht) und → Managementverträgen betrieben, schließen sich Franchise-Verbindungen (→ Franchise) an und gehen Hotelkooperationen im engeren Sinn ein. Bei all diesen
Geschäftsmodellen sind die zu Grunde liegenden rechtlichen und wirtschaftlichen Abhängigkeiten verschiedenartig ausgeprägt. Die Veränderung der Struktur
der Hotellerie und die Entstehung immer größerer Hotelgruppen, die sich der verschiedenen Geschäftsmodelle zur Expansion bedienen, erschweren eine exakte
Abgrenzung.

Allen Definitionen der Hotelkette gemein ist zumindest ein bis zu einem gewissen Grad gemeinsames Auftreten der beteiligten Hotels am Markt. Um einer
unsauberen Definition des Begriffes Hotelkette entgegenzutreten und Klarheit bei
der Verwendung des Begriffes zu schaffen, erscheint es sinnvoll, die Hotelkette
über den gemeinsamen Namen und das gemeinsame Auftreten am Markt zu definieren. Solch eine Definition gewährleistet ebenfalls eine Transparenz dem Hotelgast gegenüber, für den es oftmals nicht sichtbar bzw. gleichgültig ist, welches
Geschäftsmodell beim Betrieb eines Hotels vorliegt. Für den Hotelgast entsteht
durch die Verwendung eines einheitlichen Namens und das einheitliche Auftreten der Hotels am Markt ein eindeutiges und einprägsames Image. Einer solchen
Definition des Begriffes Hotelkette folgend, wären Konzerne genauso als Hotelketten anzusehen wie Franchise-Gruppen oder Hotelkooperationen im engeren Sinn,
solange diese nach außen hin in gewisser Art und Weise einheitlich auftreten.

Um diesbezüglich eine höhere Transparenz zu schaffen, hat der → Deutsche
Hotel- und Gaststättenverband (DEHOGA) den Begriff der → Markenhotellerie ein-

geführt. Durch dessen trennscharfe Abgrenzung besteht die Möglichkeit von statistisch belastbaren Aussagen. (amj/wf)

Literatur

Jaeschke, Arndt Moritz; Wolfgang Fuchs 2016: Zusammenarbeit in der Hotellerie – Funktionelle Entkopplung, Betreiberformen und Kooperationen. In: Karl Heinz Hänssler (Hrsg.): Management in der Hotellerie und Gastronomie – Betriebswirtschaftliche Grundlagen. Berlin, Boston: De Gruyter Oldenbourg, S. 75–91 (9. Aufl.)

Page, Stephen J. 2019: Tourism Management. London, New York: Routledge (6th ed.)

Hotelklassifizierung [hotel classification]

Unter einer Klassifizierung wird generell eine Bildung von unterschiedlichen Klassen verstanden. Eine Klassifizierung soll Ordnung und Überblick verschaffen. Hotelklassifizierungen verfolgen mithin das Ziel, durch die Bildung von unterschiedlichen Klassen eine höhere Transparenz, eine deutlichere Produktpositionierung und eine bessere Orientierung zu geben.

Die Klassifizierung von Hotels ist auf Basis von unterschiedlichen Kriterien denkbar (z. B. Standort, Aufenthaltszweck, Größe, Betreiberform). Aufgrund der hohen praktischen Relevanz hat sich die Klassifizierung nach Qualitätskategorien durchgesetzt. Weltweit werden meist Sterne als aussagefähiges, kompaktes Symbol verwendet (1*-5*). In manchen Ländern, etwa im arabischen Raum, werden Hotels auch mit höheren Symbolen (7*) in Verbindung gebracht; allerdings handelt es sich hierbei eher um eine nach öffentlicher Wahrnehmung trachtende PR-Aktion.

Unterschiedlich beteiligte Akteure (Staat, Verbände, Unternehmen), unterschiedliche Regulierungsebenen (nationale oder regionale Ebene), unterschiedliche Verbindlichkeitsgrade (Pflicht, Freiwilligkeit), unterschiedliche Beurteilungskriterien, Zwischenstufen und zusätzliche Klassifizierungen und Zertifizierungen für spezifische Marktsegmente (→ Wellness Stars, → Certified) erschweren eine Vergleichbarkeit der Klassifizierungssysteme der einzelnen Länder. Davon abgesehen gibt es Länder, die keine Hotelklassifizierung haben bzw. anstreben.

In Europa strebt die → Hotelstars Union, eine Kooperation von nationalen, europäischen Hotelverbänden, eine harmonisierte europäische Hotelklassifizierung an. Zu einer allgemeinen Einordung von Klassifizierungen siehe → Qualitätszeichen. (wf)

Hotelkooperation [hotel co-operation]

1 Grundlagen Eine → Kooperation ist ein Zusammenschluss rechtlich und wirtschaftlich selbstständiger Unternehmen zur langfristigen Existenzsicherung bzw. Unternehmensentwicklung und zur Steigerung der Wettbewerbsfähigkeit. In bestimmten Unternehmensfunktionen wird die wirtschaftliche Selbstständigkeit eingeschränkt, um die Aufgaben gemeinsam besser als einzeln zu lösen. Die Managementleistung soll insgesamt verbessert werden (Wöhe, Döring & Brösel 2016, S. 237; Popp 2020, S. 252). Kooperationen lassen sich mit den drei Dimensionen Kooperationsform (vertikal, lateral, horizontal), Kooperationsintensität (Low involvement vs. High Involvement) und Kooperationsbereich (Anzahl und Art der Geschäftsbereiche) beschreiben (zum Folgenden Jung & Abderhalden 2015, S. 14 ff.).

Legt man die Dimension Kooperationsform zugrunde, lassen sich vertikale (Betriebe auf unterschiedlichen Wertschöpfungsstufen), laterale (Zusammenarbeit mit Betrieben anderer Branchen) und horizontale Kooperationen (Betriebe einer Branche auf gleicher Wertschöpfungsstufe) unterscheiden. Legt man die Dimension Kooperationsintensität zugrunde, kann zwischen nicht intensiv und intensiv verbundenen Kooperationen unterschieden werden. Geringer Austausch steht einem hohen Austausch gegenüber. → Hoteliers, die sich alle drei Monate am Stammtisch zum Gedankenaustausch treffen oder halbjährlich stattfindende Erfahrungsaustauschgruppen (Erfa-Gruppen) sind Beispiele für eine niedrige Kooperationsintensität. Legt man die Dimension Kooperationsbereich zugrunde, wird unterschieden, in wie vielen und welchen Bereichen zusammengearbeitet wird. Jung & Abderhalden nennen hierbei die Bereiche Positionierung, Angebot, Verkauf, Qualität, Nachhaltigkeit, Mitarbeiter, Einkauf, Informationstechnologie, Rechnungswesen, Investitionen und Finanzen (ebenda 2015, S. 18). Hoteliers können sich entscheiden, nur in einem Feld zusammen zu arbeiten (gemeinsamer Messeauftritt im Ausland) oder in nahezu allen Unternehmensbereichen zu kooperieren.

2 Hotelkooperationen im engeren Sinn Hotelkooperationen im engeren Sinn lassen sich als solche begreifen, die längerfristig und freiwillig unter Wahrnehmung ihrer Selbständigkeit

a) auf horizontaler Ebene,
b) mit einer hohen Kooperationsintensität,
c) über nahezu alle Bereiche kooperieren.

Eine ERFA-Gruppe oder ein gemeinsamer Messeauftritt werden insofern nicht als eine Hotelkooperationen im engeren Sinn verstanden. Hotelkooperationen im engeren Sinn treten mit einem gemeinsamen Markennamen bzw. Namenszusatz auf (z. B. Ringhotel Krone in Friedrichshafen, Romantik Hotel Residenz am See in Meersburg, Relais & Châteaux Hotel Bareiss in Baiersbronn). Sie verfolgen ein weites Spektrum von Zielen und Synergieeffekten (Kosteneinsparungen, geringere Konkurrenz, neue Gästesegmente, höhere Erträge, fokussierte Positionierung, höhere Marktmacht, Wissensaustausch, Effizienzsteigerung, Mehrwert für Gäste, Professionalisierung, neue Handlungsfelder und Innovation) (Jung & Abderhalden 2015, S. 9). Oft konzentrieren sich Hotelkooperationen im engeren Sinn als Spezialisten auf gewisse Zielgruppen bzw. Themen (Familien, Design, Nachhaltigkeit, Luxus, Regionen, Standorte, Wellness), gleichwohl gibt es auch sogenannte Allrounder.

Die Aufnahme in eine Hotelkooperation ist an die Erfüllung bestimmter Kriterien (z. B. bestimmte Einstufung in der → Deutschen Hotelklassifizierung, kulinarische Ausrichtung, Lage, Ambiente) gebunden. Erfolgreiche Hotelkooperationen zeichnen sich durch anspruchsvoll formulierte Aufnahmekriterien aus. Sind die Kriterien „weich" formuliert, lassen sich im ersten Schritt zwar mehr Mitglieder gewinnen, allerdings besteht die Gefahr, dass die Kooperation aufgrund der stark unterschiedlichen Kooperationspartner in der Innen- und Außenwirkung kein eigenständiges Profil gewinnt und als → Marke nicht wahrgenommen wird. Der Beitritt in eine Hotelkooperation ist mit unterschiedlichen Kosten verbunden und ähnelt der Finanzierungsstruktur von → Franchise-Konzepten. Die Komponenten können von Kooperation zu Kooperation variieren, in der Regel sind aber einmalige Aufnahmebeiträge, laufende Mitgliedsbeiträge, Beiträge für das Reservierungssystem und Umlagen für spezielle Marketing- und PR-Aktivitäten zu entrichten. Beiträge für eine Erstausstattung mit Werbematerial oder die Tätigung einer unverzinslichen Geschäftseinlage sind ebenfalls denkbar.

Historisch gesehen können Hotelkooperationen im engeren Sinn als Gegenmacht („Countervailing power") verstanden werden, die sich mehrheitlich ab den 1970er-Jahren formiert hat (Gründung bspw. Romantik Hotels 1972, Ringhotels 1973, Flair Hotels 1983), um den auf den deutschen Markt drängenden US-Hotelgruppen Paroli zu bieten (Markteintritt: 1950er- und 1960er-Jahre).

3 Beispiel Ringhotels Ein Blick auf die Hotelkooperation Ringhotels, eine der ältesten und erfolgreichsten Kooperationen in Deutschland, verdeutlicht die Idee der Zusammenarbeit (zum Folgenden Ringhotels o. J.; Ringhotels 2018; www.ringhotels.de). Die Ringhotels sind eine Kooperation im 3-Sterne- und 4-Sterne-Segment, die deutschlandweit vertreten ist. International sind sie in der weltweit operierenden „Global Alliance of Private Hotels" organisiert.

Um aufgenommen zu werden, müssen Bewerber bestimmte Anforderungskriterien erfüllen (individuell geführt, Präsenz des Gastgebers, → Restaurant mit anspruchsvoller und regionaltypischer Küche, vorzugsweise vom → DEHOGA klassifiziert, Erfüllung von internen Qualitätsanforderungen und Tests u. a.). Nach der Bewerbung erfolgt eine Selbstauskunft, vor der Aufnahme wird ein Qualitätstest durchgeführt. Mitgliedsbetriebe werden regelmäßig anonym getestet. Der Satzungsanhang formuliert einen Pflichtenkatalog für Mitglieder (u. a. Teilnahme an Mitgliedertreffen und Marktanalysen, Einhaltung Qualitätsrichtlinien, Nutzung der Marke, Einbindung in Verkaufsförderung und Reservierungssystem, Angebot von spezifischen Arrangements).

Das Spektrum der Aktivitäten reicht von Publikationen (→ Hotel- und → Restaurantführer) über Internetauftritt, → Social Media, Loyalitäts-Programme, Markt- und Trendforschung, Presse- und Öffentlichkeitsarbeit, Anzeigenwerbung, Messebeteiligungen, Marketing und Vertrieb, E-Distribution, interne Kommunikation (Tagungen, Schulungen, Intranet, Arbeitskreise), unabhängigen internen Qualitätsprüfungen bis hin zu Lobbying (→ Tourismuslobbying).

Die Beherbergungsbetriebe zahlen im Geschäftsjahr 2020 einen jährlichen Basisbeitrag (netto) von 6.540 € zuzüglich einer Pro-Zimmerpauschale (Ausgangspunkt 01.01.2016: 148 € für die ersten 100 Zimmer). Die Pro-Zimmerpauschale wird automatisch jährlich um 3 % angepasst. Hinzu kommt eine einmalige Aufnahmegebühr (4.800 € netto). Die zu erbringende Geschäftseinlage (1/4 des Jahresbeitrages) wird nach Austritt unter bestimmten Voraussetzungen rückerstattet, sie ist ein unverzinsliches Darlehen für die Dauer der Mitgliedschaft. Darüber hinaus fallen Beiträge an, etwa für das Gastbindungsprogramm, Reservierungsgebühren oder interne Qualitäts-Checks (Ringhotels o. J.; Ringhotels 2018; www.ringhotels.de).

4 Einschätzung Der Vorteil von Hotelkooperationen liegt für die Hotels in der Bündelung der einzelnen Kräfte zur Erreichung der angesprochenen Ziele. Ohne Aufgabe der Selbstständigkeit hat der mittelständische Hotelier die Möglichkeit, seine Individualität zu wahren und trotzdem konkurrenzfähig zu den Betrieben großer Hotelgesellschaften zu bleiben. Um auf dem Markt bestehen zu können, brauchen Hotelkooperationen im engeren Sinn eine kritische Masse, eine starke Marke, ein klares Produkt und eine hohe Professionalisierung. Dabei ist der Erfolg der Kooperation umso wahrscheinlicher, je straffer und homogener die Organisation ist, je kooperativer das Zusammenarbeiten stattfindet, je engagierter die einzelnen Mitglieder sind. Das Risiko von Hotelkooperationen im engeren Sinne scheint in einem mangelhaften Vertrauensaufbau zwischen den Partnern zu liegen. Dieser kann durch zu große Fokussierung auf den eigenen Vorteil entstehen und ein Vorbeiarbeiten an den Zielen zur Folge haben. Es ist notwendig, sich vor einem Beitritt mit den Zielen, Strukturen und Inhalten der Hotelkooperation auseinanderzusetzen. Hotelkooperationen können kein Rettungsanker für kränkelnde Betriebe sein.

Hotelkooperationen im engeren Sinne stagnieren gegenwärtig in Deutschland bzw. sind leicht rückläufig, Marktbereinigungen sind sichtbar. Die Gründe dafür reichen von Geschäftsaufgaben (z. B. aufgrund ungünstiger Standorte, fehlender Nachfolger, nicht ausreichender Professionalisierung, fehlender Fach- bzw. Arbeitskräfte) bis hin zum Aufkauf durch große Hotelgesellschaften. (wf)

Literatur

Jung, Daniel C.; Martin Abderhalden 2015: fit-together. Arbeitsbuch zur Umsetzung von Kooperationen und Innovationen in der Hotellerie. Zürich: édition gastronomique

Popp, Rebecca 2020: Unternehmenszusammenschlüsse. In: Wilhelm Schmeisser, et al.
(Hrsg.): Neue Betriebswirtschaft. Theorien. Methoden. Geschäftsfelder. München: UVK,
S. 249–265 (2. Aufl.)
Ringhotels e. V. o. J.: Gemeinsam mehr erreichen. Firmenprospekt. München
Ringhotels e. V. 2018: Vereinssatzung und Satzungsanhänge. München
Wöhe, Günter; Ulrich Döring & Gerrit Brösel 2016: Einführung in die Allgemeine Betriebswirt-
schaftslehre. München: Vahlen (26. Aufl.)

Gedankensplitter
„Man muss auch gönnen können." (Susanne Weiss, Geschäftsführender Vorstand Hotelkooperation Ringhotels, auf die Frage nach Erfolgsfaktoren von funktionierenden Hotelkooperationen)

Hotelleitsystem → **Touristisches Besucherleitsystem**

Hotelnamen → **Wirtshausnamen**

Hotelpacht [hotel lease]
Durch Vertrag begründetes Pachtverhältnis zwischen Verpächter (Hoteleigentümer) und Pächter (Hotelbetreiber) über gewerblich genutzte Räume gegen Entgelt.
Der Pachtvertrag ist ein gegenseitiger Schuldvertrag. Er verpflichtet den Verpächter, die Nutzung des Pachtgegenstandes im vertraglich bestimmtem Umfang zu
gewähren, während der Pächter verpflichtet ist, die vereinbarte Pacht zu bezahlen (§ 581 BGB). Anders als bei der Miete steht nicht der Gebrauch, sondern die
„Fruchtziehung" durch den Pächter im Vordergrund, das sind insbesondere die
Erträge aus dem Unternehmen.

Als Berechnungsgrundlage für die Höhe der Pacht kann grundsätzlich der
Zinsanspruch des Verpächters aus dem investierten Kapital angesehen werden.
Unterschiedliche Ausgestaltungsmöglichkeiten sind möglich. Die Entrichtung
kann fix (z. B. als Festpacht: gleichbleibende Summe, die unabhängig vom Geschäftsverlauf ist) oder variabel (z. B. als Umsatzpacht: fest definierter Prozentsatz
des Umsatzes) vereinbart sein. Kombinationen aus fixen und variablen Bestandteilen sind ebenfalls möglich (z. B. als Mischpacht: Festpacht kombiniert mit
Umsatzpacht). Ebenso sind Begrenzungen der Pacht nach oben und unten denkbar (siehe auch Dahringer 2016, S. 509 f.; DEHOGA 2003, S. 11 ff.; Ginneken 2018,
S. 20). Die Varianten spiegeln die unterschiedlichen Risikoeinstellungen der Beteiligten wider. Empirische Ergebnisse deuten auf eine Dominanz der Festpacht
hin (JLL Hotels & Hospitality Group & Baker & McKenzie 2014, S. 1; dwif 2004,
S. 142). Die Pacht zählt bei vielen Beherbergungsbetrieben zu den wichtigsten
Aufwandspositionen.

Neben diesen vertragstypischen Pflichten hat der Pächter Nebenpflichten zu beachten, bei deren Verletzung er zum Schadensersatz oder zur Unterlassung verpflichtet ist. Bei anhaltenden Pflichtverletzungen kann dadurch ein wichtiger Grund zur fristlosen Kündigung gegeben sein. Hierzu zählen Obhutspflichten bezüglich des Pachtgegenstandes und Anzeigepflichten bei auftretenden Mängeln der Pachtsache. Wird ein Betrieb mit → Inventar verpachtet, hat der Pächter diesbezüglich die Erhaltungs- und Ausbesserungspflicht (§ 582 BGB).

Der Verpächter hat dem Pächter die gepachtete Sache in einem zum vertragsgemäßen Gebrauch geeigneten Zustand zu überlassen und sie während der Pachtzeit in diesem Zustand zu erhalten (§§ 581 Abs. 2, 535 Abs. 1 BGB). Das Gesetz legt damit dem Verpächter als ergänzende und einklagbare Hauptpflicht die sog. Instandhaltungspflicht an „→ Dach und Fach" auf. Damit verbunden ist die Duldungspflicht des Pächters. Ausnahmsweise kann der Pächter – bei entsprechender Kompensation – die Pflicht zu Instandsetzungen vertraglich übernehmen. Schönheits- und Kleinreparaturen im Inneren der Pachträume können dem Pächter auch formularmäßig, also durch → AGB auferlegt werden.

Das Pachtverhältnis endet bei einem befristeten Pachtvertrag mit Ablauf der vereinbarten Vertragsdauer. In der internationalen Hotellerie weisen empirische Untersuchungen mehrheitlich auf Laufzeiten zwischen 10–30 Jahren hin (JLL Hotels & Hospitality Group & Baker & McKenzie 2014, S. 1). Eine vorzeitige Beendigung ist nur bei einvernehmlicher Vertragsaufhebung oder durch außerordentliche Kündigung aus wichtigem Grund möglich. Dieser liegt in der Regel dann vor, wenn die Fortsetzung des Vertragsverhältnisses unter Abwägung der beiderseitigen Interessen dem Kündigenden nicht zumutbar ist. Ist der Pachtvertrag auf unbestimmte Dauer geschlossen worden, ist eine ordentliche Kündigung zum Schluss eines Pachtjahres zulässig; sie hat spätestens am dritten Werktag des halben Jahres zu erfolgen, mit dessen Ablauf die Pacht enden soll (§ 584 BGB). Die Kündigungsfrist kann vertraglich verkürzt werden. Sofern keine abweichende Vereinbarung getroffen wurde, ist eine Kündigung des Verpächters wegen Tod des Pächters nicht möglich (§ 584a Abs. 2 BGB). Das Kündigungsrecht der Erben des Pächters bleibt davon unberührt. Nach Beendigung des Pachtverhältnisses hat der Pächter die Pachtsache im vertraglich vereinbarten Zustand zurückzugeben. Die Rückgabepflicht umfasst das gesamte verpachtete → Inventar. (gd/wf)

Literatur

Dahringer, Bernd 2016: Der Pachtvertrag. In: Karl Heinz Hänssler (Hrsg.): Management in der Hotellerie und Gastronomie – Betriebswirtschaftliche Grundlagen. Berlin, Boston: De Gruyter Oldenbourg, S. 507–513 (9. Aufl.)

DEHOGA (Hrsg.) 2003: Miet- und Pachtverträge im Gastgewerbe. Gastgewerbliche Schriftenreihe Nr. 57. Bonn: Interhoga

dwif (Hrsg.) 2004: Hotelbetriebsvergleich Deutschland 2002. München: dwif

dwif (Hrsg.) 2019: Hotelbetriebsvergleich Deutschland 2019. München: dwif

Ginneken, Rob van 2018: Trends and issues in hotel ownership and control. In: Roy C. Wood (ed.): Hotel Accommodation Management. London, New York: Routledge, pp. 15–30
JLL Hotels & Hospitality Group; Baker & McKenzie (eds.) 2014: Global Hotel Leases. Chicago

Hotelpark [hotel park]

Konzept, bei dem mehrere → Hotels unterschiedlicher Komfortkategorien an einem Standort „unter einem Dach" („two or three or four brands under one roof") zusammengeführt werden. Vorreiter in Deutschland war der französische Hotelkonzern ACCOR, der das Konzept in den 1990er-Jahren eingeführt hat. In dessen Hotelparks befinden sich drei bzw. vier Hotels, die unterschiedliche Komfort- und Preisniveaus abdecken, in direkter Nachbarschaft (o. V. 2002, S. 55).

Aus ökonomischer Sicht sprechen für ein derartiges Konzept vor allem Synergieeffekte („Increase markets, decrease costs") im → Back-of-the-house-Bereich (z. B. gemeinsame Nutzung Büros, Küche, Tiefgarage, Ausgleich von Nachfrageschwankungen, erhöhte Flexibilität im Personaleinsatz) (Mewes 2019, S. 22; o. V. 2019, S. 11). Durch das höhere Investitionsvolumen werden Hotelparks auch für institutionelle Investoren interessant. Als problematisch kann sich die Abgrenzung der jeweiligen Hotelmarken erweisen. Es besteht die Gefahr der Kannibalisierung zwischen den einzelnen Hotels bzw. Hotelmarken. Siehe auch → Clustering. (wf)

Literatur
Mewes, Petra 2019: Sachsen: Zwei Hotels unter einem Dach. In: AHGZ, 119 (24), S. 22
o. V. 2002: Geballte Preiswert-Hotellerie. In: Top Hotel, 19 (1–2), S. 54–55
o. V. 2019: H-Hotels bringt Double-Brand an den Düsseldorfer Flughafen. In: AGHZ, 119 (09), S. 11

Hotelpass [hotelpassport, roompassport]

Bezeichnung für eine kleine Karte oder ein kleines Heft, das Gästen beim → Check-in (b) mit dem Zimmerschlüssel bzw. der → Key Card (Zimmerkarte) überreicht wird. Hotelpässe können unterschiedlich umfangreich konzipiert sein.

In einer einfachen Variante sind auf ihnen Hoteladresse, Gästename, Zimmernummer, Zimmerpreis, An- und Abreisedatum vermerkt. Aufwendiger gestaltete Hotelpässe enthalten zusätzlich Informationen zu → Dienstleistungen des Hotels, unter Umständen auch Informationen über die Umgebung und Werbeanzeigen, über die die Finanzierung der Pässe erfolgt. Für den Gast stellen Hotelpässe eine Orientierungshilfe dar, für das Hotel bedeuten sie eine Mitarbeiterentlastung bei Informations- und Beratungsleistungen. Synonym: Gastausweis, Zimmerausweis. (wf)

Hotelpension [guesthouse]

Eine Hotelpension ist ein Betrieb, der Beherbergung und Verpflegung anbietet. Die Verpflegungsleistung wird allerdings nur Hotelgästen und nicht Passanten angeboten. Im Gegensatz zu einem → Hotel ist das sonstige Dienstleistungsangebot eingeschränkt. Siehe zur Abgrenzung auch die Definitionen der Betriebsarten des → Deutschen Hotel- und Gaststättenverbandes (DEHOGA).

Eine Pension war auch die Bezeichnung für ein Kostgeld, mit dem man die Unterbringung und Verpflegung in einem (Erziehungs-)Heim beglich. Später übertrug sich der Begriff dann vom Zahlungsmittel auf die so genannte Unterkunft (Dudenredaktion 2001, S. 598). (wf)

Literatur

Dehoga (Hrsg.) o. J.: Definition der Betriebsarten. (https://www.dehoga-bundesverband.de/zahlen-fakten/betriebsarten/, zugegriffen am 20.06.2019)
Dudenredaktion (Hrsg.) 2001: Duden Das Herkunftswörterbuch. Etymologie der deutschen Sprache. Band 7. Mannheim, Leipzig, Wien, Zürich: Duden (3. Aufl.)

Hotelprojektentwickler [hotel real estate developer]

Hotelprojektentwicklungen sind ein komplexer Prozess, bei dem unterschiedliche Akteure (Projektentwickler, Eigentümer/Investoren, Bauunternehmen, Banken, Kommunen, Denkmalschutzbehörden, Architekten, Statiker, Ingenieure, Handwerker, Inneneinrichter, Makler, Unternehmensberater etc.) in unterschiedlichen Konstellationen zusammen arbeiten. Nicht alle Akteure sind notwendigerweise in eine Hotelprojektentwicklung eingebunden (von Freyberg; Waldschütz & Zarges-Vogel 2011, S. 75; Waldschütz 2020, S. 74).

Das Aufgabenfeld von Hotelprojektentwicklern kann sich auf Schwerpunkte bzw. einzelne Prozessschritte konzentrieren oder ganzheitlich den gesamten Prozess abdecken. Die GBI Holding AG als großer Hotelprojektentwickler in Deutschland sieht ihre Aufgaben in der Akquise (Suche und Sicherung von Grundstücken; Suche von Betreibern und Investoren), Konzeption (Entwicklung von Hotel- oder Mixed Use-Projekten), Realisierung (Überwachung und Übergabe des Bauobjekts) und dem Investment (Angebot von Vertriebsmodellen für Investoren). Im Rahmen eines After-Sales-Management wird die Verwaltung von Wohneigentum angeboten (GBI AG o. J.).

Die Rolle der Immobilienentwicklung kann von Architekturbüros, Bauunternehmen, auf die Branche spezialisierten Projektentwicklern, Unternehmensberatern, Einzelpersonen, aber auch von institutionellen Investoren oder Hotelbetreibergesellschaften übernommen werden (Jaeschke & Fuchs 2016, S. 76; Waldschütz 2020, S. 76 ff.). Gerade in der Konzernhotellerie existieren eingespielte Netzwerke zwischen institutionellen Investoren, Hotelbetreibergesellschaften und Projektentwicklern (→ Funktionelle Entkopplung). Zu einer Typologisierung von Projektentwicklern siehe Waldschütz 2020, S. 76 f. (wf)

Literatur

Freyberg, Burkhard von; Lukas Waldschütz & Stephanie Zarges-Vogel 2011: Akteure der Projektentwicklung in der Hotellerie. In: Ralph-Walther Doerner; Matthias Niemeyer (Hrsg.): Kompendium der Hotelimmobilie. Wiesbaden: IZ, S. 75–88

GBI AG o. J.: Unternehmen. (https://gbi.ag/unternehmen/, zugegriffen am 22.03.2020)

Jaeschke, Arndt Moritz; Wolfgang Fuchs 2016: Zusammenarbeit in der Hotellerie – Funktionelle Entkopplung, Betreiberformen und Kooperationen. In: Karl Heinz Hänssler (Hrsg.): Management in der Hotellerie und Gastronomie – Betriebswirtschaftliche Grundlagen. Berlin, Boston: De Gruyter Oldenbourg, S. 75–91 (9. Aufl.)

Waldschütz, Lukas 2020: Akteure der Projektentwicklung in der Hotellerie. In: Burkhard von Freyberg; Laura Schmidt & Elena Günther (Hrsg.): Hospitality Development. Hotelprojekte erfolgreich planen und umsetzen. Berlin: Erich Schmidt, S. 73–105 (3. Aufl.)

Hotel-REIT → **REIT**

Hotel-Reservierungssystem [hotel reservation system]

Hotel-Reservierungssysteme sind → Reservierungssysteme, die zur Vermarktung und zur Prozessunterstützung oder -automatisierung bezüglich hotelbetrieblicher Anforderungen spezialisiert sind. Sie können wie folgt unterschieden werden:

- Hotelbetriebliche Reservierungssysteme unterstützen nicht nur die Buchungs- und Reservierungsabläufe, sondern sie können darüber hinausgehende standardisierte hotelbetriebliche Prozesse unterstützen. Sie werden daher mit dem in dieser Hinsicht umfassenderen Begriff → Property Management Systeme (PMS) bezeichnet.

- Zentrale Hotel-Reservierungssysteme arbeiten als zentrale Vertriebssysteme für eine Vielzahl mit ihnen kooperierender Beherbergungsunternehmen. Sie fungieren i. d. R. als → Online-Reisevermittler für ihre Kooperationspartner und können gemäß ihrer jeweiligen Zentralisierung wie folgt differenziert werden:

  - Ein zentrales Reservierungssystem einer → Hotelkette oder einer → Hotelkooperation fasst die Unterkunftsangebote ihrer Mitgliedsbetriebe zusammen und bietet sie über ihr zentrales Web-Portal und → Callcenter sowie integriert in die Web-Seiten der Kooperationspartner zur Buchung an. Die Reservierungen und die damit verbundenen Abläufe werden zentral gesteuert, und/oder die Buchungen werden in die hotelbetrieblichen Property Management Systeme zur weiteren Abwicklung übermittelt.

  - Eine spezialisierte Ausprägung zentraler Systeme sind die Reservierungssysteme im Rahmen des → Destinationsmanagements bzw. der Destinationsmanagement-Systeme (DMS), die zur Beratung, Vermittlung und Buchung von örtlichen und regionalen Unterkunftsangeboten sowie zur entsprechenden Prozessunterstützung eingesetzt werden. Sie fassen die Angebote der jeweiligen Flächen- oder Stadt- → Destination zur gemeinsamen Vermarktung zusammen.

- Die → Globalen Distributionssysteme (GDS) betreiben weltweit operierende Reservierungszentralen (global reservation system, GRS), die ursprünglich von → Fluggesellschaften gegründet worden sind (→ Computer Reservierungssysteme). Neben den Flugleistungen sind u. a. auch Mietwagen und Hotelübernachtungen über die GRS buchbar. Es sind somit Reiseleistungen einzeln und kombiniert buchbar, die insbesondere für den → Geschäftsreiseverkehr relevant sind (→ Geschäftsreisemanagement-Systeme bzw. business travel management, BTM). Die Globalen Distributionssysteme sind damit wichtige globale Vertriebssysteme für die Groß- und Kettenhotellerie (→ Hotelkette). Teilnehmende Hotelunternehmen übermitteln ihre Angebote, die über GDS vermarktet werden sollen (→ Ertragsmanagement), aus ihren jeweiligen Reservierungssystemen an eine → Switch-Company. Das Switch-System konvertiert diese Daten in die Darstellungsweise und Formate des jeweiligen GDS und transferiert sie an seine Reservierungszentrale (GRS). Dabei können spezielle → Corporate Rates hinterlegt werden, die nur für die Unternehmen buchbar sind, mit denen als Großkunden spezielle Preiskonditionen vereinbart worden sind. Damit unterstützen die GDS das Geschäftsreisemanagement der Hotelunternehmen im Verkauf und der Unternehmen mit hohen Reisevolumina im Einkauf der Übernachtungsleistungen.
- Als Alternative Distributionssysteme (alternative distribution system, ADS) werden international operierende Hotel-Reservierungssysteme bezeichnet, die nicht ketten- oder kooperationsgebunden und nicht Teil der GDS sind. Diese Systeme aggregieren international Hotel- und Übernachtungsangebote in ihren Reservierungszentralen und vertreiben die Angebote der teilnehmenden Hotelgesellschaften und Übernachtungsbetriebe i. d. R. über alle Vertriebskanäle, z. B.:
Der Reisekunde erhält Zugriff über das Web-Portal des ADS oder über kooperierende Partner-Portale. Kooperationspartner können z. B. Verkehrsträger sein, die ihren Kunden damit die Möglichkeit bzw. den Mehrwert einer spezifischen Hotelauswahl und -buchung bieten oder regionale/städtische Tourismusorganisationen (→ Destinationsmanagement), die damit ihr regionales/örtliches Unterkunftsangebot online buchbar machen und den Aufwand eines eigenen → Reservierungssystems vermeiden.
ADS bieten ihre Leistungen dem Reisekunden über mobile Endgeräte an. → Mobile Applikationen (Apps) ermöglichen zusätzlich, im Zusammenwirken mit den Ortungsfunktionen der mobilen Endgeräte das Angebot ortsbasierter/-gebundener Serviceleistungen (location based service).

Registrierte Reisebüros können via Web-Portal qualifiziert Zugriff nehmen, um ihren Kunden Hotelleistungen über ein ADS und damit alternativ zum GDS zu vermitteln.

Alternative Distributionssysteme werden, ergänzend oder alternativ zum GDS, in → Geschäftsreisemanagement-Systeme eingebunden, die international agierende Unternehmen bei der Optimierung ihrer Geschäftsreisetätigkeiten unterstützen. Dazu können → Corporate Rates verwaltet werden, die individuell zwischen Hotelgesellschaften und ihren Großkunden vereinbart werden, und die Hotelauswahl kann durch Best-Price-Suchfunktionen unterstützt werden.

Alternative Distributionssysteme wenden sich i. d. R. an Privat- und Geschäftsreisende, und sie stehen, im Unterschied zu den GDS, allen Übernachtungsbetrieben unabhängig von ihrer Größe und Art zur kosten- bzw. provisionspflichtigen Teilnahme offen. Kleinere Hotelbetriebe erfassen und steuern ihre Angebotsdaten über das Web-Portal des ADS; sie erhalten per Login Zugang zu ihren Daten und Funktionen. Großen Hotelgesellschaften wird die Möglichkeit geboten, ihre Angebotsdaten im hotelbetrieblichen System zu steuern und sie dann automatisiert an eine → Switch-Company zu übertragen. Das Switch-System kann nicht nur die für die GDS bestimmten Angebotsdaten konvertieren und transferieren, sondern hat auch entsprechende Schnittstellen (interfaces) zu den großen internationalen Alternativen Distributionssystemen.

– Reiseveranstalter-Konzerne haben konzerneigene Hotel-Reservierungssysteme aufgebaut, um Hotelübernachtungen als Einzelleistungen vermarkten zu können und um ihren → Dynamic Packaging-Systemen Hotelkapazitäten zur Verfügung zu stellen.

Ein Hotelunternehmen nutzt in der Regel mehrere Hotel-Reservierungssysteme als Vertriebskanäle. Abhängig von seinen Zielgruppen und vom Verbreitungsgrad der jeweiligen Hotel-Reservierungssysteme und ihrer Partnersysteme sowie abhängig von den Kosten und seiner Kapazität zur Steuerung der Angebotsdaten hat das Hotelunternehmen die geeigneten Systeme auszuwählen. Die Steuerung der Angebotsdaten in den genutzten Hotel-Reservierungssystemen ist eine permanente Aufgabe der Vertriebssteuerung (Multi-/Omni-Channel-Vertrieb, → Ertragsmanagement). (uw)

Literatur

Schulz, Axel; Uwe Weithöner; Roman Egger & Robert Goecke 2015: eTourismus: Prozesse und Systeme. Berlin, Boston: De Gruyter Oldenbourg, insb. Kapitel 3.6, 4.3, 5.1 und 5.2 (2. Aufl.) (3. Aufl. in Vorbereitung)

Hotelreservierungsvertrag **[(non-)binding allotment contract]**
1 Formen der Hotelreservierung Zur Absicherung der gebuchten Zimmerkontingente ist es zwischen Reiseunternehmen und Beherbergungsbetrieben üblich, Hotelreservierungsverträge abzuschließen, obwohl die Teilnehmerzahl noch offen ist. Ein Hotelreservierungsvertrag ist ein gesetzlich nicht geregelter Vorvertrag, welcher die Pflicht begründet, im Anschluss daran, einen Hauptvertrag in Form eines → Beherbergungsvertrages zu schließen. Hierbei ist zwischen einem Kontingentvertrag (Allotmentvertrag) als Optionsvertrag und der Festanmietung als verbindlichem Hotelreservierungsvertrag zu unterscheiden.

Wird ein Kontingentvertrag zwischen Hotel und Reiseunternehmen (→ Reisebüro, → Reiseveranstalter) geschlossen, stehen die reservierten Bettenkontingente bis zu einer vereinbarten Verfallfrist zur Verfügung. Verbindlich vereinbart ist in der Regel die Anmeldung, der Preis, dessen Fälligkeit, die Zimmerzahl, das Rücktrittsrecht und die Mängelrechte. Vor der Verfallfrist ist dann der eigentliche Beherbergungsvertrag zwischen Gastwirt und Reiseveranstalter unter Nennung der Personenzahl und Zimmerlisten abzuschließen. Vertragsbeziehungen zwischen dem Gast und dem Beherbergungsunternehmen kommen nicht zustande. Einnahmen hat damit der Wirt nur für die Betten, die tatsächlich gebucht sind. Die restlichen Betten kann der Gastwirt in eigenem Namen anbieten. Das Risiko, dass die Bettenkapazität nicht vollständig ausgelastet ist, trägt alleine der Gastwirt.

Bei der Festanmietung mietet das Reiseunternehmen eine bestimmte Anzahl Betten, bezahlt den Preis und vermietet diese in eigenem Namen weiter. Es spielt keine Rolle, ob die Betten ausgelastet sind oder nicht. Das Risiko der Nichtbelegung trägt das Reiseunternehmen.

2 Rücktritt vom Hotelreservierungsvertrag Ein Rücktritt des Reiseunternehmens vom Hotelreservierungsvertrag ist immer dann möglich, wenn im Vertrag ein Rücktrittsvorbehalt vereinbart wurde. Rücktrittsfristen finden sich in der unverbindlichen Richtlinie der Verbände IHA [→ Hotelverband Deutschland (IHA)] und UFTAA. Auch im unternehmerischen Geschäftsverkehr muss nach der neueren Rechtsprechung des BGH eine rechtswirksame Einbeziehungsvereinbarung von AGB (→ Allgemeine Geschäftsbedingungen) gem. § 305 BGB vorliegen.

Fehlt ein vereinbartes Rücktrittsrecht, lassen Teile der Rechtsprechung ein stillschweigend vereinbartes Rücktrittsrecht bis sechs Monate vor dem Belegungszeitraum zu, wenn die uneingeschränkte Bindung das Reisebüro in unangemessener Weise belasten würde.

Unter Kaufleuten kann die Reservierung auch dann kostenfrei storniert werden, wenn in dem maßgeblichen Zielgebiet des Hotels ein entsprechender Handelsbrauch festgestellt werden kann. So stellte das OLG Frankfurt a. M. für das Bundesgebiet fest, dass ein kostenfreies Stornorecht bis 3 Wochen, bei Messen bis 4 Wochen vor der vorgesehenen Ankunft besteht (OLG Frankfurt a. M., 23.04.1986,

NJW-RR 1986, 911; LG Hamburg, 21.11.2003, NJW-RR 2004, 699 = RRa 2004, 83: Norddeutschland bis 2 Monate für Event-Veranstalter). (ef)

Literatur
Führich, Ernst 2018: Basiswissen Reiserecht. München: C. H. Beck/Vahlen (4. Aufl.; § 20)
Führich, Ernst; Ansgar Staudinger 2019: Reiserecht. München: C. H. Beck (8. Aufl.; § 47)

Hotelrestaurant [hotel restaurant]

Gastronomische Einheit im Hotel, die Gästen und Passanten ein Angebot an verzehrfertigen Speisen und Getränken bereitstellt.

Hotelrestaurants stellen häufig eine betriebswirtschaftliche Herausforderung dar. Hoher Personalaufwand, hoher Warenaufwand, lange Öffnungszeiten, keine Ruhetage führen fast zwangsläufig zu einer unbefriedigenden ökonomischen Konstellation (etwa Davis et al. 2018, S. 55 ff.). Auch bei niedriger Auslastung des → Hotels bietet das → Restaurant seine → Dienstleistungen potentiellen (Hotel)gästen an. Da es in das Gesamtbild des Hotels stimmig einzufügen ist, führt das in der First Class- und Luxushotellerie in der Konsequenz zu einem entsprechend hohen Preisniveau. In der öffentlichen Wahrnehmung werden Hotelrestaurants zumeist als teuer erachtet (Kotas & Jayawardena 2004, S. 314 ff.). Übernachtungsgäste weichen häufig, auch weil sie als Durchreisende in einer Stadt Neues entdecken wollen, auf Verpflegungsmöglichkeiten außerhalb des Hotels aus (Riley 2000, S. 114). Unwissenheit der örtlichen Bevölkerung über das gastronomische Angebot, Schwellenangst („Marmorkomplex") oder schlichtweg ein fehlender direkter Zugang von der Straße in das Hotelrestaurant behindern die Anstrengungen der Hotelbetreiber, lokale Märkte zu erschließen. Die Hotelbetreiber reagieren auf die Herausforderung mit unterschiedlichen Lösungsansätzen:

Ein Teil der Entscheider versucht, das klassische Hotelrestaurant neu auszurichten, um Gäste stärker an das Hotel zu binden und externe, lokale Gäste zu gewinnen. Ansatzpunkte hierzu sind: zusätzliche interne Angebote von deformalisierten Gastronomiekonzepten (z. B. → Bistro, Brasserie, Biergarten, Pub, Szenerestaurant), Positionierung des klassischen Hotelrestaurants in Richtung → Casual Fine Dining, trendiges Design und architektonische Korrekturen (Verlagerung des Restaurants in das Erdgeschoss mit direktem, separaten Zugang zur Straße). Um erfolgreich zu sein, müssen die Konzepte aus der Gastronomie- und nicht der Hotelperspektive gedacht werden.

Ein weiterer zu beobachtender Lösungsweg ist die Reduktion des gastronomischen Angebots. Minimierung des Speise- und Getränkeangebots, Kostensenkung durch höheren Einsatz von → Convenience Food, zunehmende Automatisierung von Produktionsprozessen, Selbstbedienung aus Kühlregalen oder räumliche Verkleinerungen von Restaurantflächen stehen im Mittelpunkt. Das verbleibende F&B-Angebot wird dann bspw. in einem legeren Bistro in der → Lobby kompakt gebündelt (‚Open Lobby').

Das → Outsourcing des gastronomischen Bereichs ist eine resolute Lösungs-alternative. Hotelgruppen kooperieren für einzelne Marken ihres Portfolios mit (System-)Gastronomen und überlassen ihnen das operative Geschäft. Gleichwohl scheuen Hotelmanager vor diesem Schritt oft noch zurück, da sie den Gastrono-miebereich als zentralen Produktbestandteil sehen, dessen Profil sie direkt beein-flussen wollen (ähnlich Davis et al. 2018, S. 55 f.; Wood 2018, S. 144). (wf)

Literatur

Davis, Bernard et al. 2018: Food and Beverage Management. London, New York: Routledge (6th ed.)

Kotas, Richard; Chandana Jayawardena 2004: Profitable Food & Beverage Management. London: Hodder & Stoughton

Riley, Michael J. 2000: Can hotel restaurants ever be profitable? Short- and long-run perspectives. In: Roy C. Wood (ed.): Strategic Questions in Food and Beverage Management. Oxford: Butterworth-Heinemann, pp. 112–118

Wood, Roy C. 2018: Strategic Questions in Food and Beverage Management. London, New York: Routledge (2nd ed.)

> **Gedankensplitter**
>
> „Wir haben uns besonders den Rat zu Herzen genommen, nicht ein Hotelrestaurant zu erschaf-fen, sondern ein Restaurant, das im Hotel ist (...) Für unsere Mitarbeiter gilt der goldene Vor-satz: Sofern dies für den Gast von Nutzen ist, können Sie jede Regel brechen – vorausgesetzt die Regeln sind Ihnen bekannt." (Frank Marrenbach, ehem. CEO Oetker Collection und Hotel-direktor im Brenners Park-Hotel & Spa, Baden-Baden in einem Interview mit der AHGZ)

Hotelstars Union

Kooperation von nationalen, europäischen Hotelverbänden, deren zentrales Ziel eine harmonisierte europäische Hotelklassifizierung ist.

2009 wurde von sieben nationalen Hotelverbänden – darunter auch der → Deutsche Hotel- und Gaststättenverband (DEHOGA) – bei einem Treffen in Prag der Grundstein für die Zusammenarbeit gelegt, 2020 gehören der Hotel-stars Union 17 europäische Staaten an. Die Initiative steht weiteren europäischen Ländern offen. Das gemeinsame Klassifizierungssystem baute ursprünglich auf 270 obligatorischen und fakultativen Kriterien auf, die über Gästebefragungen in einem 5- bis 6-jährigen Rhythmus aktualisiert werden (o. V. 2010, S. 11). Seit 2020 greift ein neuer Kriterienkatalog auf Basis von 247 Einzelkriterien (nationale Umsetzung des Katalogs bis Januar 2021). Nachhaltigkeit und → Digitalisierung werden verstärkt berücksichtigt (Hotelstars Union 2019, o. S.; Hotelstars Union 2020, S. 2). Die beteiligten Länder haben beim Kriterienkatalog einen sehr ge-ringen inhaltlichen Spielraum zum Abweichen, um nationale Besonderheiten zu berücksichtigen (Klimaanlage in Malta als notwendiges Kriterium).

Eine weltweit gültige Hotelklassifizierung existiert nicht. Sie wurde immer wieder diskutiert, nationale Interessen und Besonderheiten lassen dieses Ansinnen in unerreichbare Ferne rücken. → Deutsche Hotelklassifizierung. (wf)

Literatur

Hotelstars Union 2019: Hotelstars Union adopted new catalogue of criteria for hotel classification. (https://www.hotelstars.eu/de/news/news-detail/hotelstars-union-adopted-new-catalogue-of-criteria-for-hotel-classification/, zugegriffen am 21.10.2019)
Hotelstars Union 2020: Kriterienkatalog 2020–2025. Brüssel
o. V. 2010: Hotelstars Union gegründet. In: DEHOGA Magazin, o. Jg. (1), S. 11

Hotelverband Deutschland (IHA)

Nationaler Branchenverband der Hotellerie in Deutschland mit Hauptsitz in Berlin. Zu den Mitgliedern zählen ca. 1.300 Hotels (Stand: 2020). Die zentralen Aufgaben des Verbandes sind: politische Interessenvertretung auf nationaler und europäischer Ebene, Förderung der Mitgliederkooperation, Zusammenarbeit mit verwandten Verbänden, Dienstleistungen gegenüber Mitgliedern (etwa Rahmenabkommen, Weiterbildung). Seit 2001 erscheint das vom Verband herausgegebene Standardwerk »Hotelmarkt Deutschland« (Hotelverband Deutschland (IHA) o. J., o. S.; o. V. 2017, S. 11).

Der Hotelverband wurde 1992 als eigenständiger Fachverband gegründet. Seit 2001 arbeitet der Hotelverband Deutschland (IHA) mit dem → Deutschen Hotel- und Gaststättenverband (DEHOGA) zusammen. Der DEHOGA hat die Tätigkeiten des Fachbereichs Hotellerie auf den Hotelverband übertragen, dieser ist nun Fachverband innerhalb des DEHOGA (o. V. 2001, S. 1). Durch die Zusammenlegung hat die Interessenvertretung an Effizienz gewonnen. (wf)

Literatur

Hotelverband Deutschland (IHA) o. J.: Leitbild. (https://www.hotellerie.de/go/hotelverband_leitbild, zugegriffen am 01.08.2020)
o. V. 2001: Hotelverband jetzt im Verbändehaus. In: Allgemeine Hotel- und Gaststättenzeitung (AHGZ), 101 (5), S. 1
o. V. 2017: Zeitreise. Ein Vierteljahrhundert IHA. In: Top Hotel Spezial: 25 Jahre Hotelverband Deutschland (IHA), 7 (11), S. 10–11

Hotelvoucher → **Voucher**

Hotelzimmerbestand (hotel room inventory)

Gesamtbestand an Hotelzimmern in einer Kommune, Region oder in einem Land. Die Zahl gibt eine Orientierung über das bestehende Angebot an Hotelzimmern und ist damit auch eine Entscheidungsbasis für neue Hotelprojekte. In den letzten Jahren ist durch das niedrige Zinsniveau der Hotelzimmerbestand in deutschen

Schlüsselmärkten stark angestiegen mit Auswirkungen auf die → Auslastung und die durchschnittliche Zimmerrate (→ ADR). (wf)

HOTREC

HOTREC = Confederation of National Associations of Hotels, Restaurants, Cafés and Similar Establishments in the European Union and European Economic Area. Die Organisation wurde 1979 unter dem Namen „Liaison Committee of the Hotel and Catering Industry of the European Economic Community" gegründet und war ursprünglich Teil der „International Hotel Association" mit Sitz in Paris.

HOTREC ist ein Zusammenschluss von nationalen Verbänden der Hotel- und Gastronomiebranche auf europäischer Ebene. Der Dachverband mit Sitz in Brüssel vertritt 45 nationale Verbände aus 33 europäischen Ländern (Stand: 2020); deutsche Mitglieder sind der → Deutsche Hotel- und Gaststättenverband (DEHOGA) (Bundesverband) und der → Hotelverband Deutschland (IHA). Neben der Vollmitgliedschaft gibt es assoziierte Mitgliedschaften und Länder mit Beobachterstatus. Der Verband sieht seine zentralen Aufgaben in der Förderung der Mitgliederkooperation (Innovationsmanagement, Wissensplattform) und der Interessenvertretung auf europäischer Ebene gegenüber Institutionen der EU (HOTREC 2020; HOTREC o. J.). (wf)

Literatur

HOTREC 2020: Hotrec Annual Report 2019/2020. (https://www.hotrec.eu/wp-content/customer-area/storage/2a9c96707e5cde647bb9f60b763b4fe2/0520-Hotrec-Annual-Report-07.pdf, zugegriffen am 01.08.2020)
HOTREC o. J.: Mission & Vision. (https://www.hotrec.eu/about-us/mission-vision/, zugegriffen am 01.08.2020)

Hotspots, touristische → **Overtourism**

Housekeeping Room Status → **Zimmerstatus**

Housekeeping-Mitarbeiter → **Zimmermädchen**

HP → **Halbpension**

Hub → **Flughafen**

Hub-and-Spoke-System → **Flughafen**, → **Netzwerkfluggesellschaft**

Hubbart Formel [Hubbart Room-Rate Formula]

Methode zur Berechnung von Hotelzimmerpreisen. Die in den 1950er-Jahren entstandene Hubbart Formel ist eine „bottom up"-Methode, da von dem angestrebten Gewinn (→ Betriebsergebnis II) ausgehend hochgerechnet wird (Bardi 2011, S. 209; Hänssler 2016, S. 418 ff.; Vallen & Vallen 2018, S. 304).

Die Methode basiert auf Schätzungen, Annahmen und Erfahrungswerten, welche beobachtet und immer wieder überprüft werden müssen. Schwankende Nachfrage, Wettbewerbsdruck, unterschiedliche Belegung (→ Einzel-/→ Doppelbelegung), verschiedene Zimmergrößen und die wechselseitige Abhängigkeit von → Auslastung und Zimmerpreis machen den nach der Hubbart Formel errechneten Zimmerpreis zu einem Richtwert (Bardi 2011, S. 209; Hänssler 2016, S. 419, Vallen & Vallen 2018 S. 304 ff.). Zu einer alternativen Art der Zimmerpreisfindung siehe auch → Promille-Regel. (mn)

Literatur
Bardi, James A. 2011: Hotel Front Office Management. Hoboken: Wiley (5th ed.)
Hänssler, Karl Heinz 2016: Kalkulation und Preisdifferenzierung der Beherbergungsleistungen. In: Karl Heinz Hänssler (Hrsg.): Management in der Hotellerie und Gastronomie – Betriebswirtschaftliche Grundlagen. Berlin, Boston: De Gruyter Oldenbourg, S. 403–426 (9. Aufl.)
Vallen, Gary K.; Jerome J. Vallen 2018: Check-In Check-Out: Managing Hotel Operations. Boston: Pearson (10th ed.)

Hubschrauberlandeplatz → **Heliport**

Humidor **[humidor]**

Humidore stellen eine Aufbewahrungsmöglichkeit für Zigarren dar. Sie sind als Kisten, Schränke oder Räume konzipiert, in denen durch eingebaute Reglersysteme eine relative Luftfeuchtigkeit (humor [lat.] = Feuchtigkeit) von 65–70 % vorherrscht. Direkte Sonneneinstrahlung, falsche Temperatur (optimal ist der Temperaturbereich von 18–22 °C) und falsche Luftfeuchtigkeit führen zu deutlichen Qualitätsverlusten bei Zigarren. Adäquates Material im Innenbereich (oft spanisches Zedernholz) und eine gute Luftzirkulation sind für das Funktionieren eines Humidors unabdingbar (André 2007, S. 24 ff.; Permeke 2007, S. 44 ff.; Wirtz 2001, S. 163 ff.).

Neben der Aufbewahrung haben Humidore auch den Zweck der Verkaufsförderung. Teilweise bieten Betriebe der gehobenen → Gastronomie und Hotellerie den Gästen als besonderen Service die Einlagerung der eigenen Zigarren an. Zum Schneiden, Bohren und Anzünden von Zigarren am Gästetisch siehe GastroSuisse 2014, S. 267 ff. (wf)

Literatur
André, Marc 2007: Cigarrenlagerung: Tischhumidore. In: Cigar Clan, 5 (3), S. 24–26
GastroSuisse (Hrsg.) 2014: Arbeiten am Tisch: Die hohe Kunst des Flambierens, Tranchierens, Filetierens und Servierenes. Zürich: édition gastronomique
Permeke, Michel 2007: Havannas, Großer Genuss aus Kuba. Neustadt an der Weinstraße: Neuer Umschau Buchverlag
Wirtz, Dieter H. 2001: Das Havanna-Lexikon. München: Christian

Husse [chair cover, slip cover]
Eine Husse ist ein textiler Bezug, der über Möbel (insbesondere Stühle, Sessel, Sofas, Stehtische) gelegt bzw. gespannt wird. Hussen sollen zum einen den darunter liegenden Stoff schützen (housse [franz.] = Schutzhülle), zum anderen haben Hussen dekorativen Charakter. In der Gastronomie werden sie vor allem im Rahmen von Extraveranstaltungen (→ Bankett) eingesetzt. Für die Reinigung können sie abgenommen werden. (wf)

Hydraulic Civilisations → **Esskultur**

Hygienepranger [official online hygiene complaints]
Behördliche Online-Veröffentlichung von Information zu Betrieben, die gegen lebensmittel- oder futtermittelrechtliche Vorschriften verstoßen haben.

Seit 2012 verpflichtet § 40 Abs. 1a LFGB die zuständigen Behörden, die Öffentlichkeit unverzüglich über einen erheblichen bzw. wiederholten Verstoß gegen Lebensmittelhygienevorschriften ab einem Bußgeld von mindestens 350,00 € zu informieren. Dies erfolgt durch die Veröffentlichung des Verstoßes unter Nennung des verstoßenden Betriebes auf den behördlichen Homepages.

Aufgrund der weitreichenden, teilweise existenzbedrohenden Folgen für die veröffentlichten Betriebe bestanden Zweifel, ob diese Vorgehensweise verhältnis- und somit verfassungsmäßig ist. Diese wurde jedoch mit Senatsbeschluss vom 21.03.2018 (AZ: 1 BvF 1/13) durch das Bundesverfassungsgericht als verfassungskonform bestätigt, allerdings mit der Einschränkung, dass die Veröffentlichungen zeitlich zu begrenzen sind. Entsprechend wurde mit Gesetzesänderung zum 30.04.2019 eine zeitliche Begrenzung der Veröffentlichung auf maximal 6 Monate in den § 40 LFGB aufgenommen.

Der „Hygienepranger" bleibt jedoch in der Kritik, insbesondere aufgrund der weitreichenden Folgen für die Betriebe, der Veröffentlichung vor Abschluss des Bußgeldverfahrens und der Tatsache, dass das Internet auch nach der Löschung der Veröffentlichung „nichts vergisst". Siehe vertiefend Hamm NJW 2018, 2099. (tl)

Literatur

Hamm, Rainer 2018: Im Zweifel für den virtuellen Pranger? Das BVerfG, der Verbraucherschutz und die Unschuldsvermutung. (https://beck-online.beck.de/Print/CurrentMagazine?vpath=bibdata%5Czeits%5Cnjw%5C2018%5Ccont%5Cnjw.2018.2099.1.htm&printdialogmode=CurrentDoc&options=WithReferences, zugegriffen am 17.01.2020)

I

IATA → Globales Distributionssystem, → International Air Transport
Association

IBE → Internet Booking Engine

IBFC → Income Before Fixed Charges

IC → InterCity

IC Bus → Fernbus

ICE → InterCity-Express

ICE Sprinter → InterCity-Express Sprinter

ICE T → InterCity-Express T

IFE → Flugunterhaltung

IfSG → Infektionsschutzgesetz

IHA → Hotelverband Deutschland (IHA)

ILS → Instrumentenlandesystem

Imbiss [snack]

Kleinere Mahlzeit bzw. Zwischenmahlzeit. Oft werden die Mahlzeiten in mobilen Verkaufsständen (z. B. Bratwurststand, Pommes frites-Bude) oder kleineren stationären Geschäften (z. B. Asia-Imbiss, Döner-Laden, Kiosk) angeboten. Das Speise- und Getränkeangebot in diesen Geschäften ist in der Regel einfach und begrenzt. In den 1960er-Jahren gehörten Imbissbuden zu den prägenden Merkmalen der mitteleuropäischen Esskultur (Hirschfelder 2001, S. 247).

Etymologisch lässt sich der Begriff Imbiss auf das althochdeutsche Wort ‚enbîz an' zurückführen, was „essend oder trinkend genießen" bedeutet (Dudenredaktion 2001, S. 359; → Genuss). Zu den unterschiedlichen Facetten der Imbiss-Kultur siehe von Wetzlar & Buckstegen 2003. Siehe auch → Fast Food, → Finger Food. (wf)

https://doi.org/10.1515/9783110546828-010

Literatur
Dudenredaktion (Hrsg.) 2001: Duden Das Herkunftswörterbuch. Etymologie der deutschen
    Sprache. Band 7. Mannheim, Leipzig, Wien, Zürich: Duden (3. Aufl.)
Hirschfelder, Gunther 2001: Europäische Esskultur: Eine Geschichte der Ernährung von der
    Steinzeit bis heute. Frankfurt, New York: Campus
Wetzlar, Jon von (Hrsg.); Christoph Buckstegen 2003: Urbane Anarchisten: Die Kultur der Im-
    bissbude. Marburg: Jonas

Imbissbude → **Imbiss**

Immersion → **Virtuelle Realität**

Implant-Reisebüro → **Firmendienst**

Incentive Fee → **Incentive Management Fee**

Incentive Management Fee

Wichtiger Bestandteil der Management-Gebühr (→ Managementvertrag), teilweise auch nur Incentive Fee genannt. Die ergebnisabhängige Gebühr stellt für den
Hotelinvestor eine Größe zur Steuerung der Betreibergesellschaft dar. In der Regel erhält die Betreibergesellschaft als ökonomischen Anreiz einen gewissen Prozentsatz des Bruttobetriebsergebnisses (→ Betriebsergebnis I). Zum theoretischen
Hintergrund siehe → Agenturtheorie. (wf)

Incentive-Reise [incentive trip]

Das wichtigste an der Incentive-Reise ist nicht die Reise, sondern der ihr voran-
gehende Wettbewerb, mit dem der Verkauf von Produkten oder, allgemeiner, die
Motivation von Mitarbeitern eines Unternehmens gesteigert werden soll. Der englische Begriff ,incentive' ist abgeleitet aus dem lateinischen incendere = anzünden, entflammen (Eisenhut 2011, S. 409). Es geht also darum, den Wettbewerbs-
geist der Mitarbeiter anzufachen, um sie zu besonderen Leistungen zu führen. Die
Reise ist lediglich der äußere Anreiz, über den entsprechende Prozesse in einem
Unternehmen angestoßen und für die Dauer der Aktion aufrechterhalten werden
sollen. Dies ist aber nur dann möglich, wenn es sich bei der Reise um etwas ganz
Besonderes handelt, ein für den Zweck und die Gruppe maßgeschneidertes, großzügiges und unvergessliches Unikat, das man nirgendwo anders buchen kann.
→ Abschluss des Reisevertrags. (jwm/wf)

Literatur
Eisenhut, Erich W. 2011: Incentive-Reisen. In: Jörn W. Mundt (Hrsg.): Reiseveranstaltung. Lehr-
    und Handbuch. München, Wien: Oldenbourg, S. 409–426 (7. Aufl.)

Income Before Fixed Charges (IBFC)

IBFC und GOP (→ Betriebsergebnis I) werden in der Praxis oft gleichgesetzt, auch wenn dies nicht ganz korrekt ist. Im Rahmen des → Uniform System of Accounts for the Lodging Industry (USALI) versteht man unter IBFC den GOP (→ Betriebsergebnis I) abzüglich der Management Fees (→ Managementvertrag). Statt IBFC fallen in der internationalen Praxis auch die Begriffe ‚Income before Non-Operating Income and Expenses' oder ‚Adjusted GOP'. Zu begrifflichen Varianten des IBFC siehe Vogel 2012, S. 157. (wf)

Literatur

Ginneken, Rob van (ed.) 2019: Hospitality Finance and Accounting. Essential Theory and Practice. Abingdon, Oxon, New York: Routledge
Vogel, Harold L. 2012: Travel industry economics: A guide for financial analysis. New York: Cambridge University Press (2nd ed.)

Incomingtourismus [Incoming tourism]

Touristische Mobilität wird klassisch in einen sogenannten Incoming- und → Outgoingtourismus – den grenzüberschreitenden Ein- bzw. Ausreiseverkehr – eingeteilt. Die Einreise von Inländern in touristische Regionen im Inland kann ebenfalls als Einreisetourismus bezeichnet werden, wird aber allgemein unter dem Begriff Inlands- oder Binnentourismus (den Reisen von Inländern im Inland) subsumiert.

Demnach bezeichnet Incomingtourismus den grenzüberschreitenden Tourismus von Ausländern in das Inland (Einreisetourismus). Dieser kann sowohl selbstorganisiert sein als auch durch → Reiseveranstalter mit Hilfe von → Pauschalreisen angeboten werden.

Bei selbstorganisierten Reisen fällt in der Regel der überwiegende Teil der Zahlungen (inkl. Steueranteil) im Reiseland an; ggf. erfolgen Buchungen für Unterkünfte und Veranstaltungen vorab über entsprechende Reiseportale, die ihren Sitz nicht im Reiseland haben. Bei Pauschalreisen fällt zunächst der komplette Reisepreis (und die Zahlung von Steuern) in jenem Land an, in dem der Reiseveranstalter lokalisiert ist. In diesem Fall werden dann Zahlungen vom Reiseveranstalter an die (ausländischen) Leistungsträger im Reiseland getätigt. Eine Unterscheidung hinsichtlich der Distanz zur Anreise erfolgt nicht. Auch der geschäftlich veranlasste Incomingtourismus ist wirtschaftlich relevant, vor allem, wenn ein starker MICE-Sektor im Land vorhanden ist (→ Messen, Kongresse und Events).

Wie stark die nationale Ökonomie vom Incomingtourismus abhängig ist, kann deutlich differieren. Vor diesem Hintergrund können Einreisebeschränkungen gravierende Auswirkungen auf die Beschäftigung wie die Gesamtwirtschaft insgesamt haben; nicht zuletzt da in der Regel der größere Anteil der Beschäftigten im Tourismussektor im Incoming- und Binnentourismus, also in den Reisezielen, tätig ist (Beherbergung, Gastronomie, Freizeitangebote).

Zur Unterstützung des Incominggeschäfts finden sich in den Zielgebieten oft Incomingagenturen, die auf Anfrage von Touristen oder Reiseunternehmen aktiv werden und Reiseleistungen, die im Interesse der Nachfrageseite liegen, bündeln und entsprechende Buchungen vornehmen. Formal handelt es sich ebenfalls um eine Pauschalreise (in der Regel ohne Anreise), die allerdings im Zielgebiet zusammengestellt wurde und daher – im Gegensatz zu einer im → Quellland gebuchten Pauschalreise – auch den rechtlichen Rahmenbedingungen des Reiselandes unterliegen. Der selbstorganisierte Incomingtourismus ist insbesondere für die grenznahen touristischen Gebiete ein zentraler ökonomischer Faktor. Die Marketingaktivitäten zur Ansprache von Incomingtouristen sollten sich im Idealfall an den spezifischen Besonderheiten der Quellländer und des gesellschaftlichen Stellenwerts des Reisens orientieren. (ks)

Literatur
Bieger, Thomas; Pietro Beritelli 2013: Management von Destinationen. München: Oldenbourg (8. Aufl.)
Freyer, Walter 2015: Tourismus – Einführung in die Fremdenverkehrsökonomie. Berlin: De Gruyter Oldenburg (11. Aufl.)
Kolbeck, Felix; Marion Rauscher 2020: Tourismus-Management: Die betriebswirtschaftlichen Grundlagen. München: Vahlen (3. Aufl.)
Mundt, Jörn W. 2013: Tourismus. München: Oldenbourg (4. Aufl.)

Individualreise [self organised trip, DIY (do it yourself) holiday]
Reise, die ohne die Inanspruchnahme eines Reiseveranstalters organisiert und durchgeführt wird. Sie ist das Gegenstück zur → Pauschalreise.

Ähnlich wie der Begriff ‚pauschal‘ von vielen als negativ besetzt wahrgenommen wird, wird das ‚Individuelle‘ umgekehrt oft als etwas besonders Positives gesehen. Deswegen gilt vielen eine Individualreise als etwas Besseres und Hochwertigeres als eine Pauschalreise. Dies steht im Gegensatz dazu, dass der Durchschnittspreis von Pauschalreisen (die meist in ausländische Destinationen gehen) deutlich höher liegt als der von Individualreisen. (jwm)

Individualtourismus → Individualreise

Infektionsschutzgesetz (IfSG) [infection protection law]
Der vollständige Titel des Infektionsschutzgesetzes lautet: „Gesetz zur Verhütung und Bekämpfung von Infektionskrankheiten beim Menschen". Das Infektionsschutzgesetz löste 2001 das Bundesseuchengesetz (BSeuchG) ab und stellte das System der meldepflichtigen Krankheiten in Deutschland auf eine neue Basis. Ins-

besondere das Vorhalten eines Gesundheitszeugnisses wurde damit abgeschafft. Das IfSG regelt, welche Krankheiten bei Verdacht, Erkrankung oder Tod und welche labordiagnostischen Nachweise von Erregern meldepflichtig sind. Weiterhin legt das Gesetz fest, welche Angaben von den Meldepflichtigen gemacht und welche dieser Angaben vom Gesundheitsamt weiter übermittelt werden müssen. Muster der Meldebögen und Informationen über Belehrungen sind beim Robert Koch-Institut (RKI) unter www.rki.de abrufbar.

Das Robert Koch-Institut hat im Rahmen dieses Gesetzes die Aufgabe, Konzeptionen zur Vorbeugung übertragbarer Krankheiten sowie zur frühzeitigen Erkennung und Verhinderung der Weiterverbreitung von Infektionen zu entwickeln. Dies schließt die Entwicklung und Durchführung epidemiologischer und laborgestützter Analysen sowie Forschung zu Ursache, Diagnostik und Prävention übertragbarer Krankheiten ein. Wesentlich für die Lebensmittelwirtschaft ist der 8. Abschnitt des Infektionsschutzgesetzes mit der Überschrift: „Gesundheitliche Anforderungen an das Personal beim Umgang mit Lebensmitteln" und dort die Paragrafen 42 und 43. Die Information und Aufklärung der Allgemeinheit über die Gefahren übertragbarer Krankheiten und die Möglichkeiten zu deren Verhütung sind eine öffentliche Aufgabe. Insbesondere haben die nach Landesrecht zuständigen Stellen über Möglichkeiten des allgemeinen und individuellen Infektionsschutzes sowie über Beratungs-, Betreuungs- und Versorgungsangebote zu informieren.

Ein Beweggrund für die Erneuerung des BSeuchG war, dass die damalige Verpflichtung zur einmaligen Untersuchung für eine Bekämpfung von über Lebensmittel übertragbare Krankheiten seitens wissenschaftlicher Institutionen und medizinischer Experten als wenig effektiv angesehen wurde. Ein erhobener Untersuchungsbefund ist eine Zeitpunkt bezogene Aufnahme und vermittelt eine trügerische Sicherheit. Das Infektionsschutzgesetz setzt auf die Schaffung von Kenntnissen durch Belehrungen und auf die Zusammenarbeit aller Beteiligten. Dafür wird Prävention als wirksamste und wichtigste Maßnahme zum Schutz vor übertragbaren Krankheiten vermittelt. Im Unterschied zum Infektionsschutzgesetz zielt die VO (EG) Nr. 852/2004 über Lebensmittelhygiene darauf ab, jeden erdenklichen Fall einer Gefährdung im gesamten Lebensmittelbereich zu regeln. Im Paragraf 42 des Infektionsschutzgesetzes wird jedoch nach bestimmten Lebensmitteln, Krankheiten und Tätigkeiten differenziert. Entscheidend für ein Tätigkeits- und Beschäftigungsverbot ist das „in Berührung kommen" mit einem Produkt oder Bedarfsgegenstand. Neben der Vorbeugung durch hygienisches Verhalten kommt der Aufklärung über Infektionsgefahren im Infektionsschutzgesetz eine zentrale Bedeutung zu. Bei der Belehrung über meldepflichtige Erkrankungen und Krankheitserreger muss Klarheit darüber bestehen, welche Folgen durch eine Falschauskunft für den Betroffenen und den Betrieb entstehen können. Denn eine versäumte Mitteilung über Krankheitsanzeichen kann zur Fortsetzung der Infektionskette durch Weiterverbreitung der Krankheitserreger führen. Bereits Auffälligkeiten sind ernst zu nehmen und dem Vorgesetzten und Arbeitgeber mitzuteilen. (mjr)

Literatur

Bundesgesetzblatt (Hrsg.) 2000: Gesetz zur Verhütung und Bekämpfung von Infektionskrankheiten beim Menschen (Infektionsschutzgesetz – IfSG) vom 20. Juli 2000, 8. Abschnitt Gesundheitliche Anforderungen an das Personal beim Umgang mit Lebensmitteln, Paragraf 42 Tätigkeits- und Beschäftigungsverbote, Paragraf 43 Belehrung, Bescheinigung des Gesundheitsamtes. Berlin

Harth, Volker et al. (Hrsg.) 2018: Reisemedizin und Impfen: Empfehlungen für Ärzte, Betriebe und beruflich Reisende. Landsberg am Lech: ecomed Medizin

In-flight catering → **Flight Catering**

In-flight Entertainment (IFE) → **Flugunterhaltung**

Inlandstourist [domestic tourist]

Ein → Tourist, der auf seiner Reise keine nationale Grenze überschreitet. (jwm)

In-room amenities → **Amenities**

In-room Entertainment

Unterhaltungs- und Kommunikationssysteme in Gästezimmern. War früher das Hotel-TV-Gerät Inbegriff der In-room-Unterhaltung, sind mittlerweile hochkomplexe und individualisierte Unterhaltungssysteme ‚state of the art'. Internationale, digitale TV- und Musikkanäle, Mediatheken, Zugänge zu Streaming-Diensten, Bildschirme in Bädern, Begrüßungscenter via TV, interaktive Lösungen, Internetnutzung über das Fernsehgerät, mobile und stationäre Endgeräte, kabellose Docking-Stationen, eingebaute unsichtbare Stereoanlagen, Spielkonsolen und hochleistungsfähige IT-Netzwerke beschreiben den rasanten Fortschritt. Für gastgewerbliche, privat geführte Kleinbetriebe sind die technologische Dynamik und die damit verbundenen Investitionen in der Regel extrem herausfordernd. Entlastend wirkt, dass Gäste Entertainment und Kommunikation immer häufiger mit Hilfe ihrer eigenen, mitgebrachten Geräte realisieren. (wf)

In-room Service → **Etagenservice**

In-seat Catering → **Speisewagen**

Insolvenzsicherung bei Pauschalreisen [**insolvency insurance for package holidays**]

1 Überblick   Die bisherige in § 651k BGB a. F. geregelte Sicherstellung der Kundengelder und Rückbeförderung des Reisenden im Falle der Insolvenz des → Reiseveranstalters wird nach der Umsetzung der neuen Pauschalreiserichtlinie durch die §§ 651r bis 651t BGB neu geregelt. Nach § 651k I BGB hat der Reiseveranstalter sicherzustellen, dass im Falle seiner Zahlungsunfähigkeit oder der Eröffnung oder Abweisung des Insolvenzverfahrens dem Reisenden der von ihm gezahlte Reisepreis – wegen nicht erbrachter Leistungen – und die notwendigen Aufwendungen für die Rückreise erstattet werden, wenn die Reise deswegen ausfällt. Geschäftsbedingungen des Veranstalters und Versicherungsbedingungen eines Kundengeldabsicherers, welche von den zwingenden Vorschriften der § 651r–t BGB abweichen, sind nach §§ 651y BGB unwirksam. Vor Reisebeginn bekommt der Reisende damit seinen gezahlten Reisepreis zurück, bei einem Reiseabbruch nur den Betrag der nicht in Anspruch genommenen Leistungen und die angemessenen Kosten der Rückreise. Hierzu zählen auch Doppelzahlungen des Reisenden an einen Leistungsträger wie an das Hotel (EuGH, 14.05.1998, C-364/96). Auf die Ursache der Insolvenz kommt es nicht an, so dass auch betrügerisches Verhalten des Veranstalters abgesichert ist (EuGH, 16.02.2012, C-134/11).

Nicht von der Insolvenzsicherung des Reiseveranstalters erfasst werden Gewährleistungsansprüche wegen mangelhafter Leistungen des Reiseveranstalters wie eine Preisminderung. Sie können daher nicht von dem Kundengeldabsicherer, sondern nur vom Insolvenzverwalter des Veranstalters im Rahmen des Insolvenzverfahrens verlangt werden. Abgesichert ist auch nur die Insolvenz des Reiseveranstalters, nicht aber der Fall, dass ein Leistungserbringer wie ein Luftfahrtunternehmen insolvent wird.

2 Kundengeldabsicherer und Leistungsbegrenzung   Sicherungsgeber kann entweder eine Versicherung (Absatz 2 Nr. 1) oder ein Kreditinstitut mit einem Zahlungsversprechen (Absatz 2 Nr. 2) sein. Damit hat der Veranstalter eine Wahlmöglichkeit, welche Absicherung für sein Unternehmen am besten ist. Im Vordergrund der touristischen Praxis steht als Sicherungsgeber die Versicherung wie z. B. der Deutsche Reisepreis-Sicherungsverein VVaG (DRS), die R+V Versicherung AG oder die Zürich-Versicherung AG. Zur Begrenzung des Risikos des Sicherungsgebers durch eine Rückversicherung und zum Aufbau des notwendigen Deckungsbetrages kann der Sicherungsgeber seine Haftung für die von ihm in einem Geschäftsjahr insgesamt zu erstattenden Beträge auf 110 Mio. € begrenzen (§ 651r III BGB). Da diese Deckelung für alle Insolvenzen bei diesem Absicherer gelten, ist diese Begrenzung bei Großinsolvenzen wie etwa bei Thomas Cook Deutschland bei weitem nicht ausreichend. Daher ist der Gesetzgeber verpflichtet, die Haftungsbegrenzung neu zu regeln.

3 Sicherungsschein und Zahlung In jedem Fall muss der Reiseveranstalter zur Erfüllung seiner Verpflichtung zur Insolvenzsicherung dem Reisenden einen unmittelbaren Anspruch gegen den im Pauschalreisevertrag gem. Art. 250 § 6 II Nr. 3 EGBGB genannten Kundengeldabsicherer verschaffen und durch Übergabe eines von diesem Unternehmen ausgestellten Sicherungsscheins nachweisen (§ 651r IV BGB). Zur Erfüllung dieser Verpflichtung schließt der Veranstalter einen Sicherungsvertrag mit dem Absicherer als Vertrag zugunsten des Reisenden (§ 328 BGB). Einwendungen aus dem Sicherungsvertrag wie eine fehlende Prämienzahlung kann der Absicherer nicht gegenüber dem Reisenden vorbringen. § 334 BGB ist damit ausdrücklich ausgeschlossen. Sobald ein Absicherer den Sicherungsvertrag mit einem Veranstalter beendigt, ist der fehlende Insolvenzschutz der Gewerbeaufsicht am Sitz des Veranstalters mitzuteilen (Art. 252 V EGBGB). Ohne einen Sicherungsvertrag hat der Reisende keinen Anspruch gegen den Absicherer, so dass bei Missbrauch durch gefälschte Sicherungsscheine der Reisende keinen Schutz hat.

Der Sicherungsschein ist eine vom Absicherer ausgestellte Bestätigung, deren Inhalt und Form den Vorgaben des Art. 252 EGBGB entsprechen muss. Damit sind ein drucktechnisch deutlich hervorgehobener Abdruck auf der Reisebestätigung und ein Formblatt, angeheftet oder elektronisch verbunden mit der Reisebestätigung, vorgeschrieben. Bloße Erklärungen des Veranstalters, beispielsweise in seinen → AGB, reichen nicht aus.

Ohne vorherige Übergabe eines Sicherungsscheins darf keine Anzahlung vom Reiseveranstalter bzw. vom vermittelnden Reisebüro gefordert oder angenommen werden (§ 651t BGB). Hierbei hat ein Reisevermittler dem Reisenden gegenüber die Pflicht, den Sicherungsschein auf seine Gültigkeit hin zu überprüfen, wenn er ihn dem Reisenden aushändigt (§ 651v II 1 BGB). Verletzt das Reisebüro diese Pflicht, macht es sich dem geschädigten Reisenden gegenüber schadensersatzpflichtig (§§ 675, 280 I BGB, BGH, 25.11.2014, X ZR 105/13).

Der Reisende kann den Reisepreis mit befreiender Wirkung gegenüber dem Veranstalter an den Reisevermittler zahlen, wenn der Veranstalter dem Reisebüro ausdrücklich oder stillschweigend eine Inkassovollmacht erteilt hat. Hierfür gilt eine widerlegbare gesetzliche Vermutung, wenn das Reisebüro einen Sicherungsschein übergibt und kein ausdrücklicher Ausschluss der Bevollmächtigung in hervorgehobener Form vorliegt (§ 651v II BGB).

Der Nachweis der Insolvenzsicherung durch den Sicherungsschein hat sich beim Kunden bewährt und tritt auch nach der Neuregelung neben die vorvertragliche sowie vertraglich zu erteilende Information über die Insolvenzsicherung. So ist der Reiseveranstalter verpflichtet, den Namen und die Kontaktdaten des Absicherers in den vorvertraglichen Informationen als auch im Vertrag mitzuteilen. Das für die vorvertragliche Information zu verwendende Formblatt 11 bis 13 zu

Art. 250 §§ 2, 4 EGBGB enthält den Hinweis, dass Reisende den Absicherer kontaktieren können, wenn ihnen Leistungen aufgrund der Insolvenz ihres Veranstalters verweigert werden. Auch können sich Reisende vor Zahlungen auf den Reisepreis an den Absicherer wenden, um sicher zu sein, dass auch tatsächlich der Insolvenzschutz besteht.

4 EU- und EWR-Reiseveranstalter und Drittstaaten § 651s BGB trägt dem Herkunftsland im Rahmen der EU-Dienstleistungsfreiheit Rechnung. Danach muss ein Reiseveranstalter aus einem anderen EU- oder EWR-Staat, der dort abgesichert ist, sich nicht mehrfach sichern. Damit ist sichergestellt, dass die Mitgliedstaaten jede Insolvenzsicherung anzuerkennen haben. Die ausländische Absicherung muss inländische Buchungen mit absichern, wobei der inländische Vermittler eine Kontrollpflicht hat, deren Verletzung zum Schadensersatz aus dem Vermittlervertrag verpflichtet (BGH, 25.11.2014, X ZR 105/13). Nach Art. 253 § 1 I EGBGB ist im Bundesamt der Justiz die von der Richtlinie in Art. 18 II 1 vorgeschriebene Zentrale Kontaktstelle eingerichtet worden, um die Verwaltungszusammenarbeit und Aufsicht über die in verschiedenen Mitgliedstaaten tätigen Reiseveranstalter zu erleichtern.

Hat der Reiseveranstalter im Zeitpunkt des Vertragsschlusses seinen Sitz nicht in einem Mitgliedstaat der EU oder einem anderen Vertragsstaat des EWR, beispielsweise in den USA, treffen den Reisevermittler die sich aus den §§ 651i bis 651t BGB ergebenden Pflichten des Reiseveranstalters, es sei denn, der Reisevermittler weist nach, dass der Reiseveranstalter seine Pflichten nach diesen Vorschriften erfüllt (§ 651v III BGB). Damit haftet ein stationärer oder digitaler Reisevermittler unter diesen Umständen für die Erfüllung der Gewährleistungsvorschriften.

5 Sanktionen Wird die Pflicht zum Insolvenzschutz entgegen §§ 651t–w BGB nicht eingehalten, drohen dem Reiseveranstalter, aber auch dem Reisevermittler, welches für den Veranstalter den Reisepreis als Beteiligter i. S. des § 14 I 1 OWiG annimmt, ein gewerberechtliches Bußgeld bis zu 30.000 € nach der Vorschrift des § 147b GewO.

Zivilrechtlich kann der Reisende in diesen Fällen auch einen Schadensersatzanspruch aus positiver Vertragsverletzung des Geschäftsbesorgungsvertrages (§§ 675, 280 I, 243 II BGB) gegen das vermittelnde Reisebüro geltend machen, der auf Rücktritt vom Pauschalreisevertrag mit Erstattung des gezahlten Reisepreises oder auf seinen Ausfallschaden gerichtet ist, wenn der Veranstalter ohne Insolvenzschutz war (BGH, 25.11.2014, NJW 2015, 853: EU-Veranstalter).

Zudem liegt nach dem Wettbewerbsrecht ein Rechtsbruch gegenüber dem Mitbewerber gem. § 3a UWG vor, der zu einer außergerichtlichen Abmahnung oder einer gerichtlichen einstweiligen Verfügung (§ 12 UWG) durch Mitbewerber, Verbraucherschutzverbände oder durch die Zentrale zur Bekämpfung des unlauteren Wettbewerbs (§ 8 III UWG) führen kann. Ohne Insolvenzschutz hat der Veranstalter einen Wettbewerbsvorsprung vor rechtstreuen Mitbewerbern mit Absicherung (BGH, 24.11.1999, I ZR 171/97: Center Parcs). (ef)

Literatur
Führich, Ernst 2018: Basiswissen Reiserecht. München: C. H. Beck/Vahlen (4. Aufl.; § 11)
Führich, Ernst; Ansgar Staudinger 2019: Reiserecht. München: C. H. Beck (8. Aufl.; § 12)

Instrumentenflugregeln [instrument flight rules (IFR)]
Regeln, die für das Fliegen nach Instrumenten (Blindflug) gelten. Anders als bei den meisten Flügen nach Sichtflugregeln (→ visual flight rules) ist hier nicht der einzelne Pilot, sondern die zuständige Flugkontrollstelle für die Separierung des Luftverkehrs zuständig. (jwm)

Instrumentenlandesystem (ILS) [instrument landing system (ILS)]
System aus Sendern, das einen Anflug auf eine Landebahn auch bei (sehr) schlechten Sichtverhältnissen ermöglicht. Zusätzlich zu den installierten Sendern haben viele Landebahnen neben einer extrem hellen Befeuerung noch optische Landehilfen in Form von neben der Landebahn angebrachten, exakt justierten Lampen, deren scharf gebündelter Lichtstrahl den Gleitwinkel nachzeichnet und damit den Piloten zeigt, ob die Maschine sich im Endanflug auf dem Gleitpfad oder ober- bzw. unterhalb davon befindet. ILS werden nach verschiedenen Sichtminima in → Landekategorien zugelassen. (jwm/wf)

InterCity (IC)
Ein 1968 in Deutschland eingeführtes Zugkonzept, das den Fernverkehrszug (F-Zug) ablöste. Die ersten Züge führten nur 1. Klasse-Wagen. Die Einführung der mit einer durchgehenden roten Streifenlackierung versehenen Wagen wurde mit dem Werbeslogan „Intelligenter Reisen" begleitet. Die Züge verkehrten im Zwei-Stunden-Takt. Eingebunden in diese Taktung waren die TEE-Züge (Trans Europa-Express). Das Ein-Klassen-Konzept wurde Mitte der 1970er-Jahre aufgegeben, als die Bahn erkannte, dass Geschäftsreisende vermehrt das Flugzeug nutzten. 1976 fuhren die ersten IC-Züge auch mit der 2. Klasse. Das InterCity-Konzept war von Anfang an nicht auf Deutschland beschränkt. Erstmals tauchte der Name in den 1960er-Jahren in Großbritannien auf. Inzwischen hat die Zuggattung IC ihren Status eingebüßt. Das Zugkonzept IC ist vom Qualitätsstandard her unterhalb des → InterCity-Express (ICE) angeordnet, der diesen auf vielen Strecken ersetzt hat. Zu den technischen Daten von InterCity-Großraumwagen und InterCity-Steuerwagen siehe Dostal 2017, S. 12 f.; 24 ff.

Der neu konzipierte, doppelstöckige Intercity 2 (462 Sitzplätze, Höchstgeschwindigkeit 160–200 km/h) ist seit 2015 in Betrieb und ergänzt bzw. modernisiert die IC-Flotte. Sein Komfort und Erscheinungsbild ist an den ICE angelehnt (Deutsche Bahn o. J.; Dostal 2017, S. 44 f.; Eikhoff 2018, S. 78). (hdz/wf)

Literatur
Deutsche Bahn o. J.: Intercity 2: Unser Doppeldecker. (https://www.bahn.de/p/view/service/
zug/fahrzeuge/ic_2.shtml, zugegriffen am 11.07.2020)
Dostal, Michael 2017: DB-Wagen. Reisezug- und Güterwagen. München: GeraMond
Eikhoff, Dieter 2018: ICE: Geschichte – Technik – Einsatz. Stuttgart: transpress

InterCity-Express (ICE)

Unter den → Hochgeschwindigkeitszügen nimmt der InterCity-Express, kurz ICE, der → Deutschen Bahn AG eine besondere Stellung ein. Die Entwicklung des ICE geht auf die 1980er-Jahre zurück. Als Vorläufer gilt der InterCity Experimental, der im Jahr 1985 als erster nicht trennbarer Ganzzug eingesetzt wurde. Triebköpfe und Mittelwagen wurden von einem Hersteller-Konsortium gefertigt.

Die ICEs stellen das Rückgrat des Eisenbahnfernverkehrs in Deutschland. Die erste Generation (ICE 1) ist seit 1991 in Betrieb, 1996 folgte der ICE 2, 2000 und 2013 der ICE 3. 2017 erschien mit dem ICE 4 die momentan aktuellste Version (Deutsche Bahn 2018; Eikhoff 2018, S. 78). Durch Kurz- und Langversionen, Modulbauweise und kuppelbare Zughälften kann auf Nachfrageschwankungen reagiert werden.

Der ICE 4 ist eine Weiterentwicklung des ICE 3. Er (12-teilige Version) wird von sechs sogenannten Powercars, die unter mehreren Wagen installiert sind, angetrieben. Der ICE 4 ist 346 Meter lang, bietet 830 Sitzplätze und erreicht eine Höchstgeschwindigkeit von 250 km/h. Moderne Telefontechnik, WLAN, Fahrradabteil, tagesabhängige Beleuchtung, Deckenmonitore zur Fahrgastinformation, neue Gepäckregale und verbesserte Sitze tragen zu mehr Komfort bei (Dostal 2018, S. 22 f.; Eikhoff 2018, S. 102). Die Zulassung für den grenzüberschreitenden Verkehr ins benachbarte Ausland wurde technisch ermöglicht. Um die Kapazitäten auszubauen, verdichtet die Bahn mit dem neuen ICE den Fernverkehr auf wichtigen Strecken (z. B. Hamburg – Chur seit 2019; Berlin – Interlaken seit 2020).

Alle ICE-Versionen gehören durch regelmäßige Überholungen zur gegenwärtigen DB-Flotte. Die DB baute eigens ICE-Betriebswerke auf, um diese zu warten. Da Wagen und Triebköpfe während der Wartung gekuppelt bleiben, sind extrem lange Hallen mit durchgehenden Gleisen notwendig (Werk München: Länge Halle 450 Meter). Diagnosesysteme im Zug melden die Fehler vorab an, durch die gleichzeitige Wartung auf drei Arbeitsebenen wird die Zeit für Überholungen auf ein Minimum reduziert (Eikhoff 2018, S. 108 ff.).

Die Hochgeschwindigkeitszüge stellen komplexe Herausforderungen an Betreiber und Produzenten (Aerodynamik, Druckwellen durch Gegenverkehr und Einfahrt in Tunnels, Wettereinflüsse, Bremssysteme, Crash-Elemente, Elektrik,

Antriebstechnik, Fehlerdiagnosesysteme), die öffentliche Diskussion nimmt dies nur bedingt zur Kenntnis.

Die Erfolgsgeschichte des ICE wurde durch eines der schwersten Unglücke in der Geschichte der Hochgeschwindigkeitszüge und der Deutschen Eisenbahn überschattet. Am 03. Juni 1998 entgleiste unweit der Ortschaft Eschede in Niedersachsen der ICE 884 (Wilhelm Conrad Röntgen) bei einer Geschwindigkeit von 200 km/h. Bei dem Unfall starben 101 Menschen, 88 Schwerverletzte waren zu beklagen. Ursache für den Unfall war der Bruch eines abgenutzten und defekten Radreifens. Im vier Jahre später durchgeführten Strafprozess konnte den drei angeklagten Ingenieuren eine eindeutige Schuld nicht nachgewiesen werden. Die Strafverfahren wurden eingestellt. Die Deutsche Bahn AG zahlte Schmerzensgelder und Entschädigungen an die Hinterbliebenen und Verletzten (Eikhoff 2018, S. 95).

2019 wurde ein neues Außendesign für den ICE vorgestellt. Grüne Streifen und ein angedeuteter Stromstecker auf der Außenhaut (erster und letzter Wagen) sollen die Klimafreundlichkeit der Bahn hervorheben. (wf/hdz)

Literatur

Deutsche Bahn 2018: Unsere ICE-Flotte. (https://inside.bahn.de/ice-baureihen/, zugegriffen am 11.07.2020)

Dostal, Michael 2018: Triebwagen und Triebzüge. Deutsche Bahn und Privatbahnen. München: GeraMond

Eikhoff, Dieter 2018: ICE: Geschichte – Technik – Einsatz. Stuttgart: transpress

InterCity-Express Sprinter (ICE Sprinter)

To sprint (engl.) = sprinten, spurten. Der ICE Sprinter stellt das schnellste Reiseprodukt der → Deutschen Bahn dar. Er verbindet Metropolen und damit indirekt auch Regionen. Die schnelle Reiseverbindung wird durch eine noch höhere Reisegeschwindigkeit als im ICE (→ InterCity-Express), weniger Zwischenhalte und damit weniger Zu- und Ausstiege erreicht. Frankfurt/Main ist zentrale Drehscheibe des Netzes. Die Strecke Frankfurt – Köln wird bspw. bis zu 10× am Tag bedient, Frankfurt – Mannheim – Karlsruhe – Paris 1× am Tag, Frankfurt – Berlin nonstop 1× am Tag (Deutsche Bahn o. J.). Geschäftsreisende sind eine zentrale Zielgruppe. (wf)

Literatur

Deutsche Bahn o. J.: Intercity Sprinter. (https://www.bahn.de/p/view/service/zug/fahrzeuge/ice_sprinter.shtml, zugegriffen am 11.07.2020)

Eikhoff, Dieter 2018: ICE: Geschichte – Technik – Einsatz. Stuttgart: transpress

Die Bahn stellt ihre neue
umweltfreundliche ICE-Generation vor!

InterCity-Express T (ICE T)

→ InterCity-Express (ICE) mit eingebauter Neigetechnik (Pendel-ICE). T steht für ‚Tilting System' (engl. = Neigetechnik). Der Pendel-ICE ist in einer Kurz- und Langversion seit 1999 bzw. 2004 im Einsatz und war als Ablösung für → IC- und IR-Züge gedacht, die auf Langstrecken verkehren, die nicht für Schnellverkehr konzipiert sind und enge Kurvenradien aufweisen (Dostal 2018, S. 20 f., S. 24 f.).

Die ursprünglich aus Italien stammende Technik (Pendolino-Züge) ermöglicht ein kurvenschnelles Fahren bis zu 230 km/h durch die Neigung der Wagenkästen um 8° nach rechts oder links (Dostal 2018, S. 24 f.; Eikhoff 2018, S. 60 ff.). Sie bereitete anfänglich im täglichen Einsatz erhebliche Probleme (Eikhoff 2018, S. 91 ff.). (wf)

Literatur

Dostal, Michael 2018: Triebwagen und Triebzüge. Deutsche Bahn und Privatbahnen. München: GeraMond
Eikhoff, Dieter 2018: ICE: Geschichte – Technik – Einsatz. Stuttgart: transpress

InterCityHotel → **Bahnhofshotel**

Interkont → **Interkontinentalflug**

Interkontinentalflug [intercontinental flight]

Im Prinzip handelt es sich dabei um einen Flug, der verschiedene Kontinente miteinander verbindet, zum Beispiel Europa und Amerika. Allerdings ist der Begriff etwas unscharf, da so gesehen auch ein Flug von Frankfurt/Main (Europa) in die Türkei (Kleinasien) als Interkontinentalflug gewertet werden müsste. Er wird deshalb in der Regel nur für entsprechende Langstreckenflüge verwendet. (jwm)

Interkulturelle Kompetenz [cross-cultural competence]

Als interkulturelle Kompetenz wird die Fähigkeit verstanden, fremde Verhaltensweisen richtig zu interpretieren und das eigene Verhalten gemäß der fremden Wahrnehmung und Wertung zielgerichtet zu gestalten. Zu interkulturellen Missverständnissen kommt es, wenn fremdkulturelle Verhaltensweisen aufgrund der eigenen kulturellen Prägung fehlinterpretiert werden. So kann ein deutscher Tourist es als „unprofessionell" empfinden, wenn ein italienischer Hotelmanager auf eine Beschwerde emotional reagiert. In der italienischen Kultur hingegen drückt emotionales Verhalten Engagement aus.

1 Interkulturelles Lernen durch Aufenthalte in der Zielkultur Interkulturelles Lernen kann stattfinden durch den direkten Kontakt mit einer fremden Kultur. Durch den Aufenthalt in einer fremden Kultur kommt es zu Dissonanz-Erfahrungen zwischen eigenen und fremden kulturellen Elementen, die einen Lern- und Anpassungsprozess auslösen.

2 Interkulturelles Lernen durch Schulungsmaßnahmen Zunehmend haben sich zur Vorbereitung auf Aufenthalte in fremden Kulturen interkulturelle Trainingsmaßnahmen etabliert. Die Vielzahl der Trainingskonzepte lassen sich in zwei große Kategorien unterteilen. Zum einen gibt es kulturspezifische Trainings, bei denen die Teilnehmer aus einem Kulturkreis auf einen anderen vorbereitet werden, beispielsweise „Leben und Arbeiten in den USA" für die Zielgruppe nicht-amerikanischer Mitarbeiter von Disney World. Hier werden schwerpunktmäßig Kulturstandards vermittelt. Häufig wird die Critical Incident Technique (→ Kritisches Ereignis) verwendet, um konkrete kritische Situationen zu trainieren. Dieses Konzept bietet sich beispielsweise auch an, um das Personal eines Urlaubshotels auf deutsche Gäste und deren kulturelle Eigenarten vorzubereiten. Zum anderen gibt es kulturübergreifende Trainings, in denen der Schwerpunkt auf der Sensibilisierung für interkulturelle Phänomene liegt. Interkulturelle Phänomene werden meist vor dem Hintergrund von Kulturdimensionen (→ interkulturelle Unterschiede) erläutert. Die Teilnehmer sollen in die Lage versetzt werden, ihre interkulturelle Kompetenz in Zukunft selbstständig weiter ausbauen zu können. Dieses Konzept bietet sich an, wenn die Teilnehmer aus unterschiedlichen Kulturkreisen kommen und/oder die Teilnehmer unterschiedliche Zielkulturen haben. (gm)

Literatur
Kinast, Eva-Ulrike 1996: Interkulturelle Trainings. In: Alexander Thomas (Hrsg.): Psychologie
  interkulturellen Handelns. Göttingen: Hogrefe, S. 181–203
Layes, Gabriel 1996: Interkulturelles Lernen und Akkulturation. In: Alexander Thomas (Hrsg.):
  Psychologie interkulturellen Handelns. Göttingen: Hogrefe, S. 126–137
Steinecke, Albrecht 2014: Internationaler Tourismus. Konstanz, München: UVK/Lucius

Gedankensplitter   *i*
„Wer dem Anderen das Anderssein nicht verzeihen kann, ist noch weit weg vom Wege zur
Weisheit." (Mahatma Gandhi, indischer geistiger und politischer Führer)

Interkulturelle Unterschiede [cross-cultural differences]

Zur Beschreibung kultureller Unterschiede werden häufig zwei Instrumente verwendet: Kulturstandards und Kulturdimensionen.

1 Kulturstandards   Kulturstandards sind Beschreibungen von Unterschieden,
die sich aus der Sicht einer Kultur auf die andere ergeben. Kulturstandards sind
daher selbst kulturell geprägt. Ein Kulturstandard beschreibt nicht individuelles Verhalten, sondern durchschnittliches Verhalten einer kulturellen Gruppe im
Vergleich zum durchschnittlichen Verhalten einer anderen kulturellen Gruppe.
Für jede Kultur lässt sich eine Vielzahl von Kulturstandards formulieren. Sie können auf verschiedenen Ebenen definiert sein – von allgemeinen Werten bis hin
zu sehr spezifischen, verbindlichen Verhaltensvorschriften (Thomas 1996, S. 112).

Kulturstandards sind geprägt von der eigenen „kulturellen Brille". So beschreiben Brasilianer US-Amerikaner als reserviert, vorsichtig und zurückhaltend, wohingegen US-Amerikaner von Japanern als spontan, impulsiv und emotional beschrieben werden.

2 Kulturdimensionen   Kulturdimensionen sind abstrakter als Kulturstandards.
Sie sind kulturübergreifend, das heißt, jede Kultur lässt sich auf einer begrenzten
Anzahl von Kulturdimensionen abbilden. Es gibt mehrere Ansätze, Kulturdimen-
sionen zu formulieren, die sich teilweise überschneiden. Weit verbreitet ist der
Ansatz von Hofstede (2001). Er hat aus empirischen Erhebungen vier Kulturdi-
mensionen extrahiert:

– Geringe versus hohe Machtdistanz: Die Dimension Machtdistanz bringt die in
  einer Kultur allgemein akzeptierte Machtverteilung zum Ausdruck. In Kulturen mit hoher Machtdistanz werden höher stehenden Personen mehr Privilegien und Statussymbole zugestanden als in Kulturen mit geringerer Machtdistanz. Die Höhe der Machtdistanz wirkt sich auch auf Erwartungen aus, wie
  Dienstleistungen gestaltet werden sowie auf die Art der Personalführung: In
  Kulturen mit niedriger Machtdistanz sollen Untergebene eigenverantwortlich
  ihren Tätigkeiten nachgehen; in Kulturen mit hoher Machtdistanz führt der
  Vorgesetzte durch Anweisungen und Kontrolle.

- Individualismus versus Kollektivismus: In individualistischen Kulturen sind die Bindungen zwischen Personen eher locker. Es wird vom Einzelnen erwartet, dass er für sich selbst und für seine unmittelbare Familie sorgt. In kollektivistischen Kulturen ist der Mensch von Geburt an in starke, geschlossene soziale Gruppen integriert, die ihn schützen und im Gegenzug Loyalität verlangen. Das Gruppeninteresse steht über den Einzelinteressen. In individualistischen Gesellschaften wird Unabhängigkeit geschätzt und die eigene Privatsphäre geschützt; kollektivistische Kulturen schätzen Interdependenz und betonen die Gemeinschaft und Gemeinsamkeiten.

- Femininität versus Maskulinität: In sogenannten maskulinen Kulturen sind materieller Erfolg, Wohlstand und Karriere zentrale Werte; Konflikte werden direkt ausgetragen. Besonders von Männern wird erwartet, dass sie bestimmt, ehrgeizig und hart sind. In femininen Kulturen sind die Sorge um den Nächsten und das Bewahren der Werte zentral. Hier werden Konflikte durch Verhandlung und Kompromisse beigelegt. Es wird von Männern wie von Frauen erwartet, dass sie bescheiden sind.

- Geringe versus starke Unsicherheitsvermeidung: Die Dimension Unsicherheitsvermeidung beschreibt den Grad, in dem sich die Mitglieder einer Kultur durch ungewisse oder unbekannte Situationen bedroht fühlen. Kulturen mit hoher Unsicherheitsvermeidung haben ein Bedürfnis nach vielen und exakten Regeln, ihre Mitglieder legen großen Wert auf Pünktlichkeit. Da Fremdheit als bedrohlich empfunden wird, findet man hier eher Fremdenfeindlichkeit als in Kulturen mit niedriger Unsicherheitsvermeidung. (gm)

Literatur

Hofstede, Geert 2001: Lokales Denken, globales Handeln. Interkulturelle Zusammenarbeit und globales Management. München: Deutscher Taschenbuch Verlag

Thomas, Alexander (Hrsg.) 1996: Psychologie interkulturellen Handelns. Göttingen: Hogrefe

Gedankensplitter

„Wie soll ich ein Land regieren, in dem es mehr Käsesorten als Tage im Jahr gibt?" (Charles de Gaulle, französischer Staatsmann)

Interlining

Interlining ist das Verfahren der wechselseitigen Anerkennung von Linienflugtickets durch unterschiedliche IATA-Mitgliedsfluggesellschaften (→ International Air Transport Association). Dies hat für Kunden und → Fluggesellschaften eine Vielzahl von Vorteilen. Es ermöglicht nahtloses Reisen von Kunden: Mit einem Flugticket der ausstellenden Airline können Anschlussflüge von Interlining-Partnern genutzt werden. Beim Baggage-Interlining wird auf einem Anschlussflug das

Gepäck direkt zum Zielort durchgecheckt. Bei Umbuchungen können Flugsegmente auf andere Fluggesellschaften umgeschrieben werden. Dies wird einerseits für flexible Vollzahlertickets, andererseits auch bei Umbuchungen in Folge von Unregelmäßigkeiten (Irregular Operations; sog. IrOps) durchgeführt.

Einige Fluggesellschaften – speziell → Billigfluggesellschaften – nehmen aus Kostengründen heutzutage nicht mehr am Interlining teil. Dies erschwert bei Unregelmäßigkeiten oft die Umbuchungen auf andere Fluggesellschaften, auf die der Kunde nach Passagierrichtlinien (z. B. EU 261) ein Anrecht hat.

Eine Sonderform sind sog. virtuelle Airlines, die nahezu keine Linienflüge selbst durchführen, sondern lediglich Tickets im Interlining für eine Vielzahl von meist kleineren Fluggesellschaften ausstellen und über den BSP abrechnen. Virtuelle Airlines ermöglichen eine einfache weltweite Buchung kleinerer Fluggesellschaften. (ad)

Literatur
Conrady, Roland; Frank Fichert & Rüdiger Sterzenbach 2019: Luftverkehr. Betriebswirtschaftliches Lehr- und Handbuch. Berlin, Boston: De Gruyter Oldenbourg (6. Aufl.)

International Air Transport Association (IATA)

Die International Air Transport Association (IATA) ist die Welthandelsorganisation der internationalen Luftfahrt. Die IATA versteht sich als Verband mit der Aufgabe „to represent, lead and serve the airline industry". Im Jahr 2019 hatte die IATA 290 Fluggesellschaften als Mitglied, die ca. 82 % des weltweiten Luftverkehrs abdecken. Eine wichtige Aufgabe der IATA ist die Abstimmung respektive der Beschluss von Regularien in der internationalen Luftfahrt. Diese betreffen die Sicherheit im Luftverkehr, Konsumentenschutz, Verteilung von knappen Kapazitäten (Slot-Management), Buchung und Ticketing, Steuern, Umweltschutz oder der Umgang mit „unruly passengers". Eine der wichtigen Regularien ist die Vergabe von eindeutigen Codes für Airlines oder Flughäfen. Zudem werden wichtige Prozesse im Betrieb wie Buchung, Ticketing (Preisbestimmung, Fare Rules), Abfertigung oder Gepäckbeförderung geregelt und unterstützt. Die IATA bietet mit dem Billing and Settlement Plan (BSP) und dem → Interlining eine Plattform zur Zusammenarbeit und zur Abrechnung zwischen den Airlines an. Das Interlining ermöglicht dem Fluggast ein nahtloses Reisen mit mehreren unterschiedlichen Fluggesellschaften. Mit dem BSP können Fluggesellschaften ihre gegenseitigen Forderungen aus dem Ticketing abrechnen.

Seit 2008 werden sämtliche Tickets der IATA-Fluggesellschaften ausschließlich elektronisch ausgestellt. Im Bereich des Umweltschutzes werden klimaneutrale Treibstoffe oder Effizienz gefördert. Bis zum Jahr 2050 sollen die Emissionen von Treibhausgasen auf 50 % der Basis von 2004 gesenkt werden. Das Aufkommen von Low Cost Carriern (→ Billigfluggesellschaften) hat die Marktstrukturen deutlich verändert. Diese sind oft nicht Mitglied der IATA und nehmen nicht an den Funktionen des BSP oder Interlining teil. (www.iata.org). (ad)

Literatur
Conrady, Roland; Frank Fichert & Rüdiger Sterzenbach 2019: Luftverkehr. Betriebswirtschaftliches Lehr- und Handbuch. Berlin, Boston: De Gruyter Oldenbourg (6. Aufl.)

International Featured Standards (IFS) → **Lebensmittelbetrug,** → **Produktschutz**

International Youth Hostel Federation (IYHF) → **Hostelling International**

Internationale Tourismus-Börse ITB Berlin [**International Travel Trade Show Berlin**]

Die Internationale Tourismus-Börse Berlin (ITB), die 2016 ihr 50-jähriges Jubiläum feiern konnte, gilt als weltweit bedeutendste Fachmesse der Tourismuswirtschaft (→ Messen, Kongresse und Events). Die Anfänge dieser Messe, die 1966 von Prof. Dr. Manfred Busche – dem ehemaligen Geschäftsführer der Berliner Ausstellungs-, Messe- und Kongress-GmbH (AMK) – ins Leben gerufen wurde, waren ausgesprochen bescheiden: Im Rahmen einer Übersee-Importmesse versammelten sich neun Aussteller aus fünf Ländern – Ägypten, Brasilien, Guinea, Irak und die gastgebende Bundesrepublik Deutschland – erstmalig auf dem Messegelände unter dem Berliner Funkturm. Auf einer Gesamtfläche von 580 Quadratmetern präsentierten die anwesenden Aussteller ihre tourismus- und hospitalityspezifischen Angebote vor gerade einmal 250 Fachbesuchern. Zum damaligen Zeitpunkt konnte man noch nicht absehen, dass sich in der weiteren, sehr erfolgreichen Entwicklungsgeschichte der ITB geradezu paradigmatisch die rasante Entwicklung des → Tourismus zu einer der weltweit führenden Wirtschaftsbranchen widerspiegeln sollte – einschließlich ihrer Transformationen auf der Angebots- und Nachfrageseite vor dem Hintergrund zentraler gesellschaftlicher Metaprozesse.

Während die 1970er-Jahre primär im Zeichen von Internationalisierung und Wachstum standen, rückten in den 1980er-Jahren verstärkt Aspekte wie elektronische Distributions- und Informationssysteme sowie alternative Reiseformen in den Fokus. Angesichts einer zunehmenden Kritik an den ausgesprochen ambivalenten ökologischen und sozialen Implikationen des Massentourismus forcierte die ITB in den 1990er-Jahren das Thema unternehmerische Verantwortung im Sinne einer strategischen Corporate Social Responsibility. Mit Beginn der 2000er-Jahre entwickelten sich vor allem die → Digitalisierung der Tourismusbranche sowie die zunehmende Ausdifferenzierung der touristischen Angebots- und Nachfragestrukturen zu absoluten Blockbuster-Themen. Gerade letztgenannter Aspekt führt dazu, dass man Diversität zunehmend als Chance begreift und vermeintlichen Nischensegmenten – etwa Lesbian, Gay, Bisexual und Transgender Tourismus (→ LGBTI) – einen immer größeren Stellenwert einräumt. Darüber hinaus ist bemerkenswert, dass in letzter Zeit – vor allem im Rahmen des sogenannten ITB Kongresses – immer wieder tourismuskritische Themen wie → Overtourism, Tourismus und Klimawandel oder Tourismus und Menschenrechte aufgegriffen wurden (ITB 2015).

Die fünftägige ITB ist von ihrem konzeptionellen Selbstverständnis her sowohl Fach- als auch Publikumsmesse. Sie findet in der Regel in der ersten Märzhälfte in den Ausstellungshallen der Unternehmensgruppe Messe Berlin sowie im Internationalen Congress Centrum (ICC) am Messedamm statt. Das umfangreiche, häufig informelle Rahmenprogramm, das diese Messe traditionell begleitet und insbesondere seitens tourismusspezifischer Lobbying-Gruppen, → DMOs und → Reiseveranstalter ausgerichtet wird, verteilt sich über den kompletten Berliner Stadtraum. Als Leitmesse einer zunehmend vernetzten Branche fungiert die ITB als führende Business-Plattform für ein weitgehend global ausgerichtetes touristisches Angebot. Inzwischen umfasst die Messe auf ca. 160.000 Quadratmetern rund 10.000 Aussteller aus über 180 Destinationen. Auf die rund 160.000 Messebesucher entfallen knapp 114.000 Fachbesucher, wobei der im Rahmen der Messe generierte Umsatz bei ca. 7 Milliarden Euro liegt (ITB 2019a). Die Aussteller werden in den Messehallen seit jeher nach geographischen Gesichtspunkten – primär nach Kontinenten bzw. Ländern – aufgeteilt, im Laufe der Zeit kamen noch sogenannte Segmente hinzu, die zentrale Themen der Branche – etwa Business Travel, eTravel, → Kulturtourismus, → MICE oder Travel Technology – abdecken.

Die ITB ist in der heutigen Zeit weit mehr als eine klassische Messe, die für einen bestimmten Zeitraum an einem ganz spezifischen Ort ein stationäres Interaktionsforum für Angebot und Nachfrage kreiert. Vielmehr versteht sie sich – unter dem Motto „One World – One Industry – One Brand" – als internationale Marke, die ganzjährig und grenzüberschreitend als serviceorientierter Dienstleister für eine weitgehend globalisierte, immer differenziertere und wirkmächtigere Branche auftritt. In diesem Kontext setzt die ITB forciert auf den Einsatz neuer Medien respektive digitaler Angebote, die zunehmend Raum und Zeit schrumpfen lassen und in vielerlei Hinsicht analoge Vernetzungsprozesse unterstützen. So hat die ITB inzwischen einen sogenannten Virtual Market Place® implementiert, ein 365 Tage abrufbares Online-Ausstellerverzeichnis, das sowohl die konkreten Messeaktivitäten vor Ort als auch das messeübergreifende Networking erleichtern soll (ITB 2019e). Die sogenannte ITB Academy möchte Aussteller und Fachbesucher mittels Video Tutorials und einer ITB Tool Box bei der Vorbereitung und Durchführung ihrer Messeaktivitäten begleiten. Als konkretes Beispiel sei auf die interkulturell ausgerichteten ITB Culture Courses verwiesen, die – primär mittels E-Learning und Online-Videos – die interkulturellen Handlungskompetenzen im Geschäftsalltag steigern sollen (ITB 2019b). Darüber hinaus wurde – unter dem Namen ITB Advisory – ein tourismusspezifisches Beraternetzwerk gegründet, das als Schnittstelle zwischen Kunden und Beratern fungiert. Zu dessen umfangreichem Beratungsportfolio zählen unter anderem die Entwicklung von Produktstrategien, die Unterstützung beim internationalen Markteintritt und die Personalentwicklung (ITB 2019c). Abschließend sei erwähnt, dass der global konnotierte Anspruch der ITB als „The World's Leading Travel Hub" in letzter Zeit verstärkt dadurch unterstrichen wird, indem das einschlägige Messekonzept mittels sogenannter Tochtermessen in andere Märkte – primär in vielversprechende emerging markets – ‚filialisiert' wird. So gibt es inzwischen eine ITB Asia in Singapur, eine ITB China in Shanghai sowie eine ITB India in Mumbai (ITB 2019d), die die Erfolgsgeschichte der einst in ausgesprochen bescheidenen Strukturen und Kontexten gestarteten Messe fortschreiben sollen. (nsc/hdz)

Literatur

ITB 2015: ITB Berlin: Eine 50-jährige globale Erfolgsgeschichte. (https://www.itb-berlin.de/media/itb/itb_dl_de/itb_itb_berlin/PM_50_Jahre_ITB_Berlin_Historie_und_Ausblick.pdf, zugegriffen am 12.11.2019)

ITB 2019a: Die ITB auf einen Blick. (https://www.itb-berlin.de/ITBBerlin/DatenFakten/, zugegriffen am 12.11.2019)

ITB 2019b: ITB Academy – So wird die ITB ein voller Erfolg für Sie. (https://www.itb-berlin.de/ITBBerlin/ITBAcademy/, zugegriffen am 12.11.2019)

ITB 2019c: ITB Advisory – Ihr Schlüssel zum Erfolg. (https://www.itb-berlin.de/ITBBerlin/ITBAdvisory/, zugegriffen am 12.11.2019)

ITB 2019d: ITB Global – Eine Welt. Eine Branche. Eine Marke. (https://www.itb-berlin.de/de/ITBBerlin/DatenFakten/ITBGlobal/, zugegriffen am 13.11.2019)

ITB 2019e: Virtual Market Place®. (https://www.virtualmarket.itb-berlin.de/de, zugegriffen am 12.11.2019)

Internationaler Bustouristik Verband e. V. (RDA) **[International Coach Tourism Federation]**
Der RDA ist ein Fachverband für die Bus- und Gruppentouristik (→ Bustourismus; → Fernbus). Der Verband hat rund 3.000 direkte und kooperative Mitglieder, zu welchen u. a. Busunternehmen, Reiseveranstalter, Tourismusorganisationen, Kultur- und Eventanbieter sowie Hotellerie und Gastronomie gehören (Stand: 2020). Der RDA vertritt die Interessen seiner Mitgliedsunternehmen auf nationaler und europäischer Ebene. Auf nationaler Ebene arbeitet der RDA eng mit anderen Spitzenverbänden wie dem → Bundesverband der Deutschen Tourismuswirtschaft e. V. (BTW), dem → Deutschen Hotel- und Gaststättenverband e. V. (DEHOGA), dem → DRV Deutschen Reiseverband e. V. (DRV) und weiteren zusammen. Der RDA ist Gründungsmitglied der European Alliance for Coach Tourism (EACT) und kooperiert auf internationaler Ebene mit Tourismusverbänden aus

Belgien, Frankreich, Großbritannien, Irland, Italien, Russland, Ungarn, Schweden, der Schweiz, Spanien und Weißrussland.

Gegründet wurde der RDA 1951 als Reise-Ring Deutscher Autobusunternehmungen e. V. Er hat seinen Sitz in Köln. Die hundertprozentige Tochtergesellschaft des RDA, die RDA Expo GmbH, veranstaltet zweimal im Jahr die RDA Group Travel Expo, eine führende Reisemesse der Bus- und Gruppentouristik in Europa. Neben dem RDA besteht als zweiter Verband im Busgewerbe der → Bundesverband Deutscher Omnibusunternehmer (BDO). Viele Unternehmen der Bustouristik sind sowohl im RDA als auch im BDO Mitglied (www.rda.de). (cmb)

Internationaler Verband der Paketer (VPR)

1982 in Gießen gegründeter Verband der → Paketreiseveranstalter mit insgesamt rund 120 Mitgliedern (Stand: 2020). Er vertritt die allgemeinen Interessen der Paketer in der Tourismusindustrie und in der Öffentlichkeit. 2016 wurde beschlossen, die Geschäftsstelle nach Hamburg zu verlegen. Bei der Mitgliedschaft im VPR wird unterschieden zwischen ordentlichen (Paketer) und außerordentlichen Mitgliedern. Ordentliche Mitglieder sind Paketer, die außerordentlichen Mitglieder sind unterteilt in vier Säulen ('Säule A': → Hotels, → Hotelketten, touristische Unternehmen, die Leistungspakete anbieten), ('Säule B': Anbieter von touristischen bzw. touristisch nutzbaren Einzelleistungen), ('Säule C': nicht-touristische Unternehmen, die eine Geschäftätigkeit für Paketer oder einen Bezug mit deren Tätigkeit zum Geschäftszweck haben), ('Säule D': Assoziierte Mitglieder, wie z. B. Fachverlage, Verbände oder Einzelpersonen) (www.vpr.de). (jwm/wf)

Literatur
VPR o. J.: Der Verband. (https://www.vpr.de/der-vpr/, zugegriffen am 11.07.2020)

Internationalisierung im Tourismus [Internationalization in Tourism]

Internationalisierung lässt sich – analog zum häufig synonym verwendeten Begriff Globalisierung – mit einer zunehmenden „time-space compression" (Harvey 1990) umschreiben, die mit einer sukzessiven Entgrenzung der Welt einhergeht. Sie impliziert eine forcierte Intensivierung und Verflechtung weltweiter sozialer Beziehungen, die sich auch dezidiert in einer Zunahme interkultureller Kontakte widerspiegeln (→ Interkulturelle Kompetenz; → Interkulturelle Unterschiede). Internationalisierung sollte man keinesfalls nur aus einem ökonomischen Blickwinkel betrachten, vielmehr umfasst das ausgesprochen komplexe Phänomen auch soziale, politische und kulturelle Aspekte (Giddens 2008; Reisinger 2009).

Aus unternehmerischer Perspektive zählt die fortschreitende Internationalisierung zu den größten Herausforderungen der Unternehmensführung im 21. Jahrhundert. Wer sich als Unternehmer den einschlägigen Prozessen proaktiv stellen möchte, kommt nicht umhin, eine Unternehmensstrategie (→ Strategie) zu verfolgen, die sich nicht ausschließlich auf den Heimatmarkt beschränkt. Vor diesem Hintergrund ist Internationalisierung weder unternehmerischer Selbstzweck noch standortbedingter Exodus, vielmehr verkörpert sie längst ein konstitutives Moment im Aktionsrahmen einer immer größeren Anzahl von Unternehmen (Krystek & Zur 2002; Riehle 1997); ein Aspekt, der geradezu paradigmatisch auf die Tourismusbranche zutrifft: So sind nicht nur Angebot und Nachfrage weitgehend internationalisiert, sondern es gehört auch zum wesentlichen Merkmal der → Dienstleistung als solcher, dass angesichts innovativer Technologien im Kommunikations- und Transportsektor Grenzen überwunden werden sowie Raum und Zeit schrumpfen (Coles & Hall 2008).

Reduzierte man die Internationalisierung von Unternehmensaktivitäten bis weit in die 1990er-Jahre primär auf Großkonzerne, so ist heute weitgehend unumstritten, dass dieses Phänomen gerade in der Tourismusbranche entscheidend von kleinen und mittleren Unternehmen getragen wird (Pillmayer 2014; Scherle & Pillmayer 2017). Die Motive einer Internationalisierung können einerseits unternehmensintern, andererseits unternehmensextern sein, wobei es in der Regel zu einer Überschneidung beider Motivationsebenen kommt: Die unternehmensinterne Motivation basiert primär auf der Realisierung von Umsatz- und Wachstumspotentialen bzw. der Verwirklichung der Unternehmerpersönlichkeit. Im Kontext der unternehmensexternen Motivation stehen vorwiegend Anpassungsmaßnahmen angesichts sich verändernder Markt- und Wettbewerbsbedingungen im Vordergrund (Ernst 1999). So hat beispielsweise der steigende horizontale Wettbewerbsdruck kleine und mittlere Tourismusunternehmen in den letzten Jahren verstärkt dazu veranlasst, sich auf ein Nischenprodukt zu fokussieren.

Im Rahmen tourismusspezifischer Internationalisierungsstrategien konnten sich in den letzten beiden Jahrzehnten verstärkt sogenannte ‚kooperative Internationalisierungsformen' (Perlitz 2002) durchsetzen, die sich aus strategischer Perspektive immer dann als besonders sinnvoll erweisen, wenn die relevanten Akteure gemeinsame oder auch komplementäre Ziele durch ihre jeweilige Zusammenarbeit besser realisieren können als alleine (Scherle 2006). Diese reichen von einfachen bilateralen Bindungen bis hin zu komplexen Netzwerken, die nicht-vertraglicher, vertraglicher und kapitalmäßiger Natur sein können. Tendenziell gilt, dass die Bindungsintensität zwischen den kooperierenden Partnern von den nicht-vertraglichen Bindungen zu den kapitalverflochtenen Beteiligungen zunimmt, da das in die → Kooperation eingebrachte Kapital das Eigeninteresse an einem kooperativen Wohlverhalten stärkt (Kutschker & Mößlang 1996). Häufig handelt es sich in der Tourismusbranche um nicht-vertragliche Bindungen, die den Kooperationspartnern einerseits ein Höchstmaß an Flexibilität ermöglichen, andererseits aber auch das Kooperationsrisiko erhöhen, da man im Konfliktfall kein rechtlich verbindliches Dokument besitzt (Scherle, Boven & Stangel-Meseke 2016).

Die fortschreitende Internationalisierung im Tourismus geht mit einer zunehmenden Universalisierung und Konvergenz hinsichtlich Konsum- und Verhaltensmustern einher, die zu einer deutlichen Standardisierung bestimmter touristischer Angebote geführt haben. Gleichzeitig impliziert eine fortschreitende Pluralisierung der Lebensstile eine zunehmende Segmentierung des Reisens, die sich in einer bis dato nicht gekannten Vielfalt respektive Hybridität unterschiedlicher Reiseformen und Reisestile widerspiegelt (Buhalis 2001; Boztug et al. 2015). Vor diesem Hintergrund spricht Hall (2001, S. 22) treffend von einem paradigmatischen „changing the 'rules of the game'", das sich in einem verschärften Ringen um Wettbewerbsvorteile zwischen den jeweiligen Unternehmen und → Destinationen manifestiert. (nsc/mp)

Literatur

Boztug, Yasemin et al. 2015: The hybrid tourist. In: Annals of Tourism Research, 54, pp. 190–203

Buhalis, Dimitrios 2001: The tourism phenomenon: the new tourist. In: Salah Wahab; Chris Cooper (eds.): Tourism in the Age of Globalisation. London: Routledge, pp. 69–96

Coles, Tim; Michael C. Hall (eds.) 2008: International Business and Tourism: Global Issues, Contemporary Interactions. London: Routledge

Ernst, Dietmar 1999: Internationalisierung kleiner und mittlerer Unternehmen: Kooperationsformen und Außenwirtschaftsförderung. Wiesbaden: Deutscher Universitätsverlag

Giddens, Anthony 2008: Konsequenzen der Moderne. Frankfurt am Main: Suhrkamp

Hall, Michael C. 2001: Territorial economic integration and globalisation. In: Salah Wahab; Chris Cooper (eds.): Tourism in the Age of Globalisation. London: Routledge, pp. 22–44

Harvey, David 1990: The Condition of Postmodernity: An Enquiry into the Origins of Cultural Change. Oxford: Blackwell

Krystek, Ulrich; Eberhard Zur (Hrsg.) 2002: Handbuch Internationalisierung: Globalisierung – eine Herausforderung für die Unternehmensführung. Wiesbaden: Springer

Kutschker, Michael; Angelo Mößlang 1996: Kooperationen als Mittel der Internationalisierung von Dienstleistungsunternehmen. In: Die Betriebswirtschaft, 56 (3), S. 319–337

Perlitz, Manfred 2002: Spektrum kooperativer Internationalisierungsformen. In: Klaus Macharzina; Michael-Jörg Oesterle (Hrsg.): Handbuch Internationales Management: Grundlagen – Instrumente – Perspektiven. Wiesbaden: Gabler, S. 533–549

Pillmayer, Markus 2014: Die Internationalisierung in der Tourismuswirtschaft: Das Beispiel Jordanien. Wiesbaden: Springer Gabler

Reisinger, Yvette 2009: International Tourism: Cultures and Behaviour. Amsterdam: Elsevier

Riehle, Wolfgang 1997: Internationalisierung von Unternehmen: Strategische Hintergründe und Wirkungen am Standort Deutschland. In: Heidelberger Club für Wirtschaft und Kultur e. V. (Hrsg.): Globalisierung: Der Schritt in ein neues Zeitalter. Berlin: Springer, S. 157–166

Scherle, Nicolai 2006: Bilaterale Unternehmenskooperationen im Tourismussektor: Ausgewählte Erfolgsfaktoren. Wiesbaden: Gabler

Scherle, Nicolai; Christine Boven & Martina Stangel-Meseke 2016: Scheitern in internationalen Unternehmenskooperationen. Wiesbaden: Springer Gabler, S. 249–270

Scherle, Nicolai; Markus Pillmayer 2017: Going international im Krisenmodus – Internationalisierungsprozesse klein- und mittelständischer Tourismusunternehmen in Jordanien. In: Zeitschrift für Tourismuswissenschaft, 9 (2), S. 277–303

> **Gedankensplitter**
> „All people are the same. It's only their habits that are so different." (Confucius, chinesischer Philosoph)

Internet Booking Engine (IBE)

→ Web-Portal und Internet Booking Engine(s) bilden in ihrem Zusammenwirken das informationstechnologische (IT-)System eines → Online-Reisevermittlers. Internet Booking Engines stellen die elektronische Funktionalität zur Verfügung, um die Kundenwünsche und -aufträge zu erfüllen und um die Geschäftstransaktionen vollständig und verbindlich zu vermitteln. Eine IBE ist ein Software-, Datenbank- und Schnittstellen-System zur automatisierten Umsetzung der Beratungsfunktionen und der Vermittlungs- bzw. Buchungsprozesse. Sie steht in automatisierter Verbindung zu den → Reservierungssystemen kooperierender Reiseanbieter und automatisiert die Geschäfts- bzw. Vermittlungsprozesse in Echtzeit des Kundendialoges.

Das Web-Portal eines Online-Reisevermittlers kann seinen Kunden Zugriff auf mehrere Internet Booking Engines bieten, die auf unterschiedliche Marktsegmente spezialisiert sind, z. B. zu einer Flug-IBE für Linien- und Consolidator-Flugangebote oder zu einer Touristik-IBE für Pauschal- und Lastminute-Reisen (→ Reiseveranstalter).

Internet Booking Engines werden von spezialisierten IT-Dienstleistungsunternehmen den → Reisevermittlern zur Nutzung angeboten inkl. der technischen Netzwerkverbindungen und Schnittstellen zur Datenkommunikation mit den Reservierungssystemen der Reiseanbieter (z. B. auch von → Globalen Distributionssystemen, GDS). In den 1990er-Jahren sind sie zunächst als Vergleichs- und Beratungssysteme zur Unterstützung des stationären Vermittlungsbetriebes traditioneller Reisebüros entwickelt worden. Sie werden auch weiterhin in der stationären Reiseberatung eingesetzt und dazu z. B. in die Front-End-Systeme der Globalen Distributionssysteme integriert. Ebenso können sie in die Webseiten der Reisebüros zur Selbstbedienung durch die Kunden kostenpflichtig eingebunden werden. Die Amadeus-Tochtergesellschaft TravelTainment beispielweise bietet ihre Booking Engine unter dem Namen TT-Bistro als stationäres Beratungssystem an, und zur webbasierten Reisevermittlung wird sie als TT-IBE angeboten (→ Globales Distributionssystem, GDS, insb. dortige Abb.).

Um die Angebotsrecherche gemäß Kundenwunsch durchzuführen, greift eine IBE auf eigene Datenbanken und damit auf zentralisierte Angebotsdaten zu, und/oder sie recherchiert dezentral mit Direktschnittstellen in angeschlossenen Anbietersystemen. Insbesondere bzgl. Touristik-IBE ist wie folgt zu differenzieren:

1 Zentralisierte Angebotsdaten in Zwischenspeicher-Datenbanken der IBE Von Beginn an arbeiten IBEs als zentrale Zwischenspeichersysteme (cache, pool). Kooperierende Reiseanbieter (hier → Reiseveranstalter) übermitteln ihre Angebote, allerdings ohne detaillierte und verbindliche Verfügbarkeits- und Preisinformationen, regelmäßig oder situativ über automatisierte Schnittstellen in die Datenbanken der IBE. Traditionell und langfristig vorproduzierte Pauschalreiseangebote (pre-packaged) werden saisonvorbereitend übermittelt. Kurzfristig (last minute) automatisiert vorproduzierte Reiseangebote (dynamic pre-packaging) werden i. d. R. einmal nächtlich (bis zu mehrmals pro Tag) zur Aktualisierung vom jeweiligen Reiseanbieter in die IBE-Datenbanken übertragen. Diese Grundkonzeption einer IBE ist heute für sich alleine genommen nicht mehr zukunftsfähig. Die Kritik zielt neben den hohen Datentransfervolumina auf die Qualität der Angebotsdaten:

- Die Verfügbarkeiten der angebotenen Reiseleistungen sind zum Zeitpunkt der Datenübertragung an eine IBE gegeben. In einer späteren Kundenrecherche und -beratung werden sie somit positiv dargestellt, sind tatsächlich dann aber bereits Vergangenheitsinformationen, die nach der Reiseentscheidung des Kunden im → Reservierungssystem des Anbieters überprüft werden müssen und zu oft nicht bestätigt werden können, wenn die Leistungen bereits über andere Kanäle ausgebucht worden sind.
- Ähnlich kritisch verhält es sich mit den unverbindlichen und pauschalierten Preisangaben, die zum Vergleich alternativer Angebote unterschiedlicher Reiseanbieter dargestellt und als Sortierkriterium genutzt werden. Konkret und verbindlich werden die Reisepreise aber erst im Reservierungssystem des Anbieters ermittelt, folglich nach Ende des Entscheidungsprozesses, oft verbunden mit deutlichen Abweichungen.
- Zum Kurzfristangebot (last minute) paketieren Reiseveranstalter automatisiert im Rahmen ihres Reservierungssystems alle möglichen Kombinationen (dynamic pre-packaging) z. B. mit der Folge, dass ein letztes verfügbares Hotelzimmer mit allen noch freien Flugverbindungen zu Pauschalpaketen kombiniert und angeboten wird. Nach der Buchung eines dieser Pakete und damit des letzten Zimmers befinden sich aber zunächst noch alle anderen Angebote im Zwischenspeicher und fließen in die folgenden Kundenberatungen ein.
- Da Recherche und Beratung auf Basis der IBE-Zwischenspeicherung erfolgen, erfährt ein Reiseveranstaltersystem die Kundenwünsche erst bzw. nur,

falls ein Kunde sich bereits für eines seiner vorab übermittelten Angebote entschieden hat. Wenn ein Reiseveranstaltersystem aber dynamisch in Echtzeit
der Recherche und ggf. interaktiv mit dem Kunden Reisepakete produzieren
kann (echtes → Dynamic Packaging), können diese gemäß aktuellem Kundenwunsch produzierbaren Angebote nicht in die Beratung einfließen. Der
Veranstalter wählt dann vielfach die zuvor genannte und kritisierte Variante des Dynamic Pre-Packaging, wenn er durch automatisiertes dynamisches
Produzieren Kurzfristangebote über zentrale IBEs vermarkten will, oftmals
Y-Veranstalter genannt.

Zusammenfassend besteht die Kritik an den etablierten Internet Booking Engines
darin, dass die Angebotsdaten nicht in Echtzeit der konkreten Kundenwünsche
und Recherchen verbindlich ermittelt und dargestellt werden.

**2 Direktschnittstellen zu den Reservierungssystemen der Anbieter und hybri-
de Systeme** Die zentralen Zwischenspeicher und Datentransferschnittstellen
der etablierten IBE sind folglich zu ergänzen oder zu ersetzen durch Echtzeit-
Direktschnittstellen. IT-Anbieter von Internet Booking Engines und Reservierungssystemen haben kooperativ Direktschnittstellen entwickelt, die in Echtzeit
der Recherche und Beratung zwischen IBE und Reservierungssystemen agieren.
Insbesondere zwei Schnittstellenstandards stehen für den Bereich Touristik/Rei-
severanstalter zur Verfügung: das Einheitliche Datenaustauschformat EDF und
der Offene Datentransfer Standard → OTDS.

Es kann davon ausgegangen werden, dass zur optimalen Steuerung der Da-
tenvolumina, der Abfragezeiten und Recherche-Performance, der Qualität der Angebotsdaten und zur Markt-/Angebotstransparenz die Internet Booking Engines
als hybride Systeme eingesetzt werden, die beständige Angebotsdaten weiterhin
zwischenspeichern und für dynamische und kurzfristige Angebote Direktschnittstellen zu den → Reservierungssystemen der kooperierenden Anbieter nutzen.

3 Dynamic Packaging Engine in Ergänzung einer Touristik-IBE Auch IBE-Anbie-
ter haben zur dynamischen Produktion von → Pauschalreisen → Dynamic Pack-
aging-Systeme (dynamic packaging engine, DPE) entwickelt und sie als Dienstleistung der Reiseproduktion in ihre Touristik-IBE integriert. Reiseveranstalter
können somit auf eine eigene DPE im Rahmen ihres → Reservierungssystems verzichten (→ Outsourcing) und zentral produzieren lassen. Durch die Integration
dieser Produktion in das IBE-System können in Echtzeit der Recherche- und Be-
ratungsprozesse gemäß Kundenwunsch Reisen produziert werden und mit (nur)
zu diesem Zeitpunkt aktuellen Verfügbarkeiten und Preisen in den Entscheidungsprozess einfließen. Im Unterschied zu den oben genannten Y-Veranstaltern
werden Reiseveranstalter, die diese zentrale Produktion im Rahmen einer Touristik-IBE nutzen, oftmals als X-Veranstalter bezeichnet.

4 Datenstandard zur Produktdarstellung und Vergleichbarkeit Um einem Reiseinteressenten die gemäß seiner Wünsche recherchierten Angebote zum Vergleich
und damit beratend darzustellen, bereitet die IBE diese Angebote gemäß verein-
heitlichter Attribute auf und ergänzt sie durch multimediale, georeferenzierte und
bewertende Informationen. Zur branchenweiten Standardisierung der beschrei-
benden Attribute, Auswahlkriterien und touristischen Informationen ist unter
Leitung des → Deutschen Reiseverbandes DRV der Datenstandard ‚Global Types'
entwickelt worden.

Die IBE übermittelt die konkreten Entscheidungen der Kunden bzw. ihre Bu-
chungsaufträge an die jeweiligen Reservierungssysteme und veranlasst damit die
Buchungs- und Reservierungsprozesse. (uw)

Literatur

Schulz, Axel; Uwe Weithöner; Roman Egger & Robert Goecke 2015: eTourismus: Prozesse und
Systeme. Berlin, Boston: De Gruyter Oldenbourg, insb. Kapitel 2.3, 3.7 und 4.6 (2. Aufl.)
(3. Aufl. in Vorbereitung)

Gedankensplitter
„Der Gast kommt aus dem Netz." (Überschrift in der AHGZ aus dem Jahr 2007) **i**

Internet der Dinge → **Digitalisierung**

Internetpranger → **Hygienepranger**

Internetreisebüro → **Reisevermittler**

Invalidität **[disability]**
Bei Reiseunfällen sind immer wieder deren Folgen zu beklagen. Reiseunfälle können zum Tod oder zur Invalidität führen. Von den speziellen Versicherungsgesellschaften werden entsprechende Entschädigungen gezahlt. Unter Invalidität versteht man die dauernde Beeinträchtigung der körperlichen oder geistigen Leistungsfähigkeit. Die Leistungen der Reiseunfall-Versicherung basieren auf festen
Invaliditätsgraden und medizinischen Gutachten, in denen der Grad der Invalidität festgestellt wird (→ Gliedertaxe). (hdz)

Inventar **[inventory, fittings]**
Gesamtheit der beweglichen Sachen, die in einem entsprechend räumlichen Verhältnis zum Grundstück stehen und dazu bestimmt sind, das Grundstück entsprechend seinem wirtschaftlichen Zweck durch Betrieb zu nutzen. Für die Inventar-

eigenschaft ist die Eigentumslage an der betreffenden Sache bedeutungslos. Unterschieden wird zwischen folgenden Arten des Inventars:

- Mitverpachtetes Inventar: Der Pächter hat für die Erhaltung zu sorgen. Er muss die Kosten für die Beseitigung der Abnutzung tragen (§ 582 BGB). Der Verpächter hat die Inventarstücke zu ersetzen, die ohne Verschulden des Pächters „in Abgang" gekommen sind (§ 582 Abs. 2 BGB).
- Eisernes Inventar: Der Pächter übernimmt dieses bei Vertragsabschluss zum Schätzwert und hat es bei Beendigung des Pachtvertrages zum Schätzwert zurückzugewähren. Der Pächter kann über die einzelnen Inventarstücke innerhalb einer ordnungsgemäßen Bewirtschaftung verfügen und trägt die Gefahr der zufälligen Verschlechterung oder des Untergangs des Inventars (§ 582a BGB).
- Dem Pächter gehörendes Inventar: Weiterhin besteht die Möglichkeit, dass das Inventar dem Pächter oder einem Dritten ganz oder teilweise gehört, über das er frei verfügen kann. Eine vertragliche Verfügungsbeschränkung hinsichtlich des Inventars ist nur zulässig, wenn sich der Verpächter verpflichtet, bei Beendigung des Pachtverhältnisses das Inventar zum Schätzwert zu erwerben (§ 583a BGB).
- Überinventar: Es handelt sich um Inventar, das vom Pächter angeschafft wurde und das nach den Regeln einer ordnungsgemäßen Bewirtschaftung im Hinblick auf das übernommene und rückgabepflichtige Inventar überflüssig oder zu wertvoll ist. Der Verpächter kann die Übernahme dieses Inventars zum Schätzwert bei Beendigung des Pachtverhältnisses ablehnen (vgl. § 583a BGB). (gd)

IrOps → **Interlining**

Issues Management **[issues management]**
Issues (engl.) = Probleme, Themen, Fragen. Unternehmensrisiken sind Probleme, die in Zukunft auftreten und unerwünschte Folgen nach sich ziehen können. Zur Abwehr dieser Risiken implementiert man im technischen Bereich das Qualitätsmanagement als ein Instrument des Risikomanagements. Dabei handelt es sich um eine systematische Vorgehensweise, über Korrekturmaßnahmen nachzudenken, bevor ein Problem auftritt. Neben technischen Risiken stehen Unternehmen im Zeitalter der digitalen Transformation immer stärker auch kommunikativen Risiken gegenüber. Der Grund: Unternehmen agieren zunehmend unter riskanten medialen Bedingungen, da über soziale Medien (→ Social Media), → Blogs, aber auch Fake news deren Reputation in Gefahr ist.

Zur Abwehr dieser Kommunikationsrisiken implementieren Unternehmen das Issues Management als ein Verfahren der systematischen Umweltbeobachtung. Es dient dem frühzeitigen Erkennen und dem systematischen Vorbereiten auf potenziell kritische Themen durch Beobachtung der Medien. Dabei geht es um das Erkennen von Issues. Issues sind Probleme, die einen direkten Bezug zum Unternehmen haben und durch folgende Eigenschaften gekennzeichnet sind: Issues sind von öffentlichem Interesse und werden in der Öffentlichkeit kontrovers diskutiert – es besteht also ein Konflikt. Zudem wecken Issues unterschiedliche Ansprüche auf Seiten der Stakeholder und der Unternehmung – dies führt zu Erwartungslücken. Aufgrund dieser Eigenschaften nehmen Issues konkreten Einfluss auf die Wahrnehmung und Reputation des Unternehmens und schränken dadurch die Freiheitsgrade unternehmerischer Entscheidungen ein. In diesem Kontext ist Issues Management zu verstehen als ein Frühwarn- und Reaktionssystem, welches das Unternehmensumfeld beobachtet und analysiert und so eine zielführende Krisenprävention ermöglicht. Je früher Unternehmen kritische Issues identifizieren, umso größer ist der Handlungsspielraum zur Abwehr dieser Risiken. (gs)

ISTO → **Sozialtourismus**

ITB → **Internationale Tourismus-Börse ITB Berlin**

IYHF → **Hostelling International**

J

Jagdtourismus [hunting tourism]

Spezialreisen, die durchgeführt werden, um Großwild auf Safaris, in alpinen Gebieten oder in Wäldern abzuschießen, werden Jagdreisen genannt und zählen zum Jagdtourismus, der oftmals individuell organisiert wird. Besonders in den traditionellen Jagdreisegebieten von Ostafrika und Osteuropa führten in den letzten Jahren gesetzliche Auflagen (Schonzeiten) und Reservate dazu, dass der Jagdreisetourismus abnahm. Erschwerend für die Jagdtouristen kommt hinzu, dass die Gebühren deutlich erhöht wurden. Transfers ins Jagdgebiet, Jagdlizenz, Pirschführung, Jagdcamp, Dolmetscher, Abschussgebühren und Präparation der Trophäen lassen die Preise für derartige Reisen je nach Tier in die Höhe gehen.

Die Mitnahme von Schusswaffen und Munition für Jagdzwecke in Fluglinien ist grundsätzlich möglich, unterliegt aber Restriktionen (Voranmeldung, Transport als aufzugebendes Gepäck, Vorlage von Genehmigungen, Trennen von Munition und Schusswaffen, Entladung der Waffen). Allerdings gibt es auch Flughäfen wie London Heathrow, die den Transport von Sportwaffen verbieten (Lufthansa o. J.). Die Diskussion um Jagdtourismus ist emotional aufgeladen und spaltet die Gemüter in Befürworter und Kritiker (Steinecke 2019, S. 80 ff.). (hdz/wf)

Literatur

Lufthansa o. J.: Sportwaffen. (https://www.lufthansa.com/de/de/sportgepaeck-konditionen, zugegriffen am 11.07.2020)
Steinecke, Albrecht 2019: Tourismus und Luxus. Serie Tourism Now. München: UVK

Jause [snack (Austria)]

Österreichische Bezeichnung für „Zwischenmahlzeit" oder „kleiner Imbiss", die aus dem mittelhochdeutschen jûs und dem slowenischen júžina „Mittagessen" entlehnt und etwa mit der bayrischen „Brotzeit" vergleichbar ist. Der Begriff wird synonym sowohl für eine Vormittags- als auch eine Nachmittagszwischenmahlzeit verwandt, lediglich setzte man zur Unterscheidung das Präfix Vormittags- oder Nachmittags- hinzu.

Die Zusammensetzung der Jause war ursprünglich in der Regel recht einfach und diente (bis in die Mitte des 20. Jahrhunderts) der Kalorienversorgung während der Arbeit auf dem Feld: Brotscheiben mit einem fetthaltigen Aufstrich (i. d. R. mit Butter, Margarine, Quark) bestrichen, teilweise auch mit Wurst belegt. Eine genauere begriffliche Eingrenzung wird heute immer schwieriger, so dass Jause jegliche Formen und Varianten der Zwischenmahlzeiten bezeichnet, etwa auf Reisen, Wanderungen und in der Schule oder auf der Arbeit.

https://doi.org/10.1515/9783110546828-011

Besonders durch den Bedeutungszugewinn des → Tourismus in Österreich und hierbei im Kontext der „Jausenstationen" setzte sich der Begriff flächendeckend in seiner Unbestimmtheit durch. Im süddeutschen, aber mehr im österreichischen Sprachraum assoziiert man mit Jause heute gewöhnlich eine kräftige Brotmahlzeit mit würzigem Brot, Wurst oder Schinken, kaltem, gebratenem Schweinefleisch, Meerrettich, Käse, Gurken etc., die auf einem Holzteller serviert wird und im touristischen Bereich inzwischen wieder große Bedeutung hat. (gh)

Literatur

Kesselgruber, Bernd 1998: Aspekte der Volksnahrung im Sudetendeutschen Sprachraum am Beispiel von Frühstück, Vormittags- und Nachmittagsmahlzeit. In: Otfrid Ehrismann 1998: 26. Bericht über das Sudetendeutsche Wörterbuch. München: Collegium Carolinum, S. 9–14

Klausmann, Hubert 1994: Von der Marende zur Jause. Über die Benennung der Mahlzeiten in Vorarlberg, Liechtenstein und im Allgäu. In: Montfort, 46, S. 238–244

Jet

Flugzeug mit Düsenturbinenantrieb, → Turbofan, → Turbojet. Der Vortrieb erfolgt hauptsächlich durch den Rückstoß der ausgeblasenen Gase. (jwm)

Jetlag

Ermüdung durch Langstreckenflüge, die mehrere Zeitzonen durchqueren. Vor allem die Umstellung auf die neue Ortszeit macht dem Körper einige Tage zu schaffen, bis er sich an den verschobenen Tag/Nacht-Rhythmus gewöhnt hat. Insbesondere die Verkürzung des Tages auf Flügen in West-Ost-Richtung macht dem Organismus Probleme, währenddessen Ost-West-Flüge mit der Verlängerung von Tag und Nacht erfahrungsgemäß weniger Probleme bereiten. Unterstützt wird der Jetlag durch den Bewegungsmangel an Bord von Flugzeugen und die extrem niedrige Luftfeuchtigkeit auf Langstreckenflügen. (jwm)

Jetprop

Kunstwort aus → Jet und Propeller. → Turboprop. (jwm)

Jeunes Restaurateurs d'Europe (JRE) → JRE – Jeunes Restaurateurs

Jigger

Klassisches Utensil in der Bar zum Abmessen von flüssigen Zutaten. Dieses häufig konisch geformte Doppelbarmaß hat in europäischen Ländern meistens Inhaltsmengen von 2 und 4 Zentilitern (cl). (tg)

JRE – Jeunes Restaurateurs

Vereinigung von jungen Restaurantbesitzern, deren Betriebe sich durch ein sehr hohes kulinarisches Niveau auszeichnen. Gegenwärtig sind der Vereinigung ca. 350 Restaurants und 160 Hotels mit Schwerpunkt in Europa angeschlossen (Stand: 2020). In den vertretenen Ländern sind nationale Geschäftsstellen eingerichtet. Um Mitglied werden zu können, müssen folgende Voraussetzungen erfüllt sein: Altersbegrenzung bei Eintritt 25 bis 37 Jahre, mehrjährige Berufserfahrung als selbständiger Restaurateur, Listung in drei einschlägigen → Restaurantführern, Empfehlung zur Aufnahme durch mindestens zwei Mitglieder der Jeunes Restaurateurs, Prüfung der Nominierung vor Ort durch das Präsidium (JRE 2018, S. 183).

Für Aufsehen sorgte die eigens für den deutschen Markt entwickelte JRE-Aus- und Weiterbildung, die in Kooperation mit der Landesberufsschule und der DEHOGA-Akademie in Bad Überkingen/Baden-Württemberg stattfindet (Jeunes Restaurateurs 2018, S. 172 ff.).

Die Vorläuferorganisation – Jeunes Restaurateurs de France (JRF) – wurde 1974 in Frankreich gegründet, Anfang der 1990er-Jahre erfolgte mit der Expansion der Organisation innerhalb Europas eine Umbenennung in Jeunes Restaurateurs d'Europe (JRE), 2016 wurde ‚Jeunes Restaurateurs d'Europe' in ‚JRE – Jeunes Restaurateurs' umbenannt (www.jre.eu). (wf)

Literatur
Jeunes Restaurateurs – Geschäftsstelle Sektion Deutschland (Hrsg.) 2018: Restaurant- & Hotel-
führer 2019 Deutschland. Neuss
JRE o. J.: History. (www.jre.eu/en/aboutus/history, zugegriffen am 10.07.2020)

Jugendherberge [youth hostel]

Beherbergungsbetrieb, der insbesondere auf jugendliche Gästegruppen zielt. In
den Anfängen – 1912 wurde die erste Jugendherberge der Welt auf der Burg Altena/
Sauerland gegründet – waren die Herbergen sehr einfach eingerichtet (Schlafsäle,
Duschräume, Küche, Tagesraum) (Seidel 2009, S. 43 ff.).

Die deutschen Jugendherbergen verspüren seit Jahren Konkurrenzdruck von
→ Hostels, deren Produktkomponenten (z. B. Übernachtung in Mehrbettzim-
mern, Gemeinschaftsbäder, günstiges Preisniveau) in Teilen sehr ähnlich sind.
Eine Abgrenzung gelingt am ehesten über Organisationszweck und Zugangsmöglichkeiten. Jugendherbergen sind gemeinnützige Einrichtungen des → Deutschen Jugendherbergswerks, das mit diesen gesellschaftlich wertvolle Ziele wie
Völkerverständigung, Fortbildung oder Umweltschutz verfolgt. Hostels hingegen sind nach Gewinn strebende Marktteilnehmer, gemeinnützige Ziele werden
nicht angestrebt. Jugendherbergen in Deutschland fordern von ihren Gästen eine Mitgliedschaft [Kosten Mitgliedschaft 2020 (DJH o. J.): für Einzelpersonen bis
26 Jahren („Junior") 7 Euro pro Jahr, für ältere Einzelpersonen („27plus") und
Familien 22,50 Euro], Hostels nicht.

Die Gemeinnützigkeit und die damit verbundenen Vorteile (bei Mehrwertsteuer, Rundfunkgebühren, Zuschüssen bei Grundstückskäufen, Neu- und Um-
bauten) sind ein Zankapfel. Kommerzielle Wettbewerber werfen den Jugendherbergen vor, sich von der Gemeinnützigkeit durch Produktangebote wie Spa oder
Tagungen immer weiter zu entfernen, ursprüngliche pädagogische und soziale
Aufgaben würden vernachlässigt. Gerichtliche Entscheidungen sind anhängig
(Numrich 2018, S. 17; o. V. 2019, S. 15).

Auch vor dem Hintergrund des zunehmenden Wettbewerbs – durch → Budget-Hotels und Vermittlungsportale (→ Airbnb) – erfahren Jugendherbergen in
Deutschland eine Modernisierung. Unter Beibehaltung der ursprünglichen Ideale verfolgt das DJH das Ziel, den Begriff positiv aufzuladen und als das Original auf
dem Markt zu positionieren. Jugendherbergen, die kulturelle Projekte anbieten
(z. B. im Rahmen von Theaterwerkstätten, erlebnispädagogischen Programmen),
sich als sozialökologisches Modell verstehen (Nutzung umweltverträglicher Bau-
materialien, pädagogisch geleitete Architektur) oder jugendgemäße Lebenskon-
zepte weiterentwickeln (z. B. über gesunde und gleichzeitig attraktive Ernährung,
Bewegungsangebote, Umwelt-Klassenfahrten) sind Beispiele hierfür. Ende 2018
eröffnete der Landesverband Bayern in Garmisch-Partenkirchen die Jugendher-

berge Moun10. Das innovative Konzept (Wellnessbereich, Bar, Lounge, Dach- und Sonnenterrasse, hauseigener Shop) im Casual Design soll neue Zielgruppen (Einzelreisende, kleine Sportgruppen) ansprechen, den Begriff Jugendherberge neu ausrichten (Demmeler 2019, S. 14 ff.). Die Herausforderung, alte und neue Zielgruppen mit ihren spezifischen Erwartungen zu vereinen, ist beträchtlich.

Der Begriff „Jugendherberge" war eine rechtlich geschützte Bezeichnung, die das → Deutsche Jugendherbergswerk (DJH) im Jahr 2000 beim Deutschen Patent- und Markenamt hat eintragen lassen. Klagen von Wettbewerbern, die argumentierten, dass es sich bei der Bezeichnung um einen abstrakten Gattungsbegriff handle, wurden von den Gerichten abgewiesen. Kommerzielle Anbieter durften den Begriff daher nicht nutzen (DJH 2005, o. S.). Wettbewerber aus dem Hostel-Bereich benutzten trotzdem den Begriff „Jugendherberge", um Jugendliche anzusprechen. In einem darauf folgenden Rechtsstreit ordnete das Bundespatentgericht nunmehr an, die Marke „Jugendherberge" aus dem Markenregister zu löschen (BPatG 2008, Az. 25 W (pat) 8/06). Begründung: Der Begriff „Jugendherberge" sei nur ein Sachbegriff für eine kostengünstige Art der Übernachtung, die Wortkombination „Jugend" und „Herberge" nicht ungewöhnlich. Das DJH legte Rechtsbeschwerde vor dem Bundesgerichtshof ein, dieser wies sie jedoch zurück (BGH 2009, Az. I ZB 7/09). Damit dürfen nun auch kommerzielle Anbieter (Hostels) den Namen nutzen (DJH 2009). (wf)

Literatur

Demmeler, Sabrina 2019: Jugendherberge Moun10. Klassenfahrt Deluxe. In: Hotel + Technik, 30 (3), S. 14–17

DJH 2005: Voller Erfolg für das Deutsche Jugendherbergswerk: Bezeichnung „Jugendherberge" bleibt weiterhin geschützt. Pressemitteilung. Detmold

DJH 2009: Jugendherberge bleibt eine Qualitätsbezeichnung. Pressemitteilung. Detmold

DJH o. J.: Mitglied werden – Gemeinschaft erleben. (https://www.jugendherberge.de/ mitgliedschaft/infos/#c46210, zugegriffen am 10.07.2020)

Numrich, Oliver 2018: Kampf zwischen Hotels und Jugendherbergen. In: AHGZ (Allgemeine Hotel- und Gastronomie-Zeitung, 118 (10), S. 17

o. V. 2019: A&O fährt vor dem Europäischen Gericht einen Etappensieg ein. In: AHGZ (Allgemeine Hotel- und Gastronomie-Zeitung, 119 (28), S. 15

Seidel, Heinrich Ulrich 2009: Der Weg zur ersten Jugendherberge im westfälischen Altena. In: Jürgen Reulecke; Barbara Stambolis (Hrsg.): 100 Jahre Jugendherbergen 1909–2009. Anfänge – Wandlungen – Rück- und Ausblicke. Essen: Klartext, S. 43–56

Jugendherbergseltern [youth hostels parents]

Führungskräfteteam, das eine → Jugendherberge leitet und deren Gäste betreut. Jugendherbergseltern waren seit Beginn der deutschen Jugendherbergen (1912: Öffnung der ersten Jugendherberge auf Burg Altena/Sauerland) zentraler Baustein des Konzepts (Seidel 2009, S. 51). Die Herbergseltern – Herbergsvater und Herbergsmutter – waren Ehepaare.

Ihre Rolle wandelte sich über die Jahrzehnte: Waren sie zu Beginn Ausdruck einer Familienatmosphäre, Respektperson, Erzieher und Kontrollorgan, wurden sie immer mehr zum Gastgeber, der Unterstützung und Unterhaltung anbot, mit den Gästen spielte und musizierte. Mit dem Größenwachstum der Jugendherbergen wandelte sich die Rolle der Herbergseltern hin zu Managern (Nagy 2016, S. 272 ff.). Jugendherbergen werden heutzutage von einer Person, große Betriebseinheiten von zwei Personen geleitet. Die selbständig agierenden Landesverbände nutzen für die Führungskräfte ein unterschiedliches Wording (Herbergsleiter, Stellvertreter, Assistent, Herbergseltern). Mit dem Rollenwandel ist die Nähe zu den Gästen und Intimität verloren gegangen, gleichzeitig die Professionalität gestiegen. (*wf*)

Literatur

Nagy, Gabriella 2016: Youth hostel parents in Germany. In: Annals of Tourism Research, 57, pp. 272–274

Seidel, Heinrich Ulrich 2009: Der Weg zur ersten Jugendherberge im westfälischen Altena. In: Jürgen Reulecke; Barbara Stambolis (Hrsg.): 100 Jahre Jugendherbergen 1909–2009. Anfänge – Wandlungen – Rück- und Ausblicke. Essen: Klartext, S. 43–56

Jumbo → **Großraumflugzeug**

Jungkellner → **Commis de rang**

Jungkoch → **Commis de cuisine**

Juniorsuite → **Zimmertypen**

Junk Food

Junk (engl.) = Abfall, Gerümpel, Schund. Junk Food ist eine Wortkomposition und heißt direkt übersetzt „Abfallessen". Der Begriff soll eine Nahrung umschreiben, die nährstoffarm, ballaststoffarm und kalorienreich ist. Oft gebraucht als Synonym und Wertung für → Fast Food. (wf)

Jus **[jus, meat juice]**

Jus (franz.) = Saft. Klarer Fleisch- oder Bratensaft; im Französischen auch der Begriff für Frucht- und Gemüsesäfte. (bk/cm)

K

Kabinenpersonal → **Flugbegleiter**

Kabinenteiler **[multiple class divider (MCD)]**
Kabinenvorhang, der in Verkehrsflugzeugen zum Beispiel die → Beförderungsklassen Economy Class von der Business Class trennt. In den meist auf Kurz- und
Mittelstrecken eingesetzten Flugzeugen mit einheitlicher Bestuhlung ist dieser
Vorhang verschiebbar, so dass die Größe der Klassen der jeweiligen Nachfrage
angepasst werden kann. Einzig sichtbares Unterscheidungsmerkmal zwischen
den beiden Beförderungsklassen ist in diesem Fall der Service. Aus Sicherheitsgründen muss der Vorhang bei Start und Landung geöffnet sein. (jwm)

Kabotage **[cabotage]**
Erbringung von Transportleistungen durch ein Unternehmen innerhalb eines
Landes, in dem dieses Unternehmen nicht ansässig ist. Innerhalb der Europäischen Union gibt es einen gemeinsamen Luftverkehrsmarkt, in dem jede Fluggesellschaft eines Mitgliedslandes jede beliebige Verbindung fliegen kann. Kabotage bedeutet also konkret, dass zum Beispiel die irische Fluggesellschaft Ryanair
Passagiere zwischen Memmingen (Deutschland) und Girona (Spanien) befördern
kann. (jwm/wf)

Kaffeebar → **Coffee-Shop**

Kaffeehaus **[café, coffee house]**
Gastronomischer Betrieb, dessen Angebotsschwerpunkt auf Kaffee liegt. Das
Produktspektrum wird insbesondere durch Warmgetränke (Tee, Schokolade),
Kuchen und kleinere kalte und warme Speisen abgerundet.

    Im arabischen Raum entstanden Kaffeehäuser bereits sehr früh, über den
Handel erreichte der gastronomische Betriebstyp Europa. Mitte des 16. Jahrhunderts (1554) wurde in Konstantinopel das erste Kaffeehaus eröffnet, Mitte bis Ende
des 17. Jahrhunderts erfasste eine Gründungswelle die europäischen Handelszentren: Venedig 1645, London 1652, Marseille 1653, Amsterdam 1663, Paris 1666,
Hamburg 1677, Wien 1685 (Potthoff & Kossenhaschen 1996, S. 466; von Paczensky & Dünnebier 1999, S. 456; Rosskamp & Sauerbier 2018, S. 10 ff.; zu den leicht
variierenden Jahreszahlen Scherzinger 2005, S. 23). Neben dem eigentlichen Kaf-
feekonsum galten Kaffeehäuser als Ort der Information, Kommunikation, Geselligkeit und mitunter als Zentrum des kulturellen Lebens. Ihr Besuch war im
frühen 18. Jahrhundert in Europa Männern vorbehalten, Frauen entwickelten mit

https://doi.org/10.1515/9783110546828-012

dem gemeinsamen Kaffeetrinken im privaten Bereich („Kaffeekränzchen") eine geschlechtsspezifische Alternative (Scherzinger 2005, S. 30 f.).

Bekanntester Vertreter unter den Kaffeehäusern dürfte das Wiener Kaffeehaus sein (z. B. Café Central, Café Hawelka, Café Schwarzenberg). Oft assoziiert mit dem Typus eines gehobenen Literaturcafés, existier(t)en gleichwohl auch einfachere Ausprägungen in Form von Kaffeeschenken oder Kaffeebeiseln (Potthoff & Kossenhaschen 1996, S. 467 f.; Leidinger 2018, S. 1 ff.). Der Typ des Wiener Kaffeehauses erlebt seit Jahren eine Renaissance weit über die Stadtgrenzen hinaus.

Die ursprünglichen Kaffeehäuser differenzierten sich über die Zeit hinweg aus. → Cafés, → Cafeterias, Café-Konditoreien, Stehcafés, Café-Bistros sind hierbei nur einige Ausprägungen, als jüngstes Produkt können → Coffee-Shops gelten. Zu einer tabellarischen Gegenüberstellung der einzelnen Café-Typen siehe Scherzinger 2005, S. 54 ff; zu fragwürdigen Behauptungen über Kaffee siehe Rosskamp & Sauerbier 2018. (wf)

Literatur

Leidinger, Matthias 2018: Das Wiener Kaffeehaus. Wien: Metro

Paczensky, Gert von; Anne Dünnebier 1999: Kulturgeschichte des Essens und Trinkens. München: Orbis

Potthoff, Ossip D.; Georg Kossenhaschen 1996: Kulturgeschichte der Deutschen Gaststätte: umfassend Deutschland, Österreich, Schweiz und Deutschböhmen. Nachdruck. Hildesheim, Zürich, New York: Olms

Rosskamp, Robert; Rolf Sauerbier 2018: Kaffee-Irrtümer. Bremen: Edition Temmen

Scherzinger, Christine 2005: Zeitlos in – Zeitlos out. Das Café in der deutschen Gegenwartsgesellschaft. Eine kultursoziologische Studie. Marburg: Tectum

---

Gedankensplitter

„Für mich ist es am schönsten im Kaffeehaus. Man ist nicht zu Haus und doch nicht an der frischen Luft." (Peter Altenberg, österreichischer Schriftsteller)

Kleine Story

Kaffee lehnt sich in seinem Namen an die Region Kaffa (im heutigen Äthiopien) an, in der er höchstwahrscheinlich erstmals entdeckt wurde. Mokka leitet seinen Namen von al-Mucha ab, einer jemenitischen Hafenstadt, die einst ein wichtiger Umschlagplatz und Knotenpunkt im Kaffeehandel war. Cappucino (ital. = Kapuziner) ist eine Anspielung auf die hellbraune Mönchskutte des Kapuzinerordens. Da Kaffee in Europa lange Zeit ein teures Luxusgut war, wurde Bohnenkaffee mit Ersatzkaffee aus Gerste und Malz gestreckt. Das fragwürdige Gemisch bekam den Namen „Muckefuck", was wahrscheinlich aus dem französischen „Mocca faux" (falscher Mokka) stammt. (wf)

Kaffee-Sommelier → **Barista**

Kalte Abreise [lethal check-out]

Beschreibt das Ereignis, dass ein Gast im Hotelzimmer oder an einem anderen Ort des Hotelgrundstücks verstorben ist. Die Hotelbetreiber sind in der Regel bemüht, den Vorfall diskret abzuwickeln, um kein öffentliches Gesprächsthema aufkommen zu lassen.

Rechtlich ist der Hotelier nach Auffinden der Leiche verpflichtet, sofort einen Arzt (bzw. in Bremen einen amtlich bestellten Leichenbeschauer) zur Ausstellung eines Totenscheins zu verständigen. Bei Verdacht auf eine mögliche Fremdeinwirkung empfiehlt es sich, die Polizei zu benachrichtigen und am Fundort der Leiche nichts zu verändern. Sind Angehörige nicht zu erreichen, hat der Hotelbetreiber das Recht, die Überführung des Toten in die nächstgelegene Leichenhalle durch ein Bestattungsinstitut zu veranlassen und eventuell anfallende Kosten von einem Angehörigen, der nicht zwangsläufig der Erbe sein muss, erstattet zu bekommen (§ 683 BGB). Der Hotelier hat weiterhin das Recht, für die verbleibenden Tage des gebuchten Aufenthalts, soweit das Zimmer nicht anderweitig vermietet werden kann, nach den Grundsätzen des ‚→ No-show' je nach gebuchter Verpflegung eine Ausfallgebühr von 60–90 % des Zimmerpreises von den Erben zu verlangen. Diese haben auch Schadensersatz zu leisten, wenn bspw. durch den Suizid eines Gastes erhöhte Reinigungs- oder Wiederbeschaffungskosten entstehen (§ 280), da es sich hier um eine Überschreitung des vertragsgemäßen Gebrauchs des Hotelzimmers handelt. Dies gilt jedoch nicht bei einem natürlichen Tod. (gd/wf)

Kalte Betten [cold beds]

Umschreibung für Wohnraum in Ferienregionen, der von den Eigentümern nur wenige Wochen im Jahr in Anspruch genommen wird. Es handelt sich um Zweitwohnungen in Form von Apartments, Chalets oder → Ferienwohnungen, die nicht weitervermietet werden. Im Gegensatz dazu stellen „warme Betten" Beherbergungskapazitäten dar, die bewirtschaftet werden und somit erwerbswirtschaftlichen Charakter haben.

Die mit dem Bau von Zweitwohnungen einhergehenden negativen Effekte (steigende Boden- und Immobilienpreise in den Ferienregionen, Beeinträchtigung des klassischen → Tourismus und Beherbergungsgewerbes, Schwinden der Grünflächen, Verstädterung von unberührten Regionen) führen zu Konflikten. Steuerliche (z. B. Zweitwohnsitzsteuer), raumplanerische (z. B. Bebauungspläne, Verbot des Zweitwohnungsbaus) und verfügungsrechtliche Instrumente (z. B. Kontingentierung von ausländischem Immobilienerwerb) werden als Lösungsansätze eingesetzt. Beherbergungsmodelle wie → Condominium Hotels oder → Timesharing werden ebenfalls als Lösungsmöglichkeit diskutiert (etwa Kogler & Boksberger 2009, S. 22 f.) Zu einem gemeinsamen Lösungsansatz von touristischen Akteuren siehe bspw. Heer & Laesser 2012. (wf)

Literatur

Heer, Samuel; Christian Laesser 2012: Mögliche Ansätze für Bergbahnen, kalte in warme Betten zu transformieren. In: Institut für Systemisches Management und Public Governance IMP-HSG (Hrsg.): IMPacts. Mythen und Märchen. o. Jg., Heft 4, S. 23

Kogler, Aurelia; Philipp Boksberger 2009: Von kalten und warmen Betten. In: Swiss Equity magazin, o. Jg., Heft 6, S. 22–23

Kaltschale [cold sweet soup]

Flüssige Kaltspeise; im Sommer auch eine erfrischende Alternative für Suppen. (bk/cm)

Kanaltunnel → Eurotunnel

Kandieren [to candy]

Candir (franz.) = kandieren. Konservierungsmethode für frische Früchte durch Erhöhung des Zuckergehalts (mind. 70 %) und Reduktion des Wasseranteils. (bk/cm)

Kangaroo Route → Ultra-Langstreckenflug

Kapitänsdinner [captain's dinner]

Wer an Schiffsreisen teilnimmt, kommt hin und wieder in den Genuss, am Kapitänsdinner teilnehmen zu dürfen, ein Mahl, zu dem der Kapitän des Schiffes einlädt. Heutzutage ist das Kapitänsdinner eine Position im Arrangement der Pauschalkreuzfahrtveranstalter geworden. (hdz)

Kapitalintensität [capital intensity]

Kennzeichnet die Bedeutung des Kapitals im → Hotel. Investitionen in der Hotellerie haben einen hohen Kapitalbedarf, sowohl bei Neubauten als auch bei Modernisierungen, die als Konsequenz des verschärften Wettbewerbs unerlässlich sind. Auch der Trend zum größeren Hotelbetrieb erhöht den Kapitalbedarf. Hohe Kapitalintensität führt tendenziell zu einer Kostenstruktur, die durch einen großen Anteil an Fremdkapital und damit in der Regel mit hohen fixen Fremdkapitalzinsen verbunden ist.

Die Höhe der Kapitalkosten ist auf unterschiedliche Faktoren zurückzuführen: Bei Neubauten sind das Grundstückskosten, die durch den Hoteltyp, den Standort und die Verhältnisse auf dem Grundstücksmarkt beeinflusst werden; Baukosten, die u. a. von der räumlichen Konzeption des Hotels oder dem angestrebten Qualitätsstandard abhängen; Vorinvestitionskosten (z. B. Beratungskosten, Notarkosten); Voreröffnungs-(Pre-Opening-)kosten (Kosten für die Leistungsbereitschaft des Hotels bei der Eröffnung wie Personal-, Energie-, Marketingkosten, Kosten für Erstausstattung der Warenlager). Investitionen sind sorgfältig zu planen und zu kontrollieren im Hinblick auf Kostenüberschreitungen oder Finanzierungslücken. (ukh)

Kapitalumschlag [capital turnover, equity turnover]

Drückt das Verhältnis von Ertrag (Umsatz) und eingesetztem Gesamtkapital aus. Die Kapitalumschlagshäufigkeit charakterisiert, wie das eingesetzte Kapital im betrieblichen Umsatzprozess genutzt wird und gibt an, wie häufig es durch den Umsatz in einem bestimmten Zeitraum (Jahr) umgeschlagen wird. Eine hohe Kapitalumschlagshäufigkeit lässt vermuten, dass das Kapital effizient für die Erwirtschaftung von Erträgen eingesetzt wird.

$$\text{Kapitalumschlagshäufigkeit} = \frac{\text{Betriebserträge}}{\text{Bilanzsumme}}$$

Die Kapitalumschlagshäufigkeit steht in Beziehung zur Kapitalumschlagsdauer.

$$\text{Kapitalumschlagsdauer (Tage)} = \frac{365 \text{ Tage}}{\text{Kapitalumschlagshäufigkeit}}$$

Hotels weisen – gemessen am Gesamtkapital – einen vergleichsweise niedrigen Umsatz und damit eine geringe Kapitalumschlagshäufigkeit bzw. eine hohe Kapitalumschlagsdauer auf. Dabei muss berücksichtigt werden, dass es Unterschiede zwischen Eigentümer- und Pachtbetrieben (→ Hotelpacht) gibt. Während in → Eigentümerbetrieben die Kapitalumschlagshäufigkeit in der Regel unter 1 liegt, d. h.

es mehr als ein Jahr dauert, bis das eingesetzte Kapital durch den Umsatz gedeckt ist, kann das Kapital in Pachtbetrieben auf Grund der niedrigeren Vermögenshöhe bzw. des geringeren Anteils von Anlagevermögen durchaus mehrmals im Jahr umgeschlagen werden.

Bei geringer Kapitalumschlagshäufigkeit wirken sich Umsatzrückgänge dahingehend aus, dass Betriebe – insbesondere bei einem hohen Anteil Fremdkapitalfinanzierung – schnell in die Verlustzone geraten können. (ukh)

Kapselhotel (capsule hotel)

Beherbergungsbetrieb, der sein Angebot auf Schlafkapseln bzw. Schlafboxen reduziert. Die (Kunststoff-)Kapseln bzw. Boxen oder Zellen haben eine sehr geringe Größe (ca. 2 bis 6 Quadratmeter), sind nur von einer Seite betretbar, oft fensterlos und enthalten nur das Nötigste zum Übernachten (Matratze, TV, Wecker, Leselampe, USB- und Steckdose, W-Lan, Safe, Spiegel, Klimaanlage). Der öffentliche Bereich bietet in der Regel eine → Cafeteria, einen Sanitärbereich, Arbeitsbereiche, unter Umständen eine Gemeinschaftsküche und Waschmaschinen.

Kapselhotels hatten ihre Anfänge in japanischen Ballungszentren, in denen Raum ein extremer Engpassfaktor darstellt. Die Mini-Schlafabteile waren ein Reflex auf teure und verdichtete Metropolen wie Tokio mit kaum bezahlbarem Wohnraum (Penner, Adams & Robson 2013, S. 25, 30).

Inzwischen sind Kapselhotels auch in Europa zu finden; die ursprünglichen Mini-Schlafkapseln werden mitunter etwas größer und aufwendiger gestaltet (Konzack 2020). Bevorzugte Standorte sind Ballungszentren und Verkehrsknotenpunkte wie → Bahnhöfe oder → Flughäfen. Aus Gästesicht ist der Preis bei der Buchung ein zentrales Argument. Der Beherbergungstyp ist betriebswirtschaftlich attraktiv (hoher Anteil an produktiver, umsatzbringender Fläche, niedrige Personalintensität, keine Notwendigkeit von gelernten Fachkräften, hohe Automatisierung). Kapselhotels lassen sich dem Segment der → Budget-Hotels zuordnen. Auch Minihotel genannt. (wf)

Literatur

Konzack, Sylvie 2020: Area 24/7 in Karlsruhe. Erstes Kapselhotel in Deutschland eröffnet. (https://www.tophotel.de/area-24-7-in-karlsruheerstes-kapselhotel-in-deutschland-eroeffnet-50243/, zugegriffen am 24.07.2020)

Penner, Richard H.; Lawrence Adams & Stephani K. A. Robson 2013: Hotel Design. Planning and Development. New York, London: W. W. Norton & Company (2nd ed.)

Karamellisieren [to caramelize]

Caraméliser (franz.) = karamellisieren. Lebensmittel mit gebranntem, geschmolzenem Zucker überziehen. (bk/cm)

Karkasse [carcass, bones]

In der Gastronomie der Begriff für das Körpergerüst bzw. -skelett von Tieren (carcasse [franz.] = Gerippe). Hierzu zählen Knochen von Geflügel, Wild oder großen Schlachttieren, Gräten von Fischen und Panzer von Krustentieren. Das Gerippe und daran haftende Fleischreste werden roh für die Herstellung von Fonds, Saucen und Suppen genutzt. Zum Zerlegen der Karkasse siehe Larousse 2017, S. 162. (wf)

Literatur
Larousse (éd.) 2017: Le Grand LAROUSSE Gastronomique. Paris: Larousse Editions (6. Aufl.)

Kasino → **Casino**

Kassenhandgerät [handheld terminal]

Kassengerät, das in der Hand gehalten wird (→ Handheld). Die mobilen „Mini-Kassen" werden z. B. in der Gastronomie eingesetzt. Sie erlauben Bestellaufnahme, Datenübermittlung über Funk oder Infrarot, Abrechnungen und Zusatzfunktionen wie Lagerverwaltung oder Warenannahme.

Durch die mobile Erfassung entfällt für die Servicefachkräfte der Weg zur nächsten fest installierten Kasse, für den Gast werden Wartezeiten (→ Wartezeitenmanagement) reduziert. Das Kassensystem führt in der Praxis oft zu Umstellungen im organisatorischen Ablauf: Der Service wird personell getrennt in Bestellaufnahme und Servieren, weil sich dadurch Effizienzvorteile realisieren lassen. Der Einsatz ist tendenziell für Betriebe geeignet, die sich durch eine hohe Gästefrequenz, ein begrenztes Produktspektrum und eine kurze Verweilzeit (z. B. Straßencafés, Biergärten) auszeichnen. (wf)

Katalog → **Reisekatalog**

Katamaran [catamaran]

Ursprünglich aus Polynesien stammendes Konstruktionsprinzip, nach dem Schiffe mit zwei Rümpfen gebaut werden. Durch den geringeren Tiefgang können weitaus höhere Geschwindigkeiten als mit Einrumpfschiffen (mono hulls) erreicht werden. Durch die größere Breite wird gleichzeitig eine höhere Kentersicherheit erlangt. Zunächst nur bei kleineren Segelschiffen üblich, gibt es mittlerweile vor allem schnelle mittlere und größere Fähren, die nach diesem Prinzip gebaut sind. Eine neue Generation von batteriebetriebenen Katamaranen (E-Katamaran) fährt geräuscharm und emissionsfrei. (jwm/wf)

Kaufkarte → **Destination-Card-Systeme**

Kaufmann/-frau für Hotelmanagement → **Hotelkaufmann/Hotelkauffrau**

Kaufmann/-frau für Tourismus und Freizeit [qualified tourism and leisure management assistant]
Seit 2005 bestehender dreijähriger anerkannter Ausbildungsberuf in Deutschland, dessen Tätigkeitsbereich aus dem des → Reiseverkehrskaufmannes herausgelöst wurde. Aspiranten werden ausgebildet im Schalterdienst von → Touristinformationen, Kureinrichtungen, sog. Wellnesshotels (→ Wellness), Ausflugs- und Kreuzfahrtunternehmen (→ Kreuzfahrttourismus), Erlebnisbädern, → Freizeit- bzw. Erlebnisparks und in tourismusbezogenen → Callcentern. Neben den kaufmännischen Grundkenntnissen, die für unterstützende Tätigkeiten in der kaufmännischen Verwaltung entsprechender Unternehmen qualifizieren, gehören spezielle Kenntnisse in der Konzeption, Vorbereitung und Durchführung von Veranstaltungen ebenso zu diesem Berufsbild wie solche über die Sicherstellung der Funktion entsprechender technischer Anlagen und Einrichtungen. (jwm/wf)

Kaventsmann [freak wave]
Bis zu zwanzig, teilweise dreißig Meter hohe Welle, die plötzlich auf hoher See auftauchen kann. Neben dem Kaventsmann werden „Weiße Wände" und „Drei Schwestern" unterschieden. Früher wurde ihr Auftreten als Seemannsgarn abgetan. Seit den 1990er-Jahren befasst sich die Forschung mit dem Phänomen des plötzlichen Auftretens von Max- oder Monsterwellen (freak waves), die von Tsunamis (→ Flutwelle) zu unterscheiden sind. Die Ursachen ihres Auftretens konnten bisher nur ansatzweise durch Simulation erklärt werden. Festzustehen scheint, dass die Bildung von Monsterwellen begünstigt wird durch konfuse See, meist erzeugt von verschiedenen Wellensystemen, starken Strömungen und Nachwirkungen früherer Wetterlagen (Initiative Wissenschaft Hannover 2019; Volkswagenstiftung 2016). Auch die Kreuzfahrt (→ Kreuzfahrttourismus) ist immer wieder von diesem Phänomen betroffen. (jwm/wf)

Literatur
Initiative Wissenschaft Hannover 2019: Mythos und Wirklichkeit: Das Phänomen Monsterwelle. (https://wissen.hannover.de/Einrichtungen/VolkswagenStiftung/Das-Geheimnis-der-Monsterwelle/4-Fragen-4-Antworten, zugegriffen am 24.07.2020)
Volkswagenstiftung 2016: Lassen sich Monsterwellen vorhersagen? (https://www.volkswagenstiftung.de/aktuelles-presse/aktuelles/lassen-sich-monsterwellen-vorhersagen, zugegriffen am 18.06.2019)

KdF → **Kraft durch Freude**

Kellnerbesteck → **Kellnermesser**

Kellnermesser [waiter's corkscrew, waiter's friend]
Bezeichnung für ein Hilfswerkzeug in der Gastronomie, das von Servicekräften insbesondere zum Öffnen von Weinflaschen benutzt wird. Das in der Regel aus Edelstahl gefertigte Kellnermesser ist multifunktional und besteht aus Griffschale, ausklappbarem Messer (Kapselschneider), Flaschenöffner, Spirale (zum Ziehen des Korkens; „Seelenachse") und Heber zum Entfalten der Hebelwirkung. Synonym: Kellnerbesteck, Sommelierbesteck (→ Sommelier). Zum Einsatz im Weinflaschen-Service siehe Gutmayer, Stickler & Lenger 2018, S. 201 ff. (wf)

Literatur
Gutmayer, Wilhelm; Hans Stickler & Heinz Lenger 2018: Service: Die Grundlagen. Linz: Trauner (10. Aufl.)

Kellnertasche
(a) [waiter's wallet, waiter's purse]
 Kellnergeldbeutel bzw. Kellnerbörse. In der Regel aus Leder oder Kunstleder gefertigt. Mitunter ist im Münzfach für eine bessere Sicht eine Beleuchtung integriert.
(b) [waiter's holster pouch]
 Am Gürtel einer Servicekraft befestigte Tasche, in der Kellnergeldbeutel, Kugelschreiber, Notizblock oder → Handheld verstaut werden. In der Regel aus Leder gefertigt. Synonym: Revolvertasche, Köchertasche. (wf)

Kemptener Reisemängeltabelle → **Reisepreisminderung**

Kennzeichnung [labelling]
Überall dort, wo heute Lebensmittel angeboten werden, geht es um weit mehr als die reine Versorgung mit Nahrungsmitteln. In der Gesellschaft ist insgesamt ein steigendes Interesse an Lebensmittel festzustellen. Verbraucher wollen bewusst auswählen und werden durch gesundheitsbezogene, wirtschaftliche, umweltbezogene, soziale und ethische Überlegungen beeinflusst. Genau diese Situation bildet den Hintergrund für die Entwicklung der lebensmittelrechtlichen Informations- und Kennzeichnungspflichten sowie die Modernisierung bisheriger Vorschriften.

Ein Grundsatz des Lebensmittelrechts besteht darin, den Verbrauchern die Möglichkeit zu bieten, in Bezug auf ihren Lebensmittelverzehr, eine fundierte Wahl zu treffen und sie dabei insbesondere vor Irreführung zu schützen. Daraus resultiert das Recht auf Informationen über Lebensmittel, was auf europäischer Ebene durch die Lebensmittelinformations-Verordnung (LMIV) mit dem Kurztitel VO (EU) Nr. 1169/2011 seit Oktober 2011 einheitlich verankert ist. Die LMIV verfolgt die Gewährleistung eines hohen Verbraucherschutzniveaus in Bezug auf Informationen über Lebensmittel unter Berücksichtigung der unterschiedlichen Erwartungen der Verbraucher und ihrer unterschiedlichen Informationsbedürfnisse. Als Maßstab für den Kenntnisstand über Lebensmittel wird der sogenannte Durchschnittsverbraucher herangezogen. Dafür sollen die verpflichtenden Informationen verfügbar, klar und leicht verständlich sein.

Ebenso spielt die Lesbarkeit, wie beispielsweise Sprache und Schriftgröße, eine zentrale Rolle. Für die Pflichtangaben ist der Lebensmittelunternehmer verantwortlich, unter dessen Namen oder Firma das Lebensmittel vermarktet wird. Dazu zählt, dass der Verantwortliche das Vorhandensein und die Richtigkeit der Informationen über das Lebensmittel gewährleisten muss. Dies bedeutet auch, dass Angaben nicht verändert werden dürfen, sondern innerhalb der Wertschöpfungskette im Interesse des Verbrauchers zuverlässig weitergegeben werden müssen. (mjr)

Literatur

Amtsblatt der Europäischen Union (Hrsg.) 2011: Verordnung (EU) Nr. 1169/2011 des europäischen Parlaments und des Rates vom 25. Oktober 2011 betreffend die Information der Verbraucher über Lebensmittel. Straßburg

Bundesgesetzblatt (Hrsg.) 2017: Verordnung zur Durchführung unionsrechtlicher Vorschriften betreffend die Information der Verbraucher über Lebensmittel (Lebensmittelinformations-Durchführungsverordnung – LMIDV),12. Juli 2017. Bonn

Kernkompetenzen [core competencies]

Kernkompetenzen ist ein Begriff aus der strategischen Unternehmensführung (→ Strategie) zur Erklärung der Ursachen von Wettbewerbsvorteilen. Sie stärken die interne Perspektive der strategischen Analyse und Strategieformulierung. Beide waren bis zum Aufkommen der Kernkompetenz-Diskussion geprägt von Michael Porters Wettbewerbskräften bzw.-strategien und dem Market-Based-View. Kernkompetenzen entspringen dem Resource-Based-View, der durch die Arbeiten von u. a. Barney (1991) sowie Hamel & Prahalad (1990) Anfang der 1990er-Jahre Verbreitung fand. Ziel des Managements von Kernkompetenzen ist eine nachhaltige Verbesserung der Wettbewerbsfähigkeit auf Basis eigener Stärken. Eine Kernkompetenz ist die dauerhafte und transferierbare Ursache für einen Wettbewerbsvorteil eines Unternehmens, der auf der Kombination spezifischer Ressourcen und Fähigkeiten des Unternehmens basiert. Die Besonderheit ist die Kombination, da Ressourcen als solche selten produktiv sind. Rasche (1994, S. 143) bezeichnet Kernkompetenzen als komplexe, dynamische Interaktionsmuster (Kombinationen) aus Fähigkeiten, Routinen und materiellen Aktiva. Das Unternehmen wiederum wird als Portfolio von Kernkompetenzen gesehen. Diese stellen bildlich die Wurzeln des Unternehmens dar, aus denen verschiedene Produkte erwachsen.

Im Gegensatz zur umgangssprachlichen Verwendung sollen Kernkompetenzen folgenden Kriterien genügen (angepasstes VRIO-Schema): für den Kunden einen wertvollen Nutzen stiften bzw. einen wertvollen Beitrag zum Produkt leisten (Value), relativ selten sein (Rareness), nur begrenzt zu imitieren (Imitability) und – als hinreichendes Kriterium – innerhalb des Unternehmens bzw. seiner → Organisation auf andere Produkte, Prozesse und/oder Märkte transferierbar sein (Organization). Letzteres bedeutet, dass es einem Unternehmen gelingen muss, z. B. die Fähigkeiten in „Kältetechnik" sowohl bei Kühlschränken als auch bei Klimaanlagen so einzusetzen, dass Wettbewerbsvorteile erreicht werden.

Klassisches Beispiel für Kernkompetenzen ist die „Miniaturisierung" bei Sony in den 1980er-Jahren (Walkman, Discman). Der Weltmarktführer für Küchenheißgeräte Rational aus Landsberg am Lech verfolgt eine explizite Kundennutzenstrategie und zeigt diese durch konsequente Spezialisierung: „Unsere Kernkompetenz ist die Übertragung von Wärmeenergie auf Lebensmittel aller Art. Unser Know-how-Vorsprung auf diesem Gebiet wächst kontinuierlich." In diesem Fall handelt es sich um eine vorteilsschaffende Kombination der Fähigkeiten und Ressourcen aus etwa Ernährungswissenschaften, Maschinenbau und Informationstechnologie. Die erfolgreiche strategische Umsetzung zeigt sich in außergewöhnlichen Marktanteilen und → Rentabilitäten (www.rational-online.de). Die realistische Anzahl echter Kernkompetenzen in einem Unternehmen ist eher klein. (cb)

Literatur

Barney, Jay B. 1991: Firm resources and sustained competitive advantage. In: Journal of Management, 17 (1), pp. 99–120

Prahalad, Coimbatore K.; Gary Hamel 1990: The core competence of the corporation. In: Harvard Business Review, 68 (3), pp. 79–91

Rasche, Christoph 1994: Wettbewerbsvorteile durch Kernkompetenzen. Ein ressourcenorientierter Ansatz. Wiesbaden: Gabler

Welge, Martin K.; Andreas Al-Laham & Marc Eulerich 2019: Strategisches Management. Wiesbaden: Springer Gabler (7. Aufl.)

Kette [chain]

Verbund von Verkaufsstellen und/oder Produktionsstätten und/oder Dienstleistern, der unter einem eigenen Namen am Markt auftritt und ggfs. unter einheitlicher Leitung steht. Im Tourismus gibt es solche Ketten im → Gastgewerbe (→ Hotelkette; → Quick-Service Restaurant; → Systemgastronomie) und bei den Reisevermittlern (→ Reisebürokette). Ist im Gastgewerbe der Begriff Kette zum Beispiel auch für → Hotelkooperationen, mit → Managementverträgen geführte Betriebe und solche im → Franchise üblich, ist er im Reisebüro auf den Verbund reiner Filialbetriebe beschränkt. (jwm/wf)

Key Card

Key (engl.) = Schlüssel, card (engl.) = Karte. Programmierte Karte, in der Regel aus Kunststoff, die beispielsweise in Hotels als „elektronischer Schlüssel" verwendet wird.

Durch die vielfachen Vorteile (geringes Sicherheitsrisiko durch Überschreibbarkeit bei Verlust, Ereignisprotokollierung, programmierbare Gültigkeitsdauer, Zugangssteuerung für definierte Bereiche wie Garage oder Wellness-Abteilung [→ Wellness], Wiederverwendbarkeit, bequemer Schließmechanismus, unter Umständen Kreditkartenfunktion während des Aufenthalts) haben die elektronischen Schließsysteme die herkömmlichen Schlüssel in den meisten Hotels abgelöst. Synonym: Zimmerkarte. (wf)

Gedankensplitter
„Achtung! Dieses Produkt kann extreme Zufriedenheit und Entspannung verursachen. Der Wunsch des Wiederkommens ist eine bekannte und gewünschte Nebenwirkung." (Aufschrift Key Card NH Aquarena Heidenheim)

Keyword Advertising → **Keywords**

Keywords

Keyword (engl.) = Schlüsselwort. Es steht für einen Suchbegriff, den man in die Eingabefelder von Suchmaschinen eingibt, um Webseiten zu finden, deren Inhalt dem gesuchten Begriff am ehesten entsprechen (www.textbroker.de). Keywords, die aus mehreren Wörtern bestehen, werden als Longtail-Keywords bezeichnet. Die Relevanz von Keywords ist vor allem im → Suchmaschinenmarketing hoch. Um für die eigene Webseite eine bessere Position auf der Ergebnisliste der Suchmaschinen zu erreichen, ist eine strategische Verwendung der richtigen Keywords wichtig (www.seo-analyse.com).

Hier spricht man von Keyword Advertising. Mit kostenpflichtigen Werbeanzeigen können Unternehmen zudem Werbeplätze auf der Ergebnisseite buchen, die dem Nutzer bei der Eingabe des jeweiligen Keywords angezeigt werden sollen. Grundsätzlich gilt jedoch: Keywords sollten immer für den Nutzer und nicht für die Suchmaschinen optimiert werden (www.searchmetrics.com). (sm)

Literatur
Searchmetrics o. J.: Keyword. (https://www.searchmetrics.com/de/glossar/keyword/, zugegriffen am 27.08.2019)
SEO-Analyse o. J.: Keywords. (https://www.seo-analyse.com/seo-lexikon/k/keywords/, zugegriffen am 27.08.2019)
Textbroker o. J.: Keyword. (https://www.textbroker.de/keyword, zugegriffen am 27.08.2019)

King Room

Ein Hotelzimmer mit einem → King Size-Bett. (wf)

King Size-Bett [king size bed, king bed, king]

King-size (engl.) = besonders groß, überdurchschnittlich groß. Ein King Size-Bett ist ein Bett, das sich durch Übergröße auszeichnet. In den USA hat das „Standard King Size-Bett" ein Format von 72–78 inches Breite und 80 inches Länge (1 inch [Zoll] = 2,54 cm). Das „California King Size-Bett" hat eine Breite von 72 inches, ist dafür aber länger (84 inches).

In Europa hat das King Size-Bett ein Format von 1,80–2,00 Meter Breite und 2,00 Meter Länge. Synonyme: französisches Bett, Grandlit (Pfleger 2011, S. 147; Nungesser & Radinger 2018, S. 52; Vallen & Vallen 2018, S. 91). (wf)

Literatur

Nungesser, Stefan; Maria Th. Radinger 2018: Erfolgsfaktor Zimmer & Etage: Strategisches und Operatives Management. Stuttgart: Matthaes

Pfleger, Andrea 2011: Housekeeping. Management im Hotel. Linz: Trauner (3. Aufl.)

Pfleger, Andrea 2017: Bitte reinigen – aber richtig! Mit gelungenem Housekeeping-Management zum Unternehmenserfolg. Linz: Trauner

Vallen, Gary K.; Jerome J. Vallen 2018: Check-In Check-Out: Managing Hotel Operations. Boston: Pearson (10th ed.)

Klassifizierung → Qualitätszeichen

Klassifizierung von Campingplätzen → DTV-Klassifizierung

Klassifizierung von Ferienwohnungen, -häusern und Ferienzimmern → DTV-Klassifizierung

Klassifizierung von Gästehäusern, Gasthöfen und Pensionen → Deutsche Klassifizierung für Gästehäuser, Gasthöfe und Pensionen

Klassifizierung von Hotels → Deutsche Hotelklassifizierung, → Hotelklassifizierung, → Hotelstars Union

Klassifizierung von Kreuzfahrtschiffen → Berlitz Complete Guide to Cruising & Cruise Ships

Kleiderordnung → Dresscode

Klickrate → Click-Through-Rate

Klima-Therapie → **Kur**

Kneippheilbad → **Kneippkurort und Kneippheilbad**

Kneipp-Kur

Das als Kneipp-Kur bezeichnete Heilverfahren beruht auf dem von Pfarrer Sebastian Kneipp (1821–1897) entwickelten ganzheitlichen Naturheilverfahren mit natürlichen → Heilmitteln.

Die ganzheitliche Behandlung besteht aus den fünf Elementen Wasser (Güsse), Bewegung, Ernährung, Heilpflanzen und Kräuter (Phytotherapie) sowie Lebensordnung (Balance von Körper und Seele). Die → Prädikatisierung als Kneipp-Kurort oder Kneipp-Heilbad unterliegt in Deutschland den → Begriffsbestimmungen – Qualitätsstandards für Heilbäder und Kurorte, Luftkurorte, Erholungsorte – einschließlich der Prädikatisierungsvoraussetzungen – sowie für Heilbrunnen und Heilstollen. (abw)

Kneippkurort und Kneippheilbad [spa offering Kneipp treatment; health resort offering Kneipp treatment]

Kneippkurorte und Kneippheilbäder zählen zu den hochprädikatisierten (→ Prädikatisierung) Heilbädern und → Kurorten und unterliegen den Qualitätsmerkmalen und Mindestvoraussetzungen nach den → Begriffsbestimmungen – Qualitätsstandards für Heilbäder und Kurorte, Luftkurorte, Erholungsorte – einschließlich der Prädikatisierungsvoraussetzungen – sowie für Heilbrunnen und Heilstollen; hierauf verweisen die Kurortgesetzlichkeiten der Bundesländer. Kneippkurorte und Kneippheilbäder müssen die grundsätzlichen Prädikatisierungsvoraussetzungen an einen → Erholungsort erfüllen. Für hochprädikatisierte Orte gelten darüber hinaus weitere allgemeine Anerkennungsvoraussetzungen bei der kurärztlichen Betreuung von Kurgästen, beispielsweise hinsichtlich der kurortmedizinischen Versorgungsstrukturen für ambulante als auch stationäre Behandlungsverfahren in Vorsorge- und Rehabilitationseinrichtungen und weiteren Maßnahmen der Qualitätssicherung.

Kneippkurorte und Kneippheilbäder basieren in ihrer Artbezeichnung auf dem ortsspezifischen Heilverfahren, bei welchem die Vermittlung der Prinzipien der fünf Heilfaktoren der Physiotherapie nach Sebastian Kneipp (Ordnungs-, Ernährungs-, Hydro-, Bewegungs- und Phytotherapie) Voraussetzung für die Durchführung der → Kneipp-Kur sind. Sie unterscheiden sich von den übrigen Kurorten vor allem dadurch, dass ihr Therapiekonzept nicht auf einem ortsgebundenen → Heilmittel des Bodens oder des Meeres beruht. Sie zeichnen sich als Gemeinden oder Gemeindeteile durch ihr bewährtes Bioklima und eine ausreichende Luftqualität aus. Heilanzeigen und Gegenanzeigen sowie die gesicherte

Qualität von Kneipp-Kuren sind durch wissenschaftliche Gutachten festzustellen. Zu den besonderen Anforderungen von Kneippkurorten gehören unter anderem ein Kur- oder Badearzt, der mit der Physiotherapie nach Kneipp vertraut ist, mindestens ein Physiotherapeut mit vertiefter Ausbildung zur Kneippschen Hydrotherapie sowie weitere in der Kneipp-Therapie ausgebildete Fachkräfte. Mehrere auf die kurmäßige Kneipp-Therapie eingestellte Einrichtungen mit zusammen mindestens 100 Patientenbetten in den Kurerfolg fördernden Unterkünften, Einrichtungen zur Bewegungstherapie, Kurpark (→ Parks) mit Wassertretstellen und Armbadeanlagen im Freien, Sportanlagen und Spielangebote sowie mindestens ein Terrainkurweg werden vorausgesetzt. Auf ein Kurmittelhaus kann verzichtet werden, da die Kurmittelabgabe direkt in den Badeabteilungen der Kneippkurbetriebe erfolgt.

Kneippheilbäder erhalten ihr Prädikat erst dann, wenn sie mindestens zehn Jahre unbeanstandet als Kneippkurort gewirkt haben. Zu den oben genannten Anforderungen für Kurorte müssen sie darüber hinaus psychologische Begleitung der Kurpatienten anbieten. Wassertretstellen und Armbadeanlagen stehen bei Kurbetrieben an erster Stelle. Hinzu kommen unter anderem Leistungsangebote für aktivierende Behandlungsformen, Übungs- und Entspannungsräume für Entspannungstherapiekonzepte, indikationsbezogene Ernährungs- und Diätprogramme sowie ein Haus des Gastes. Kneippkurorte und Kneippheilbäder halten somit ein Angebot von Heilbehandlungen und Einrichtungen vor, die mit dem Begriff → Kur umschrieben werden können. (abw)

Literatur

Deutscher Heilbäderverband e. V.; Deutscher Tourismusverband e. V. 2018: Begriffsbestimmungen – Qualitätsstandards für Heilbäder und Kurorte, Luftkurorte, Erholungsorte – einschließlich der Prädikatisierungsvoraussetzungen – sowie für Heilbrunnen und Heilquellen. Berlin (13. Aufl.; Fassung vom 28.09.2018)

Knoten (kn) [knots]

In der Schiff- und in der Luftfahrt übliches Geschwindigkeitsmaß. Ein Knoten entspricht einer Geschwindigkeit von einer nautischen Meile (nm, Seemeile) pro Stunde. Eine Seemeile entspricht 1,852 km. Für die Umrechnung in km/h kann man als Faustformel die Knoten mit zwei multiplizieren und davon zehn Prozent abziehen. Beispiel: 200 kn = 360 km/h nach der Faustformel (371 km/h genau). (jwm)

Koch/Köchin [cook, female cook]

Berufsbezeichnung, gleichzeitig anerkannte Berufsausbildung im → Gastgewerbe. Die Ausbildung dauert drei Jahre, Ausbildungsorte sind der jeweilige Betrieb und die Berufsschule. Zentrale Arbeitsgebiete sind: Herstellung und Kalkulation von Speisen, Planung von → Menüs, Erstellung von → Speisekarten, Beratung von Gästen (DEHOGA o. J.).

Im Rahmen des Neuordnungsverfahrens werden die Ausbildungsinhalte konkretisiert und aktualisiert. Kompetenzen in den Bereichen nachhaltiger Ressourceneinsatz, Zusammenstellung von Speisen und Gästeinformation, Hygiene, Sicherung von Warenflüssen, Kalkulation von Kosten und Preisen sowie Anleitung und Führung von Mitarbeitern werden verstärkt bzw. kommen neu hinzu. Bezgl. der Kernkompetenz der Zubereitung von Speisen werden die zu vermittelnden Kompetenzen detaillierter beschrieben als bisher. Der Wechsel zur Prüfungsform der gestreckten Abschlussprüfung wird angestrebt. Der Ausbildungsberuf Koch/Köchin bildet eine Berufsgruppe mit dem neuen zweijährigen Ausbildungsberuf Fachkraft Küche, von dem eine zweijährige Anrechnung möglich sein wird. Das Inkrafttreten ist für August 2022 geplant. (sw)

Literatur

Bundesministerium für Wirtschaft und Energie 2019: Eckwertekatalog Koch/Köchin sowie Katalog der vorläufigen Fertigkeiten, Kenntnisse und Fähigkeiten. Nicht veröffentlichtes Skript. Bonn

DEHOGA (Hrsg.) o. J.: Berufsausbildung und Karrierechancen in Gastronomie und Hotellerie. Berlin

Gedankensplitter
„Viele Köche verderben die Köchin." (Spruch aus der Welt der Köche)

Kochbuch [cookbook]

Kochbücher stellen Rezepte zur Herstellung von schmackhaften Speisen zusammen. Sie sind Zeitzeugen der → Esskultur und erzählen über die Vergangenheit (Essgewohnheiten, verfügbare Zutaten, Preise von Zutaten, Kochmethoden, Kochwerkzeuge) (hierzu und zum Folgenden Albala 2012, S. 227 ff.; Ehlert 2008, S. 247 ff.; Laurioux 2000, S. 157 ff.; Müller 2009, S. 169 ff.). Kochbücher konstituieren und konservieren Essensordnungen, tragen gleichzeitig aber auch zu ihrem Wandel bei, indem sie → Trends aufnehmen oder selbst setzen. Zwischen den Zeilen spiegeln sie die jeweiligen kulinarischen Werte und Traditionen wider.

Erste Kochbücher lassen sich im antiken Rom, bei den Griechen oder in China nachweisen. Allerdings erweist sich die präzise historische Ortung schwierig: Autoren sind teilweise unbekannt, ursprüngliche Manuskripte abgeändert und fortgeschrieben, Jahreszahlen nicht genannt; oft sind es Rezepthandschriften statt Bücher. Kochbücher zeigen nicht zwingend, was zu der damaligen Zeit von der Allgemeinheit gekocht wurde, sie geben eher Einblick in die Denkwelt und Vorlieben des Autors.

Die Bücher sprechen unterschiedliche Zielgruppen an (diätetische Küche, Vegetarier, Veganer, Grillfreunde, Anhänger einer bestimmten Landesküche, Alltagsküche, Kunstliebhaber usw.); die Absichten der Autoren streuen ebenfalls breit (Wahrung einer kulturellen Identität, Ideengeber und Leitfaden, kultureller Austausch, Kunstobjekt, Unterhaltungsliteratur, Marketing-Werkzeug von Starköchen). Digitale Lösungen haben den Markt der Kochbücher neu aufgestellt. (wf)

Literatur

Albala, Ken 2012: Cookbooks as Historical Documents. In: Jeffrey M. Pilcher (ed.): The Oxford Handbook of Food History. Oxford, New York: Oxford University Press, pp. 227–240

Ehlert, Trude 2008: Kochbücher von Gastronomen und Köchen als Indikatoren kultureller Entwicklungen. In: Alois Wierlacher; Regina Bendix (Hrsg.): Kulinaristik. Forschung – Lehre – Praxis. Berlin: LIT, S. 247–262

Laurioux, Bruno 2000: Kochbücher vom Ende des Mittelalters. In: Lothar Kolmer; Christian Rohr (Hrsg.): Mahl und Repräsentation. Der Kult ums Essen. Paderborn u. a.: Ferdinand Schöningh, S. 157–166

Merkle, Heidrun 2001: Tafelfreuden. Eine Geschichte des Genießens. Düsseldorf, Zürich: Artemis und Winkler

Müller, Klaus E. 2009: Kleine Geschichte des Essens und Trinkens: Vom offenen Feuer zur Haute Cuisine. München: Beck

i **Gedankensplitter**
„Streng genommen hat nur eine Sorte Bücher das Glück unserer Erde vermehrt: die Kochbücher. " (Joseph Conrad, Schriftsteller)

Körpersprache **[body language]**

Informationsaustausch zwischen Personen findet nicht nur verbal, sondern in hohem Maße auch nonverbal statt, beispielsweise über Gestik, Mimik, Blickkontakt, Körperhaltung und Bewegung. Nach Watzlawick, Beavin und Jackson (2000; erstmals 1969) gilt, dass in jeder Situation, in der sich Personen gegenseitig wahrnehmen, ein Informationsaustausch und somit Kommunikation stattfindet. Wenn man eine andere Person anschweigt und dabei anblickt, hat dies eine kommunikative Bedeutung. Weil nonverbale Informationen stark auf der Beziehungsebene wirken, sind sie wichtig für die Gesamtwirkung von Kommunikation. Die Erscheinungsformen vieler nonverbaler Signale sind kulturell geformt; so kann dieselbe Geste in verschiedenen Kulturen Unterschiedliches bezeichnen. Während ein Lachen im westlichen Kulturraum ein Zeichen für Witz und Fröhlichkeit ist, ist Lachen in Japan oft ein Anzeichen von Verwirrung und Unsicherheit. (ss)

Literatur
Lorei, Clemens; Sven Litzcke 2014: Nonverbale Kommunikation. In: Frank Hallenberger; Clemens Lorei (Hrsg.): Grundwissen Kommunikation. Frankfurt/Main: Verlag für Polizeiwissenschaft, S. 47–84
Watzlawick, Paul; Janet H. Beavin & Don D. Jackson 2000: Menschliche Kommunikation. Formen Störungen Paradoxien. Bern: Hans Huber (19. Aufl.)

Kokotte [cocotte]

Cocotte (fra.) = Schmortopf. Feuerfester Topf bzw. Auflaufform aus Ton oder Porzellan zum Braten und Backen. Der Name deutet darauf hin, dass der Topf ursprünglich zur Zubereitung von Hühnchen (le coq [fra.] = Hahn) gedacht war. (wf)

Kollisionswarngerät [Traffic Alert and Collision Avoidance System (TCAS)]

Instrument im → Cockpit von Flugzeugen, das den Piloten auf der Basis von Signalen des Transponders Ausweichanweisungen gibt. Im Falle eines Kollisionskurses treten die Systeme in den betroffenen Flugzeugen miteinander in Verbindung (crosstalk) und bestimmen, welche Maschine steigen und welche sinken soll, um einen Zusammenstoß zu verhindern. (jwm)

Kondensstreifen [condensation trails, contrails]

Bei der Verbrennung von fossilen Brennstoffen entsteht neben CO_2, NO_x und weiteren Schadstoffen auch Wasserdampf, der, wenn er in großen Höhen aus Flugzeugtriebwerken ausgestoßen wird, mit dem in der Atmosphäre natürlicherweise vorhandenen Wasserdampf zu Wolkenstreifen auskondensiert. Der Wassergehalt der Luft wird durch den Emissionseintrag erhöht, so dass häufig der → Taupunkt erreicht wird. Dies alleine wäre oft jedoch nicht ausreichend, da in reiner Luft Wasser auch unterhalb des Taupunktes nicht kondensiert (sog. unterkühltes Wasser). Die durch die Verbrennung ebenfalls ausgestoßenen Rußpartikel werden zu Kondensationskernen, an denen das Wasser je nach Temperatur in Tröpfchen oder Eiskristallen auskondensieren kann. Diese Wolkenstreifen können sich unter ungünstigen Bedingungen zu permanenten Wolken ausdehnen und damit zur Klimaerwärmung beitragen. (jwm)

Kongresse → Messen, Kongresse und Events

Konsolidierung [consolidation]

Zusammenlegung von Flügen, wenn die tatsächliche Nachfrage niedriger ausfällt als die erwartete. Wenn zum Beispiel zwei Abflüge an einem Vormittag geplant waren, werden die Passagiere des ersten auf den zweiten umgebucht. Die Möglichkeiten einer kurzfristigen Konsolidierung sind allerdings von staatlicher Seite eingeschränkt worden, um Fluggäste in ihren Rechten zu schützen. (jwm/wf)

Kontakthypothese [contact hypothesis]

Die Kontakthypothese des amerikanischen Sozialpsychologen Gordon Allport (1954) bezieht sich darauf, wie Vorurteile und Diskriminierung gegenüber anderen sozialen Gruppen (besonders ethnischer und anderer Minderheiten) abgebaut werden können. Demnach sollte erstens die Möglichkeit eines persönlichen Kontaktes zwischen einzelnen Mitgliedern dieser Gruppen gegeben sein, die zweitens gleichen Status haben. Drittens sollten die Personen gemeinsame Ziele verfolgen. Die Wirkung wird viertens verstärkt, wenn dieser Kontakt institutionell gestützt wird, beispielsweise per Gesetz oder durch eine gesellschaftliche Norm der Toleranz.

In der Praxis wurde Allports Kontakthypothese oft unangemessen verkürzt: „Man muss die Personen nur zusammenbringen, dann werden Vorurteile automatisch abgebaut." Ein einfacher Kontakt ohne die genannten vier Voraussetzungen kann Vorurteile noch verstärken, statt sie abzuschwächen. (gm)

Literatur
Allport, Gordon W. 1954: The nature of prejudice. Cambridge: Addison-Wesley

Kontaktpunkt → Customer Journey, → Customer Touchpoint Management, → Touchpoint

Kontinentales Frühstück → Frühstücksarten

Kontingentvertrag → Allotmentvertrag

Kontrollturm [control tower (TWR)]

Auf der Spitze eines hohen Gebäudes oder eigenen Turmes auf dem Flughafengelände untergebrachte Flugkontrollstelle mit Rundumsicht, von dem aus die An- und Abflüge und die Rollbewegungen von Luftfahrzeugen auf dem → Flughafen kontrolliert werden. (jwm)

Konversionsrate [conversion rate]

Messgröße für den Erfolg einer kommerziellen Website. Sie gibt den prozentualen Anteil aller Website-Besucher an, die einen Kauf oder eine gewünschte Aktion (z. B. Klick auf eine bestimmte Werbemaßnahme, Kontaktaufnahme, Newsletter-Anmeldung etc.) auf einer Website durchgeführt haben. Außerdem ist sie eine häufige Messgröße, um zu untersuchen, ob eine Website ausreichend optimiert ist, um die Unternehmensziele zu erreichen. Die Konversionsrate wird wie folgt berechnet (in %): Anzahl Transaktionen/Anzahl Nutzer × 100. (lf)

Literatur

Gründerszene o. J.: Concersion-Rate. (https://www.gruenderszene.de/lexikon/begriffe/
conversion-rate?interstitial, zugegriffen am 05.12.2019)

Lammenett, Erwin 2019: Praxiswissen Online-Marketing: Affiliate-, Influencer-, Content- und
E-Mail-Marketing, Google Ads, SEO, Social Media, Online- inklusive Facebook-Werbung.
Wiesbaden: Springer Gabler (7. Aufl.)

SEM-Deutschland o. J.: Conversion-Rate. (https://www.sem-deutschland.de/adwords-agentur/
adwords-glossar/conversion-rate-konversationsrate/, zugegriffen am 05.12.2019)

Unternehmer o. J.: Konversionsrate. (https://unternehmer.de/lexikon/online-marketing-
lexikon/konversionsrate, zugegriffen am 05.12.2019)

Konzession [licence]

Ist die gaststättenrechtliche Erlaubnis nach § 2 → Gaststättengesetz (Bund oder Land). Sie berechtigt zum Betreiben einer konzessionspflichtigen (Alkohol ausschenkenden) Schank- und Speisewirtschaft. Sie muss zusätzlich zur Gewerbeanmeldung beantragt werden. Sie darf dem angehenden Gastwirt nur in Ausnahmefällen versagt werden. (bd)

Kooperation [co-operation]

Eine Kooperation ist ein Zusammenschluss rechtlich und wirtschaftlich selbstständiger Unternehmen zur Steigerung ihrer Wettbewerbsfähigkeit (Wöhe, Döring & Brösel 2016, S. 237). In bestimmten Unternehmensfunktionen wird die wirtschaftliche Selbstständigkeit eingeschränkt, um die Aufgaben gemeinsam besser als einzeln zu lösen. Denkbar ist ein Zusammenschluss des Einkaufs, des Vertriebs, des Marketings oder zentraler → Dienstleistungen wie Buchhaltung oder Informationstechnologie.

Die aus dem Zusammenschluss bisher getrennter Bereiche entstehenden positiven Effekte werden als Synergien bezeichnet. Das Ganze ist mehr wert als die Summe der Teile, analog dem Ausdruck „2 + 2 = 5" (Ansoff 1966, S. 97). Synergien basieren insbesondere auf ‚economies of scale' (Skalenerträge aufgrund wachsender Ausbringungsmenge), ‚economies of scope' (Kompetenz- und Wissenstransfer) sowie Markt- und Wettbewerbssynergien (Steigerung der Angebots- oder Beschaffungsmacht) (Wildemann 2003, S. 597 ff.).

Eine Kooperation ist im Vergleich zu einer Fusion oder einem Konzern von deutlich geringerer Bindungsintensität. Die Vereinbarungen beziehen sich oft nur auf einen bestimmten Zeitraum. Bei einem Konzern wird die wirtschaftliche Selbstständigkeit teilweise aufgegeben. Alle Unternehmensfunktionen werden unter eine einheitliche Leitung gestellt und bspw. auf Grund von Beteiligungen Mitspracherechte realisiert. Noch weiter geht die Fusion, bei der nicht nur die wirtschaftliche, sondern auch die rechtliche Selbstständigkeit aufgehoben wird.

Bei horizontalen Kooperationen schließen sich Unternehmen derselben Wertschöpfungsstufe zusammen, z. B. bei → Hotelkooperationen im engeren Sinn die Ring Hotels oder Romantik Hotels & Restaurants, insbesondere zur Kostensenkung und Absatzsteigerung. Bei vertikalen Kooperationen arbeiten Unternehmen verschiedener Wertschöpfungsstufen zusammen, wie z. B. beim → Franchise. Hier gewährt der Franchise-Geber dem Franchise-Nehmer gegen Bezahlung ein Angebot an Produkten, Rechten und Know-how (Jaeschke & Fuchs 2016, S. 84). Beispielsweise vertreiben die Franchise-Nehmer bei McDonald's ein vorgegebenes Warenangebot unter einheitlichem Marketingkonzept, verantworten aber die operative Leistungserstellung (z. B. den Personaleinsatz) und das wirtschaftliche Risiko. Der Vorteil ist, dass dadurch rechtlich und wirtschaftlich selbstständige Unternehmen am Markt als Einheit auftreten können. Die Franchise-Nehmer verlieren jedoch in bestimmten Bereichen ihre Entscheidungsrechte und sind auch vom Erfolg des Franchise-Gebers abhängig.

Auch Reisebürokooperationen kennen unterschiedliche Modelle der Zusammenarbeit. Sie verstehen sich zwar als Alternative zu veranstalterdominierten Franchisekonzepten, kommen diesen in manchen Fällen gleichwohl sehr nahe. (hs/wb)

Literatur

Ansoff, Igor H. 1966: Management-Strategie. München: Moderne Industrie
Jaeschke, Arndt M.; Wolfgang Fuchs 2016: Zusammenarbeit in der Hotellerie – Funktionelle Entkopplung, Betreiberformen und Kooperationen. In: Karl Heinz Hänssler (Hrsg.): Management in der Hotellerie und Gastronomie – Betriebswirtschaftliche Grundlagen. Berlin, Boston: De Gruyter Oldenbourg, S. 75–91 (9. Aufl.)
Wildemann, Horst 2003: Programm zur Realisierung von Synergien nach Mergers & Acquisitions, Teil I. In: Wirtschaftswissenschaftliches Studium (WiSt), 32 (10), S. 596–602
Wöhe, Günter; Ulrich Döring & Gerrit Brösel 2016: Einführung in die Allgemeine Betriebswirtschaftslehre. München: Vahlen (26. Aufl.)

Kopfbahnhof [terminus, terminal station]

Unter den Bahnhofstypen (→ Bahnhof) ist der geschichtlich älteste Bahnhof der Kopf- oder Sackbahnhof, den die ankommenden Züge rückwärts wieder verlassen (Fahrtrichtungswechsel). Große Kopfbahnhöfe sind in Deutschland Leipzig, München, Stuttgart (im Umbau) und Frankfurt am Main. (hdz)

Korkgeld, Korkengeld [corkage, corkage fee]

Entgelt, das Gäste in gastronomischen Betrieben für die Möglichkeit bezahlen, Wein u. a. selbst mitbringen und konsumieren zu dürfen. In Australien gibt es zum Beispiel viele → Restaurants, die selbst keinerlei Alkohol ausgeben dürfen (→ Bring Your Own [BYO]). In Europa ist dabei an geschlossene Veranstaltungen zu denken wie Hochzeiten, bei denen die einladenden Gäste durch das Bereitstellen des Weins Kosten sparen wollen. Das Korkengeld stellt für die Betriebe einen gewissen Ausgleich für erbrachte → Dienstleistungen (Lagerung, Kühlung, Weinservice, Gläserreinigung) dar.

Ursprünglich leitete sich das Korkengeld aus den gezogenen Korken bzw. geöffneten Flaschen ab. Heutzutage werden auch pauschale Summen, die zwischen Gast und Gastronom ausgehandelt werden, in Rechnung gestellt. Mitunter wird das Korkengeld von Gastronomiebetrieben bewusst hoch angesetzt, um eine abschreckende Wirkung zu erzielen. → Tellergeld. (wf)

Korrespondierende Getränke [corresponding beverages, wine and food pairing]

Getränke – insbesondere → Aperitifs, Schaumweine, Weine und Biere – werden dann als korrespondierend bezeichnet, wenn sie zu einer entsprechenden Speise passen (cor-respondere [mlat.] = übereinstimmen). Korrespondierend steht für eine harmonische Ergänzung des Essens durch das Getränk, der Geschmack der Speise soll nicht überlagert werden. In der gehobenen Gastronomie gibt der → Sommelier den Gästen hierbei fachliche Beratung (Davis et al. 2018, S. 151; Gutmayer, Stickler & Lenger 2018, S. 167 ff.). Zum komplexen Auswahlprozess korrespondierender Getränke siehe Harrington 2008. (wf)

Literatur

Davis, Bernard et al. 2018: Food and Beverage Management. London, New York: Routledge (6th ed.)

Gutmayer, Wilhelm; Hans Stickler & Heinz Lenger 2018: Service: Die Grundlagen. Linz: Trauner (10. Aufl.)

Harrington, Robert J. 2008: Food and Wine Pairing: A Sensory Experience. Hoboken/New Jersey: John Wiley & Sons

Korridorzüge [international railway transit corridor trains]

Als Korridorzüge werden Züge bezeichnet, die auf Bahnstrecken fahren, die während ihrer Fahrt ausländisches Staatsgebiet durchqueren und dann aber wieder das eigene Staatsgebiet weiterbefahren. In der Regel halten diese Züge nicht im Korridor, auch gibt es keine Kontrollen durch Zollbehörden. Die offizielle Benennung für den Korridorverkehr ist „Privilegierter Eisenbahn-Durchgangsverkehr (PED)". Die Bedingungen werden bilateral zwischen den beteiligten Staaten ausgehandelt. (hdz)

Korruption [corruption]

Korruption ist der Missbrauch einer Funktion zur Erlangung eines Vorteils für sich oder einen Dritten und umfasst Aktivitäten eines Korruptionsgebers ebenso wie Aktivitäten eines Korruptionsnehmers. Korruptionsgeber und Korruptionsnehmer sind Täter. Da weder Korruptionsgeber noch Korruptionsnehmer ein Interesse an der Aufdeckung einer Korruptionshandlung haben, bleibt Korruption oft unentdeckt. Intransparenz ist ein zentrales Element von Korruption. Korruption beeinträchtigt das Vertrauen der Gesellschaft in staatliche Institutionen und in Wirtschaftsunternehmen. (ss)

Literatur
Litzcke, Sven; Ruth Linssen; Sina Maffenbeier & Jan Schilling 2013: Korruption: Risikofaktor
    Mensch. Wiesbaden: Springer VS

Koscher [kosher]

Koscher-Speisen; koscher (jiddisch), kascher (hebräisch) = sauber, tauglich oder geeignet, im Sinne einer spirituellen Reinheit, eingebunden in die Gesamtheit aller Gesetze des Judentums (Spiegel 2005, S. 176 f.). Das hieraus abgeleitete Regelwerk „Kaschrut" legt im Bereich der Speisen fest, welche Gebote und Verbote Juden beim Verzehr von Nahrungsmitteln zu befolgen haben. Ziel ist es, mit Einhaltung der Regeln „(…) jede Aktion, jede Tat zu heiligen, indem man sie im Sinne Gottes vollzieht." (Spiegel 2005). Folgende Grundregeln sind bei der Nahrungsaufnahme zu beachten (auch Mettke 2014, S. 69 f.):

- Erlaubt ist Fleisch von Säugetieren, die sowohl Paarhufer (voll gespalten) als auch Wiederkäuer sind (beispielsweise Schaf, Rind). Das Tier muss geschächtet (nach jüdischen Vorschriften geschlachtet) worden sein: Detaillierte Erläuterungen sind im Talmud niedergeschrieben.
- Erlaubt ist Fleisch von Fischen, die Schuppen und Flossen besitzen. Verboten sind beispielsweise Aale, Rochen sowie alle Sorten von Schalen- und Krustentieren und Kaviar, da dieser von dem nicht-koscheren Stör abstammt.
- Erlaubt ist das Fleisch domestizierten Geflügels (beispielsweise Enten, Hühner, Tauben). Verboten ist das Fleisch von Raubvögeln (beispielsweise Adler, Eulen).
- Verboten sind alle Arten von Insekten, Amphibien und Reptilien. Eine ausdrücklich erlaubte Ausnahme stellt der Honig dar, der von den Bienen aus pflanzlichem Nektar gewonnen und produziert wird.
- Vorgeschrieben ist die absolute Trennung fleischiger und milchiger Speisen, sowohl bei der Zubereitung als auch bei der Essensaufnahme. Verboten ist beispielsweise „Rahmgeschnetzeltes".

Fluggesellschaften, die ihren Gästen im Rahmen des → Special Meal-Angebotes koschere Mahlzeiten an Bord servieren, müssen alle vorgeschriebenen Regeln des Kaschrut befolgen. Insbesondere die Einhaltung der Regeln bei der Zubereitung bedeutet für einen nicht-jüdischen Catering-Betrieb einen erheblichen, wenn nicht unmöglichen Aufwand. Ersatz geschaffen wird durch den Zukauf versiegelter Koscher-Menüs: Diese wurden in jüdischen Catering-Betrieben unter

Beachtung aller Gebote und Verbote und unter der Aufsicht eines Rabbiners zubereitet. Das Siegel der koscheren Mahlzeit darf nur vom Gast persönlich oder mit seiner ausdrücklichen Erlaubnis aufgebrochen werden. Im anderen Fall kann er die Mahlzeit als nicht-koscher beanstanden und zurückweisen. → Speisetabu. (sr)

Literatur

Mettke, Thomas 2014: Lebensmittel zwischen Illusion und Wirklichkeit – Die religiösen Speisegebote. In: Stefan Leible (Hrsg.): Lebensmittel zwischen Illusion und Wirklichkeit. Bayreuth: P. C. O., S. 67–83

Spiegel, Paul 2005: Was ist koscher? Jüdischer Glaube – jüdisches Leben. Berlin: Ullstein

Krähennest [crow's nest]

Ausguck auf dem höchsten Mast eines Schiffes. Findet sich in der Regel nur bei großen Segelschiffen. (jwm)

Kraft durch Freude (KdF) [strength through joy]

Über die politische Organisation „Kraft durch Freude" sollte im Nationalsozialismus die freie Zeit der deutschen Bevölkerung zentral gestaltet und damit kontrolliert werden. KdF war eine Teilorganisation der Deutschen Arbeiterfront (DAF). Offiziell bestand KdF von 1933 bis 1945. Allerdings wurden mit Beginn des Zweiten Weltkriegs (1939) die meisten Ferienfahrten eingestellt. (hdz)

Kreuzfahrtdirektor [cruise director]

Leiter des Betreuungsteams für die Passagiere an Bord eines Kreuzfahrtschiffes. Er ist auf dem Schiff zuständig für die Gästebetreuung, für die Planung und Abstimmung des Personaleinsatzes, für die Kontakte mit Behörden in den angelaufenen Häfen (meist in Zusammenarbeit mit dem → Zahlmeister) und – in seiner Funktion als Chefreiseleiter (→ Reiseleiter) – für die Bearbeitung eventueller Reklamationen und Schadensfälle (Mundt & Baumann 2011, S. 405 ff.). Als Angestellter des → Reiseveranstalters ist er zudem Vertreter der Geschäftsführung an Bord (der er in der Regel direkt unterstellt ist), er hat die entsprechende Kostenverantwortung und ist Ansprechpartner auch für Mitarbeiter und Leistungsträger. Zudem ist er nach Absprache mit der Schiffsleitung und dem Hotelbereich auch zuständig für die Erstellung des täglichen Bordprogramms. (jwm/wf)

Literatur

Mundt, Jörn W.; Ewald J. Baumann 2011: Kreuzfahrten. In: Jörn W. Mundt (Hrsg.): Reiseveranstaltung. Lehr- und Handbuch. München, Wien: Oldenbourg, S. 373–407 (7. Aufl.)

Kreuzfahrtportal [cruise portal]

Online-Plattform für Kreuzfahrten (→ Kreuzfahrttourismus). Die Portale bieten auf ihrer Homepage unterschiedliche Angebote (Frühbucher-, Last Minute-,

Fluss-, Luxus-, Minikreuzfahrten usw.). Sie stellen eine Konkurrenz zum stationären Vertrieb dar, arbeiten unter Umständen aber auch mit ihm zusammen
(Bereitstellung von IT und Datenbanken, Buchungen durch → Reisebüros). Da
das Produkt ,Kreuzfahrt' komplex ist, setzen Portale auf Service Center bzw. Hot-
lines, in denen Experten beraten. Zu den großen Anbietern in Europa zählt etwa
die Dreamlines GmbH mit Sitz in Hamburg (www.dreamlines.de).

Aus theoretischer Perspektive sind Kreuzfahrtportale Intermediäre, die auf
ihrer Plattform Angebot und Nachfrage zusammenführen und so Transparenz
und Orientierung schaffen. Dem Information Overload von Verbrauchern wird
entgegengewirkt. (wf)

Kreuzfahrttourismus [cruise tourism]

Mit einem Marktanteil von ca. 2 % handelt es sich bei Kreuzfahrten um ein Nischensegment im internationalen → Tourismus, das jedoch in den vergangenen Jahrzehnten ein überdurchschnittlich hohes Wachstum verzeichnen konnte.
So stieg allein die Zahl der Passagiere von Hochseekreuzfahrten im Zeitraum
1990–2018 weltweit von 3,8 auf 26,0 Millionen (CMW 2019). Angesichts dieser zunehmenden Bedeutung sind Kreuzfahrten aber auch zum Gegenstand fachlicher
und öffentlicher Diskussionen geworden – zum einen aufgrund der problematischen Wirkungen auf die Umwelt, zum anderen hinsichtlich der großen Belastungen stark frequentierter Hafenstädte, die durch Kreuzfahrtschiffe ausgelöst
werden (→ Overtourism).

1 Definition und Merkmale des Kreuzfahrttourismus Kreuzfahrten sind mehrtägige Urlaubsreisen, die durch Schifffahrtsunternehmen in Form von → Pauschalreisen zur See bzw. auf Flüssen durchgeführt werden. Neben dem Aufenthalt an
Bord umfasst das Programm auch den Besuch mehrerer Hafenstädte, in denen
die Passagiere die Möglichkeit zur individuellen Erkundung haben bzw. an organisierten Landausflügen teilnehmen können (Sterzenbach 2015).

Kreuzfahrten sind in ein umfassendes System zusätzlicher touristischer Angebote eingebunden: Zu den beteiligten Leistungsträgern zählen u. a. Reisebüros (→ Reisemittler) und → Reiseveranstalter in den → Quellmärkten (bei der
Buchung und Organisation), Unterkunfts- und Transportbetriebe in den Transit-
regionen und Hafenstädten (während der An- und Abreise) sowie Incoming-Agenturen und Einzelhandelsgeschäfte in den Zielgebieten (bei den Landgängen).
Deshalb ist es sinnvoll, dieses touristische Phänomen als „Kreuzfahrttourismus"
zu bezeichnen. Das Gesamtangebot an Kreuzfahrten kann hinsichtlich folgender
Typen differenziert werden (Schulz & Auer 2010, S. 96 f.; Freyer & Jans 2016, S. 30):
- Reviere: Hochseekreuzfahrten auf den großen Ozeanen (Atlantik, Pazifik, In-
  dik etc.), Flusskreuzfahrten auf großen Wasserstraßen (Rhein, Donau, Yangzi
  etc.),

- Routen: Turnuskreuzfahrten (mit einer ständig gleichen Rundreiseroute), Schmetterlingskreuzfahrten (Kombination aus zwei Turnuskreuzfahrten mit unterschiedlichen Routen, die jeweils von einem Basishafen/home port aus gefahren werden), Positionierungs- bzw. Transitkreuzfahrten (zur Verlegung von Schiffen von einem Zielgebiet in eine andere Destination – zumeist aus saisonalen Gründen), Freies Routing (einmalige Rundreisen – häufig in Form von Weltreisen, bei denen auch Teilstrecken gebucht werden können),
- Schiffsgröße: → Boutique-Schiffe (max. 200 Passagiere), mittelgroße Schiffe (200–500 Passagiere), große Schiffe (500–1.200 Passagiere), sehr große Schiffe (1.200–2.500 Passagiere), Mega- bzw. Giga-Schiffe mit mehr als 2.500 Passagieren (für diese Typisierung gibt es allerdings keine einheitlichen Standardwerte),
- Produktgestaltung: klassische Kreuzfahrten (mit Boutique- sowie kleinen und mittelgroßen Schiffen), Erlebniskreuzfahrten (contemporary cruises) (mit sehr großen und Mega- bzw. Giga-Schiffen), Themenkreuzfahrten (Golf-, Garten-, Gourmet-, Musikkreuzfahrten etc.), Studienkreuzfahrten (mit einem kulturellen bzw. historischen Schwerpunkt), Expeditionskreuzfahrten (in abgelegene Naturräume – z. B. Arktis, Antarktis, Alaska), Großseglerkreuzfahrten (an Bord historischer bzw. neu erbauter (Motor-)Segelyachten), Frachtschiff- bzw. Frachterreisen (bei denen Routenverlauf und Liegezeiten in den Häfen nicht unter touristischen Interessen, sondern ausschließlich unter dem Gesichtspunkt der Beförderung von Ladung erfolgen).

2 Der Kreuzfahrtmarkt: Anbieter und Nachfrager

2.1 Die Anbieter Der internationale Kreuzfahrtmarkt weist eine ausgeprägt oligopolistische Struktur auf, die auf die 1960er- und 1970er-Jahre zurückgeht. Damals wurden mehrere Reedereien speziell mit dem Ziel gegründet, Vergnügungsreisen auf hoher See durchzuführen – vor allem für das US-amerikanische Reisepublikum. Im weiteren Verlauf konnten diese Unternehmen ihr Portfolio durch eine Mergers & Acquisitions-Politik erweitern, indem sie sich zunächst an internationalen Konkurrenten beteiligten und diese Unternehmen später vollständig übernahmen (Gross & Lueck 2011, S. 69). Gegenwärtig konzentriert sich die Nachfrage auf drei Konzerne, die ca. 80 % der Passagiere befördern und 72 % des Umsatzes erzielen („Carnival Corporation", „Royal Caribbean Cruises", „Norwegian Cruise Line Holdings").

Für die Nachfrager ist diese Dominanz weniger Unternehmen nicht erkennbar, da die Reedereien die traditionellen Firmenbezeichnungen häufig beibehalten haben. Zum einen wollten sie die Stammkunden weiterhin an das jeweilige Unternehmen binden. Zum anderen verwenden sie die unterschiedlichen Marken zur Differenzierung ihres Angebots – z. B. um ein bestimmtes Ausstattungs-, Service- und Preisniveau zu signalisieren, spezielle Zielgruppen zu gewinnen bzw. nationale Quellmärkte zu bearbeiten (so handelt es sich z. B. bei der Reederei „AIDA Cruises" um eine Marke der britisch-amerikanischen „Carnival Corporation", mit der vor allem deutschsprachige Kunden angesprochen werden).

Das bisherige Wachstum des Marktes ist vor allem durch die Flottenpolitik der drei Konzerne gesteuert worden. Sie haben ihre Kapazität weniger durch den Bau zahlreicher neuer Schiffe als vielmehr durch den Einsatz von Mega- und Giga-Schiffen erweitert (Pallis 2015, S. 8). Dadurch konnten sie die „economies of scale" nutzen und die Fixkosten pro Passagier (Personal, Treibstoff etc.) senken. Außerdem verfolgen sie eine vertikale Integrationsstrategie, indem sie Betriebe auf vor- und nachgelagerten Stufen der touristischen Leistungskette erwerben bzw. sich durch Investitionen daran beteiligen (Privatinseln, Kaianlagen, Passagierterminals, Reiseveranstalter etc.). Während die Tourismuswirtschaft generell durch eine Vielzahl von kleinen und mittelständischen Unternehmen (KMU) charakterisiert wird, gilt die Kreuzfahrtbranche seit langem als Symbol der Globalisierung von Kapital, Arbeit und Ressourcen (Wood 2000):

- Da es sich bei den drei Marktführern um börsennotierte Unternehmen handelt, ist dieses Marktsegment ein offenes Geschäftsfeld für internationale Investoren. Aufgrund des großen Investitionsbedarfs für den Bau von Schiffen bestehen für neue Wettbewerber hohe Markteintrittsbarrieren. So beliefen sich die Baukosten des derzeit größten Kreuzfahrtschiffes („Symphony of the Sea") auf ca. 1,35 Milliarden Euro.
- Die Reedereien können ihre Schiffe – als mobile Hotelresorts – in unterschiedlichen Revieren einsetzen. Damit sind sie in der Lage, weitaus flexibler auf externe Einflussfaktoren zu reagieren als die Betreiber land- und damit standortgebundener touristischer Einrichtungen – z. B. auf einen Rückgang der Nachfrage als Folge wirtschaftlicher Rezessionen bzw. auf politische Krisen oder Naturkatastrophen in den Zielgebieten.
- Die Besatzung stammt in der Regel aus zahlreichen Ländern der Welt. So ist es keine Seltenheit, dass an Bord von Kreuzfahrtschiffen Crewmitglieder aus mehr als 50 Ländern arbeiten.
- Die Kreuzfahrtschiffe verkehren zumeist unter → Billigflaggen (flags of convenience) von Staaten wie den Bahamas, Panama, Zypern bzw. Liberia. Durch diese Praxis können die Reedereien ihre Steuerzahlungen reduzieren und außerdem die strikten arbeits- und umweltrechtlichen Bestimmungen umgehen, die in den Industrieländern auf nationaler Ebene bestehen (Rohr 2010, S. 41).

Im Gegensatz zum Städte- und Badetourismus sowie zum Alpinismus handelt es sich bei Kreuzfahrten um eine relativ junge Art von Urlaubsreisen, deren Geschichte erst Ende des 19. Jahrhunderts beginnt. Damals suchten die Reedereien nach Möglichkeiten, ihre Passagierschiffe in der nachfrageschwachen Nebensaison besser auszulasten. Über die Anfänge der Vergnügungsreisen auf hoher See gibt es in der Fachliteratur unterschiedliche Angaben (Steinecke 2018, S. 21):

– Als frühe Form der Kreuzfahrt gilt z. B. eine Seereise, die von der britischen „Peninsular & Oriental Steam Navigation Company" (P&O) im Jahr 1844 von Southampton aus nach Gibraltar, Malta und Athen unternommen wurde.

– Der Unternehmer → Thomas Cook, der bereits im Jahr 1841 das Konzept der → Pauschalreise entwickelt hatte, organisierte im Jahr 1872 eine Weltreise an Bord eines Passagierschiffes, die insgesamt 220 Tage dauerte. Die Kosten für diese exklusive Tour lagen über dem durchschnittlichen Jahreseinkommen in Großbritannien.

Als Problem erwies sich zunächst die Einteilung der Passagierschiffe in mehrere → Beförderungsklassen. Vor allem die karge Ausstattung der unteren Klassen, die für den Transport von mittellosen Auswanderern aus Europa in die USA konzipiert waren, entsprach nicht den Erwartungen des gutsituierten Reisepublikums der damaligen Zeit (Branchik 2014, S. 239). In Deutschland kam Albert Ballin, der Direktor der „Hamburg-Amerikanischen Packetfahrt-Actien-Gesellschaft" (HAPAG) deshalb im Jahr 1900 auf die Idee, mit der Motoryacht „Prinzessin Victoria Luise" das erste Kreuzfahrtschiff bauen zu lassen – mit 120 komfortablen Kabinen, mehreren Salons und zeitgemäßen Freizeiteinrichtungen.

2.2 Die Nachfrager Trotz dieser europäischen Wurzeln sind Kreuzfahrten vor allem eine typische Urlaubsart des „American Way of Life". Gegenwärtig stammt mehr als die Hälfte der Passagiere aus den USA bzw. Kanada und ca. ein Viertel aus europäischen Ländern. Aufgrund der Dominanz dieser Quellmärke finden Kreuzfahrten bislang überwiegend in der Karibik (34,4 %) sowie im Mittelmeer statt (17,3 %).

Lange Zeit bestand das Reisepublikum an Bord der Kreuzfahrtschiffe überwiegend aus älteren Urlaubern. Durch innovative Marketing-Maßnahmen ist es den Reedereien gelungen, auch jüngere Zielgruppen anzusprechen – speziell durch Erlebniskreuzfahrten (contemporary cruises) auf Mega- und Gigaschiffen, die über umfangreiche Freizeiteinrichtungen verfügen (Pools, Spa, Surf- bzw. Golfsimulator, Kartbahn, Aussichtsgondeln etc.) und außerdem ein breites Unterhaltungsprogramm bieten (Shows, → Casinos, Vorträge etc.). Inzwischen liegt das durchschnittliche Alter der Passagiere in den USA bei 52 Jahren und in Deutschland bei 50 Jahren.

Aus Sicht der Gäste basiert der besondere Reiz von Kreuzfahrten generell auf der Kombination aus dem Aufenthalt an Bord der Schiffe sowie den diversen Landgängen. Zu den wichtigsten Reisemotiven zählen u. a.:

- Kennenlernen anderer Länder und Kulturen/neue Eindrücke gewinnen,
- Komfort und Bequemlichkeit,
- Geselligkeit und Anerkennung durch Andere,
- Shopping an Bord bzw. bei den Landausflügen,
- Entertainment.

Die Mehrzahl der Passagiere nutzt den Aufenthalt in den Hafenstädten, um Sehenswürdigkeiten zu besichtigen, einen Stadtbummel zu machen oder → Souvenirs zu erwerben. Da die Liegezeiten häufig nur wenige Stunden betragen, beschränken sich die Aktivitäten der Urlauber zumeist auf die hafennahen Quartiere. Sie erhalten deshalb einen recht oberflächlichen Eindruck von den Zielgebieten und haben kaum Möglichkeiten, mit der einheimischen Bevölkerung in Kontakt zu treten. Die Urlaubszufriedenheit der Passagiere ist deutlich höher als in anderen Bereichen der Tourismusbranche (Eisele 2017, S. 137). Kreuzfahrturlauber sind deshalb zum einen loyale Stammgäste, zum anderen wichtige Multiplikatoren für die Reedereien bzw. für diese Urlaubsart.

3 Wirtschaftliche, ökologische und soziale Wirkungen Trotz seines Nischencharakters hat der Kreuzfahrttourismus eine große ökonomische Bedeutung: An Bord der Schiffe werden weltweit 1,1 Millionen Menschen beschäftigt, und der Umsatz beläuft sich auf 45,6 Milliarden US-Dollar. Darüber hinaus profitieren aber auch andere Wirtschaftszweige von dieser Branche; dazu zählen die Werftindustrie, die Nahrungs- und Genussmittelindustrie, die Mineralölindustrie, die Reisebüros und -veranstalter etc. Aufgrund dieser Multiplikatoreffekte (→ Wirtschaftsfaktor Tourismus) wird das Gesamtvolumen der wirtschaftlichen Effekte auf 134 Milliarden US-Dollar geschätzt (CLIA 2019, S. 24). Gleichzeitig hat der Kreuzfahrttourismus aber auch eine Reihe negativer Wirkungen auf → Destinationen und Umwelt (Brida & Zapata 2010):

- In den Hafenstädten sind hohe Investitionen in die Hafen- und Abfertigungsanlagen sowie die generelle Infrastruktur erforderlich, um die Kreuzfahrtschiffe abfertigen zu können. Darüber hinaus müssen große Transportkapazitäten vorgehalten werden, die zumeist nur temporär genutzt werden. Den hohen öffentlichen Kosten stehen vergleichsweise niedrige Einnahmen gegenüber, da die Passagiere an Bord der Schiffe verpflegt werden und deshalb bei den Landgängen relativ geringe Ausgaben tätigen.
- Darüber hinaus führt die Ankunft der Kreuzfahrtschiffe (speziell der Mega- und Giga-Schiffe mit 2.500–6.300 Passagieren) in kleineren Hafenstädten zu einem Besucheransturm und damit zu einer Überlastung der lokalen Infrastruktur sowie zu einer erheblichen Beeinträchtigung der einheimischen Bevölkerung (→ Overtourism). Mancherorts sind die Grenzen der touristischen

Tragfähigkeit (carrying capacity, → Tragekapazität) offensichtlich überschritten – z. B. in Venedig und Key West (Florida), wo Bürgerinitiativen gegen die wachsende Zahl von Schiffen und Passagieren protestieren.

- Zu den besonders problematischen Effekten von Kreuzfahrten zählt die hohe Luftverschmutzung durch den Ausstoß von Schwefeloxiden (SO_x), Stickoxiden (NO_x), Kohlenstoffoxiden (CO_x), Rußpartikeln und Feinstaub. So wird die Mehrzahl der Schiffe bislang noch mit dem gesundheitsschädlichen Schweröl betrieben, das weitaus umweltbelastender ist als der Dieselkraftstoff für Heizungen, Pkw und Lkw (NABU 2018).
- Als weitere Umweltbelastungen sind das Müllaufkommen und die Wasserverschmutzung zu nennen – u. a. durch Schwarzwasser aus Toiletten, Grauwasser aus Bädern und Duschen, Bilge- und Ballastwasser sowie den Antifouling-Anstrich der Schiffsrümpfe.
- Schließlich stehen die Reedereien auch hinsichtlich der harten Arbeitsbedingungen an Bord in der Kritik. So werden die Mitarbeiter für einfache Tätigkeiten (Maschinenraum, Wäscherei, Kabinenreinigung etc.) zumeist aus Staaten der Dritten Welt bzw. aus osteuropäischen Transformationsländern rekrutiert. Angesichts der prekären wirtschaftlichen Situation in ihrer Heimat sind sie bereit, zeitlich begrenzte Arbeitsverträge, unzureichende Versicherungsleistungen, längere Arbeitszeiten und ein relativ niedriges Lohnniveau zu akzeptieren.

4 Perspektiven des Kreuzfahrttourismus Ungeachtet dieser negativen Begleiterscheinungen (auch Gregor 2016) gehen die vorliegenden Prognosen (vor dem Auftreten des Coronavirus) von einer weiteren Expansion des Kreuzfahrttourismus auf mehr als 38 Millionen Passagiere in den kommenden drei Jahrzehnten aus. Dabei gelten Europa und Asien (speziell China) als Zukunftsmärkte, während sich in den USA eine Marktsättigung abzeichnet. Zugleich steht die Branche aber vor mehreren Herausforderungen (Steinecke 2018, S. 192 ff.):
- Innovationsfähigkeit (Entwicklung neuer Konzepte wie Themen- und Eventkreuzfahrten, Erschließung jüngerer Zielgruppen und spezieller communities, Ausweitung der Reisesaison, technologische Neuerungen, Digital Services),
- Nachhaltigkeit (Reduzierung der Umweltbelastungen durch Nutzung von Flüssiggas als Treibstoff, Landstromanschlüsse, Katalysatoren und Rußfilter, Abgasreinigungssysteme, Luftschmierung der Schiffsrümpfe),
- Sicherheit (Maßnahmen zur Verhinderung von technischen Schäden, von Havarien aufgrund außerordentlicher Wetterbedingungen, von medizinischen Problemen, von terroristischen Anschlägen (→ Terrorismus und Tourismus). (as)

Literatur

Branchik, Blaine 2014: Staying afloat: A history of maritime passenger industry marketing. In: Journal of Historical Research in Marketing, 6 (2), pp. 234–257

Brida, Juan Gabriel; Sandra Zapata 2010: Cruise tourism: economic, socio-cultural and environmental impacts. In: International Journal of Leisure and Tourism, 1 (3), pp. 205–226

CLIA (Cruise Line International Association) (ed.) 2018: 2019 Cruise Trends & Industry Outlook. Washington, D. C: CLIA

CMW (Cruise Market Watch) (ed.) 2019: Growth. (https://cruisemarketwatch.com/growth/, zugegriffen am 22.04.2019)

Eisele, Jürgen 2017: Kreuzfahrt-Touristen unter der Lupe der Markforschung. In: Armin Klein; Yvonne Pröbstle & Thomas Schmidt-Ott (Hrsg.): Kulturtourismus für alle? Neue Strategien für einen Wachstumsmarkt. Bielefeld: Transcript, S. 39–58

Freyer, Walter; Bernhard Jans 2016: Kreuzfahrt-Tourismus. Trends und Perspektiven, Herausforderungen und Probleme. In: Geographische Rundschau, 68 (5), S. 28–33

Gregor, Wolfgang 2016: Der Kreuzfahrtkomplex: Traumschiff oder Alptraum. Hamburg: tredition

Gross, Sven; Michael Lueck 2011: Cruise Line Strategies for Keeping Afloat. In: Michael Vogel; Alexis Papathanassis & Ben Wolber (eds.): The Business and Management of Ocean Cruises. Wallingford (UK): CABI, pp. 63–78

NABU (Naturschutzbund Deutschland) 2018: Aida punktet mit alternativem Antrieb. NABU-Kreuzfahrtranking 2018 vorgestellt. (https://www.nabu.de/news/2018/08/25034.html, zugegriffen am 22.04.2019)

Pallis, Thanos 2015: Cruise Shipping and Urban Development: State of the Art of the Industry an Cruise Ports. Paris: International Transport Forum, OECD (= International Transport Forum – Discussion Paper, 14)

Rohr, Götz von 2010: Weltweite Trends im Hochseekreuzfahrttourismus. In: Geographische Rundschau, 62 (5), S. 36–42

Schulz, Axel; Josef Auer 2010: Kreuzfahrten und Schiffsverkehr im Tourismus. München: Oldenbourg

Steinecke, Albrecht 2018: Kreuzfahrttourismus. Konstanz, München: UVK, Lucius

Sterzenbach, Tim 2015: Definition „Kreuzfahrt". (https://wirtschaftslexikon.gabler.de/definition/kreuzfahrt-38571/version-261992, zugegriffen am 22.04.2019)

Ward, Douglas 2019: Berlitz Cruising & Cruise Ships 2020. London: APA (28th ed.)

Wood, Robert E. 2000: Caribbean Cruise Tourism. Globalization at Sea. In: Annals of Tourism Research, 27 (2), pp. 345–370

Kriminalität und Tourismus [crime and tourism]

Die Wahrscheinlichkeit, Opfer krimineller Aktivitäten zu werden, ist erheblich größer als die Wahrscheinlichkeit, Opfer terroristischer Anschläge (→ Terrorismus und Tourismus) zu werden. Kriminalität kann auf Tourismus in einem Zielgebiet folgen, aber auch von Touristen ausgehen. Kriminalität in Zusammenhang mit Tourismus kann man wie folgt klassifizieren:

- Touristen sind Täter. Die kriminellen Aktivitäten gehen direkt oder indirekt von Touristen aus. Beispiele sind kriminelle Spielarten des → Sextourismus, der Drogenkauf oder das Handeln damit durch Touristen, der illegale Kauf oder der Transport von Tieren und archäologisch wertvollen Gegenständen.

- Touristen werden zufällig Opfer. Variante A: Es besteht kein Zusammenhang zwischen dem Touristenziel und der Opferauswahl. Beispiel: Ein Überlandbus, in dem zufällig neben Einheimischen auch ein Tourist mitfährt, wird überfallen. Der Tourist war nicht Anlass des Überfalls, und mit ihm wird ebenso verfahren wie mit allen anderen Businsassen. Variante B: Touristen werden zufällig Opfer, aber an touristischen Orten. In diesen Fällen besteht ein Zusammenhang zwischen dem Touristenziel und den kriminellen Handlungen. Viele Täter agieren an Touristenzielen, weil sich solche Orte durch eine hohe Menschendichte auszeichnen, das heißt, es viele lohnende Ziele und gute Fluchtmöglichkeiten gibt. Ausgewählt werden diejenigen Personen, die als vielversprechend wahrgenommen werden, Touristen ebenso wie Einheimische.
- Touristen werden gezielt ausgewählt. Die Täter selektieren Touristen, weil diese leichtere Opfer oder weil es besonders lohnende Opfer sind. Touristen tragen häufig Wertsachen mit sich und verhalten sich oft unvorsichtiger als Einheimische. Häufig kennen Touristen weder Gebräuche noch Sprache des Ziellandes, und ihnen fehlen Ortskenntnisse, beispielsweise welche Stadtteile zu meiden sind. (ss)

Krisenkommunikation [crisis communication]

Voraussetzung für den Einsatz der Krisenkommunikation ist das Vorhandensein einer Unternehmenskrise. Ist dies der Fall, dann hat das Krisenmanagement die Aufgabe, die Krisenursache zu beseitigen. Diese Maßnahmen müssen mit den Instrumenten der Krisenkommunikation verknüpft werden. Die primäre Aufgabe der Krisenkommunikation ist es, während einer Unternehmenskrise die Reputation des Unternehmens zu stärken und verlorenes Vertrauen in das Unternehmen aufzubauen.

Folgender Zusammenhang liegt zugrunde: Die Vertrauenswürdigkeit ist Grundlage für das Entstehen von Reputation als das auf Erfahrungen gestützte Ansehen, das ein Unternehmen bei seinen Interessensgruppen hat. Dementsprechend ist die Reputation entscheidend für den Aufbau von Vertrauen zwischen den jeweiligen Interaktionspartnern im Krisenfall, z. B. zwischen Kunde und Unternehmen. Krisenkommunikation funktioniert in Form dialogischer Kommunikation von Botschaften und teilt sich auf in die Bereiche der internen und externen Unternehmenskommunikation. Im Bereich der Kommunikation mit externen Anspruchsgruppen nutzt man vor allem die klassische Medienarbeit und kommuniziert mit den Multiplikatoren über Pressekonferenzen oder über die verschiedenen Kanäle der Sozialen Medien (→ Social Media). In der internen Kommunikation tritt man mit den Mitarbeitern des Unternehmens in einen direkten, im besten Falle persönlichen Dialog, um Lähmungszustände durch unzureichende Kenntnis der tatsächlichen Zusammenhänge überwinden bzw. vermeiden zu können.

Folgende Grundregeln gilt es bei der Krisenkommunikation zu beachten: Kontinuierliche Befriedigung des Bedürfnisses auf Informationen – maximale Offenheit bei der Erteilung von Auskünften, auch bei schlechten Nachrichten – stete Wiederholung der elementaren Kernbotschaften – Schaffung von Klarheit im Bereich strittiger Diskussionen – maximale Transparenz in allen Fragen, die die Öffentlichkeit interessieren könnten – der Mensch steht im Mittelpunkt – ernsthafte Berücksichtigung von Befürchtungen der beteiligten Interessensgruppen. Zur Krisenkommunikation in Tourismusorganisationen siehe Hahn & Neuss 2018. (gs)

Literatur
Hahn, Silke; Zeljka Neuss (Hrsg.) 2018: Krisenkommunikation in Tourismusorganisationen. Grundlagen, Praxis, Perspektiven. Wiesbaden: Springer VS
Meißner, Jana; Annika Schach (Hrsg.) 2019: Professionelle Krisenkommunikation. Wiesbaden: Springer

Krisenmanagement [crisis management]

Die Relevanz von Krisenmanagement ist gegeben, sobald sich ein Unternehmen in einer Unternehmenskrise befindet. Dies ist der Fall, wenn ein Ereignis eintritt, das den Fortbestand des Unternehmens substanziell gefährden oder sogar unmöglich machen könnte. Die Aufgabe von Krisenmanagement ist es, krisenhafte Ereignisse durch das Beseitigen der Krisenursachen zu bewältigen. Hierzu bedarf es konkreter Maßnahmen: Handeln im Sinne von Reaktion, Aktion und Prävention sind gefordert. Die Auslöser von Unternehmenskrisen können entweder exogener oder endogener Natur sein.

Exogene Ursachen resultieren aus den sich stets wandelnden Umweltanforderungen eines Unternehmens. Hierzu zählen beispielsweise gesamtwirtschaftliche Veränderungen, die einen Strukturwandel von Branchen auslösen. Beispiel: Die digitale Transformation und das Entstehen von disruptiven Innovationen, die technologische Veränderungen bewirken, die durch eine Neuordnung von Arbeitsprozessen den Fortbestand eines Unternehmens substanziell gefährden. Auch endogene Ursachen können Auslöser für Unternehmenskrisen sein. Beispielsweise kann das Fehlverhalten des Managements, ungewollt oder bewusst, ein Unternehmen in eine existenzbedrohende Lage versetzen.

Dieses Beispiel zeigt, wie sich Unternehmenskrisen nach der Zuschreibung der Schuldfrage und der Höhe des Reputationsschadens kategorisieren lassen: Entsteht eine Krise durch das bewusste Fehlverhalten einer Führungskraft, beispielsweise durch korruptes Verhalten (→ Korruption), so tritt ein immenser Reputationsschaden für das Unternehmen auf. In diesen „vermeidbaren Krisen" erfolgt eine starke Zuschreibung der Schuld auf das Unternehmen. Eine zweite

Krisenkategorie entsteht durch unbewusstes Fehlverhalten des Managements, beispielsweise im Falle einer nur ungenügenden Implementierung von Qualitätsmanagement-Systemen und eines daraus resultierenden Produktrückrufes. In einem solchen Fall entsteht zwar immer noch ein messbarer Reputationsschaden, die Zuschreibung der Schuldfrage ist aber moderat. Diese Kategorie einer Unternehmenskrise nennt man eine „Unfallkrise". Die geringste Zuschreibung der Schuldfrage und damit der geringste Reputationsschaden tritt bei sogenannten „Opferkrisen" ein. Naturkatastrophen, die Unternehmen nicht zu verantworten haben, sind hierfür ein Beispiel. (gs)

Literatur
Coombs, Timothy W. 2007: Protecting organization reputations during a crisis. The development and application of Situational Communication Theory. In: Corporate Reputation Review, 10 (3), pp. 163–177
Pillmayer, Markus; Nicolai Scherle 2018: Krisen und Krisenmanagement im Tourismus – Eine konzeptionelle Einführung. In: Silke Hahn; Zeljka Neuss (Hrsg.): Krisenkommunikation in Tourismusorganisationen. Grundlagen, Praxis, Perspektiven. Wiesbaden: Springer VS, S. 3–18
Thiessen, Ansgar (Hrsg.) 2014: Handbuch Krisenmanagement. Wiesbaden: Springer (2. Aufl.)

Gedankensplitter
„Von drei Krisen, die von Ökonomen vorhergesagt werden, treten zwei niemals ein. Die dritte aber ist viel schlimmer als erwartet." (Rüdiger Dornbusch, deutsch-US-amerikanischer Ökonom)

Krisenmanagement-Plan **[Crisis Management Plan (CMP)]**
Unternehmensinterner Plan, der auf Krisen und Katastrophen (z. B. Amoklauf, Feuer, Flugzeugabsturz, Terroranschlag, Tsunami) ausgelegt ist. Der Plan ist eine detaillierte geistige Simulation der Zukunft. Es wird vom Ende her gedacht bzw. von der eintretenden Krise ausgegangen, um zu überlegen, wie das Unternehmen adäquat reagieren kann. Zentrale Lenkungsstäbe, Innen- und Außenkommunikation, vorab installierte Einsatzteams und fixierte Ablaufprocedere sind zentrale Bausteine des Plans.

Die Lufthansa hat ein → Krisenmanagement aufgebaut, das auf den Säulen Kommunikation, Organisation und Human Resources basiert. Sogenannte SATs (Special Assistance Teams) werden bei einer Krise aktiviert. Zu den Einsatzteams zählen ca. 1.200 interne Mitarbeiter, die freiwillig und zusätzlich zu ihrer eigentlichen Arbeit für Krisenfälle ausgebildet sind. → Terrorismus und Tourismus. (wf)

Literatur
Pillmayer, Markus; Nicolai Scherle 2018: Krisen und Krisenmanagement im Tourismus – Eine konzeptionelle Einführung. In: Silke Hahn; Zeljka Neuss (Hrsg.): Krisenkommunikation in Tourismusorganisationen. Grundlagen, Praxis, Perspektiven. Wiesbaden: Springer VS, S. 3–18

Kritischer Lenkungspunkt [critical control point]

Der ‚critical control point' wird als CCP abgekürzt und bedeutet kritischer Lenkungspunkt. Dabei bezieht sich das Wort „kritisch" auf die Gesundheit des Endverbrauchers. Die Übersetzung des Wortes „control" bedeutet richtigerweise: lenken, steuern, beherrschen. Damit wird die Funktion des kritischen Lenkungspunktes mit der korrekten Übersetzung direkt erklärt. Auf Grundlage einer Gefahrenanalyse (→ HACCP) ist mit dem kritischen Lenkungspunkt ein Prozessschritt identifiziert, bei dem es möglich und von entscheidender Bedeutung ist, mit gezielten Handlungen oder Maßnahmen eine Gesundheitsgefahr zu vermeiden, zu beseitigen oder auf ein annehmbares Niveau zu reduzieren. Für jeden kritischen Lenkungspunkt wird ein Grenzwert festgelegt, welcher zwischen Annahme und Ablehnung unterscheidet. Diese Angabe kann durch Toleranz-, Aktions- und Warnwerte ergänzt werden.

Weiterhin werden für jeden kritischen Lenkungspunkt im Vorfeld Korrekturmaßnahmen bestimmt. Damit sind Handlungen oder Maßnahmen gemeint, die durchzuführen sind, sobald die Überwachungsergebnisse des kritischen Lenkungspunkts (Monitoring) anzeigen, dass dieser nicht mehr beherrscht wird. Aus der Verpflichtung zur Verifizierung resultiert eine Funktionsprüfung der zum Einsatz kommenden Lenkungsmaßnahmen. Die jeweils durchgeführten Maßnahmen müssen dokumentiert werden. Ein kritischer Lenkungspunkt in Küchen der → Gemeinschaftsverpflegung ist die Temperatur- und Zeiteinwirkung bezogen auf die Gefahr der lebensmittelbedingten Infektionserreger, denn durch den Garprozess wird die erkannte Gesundheitsgefahr beherrscht, was in diesem Fall dazu führt, dass unerwünschte Bakterien abgetötet werden. (mjr)

Literatur

Amtsblatt der Europäischen Union (Hrsg.) 2004: VO (EG) Nr. 852/2004 über Lebensmittelhygiene. Straßburg

Beuth Verlag (Hrsg.) 2018: DIN 10506:2018-07 Lebensmittelhygiene – Gemeinschaftsverpflegung. Berlin

Beuth Verlag (Hrsg.) 2019: DIN 10508:2019-03 Lebensmittelhygiene – Temperaturen für Lebensmittel. Berlin

Kritisches Ereignis [critical incident]

Die Methode der kritischen Ereignisse (Critical Incident Technique = CIT) ist eine Methode zur Identifikation von Situationen, die entscheidend dafür sind, ob Personen für bestimmte Tätigkeiten geeignet sind oder nicht. Die CIT wird in verschiedenen Bereichen eingesetzt. In der Personalauswahl kann mittels CIT geprüft werden, ob Bewerber in der Lage sind, ein definiertes erfolgskritisches Verhalten zu zeigen. Beispielsweise ist es für Servicemitarbeiter in Restaurants von zentraler Bedeutung, auch unter Druck höflich und zuvorkommend mit den Gästen umzugehen. Hingegen ist es weniger wichtig, eine gute schriftliche Ausdrucksfähigkeit zu haben. Eine CIT hilft somit, sich bei der Personalauswahl auf die zentralen Bereiche zu konzentrieren. So kann in einem Fall die technische Intelligenz der Erfolgsfaktor sein, in einem anderen Fall das Einfühlungsvermögen und in einem dritten Fall die Durchsetzungsfähigkeit. Die CIT wird auch in der Marktforschung, in der Analyse von Geschäftsprozessen und in der Organisationsentwicklung eingesetzt.

Beim interkulturellen Lernen (→ Interkulturelle Kompetenz) wird CIT eingesetzt, um Lernende in Simulationen mit fremdkulturellen Denk- und Verhaltensweisen zu konfrontieren und sie in die Lage zu versetzen, in der fremden Kultur angemessen zu handeln. Beispielsweise kann ein deutscher → Flugbegleiter in einem Rollenspiel die Aufgabe bekommen, einen japanischen Fluggast zu informieren, dass er nicht auf dem richtigen Platz sitzt. Kritischer Punkt dieser Simulation ist, dass Kritik in Deutschland viel direkter geäußert wird als in Japan. Der Erfolg des Flugbegleiters hängt davon ab, ob es ihm gelingt, den richtigen Ton zu treffen, der den Japaner „das Gesicht wahren" lässt. (ss/gm)

Küche, regional → **Regionale Küche**

Küchenbrigade [kitchen team, kitchen staff]
Begriff für die Gesamtheit aller Köche in einer großen gastgewerblichen Küche. Küchenbrigaden arbeiteten in der Vergangenheit mit einer hohen Arbeitsteilung und waren hierarchisch tief gegliedert. Der Begriff der Brigade und die hierarchische Struktur sind – historisch gesehen – eine sprachliche Anleihe aus dem militärischen Bereich.

Da die französische Sprache immer noch die Fachsprache in der gastgewerblichen Küche darstellt, werden die einzelnen Stellen und Abteilungen weltweit – selbst in vielen US-amerikanischen (Hotel-)Konzernen – französisch benannt. Die Aufbauorganisation einer Küchenbrigade lässt sich idealtypisch wie folgt skizzieren: Geleitet wird eine Küchenbrigade (Brigade de cuisine) von einem Küchenchef (→ Chef de cuisine), in sehr großen Betrieben von einem → Küchendirektor (Directeur de cuisine). Stellvertreter des Küchenchefs ist der → Sous-Chef. Die einzelnen Küchenabteilungen bzw. -posten werden von einem Abteilungsleiter (→ Chef de partie) vertreten, der unter sich einen Stellvertreter (→ Demi-Chef de partie), einen bzw. mehrere ausgelernte Köche (→ Commis de cuisine) und einen bzw. mehrere Auszubildende (Apprenti) führt. Als Vertretung der einzelnen Posten (für Urlaub, Krankheit und Freizeit) wird in größeren Küchen ein Springer (→ Tournant) eingesetzt.

Die Differenzierung der einzelnen Küchenabteilungen orientiert sich traditionell an den Speisen. Positionen wie der Vorspeisenkoch (Hors-d'œuvrier),

Suppenkoch (Potager), Diätkoch (Régimier), Eisspeisenkoch (Glacier), Koch am Grill (Grillardin) oder Küchenfleischer (Boucher) existieren vereinzelt noch in der idealtypischen Aufbauorganisation von gastgewerblichen Großküchen; der hohe Kostendruck im gastgewerblichen Küchenbereich, Fach- und Arbeitskräftemangel, Automatisierung und neue organisatorische Konzepte unterbinden aber in der Realität schon seit langem eine derartige Spezialisierung. Die Tendenz in der Aufbauorganisation der gastgewerblichen Küche lässt sich stattdessen wie folgt umreißen: Hierarchieabbau, Zusammenlegen und Auslagern (Outsourcing) von Abteilungen (Posten), Depersonalisierung (Ersatz von Arbeitskräften durch Maschinen) und Technologisierung. (wf)

Küchenchef → **Chef de cuisine**

Küchendirektor **[executive chef]**
Position des Abteilungsleiters in sehr großen gastronomischen Betrieben. Das Tätigkeitsprofil liegt vor allem im organisatorischen Bereich; ihm direkt unterstellt sind ein oder mehrere Küchenchefs (→ Küchenbrigade). (wf)

Kündigung wegen Reisemängeln **[cancellation due to package tour deficiencies]**
1 Voraussetzungen   Nach § 651l I BGB kann der Reisende den Pauschalreisevertrag kündigen, wenn die Pauschalreise durch den Reisemangel erheblich beeinträchtigt wird. Die Kündigung ist grundsätzlich erst zulässig, wenn der Reiseveranstalter eine ihm vom Reisenden bestimmte angemessene Frist hat verstreichen lassen, ohne Abhilfe zu leisten. Eine Frist ist nicht notwendig bei Verweigerung der Abhilfe oder wenn sofortige Abhilfe notwendig ist (§ 651k II 2 BGB). Anders als nach bisherigem Reiserecht gibt es keine Sonderregelung für Fälle, in denen der Reisemangel auf unvermeidbare, außergewöhnliche Umstände zurückzuführen ist. Auf den Grund für den Reisemangel bzw. auf ein Verschulden kommt es nicht an. Dem Veranstalter steht jedoch nach Reisebeginn kein Kündigungsrecht mehr zu.

Gesetzliche Voraussetzungen des Kündigungsrechts sind:
- Pauschalreisevertrag,
- Reisemangel (§ 651i II BGB),
- Kündigungsgrund der erheblichen Beeinträchtigung der Pauschalreise,
- ein erfolgloses Abhilfeverlangen mit angemessener Frist und
- eine Kündigungserklärung.

Nicht jeder Reisemangel berechtigt zur Kündigung des Pauschalreisevertrages, sondern nur, wenn der Reisemangel objektiv, d. h. aus Sicht eines Durchschnittsreisenden, zu einer erheblichen Beeinträchtigung der Pauschalreise führt. Für die Beurteilung der Erheblichkeit sind grundsätzlich die Umstände des Einzelfalls zu berücksichtigen (BGH, 14.05.2013, X ZR 15/11: Grönland-Kreuzfahrt). Letztlich kommt es auf die Zumutbarkeit des Verbleibens unter Würdigung aller Umstände an, so dass mit vielen Instanzgerichten ein mittlerer Richtwert von 30 % als Minderungsquote vorgeschlagen wird.

Das Kündigungsrecht kann nur ausgeübt werden, wenn der Reisende dem Veranstalter eine angemessene Frist zur Abhilfe gesetzt hat und diese ergebnislos verstrichen ist. Damit soll der Veranstalter Gelegenheit erhalten, die angezeigten Mängel zu beseitigten oder zumindest unter die Erheblichkeitsschwelle zu führen. Ausnahmsweise ist eine Frist entbehrlich in den in § 651k II 2 BGB genannten Fällen der Verweigerung der Abhilfe durch den Reiseveranstalter oder wenn der Reisende ein besonderes Interesse an der sofortigen Kündigung hat (Vertrauensverlust).

Die Kündigungserklärung hat alsbald gegenüber der Reiseleitung oder dem Veranstalter zu erfolgen und bedarf weder einer besonderen Form noch einer Begründung. Es genügt jedes für den Veranstalter erkennbare Verhalten, das den Willen nach vorzeitiger Aufhebung des Vertrages erkennen lässt wie z. B. ein Rückbeförderungsverlangen oder die Ankündigung der Rückreise. Die bloße Abreise ohne weitere Nachricht an die Reiseleitung ist keine schlüssige Erklärung.

2 Rechtsfolgen der Kündigung Mit der Kündigung des Pauschalreisevertrages besteht der Anspruch des Reiseveranstalters auf den vereinbarten Reisepreis fort hinsichtlich der erbrachten und zur Beendigung der Pauschalreise noch zu erbringenden Reiseleistungen (§ 651l II BGB). Nur hinsichtlich der nicht mehr zu erbringenden Reiseleistungen entfällt der Anspruch des Reiseveranstalters auf den vereinbarten Reisepreis. Der Reisende erlangt insoweit einen vertraglichen Rückforderungsanspruch gegen den Reiseveranstalter. Neben der Kündigung kann der Reisende gegenüber dem Reiseveranstalter gegebenenfalls eine Preisminderung sowie Schadensersatz oder Ersatz vergeblicher Aufwendungen verlangen (§§ 651l II i. V. m. 651i III Nr. 6, 7 BGB).

Darüber hinaus ist der Reiseveranstalter verpflichtet, die notwendigen Maßnahmen zu treffen, wie beispielsweise die unverzügliche Rückbeförderung des Reisenden, sofern auch Beförderungsleistungen zum Vertrag gehören, oder etwa die weitere Beherbergung des Reisenden bis zu dem Zeitpunkt, zu dem die vorzeitige Rückbeförderung möglich ist, durchzuführen. Obwohl mit der Kündigung das Vertragsverhältnis endet, hat der Reiseveranstalter die Pflicht, die Abreise, den Rückflug und Transfers bis zum Ausgangspunkt der Reise (nicht nach Hause!) zu organisieren sowie alle sonstigen infolge der Vertragsaufhebung notwendigen Maßnahmen zu treffen. Die Rückbeförderung hat unverzüglich mit einem Beförderungsmittel, welches zumindest mit dem im Vertrag vereinbarten gleichwertig ist, zu erfolgen. Mehrkosten für die Rückbeförderung gehen zu Lasten des Veranstalters (§ 651l III BGB). Alle anderen Mehrkosten kann der Reisende nicht vom Veranstalter aus dem Kündigungsrecht verlangen. Jedoch erhält der Reisende die anderen Mehrkosten gegebenenfalls durch Schadensersatz nach § 651n BGB. Da das Kündigungsrecht nach § 651l BGB selbst für Fälle von unvermeidbaren, außergewöhnlichen Umständen Anwendung findet, erweist sich diese Kostenregelung im Vergleich zur früheren Rechtslage als Besserstellung des Kunden (BT-Drs. 18/10822, 83). (ef)

Literatur
Führich, Ernst 2018: Basiswissen Reiserecht. München: C. H. Beck/Vahlen (4. Aufl.; § 8)
Führich, Ernst; Ansgar Staudinger 2019: Reiserecht. München: C. H. Beck (8. Aufl.; § 20)

Kulinarische Pfade (culinary trails)

Inhaltliche Verbindung von kulinarischen Attraktionen und Akteuren in einer Region. Bausteine der kulinarischen Pfade oder Straßen können etwa sein: lokale Landwirte, lokale Industrieunternehmen, gastgewerbliche Betriebe, Einzelhandel, lokale Straßenmärkte, Straßenfeste (Food Festivals), Museen, → Destinationen, Vermarktungsgesellschaften und staatliche Tourismusorganisationen.

Die Pfade, die ein weltweites Phänomen darstellen (Badische Weinstraße; Bregenzerwälder Käsestraße; Malt Whisky Trail, Schottland; Spice Route, Südafrika etc.), können historisch gewachsen sein oder künstlich geschaffen. Sie dienen zur Vermarktung einer Region, konservieren Kultur, stiften Identität, schützen die Umwelt und unterstützen bei der Regionalentwicklung (Hashimoto & Telfer 2018, S. 132). Zu den kritischen Erfolgsfaktoren von kulinarischen Pfaden siehe Hashimoto & Telfer 2018, S. 142. (wf)

Literatur
Hashimoto, Atsuko; David J. Telfer 2018: Culinary trails. In: Dallen J. Timothy (ed.): Heritage Cusines. Traditions, identities and tourism. London, New York: Routledge, pp. 132–147

Kulinarische Straßen → **Kulinarische Pfade**

Kulinarischer Tourismus → **Food Tourismus**

Kulinaristik [culinary arts, culinary studies]

Die Kulinaristik (von lat. culina = Küche) versteht sich als Teil der Lebens- und Kulturwissenschaften. Ihr Gegenstand ist das Essen als Kulturphänomen. Die Kulinaristik betrachtet das Essen als individuellen und kollektiven, privaten und öffentlichen Verhaltens-, Kommunikations-, Wert-, Symbol- und Handlungsbereich. Damit verfolgt sie einen erweiterten kulinarischen Ansatz, der sowohl die alltäglichen als auch die besonderen Verzehrsituationen berücksichtigt. Im allgemeinen

Sprachgebrauch bezieht sich das Adjektiv kulinarisch primär auf die feine Küche und die Kochkunst, da kulinarisch im 18. Jahrhundert aus dem gleichbedeutenden lateinischen culinarius abgeleitet wurde.

Bei der modernen Kulinaristik stehen fünf grundlegende, auf das Essen bezogene Themenfelder im Mittelpunkt: 1.) Basiswissen über die Entstehung, Herstellung und Beschaffenheit der Nahrungsmittel; 2.) die ökonomischen Rahmenbedingungen für Herstellung und Vertrieb von Nahrungsmitteln; 3.) Physiologie und Sensorik; 4.) kulturhistorische Hintergründe sowie kulturelle Wertigkeit und soziokulturelle Funktionsweisen der Nahrungsaufnahme; 5.) → Gastronomie und → Gastlichkeit in theoretisch-kulturwissenschaftlicher und praktischer Perspektive.

Essen und Trinken sind primär kulturell geprägt und spielen im menschlichen Leben eine fundamentale Rolle. Sie dienen nicht nur der Ernährung, sondern sind Handlungs- und Beziehungssituationen unseres Alltags und Festtags. Die Fülle der Nahrungsmittel wird durch die Kultur selektiv geordnet und gestaltet; was man isst oder nicht, wird im Wesentlichen kulturell vermittelt und ist nur teilweise von biologischen Faktoren oder der Persönlichkeit abhängig. Obwohl biologisch nötig, ist das tägliche Mahl primär ein psychosoziales und kulturelles Konstrukt. Essen und Trinken sind gesellschaftliche Operationsgefüge, die Orientierung und Kommunikation sicherstellen. Nahrungskultur vermittelt Gruppenzugehörigkeit, emotionale Bestätigung, gewährleistet Erziehung und Sozialisation. Gemeinsames Essen schafft zwischenmenschliche Solidarität und verortet den Menschen in seiner Umwelt. Ernährung als wiederkehrende Handlung zu bestimmten Zeiten und in bestimmten sozialen Räumen begünstigt die Herausbildung eines relativ konstanten Nahrungsverhaltens. Essen und Trinken als soziale Totalphänomene spiegeln damit das gesamte gesellschaftliche Leben wider. Als Normensysteme prägen sie unsere Identität, unsere Lebensstile, unsere Standards und unsere Kommunikation.

Der Begriff Kulinaristik geht zurück auf die noch junge „Deutsche Akademie für Kulinaristik". Als Netzwerk verschiedener Fachbereiche deutscher Hochschulen und anderer Institutionen verfolgt diese einen multidisziplinären Ansatz im Kompetenzverbund zwischen Gastronomie, Hotellerie, Lebensmittelwirtschaft und verschiedensten wissenschaftlichen Ansätzen. Dabei stehen neben dem wissenschaftlichen Erkenntnisgewinn auch bildungspolitische Aspekte im Vordergrund, um sowohl berufsbezogenes Fachwissen als auch fachübergreifende Weiterbildung zu fördern.

Die Kulinaristik ist hinsichtlich ihrer Entwicklung und Akzeptanz im deutschsprachigen Raum im Aufbau begriffen und wird wachsende Bedeutung erlangen. Während sie in Italien und in Frankreich bereits stärker etabliert ist, hinken viele osteuropäische Länder noch deutlich hinterher. (gh)

Literatur
Neumann, Gerhard; Hans Jürgen Teuteberg & Alois Wierlacher (Hrsg.) 1993: Kulturthema Essen.
  Ansichten und Problemfelder. Berlin: Akademie
Rose, Hans-Joachim 2006: Die Küchenbibel. Enzyklopädie der Kulinaristik. Wiesbaden: Tre Torri
Wierlacher, Alois; Regina Bendix (Hrsg.) 2008: Kulinaristik: Forschung – Lehre – Praxis. Berlin:
  LIT

> **ⓘ Gedankensplitter**
> „Wir Deutschen, liebe Kitty, können ein Wirtschaftswunder machen, aber keinen Salat." (Jo-
> hannes Mario Simmel, Prolog in: Es muss nicht immer Kaviar sein, 1960)

Kultur [culture]

Kultur ist einerseits Ausdruck menschlicher Schöpfungskraft, die sich beispielsweise in den Bildenden Künsten, der Musik, Literatur und Architektur zeigt. Dieser Kulturbegriff liegt üblicherweise sogenannten Kulturreisen (→ Kulturtourismus) zugrunde. Andererseits wird Kultur in einem weiteren Sinne verstanden als
ein System alltäglichen Wissens, das dem Einzelnen zur Verhaltensorientierung
dient und innerhalb einer kulturellen Gruppe eine effektive Verständigung und
Zusammenarbeit ermöglicht. Viele Anteile dieser gelernten Deutungsmuster werden dem Individuum erst im Kontakt mit einer anderen kulturellen Gruppe bewusst (→ Interkulturelle Kompetenz). (gm)

Kulturerbestätte → Welterbe

Kulturtourismus [cultural tourism]

Das Interesse an anderen Kulturen und Lebensweisen zählt zu den wesentlichen
Triebkräften des neuzeitlichen Tourismus. So haben englische Adelige bereits seit
dem 16. Jahrhundert ausgedehnte Reisen durch andere europäische Länder unternommen, um ihr Wissen und ihre Bildung zu vervollständigen (→ Grand Tour).
Damit definierten sie den Kanon an Sehenswürdigkeiten, der bis in die Gegenwart
für Kulturtouristen gilt.

Der Begriff „Kulturtourismus" wird allerdings erst seit den 1980er-Jahren verwendet. Seitdem hat er in der Tourismusforschung und -praxis eine zunehmende
Verbreitung erfahren. Der jeweilige Forschungsstand zu diesem Thema ist in mehreren Lehrbüchern und Sammelbänden dokumentiert worden (Becker & Steinecke 1993; Dreyer 2000; Steinecke 2007; Kagermeier & Raab 2010; Hausmann &
Murzik 2011; Kagermeier & Steinecke 2011; Quack & Klemm 2013; Klein, Pröbstle & Schmidt-Ott 2017).

1 Definition und Merkmale des Kulturtourismus Zumeist wird „Kulturtourismus" als Oberbegriff für unterschiedliche Reisearten genutzt, bei denen kulturelle
Motive eine zentrale Rolle spielen (Studien-, Städte-, Themen- bzw. Sprachreisen

etc.). Eine exakte Abgrenzung dieses Marktsegments erweist sich als schwierig, da innerhalb der vergangenen Jahrzehnte ein Wandel des Begriffs „→ Kultur" stattgefunden hat (Moebius 2009). Ursprünglich bezog er sich vor allem auf Werke der Hochkultur (Bildende Kunst, Malerei, Musik, Architektur etc.). Inzwischen gelten jedoch auch alltägliche Objekte und Verhaltensweisen als Bestandteile von „Kultur" (Mode, Design, Sitten und Gebräuche, Pop-Musik etc.). Aus diesem Grund lassen sich Kulturangebote häufig nicht mehr exakt von Unterhaltungsangeboten abgrenzen, und auch die Nachfrager können nicht mehr präzise als Kultur- oder Besichtigungs- oder Vergnügungsurlauber klassifiziert werden.

Angesichts dieser unübersichtlichen Situation wird in der Tourismusforschung zumeist ein „Zwiebel"-Modell verwendet, um das Phänomen von Reisen mit kulturellen Inhalten abzubilden. Den Kern bilden dabei die Kulturtouristen im engeren Sinne; sie weisen folgende Motive und Verhaltensweisen auf:
- ein Interesse an Kultur, das bei der Entscheidung für ein Zielgebiet im Vordergrund steht;
- die Besichtigung kultureller Einrichtungen und historischer Denkmale (Museen, Burgen, Schlösser, Park- und Gartenlagen etc.);
- der Besuch von Kulturveranstaltungen (Konzerte, Theateraufführungen, Festspiele etc.);
- die Nutzung von Informationsmedien (→ Gästeführer/Reiseleiter, → Reiseführer, Broschüren etc.).

Dieser zentrale Bereich des Kulturtourismus „umfasst alle Reisen von Personen, die ihren Wohnort temporär verlassen, um sich vorrangig über materielle und/ oder nicht-materielle Elemente der Hoch- und Alltagskultur des Zielgebiets zu informieren, sie zu erfahren und/oder zu erleben" (Steinecke 2013, S. 15). Zu den Organisationsformen gehören dabei sowohl Individualreisen als auch organisierte Studien- und Bildungsreisen, die von Spezialreiseveranstaltern in Form von Gruppenpauschalreisen angeboten werden. Mit einem Marktanteil von weniger als 10 % handelt es sich bei dieser Art des Kulturtourismus um ein Nischensegment des bundesdeutschen Tourismus.

Weitaus umfangreicher ist die nächste Schicht dieser „Zwiebel" – die Zielgruppe der „Auch-Kulturtouristen" bzw. der Besichtigungstouristen, die zwar nicht vorrangig aus kulturellen Motiven reisen, aber während ihres Urlaubs auch Sehenswürdigkeiten besichtigen bzw. Museen, Konzerte etc. besuchen. Ihr Marktanteil beläuft sich in Deutschland und Europa schätzungsweise auf 25–32 %.

Eine weitere Zielgruppe sind die Zufalls-Kulturtouristen, die sich während ihres Aufenthalts spontan für die Wahrnehmung eines kulturellen Angebots entscheiden (Mandel 2017, S. 41). Neben den Übernachtungsgästen sind schließlich die Tagesausflügler (→ Ausflügler) als Nachfrager zu erwähnen, deren quantitative und ökonomische Bedeutung häufig unterschätzt wird.

2 Kulturtouristen: Profil – Besonderheiten – Typen Auf der Basis bundesweiter Repräsentativuntersuchungen lässt sich die Zielgruppe der kulturell interessierten Urlauber gut beschreiben; typische Merkmale sind (Steinecke 2013, S. 16):

- relativ viele junge und ältere Urlauber (wenig Familien mit kleinen Kindern);
- hohes Bildungsniveau, hohes Haushaltseinkommen und deshalb auch überdurchschnittlich hohe Reiseausgaben;
- reiseerfahrene, auslandsorientierte, mobile und aktive Touristen.

Angesichts dieses Profils stellen Kulturtouristen für → Destinationen und Kulturakteure interessante Nachfrager dar: Sie lösen erhebliche ökonomische Wirkungen aus – nicht nur in den Kultureinrichtungen, sondern auch in der Hotellerie und Gastronomie sowie im Einzelhandel. Darüber hinaus tragen sie zu einer Ausweitung der Saison bei, da ihre Aktivitäten nur bedingt wetterabhängig sind.

Neben einer generellen Beschreibung der Kulturtouristen sind von der Tourismusforschung mehrere Ansätze entwickelt worden, die Zielgruppe zu segmentieren und unterschiedliche Typen zu beschreiben. Sie basieren auf einer Klassifizierung der Nachfrager hinsichtlich des Stellenwerts, den die Kultur bei der Reiseentscheidung hat, sowie der Intensität der Kulturerfahrung (McKercher & du Cros 2003; Pröbstle 2014).

Für eine kundengerechte Angebotsgestaltung ist es erforderlich, einige Besonderheiten der Zielgruppe zu berücksichtigen; dazu zählen u. a.:

- Die Freizeitsituation, in der die kulturellen Erlebnisse stattfinden. Kultururlauber wollen durchaus etwas Neues lernen, aber vor allem suchen sie nach Abwechslung vom Alltag, sie möchten einen schönen Tag mit dem Partner oder der Familie verbringen und zu Hause über ungewöhnliche Erlebnisse berichten können.
- Die zumeist laienhaften Kenntnisse der Touristen. Häufig beschäftigen sie sich zum ersten Mal mit dem Thema der Ausstellung, des Schlosses etc. Deshalb erwarten sie verständliche und lebendige Informationen, aber keine nüchterne Aneinanderreihung von Daten und Fakten.
- Der selektive Blick der Urlauber. Da sie auf Reisen nur über ein knappes Zeitbudget verfügen, sind sie auf der Suche nach dem Besonderen und Außergewöhnlichen – dem Superlativ. Dadurch kommt es zu einer ausgeprägten Hierarchie kultureller Attraktionen. In Besuchermagneten wie Schloss Sanssouci bzw. dem Goethehaus in Weimar führt die Konzentration der Gäste häufig zu Überlastungserscheinungen, die Maßnahmen der Besucherlenkung erforderlich machen (→ Overtourism) (Wolf 2013).
- Das Interesse an Besichtigungsritualen: Speziell im Städtetourismus spielen regelmäßige Veranstaltungen eine wichtige Rolle, die ursprünglich eine alltägliche Funktion hatten und sich inzwischen zu populären Events (→ Mes-

sen, Kongresse und Events) entwickelt haben (z. B. Glockenspiel in München, Wachablösung in London). Sie bieten den Urlaubern die Möglichkeit, eine emotional geprägte Atmosphäre in der Gemeinschaft mit anderen Touristen zu erleben, die auch für religiöse Zeremonien kennzeichnend ist (Heilige Messe, Prozessionen etc.).

3 Wettbewerber im Kulturtourismus Angesichts der ökonomischen Bedeutung des Kulturtourismus herrscht auf diesem Markt inzwischen ein harter Wettbewerb – zum einen zwischen den öffentlichen Kultureinrichtungen, zum anderen aber auch mit neuen kommerziellen Konkurrenten.

Im Bereich der öffentlichen Akteure ist eine ständige Erweiterung des kulturellen Angebots zu beobachten – z. B. bei den deutschen Museen, deren Zahl im Zeitraum 2001–2017 von 5.897 auf 6.771 gestiegen ist. Darüber hinaus positionieren sich immer mehr Zielgebiete im Rahmen einer Angebotsdiversifizierung als Kulturdestinationen – z. B. Spanien, das neben dem traditionellen Badetourismus in den vergangenen Jahrzehnten auch den Kultur- und Städtetourismus als neues Segment ausgebaut hat. Schließlich hat ein Marktauftritt neuer Zielgebiete stattgefunden, die bislang eher als → Quellmärkte fungierten – z. B. das Ruhrgebiet, das seit Ende der 1990er-Jahre sein industriekulturelles Erbe als touristische Ressource nutzt und im Jahr 2010 als „Kulturhauptstadt Europas" (RUHR.2010) ausgezeichnet wurde (Biermann 2013).

Zu den kommerziellen Anbietern gehören die zahlreichen Erlebnis- und Konsumeinrichtungen, die eine Mischung aus Shopping, Unterhaltung, Kultur und Bildung bieten – z. B. → Urban Entertainment Center, Themenhotels, Science Center und Markenerlebniswelten (→ Erlebniswelten). Aufgrund ihrer Multifunktionalität und Erlebnisorientierung sprechen sie generell ein breites Publikum an – nicht zuletzt die „Auch-Kulturtouristen" bzw. Besichtigungsurlauber. Da diese kommerziellen Einrichtungen keine klassischen öffentlichen Kulturaufgaben einnehmen (Sammeln, Bewahren, Forschen, Bilden), können sie die Infotainment-Erwartungen ihrer Besucher perfekt erfüllen. Als Beispiele sind die „Swarovski-Kristallwelten" in Wattens bei Innsbruck und die „Autostadt Wolfsburg" zu nennen, die sich mit Standard- und Sonderausstellungen sowie Kulturveranstaltungen zu beliebten Sehenswürdigkeiten entwickelt haben (ca. 630.000 bzw. 2,2 Millionen Besucher/Jahr).

Als weitere Konkurrenten treten die zahlreichen Events auf, die vielerorts veranstaltet werden und teilweise große Besucherzahlen verzeichnen. Das Spektrum umfasst dabei alle Bereiche der Hoch- und Populärkultur. Es reicht von Musik- und Theaterevents (Bayreuther Festspiele, Ruhrtriale) über Kunst- und Brauchtumsevents (Art Basel, Almabtrieb) bis hin zu religiösen und wissenschaftlichen Events (Kirchentage, Kongresse).

4 Management und Marketing von Kulturanbietern im Tourismus Um sich in diesem (Über-)Angebot an kulturellen Einrichtungen und Veranstaltungen zu behaupten und von Touristen überhaupt wahrgenommen zu werden, müssen Kulturanbieter über ein klares und attraktives Profil verfügen. Zu den wesentlichen Strategien einer erfolgreichen Positionierung auf dem Tourismusmarkt zählen u. a. (Steinecke 2013, S. 48 ff.):

- Thematisierung (Ausstellungen und Themenrouten zu berühmten Persönlichkeiten, historischen Ereignissen bzw. regionalen Besonderheiten);
- Vernetzung (horizontal: Kooperation mit anderen Kulturanbietern etc.; vertikal: Zusammenarbeit mit Transportunternehmen, Hotellerie, Einzelhandel, Reiseveranstaltern etc.; lateral: Vernetzung mit branchenfremden Unternehmen bzw. Organisationen);
- Limitierung (zeitliche bzw. räumliche Begrenzung und damit Verknappung des Angebots, um die Situation eines Begehrenskonsums zu schaffen – z. B. durch Sonderausstellungen und Kunstaktionen bzw. exklusive Lounges und Fast Lane-Zugänge);
- Filialisierung (Schaffung von Dependancen an anderen Standorten – z. B. Guggenheim-Museum in Bilbao, Louvre in Abu Dhabi).

Als Folge ihres traditionellen Selbstverständnisses (Hochkultur), aber auch aufgrund der finanziellen Förderung durch die öffentliche Hand haben sich die klassischen Kulturakteure (Museen, Theater, Opernhäuser etc.) sehr zögerlich mit Fragen des Managements und Marketings auseinandergesetzt. Gleichzeitig bietet ihnen der Tourismus aber die Chance, zusätzliche Besucher zu gewinnen, höhere Einnahmen zu erzielen und ihren Bekanntheitsgrad zu steigern.

Bei einem Auftritt auf dem Tourismusmarkt müssen sie die gleichen Arbeitsschritte vollziehen wie Unternehmen – von der Analyse der Ist-Situation über die Bestimmung von Zielen und Strategien bis hin zum Einsatz der diversen Marketinginstrumente und eine regelmäßige Erfolgskontrolle. Dabei sind folgende Maßnahmen für sie von besonderer Bedeutung:

- Markenbildung (attraktives Logo/Slogan, spektakuläre Architektur (→ Architekturtourismus), Teilnahme an nationalen und internationalen Wettbewerben, Einsatz von Gütesiegeln);
- Leistungspolitik (klare Ausschilderung, breites Angebot an Führungen für unterschiedliche Zielgruppen, anschauliche Präsentation der Exponate, niveauvolles Sortiment an Merchandising-Produkten, zeitgemäßes gastronomisches Angebot);
- Preispolitik (Preispositionierung in Abhängigkeit von der Attraktivität des Angebots, Preisdifferenzierung für unterschiedliche soziale Gruppen bzw.

als Mittel der Besucherlenkung, Preisbündelung in Form von Kombi-Tickets mit anderen Kultureinrichtungen, Transportunternehmen etc.);
- Distributionspolitik (direkter Vertrieb: vor Ort bzw. Online; indirekter Vertrieb: über → Touristinformationen, → Hotels, → Reiseveranstalter, Verlage etc.; publikumswirksame Einzelaktionen in Einkaufsstraßen und -zentren);
- Kommunikationspolitik (vor Antritt der Reise: Website, Newsletter, Presse- und Öffentlichkeitsarbeit, Teilnahme an Tourismusmessen; vor Ort: Banner, City-Light-Poster, Außenwerbung an Bussen, Straßenbahnen etc., Auslage von Prospektmaterial in Tourist-Informationen, Hotels etc.);
- Qualitätsmanagement (Besucherbefragungen, Mystery/Silent Shopper, → Beschwerdemanagement, Maßnahmen der Besucherbindung, Qualifizierung der Mitarbeiter, regelmäßige Qualitätskontrolle).

Professionell arbeitende Kultureinrichtungen werden künftig eine wichtige Rolle als Partner der Tourismusbranche spielen, da immer mehr Destinationen ihr kulturelles Erbe nutzen, um auf dem Massenmarkt mit seinen standardisierten Angeboten über Alleinstellungsmerkmale zu verfügen und sich von den Wettbewerbern abzugrenzen (→ Destinationsmanagement) (Herntrei, Pechlaner & Dal Bò 2011). (*as*)

Literatur
Becker, Christoph; Albrecht Steinecke (Hrsg.) 1993: Kulturtourismus in Europa: Wachstum ohne Grenzen? Trier: Europäisches Tourismus Institut (= ETI-Studien, Bd. 2)
Biermann, Axel 2013: Auswirkungen der Förderung von Kulturtourismus am Beispiel RUHR.2010 Kulturhauptstadt Europas. In: Heinz-Dieter Quack; Kristiane Klemm (Hrsg.): Kulturtourismus zu Beginn des 21. Jahrhunderts. Festschrift für Albrecht Steinecke. München: Oldenbourg, S. 265–277
Dreyer, Axel (Hrsg.) 2000: Kulturtourismus. München, Wien: Oldenbourg
Hausmann, Andrea; Laura Murzik 2011: Neue Impulse im Kulturtourismus. Wiesbaden: VS Springer
Herntrei, Marcus; Harald Pechlaner & Giulia Dal Bò 2011: Die Rolle von Kulturevents in der Imagebildung und -wahrnehmung einer Destination: das Beispiel Manifesta 7 in Südtirol. In: Andreas Kagermeier; Albrecht Steinecke (Hrsg.): Kultur als touristischer Standortfaktor. Potenziale – Nutzung – Management. Paderborn: Fach Geographie, Universität Paderborn (= Paderborner Geographische Studien zu Tourismusforschung und Destinationsmanagement, Bd. 23), S. 175–185
Kagermeier, Andreas; Fanny Raab (Hrsg.) 2010: Wettbewerbsvorteil Kulturtourismus. Innovative Strategien und Produkte. Berlin: Erich Schmidt (= Schriften zu Tourismus und Freizeit, Bd. 9)
Kagermeier, Andreas; Albrecht Steinecke (Hrsg.) 2011: Kultur als touristischer Standortfaktor. Potenziale – Nutzung – Management. Paderborn: Fach Geographie, Universität Paderborn (= Paderborner Geographische Studien zu Tourismusforschung und Destinationsmanagement, Bd. 23)

Klein, Armin; Yvonne Pröbstle & Thomas Schmidt-Ott (Hrsg.) 2017: Kulturtourismus für alle? Neue Strategien für einen Wachstumsmarkt. Bielefeld: Transcript

Mandel, Birgit 2017: Touristische Kulturbesucher als Chance der Öffnung von Kultureinrichtungen für ein sozial diverses Publikum. In: Armin Klein; Yvonne Pröbstle & Thomas Schmidt-Ott (Hrsg.): Kulturtourismus für alle? Neue Strategien für einen Wachstumsmarkt. Bielefeld: Transcript, S. 39–58

McKercher, Bob; Hilary du Cros 2003: Testing a Cultural Tourism Typology. In: International Journal of Tourism Research, 5 (5), pp. 45–58

Moebius, Stephan 2009: Kultur. Bielefeld: Transcript

Pröbstle, Yvonne 2014: Kulturtouristen. Eine Typologie. Wiesbaden: Springer

Quack, Heinz-Dieter; Kristiane Klemm (Hrsg.) 2013: Kulturtourismus zu Beginn des 21. Jahrhunderts. Festschrift für Albrecht Steinecke. München: Oldenbourg

Steinecke, Albrecht 2007: Kulturtourismus. Marktstrukturen – Fallstudien – Perspektiven. München, Wien: Oldenbourg

Steinecke, Albrecht 2013: Management und Marketing im Kulturtourismus. Basiswissen – Praxisbeispiele – Checklisten. Wiesbaden: Springer (= Kunst- und Kulturmanagement, o. Bd.)

Wolf, Antje 2011: Zur Implementierung von Besucherlenkungsmaßnahmen in Welterbestätten – eine vergleichende Analyse am Beispiel der mit dem UNESCO-Welterbesiegel ausgezeichneten Parks und Gartenanlagen in Deutschland. In: Andreas Kagermeier; Albrecht Steinecke (Hrsg.): Kultur als touristischer Standortfaktor. Potenziale – Nutzung – Management. Paderborn: Fach Geographie, Universität Paderborn (= Paderborner Geographische Studien zu Tourismusforschung und Destinationsmanagement, Bd. 23), S. 87–99

Kundengeldabsicherer → **Insolvenzsicherung bei Pauschalreisen**

Kundenkontaktpunkt → **Customer Journey,** → **Customer Touchpoint Management,** → **Touchpoint**

Kur [cure, treatment, spa therapy]

Bezeichnung für die Erholung und medizinische Behandlung in → Heilbädern und → Kurorten. Die Kur umfasst ein breites Spektrum von Therapieverfahren, die je nach Schwere des Krankheitszustandes differenziert zur Vorsorge, Rehabilitation bzw. Linderung bei chronischen Erkrankungen eingesetzt werden. Behandelt wird mit natürlichen → Heilmitteln des Bodens, des Klimas und des Meeres. Dabei kommen verschiedene Therapieformen bzw. klassische Heilverfahren zur Anwendung:

a) Sole-Badekur: Heilverfahren, Baden in Thermalwasser, welches einen hohen Mineralgehalt durch das Lösen von Natursole enthält und z. B. der Entlastung und Linderung von Gelenk- und Muskelbeschwerden dient.

b) Trink-Kur: Natürlich vorkommendes Wasser aus Heilquellen wird vom ortsansässigen Badearzt als Trinkkur verschrieben; dient je nach Indikation und Zusammensetzung der Linderung, Reinigung, Beruhigung oder Aktivierung von Prozessen im Körper.

c) Thalasso-Therapie (thalassa [griech.] = Meer): Heilverfahren, das mit kaltem oder aufgewärmtem Meerwasser, der Meeresluft, mit Sonne, Algen, Kreide, Schlick und Sand der Linderung und Heilung von Krankheiten dient; findet Anwendung in → Seebädern und Seeheilbädern.

d) Klima-Therapie: Klimafaktoren werden in Form von Reizen wie Kälte und Wind zur Vorsorge und Stärkung des Immunsystems eingesetzt; zur Rehabilitation werden reizarme Klimafaktoren mit geringen Temperaturschwankungen und Allergenarmut genutzt; eine hohe Luftreinheit wird zwingend vorausgesetzt; sie findet Anwendung in → Heilklimatischen Kurorten und → Seebädern und Seeheilbädern.

e) Moor-Therapie: Moor ist reich an Nährstoffen und Huminsäuren (entgiftende und antivirale Wirkung) und entfaltet mit Wärme seine heilende Wirkung, z. B. zur Entspannung von Muskeln und Gelenken sowie zur Förderung der Durchblutung; wirkt in Form von Vollbädern oder Packungen, Moortreten, Moorkneten oder als Trinkkur; findet Anwendung in Mineral- und Moorheilbädern.

f) Radon-Therapie: Das radioaktive Edelgas wird aus dem Erdboden gewonnen; Anwendung erfolgt durch Aufenthalt in Radonstollen oder durch Baden in oder Trinken von Radon-angereichertem Quellwasser; Linderung von Atemwegserkrankungen und Aktivierung des Stoffwechsels.

g) Heilstollen-Therapie: Anwendung in stillgelegten Bergwerken oder Höhlen in Form von Liegekuren unter Tage; die hohe Luftreinheit führt zur Linderung von Atemwegs-, Haut- oder Rheumaerkrankungen.

h) → Kneipp-Kur,

i) → Felke-Kur,

j) → Schroth-Kur.

Die Kur ist immer mit einem Orts- und Milieuwechsel verbunden. In der neuen Sozialgesetzgebung wird seit der Gesundheitsreform im Jahr 2000 der Begriff „Kur" nicht mehr verwendet. Der Gesetzgeber unterscheidet bei vergleichbaren Leistungen zwischen medizinischen Vorsorgeleistungen und medizinischen Rehabilitationsmaßnahmen zur Wiederherstellung der Arbeitsfähigkeit oder von einer Anschlussheilbehandlung, zum Beispiel nach einer Operation (www.deutscher-heilbaederverband.de). (abw)

Kurabgabe [local tourism dues for guests]

Gemeinden in Deutschland, die ganz oder teilweise (zum Beispiel Ortsteile) als → Erholungs-, → Luftkurort oder → Heilbad und → Kurort prädikatisiert sind, dürfen für die Förderung des Tourismus zweckbezogene Abgaben verlangen. Diese können zum einen Abgaben von selbstständig tätigen natürlichen und juristischen Personen, die direkt (unmittelbar) oder indirekt (mittelbar) besondere wirtschaftliche Vorteile aus dem örtlichen Tourismus ziehen (→ Tourismusabgabe), zum anderen Kurabgaben von Gästen sein. Voraussetzung dafür ist der Beschluss des Gemeinderates über eine entsprechende Satzung, in der geregelt ist, welche Kriterien für die Bestimmung der Bemessungsgrundlage zugrundegelegt werden, wie hoch die Abgabe ist und wann sie fällig ist. In dieser Satzung kann auch bestimmt werden, dass die örtlichen Beherbergungsbetriebe für den Einzug und die Einzahlung der Kurabgaben zuständig sind und haftbar gemacht werden können.

Rechtsgrundlage dafür sind die von den Landesparlamenten verabschiedeten Kommunalabgabengesetze, die diese erlassen können, weil der Bund hier auf seine Gesetzgebungskompetenz verzichtet (Artikel 70, 73, 74 Grundgesetz). Diese Gesetze qualifizieren Verstöße gegen die Melde- und Eintreibepflicht als Abgabenhinterziehung, die als Ordnungswidrigkeit mit Geldstrafen bis zu 10.000 € belegt werden können.

Die Beiträge sind nutzungsunabhängig, d. h., sie sind auch dann zu entrichten, wenn ein Gast die damit (mit)finanzierten Einrichtungen wie zum Beispiel ein Kurmittelhaus, eine Gästebibliothek oder einen gereinigten Strand nicht in Anspruch nimmt. In der Regel müssen auch Tagesgäste diesen Beitrag entrichten. Dafür kann die Gemeinde einen Einzugs- und Kontrolldienst einrichten bzw. Automaten aufstellen, aus denen die Kurkarten bezogen werden können. Um die Zahlungsbereitschaft der Gäste zu erhöhen, haben sich viele Gemeinden zu Verbünden zusammengeschlossen, in denen die Kurkarten gegenseitig anerkannt werden. Oft berechtigen die Kurkarten auch zu verbilligten Eintritten bzw. Fahrkarten des Öffentlichen Personennahverkehrs. Auch wird die Kurabgabe zur Finanzierung von → Destination-Card-Systemen verwendet. (jwm/abw)

Kurbeitrag → **Kurabgabe**

Kurort [spa]
Gemeinden oder Gemeindeteile, in denen nach den Regelungen in Deutschland natürliche → Heilmittel vorkommen und für medizinisch indizierte Heilverfahren genutzt werden können.

In den vom → Deutschen Heilbäderverband e. V. und → Deutschen Tourismusverband e. V. herausgegebenen → Begriffsbestimmungen – Qualitätsstandards für Heilbäder und Kurorte, Luftkurorte, Erholungsorte – einschließlich der Prädikatisierungsvoraussetzungen – sowie für Heilbrunnen und Heilstollen werden die bundesweit anerkannten Mindestanforderungen für hochprädikatisierte Orte wie → Mineral- und Thermalbäder und Kurorte mit Heilquellenkurbetrieb, → Moorheilbäder und Kurorte mit Peloidkurbetrieb, Kurorte mit Heilstollenkurbetrieb, → Heilklimatische Kurorte, → Seebäder und Seeheilbäder, → Kneippkurorte und -heilbäder sowie Schrothkurorte und -heilbäder (→ Schroth-Kur) und

Felkekurorte und -heilbäder (→ Felke-Kur) festgehalten. Dies betrifft Mindestan-forderungen an den Kurortcharakter, das heißt an die Infrastruktur, Grenzwerte für Luftbelastung, Bedingungen für Verabreichung der ortsgebundenen Heilmit-tel und ihrer Qualität oder die Anwendung der ortsspezifischen Heilverfahren (Groß 2017, S. 12). Durch Änderungen der örtlichen und natürlichen Gegebenhei-ten mit Auswirkungen auf den Heil- und Erholungsfaktor können sich die für die ursprüngliche Anerkennung festgestellten Voraussetzungen verändern, was zu einer Aberkennung des Prädikats führen kann. Aus diesem Grund sind regelmä-ßige wissenschaftliche Gutachten als Qualitätsnachweis obligatorisch. Die Orte können bei Erfüllung entsprechender Voraussetzungen den Zusatz „Bad" zum Ortsnamen erwerben.

Die über 350 staatlich anerkannten Kurorte und Heilbäder in Deutschland weisen eine mehr als 200-jährige Tradition auf. Während der römischen Kaiser-zeit entstanden die ersten deutschen Kurorte wie zum Beispiel Badenweiler, Ba-den-Baden, Wiesbaden, Ems und Aachen. Nach Beendigung der Kreuzzüge wur-den öffentliche Badeanstalten errichtet, in denen seit Beginn des 14. Jahrhunderts Badegäste nachgewiesen wurden. Mit Beginn des 18. Jahrhunderts entwickelten sich Badefahrten zu Vergnügungsfahrten, was noch während dieser Zeit durch Ba-deverordnungen wieder eingedämmt werden sollte. Im 19. Jahrhundert prägte das Bürgertum die Badereise. Vinzenz Priesniz und Sebastian Kneipp (→ Kneipp-Kur) ergänzten die bis dahin vorrangig angewandten Bade- und Trinkkuren um weite-re therapeutische Faktoren. Die wissenschaftliche Lehre der Bäderkunde nahm in dieser Zeit ihren Anfang. So blieben bis weit in das 20. Jahrhundert hinein die Kur-orte und Heilbäder elitäre Einrichtungen und Orte, was noch heute vielerorts an der vornehmen Bäderarchitektur zu erkennen ist. Während des Ersten und Zwei-ten Weltkriegs leisteten viele Kurorte und Heilbäder einen wichtigen Beitrag zur Versorgung von Soldaten. Anfang der 1950er-Jahre fand die → Kur als Regelbe-handlung Eingang in die Leistungskataloge der Sozialversicherungsträger; mit der Großen Rentenreform 1957 wurde den Rentenversicherungsträgern der Auf-trag zur Prävention und Rehabilitation erteilt, was zu einem starken Anstieg der Übernachtungszahlen und zum Bau von Sanatorien und Kurkliniken in den Kur-orten führte (Brittner 2000, S. 32).

Für den Deutschlandtourismus haben Kurorte nach wie vor eine große Be-deutung. Die 355 hochprädikatisierten Kurorte (Flöttmann Verlag o. J.) bilden ei-nen Anteil von 3,2 % an allen 11.014 Gemeinden Deutschlands (Statistisches Bun-desamt 2019a), generieren aber 15,5 % des gesamten Übernachtungsaufkommens (2018: 74,4 Millionen Übernachtungen, Statistisches Bundesamt 2019b), was in der → Tourismusstatistik erhoben wird. Die durchschnittliche Aufenthaltsdauer liegt je nach Artbezeichnung zwischen 4 und 5 Tagen. Das Statistische Bundes-amt (2019b) unterteilt die hochprädikatisierten Kurorte in vier Gemeindeklassen. Nach Groß (2017, S. 45) bilden die Mineral- und Moorbäder (mit Heilmitteln des

Bodens) mit 179 Orten die größte Gruppe; gefolgt von den See- und Seeheilbädern (mit Heilmitteln des Meeres und des Klimas) mit 92 Orten; Heilklimatische Kurorte (mit Heilmitteln des Klimas) mit 68 Orten und Kneippkurorte und Kneippheilbäder (mit der Physiotherapie nach Kneipp) mit 65 Orten bilden die kleineren Kategorien. Über die hohen Qualitätskriterien hinaus fördern viele Kurorte weitere → Qualitätszeichen wie zum Beispiel Wellness im Kurort, Prävention im Kurort, Park im Kurort, um nicht nur Kurpatienten, sondern auch Erholungsgäste anzusprechen. (abw)

Literatur

Brittner, Anja 2000: Kurverkehr. In: Institut für Länderkunde (Hrsg.): Nationalatlas Bundesrepublik Deutschland. Freizeit und Tourismus, Bd. 10, Leipzig: Spektrum, S. 22–32

Deutscher Heilbäderverband e. V.; Deutscher Tourismusverband e. V. 2018: Begriffsbestimmungen – Qualitätsstandards für Heilbäder und Kurorte, Luftkurorte, Erholungsorte – einschließlich der Prädikatisierungsvoraussetzungen – sowie für Heilbrunnen und Heilquellen. Berlin (13. Aufl.; Fassung vom 28.09.2018)

Flöttmann Verlag o. J.: Kurorte in Deutschland. (www.baederkalender.de, zugegriffen am 30.03.2020)

Groß, Matilde S. 2017: Gesundheitstourismus. Konstanz, München: UVK/Lucius

Statistisches Bundesamt 2019a: Gemeinden nach Bundesländern und Einwohnergrößenklassen am 31.12.2018. (https://www.destatis.de/DE/Themen/Laender-Regionen/Regionales/Gemeindeverzeichnis/Administrativ/08-gemeinden-einwohner-groessen.xlsx?__blob= publicationFile, zugegriffen am 30.03.2020)

Statistisches Bundesamt 2019b: Tourismus in Zahlen – 2018. (https://www.destatis.de/DE/Themen/Branchen-Unternehmen/Gastgewerbe-Tourismus/Publikationen/Downloads-Tourismus/tourismus-in-zahlen-1021500187005.xlsx?__blob=publicationFile, zugegriffen am 30.03.2020)

Kurorte mit Heilquellenkurbetrieb → **Mineral- und Thermalheilbad**

Kurpark → **Parks**

Kurtaxe → **Kurabgabe**

Kurzurlaubsreise [getaway, short break, short trip]
Privat veranlasste Reise mit mindestens einer und maximal drei Übernachtung(en) bzw. zwischen zwei und vier Tagen. Zu den privaten Kurzreisen gehören zum Beispiel Städte- und Wochenendreisen. (hdz/wf)

Kuvertüre [chocolate coating, couverture]
Couvrir (franz.) = bedecken, zudecken. Schokoladensorte zum Überziehen von Torten, Pralinen und Gebäck; wird geschmolzen und im flüssigen Zustand verarbeitet. (bk/cm)

L

Ladies in Red → **Guest Relations Manager**

Lagune **[lagoon]**
Seichtes Gewässer, das durch Korallenriffe oder Sandbänke (auch Nehrung) vom offenen Meer abgetrennt ist. Der Begriff leitet sich ab vom Lateinischen lacuna = Lache. An der Ostsee nennt man solche Gewässer Bodden oder Haff. (jwm)

Laktose **[lactose]**
Milchzucker (lac [lat.] = Milch); in der → Speisekarte als Allergen kennzeichnungspflichtig. (bk/cm)

Landausflug **[shore excursion]**
Landgänge auf einer Kreuzfahrt (→ Kreuzfahrttourismus), auf denen die Sehenswürdigkeiten in der Nähe der jeweils angelaufenen Häfen besichtigt werden. In der Regel handelt es sich dabei um Tagesausflüge. Es können aber auch mehrtägige Reisen sein, so zum Beispiel bei Mittelmeerkreuzfahrten, wenn das Schiff in Alexandria anlegt und man mit Zug oder Bus nach Kairo und zu den Pyramiden von Giseh fährt.

In der Regel sind solche Landausflüge nicht im Preis für die Kreuzfahrt inbegriffen. Sie können im Voraus oder an Bord gebucht werden. Für → Reiseveranstalter von Kreuzfahrten ist dies ein lukratives Zusatzgeschäft, weil die Ausflüge von Anbietern vor Ort eingekauft und mit erheblichem Aufschlag an die Passagiere weitervermittelt werden. (jwm)

Landegebühr **[landing fee]**
Geldbetrag, der bei einer Landung auf einem → Flughafen an die Flughafenbetreibergesellschaft zu zahlen ist und mit der sie sich wesentlich finanziert. Die Landegebühr richtet sich in erster Linie nach dem höchstzulässigen Startgewicht (maximum take-off weight [MTOW]) des Luftfahrzeuges. Je höher das MTOW, desto größer im Grundsatz der zu entrichtende Betrag. Darüber hinaus gibt es auf vielen Flughäfen nach den Lärmemissionen des jeweiligen Flugzeugmusters gestaffelte Aufschläge. Da viele Flughäfen nur über ein bestimmtes Lärmkontingent pro Jahr verfügen, dienen diese Aufschläge einerseits dem teilweisen finanziellen Ausgleich für die geringere Zahl an möglichen Flugbewegungen und sollen andererseits Fluggesellschaften dazu bewegen, moderneres und leiseres Fluggerät einzusetzen. (jwm/sr)

https://doi.org/10.1515/9783110546828-013

Landegeschwindigkeit [landing speed]

Geschwindigkeit, bei welcher der am Tragflügel erzeugte Auftrieb eines Flächenflugzeuges etwas geringer ist als das Gewicht des Flugzeugs. Sie kann durch Auftriebshilfen wie → Landeklappen oder → Vorflügel reduziert werden. Sie wird vor der Landung ebenso wie die → Landestrecke errechnet. (jwm)

Landekategorien [landing categories (CAT)]

Unter Landekategorien versteht man die Einteilung von Instrumentenlandesystemen nach Sichtminima. Die einzelnen Betriebsstufen werden systematisiert. Entscheidungshöhe (decision height, DH) heißt, dass der Pilot spätestens in dieser Höhe die Landebahn so sehen muss, dass eine sichere Landung möglich ist. Ansonsten muss ein Durchstartmanöver (go around) eingeleitet werden.

Für die Nutzung der jeweiligen Kategorien müssen zum einen bordseitig die dafür vorgeschriebenen Anlagen installiert sein und zum anderen die Piloten über eine entsprechende Lizensierung verfügen. (jwm/wf)

Landeklappe [flap]

Absenkbarer Teil der Hinterkante des Flügels, mit dem (in Startstellung) die Abhebe- und (in Landestellung) die Landegeschwindigkeit eines Flugzeuges verringert werden können, ohne dass es zu einem → Strömungsabriss kommt. Die meisten Klappen werden erst nach hinten ausgefahren (Fowler flaps), vergrößern dadurch die Flügelfläche und damit den Auftrieb, ehe sie nach unten gesenkt werden, durch eine (oder mehrere) dabei entstehende Spalte(n) den Sog der Luft nach hinten und dadurch den Auftrieb erhöhen und gleichzeitig ihre Bremswirkung entfalten. Düsenverkehrsflugzeuge (→ Jet) müssen im Endanflug mit relativ hoher Leistung der Triebwerke anfliegen, weil Turbinen vom Leerlauf bis zum Vollschub ca. 6–8 Sekunden brauchen und eventuell notwendige Durchstartmanöver sonst nicht möglich wären (→ Landekategorien). Deshalb spielt die Bremswirkung der Landklappen eine wichtige Rolle, um trotz hohen Schubs die Anfluggeschwindigkeit für die Landung zu reduzieren (→ Vorflügel). (jwm)

Landerichtung [runway direction]

Gibt an, in welche Himmelsrichtung die → Start- und Landebahnen ausgerichtet sind. Dabei wird die Gradzahl auf die ersten zwei Ziffern reduziert. Zeigt eine Bahn in Richtung 252 Grad, wird sie in Richtung Westen zur 25, in Richtung Osten zur 07 (Gegenrichtung, also 180 Grad versetzt; 25 – 18). Werden Parallelbahnen (beispielsweise in Frankfurt Rhein/Main) genutzt, ist die Bezeichnung R (rechts) und L (links) und die mittlere Bahn ist C (centre). Es gibt dort also neben der genau in Richtung Süden zeigenden Startbahn West (18) die drei Bahnen 25R/07L, 25L/07R und 25/07C. (jwm/sr)

Landestrecke [landing distance]

Strecke, die ein Flächenflugzeug auf einer → Start-/Landebahn zurücklegt, bis es zum Stillstand kommt. Sie wird vorher berechnet und ist abhängig vom Gewicht des Flugzeugs, dem aktuellen Luftdruck, der Höhe des Flughafens über → Normalnull, der Temperatur, der Windrichtung und -stärke sowie der Beschaffenheit der Start- und Landebahn (trocken, nass, Schnee oder Eis). (jwm)

Landexkursion → **Landausflug**

Landing Page

Landing Page (engl.) = Website, auf der ein Nutzer „landet". Eine zumeist einfache Website, die für den speziellen Zweck entwickelt wird, den Nutzer zu einer bestimmten Aktion zu animieren (z. B. den Kauf eines Produktes, die Registrierung für ein Angebot o. ä.). Zusätzlich soll die Landing Page immer den für den Nutzer relevanten Inhalt liefern, also die Informationen, nach denen der Nutzer gesucht hat. Wichtigste Aufgabe einer Landing Page ist es, die Konversion (→ Konversionsrate) zu unterstützen und Umsätze zu generieren. (sm)

Literatur

Chip 2018: Landingpage. (https://praxistipps.chip.de/was-ist-eine-landingpage-einfach-erklaert_99939, zugegriffen am 27.08.2019)

Onlinemarketing o. J.: Landing Page. (https://onlinemarketing.de/lexikon/definition-landing-page, zugegriffen am 27.08.2019)

Onlinemarketing Praxis o. J.: Landing Page. (https://www.onlinemarketing-praxis.de/glossar/landing-page-landeseite, zugegriffen am 27.08.2019)

Ryte o. J.: Landing Page. (https://de.ryte.com/wiki/Landing_Page, zugegriffen am 27.08.2019)

Landmeile [statute mile]

Entspricht einer Entfernung von 1.609,344 m oder ungefähr 1,6 Kilometern. In manchen englischsprachigen Ländern heute noch als Entfernungs- und Geschwindigkeitsmaß (Meilen pro Stunde) gebräuchlich. Nicht zu verwechseln mit der → nautischen Meile. Faustformel zur Umrechnung in km: Wert mal zwei minus 20 Prozent. (jwm)

Landseite [landside]

Der nicht zum Sicherheitsbereich (→ Luftseite) gehörende Teil eines → Flughafens. Dazu gehören der → Check-in-Bereich, dem allgemeinen Publikum zugängliche → Restaurants und Geschäfte, die Schalter von Reisebüros, Fluggesellschaften, Mietwagenunternehmen usw. (jwm)

Landungssteg → **Gangway**

Langzeitgast [longstayer]

Gast, der überdurchschnittlich lange in einem Beherbergungsbetrieb wohnt (→ durchschnittliche Aufenthaltsdauer). In der Praxis wird oft ein Schwellenwert von 30 Tagen genannt; längere Aufenthalte – über Monate und Jahre – sind auch denkbar. Die Motive für den Langzeitaufenthalt sind unterschiedlich, der Gästekreis als Marktsegment ist klein.

Der Beherbergungssektor hat für Langzeitgäste spezifische Produkte entwickelt (→ Boarding House [Serviced apartments, Longstay apartments]). Das Segment ist aus Kostensicht lukrativ (geringere Personal- und Transaktionskosten, geringere Abnutzung der Zimmer), niedrigere Übernachtungspreise sind die Folge. (wf)

Lardieren [to lard]

Lard (franz.) = Speck. Spicken von magerem Fleisch; mithilfe einer Spicknadel wird fetter Speck durch das Fleisch gezogen. (bk/cm)

Last Minute Reise → **Ertragsmanagement**

Late check-out → **Zimmerstatus**

Layover → **Layover-Gast**

Layover-Gast [layover guest]

(Hotel-)Gast aufgrund einer ungeplanten Reiseunterbrechung. Der Begriff wird überwiegend im Zusammenhang mit verpassten Anschlussflügen im Luftverkehr verwendet. Ursache einer solchen ungeplanten Reiseunterbrechung können etwa technische Schwierigkeiten, schlechte Witterungsbedingungen, → Überbuchungen sein. Die Kosten für die Reiseunterbrechung werden von der Fluggesellschaft getragen. In der angelsächsischen Literatur wird nicht zwingend zwischen geplanten und ungeplanten Reiseunterbrechungen unterschieden; die Begriffe Layover-Gast und → Stopover-Gast werden so mitunter synonym verwendet. Layovers sind für → Flughafenhotels ein hochattraktives Geschäft. (amj)

LBS → **Mobile Applikationen**

LCC → **Billigfluggesellschaft**

LCR → **Local Company Rate**

L. E. A. R. N.

Akronym. Es steht für Listen (zuhören) – Empathize (Empathie zeigen) – Apologize (entschuldigen) – Respond (reagieren) – Notify (notieren). Das Kurzwort ist eine Gedankenstütze für Mitarbeiter im Rahmen des → Beschwerdemanagements. Mitarbeiter erhalten so eine kompakte Handlungsanweisung durch den Arbeitgeber, um im Tagesgeschäft das Beschwerdemanagement korrekt und zügig umzusetzen. Neben L. E. A. R. N. existieren hierzu weitere Akronyme wie etwa → G. U. E. S. T. (wf)

Lebensmittelbetrug [food fraud]

Das Schlagwort ‚Food Fraud' umfasst das Thema Lebensmittelbetrug. Dabei geht es um die Situation, dass der Lebensmittelunternehmer ökonomische Vorteile sucht und gleichzeitig einen möglichen Schaden für den Endverbraucher billigend in Kauf nimmt.

Mithilfe einer Schwachstellenanalyse wird eine Folgen- und Gefahrenabschätzung für die Situation eines Lebensmittelbetrugs durchgeführt. Dabei kommen Analysemethoden zum Einsatz, welche die möglichen Verwundbarkeiten eines Lebensmittelunternehmens und deren Folgen bewerten. Anschließend werden geeignete Programme und Maßnahmen zur Vorbeugung bzw. Vermeidung der Gefahren und Schwachstellen entwickelt. Damit soll sichergestellt werden, dass die hergestellten Lebensmittel gesetzeskonform sind. Dazu zählen beispielsweise die Auswahl und Qualifizierung von Lieferanten, die Überprüfung der Lieferkette, die Prüfung anhand zuvor festgelegter Spezifikationen, die Herstellung und Verpackung streng nach Anweisungen, die Überwachung der Lagerung und des internen Transports sowie ein klar definiertes Logistiksystem. Das Maßnahmenpaket zum Schutz vor Lebensmittelbetrug soll die Risiken in Bezug auf Austausch, Falschetikettierung, Verfälschung oder Imitation von Produkten reduzieren. Die dazugehörigen Kontroll- und Überwachungsverfahren werden optimalerweise regelmäßig überprüft und erforderlichenfalls angepasst. (mjr)

Literatur

IFS Management (Hrsg.) 2017: IFS Food. Standard zur Beurteilung der Qualität und Sicherheit von Lebensmitteln. Version 6.1. Berlin

IFS Management (Hrsg.) 2018: IFS Standards zum Produktbetrug. Richtlinien zur Risikoverminderung. Berlin

Lebensmittelhygiene [food hygiene]

Seit Januar 2006 gilt in allen Mitgliedsstaaten der EU die neue EU-Lebensmittelhygieneverordnung. Ziel dieser Bestimmung ist, von der Produktion bis zum in Verkehr bringen des Lebensmittels („from farm to fork"-Prinzip) einen umfassenden

Schutz von Leben und Gesundheit der Verbraucher zu gewährleisten. Dabei ist jeder Lebensmittelunternehmer, also auch der Gastwirt, dafür verantwortlich, dass innerhalb seines Verantwortungsbereichs keinerlei Gefährdung des Lebensmittels gegeben ist. Im Vordergrund steht die Eigenverantwortung des Gastronomen für die Sicherheit der von ihm produzierten Speisen. Hierfür muss er zahlreiche hygienische Anforderungen bei der Produktion, Verarbeitung und der Ausgabe von Speisen beachten und hierfür ein Eigenkontrollkonzept entwickeln.

Die Hygieneanforderungen betreffen die sog. Basishygiene (Betriebsstätten, Personal, Getränkeschankanlagen, Schädlingsbekämpfung usw.) und die Eigenkontrolle nach → HACCP-Grundsätzen (z. B. Checklisten für Wareneingang, Kontrolle der Gartemperaturen, Reinigungspläne, jährliche Personalschulung über die Hygienebestimmungen usw.). Ergänzt wird die EU-Lebensmittelhygieneverordnung durch die jährlich wiederkehrende Belehrung der Mitarbeiter nach dem → Infektionsschutzgesetz. Hierbei werden die Mitarbeiter darin geschult, typische Symptome von Infektionskrankheiten frühzeitig zu erkennen und entsprechende Maßnahmen zu ergreifen. Der → Deutsche Hotel- und Gaststättenverband (DEHOGA) hat eine entsprechende „Leitlinie für eine gute Hygienepraxis in der Gastronomie" herausgegeben. → Lebensmittelsicherheit. (bd)

Lebensmittelsicherheit [food safety]
Hauptziel der lebensmittelrechtlichen Vorschriften ist, dass Lebensmittel nur so hergestellt, behandelt oder in den Verkehr gebracht werden dürfen, dass sie bei Beachtung der im Verkehr erforderlichen Sorgfalt der Gefahr einer → nachteiligen Beeinflussung nicht ausgesetzt sind. Lebensmittelsicherheit umfasst die Maßnahmen und Vorkehrungen, die notwendig sind, um Gefahren unter Kontrolle zu bringen und zu gewährleisten, dass ein Lebensmittel unter Berücksichtigung seines Verwendungszwecks für den menschlichen Verzehr tauglich ist. Gemäß europäischer und nationaler Rechtsvorschriften sollen Maßnahmen der → guten Hygienepraxis, → HACCP und die dazugehörigen Eigenkontrollen zur gesundheitlichen Unbedenklichkeit von Lebensmitteln beitragen. Die Lebensmittelsicherheit soll auf der gesamten Wertschöpfungskette von allen Beteiligten eingehalten werden.

Das Bundesinstitut für Risikobewertung (BfR) bietet umfassende Informationen über Lebensmittel an, welche auf der Internetseite www.bfr.bund.de abgerufen werden können. Dort werden Merkblätter bereitgestellt, welche sich etwa speziell an Beschäftigte in der → Gemeinschaftsverpflegung und Betriebsgastronomie richten. Ein Vorteil der bereitgestellten Informationen liegt darin, dass diese Merkblätter in zahlreichen Sprachen vorliegen und somit im Rahmen von Hygieneschulungen und bei betrieblichen Einweisungen zum Einsatz kommen können. (mjr)

Literatur

Amtsblatt der Europäischen Gemeinschaft (Hrsg.) 2002: Verordnung (EG) Nr. 178/2002 des europäischen Parlaments und des Rates vom 28. Januar 2002 zur Festlegung der allgemeinen Grundsätze und Anforderungen des Lebensmittelrechts, zur Errichtung der Europäischen Behörde für Lebensmittelsicherheit und zur Festlegung von Verfahren zur Lebensmittelsicherheit. Brüssel

Amtsblatt der Europäischen Union (Hrsg.) 2004:VO (EG) Nr. 852/2004 über Lebensmittelhygiene. Straßburg

Beuth Verlag (Hrsg.) 2018: DIN EN ISO 22000:2018-09 Managementsysteme für die Lebensmittelsicherheit – Anforderungen an Organisationen in der Lebensmittelkette. Berlin

Bundesgesetzblatt (Hrsg.) 2005: Lebensmittel-, Bedarfsgegenstände- und Futtermittelgesetzbuch (Lebensmittel- und Futtermittelgesetzbuch – LFGB). Berlin

Lebensmittelunverträglichkeit → **Kennzeichnung**

Lebenszyklus-Analyse [life cycle analysis]

Kenntnisse über die Lebenszyklus-Struktur des Leistungsportfolios einer Unternehmung sind von strategischer Bedeutung (→ Strategie), ist doch jede Phase des Lebenszyklus eines Leistungsangebots durch spezielle Chancen und Gefahren in Bezug auf die einzuschlagende Marktstrategie gekennzeichnet. Zudem beschleunigen sich Produktlebenszyklen auch touristischer Angebote unter dem Einfluss von Kundenwünschen, Wettbewerbsdynamik und gesellschaftlichen (→ Corporate Social Responsibility) wie politischen Rahmenbedingungen zusehends, wodurch die Gefahr für touristische Unternehmen, ein dem aktuellen Zeitgeist nur ungenügend entsprechendes, unattraktives, überaltertes Leistungsprogramm zu bedienen, deutlich zunimmt.

Die Lebenszykluskurve spiegelt den geschätzten Absatz, den Umsatz oder die erwartete Wertschöpfung von Produkten/Produktgruppen, strategischen Geschäftsfeldern oder Märkten über die prognostizierte Marktverweildauer wider (Bieger & Beritelli 2013, S. 98; Freyer 2011, S. 326 ff.; Schrand & Schlieper 2016, S. 279). Sie lässt sich in die Phasen der Einführung, des Wachstums, der Reife, der Sättigung und der Degeneration gliedern (bisweilen werden die Reife- und Sättigungsphase auch zusammengefasst; vgl. Abbildung). Jede dieser Phasen ist durch spezielle Chancen und Gefahren in Bezug auf das Umsatz-, → Cash Flow- und Gewinnpotenzial gekennzeichnet. Vergleichbare Logiken lassen sich bspw. auch für die Entwicklungsphasen von Technologien (Foster 1986, S. 28 ff.), für Mitarbeiter-Know how, für Makro-Lebenszyklus von Unternehmungen (Bleicher & Abegglen 2017, S. 601 ff., Pümpin & Prange 1991, S. 83 ff.) oder Destinationen (Bieger & Beritelli 2013, S. 98 ff.) ableiten.

Die Idee des Lebenszyklus-Konzeptes beruht darauf, dass ein innovatives Leistungsangebot zu Beginn mit hohen Kosten in den Markt eingeführt und be-

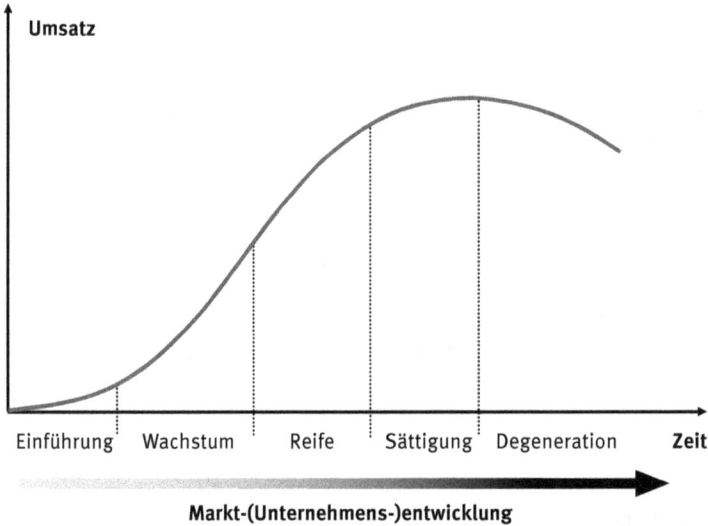

Abb. 20: Idealtypischer Produktlebenszyklus

kanntgemacht werden muss. Hat es die ersten Hürden des Markteintritts genommen (Markt- bzw. Kundenakzeptanz), ist in der Regel mit einer Wachstumsphase zu rechnen, in der das Produkt den Markt weiter durchdringt (Multiplikation der Geschäftsidee [Pümpin 1989, S. 102 ff.], z. B. durch Filialgründung, Kettenbildung; → Kette, → Franchise). Durch steigende Umsätze und mit Deckung der Einführungskosten wird sukzessive ein positiver »Projekt-«→ Cash Flow des Leistungsangebots (des Produktes, Geschäftsfeldes, Marktes) erwirtschaftet. Mit maximal realisiertem Marktanteil erreicht das Leistungsangebot seine Sättigungsphase. In der Folge wird es zunehmend durch technische Substitution (z. B. klassischer Reisebüro-Vertrieb durch Internet-Plattformen), Druck der Konkurrenz (z. B. Markteintritt bisher branchenfremder Anbieter in den Reisevertrieb) oder Nachfrageveränderungen (z. B. von der klassischen Urlaubsreise zu Kurzreisen, von der klassischen → Pauschalreise zur Dynamischen Reiseproduktion u. a.) an Bedeutung einbüßen und schließlich am Markt deutlich an Boden verlieren und in der weiteren Konsequenz im Portfolio der Unternehmung eliminiert werden. Daher ist es im Rahmen der Geschäftsfeldplanung von zentraler Bedeutung, den jeweiligen Stand eines Leistungsangebotes bzw. strategischen Geschäftsfeldes in seinem Lebenszyklus zu bestimmen, um rechtzeitig für eine gezielte Ablösung durch ein Folgeprodukt oder eine Intensivierung der Marketingmaßnahmen und damit einen Produkt-Relaunch zu sorgen.

Diese Verläufe sind jedoch keine zwingende Gesetzmäßigkeit. Vielmehr erscheinen bspw. reale Lebenszyklus-Verläufe als eine Abfolge sich ergänzender

Zyklen ähnlicher Leistungsarten (z. B. Rucksack-Reisen [→ Rucksacktourist], Trekking-Reisen, → Abenteuerurlaub), wird der aktuelle Verlauf auf einem gehobenen Niveau quasi »eingefroren« (z. B. → Cluburlaub), setzen Lebenszyklen vorübergehend vollständig oder doch teilweise aus, um nach einer gewissen Zeit wieder als „Quasi-Innovation" zu starten (z. B. der Boom bei Kreuzfahrtreisen [→ Kreuzfahrttourismus] nach Jahren geringerer Nachfrage) (Meffert, Bruhn & Hadwich 2018, S. 139, 142). Dennoch verdeutlicht der idealtypische Verlauf ein Grundprinzip der marktlichen Entwicklung eines Produktes oder eines Leistungsprogramms, dem jedes Angebot in der Gesamtschau seiner Marktpräsenz letztlich unterworfen ist. (vs)

Literatur

Bieger, Thomas; Pietro Beritelli 2013: Management von Destinationen. München: Oldenbourg (8. Aufl.)

Bleicher, Knut; Christian Abegglen 2017: Das Konzept Integriertes Management. Visionen – Missionen – Programme. Frankfurt, New York: Campus (9. Aufl.)

Foster, Richard N. 1986: Innovation – The Attacker's Advantage. New York: Summit Books

Freyer, Walter 2011: Tourismus-Marketing. Marktorientiertes Management im Mikro- und Makrobereich der Tourismuswirtschaft. München: Oldenbourg (7. Aufl.)

Meffert, Heribert; Manfred Bruhn & Karsten Hadwich 2018: Dienstleistungsmarketing. Grundlagen – Konzepte – Methoden. Wiesbaden: Springer Gabler (9. Aufl.)

Pümpin, Cuno 1989: Das Dynamik-Prinzip. Zukunftsorientierungen für Unternehmer und Manager. Düsseldorf, Wien, New York: ECON

Pümpin, Cuno; Jürgen Prange 1991: Management der Unternehmensentwicklung. Phasengerechte Führung und der Umgang mit Krisen. Frankfurt/Main, New York: Campus

Schrand, Axel; Thomas Schlieper 2016: Produkt- und Leistungspolitik. In: Karl Heinz Hänssler (Hrsg.): Management in der Hotellerie und Gastronomie. Betriebswirtschaftliche Grundlagen. Berlin, Boston: De Gruyter Oldenbourg, S. 277–284 (9. Aufl.)

Leerflug [empty leg]

Flug eines Verkehrsflugzeuges ohne Passagiere an Bord (→ Charterkette). (jwm)

Leerfluganteil [empty leg portion]

Anteil der → Leerflüge an den → Flugzeugumläufen einer → Charterkette. (jwm)

Leistungsänderung [travel service alteration]

Reiseveranstalter räumen sich in der Praxis stets die Möglichkeit ein, die vereinbarten Reiseleistungen einseitig zu ändern, da Pauschalreisen schon Monate vor der Buchung des Reisenden geplant und kalkuliert werden. So kann das gebuchte Hotel noch nicht fertig gestellt sein oder die genaue Abflugzeit noch nicht feststehen. Anderseits erwartet der Reisende die Bindung des Veranstalters an den geschlossenen Vertrag. Daher kann der Veranstalter nur in engen Grenzen nachträgliche erhebliche Vertragsänderungen vornehmen. In Umsetzung des Art. 10I,

III-V PRL unterscheiden §§ 651f, 651g BGB Reisepreisänderungen und andere Vertragsänderungen, also solche, die nicht den Reisepreis betreffen, wie Änderungen der vereinbarten Reiseleistungen. Bei den anderen Vertragsänderungen sind in der Praxis meist Leistungsänderungen betroffen. Bei Leistungsänderungen werden wiederum unterschieden:

- Unerhebliche Leistungsänderungen in § 651f II, III BGB
- Erhebliche Leistungsänderungen in § 651g BGB.

1 Unerhebliche Leistungsänderungen Nach § 651f II BGB sind einseitige Leistungsänderungen wie die eines vertraglich bestätigten Hotels durch den Reiseveranstalter nur unter folgenden Voraussetzungen möglich:

- Änderungsvorbehalt durch eine AGB-Klausel,
- die Änderung ist unerheblich,
- der Reisende wurde vom Reiseveranstalter auf einem dauerhaften Datenträger über die Änderung klar, verständlich und in hervorgehobener Weise unterrichtet und
- die Änderung wurde vor Reisebeginn erklärt.

Eine unerhebliche Vertragsänderung ist damit nur wirksam, wenn sie diesen Anforderungen entspricht (§ 651f II 3 BGB). Solche unerheblichen Änderungen sind lediglich hinzunehmende Unannehmlichkeiten. Die Beurteilung der Erheblichkeit erfolgt – in Übereinstimmung mit der alten Rechtslage – danach, ob die Änderung einen Reisemangel begründet. Eine Vertragsänderung ist somit unerheblich, wenn ebenso wenig ein Abhilfeanspruch möglich wäre. Wenn der Reiseveranstalter einseitig unerhebliche Änderungen vornimmt, ohne die in § 651f II BGB vorgegebenen Voraussetzungen zu erfüllen, führt dies zur Unwirksamkeit der Vertragsänderung. Erbringt der Reiseveranstalter die unwirksamen Änderungen nach Reisebeginn, führt diese Pflichtwidrigkeit jedoch zu Gewährleistungsansprüchen nach § 651i BGB.

§ 651f III BGB regelt, dass die Klauselverbote in § 308 Nr. 4 BGB (Änderungsvorbehalt) und in § 309 Nr. 1 BGB (kurzfristige Preiserhöhungen innerhalb einer Viermonatsfrist nach Vertragsschluss) auf Änderungsvorbehalte nach § 651f I, II BGB nicht anzuwenden sind, wenn sie in AGB des Reiseveranstalters enthalten sind. Dadurch wird die bisherige Rechtslage geändert, nach der eine Leistungsänderung nach Maßgabe des § 308 Nr. 4 BGB dem Reisenden zumutbar sein muss. Eine Preiserhöhung kam nach dem bisherigen Recht nur in Betracht, wenn zwischen Vertragsschluss und Reisebeginn mehr als vier Monate liegen. Die Neuregelung des § 651f I und II BGB verdrängt aufgrund der vorrangigen Vorgaben der vollharmonisierenden Pauschalreiserichtlinie diese Klauselverbote des Allgemeinen Schuldrechts (BT-Drucks. 18/10822, S. 73). Als unerhebliche Leistungsänderungen, welche keine Ansprüche des Reisenden begründen, wenn der Veranstalter die formalen Voraussetzungen des § 651f II BGB einhält, wurden angesehen: Änderungen der Flugzeiten in einem Zeitfenster von vier Stunden, eine geringfügige Routenänderung bei einer Kreuzfahrt, wenn ein nicht die Reise prägender Hafen nicht angelaufen wird.

2 Erhebliche Vertragsänderungen Im Gegensatz zu den unerheblichen Vertragsänderungen kann der Reiseveranstalter erhebliche Leistungsänderungen – wie ein Ersatzhotel ohne vergleichbaren Standard – nach § 651g I 3 BGB nicht einseitig vornehmen. Eine erhebliche Leistungsänderung liegt vor, wenn die Pauschalreise nur unter erheblicher Änderung einer der wesentlichen Eigenschaften der Reiseleistungen verschafft werden kann. Die wesentlichen Eigenschaften der Reise werden in Art. 250 § 3 Nr. 1 EGBGB aufgezählt. So liegt eine erhebliche Änderung vor, wenn die Anreise- oder Ankunftszeiten von den vertraglich vereinbarten stark abweichen und zu beträchtlichen Unannehmlichkeiten oder zusätzlichen Kosten wie durch eine umdisponierte Beförderung des Reisenden führen (Erwägungsgrund 33 PRL). In der Regel liegt dann auch ein Reisemangel vor. Eine Erheblichkeitsschwelle für eine Kündigung gem. § 651l I BGB ist nicht erforderlich. Der Reiseveranstalter kann eine erhebliche Vertragsänderung einseitig nur unter folgenden Voraussetzungen nach § 651g I 3 BGB vornehmen:

- Der Reiseveranstalter kann die Pauschalreise nur mit erheblichen Änderungen verschaffen,
- aufgrund eines nach Vertragsschluss eingetretenen Umstands,
- bei der Änderung handelt es sich um eine der wesentlichen Eigenschaften der Reiseleistungen (entsprechend Art. 250 § 3 Nr. 1 EGBGB) oder
- unter Abweichung von besonderen Vorgaben des Reisenden, die Vertragsinhalt geworden sind (Sonderwünsche).

Der Reiseveranstalter darf also nicht willkürlich Vertragsänderungen dem Reisenden unterbreiten, sondern nur bei objektiv äußeren Umständen unter den vorgenannten Voraussetzungen (BT-Drucks. 18/10822, S. 74). Ansonsten sind die Vertragsänderungen unzulässig. Die PRL und die Gesetzesbegründung verweisen beispielsweise auf eine Verringerung der Qualität oder des Wertes der Reiseleistungen. Die Änderungsangebote sind vom Reiseveranstalter darzulegen und zu beweisen. Nach Reisebeginn kann das Angebot nicht mehr unterbreitet werden (§ 651g I 4 BGB).

Da der Reiseveranstalter die erhebliche Vertragsänderung nicht einseitig vornehmen kann, hat er die Möglichkeit nach § 651g I, II BGB, dem Reisenden wahlweise

- den Rücktritt vom Vertrag oder
- die Teilnahme an einer anderen Pauschalreise (Ersatzreise) anzubieten und

– innerhalb einer vom Reiseveranstalter bestimmten angemessenen Frist vom Reisenden zu verlangen, das Angebot zur Ersatzreise anzunehmen oder den Rücktritt vom Vertrag zu erklären.

Ein Anspruch des Reisenden auf eine Ersatzreise besteht nicht. Die Dauer der Frist sollte so gewählt sein, dass dem Reisenden ausreichend Prüf- und Bedenkzeit zusteht. Der Reisende muss sich innerhalb der vom Reiseveranstalter bestimmten angemessenen Frist entscheiden, ob er vom Vertrag zurücktritt oder die Ersatzreise annimmt. Nach Ablauf der Frist gilt die Vertragsänderung als angenommen mit einer Zustimmungsfiktion (§ 651g II 3 BGB).

Tritt der Reisende vom Vertrag zurück, findet § 651h I 2 und V BGB entsprechende Anwendung, so dass der gezahlte Reisepreis innerhalb von 14 Tagen zurückzuzahlen ist. Zudem hat der Reisende Schadensersatzansprüche nach § 651i III Nr. 7 i. V. m. § 651n BGB sowie Aufwendungsersatzansprüche gemäß § 284 BGB. Nimmt der Reisende das Angebot zur erheblichen Vertragsänderung oder zur Teilnahme an einer Ersatzreise an, gilt § 651m BGB entsprechend mit einem Anspruch auf Preisminderung, sofern die Ersatzangebote Reisemängel aufweisen. Sind die Ersatzangebote nicht mangelhaft, aber für den Reiseveranstalter kostengünstiger, hat der Reiseveranstalter den Mehrpreis entsprechend § 651m II BGB zu erstatten. (ef)

Literatur
Führich, Ernst 2018: Basiswissen Reiserecht. München: C. H. Beck/Vahlen (4. Aufl.; § 1 Rn. 10, 11)
Führich, Ernst; Ansgar Staudinger 2019: Reiserecht. München: C. H. Beck (8. Aufl.; §§ 14, 15)

Leistungserbringer [service provider]

Der → Reiseveranstalter bedient sich zur Kombination seines Reisepakets aus den verschiedenen Reiseleistungen zumindest teilweise fremder Leistungserbringer (altes Recht: Leistungsträger) wie → Fluggesellschaften oder → Hotels und schließt mit diesen Beschaffungsverträge ab. Der Leistungserbringer ist damit selbständiges Vertragsunternehmen des Veranstalters, der einzelne Reiseleistungen für diesen ausführt. Die Verträge des Veranstalters mit den Leistungserbringern unterliegen nicht den §§ 651 a ff., sondern den Vorschriften des jeweiligen Vertragstyps wie dem Beförderungsvertrag (Chartervertrag mit Luftfahrtunternehmen; → Luftbeförderungsvertrag) oder dem → Beherbergungsvertrag mit dem Hotel.

Die Leistungserbringer und ihre Hilfspersonen sind – neben seinen eigenen Mitarbeitern – Erfüllungsgehilfen des Veranstalters, soweit sie reisevertraglich vereinbarte Leistungen für den Reiseveranstalter erbringen. Der Veranstalter haftet gem. § 278 BGB für das Verschulden seiner Erfüllungsgehilfen wie für sein eigenes Verschulden. Beispiele für Leistungserbringer sind Luftfahrtunternehmen, Busunternehmen, Hotel, Gastgeber, Safariagentur, Autovermietung, Reiseleitung (→ Reiseleiter), Personal der Leistungserbringer, nicht aber: Fluglotsen, Flughafenpersonal oder Konsulate, da diese nicht unmittelbar vertragliche Teilleistungen des Reiseveranstalters erbringen. (ef)

Literatur
Führich, Ernst 2018: Basiswissen Reiserecht. München: C. H. Beck/Vahlen (4. Aufl.; § 1 Rn. 10, 11)
Führich, Ernst; Ansgar Staudinger 2019: Reiserecht. München: C. H. Beck (8. Aufl.; § 5 Rn. 24 ff.)

Leistungsträger → **Leistungserbringer**

Leitbild **[mission]**
Damit Erkenntnisse über die Grundorientierungen der Führungskräfte einer Unternehmung (→ Unternehmensphilosophie) oder allgemeiner einer Organisation kommunizierbar und der Prozess einer zukunftsgerichteten Organisationsentwicklung möglich wird, werden diese Denkkonzepte häufig in der schriftlichen Form eines Leitbildes (auch Grundsätze, Charta) fixiert. Gleichgültig, ob es sich bei der Organisation um eine einzelne Unternehmung, eine Kooperation, eine politische Körperschaft, einen Verband, einen Verein oder eine → Destination (Bieger & Beritelli 2013, S. 239 ff.) o. ä. handelt: Das Leitbild formuliert in konzentrierter Form die grundsätzlichen und damit allgemeingültigen, allerdings auch abstrakten Vorstellungen über die angestrebten Ziele sowie die wesentlichen Verhaltensweisen, die in dieser Organisation von den Mitgliedern gelebt werden sollen und über die sich diese Organisation in ihrem Umfeld bzw. gegenüber ihren Stakeholdern (→ Stakeholder-Management) positionieren will: „Auf der Suche nach Möglichkeiten, diese Kommunikationsaufgabe zu lösen, bieten sich Leitbilder als Transfermedien zwischen Absichten und Akzeptanz, wie zwischen Prinzipien und Praxis an" (Bleicher 1992, S. 11).

Gegenstand eines solches Leitbildes sind damit – bezogen auf eine Unternehmung, aber in analoger Form auch auf andere Institutionen übertragbar – zumeist Aussagen (Bleicher 1994, S. 503 ff.):
– zu der visionären Leitlinie (zumeist als Präambel vorangestellt),
– zu den grundlegenden Zielsetzungen (Sach-, Wert- und Sozialziele) der Unternehmenspolitik. Diese stellen in der Regel das zentrale Element eines Leitbildes dar. Hier werden die Aktivitätsbereiche der Unternehmung umrissen (Branche, Leistungsprogramm, Märkte, Qualitätsanspruch usw.), die Position zum Kunden formuliert, die grundlegenden wirtschaftlichen Wertziele für die Kapitalgeber umrissen sowie grundlegende Aussagen zur Gewich-

tung von Mitarbeiterzielen und gesellschaftlicher Verantwortung (→ Soziale Verantwortung) zum Ausdruck gebracht,
- zu den eventuellen Kernwerten der Unternehmensphilosophie und → Unternehmenskultur sowie
- zu – falls nicht separat in Form von Führungsgrundsätzen ausgearbeitet – einigen zentralen Verhaltensgrundsätzen für die Führung und Kooperation (z. B. Aussagen zum angestrebten → Führungsstil).

Diese Inhalte bieten den Mitgliedern einen Ankerpunkt zur Identifikation mit ihrer Organisation (→ Mitarbeiterbindung) und eine einheitliche Orientierung für ihr Handeln, erleichtern – soweit sie akzeptiert werden – die interne Koordination, liefern neuen oder potenziellen Organisationsmitgliedern eine erste Informationsbasis über das noch unbekannte soziale Umfeld und die an sie gestellten Erwartungen und kommunizieren das Selbstverständnis der Organisation zum Aufbau einer unverwechselbaren »Persönlichkeit« (Corporate Identity) nach außen.

Soll ein Leitbild diesen erhofften Beitrag zur Sinnfindung leisten, ist eine regelmäßige »Leitbildarbeit« erforderlich, die:
- die Inhalte des Leitbildes den Organisationsmitgliedern erläutert und in ihr tägliches Erfahrungsfeld übersetzt,
- die Einlösung des Leitbildanspruches für die Organisationsmitglieder gewährleistet,
- überkommene Inhalte modernisiert bzw. revidiert

und so das Leitbild jenseits von Schönfärbereien oder blutleeren Lippenbekenntnissen zu einer erlebbaren »unité de doctrine« werden lässt. (vs)

Literatur
Bieger, Thomas; Pietro Beritelli 2013: Management von Destinationen. München: Oldenbourg (8. Aufl.)
Bleicher, Knut 1992: Leitbilder – Orientierungsrahmen für eine integrative Management-Philosophie. Zürich, Stuttgart: NZZ – Schäffer-Poeschel
Bleicher, Knut 1994: Normatives Management. Politik, Verfassung und Philosophie des Unternehmens. Frankfurt am Main, New York: Campus

Leitsystem → **Touristisches Besucherleitsystem**

Leitwerk **[empennage]**
Im Flugzeugheck angebrachte Kombination von Höhenruder und → Seitenruder. (jwm)

LGBTI
Abkürzung für: Lesbian (Lesben), Gay (Schwule), Bisexual (Bisexuelle), Transgender (Transsexuelle), Intersex (Intersexuelle).

Die LGBTI-Gemeinschaft wird auch innerhalb des → Tourismus entdeckt und mit zielgruppenspezifischen Reiseangeboten angesprochen. In vielen Ländern ist Homosexualität allerdings immer noch illegal, sozial geächtet und mit Strafen bis hin zur Gefängnis- oder gar Todesstrafe belegt. Speziell entwickelte Indices wie der Spartacus Gay Travel Index (Spartacus 2020, o. S.) ordnen Reiseländer in ihrer Toleranz, um den potentiell Reisenden eine Orientierungshilfe zu geben (→ Reiseentscheidung).

Kreuzfahrten für LGBTI-Reisende als ein abgeschlossener und quasi geschützter Bereich sind ein erfolgreiches Produkt und Spiegelbild der Realität (→ Kreuzfahrttourismus). Zu der ‚Gay Cruise‘ als Innovation siehe Steinecke 2018, S. 127 f.; zu auftretenden Problemen für LGBTI-Reisende (Feindseligkeiten bei Landgängen, Passkontrollen) siehe Ward 2019, S. 67. (wf)

Literatur

Spartacus (ed.) 2020: Spartacus Gay Travel Index 2020 – Ranking Order. (https://spartacus. gayguide.travel/gaytravelindex.pdf, zugegriffen am 15.07.2020)
Steinecke, Albrecht 2018: Kreuzfahrttourismus. Konstanz, München: UVK Lucius
Ward, Douglas 2019: Berlitz Cruising & Cruise Ships 2020. London: APA (28th ed.)

Liebeshotel → **Love Motel**

Lieferdienste → **Home Delivery Service**

Lieferplattformen → **Home Delivery Service**

Liegewagen → **Couchette**

Limited-service Hotel → **Vollhotel**

Line of visibility → **Service Blueprint**

Linienflug → **Fluggesellschaft**

Linienfluggesellschaft → **Fluggesellschaft**

Liquidität [liquidity]

Liquidität (liquidus [lat.] = flüssig) bezieht sich auf die Zahlungsfähigkeit von Wirtschaftssubjekten. Um operativ am Markt tätig sein zu können, müssen Unternehmen über erforderliche liquide Mittel, insbesondere Bar- und Buchgeld, verfügen. Darüber hinaus ist Illiquidität, d. h. Zahlungsunfähigkeit, der häufigste Insolvenzgrund und kann das Existenzende bedeuten.

Liquidität wird unterschiedlich erfasst:

1. Bilanzorientiert anhand der in der Bilanz ausgewiesenen liquiden oder leicht liquidierbaren Vermögenspositionen. Der → Cash Flow und die → Liquiditätsgrade sind darauf aufbauende wichtige Kennzahlen.

2. Finanzwirtschaftlich müssen Wirtschaftssubjekte jederzeit in der Lage sein, alle fälligen Verbindlichkeiten zu bezahlen. Dies erfordert einen Finanzplan zur Planung aller anstehenden Ein- und Auszahlungen. Ziel ist eine angemessene Liquiditätsreserve. Das bedeutet: nicht zu viel und nicht zu wenig. Für Unvorhergesehenes muss stets ein Puffer eingeplant werden. Hingegen stellt eine zu hohe Liquiditätsreserve oft totes Kapital dar, das zu Lasten der → Rentabilität geht.

3. Juristisch hat Zahlungsunfähigkeit eine große Bedeutung. Sie liegt vor, wenn der Schuldner „nicht in der Lage ist, die fälligen Zahlungsverpflichtungen zu erfüllen" (§ 17 Abs. 2 S. 1 Insolvenzordnung). Dann muss ein Insolvenzeröffnungsverfahren eingeleitet werden. Wird dies versäumt, folgen weitreichende zivil- und strafrechtliche Konsequenzen bis hin zu einer dreijährigen Freiheitsstrafe (§ 15a Abs. 4 Insolvenzordnung; Schreiber 2013, S. 968 f.). Der Bundesgerichtshof (BGH) hat die insolvenzrechtlich relevante Zahlungsunfähigkeit von der „nur" vorübergehenden Zahlungsstockung abgegrenzt. Eine insolvenzrechtlich relevante Zahlungsunfähigkeit ist anzunehmen, wenn die Liquiditätslücke mindestens 10 % der fälligen Gesamtverbindlichkeiten beträgt und der Schuldner nicht in der Lage ist, diese innerhalb einer angemessenen Frist von i. d. R. drei Wochen zu schließen (BGH-Urteil vom 24.05.2005; Schreiber 2013, S. 969; Richter 2015, S. 2716; Kriegel 2016, S. 21).

Die Fähigkeit, jederzeit alle Zahlungsverpflichtungen erfüllen zu können, ist für Unternehmen eine kontinuierlich zu bewältigende Aufgabe. Gleichwohl gibt es zeitliche Phasen, in denen die Sicherstellung der Zahlungsfähigkeit besonders schwierig ist. Zu denken ist etwa an Eröffnungsphasen von → Hotels. Auszahlungen übertreffen in diesem Zeitraum die operativen Einzahlungen. Bei Hotel-Saisonbetrieben (→ Saisonhotel), die vier oder fünf Monate im Jahr geschlossen haben, fallen Ein- und Auszahlungen teilweise weit auseinander. Unerwartete Umsatzeinbrüche bergen sofort Einzahlungsrückgänge in ähnlicher Höhe, während die Auszahlungen ohne konsequentes Liquiditätsmanagement nur marginal zurückgehen. Dies zeigt, wie wichtig eine solide Liquiditätsplanung ist. (hs/wb)

Literatur

BGH-Urteil vom 24.05.2005, Aktenzeichen IX ZR 123/04

Kriegel, Bettina 2016: Zahlungsunfähigkeit. In: Cornelius Nickert; Udo H. Lamberti (Hrsg.): Überschuldungs- und Zahlungsunfähigkeitsprüfung im Insolvenzrecht. Köln: Carl Heymanns, S. 1–45 (3. Aufl.)

Richter, Hans 2015: § 78 Zahlungsunfähigkeit. In: Christian Müller-Gugenberger (Hrsg.): Wirtschaftsstrafrecht – Handbuch des Wirtschaftsstraf- und -ordnungswidrigkeitenrechts. Köln: Otto Schmidt, S. 2711–2734 (6. Aufl.)

Schreiber, Patrick 2013: Nachweis der Zahlungsunfähigkeit mithilfe von Liquiditätsgraden. Teil 1: Klassische Methoden zur Aufdeckung von Liquiditätslücken. In: NWB Rechnungswesen – BBK, 61 (20), S. 967–977

Liquiditätsgrade [liquidity ratios]

Liquiditätsgrade sind, neben dem → Cash Flow, die bekanntesten Kennzahlen der Bilanzanalyse zur Beurteilung der Zahlungsfähigkeit (→ Liquidität). Liquide und leicht liquidierbare Vermögenspositionen werden ins Verhältnis zu kurzfristigen Verbindlichkeiten gesetzt. Liquiditätsgrade zeigen, inwieweit das Liquiditätspotenzial ausreicht, die kurzfristigen Verbindlichkeiten zu decken. Verbreitete Definitionen (z. B. Wöhe, Döring & Brösel 2016, S. 832) lauten:

Liquidität ersten Grades (Barliquidität, cash ratio)

$$= \frac{\text{liquide Mittel (z. B. Kasse, Bank)}}{\text{kurzfristige Verbindlichkeiten}}$$

Liquidität zweiten Grades (einzugsbedingte Liquidität, acid ratio, quick ratio)

$$= \frac{\text{liquide Mittel} + \text{kurzfristige Forderungen}}{\text{kurzfristige Verbindlichkeiten}}$$

Liquidität dritten Grades (umsatzbedingte Liquidität, current ratio)

$$= \frac{\text{liquide Mittel} + \text{kurzfristige Forderungen} + \text{Vorräte}}{\text{kurzfristige Verbindlichkeiten}}$$

Am wichtigsten ist die Liquidität zweiten Grades mit einer Zielgröße von ca. 100 % (Lienhard 2016, S. 59 f.; Perridon, Steiner & Rathgeber 2016, S. 657 f.). Dann reichen die vorhandenen und einzugsbedingten liquiden Mittel aus, alle kurzfristigen Verbindlichkeiten zu begleichen. Für die Liquidität dritten Grades wird ein Wert deutlich über 100 %, manchmal sogar bis zu 200 % gefordert (Pape 2015, S. 285; Perridon, Steiner & Rathgeber 2017, 657 f.). Für die Liquidität ersten Grades wird teilweise ein Sollwert von 10–20 % gefordert (Pape 2015, S. 285). Im Jahr 2018 lagen die drei Liquiditätsgrade deutscher Unternehmen durchschnittlich bei ca. 17 %, 93 % und 133 % (Deutsche Bundesbank 2020). Hohe Werte signalisieren eine gute Liquiditätslage. Sie belasten jedoch in der Regel auf Grund geringer Verzinsung die Rentabilität.

Externe können die Liquiditätsgrade anhand der Bilanz leicht bestimmen. Als Indikator für die Zahlungsfähigkeit werden sie oft berechnet und erlauben Aussagen im Zeit- und Betriebsvergleich (Schreiber 2013, S. 977). Problematisch ist, dass sie vergangenheitsorientiert und stichtagsbezogen sind. Zukünftige Zahlungen, z. B. Gehaltszahlungen, werden nicht erfasst. Kritisch ist, wenn Verbindlichkeiten sofort und Forderungen erst später fällig werden.

Weitere Finanzierungsmöglichkeiten (z. B. noch freie Kontokorrentkreditlinien) und Liquiditätsreserven (z. B. Wertpapiere) sind nicht berücksichtigt. Durch den Einbezug sonstiger kurzfristiger Vermögensgegenstände (Lienhard 2016, S. 60) bzw. des gesamten monetären Umlaufvermögens (Perridon, Steiner & Rathgeber 2017, S. 657; Coenenberg, Haller & Schultze 2018, S. 1110) können die Liquiditätsgrade noch präziser definiert werden. Eine exakte Beurteilung der Liquidität kann jedoch nur anhand zukünftiger Ein- und Auszahlungen erfolgen. (hs/wb)

Literatur

Coenenberg, Adolf G.; Axel Haller & Wolfgang Schultze 2018: Jahresabschluss und Jahresabschlussanalyse – Betriebswirtschaftliche, handelsrechtliche, steuerrechtliche und internationale Grundlagen. Stuttgart: Schäffer-Poeschel (25. Aufl.)

Deutsche Bundesbank 2020: Jahresabschlussstatistik (Hochgerechnete Angaben) Dezember 2019. (https://www.bundesbank.de/resource/blob/827826/a7c3ecff8d8fd331389b171d0fff1df5/mL/1-0-jahresabschlussstatistik-hochgerechnete-angaben-data.pdf, zugegriffen am 02.06.2020)

Lienhard, Frank 2016: Bedeutung der betriebswirtschaftlichen Kennzahlen. In: Cornelius Nickert; Udo H. Lamberti (Hrsg.): Überschuldungs- und Zahlungsunfähigkeitsprüfung im Insolvenzrecht – Erläuterungen · Arbeitshilfen · Prüfungsstandards. Köln: Carl Heymanns, S. 46–88 (3. Aufl.)

Pape, Ulrich 2015: Grundlagen der Finanzierung und Investition. Mit Fallbeispielen und Übungen. Berlin: De Gruyter Oldenbourg (3. Aufl.)

Perridon, Louis; Manfred Steiner & Andreas W. Rathgeber 2017: Finanzwirtschaft der Unternehmung. München: Vahlen (17. Aufl.)

Schreiber, Patrick 2013: Nachweis der Zahlungsunfähigkeit mithilfe von Liquiditätsgraden. Teil 1: Klassische Methoden zur Aufdeckung von Liquiditätslücken. In: NWB Rechnungswesen – BBK, 61 (20), S. 967–977

Wöhe, Günter; Ulrich Döring & Gerrit Brösel 2016: Einführung in die Allgemeine Betriebswirtschaftslehre. München: Vahlen (26. Aufl.)

Lobby

Lobby (engl.) = (Vor)halle, Foyer. In der Hotellerie die Bezeichnung für den Eingangsbereich, dessen Zentrum der Empfang (→ Rezeption) bildet. Gewöhnlich mit Sitzgruppen ausgestattet.

Eine ,Open Lobby' kann als Weiterentwicklung der klassischen Lobby gesehen werden. Sie bezeichnet einen multifunktional genutzten Eingangsbereich. Bei einer ,offenen Lobby' wird der Empfang (→ Rezeption) um Bereiche wie → Bar, → Coffee-Shop, → Business Center, Lounge oder → Restaurant, die offen gestaltet sind und ineinander fließen, angereichert. Motive für die multifunktionale Ausrichtung sind architektonische und psychologische Überlegungen,

Kostenersparnisse und Flächeneffizienz. Die Gestaltung der Lobby ist wichtig, da sie für den ankommenden Gast den ersten Berührungspunkt (→ Touchpoint) mit dem Hotel darstellt (Ersteindrucksurteil).

Der Begriff ist dem politischen Sprachgebrauch entlehnt. Lobby bezeichnet in diesem Kontext den Vorraum vor dem Parlament, in dem sich politische Abgeordnete und Angehörige von Interessengruppen („Lobbyisten") zum Gespräch treffen können (Schubert & Klein 2018, S. 211). (wf)

Literatur
Schubert, Klaus; Martina Klein 2018: Das Politiklexikon: Begriffe – Fakten – Zusammenhänge. Bonn: Dietz (7. Aufl.).

Local Affiliates → **Affiliate**

Local Company Rate (LCR)

Local (engl.) = ortsansässig; company (engl.) = Betrieb, Unternehmen; rate (engl.) = Preis. Vorzugspreis, der etwa von einem Hotel oder einer Hotelgruppe ortsansässigen Unternehmen eingeräumt wird. Voraussetzung ist, dass das Unternehmen ein vorher vereinbartes Umsatzvolumen an Übernachtungen (→ Room-Nights) generiert. Die Vertragspreise werden gestaffelt (z. B. mehr als 50, 100 oder 500 Room-Nights pro Jahr), gelten in der Regel für ein Jahr und können bei Hotelgruppen auf andere Häuser der Gruppe übertragen werden. Die LCR liegt 10 bis 20 % unter der → Rack Rate, höhere Abschläge sind denkbar (Schrand & Schlieper 2016, S. 288). Synonyme: Corporate Rate, Firmenrate. (wf)

Literatur
Schrand, Axel; Thomas Schlieper 2016: Preis- und Konditionenpolitik. In: Karl Heinz Hänssler (Hrsg.): Management in der Hotellerie und Gastronomie. Betriebswirtschaftliche Grundlagen. Berlin, Boston: De Gruyter Oldenbourg, S. 285–291 (9. Aufl.).

Location Based Services → **Mobile Applikationen**

Löffel **[spoon]**

Ursprünglich aß die Menschheit nur mit Händen. Der Löffel ist aus historischer Sicht wahrscheinlich das älteste Esswerkzeug. Einer hohlen Hand nachgeformt bzw. als Verlängerung der Hand zu sehen, lässt er sich bis in die Steinzeit zurück verfolgen. Er wurde anfänglich aus Knochen oder Holz gefertigt, später dann aus Ton, Metallen bzw. Edelmetallen, Horn, Perlmutt, Keramik und Porzellan (Wilson 2014, S. 236 ff.).

Zu Speziallöffeln in der Gastronomie siehe Beyerle, Brodmann & Herter 2014. (wf)

Literatur
Beyerle, Dieter; Romeo Brodmann & Stephan Herter 2014: Arbeiten am Tisch. Die Hohe Kunst
  des Flambierens, Tranchierens, Filetierens und Servierens. Zürich: édition gastronomique
Wilson, Bee 2014: Am Beispiel der Gabel. Eine Geschichte der Koch- und Esswerkzeuge. Berlin:
  Insel

> ℹ️ **Kleine Story**
>
> Das Besteckteil galt als wertvoll und wurde innerhalb von Familien vererbt („den Löffel abge-
> ben"). Wenn wir davon sprechen, dass jemand mit einem goldenen Löffel im Mund geboren
> ist, meinen wir, dass er reich geboren ist. Auch heute stellt der Löffel noch manchmal ein
> Geschenk zu besonderen Anlässen dar, etwa zur Kommunion. (wf)

Löffelfertig [fully equipped]

Der Begriff wird bei Miet- und Pachtverträgen in der Hotellerie benutzt (→ Hotelpacht). Wird der Betrieb voll bzw. komplett ausgestattet verpachtet (bis hin zum
→ Löffel), wird von einer ‚löffelfertigen' Verpachtung gesprochen. Großinventar
(FF&E), Kleininventar (SOE/OS&E) sowie IT und Systeme (etwa → Key Cards) sind
enthalten. Zu der Abgrenzungsproblematik von Großinventar und Kleininventar
siehe → Furniture, Fittings & Equipment (FF&E).

Die Beschreibung wird auch bei der Vermietung von Apartments, Wohnungen, Häusern verwendet, um auf ein voll ausgestattetes Objekt hinzuweisen.
→ Schlüsselfertig. (wf)

Literatur
Dahringer, Bernd 2016: Der Pachtvertrag. In: Karl Heinz Hänssler (Hrsg.): Management in der
  Hotellerie und Gastronomie. Betriebswirtschaftliche Grundlagen. Berlin, Boston: De Gruy-
  ter Oldenbourg, S. 507–513 (9. Aufl.).

Logbuch [logbook]

Benannt nach dem englischen Namen des Messgerätes für die Geschwindigkeit
eines Schiffes, log, einem bleibeschwerten Holzstück, das man an einer Leine ins
Wasser warf. Durch das Gewicht blieb das Holzstück relativ konstant an der gleichen Stelle, so dass man die Geschwindigkeit über die Zeit messen konnte, in der
eine bestimmte Strecke der Leine abgewickelt wurde. Diese, in regelmäßigen Zeitabständen, ermittelten Werte wurden zur Navigation benötigt und in ein Schiffstagebuch eingetragen, das ‚logbook'.

Heute muss in Deutschland gemäß § 6 des Schiffssicherheitsgesetzes n. F.
(SchSG) „unverzüglich über alle Vorkommnisse an Bord" vom verantwortlichen
Schiffsführer im Logbuch (Schiffstagebuch) berichtet werden, „die für die Si-
cherheit in der Seefahrt einschließlich des Umweltschutzes auf See und des
Arbeitsschutzes von besonderer Bedeutung sind. Bei Schiffsunfällen hat der

Schiffsführer, soweit erforderlich und möglich, für die Sicherstellung der Eintragungsunterlagen zu sorgen."

Auch für Luftfahrzeuge in Deutschland muss gemäß § 30 der Betriebsordnung für Luftfahrtgerät (LuftBO) ein Bordbuch (aircraft logbook) mitgeführt werden, in dem alle wesentlichen Angaben zum Flugzeug enthalten sein müssen und in das alle durchgeführten Flüge mit Datum, Start- und Landezeiten mit dem Namen des verantwortlichen Flugzeugführers, der Anzahl der Besatzungsmitglieder und Fluggäste eingetragen werden müssen. Darüber hinaus sind die Gesamtbetriebszeit und die Betriebszeit nach der letzten Grundüberholung sowie technische Störungen und besondere Vorkommnisse aufzuführen. Im Falle von Zwischenfällen und Unfällen werden die Daten der für größere Passagierflugzeuge vorgeschriebenen → Flugdatenschreiber zur Aufklärung herangezogen. (jwm/wf)

Lok → **Lokomotive**

Lokomotive [locomotive]
Schienen-Triebfahrzeug. Die Wortbildung entstammt dem Neulateinischen loco motivus, was soviel bedeutet wie ‚von der Stelle bewegend'. Im täglichen Sprachgebrauch (nicht nur der Eisenbahner) wurde daraus schnell der synonyme Begriff Lok, das an eine Spur gebundene Triebfahrzeug für Schienenwagen des Güter- und Personenverkehrs. Nach dieser Begriffsbestimmung nimmt eine Lok in der Regel selbst keine Nutzlast auf.

Lokomotiven lassen sich nach Anwendungszwecken (z. B. Güter- oder Personenlokomotiven) unterscheiden. Die Praxis des Eisenbahnverkehrs nutzt eine solche Unterscheidung nach der Betriebsart kaum noch. Unterschieden werden die Lokomotiven üblicherweise nach der Art des Antriebs. So lassen sich energetisch verschiedene Dampflokomotiven unterscheiden, die klassischen Lokomotiven per se. Sie sind in Europa und den USA aus dem Regelverkehr so gut wie verschwunden. Weitere Unterscheidungen nach Art der Antriebsenergie sind Diesellokomotiven (Dieselloks) und Elektrolokomotiven (E-Loks), die mit einem elektrischen Antrieb ausgestattet sind, der aus den Oberleitungen oder Stromschienen während der Fahrt die Energie liefert.

Die Umweltdiskussion forciert die Forschung in innovative Antriebssysteme wie Wasserstoff- und Batterie-Triebzüge oder Hybrid-Lokomotiven (Elektro- und Dieselmotor, Batteriespeicher), die erprobt werden bzw. auch schon Serienreife erlangt haben (Allianz pro Schiene 2018, o. S.). (hdz/wf)

Literatur
Allianz pro Schiene 2018: Ein Überblick: Innovative Antriebe auf der Schiene. (https://www.allianz-pro-schiene.de/themen/aktuell/innovative-antriebe-auf-der-schiene/, zugegriffen am 15.07.2020)

Dostal, Michael 2018: Triebwagen und Triebzüge. Deutsche Bahn und Privatbahnen. München: GeraMond

Schach, Rainer; Peter Jehle & Rene Naumann 2006: Transrapid und Rad-Schiene-Hochgeschwindigkeitsbahn. Berlin, Heidelberg: Springer

Lokus → **Toilette**

Longtail-Keywords → **Keywords**

Lost and Found → **Gepäckermittlung**

Love Hotel → **Love Motel**

Love Motel

Beherbergungsbetrieb, der Gästen Raum und Zeit für Intimität und Privatheit ermöglicht. Love Motels zeichnen sich durch Diskretion (im Ausland unter Umständen kein Vorlegen von Ausweispapieren), die Möglichkeit der stundenweisen Vermietung der Zimmer (Stundenhotel; short-term hourly lease) sowie der bewussten Zurückhaltung der Gastgeber aus. Love Motels sind nicht notwendigerweise dem Rotlichtgewerbe zuzuordnen. In Ländern wie Südkorea oder Japan zählen Studentinnen und Studenten bzw. junge Menschen zur klassischen Klientel. Sie suchen Love Motels auf, um der Enge und sozialen Kontrolle der elterlichen Wohnungen zu entfliehen (Wee & Koens 2017, S. 351 ff.). (wf)

Literatur
Wee, Desmond; Ko Koens 2017: Fifty shades of hospitality: Exploring intimacies in Korean love motels. In: Conrad Lashley (ed.): The Routledge Handbook of Hospitality Studies. London, New York: Routledge, pp. 348–361

Low Budget Hotel → **Budget-Hotel**

Low rollers → **Casino**

Luftbeförderungsrecht [air transport legislation]

Bei der entgeltlichen Luftbeförderung von Personen und Reisegepäck im Fluglinienverkehr und im gewerblichen Gelegenheitsverkehr (Charterflug) wird der Werkvertrag (§§ 631 ff. BGB) des → Luftbeförderungsvertrages durch folgende Regelungen ergänzt. Hierbei gilt das Vorrangprinzip des jeweils höheren Rechts (Art. 216 II AEUV):

1. Deutsches Recht mangels Rechtswahl bei inländischem Passagier und inländischem Abflug- oder Bestimmungsort (Art. 5 II Rom I-VO),

2. Allgemeine Beförderungsbedingungen wie ABB Flugpassage (u. a. www. lufthansa.com), welche den Empfehlungen der privaten → International Air Transport Association (IATA) folgen und im Geltungsbereich des BGB der AGB-Kontrolle nach §§ 305 ff. BGB unterliegen,

3. Übereinkommen (MÜ) für Schadensersatz bei Personen- und Gepäckschäden bei nationalem und internationalem Flug eines Luftfahrtunternehmens der Gemeinschaft (VO (EG) Nr. 889/2002, siehe Führich & Staudinger 2019, Anhang II) und

4. VO (EG) Nr. 261/2004 bei Nichtbeförderung, Annullierung und Verspätung des Fluges.

Es wird nicht mehr wie früher zwischen nationalen und internationalen Flügen unterschieden, da die EU das Gemeinschaftsrecht und das international-rechtliche → Montrealer Übereinkommen für Luftfahrtunternehmen mit einer EU-Betriebsgenehmigung (VO (EG) Nr. 1008/2008) vereinheitlicht hat. Auch die klassische Unterscheidung zwischen Linien- und Charterverkehr hat keine Bedeutung mehr. (ef)

Literatur
Führich, Ernst 2018: Basiswissen Reiserecht. München: C. H. Beck/Vahlen (4. Aufl.; § 16)
Führich, Ernst; Ansgar Staudinger 2019: Reiserecht. München: C. H. Beck (8. Aufl.; §§ 34–43)

Luftbeförderungsvertrag [air transport contract]

Vertragsparteien des Luftbeförderungsvertrages sind das vertragliche Luftfahrtunternehmen (wird im → MÜ Luftfrachtführer und in EU-Verordnungen Luftfahrtunternehmen genannt), das den Flug als eigene Leistung verspricht und den Flugschein ausstellt (Luftfahrtunternehmen, Reiseveranstalter, Reiseunternehmen bei Eigengeschäft im eigenen Namen und auf eigene Rechnung als sog. Consolidator), und der Fluggast. Führt ein anderes Luftfahrtunternehmen den Flug aus, wie z. B. bei → Codesharing, ist auch dieser Dritte als ausführendes Luftfahrtunternehmen für Schäden des Fluggastes verantwortlich (Art. 39 MÜ). Der Flughafenbetreiber ist Erfüllungsgehilfe des Luftfahrtunternehmens für alle Tätigkeiten, die unmittelbar der Beförderungspflicht dienen wie das Betreiben der Enteisungsanlage für Flugzeuge oder der Betreiber einer Treppenanlage zum Besteigen des Flugzeugs (EuGH, 14.11.2014, C-394/14 – Siewert).

Der Flugschein ist als formloses Beweispapier nicht notwendig für einen Luftbeförderungsvertrag. Er ist damit auch dann wirksam, wenn er telefonisch, mit E-Mail und mit einem elektronischen Ticket abgeschlossen wird (Art. 3 MÜ). Bei einer Online-Buchung mit „noch unbekannt" wird noch kein Luftbeförderungsvertrag geschlossen (BGH, 16.10.2012, X ZR 37/12).

Unangemessen hohe Mehrkosten bis zu 100 % des Flugpreises bei einer bloßen Namensänderung benachteiligen den Fluggast (LG München I, 26.09.2013). Für die Pauschalflugreise hat allerdings der BGH (BGH, 27.09.2016, X ZR 141/15 m. abl. Anm. Führich LMK 2016, 384646) erhöhte Flugkosten bei der Übertragung eines Pauschalreisevertrages auf einen Ersatzreisenden nach § 651b II BGB a. F. (jetzt § 651e BGB) gebilligt.

Die ABB gelten bei einem Verbraucher als Fluggast (§ 310 I BGB) nur dann, wenn diese bei Vertragsschluss unter den Voraussetzungen des § 305 II BGB in den Luftbeförderungsvertrag rechtswirksam einbezogen worden sind (Hinweis, Möglichkeit der vollständigen Kenntnisnahme, Einverständnis). Wegen fehlender Möglichkeit der Kenntnisnahme bei englischen Tickets wurde die Einziehung dieser AGB zu Recht abgelehnt (AG Geldern).

Umstritten ist die Praxis der Vorauszahlung des gesamten Flugpreises ohne zeitliche Grenze und ohne Insolvenzschutz, sie wurde aber in einer abzulehnenden Entscheidung des BGH gebilligt (BGH, 16.02.2016, X 97/14). Nach zutreffender Meinung der Literatur verstößt die vollständige Vorauskasse gegen das Leitbild des § 641 I 1 BGB und gegen das Zug-um-Zug-Prinzip des § 320 BGB und ist daher nach § 307 I, II BGB unwirksam (Führich & Staudinger 2019).

Nach Art. 23 der VO (EG) Nr. 1008/2008 und § 1 PAngV ist der Gesamtflugpreis einschließlich aller obligatorischen Flugzusatzkosten wie Steuern, Gebühren, Bearbeitungsgebühren, Kreditkartengebühren in jeder öffentlichen Werbung, bei der Buchung einschließlich der Online-Buchung über Internet-Plattformen aufgeschlüsselt zu Grunde zulegen (EuGH, 06.07.2017, C-290/16 – Air Berlin II).

Der Fluggast hat einen Beförderungsanspruch zum vereinbarten Zeitpunkt und damit das Recht auf einen pünktlichen und sicheren Flug zum Bestimmungsort. Dieses Recht verliert er beim verspäteten Erscheinen zum → Check-in der Flugabfertigung oder beim Nichterscheinen (→ No-show), vorausgesetzt ihm sind alle Flugdaten und die späteste Eincheckzeit bekannt. Ein Stau oder eine Zugverspätung bei der eigenen Anreise ist ein Risiko seiner Privatsphäre, und der Anspruch auf den Flugpreis bleibt bestehen (§ 326 II BGB). Die Meldeschlusszeit ist dem Fluggast daher spätestens im Flugschein anzugeben, ansonsten haftet das vertragliche Luftfahrtunternehmen auf Schadensersatz (§§ 631, 280 I BGB). Die Vergabe der freien Sitzplätze an Fluggäste der Warteliste darf erst kurz vor Abflug erfolgen, wobei ein verspätet erscheinender Fluggast nicht abgewiesen werden darf.

Der Fluggast kann den gebuchten Flug nach den Bestimmungen des gewählten Flugtarifs ohne Angabe von Gründen stornieren und damit nach § 648 BGB kündigen. Höchst umstritten war bis zur Entscheidung des BGH vom 20.03.2018 (X ZR 25/17), ob bei Anwendung deutschen Rechts bei billigeren Tarifen § 649 BGB durch eine Individualvereinbarung ausgeschlossen werden kann mit einer Tarifwahl eines Tickets ohne Stornierungsmöglichkeit. Wenn der Fluggast bewusst einen nicht stornierbaren Flugtarif wählt, liegt nach dieser neuen Entscheidung des BGH keine unangemessene Benachteiligung des Fluggastes vor, da der Flug mit einem Massenverkehrsmittel erfolgt. Einigkeit besteht jedoch bei der Erstattung von Steuern, Flughafengebühren und sonstigen Flugnebenkosten, da diese nur dann anfallen, wenn der Fluggast den Flug tatsächlich in Anspruch nimmt (Führich & Staudinger 2019).

Bei einer sog. Überkreuzbuchung ist das Luftfahrtunternehmen nicht berechtigt, den Rückflug zu stornieren, wenn der Reisende den Hinflug nicht angetreten hat oder bewusst verfallen ließ (BGH, 29.04.2010, Xa ZR 101/09). Der Flugkapitän und seine Vertreter an Bord haben aufgrund der polizeilichen Bordgewalt nach § 29 LuftVG i. V. m. dem Tokioter Abkommen v. 1963 das Recht, einem renitenten Fluggast den Zutritt oder den Aufenthalt an Bord zu verweigern wie z. B. Trunkenheit. Entstandene Aufwendungen hat der Störer zivilrechtlich wegen schuldhafter Verletzung des Luftbeförderungsvertrages zu ersetzen. (ef)

Literatur
Führich, Ernst; Ansgar Staudinger 2019: Reiserecht. München: C. H. Beck (8. Aufl.; § 35
    Rn. 42 ff.)

Luftbremse → **Störklappen**

Luftfahrtgesellschaft → **Fluggesellschaft**

Luftfahrtunternehmen → **Fluggesellschaft**

Lufthansa (DLH, LH)

1 Geschichte Eine der größten Luftverkehrsgesellschaften der Welt, deren Geschichte bis ins Jahr 1926 zurückreicht. Damals schlossen sich die ‚Deutsche Aero Lloyd‘ (DAL) und die ‚Junkers Luftverkehr‘ (Tochtergesellschaft der Junkers Flugzeugwerke) zur ‚Deutsche Luft Hansa Aktiengesellschaft‘ zusammen. 1939, im Jahr des Ausbruchs des Zweiten Weltkriegs, hatte die Lufthansa (seit 1933 zusammengeschrieben) bereits ein Streckennetz, das sich von Bangkok bis Santiago de Chile erstreckte. Während des Krieges konnte nur ein sehr kleines Streckennetz bedient werden, bis die Lufthansa 1945 ganz den Betrieb einstellen musste und 1965 aus dem Berliner Handelsregister gestrichen wurde. Die im Januar 1953 in Köln gegründete ‚Aktiengesellschaft für Luftverkehrsbedarf‘ (Luftag) wurde dann 1954 in ‚Deutsche Lufthansa Aktiengesellschaft‘ umbenannt. Die heutige Lufthansa hat also mit der früheren Fluggesellschaft gleichen Namens unternehmensrechtlich nichts zu tun. Beim Personal gab es allerdings eine ganze Reihe früherer Lufthanseaten, die dann bei der Wiederaufnahme des Luftverkehrs am

1. April 1955 wieder mit dabei waren. Unter den Piloten waren anfangs noch keine Deutschen, weil die Bundesrepublik Deutschland erst einen Monat später, am 5. Mai 1955, die Lufthoheit nach dem verlorenen Krieg wieder erhielt.

1960 stellte die Lufthansa mit der Boeing 707 das erste Düsenverkehrsflugzeug in Dienst, das zunächst vor allem auf den Transatlantikstrecken eingesetzt wurde. 1971 wurde mit der Vickers Viscount (einer → Turboprop) das letzte Propellerflugzeug in der Lufthansa-Flotte außer Dienst gestellt. Das erste → Großraumflugzeug, eine Boeing 747-100, wurde 1970 in die Flotte eingegliedert. Dem folgten die dreistrahlige Douglas DC 10-30 (Langstreckenversion der DC 10) und das erste zweistrahlige Großraumflugzeug, Airbus A 300.

Bei ihrer Neugründung waren die Aktien der Fluggesellschaft nahezu ausschließlich in staatlicher Hand. Neben dem Bund hielten das Land Nordrhein-Westfalen und die staatliche Bundesbahn nahezu alle Anteile – es gab nur 125 private Anleger. 1965 wurde die Lufthansa teilprivatisiert, als der Bund als größter Anteilseigner bei einer Kapitalerhöhung nicht mitmachte. Dies reduzierte den Staatsanteil auf gut 74 Prozent. Im Jahr darauf wurde die Lufthansa an der Börse notiert. Der Staat senkte kontinuierlich weiter seine Anteile, bis die Lufthansa 1997 schließlich komplett in privater Hand war. In diesem Jahr entstand auf Initiative der Lufthansa und der US-amerikanischen United Airlines auch die Star Alliance als erste globale strategische Allianz. Vor dem Hintergrund der Corona-Krise und einer möglichen Insolvenz hat sich der Staat 2020 wieder an der Lufthansa beteiligt. Das Engagement soll zeitlich befristet sein.

2 Konzern Im Laufe der Zeit hat sich die Lufthansa zu einem Konzern („Aviation Konzern") mit einer Reihe von Tochtergesellschaften entwickelt, darunter auch die in der Logistik tätige Lufthansa Cargo AG.

Durch den Kauf der DLT und die Umbenennung in Lufthansa City Line entstand eine der größten europäischen → Regionalfluggesellschaften mit der Tochtergesellschaft Air Dolomiti. Mit Eurowings, einer weiteren Tochtergesellschaft, verfügt der Konzern über eine → Billigfluggesellschaft. Die Nachfolgegesellschaft der 2001 zusammengebrochenen Swissair, die schweizerische Swiss, ist seit 2007 eine hundertprozentige Tochter der Lufthansa, ebenso seit 2008 die österreichische Austrian Airlines (AUA) und seit 2016 die belgische Brussels (früher SABENA) (auch Conrady, Fichert & Sterzenbach 2019, S. 293).

Der Wartungsbereich hat sich unter dem Namen Lufthansa Technik in Hamburg/Frankfurt zu einem der weltweit größten Unternehmen im Bereich Wartung, Reparatur und Flugzeugüberholung (maintenance, repair and overhaul, MRO) entwickelt. Zudem ist Lufthansa Technik einer der Marktführer in der Ausstattung von Geschäftsreiseflugzeugen. Die Tochter LSG Sky Chefs war lange Zeit das weltgrößte Catering-Unternehmen im Luftfahrtbereich. Sie befindet sich zu Teilen im Verkaufsprozess an Gate Gourmet (Stand: 2020). Die Ausbildung und Überprüfung von → Cockpit Besatzungen bietet Lufthansa Aviation Training mit Simulatorzentren in Frankfurt und Berlin-Schönefeld auch anderen Fluggesellschaften an. Lufthansa Systems ist eines der größten IT-Systemhäuser in Deutschland und nicht nur in der luftfahrtbezogenen Programmentwicklung und -implementierung tätig. (jwm/sr)

Literatur
Conrady, Roland; Frank Fichert & Rüdiger Sterzenbach 2019: Luftverkehr. Betriebswirtschaftliches Lehr- und Handbuch. Berlin, Boston: De Gruyter Oldenbourg (6. Aufl.)

Lufthansa Express Rail

Bahnzubringer, der aus einer Kooperation zwischen der → Lufthansa und der → Deutschen Bahn entstanden ist. Die (digitale) Bordkarte dient als Fahrschein für die Zugverbindung. Die Verkehrsträger werden organisatorisch aufeinander abgestimmt, Umsteigezeiten reduziert, Gepäckabgabe und -ausgabe sind am Bahnhof möglich. Siehe auch → Air-Rail. (wf)

Luftkrankheit [air sickness, aviator's disease]

Form der Reisekrankheit (Kinetose, motion sickness), die während des Fluges auftritt. Es handelt sich dabei im Prinzip um die gleichen Symptome, wie sie auch bei der Nutzung anderer Verkehrsmittel wie Schiff, Bus und Automobil, aber auch in Eisenbahnzügen auftreten können. Sie wird ausgelöst durch Beschleunigungen, die einerseits Reizungen des Gleichgewichtsorgans auslösen, andererseits nicht mit der Wahrnehmung im direkten Gesichtsfeld in Übereinstimmung zu bringen sind.

Der letzte Punkt trifft insbesondere für das Fliegen zu, weil man in großen Flugzeugen in der Regel keine Referenzpunkte außerhalb der Kabine hat. Verstärkt werden das damit verbundene Übelsein und weitere Symptome wie Schweißausbrüche und Schwindel durch Flugangst, die auch gefördert werden kann durch Turbulenzen und Schräglagen des Flugzeuges beim Start und beim Landeanflug. Zur Vorsorge befindet sich in jeder Sitztasche vor einem Passagiersitz eine Spucktüte (airsickness bag). → Seekrankheit. (jwm)

Literatur
Oldenburg, Marcus 2018: Kinetose und Reisediarrhoe. In: Volker Harth et al. (Hrsg.): Reisemedizin und Impfen: Empfehlungen für Ärzte, Betriebe und beruflich Reisende. Landsberg am Lech: ecomed Medizin, S. 96–106

Luftkurort [climatic health resort]

Luftkurorte sind klimatisch und landschaftlich bevorzugte Gemeinden oder Gemeindeteile, die sich durch ihre herausgestellte Luftqualität durch entsprechende Einrichtungen vorwiegend an den gesundheitsorientierten Gast richten. Die hohe Luftqualität unterliegt einem Prüfaufwand, der dem der hochprädikatisierten Heilbäder und → Kurorte entspricht. Die gesundheitstouristische Ausrichtung eines Luftkurortes sollte durch ein touristisches Konzept und eine langfristige Planung dokumentiert sein. Bei der Erhaltung und Förderung der Gesundheit (Prävention und Salutogenese) übernehmen sie eine wichtige Aufgabe.

Sie zählen zur Gruppe der prädikatisierten Orte (→ Prädikatisierung) und unterliegen den Qualitätsmerkmalen und Mindestvoraussetzungen nach den → Begriffsbestimmungen – Qualitätsstandards für Heilbäder und Kurorte, Luftkurorte, Erholungsorte – einschließlich der Prädikatisierungsvoraussetzungen – sowie für Heilbrunnen und Heilstollen; hierauf verweisen die Kurortgesetzlichkeiten der Bundesländer. Sie weisen eine Mehrzahl gesundheitsbezogener Einrichtungen wie Kurpark (→ Parks), Terrainkurwege mit unterschiedlichen Belastungsstufen und Informationsangebote über Bedeutung und Ausprägung von Klima und Luftqualität aus. Auch das ärztliche Angebot weist differenzierte Profile wie im Bereich der Naturheilkunde auf. Die medizinische Kompetenz für die Durchführung von Präventions- und Rehabilitationsmaßnahmen sollte vorhanden sein, beispielsweise durch Niederlassung eines Arztes mit Erfahrung in der Medizinischen Klimatologie sowie klimatherapeutisch geschulten Mitarbeitern.

Luftkurorte müssen die allgemeinen Anerkennungsvoraussetzungen sowie die der sie betreffenden Artbezeichnung im Wesentlichen erfüllen. Sie weisen unter anderem ein therapeutisch (nachweisbares) anwendbares und durch Erfahrung bewährtes Bioklima und eine entsprechend regelmäßig zu kontrollierende Luftqualität sowie insbesondere verschiedene Angebote zur körperlichen Betätigung im Freien auf, wodurch sie sich von → Erholungsorten unterscheiden. Ansonsten müssen sie grundsätzlich die Anforderungen an Erholungsorte erfüllen: hohe Qualitätsstandards im Beherbergungssektor (mindestens 100 Schlafgelegenheiten) mit entsprechendem Nachweis von → Qualitätszeichen und Klassifizierungsmaßnahmen (→ Deutsche Hotelklassifizierung), möglichst geringe Umweltbeeinträchtigungen (Verkehr, Lärm, Immissionen), gepflegtes, einheitliches und durchgängig ausgeschildertes Wander- und Fahrradwegenetz, Kultur-, Sport- und Freizeitprogramme, eine zertifizierte → Tourist Information, ganzjähriges Gästeprogramm. Eine Mindestaufenthaltsdauer von 2,5 Tagen sollte nicht unterschritten werden.

Luftkurorte weisen somit unterschiedliche bauliche und naturräumliche Strukturen und Angebotsprofile auf, allerdings halten sie kein Angebot von Heilbehandlungen vor, die mit dem Begriff → Kur umschrieben werden können. (abw)

Literatur

Deutscher Tourismusverband e. V.; Deutscher Heilbäderverband e. V. 2018: Begriffsbestimmungen – Qualitätsstandards für Heilbäder und Kurorte, Luftkurorte, Erholungsorte – einschließlich der Prädikatisierungsvoraussetzungen – sowie für Heilbrunnen und Heilquellen. Berlin (13. Aufl.; Fassung vom 28.09.2018)

Luftschiff → **Zeppelin**

Luftseite [airside]
Der im Gegensatz zur → Landseite zum Sicherheitsbereich gehörende Teil eines → Flughafens, der dementsprechend nur nach dem Passieren einer Sicherheitsschleuse (elektronische Bordkarten-, Handgepäck- und Körperkontrolle für Passagiere, Sicherheitsausweis- und weitere Kontrollen für Flughafenbeschäftigte und Flugbesatzungen) zugänglich ist. In diesem Bereich befinden sich in den → Terminals die Gepäckausgaben (→ Gepäckband) für ankommende Passagiere, die Einsteigepositionen (gates) für die Flüge, aber auch Geschäfte – im internationalen Bereich zollfreier Einkauf (→ Duty Free), → Restaurants, → Bars usw.

Auch die → Rollwege, die → Start- und Landebahnen, das → Flughafenvorfeld und alle Gebäude mit direktem Zugang zum Vorfeld (zum Beispiel Hangars, Gepäckverteilung, Frachtzentren) gehören zur Luftseite. (jwm)

Luftsicherheitsgebühr [aviation security fee]
Gebühren, die in Deutschland je nach → Flughafen gemäß § 5 des Luftsicherheitsgesetzes (LuftSiG) von der Bundespolizei bzw. den Landespolizeibehörden zur Durchsuchung von Passagieren und deren Gepäck zum Schutz vor Angriffen (→ Terrorismus und Tourismus) auf den Luftverkehr erhoben werden, die wiederum meist Subunternehmen mit der Durchführung der Personenkontrollen beauftragen.

Der Gebührenrahmen liegt nach Angaben des Bundesministeriums des Innern derzeit zwischen 2 und 10 € je Passagier (zum Beispiel München 7,83 €, Memmingen/Allgäu 4,40 €; Frankfurt/Main: 9,95 €; Stand: 2020). Anpassungen erfolgen in der Regel jährlich (BMI 2020, S. 1 ff.). Bei den meisten → Fluggesellschaften ist diese Gebühr im Preis für ein Ticket inbegriffen und wird nicht extra ausgewiesen. (jwm/wf)

Literatur

Bundesministerium des Innern (BMI) 2020: Luftsicherheitsgebühr. (https://www.bmi.bund.de/SharedDocs/downloads/DE/veroeffentlichungen/themen/sicherheit/luftsicherheitsgebuehr.pdf, zugegriffen am 15.07.2020)

Lufttaxi [air taxi]
Flugzeug, das im → Bedarfsluftverkehr eingesetzt wird. Die dabei eingesetzten Typen reichen von kleinen einmotorigen Viersitzern bis hin zu Business Jets, teilweise sind es sogar spezielle Versionen von Verkehrsmaschinen. Gemein ist allen jedoch, dass sie nur auf Anforderung fliegen und ganz gechartert werden müssen.

Für den Zugang zu meist exklusiven Ferienanlagen auf Inseln (island resorts), zum Beispiel in der Karibik oder in Südostasien, und Exkursionen, zum

Beispiel im Süden Afrikas, werden vielfach Lufttaxen (zum Beispiel Cessna Caravan, ein robuster einmotoriger → Turboprop mit bis zu 14 Passagiersitzen), zum Teil auch als Wasserflugzeug eingesetzt. Hubschrauber werden für diese Zwecke ebenfalls verwendet. Große Fluggesellschaften bieten ihren Premium-Kunden Lufttaxi-Dienste als Zubringerflüge zu ihrem → Linienflugverkehr an.

Autonome Elektro-Lufttaxis als neue Verkehrstechnologie befinden sich in der Erprobungsphase (Airliners 2019a; Airliners 2019b). (jwm/wf)

Literatur

Airliners 2019a: Boeings Prototyp für autonomes Lufttaxi absolviert ersten Testflug. (http://www.airliners.de/boeings-prototyp-lufttaxi-testflug/48580, zugegriffen am 25.06.2019)
Airliners 2019b: Verschiedene Konzepte für die Flugtaxi-Zukunft. (https://www.airliners.de/verschiedene-konzepte-flugtaxi-zukunft/52367, zugegriffen am 24.05.2020)

Luftverkehrsgesellschaft → **Fluggesellschaft**

Luftverkehrskaufmann/-kauffrau [air transport specialist]

Anerkannter Ausbildungsberuf, der bei einer → Fluggesellschaft oder einem → Flughafen erlernt werden kann. Da es sich um einen normalen kaufmännischen Ausbildungsberuf handelt, ist keine bestimmte Vorbildung für die Ausbildungsaufnahme vorgeschrieben; in der Regel werden allerdings mindestens die Mittlere Reife und gute bis sehr gute Englischkenntnisse verlangt.

Aufgrund ihrer generellen kaufmännischen Ausbildung werden Luftverkehrskaufleute in nahezu allen Bereichen von Luftverkehrsunternehmen eingesetzt. Dazu gehören zum Beispiel die Kostenermittlung für den Einsatz von Flugzeugen inklusive der Personal- und Treibstoffkosten, die Erstellung von Einsatzplänen, die Ersatzteillogistik, aber auch (in teilweiser Überschneidung mit dem → Servicekaufmann im Luftverkehr) der Dienst an Verkaufsschaltern und beim → Check-in. In verantwortlicheren Positionen gehören zum Aufgabenbereich auch Verhandlungen mit Firmenkunden und Partnerfluggesellschaften über Streckenführungen und die Abstimmung von Start- und Landezeiten. Abgeschlossen wird die Ausbildung nach drei Jahren mit bestandener Abschlussprüfung. (jwm/sr)

M

Mach

Benannt nach dem Physiker und Psychologen Ernst Mach (1838–1916), bezeichnet die Machzahl die Geschwindigkeit eines Objektes in der Luft im Verhältnis zur Schallgeschwindigkeit. 1 Mach entspricht dabei genau der Schallgeschwindigkeit. Sie ist kein feststehender Wert, sondern ändert sich mit der Lufttemperatur: Je niedriger die Temperatur, desto niedriger wird auch die Schallgeschwindigkeit. Als einziges Passagierflugzeug war die → Concorde in der Lage, mit mehr als zweifacher Schallgeschwindigkeit (Mach 2,2) zu fliegen. Moderne Passagierflugzeuge wie die Boeing 777 fliegen mit ca. 0,84 Mach (→ Strömungsabriss). (jwm)

Maître d'hôtel → Restaurantleiter

Malaria (Sumpffieber, Wechselfieber) [malaria]

Malaria [mal'aria (ital.) = schlechte Luft] ist eine Infektionskrankheit, die in Gebieten vorkommt, in denen etwa ein Drittel der Menschheit lebt. Betroffen sein können vor allem Touristen, die tropische und subtropische Gegenden bereisen. 2017 gab es weltweit ca. 219 Mio. Malariaerkrankungen und 435.000 Todesfälle. Afrika stellte mit über 90 % bei den auftretenden Erkrankungen das Zentrum dar. Nur fünf Länder (Nigeria, Demokratische Republik Kongo, Mosambik, Uganda, Indien) konzentrierten 2017 die Hälfte der weltweiten Malariafälle (Rothe et al. 2019, S. 106). Malaria gilt als wichtigste Reisekrankheit überhaupt; der Im- und Export der Krankheit geschieht über vielfältige Reisebewegungen (Touristen, Berufstätige im Ausland, fliegendes Personal, Migranten, die in ihr Heimatland zu Besuch zurückkehren, → Visiting Friends and Relatives). Nach dem Infektionsschutzgesetz ist die Krankheit meldepflichtig.

Malaria wird durch den Stich einer Stechmücke (Moskito, Gattung Anopheles) hervorgerufen. Reisende, die aus den Tropen kommen, können Moskitos einschleppen, sodass die Infektion auch in außertropischen Zielgebieten erfolgen kann („Flughafen-Malaria"). Eine weitere Möglichkeit der Ansteckung ist durch Bluttransfusion gegeben. In der Masse erfolgt die Ansteckung allerdings direkt durch den Stich der Stechmücke, die über die einzelligen Erreger, die Plasmodien, bei ihrer „Blutmahlzeit" den Menschen infiziert.

Für den Tourismus und die Reise- und Tropenmedizin hat die Malaria eine überragende Bedeutung (Burchard 2005, S. 605; Rothe et al. 2019, S. 105 ff.):
– Sie wird relativ häufig importiert (Inkubationszeit ca. zwei bis drei Wochen).
– Sie stellt eine lebensbedrohliche Erkrankung dar.

https://doi.org/10.1515/9783110546828-014

– Sie ist differentialdiagnostisch mit einer Vielzahl von Symptomen bedacht. Wegen ihrer Vielgestaltigkeit wird sie deshalb auch „master of masquerade" genannt.

Nur eine schnellstens einsetzende Therapie vermag schwerwiegende Komplikationen zu begrenzen.

Die Senkung des Malariarisikos ist durch Reiseverzicht in die Endemiegebiete (→ Endemie) gegeben. Wenn das nicht möglich ist, steht das Vermeiden von Insektenstichen im Vordergrund der Prophylaxe. Außerdem wird die medikamentöse Vorbeugung und in Ausnahmefällen die notfallmäßige Selbstbehandlung empfohlen (Burchard 2018, S. 83 ff.; Rothe et al. 2019, S. 107 ff.). Informationen und Empfehlungen zur Malaria-Prophylaxe enthält die Website der Deutschen Gesellschaft für Tropenmedizin und Internationale Gesundheit e. V. (DTG): www.dtg.mwn.de. Zum Infektionsrisiko von Malaria siehe auch Burchard 2018, S. 79 ff. (hdz/wf)

Literatur
Burchard, Gerd D. 2005: Malaria. In: Harald Kretschmer; Gottfried Kusch & Helmut Scherbaum (Hrsg.): Reisemedizin. Beratung in der ärztlichen Praxis. München, Jena: Elsevier, S. 605–614
Burchard, Gerd D. 2018: Chemoprophylaxe der Malaria. In: Volker Harth et al. (Hrsg.): Reisemedizin und Impfen: Empfehlungen für Ärzte, Betriebe und beruflich Reisende. Landsberg am Lech: ecomed Medizin, S. 79–88
Rothe, Camilla et al. 2019: Empfehlungen zur Malariaprophylaxe. In: Flugmedizin Tropenmedizin Reisemedizin (FTR), 26 (3), S. 105–132 (elektronischer Sonderdruck unter: https://dtg.org/images/Startseite-Download-Box/2019_DTG_Empfehlungen_Malariaprophylaxe.pdf, zugegriffen am 10.09.2019)

Malcolm Baldrige National Quality Award (MBNQA)

In den USA eine hohe, nationale Auszeichnung im → Qualitätsmanagement, benannt nach dem inzwischen verstorbenen US-amerikanischen Handelssekretär (Secretary of Commerce) Malcolm Baldrige. Der Preis kann seit 1988 jährlich in nun sechs Kategorien (Wirtschaft, Bildung, Gesundheitswesen, Non-Profit-Unternehmen, Regierungshandeln, Cyber-Sicherheit) gewonnen werden und soll US-amerikanische Unternehmen ermutigen, in Qualität zu investieren, um im weltweiten Wettbewerb bestehen zu können (Baldrige Foundation o. J.).

Der MBNQA hat Leitbildfunktion: In Europa bspw. lehnten sich Exzellenz-Programme (z. B. EFQM-Modell, EFQM-Exzellenz-Modell) an das Modell des MBNQA an (Zollondz 2016, S. 669 ff.).

Die Hotelgruppe Ritz-Carlton hat den MBNQA 1992 und 1999 gewonnen und gehört damit zum elitären Kreis von Unternehmen, die die Auszeichnung mehr als einmal verliehen bekommen haben. Zum Qualitätspreis siehe ausführlich Zollondz 2016, S. 669 ff. (hdz/wf)

Literatur

Baldrige Foundation o. J.: Purpose, Mission, Vision, and Values. (https://baldrigefoundation. org/who-we-are/, zugegriffen am 19.07.2020)

Zollondz, Hans-Dieter 2016: MBNQA-Malcolm Baldrige National Quality Award. In: Hans-Dieter Zollondz; Michael Ketting & Raimund Pfundtner (Hrsg.): Lexikon Qualitätsmanagement. Handbuch des Modernen Managements auf Basis des Qualitätsmanagements. Berlin, Boston: De Gruyter Oldenbourg, S. 669–673 (2. Aufl.)

Mall [mall]

Als Mall wird heute eine Einkaufsstraße, ein Einkaufszentrum oder im amerikanischen Englisch die shopping mall bezeichnet. Der Begriff lässt sich zurückverfolgen auf den Vorläufer des Holzballspiels Krocket, das ‚pall mall‘. Das Wort stammt aus dem Italienischen: pallamaglio oder palla di maglio ist der Holzhammer. Diese Form hatte auch der Schläger, der so benannt wurde. Schließlich wurde das Spiel selbst so genannt, das entlang einer Bahn gespielt wurde. Das Spiel ist nicht mehr in Mode, aber aus den Straßen heraus, in denen das Spiel gespielt wurde, hat sich die Bezeichnung Pall Mall oder einfach The Mall entwickelt.

Malls sind häufig auch von touristischem Interesse und haben in vielerlei Hinsicht einen hohen Erlebniswert. Bezeichnungen wie Shopping Mall und Shopping Center haben sich durchgesetzt. Die Bedeutung des Wortes ist auch heute noch anzutreffen: Der Hamburger weiß, dass es in Altona noch die Palmaille gibt. → Urban Entertainment Center. (hdz)

Management Fee → **Managementvertrag**

Managementfunktionen [management functions]

Nach vielerlei, zum Teil kontrovers geführten begrifflichen Diskussionen der Vergangenheit werden heute mit dem Begriff »Management« in der Regel zwei alternative inhaltliche Interpretationen gleichberechtigt verbunden:

- In institutioneller Sicht werden mit »Management« die Träger der Managementfunktionen – die »Führungskräfte« – einer Unternehmung verstanden. Das Management einer Unternehmung wird dann von denjenigen Personen ausgeübt, die „… auf Grund rechtlicher oder organisatorischer Regelungen die Befugnis besitzen, einzeln oder als Gruppe anderen Personen Weisungen zu erteilen, denen diese Personen zu folgen verpflichtet sind" (Hahn & Hungenberg 2001, S. 28). Der Kreis der Berechtigten wird damit durch die jeweils gültigen rechtlichen Regelungen und Satzungen – die Unternehmensverfassung (Bleicher 1994, S. 289 ff.; Bleicher & Abegglen 2017, S. 202 ff.) – sowie die

bestehenden Machtverhältnisse innerhalb und außerhalb der Unternehmung beeinflusst (→ Stakeholder-Management).
- Management als Tätigkeit bzw. Funktionenbündel der Führungskräfte in der Unternehmung kann hingegen allgemein als ein Informationsverarbeitungsprozess aufgefasst werden und konkretisiert sich in den Aufgaben der Willensbildung, Willensdurchsetzung und Willenssicherung (Hahn & Hungenberg, 2001, S. 32 ff.). Zumeist wird Management dann mit einer Summe von explizit aufgezählten Funktionen, wie Planen, Entscheiden, Organisieren, Anweisen, Kontrollieren, Beurteilen usw. inhaltlich näher beschrieben. Im Zentrum eines so verstandenen Managementbegriffs steht der Entscheidungsprozess mit seinen Teilphasen »Planung«, »Steuerung« und »Kontrolle«. Zur inhaltlichen Umsetzung dieses Entscheidungsprozesses sind eine Vielzahl von »Management-Instrumenten« (z. B. Planungs- und Kontrollsysteme, Entscheidungskalküle, Simulationstechniken u. a.), »Management-Modellen« (z. B. Management by Objectives) und »Management-Konzepten« entwickelt worden.

Im Verlaufe der Entwicklung der Managementlehre zeigten sich viele der tradierten Managementfunktionen und -techniken bei der Bewältigung der anstehenden Führungsaufgaben im komplex-dynamischen Umfeld von Unternehmungen als mehr oder minder leistungsfähig, da ihnen zumeist der zur Problemerkennung und Problemlösung erforderliche ganzheitliche Charakter fehlte (Bleicher & Abegglen 2017, 102 ff.). Hinzu trat die Einsicht, dass nicht nur Unternehmungen, sondern jegliche Art von Organisation bzw. Institution heute mit Managementaufgaben konfrontiert ist. Vor diesem Hintergrund formulierte Hans Ulrich (1984) den Gegenstand der Managementaufgabe als die Gestaltung, Lenkung und Entwicklung sozialer Systeme. Damit werden die Managementfunktionen von einer rein betriebswirtschaftlichen Betrachtung auf eine höhere Abstraktionsstufe eines »systemischen Meta-Managements« gestellt und generell auf alle Institutionen, in denen Menschen tätig werden, übertragen:
- „Gestalten bedeutet, eine Institution überhaupt zu schaffen und als zweckgerichtete handlungsfähige Ganzheit aufrechtzuerhalten ..." (Ulrich 1984, S. 114). Die Aufgabe des Managements besteht somit darin, absichtsgeleitet einen institutionellen Rahmen zu schaffen, innerhalb dessen der Zwecksetzung der Institution (= dem Sachziel) nachgegangen wird.
- „Unter Lenkung verstehen wir das Bestimmen von Zielen und das Festlegen, Auslösen und Kontrollieren zielgerichteter Aktivitäten des Systems bzw. seiner Komponenten und Elemente" (Ulrich 1984, S. 115). Die Steuerung richtet sich als Teilaspekt der Lenkung auf korrigierende Eingriffe in den Entwicklungspfad einer Institution vor dem Eintritt einer erkannten Störung, wäh-

rend die Regelung eine dispositive Lenkung unter dem Druck eines eingetretenen Ereignisses bedeutet.

- Die Gestaltungs- und Lenkungsaufgabe ist dabei in den „… Rahmen eines langfristigen und nie vollendeten Entwicklungsprozesses der Institution" (Ulrich 1984, S. 120) eingebunden. Die Bewältigung dieses Entwicklungsprozesses im Zeitablauf bestimmt schließlich maßgeblich die Überlebens- und Entwicklungschancen der Institution. Dabei bleibt jedoch immer zu berücksichtigen, dass dieser Entwicklungsprozess nur teilweise von den Führungskräften beherrschbar ist. Eigenkomplexität der Institution, spontane, ungeplante Prozesse der in der Institution tätigen Menschen sowie unvorhersehbare externe Einflüsse lassen Ergebnisse jenseits des beabsichtigten Gestaltungs- und Lenkungsentwurfes entstehen. (vs)

Literatur

Bleicher, Knut 1994: Normatives Management. Politik, Verfassung und Philosophie des Unternehmens. Frankfurt/Main, New York: Campus

Bleicher, Knut; Christian Abegglen 2017: Das Konzept Integriertes Management. Visionen – Missionen – Programme. Frankfurt/Main, New York: Campus (9. Aufl.)

Hahn, Dietger; Harald Hungenberg 2001: PuK Planung und Kontrolle, Planungs- und Kontrollsysteme, Planungs- und Kontrollrechnung: Wertorientierte Controllingkonzepte. Wiesbaden: Gabler (6. Aufl.)

Ulrich, Hans 1984: Management. Bern: Paul Haupt

Gedankensplitter

„Die Hotellerie findet nicht in meinem Büro statt." (Jens Lassen, ehem. Clubdirektor Aldiana)

„Für mich gibt es drei zentrale Fragen: Wer ist mein Gast? Was will mein Gast? Wie kriegen wir das hin?" (Jens Lassen, ehem. Clubdirektor Aldiana)

Managementvertrag [management contract, management agreement]

Gesetzlich nicht ausdrücklich geregelter – vor allem in der internationalen Hotellerie verbreiteter – Vertragstyp zwischen Hoteleigentümer (Investor) und Hotelbetreiber (Betreibergesellschaft bzw. Managementgesellschaft), der die Geschäftsführung eines Hotels während eines vertraglich festgelegten Zeitraumes gegen eine Gebühr zum Inhalt hat. Der Managementvertrag wird rechtlich als Geschäftsbesorgungsvertrag mit Dienstvertragscharakter qualifiziert (§§ 675, 611 BGB). Darunter versteht man eine „selbständige Tätigkeit wirtschaftlichen Charakters im Vermögensinteresse eines anderen gegen Entgelt" (BGH DB 1959, 168). Der Eigentümer stellt in der Regel die Immobilie, Einrichtung und Ausstattung und trägt den Personalaufwand. Die Betreibergesellschaft bringt ihr Know-how zur Führung eines Hotels ein. In Frage kommen unabhängige Betreibergesellschaften (independent operating companies) und → Hotelketten (chain operating companies, brand operating companies) (Eyster & deRoos 2009, S. 2 ff.). Es ist denkbar, dass der Vertrag auch schon vor der Eröffnung des Hotels greift und die Betreibergesellschaft Aufgaben (pre-opening responsibilities) übernimmt (Vogel 2012, S. 157). Das unternehmerische Risiko liegt vornehmlich auf Seiten des Eigentümers, er trägt Gewinn und Verlust.

Die Betreibergesellschaft erhält für ihre Tätigkeit eine Gebühr (Management Fee), die sich aus mehreren Komponenten zusammensetzt. Oft ist in den Verträgen eine → Base Management Fee fixiert, die um eine → Incentive Management Fee und eine → Marketing Fee ergänzt wird. Empirische Ergebnisse weisen auf durchschnittliche Vertragsdauern von 10–30 Jahren hin, Abweichungen nach unten und oben sind möglich (Jones Lang Lasalle Hotels 2001, S. 1 ff.; JLL Hotels & Hospitality Group & Baker & McKenzie 2014, S. 3 ff.; HVS 2017, S. 3). Managementverträge finden seit den 1960er-Jahren Anwendung. Sie ermöglichten US-Hotelgesellschaften durch die → funktionelle Entkoppelung eine zügige internationale Expansion bei gleichzeitig begrenztem Risiko (Eyster & deRoos 2009, S. 1 ff.).

Die konkrete Ausgestaltung der Verträge (etwa Laufzeit, Verlängerungsoptionen, Gebührenstruktur, Mitspracherechte des Eigentümers im operativen Bereich, Garantien, Kapitaleinlagen, Kündigungsfristen, Ausstiegsklauseln, FF&E) ist eine Frage der Verhandlungsmacht. Aufgrund der hohen Anbieterzahl von internationalen Betreibergesellschaften und der zunehmenden Professionalisierung der Investorenseite befinden sich die Investoren seit längerem in einer starken Verhandlungsposition (Ginneken 2018, S. 22). Die Vertragskonstellation ist auch im gastronomischen Bereich anzutreffen.

Zu den wichtigen Vertragskomponenten „Cap", „Exit-Klausel", „FF&E-Reserve" und „stand aside-Regelung" siehe → Cap-Klausel, → Exit-Klausel, → Furniture, Fittings & Equipment (FF&E) und → Stand aside. Zum theoretischen Hintergrund siehe → Agenturtheorie. (wf/gd)

Literatur

Eyster, James J.; Jan A. deRoos 2009: The Negotiation and Administration of Hotel Management Contracts. New York et al.: Pearson Custom Publishing (4th ed.)

Ginneken, Rob van 2018: Trends and issues in hotel ownership and control. In: Roy C. Wood (ed.): Hotel Accommodation Management. London, New York: Routledge, pp. 15–30

HVS (ed.) 2017: Hotel Management Contracts in Europe. London

JLL Hotels & Hospitality Group; Baker & McKenzie (eds.) 2014: Hotel Management Contracts. Chicago

Jones Lang Lasalle Hotels (ed.) 2001: Management Agreement Trends Worldwide. Hotel Topics: Issue No. 7. New York

Vogel, Harold L. 2012: Travel industry economics: A guide for financial analysis. New York: Cambridge University Press (2nd ed.)

Manager on Duty

Manager (engl.) = Geschäftsführer, Abteilungsleiter; duty (engl.) = Aufgabe, Pflicht; on duty (engl.) = im Dienst.

In der Hotellerie der Begriff für die Person, die den → General Manager in dessen Abwesenheit vertritt. Der Manager on Duty übernimmt im Rahmen der Vertretung bei kurzfristig auftretenden Fragen und Problemen, die in den einzelnen Abteilungen nicht gelöst werden können, die Verantwortung und fällt Entscheidungen im Sinne einer letzten Instanz. Er ist zentraler Ansprechpartner für Gäste und Mitarbeiter. Die Position des Manager on Duty garantiert, dass in einem Hotel jederzeit eine zentrale Anlaufstelle existiert. Sie wird in der Regel von Direktionsassistenten oder Abteilungsleitern (z. B. Empfangschef, F&B Manager [→ Food and Beverage], → Hausdame oder Reservierungsleiter) bekleidet. In der Praxis fällt oft auch der Begriff „MoD" oder Duty Manager, vereinzelt auch der Begriff „Chef vom Dienst". (wf)

Manchise-Vertrag [manchise agreement]

Manchise ist eine Wortkomposition aus Management und Franchise. Ein Manchise-Vertrag ist ein hybrider Vertrag, der einen → Managementvertrag mit einem Franchise-Vertrag (→ Franchise) kombiniert. Die Kreuzung der Verträge soll die jeweiligen Vorteile zusammenführen. Vorstellbar sind auch Vertragskonstellationen, die einen Managementvertrag zu einem späteren Zeitpunkt, bspw. nach fünf Jahren, in eine Franchise-Konstellation überführen (HVS 2017, S. 10). (wf)

Literatur
HVS (ed.) 2017: Hotel Management Contracts in Europe. London

Manifest [manifest]

Durchnummerierte Liste mit den Namen und persönlichen Angaben von Passagieren und der Besatzung eines Schiffes, die in (elektronischer) Kopie den Hafenbehörden jedes angelaufenen Hafens vorgelegt werden muss. Die Übermittlung der Daten an die Reedereien erfolgt online. Im Flugbereich als → Passagierliste bezeichnet. (jwm/wf)

Many-to-Many Communication → Social Media

MAP → Modified American Plan

Marge [margin, spread]

Differenz zwischen den Kosten für Vorleistungen von Leistungsträgern (Beförderungs-, Transfer-, Hotel- und Betreuungsleistungen), die ein → Reiseveranstalter für seine Gäste in Anspruch nimmt, und dem Verkaufspreis für eine → Pauschalreise. Die Marge ist damit Ausdruck der Eigenleistung bzw. der Wertschöpfung des Reiseveranstalters. (jwm)

Marina [marina]

Ein auf die Bedürfnisse der Freizeitschifffahrt abgestimmter Hafen, also ein Yachthafen. Mit der → Blauen Flagge ausgezeichnete Marinas werden umweltfreundlich geführt. Der Begriff entstammt dem Englischen. (hdz)

Marken [brands]

Eine Marke kann als die Summe aller Vorstellungen verstanden werden, die ein Markenname (Brand Name) oder ein Markenzeichen (Brand Mark) bei Kunden hervorruft bzw. beim Kunden hervorrufen soll, um die Waren oder → Dienstleistungen eines Unternehmens von denjenigen anderer Unternehmen zu unterscheiden (Esch 2017). Mit Hilfe von Namen, Begriffen, Zeichen, Symbolen oder Design (oder einer Kombination davon) wird darauf gezielt, ein Produkt oder eine Dienstleistung von seinen Wettbewerbern zu unterscheiden. Ziel der Markentechnik ist die Erreichung der Monopolstellung in der Psyche der Verbraucher. Das Wiedererkennen einer Marke erleichtert den Konsumenten die Orientierung bei der Angebotsauswahl und schafft Vertrauen. Marken sind für Konsumenten emotionale Anker, sie vermitteln bestimmte Gefühle und Images und tragen zur Abgrenzung sowie zur Vermittlung eigener Wertvorstellungen bei. Für Unternehmen dient eine starke Marke zur Differenzierung des eigenen Angebots von der Konkurrenz, als Möglichkeit zur Kundenbindung, als Plattform für neue Produkte/Dienstleistungen (Markenausdehnung), als Basis für die Lizenzierung, als Schutz des eigenen Angebots vor Krisen und Einflüssen der Wettbewerber, auch vor Handelsmarken sowie zur erleichterten Akzeptanz im Handel. Bezogen auf die Markenbreite kann man die Einzelmarke (ein Produkt), die Familienmarke (mehrere Produkte), die Firmen- und die Dachmarke sowie die Gattungsmarke unterscheiden. Als Markenabsender gelten Hersteller (Produzentenmarke), Händler (Handelsmarke, Eigenmarke, Gattungsmarke), Dienstleister und Handwerker. → Markenhotellerie. (sb)

Literatur
Esch, Franz-Rudolf 2017: Strategie und Technik der Markenführung. München: Vahlen (9. Aufl.)

Markenführung [brand management]

Unter Markenführung (oder Markenmanagement) versteht man den Aufbau, die systematische Pflege und Weiterentwicklung einer → Marke im Zeitverlauf. Das Hauptziel der Markenführung besteht darin, die eigenen Produkte oder → Dienstleistungen von den Angeboten der Konkurrenz in einer für die Zielgruppe(n) bedeutsamen Art und Weise zu positionieren sowie das eigene Unternehmen und

Leistungsportfolio von den Wettbewerbern zu differenzieren (Esch 2017). Dahinter steht die Erkenntnis, dass eine Marke einen höheren Wiedererkennungswert hat und der Verbraucher mit einer Marke charakteristische (positive) Eigenschaften, Attribute oder Leistungen verbindet. Markenführung ist ein kontinuierlicher Analyse-, Planungs- und Entwicklungsprozess, um sich den veränderten Marktbedingungen sowie den Kunden- und Wettbewerbsbedürfnissen im analogen und digitalen Bereich anzupassen und den zentralen Markenkern und die Markenwerte kontinuierlich fortzuführen. Gleichermaßen gilt es, Wachstumspotentiale der Marke auszuschöpfen, indem durch die Entwicklung neuer Produkte oder → Dienstleistungen, die Ansprache neuer Zielgruppen oder die Erschließung neuer Märkte Chancen des Marktes ergriffen werden. → Markenhotellerie. (sb)

Literatur
Esch, Franz-Rudolf 2017: Strategie und Technik der Markenführung. München: Vahlen (9. Aufl.)

> *i* **Gedankensplitter**
> „Kennst Du eins, kennst Du keins!" (Slogan Hotelgruppe 25hours)

Markenhotellerie [brand hotels]

Begriff, der vom → Deutschen Hotel- und Gaststättenverband (DEHOGA) und dem → Hotelverband Deutschland (IHA) eingeführt wurde. Hotelgesellschaften/-gruppen zählen nach der Definition der Verbände dann zur Markenhotellerie, wenn a) sie über mindestens vier Hotels verfügen, b) zumindest eines der Hotels seinen Standort in Deutschland hat und c) sie mit einer Dachmarkenstrategie am deutschen Hotelmarkt auftreten (IHA 2020, S. 230). Die Dachmarke ist ein Name, ein Zeichen oder ein Symbol. Sie soll dem Kunden Identifikation, Orientierung und Vertrauen geben.

Die Verbände führen über den Begriff die Konzernhotellerie und die → Hotelkooperationen in Statistiken zusammen. Sie argumentieren, dass aus Kundensicht eine Differenzierung zwischen Konzernhotellerie und Hotelkooperationen kaum möglich bzw. irrelevant sei. Anfang 2020 existierten in Deutschland 150 Hotelgesellschaften/-gruppen mit einem Bestand von 4.013 Hotels und mehr als 440.000 Zimmern (Hotelverband Deutschland 2020, S. 236, 248). Insbesondere aufgrund von Zusammenschlüssen und Aufkäufen ist die Zahl der Hotelgesellschaften in den letzten Jahren rückläufig. (wf)

Literatur
Hotelverband Deutschland (IHA) e. V. (Hrsg.) 2020: Hotelmarkt Deutschland 2020. Berlin: IHA-Service

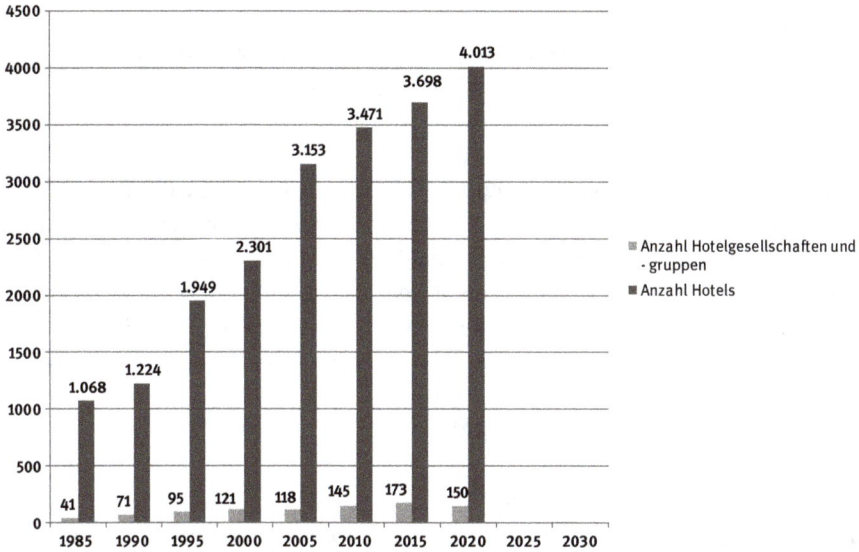

Abb. 21: Entwicklung der Markenhotellerie in Deutschland (nach Hotelverband Deutschland (IHA) 2020, S. 236; Stand: 01.01.2020)

Markenpark → **Freizeitpark,** → **Markenwelten**

Markenwelten [brand lands, brand parks]

Als Markenwelten (engl. „brandland") werden örtlich gebundene Zentren, Ausstellungen oder Themenparks bezeichnet, die das Ziel verfolgen, → Marke(n) und Produkte für ihre Kunden umfassend, interaktiv und authentisch erlebbar zu machen. Hierbei wird versucht, die Facetten einer Marke möglichst multisensual und nachhaltig zu kommunizieren; der Kunde soll in die Welt der Marke „eintauchen" (Mikunda 2006). Im Unterschied zu Messeständen und sonstiger PoS-Kommunikation sind Markenwelten auf Dauer angelegt und architektonisch aufwändiger und nachhaltiger gestaltet. Durch positive Erfahrungen in der Markenwelt soll der Kunde langfristig an das Unternehmen gebunden werden und positive Assoziationen mit der Marke verbinden. Erfolgreiche Beispiele in Deutschland sind im Automobilbereich etwa die Autostadt der Volkswagen AG in Wolfsburg, das Mercedes-Benz Museum sowie das Porsche Museum in Stuttgart, das Legoland in Günzburg, die Swarovski-Kristallwelt in Wattens (Österreich) sowie die Nivea-Häuser in Berlin, Hamburg und Dubai oder das Maggi-Kochstudio in Frankfurt am Main. → Tourismusarchitektur. (sb)

Literatur
Mikunda, Christian 2006: Brand Lands, Hot Spots & Cool Spaces. Welcome to the third place and the total marketing experience. London: Kogan Space

Marketing Fee

Bestandteil der Management-Gebühr (→ Managementvertrag), die Betreibergesellschaft von Hotels im Rahmen von Managementverträgen für ihre Marketing-Aktivitäten erhalten. Neben die Marketing-Gebühr treten als weitere Vergütungskomponenten die → Base Management Fee (Basisgebühr) und die → Incentive Management Fee (ergebnisabhängige Gebühr). Die Marketing Fee orientiert sich oft am Bruttoerlös oder am Bruttobetriebsergebnis (→ Betriebsergebnis I). (wf)

Marktforschung → Reiseanalyse (RA)

Massentourismus [mass tourism]

Eher abwertende Bezeichnung für das konzentrierte Auftreten von Touristen in einer → Destination als Folge der vor allem nach dem Zweiten Weltkrieg erfolgten ‚Demokratisierung' des Reisens. Er wird von Tourismuskritikern oft synonym mit dem Begriff → Pauschaltourismus verwendet und gegen den → Individualtourismus gesetzt. → Overtourism. (jwm)

Master Key → Generalschlüssel

Mayday

Notruf im internationalen Flug- und Schiffsverkehr. Der Begriff entstammt dem Französischen: „Venez m'aider!" (Kommt mir zu Hilfe!), „Aidez-moi!" (Helft mir!). Der Notruf wird in der Luftfahrt etwa auf der internationalen Notruffrequenz 121,5 MHZ abgesetzt. (hdz)

MCT → Mindestumsteigezeit

Medienbasierte Attraktionsformate [Media Based Attraction Formats]

Der Begriff ‚medienbasierte Attraktionen' stammt aus der Freizeitbranche und bildet ein Genre verschiedener Attraktionsformate, bei denen Medieninhalte das Erlebnis der Attraktion bestimmen.

– **Bewegungssimulation/Motion Simulation/Motion Ride:** Der Beginn dieses Genres wurde durch Flug- und Bewegungssimulatoren (vorwiegend Kapseln) gelegt, die in Volksfesten (Kirmes) und → Freizeitparks in den 1980er-Jahren Einzug fanden. Obwohl noch vordergründig die Bewegungssimulation der Aufhänger für die Erlebniskomponente darstellte und Filminhalte meist einfache Kamerafahrten aus der Ich-Perspektive waren, fanden sich Abnehmer bzw. Betreiber für diese Kapselattraktionen auf der ganzen Welt. Nun entdeckten auch die großen Freizeitparks die Bewegungssimulation für sich, und erste Kapsel-Rides mit eigens für die Parks produzierten Filmen starteten, z. B. für Star Tours und Body Wars in Disney's Epcot (1986). Anfang der 1990er-Jahre bekam die Bewegungssimulation im offenen Dome Kino zum Film „Zurück in die Zukunft" (1991) ihren ersten weltbekannten Vertreter in den Universal Studios Parks in Florida und Los Angeles, USA.

- **4D-Kino/4D-Theater:** Bald nach den ersten großen Motion Ride-Attraktionen begann man in den Freizeitparks, sich mit räumlichen Effekten auseinanderzusetzen, und es wurden die ersten 4D-Kinos entwickelt. ‚Honey, I shrunk the audience' wurde 1994 eröffnet, und die ersten weithin bekannten Vertreter dieses Genre in Disney's Epcot Park (in Orlando, Florida) und Disneyland (Anaheim, Los Angeles) begeisterten die Besucher. Hier wurden zu einer 3D-Filmvorführung auch räumliche Effekte in die Sitzreihen integriert, und ein „Niesen" eines Hundes durch reale Wasserspritzer und effektvoll auf im richtigen Moment aktivierte, leicht fallende Sitze eingesetzt. In den Jahren danach wurden die aufwendigen hydraulischen Systeme der Motion Rides durch Pneumatik und elektrische Antriebe ersetzt und in der Regel in 4-Sitzer-Einheiten mit verschiedenen Spezialeffekten als nun kommerzielle 4D-Kinos vertrieben. Seit der Jahrtausendwende fanden sich diese 4D-Kinos in Freizeitparks auf der ganzen Welt wieder, und ca. 15 Jahre später begann der großflächige Einzug in Multiplexkinos, wo in der Regel eines der Kinos im Komplex Spezialeffekte und Bewegung anbietet. Durch die Motivation der großen Freizeitparkbetreiber und der kreativen Köpfe der Freizeitbranche werden seit dem Einzug der Bewegungssimulation und 4D-Effekttechnik immer wieder neue Attraktionsformate geschaffen.

Folgende Formate haben sich von der einzelnen, kundenspezifischen Parkattraktion durch die Verbreitung in verschiedenen Anlagen als eigenständiges Attraktionsformat herausgebildet:

- **Flying Theater:** Im Flying Theater soll Besuchern das Gefühl eines Segelfluges mit hängenden Beinen vermittelt werden. Man gleitet in der Regel mit sanften Bewegungen über einprägsame Landschaften und blickt in eine seitlich hochgestellte Kuppelprojektion. Erster Vertreter war ‚Soarin' over California' im Disneyland Anaheim/Los Angeles (2001). Der bisher einzige Vertreter im deutschsprachigen Raum ist das Voletarium im Europapark Rust (Stand 2020).
- **3D/4D Dark Ride:** Der Dark Ride im Freizeitpark ist generell vergleichbar mit der bei uns geläufigen Geisterbahn, wenn auch mit sehr aufwendigen Ku-

lissen gebaut. Kleine Wägelchen transportieren Besucher durch verschiedene Szenen. Diese „Fahrzeuge" können einfache Vorwärtsbewegungen haben oder dynamische Fahrzeuge sein, die rotieren und Bewegungen in verschiedenen Freiheitsgraden (Degrees of Freedom) erlauben. Vorreiter sind die Attraktionen ,The Amazing Adventures of Spider-Man' im Universal Islands of Adventure, Orlando, USA (1999) oder ,Transformers 3D Ride' in den Universal Parks. Zusätzlich gibt es Vertreter, die Interaktivität integrieren. Hier können nen ,Guns' oder Wurfapparate auf Ziele in der jeweiligen Projektion eingesetzt werden. Ein bekannter Vertreter ist der ,Ghostbusters 5D Ride' im deutschen Heidepark in Soltau. Bei den verschiedenen Dimensionsformaten eignen sich die Park- und Attraktionsbetreiber gerne höhere Zahlen an, als das Format tatsächlich definiert. Obwohl mit 4D- das 3D-Kinoformat mit Bewegung und Spezialeffekten bereits umfasst ist, finden sich oft 5D, 7D oder 9D in den Titeln der jeweiligen Freizeitparkattraktion. In der Regel geschieht dies aus Marketinggründen und hat keinen definitorischen Hintergrund. Allerdings wird der Begriff 5D für Zusätze wie Duft, Bewegung oder Interaktivität vermehrt genutzt.

Weitere Formate sind im Entstehen oder bereits in kleiner Zahl auf dem Markt vorhanden, wie der ,Immersive Tunnel' (Immersion = Eintauchen), bei dem man in einem Vehikel in eine projizierte immersive Kulisse einfährt und quasi in 270

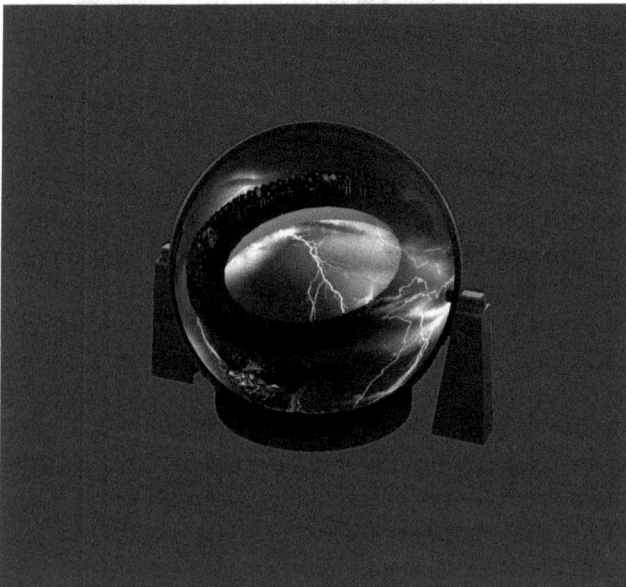

Abb. 22: Dome Ride Theater (© Attraktion! GmbH)

Grad-3D-Filmkulisse einen ,Motion Ride' erlebt. Das ,Dome Ride Theater' ist eine Erfindung des Autors Markus Beyr. 80 Personen können in einer von innen medienbespielten Kugel auf einer Dreh- und Bewegungsplattform ein immersives Erlebnis genießen. Die Innovation soll 2022 im Mittleren Osten zum ersten Mal zu erleben sein.

Neben den genannten Vertretern gibt es Mischformen, die oft herkömmliche Fahrgeschäfte mit VR-Brillen ergänzen und somit eine ältere Attraktion moderner wirken lassen. Nach den anfänglichen Erfolgen trat Ernüchterung aufgrund aufwendiger Reinigung/Desinfizierung, Kapazitätskürzungen und anfälliger Technik ein. Bei kleineren Attraktionen wie im Indoor Family Entertainment-Bereich scheint sich die VR-Brille (→ Virtuelle Realität) für Einzelsimulatoren bzw. ,Walkthrough-Attraktionen' etabliert zu haben. → Fahrgeschäft. (mbe)

Meet and Greet
Abholung von Passagieren bei der Ankunft am Bahnhof, Flughafen oder Hafen des Zielortes. (hdz)

Meeting Industry → Messen, Kongresse und Events

Mega-Schiff → Kreuzfahrttourismus

Mehrbettzimer → Zimmertypen

Mehrfachbelegung [multiple occupancy]
Unter Mehrfachbelegung wird die Belegung eines gastgewerblichen Zimmers (→ Zimmertypen) mit mehr als zwei Person verstanden, etwa durch das Aufstellen von Zusatzbetten oder das Nutzen von Sofas. Dadurch kann eine Bettenauslastung (→ Auslastung) erreicht werden, die über 100 % liegt. Zur Festsetzung des Zimmerpreises bei → Einzelbelegung bzw. Doppelbelegung siehe → Doppelbelegung. (wf)

Mehrfachreisende [multiple tripper]
Personen, die mehr als eine Reise einer bestimmten Reiseart in einer Periode (meist ein Jahr) unternehmen. (jwm)

Mehrsektorenflug [multi sector flight]
Im Gegensatz zum Non-Stop-Flug handelt es sich dabei um einen Flug mit einer oder mehreren Zwischenlandungen. (jwm)

Meile → Landmeile, → Seemeile

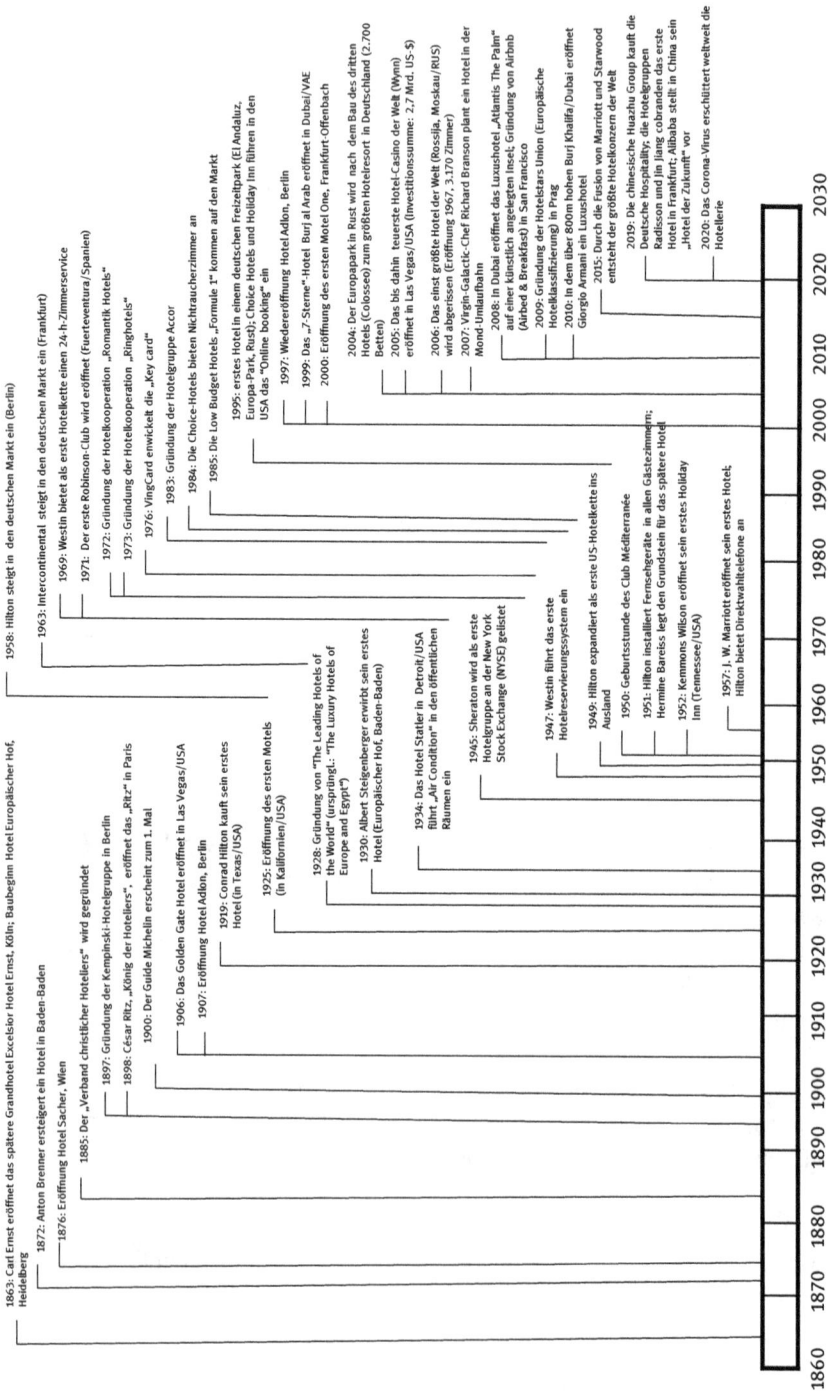

1863: Carl Ernst eröffnet das spätere Grandhotel Excelsior Hotel Ernst, Köln; Baubeginn Hotel Europäischer Hof, Heidelberg

1872: Anton Brenner ersteigert ein Hotel in Baden-Baden

1876: Eröffnung Hotel Sacher, Wien

1885: Der „Verband christlicher Hoteliers" wird gegründet

1897: Gründung der Kempinski-Hotelgruppe in Berlin

1898: César Ritz, „König der Hoteliers", eröffnet das „Ritz" in Paris

1900: Der Guide Michelin erscheint zum 1. Mal

1906: Das Golden Gate Hotel eröffnet in Las Vegas/USA

1907: Eröffnung Hotel Adlon, Berlin

1919: Conrad Hilton kauft sein erstes Hotel (in Texas/USA)

1925: Eröffnung des ersten Motels (in Kalifornien/USA)

1928: Gründung von "The Leading Hotels of the World" (ursprüngl.: "The Luxury Hotels of Europe and Egypt")

1930: Albert Steigenberger erwirbt sein erstes Hotel (Europäischer Hof, Baden-Baden)

1934: Das Hotel Statler in Detroit/USA führt „Air Condition" in den öffentlichen Räumen ein

1945: Sheraton wird als erste Hotelgruppe an der New York Stock Exchange (NYSE) gelistet

1947: Westin führt das erste Hotelreservierungssystem ein

1949: Hilton expandiert als erste US-Hotelkette ins Ausland

1950: Geburtsstunde des Club Méditerranée

1951: Hilton installiert Fernsehgeräte in allen Gästezimmern; Hermine Baretss legt den Grundstein für das spätere Hotel

1952: Kemmons Wilson eröffnet sein erstes Holiday Inn (Tennessee/USA)

1957: J. W. Marriott eröffnet sein erstes Hotel; Hilton bietet Direktwähltelefone an

1958: Hilton steigt in den deutschen Markt ein (Berlin)

1963: Intercontinental steigt in den deutschen Markt ein (Frankfurt)

1969: Westin bietet als erste Hotelkette einen 24-h-Zimmerservice

1971: Der erste Robinson-Club wird eröffnet (Fuerteventura/Spanien)

1972: Gründung der Hotelkooperation „Romantik Hotels"

1973: Gründung der Hotelkooperation „Ringhotels"

1976: VingCard entwickelt die „Key card"

1983: Gründung der Hotelgruppe Accor

1984: Die Choice-Hotels bieten Nichtraucherzimmer an

1985: Die Low Budget Hotels „Formule 1" kommen auf den Markt

1995: erstes Hotel in einem deutschen Freizeitpark (El Andaluz, Europa-Park, Rust); Choice Hotels und Holiday Inn führen in den USA das „Online booking" ein

1997: Wiedereröffnung Hotel Adlon, Berlin

1999: Das „7-Sterne"-Hotel Burj al Arab eröffnet in Dubai/VAE

2000: Eröffnung des ersten Motel One, Frankfurt-Offenbach

2004: Der Europapark in Rust wird nach dem Bau des dritten Hotels (Colosseo) zum größten Hotelresort in Deutschland (2.700 Betten)

2005: Das bis dahin teuerste Hotel-Casino der Welt (Wynn) eröffnet in Las Vegas/USA (Investitionssumme: 2,7 Mrd. US-$)

2006: Das einst größte Hotel der Welt (Rossija, Moskau/RUS) wird abgerissen (Eröffnung 1967, 3.170 Zimmer)

2007: Virgin-Galactic-Chef Richard Branson plant ein Hotel in der Mond-Umlaufbahn

2008: In Dubai eröffnet das Luxushotel „Atlantis The Palm" auf einer künstlich angelegten Insel; Gründung von Airbnb (Airbed & Breakfast) in San Francisco

2009: Gründung der Hotelstars Union (Europäische Hotelklassifizierung) in Prag

2010: In dem über 800m hohen Burj Khalifa/Dubai eröffnet Giorgio Armani ein Luxushotel

2015: Durch die Fusion von Marriott und Starwood entsteht der größte Hotelkonzern der Welt

2019: Die chinesische Huazhu Group kauft die Deutsche Hospitality; die Hotelgruppen Radisson und Jin Jiang cobranden das erste Hotel in Frankfurt; Alibaba stellt in China sein „Hotel der Zukunft" vor

2020: Das Corona-Virus erschüttert weltweit die Hotellerie

1860　1870　1880　1890　1900　1910　1920　1930　1940　1950　1960　1970　1980　1990　2000　2010　2020　2030

Meilenstein [milestone]

Meilensteine sind Steine, die früher an Wegstrecken zur Orientierung und zum Aufzeigen von Entfernungen aufgestellt wurden. Als Grundmaß diente die alte Längeneinheit Meile (→ Landmeile).

Im übertragenen Sinn umschreibt der Begriff ein Ereignis von besonderer Bedeutung. Bezugsrahmen für die besonderen Ereignisse können Personen, Projekte (→ Projekte, Projektmanagement), → Organisationen, Länder, Forschungsbereiche oder auch Branchen sein. Zu Meilensteinen der Hotellerie siehe Abbildung 23. (wf)

Literatur

American Hotel & Lodging Association (AH&LA) o. J.: History of Lodging. (http://www.ahma. com/products_lodging_history.asp, zugegriffen am 20.05.2003)

James, Kevin J. 2018: Histories, Meanings and Representations of the Modern Hotel. Bristol: Channel View Publications

o. V. 1998: Die NGZ – Der Hotelier wird 50 oder: auf der Suche nach den Meilensteinen. In: NGZ – Der Hotelier, 51 (5), S. 28–67

Vogel, Harold L. 2012: Travel industry economics: A guide for financial analysis. New York: Cambridge University Press (2nd ed.)

◀ **Abb. 23:** Meilensteine der (inter)nationalen Hotellerie (nach AH&LA o. J.; James 2018; o. V. 1998, S. 28 ff.; Vogel 2012, S. 149)

Melderecht → **Meldeschein**

Meldeschein [registration form]

Die §§ 29 ff. Bundesmeldegesetz (BMG) regeln besondere Meldepflichten für Beherbergungsstätten. Hierunter fällt insbesondere die Pflicht des Beherbergungsbetriebes, von jedem Übernachtungsgast am Tag der Ankunft folgende Daten abzufragen: Datum der Ankunft und der voraussichtlichen Abreise, Vorname, Familienname, Geburtsdatum, Staatsangehörigkeit, Anschrift, Zahl der Mitreisenden und deren Staatsangehörigkeit sowie bei ausländischen Personen die Seriennummer des Passes. Bisher hatte dies ausschließlich in Form eines papierenen Meldescheines stattzufinden; seit 01.01.2020 ist die Erhebung und Aufbewahrung dieser Daten neben der Papierform auch digital möglich, wobei hierfür eine Verifizierung der Angaben entweder über eine sogenannte starke Kundenauthentifizierung (SCA) über die Kreditkarte des Gastes oder der elektronische Identitätsnachweis über den sich im Personalausweis befindlichen Chip (eID) vonnöten ist.

Der Betrieb ist zur Aufbewahrung/Speicherung dieser Unterlagen bzw. Daten für 12 Monate ab Anreise des Gastes verpflichtet, danach hat dieser die Unterlagen bzw. Daten innerhalb von 3 Monaten zu vernichten/löschen. Den zuständigen Behörden, bspw. Polizei und Staatsanwaltschaft, steht innerhalb dieser Zeit ein Recht zur Einsichtnahme zu.

Da Meldescheine in Papierform einen erheblichen bürokratischen und finanziellen Aufwand für die Betriebe sowie eine ökologische Belastung darstellen, wird die Einführung des digitalen Meldescheins in der Praxis allgemein begrüßt. (tl)

Menage [condiments]

Ménage (franz.) = Haushalt. In der Gastronomie der Begriff für einen Gewürzständer bzw. ein Tischset, bestehend aus Salz und Pfeffer oder/und Essig und Öl. Zuweilen beinhalten die Sets weitere würzige Zutaten (etwa Sojasauce, Tabasco). (wf)

Literatur

Jolliffe, Lee 2014: Spices, Cultural Change and Tourism. In: Lee Jolliffe (ed.): Spices and Tourism. Destinations, Attractions and Cuisines. Bristol, Buffalo, Toronto: Channel View Publications, pp. 3–14

Paczensky, Gert von; Anne Dünnebier 1999: Kulturgeschichte des Essens und Trinkens. München: Orbis

Standage, Tom 2010: Der Mensch ist, was er isst. Wie unser Essen die Welt veränderte. Übersetzung der englischen Originalausgabe. Mannheim: Artemis & Winkler

> **i** **Kleine Story**
>
> Gewürze haben Städten (Salzburg) und Flüssen (Salzach) ihren Namen gegeben, Ländern ihre nationalen Symbole (Paprika Ungarn). Safran war und ist die wertvollste Blüte der Welt, Vanille, ‚die Königin der Gewürze'.
>
> In der Geschichte standen Gewürze für Einfluss, Reichtum, Macht. Nationen wie Spanien, Portugal, die Niederlande oder England waren bestrebt, Produktion, Handel und Handelswege weltweit zu kontrollieren. Die Vorherrschaft der arabischen Kaufleute in den Anbaugebieten („Islamischer Vorhang" Richtung Indien bzw. Osten) wurde mit brachialer Gewalt bekämpft. Aus heutiger Sicht war der Gewürzhandel des 15./16. Jahrhunderts Vorbote der Globalisierung.
>
> Gewürze wurden und werden vielfältig eingesetzt: als Geschmacksgeber, Medikament (Fenchel, Ingwer), Aphrodisiakum (Vanille, Zimt), Färbehilfe, Konservierungsstoff (Salz), Opfergabe, Talisman gegen böse Geister (Knoblauch), Einbalsamierungsmittel, Geldwährung oder Investitionsobjekt. Salz war Teil der Vergütung römischer Legionäre – die Begriffe Salär, salaire (franz.), salary (engl.) für Gehalt sind daraus abgeleitet (Jolliffe 2014, S. 3 ff.; von Paczensky & Dünnebier 1999, S. 91 ff.; Standage 2010, S. 77 ff.). (wf)

Menü [menu]

Menu (franz.) = Speisekarte, Speiseplan, Menü. Bezeichnung für ein Essen, das aus einer festgelegten Speisenfolge besteht. Diese wird bei einem Menü vorgegeben, bei einem Essen → à la carte kann der Gast die Speisenfolge zusammenstellen.

In der → Gastronomie werden unterschiedliche Arten von Menüs bzw. Speisenfolgen unterschieden. Die „klassische" Speisenfolge besteht aus mehr als

10 Gängen: kalte Vorspeise • Suppe • warme Vorspeise • Fisch • Hauptplatte • warmes Zwischengericht • kaltes Zwischengericht • Sorbet • Braten, Salat, Gemüse • warme Süßspeise • kalte Süßspeise • Käsegericht • Nachtisch • Mokka; Würzbissen (Fuchs & Balch 2019, S. 138 ff.; Gutmayer, Stickler & Lenger 2018, S. 220; VSR 1996, S. 28 f.). Die „moderne" Speisenfolge überschreitet selten fünf Gänge, wobei sich diese – angelehnt an die klassische Speisenfolge – unterschiedlich kombinieren lassen.

Das Touristenmenü (tourist menu) war in seinen Ursprüngen als ein zielgruppengerichtetes Angebot konzipiert. Der Begriff ist seit langem negativ besetzt und steht in vielen Urlaubsländern als Synonym für eine einfache und billige Speisenfolge. Zur Geschichte der Menüs siehe Larousse 2017, S. 538; zu einer Zusammenstellung von welthistorischen Menus siehe Roth & Rauchhaus 2018. (wf)

Literatur

Fuchs, Wolfgang; Natalie Audrey Balch 2019: Die Kartenmacher. Speise- und Getränkekarten richtig gestalten. München: UVK (2. Aufl.)

Gutmayer, Wilhelm; Hans Stickler & Heinz Lenger 2018: Service: Die Grundlagen. Linz: Trauner (10. Aufl.)

Larousse (éd.) 2017: Le Grand LAROUSSE Gastronomique. Paris: Larousse Editions (6. Aufl.)

Roth, Tobias; Moritz Rauchhaus (Hrsg.) 2018: Wohl bekam's! In Hundert Menus durch die Weltgeschichte. Berlin: Das Kulturelle Gedächtnis (2. Aufl.)

VSR 1996: Service-Richtlinien – Arbeiten am Tisch des Gastes: Ein Leitfaden für die Tagespraxis. Alfeld: Gildebuchverlag

Messe → **Internationale Tourismusbörse (ITB)**, → **Messen, Kongresse und Events**

Messen, Kongresse und Events **[Trade Fairs, Conventions and Events]**
Tourismus ist ein vielschichtiger Begriff, der sich in einer Vielzahl von Erscheinungsformen zeigt. Eine Typologie richtet sich an dem Reisemotiv aus: Hier findet sich die → Geschäftsreise (Business Tourism) im engeren Sinn, bezogen auf die Veranstaltungs- bzw. Messe-, Kongress- und Event-Branche, etwa als die Teilnahme an einer Konferenz oder den Besuch einer Fachmesse (→ Internationale Tourismus-Börse ITB Berlin) (Holzbaur & Luppold 2016, S. 152). Im Kontext der Messe-, Kongress- und Event-Branche sind immer Leistungen aus der Hotellerie (Veranstaltungsstätte, Unterkunft) und Gastronomie (Veranstaltungs-Catering) zu finden.

Einzelne und einzigartige Veranstaltungen stellen den Kern der Messe-, Kongress- und Eventbranche und der sogenannten Live-Kommunikation dar. Verschiedene Parameter wie Zielsetzung, Teilnehmer, unterschiedliche Dienstleister sowie externe und interne Einflussfaktoren führen dazu, dass in der Praxis keine Veranstaltung der anderen gleicht. So ergeben sich unterschiedliche Ausgestaltungsformen, denen gemein ist, dass Menschen in einem bestimmten Zeitraum an einem festgelegten Ort zusammenkommen (Beckmann et al. 2006, S. 38). Daneben folgen Veranstaltungen einem Grundmuster, welches durch einen „Point of Interest" dargestellt wird: „ein Brennpunkt, ein Geschehen im Raum, verkörpert von einer oder mehreren Personen [oder Gegenständen] im sogenannten Rampenlicht" (Bühnert 2013, S. 199).

Im Rahmen des Marketings und insbesondere der Kommunikation von Unternehmen, Verbänden und Institutionen sind Veranstaltungen zunehmend relevant. Je nach Kontext und kulturellem Bezug können unterschiedliche Bezeichnungen der Veranstaltungsbranche erfolgen. Während die Abkürzung MKE für Messen, Kongresse und Events steht und sich vor allem im deutschen Sprachraum immer weiter verbreitet, hat sich die Bezeichnung MICE international etabliert.

1 MICE   Unter der Abkürzung MICE werden die vier zentralen Bereiche der Veranstaltungswirtschaft zusammengefasst. MICE beschreibt mit Tagungen (Meetings), von Unternehmen veranstalteten Belohnungsreisen und -veranstaltungen (Incentive Travel), Kongressen (Conventions bzw. Conferences) und Veranstaltungen im Allgemeinen (Events) eine Branche, welche synonym auch als Tagungswirtschaft, Tagungsindustrie oder Meeting Industry bezeichnet wird (Leitinger 2013, S. 157). Während zentrale Akteure der MICE-Industrie Locations und Veranstaltungsstätten, Agenturen, Veranstalter, Berater, Zulieferer und Dienstleister, Reisebüros und Agenturen, nationale und internationale Organisationen und Verbände sind, ist vor allem in Europa und Deutschland strittig, ob die Messebranche als Teil der MICE-Industrie oder als eigene Branche betrachtet wird (Leitinger 2013, S. 157 f.).

2 Kommunikationsinstrumente   Grundlegend können Veranstaltungen wie Messen, Ausstellungen, Kongresse, Konferenzen, Tagungen und Events als Kommunikationsinstrumente verstanden werden. Lediglich ein kleiner Teil dieser Veranstaltungen entfällt auf solche, die keinem unternehmerischen Zweck dienen. Diese sind zum Beispiel private Feiern wie Geburtstage, Hochzeiten oder Familienfeste sowie religiöse Feiern und Gottesdienste (Drengner 2006, S. 32).

Veranstalterziele können kurz- oder langfristig sein wie zum Beispiel Kundenbindung, Verbesserung des Images, Neukundengewinnung oder Erhöhung des Bekanntheitsgrades (Zanger & Drengner 2004; Zanger & Drengner 2001).

2.1 Messen   Im engen definitorischen Sinn muss bei der Abgrenzung von Messen und Ausstellungen auf die deutsche Gesetzgebung zurückgegriffen werden. So werden diese in den Paragraphen § 64 (Messe) und § 65 (Ausstellung) der Gewerbeordnung der Bundesrepublik behandelt und definiert. Als Gemeinsamkeiten stellen sich nachfolgende Eigenschaften heraus (GewO 2016, §§ 64 f.). Messen und Ausstellungen sind:

- zeitlich begrenzte Veranstaltungen,
- im Allgemeinen regelmäßig wiederkehrende Veranstaltungen,
- mit einer Vielzahl von Ausstellern,
- aus einem oder mehreren Wirtschaftszweigen,
- auf denen Waren ausgestellt und vertrieben werden.

Unterschiede zwischen Messen und Ausstellungen ergeben sich vor allem aufgrund der dort angesprochenen Zielgruppen. Während sich Messen hauptsächlich an gewerbliche Wiederverkäufer, gewerbliche Verbraucher oder Großabnehmer richten und Endverbraucher – wenn überhaupt – nur in einem sehr beschränkten Rahmen zugelassen sind (GewO 2016, § 64), richten sich Ausstellungen in der Regel direkt an diese. Demnach liegt der Fokus bei Messen vor allem auf B2B, bei Ausstellungen auf B2C.

Während in der Definition des AUMA (Ausstellungs- und Messeausschuss der Deutschen Wirtschaft e. V.) zudem zwischen regionalen und überregionalen Messen und Ausstellungen unterschieden wird, welche sich im Wesentlichen durch das Einzugsgebiet ihrer Besucher unterscheiden (AUMA 2013, S. 1), bedarf es einer weiteren Betrachtung der Besucher. So richten sich Messen an eine definierte, aber nicht eindeutig bestimmte Zielgruppe (Goschmann 2013, S. 137). Beispielhaft kann eine Maschinenbaumesse angeführt werden, deren Zielgruppe laut Definition gewerbliche Anwender von Industriemaschinen sind. Eine Bestimmung dieser Zielgruppe, zum Beispiel auf junge innovative Unternehmen, ist nicht von vornherein gegeben und muss, falls gewünscht, über gesonderte Strategien in der entsprechenden Zielgruppenansprache erfolgen.

2.2 Kongresse Der Begriff Kongress wird häufig als Sammelbegriff für Zusammenkünfte jeglicher Art genutzt. Damit wird man zwar seiner sprachhistorischen Ableitung vom lateinischen congressus gerecht, doch ist die Definition zu unspezifisch, um ihn von anderen Veranstaltungsformen abzugrenzen (Fiedler 2013, S. 124). Formate lassen sich in der Regel entlang von quantitativen Kriterien unterscheiden – so etwa die Anzahl der Teilnehmer, die Dauer oder die erforderliche Vorlaufzeit. Allen Formaten gemein ist die Zusammenkunft an einem bestimmten, festgelegten Ort und in einem bestimmten Zeitraum. Die Ziele, beispielsweise Kompetenzerweiterung (Aus-, Fort- und Weiterbildung, Wissenstransfer, Innovation), bestimmen die Architektur der Veranstaltung (Bühnert 2013, S. 200).

In der Fachliteratur wird in Form eines Kriterien-Rasters ausgeführt, wie sich Kongress, Tagung, Konferenz und Seminar unterscheiden. Eine Matrix mit den Kriterien Größe (Anzahl der Teilnehmer), Dauer (in Tagen), Form (thematisch und räumlich), Entscheidungszeitraum (Vorlauf) und Organisation (Planung, Vorbereitung) kann ein grobes Bild liefern (Schreiber 2012, S. 7). Tendenziell sind Kongresse eher größer und zeitlich länger ausgelegt als Tagungen. Dennoch zeigt sich in der Realität keine Eindeutigkeit in der Zuschreibung – unter anderem, weil die Begriffe weniger aus rationaler Sicht einer signifikanten Bezeichnung Verwendung finden, sondern zur Vermarktung von Veranstaltungen mit einer ansprechenden Benennung. Eine klare Beschreibung der Veranstaltung entlang der Kriterien oder Wesensmerkmale hilft – jenseits einer Eindeutigkeit der Benennung –, Dimensionen und Komplexitätsgrad zu verstehen. Damit einher gehen die Anforderungen an die Planung und Durchführung, die finanziellen wie organisatorischen Aspekte sowie die erforderliche Vorlaufzeit.

Unterschiede werden sichtbar, wenn man Veranstaltungsformate nach Ziel und Zweck, Inhalt und Fokus, Gestalt und Ausführung charakterisiert (Bühnert 2013, S. 201). Daneben kann eine Differenzierung mit Blick auf den Veranstalter erfolgen: Verbände tendenziell mit wissenschaftlich orientierten Inhalten versus Unternehmen mit meist internen Teilnehmergruppen und unternehmensspezifischen Fragestellungen. Eine weitere Dimension, die sich zur Strukturierung von Branchen-Statistiken empfiehlt, ist die Unterscheidung in nationale und internationale Kongresse, Tagungen und Konferenzen. Ferner gibt es Formate, die sich aus gesetzlichen Vorgaben bzw. Statuten heraus definieren; hierzu zählen etwa die Hauptversammlung bei Aktiengesellschaften oder die jährliche Mitgliederversammlung bei Verbänden. Zu beachten ist, dass es Sub-Formate gibt, die als Gestaltungselement von Kongressen, Tagungen und Konferenzen eingesetzt werden. So etwa der Workshop als Gruppenarbeit zu einem speziellen Thema, mit einer Untermenge der Teilnehmer einer Veranstaltung und der Möglichkeit zur Interaktion (Bühnert 2013, S. 202).

Die Kompetenzerweiterung ist größter gemeinsamer Nenner und signifikantes Wesensmerkmal der Veranstaltungsarten Kongress, (Fach-)Tagung und Konferenz (Bühnert 2013, S. 201). Siehe hierzu mit allen Facetten „Praxishandbuch Kongress-, Tagungs- und Konferenzmanagement" (Bühnert & Luppold 2017).

2.3 Events Events werden als eine besondere Art von Veranstaltungen verstanden. Das Wort entspringt dem Englischen und kann als „Ereignis" übersetzt werden – ein Ereignis, etwas Besonderes, etwas Außergewöhnliches (Luppold 2013, S. 70). In der Veranstaltungswirtschaft wird ein Event dementsprechend als ein inszeniertes Ereignis verstanden, welches vor allem durch seine emotionalen Kommunikationsbotschaften (Zanger 2014, S. 15) und den Erlebnischarakter etwas Außergewöhnliches darstellt (Nufer 2012, S. 22).

„Events emotionalisieren das Publikum" (Nufer 2010, S. 91). So besitzt nahezu jede Art von Veranstaltung das Potenzial, von ihren Konsumenten als Event aufgefasst zu werden (Drengner 2014, S. 131 f.), sodass aufgrund der Emotionalisierung eine klare Abgrenzung von Events gegenüber anderen Kommunikationsmitteln wie zum Beispiel Messen oder Ausstellungen schwerfällt. Eine Unterscheidung von Veranstaltungen zu Events kann nicht anhand der Art der Veranstaltung erfolgen, sondern aufgrund des vorhandenen oder nicht vorhandenen Erlebnischarakters (Drengner 2014, S. 126 ff.). Eventmarketing hat sich in den vergangenen Jahren als ein verhältnismäßig neues Marketinginstrument (Drengner et al. 2008, S. 138) und eigenständiges Kommunikationsinstrument durchgesetzt (Zanger & Drengner 2009, S. 197). Im Marketingmix kommt dem Eventmarketing eine bedeutende Rolle zu, da es die Möglichkeit des direkten Kundenkontakts und Dialogs bietet und persönliche Erfahrungen des Kunden mit der Marke oder den Produkten eines Unternehmens zu Stande kommen können (Wohlfeil & Whelan 2006, S. 313 ff.). Zur Komplexität und Sicherheitsfragen von Mega-Events wie Olympiaden oder G20-Gipfeln siehe Whelan & Molnar 2018.

2.4 Live-Kommunikation Der Begriff der Live-Kommunikation findet erst seit Beginn des 21. Jahrhunderts Anwendung (Dams 2008, S. 151). Eine Auseinandersetzung der Wissenschaft mit der Live-Kommunikation sowie Erwähnungen in der Fachliteratur erfolgen erst in jüngerer Vergangenheit. Zu Beginn dieser Auseinandersetzung wird in der Literatur häufig der Begriff des Eventmarketings als Synonym verwendet (Dinkel & Semblat 2010, S. 13). Eine allgemeingültige Definition des Live-Kommunikationsbegriffs liegt nicht vor, wobei eine Ein- und Abgrenzung anhand verschiedener Kriterien erfolgen kann (Dinkel & Semblat 2013, S. 133):

- Emotion vs. Information,
- Alltag vs. Erlebnis und Inszenierung,
- Realer vs. virtueller Raum,
- Massen- vs. Individualansprache,
- Monolog vs. Dialog.

Als zentrales Argument der Live-Kommunikation wird die direkte beziehungsweise persönliche Kommunikation zwischen Anbieter und Nachfrager verstanden; ein Zusammenkommen, welches „live", also „lebend", „direkt", „lebhaft" und „aktiv" erfolgt. Ziel ist es, die Unternehmens- und entsprechenden Kommunikationsziele für den Nachfrager erlebbar zu machen (Homburg & Krohmer 2003, S. 660 f.).

3 Digitale Transformation Drei Ausprägungen der digitalen Transformation werden beobachtet und zunehmend relevant:

- Digitale Gestaltungselemente bei Veranstaltungen, z. B. Interaktions- und Abstimmsysteme über Apps, holografische Projektionen oder die Ausstattung von Ständen mit VR- und AR-Technologie (etwa zur visuellen Erweiterung der realen Exponate). → Erweiterte Realität, → Virtuelle Realität.
- Digitale Zugänge zu Veranstaltungen, etwa bei hybriden Events (Dams & Luppold 2017) durch Live-Stream und bei Messen durch einen sogenannten ‚digitalen Zwilling' – oder die vollständige Substitution von analogen durch digitale Veranstaltungen.

- Prozessmodellierung im Kontext von Messen, Kongressen und Events durch digitale Komponenten bei der Registrierung (Zugang via Gesichtserkennung) und der Bereitstellung von Informationen im Vor-, Haupt- und Nachfeld von Veranstaltungen (weiterführende Beiträge u. a. in Luppold 2018). (sl)

Literatur

AUMA 2013: Klassifizierung für Messen in Deutschland 11/2013. Berlin: Eigenverlag

Beckmann, Klaus; André Kaldenhoff; Hans E. Kuhlmann & Ursula Lau-Thurner 2006: Das professionelle 1x1: Seminar-, Tagungs- und Kongressmanagement – Veranstaltungsdidaktik und -design – Projektmanagement – Durchführung und Nachbereitung. Berlin: Cornelsen

Bruhn, Manfred 2010: Sponsoring – Systematische Planung und integrativer Einsatz. Wiesbaden: Gabler

Bühnert, Claus 2013: Veranstaltungsformate. In: Michael Dinkel; Stefan Luppold & Carsten Schröer (Hrsg.): Handbuch Messe-, Kongress- und Eventmanagement. Sternenfels: Wissenschaft & Praxis, S. 199–212

Bühnert, Claus; Stefan Luppold (Hrsg.) 2017: Praxishandbuch Kongress-, Tagungs- und Konferenzmanagement. Wiesbaden: Springer Gabler

Dams, Colja M.; Stefan Luppold 2016: Hybride Events. Wiesbaden: Springer Gabler

Dams, Vok 2008: Entstehung und Zukunft der direkten Wirtschaftskommunikation. In: Nicolai O. Herbrand (Hrsg.): Schauplätze dreidimensionaler Markeninszenierung: Innovative Strategien und Erfolgsmodelle erlebnisorientierter Begegnungskommunikation. Brand Parks – Museen – Flagship Stores – Messen – Events. Stuttgart: Edition Neues Fachwissen, S. 145–156

Dinkel, Michael; Ulrich Semblat 2010: Live-Kommunikation als strategische Option. In: Michael Dinkel; Eva Heid & Ulrich Semblat (Hrsg.): Herausforderungen für die Live-Kommunikation im B-to-B. Walldorf: clfmedia, S. 13–30

Dinkel, Michael; Ulrich Semblat 2013: Live-Kommunikation. In: Michael Dinkel; Stefan Luppold & Carsten Schröer (Hrsg.): Handbuch Messe-, Kongress- und Eventmanagement. Sternenfels: Wissenschaft & Praxis, S. 133–136

Drengner, Jan 2006: Imagewirkung von Eventmarketing – Entwicklung eines ganzheitlichen Messeansatzes. Wiesbaden: DUV (2. Aufl.)

Drengner, Jan 2014: Events als Quelle inszenierter außergewöhnlicher und wertstiftender Konsumerlebnisse – Versuch einer Definition des Eventbegriffs. In: Cornelia Zanger (Hrsg.): Events und Messen – Stand und Perspektiven der Eventforschung. Wiesbaden: Springer Gabler, S. 113–140

Drengner, Jan; Hansjörg Gaus & Steffen Jahn 2008: Does Flow Influence the Brand Image in Event Marketing? In: Journal of Advertising Research, 48 (1), pp. 138–147

Fiedler, Bastian 2013: Kongress. In: Michael Dinkel; Stefan Luppold & Carsten Schröer (Hrsg.): Handbuch Messe-, Kongress- und Eventmanagement. Sternenfels: Wissenschaft & Praxis, S. 124–127

Getz, Donald; Stephen J. Page 2020: Event Studies. Theory, Research and Policy for Planned Events. London, New York: Routledge (4th ed.)

GewO 2016: Gewerbeordnung der Bundesrepublik Deutschland. Aktuelle Fassung vom 11.11.2016

Goschmann, Klaus 2013: Messe. In: Michael Dinkel; Stefan Luppold & Carsten Schröer (Hrsg.): Handbuch Messe-, Kongress- und Eventmanagement. Sternenfels: Wissenschaft & Praxis, S. 137–139

Holzbaur, Ulrich; Stefan Luppold 2016: Nachhaltiger Tourismus im Dreieck Destination – Location – Event. In: Cornelia Zanger (Hrsg.): Events und Tourismus – Stand und Perspektiven der Eventforschung. Wiesbaden: Springer, S. 150–172

Homburg, Christian; Harley Krohmer 2003: Marketingmanagement – Strategie – Instrumente – Umsetzung – Unternehmensführung. Wiesbaden: Gabler

Leitinger, Edgar 2013: MICE. In: Michael Dinkel; Stefan Luppold & Carsten Schröer (Hrsg.): Handbuch Messe-, Kongress- und Eventmanagement. Sternenfels: Wissenschaft & Praxis, S. 157–159

Luppold, Stefan 2013: Event. In: Michael Dinkel; Stefan Luppold & Carsten Schröer (Hrsg.): Handbuch Messe-, Kongress- und Eventmanagement. Sternenfels: Wissenschaft & Praxis, S. 70–72

Luppold, Stefan (Hrsg.) 2018: Digitale Transformation in der MICE-Branche. Wimsheim: WFA Medien

Nufer, Gerd 2010: Imagetransfer durch Eventmarketing – Grundlagen, Modell, Bedingungen und Konsequenzen. In: Cornelia Zanger (Hrsg.): Stand und Perspektiven der Eventforschung. Wiesbaden: Gabler, S. 80–107

Nufer, Gerd 2012: Event-Marketing und -Management. Grundlagen – Planung – Wirkungen – Weiterentwicklungen. Wiesbaden: Gabler

Schreiber, Michael-Thaddäus 2012: Kongress- und Tagungswesen als touristische Erscheinungsform. In: Michael-Thaddäus Schreiber (Hrsg.): Kongress- und Tagungsmanagement. Berlin, Boston: De Gruyter Oldenbourg, S. 3–9 (2. Aufl.)

Whelan, Chad; Adam Molnar 2018: Securing Mega-Events. Networks, Strategies and Tensions. London: Palgrave Macmillan

Wohlfeil, Markus; Susan Whelan 2006: Consumer Motivations to Participate in Marketing Events – The Role of Predispositional Involvement. In: Advances in Consumer Research – European Conference Proceedings, 7 (1), pp. 125–131

Zanger, Cornelia 2014: Messen und Events als Mittel integrierter Unternehmenskommunikation. In: Cornelia Zanger (Hrsg.): Events und Messen – Stand und Perspektiven der Eventforschung. Wiesbaden: Springer Gabler, S. 13–25

Zanger, Cornelia; Jan Drengner 2001: Eventreport 2001 – Ergebnisse einer Befragung von Eventagenturen und eventveranstaltenden Unternehmen. Chemnitz: TU-Chemnitz

Zanger, Cornelia; Jan Drengner 2004: Eventreport 2004 – Eine Trendanalyse des deutschen Eventmarktes und dessen Dynamik. Chemnitz: TU-Chemnitz

Zanger, Cornelia; Jan Drengner 2009: Eventmarketing. In: Manfred Bruhn; Franz-Rudolf Esch & Tobias Langner (Hrsg.): Handbuch Kommunikation. Wiesbaden: Gabler, S. 195–213

Messer [knife]

Das Messer fand schon in der Altsteinzeit Verwendung und ist damit ca. 2,5 Mio. Jahre alt (Müller 2009, S. 88). Messer waren Überlebenswerkzeug, Kulturgut, Schneideinstrument und Waffe zugleich (Bauer 2008, S. 173). Über die Zeit änderte sich das Material – von Stein über Bronze zu Eisen und Stahl, Edelstahl, Titanbeschichtungen bis hin zu Keramik (auch Wilson 2014, S. 77 f.). Etwa ab dem 18. Jahrhundert verloren die Klingen in Europa ihre Schärfe. Die aufkommenden Tafelmesser waren eher stumpf, der Nutzen als scharfes Schneidewerkzeug ging verloren (Wilson 2014, S. 98 f.).

Zu Spezialmessern in der Gastronomie für Arbeiten am Tisch siehe Beyerle, Brodmann & Herter 2014. (wf)

Literatur

Bauer, Wolfgang-Otto 2008: Das Besteck und die Vielfalt der Kulturen. In: Alois Wierlacher; Regina Bendix (Hrsg.): Kulinaristik. Forschung – Lehre – Praxis. Berlin: LIT, S. 172–185

Beyerle, Dieter; Romeo Brodmann & Stephan Herter 2014: Arbeiten am Tisch. Die Hohe Kunst des Flambierens, Tranchierens, Filetierens und Servierens. Zürich: édition gastronomique

Müller, Klaus E. 2009: Kleine Geschichte des Essens und Trinkens: Vom offenen Feuer zur Haute Cuisine. München: Beck

Spode, Hasso 1994: Von der Hand zur Gabel. Zur Geschichte der Esswerkzeuge. In: Alexander Schuller; Jutta Anna Kleber (Hrsg.): Verschlemmte Welt: Essen und Trinken historisch-anthropologisch. Göttingen: Vandenhoeck und Ruprecht, S. 20–46

Wilson, Bee 2014: Am Beispiel der Gabel. Eine Geschichte der Koch- und Esswerkzeuge. Berlin: Insel

i | **Kleine Story**

Das Speisemesser trägt den uralten Kern einer Waffe in sich. Deswegen legen auch heute noch verschiedene Nationen das Messer nach dem Schneiden auf die Seite und setzen das Essen mit der Gabel fort. Länder wie China oder Japan nutzten am Tisch in der Regel gar kein Messer (Bauer 2008, S. 182; Spode 1994, S. 40).

»Heiliges« Brot durfte nicht mit dem Messer geschnitten werden. Wer fromm war, „verletzte" das Brot nicht, stach nicht in es hinein. Stattdessen wurde es „gebrochen" (Müller 2009, S. 88). (wf)

Meta Searcher → **Touristische Suchmaschinen**

Meta-Suchmaschinen → **Touristische Suchmaschinen**

MHD → **Mindesthaltbarkeitsdatum**

MICE → **Messen, Kongresse und Events**

Michelin-Führer → **Guide Michelin**

Micro Stay → **Tageszimmer**

Microblogging → **Blog**

Micro-Mobility → **Mietwagen**

Miete (Hotel) [rent]

Ein durch → Vertrag begründetes Mietverhältnis zwischen Vermieter und Mieter. Durch den Mietvertrag verpflichtet sich der Vermieter, dem Mieter für eine (un)bestimmte Zeit den Gebrauch einer bestimmten Sache zu überlassen, der Mieter zur Zahlung des vereinbarten Mietpreises (§ 535 BGB). Im Gegensatz zur Pacht, bei der der Pächter berechtigt ist, aus der Verwertung der Pachtsache einen Ertrag zu ziehen, ist dem Mieter nur der Gebrauch der gemieteten Sache gewährt. Als Vertragsgegenstand kommen sowohl bewegliche (z. B. Fahrzeug) als auch unbewegliche Sachen (z. B. Hotelzimmer) oder Sachteile (z. B. Hauswand als Werbefläche) in Betracht. Räume können als Wohn- oder Gewerberäume vermietet werden und unterliegen dann zum Teil unterschiedlichen Vorschriften des Mietrechts (§§ 535 bis 580a BGB).

Neben der Hauptleistungspflicht des Vermieters/Hoteliers, dem Mieter/Gast die Mietsache bzw. Hotelzimmer in einem zum vertragsmäßigen Gebrauch geeigneten Zustand zu überlassen (Gebrauchsüberlassungspflicht) und sie während der Mietzeit in einem mangelfreien Zustand zu erhalten (Instandhaltungspflicht), treffen ihn noch eine Reihe von Nebenpflichten, wie z. B. Schutz- und Obhutspflichten, Aufbewahrungs-, Auskunft- oder Geheimhaltungspflichten, bei deren schuldhafter Verletzung er sich schadensersatzpflichtig macht. Die Haftung erstreckt sich nach der rechtlichen „Lehre von der Schutzwirkung für Dritte" auch auf Familienangehörige, die erkennbar der Schutzpflicht des Mieters unterliegen und mit der Leistung des Vermieters in Berührung kommen. Ist die Mietsache nicht im vertraglich geschuldeten Zustand und somit mangelhaft, kann der Mieter/Gast die Miete mindern.

Der Mieter/Gast hingegen hat neben seiner Hauptpflicht zur Bezahlung der vereinbarten Miete bzw. des Übernachtungspreises weiterhin die Pflicht, eventuelle Mängel der Mietsache zur Schadensbeseitigung dem Vermieter/Hotelier rechtzeitig anzuzeigen (§ 536c BGB), da er sonst bei schuldhafter Verletzung dieser Pflicht zum Ersatz des daraus entstandenen Schadens verpflichtet ist. Weiterhin hat er die Pflicht, Rücksicht auf die Rechtsgüter (z. B. → Inventar) seines Vertragspartners zu nehmen (§ 242 BGB).

Das Mietverhältnis kann durch Kündigung beendet werden (§§ 542 ff. BGB). Ist der Mietvertrag auf unbestimmte Zeit, d. h. unbefristet geschlossen worden, hängt die Kündigungsfrist davon ab, ob die Mietzeit nach Tagen, Wochen, Monaten oder Jahren geschlossen wurde (§ 580a BGB). Ist bspw. der Übernachtungspreis nach Tagen bemessen, kann an jedem Tag zum Ablauf des folgenden Tages gekündigt werden. Bei wöchentlicher oder monatlicher Überlassung verlängert sich die Kündigungsfrist entsprechend. Liegt hingegen ein befristeter Vertrag vor, so ist eine ordentliche Kündigung nicht möglich, d. h., das Vertragsverhältnis endet mit Ablauf des vereinbarten Zeitraumes, sofern der Vertrag keine Verlängerungsklausel enthält. Davon abgesehen kann ein Mietverhältnis durch fristlose Kündigung aus wichtigem Grund vorzeitig beendet werden, wenn eine Partei ihre Pflichten aus dem Vertrag erheblich verletzt (§ 543 BGB), so dass die Fortsetzung des Vertragsverhältnisses unter Abwägung der beiderseitigen Interessen unzumutbar ist. Hierfür muss grundsätzlich eine Frist zur Abhilfe der Vertragsverletzung verstrichen oder eine Abmahnung erfolglos geblieben sein. Ein wichtiger Kündigungsgrund liegt auch vor, wenn eine Partei den Hausfrieden nachhaltig stört oder wenn eine erhebliche Gesundheitsgefährdung für den Mieter/Gast vorliegt (§ 569 BGB). Darüber hinaus ist jederzeit eine einvernehmliche, d. h. eine von beiden Seiten gewollte und nicht nur einseitige, Aufhebung des Vertrages zum beliebigen Zeitpunkt möglich. (gd)

Mietwagen [rental car, hire car]

Mietwagen werden in der Regel über Vermietstationen, das Internet oder über Smartphone-Apps sowohl seitens Privatpersonen als auch seitens Unternehmen gebucht und über einen bestimmten Zeitraum gegen eine bestimmte Mietgebühr genutzt. In tourismusspezifischen Kontexten ist nach wie vor häufig ein Intermediär – meistens ein → Reisebüro oder ein → Reiseveranstalter – dazwischen geschaltet. Dieses Phänomen ist allerdings angesichts fortschreitender Digitalisierungsprozesse (→ Digitalisierung) sowie veränderter Konsummuster rückläufig. Als Mietobjekte kann man zwischen Personenkraftfahrzeugen (PKW), Lastkraftfahrzeugen (LKW) sowie Fortbewegungsmitteln, die der sogenannten Micro-Mobility (etwa Fahrräder, E-Bikes oder Elektro-Scooter) zugeordnet werden, unterscheiden. Hinsichtlich tourismusspezifischer Angebots- und Nachfragestrukturen dominieren die Personenkraftfahrzeuge, wobei sich seit einigen Jahren die Fortbewegungsmittel der Micro-Mobility immer größerer Beliebtheit erfreuen.

→ Bahnhöfe, → Flughäfen, Reisebüros, Reiseveranstalter sowie – mit steigender Tendenz – Online-Buchungsplattformen stellen die wichtigsten Absatzkanäle für Mietwagen dar. Ein häufig übersehener Bereich sind darüber hinaus Autohäuser, Pannendienste, Versicherungen und Werkstätten, die ihren Kunden – meistens über einschlägige Kooperationspartner – Mietwagen in Pannenfällen anbieten. Im Verbraucherbereich sind Onlineanbieter inzwischen die wichtigsten Vertriebskanäle. Nach Flügen und dem sogenannten Ride-Hailing liegt die Online-Buchung von Mietfahrzeugen mit weltweit 53 Mrd. € Umsatz auf Platz drei (Péter 2019).

Mietwagen werden nicht nur als Alternative, sondern verstärkt auch als Ergänzung zu anderen Mobilitätsformen gesehen; im Tourismus vor allem als vergleichsweise unkomplizierte Mobilitätsform in weiter entfernten → Destinationen (etwa bei Flugreisen), im Geschäftsreiseverkehr als Individualfahrzeug für die Folgemobilität im Kontext von Bahn oder Flugzeug oder im Rahmen der persönlichen Mobilität als Alternative zum eigenen Fahrzeug. Darüber hinaus gibt es noch weitere Nutzungsformen im Firmensegment wie Kurzzeitmiete, Werkstattersatzfahrzeuge (in einem Zeitrahmen von meistens ein bis zehn Tagen) oder Langzeitmiete (etwa für Probezeiten von firmenwagenberechtigten Arbeitnehmern). Dabei werden in der Langzeitmiete häufig alternative Antriebsformen wie Elektrofahrzeuge verwendet, um eine günstige Versteuerung des geldwerten Vorteils auszuschöpfen. Im Kontext von Kurzzeitmieten wird Elektromobilität beispielsweise genutzt, um – etwa auf Inseln – Zero Emission-Ziele zu erreichen. Weiterhin ist das Firmenwagenleasing eine wichtige Mietwagenvariante (Vogt 2020).

Bei Carsharing wird das Fahrzeug nach Abschluss eines Rahmenvertrages vom Mieter für bestimmte Zeiträume flexibel genutzt. Dabei unterscheidet man zwischen Corporate-Carsharing (Unternehmen) und öffentlichem Carsharing. Bei öffentlichem Carsharing gibt es zwei grundlegende Systeme: Free-floating und stationsbasiertes Carsharing. Bei Free-floating sind die jeweiligen Fahrzeuge immer dort zu finden, wo sie der letzte Kunde abgestellt hat. Bei stationsbasiertem Carsharing werden die Fahrzeuge an festen Stationen der Anbieter bereitgestellt (insbesondere an Bahnhöfen und Flughäfen) und müssen dorthin nach der vereinbarten Mietzeit zurückgebracht werden.

Eine weitere Form des Carsharings ist das sogenannte Peer-to-Peer-Carsharing, das ohne Rahmenvertrag auskommt. In diesem Fall stellen Privatpersonen – meist über Internetplattformen – ihr privates Fahrzeug dritten Personen zum Gebrauch zur Verfügung (Bundesverband CarSharing 2019). Im Kontext alternativer Mobilitätsvarianten konnten sich in den letzten Jahren auf dem bundesdeutschen Markt verstärkt neue Anbieter etablieren:

- Free-floating Carsharing: share now (ehemals car2go und DriveNow), book-n-drive, drive by Mobility, stadtmobil;
- Stationsbasiertes Carsharing: stadtmobil, cambio, teilAuto, book-n-drive, DB Carsharing;
- Kombiniertes Carsharing: stadtmobil, book-n-drive.

Das am schnellsten wachsende Segment innovativer Mobilitätslösungen stellt das sogenannte Ride Hailing dar, bei dem

- Kunden über Online-Plattformen Fahrten buchen, die von Fahrern mit ihren Privatfahrzeugen durchgeführt werden (etwa Uber);
- Taxigesellschaften Fahrten über Apps anbieten (etwa MyTaxi);
- Fahrgemeinschaften über Onlineplattformen koordiniert werden (Moia, Via).

Im einschlägigen Segment werden europaweit mittlerweile ca. 16 Mrd. € umgesetzt. In den nächsten Jahren geht man von einer jährlichen Wachstumsrate von ca. 13,5 % aus (Péter 2019).

Im klassischen Mietwagensegment obliegt es grundsätzlich dem Fahrzeug-
anbieter, die Fahrzeuge zu beschaffen und durch große Einkaufsrabatte – kombiniert mit Buy-Back-Vereinbarungen, die zumeist direkt mit dem Fahrzeugher-
steller oder dem Händler vereinbart werden – die Kosten möglichst zu minimieren. In der Regel werden die Fahrzeuge sechs Monate gehalten, bevor sie dann an
die Hersteller zurückgegeben werden. Im entsprechenden Zeitraum wird von den
Mietern eine Mietzahlung – bei der Kurzzeitmiete pro Tag und bei der Langzeitmiete pro Monat – entrichtet. Vor diesem Hintergrund ist aus betriebswirtschaftlicher Perspektive eine hohe Auslastung der Fahrzeuge essenziell. Einen immer
wichtigeren Umsatz- bzw. Ergebnisbeitrag stellen die sogenannten ‚incremental
sales‘ dar, also Zusatzgeschäfte wie Haftungsausschluss, Kindersitze, Reifenver-
sicherung, Glasbruchversicherungen oder die vertragliche Integration eines weiteren Fahrers. Darüber hinaus werden Zusatzgebühren erhoben, wenn die Kunden das Fahrzeug länger als vertraglich vereinbart nutzen (das gleiche gilt für die
Überschreitung eines fixierten Kilometerlimits) oder an einem anderen als dem
vertraglich vereinbarten Ort zurückgeben. Schlussendlich ist auch das sogenannte ‚Upselling‘ – die Inanspruchnahme einer größeren Fahrzeugkategorie vor Ort
gegen einen bestimmten Aufpreis – zu nennen. Die Einnahmen der ‚incremental sales‘ gelten inzwischen – bei einem üblicherweise zweistelligen prozentualen Umsatzanteil mit geringen gegenüberstehenden Kosten – als der wichtigste
Teil des Geschäftsmodells, ohne den die meisten Anbieter dauerhaft kaum noch
existieren können.

Zukunftsorientierte, flexible Geschäftsmodelle – wie SIXT mobiflex – stellen
für den Kunden kein bestimmtes Fahrzeug in den Fokus, sondern ermöglichen
mittels verschiedener Flatrates einen situationsbezogenen, individuellen Wechsel der Fortbewegungsmittel. Entsprechende Angebote lassen sich als konsequente Antwort auf zunehmend komplexe, respektive hybride Nachfragemuster konzeptualisieren. Dazu zählen auch umfassende Lösungen wie beispielsweise die
SIXT App, die alle mit Fahren (SIXTshare, SIXTride, SIXTrent) assoziierten Aktivitäten wie Buchen, Tanken oder Parken der Fahrzeuge kombiniert. In diesem Kontext wird in der Regel mit allen relevanten Mobilitätspartnern vor Ort kooperiert.
Dabei schreitet die forcierte Integration weiterer Mobilitätsanbieter – insbesondere im Segment der Micro Mobility (Scooter, Bikesharing) – kontinuierlich voran
(SIXT 2020). (rv)

Literatur

Bundesverband CarSharing 2019: Aktuelle Zahlen und Daten zum CarSharing in Deutschland.
    (https://carsharing.de/alles-ueber-carsharing/carsharing-zahlen/aktuelle-zahlen-daten-
    zum-carsharing-deutschand-1, zugegriffen am 15.01.2020)
Péter, Miklós 2019: Statista Mobility Market Outlook. Hamburg

SIXT 2020: Mobility driven by Sixt. (https://www.businesstravelshow.com/__media/libraries/
sales-brochures/A7A7783C-0632-CB71-093BF54D83640020-document.pdf, zugegriffen
am 15.01.2020)
Vogt, Roland 2020: Das Ende des Firmenwagens? (https://digital.autoflotte.de/autoflotte
012020/?_ga=2.29406397.321268077.1586590382-532995978.1586590381#/1,
zugegriffen am 15.02.2020)

Mietwagenportale → **Broker**

Mindestaufenthaltsdauer [minimum length of stay; MinLOS]
Die Mindestaufenthaltsdauer definiert die untere Grenze der Verweildauer in einem Beherbergungsbetrieb am Zielort. Über die Bindung an die Mindestverweil-
dauer können → Aufenthaltsmuster erzeugt werden, Betreiber können über die
Analyse von Aufenthaltsmustern Auslastungen steuern. So könnten etwa Ferienwohnungen erst ab 7 Tagen angeboten werden, Wellness-Resorts könnten eine
eintägige Buchung am auslastungsstarken Wochenende von Samstag auf Sonntag unterbinden, um den Verkauf dreitägiger Wochenendarrangements zu fördern. (hdz/wf)

Mindesthaltbarkeitsdatum [best before date]
Das Mindesthaltbarkeitsdatum wird als MHD abgekürzt und benennt das Datum,
bis zu dem das Lebensmittel unter angemessenen Aufbewahrungsbedingungen
seine spezifischen Eigenschaften behält. Die Hersteller garantieren bis zum Mindesthaltbarkeitsdatum, dass die Lebensmittel mindestens bis zu diesem Datum
haltbar sind. Weiterhin ist die Angabe eines Verbrauchsdatums mit dem Hinweis
„zu verbrauchen bis" bei Lebensmitteln bekannt. Der Unterschied zum Mindesthaltbarkeitsdatum besteht darin, dass nach Ablauf des Verbrauchsdatums die Lebensmittel nicht mehr verkauft werden dürfen und auch nicht mehr verzehrt werden sollten. (mjr)

Literatur
Amtsblatt der Europäischen Union (Hrsg.) 2011: Verordnung (EU) Nr. 1169/2011 des europäischen Parlaments und des Rates vom 25.10.2011 betreffend die Information der Verbraucher über Lebensmittel. Straßburg

Mindestumsatz [minimum sales, minimum turn-over]
Mindestumsätze werden festgelegt, um die Kosten im Bereich von Distribution
und Kommunikation zu reduzieren. Eine besondere Begründung kommt zudem
aus verwaltungstechnischer Perspektive. → Reiseveranstalter und → Leistungserbringer im Tourismus schreiben im Rahmen ihrer Provisionsgestaltung in den
Agenturverträgen Mindestumsätze vor. Hiervon ausgenommen sind kleinere und

mittlere Veranstalter, die weitestgehend auf das Festlegen von Mindestumsätzen verzichten. Um wettbewerbsfähig zu sein, müssen sie zudem relativ hohe Grundprovisionen gewähren. Geringer Bekanntheitsgrad und geringe Sortimentsdichte verlangen solche Gestaltungsmaßnahmen. Gewissermaßen findet so durch den Verzicht auf die Steuerung durch den Mindestumsatz eine Verschiebung im positiven Sinne zum Kunden hin statt.

Erreichen Reisemittler nicht den verlangten Mindestumsatz, bleibt ihnen immerhin die Möglichkeit, Kooperationen beizutreten, die es auch den ‚Kleinen' durch ihre Verhandlungsmacht ermöglichen, die großen Veranstalter zu verkaufen. (hdz)

Mindestumsteigezeit [minimum connecting time]

Die Zeit, die man auf einem Bahnhof oder Flughafen mindestens benötigt, um eine Anschlussverbindung zu erreichen. Auf verschiedenen → Flughäfen kann diese Zeit aufgrund baulicher, organisatorischer (zum Beispiel Wechsel des → Terminals) und sicherheitstechnischer Faktoren ganz unterschiedlich sein. Darüber hinaus variieren die Mindestumsteigezeiten zwischen Inlands-, kontinentalen und interkontinentalen Flügen. (jwm)

Mineralheilbad → Mineral- und Thermalheilbad

Mineral- und Thermalheilbad [mineral spa, thermal spa]

Mineral- und Thermalheilbäder zählen zu den hochprädikatisierten (→ Prädikatisierung) Heilbädern und → Kurorten und unterliegen den Qualitätsmerkmalen und Mindestvoraussetzungen nach den → Begriffsbestimmungen – Qualitätsstandards für Heilbäder und Kurorte, Luftkurorte, Erholungsorte – einschließlich der Prädikatisierungsvoraussetzungen – sowie für Heilbrunnen und Heilstollen; hierauf verweisen die Kurortgesetzlichkeiten der Bundesländer. Mineral- und Thermalheilbäder müssen die grundsätzlichen Prädikatisierungsvoraussetzungen an einen → Erholungsort erfüllen. Für hochprädikatisierte Orte gelten darüber hinaus weitere allgemeine Anerkennungsvoraussetzungen bei der kurärztlichen Betreuung von Kurgästen, beispielsweise hinsichtlich der kurortmedizinischen Versorgungsstrukturen für ambulante als auch stationäre Behandlungsverfahren in Vorsorge- und Rehabilitationseinrichtungen und weiterer Maßnahmen der Qualitätssicherung.

Mineral- und Thermalheilbäder basieren in ihrer Artbezeichnung auf der kurortmedizinischen Anwendbarkeit von Heilwässern und/oder Heilgasen aus ortsgebundenen Quellen oder Bohrungen, die wasserrechtlich meist als Heilquellen anerkannt wurden. Statt Mineral- oder Thermalheilbad können auch Bezeichnungen wie Sole-, Schwefel-, Radon- oder Jod-Heilbad entsprechend dem hauptsächlich genutzten ortsgebundenen → Heilmittel verwendet werden. Heilwässer oder Heilgase können zum Baden, Trinken oder zu Inhalationen genutzt werden, die in Gemeinden oder Gemeindeteilen vorzuhalten sind. Tritt das Wasser mit einer Temperatur von mindestens 20 Grad Celsius aus, darf es offiziell Thermalwasser genannt werden. Die gelösten Mineralstoffe wie beispielsweise Calcium, Natrium, Jod und Magnesium machen jede Quelle einzigartig; je nach Zusammensetzung ändert sich auch die Wirkung auf den Körper.

Sie müssen zudem ein durch Erfahrung bewährtes Bioklima und eine ausreichende Luftqualität aufweisen. Zu den besonderen Anforderungen gehören unter anderem mindestens ein Kur- oder Badearzt sowie die psychologische Begleitung der Kurpatienten. Kontinuierlich anzubieten sind ein Kurmittelhaus oder eine vergleichbare Einrichtung mit Kurmittelabteilung sowie je nach Nutzung und Anwendung des Heilmittels ein Inhalatorium, eine Trinkkur- oder Wandelhalle, Einrichtungen für aktivierende Behandlungsformen, Übungs- und Ruheräume für Entspannungstherapiekonzepte, indikationsbezogene Diät- und Ernährungsprogramme, Haus des Gastes, Kurpark (→ Parks), Liegewiese, Sportanlagen, Spielangebote und mindestens ein Terrainkurweg.

Neben den Mineral- und Thermalheilbädern existiert noch die Bezeichnung ‚Kurorte mit Heilquellenkurbetrieb‘. Der Heilquellenkurbetrieb wird in den Begriffsbestimmungen unter dem Oberbegriff Kurort geregelt; in der Kurortegesetzgebung der Bundesländer ist der Kurbetrieb nicht einheitlich geregelt. Kurorte mit einem oder mehreren Heilquellenkurbetrieben müssen grundsätzlich dieselben medizinisch-therapeutischen bzw. medizinisch-klimatischen Anforderungen erfüllen wie Mineral- und Thermalheilbäder, jedoch in geringerem, angemessenem Umfang. Die Abgabe des ortsspezifischen Heilmittels erfolgt ebenfalls in entsprechenden Einrichtungen. Mineral- und Thermalheilbäder sowie auch Kurorte mit Heilquellenkurbetrieb halten somit ein Angebot von Heilbehandlungen und Einrichtungen vor, die mit dem Begriff → Kur umschrieben werden können. (abw)

Literatur
Deutscher Heilbäderverband e. V.; Deutscher Tourismusverband e. V. 2018: Begriffsbestimmungen – Qualitätsstandards für Heilbäder und Kurorte, Luftkurorte, Erholungsorte – einschließlich der Prädikatisierungsvoraussetzungen – sowie für Heilbrunnen und Heilquellen. Berlin (13. Aufl.; Fassung vom 28.09.2018)

Minibar [minibar]

Kleiner (minor [lat.] = kleiner, geringer) Kühlschrank im Hotelzimmer, in dem Übernachtungsgästen gekühlte Getränke, Knabbereien und Non-food-Artikel wie Hygieneprodukte zum Konsum angeboten werden.

Minibars verursachen hohe Kosten für Anschaffung, Installation und Bewirtschaftung (Überprüfung und Wiederauffüllung des Bestands, Verderb, nicht angegebener Konsum und Manipulation von Getränkeflaschen und Knabbereien durch Hotelgäste, Diskussionen bei Abreisen über vermeintlichen Verzehr). Große, zentral positionierte Kühlschränke in Hotelfluren, 24 h-Shops im Hoteleingangsbereich mit erweitertem Produktangebot (Convenience Stores, Mini Markets) und technologische Lösungen, die die Artikelentnahme aus der Minibar automatisch auf die Gästerechnung buchen, sind betriebswirtschaftliche Reaktionen auf die Kostenproblematik. Um Impulskäufe auszulösen, werden Minibars in Hotelzimmern oft sichtbar in der Nähe des Fernsehers platziert.

Zu den technologischen Systemen und Software-Lösungen (Clouds, mobile Endgeräte), die bspw. den tatsächlichen Konsum in Echtzeit auf das Gästekonto buchen, siehe Vallen & Vallen 2018, S. 457 ff.; zu Robotern mit integriertem Kühlmodul, die per Hotelapp oder Zimmertelefon auf das Hotelzimmer gerufen werden können und die Minibar ersetzen sollen, siehe Kwidzinski 2020, S. 5. → Bar. (wf)

Literatur

Kwidzinski, Raphaela 2020: Ein Roboter für die Etage. In: Allgemeine Hotel- und Gastronomie-Zeitung (AHGZ), 120 (30), S. 5

Vallen, Gary K.; Jerome J. Vallen 2018: Check-In Check-Out: Managing Hotel Operations. Boston: Pearson (10th ed.)

Minihotel → **Kapselhotel**

Minimum Connecting Time → **Mindestumsteigezeit**

Minisuite → **Zimmertypen**

MinLOS → **Mindestaufenthaltsdauer**

Mischpacht → **Hotelpacht**

Mise en place [mise en place, prepreparation]

Wörtliche Übersetzung aus dem Französischen: an den Platz gestellt bzw. gelegt. Im übertragenen Sinn der Fachbegriff für Vorbereitungsarbeiten im Küchen- und Servicebereich. (wf)

> **Gedankensplitter**
> „Jedes Ding an seinem Ort erspart Dir Zeit und böses Wort." (Volksweisheit)

Mise en place-Tisch → **Guéridon,** → **Sideboard**

Mitarbeiterbindung [employee retention]

Mitarbeiterbindung ist gerade in den letzten Jahren zu einem wichtigen Aspekt der Personal- und Führungsarbeit geworden. Ursachen sind u. a. der demographische Wandel und der damit einhergehende Fachkräftemangel, eine höhere Fluktuationsneigung der Generation Y und allgemein eine Zunahme der Aktivitäten im Hinblick auf eine gute Employer Brand. Dabei spielen unterschiedliche Ansätze und Instrumente in der Literatur ebenso wie in der Praxis eine Rolle.

Einer der wichtigsten Ansätze widmet sich dem organisationalen Commitment. Er beschreibt, inwieweit sich Menschen ihrer Organisation oder Teilen der Organisation zugehörig und verbunden fühlen. Es entwickelt sich insbesondere auf der Grundlage der Merkmale, „die einen Job als interessant und wertvoll erscheinen lassen". Hat sich eine positive Einstellung gegenüber der Organisation gebildet und gefestigt, kann man sie als relativ überdauernd annehmen. Fehlendes Commitment zieht hingegen → Fluktuation, höhere Fehlzeiten und negatives Arbeitsverhalten nach sich (van Dick 2017). Der Commitment-Begriff lässt sich unterschiedlich definieren, wobei die Klassifikation nach Meyer und Allen die größte Verbreitung und Beachtung gefunden hat und zwischen kalkulatorischem, normativem und affektivem Commitment differenziert (Meyer & Allen 1991).

Aus Studien ist bekannt, dass dem affektiven Commitment die größte Bedeutung zukommt. In diesem Sinne bleiben Personen mit affektivem Commitment in einer Organisation, weil sie dies wollen bzw. sich dies wünschen. Für sie ist es kaum vorstellbar, für einen anderen Arbeitgeber zu arbeiten. Wenn eine Organisation z. B. qualitativ hochwertige Aus- und Weiterbildung ermöglicht, kann dies als persönliche Wertschätzung begriffen werden, was wiederum das Selbstwertgefühl sowie das emotionale Gefühl der Verbundenheit steigern kann (van Dick 2017). Der neuere Einbettungsansatz (Mitchell et al. 2001) folgt einer ähnlichen Logik und geht der Frage nach, inwiefern sich Mitarbeiter in einem bestimmten Arbeitsumfeld eingebettet und somit gebunden fühlen. Drei verschiedene Einbettungsmechanismen spielen dabei eine Rolle: die erlebten Beziehungen zur Führungskraft und zum kollegialen Umfeld, die wahrgenommene Passung im Hinblick auf das Unternehmen und die möglicherweise zu fürchtenden Opfer im Falle eines Wechsels. Studien zeigen, dass mit zunehmender Einbettung die Zufriedenheit steigt und die Fluktuationswahrscheinlichkeit sinkt. (als)

Literatur

Bauer, Richard 2020: Fachkräfte finden und binden – Internes Marketing für Tourismus und andere Dienstleister. Wien: Linde

Meyer, John P.; Natalie J. Allen 1991: A three-component conceptualization of organizational commitment. In: Human Resource Management Review, 1 (1), pp. 61–89

Mitchell, Terence R. et al. 2001: Why people stay: Using job embeddedness to predict voluntary
    turnover. In: The Academy of Management Journal, 44 (6), pp. 1102–1121
van Dick, Rolf 2017: Identifikation und Commitment fördern. Göttingen: Hogrefe (2. Aufl.)

> **Gedankensplitter**
> „Unser wichtigstes Wort im Umgang mit Mitarbeitern heißt Danke." (Reinhold Würth, Unternehmer und Hoteleigentümer)

Mittelalterlicher Klostergarten → **Parks**

Mixing glass
Das Mix- und Rührglas mit 600–900 ml Inhaltsmenge verfügt meistens auch über eine Ausgießlippe. Bei der Zubereitung von → Cocktails und Mixdrinks im Mixing glass werden die meist leichten, klaren Zutaten auf Eis im Glas mit dem Barlöffel kräftig gerührt und dann mit dem → Strainer vom Eis in das Gästeglas abgeseiht. Als Mixglas kann auch das Glasteil des → Boston Shakers verwendet werden. (tg)

MKE → **Messen, Kongresse und Events**

Mobile Applikationen [**mobile application, app**]
Wenn Informationen und Dienste über mobile Endgeräte angeboten werden sollen, sind grundsätzlich zwei Optionen zu unterscheiden:
1 Responsive Web-Seiten Responsivität bezeichnet die automatische Anpassungsfähigkeit zur Darstellung der Web-Seiten an die Bildschirmgröße bzw. an das Browser-Fenster eines Endgeräts, z. B. Smartphone, Tablet oder stationärer PC. Vorteil responsiver Web-Seiten ist die Standardisierung in der Web-Technologie und damit die weitgehende Kompatibilität mit den unterschiedlichen Endgeräten und ihren Betriebssystemen. Das Layout responsiver Web-Seiten kann so gestaltet werden, dass automatisch durch das Content Managementsystem CMS eine nutzerfreundliche Darstellung online generiert wird. Unabhängig vom Endgerät werden stets dieselben Inhalte angeboten und im automatisch angepassten Layout dargestellt. Die Inhalte können somit zentral und redundanzfrei im CMS verwaltet und gepflegt werden. Nachteilig ist, dass Web-Seiten nur online genutzt werden können und dass sie die volle Funktionalität mobiler Geräte, z. B. Kamera, Bewegungssensor oder geografisches Positionierungssystem (Global Positioning System, GPS) nicht integrieren und nutzen können.
2 Mobile Applikationen Mobile Applikationen (kurz: App) sind Anwendungsprogramme für mobile Endgeräte. In der Anfangsphase war die Entwicklung von Apps zunächst darauf fokussiert, die Funktionalität der Mobiltelefone durch Nutzung zusätzlicher gerätespezifischer Möglichkeiten wie z. B. Kamera oder Kurz-

mitteilungsdienste auf Basis der Mobilfunkverbindungen zu erweitern. In Bezug zum Internet waren sie zunächst offline.

Durch die Entwicklung weiterer hardware- und netzwerktechnischer Komponenten, z. B. zur geografischen Positionierung durch Satelliten-Kommunikation und durch die Integration in die Internet-Technologie, sind Mobiltelefone zu multifunktionalen Smartphones, im Sinne von mobilen Kleincomputern, weiterentwickelt worden. Applikationen können somit die volle technische Funktionsbreite mobiler Endgeräte nutzen, und sie sind als hybride Applikationen aufgebaut, die Vorteile einer Netzunabhängigkeit mit der Online-Aktualität in Echtzeit der Ereignisse und Bedarfe kombinieren. Apps zur Navigation beispielsweise basieren teilweise auf im Endgerät gespeichertem Kartenmaterial, das auch offline im Zusammenwirken mit der Satellitenkommunikation genutzt werden kann. Durch eine Online-Verbindung wird der Navigationsservice erweitert, indem z. B. die aktuelle Verkehrslage mit Stau und Umleitung stets aktuell dargestellt wird. Diese Navigation zur Stauumfahrung ist ein Beispiel für ortsbezogene Dienste (location based services) mobiler hybrider Applikationen. Als weiteres Beispiel können QR-Code (quick response code) basierte Web-Services genannt werden. Sie benötigen die Kamera, um den grafischen QR-Code zu scannen, die Applikation interpretiert das Bild des Codes und nimmt mit diesen Informationen online Zugriff zu dem gewünschten web-basierten Service.

Mobile Applikationen sind teilweise hersteller- und betriebssystemabhängig. Es fehlt an vollständiger Standardisierung, so dass eine Applikation für alle relevanten Betriebssysteme der mobilen Endgeräte entwickelt und gewartet werden muss. (uw)

Literatur
Schulz, Axel; Uwe Weithöner; Roman Egger & Robert Goecke 2015: eTourismus: Prozesse und Systeme. Berlin, Boston: De Gruyter Oldenbourg, insb. Kapitel 2.3 (2. Aufl.) (3. Aufl. in Vorbereitung)

Mobile gaming → **Casino**

Mobile homes → **Caravan**

Mobilitätsketten → **Mobilitätsmanagement im Tourismus**

Mobilitätsmanagement im Tourismus [mobility management in tourism]
Lösungsansätze für einen nachhaltigen touristischen Verkehr können an der Verlagerung, verträglichen Abwicklung und Vermeidung ansetzen. Mit dem touristischen Mobilitätsmanagement, welches vor allem auf die Verkehrsvermeidung und -verlagerung zielt, besteht die Chance, an der Verkehrsentstehung im Quell-

gebiet (→ Quellmarkt) anzusetzen und sich mit einer ganzheitlichen Betrachtung von Maßnahmen zur Beeinflussung des Mobilitätsverhaltens im Quell- und Zielgebiet bei der An- und Abreise sowie für die unterschiedlichen Verkehrsträger und -arten zu befassen.

Mobilitätsmanagement wird seit den 1990er-Jahren in der wissenschaftlichen Literatur behandelt. Bisherige Projekte konzentrieren sich nicht auf den → Tourismus, sondern auf ein kommunales und standortbezogenes Mobilitätsmanagement, z. B. in Betrieben oder Schulen (Sarnes et al. 2016, S. 6 ff.). Mobilitätsmanagement bezieht den touristischen Verkehr jedoch mit ein, wohl wissend, dass dies auf Grund der Mobilitätsketten schwierig ist. Als „Geburtsstunde" des Mobilitätsmanagements in Deutschland werden die Ende der 1970er-Jahre entwickelten Sammeltaxen angesehen (Fiedler 1999, S. 150).

Heute sind verschiedene Ansätze zu beobachten (bspw. Forschungsgesellschaft für Straßen- und Verkehrswesen (FGSV); EU-Projekte – zum einen MOMENTUM und MOSAIC und zum anderen „MAX – Successful Travel Awareness Campaigns and Mobility Management Strategies"). Wichtige Gemeinsamkeiten sind, dass sie nachfrageorientiert und verkehrsmittelübergreifend sind und Mobilitätsbedürfnisse in den Mittelpunkt stellen, Information und Öffentlichkeitsarbeit als wichtige Handlungsfelder sehen und für die eingesetzten Maßnahmen Marketing als nötig erachten. Maßnahmen der klassischen Verkehrsplanung (z. B. technische Maßnahmen) und -politik (z. B. Ordnungs-/Infrastrukturpolitik) sind zweitrangig. Als „Kristallisationspunkt" des Mobilitätsmanagements werden meist Mobilitätszentralen (auch als Mobilitätsservice, -beratung bezeichnet) herausgehoben; eine Kooperation der möglichen Beteiligten wird als erstrebenswert angesehen. Nach der FGSV wird Mobilitätsmanagement wie folgt definiert: „Mobilitätsmanagement ist die zielorientierte und zielgruppenspezifische Beeinflussung des Mobilitätsverhaltens mit koordinierenden, informatorischen, organisatorischen und beratenden Maßnahmen, in der Regel unter Einbeziehung weiterer Akteure über die Verkehrsplanung hinaus" (FGSV 2018, S. 5).

Ein touristisches Mobilitätsmanagement ist durch mehrere Besonderheiten geprägt, vor allem durch das touristische Produkt selbst. Alle touristischen Leistungsträger, die am Gesamtprodukt „Reise" beteiligt sind, können → Dienstleistungen im Sinne des Mobilitätsmanagements übernehmen. Ziel eines touristischen Mobilitätsmanagements ist es, viele der beteiligten Leistungsträger aus Quell- und Zielgebiet sowie Transferraum einzubeziehen. Die einzelnen Leistungsträger können unabhängig von einer Mobilitätszentrale oder anderen Beteiligten ihre Dienstleistungen anbieten. Sie können die Mobilitätsdienstleistungen jedoch auch mit Unterstützung einer Mobilitätszentrale oder anderen Partnern des Mobilitätsmanagements anbieten (Groß 2005, S. 99 ff.; Groß 2017, S. 476 ff.).

Dank neuer Kommunikationstechnologien können Reisende mit Mobilitätsdienstleistungen von einer Mobilitätszentrale, die im Quell-, Transfer- oder Zielgebiet ihren Sitz haben kann, über die gesamte Reise betreut werden. Es geht bei der Erbringung von Serviceleistungen an potentielle Reisende im Quellgebiet um eine Information vor der Anreise, mit der vermittelt werden soll, dass neben den bestehenden Alternativen bei der An- und Abreise auch die touristischen Ziele im Zielgebiet problemlos (ohne eigenes Auto) erreichbar sind. Dies ist wichtig, da sich zu Hause die Verkehrsmittelwahl entscheidet. Während der Hin- und Rückreise können mittels neuer Kommunikationsmöglichkeiten (z. B. Smartphones, Apps wie WhatsApp) Mobilitätsdienstleistungen vom Reisenden in Anspruch genommen werden, um bspw. spontan Aktivitäten zu koppeln und Routenänderungen vorzunehmen. Vor Ort kann der Aufenthalt der Reisenden mit Mobilitätsdienstleistungen angenehmer gestaltet und eine Nutzung von nachhaltigeren Mobilitätsformen erreicht werden.

Förderinstrumente für den Tourismus haben in Deutschland das Mobilitätsmanagement (bisher) nicht in die bekannten Förderungsprogramme (z. B. Gemeinschaftsaufgabe „Verbesserung der regionalen Wirtschaftsstruktur") einbezogen. Eine Studie des Kompetenzzentrums Tourismus des Bundes konstatiert folgendes: „Auch wenn die → Tourismuspolitik die Bedeutung der Vor-Ort-Mobilität auf Bundes- und Länderebene erkannt hat, wird das Mobilitätsmanagement von Reisezielen noch weitestgehend vernachlässigt. Nachholbedarf besteht dabei nicht nur in einer integrierten Verkehrsplanung, die den Tourismus explizit berücksichtigt, sondern auch in wissenschaftlichen Erkenntnissen zur Verkehrsmittelnutzung und bedürfnisgerechten Gestaltung von Mobilität innerhalb und zwischen touristischen → Destinationen und, nicht zuletzt, der Nachfragesteuerung" (Quack et al. 2019, S. 204). Es gibt jedoch spezielle Förderprogramme des Bundes und einiger Bundesländer für ein Mobilitätsmanagement, wie bspw. in Baden-Württemberg und Nordrhein-Westfalen sowie die Förderrichtlinie „Betriebliches Mobilitätsmanagement" des Bundesministeriums für Verkehr und digitale Infrastruktur. (sg)

Literatur

FGSV – Forschungsgesellschaft für Straßen- und Verkehrswesen 2018: Empfehlungen zur Anwendung von Mobilitätsmanagement – EAM. Köln: FGSV

Fiedler, Joachim 1995: Umweltverträglicher Touristikverkehr – Vision oder reale Chance. In: Stadt und Gemeinde, 51 (1), S. 12–15

Groß, Sven 2005: Mobilitätsmanagement im Tourismus. Dresden: Fit

Groß, Sven 2017: Handbuch Tourismus und Verkehr – Verkehrsunternehmen, Strategien und Konzepte. Konstanz, München: UVK (2. Aufl.)

Quack, Heinz-Dieter; Thorsten Koppenhagen; Franziska Thiele & Nina Martha Dembowski 2019: Politische Förderung von nachhaltigen Mobilitätsangeboten im Tourismus. In: Zeitschrift für Tourismuswissenschaft, 11 (2), S. 187–209

Sarnes, Jörg; Peter Kampmeier; Hendrik Koch & Barbara Hüttmann 2016: Kosteneffizienz durch Mobilitätsmanagement – Handbuch für die kommunale Praxis. Herausgegeben von der Geschäftsstelle Zukunftsnetz Mobilität NRW. Köln

Mobilitätszentralen → **Mobilitätsmanagement im Tourismus**

Mocktail

Misch- bzw. Mixgetränk auf nichtalkoholischer Basis. Ausgangspunkt für Mocktails sind alkoholhaltige → Cocktails, bei denen alkoholhaltige Bestandteile durch alkoholfreie, etwa Säfte oder Sirup, ersetzt werden.

Hinter den Neukreationen stand ursprünglich der Gedanke, alkoholfreie Mixgetränke zu entwickeln, die von den entsprechenden alkoholhaltigen Mixgetränken optisch und geschmacklich nicht bzw. kaum zu unterscheiden sind (mock [engl.] = Fälschung, Nachahmung). (wf)

Mockup, Mock-up

Mock (engl.) = Fälschung, Nachahmung. Mockups sind 1:1-Modelle, Nachbildungen, Attrappen. Mockups im → Tourismus gibt es bspw. von Zugwagen, Flugzeugkabinen, Kreuzfahrtkabinen oder Hotelzimmern. Sie sind ein Abbild der Realität und werden zu unterschiedlichen Zwecken herangezogen. Bahngesellschaften stellen Mockups von Zugwagen bereit, um Kundenwünsche zu erforschen. Fluggesellschaften lassen Flugzeugkabinen in Originalgröße in Trainingscentern nachbauen, um Serviceprozesse mit Mitarbeitern zu simulieren (Einarbeitung → Flugbegleiter), Kreuzfahrtgesellschaften (→ Kreuzfahrttourismus) stellen Kabinenmodelle auf dem Festland auf, um Reinigungsprozesse einzuüben und so die Einarbeitungsphase auf den Kreuzfahrtschiffen einzusparen. (wf)

MoD → **Manager on Duty**

Modified American Plan → **Halbpension**

Molton [undercloth]

In der Gastronomie der Begriff für eine Tischauflage, die aus beidseitig aufgerautem Baumwollgewebe oder synthetischen Fasern besteht. Die weiche (mol [franz.] = weich) Tischauflage bildet die Unterlage für Tischdecken.

Moltons übernehmen mehrere Funktionen: Geräuschdämmung, Aufsaugen von verschütteten Flüssigkeiten, Schonung des Geschirrs, der Tischwäsche und der Tischplatte, Fixierung der Tischdecke. (wf)

Moment(s) of truth

Populärer Begriff, der die Kontaktphase(n) zwischen Mitarbeitern und Kunden beschreibt (Ford & Sturman 2020, S. 12 ff.). Der Phase bzw. den Phasen wird hohe Bedeutung zugemessen, da die Kunden aus den verhältnismäßig kurzen „Augenblicken der Wahrheit" Rückschlüsse auf das gesamte Unternehmen ziehen. Die Dienstleistungsqualität wird in diesen Momenten von den Kunden erlebt und bewertet, das Unternehmen hat hierbei keinen direkten Einfluss auf die soziale Interaktion zwischen Kunden und Mitarbeitern.

Der Begriff wird dem inzwischen verstorbenen Mitbegründer der Beratungsfirma Service Management Group, Richard Normann, zugeschrieben (hierzu auch Normann 1987, S. 21 ff.). Der hinter dem Begriff stehende Grundgedanke wurde und wird von vielen Dienstleistungsunternehmen aufgegriffen, um Prozesse der Dienstleistungserstellung (→ Dienstleistung) zu optimieren. Mit Hilfe von Kontaktpunktanalysen (→ Touchpoint) können analoge und digitale Kontaktphasen zwischen Kunden und Unternehmen untersucht (z. B. Ort und Inhalt des Kontakts, zeitlicher Ablauf, Kundentyp) und in der Folge inhaltlich und formal ausgestaltet werden. Beispielhaft sei die skandinavische Fluglinie SAS genannt. Deren ehemaliger Vorstandsvorsitzender, Jan Carlzon, plädierte für eine dezentrale und hierarchisch flache → Organisation. Mitarbeiter „an der Kundenfront" müssten – so die Empfehlung – ausreichend Handlungskompetenzen eingeräumt bekommen, um adäquat auf Kundenbedürfnisse eingehen zu können (Carlzon 1992, S. 22 f.). → Customer Touchpoint Management. (wf)

Literatur

Carlzon, Jan 1992: Alles für den Kunden: Jan Carlzon revolutioniert ein Unternehmen. Frankfurt/ Main, New York: Campus (5. Aufl.)

Ford, Robert C.; Michael C. Sturman 2020: Managing Hospitality Organizations: Achieving Excellence in the Guest Experience. Thousand Oaks: Sage (2nd ed.)

Normann, Richard 1987: Dienstleistungsunternehmen. Hamburg; New York u. a.: McGraw-Hill

Monsterwelle → **Kaventsmann**

Montrealer Übereinkommen [Montreal Convention]

1 Allgemeines Das Montrealer Übereinkommen (MÜ) für Schadensersatz bei Personen-, Gepäck- und Verspätungsschäden bei nationalem und internationalem Flug eines Luftfahrtunternehmens der Gemeinschaft (VO [EG] Nr. 889/2002, siehe Texte bei Führich & Staudinger 2019, Anhang II) ist als völkerrechtliches Übereinkommen durch den Beitritt der EU „integraler Bestandteil der Unionsrechtsordnung", welches durch den EuGH allgemein verbindlich („erga omnes") ausgelegt wird (EuGH, 09.09.2015, C-240/14 – Prüller-Frey).

2 Personenschäden Bei Schäden, Verletzung oder Tod durch einen Flugunfall an Bord oder beim Ein- und Aussteigen auf einem von einem EU-Luftfahrtunternehmen [VO (EG) Nr. 889/2002] durchgeführten weltweiten Flug hat der Fluggast einen in der Höhe unbeschränkten Schadensersatzanspruch. Für nachgewiesene Personenschäden bis zu 113.100 SZR (1 SZR = ca. 1,20 € am 15.11.2019) kann das Luftfahrtunternehmen keine Einwendungen außer ein Mit- oder Alleinverschulden des Fluggastes erheben. Auf ein Verschulden kommt es bis zu diesem Betrag damit nicht an. Über 113.100 SZR hinausgehende Forderungen können durch einen Entlastungsbeweis abgewendet werden, dass das Unternehmen weder fahrlässig noch sonst schuldhaft gehandelt hat oder ein Verschulden eines Dritten vorlag (Art. 20, 21 MÜ).

Nur luftfahrttypische Gefahren werden als Unfall im Sinne des MÜ erfasst (Flugturbulenzen, Absturz). Realisiert sich dagegen ein Risiko des allgemeinen Lebensrisikos ohne luftverkehrstypischen Bezug wie eine Flugzeugentführung oder ein Sturz auf einer Flugsteigbrücke, greift nicht das MÜ ein, sondern die subsidiäre Haftung nach dem nationalen Luftbeförderungsvertrag gem. §§ 634, 280 I BGB. Insoweit muss jedoch eine fahrlässige Pflichtverletzung gem. §§ 280 I, 276, 278 BGB vorliegen.

Die Art und Höhe des Personenschadens richtet sich nicht nach dem MÜ, sondern nach dem nationalen Recht des Luftbeförderungsvertrages, damit bei deutschem Recht der §§ 249 ff., 253 II BGB. Ersetzt werden die Kosten einer Heilbehandlung, Bestattung, Minderungen der Erwerbsfähigkeit, Unterhaltsschäden, Schmerzensgeld und alle ärztlich nachgewiesenen Gesundheitsbeeinträchtigungen wie Schockschäden und das Hinterbliebenengeld des § 844 III BGB bei Tod (näher Führich & Staudinger 2019, § 37 Rn. 23). Nur bei Tod, nicht bei einer Verletzung, hat das ausführende Luftfahrtunternehmen eine Vorauszahlung von mindestens 16.000 SZR für die Deckung unmittelbarer finanzieller Bedürfnisse zu leisten (Art. 28 MÜ, Art. 5 VO (EG) Nr. 2027/97). Der Reiseveranstalter besitzt als vertraglicher Luftfrachtführer keine EU-Betriebsgenehmigung nach der VO (EG) Nr. 2407/92 und unterliegt daher auch nicht der Vorschusspflicht.

3 Reisegepäckschäden Die Zerstörung, Beschädigung oder der Verlust des Reisegepäcks ist der häufigste Schadensfall. Bei aufgegebenem Reisegepäck besteht bei allen Inlands- und Auslandsflügen von Luftfahrtunternehmen der Gemeinschaft [VO (EG) Nr. 889/2002] eine verschuldensunabhängige Haftung bis zu 1.131 SZR (ca. 1.400 €) bei Beschädigung (Art. 17 II, 22 MÜ) je Reisendem. Der Schaden muss dabei während der Obhut des Luftfahrtunternehmens, also vom Check-in bis zum Gepäckband, eingetreten sein.

Der Höchstbetrag von 1.131 SZR gilt nicht bei Reisegepäck einschließlich Handgepäck bei einer Wertdeklaration bzw. bei Nachweis von Absicht oder Leichtfertigkeit (Art. 22 V MÜ). Ersetzt werden nach § 249 BGB die Kosten einer Wiederbeschaffung einer gleichwertigen Sache mit einem Abzug neu für alt. Hierbei kann sich das Reisegepäck eines Mitreisenden auch im Koffer des anderen Mitreisenden befinden, wobei für jeden Reisenden getrennt der Höchstbetrag gilt (EuGH, 22.11.2012, C-410/11 – Sanchez). Bei Mitverschulden des Fluggastes kann die Schadenshöhe bis auf Null reduziert werden (Art. 20 MÜ). So sind wertvoller Schmuck (OLG Frankfurt am Main, 21.11.2013) oder ein Tablet-PC im Handgepäck mitzunehmen.

Bei Handgepäck und persönlichen Gegenständen gilt der Höchstbetrag von 1.131 SZR ebenfalls, wobei das Luftfahrtunternehmen nur für solche Schäden haftet, die auf ein schuldhaftes Verhalten seiner Mitarbeiter zurückzuführen sind (Art. 17 II 3 MÜ).

Beschädigungen am eingecheckten Gepäck müssen innerhalb von 7 Tagen nach Annahme dem Luftfahrtunternehmen schriftlich (EuGH, 12.04.2018, C-258/16: Finair) angezeigt werden (Art. 31 II MÜ). Diese Frist gilt nicht bei Verlust oder Zerstörung des Gepäcks.

4 Verspätungsschäden bei Personen und Gepäck   Unabhängig vom Abflug- und Bestimmungsort ist jedes EU-Luftfahrtunternehmen weltweit für die Verspätung eines Fluggastes und seines Gepäcks aus vermutetem Verschulden nach dem MÜ verantwortlich, wenn es nicht nachweist, dass das Unternehmen und seine Mitarbeiter alle zumutbaren Maßnahmen zur Vermeidung des Schadens getroffen haben oder dass es ihnen nicht möglich war, solche Maßnahmen zu treffen (Art. 19 MÜ). Beispiele der Entlastung sind Gründe der Flugsicherung, Polizeikontrollen, Terrordrohungen oder Wettereinflüsse, Ereignisse des allgemeinen Lebensrisikos des Fluggastes, nicht aber dann, wenn die Verspätung auf einen technischen Defekt des Flugzeugs zurückzuführen ist.

Verspätung im Sinne des MÜ ist ein nicht planmäßiges Eintreffen des Flugzeugs am Zielort. Hierbei ist in Anlehnung an die EU-Fluggastrechte-VO und die Sturgeon-Entscheidung des EuGH die Grenze der hinzunehmenden Unannehmlichkeit bei 3 Stunden Ankunftsverspätung zu ziehen (Führich & Staudinger 2019, § 37 Rn. 44).

Der Fluggast kann bei einem nachgewiesenen Verspätungsschaden von Personen (Mehrkosten eines Ersatzfluges bei anderer Gesellschaft, vergebliche Aufwendungen oder Ersatzbeschaffungen) bis zu 4.694 SZR (ca. 5.800 €) von dem vertraglichen oder wahlweise von dem ausführenden Luftfahrtunternehmen fordern (Art. 19, 20 I MÜ). Dieser Anspruch besteht neben den Fluggastrechten der Unterstützungs-, Betreuungsleistungen. Der Schadensersatz nach dem MÜ setzt aber – im Gegensatz zu der EU-Fluggastrechte-VO – ein Verschulden des vertraglichen Luftfahrtunternehmens und einen messbaren Schaden voraus. Eine Ausgleichszahlung nach der Fluggastrechte-VO kann auf den Schadensersatz angerechnet werden (Art. 12 VO).

Die Haftung für verspätetes Reisegepäck ist auf höchstens 1.131 SZR (ca. 1.400 €) je Fluggast beschränkt oder auf den deklarierten Wert bei Zahlung eines Zuschlags (Art. 22 II MÜ). Eine unbeschränkte Haftung tritt ein bei Nachweis eines qualifizierten Verschuldens in Form von Absicht oder Leichtfertigkeit (Art. 22 V MÜ). Bei verspätetem Gepäck muss innerhalb von 21 Tagen nach dessen Eintreffen schriftlich eine Anzeige gemacht werden (Art. 31 II MÜ).

5 Gerichtsstand   Der Fluggast kann nach Art. 33 MÜ folgende ausschließliche Gerichtsstände bei einer Klage gegen das Luftfahrtunternehmen auswählen: Hauptniederlassung, IATA-Geschäftsstelle der Flugbuchung, Bestimmungsort (Abflugort bei Hin- und Rückflugticket), bei Personenschäden der ständige Aufenthaltsort des Fluggastes, wenn das Luftfahrtunternehmen in diesen Staat regelmäßig fliegt. Die Klagefrist beträgt zwei Jahre nach Ankunft (Art. 35 MÜ). (ef)

Literatur
Führich, Ernst 2016: Die Entwicklung des Luftbeförderungsrechts im Jahre 2015. In: MDR, o. Jg. (15), S. 857–862
Führich, Ernst 2018: Basiswissen Reiserecht. München: C. H. Beck/Vahlen (4. Aufl.; § 18)
Führich, Ernst 2019: Die Entwicklung des Reisevertragsrechts in den Jahren 2017/2018. In: MDR, o. Jg. (12), S. 718
Führich, Ernst; Ansgar Staudinger 2019: Reiserecht. München: C. H. Beck (8. Aufl.; § 37)

Moorheilbad [moorland spa]

Moorheilbäder zählen zu den hochprädikatisierten (→ Prädikatisierung) Heilbädern und → Kurorten und unterliegen den Qualitätsmerkmalen und Mindestvoraussetzungen nach den → Begriffsbestimmungen – Qualitätsstandards für Heilbäder und Kurorte, Luftkurorte, Erholungsorte – einschließlich der Prädikatisierungsvoraussetzungen – sowie für Heilbrunnen und Heilstollen; hierauf verweisen die Kurortgesetzlichkeiten der Bundesländer. Moorheilbäder müssen die grundsätzlichen Prädikatisierungsvoraussetzungen an einen → Erholungsort erfüllen. Für hochprädikatisierte Orte gelten darüber hinaus weitere allgemeine Anerkennungsvoraussetzungen bei der kurärztlichen Betreuung von Kurgästen, beispielsweise hinsichtlich der kurortmedizinischen Versorgungsstrukturen sowohl für ambulante als auch für stationäre Behandlungsverfahren in Vorsorge- und Rehabilitationseinrichtungen und Maßnahmen der Qualitätssicherung.

Moorheilbäder basieren in ihrer Artbezeichnung auf der kurortmedizinischen Anwendbarkeit von Moor (geologisch: Torf) aus ortstypischen Lagerstätten (Moor) in unterschiedlichen Anwendungsformen. Moor gehört zu den Peloiden, die als natürliche → Heilmittel des Bodens bezeichnet werden. Die Peloidlagerstätten müssen nicht unmittelbar am Heilbad bzw. Kurort verfügbar sein. Die Aufbereitung erfolgt sachgemäß am Kurort, zum Beispiel in Form von Moorvollbädern, Moorteilbädern, Kalt- und Warmpackungen sowie in Einrichtungen zum

Moorkneten und Moortreten. Die Wiederverwendung des Moors unterliegt strengen hygienischen Voraussetzungen, die in den Begriffsbestimmungen definiert sind.

Moorheilbäder müssen zudem ein durch Erfahrung bewährtes Bioklima und eine ausreichende Luftqualität aufweisen. Zu den besonderen Anforderungen gehören unter anderem mindestens ein Kur- oder Badearzt sowie die psychologische Begleitung der Kurpatienten. Kontinuierlich anzubieten sind ein Kurmittelhaus oder vergleichbare Betriebe mit Kurmittelabteilungen, Einrichtungen für aktivierende Behandlungsformen, Übungs- und Ruheräume für Entspannungstherapiekonzepte, indikationsbezogene Diät- und Ernährungsprogramme, Haus des Gastes, Kurpark (→ Parks), Liegewiese, Sportanlagen, Spielangebote und mindestens ein Terrainkurweg.

Neben den Moorheilbädern existiert noch die Bezeichnung ‚Kurorte mit Peloidkurbetrieb', wo das ortsspezifische Heilmittel in Form von ortstypischen Heilschlämmen kurortmedizinisch angewendet wird. Kurorte mit einem oder mehreren Peloidkurbetrieben müssen grundsätzlich dieselben medizinisch-therapeutischen bzw. medizinisch-klimatischen Anforderungen erfüllen wie Moorheilbäder, jedoch in geringerem, angemessenen Umfang. Die Abgabe des ortsspezifischen Heilmittels erfolgt ebenfalls in entsprechenden Einrichtungen. Moorheilbäder und Kurorte mit Peloidkurbetrieb halten somit ein Angebot von Heilbehandlungen und Einrichtungen vor, die mit dem Begriff → Kur umschrieben werden können. (abw)

Literatur

Deutscher Heilbäderverband e. V.; Deutscher Tourismusverband e. V. 2018: Begriffsbestimmungen – Qualitätsstandards für Heilbäder und Kurorte, Luftkurorte, Erholungsorte – einschließlich der Prädikatisierungsvoraussetzungen – sowie für Heilbrunnen und Heilquellen. Berlin (13. Aufl.; Fassung vom 28.09.2018)

Moor-Therapie → **Kur**

Morning Call → **Weckruf**

Motel

Abkürzung für ‚motorist's hotel' bzw. Wortkomposition aus Motor und Hotel. Beherbergungsbetrieb, der auf die Bedürfnisse von motorisiert Reisenden ausgelegt ist.

Charakteristisch für die Betriebe ist die Lage an stark frequentierten Verkehrsadern (Highways, Autobahnen, Schnell- oder Ausfallstraßen). Motels bieten in der Regel kostenlose Parkplätze, die in unmittelbarer Nähe zu den Gästezimmern bzw. Wohneinheiten liegen. Der Zugang zu den Zimmern erfolgt oft nicht über öffentliche Räumlichkeiten (Empfangsbereich), sondern direkt. Da der Großteil der Gäste nur eine Nacht verweilt, ist das Verhältnis zwischen Hotelbetreiber und Gast eher anonym.

Die USA der 1920er-Jahre gelten als Geburtsstätte dieses Beherbergungstyps. Die Beherbergungsbetriebe zeichneten sich ursprünglich durch geringe Zimmeranzahl, einfache Bauweise, schlichte Ausstattung und eingeschränkten Service aus, das Zimmerpreisniveau war niedrig. Mit dem Ausbau des Straßennetzes und der Zunahme des Automobilverkehrs in den USA nahm die Anzahl der Motels stark zu und übertraf schließlich die der Hotels. Mit der Zeit glichen sich Motels in Bauweise, Ausstattung, Design und Service an die Betriebsart → Hotel an, so dass die Grenzen zwischen den beiden heutzutage fließend sind (James 2018, S. 31 ff.; Penner, Adams & Robson 2013, S. 72 ff.; Vogel 2012, S. 146). Synonyme Begriffe: Motor Hotel, Motor Inn, Motor Lodge, Roadside Hotel. (wf)

Literatur

James, Kevin J. 2018: Histories, Meanings and Representations of the Modern Hotel. Bristol: Channel View Publications

Penner, Richard H.; Lawrence Adams & Stephani K. A. Robson 2013: Hotel Design. Planning and Development. New York, London: W. W. Norton & Company (2nd ed.)

Vogel, Harold L. 2012: Travel industry economics: A guide for financial analysis. New York: Cambridge University Press (2nd ed.)

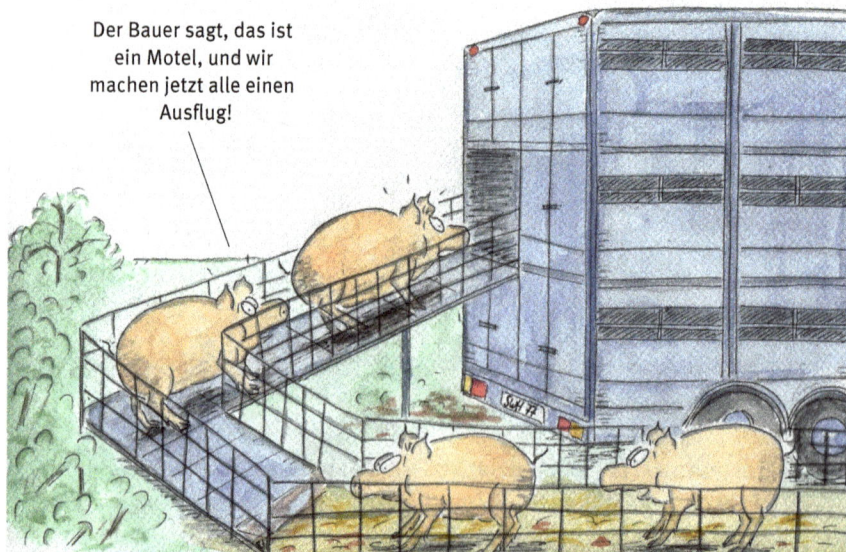

Der Bauer sagt, das ist ein Motel, und wir machen jetzt alle einen Ausflug!

Motion Ride → **Medienbasierte Attraktionsformate**

Motor Hotel → **Motel**

Motor Inn → **Motel**

Motor Lodge → **Motel**

Motorisierter Individualverkehr (MIV) → **Autofreiheit**

Mousse **[mousse]**
Mousse (franz.) = Schaum. Speisen, die durch Untermischen von Schlagsahne oder Gelee eine schaumige, cremige Konsistenz erhalten. (bk/cm)

MTOW → **Landegebühr**

Muddler
Der Muddler – ein Standardwerkzeug in der Bar – ist ein etwa 20–22 cm langer Stößel aus Holz, Bambus, Kunststoff bzw. Edelstahl, mit dem beispielsweise Limetten für Caipirinha oder Minzblätter für Mojito zerdrückt werden können. Die Stößel haben häufig eine waffel- oder sternförmig geriffelte Reibefläche, die bei unvorsichtiger Handhabung bewirken können, dass sich bei den Zitrusfrüchten außer den ätherischen Ölen auch Bitterstoffe lösen können. Die Muddler mit glatter Reibefläche werden hauptsächlich zum leichten Zerdrücken von Minzblättern verwendet. (tg)

MÜ → **Montrealer Übereinkommen**

Müßiggang → **Muße**

Multi-Channel-Marketing
Multi-channel (engl.) = mehrkanalig. Der Begriff kann als „Prozess der Planung, Durchführung und Kontrolle aller Marketingaktivitäten in einem Mehrkanalsystem" (Wirtz 2013, S. 22) verstanden werden. Touristische Anbieter stehen vor der Schwierigkeit, die „richtigen" Kanäle (online, offline, stationär, mobil) zu wählen und dort präsent zu sein, um den Kunden bzw. Gast zu erreichen. Die Präsenz von Online-Akteuren hat den Markt extrem dynamisch werden lassen, die Machtverhältnisse haben sich zugunsten der Intermediäre verschoben. Zu einem Überblick siehe Wirtz 2013; Goerlich & Spalteholz 2020.

Der vor allem informationstechnologisch bedingte Anstieg der Marketingkanäle führt zu dem Begriff Omni-Channel-Marketing bzw. „All-Kanal-Marketing" (omnis [lat.] = jeder, alle). (wf)

Literatur
Goerlich, Barbara; Bianca Spalteholz 2020: Total Revenue im Hotel. Gewinnmaximierung in Logis Resort Spa Mice. Berlin: Interhoga (3. Aufl.)
Wirtz, Bernd W. 2013: Multi-Channel-Marketing. Grundlagen – Instrumente – Prozesse. Wiesbaden: Springer Gabler (2. Aufl.)

Murphy-Bett → **Wandbett**

Mus **[purée, puree]**
Püree aus Obst oder Gemüse. (bk/cm)

Museum **[museum]**
Der Deutsche Museumsbund (2020, o. S.) bezeichnet das Museum als „eine gemeinnützige, auf Dauer angelegte, der Öffentlichkeit zugängliche Einrichtung im Dienste der Gesellschaft und ihrer Entwicklung, die zum Zwecke des Studiums, der Bildung und des Erlebens materielle und immaterielle Zeugnisse von Menschen und ihrer Umwelt beschafft, bewahrt, erforscht, bekannt macht und ausstellt." Da der Museumsbegriff nicht geschützt ist, kann er weit gefasst werden. Entsprechend können unterschiedlichste Arten von Einrichtungen, die Ausstellungsstücke (Exponate) zur Schau stellen, als Museum bezeichnet werden, unabhängig von ihrer kommerziellen oder ideellen Zielsetzung.

Staatliche Sammlungen und bekannte Kunstmuseen tragen wesentlich zur Attraktivität von städtetouristischen → Destinationen bei. So verzeichnet das besucherstärkste Museum der Welt, der Pariser Louvre, rund zehn Millionen Besucher pro Jahr (TEA 2019, S. 62). Im selben Maße wie sich touristische Motivationskomplexe diversifizieren, müssen kulturtouristische Akteure wie Museen ihr Angebot an Markterfordernisse anpassen, um erfolgreich zu bleiben (→ Kulturtourismus). Im Museumsbereich geschieht dies durch die Kreation von besonderen → Events, wie beispielsweise Sonderausstellungen, die einmalig die wichtigsten Werke eines Künstlers zusammenbringen und somit ‚once-in-a-lifetime' Erlebnisse schaffen. Durch die Zusammenarbeit mit bekannten Stars aus der Unterhaltungsbranche, Designern und Architekten können neue Zielgruppen erschlossen werden. Das Zuschauererlebnis wird durch Online-Ticketing und Präsentation in den → Sozialen Medien verbessert.

Weltweit bekannte Museen lassen sich wie Konsummarken (→ Marken) führen und filialisieren. Mit Wanderausstellungen kann die Markenreichweite verbessert werden, wie die Ausstellung des Museum of Modern Arts New York in der neuen Nationalgalerie Berlin 2004 bewies. Dieses Kulturevent zog 1,2 Mio. Besucher an und gilt bis heute als eine der erfolgreichsten Kunstausstellungen in Deutschland. Auch können ganze Museumskonzepte selbst Gegenstand der Filialisierung werden. Der Louvre Abu Dhabi entstand 2017 aus einer Kooperation mit dem französischen Staat und führte zu beträchtlichen Lizenzeinnahmen in Millionenhöhe, die in den Louvre Paris investiert wurden. Ein bekanntes Beispiel für museale Filialisierungsstrategien sind die Kunstmuseen der ‚Guggenheim Foundation‘, die über Dependancen in Bilbao, Abu Dhabi und Venedig (Peggy Guggenheim Collection) verfügen und deren Kunstwerke temporär bereits in Las Vegas und Berlin zu sehen waren. Der spektakuläre Museumsbau des 1997 nach Plänen des amerikanischen Star-Architekten Frank Gehry entstandene Guggenheim Bilbao verhalf der gesamten Region zu signifikanten Besucherzuwächsen, die in die Tourismusliteratur als ‚Bilbao-Effekt‘ eingegangen sind (Steinecke & Herntrei 2017, S. 136).

Neben Kunstmuseen, naturkundlichen und technischen Museen sind für ländliche Destinationen vor allem die Freilichtmuseen relevant. Diese sind ursprünglich aus dem Gedanken heraus entstanden, die Baudenkmäler der agrarisch-vorindustriellen Lebenswelt zu erhalten und unter musealen Schutz zu stellen. Die Bauernhäuser werden transloziert und in Form von siedlungsartigen Ensembles präsentiert. Dabei werden sie mit der zugehörigen Einrichtung (Mobiliar, Geräte usw.) ausgestattet und in die umgebende Kultur- und Naturlandschaft eingebunden. Beispielhaft können hier das Schwarzwälder Freilichtmuseum ‚Vogtsbauernhof‘ in Gutach oder das Freilichtmuseum Neuhausen ob Eck genannt werden. Weitere thematische Schwerpunkte von Freilichtmuseen finden sich in der Darstellung und in der Rekonstruktion von archäologischen Funden, wie beispielsweise dem Archäologischen Freilichtmuseum Pfahlbauten Unteruhldingen am Bodensee oder dem Archäologischen Park Xanten (Schenk 2000, S. 38).

Kulturdenkmäler des Industriezeitalters werden ebenfalls museal präsentiert und bilden somit das Pendant zu den bäuerlichen Freilichtmuseen. Zahlreiche Industriebauten sind als UNESCO-Welterbestätten (→ Welterbe) eingestuft und besitzen als erhaltungswürdige Kulturgüter außergewöhnlichen universellen Wert. Museal genutzt repräsentieren sie verschiedene Epochen des Industriezeitalters und stehen beispielhaft für die Industriekultur der entsprechenden Region, wie das ehemalige Eisenwerk Völklinger Hütte oder die stillgelegte Zeche Zollverein in Essen, die ehemals größte Steinkohlezeche der Welt.

Weiterhin von hoher touristischer Bedeutung sind die seit den 1990er-Jahren zahlreich entstehenden Firmenmuseen. Vor allem die Konsum- und Luxusgüterindustrie hat die Bedeutung der Live-Kommunikation zur Kundenbindung erkannt und sieht in dem Firmenmuseum ein Vehikel zur Markenbildung und der Markenrepräsentation. Die Grenzen zwischen der musealen Darstellung von

Exponaten und der Präsentation der Markenerzeugnisse sind fließend. So ähneln manche Firmenmuseen eher Showrooms und sind an komplexe Markenerlebniswelten (‚brandlands'; → Markenwelten) angegliedert, wie das BMW-Museum München an die BMW-Welt am Stammsitz München. Andere bewahren sich ihren musealen Charakter, in dem sie nicht nur die Firmenhistorie darstellen, sondern sich auch auf den gesellschaftlichen und historischen Kontext beziehen, in dem die eigenen Produkte entstanden sind. So werden beispielsweise im Hymer-Museum Bad Waldsee nicht nur die eigenen → Caravane präsentiert, vielmehr wird die Kulturgeschichte des → Campings dargestellt (Warnecke 2013, S. 27).

In diese Richtung zielen auch jene Firmenmuseen, deren Exponate kultur- und technikgeschichtliche Epochen wiedergeben, wie die beiden in Friedrichshafen am Bodensee beheimateten Museen zu den Firmengeschichten von Zeppelin und Dornier. Da beide Firmen in dieser Form nicht mehr existent sind, liegt der Fokus hier auf dem Erleben der Luftschiffära bzw. des Motorflugs und der Raumfahrt. Zentrum der technischen Ausstellung des Zeppelinmuseums ist ein Teilnachbau des Luftschiffs LZ 129 „Hindenburg". Das Teilstück des → Zeppelins ist mit Passagierkabinen, Aufenthaltsraum und Schreibsalon ausgestattet. Die Besucher können im originalgetreuen Interieur die Atmosphäre des Reisens in einem Luftschiff nachempfinden. An diesem Beispiel wird deutlich, dass moderne Museen sich den Prinzipien der Erlebnisinszenierung annehmen, um den Besuchern das Eintauchen (Immersion) in die Ausstellungsthematik zu ermöglichen und ein nachhaltiges Besuchserlebnis zu schaffen (→ Erlebniswelten). (tw)

Literatur

Deutscher Museumsbund 2020: Museumsdefinition. (https://www.museumsbund.de/museumsdefinition/, zugegriffen am 12.05.2020)

Schenk, Winfried 2000: Freilichtmuseen – Besuchermagneten im Kulturtourismus. In: Institut für Länderkunde (Hrsg.): Nationalatlas Bundesrepublik Deutschland. Freizeit und Tourismus, Bd. 10, Leipzig, Heidelberg, Berlin: Spektrum, S. 38–39

Steinecke, Albrecht; Marcus Herntrei 2017: Destinationsmanagement. Konstanz, München: UVK (2. Aufl.)

Themed Entertainment Association (TEA) 2019: TEA/AECOM 2018 Theme Index and Museum Index: The Global Attractions Attendance Report. Los Angeles: TEA

Warnecke, Jan-Christian 2013: Museum ... is forever – zum Transfer des Formats „Museum" in die Sphäre der Unternehmen. In: Jons Messedat (Hrsg.): Corporate Museums. Firmenmuseen: Konzepte, Ideen, Umsetzung. Ludwigsburg: avedition, S. 26–35

Musical [musical]

In den 1920er-Jahren ist das Musical am New Yorker Broadway als eine Mischung aus Operette, Vaudeville-Theater, Burleske und Tanzrevue entstanden, welche jeweils die Elemente Musik, Tanz und Darstellung miteinander kombinieren. Ähnlich der Operette ergeben sich die Musikstücke im Verlauf des Stücks aus der Handlung, ohne diese zu unterbrechen. Oft sind die Werke auch komplett musikalisch durchkomponiert. Zur Mitte des 20. Jahrhunderts erlebte das junge Genre mit Produktionen wie ‚My Fair Lady' (1956, Komponist: Frederick Loewe) oder ‚West Side Story' (1957, Leonard Bernstein) am Broadway und im Londoner Westend seine erste Blüte. Diese erfolgreichen Musical-Produktionen wurden nach US-amerikanischem Vorbild von privaten Investoren mit kommerzieller Zielsetzung seit den 1960er-Jahren und verstärkt in den 1980er-Jahren auch nach Deutschland geholt (Brittner 2000, S. 59).

Musical-Produktionen, die sich für mehrjährige Spielzeiten in einem Theater niederlassen, werden En-suite-Produktionen genannt. Ende der 1980er-Jahre und Anfang der 1990er-Jahre begann die Errichtung neuer Spielstätten für En-suite-Musicals vor allem in westdeutschen Agglomerationsräumen. 1986 hatte ‚Cats' (Andrew Lloyd Webber) als erstes Musical in einem eigenen Operettenhaus in Hamburg Premiere. Voraussetzung für die Standortwahl für Musical-Theater war eine hohe Bevölkerungsdichte innerhalb eines Einzugsgebietes von 200 Kilometern mit einer Erreichbarkeit von 20 bis 25 Millionen Menschen. Diese Kriterien erfüllen dicht besiedelte Räume wie Hamburg, Berlin, Rhein-Ruhr, Rhein-Main, Rhein-Neckar und München. Für das Musical ‚Starlight Express' (Andrew Lloyd Webber) wurde 1988 in Bochum eine Spielstätte erbaut, die ausschließlich für dieses Stück eingerichtet ist, da die Akteure mit Rollschuhen auf Eisenbahnschienen nachempfundenen Bahnen zwischen den Zuschauern umherfahren. Während der Boomphase des Musicals in den 1990er-Jahren fanden in Deutschland bis zu 20 Uraufführungen und 150 Neuinszenierungen jährlich statt, und Deutschland wurde nach den USA und Großbritannien zum drittgrößten Markt für Musicals (Brittner 2000, S. 59). Von den rund 20 En-suite-Spielstätten des Musicalbooms existierten zur Mitte der 2010er-Jahre noch knapp die Hälfte (Schmude & Namberger 2013, S. 256).

Die Konsolidierung des Musical-Marktes erfolgte aufgrund sinkender Auslastungsraten bei gleichbleibend hohen Betriebskosten für die aufwendigen Inszenierungen. In der Folge wurden die Laufzeiten einzelner Produktionen verkürzt, diese zwischen den Musical-Theatern gewechselt und En-suite-Produktionen auf Tournee-Musicals umgeschrieben, die mit geringerem Aufwand in Opernhäusern und Theatern gespielt werden können. Auch die Auswahl der Themen und Musikstücke trägt zur Planbarkeit des Erfolgs bei: Während frühere Musicals oft von Personen des Zeitgeschehens (‚Evita', ‚Elisabeth') handelten oder literarische Vorbilder hatten (‚Les Miserables', ‚Das Phantom der Oper'), bringen neuere Produktionen erfolgreiche Kinofilme auf die Bühne (‚König der Löwen', ‚Pretty Woman'). Auch sind in jüngerer Zeit vor allem Juke-Box-Musicals populär, bei denen die Handlung um bereits bekannte und erfolgreiche Popsongs gestrickt wird (z. B. ‚Mama Mia!', ‚We Will Rock You').

Musical-Theater können nach wie vor eine große Rolle im → Städtetourismus spielen. Zum einen tragen sie als Imageträger und Angebotsbestandteil bei Kurzurlaubsreisen wesentlich zur Attraktivität der → Destination bei. So vermarktet sich Hamburg mit seinen drei En-suite-Spielstätten als ‚Musicalmetropole' (Hamburg Tourismus GmbH 2020, o. S.). Zum anderen können sie in städtetouristisch eher wenig attraktiven Destinationen – wie Bochum mit dem seit 1988 gespielten Musical ‚Starlight Express' – zum Aufbau einer touristischen Infrastruktur beitragen und bedeutende regionalökonomische Effekte erzielen (Schmude & Namberger 2013, S. 261). Nicht zuletzt begünstigte der Musicalboom das Entstehen und die heutige Popularität neuer Unterhaltungsformate wie dem zeitgenössischen Zirkus (z. B. ‚Cirque du Soleil', ‚Blue Man Group'), der Dinner-Shows (z. B. ‚Pomp, Duck and Circumstance'; ‚Fantissima'; → Erlebnisgastronomie) und führte zur Renaissance des Revuetheaters (z. B. Schmidt's Tivoli Hamburg; Friedrichstadtpalast Berlin). (tw)

Literatur
Brittner, Anja 2000: Musikfestivals und Musicals. In: Institut für Länderkunde (Hrsg.): Nationalatlas Bundesrepublik Deutschland – Freizeit und Tourismus, Bd. 10, Leipzig, Heidelberg, Berlin: Spektrum, S. 56–59
Hamburg Tourismus GmbH 2020: Erleben Sie die Musicalmetropole Hamburg. (https://www.hamburg-tourism.de/sehen-erleben/musicals-shows/, zugegriffen am 02.05.2020)
Schmude, Jürgen; Phillip Namberger 2013: Musicals als tourismuswissenschaftlicher Forschungsgegenstand. In: Heinz-Dieter Quack; Kristiane Klemm (Hrsg.): Kulturtourismus zu Beginn des 21. Jahrhunderts. München: Oldenbourg, S. 255–263

Muße [leisure]

Das Thema Muße nimmt gegenwärtig im Angebot touristischer Leistungsträger eine immer zentralere Rolle ein. Offenbar ist es für → Touristen immer wichtiger, ihr Reise- und Urlaubserlebnis mit einem anderen Zeitverständnis, dem Wunsch nach freier Zeitgestaltung und selbstbestimmter Auszeit zu verknüpfen. Nicht mehr ein output- und leistungsorientierter Freizeit- und Konsumtourismus steht aktuell im Mittelpunkt, sondern die Menschen orientieren sich zunehmend an einem sinnstiftenden Erholungs- und Erlebnistourismus.

Hintergrund dieser Entwicklung ist ein gesamtgesellschaftlicher Wertewandel, der in den 1960er- und 1970er-Jahren in einzelnen (Jugend-)Milieus mit einer zunehmenden Abkehr von materialistischen und Hinwendung zu postmaterialistischen Lebenskonzepten begann (68er-Generation) und seit den 1980er-Jahren breitere Bevölkerungsschichten der westlichen Welt erfasst hat (Inglehart 1998). Hand in Hand ging dieser Wertewandel mit der zunehmenden Individualisierung der Gesellschaft, sodass immer stärker neue Werte wie Selbstverwirklichung, persönliche Sinnstiftung und Selbstbestimmung gelebt oder zumindest erstrebt werden.

Für → Tourismus, Hotellerie und → Gastronomie bedeutete dies eine Veränderung und Weiterentwicklung des Produktangebots und den damit kommunizierten Produktversprechen zum Thema Muße. Auf einer ersten Bedeutungsebene verweist Muße auf die → Freizeit, also die Zeit, die außerhalb des Arbeitslebens und unabhängig von haushaltlichen Verpflichtungen frei genutzt werden kann. Auf einer zweiten Bedeutungsebene weist Muße aber darüber hinaus. Hier ist Muße als ein Gegenkonzept zu Termindruck, Effizienzdenken und Selbstmanagement und damit zu zentralen Prinzipien der Industriegesellschaft zu verstehen (Schnabel 2012, S. 16 f.). Damit knüpft Muße an das viel ältere Konzept des Müßiggangs an, das bis in die Frühe Neuzeit hinein als großes Gut und erstrebenswertes Lebensideal galt: „Müßiggang ist ein kreativer, entspannter, erlebnisoffener Zustand des körperlichen, seelischen und geistigen Wohlbefindens. Er ist Voraussetzung für Selbstreflexion, → Glück, Liebe und ein gelungenes Leben." (Klein 2018, S. 4). Zunächst durch puritanisches Denken infolge der Reformation und dann durch die neuen leistungs- und effizienzorientierten Ideale der industriellen Welt wurde dieses Konzept negativ umgedeutet, wie es im bekannten Sprichwort Ausdruck findet: „Müßiggang ist aller Laster Anfang."

Der historisch positiv besetzte Müßiggang ist der westlichen Gesellschaft verlorengegangen. Stattdessen leben wir in einer Beschleunigungsgesellschaft. Getrieben von den digitalen Medien in Beruf und Freizeit erleben wir Zeitdruck, Hektik, Erschöpfung und Burnout als alltägliche Begleiter und Massenphänomen. Die Weltgesundheitsorganisation (WHO) hat berufsbedingten → Stress durch permanente Überlastung zu einer der größten Gesundheitsgefahren des 21. Jahrhunderts erklärt (Schnabel 2012, S. 17 f.). In Deutschland nahm die Zahl psychischer Erkrankungen in den letzten beiden Jahrzehnten bei Berufstätigen stark überproportional zu. Trotzdem gilt Nichtstun weiterhin als unproduktiv und Zeitverschwendung (Geissler & Geissler 2018, S. 9).

Dabei tut Muße den Menschen nachweislich gut. Positive Effekte werden allein schon von einer passenden Lebensumwelt ausgelöst. Während städtische Umgebungen Stress, Leistungsminderung und Unwohlsein fördern, ist belegt, dass schon der Anblick von Wiesen und Bäumen einen Erholungseffekt hat. Dieser stellt sich beim Gang in den nächstgelegenen Park ein, dafür braucht es nicht einmal eine Reise an den fernen Strand oder ins Gebirge (Schnabel 2012, S. 43 f.).

Selbst unter einer Logik der Effizienz und ökonomischen Optimierung bekommt die „Produktivkraft" Muße eine wachsende Bedeutung. Neue, kreative Ideen sind der Motor der wirtschaftlichen Entwicklung und Garant für unternehmerischen Erfolg. Sie entstehen aber nicht unter den Zwängen von Hektik und Entscheidungsdruck. Für kreative Ideen ist es notwendig, sich von äußeren Zwängen zu befreien. Muße braucht eine möglichst reizarme und ablenkungsfreie

Umgebung, Orte der Ruhe, Zeiten des ergebnisoffenen Nachdenkens (Schnabel 2012, S. 117–124).

Für zeitgemäße Ansätze der Unternehmensführung hat diese Einsicht ebenfalls Konsequenzen. Führungskräfte sollten ihren Mitarbeitern Mußezeiten oder „Innovationsauszeiten" einräumen, um positive Veränderungsprozesse anzustoßen (Schönfelder 2018, S. 368 f.). Im Unternehmen sollten systematisch Handlungsräume eröffnet werden, in denen Mitarbeiter Momente der Muße erleben können. Beim Nachdenken über solche Führungskonzepte denkt man unwillkürlich an die Arbeitsstrukturen der großen IT-Unternehmen wie Apple, Google, Intel oder Oracle. In einer Arbeitswelt der Zukunft, die Muße als Produktivkraft (wieder-)entdeckt, werden solche Konzepte aber schnell in der Mitte der Wirtschaft ankommen.

Das Potential von Muße-Angeboten in Tourismus, Hotellerie und Gastronomie wurde schon vor Jahren erkannt (Leder 2007, S. 127 f.). Naturnahe und landschaftlich integrierte Tourismusziele bieten Raum für Muße-Erlebnisse. Insofern nutzen insbesondere → Destinationen mit passenden Ressourcen dieses Etikett für ihre eigenen Angebote. Relevant sind hier v. a. die Bereiche → Wellness und Spa. Die Destinationen werben mit der Abwesenheit von städtischer Unruhe und Hektik, von Lärm und Abgasen und bieten den Urlaubern eine passende Umgebung, um in ganzheitlicher Art und Weise „zu sich selbst" kommen zu können. Mittlerweile sind es aber sehr wohl auch städtische Destinationen, die das Thema Muße für sich entdeckt haben. Auch urbane Räume kennen Oasen der Ruhe und Entspannung. Städte entdecken ihre Naherholungsgebiete (wieder) und integrieren diese in ihr Tourismuskonzept. → Restaurants und → Cafés eignen sich in besonderer Weise dazu, als Orte des → Genusses und der Auszeit konzipiert und inszeniert zu werden. (am)

Literatur
Geissler, Jonas; Karlheinz Geissler 2018: Muße in digitalen Zeiten. In: Zeitpolitisches Magazin, 15 (33), S. 9–11
Inglehart, Ronald 1998: Modernisierung und Postmodernisierung. Kultureller, wirtschaftlicher und politischer Wandel in 43 Gesellschaften. Frankfurt am Main: Campus
Klein, Olaf Georg 2018: Muße, Müßiggang und Tagebuchschreiben. In: Zeitpolitisches Magazin, 15 (33), S. 3–7
Kramer, Clara Sofie 2020: Eine Reiseführeranalyse von Mußeräumen und Mußepraktiken im Städtetourismus. In: Julian Reif; Bernd Eisenstein (Hrsg.): Tourismus und Gesellschaft. Kontakte – Konflikte – Konzepte. Berlin: Erich Schmidt, S. 393–408
Leder, Susanne 2007: Neue Muße im Tourismus. Eine Untersuchung von Angeboten mit den Schwerpunkten Selbstfindung und Entschleunigung. Paderborn: Universität Paderborn
Schnabel, Ulrich 2012: Muße. Vom Glück des Nichtstuns. München: Pantheon (5. Aufl.)
Schönfelder, Christoph 2018: Muße – Garant für unternehmerischen Erfolg. Ihr Potenzial für Führung und die Arbeitswelt 4.0. Wiesbaden: Springer

Mystery Shopping

Unter dem Begriff „Mystery Shopping" (Testkauf bzw. Silent Shopping) werden Verfahren zur Erhebung von Dienstleistungsqualität subsumiert, bei denen geschulte Beobachter, sogenannte Testkäufer oder Testkunden (Mystery Shopper bzw. Silent Shopper), als normale Kunden bzw. Gäste auftreten und reale Kundensituationen simulieren. Einsatz und Vorgehensweise bei Mystery Shopping hängen mit der angestrebten Zielsetzung des Auftraggebers zusammen (Bruhn 2019). So kann Mystery Shopping in Form von Testanrufen (Mystery Calls), Testberatungen (Mystery Consulting) oder schriftlichen Anfragen an das Unternehmen (Mystery Mailing) erfolgen. Mystery Shopping kann sich aber auch auf das allgemeine Verhalten von Mitarbeitern und die Erfahrung durch persönliche Besuche am Point of Sale (Mystery Shopping im engeren Sinne) beziehen. Die Dienstleistungserstellung bzw. das Dienstleistungsergebnis werden dabei nach einem zuvor festgelegten Kriterienkatalog bewertet. Somit können Mystery Shopper den gegenwärtigen Zustand der Dienstleistungsqualität objektiv abbilden und Verbesserungspotenziale in der Leistungserstellung aufdecken.

Im Rahmen des Mystery Shoppings lassen sich sowohl quantitative Informationen (z. B. → Wartezeiten bis zur ersten Kontaktaufnahme, Dauer des Kassiervorgangs) als auch qualitative Aspekte der Dienstleistungsqualität (z. B. Freundlichkeit, Ehrlichkeit, Erscheinungsbild oder Beratungs- und Servicequalität der Mitarbeiter, Ordnung und Sauberkeit am Point of Sale) messen. Die Ergebnisse des Mystery Shoppings werden zur Datenauswertung an den Auftraggeber übermittelt und können die Basis für inner- und außerbetriebliche Leistungsvergleiche bilden, mit Anreizsystemen gekoppelt werden, als Ausgangspunkt für Mitarbeiterschulungen dienen oder zur Qualitätsentwicklung verwendet werden (Grieger 2008).

Mystery Shopping kann durch Mitarbeiter eines Unternehmens als auch im Auftrag eines Unternehmens durch externe Beobachter (z. B. Mitarbeiter von Marktforschungsunternehmen) durchgeführt werden.

Die Mystery Shopping-Methodik wird insbesondere zur Evaluation der Dienstleistungsqualität in sehr wettbewerbsintensiven Branchen wie der Tourismusbranche und dem Einzelhandel eingesetzt. (sb)

Literatur

Bruhn, Manfred 2019: Qualitätsmanagement für Dienstleistungen. Handbuch für ein erfolgreiches Qualitätsmanagement. Grundlagen – Konzepte – Methoden. Berlin, Heidelberg: Springer Gabler (11. Aufl.)

Grieger, Gunnar 2008: Die Ergebnisqualität von Testkunden aus unterschiedlichen soziodemografischen Gruppen beim Mystery Shopping. Dissertation: Flensburg. (https://www.mysterypanel.de/Mystery-Shopping/Doktorarbeit-Mystery-Shopping-Gunnar-Grieger.pdf, zugegriffen am 11.03.2020)

N

Nachhaftung [extended liability period]

Typischer Begriff der Auslandsreise-Krankenversicherung, in dem – je nach Versicherer – geregelt wird, bis zu welchem Tag ab Beginn der Heilbehandlung Leistungen erbracht werden. Da sich im Rahmen der Durchführung des medizinischen Rücktransports konkret die Frage stellt, wie lange der Reisekrankenversicherer seine Leistungen zu erbringen hat, wenn die Zeit der versicherten Reise abgelaufen ist, muss hierzu eine Aussage in den Allgemeinen Versicherungsbedingungen (AVB) getroffen werden. (hdz/wf)

Nachhaltiger Tourismus → Corporate Social Responsibility

Nachhaltigen Tourismus hab ich mir anders vorgestellt!

Nachhaltigkeit → Corporate Social Responsibility

Nachteilige Beeinflussung [negative influences on food]

Die Bezeichnung ‚nachteilige Beeinflussung' beinhaltet im Sinne der nationalen Lebensmittelhygiene-Verordnung (LMHV) eine Ekel erregende oder sonstige Beeinträchtigung der einwandfreien hygienischen Beschaffenheit von Lebensmitteln.

https://doi.org/10.1515/9783110546828-015

Diese werden beispielsweise durch Mikroorganismen, Verunreinigungen, Witterungseinflüsse, Gerüche, Temperaturen, Gase, Dämpfe, Rauch, Aerosole, tierische Schädlinge, menschliche und tierische Ausscheidungen sowie durch Abfälle, Abwässer, Reinigungsmittel, Pflanzenschutzmittel, Tierarzneimittel, Biozid-Produkte oder ungeeignete Behandlungs- und Zubereitungsverfahren hervorgerufen. Die Gefahr der nachteiligen Beeinflussung soll durch Maßnahmen der → guten Hygienepraxis verhindert werden. → HACCP. (mjr)

Literatur
Bundesgesetzblatt (Hrsg.) 2007: Verordnung über Anforderungen an die Hygiene beim Herstellen, Behandeln und Inverkehrbringen von Lebensmitteln (Lebensmittelhygiene-Verordnung – LMHV) vom 8. August 2007. Berlin

Nachtflugbeschränkung [night flight restriction]
Beschränkung von Flügen während der Nachtzeit zum Beispiel auf Postflüge und/oder auf Flugzeuge, die erhöhten Lärmschutzanforderungen genügen. (jwm)

Nachtflugverbot [night-flight ban]
Schließung von meist in der Nähe von Wohngebieten liegenden Flughäfen für Starts und Landungen während der Nachtzeit (zum Beispiel zwischen 22.00 und 06.00 Uhr lokaler Zeit). (jwm/wf)

Gedankensplitter
„Es kommt ja auch niemand auf die Idee, Autobahnen nachts zu schließen." (Ralf Teckentrup, Vorsitzender Geschäftsführung Condor Flugdienst)

Nachtportier [night porter]
Der nachts Dienst habende → Portier wird Nachtportier genannt. (wf)

Nachtzug [night train]
Zuggattung, die auf Nachtreiseverkehr ausgelegt ist. Zuweilen werden Nachtzüge (Schlaf-, Liegewagen) mit Autoreisezügen kombiniert. Die Strecken verbinden nationale und internationale Zentren (etwa Hamburg – Würzburg – Passau – Wien; München – Villach – Ljubljana – Zagreb; Paris – Karlsruhe – Frankfurt/Main – Berlin – Warschau – Minsk – Moskau).

In den letzten Jahren kristallisieren sich auf dem Markt der Anbieter zwei Lager heraus. Das eine hat sich aus dem Segment verabschiedet (z. B. Deutsche Bahn, die 2016 ihre Nachtzugverbindungen eingestellt hat) und begründet dies mit wirtschaftlichen Argumenten (hohe Verluste, zu vernachlässigendes Nischenprodukt, Wettbewerbsdruck durch → Billigfluggesellschaften). Unternehmen wie die Österreichische Bundesbahn (ÖBB) sehen in dem Segment hingegen eine Zukunft und argumentieren vice versa (Transport von Touristen aus den → Quellmärkten, attraktives Nischenprodukt) und ökologisch (Reduktion der Klimabelastung). Die Klimadiskussion (Greta-Effekt, „Fridays for Future"-Bewegung) beflügelt die Diskussion über den Wiederaufbau nationaler und internationaler Nachtzugnetze. (hdz/wf)

Literatur

SpiegelOnline 2019: Bahnunternehmen: Klimadiskussion belebt Nachtzug-Nachfrage. (https://www.spiegel.de/reise/aktuell/oebb-erweitert-nachtzugflotte-deutsche-bahn-nicht-a-1278550.html, zugegriffen am 27.07.2019)

Nahrungstabu → **Speisetabu**

Napperon [middle round/square table linen]

Nappe (franz.) = Tischtuch. In der Gastronomie wird unter einem Napperon ein kleines Tischtuch bzw. eine Deckserviette verstanden. Napperons weisen ein Ausmaß von in der Regel 80 × 80 cm bis 120 × 120 cm auf. Sie werden auf bereits vorhandenen Tischdecken aufgelegt, um diese zu schonen oder um kleinere Verunreinigungen zu kaschieren. (Gutmayer, Stickler & Lenger 2018, S. 68). Darüber hinaus haben sie dekorativen Charakter. (wf)

Literatur

Gutmayer, Wilhelm; Hans Stickler & Heinz Lenger 2018: Service: Die Grundlagen. Linz: Trauner (10. Aufl.)

Nasscharter [wet lease]

Vermietung eines Flugzeuges inklusive Betriebsmittel und Besatzung an eine Fluggesellschaft. Solche Verträge werden zum Beispiel von Ferienfluggesellschaften mit anderen Fluggesellschaften abgeschlossen, um bei Ausfall eines Flugzeuges schnellen Ersatz zu bekommen oder um in der Hochsaison kurzfristige Nachfragespitzen abdecken zu können, für die eine Flottenerweiterung unwirtschaftlich wäre. Im Zubringerverkehr zu den Drehkreuzen der großen Netzwerkfluggesellschaften sind solche Verträge ebenfalls üblich. Die Subunternehmer bekommen feste Raten für ihre Flüge, während die Auftrag gebende Fluggesellschaft das Auslastungsrisiko für die Flüge übernimmt.

In der → Allgemeinen Luftfahrt wird darunter die Vermietung von Flugzeugen inklusive aller Betriebsmittel (Treibstoff, Schmiermittel usw.) an Privatpiloten verstanden. → Trockencharter. (jwm/wf)

Nationale Tourismusorganisation (NTO) [national tourism organization]
Organisation zur Förderung des Inbound Tourismus (Einreiseverkehr) und teilweise auch des Binnentourismus auf nationalstaatlicher Ebene. NTOs haben auf nationaler Ebene im Wesentlichen die gleichen Aufgaben wie eine lokale → DMO (Destination Management Organisation).

1 Organisation und Finanzierung Für die Organisation von Nationalen Tourismusorganisationen gibt es unterschiedliche Modelle. Zur Einbindung und Mitwirkung der nationalen Tourismuswirtschaft in ihre Aktivitäten sind sie häufig als Verband in der Rechtsform eines (gemeinnützigen) Vereins organisiert, wobei die Mitglieder entweder aus den nationalen Tourismusverbänden des jeweiligen Landes, Einzelunternehmen und lokalen Destinationen oder einer Mischung daraus bestehen, beispielsweise bei der → Deutschen Zentrale für Tourismus (DZT) oder der Österreich Werbung. Häufig sind es jedoch auch staatliche Behörden (v. a. in Schwellen- und Entwicklungsländern) oder öffentliche Einrichtungen, beispielsweise South African Tourism.

In der Regel werden NTOs wesentlich aus öffentlichen Mitteln, in diesem Fall dem Regierungsetat, getragen. Zunehmend wird jedoch auch die Privatwirtschaft in die Finanzierung eingebunden, z. B. durch Beiträge oder Sponsoring-Partnerschaften touristischer Verbände, privatwirtschaftlicher Unternehmen oder der Medien. Für die staatliche Förderung von NTOs gibt es eine Reihe von Gründen. Es wird davon ausgegangen, dass die Investitionen in Tourismus umfassende Vorteile für die Bevölkerung mit sich bringen. Arbeitsplätze können geschaffen und Steuer- und Abgabeneinnahmen erhöht werden. Durch die damit verbundene Diversifizierung der Wirtschaft wird diese zudem weniger krisenanfällig. Im Idealfall wird Umweltverschmutzung- und Zerstörung sensibler Naturräume entgegengewirkt, da dies dem Tourismus schaden würde. Touristische Aktivitäten helfen, Kultur und Traditionen lebendig zu erhalten. Nicht zuletzt kann durch Reiseerlebnisse zum positiven Image eines Landes beigetragen werden (Page 2019, S. 374).

Da die Regierungen als hauptsächliche Geldgeber in demokratischen Systemen einer parlamentarischen Kontrolle unterliegen, haben die entsprechenden Entscheidungs- und Kontrollgremien der jeweiligen Volksvertretungen, meistens Ausschüsse des Parlaments, zumindest indirekt Einfluss auf die Arbeit der NTOs. Damit haben die Nationalen Tourismusorganisationen mit ihren Markt- und Fachkenntnissen einerseits Beraterfunktion für die politischen Entscheidungsgremien, andererseits sind sie Vollzugsorgane für die Umsetzung tourismuspolitischer Zielsetzungen. Inwieweit sie tatsächlich nur die Vollstrecker politischer Vorgaben oder (teil)autonome Institutionen sind, hängt von der jeweiligen politischen Situation in den Ländern ab.

2 Ziele und Aufgaben   Nationale Tourismusorganisationen haben das Ziel, den Inbound Tourismus (Einreiseverkehr) zu fördern. Dies geschieht bei den Nationalen Tourismusorganisationen unter anderem durch ein Markenmanagement mit sprachenangepasster Online-Kommunikation mit Websites und Blogs, aber auch Offline-Kommunikation durch Print-Produkte, Pressereisen, Messeauftritte und Promotion-Aktionen. Dazu unterhalten sie Vertretungen in den für sie wichtigsten Quellmärkten. So unterhält beispielsweise die Deutsche Zentrale für Tourismus (DZT) 31 Standorte weltweit mit rund 150 Mitarbeitern und kümmert sich um die Marktbearbeitung von über 50 Ländern (Stand: 2020).

Häufig fokussieren die Aktivitäten von Nationalen Tourismusorganisationen darüber hinaus auch auf die Förderung Deutschlands als Inlandsreiseziel. Die Vermarktungsaktivitäten sind dabei nicht auf freizeittouristische Zielgruppen beschränkt, sondern beziehen auch Geschäftsreisende und die MICE-Branche mit ein. Neben den klassischen Vermarktungsaktivitäten online und offline ist die Vernetzung und Koordination der unterschiedlichen touristischen Leistungsträger in einem Land eine weitere zentrale Aufgabe. Häufig geschieht dies bereits institutionell durch Gremien wie Marketingausschüsse bei der NTO, immer mehr auch durch die Förderung der virtuellen Zusammenarbeit auf Plattformen.

Ein weiteres Aufgabengebiet Nationaler Tourismusorganisationen ist die Marktforschung in den Quellmärkten. Die Ergebnisse dieser Untersuchungen finden nicht nur in den Konzepten der NTO ihren Niederschlag, sondern werden der nationalen Tourismuswirtschaft als Grundlage für eigenes Marketing bzw. für Aktionen zur Verfügung gestellt. (cmb/jwm)

Literatur
DZT (Hrsg.) 2020: Jahresbericht 2019. Reiseland Deutschland. Innovativ – Nachhaltig – Digital. Frankfurt/Main
Page, Stephen J. 2019: Tourism Management. London, New York: Routledge (6th ed.)

Nationalpark → **Natürliche Freizeiträume**

Natürliche Freizeiträume (Großschutzgebiete) **[natural recreational areas, conservation areas]**
Naturräume spielen für die freizeittouristische Nutzung eine große Rolle. Entscheidende Faktoren für die Nachfrage sind die Erreichbarkeit sowie die landschaftliche Attraktivität der Naturräume. Bevorzugt werden vor allem Waldgebiete, Wasserflächen oder Flussläufe sowie stärker reliefiertes Gelände (Mittel- und Hochgebirge) mit Aussichtsmöglichkeiten aufgesucht. Sowohl für die kurzfristige Naherholung als auch für den Übernachtungstourismus sind Großschutzgebiete, also Naturparke, Nationalparke und Biosphärenreservate von Bedeutung. Je besser sie mit touristischer Infrastruktur versehen und je besser sie an das Ver-

kehrsnetz angeschlossen sind, umso stärker werden sie frequentiert (Potthoff & Schnell 2000, S. 46).

Großschutzgebiete sind rechtlich festgesetzte und von einer Trägerorganisation gemanagte Flächen für Naturschutz und Landschaftspflege. Es sind großräumige Gebiete von mindestens 1.000 ha, im Allgemeinen jedoch über 10.000 ha Größe. Es gibt drei Typen, die sich auch überschneiden können:

– **Nationalparke** dienen der Erhaltung repräsentativer Naturlandschaften, also dem Schutz der Artenvielfalt und insbesondere dem Zulassen anthropogen unbeeinflusster natürlicher Prozesse. Sie verfolgen somit das Primärziel der Sicherung der ökologischen Unversehrtheit eines Ökosystems. Gleichzeitig schaffen die Nationalparks einmalige Erlebnisräume von Natur und sichern notwendige Erfahrungsräume für Umweltbildung und Forschung. Darüber hinaus erhöhen Nationalparke die touristische Attraktivität einer Region und tragen mit zu ihrer wirtschaftlichen Entwicklung bei. Die Förderung von Forschungs-, Bildungs- und Erholungszielen sind also als Sekundärziele zu betrachten (Bundesamt für Naturschutz 2020, o. S.). Zur Erreichung dieses Zielkatalogs werden in den Nationalparks Schutzzonen unterschiedlicher Nutzungsintensität ausgewiesen. In der Kern- bzw. Naturdynamikzone findet keinerlei menschlicher Eingriff statt. Die Pflege- bzw. Entwicklungszonen umgeben die Kernzone, hier wird Wert auf den Erhalt der Kulturlandschaft und eine nachhaltige Tourismusentwicklung gelegt. 1970 wurde der erste Nationalpark in Deutschland, der Nationalpark Bayerischer Wald, eingerichtet. Heute existieren 16 Nationalparke in Deutschland, der größte davon ist der Nationalpark Niedersächsisches Wattenmeer. Die Nationalpark-Idee wurde im 19. Jahrhundert in den USA entwickelt. Dort stand zunächst der Erhalt von Naturmonumenten geologischen (Vulkane, Geysire) bzw. geomorphologischen Ursprungs im Vordergrund (z. B. Karsthöhlen), worauf sich der → Geotourismus gründet.

– **Biosphärenreservate** verfolgen ein enges Naturschutzziel und werden durch die Beobachtung von Langzeitveränderungen begleitet. Eine Nutzung durch den Menschen ist nicht ausgeschlossen, doch ist eine harmonische Kulturlandschaft angestrebt, in der die menschlichen Verhaltensweisen in Einklang mit der Natur stehen. Biosphärenreservate sind nur selten „ursprüngliche" Biotope – viel öfter sind es Kulturlandschaften, die sich in Jahrhunderten menschlicher Nutzung gebildet haben, wie beispielweise der Spreewald mit seinem weit verzweigten Fließgewässernetz. Damit die UNESCO einen Vorschlag eines Staates zur Auszeichnung eines Gebiets als Biosphärenreservat annimmt, muss das Gebiet für einen Landschaftstyp charakteristisch sein und zugleich modellhaft nachhaltige Entwicklung umsetzen. Diese Modellprojekte widmen sich der Bewahrung der Biodiversität, der Förderung gesellschaftlichen Zusammenlebens und der wirtschaftlich erfolgreichen Ressourcennutzung, wozu auch Maßnahmen zur nachhaltigen Tourismusentwicklung gehören. Ebenso wie die Nationalparke sind sie zoniert, es existieren 18 Biosphärenreservate in Deutschland (Deutsche UNESCO-Kommission e. V. 2020, o. S.).

– **Naturparke** sind wegen ihrer landschaftlichen Voraussetzungen für die Erholung besonders geeignet. Es sind meist vielfältige Kulturlandschaften von großem ästhetischen Reiz, die aus der Wechselwirkung zwischen Natur und menschlichem Tun entstanden sind. Sie haben mit der Sicherung der Erholungsvorsorgefunktion bei gleichzeitigem Schutz und Pflege von Natur und Landschaft eine doppelte Aufgabe zu erfüllen. Naturparke sollen entsprechend der rahmengebenden landesplanerischen Vorgaben einheitlich entwickelt und nach den Grundsätzen der Landespflege behandelt werden. Sie wurden als landesplanerisches Instrument in den 1970er-Jahren eingeführt, um Erholungsflächen im Zuge der fortschreitenden städtebaulichen Expansion zu sichern. Die 104 deutschen Naturparke machen eine Landesfläche von rund 28 % aus. Sie sind an kommunale oder regionale Gebietskörperschaften angelehnt und werden oft von den entsprechenden Tourismusorganisationen (→ Destinationsmanagementorganisation) betreut, die in den Naturpark-Informationszentren untergebracht sind. Dort finden auch Ausstellungen und Schulungen zur Umweltbildung statt. Naturparke sind überwiegend im Umfeld von Verdichtungsräumen (z. B. Naturpark Bergisches Land) und den ehemaligen innerdeutschen Zonenrandgebieten (z. B. Naturpark Bayerischer Wald) entstanden und wurden als Mittel der Regionalentwicklung betrachtet. Entsprechend wurden sie mit touristischen Infrastrukturen, wie Informationszentren, Wanderparkplätzen, Wanderrouten oder den damals populären Trimm-Dich-Pfaden möbliert. Heute sollen Naturparke verstärkt Funktionen im Rahmen einer integrierten nachhaltigen Entwicklung von Regionen wahrnehmen. Ziel ist es, die ländlichen Räume zu stärken und eine eigenständige Entwicklung dieser Gebiete zu fördern. Eine Nutzung der vorhandenen ökologischen, wirtschaftlichen und sozialen Strukturen (z. B. besondere Landschaften, traditionelles Handwerk oder regionstypische Bräuche) sollen zur Identitätsstiftung beitragen und die Potenziale der Regionen ausnutzen, um diese als Ganzes aufzuwerten (Bundesamt für Naturschutz 2020, o. S.). (tw)

Literatur
Bundesamt für Naturschutz 2020: Gebietsschutz/Großschutzgebiete. (https://www.bfn.de/themen/gebietsschutz-grossschutzgebiete.html., zugegriffen am 15.06.2020)
Deutsche UNESCO-Kommission e. V. 2020: Biosphärenreservate. (https://www.unesco.de/kultur-und-natur/biosphaerenreservate, zugegriffen am 15.06.2020)

Potthoff, Kim E.; Peter Schnell 2000: Naherholung. In: Institut für Länderkunde (Hrsg.): Nationalatlas Bundesrepublik Deutschland – Freizeit und Tourismus, Bd. 10, Leipzig, Heidelberg, Berlin: Spektrum, S. 46–47

Naturerbestätte → **Welterbe**

Naturpark → **Natürliche Freizeiträume**

Naturtourismus → **Corporate Social Responsibility,** → **Natürliche Freizeiträume**

Nautische Meile → **Seemeile**

NDC → **New Distribution Capability**

Nettoreiseintensität (NRI) [departure rate]
Der Anteil von Personen (R) an der Bevölkerung (N), der in einer Periode (meist ein Jahr) mindestens eine Reise unternommen hat. Berechnung: NRI = R/N × 100. Es werden nach Reisearten unterschiedliche Nettoreiseintensitäten berechnet, die bekannteste davon ist die → Urlaubsreiseintensität. Daneben gibt es die Kurzreiseintensität und die Geschäftsreiseintensität (Freyer 2015, S. 123; Mundt 2013, S. 28). (jwm/wf)

Literatur
Freyer, Walter 2015: Tourismus: Einführung in die Fremdenverkehrsökonomie. Berlin, Boston: De Gruyter Oldenbourg (11. Aufl.)
Mundt, Jörn W. 2013: Tourismus. München: Oldenbourg (4. Aufl.)

Network carrier → **Netzwerkfluggesellschaft**

Netzwerk [network]
Ein Netzwerk besteht aus Knoten (Akteure) und Kanten (Verbindungen zwischen den Akteuren). Knoten bzw. Akteure können Menschen, aber auch Unternehmen oder Institutionen sein. Kanten können soziale Beziehungen als auch Transaktionen in einem engeren ökonomischen Sinn umfassen (z. B. Güterströme). Im wirtschaftlichen Bereich sind Netzwerke vielfach interorganisatorische Beziehungsgeflechte. Netzwerke beeinflussen die Interaktionen zwischen den beteiligten Akteuren. Einige Interaktionen werden wahrscheinlicher gemacht, andere überhaupt erst ermöglicht, und die Ergebnisse sind andere als bei Interaktionen außerhalb von Netzwerken (Jansen 2006). Von regionalen Netzwerken spricht man dann, wenn sich Knoten und Kanten in räumlicher Nähe zueinander befinden (Genosko 1999).

In touristischen → Destinationen spielen Netzwerke eine besondere Rolle, denn es handelt sich um Leistungserstellungssysteme mit Netzwerkcharakter, in denen → Kooperationen zwischen touristischen und nicht-touristischen Stakeholdern essentiell für die Wettbewerbsfähigkeit und den Erfolg sind. In Destinationen sind vielfach mehrere Netzwerke zu finden. Von besonderer Bedeutung sind Leadership-Netzwerke. Es handelt sich hierbei um ein Netzwerk von Kernleistungsträgern, das wesentliche Führungsaufgaben in touristischen Destinationen übernehmen kann (Zehrer et al. 2014). (fr)

Literatur

Genosko, Joachim 1999: Netzwerke in der Regionalpolitik. Marburg: Schüren

Jansen, Dorothea 2006: Einführung in die Netzwerkanalyse: Grundlagen, Methoden, Forschungsbeispiele. Wiesbaden: VS (3. Aufl.)

Zehrer, Anita et al. 2014: Leadership networks in destinations. In: Tourism Review, 69 (1), pp. 59–73

Netzwerkfluggesellschaft [network carrier]

Netzwerkfluggesellschaften bieten ein dichtes Flugnetz mit Umsteigeverbindungen über Drehkreuze an. Sie grenzen sich damit von sog. Punkt-zu-Punkt-Fluggesellschaften (Point-to-Point Airline) ab.

Der englische Begriff ‚Hub & Spoke‘ (Nabe & Speiche) veranschaulicht das Geschäftsmodell sehr gut: Von einem zentralen Großflughafen (→ Flughafen) werden eine Vielzahl an Verbindungen angeboten und unterschiedliche Umsteigeverbindungen realisiert. Viele Routen lassen sich nur über Umsteigeverbindungen und nicht mit Direktflügen wirtschaftlich betreiben. Für den Erfolg sind die Lage des Hubs sowie die Umsteigemöglichkeiten (Bequemlichkeit, → Wartezeiten, Verlässlichkeit) ausschlaggebend. Historisch gesehen arbeiten viele ehemalige staatliche Fluggesellschaften (Legacy Airlines) heute nach diesem Geschäftsmodell. Netzwerkfluggesellschaften erweitern ihr Streckennetz oft durch Allianzen und Partnerfluggesellschaften. Diese können mit durchgängigen Tarifen, Codeshare-Partnerschaften oder Joint-Ventures angebunden werden. Auch eine intermodale Kooperation z. B. mit Eisenbahnen sowie Fähr- oder Busgesellschaften ist möglich (z. B. Lufthansa Express Rail und Express Bus), bei dem diese über Airlinecodes buchbar sind und nahtlose Umsteigeverbindungen geschaffen werden.

Die Steuerung der Netzwerke ist hochkomplex. Dafür müssen die Flugpläne auf kurze Umsteigezeiten optimiert werden. Hubs werden in der Regel in sogenannten Wellen (Knoten) organisiert. Ziel ist es, dass innerhalb jeder Welle möglichst viele Flugzeuge nahezu gleichzeitig landen, Zeit zum Umsteigen bieten und dann nahezu gleichzeitig starten. Somit sind Flughäfen mit möglichst vielen unabhängigen Landebahnen besonders für den Hub-Verkehr geeignet. Flugzeuge von Netzwerkfluggesellschaften sind durch die komplexe Koordinierung von

Flugplänen häufig deutlich weniger in der Luft (off block) als Punkt-zu-Punkt-Fluggesellschaften. Dies führt zu höheren Kosten im Betrieb. Technik- oder wetterbedingte Unregelmäßigkeiten im Flugplan wirken sich oft störend auf große Teile des Systems aus.

Für die Netzwerkfluggesellschaften ist die Steuerung von Preisen, Kapazitäten und Verfügbarkeiten (Yield-Management; → Ertragsmanagement) höchst komplex. Deswegen verfügen Netzwerkfluggesellschaften üblicherweise über eine heterogene Flotte mit unterschiedlichen Kapazitäten und Reichweiten. Die Entwicklung von neuen Flugzeugtypen mit höherer Reichweite und geringerem Verbrauch und damit verringerten Kosten pro Sitzplatz verändert gegenwärtig die Netzwerke auf der Langstrecke. Mit der Boeing 787 kann Qantas beispielsweise auf der Strecke von London nach Perth auf einen Zwischenstopp verzichten und somit die Hubs in Dubai oder Singapur überfliegen. Mit den neuen Modellen der Airbus 318-321-Familie können Transatlantikflüge auch mit vergleichsweise kleinen Flugzeugen im → Punkt-zu-Punkt-Verkehr wirtschaftlich durchgeführt werden. (ad)

Literatur
Conrady, Roland; Frank Fichert & Rüdiger Sterzenbach 2019: Luftverkehr. Betriebswirtschaftliches Lehr- und Handbuch. Berlin, Boston: De Gruyter Oldenbourg (6. Aufl.)

Neuartige Lebensmittel [Novel Food]

Im Allgemeinen können herkömmliche Lebensmittel im Rahmen der lebensmittelrechtlichen Bestimmungen ohne vorherige Zulassung in den Verkehr gebracht werden. Eine Ausnahme bilden neuartige Lebensmittel, welche in der Europäischen Union zugelassen werden müssen, bevor sie auf den Markt kommen. Im Rahmen des Zulassungsverfahrens werden die Erzeugnisse einer umfassenden gesundheitlichen Bewertung unterzogen, um die Verbraucherinnen und Verbraucher vor gesundheitlichen Risiken neuer, in der EU bisher noch nicht verzehrter Lebensmittel und Lebensmittelzutaten zu schützen. Neuartige Lebensmittel unterliegen EU-weit einheitlichen Regelungen, um einerseits ein hohes Niveau beim Schutz der Gesundheit des Menschen zu erreichen und andererseits ein reibungsloses Funktionieren des Binnenmarkts zu ermöglichen.

Geregelt ist dies in der Novel Food-Verordnung (EU) 2015/2283. Unter dem Begriff „neuartiges Lebensmittel" versteht man alle Lebensmittel, die vor dem 15. Mai 1997 nicht in nennenswertem Umfang in der Europäischen Union für den menschlichen Verzehr verwendet wurden und die in mindestens eine der in Artikel 3 der Novel Food-Verordnung (EU) 2015/2283 genannten Kategorien fallen. Hierzu gehören Lebensmittel:

- mit neuer oder gezielt veränderter Molekularstruktur,
- aus Mikroorganismen, Pilzen oder Algen,
- aus Materialien mineralischen Ursprungs,

- aus Pflanzen oder Pflanzenteilen,
- aus Tieren oder deren Teilen,
- aus Zell- oder Gewebekulturen,
- die durch ein neuartiges, nicht übliches Verfahren hergestellt wurden,
- aus technisch hergestellten Nanomaterialien,
- die Vitamine, Mineralstoffe und andere Stoffe sind,
- die ausschließlich in Nahrungsergänzungsmitteln als nicht neuartig gelten und nun in anderen Lebensmitteln verwendet werden sollen.

Im Rahmen des Zulassungsverfahrens erstellt die zuständige nationale Behörde zum erforderlichen Antrag des verantwortlichen Lebensmittelunternehmers einen Erstprüfbericht, der an die Europäische Kommission und von dort an die EU-Mitgliedstaaten zur Prüfung und Stellungnahme weitergeleitet wird. In Deutschland ist das Bundesamt für Verbraucherschutz und Lebensmittelsicherheit die zuständige Bundesbehörde, die unter www.bvl.bund.de zahlreiche Informationen zur Verfügung stellt. (mjr)

Literatur
Amtsblatt der Europäischen Union (Hrsg.) 2015: Verordnung (EU) 2015/2283 des europäischen
  Parlaments und des Rates vom 25. November 2015 über neuartige Lebensmittel. Straßburg

New Distribution Capability [NDC]
Die vertrieblichen Anforderungen, (Linien-)Flugleistungen (→ Fluggesellschaft) flexibler, variantenreicher, mit differenzierten und individuellen Zusatzleistungen anbieten zu können, haben zur Entwicklung des neuen NDC-Standards geführt. Flugleistungen und Zusatzleistungen sollen in den → Reservierungssystemen insbesondere in den → Globalen Distributionssystemen (GDS/GRS) entsprechend erweitert und flexibilisiert dargestellt und vermarktet werden können. Die starren traditionellen GDS-Verfahren und die dahinterstehende Angebots- und Buchungsdatenstrukturen, die noch aus den Zeiten eines regulierten Flugverkehrs stammen, werden mit dem NDC-Standard erneuert. (uw)

New platform tourism services (NPTS) → Airbnb, → Sharing Economy

NGG → Gewerkschaft Nahrung – Genuss – Gaststätten

Night Audit
Nachtschicht an der → Rezeption eines Hotels, welche sich neben der fortlaufenden Gästebetreuung ebenfalls mit buchhalterischen Aufgaben beschäftigt. In erster Linie sind solche Aufgaben die Durchführung der Rechnungsabschlüsse des vergangenen Tages und die Erstellung von Berichten (Reports). (amj)

Night Auditor

Der für den → Night Audit zuständige Mitarbeiter an der → Rezeption eines Hotels. Aufgrund der Aufgaben wird der Night Auditor oft auch der Buchhaltung als Mitarbeiter zugerechnet. (amj)

Night-Owl

Night (engl.) = Nacht; owl (engl.) = Eule. In der Hotellerie und Gastronomie wird mit dem Ausdruck jene Person bezeichnet, die später als üblich Essen einnimmt. Unter Umständen werden für diese Gäste spezielle Speiseangebote ("night-owl" specials) zu einem reduzierten Preis entwickelt. Dadurch kann der Umsatz in nachfrageschwachen Phasen erhöht werden. Essenszeiten, in denen eine hohe Nachfrage herrscht, werden gleichzeitig entzerrt. Problematisch hierbei sind mögliche Kannibalisierungseffekte beim Umsatz mit Vollzahlern (Thompson 2015, S. 1 ff.). Siehe auch → Early-Bird. (wf)

Literatur

Thompson, Gary M. 2015: Deciding whether to offer "Early-Bird" or "Night-Owl" Specials in Restaurants: a cross-functional view. In: Journal of Service Research, 18 (4), pp. 1–15

Night-Owl Specials → **Night-Owl**

NN → **Normalnull**

No Frills Airline → **Billigfluggesellschaft**

No vacancies → **Zimmer belegt**

Nocken [dumplings]

Gnocchi (ital.) = Klößchen. Kleine Klöße, Nudeln oder Schnitten, in Salzwasser gegart; häufig Suppeneinlage oder Beilage. (bk/cm)

Non traditional outlet (NTO)

Sammelbegriff für alle Vertriebskanäle und -stellen von Reiseangeboten, die nicht stationäre Reisebüros (→ Reisevermittler) sind. Dazu gehören zum Beispiel mobile Reiseberater, → Callcenter, Supermärkte, Einzelhandelsgeschäfte und Tankstellen. (jwm)

Non-stop Flug [non stop flight]

→ Direktflug zwischen zwei Orten ohne Zwischenlandung. (jwm)

NOP → **Betriebsergebnis II**

Normalnull (NN) [mean sea level (MSL)]
Mittlere Meereshöhe als Bezugspunkt für Höhenmessungen. (jwm)

Normalspur [standard gauge]
Die Normalspur (1.435 mm = 4′ 8,5″) ist die in Europa und Nordamerika am weitesten verbreitete Spurweite im Eisenbahnverkehr. (hdz)

Normierung → Qualitätszeichen

No-show
Von No-show wird allgemein gesprochen, wenn eine (touristische) Leistung unangekündigt nicht in Anspruch genommen wird, also die Leistung nicht storniert wird. Sie sind der Grund für die regelmäßige Überbuchung von Flügen (→ Ertragsmanagement). Die No-show-Situation ist in den Reise- und Zahlungsbedingungen von touristischen Dienstleistungserbringern geregelt. → Beherbergungsvertrag. (hdz)

No-show-Anteil [no-show factor]
Prozentualer Anteil von allen anreisenden Beherbergungsgästen mit Reservierung, die Beherbergungsleistung unangekündigt nicht in Anspruch nehmen bzw. nicht vor Ort erscheinen (to show up [engl.] = erscheinen). Die Problematik findet sich auch in anderen touristischen Bereichen. (wf)

No-show-Rechnung [no-show invoice]
Flüge und → Pauschalreisen werden in der Regel im voraus gebucht und bezahlt, so dass sich aus dem Nichterscheinen eines Gastes für den Anbieter im Prinzip keine Probleme ergeben. Vollzahlertickets bei traditionellen → Fluggesellschaften verlieren jedoch auch bei Nichterscheinen nicht ihre Gültigkeit und können jederzeit umgebucht oder erstattet werden. Im → Gastgewerbe wird jedoch in der Regel nicht bei der Reservierung, sondern nach dem Erhalt der Leistungen abgerechnet und gezahlt.

Nimmt der Gast das verbindlich reservierte Hotelzimmer nicht an, bleibt er dennoch zur Zahlung des vereinbarten Preises abzüglich der ersparten Eigenaufwendung des Gastgebers verpflichtet (§ 537 BGB). In der Hotellerie spielen daher die No-show-Rechnungen (auch „Stornorechnungen" genannt) eine nicht unbedeutende Rolle, da viele Gäste immer noch davon ausgehen, einmal reservierte Hotelzimmer könnten jederzeit storniert werden. Eine einseitige Stornierung des → Beherbergungsvertrages ist jedoch rechtlich nicht möglich. Hierzu bedarf es der Zustimmung des Hoteliers bzw. verbindlich vereinbarter Stornierungsfristen in den → Allgemeinen Geschäftsbedingungen (AGB).

Der Hotelier kann grundsätzlich den vereinbarten Zimmerpreis für die gesamte Reservierungsdauer verlangen, muss sich allerdings ersparte Aufwendungen anrechnen lassen. Diese werden von der Rechtsprechung pauschaliert. So betragen die ersparten Aufwendungen bei Übernachtung mit Frühstück 20 %, bei Halbpension 40 % und bei Vollpension 60 % (so u. a. OLG Düsseldorf, NJW-RR 91, S. 1143 f.). (bd)

Nouvelle Cuisine [nouvelle cuisine]

Nouvelle Cuisine (franz.) = Neue Küche. Beschreibung für einen Kochstil, der sich insbesondere durch Verwendung von frischen Produkten, kurze Garzeiten, Betonung des Eigengeschmacks, fettarme Zubereitung, starker Verzicht auf Mehl, fette Saucen und Marinaden auszeichnete.

Der Begriff wurde durch die französischen Feinschmecker-Journalisten Henri Gault und Christian Millau in den 1970er-Jahren zwar nicht erfunden, aber populär gemacht. Sie beschrieben und förderten mit ihm auf journalistische Weise eine Entwicklung in der Kochkunst, die als Gegenbewegung zu der am Königshof entstandenen ‚grande cuisine' gesehen werden kann (Larousse 2017, S. 577). Während für die ‚grande cuisine' Schwere, überladene Zubereitung und ausgedehnte Speisefolgen charakteristisch waren, war die ‚Nouvelle Cuisine' eine leichte Küche, die ernährungswissenschaftliche Erkenntnisse aufnahm. Zu einer soziologischen Interpretation der ‚Nouvelle Cuisine' siehe Wood 2004. (wf)

Literatur
Larousse (éd.) 2017: Le Grand LAROUSSE Gastronomique. Paris: Larousse Editions (6. Aufl.)
Wood, Roy C. 2004: The shock of the new: a sociology of nouvelle cuisine. In: Donald Sloan (ed.): Culinary Taste: consumer behaviour in the international restaurant sector. Oxford: Elsevier Butterworth Heinemann, pp. 77–92

Novel Food → **Neuartige Lebensmittel**

NTO → **Nationale Tourismusorganisation,** → **Non traditional outlet**

Nudismus → **Freikörperkultur (FKK)**

Nutzladefaktor → **Sitzladefaktor**

Nutzlasteinschränkung [payload restriction]

Flugzeuge können nicht immer mit der höchst zulässigen Nutzlast starten. Dafür können eine Reihe von Faktoren ausschlaggebend sein: Die Länge und Beschaffenheit einer Startbahn, die Höhe eines Flughafens über → Normalnull, die Temperatur, Windverhältnisse und Niederschläge.

Die Startstrecke bestimmt sich aus dem Abfluggewicht und der sog. Dichtehöhe, die durch die Kombination aus Flughafenhöhe und Temperatur errechnet wird. Mit steigender Temperatur steigt auch die Dichtehöhe und damit verlängert sich die notwendige Startstrecke bei Konstanthalten der anderen Faktoren. Bei hochgelegenen und auf heißen Flugplätzen (hot and high) sind deshalb oft Nutzlasteinschränkungen für einen sicheren Start notwendig. Durch Niederschlag wird ein großes Flugzeug um einige Tonnen schwerer, gleichzeitig vergrößert sich der Rollwiderstand auf der Startbahn und damit die benötigte Startstrecke.

Darüber hinaus kann es notwendig sein, die Nutzlast einzuschränken und dafür mehr Treibstoff aufzunehmen, um eine längere Strecke fliegen zu können. (jwm/wf)

O

OBE → **Internet Booking Engine**

Oberkellner → **Restaurantleiter**

Obligatorisch **[obligatory]**
Im Tourismus häufig verwendeter Begriff, der besagt, dass eine Leistung verpflichtend ist, also verbindlichen, ja zwingenden Charakter hat. Die obligatorische Leistung ist folglich inhärenter Gegenstand der Gesamtleistung und kann nicht „herausgeschnitten" werden, auch wenn sie nicht genutzt wird. Gerade → Pauschalreisen enthalten solche inbegriffenen Leistungen, wie Transfer zum → Hotel, Exkursionen oder auch manchmal bestimmte Reiseversicherungen etc.

Der Gegenbegriff ist fakultativ. Leistungen, die als fakultativ eingestuft werden, sind Angebote, die weder bezahlt noch in Anspruch genommen werden müssen. So bieten viele Reiseveranstalter fakultativ zu ihrer Pauschalreise zu besonders günstigen Konditionen Mietwagen oder Reiseversicherungsleistungen mit an. Der Kunde kann diese fakultativen Angebote nur im Rahmen seiner Buchung in Anspruch nehmen. Sie sind also nicht losgelöst von einer Katalogreise zu sehen.

Bei → Hotelklassifizierungen wird mitunter in obligatorische und fakultative Kriterien unterschieden. Obligatorische Kriterien sind solche, die erfüllt werden müssen, um in eine bestimmte Klasse eingeordnet zu werden (Muss-Kriterien), fakultative Kriterien sind solche, die erfüllt werden können (Kann-Kriterien). (hdz/wf)

Occ
Kürzel für ‚Occupancy' (→ Auslastung) und ‚Occupied' (→ Zimmerstatus). (wf)

Occupancy → **Auslastung**

Occupied → **Zimmerstatus**

Öffentliche Badeanlagen → **Bäder, öffentliche**

Öko-Tourismus → **Corporate Social Responsibility**

Offenheit für Erfahrungen **[openness to experience]**
Offenheit für Erfahrungen ist eine von fünf zentralen Persönlichkeitsdimensionen, die in einer Vielzahl von Studien immer wieder gefunden wurde. Die anderen

https://doi.org/10.1515/9783110546828-016

Dimensionen sind emotionale Stabilität, Extraversion, Verlässlichkeit und Gewissenhaftigkeit.

Personen mit hohen Werten in Offenheit für Erfahrungen bevorzugen Abwechslung, sind wissbegierig, fantasievoll und unabhängig in ihrem Urteil. Allerdings: Man misst hier nicht die intellektuellen Fähigkeiten einer Person, sondern den Stil der Informationsverarbeitung, also eher, ob eine Person sich gerne Neuem aussetzt und interessiert ist an persönlichen sowie öffentlichen Vorgängen. Offenheit erfasst nicht, wie erfolgreich und leistungsstark eine Person in neuen Situationen ist. Personen mit hohen Werten in Offenheit besitzen ein reges Fantasieleben, nehmen eigene Gefühle akzentuiert wahr, sind künstlerisch interessiert und eher bereit, bestehende Werte und Normen infrage zu stellen. Menschen mit einer hohen Offenheit ziehen Neues generell Bekanntem vor. Der Kern von Offenheit ist die Empfänglichkeit für eine große Bandbreite äußerer und innerer Quellen von Erfahrung und Informationen.

Viele Stellen im → Tourismus, besonders wenn sie mit Ortswechseln, dem Kontakt mit Menschen unterschiedlicher Kulturkreise oder nicht genau vorhersagbaren Ereignissen verbunden sind, sind für Personen mit einer hohen Offenheit für Erfahrungen besser geeignet als für Personen mit niedrigen Werten (→ Interkulturelle Kompetenz). Personen mit niedrigeren Werten werden sich hingegen eher in Positionen mit mehr Vorhersagbarkeit und Routine wohl fühlen, beispielsweise im Hoteleinkauf oder in der Flugabteilung eines → Reiseveranstalters. (ss/gm)

Literatur

Borkenau, Peter; Fritz Ostendorf 2008: NEO-FFI. NEO-Fünf-Faktoren-Inventar nach Costa und McCrae – Manual. Göttingen: Hogrefe (2. Aufl.)

Litzcke, Sven; Frank Heber 2017: Persönlichkeit und Führung – Das 5-Faktoren-Modell der Persönlichkeit. In: Karin Häring; Sven Litzcke (Hrsg.): Führungskompetenzen lernen. Stuttgart: Schäffer-Poeschel, S. 61–97 (2. Aufl.)

Lord, Wendy 2007: Das NEO-Persönlichkeitsinventar in der berufsbezogenen Anwendung. Interpretation und Feedback. Göttingen: Hogrefe

Gedankensplitter

„Jede gute Dienstleistung, die du für einen anderen Menschen erbringst, ist auch ein Geschenk." (Gerd Käfer, Gastronom)

Office [office, storage room]

Arbeitsraum bzw. Funktionsfläche im Servicebereich eines gastgewerblichen Betriebs, der zur Vorbereitung (→ Mise en place) und Lagerung dient. Zu den Vorbereitungsarbeiten, die dort stattfinden, zählen bspw. das Polieren von Gläsern und Besteck, die Reinigung und das Auffüllen der → Menagen, die Reinigung von

Serviergegenständen (z. B. → Guéridon, Kühler) oder der Wäschetausch. Service-wagen, Porzellan, Gläser, Besteck und Gegenstände wie → Dekanter, Menagen, Brotkörbe, Tabletts oder → Rechauds werden im Office aufbewahrt. Die Funkti-onsfläche liegt räumlich zwischen Küche und Gästebereich. Sie kann auch in an-deren Abteilungen existieren. Siehe → Etagenoffice. (wf)

On change → **Zimmerstatus**

On the rocks
Fachbegriff aus dem Barbereich für Getränke, die auf bzw. mit Eiswürfeln (rock [engl.] = Felsen, Stein) serviert werden, z. B. Whisky on the rocks. Antonyme: plain, straight up, up. (wf)

Gedankensplitter   _i_
„Lieber zu viel essen als zu wenig trinken." (Hermann Bareiss, Hotelier)

One-way car rental → **Einwegmiete**

Online Booking Engine → **Internet Booking Engine**

Online Casino → **Casino**

Online Delivery → **Home Delivery Service**

Online Delivery Provider (ODP) → **Dark Kitchen**, → **Home Delivery Service**

Online Ordering → **Supply Chain Management (Hotel)**

Online Travel Agent → **Internet Booking Engine**, → **Online-Reisevermittler**, → **Web-Portal**

Online-Leumund → **Bewertungssysteme**

Online-Reisevermittler [online travel agent, OTA]
Online-Reisevermittler bieten ihre → Dienstleistungen der Reiseinformation und -beratung, der Vermittlung und des Kundenservice über ihr → Web-Portal als Front-End der Kundenkommunikation an. Sie arbeiten vom Grundsatz her nach gleichen Geschäftsmodellen und mit denselben rechtlichen Bedingungen wie stationäre → Reisevermittler. Sie sind somit zu unterscheiden von → touristi-schen Suchmaschinen (meta searcher) und vom web-basierten Direktvertrieb

eines einzelnen Anbieters selbst erbrachter Leistungen. Für einen Reisekunden sind diese rechtlich bedeutenden und hinsichtlich der Servicequalität relevanten Unterschiede nicht immer transparent.

OTAs können ihre Web-Portale offen und für jeden Reiseinteressenten zugänglich betreiben, sie agieren damit im Endkundengeschäft (business-to-consumer, B2C), oder sie bieten ihre Leistungen einer geschlossenen, lizensierten Nutzergruppe an. Hierbei handelt es sich i. d. R. um Geschäftsbeziehungen zu Unternehmen (business-to-business, B2B), die Reiseleistungen weiter vermitteln oder die für ihre Geschäftsreisenden Leistungen in Anspruch nehmen (→ Geschäftsreisemanagement-Systeme; business travel management, BTM). Online-Reisevermittler können auf einzelne Marktsegmente spezialisiert sein oder als Vollsortiment-Anbieter agieren. Insbesondere große Online-Reisevermittler sind mit einem Vollsortiment in allen Marktsegmenten der Freizeit- und Geschäftsreisen als Vertriebskanäle/-dienstleister aktiv.

Um die Erfüllung der Kundenwünsche und -aufträge in Echtzeit, vollständig und verbindlich auszuführen, agieren als elektronische Funktionseinheiten → Internet Booking Engines, z. B. eine IBE je Marktsegment. Eine IBE ist ein Software-, Datenbank- und Schnittstellen-System zur Umsetzung der Beratungsfunktionen und der Vermittlungs- bzw. Buchungsprozesse. Sie steht in automatisierter Verbindung zu den → Reservierungssystemen kooperierender Reiseanbieter und -produzenten. Web-Portal und Internet Booking Engine(s) bilden in ihrem Zusammenwirken das informationstechnologische System des Online-Reisevermittlers:

- Das Web-Portal übernimmt in Kommunikation und Interaktion mit dem Kunden die Funktionen der allgemeinen touristischen Information und Animation, der Angebotspräsentation und Beratung durch vergleichende Darstellung der alternativen Angebote mit spezifischer Einbindung multimedialer und georeferenzierter Informationen sowie durch Integration von Bewertungssystemen.
- Die Internet Booking Engine übernimmt die Angebotsrecherche gemäß Kundenwunsch. Dazu recherchiert sie in eigenen (Zwischenspeicher-)Datenbanken, in die kooperierende Reiseanbieter regelmäßig oder situativ (z. B. last minute; → Ertragsmanagement) über automatisierte Schnittstellen Angebotsdaten übertragen, die zunächst unverbindlich sein können und im Falle eines Buchungswunsches zu verifizieren sind. Ergänzend oder alternativ recherchiert die IBE in Echtzeit des Kundenwunsches über elektronische Direktschnittstellen in den Reservierungssystemen kooperierender Anbieter. Die IBE bereitet relevante Angebote zur vergleichenden und beratenden Darstellung vor und ergänzt sie durch multimediale, georeferenzierte und/oder bewertende Informationen. Sie übermittelt die konkreten Buchungswünsche an die jeweiligen Reservierungssysteme und veranlasst damit die Buchungs-

und Reservierungsprozesse. Zur Kommunikation mit den Reservierungssystemen können die Netzwerkdienste und -standards der → Globalen Distributionssysteme (GDS/GDN) im Sinne der Datenlogistik kostenpflichtig genutzt werden.

– Zusätzliche Online Services, z. B. im Rahmen des Kundenbeziehungsmanagements (customer relationship management) oder das Angebot zusätzlicher Reiseutensilien und -leistungen (cross selling), ergänzen den Funktionsumfang und die Serviceangebote eines Online-Reisevermittlers.

– Um via Web-Portal sehr komplexe, nicht automatisierbare Dienste anbieten zu können oder um auch Zielgruppen zu erreichen, die die Option einer persönlichen Kommunikation wünschen, werden ergänzend Call- und Service Center (→ Callcenter) eingebunden. (uw)

Literatur

Schulz, Axel; Uwe Weithöner; Roman Egger & Robert Goecke 2015: eTourismus: Prozesse und Systeme. Berlin, Boston: De Gruyter Oldenbourg, insb. Kapitel 2. und 3.7 (2. Aufl.) (3. Aufl. in Vorbereitung)

OTA, BTM, CRS, FOS, GDS, GDN, OBE, IBE, CRM, B2B, B2C, DbD und DbDdhkP, da blickt doch kein Schwein mehr durch ....

Online-Restaurant-Reservierung [online restaurant reservation]

Möglichkeit, über Internetportale einen Tisch zu reservieren bzw. zu stornieren, Restaurantbewertungen zu lesen oder zusätzliche Informationen abzurufen.

Die Portale übernehmen eine Mittlerfunktion (certification intermediary) zwischen Angebot (gastronomische Betriebe) und Nachfrage (Gäste). Sie bündeln das Angebot und stellen dieses den Nachfragern zur Verfügung. Dadurch tragen sie zur Transparenz bei und reduzieren die Informationsfülle (information overload). Für ihre Mittlerleistung verlangen die Portale eine Provision (z. B. monatliche Grundgebühr 100 € plus 1,50 € pro platziertem Gast).

OpenTable beispielsweise, ein Unternehmen der Booking Holdings Inc., ist ein weltweit agierender Akteur. Es hat Zugriff auf über 60.000 Restaurants, vermittelt monatlich über 31 Millionen Gäste, die wiederum über eine Million Bewertungen pro Monat schreiben (OpenTable o. J.; Stand: 2020).

Auf dem Markt lassen sich Fusionen beobachten: Die Portale schließen sich zusammen, um eine kritische Masse zu erreichen und sichtbarer zu werden. Sie gewinnen so mehr gastronomische Betriebe (Anbieter), die auf der Plattform vertreten sein wollen und gleichzeitig mehr Nutzer (Nachfrager), die reservieren. Die Gefahr einer Oligopol- bzw. Monopolbildung steht im Raum. → Bewertungssysteme. (wf)

Literatur

OpenTable o. J.: Unsere Geschichte. (https://www.opentable.de/about/, zugegriffen am 05.07.2020)

On-request-Vertrag [on request contract]

On-request-Verträge sind eine Möglichkeit, Leistungsbeziehungen zwischen Leistungsträgern und Intermediären (→ Reisebüro und/oder → Reiseveranstalter) zu gestalten. Touristische Leistungen werden lediglich „auf Anfrage" gebucht und nicht direkt bestätigt. Der Intermediär fragt nach der Buchungsanfrage des Kunden beim Leistungsträger an (etwa Hotel, Rundreisenanbieter), ob die Leistung verfügbar ist. Erst wenn der Leistungsträger die Buchung an den Intermediär bestätigt, bekommt auch der Endkunde eine endgültige Buchungsbestätigung. Eine andere Möglichkeit ist es, dass der Kunde lediglich einen → Voucher erhält, der an bestimmte Bedingungen geknüpft ist (Terminrestriktionen, zusätzliche Verpflichtungen). Nach Erhalt des Vouchers müssen dann die konkreten Termine und Verfügbarkeiten angefragt und in einem zweiten Schritt bestätigt werden. Siehe aus rechtlicher Sicht auch Moeder 2019, S. 256 f.

Im Zeitalter der Online- bzw. Direktbuchungen nimmt die Bedeutung von On-request-Verträgen ab. Sie werden durch Systeme mit direkter Bestätigung (Instant Confirmation) ersetzt. (ad)

Literatur
Moeder, Ronald 2019: Tourismusrecht in der Unternehmenspraxis. München: UVK

OOI → **Zimmerstatus**

OOO → **Zimmerstatus**

OOS → **Zimmerstatus**

Open Bar
Open (engl.) = offen; bar (engl.) = Ausschank, Schanktisch, → Bar. Der Begriff steht für eine → Dienstleistung, die in der Luxushotellerie mitunter VIP-Gästen angeboten wird. Die sich im Hotelzimmer befindenden Getränke werden ohne direkte Berechnung zur Verfügung gestellt. Die in der Regel exklusive Getränkeauswahl kann im Kühlschrank (Minibar) aufbewahrt sein oder auf einem extra angerichteten Getränkewagen. (wf)

Open Lobby → **Lobby**

Open Skies Agreement → **Bermuda Abkommen**

OpenTable → **Online-Restaurant-Reservierung**

Operations → **Hotel Operations**

Operations Management → **Wartezeitenmanagement**

Opportunitätskosten [opportunity costs]
Opportunitätskosten entstehen immer dann, wenn ein Entscheidungsträger mit begrenztem Budget (z. B. finanzielle Mittel, Zeit, emotionaler Zuwendung o. ä.) zwischen mehreren – sogenannten vollständigen – Alternativen wählen muss. Da unter diesen Bedingungen nur eine Alternative gewählt werden kann, bedeutet die Entscheidung für diese Alternative stets den Verzicht auf den Nutzen aus der (zweit-)besten, nicht gewählten Alternative. Die Wertigkeit der Opportunitätskosten ist in der Regel subjektiver Natur, also von den Nutzenerwartungen des Entscheidungsträgers gegenüber den verschiedenen Alternativen bestimmt, und nicht zwingend in nur ökonomischen Größen anzugeben (was der Kostenbegriff zunächst suggerieren mag).

   Bekannte Anwendungen dieses Konzeptes in der Unternehmensführung sind bspw. die Berücksichtigung kalkulatorischer Zinsen auf das eingesetzte Eigenkapital (= kompensatorische Verzichtskosten für entgangene Zinsgewinne einer alternativen Geldanlage) bspw. in der Kosten-/Leistungs- und Investitionsrechnung sowie bei der Ermittlung der gewichteten Kapitalkosten oder die Berücksichtigung des kalkulatorischen Unternehmerlohns in der Kosten-/Leistungsrechnung (= kompensatorische Verzichtskosten für das entgangene Gehalt aus einer angestellten Beschäftigung). (vs)

Optionsbuchung [option booking]

Buchung einer Reise ohne Ausstellung von Reiseunterlagen (Tickets, → Voucher). Sie kann für eine bestimmte Frist (zum Beispiel zwei Tage oder eine Woche) aufrechterhalten werden, um dem Kunden und ggfs. seinen Mitreisenden Bedenkzeit einzuräumen. Innerhalb dieser Frist kann die Buchung kostenlos storniert werden. Fest wird die Buchung erst durch den ausdrücklichen Wunsch des Kunden. Bei → Reisevermittlern spielen solche Buchungen eine wichtige Rolle, da mit dem Angebot einer Optionsbuchung Kunden in der Regel eher zu einem Abschluss bereit sind, als wenn man sie nach einer Beratung nur mit einem Katalog nach Hause schickt. (jwm)

Organisation [organisation]

1 Organisation als Führungsinstrument und typische Fragestellungen Organisieren als Tätigkeit ist eine Führungsaufgabe der organisatorischen Gestaltung. Die zentrale Aufgabe der Organisation besteht darin, der Verwirklichung der Leistungs- oder Sachziele des Unternehmens zu dienen, d. h. Erstellung von Dienstleistungen und Produkten. Damit wird verständlich, dass die Organisation bzw. Organisieren kein Selbstzweck ist, sondern mittelbar ökonomischen Interessen dient. Hier wird von einem instrumentellen Organisationsverständnis der Organisation ausgegangen, d. h. Organisation ist ein Führungsinstrument. Diese Führungsaufgaben übernehmen Führungskräfte auf allen hierarchischen Ebenen.
2 Elemente und Begriffe des Organisierens Sinn und Zweck des Organisierens ist es, bei der Zusammenarbeit mehrerer Personen im weitesten Sinne eine regelbasierte effiziente und effektive Ordnung zu schaffen. Die Ordnung in der Verteilung von Arbeit ebenso wie das Zusammenwirken verschiedener Aufgaben(-träger) basieren auf dem Grundprinzip von Teilung und Einung.

Organisation bedeutet, dass durch eine arbeitsteilige Verfolgung des Leistungsziels ein höherer Wert im Unternehmen geschaffen wird als durch eine individuelle Verfolgung. Um die Effizienzvorteile der Arbeitsteilung zu nutzen, werden die durchzuführenden Aktivitäten in Einzelaktivitäten unterteilt und organisatorischen Einheiten zugeordnet. Von besonderer Bedeutung ist die daran anschließende ‚Organisation' des Zusammenwirkens dieser organisatorischen Einheiten, auch Einung oder besser Koordination genannt. Sie zielt darauf ab, dass die durch die Arbeitsteilung in Aussicht gestellten Vorteile auch realisiert werden. Dies kann situativ über Anweisungen von Führungskräften oder (Koordinations-)Gremien erfolgen oder durch im Vorhinein (präsituativ) entwickelte Pläne, Programme oder Standardisierung.

Um dies zu gewährleisten, sind organisatorische Regelungen notwendig. Kernbestandteile einer Regelung sind Aufgaben, Menschen als Aufgabenträger sowie notwendige Informationen und Sachmittel zur Aufgabenerfüllung. Durch Regeln werden für einen abgegrenzten Personenkreis gültige, dauerhafte Handlungsbeschränkungen erlassen, indem zwischen den Aufgaben und Aufgabenträgern Beziehungen hergestellt werden. Diese Regelungen machen aus einer Personenmehrheit mittels ihrer Organisation ein zielgerichtet handelndes Unternehmen. Als Prozess oder Tätigkeit verstanden, ist Organisieren das Formulieren genereller, dauerhafter Regeln. Daraus ergibt sich im Ergebnis die Organisation: Organisation kennzeichnet ein in Prozessen und Strukturen dauerhaft dokumentiertes System aufeinander abgestimmter Regelungen, die das Leistungsverhalten der an das Unternehmen gebundenen Mitarbeiter auf die Erreichung der Unternehmensziele ausrichtet. Eine solche auf Dauer angelegte Organisation wird präsituativ geplant und ist unabhängig von einzelnen Personen. Die organisatorischen Regelungen werden zumeist für andere erlassen (Fremdregelung) und sind formalisiert.

3 Verhaltenswissenschaftliche Perspektive Neben den hier im Schwerpunkt dargestellten strukturellen Fragen (engl.: organisational design) gibt es die verhaltensbezogenen Fragen der Organisation (engl.: organisational behaviour). Dazu wird auf den drei Ebenen Individuum, Gruppe und Organisation als Ganzes untersucht, wie und warum Menschen sich in Organisationen verhalten und welche Auswirkungen ihr Verhalten auf die Organisation und sie selbst hat. Hier werden Erklärungen für verhaltensbestimmte Fragen der Organisation erfasst, die sich auf die Hauptziele Arbeitszufriedenheit und organisationales Commitment (→ Mitarbeiterbindung) auswirken: Motivation, Emotionen, Kommunikation, Konflikte, Macht, Mikropolitik, Produktivität, Einstellungen etc. und deren Zusammenhänge (Robbins & Judge 2018).

4 Organisatorische Gestaltung Organisatorische Gestaltung bedeutet, Stellen, Stellenmehrheiten und Prozesse so zu regeln, dass die angestrebten Ziele der Organisation erreicht werden. Diese Ziele können sein: Marktorientierung, Entwicklungsfähigkeit, Prozess-, Ressourcen-, Führungseffizienz und/oder Mitarbeiterorientierung (Bach et al. 2018, S. 67 ff.).

Stellen sind die kleinsten aufbauorganisatorischen Einheiten und bilden die Basis. Unter einer Stelle wird ein personenbezogener Aufgabenbereich verstanden, der vom Personenwechsel unabhängig ist. In Stellen werden zusammengehörige Aufgaben, Kompetenzen (auch Befugnisse genannt) und Verantwortungen gebündelt. Stellen können Ausführungs- oder Leitungsstellen (Instanzen) sein. Die drei Merkmale einer Stelle sind (Krüger 2005, S. 153):

- Aufgaben- bzw. Aktivitätenbündelung: Teilaufgaben werden zu einem Aufgaben- oder Aktivitätenbündel für eine Stelle zusammengefasst, welche diese sachlogisch und nicht räumlich abgrenzt.
- Personenbezug: Die Bündelung orientiert sich hinsichtlich Umfang und Anspruchsniveau an der quantitativen und qualitativen Kapazität einer Person.
- Versachlichung: Normalerweise erfolgt die Stellenbildung versachlicht, also durch Orientierung an einer gedachten Person mit Normaleignung.

Werden mehrere Stellen gebündelt, ergeben sich verschiedene Formen von Stellenmehrheiten (z. B. Abteilungen oder Arbeitsgruppen), die sich durch Dauer und Art der Zusammenarbeit unterscheiden (Krüger 1994, S. 37 ff.).

Mit dem Begriff Abteilung werden hierarchisch gegliederte Organisationseinheiten zur arbeitsteiligen Erfüllung von bereichsbezogenen Daueraufgaben bezeichnet. Im einfachsten Fall bestehen Abteilungen aus einer Instanz (z. B. Abteilungsleiter) und den ihr zugeordneten Ausführungsstellen (z. B. Sachbearbeiter).

Eine Arbeitsgruppe erfüllt überwiegend routinehafte Daueraufgaben in einem Bereich. Sie ist eigenverantwortlich und verfügt über (vormals auf höheren hierarchischen Ebenen angesiedelte) Entscheidungs- und Kontrollkompetenzen.

Ein Team ist eine zeitlich befristete Mehrpersoneneinheit zur Erfüllung von innovativen Spezialaufgaben. Ein Ausschuss ist eine Mehrpersoneneinheit zur Erfüllung übergreifender Dauer- oder Spezialaufgaben durch nicht-ständige Zusammenarbeit.

Sind Stellen und Organisationseinheiten durch Über- oder Unterordnungsbeziehungen zueinander gekennzeichnet, spricht man von einer Hierarchie. Diese wird üblicherweise durch ihre Leitungsbreite (auch Leitungsspanne) und -tiefe (Hierarchieebenen) sowie Art und Anzahl der Weisungsbeziehungen genauer beschrieben.

5 Prozess- und Aufbauorganisation als Grundmodelle Seit den 1980er-Jahren hat die Betrachtung der Wertschöpfung und -prozesse von Branchen und Unternehmungen eine neue Bedeutung erhalten. Dies hatte Auswirkungen auf das Selbstverständnis von Unternehmen, die seitdem ihre Aktivitäten als eine Wertkette verstehen. Das heißt, Prozessmanagement ist hier als Management von Wertketten zu begreifen. Damit einher ging das organisatorische Denken in Prozessen. Ein Prozess lässt sich beschreiben als eine zielgerichtete Abfolge von logisch zusammenhängenden Aktivitäten zur Erstellung einer Leistung (Vahs 2019, S. 209).

Die Grundidee ist, in einem Unternehmen die relevanten Steuerungs-, operativen und Unterstützungsprozesse zu identifizieren, optimieren und organisieren. Auf dieser Basis erfolgt dann oder auch gemeinsam bzw. zeitgleich die Gestaltung der Aufbauorganisation („structure and process follows strategy"). Folgende Merkmale kennzeichnen üblicherweise eine → Prozessorganisation (Krüger 2005, S. 178 f.; Schmelzer & Sesselmann 2013, S. 51 ff.):

- Strategische Ausrichtung: Neben der Aufbauorganisation ist auch die Gestaltung der Unternehmensprozesse von der → Strategie bestimmt. Je nach angestrebtem Wettbewerbsvorteil sind die erforderlichen Geschäftsprozesse zu identifizieren und entsprechend auszurichten. Die Anforderung an die Prozessorganisation lautet „process follows strategy".
- Prozesse prägen Kundenorientierung: Im traditionellen Prozessverständnis geht man davon aus, dass diese beim Kunden beginnen und enden (end-to-end). Deshalb sollte über die Prozesse zunächst Klarheit bestehen, bevor diese mit einer Aufbauorganisation verknüpft werden bzw. Prozess- und Aufbauorganisation integriert werden („structure follows process").
- Prozesse sind bereichs- und unternehmensübergreifend: Die Prozessorganisation besitzt einen umfassenderen Bezugsbereich, der bereichs- als auch unternehmungsübergreifend ausgeprägt sein kann. Innerhalb eines Bereiches oder einer Funktion würde man eher von Abläufen sprechen. Prozessorganisatorische Gestaltung hingegen überwindet Abteilungszäune und geht von einem übergreifenden Ansatz aus.
- Prozesse erfordern Prozessverantwortung: Die Bedeutung von effizienten und kontinuierlich zu verbessernden Prozessen drückt sich auch darin aus, dass gesonderte Zuständigkeiten zu schaffen sind. Die Verantwortung für Prozesse tritt neben die hierarchische Verantwortung. Aktivitätenbündel werden von einem Prozessteam übernommen.

Die grundlegenden organisatorischen Bausteine (Stellen und -mehrheiten) lassen sich in unterschiedlicher Art und Weise miteinander kombinieren. Daraus entsteht letztlich die Aufbauorganisation eines Unternehmens. Neben den zahlreichen Formen der Aufbauorganisation in der Praxis kann man diese aus konzeptioneller Sicht auf drei Grundmodelle reduzieren, die sich durch drei sogenannte Gestaltungsparameter beschreiben lassen:

- Bestimmende Form der Aufgabenspezialisierung auf der zweiten Hierarchieebene: Sie orientiert sich entweder nach einer Verrichtung oder an einem Objekt (zum Beispiel Region, Produkt, Kunden) oder an einem Prozess;
- Verteilung der Weisungsbefugnisse als Einlinien- oder Mehrliniensystem;
- Verteilung der Entscheidungsaufgaben in Form einer Entscheidungszentralisation oder -dezentralisation.

Aus der Kombination dieser Parameter ergeben sich die Grundmodelle der Aufbauorganisation: Bei der funktionalen Organisation (FO) handelt es sich um eine verrichtungsorientierte Einlinienorganisation mit einer Tendenz zur Entscheidungszentralisation (Abb.). Bei der divisionalen Organisation (DO, auch Geschäftsbereichs- oder Spartenorganisation) ist nicht das Verrichtungs-, sondern das Objektprinzip bestimmend. Man spricht von einer objektorientierten Einlinienorganisation mit Tendenz zur Entscheidungsdezentralisation (Abb.). Die Matrixorganisation (MO) ist eine Mehrlinienorganisation mit gleichzeitiger Verrichtungs- und Objektorientierung und einer Tendenz zur Entscheidungsdezentralisation. Wird die Organisation wie oben vorgeschlagen auch strukturell an Prozessen ausgerichtet, so spricht man (i. e. S.) von einer Prozessorganisation: eine an geschlossenen Verrichtungsfolgen orientierte Einlinienorganisation mit der Tendenz zur Entscheidungsdezentralisation. Hier werden Prozesse von Prozessteams bearbeitet, die in einem einfachen Fall von einem Prozessverantwortlichen geführt werden.

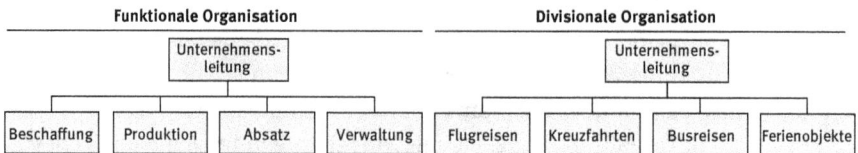

Abb. 24: Grundmodelle der funktionalen und divisionalen Organisation

Ergänzt werden die Grundmodelle zum einen um Stäbe (auch als Stab-Linien-Organisation bezeichnet), also Stellen oder Einheiten, die der Unterstützung von Leitungsstellen bzw. Instanzen bei der Entscheidungsvorbereitung dienen, ohne aber eigene Entscheidungs- oder Weisungsbefugnisse zu besitzen (z. B. → Controlling, Recht, Unternehmenskommunikation); zum anderen um Dienstleistungs- oder Unterstützungsstellen wie Zentralbereiche (shared service center), die Dienstleistungen für andere Einheiten oder das gesamte Unternehmen erbringen (zum Beispiel Personal, Finanzen, IT).

6 Ausblick Organisationen sind der Rahmen, in dem Unternehmen ihre Wertschöpfung erbringen; die Stellen und Abteilungen sind die wahrgenommene organisatorische Heimat der Mitarbeiter. Eine ewige Ordnung und Organisationsruhe gibt es für Unternehmen oder Mitarbeiter nicht. Es geht also nicht darum, Prozesse oder Abteilungen für alle Zeit zu organisieren. Durch mehr oder weniger permanenten Wandel wird Organisieren von einer episodischen Aufgabe zu einer Daueraufgabe für das Management auf jeder Ebene. In diesem Sinne müssen Organisatoren zusätzlich die Fähigkeit zum Management des Wandels (change management) mitbringen. Das Streben nach organisatorischer Flexibilität und Veränderung bei gleichzeitiger Aufrechterhaltung der notwendigen Stabilität führt zur ständigen Suche nach geeigneten Organisationsformen, die wandlungsfähig sind und lernen können (Brehm 2003). Diese werden auch agile Organisationen genannt (exemplarisch Scheller 2017).

Zusammengefasst kennzeichnen agile Organisationen vier Aspekte: a) Hierarchiearme Führung verteilt Führungsaufgaben auf die Teammitglieder (shared leadership), die Führungskraft wird ‚Facilitator', b) Selbstorganisation von Teams im operativen Geschäft inkl. Kompetenzen und Verantwortung, c) Kooperation und Kollaboration: temporär sowie auf Basis fachlicher Nähe und Abhängigkeit, d) transparente Entscheidungsstrukturen, basierend auf Vertrauen, Offenheit, Partizipation. Diese Aspekte führen dazu, dass Fragen des Personal- und Organisationsmanagements noch besser aufeinander abgestimmt werden müssen. (cb)

Literatur

Bach Norbert; Carsten Brehm; Wolfgang Buchholz & Thorsten Petry 2017: Organisation – Gestaltung wertschöpfungsorientierter Architekturen, Prozesse und Strukturen. Wiesbaden: Gabler (2. Aufl.)

Brehm, Carsten 2003: Organisatorische Flexibilität der Unternehmung. Wiesbaden: DUV

Krüger, Wilfried 1994: Organisation der Unternehmung. Stuttgart: Kohlhammer

Krüger, Wilfried 2005: Organisation. In: Franz Xaver Bea; Marcell Schweitzer (Hrsg.): Allgemeine Betriebswirtschaftslehre, Band 2: Führung. Stuttgart: UTB, S. 140–234

Osterloh, Margit; Jetta Frost 1998: Prozeßmanagement als Kernkompetenz. Wiesbaden: Gabler (2. Aufl.)

Robbins, Stephen P.; Timothy A. Judge 2018: Essentials of Organizational Behavior. London: Pearson (14th ed.)

Scheller, Torsten 2017: Auf dem Weg zur agilen Organisation – wie Sie Ihr Unternehmen dynamischer, flexibler und leistungsfähiger gestalten. München: Vahlen

Schmelzer, Hermann J.; Wolfgang Sesselmann 2013: Geschäftsprozessmanagement in der Praxis. München: Hanser (8. Aufl.)

Vahs, Dietmar 2019: Organisation. Stuttgart: Schäffer-Poeschel (10. Aufl.)

> **Gedankensplitter**   *i*
> „Why is there any organization?" (Ronald Coase, Autor)

Organisationskultur → **Unternehmenskultur**

Orient-Express

Im Jahr 1883 wurde erstmals ein Hotelzug mit der Bezeichnung Orient-Express auf der Strecke Paris Est nach Osten eingesetzt. 1888 erreichte dieser Zug auf der weiteren Streckenführung Budapest, Belgrad, Sofia, dann Konstantinopel. Der Luxuszug mit dem Namen Orient-Express ist in die Geschichte der Eisenbahn eingegangen.

Der legendäre Zug und sein Nimbus wurden Jahrzehnte später wiederbelebt. Anbieter wie Belmond verkaufen luxuriöse Zugreisen mit originalgetreu restaurierten Wagen in Europa (Venice Simplon-Orient-Express), aber auch in Südamerika (Belmond Hiram Bingham; Belmond Andean Explorer) oder Südostasien (Eastern & Oriental Express). (hdz/wf)

Literatur
Belmond o. J.: Züge. (https://www.belmond.com/de/luxury-trains, zugegriffen am 05.07.2020)

Orientierungskette → **Touristisches Besucherleitsystem**

Ortsbasierte Dienste → **Mobile Applikationen (App)**

Ortsführer → **Reiseleiter**

Ortstaxe → **Kurabgabe**

OS&E → **Furniture, Fittings & Equipment**

Osteria

Eine Osteria (oste [ital.] = Gastwirt) ist eine in Italien anzutreffende öffentliche Gaststätte. Der Angebotsschwerpunkt liegt bei Wein. Die Speisen sind einfach, regional geprägt und von den Auswahlmöglichkeiten begrenzt.

Osterien haben sich über die Zeit hinweg in Bezug auf ihr gastronomisches Angebot differenziert. Neben den eher einfachen Vertretern gibt es solche, die der gehobenen Gastronomie zuzuordnen sind. Deutsche Übersetzungen reichen demnach auch von Weinschenke über Kneipe bis hin zu Speiselokal. (wf)

OTA → **Internet Booking Engine**, → **Online-Reisevermittler**, → **Web-Portal**

OTDS

OTDS bezeichnet einen offenen touristischen Distributionsstandard, um Reiseangebote der → Reiseveranstalter in externe Vertriebssysteme zu übermitteln und zu steuern (→ Ertragsmanagement). Es ist ein offener softwaretechnischer Standard zur Kommunikation des Reiseveranstalter-Systems mit seinen angeschlossenen Vertriebssystemen in Echtzeit der Kundenberatung und Reisevermittlung z. B. via → Web-Portal bzw. → Internet Booking Engine eines → Online-Reisevermittlers.

Diese Kommunikation in Echtzeit ermöglicht die Kundenberatung mit stets verbindlichen Angebotsdaten, insb. Verfügbarkeiten und Preise, die direkt und damit aktuell über OTDS aus dem → Reservierungssystem des Veranstalters übermittelt werden. Dazu wird an das → Reservierungssystem des Reiseveranstalters ein Modul, der OTDS-Player, angeschlossen und mit den kooperierenden Vertriebssystemen vernetzt. Die jeweiligen Vertriebssysteme erhalten dadurch Zugriff auf die vom Veranstalter jeweils für sie bereitgestellten Reisepakete aus der Eigenproduktion des Veranstalters. Darüber hinaus können interne und externe Leistungs- und Anbieter-Datenbanken, insbesondere Flug- und Hoteldatenbanken an den OTDS-Player des Reiseveranstalters angeschlossen werden, so dass in Echtzeit der Kundenanfragen Reisepakete dynamisch produziert und angeboten werden können (→ Reiseveranstalter (c) Dynamische Reiseproduktion). (uw)

Out of order → **Zimmerstatus**

Outgoingtourismus [**Outgoing tourism**]
Im Gegensatz zum → Incomingtourismus beschäftigt sich der Outgoingtourismus mit dem grenzüberschreitenden touristischen Reiseverkehr aus dem → Quellmarkt (Heimatland) in andere Länder bzw. → Destinationen. Hierzu zählen sowohl eigenständig organisierte → Individualreisen als auch → Pauschalreisen, die von → Reiseveranstaltern im Inland vertrieben werden. Die → Reisemotivation kann beruflicher oder privater Natur sein.

Oft wird die Nachfrage über Reiseveranstalter gesteuert, die entsprechende Pauschalangebote zusammenstellen und im Inland an Reisende vertreiben. Ein zentraler Vorteil für Reisende (zumindest, wenn sie in der EU wohnhaft sind) ist in diesem Fall, dass die rechtlichen Bestimmungen des Heimatlandes gelten und somit eine Absicherung der Reiseleistung im Sinne der europäische Pauschalreiserichtlinie (→ EU-Pauschalreiserichtlinie) gewährleistet ist.

Bei individuell organisierten Reisen kann auf Incoming-Agenturen im (ausländischen) Zielgebiet zurückgegriffen werden, die auf Anfrage Leistungsbündel erstellen, Buchungen im Reiseziel durchführen und gegebenenfalls individuelle Leistungen organisieren; es gelten in der Regel die rechtlichen Bedingungen des Ziellandes. Zunehmend werden Einzelleistungen auch über entsprechende Buchungsportale im Internet (→ Web-Portal) genutzt, und die Leistungszusammenstellung erfolgt durch die Reisenden selbst. (ks)

Literatur
Dörnberg, Adrian von; Walter Freyer & Werner Sülberg 2018: Reiseveranstalter- und Reisevertriebs-Management: Funktionen – Strukturen – Prozesse. Berlin, Boston: De Gruyter Oldenbourg (2. Aufl.)
Kolbeck, Felix; Marion Rauscher 2020: Tourismus-Management: Die betriebswirtschaftlichen Grundlagen. München: Vahlen (3. Aufl.)

Outsourcing

Outsourcing stellt einen Prozess der permanenten oder zumindest längerfristigen Auslagerung von bislang in einer Unternehmung erbrachten Leistungen auf einen unternehmerisch agierenden, ein eigenes Markt- und Kapitalrisiko tragenden Partner dar mit dem Ziel, die bisher selbst erbrachten Leistungen zukünftig fremd zu beziehen (Zahn, Barth & Hertweck 1999, S. 5 f.). Hierzu wird in der Regel ein Vertrag mit dem Outsourcing-Partner abgeschlossen.

Zur Realisierung eines Outsourcing-Vorhabens ist zunächst eine Analyse der bestehenden Wertschöpfungskette (→ Prozessorganisation) mit Blick auf potenzielle Schwachpunkte wie auf zentrale Stärken erforderlich. Nur die Leistungsprozesse bzw. Leistungselemente, in denen sich die Unternehmung aufgrund ihres überragenden Know-hows relative Wettbewerbsvorteile ausrechnet – Kernkompetenzen, die im Wettbewerb »Einzigartigkeit« verleihen (Hamel & Prahalad 1995, S. 311 ff.) –, sollen als »centers of excellence« erhalten bleiben. Gegenstand des Outsourcings können somit sein (Zahn, Barth & Hertweck 1999, S. 8):
- Teile dieser Wertschöpfungskette (komplettes Outsourcing, z. B. vollständiges Outsourcing des Einkaufs, des Vertriebs, der unternehmenseigenen Reisestelle) oder
- lediglich Teile eines Prozessketten-Elementes (selektives Outsourcing, z. B. Outsourcing des → Callcenters als Teilelement der Vertriebsaktivitäten, Outsourcing des Server-Betriebes an einen externen Partner bei gleichzeitiger Beibehaltung der übrigen IT-Dienstleistungen, Outsourcing der Buchführung unter Beibehaltung des Controllings).

Je weitreichender in die Wertschöpfungskette eingegriffen wird, um so mehr nimmt die Outsourcing-Entscheidung durch die Veränderung des bisher verfolgten Geschäftsmodells strategischen Charakter an.

Unternehmungen streben mit einer Outsourcing-Konzeption zunehmend eine Verschlankung an, um agiler und wettbewerbsfähiger zu werden. »Ballast abwerfen« heißt somit die Devise. Als offenkundige Outsourcing-Ziele werden dabei häufig Optionen zur Kostenreduktion genannt:
- Ein Potenzial zur Reduktion der Kosten wird insbesondere in der Möglichkeit gesehen, Leistungen von einem spezialisierten Partner zu beziehen, der durch sein umfangreicheres Leistungsvolumen geringere Stückkosten realisieren kann und diese auch im Preis an seine Outsourcing-Partner weitergibt.
- Auch die Variabilisierung der Fixkosten zielt zunächst auf Kostensenkungen, da die Leistungskosten nur dann anfallen, wenn sie benötigt und entsprechend bezogen werden (z. B. Wäscherei-Leistungen oder Zimmerreinigung im Hotelbetrieb). Die outsourcende Unternehmung muss dann keine Leistungskapazitäten mehr bevorraten und vermeidet damit mögliche Leerkosten bei Unterauslastung (Vermeidung von Fixkosten-Remanenzen).

Anzumerken bleibt allerdings, dass die Kostenvorteile durch den reinen Outsourcing-Prozess alleine nicht selbstverständlich realisiert werden. Abhängigkeiten von der Angebotsmacht starker Outsourcing-Partner, langfristige Vertragsbindungen mit Konventionalstrafen bei Vertragsverletzung (z. B. Unterschreitung von Mindestabnahmemengen o. ä.) sowie Inhouse-Nacharbeit bei Qualitätsmängeln der bezogenen Leistungen können zu gleich hohen oder gar höheren Kosten je Leistungseinheit führen und begründen zum Teil neue »Fixkostenarten«. Auch lassen sich häufig vorhandene Sachvermögenswerte nicht beliebig abbauen oder anderweitig nutzen (z. B. nicht mehr genutzte Gebäudeteile), so dass diese remanenten Fixkostenbestandteile neben den Bezugskosten für Fremdleistungen zusätzlich anfallen.

Neben den vermuteten Kosteneffekten lassen sich noch weitere mögliche Outsourcing-Vorteile ableiten:

- die Vermeidung von Erst-Investitionen bzw. Re-Investitionen verschafft der outsourcenden Unternehmung finanzielle Entlastung;
- durch Outsourcing können bisher gebundene finanzielle und personelle Ressourcen auf rentablere Investitionen umgelenkt werden;
- die Spezialisierungs- und Know-how-Vorteile des Outsourcing-Partners führen zu einer Erhöhung der Leistungs-(Qualitäts-)standards und/oder
- eigene Know-how-Defizite können kompensiert werden.

Kriterien	Optimierte In-house-Lösung			Dienstleister 1			Dienstleister 2		
	a Beurt.	b Punkte	a x b	a Beurt.	b Punkte	a x b	a Beurt.	b Punkte	a x b
Kosten	2	40	80	3	40	120	5	40	200
Service	5	20	100	4	20	80	4	20	80
DV-Lösung	3	10	30	2	10	20	4	10	40
Know-how	2	10	20	3	10	30	3	10	30
Finanzlage	2	20	40	5	20	100	3	20	60
Summe		100	270		100	350		100	410

Beurteilung von 1 = ungenügend bis 5 = sehr gut

Abb. 25: Nutzwertanalyse bei Outsourcing-Entscheidungen (in Anlehnung an Wißkirchen 1999, S. 312)

Letztlich muss eine Outsourcing-Entscheidung als ein strategisches Investitionsprojekt verstanden und auch als solches bewertet werden. Zu vergleichen sind die Alternative »Weiterführung der bisherigen Eigenleistung« mit den Alternativen »Fremdleistungsbezug incl. Kostenremanenzen bei Kapazitätsabbau« unterschiedlicher Outsourcing-Partner. Als sinnvolle Bewertungsmethodik hat sich dabei die Nutzwertanalyse (vgl. Abbildung) erwiesen (Wißkirchen 1999, S. 311 f.), da Outsourcing-Projekte – wie dargestellt – auch wesentliche qualitative Entscheidungskriterien beinhalten. (vs)

Gedankensplitter
„Do what you can do best – outsource the rest." (Quelle: unbekannt)

Literatur
Beulen, Erik; Pieter M. Ribbers (eds.) 2020: The Routledge Companion to Managing Digital Outsourcing. London, New York: Routledge
Hamel, Gary; Coimbatore Krishna Prahalad 1995: Wettlauf um die Zukunft. Wien: Ueberreuter
Wißkirchen, Frank 1999: Beurteilung der Vorteilhaftigkeit von Outsourcing unter Berücksichtigung von Prozesskosten und Transaktionskosten. In: Frank Wißkirchen (Hrsg.): Outsourcing-Projekte erfolgreich realisieren. Strategie, Konzept, Partnerauswahl. Stuttgart: Schäffer-Poeschel, S. 283–313
Zahn, Erich; Tilmann Barth & Andreas Hertweck 1999: Outsourcing unternehmerischer Dienstleistungen – Entwicklungsstand und strategische Entscheidungstatbestände. In: Frank Wißkirchen (Hrsg.): Outsourcing-Projekte erfolgreich realisieren. Strategie, Konzept, Partnerauswahl. Stuttgart: Schäffer-Poeschel, S. 3–37

Over easy

Der Begriff fällt bei der Zubereitung von Spiegeleiern. „Fried Eggs over easy" sind gewendete, auf beiden Seiten gebratene Spiegeleier. Im Gegensatz hierzu steht der Begriff „sunny side up": Das Ei ist nur auf einer Seite gebraten, mit dem Eigelb nach oben gerichtet. (wf)

Overbooking → Überbuchung

Overcrowding → Overtourism

Overstay

Over (engl.) = hinüber, über, vorüber; to stay (engl.) = bleiben, wohnen, übernachten. Ein Hotelgast, der länger bleibt als durch die ursprüngliche Zimmerbuchung vorgesehen. In der Praxis fällt in dem Zusammenhang auch der Begriff Verlängerungsnacht. (wf)

Overtourism

Overtourism tritt als relativ junger Begriff in der öffentlichen und akademischen Debatte über die negativen Folgen des → Tourismus auf. Eine eindeutige Definition liegt bislang nicht vor; vielmehr handelt sich um einen Neologismus (neu geschaffener Begriff), im deutschen Sprachraum häufig als Overtourismus oder Übertourismus bezeichnet.

Parallelen zum → Massentourismus sind – besonders hinsichtlich des lokal und temporär bzw. saisonal starken Tourismusaufkommens – erkennbar. Häufig wird Overtourism mit dem negativ konnotierten Begriff des Massentourismus gleichgesetzt oder als dessen Steigerung empfunden. Massentourismus hat sich durch den zunehmenden Pauschaltourismus (→ Pauschalreise) in stark frequentierten → Destinationen herausgebildet. Dank der Verhandlungsmacht der → Reiseveranstalter bei Flug- und Hotelbuchungen öffneten Preissenkungen einer breiten Bevölkerungsschicht den Zugang zum Reisen. Der Unterschied zum Overtourism liegt darin, dass neben den Pauschalreisenden auch der wachsende Individualtourismus zum hohen Besucheraufkommen und deren Folgen in Destinationen beiträgt. Als Ursachen für Overtourism werden das weltweit zunehmende Tourismusaufkommen – insbesondere aus neuen Quellmärkten (wie z. B. Asien) – genannt, welches in bereits bestehenden sogenannten ‚touristischen Hotspots‘ zu einem weiteren Anstieg der Ankünfte und Übernachtungen führt. Ermöglicht wird der Anstieg des weltweiten Tourismusaufkommens durch einen Anstieg der Billig-Airlines (→ Billigfluggesellschaften), des → Kreuzfahrttourismus mit Konzentration auf bestimmte Hafenstädte, die i. d. R. nur für einen Tag angelaufen werden, sowie der Vermittlung privater Unterkünfte durch Einheimische durch Home- und Roomsharing über Onlineplattformen (→ Sharing Economy). Die Bekanntheit (vermeintlich) touristischer Hotspots wird zudem durch soziale Medien (→ Social Media) gefördert (z. B. Instagram, Facebook, Snapchat, Youtube etc.)

Es sollen noch zwei Begriffe Erwähnung finden, die im Kontext von Massentourismus häufig genannt werden: 1. Overcrowding als Phänomen der Überfüllung bestimmter Plätze zu bestimmten Zeiten sowie 2. Tragfähigkeit als Ausdruck der Belastung von ökologisch sensiblen Räumen durch hohes Tourismusaufkommen (→ Tragekapazität). Von der Übernutzung betroffen sind Naturgüter wie Nationalparks oder Strände, Kulturgüter wie historische Sehenswürdigkeiten oder Museen sowie das immaterielle Erbe, z. B. in Form von Brauchtumsveranstaltungen, deren Kapazitätsgrenzen (carrying capacities) erreicht oder überschritten werden.

Die Steigerung im Begriff Overtourism liegt darin, dass zu den negativen strukturellen Auswirkungen starke emotionale Konflikte in den besuchten Zielgebieten entstehen, die in der Folge der Überfremdung zu einer Verschlechterung der Lebensqualität der ortsansässigen Bevölkerung führen. Die Steigerung ist keine absolut definierbare Größe, sondern ergibt sich aus der Relation der Aufnahmekapazität einer Destination. Innerhalb von Destinationen sind es oftmals bestimmte Hotspots, die besonders stark überlaufen sind. Das Problem des Overtourism wird durch eine Überlagerung mehrerer Effekte deutlich und zeigt sich in folgenden Belastungen:

- Infrastrukturelle Belastungen: Übernutzung der Verkehrsinfrastruktur, starke Nutzung und Beanspruchung der örtlichen Infrastruktur, insb. der kulturellen sowie der Sport- und Freizeitinfrastruktur; damit einhergehend physische Belastung in Form von Abnutzung, Gefährdung und Verfall von Attraktionen, Bauwerken, Plätzen etc.;
- Ökologische Belastungen: Luft- und Wasserverschmutzung, steigender Wasser- und Energieverbrauch, Zerstörung von Landschaft und Vegetation, erhöhtes Müllaufkommen;
- Ökonomische Belastungen: externe Effekte, die von der Gesellschaft getragen werden müssen, z. B. Preisanstiege, steigende Lebenshaltungskosten, steigende Mieten für Wohnungen und Ladenlokale, Wohnraumverknappung durch Zweckentfremdung als Ferienunterkunft;
- Soziale Belastungen: Veränderung der Sozialstruktur in Orts- und Stadtvierteln; angestammte Geschäfte und Produkte des täglichen Bedarfs weichen → Souvenir- und Fastfood-Geschäften (→ Fast Food);
- Kulturelle Belastungen: Veränderung der ursprünglichen Identität von Brauchtum und Sprache durch Anpassung an Bedürfnisse der Touristen, starke Kommerzialisierung von Veranstaltungen, (Touristifizierung/touristification) durch „Instrumentalisierung und Ausbeutung einer Destination als Wohlfühlort und Ort für Erlebnisse" (Bundeszentrale für politische Bildung 2002);
- Psychische bzw. perzeptuelle Belastungen: durch die Sinne wahrnehmbare Belastungen, die → Stress auslösen können, z. B. Lärm und Menschengedränge; Gefahr des mangelnden Respekts vor Einwohnern; können zu Gentrifizierung (gentrification, Überfremdung) führen, wenn die Zahl der Urlauber die Zahl der Wohnbevölkerung übersteigt – mit der Konsequenz, dass sich die Einwohner fremdbestimmt und unterlegen fühlen und in Folge soziale Spannungen entstehen, die sich in → Aggressionen gegenüber Touristen ausdrücken können. In ausgeprägten Fällen führen diese Umstände zu Gegenbewegungen und Demonstrationen sowie Protesten (Reaktanzeffekte) Einheimischer gegenüber Touristen mit Parolen wie z. B. „Tourist Go Home"

auf Mallorca 2016, „No Grandi Navi" in Venedig 2013 oder „Tourist Respect or die!" in Barcelona 2016 (Peeters et al. 2018, S. 38 ff.; Kirstges 2019, S. 154 ff.; UNWTO 2019).

Trotz der negativen Auswirkungen in den betroffenen Destinationen ist zu bedenken, dass Teile der Leistungsanbieter aus den Gewinnen wirtschaftlich profitieren, die negativen Folgen aber häufig sozialisiert werden. Durch den Druck auf den öffentlichen Raum sind politisch Verantwortliche sowie Destinationsmanagementorganisationen gefordert, steuernd einzugreifen, z. B. durch marktwirtschaftliche Maßnahmen wie Preiserhöhungen oder durch ordnungspolitische Maßnahmen wie Verbote, Auflagen, Einschränkungen, quantitative Beschränkungen, Verknappung und Kontingentierung (Peeters et al. 2018, S. 103 ff.; Kirstges 2019, S. 163). Sowohl die Umsetzung als auch die Kontrollen dieser Maßnahmen erweisen sich in der Praxis als schwierig, da Maßnahmen in Teilen mit bestehenden Gesetzen und Regelungen in Konflikt treten. Zu aktuellen Fallstudien von Overtourism auch in ländlichen Regionen und sich entwickelnden Märkten siehe Dodds & Butler 2019. (abw)

Literatur

Bundeszentrale für politische Bildung 2002: Tourismus und Nachhaltigkeit. (www.bpb.de/apuz/25895/tourismus-und-nachhaltigkeit?p=all., zugegriffen am 19.06.2018)

Dodds, Rachel; Richard W. Butler (eds.) 2019: Overtourism. Issues, Realities and Solutions. Berlin, Boston: De Gruyter

Kagermeier, Andreas; Eva Erdmenger 2020: Das Phänomen Overtourism: Erkundungen am Eisberg unterhalb der Wasseroberfläche. In: Julian Reif; Bernd Eisenstein (Hrsg.): Tourismus und Gesellschaft. Kontakte – Konflikte – Konzepte. Berlin: Erich Schmidt, S. 97–110

Kirstges, Torsten 2019: Sanfter Tourismus. Von der Tourismuskritik über den Overtourismus zur Nachhaltigkeit – Chancen und Probleme der Realisierung eines ökologieorientierten und sozialverträglichen Tourismus durch deutsche Reiseveranstalter. Wilhelmshaven: Dr. Kirstges' Buch- und Musik (4. Aufl.)

Peeters, Paul et al. 2018: Research for TRAN Committee – Overtourism: impact and possible policy responses. European Parliament, Policy Department for Structural and Cohesion Policies. Brussels

UNWTO 2019: Overtourism. Understanding and Managing Urban Tourism Growth by Perception. Madrid

Gedankensplitter   *i*

„Meine Erfahrung ist, dass Undertourism ein großes Problem ist." (Friedrich Joussen, Vorstandsvorsitzender TUI Group)

Overtourismus → **Overtourism**

Overwater-Bungalow [overwater bungalow]

Hotel-Bungalows, die direkt im bzw. über dem Wasser gebaut sind. Der Beherbergungstyp ist in Ferndestinationen (z. B. Karibik, Malediven, Mexiko, Thailand) zu finden und oft dem Luxussegment zuzuordnen (Butler-Service, direkter Zugang vom Zimmer aus ins Meer, teilweise → For Adults Only, Glasboden, privater Pool, Terrasse). Um die Logistik zu bewerkstelligen, werden die Bungalows mit einem Steg verbunden. (wf)

Overwater-Villa → **Overwater-Bungalow**

P

Pachtvertrag → **Hotelpacht**

PaFra → **Passagierfrachter**

Page [**bellboy, bellhop, bellman**]
Auch Hoteldiener genannt. In der Hotellerie ist die Stelle des Pagen dem → Portier bzw. der → Rezeption zugeordnet. Zu den zentralen Aufgaben des Pagen gehören: Botengänge, wenn noch vorhanden Schlüsselverwaltung, Gepäckbeförderung und Gästebetreuung (z. B. Vereinbarung Friseurtermin, Ausführen von Hunden). Die Aufgabenfelder sind nicht genau abgegrenzt: In manchen Hotels werden die Arbeiten auch von → Hausdienern übernommen. (wf)

Pager
Örtliches Rufsystem (pager [engl.] = Personenrufgerät, Piepser), das über Funkkommunikation zu einer höheren betrieblichen Effizienz beitragen soll. Im Gastgewerbe können die Rufsysteme in der Beziehung zwischen Dienstleister und Gast unterschiedlich eingesetzt werden.

Gäste können über Pager, die bspw. am Restauranttisch, Pool oder in Konferenzräumen angebracht sind, Mitarbeiter rufen. Gastronomische Betriebe können auf Sitzplätze wartende Gäste über Pager informieren, sobald Kapazitäten frei werden, SB-Restaurants können Gäste über abzuholendes Essen benachrichtigen (→ Wartezeitenmanagement). Die Rufsysteme können auch zwischen Mitarbeitern eingesetzt werden: Über das Gerät informiert die Küche den Service über bereitgestellte Essen, der Empfang Pagen über anreisende Gäste oder die Mitarbeiter Führungskräfte bei auftretenden Problemen.

Pager weisen ein hohes Technologieniveau auf. Drahtlose Programmierbarkeit, hohe Reichweiten, Antidiebstahlfunktionen, unterschiedliche Rufmodi, personalisierte Funktionen, Textanzeigen sind Beispiele hierfür. Mobiltelefone oder Tablets haben Pager in ihrer Funktion gleichwohl zuteilen ersetzt. (wf)

Paketer → **Paketreiseveranstalter**

Paketreiseveranstalter [**group travel wholesaler**]
Hierbei handelt es sich, anders als es der Name vermuten lässt, nicht um einen → Reiseveranstalter, sondern um einen Vermittler von Unterkünften und weiteren Elementen einer → Pauschalreise hauptsächlich für Busunternehmen. Anders als ein konventioneller → Reisevermittler tritt er nicht gegenüber Endkunden auf.

https://doi.org/10.1515/9783110546828-017

Für die meist kleinen und mittelständischen Busunternehmen wäre der mit dem Einkauf von Zimmerkontingenten in → Hotels und weiteren Reiseleistungen verbundene Aufwand viel zu hoch, als dass es sich lohnte, eigene Reisen zu veranstalten. Mit der Inanspruchnahme von Paketern können sie fertige Reisen übernehmen, die sie durch ihre eigene Beförderungsleistung ergänzen. Dadurch, dass Paketreiseveranstalter ihre ‚halbfertigen' Reisearrangements an eine Vielzahl von Busunternehmen in verschiedenen Regionen vermitteln, bündeln sie die Nachfrage und erreichen in der Regel deutliche Preisnachlässe bei den Leistungserbringern, die sie an die Busunternehmen weitergeben. Busunternehmen können vorgefertigte Elemente übernehmen und unter ihrem Namen in → Reisekatalogen bzw. online zusammenstellen, die den eigenen Vertriebsstellen oder → Reisevermittlern für den Verkauf zur Verfügung gestellt werden. → Bustourismus. Siehe auch Groß 2017, S. 114. (jwm/wf)

Literatur

Groß, Sven 2017: Handbuch Tourismus und Verkehr. Konstanz, München: UVK (2. Aufl.)

Mundt, Jörn W. 2011: Reiseveranstalter – Geschichte, Konzepte und Entwicklung. In: Jörn W. Mundt (Hrsg.): Reiseveranstaltung. Lehr- und Handbuch. München, Wien: Oldenbourg, S. 1–61 (7. Aufl.)

Pan Pan Pan

Dringlichkeitsmeldung aus der Schiff- und Luftfahrt. Dem französischen panne (= Defekt, Panne, Schaden) entlehnt. → Mayday. (hdz)

Panoramawagen [observation car]

Offene Wagen hat es bereits bei den ersten Eisenbahnen des 19. Jahrhunderts gegeben, allerdings hier für die unteren → Beförderungsklassen. Damit sind die Panoramawagen, also die Aussichtswagen von heute, nicht vergleichbar. Sie dienen touristischen Zwecken, indem sie besonders entlang von landschaftlich reizvollen Strecken eingesetzt werden. Es handelt sich um Eisenbahnwagen mit Panoramafenstern, die einen ungehinderten Ausblick auf die Landschaft erlauben. In Deutschland haben die Anfang der 1960er-Jahre von der damaligen Deutschen Bundesbahn für die TEE-Züge Rheingold und Rheinpfeil bereitgestellten Aussichtswagen keine Kontinuität im InterCity-Netz gehabt. Sie landeten schlussendlich im Museum. Nichtsdestotrotz hat sich in Europa das Konzept des touristischen Aussichtszuges gehalten (z. B. Bergenbahn/Norwegen; West Highland Line/Schottland; Linha do Douro/Portugal). Besonders bekannte Vertreter sind der Glacier-Express oder Bernina-Express in der Schweiz. (hdz/wf)

Parador

Bezeichnung für einen speziellen Hoteltyp in Spanien (parada [span.] = Aufenthalt). Die Betriebe lassen sich durch folgende Merkmale charakterisieren: Nutzung historischer Bausubstanz (ehemalige Burgen, Festungen, Herrschaftshäuser, Klöster, Schlösser, Pilgerhospitäler), Auswahl landschaftlich reizvoller Standorte, Bauwerke in der Regel im staatlichen Eigentum.

Paradores gehen auf eine Initiative des spanischen Staates zurück, 1928 wurde das erste Hotel [Parador de Gredos] eröffnet. Der Staat sah im Aufbau einer besonderen Beherbergungsinfrastruktur ein sinnvolles Instrument der → Tourismuspolitik. Das nationale historische Erbe sollte bewahrt, strukturschwache Gegenden entwickelt, Kultur – z. B. in Form der regionalen → Esskultur – wiederbelebt und das Image des spanischen Tourismus gefördert werden. Gleichzeitig erschweren alte Bausubstanz, mitunter unrentable Betriebsgrößen und abgelegene Standorte die Wirtschaftlichkeit.

Die Unternehmensgruppe Paradores de Turismo de España S. A. verwaltet und vertritt gegenwärtig knapp 100 Parador-Hotels bzw. Herbergen (Stand: 2020) auf dem spanischen Festland und den Inseln (www.parador.es; www.spain.info). Zu einer Reisebeschreibung entlang des Jakobswegs mit Aufenthalten in Parador-Herbergen siehe Pittet 2018. (wf)

Literatur
Abel, Wolfgang 2008: Spaniens Paradores. Badenweiler: Oase (3. Aufl.)
Pittet, Olivia 2018: The Camino Made Easy: Reflections of a Parador Pilgrim. Bloomington: Archway

Paragastronomie [para gastronomic sector]

Pará (griech.) = entlang, neben, bei. Die Paragastronomie steht neben (pará) der „eigentlichen" Gastronomie und ergänzt diese. Zu ihr zählen bspw. → Straußwirtschaften, Vereinslokale oder Vereinsfeste. Im Gegensatz zur klassischen Gastronomie wird das übliche Dienstleistungsangebot nicht oder nur eingeschränkt bereitgestellt. Die paragastronomischen Betriebe werden in der Regel nebenerwerbswirtschaftlich geführt, die klassischen gastronomischen Betriebe stellen normalerweise eine Vollerwerbsquelle dar. Gleichwohl fällt eine trennscharfe Abgrenzung zwischen beiden schwer, so dass in der Literatur auch unterschiedliche Zuordnungen erfolgen (bspw. Geiger 2001, S. 390).

Vertreter der klassischen Gastronomie sehen in der Paragastronomie eine unlautere Konkurrenz aufgrund ungleicher Wettbewerbsbedingungen. So sind beispielsweise die gesetzlichen Auflagen im Hygienebereich in den beiden Segmenten unterschiedlich festgelegt. Siehe stellvertretend die Position des Bayerischen Hotel- und Gaststättenverbands Dehoga Bayern 2018. (wf)

Literatur

Bayerischer Hotel- und Gaststättenverband Dehoga Bayern 2018: Positionen zur Landtags-
    wahl 2018. (https://www.dehoga-bayern.de/aktuelles/positionen/positionen-zur-
    landtagswahl-2018/, zugegriffen am 08.10.2019)
Geiger, Felix 2001: Gastgewerbliche Leistung oder Lieferung von Ess- und Trinkwaren: Kleiner
    Unterschied mit großer Wirkung. In: Der Schweizer Treuhänder, 75 (4), S. 385–392

Parahotellerie [para hotel sector]

Pará (griech.) = entlang, neben, bei. Die Parahotellerie ist Teil des → Beherbergungsgewerbes. Sie umfasst die Beherbergungsformen, die nicht der traditionellen Hotellerie zugeordnet werden. Sie steht neben (pará) der eigentlichen Hotellerie und ergänzt diese (Kaspar 1996, S. 86).

Zur Parahotellerie werden bspw. → Ferienwohnungen, → Ferienhäuser, Sanatorien, Kurkrankenhäuser, Ferienlager, → Jugendherbergen, → Campingplätze, → Privatzimmer oder auch Bauernhöfe (Urlaub auf dem Bauernhof) gezählt. Im Gegensatz zur klassischen Hotellerie wird das hotelübliche Dienstleistungsangebot nicht oder nur eingeschränkt bereitgestellt (Hänssler 2016,
S. 50). Die Betriebe werden sowohl haupt- als auch nebenerwerbswirtschaftlich
geführt. (wf)

Literatur

Hänssler, Karl Heinz 2016: Betriebsarten und Betriebstypen des Gastgewerbes. In: Karl Heinz
    Hänssler (Hrsg.): Management in der Hotellerie und Gastronomie. Betriebswirtschaftliche
    Grundlagen. Berlin, Boston: De Gruyter Oldenbourg, S. 49–73 (9. Aufl.)
Kaspar, Claude 1996: Die Tourismuslehre im Grundriß. Bern: Haupt

Paravent [movable screen]

Mobile Stellwand, die als Sichtschutz dient. In der Gastronomie werden Paravents
etwa zur optischen Trennung von Räumlichkeiten eingesetzt. Ursprünglich wurden sie vor allem für den Zweck entwickelt, Schutz vor Zugluft zu bieten (parer
[franz.] = abwehren; vent [franz.] = Wind). (wf)

Parfait [parfait]

Parfaire (franz.) = vervollkommnen. Halbgefrorenes; Masse wird stehend gefro-
ren. (bk/cm)

i **Gedankensplitter**

„Ein Dessert ohne Käse gleicht einer einäugigen Schönen." (Jean Anthèlme Brillat-Savarin,
französischer Richter, Autor und Feinschmecker)

Parieren [to trim]

Parer (franz.) = schmücken. Fleisch von Sehnen, Fett und Häuten befreien; anfallende Parüren (Abfälle/Abschnitte) dienen zur Herstellung von Fonds und Soßen. (bk/cm)

Park-and-... Verkehrskonzepte

Die Verkehrskonzepte „Park-and-..." gibt es in mehreren Ausprägungen. Sie stellen eine Schnittstelle bzw. Verknüpfung zwischen unterschiedlichen Verkehrsträgern dar und verfolgen eine Optimierung des Verkehrs (Parkmöglichkeit, Wechsel Verkehrsträger, Stauminderung, Umweltentlastung, Entlastung von Bewohnern in Innenstädten, Reduktion von → Wartezeiten).

Park-and-Fly: Das Konzept bietet Parkplätze in der Nähe von → Flughäfen. Weiter entfernte Flughafen-Parkplätze werden über einen Shuttle-Service angebunden. Hotels in der Nähe des Flughafens (→ Flughafenhotel) bieten Pakete, die die Übernachtung vor/nach dem Flug und ein vergünstigtes Parken beinhalten (Park, Sleep & Fly).

Park-and-Rail: Hierbei handelt es sich um Stellplätze für Autos, die sich direkt am → Bahnhof befinden. Der Bahnkunde kann den Stellplatz zu günstigeren Bedingungen nutzen.

Park-and-Ride: angelegte Abstellplätze für Autos (auch Busse und Motorräder) in den Randbereichen von Ballungszentren, die vor allem Pendler über ökonomische Anreize (z. B. Parkschein als Ticket für Bahnnutzung) motivieren sollen, auf den öffentlichen Nahverkehr (Bahn/S-Bahn/U-Bahn, Bus) umzusteigen. Mit Bike-and-Ride, also dem Bereitstellen von Fahrradständern, wird eine analoge Zielsetzung für das Fahrrad verfolgt. (hdz/wf)

PARK(ing) Days → **Autofreiheit**

Parkposition [parking position]

Die durch Linien und evtl. auch zusätzliche Schilder auf dem Vorfeld markierte Fläche, auf der ein Flugzeug abgestellt wird. Man unterscheidet zwischen Außen- und Gebäudepositionen. Auf den Außenpositionen be- und entsteigen Passagiere die Flugzeuge entweder über fahrbare oder bordeigene Treppen und werden in der Regel mit Vorfeldbussen zum oder vom Abfertigungsgebäude gefahren. Bei den Gebäudepositionen rollt das Flugzeug bis an eine Fluggastbrücke (→ Finger), über welche die Passagiere direkt ins bzw. aus dem Flugzeug gelangen können. (jwm)

Parks [parks]

Park, Gartenanlage und Parkanlage werden häufig synonym genutzt. Eine park-artige Anlage unterscheidet sich von einem Garten in der Größe und Ausstattung; sie ist ein mit Bäumen bestandenes, meist eingezäuntes Gebiet, das im Gegen-satz zum Wald oder Forst keiner land- bzw. forstwirtschaftlichen Nutzung unter-liegt. Die Anlage dient hauptsächlich oder gar ausschließlich dem Aufenthalt im Grünen, der Erholung, Bewegung und/oder Freizeitgestaltung (Brittner-Widmann 2013, S. 246, nach Uerschel & Kalusok 2009).

In Deutschland existiert eine Fülle von attraktiven Garten- und Parkanlagen, die als Besucherattraktionen – und damit auch als touristischer Angebotsfaktor – eine wichtige Bedeutung einnehmen. Garten- und Parkanlagen standen lange Zeit im „Schatten weitaus spektakulärer Attraktionen wie eindrucksvollen Naturland-schaften" (Steinecke 2018, S. 15), gehörten dann aber ab Mitte des 19. Jahrhun-derts zum festen Kanon des reisefreudigen Bildungsbürgertums. Der meist freie Zutritt in viele Parks und Gärten erschwert die Erfassung von Besucherzahlen und ermöglicht damit auch keine exakten Angaben zu deren Bedeutung als tou-ristisches Marktsegment. Park- und Gartenanlagen spiegeln ihre Entstehungszeit in verschiedenen Aspekten wider: Neben den jeweiligen politischen und gesell-schaftlichen Verhältnissen vermitteln sie einen Einblick in den künstlerischen und architektonischen Zeitgeist der jeweiligen Epoche.

Im frühen Mittelalter sind Formen regelmäßiger Gartengestaltung vor allem aus den damaligen Klostergärten (Nutzgärten) bekannt. Der sogenannte Mittelal-terliche Klostergarten war geprägt durch seine Heilkräuterbeete, um mit Hilfe der Natur die Heilung von Gebrechen und Schwäche zu fördern. Gleichzeitig stell-ten sie auch sinnbildlich das Paradies dar – mit einer Einladung zur „frommen Beschaulichkeit" (Heckmann 2001, S. 135). Vermittelt wird dies heute noch in ei-nem der bekanntesten mittelalterlichen Klostergärten, dem rekonstruierten Klos-tergarten nach dem St. Galler Plan auf der Insel Reichenau im Bodensee (Brittner-Widmann 2013, S. 247; Steinecke 2018, S. 27 f.). Neue Impulse erfuhr die Garten-kunst durch die Entwicklungen der Renaissance in Italien.

Die mittelalterliche Tradition der Nutzgärten wurde durch botanische und künstlerische Interessen erweitert (Antz 2001, S. 17). Mit Übergang in die Epoche des Barock wurden Gärten zu architektonischen Gestaltungsräumen aufgrund ihrer Lage, ihrer Blickbeziehungen und Wegenetze. Integrierte Elemente wie La-byrinthe, Grotten, künstliche Berge und Inseln verstärkten die Inszenierung, Nachbildungen aus anderen Ländern verstärkten den Wunsch nach Exotik. Die Gestaltung diente vorrangig dazu, die Macht des Herrschers eindrucksvoll zu demonstrieren (Steinecke 2018, S. 29). Vor allem die Französischen Park- und Gartenanlagen waren durch ihre strenge symmetrische Gliederung und ihre Ach-senstrukturen mit Ausrichtung auf die Schlossanlagen gekennzeichnet (z. B. Park von Versailles), wohingegen die Englischen Landschaftsgärten und -parks sich nach und nach von den strengen symmetrischen Strukturen lösten. Sie wurden im 18. Jahrhundert als Reaktion auf die Unterwerfung der Natur in den französischen Gärten des Barock betrachtet. Der Wunsch nach einer Rückkehr in das verlorene Paradies und dem Ideal einer humanen, liberalen Gesellschaft (Buttlar 1980, S. 18) wurde u. a. mit schwingenden und schlängelnden Elementen/Wegen, Wasserflächen, Baumgruppen bis hin zu inszenierten Vulkanausbrüchen erreicht. Bekannte Englische Landschaftsgärten sind Stourhead (Wiltshire) in England oder das Gartenreich Dessau-Wörlitz in Deutschland.

Am Stil des Englischen Landschaftsgartens orientierten sich die am Ende des 18. und im 19. Jahrhundert in Deutschland entstandenen Volks- und Bürgerparks. Vor dem Hintergrund der mit den negativen Auswirkungen der Industrialisierung verbundenen Urbanisierung entstanden in Großstädten und Verdichtungsräumen vermehrt Volks- und Bürgerparks mit der Funktion als Ruhe- und Erholungsraum (Steinecke 2018, S. 36). Bekanntes Beispiel ist der Englische Garten in München. Im Zuge der Industrialisierung gewannen in Deutschland auch Heilbäder und → Kurorte an Bedeutung. Weitläufige Kurparks wurden ein verbindliches Element der kurörtlichen Infrastruktur als Erholungsraum und gesellschaftlicher Treffpunkt. Nach dem Zweiten Weltkrieg wurden vom Deutschen Bäderverband klare Richtlinien für die Gestaltung und Umweltqualität von Kurparks festgelegt, die bis heute in den → Begriffsbestimmungen – Qualitätsstandards für Heilbäder und Kurorte, Luftkurorte, Erholungsorte – einschließlich der Prädikatisierungsvoraussetzungen – sowie für Heilbrunnen und Heilstollen definiert sind. Parallel zu den Kurparks entstanden Botanische Gärten in Europa.

Sie hatten vor allem die Aufgabe, Pflanzen zu sammeln, bewahren, erforschen und auszustellen. Eine Besonderheit der Botanischen Gärten lag darin, dass mit Hilfe von Eisenkonstruktionen neue überdimensionale Gewächshäuser errichtet werden konnten, in denen tropische und subtropische Pflanzen gezüchtet und ausgestellt wurden. Zu den bekanntesten Botanischen Gärten der Welt gehören die Kew Gardens in London. In der Nachkriegszeit und vor allem in den 1960er- und 1970er-Jahren entstanden neue Grünbereiche und Naherholungsflächen, um die Wohn- und Lebensqualität in Städten zu erhöhen. Bundes- und Landesgartenschauen sowie Gartenschauen finden in Deutschland in regelmäßigem Turnus statt und werden von der öffentlichen Hand gefördert. Mittlerweile dienen sie vor allem der Sanierung von Konversionsflächen oder zur Revitalisierung vernachlässigter städtischer Areale (Steinecke 2018, S. 46) mit dem Ziel der dauerhaften Nachnutzung.

Abschließend sind noch kommerzielle Gartenerlebniswelten zu erwähnen, die als touristische Attraktionen hohe Besucherzahlen erreichen (z. B. Insel Mainau im Bodensee oder die Gärten von Trauttmansdorff in Südtirol) (ebd., S. 49 f.). (abw)

Literatur

Antz, Christian 2001: Gartenträume. Historische Parks in Sachsen-Anhalt. Denkmalpflegerisches und touristisches Gesamtkonzept sowie infrastrukturelle Rahmenplanung (Tourismus-Studien Sachsen-Anhalt, Band 2). Magdeburg

Brittner, Anja 2002: Zur Natürlichkeit künstlicher Ferienwelten. Eine Untersuchung zur Bedeutung, Wahrnehmung und Bewertung von ausgewählten Ferienparks in Deutschland (Materialien zur Fremdenverkehrsgeographie, Heft 57). Trier

Brittner-Widmann, Anja 2013: Die Nutzung von Gärten im Spiegel der Zeit – eine Zeitreise durch die architektonische Gestaltung und touristische Nutzung von Gärten und Parkanlagen. In: Heinz-Dieter Quack, Kristiane Klemm (Hrsg.): Kulturtourismus zu Beginn des 21. Jahrhunderts. München: Oldenbourg, S. 245–254

Buttlar, Adrian von 1980: Der Landschaftsgarten. München: Heyne

Heckmann, Herbert 2001: Walahfrid Strabos Hortulus – der ideale Klostergarten. In: Hans Sarkowicz (Hrsg.): Die Geschichte der Gärten und Parks. Frankfurt am Main, Leipzig: Insel, S. 124–135

Steinecke, Albrecht 2018: Tourismus, Parks und Gärten. TourismNow. München: UVK

⒤ **Gedankensplitter**
„Es wird nicht politisiert, wenn sich das Volk amüsiert."
(Georg Carstensen, Gründer des Vergnügungsparks Tivoli in Kopenhagen im Jahr 1843; Aussage gegenüber dem dänischen König, um dessen Wohlwollen für das Bauprojekt zu erlangen)

Pass [pickup counter, pass-through window]

In der Gastronomie der Begriff für die Stelle der Speisenausgabe aus der Küche. Der Pass stellt eine räumliche Schnittstelle zwischen den Abteilungen Küche und Service dar (passer [franz.] = überschreiten, überqueren): Das Essen wird von Küchenmitarbeitern an den Pass gestellt und dort von Servicemitarbeitern abgeholt, um es zu servieren. In manchen Betrieben hat der Pass die Form eines Durchreichefensters (pass-through window). (wf)

Passagierfrachter (PaFra) [semi cargo ship, semi passenger ship]

Frachtschiff, das eine kleine Anzahl Passagiere auf seinen Fahrten mitnehmen kann (→ Frachtschiffreisen). Ihre Zahl ist normalerweise auf 12 begrenzt, weil nach internationalen Regeln ab 13 Passagieren ein Schiffsarzt an Bord sein muss. Die Kabinen sind in der Regel größer als auf Kreuzfahrtschiffen (→ Kreuzfahrttourismus) und befinden sich meist in bevorzugter Lage auf dem Brückendeck oder einem der oberen Decks. Allerdings gibt es keine organisierte Unterhaltung an Bord, und die Gäste sind auf sich selbst angewiesen. (jwm)

Passagierkilometer (PKM) → Available Passenger Kilometres (APK), → Revenue Passenger Kilometres (RPK)

Passagierliste [passenger list]

Sie wird für jeden Flug aufgrund der Daten aus dem → Passenger Name Record (PNR) hergestellt, in dem für jeden Passagier alle buchungsrelevanten Daten festgehalten sind. Im Falle eines Unfalls greift man auf sie zurück, um Angehörige zu unterrichten und um Versicherungszahlungen abzuwickeln. Nationale Sicherheitsdienste nutzen die Daten zur Terrorbekämpfung (→ Terrorismus und Tourismus). (jwm/wf)

Passagiermanifest → **Manifest**

Passenger Name Record (PNR)

Für jede Buchung eines Fluges wird in den Computer-Reservierungssystemen ein Fluggastdatensatz angelegt, in den eine Reihe von Informationen über gebuchte Flüge und den Passagier unter einem → Buchungskode gespeichert werden, über den sie jederzeit abrufbar sind. Dazu gehören neben den flugspezifischen Daten Informationen über Zahlungsart (zum Beispiel Kreditkartenart und -nummer, Ablaufdatum), Buchungsweg (Agentur mit Nummer, Direktbuchung im Internet), Flugtarif und Gepäck.

Die EU hat mit verschiedenen Ländern (etwa USA, Kanada oder Australien) Abkommen geschlossen, die es EU-Fluggesellschaften erlauben, Fluggastdatensätze weiterzugeben. Ziel der Datenübermittlung ist die Bekämpfung von grenzüberschreitender schwerer Kriminalität und internationalem Terrorismus (Europäischer Rat; Rat der Europäischen Union o. J.). → Kriminalität und Tourismus, → Terrorismus und Tourismus. (jwm/wf)

Literatur

Europäischer Rat; Rat der Europäischen Union o. J.: Regelung der Verwendung von Fluggast-
datensätzen (PNR-Daten). (https://www.consilium.europa.eu/de/policies/fight-against-
terrorism/passenger-name-record/, zugegriffen am 13.07.2020)

Passenger/Crew Ratio (PCR)

Kennzahl aus dem Bereich der Kreuzfahrt (→ Kreuzfahrttourismus), die das Ausmaß der Servicequalität widerspiegeln soll. Sie setzt die Zahl der Passagiere in Verhältnis zur Zahl der Crewmitglieder.

Ein niedriger Wert ist ein Indikator für hohe Servicequalität, ein hoher Wert Indikator für Abstriche in der Servicequalität. Das Kreuzfahrtschiff Europa (5*+; → Klassifizierung) hat bei möglichen 408 Passagieren eine Crew von 280 Personen (PCR: 1,4), das Kreuzfahrtschiff Monarch (2*) hat bei möglichen 2.384 Passagieren eine Crew von 858 Personen (PCR: 2,8) (Ward 2019, S. 399, 498). Die hohe Personalintensität ist durch ein Recruiting der Mitarbeiter in Niedriglohnländern möglich, etwa auf den Philippinen.

Die Kennzahl kann nur eine erste Orientierung geben, da Servicequalität nicht unweigerlich durch ein Mehr an Mitarbeitern sichergestellt wird. Einflussfaktoren wie → Auslastung, Referenzgröße (Kabine, Betten) oder Schiffstyp führen zu Kennzahlenvarianten bzw. auch zu Verzerrungen der Aussagekraft. Synonymer Begriff: Pax/Crew Ratio. (wf)

Literatur
Ward, Douglas 2019: Berlitz Cruising & Cruise Ships 2020. London: APA (28th ed.)

Pass-through window → **Pass**

Pâtissier
Französische Bezeichnung für den Küchenkonditor. Der Pâtissier stellt Süßspeisen, Teige und Backwaren her. Der Bereich stellt einen klassischen Posten bzw. eine Abteilung in größeren → Küchenbrigaden dar. (wf)

Pauschalreise [package tour, inclusive tour]
(a) rechtlich
1 Gesetzliche Reiseleistungen Der Vertrag zwischen dem Reisenden als Kunden und dem Reiseveranstalter als Anbieter einer Pauschalreise ist ein aus dem Werkvertrag entwickelter gegenseitiger Vertrag und in §§ 651a-y BGB als eigenständiger Vertragstyp in Umsetzung der → EU-Pauschalreiserichtlinie 2015/2302 geregelt. Die vertragstypische Leistung ist darauf gerichtet, dass der → Reiseveranstalter in eigener Verantwortung gegen Zahlung des Reisepreises dem Reisenden eine Pauschalreise verschafft (§ 651a I BGB). Diese Gesamtheit der verschiedenen Reiseleistungen erbringt er als Organisator in eigener Verantwortung und ist damit kein → Reisevermittler fremder Reiseleistungen, sondern selbst Anbieter einer Pauschalreise. Abweichungen von den Bestimmungen der §§ 651a-y BGB zum Nachteil des Reisenden sind grundsätzlich unzulässig (§ 651y BGB).

§ 651a II 1 BGB definiert die Pauschalreise als eine Gesamtheit aus mindestens zwei verschiedenen Arten von Reiseleistungen für den Zweck derselben Reise. Zu den gesetzlich genau definierten Kategorien von Reiseleistungen zählen nach § 651a III 1 nur die Beförderung von Personen (z. B. Flugzeug, Schiff, Bus, Bahn), die Beherbergung zu anderen als Wohnzwecken (z. B. Hotelunterkunft, Ferienwohnung, Kabine), die Vermietung von bestimmten Kraftfahrzeugen sowie touristische Leistungen (z. B. Ausflüge, Eintrittskarten). Damit liegt auch bei einer Kreuzfahrt (→ Kreuzfahrttourismus) als Kombination aus Beförderung und Unterkunft eine Pauschalreise vor. Finanzdienstleistungen, zu denen auch Versicherungsprodukte zählen, sind keine touristischen Leistungen (BT-Drs. 18/10822, 67). **2 Ausnahmen** Nicht als Reiseleistung, sondern als Nebenleistung gelten gem. § 651a III 2 BGB solche Leistungen, die wesensmäßig Bestandteil einer anderen sind. Sie geben der jeweiligen Reiseleistung kein eigenständiges Gepräge, sondern sind ihr als Nebenleistung nur funktionell zugeordnet und untrennbar mit ihr verbunden (z. B. Sitzplatzreservierung, Zimmerreinigung, Verpflegung mit Mahlzeiten und Getränken im Rahmen einer Hotelübernachtung). Touristische Leistungen ohne Zählwert für eine Pauschalreise gem. § 651a IV 1 Nr. 2 BGB liegen vor, wenn die touristische Leistung erst nach Erbringung einer Reiseleistung nach § 651a III 1 Nr. 1–3 BGB ausgewählt und vereinbart wird (z. B. vor Ort gebuchte Massagen). Ob eine Gesamtheit von Reiseleistungen vorliegt, soll grundsätzlich im Zeitpunkt des Vertragsschlusses feststehen, so dass eine Pauschalreise nicht rückwirkend angenommen werden kann (BT-Drs. 18/10822, 67).

Keine Pauschalreise liegt vor, wenn nur eine Art von Reiseleistung nach § 651a III 1 Nr. 1–3 BGB mit einer oder mehreren touristischen Leistungen im Sinne des III 1 Nr. 4 zusammengestellt wird („sonstige touristische Leistung"), und die touristischen Leistungen keinen erheblichen Anteil am Gesamtwert der Zusammenstellung ausmachen und weder ein wesentliches Merkmal der Zusammenstellung darstellen, noch als solches beworben werden. Solche sonstigen touristische Leistungen machen keinen erheblichen Anteil am Gesamtwert der Zusammenstellung aus, wenn auf sie weniger als 25 % des Gesamtwertes entfallen.

3 Kombination Wesentliches Merkmal einer Pauschalreise ist die Kombination der gesetzlichen Leistungen zu einem Gesamtpaket. Wegen der zunehmend individuell ausgewählten Reiseleistungen durch Kunden regelt § 651a II 1 Nr. 1 BGB, dass eine Pauschalreise auch dann vorliegt, wenn die Zusammenstellung auf seinen Wunsch hin oder aufgrund seiner Auswahl erfolgt. Damit wird die Club-Tour-Entscheidung des EuGH (30.04.2002, C-400/00) in Gesetzesform überführt. Auch das Dynamic Packaging (→ Reiseveranstalter: (d) Dynamische Reiseproduktion) ist eine Pauschalreise, wenn aus verschiedenen Quellen in „Echtzeit" über ein Internetportal die Auswahl, Bündelung und Buchung von einzelnen Reiseleistungen zum Gesamtpreis vorgenommen wird (BGH, 09.12.2014, X ZR 85/12). Eine Pauschalreise liegt ebenfalls vor, wenn der Veranstalter dem Kunden nach § 651a II 2 Nr. 2 BGB das Recht einräumt, die Leistungen nach Vertragsschluss aus dem Portfolio des Unternehmers auszuwählen (Reise-Geschenkbox).

4 Reiseeinzelleistungen Reiseeinzelleistungen wie Flug, Hotel oder Ferienwohnung sind keine Pauschalreise. Der BGH erstreckte nach altem Recht die Anwendung der §§ 651a-k BGB a. F. ebenfalls auf vom Veranstalter angebotene Einzelleistungen (BGH, 23.10.2012, X ZR 157/11). Das neue Pauschalreiserecht überführte diese Analogie nicht in das neue Recht (BT-Drs. 18/10822, 66). Wegen der fehlenden planwidrigen Regelungslücke ist eine Analogie – auch über eine sog. gewillkürte Pauschalreise – nicht mehr möglich (Führich 2018b, 2926; Führich & Staudinger 2019).

5 Ausgeschlossene Verträge Die Vorschriften über Pauschalreiseverträge (und Vermittlung verbundener Reiseleistungen) gelten nach § 651a V BGB nicht für Verträge über:

- Reisen, die nur gelegentlich, nicht zum Zwecke der Gewinnerzielung und nur einem begrenzten Personenkreis angeboten werden (Nr. 1) wie z. B. bis zu drei Jahresreisen für Vereins- oder Betriebsangehörige;
- Tagesreisen ohne Übernachtung bis zu 500 € pro Person (Nr. 2) und
- Geschäftsreisen als Firmengeschäft eines Unternehmers auf der Grundlage eines Rahmenvertrages für die Organisation von Geschäftsreisen (Nr. 3).

Für diese ausgeschlossenen Verträge gilt das allgemeine Privatrecht. (ef)

Literatur
Führich, Ernst 2018a: Basiswissen Reiserecht. München: C. H. Beck/Vahlen (4. Aufl.; § 3)
Führich, Ernst 2018b: Gewillkürte Pauschalreise und touristische Scheinleistung eines Servicepakets ohne Rechtsgrundlage. In: NJW, 40, 2926–2929
Führich, Ernst; Ansgar Staudinger 2019: Reiserecht. München: C. H. Beck (8. Aufl.; § 5)

(b) touristisch Reise, die von einem → Reiseveranstalter organisiert wird und in der Regel aus einer Kombination von Transport-, Unterkunfts- und Verpflegungsleistungen besteht und die als Paket gebucht wird (Vollpauschalreise; Ausnahme → Teilpauschalreise). Dabei werden die Preise für die einzelnen Leistungen nicht getrennt ausgewiesen, sondern die Reise wird nur zu einem Pauschalpreis verkauft. Diese Regelung diente ursprünglich dazu, bei von Reiseveranstaltern organisierten Flugreisen den Preis für die von Charterfluggesellschaften erbrachten Flugleistungen zu verschleiern. Damit sollten einstmals die oft noch staatlichen Linienfluggesellschaften mit ihrer Hochpreispolitik geschützt werden. Mittlerweile dient der Pauschalpreis im → Reiserecht als ein Kriterium für die Unterscheidung von Veranstalter- und reinen Vermittlungsleistungen. Für die Produktion von Pauschalreisen wurden in der Vergangenheit oftmals feste Kontingente genutzt. Die Veranstalter kauften meist einmal pro Saison Reiseleistungen wie Übernachtung, Transport oder Reiseleitung ein. Das Verkaufsrisiko bei dem sogenannten „klassischen Modell" liegt beim Reiseveranstalter. Nicht verkaufte Plätze werden im Yield Management teilweise anders paketiert oder zu günstigeren Preisen (Last Minute) verkauft (→ Ertragsmanagement).

Mit der Verbreitung von modernen → Reservierungssystemen wurde die „dynamische" oder X-Produktion möglich. Hier kauft der Reiseveranstalter erst zum Buchungszeitpunkt seine Leistungen zu tagesaktuellen Preisen ein. Dabei kann einerseits der Kunde seine Reisepakete auswählen (Warenkorbfunktion), oder das Buchungssystem paketiert automatisch gesteuert im Hintergrund. Der Reiseveranstalter geht bei der dynamischen Produktion kein Auslastungsrisiko ein, wird aber besonders zu Saisonspitzen stark nachgefragte Produkte nur sehr teuer einkaufen können. Aus diesem Grund kombinieren moderne Buchungs- und Reservierungssysteme beide Produktionsarten in sogenannten hybriden Systemen.

Pauschalreisen verfügen über einen deutlich höheren Konsumentenschutz im Vergleich zu einzeln gebuchten Bausteinen. Dies ist der Grund, warum → Fluggesellschaften oder Bettenbanken keine zusätzlichen Reiseprodukte und damit Pakete verkaufen. Geprägt von der Begrifflichkeit der englischsprachigen Märkte wird heutzutage neben dem Begriff „Pauschalreise" häufig auch die Bezeichnung „Paketreise" verwendet.

Der ursprünglich aus dem kaufmännischen bzw. finanziellen Bereich stammende Begriff ‚Pauschale' hat in der deutschen Alltagssprache im Laufe der Zeit eine eher negative Konnotation erhalten. Das gilt vor allem für das Adjektiv ‚pauschal', mit dem häufig eine nicht differenzierende Behandlung von Personen und Prozessen gekennzeichnet wird. Dies wurde zum Teil auch auf den Begriff Pauschalreise übertragen, indem hiermit eine Reiseform insinuiert wird, in der die Gäste vom Reiseveranstalter unterschiedslos in einem Kontext genormter Vorgaben und Leistungen behandelt werden. Unterstellt wird oft auch, dass damit die touristischen Erfahrungen in einem engen, vorgeformten Rahmen bleiben, der keinen Raum mehr für individuelle Wahrnehmungen und authentische Erlebnisse (→ Authentizität) lässt. (jwm/ad)

Literatur

Dörnberg, Adrian von; Walter Freyer & Werner Sülberg 2017: Reiseveranstalter- und Reisevertriebs-Management: Funktionen – Strukturen – Prozesse. Berlin, Boston: De Gruyter Oldenbourg (2. Aufl.)

Schneider Otto; Werner Sülberg 2013: Die Ferienmacher: Eine Branche macht Urlaub. Frankfurt/Main: Frankfurter Allgemeine Buch

Pauschaltourismus → **Pauschalreise**

PAX

Im Tourismus anfänglich ein Begriff für den Fluggast (engl. Wortkomposition aus PAssenger X). Mit den Jahren verbreitete sich der Begriff weltweit als Kürzel für Passagiere, Reisende, Gäste, Kunden, Besucher in nahezu allen touristischen Bereichen (Events, Freizeitparks, Gastronomie, Hotellerie, Kreuzfahrt, Mietwagen, Bahn). Er dient vor allem der Mengenangabe (Beispiel: Das Catering wird für 800 PAX ausgelegt).

Alternativ wird PAX in der Praxis auch als Kürzel für „Persons approximately" verstanden (engl. = ungefähre Personenanzahl) bzw. auch als Kürzel für "Passengers Arrived point X."(Passagiere erreichten Punkt X, etwa ein Schiff). (wf)

Pay per Click (PPC) → **Cost per Click**

Payload capacity → **Nutzlasteinschränkung**

PCR → **Passenger/Crew Ratio**

Peer-to-Peer-Carsharing → **Mietwagen**

Pendelverkehr → **Air Shuttle**

Pension → **Hotelpension**

PEP → **Expedientenreisen**

Perceptions Management → **Wartezeitenmanagement**

PERMA-Modell → **Glück**

Personal Assistant

Personal (engl.) = persönlich; assistant (engl.) = Assistent. Personal Assistants sind in der Hotellerie für die Gästebetreuung zuständig. Zu den zentralen Aufgaben des Personal Assistant gehören: Abfrage von individuellen Gästewünschen bereits vor dem Aufenthalt, Gästebegrüßung, Information und Beratung, Erfüllung von Gästewünschen (z. B. Limousinenservice, Kartenreservierungen für Theater- oder Konzertbesuche) und → Beschwerdemanagement.

Das Aufgabenbild erinnert in Teilen an das des → Concierge, → Portiers oder des → Guest Relations Managers. Der Personal Assistant muss zum Vergleich allerdings stärker Eigeninitiative entwickeln. Er sucht schon vor der Anreise den persönlichen Kontakt und ist Begleiter während des Aufenthalts, sowohl sein Name als auch seine individuelle Telefonnummer sind dem Gast bekannt. Reaktive Aufgabeninhalte wie etwa die Lösung von Beschwerden treten in den Hintergrund. Die Stelle findet sich nur in sehr wenigen Häusern der Luxushotellerie.

Personal Assistants gibt es auch in anderen Bereichen des Tourismus. Fluggesellschaften etwa bieten Premium-Kunden optional den Service eines Personal Assistant: Dieser empfängt persönlich bei Abflug und Landung, kümmert sich um Reisemodalitäten, begleitet durch die Sicherheitskontrolle, übernimmt das → Check-in und ist Ansprechpartner für sonstige Wünsche. (wf)

Personenbahnhof → **Bahnhof**

Personenbeförderungsgesetz (PBefG) → **Bustourismus,** → **Fernbus**

Personenrufgerät → **Pager**

Pet box
Spezielle Transportbehälter für Tiertransporte, etwa im Rahmen von Flugreisen. (hdz)

Petits fours [petits fours]
Petit (franz.) = klein; four (franz.) = Backofen. Freier übersetzt steht Petits fours für „kleines Backwerk". Petits fours können pikant oder süß sein, trocken oder frisch, mit oder ohne Füllung. Gemein ist allen die Miniaturform, die einen unkomplizierten Verzehr mit der Hand zulässt. (wf)

Pier [pier, jetty]
Meist in ein Gewässer hinein gebaute Anlegestelle für Schiffe. Der Begriff wird teilweise auch für Fluggastbrücken (→ Finger) auf → Flughäfen verwendet. (jwm)

Pilgerreise [pilgrimage]
Pilgerreisen wie → Wallfahrten liegt die religiöse Motivation zugrunde, Stätten (Wallfahrtsorte) mit religiöser Bedeutung (heilige Stätten) aufzusuchen. Als die in Europa bekannteste Pilgerreise gilt der Jakobsweg nach Santiago de Compostela. Heutige Pilgerreisen werden auch zu religiösen Veranstaltungen (z. B. Kirchentagen) durchgeführt. Pilgerreisen können auch aus der Religion heraus als religiöse Verpflichtung begriffen werden, wie das Umwandern des Berges Kailash im Buddhismus oder der Hadsch, die Reise nach Mekka, im Islam.

Mekka in Saudi-Arabien zählt weltweit zu den größten Pilgerdestinationen. Das Besucheraufkommen beträgt gegenwärtig etwa zwei Millionen Besucher jährlich, für 2030 werden sechs Millionen Besucher prognostiziert. Todesfälle durch Hitze, Erschöpfung, Massenaufläufe und -panik sind alljährliche Realität. Die Organisatoren reagieren auf den Besucheransturm (→ Overtourism) mit unterschiedlichen Lösungsansätzen (Bau einer neuen Stadt, Investitionen in die Verkehrsinfrastruktur, Erhöhung der Anzahl von Ein- und Ausgängen, Installation von Klimaanlagen, Weiterentwicklung öffentlicher Personen-Nahverkehr, Länderquoten zur Kontingentierung von Pilgerreisenden, Beschränkung Alleinreisender, Computersimulationen von Besucherströmen, → Wartezeitenmanagement usw.) (Qurashi 2019, S. 190 ff.).

Im umgangssprachlichen Sinn sind Pilgerreisen auch Reisen, die unternommen werden, um einem Idol zu huldigen (Elvis Presley [Memphis], Jim Morrison

[Paris]). Die Begriffe Pilgerreise und Wallfahrt werden oft synonym benutzt. Wallfahrt ist der traditionelle Begriff, der enger eingrenzt. (hdz/wf)

Literatur

Antz, Christian; Sebastian Bartsch & Georg Hofmeister (Hrsg.) 2018: »Ich bin dann mal auf dem Weg!« Spirituelle, kirchliche und touristische Perspektiven des Pilgerns in Deutschland. München: UVK

Qurashi, Jahanzeeb 2019: The Hajj: crowding and congestion problems for pilgrims and hosts. In: Rachel Dodds; Richard W. Butler (eds.): Overtourism. Issues, Realities and Solutions. Berlin, Boston: De Gruyter, pp. 185–198

Pilot → **Flugkapitän**

Pilotenkanzel → **Cockpit**

P. I. R. → **Property Irregularity Report**

Plat du jour **[plat du jour, daily special]**
Plat (franz.) = Gericht, Gang; jour (franz.) = Tag. Begriff aus der Gastronomie für das von der Küche empfohlene Tagesgericht. (wf)

Plattenservice → **Serviermethoden**

Platzteller [underplate]
Flacher Teller mit einem Durchmesser von ca. 30–33 cm (Lenger u. a. 2014, S. 37). Platzteller haben eine dekorative Funktion und werden insbesondere bei repräsentativen Essen (→ Bankett) eingedeckt. Sie stellen eine Art Grundteller dar, auf den die Teller der gereichten Speisengänge eingesetzt werden. Platzteller werden in unterschiedlichen Formen und Materialien (z. B. Glas, Gold, Porzellan, Rattan, Silber) angeboten. Synonym: Deckteller, Standteller. (wf)

Literatur
Lenger, Heinz u. a. 2014: Servieren und Gästeberatung. Linz: Trauner (10. Aufl.)

PMS → **Property Management System**

PNR → **Passenger Name Record**

Pochieren [to poach]
Garziehen von Lebensmitteln in heißem, jedoch nicht kochendem Wasser (75–98 °C). Das Garverfahren schont das Gargut. (bk/cm)

Point of Contact → **Touchpoint**

Point-to-Point Airline → **Netzwerkfluggesellschaft**

Point-to-Point Code Share
→ Direktflüge zwischen zwei Orten, zum Beispiel zwischen Frankfurt Rhein/Main und Singapur Changi, die im → Codesharing von Singapore Airlines und der Deutschen Lufthansa geflogen werden. (jwm)

Point-to-Point Transport → **Bustourismus, → Punkt-zu-Punkt-Verkehr**

Poissonnier [seafood cook]
Poisson (franz) = Fisch. Französische Bezeichnung für den Fischkoch. Der Poissonnier bereitet Fischgerichte und Krustentiere zu.
    Der Bereich stellt einen klassischen Posten bzw. eine Abteilung in großen → Küchenbrigaden dar, in kleineren Betrieben wird die Aufgabe des Poissonier inzwischen vom → Saucier übernommen. Poissonnier ist auch die Bezeichnung für den Fischhändler. (wf)

Pop-up-Hotel → **Pop-up-Restaurant**

Pop-up-Jugendherberge → **Pop-up-Restaurant**

Pop-up-Restaurant [pop-up restaurant]

Pop-up store (engl.) = Kurzzeitgeschäft; to pop up (engl.) = plötzlich auftauchen. Restaurant, das nur für eine kurze Zeitspanne – beispielsweise für drei Monate oder ein halbes Jahr – geöffnet wird. Die Schließung steht von vornherein fest. Pop-up-Konzepte verfolgen vorrangig Marketing-Ziele. Sie sollen Aufmerksamkeit erregen, Neues wagen und testen, Abwechslung bringen. Die Projekte erzeugen Attraktivität durch ihre begrenzte Verfügbarkeit, sind in der Realisierung von ihrem Aufwand her aber nicht zu unterschätzen (Standortsuche, notwendige Genehmigungen und Versicherungen, Hygiene, Brandschutzregeln, Bereitstellung Mitarbeiter, Mobiliar, Küchen- und Service-Equipment). Das Konzept ist übertragbar auf andere Betriebsarten wie → Cafés (Pop-up-Café), → Jugendherbergen (Pop-up-Jugendherberge) oder → Hotels (Pop-up-Hotel).

Das → Deutsche Jugendherbergswerk hat anlässlich der digitalen Spielemesse (gamescom) in Köln 2018 erstmals eine mobile Pop-up-Jugendherberge eröffnet. Hotelkonzerne sehen Pop-up-Hotels mitunter als Versuchslabor. Sie präsentieren Innovationen bei Zimmerkonzepten oder Technologien und erwarten von den Nutzern (Gäste, Öffentlichkeit, Presse, Mitarbeiter) ein Feedback. (wf)

Literatur
Usleber, Verena 2018: Pop-up-Konzepte: Restaurants auf Zeit. In: Top Hotel Spezial: Was die Branche bewegt: Pop-Up-Konzepte – Gästefeedback – HR-Trends, 8 (13), S. 16–17

Portal → **Web-Portal**

Portier [porter, doorman, bellcaptain]

Portier (franz.) = Pförtner, Hausmeister. In der Hotellerie ist die Stelle des Portier der → Rezeption zugeordnet. Portiers finden sich vor allem in Häusern der gehobenen Hotelkategorien. Zu den zentralen Aufgaben des Portier zählen: Erteilung von Auskünften, Organisation der Gepäckbeförderung, Steuerung des Posteingangs und -ausgangs, Abwicklung von Gästeanfragen (z. B. Limousinenservice, Taxibestellungen, Kartenreservierungen für Theater- oder Konzertbesuche). Dem Portier sind → Pagen und → Wagenmeister unterstellt. Synonym: Concierge.

Der Begriff geht auf das lateinische portarius (= Türhüter) zurück. Die Funktion des Türhüters oder Torwächters lässt sich – vor allem in herrschaftlichen Häusern – über Jahrhunderte zurückverfolgen; die Aufgaben waren in der Vergangenheit ähnlich (Schlüsselverwahrung, Gästebegrüßung und -betreuung).

Die Aufgaben des klassischen Portiers werden zunehmend technologisch gelöst. Terminals oder Tablets etablieren sich als interaktive Servicestationen mit intuitiver Menüführung. Hotelgruppen wie Renaissance lösen sich von dem klassischen Begriff und nennen ihre Portiers in einem modernen Wording ‚Navigator'. (wf)

Literatur
Renaissance 2020: Meet our Navigators. (https://renaissance-hotels.marriott.com/navigators, zugegriffen am 26.06.2020)

Gedankensplitter
„Mein Job ist es, immer ja zu sagen und bei wirklich allem zu helfen. Klingt ein bisschen nach Mutter Teresa, aber so ist es." (Simon Thomas, Chef-Concierge und Präsident Les Clefs d'Or)

Positionierungsflug [positioning flight]
→ Leerflug, mit dem eine Passagiermaschine zum Ort der Nachfrage geflogen wird (auch → Charterkette). (jwm)

Positionierungskreuzfahrt [repositioning cruise, positioning cruise]
Fahrt von Kreuzfahrtschiffen (→ Kreuzfahrttourismus) zwischen unterschiedlichen Fahrgebieten, die zu verschiedenen Saisonzeiten befahren werden. Zum Beispiel werden Schiffe im Winter in der Karibik und im Sommer im Mittelmeer oder in der Ostsee eingesetzt. (jwm)

Positionslichter [position lights]
International vorgeschriebene Lichter, die Position und Bewegungsrichtung eines Schiffes oder Luftfahrzeugs erkennen lassen. Luftfahrzeuge müssen an den Flügelenden ein grünes Steuerbord-, ein rotes Backbord- und ein weißes Hecklicht am Seitenleitwerk führen, wobei mindestens zwei Positionslichter aus jeder Richtung sichtbar sein müssen. (jwm)

PPC → Cost per Click

Prädikate → Qualitätszeichen

Prädikatisierung
Verleihung der Artbezeichnungen an Heilbäder und Kurorte aufgrund der → Begriffsbestimmungen – Qualitätsstandards für → Heilbäder und → Kurorte, → Luftkurorte, → Erholungsorte – einschließlich der Prädikatisierungsvoraussetzungen – sowie für Heilbrunnen und Heilstollen.

Die Artbezeichnungen lassen sich unterteilen in drei Kategorien: 1. hochprädikatisierte Orte wie Heilbäder und Kurorte, 2. Luftkurorte und Erholungsorte sowie 3. Heilquellen und Heilbrunnen (Deutscher Tourismusverband & Deutscher Heilbäderverband 2018, S. 33 f.). (abw)

Literatur

Deutscher Tourismusverband e. V.; Deutscher Heilbäderverband e. V. 2018: Begriffsbestimmungen – Qualitätsstandards für Heilbäder und Kurorte, Luftkurorte, Erholungsorte – einschließlich der Prädikatisierungsvoraussetzungen – sowie für Heilbrunnen und Heilquellen. Berlin (13. Aufl.; Fassung: 28.09.2018)

Prämierungen/Awards → **Qualitätszeichen**

Pre-Boarding → **Boarding**

Preisfestsetzung **[Pricing]**

Price (engl.) = Preis. Pricing kann mit Preisfestsetzung bzw. -gestaltung übersetzt werden. Das Unternehmen fixiert für sein Produkt oder seine → Dienstleistung einen Preis auf der Basis unterschiedlicher Faktoren (Kosten, Wettbewerbssituation, Nachfrage) und kommuniziert diesen auf dem Markt. Pricing kann statisch oder dynamisch (→ Internet Booking Engine), uniform oder personalisiert, monetär oder nicht monetär, analog oder digital („Digital Pricing") sein (Kolodziejczak & Monti 2018, S. 3). Pricing kann über einen rationalen Entscheidungsprozess erfolgen, gleichzeitig aber auch intuitiv und von Gefühlen gesteuert sein (Mackillop 2019, S. 42 ff.).

Ein Konsument von Kaffee kann in unterschiedlichen Situationen unterschiedliche Preissensibilitäten und Zahlungsbereitschaften aufweisen. Er führt eine Art geistige Buchhaltung („mental accounting") und ordnet die Ausgaben verschiedenen Budgetposten zu. Der konsumierte Kaffee kann bspw. den Budgetposten „Lebensmittel", „Unterhaltung" oder „Freizeit" zugeordnet werden. Die Preiszahlungsbereitschaft variiert von Budgetposten zu Budgetposten (Pavesic 1989, S. 47 f.). Untersuchungen zeigen, dass Geldsignale wie „Dollar" oder „$" hinter den Zahlen (20,00 vs. 20,00 $ vs. 20,00 Dollar) Auswirkungen auf das Konsumverhalten haben können. Offensichtlich sensibilisieren Geldsignale bzw. monetäre Symbole den Konsumenten und offenbaren anstehende Geldzahlungen und den damit verbundenen Schmerz („pain of paying") (Yang, Kimes & Sessarego 2009, S. 157 ff.). In der Praxis haben sich bei der Preisbildung gewisse Endstellen herausgebildet. Viele Produkte enden in der Bepreisung auf 5, 9 oder 0 (4,95 €; 4,99 €; 20,00 €). Die Endungen führen bei Kunden zu gewissen Image-Effekten. Während glatte Zahlen bzw. gerade Preise – in der Regel die 0 – mit Qualität und Hochwertigkeit assoziiert werden, werden nicht glatte Zahlen – in der Regel die 9 – bzw. ungerade Preise (Flug ab 39,90 €) mit einem guten Preis-Leistungs-Verhältnis und Preisaktionen in Verbindung gebracht („value for money") (Naipaul & Parsa 2001, S. 26 ff.).

Zu einem Einstieg in das Thema siehe Simon & Fassnacht 2016; Mackillop 2019. Zu Pricing in der → Speise- und Getränkekarte siehe Fuchs & Balch 2019. (wf)

Literatur

Fuchs, Wolfgang; Natalie Audrey Balch 2019: Die Kartenmacher. Speise- und Getränkekarten richtig gestalten. München: UVK (2. Aufl.)

Kolodziejczak, Christian; Alessandro Monti 2018: Digital Pricing: Definition and Best Practices. (https://www.marketingverband.de/fileadmin/Whitepaper_Pricing_final_Web.pdf, zugegriffen am 29.10.2019)

Mackillop, John 2019: Pricing Theory. In: Rob van Ginneken (ed.): Hospitality Finance and Accounting. Essential Theory and Practice. New York: Routledge, pp. 42–57

Naipaul, Sandra; Haragopal Parsa 2001: Menu Price Endings that Communicate Value and Quality. In: Cornell Hotel and Restaurant Administration Quarterly, 42 (1), pp. 26–37

Pavesic, David V. 1989: Psychological aspects of menu pricing. In: International Journal of Hospitality Management, 8 (1), pp. 43–49

Simon, Hermann; Martin Fassnacht 2016: Preismanagement: Strategie – Analyse – Entscheidung – Umsetzung. Wiesbaden: Springer Gabler (4. Aufl.)

Yang, Sybil S.; Sheryl E. Kimes & Mauro M. Sessarego 2009: Menu price presentation influences on consumer purchase behavior in restaurants. In: International Journal of Hospitality Management, 28 (1), pp. 157–160

Gedankensplitter
„Schnäppchenwerbung wirkt in unserem Gehirn wie eine Prise Kokain." (Christian Elger, Neurowissenschaftler)

Pre-opening-Phase [pre-opening phase]

(a) Voreröffnungsphase eines neu erstellten Hotels. Sie beginnt mit dem Zeitpunkt, ab dem die Immobilie fixiert ist und die Planung der betriebsvorbereitenden Maßnahmen beginnen kann. In der Pre-opening-Phase werden bis zur Betriebseröffnung nahezu alle technischen, räumlichen, personellen und organisatorischen Maßnahmen geplant. Kennzeichnend für die Pre-opening-Phase ist, dass Kosten entstehen, ohne dass während dieser Zeit Umsätze getätigt werden. Vielmehr dient die Pre-opening-Phase dazu, insbesondere durch Vertriebsaktivitäten spätere Umsätze für den Zeitpunkt nach der Hoteleröffnung vorzubereiten. Die Dauer der Pre-opening-Phase kann unterschiedlich lang sein, nimmt aber generell mit der Größe des Betriebes und der → durchschnittlichen Aufenthaltsdauer der Gäste zu.

Die Pre-opening-Phase endet mit der Hoteleröffnung. Die Hoteleröffnung kann in Form eines soft bzw. hard openings vollzogen werden. Beim soft opening handelt es sich um eine Art mehrtägige Generalprobe mit geladenen Gästen, die dazu dienen soll, die geplanten Betriebsabläufe zu überprüfen und entsprechende Anpassungen vorzunehmen, während beim hard opening der Hotelbetrieb sofort mit „echten" Gästen beginnt.

(b) Pre-opening-Phasen finden nicht nur in Hotels statt. Gedacht werden kann auch an → Bahnhöfe, → Flughäfen, → Freizeitparks, → Restaurants, → Urban Entertainment Center oder andere betriebliche Einheiten. Immer geht es darum, den alltäglichen Geschäftsbetrieb vorzubereiten. Soft openings sollen wie in der Hotellerie den Übergang zum betrieblichen Alltag erleichtern und ihn simulieren. So können mögliche Unstimmigkeiten, etwa beim Umzug eines Flughafens, erkannt und rechtzeitig gelöst werden. (amj)

Literatur

Bierwirth, Peter 2020: Das Pre-Opening – wesentlicher Baustein zum betrieblichen Erfolg eines Hotels. In: Burkhard von Freyberg; Laura Schmidt & Elena Günther (Hrsg.): Hospitality Development. Hotelprojekte erfolgreich planen und umsetzen. Berlin: Erich Schmidt, S. 275–289 (3. Aufl.)

Pressure-Groups → **Tourismuslobbying**

Pricing → **Preisfestsetzung**

Prinzipal → **Agenturtheorie**

Priority Boarding → **Boarding**

Private Kurzzeitvermietungen → **Airbnb,** → **Sharing Economy**

Privatzimmer → **Ferienzimmer**

Privilegierter Eisenbahn-Durchgangsverkehr (PED) → **Korridorzüge**

Produktionsküche → **Zentralküche**

Produktschutz [Food Defense]

Die Anforderungen zum Produktschutz sind hinsichtlich nachteiliger Manipulation, Sabotage, Fälschung und Täuschung ausgerichtet. Dazu zählen Schutzmaßnahmen wie beispielsweise Standortsicherheit (eingezäuntes Gelände, kontrollierte Zugänge, Besucherregistrierung), die Überprüfung der Lieferkette (Lieferantenqualifizierung), ein etabliertes Kontrollsystem, Sicherungsmaßnahmen für

Transport, Zugangsbeschränkungen bei Informationstechniksystemen, eine gute Dokumentationspraxis und Schulung sowie Einweisung der Mitarbeiter. (mjr)

Literatur

IFS Management (Hrsg.) 2014: IFS Food Defense Guideline. Berlin

IFS Management (Hrsg.) 2017: IFS Food, Standard zur Beurteilung der Qualität und Sicherheit von Lebensmitteln. Version 6.1. Berlin

Projekte, Projektmanagement [project, project management]

1 Grundlagen   Projekte sind als eine temporäre Organisationsform bestimmter Aufgaben zu verstehen. Die Rahmenbedingungen und konkreten Aufgabeninhalte unterscheiden sich bei Projekten aber deutlich von denen in einer dauerhaften Organisationsform. Je nach Anlass unterscheiden sich auch die Arten von Projekten. Beispiele für typische Projektarbeiten sind: IT-Einführungsprojekte, Investitions- oder Auftragsprojekte (zum Beispiel Bau von Immobilien oder Großanlagen), Forschungs- bzw. Produktentwicklungsprojekte, Organisations- oder Strategie-(entwicklungs)projekte, Marketingprojekte, Kulturprojekte etc. Aber auch eine Hochzeit oder ein Abschlussball kann ein Projekt sein. Die wesentlichen Grundlagen zum Projektmanagement sind in den DIN 69901 ff. (seit 1987) festgelegt. Dort wird ein Projekt definiert als ein „Vorhaben, das im Wesentlichen durch Einmaligkeit der Bedingungen in ihrer Gesamtheit gekennzeichnet ist (...)". In der Praxis bezeichnet ein Projekt ein einmaliges und komplexes Vorhaben, welches einen interdisziplinären Querschnittcharakter aufweist und der Erreichung eines definierten Ziels dient. Die wesentlichen Merkmale eines Projektes sind (Madauss 2017, S. 4):

- Komplexität: Zahlreiche Elemente und Einflussgrößen sind zu berücksichtigen, die zudem einer hohen Veränderlichkeit im Zeitablauf unterliegen und deshalb nicht in der Linienorganisation (→ Organisation) bearbeitet werden können.
- Einmaligkeit: Es sind keine wiederkehrenden Routineaufgaben. Jedes Projekt ist durch spezifische Ziele, Restriktionen (zeitlich, finanziell, personell) und Organisationsform gekennzeichnet.
- Zeitliche Fixierung: Projekte besitzen einen definierten Anfangs- und Endtermin. Zwischenziele werden als → Meilensteine bezeichnet.
- Interdisziplinarität: Die Problemlösung erfordert in der Regel die organisatorische Zusammenarbeit unterschiedlicher Disziplinen (z. B. operative Abteilungen, Recht, Technik, Betriebswirtschaft).

Im Folgenden soll Projektmanagement als Oberbegriff für alle willensbildenden und -durchsetzenden Aktivitäten im Zusammenhang mit der Abwicklung von Projekten definiert werden. Projektmanagement stellt im Gegensatz zu den einzelnen durchzuführenden Projekten eine dauerhafte Führungskonzeption dar. Projektmanagement ist ein fortdauerndes, zeitlich nicht befristetes Führungskonzept für komplexe Vorhaben. Projektmanagement in diesem Sinne umfasst Projektziele, Aufbau- und Ablauforganisation, Planung und → Controlling sowie weitreichende Führungsaufgaben (Brehm & Hackmann 2014, S. 200 ff.; Dillerup & Stoi 2016, S. 504 ff. mit weiteren Nachweisen).

2 Ziele Besondere Bedeutung erhalten die übergeordneten Ziele eines Projektes bzw. auch des Projektmanagements. Im Gegensatz zu den zumeist diffusen Zielsetzungen des Tagesgeschäftes in einem Unternehmen müssen die Ziele im Projektmanagement spezifiziert sein. Die vier Zieldimensionen lassen sich wie folgt beschreiben:

- Qualität des Ergebnisses: Diese muss in Projekten durch den Ergebnistyp und dessen Qualitätsmerkmale detailliert beschrieben werden. Zumeist wird dies in einem sogenannten Lasten- bzw. Pflichtenheft definiert.
- Kosten: Für die Projektabwicklung steht typischerweise ein verbindlich einzuhaltender Kostenrahmen als Budget zur Verfügung.
- Zeit/Termine: Start- und Endtermine werden definiert und um sinnvolle zeitliche Zwischenziele (Meilensteine) ergänzt.
- Akzeptanz: Ein häufig vernachlässigtes Ziel ist die Berücksichtigung der späteren Nutzer des Projektergebnisses oder anderer Projekt-Stakeholder (→ Stakeholder-Management). Aber auch die Akzeptanz des Projektes im Unternehmen ist eine vom Projektmanagement zu berücksichtigende Größe.

Die Herausforderungen des Projektmanagements bestehen darin, diese vier Zieldimensionen gleichzeitig zu beherrschen („magisches Zielviereck"). Deshalb ist ein in sich geschlossenes Führungskonzept unabdingbar für einen umfassenden Projekterfolg. Akzeptanz hat positive Auswirkungen auf die Emotionen und Motivation sowie auch politische Aspekte, z. B. Kompromissbereitschaft oder Kooperation.

Ein Baustein in einer solchen Führungskonzeption ist neben Zielen und Aufbauorganisation ein geordneter und vom konkreten Inhalt unabhängiger Ablauf eines Projekts. Dieser Prozess kann im Rahmen des Projektmanagements in vier Phasen unterteilt werden: Beauftragung, Planung, Realisation und Abschluss (zu einzelnen Aspekten u. a. Patzak & Rattay 2018, S. 113 ff.; Kuster et al. 2019, S. 22 ff., 61 ff.) (vgl. Abb.).

3 Phasen und Aufgaben

Projektbeauftragung: Basierend auf einer Situationsanalyse werden die wesentlichen Ziele des Projekts hinsichtlich Ergebnistyp und -qualität, Zeit und Budget festgelegt. Diese spiegeln die angestrebte Problemlösung wider. Im Rahmen des Projektauftrags müssen Aufgaben, Kompetenzen und Verantwortlichkeiten der

Projekt- beauftragung	Projekt- planung	Projekt- realisation	Projekt- abschluss
Projektziele	Ablauf- & Zeitplan	Ressourcen bereitstellen	Ergebnisübergabe an den Auftraggeber
Projektorganisation	Projektstrukturplan		
Meilensteine	Ressourceneinsatz- plan	Ingangsetzung	Dokumentation der Ergebnisse & des Projektverlaufes
Personal- & Sachressourcen	Budgetplan	Teambildung & -führung	
Wirtschaftlichkeits- schätzung	Kommunikations- plan	Projektmarketing & -kommunikation	Ergebnisauswertung „Lessons Learned"
Risikobewertung & -maßnahmen		Berichtwesen	Projektauflösung „Re-entry"
↳ AUFTRAG	↳ GESAMTPLAN	↳ ERGEBNIS	↳ ERFOLG

Projektcontrolling (Ressourcen, Termine, Ergebnisse, Akzeptanz, Kosten etc.)

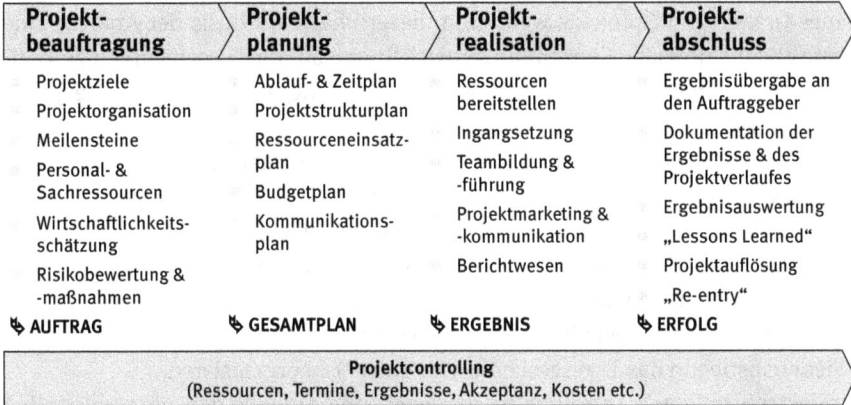

Abb. 26: Phasen Projektmanagement

Projektorganisation definiert werden. Die benötigten Finanz-, Sach- und Humanressourcen sind abzuschätzen und mit der Beauftragung von den Entscheidern zu genehmigen. Der Ablauf des Projekts wird üblicherweise über zeitliche und inhaltliche Meilensteine fixiert. Ergänzend werden die relevanten Projektrisiken identifiziert und deren Gegenmaßnahmen festgelegt. Am Ende steht der vom Entscheider oder Lenkungsausschuss, dem in der Regel höchsten Gremien der Projektorganisation, abgezeichnete Projektauftrag.

Projektplanung: Die Projektplanung umfasst die gedankliche Vorwegnahme des Projektgeschehens. Hier sind die Vorgaben aus dem Projektauftrag in konkrete (Teil-)Pläne zu überführen. Der Projektstrukturplan bricht das Projekt in wesentliche Teilprojekte und diese wiederum in Arbeitspakete (Workstreams) herunter. In der Ablaufplanung werden diese Arbeitspakete z. B. unter Zuhilfenahme der Netzplantechnik in eine zeitlich und inhaltlich durchführbare Reihenfolge gebracht. So entsteht dann ein Zeitplan unter Berücksichtigung des kritischen Pfads. Ergänzend müssen Ressourcen und Budgets eingeplant werden oder auch ein Kommunikationsplan zur Sicherung der Information und Akzeptanz. Am Ende steht ein Gesamtplan, der wie der Projektauftrag wichtige Soll-Informationen für das Projektcontrolling bereitstellt.

Projektrealisation: Die Veranlassung und Durchführung wird als Realisation bezeichnet, die im wesentlichen Steuerungs- sowie Koordinationsaufgaben für die Verantwortlichen umfasst. Gesteuert werden müssen Projektmitarbeiter im Rahmen der Teamführung, Ressourcen, Projektmarketingaktivtäten etc. Ein regelmäßiges, formales Reporting über den Ergebnisfortschritt bildet die Basis und Schnittstelle für das bzw. zum Projektcontrolling. In dieser Phase erfolgt die eigentliche Projekt- bzw. Problemlösungsarbeit. Das bedeutet, im konkreten Fall eines Organisationsprojekts werden in dieser Phase auf Basis der Analyse eine neue organisatorische Konzeption entwickelt und auf die Umsetzbarkeit geprüft. Handelt es sich um ein Bauprojekt, wird dieses in dieser Phase fertiggestellt. Am Ende steht ein konkretes Projektergebnis.

Projektabschluss: Die Ergebnisübergabe an den Auftraggeber (z. B. im Rahmen eines „going live" oder einer Ergebnispräsentation) ist Teil des Projektabschlusses. Im Zusammenhang mit der Dokumentation der Ergebnisse und des Projektverlaufs an sich sollten für zukünftige Projekte die wesentlichen „Lessons learned" festgehalten werden. Insbesondere für Mitarbeiter, die lange und vor allem Vollzeit im Projekt tätig waren, ist nach der formalen Projektauflösung der Wiedereinstieg in das Tagesgeschäft („Re-entry") zu organisieren.

Projektcontrolling: Controlling ist durchgehende Aufgabe der informationellen Führungsunterstützung im gesamten Projektablauf. Es geht um Informationen für den Projektleiter zum Stand der Akzeptanz, des Budgets, der Termine und der Ressourcen sowie um Informationen über Planungen, Abweichungen und mögliche Ursachen und gegebenenfalls Maßnahmen, die durch das Controlling initiiert werden.

4 Fazit Der Erfolg eines Projektmanagements und damit auch der einzelnen Projekte hängt von einer Vielzahl sachbezogener Faktoren ab. Ziele, Organisation, Prozess, Ressourcen sind nur einige davon. Als personenbezogene Faktoren sind die Motivation und Qualifikation der Projektleitung und -mitarbeiter zu nennen, die in einem in der Regel konfliktträchtigen Umfeld zusammenarbeiten müssen. Ergänzt wird Projektmanagement durch zahlreiche Instrumente des Projektmanagements (Netzpläne, Projektstrukturpläne, Ressourcen- und Terminpläne etc.), die die Projektarbeit wirkungsvoll unterstützen können. Herausforderungen des Projektmanagements wie Zeit- oder Budgeteinhaltung lassen sich heutzutage mit Methoden des agilen Projektmanagements noch besser bewältigen. Nur exemplarisch seien genannt: strukturierte, zyklische Arbeitsweise (Scrum), klare Konzentration auf das angestrebte Ergebnis in kleinen Einheiten (Inkremente, Minimum Viable System), stärkere Orientierung am Kunden bzw. Nutzer, engere abgestimmte Zusammenarbeit der Beteiligten (Rollen und Kollaboration). (cb)

Literatur

Bach Norbert; Carsten Brehm; Wolfgang Buchholz & Thorsten Petry 2017: Organisation – Gestaltung wertschöpfungsorientierter Architekturen, Prozesse und Strukturen. Wiesbaden: Gabler (2. Aufl.)

Brehm, Carsten; Sven Hackmann 2014: Projekt- und Programm-Management. In: Wilfried Krüger; Norbert Bach (Hrsg.): Excellence in Change – Wege zur Strategischen Erneuerung. Wiesbaden: Gabler, S. 163–201 (5. Aufl.)

Dillerup, Ralf; Roman Stoi 2016: Unternehmensführung. München: Vahlen (5. Aufl.)

Krüger, Wilfried 2000: Organisationsmanagement. In: Erich Frese (Hrsg.): Organisationsmanagement – Neuorientierung der Organisationsarbeit. Stuttgart: Schäffer-Poeschel,
S. 271–304

Kuster, Jürg et al. 2019: Handbuch Projektmanagement – Agil, Klassisch, Hybrid. Wiesbaden:
Springer Gabler (4. Aufl.)

Madauss, Bernd J. 2017: Projektmanagement. Berlin: Springer (7. Aufl.)

Patzak, Gerold; Günther Rattay 2018: Projektmanagement: Leitfaden zum Management von
Projekten, Projektportfolios, Programmen und projektorientierten Unternehmen. Wien:
Linde (7. Aufl.)

Gedankensplitter

"It's all in the detail." (Hotelgruppe NH, Überschrift Schulungsunterlagen)

Projektmanagement → **Projekte, Projektmanagement**

Promille-Regel [$ 1 per $ 1.000 method, ADR rule of thumb]
Kostenorientierte Faustformel zur Zimmerpreisfindung im Hotelbereich, auch
„1 Dollar für 1.000 Dollar-Methode" genannt. Nach der Regel sollte der durchschnittliche Zimmerpreis 1/1000 der Investitionskosten pro Zimmer betragen. Ein
Hotel mit 100 Zimmern, dessen Investitionsvolumen 10 Mio. € beträgt, müsste
demnach einen durchschnittlichen Zimmerpreis von 100 € erlösen. In einer re-
trograden Rechnung lässt sich von dem durchschnittlich erzielten Zimmerpreis
eine erste Wertermittlung des Immobilienobjekts durchführen (Hänssler 2016,
S. 417 f.; Vogel 2012, S. 153 f.).

Die Faustformel unterstellt eine Auslastung der Zimmer von > ca. 70 %. Die
Promille-Regel findet in Lehre und Praxis Anwendung. Die Kritik an der Faustregel konzentriert sich auf die einseitige Sichtweise (kostenorientierte Preisfindung)
und auf unklare Prämissen (etwa Nichtberücksichtigung von Inflation, Finanzierungsstruktur, unterschiedlichen Betriebsarten und steuerlichen Aspekten). Trotz
widersprüchlicher empirischer Ergebnisse scheint die Regel eine Orientierung bei
Überschlagsrechnungen geben zu können (O'Neill 2003, S. 7 ff.). (wf)

Literatur

Hänssler, Karl Heinz 2016: Kalkulation und Preisdifferenzierung der Beherbergungsleistungen.
In: Karl Heinz Hänssler (Hrsg.): Management in der Hotellerie und Gastronomie. Betriebswirtschaftliche Grundlagen. Berlin, Boston: De Gruyter Oldenbourg, S. 403–426 (9. Aufl.)

O'Neill, John W. 2003: ADR Rule of Thumb: Validity and Suggestions for its Application. In: Cornell Hotel and Restaurant Administration Quarterly, 44 (4), pp. 7–16

Vogel, Harold L. 2012: Travel industry economics: A guide for financial analysis. New York: Cambridge University Press (2nd ed.)

Property Irregularity Report (P. I. R.)

Beim P. I. R. handelt es sich um die Bestätigung (Gepäckverlustmeldung, Schadensbericht) der → Fluggesellschaft über verloren gegangenes, verspätetes oder beschädigtes Gepäck. Solche Unregelmäßigkeiten müssen unverzüglich bei der Fluggesellschaft angezeigt werden. In der Regel erfolgt diese Anzeige bei der → Gepäckermittlung (lost & found) des jeweiligen Zielflughafens oder über Online-Formulare. (hdz/wf)

Property Management-System (PMS) [property management system, PMS]

Property Management-Systeme sind unternehmensinterne Systeme für Beherbergungsunternehmen und ihre Übernachtungsbetriebe. Sie wurden ursprünglich für Hotelunternehmen entwickelt, werden aber auch beispielsweise für Kreuzfahrtschiffe (→ Kreuzfahrttourismus) oder → Campingplätze genutzt. Sie unterstützen nicht nur die Buchungs- und Reservierungsabläufe, sondern auch darüber hinausgehende standardisierbare betriebliche Prozesse werden unterstützt oder automatisiert (→ Hotel-Reservierungssystem).

Ein PMS besteht zumindest aus drei Hauptelementen (→ Reservierungssystem):

1. Die Basis ist die PMS-Datenbank. Sie verwaltet die Basisdaten des Unternehmens und der/des Betriebe/s, Produkt- und Angebotsdaten, Daten der Buchungen und Reservierungen, Daten der Kunden und Geschäftspartner, Daten zur automatisierten Steuerung von Prozessabläufen sowie Mitarbeiterdaten mit ihren Rechten zur Systemnutzung.

2. Die Software-Programme des PMS unterstützen oder automatisieren die Leistungsprozesse mit Zugriff auf die Datenbank. Diese Software-Funktionen können gemäß ihrer Kundennähe differenziert werden:

- Front Office-Funktionen werden im konkreten Kundenkontakt bzw. gemäß Kundenwunsch oder -auftrag vollzogen. Dazu gehören die Funktionen zur Angebotsinformation, zur Buchung und Reservierung, → Check-in- und → Check-out-Funktionen inklusive Inkasso. Der konkrete Kundenkontakt kann dabei auch fernmündlich, per eMail oder via World Wide Web erfolgen.
- Mid Office-Funktionen beziehen sich auf die kundenorientierten Geschäftsvorgänge, erfordern aber keinen unmittelbaren Kundenkontakt, beispielsweise zielgruppenbezogene Maßnahmen zur Kundenbindung.
- Back Office-Funktionen unterstützen Verwaltung, Steuerung und → Controlling des Unternehmens. Sie erstellen Abrechnungen und Berichte, generieren Management-Information zur Entscheidungsfindung und unterstützen die Angebotssteuerung, z. B. das Yield-Management (→ Ertragsmanagement). Sie bereiten Daten auf, z. B. um sie an kooperierende Systeme sachgerecht und kompatibel zu übertragen.

3. Schnittstellen (interfaces) verbinden kooperierende elektronische Systeme zum Datenaustausch über Netzwerke. Schnittstellen-Software konvertiert die zu kommunizierenden Daten gemäß einem standardisierten und beidseitig interpretierbaren Datenformat und steuert den Datenaustausch:

– Schnittstellen sind zu unternehmensinternen Systemen erforderlich, beispielsweise zu allgemeinen Office-Programmen, zu Telefon-, Video-, Schließund Minibar-Systemen, zu Systemen der Finanzbuchhaltung und Warenwirtschaft, zu Management-Systemen für Veranstaltungen und Tagungen, zu Gastronomie- und Service-Systemen, z. B. zum Management von WellnessAngeboten. Property Management-Systeme können über diese Schnittstellen mit kooperierenden Systemen ergänzt werden, wenn sie nicht selbst entsprechende Funktionalitäten integriert verfügbar haben.

– PMS bieten auch Schnittstellen zu überbetrieblichen Systemen, z. B. zu Kreditkarten-Systemen, → Hotel-Reservierungssystemen und → Switch-Companies.

Property Management-Systeme unterstützen die Prozesse des Beherbergungsunternehmens und seiner/seines Übernachtungsbetriebe/s. Das setzt aber nicht (mehr) voraus, dass sie auch im Unternehmen selbst technisch betrieben werden müssen. Spezialisierte IT- und Software-Dienstleister bieten Property Management-Systeme als Application Service bzw. als Software as a Service (ASP, SaaS) an (→ Reservierungssystem). (uw)

Literatur
Schulz, Axel; Uwe Weithöner; Roman Egger & Robert Goecke 2015: eTourismus: Prozesse und Systeme. Berlin, Boston: De Gruyter Oldenbourg, insb. Kapitel 4.3 (2. Aufl.) (3. Aufl. in Vorbereitung)

Pro-rata charter
Zwischen einer Reederei oder einer Charterfluggesellschaft und einem Veranstalter vertraglich vereinbarte Form des Charter (→ Charterkette). Statt eines Festbetrages wird jede gemietete Passage einzeln (= pro rata) berechnet. (jwm)

Prospekt → **Reisekatalog**

Prostitutionstourismus und sexuelle Ausbeutung [prostitution tourism]
Prostitutionstourismus ist definiert als Reise mit dem Motiv, einen sexuellen Kontakt in einem anderen Land mit dort lebenden Menschen zu erleben und für diesen Kontakt zu bezahlen (Geld, Geschenke, Gefälligkeiten bis hin zum Heiratsversprechen). Stellenweise kommt der Euphemismus Romantik-Urlaub zur Verwendung. Dieser Begriff verharmlost noch mehr als der Begriff → Sextourismus die Situation, da er fälschlicherweise eine Beziehung auf Augenhöhe suggeriert.

Geringes Einkommen bis hin zu Armut, Hunger, fehlende Alternativen, familiäre Verpflichtungen sowie Erpressungen und Drohungen sind die Hauptgründe dafür, dass Menschen einen sexuellen Kontakt gegen Entlohnung anbieten, sich also prostituieren oder dazu gezwungen und sexuell ausgebeutet werden. Sie haben in der Regel nicht die Möglichkeit, das Gegenüber abzulehnen oder zurückzuweisen.

Prostitutionstourismus findet weltweit statt. Häufig genannte Destinationen sind Thailand, die Philippinen, Kambodscha, Indonesien, Sri Lanka, Goa, Kuba, die Dominikanische Republik, Brasilien, Costa Rica, Osteuropa sowie Kenia, Tunesien, Südafrika und Gambia. Es liegen keine verlässlichen Zahlen zum Prostitutionstourismus vor. Studien lassen vermuten, dass der Anteil der Prostitutionstouristen in Thailand zwischen 60–75 % liegt. Die WTO gab an, dass 20 % aller Reisen weltweit sexuell motiviert sind. Andere Zahlen (ILO) zeigen, dass Frauen in einigen Ländern zwischen 2–14 % des nationalen Einkommens mit Prostitution erwirtschaften.

Prostitution ist in vielen Ländern illegal, wird dort aber geduldet. Das gilt insbesondere, wenn Touristen und Touristinnen involviert sind. Überhaupt ist Prostitutionstourismus eng mit der touristischen Struktur einer Destination verbunden. Hotels, Gastronomie und Transportdienstleister profitieren davon, auch wenn sie sich öffentlich von Prostitution distanzieren. Gründe, warum sexuelle Kontakte im Ausland gesucht werden, sind vielfältig. Sie reichen von Anonymität, günstigeren Preisen, dem Gefühl des besonderen Erlebnisses, der Suche nach Aufmerksamkeit und dem Ausleben sexueller Macht sowie fehlende sozialen und rechtlichen Sanktionen. Sowohl Männer als auch Frauen kaufen sexuelle Dienstleistungen. Bei Frauen wird im stärkeren Maße das Motiv der Nähe und Aufmerksamkeit betont, und Begriffe wie Beach Boys und Sugar-Mommy beschönigen die Situation.

Bei Kindern (Personen unter 18 Jahren) muss klar von sexueller Ausbeutung (SECTT = sexual exploitation of children in travel and tourism) gesprochen werden. UNICEF (2009) schätzte, dass jährlich 150 Millionen weibliche und 73 Millionen männliche Kinder sexuell ausgebeutet werden. Welchen Anteil der Tourismus daran hat, kann nur geschätzt werden. In einigen Ländern überwiegt die Zahl der einheimischen Straftäter die Zahl der aus dem Ausland angereisten Personen.

Weiterhin besteht eine direkte Verbindung zwischen sexueller Ausbeutung von Kindern und Pornografie. Ein Großteil des Materials zeigt den sexuellen Missbrauch in einem touristischen Setting. Das Internet und mobile Technologien führen seit einigen Jahren zu einem Anstieg der Zahlen in diesem Bereich. (kh)

Literatur
Cohen, Erik 1982: Thai Girls and Farang men: The Edge of Ambiguity. In: Annals of Tourism Research, 9 (3), pp. 403–428

ECPAT 2016: Global study on sexual exploitation of children in travel and tourism. (https://www.protectingchildrenintourism.org/resource/the-global-study-on-sexual-exploitation-of-children-in-travel-and-tourism-2016/, zugegriffen am 17.02.2020)

Graburn, Nelson H. H. 1983: Tourism and Prostitution. In: Annals of Tourism Research, 10 (3), pp. 437–443

Lim, Lean Lin 1998: The Sex Sector: The economic and social bases of prostitution in Southeast Asia. Genf: International Labour Office (ILO)

Ryan, Chris; Michael C. Hall 2005: Sex Tourism: Marginal People and Liminalities. London: Routledge

UNICEF 2009: UNICEF-Report 2009. Stoppt sexuelle Ausbeutung! Frankfurt/Main: Fischer

World Tourism Organization 1995: WTO Statement on the Prevention of Organized Sex Tourism. UNWTO Declarations, 5 (6), Madrid: UNWTO

Wuttke, Gisela 1998: Kinderprostitution – Kinderpornographie – Tourismus. Göttingen: Lamuv

Proviantmeister → **Zahlmeister**

Provision **[commission]**

Das → Reisebüro erhält für seine an den Endkunden vermittelten Leistungen (→ Pauschalreisen, touristische Einzelleistungen) vom Leistungserbringer bzw. Veranstalter eine Provision. In der Vergangenheit wurden touristische Leistungen meist mit fixen prozentualen Provisionen vergütet. Die Prozentsätze lagen bei → Reiseveranstaltern für Reiseleistungen üblicherweise zwischen 10 % und 12 %, für andere, komplementäre Produkte (z. B. Versicherungen, Mietwagen) zumeist deutlich höher.

Lufthansa beendete in Deutschland Mitte der 1990er-Jahre die Nutzung dieses Provisionsmodells und führte die sogenannte Nullprovision ein. Die Absicht der Lufthansa war es, die Kosten im Fremdvertrieb zu senken. Später folgten andere Fluggesellschaften. Die Konsequenz war, dass die Vertriebspartner zur Vergütung ihrer Vertriebskosten zusätzliche Gebühren einführen mussten (→ Service-Entgelt, Service Fees).

Der gestiegene Wettbewerbsdruck hat in den letzten Jahren zu einem grundsätzlichen Wandel im Provisionssystem geführt. Da mit der Provision die persönliche Beratungsleistung vergütet werden soll, werden Umsätze im Online-Vertrieb von manchen Veranstaltern mit reduzierten Provisionen vergütet. Zwischenzeitlich zeichnet sich eine Entwicklung ab, dass Online-Reisebüros mit hohen Umsätzen ihre Marktmacht nutzen, um deutlich höhere Provisionssätze durchzusetzen.

Provisionssysteme haben sich bei einigen Veranstaltern zu komplexen Anreizsystemen entwickelt. Ziel ist es, mehr Umsätze auf den jeweiligen Veranstalter zu konzentrieren und dabei gleichzeitig die gesamten Vertriebskosten zu senken. Zur fixen Basisprovision werden dynamische Staffelprovisionen oder Boni/Superprovisionen bei individueller Zielerreichung bezahlt, sobald die einzelnen Intermediäre die zuvor vereinbarten Ziele erreichen oder überschreiten. Einige Provisionssysteme sehen Abzüge bei der Provision (Malus) für das Nicht-Erreichen der Umsatzziele vor.

Umstritten ist die Praxis, Teile der Provision an den Kunden im allgemeinen Preiskampf weiterzugeben (Kickbacks bzw. direkte Rückvergütung, verdeckte Rückvergütung, z. B. über Bordguthaben bei Kreuzfahrten, Online-Cash-Back-Systeme, Rückvergütung von Kreditkarten).

Im Falle der Insolvenz eines Reiseveranstalters sind grundsätzlich die Kundengelder über die Insolvenzversicherung geschützt. Dies gilt allerdings nicht für die Provisionen. Die Reisevermittler müssen in den meisten Fällen ihre Ansprüche gegen die Konkursmasse geltend machen, was in der Praxis oft zu einem kompletten Ausfall der Forderungen führt. (ad)

Provisionsstaffel → **Provision**

Prozessorganisation [process-based organization]

Die Kernidee einer prozessorientierten Betrachtung der Unternehmung besteht im Wesentlichen darin, typische Schnittstellenprobleme, wie sie in arbeitsteilig organisierten Systemen herkömmlicher Art üblich sind (Macht- und Ressortdenken, „Scheuklappensicht", Doppelspurigkeiten, Abschieben von Verantwortung, Kommunikationsstörungen, Verlangsamung der Unternehmensleistung usw.), durch eine andersartige Form der Arbeitsgestaltung zu überwinden. In den Mittelpunkt der Gestaltungsphilosophie treten stärker vom „Kunden" (extern wie intern) her gedachte Prozessfolgen der Leistungserstellung und Leistungsverwertung. Ein Prozess kann dabei wie folgt umrissen werden (Fischermanns & Liebelt 1997, S. 22 ff.; Vahs 2019, S. 215 ff.; van Geldern 2000, S. 145):

- Durch eine Abfolge von geordneten, sachlogisch zusammenhängenden Aktivitäten zur Erfüllung betrieblicher Aufgaben mit eindeutig definiertem In- und Output, die wiederholt durchlaufen werden, wird eine zielgerichtete Erstellung einer Leistung (für Kunden) realisiert.
- Die Aktivitäten sind innerhalb eines bestimmten, definierten Zeitraumes nach vorab festgelegten, zumeist formalisierten Regeln durchzuführen.

Die Erwartungen an eine prozessorientierte Gestaltung und Lenkung einer Unternehmung richten sich auf eine Verbesserung der Unternehmensstrukturen dergestalt, dass bspw. Durchlaufzeiten verkürzt, Produktqualität verbessert, Innovationsfähigkeit der Mitarbeiter und ihre Motivation erhöht und Prozesskosten gesenkt werden können (Bea & Göbel 2019, S. 383; Fischermanns & Liebelt 1997, S. 82 ff.; Vahs 2019, S. 224 ff.). Um diesen Effizienzerwartungen gerecht zu werden, müssen von einem prozessorientierten Management eine Reihe von Voraussetzungen erfüllt werden:

- Der Fokus der Unternehmensstrukturierung muss sich von der traditionell intern optimierenden, arbeitsteiligen Aufbau- und Ablaufgestaltung des Aufgabenvollzugs hin zu kunden- und damit auftragsbezogenen Produktions- oder Dienstleistungsprozessen verschieben, die es in der Strukturierung der Unternehmung abzubilden gilt. Dies macht eine grundsätzliche Umorientierung der Gestaltungsphilosophie des Managements erforderlich.
- Die Prozesse müssen systematisch analysiert, modelliert und optimiert werden. Im Ergebnis liegen standardisierte Geschäftsprozesse zur Realisation von Kundenaufträgen vor (Mayer 2005, S. 2; Vahs 2019, S. 236 f.).
- Die Mitarbeiter müssen in einem erheblichen Maße geschult werden, da sich in der Regel das Aufgabenfeld von der bisherigen funktionalen Spezialisierung hin zu einer ganzheitlicheren, damit aber auch inhaltlich anspruchsvolleren Tätigkeit verschiebt. Hinzu kommen häufiger auch höherwertigere Aufgabeninhalte der Selbststeuerung und -kontrolle.
- Die Unternehmung benötigt ein erhebliches Maß an informationstechnischer Infrastruktur zur informationellen Unterfütterung der betrieblichen Prozesskette und dem sich daraus ergebenden Kommunikationsbedarf entlang der Auftragsabwicklung.

Zur optimalen Ausgestaltung der Prozessstruktur wird der folgende systematische Gestaltungsansatz im Sinne eines Entscheidungsregelkreises (vgl. folgende Abbildung) empfohlen (z. B. Bea & Göbel 2019, S. 384 f.; Fischermanns & Liebelt 1997, S. 115 ff.; Vahs 2019, S. 233 ff.):

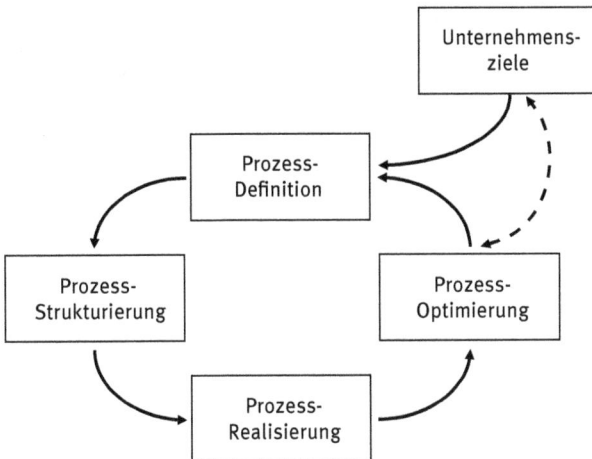

Abb. 27: Entscheidungsregelkreis des Prozessmanagements

– **Prozessdefinition (Identifikation):** Ausgangspunkt ist eine umfassende Geschäftsfeld- und Unternehmensanalyse („SWOT-Analyse", → Controlling). Aufbauend auf diesem ersten Schritt werden die strategisch bedeutsamen und damit »erfolgskritischen« Geschäftsprozesse (Krüger 1994, S. 121; Staud 2006, S. 9), z. B. mit Blick auf die Kundenzufriedenheit, Ressourcennutzung oder Wettbewerbsvorteile, identifiziert (z. B. für ein Reisebüro die Geschäftsprozesse „Privatkundengeschäft" und „Business Travel"). Sie werden zumeist in leistungs- bzw. kundenorientierte Primär(Kern-)prozesse (externer Kunde – interner Lieferant – externer Kunde), service- oder supportorientierte Sekundärprozesse (interner Kunde – interner Lieferant – interner Kunde) und steuernde Managementprozesse (Koordinationsprozesse) unterschieden und folgen damit der Grundlogik der von Michael E. Porter vorgeschlagenen Wertkette (vgl. folgende Abbildung).

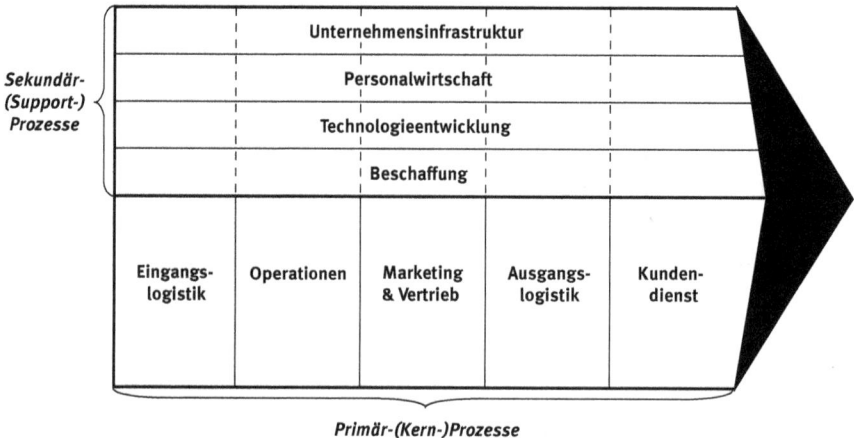

Abb. 28: Modell einer Wertkette (Porter 2014, S. 76)

Die so gewonnenen idealtypischen Prozessaufgaben werden jeweils mit Blick auf die übergeordnete Zielsetzung der Unternehmensaktivitäten als Soll-Leistung definiert, um wertorientierte Problemlösungen für alle Prozessbeteiligten zu generieren (vgl. z. B. die Interpretation des Destinationskonzeptes als prozessorientierte Dienstleistungskette bei Bieger & Beritelli 2013, S. 63 f.).

– **Prozess-Strukturierung:** Zur weiteren Durchdringung der Prozessstruktur erfolgt im nächsten Schritt eine Dekomposition der identifizierten Geschäftsprozesse in Teilprozesse bis hin zu Elementarprozessen sowie eine Festlegung der logischen und zeitlichen Reihenfolge zur Prozess-Ablauffolge. Es entsteht so eine hierarchische Abfolge einzelner Teilprozesse zur Realisierung eines Geschäftsprozesses („Prozessarchitektur"), die jeweils in sich eine Kette homogener Aktivitäten darstellen (z. B. Geschäftsprozess: „Business Travel", Teilprozesse 1. Ordnung: „Buchung" – „Ticketing" – „Rechnungsstellung"; Teilprozess 1. Ordnung „Buchung", Teilprozesse 2. Ordnung: Anfrage – Buchung – Rückfrage Kunde – Rückfrage Airline – Storno). Um im Weiteren eine Minderung der Schnittstellen zwischen den Teilprozessen und damit eine Steigerung der Effizienz des Gesamtprozesses zu gewährleisten, sind Standardisierungen der Prozessspezifikationen und ihre formale Fixierung vorzunehmen. Auf dieser Basis lassen sich weitgehend in ihrer Struktur, ihren Abläufen und ihrem Ressourcenbedarf vergleichbare Teilprozesse zu einem übergeordneten Hauptprozess zusammenfassen und einem Prozessbearbeiter („caseworker") oder Prozessteam („caseteam") übertragen. Die Verantwortung für einen so definierten Prozess kann dann an einen Prozess-Manager bzw. auf Geschäftsprozessebene an einen Prozesseigner übertragen werden, der die in den Prozess involvierten Personen steuert und so sicherstellt, dass sie mit den erforderlichen Informationen und Ressourcen versorgt werden, die Prozessschnittstellen funktionieren und die Prozessleistungen kontinuierlich verbessert werden. Er ist somit für einen effizienten wie effektiven Prozess verantwortlich und wird letztlich an der Einhaltung der definierten Prozessziele gemessen. Zur Prozessüberwachung bzw. Durchführung eines Prozess-Controllings sind schließlich noch die jeweiligen Prozess-Erfolgsindikatoren zur Messung der Prozessleistung festzulegen.

– **Prozess-Realisation:** Die auf dieser Basis gewonnenen Teil-, Haupt- und Geschäftsprozesse können nun in Kraft gesetzt und genutzt werden. Zur quantitativen Abbildung und Ermittlung der Wirtschaftlichkeit der bestehenden Prozess-Struktur kann eine entsprechende Prozess-Kostenrechnung eingeführt werden, die einen ständigen Informationsstrom zum Prozess-Controlling sicherstellt. Ein solches Controlling dient der wirtschaftlichen Koordination der einzelnen Prozess-Teilaktivitäten und der periodischen Messung der definierten Erfolgsindikatoren.

– **Prozess-Optimierung:** Die regelmäßige Prozess-Überprüfung ermöglicht eine kontinuierliche Prozess-Verbesserung durch die Identifikation von Prozessablauf-Schwachstellen und ihre Beseitigung. Stellen sich starke Mängel ein, wird ein Prozess-Redesign erforderlich.

In der Konsequenz dieses Gestaltungsansatzes wird eine Aufgabenverteilung dergestalt realisiert, dass keine Aufgaben, die sachlogisch zusammengehören, auseinandergerissen werden. Durch prozessorientiertes Denken wird die Sinnhaftigkeit einer Tätigkeit als eigenwertiges Element in einem übergeordneten Prozess gestärkt. Die gegenseitigen Abhängigkeiten einzelner, funktional differenzierter

Tätigkeiten werden ebenso wie die dadurch entstehenden Schnittstellen reduziert. Durch ganzheitliche Prozessverantwortung werden Selbstorganisation und Eigenkontrolle gefordert und gefördert, herkömmliche Hierarchien somit abgeflacht. Die Konzentration auf wertschöpfende Prozessaktivitäten fördert letztlich das Denken in betrieblichen Zusammenhängen und unterstützt die Idee eines kontinuierlichen Verbesserungsprozesses.

Die Realität zeigt jedoch, dass vielfältige Projekte zur Realisierung einer derartigen Prozess-Struktur – insbesondere sogenannte Reengineering-Prozesse (Hammer & Champy 2003) – gescheitert sind oder in ihrer visionären Radikalität der strukturellen Veränderung nicht umfassend umgesetzt werden konnten (Bea & Göbel 2019, S. 384 f.; Schreyögg & Geiger 2016, S. 109 ff.) Vielfach fehlen die infrastrukturellen Rahmenbedingungen zur Umsetzung des Prozess-Denkens, häufiger jedoch die Bereitschaft der Führungskräfte wie der Mitarbeiter, derartig anspruchsvolle Gestaltungskonzepte zu leben. (vs)

Literatur

Bea, Franz Xaver; Elisabeth Göbel 2019: Organisation. Theorie und Gestaltung. München: UVK (5. Aufl.)

Bieger, Thomas; Pietro Beritelli 2013: Management von Destinationen. München: Oldenbourg (8. Aufl.)

Fischermanns, Guido; Wolfgang Liebelt 1997: Grundlagen der Prozessorganisation. Gießen: Götz Schmidt (4. Aufl.)

Geldern van, Michael 2000: Basis-Know-how Organisation. Was Sie für die Praxis wissen müssen. Frankfurt, New York: Campus

Hammer, Michael; James Champy 2003: Business Reengineering. Die Radikalkur für das Unternehmen. Frankfurt, New York: Campus (7. Aufl.)

Krüger, Winfried 1994: Organisation der Unternehmung. Stuttgart, Berlin, Köln: Kohlhammer (3. Aufl.)

Mayer, Reinhold 2005: Prozessmanagement: Erfolg durch Steigerung der Prozessperformance. In: Horváth & Partners (Hrsg.): Prozessmanagement umsetzen. Stuttgart: Schaeffer-Poeschel, S. 1–6

Porter, Michael E. 2014: Wettbewerbsvorteile. Spitzenleistungen erreichen und behaupten. Frankfurt, New York: Campus (8. Aufl.)

Schreyögg, Georg; Daniel Geiger 2016: Organisation. Grundlagen moderner Organisationsgestaltung. Wiesbaden: Springer Gabler (6. Aufl.)

Staud, Josef 2006: Geschäftsprozessanalyse. Ereignisgesteuerte Prozessketten und objektorientierte Geschäftsprozessmodellierung für Betriebswirtschaftliche Standardsoftware. Berlin, Heidelberg, New York: Springer (3. Aufl.)

Vahs, Dietmar 2019: Organisation. Stuttgart: Schaeffer-Poeschel (10. Aufl.)

Psychologischer Vertrag [psychological contract]

Der Begriff „Psychologischer Vertrag" ist eine Analogie zum juristischen → Vertrag. Während juristische Verträge rechtsverbindlich Rechte und Pflichten explizit regeln, regeln psychologische Verträge implizite gegenseitige Erwartungen zwischen Personen, welche wechselseitig vorausgesetzt werden, aber nicht formal festgehalten sind, beispielsweise zwischen Arbeitgebern und Arbeitnehmern oder zwischen Tourist und touristischem Leistungsträger. Die Erwartungen resultieren aus den wechselseitigen Wahrnehmungen und mündlichen Absprachen, beispielsweise während des Personalauswahlprozesses oder beim Buchen einer Reise.

Schon der Marktauftritt eines Reiseveranstalters kann einen psychologischen Vertrag begründen, beispielsweise kann der Slogan „Ihr Reiseleiter – Ihr Freund auf der Reise" einen psychologischen Vertrag begründen, bei dem der Reisegast freundschaftliche Zuwendung erwartet und es als Vertragsbruch empfindet, wenn sich der Reiseleiter lediglich professionell freundlich verhält. Für einen Reisegast kann der Bruch des psychologischen Vertrags durch den Veranstalter dazu führen, dass er reklamiert, um monetär für einen gefühlten Vertragsbruch entschädigt zu werden. In dem meisten Fällen wird ein Reisegast sich von einem Veranstalter abwenden, der seine Erwartungen nicht erfüllt, der also aus Sicht des Reisegastes den psychologischen Vertrag gebrochen hat. Gerade der implizite Charakter psychologischer Verträge birgt dabei das Risiko von Enttäuschungen. (ss/gm)

Pub
Englischer Begriff für Kneipe, → Bar bzw. Bierlokal. Kurzform von „Public House". Die Einführung des Rauchverbots, hohe Lizenzgebühren gegenüber den Brauereien, steigende Pachten sowie Kosten für Bezahlsender setzen die „britische Institution" verstärkt unter Existenzdruck. (wf)

Pürieren [to purée]
Purée (franz.) = Püree. Verarbeiten von Lebensmitteln zu einem feinen, gleichmäßigen Brei. (bk/cm)

Punkt-zu-Punkt-Tarif → **Durchgangstarif**

Punkt-zu-Punkt-Verkehr [point-to-point traffic]
Flugverkehr ohne Umsteigeverbindungen. Statt im Interkontinentalverkehr mit großem Fluggerät (Boeing 747 oder Airbus A 380) zwischen Drehkreuzen zu verkehren, werden kleinere, meist zweistrahlige Flugzeugmuster (Airbus A 330, A 340 oder Boeing B 767 und B 777; → Extended Range Twin Operations [ETOPS]) verwendet, um entweder von Drehkreuzen direkt zu Flughäfen der zweiten Ebene zu fliegen oder solche Flughäfen unter Umgehung von Drehkreuzen direkt miteinander zu verbinden. Beispiel: Statt von Hamburg über Frankfurt nach Denver zu fliegen, findet ein Direktflug von Hamburg nach Denver statt. Dies ist nicht nur bequemer für die Passagiere, sondern führt auch zur Entlastung der Drehkreuze. → Netzwerkfluggesellschaft. (jwm/wf)

Purpose

‚Purpose' wird in Verbindung mit Unternehmensführung mit Sinn, Zweckbe-
stimmung oder Legitimation übersetzt. Einzuordnen ist sie damit in das normative Verständnis des Unternehmens. Sie stellt die grundsätzlich(st)e Frage
eines Unternehmens: Warum gibt es dieses Unternehmen, bzw. warum wird welcher Beitrag mit welcher Wirkung vom Unternehmen geleistet? Definieren lässt
sich ‚Purpose' als kurze öffentliche Stellungnahme zum Selbstverständnis und
zur Legitimation, welches den sozialen, gesellschaftlichen Anspruch des Un-
ternehmensbeitrages genau so überzeugend darstellt wie einen ökonomischen
Anspruch. Beispiele sind → Airbnb: „Provide Hospitality, create a sense of be-
longing to wherever you go in the world" oder → Lufthansa: „Wir verbinden die
Länder Europas miteinander und Europa mit der Welt".

Während in der Wissenschaft schon Mitte der 1990er-Jahre (z. B. Bartlett &
Ghoshal 1994) diskutiert, war der Auslöser für eine breite Diskussion der jährliche CEO-Brief des Investors Larry Fink (Blackrock) 2017 an die Managementöffent-
lichkeit, in dem er die Bedeutung eines klaren Unternehmenszwecks als Ursache
oder zumindest wichtige Voraussetzung für gewünschte → Rentabilität heraus-
stellte. Dies trifft in Zeiten des „war for talents" auf Mitarbeitende, für die der Sinn
und Zweck ein wichtiger Grund zum Verbleib in Unternehmen ist (→ Mitarbeiterbindung). Gerade für Dienstleistungsunternehmen stellt ‚Purpose' eine wichtige
wertebasierte und motivierende Verbindung zwischen Mitarbeitenden und Unternehmen her. Darüber hinaus schafft es einen klaren Fokus für weitere abgeleitete
strategische Entscheidungen des Unternehmens (→ Strategie) und kann typische
Interessenkonflikte zwischen verschiedenen Stakeholdern auflösen (→ Stakeholder-Management). (cb)

Literatur

Bartlett Christopher A.; Sumantra Ghoshal 1994: Changing the role of top management: Beyond strategy to purpose. In: Harvard Business Review, 72 (6), pp. 79–88
Gartenberg, Claudine et al. 2019: Corporate Purpose and Financial Performance. In: Organization Science, 30 (1), pp. 1–18

Gedankensplitter

„We've all seen it: companies that have the 'it' factor, an enthusiasm and passion that lights
up employees, delights customers, and shines for investors. It is not just the company's warmer fleece, or a more delicious ice cream, or even a breakthrough technology. And it is so
much more than just a mission statement." (McKinsey Quarterly, 11/2020)

Purser/ette → **Zahlmeister**

Q

Qualitätsmanagement [Quality Management]

1 Zum Grundlagenverständnis im Qualitätsmanagement Seit Jahren erlebt das Thema Qualität mit all seinen Variationen eine breite Renaissance. Dabei stehen der Begriff und das Konzept Qualitätsmanagement (QM) mit seinen vielfältigen Ausprägungen in einem Spannungsfeld zwischen kontinuierlicher Weiterentwicklung und reservierter Ablehnung. Zudem erscheinen außerhalb der Fachdiskussion immer wieder Publikationen, in denen eigenwillige Bedeutungsverschiebungen des Themas zu beobachten sind. Das führt dazu, dass den Interessierten die Rezeption erschwert wird. Das bedeutet nicht, dass zum Forschungsstand des Qualitätsmanagements keine empirischen und theoretischen Untersuchungen vorliegen. Das Gegenteil ist der Fall. Vor allem aus ingenieurwissenschaftlicher, betriebswirtschaftlicher, arbeitswissenschaftlicher und psychologischer Sicht lassen sich zahlreiche Arbeiten aufzählen (Zollondz, Ketting & Pfundtner 2016).

Nun ist Qualitätsmanagement keines der Managementkonzepte, das in modernistische Trends einzuordnen ist. Die ersten QM-Systeme wurden nach dem Zweiten Weltkrieg im militärisch-technischen Bereich, der Industrie und im Handel entwickelt und implementiert. In praktischer Form wurde Qualitätsmanagement schon in der Antike und im Mittelalter betrieben. Heute ist Qualitätsmanagement als Gegenstand von Wissenschaft und Praxis international institutionalisiert, sowohl in gemeinnützigen Vereinigungen als auch auf wissenschaftlicher Seite. Hinzu kommen weltweit Anwender in Organisationen, die sich mit den Konzepten des Qualitätsmanagements praktisch befassen. Gerade diese Aufgeschlossenheit und das überdurchschnittliche Interesse der Praktiker verleiht entscheidende Impulse, erfordert aber auch sehr oft – und damit verbindet es sich mit wissenschaftlichen und behördlichen Interessenlagen – begriffliche und konzeptuelle Klarheit von Begriffen und Konzepten.

Man muss sich bewusst machen, dass Haltungen gegenüber dem Qualitätsmanagement von Werten geprägt sind, Werthaltungen, die sich in allen Organisationen finden lassen. Sie prägen leitbildhaft die jeweilige Organisation. Das Qualitätsmanagement spricht diese institutionellen Werte nicht direkt an, macht

https://doi.org/10.1515/9783110546828-018

sie auch nicht zum Gegenstand eigener wissenschaftlicher Betrachtung, sondern setzt sie gewissermaßen voraus. Es erkennt allerdings an, dass die Werte einer Organisation thematisiert werden sollen, um darauf bezogen das Qualitätsmanagement strategisch und operativ gestalten zu können. Dabei ist es wichtig zu wissen, dass sich Qualitätsmanagement 'branchenneutral' versteht, es bezieht sich auf Organisationen, gleich welchen Typs, ob produzierende Unternehmen, Dienstleistungsorganisationen (wie Tourismusunternehmen), soziale Einrichtungen oder sonstige Organisationen. Seine Sprache ist abstrakt, oft technisch geprägt. Aus diesem Grund müssen Anwender offen sein und sich auf eine technische Begriffssprache einlassen und abstrahierend das Begriffssystem des Qualitätsmanagements für ihre Praxis operabel machen. Dieser Transfer verlangt Kreativität und nicht stures Anwenden von Regeln. Schließlich ist keine Organisation so wie die andere.

2 Zum Verständnis von Qualität Das Wort Qualität gibt es in anderen Benennungen, aber mit identischer Bedeutung in den meisten Sprachen. Im Englischen heißt es quality, im Französischen qualité, im Italienischen qualitá und im Spanischen calidad. Wir kennen es auch aus dem Lateinischen als qualis (wie beschaffen), qualitas (Beschaffenheit, Eigenschaft), wobei auch oft immer sowohl die gute Beschaffenheit wie auch die innere Bestimmtheit angesprochen werden (Zollondz 2006, S. 142 f.).

Im modernen Qualitätsmanagement fasst man Qualität als Konstrukt auf, das einer Sache oder etwas Immateriellem, also einer Einheit, inhärent ist. Qualität ist also nicht gleich Güte oder Beschaffenheit, sondern wird über ein differenziertes Begriffssystem operationalisiert. Ausgangspunkt ist die betrachtete Einheit, die ein Produkt sein kann, ein Prozess oder anderes, auch als Kombination, zum Beispiel im Rahmen einer Organisationseinheit. Die vorausgesetzten Begriffe, von denen die qualitätsbezogenen Begriffe (Qualitätsforderung, Qualitätsmerkmale, Qualität und Fehler) abgeleitet werden, sind Forderung, Anspruchsklasse, Beschaffenheit und realisierte Beschaffenheit.

Es fragt sich nun, was alles Einheit sein kann. Die Antwort: Nicht nur jeder materielle und immaterielle Gegenstand der Betrachtung kann als Einheit bezüglich der Qualitätsbetrachtung herangezogen werden, auch Kombinationen derselben sind Einheiten und somit Gegenstände, die unter qualitätsbezogenem Gesichtspunkt betrachtet werden können.

Die Beschaffenheit wird in Merkmalen und Merkmalswerten ausgedrückt. Sie kann als Zustand (Beschaffenheit einer Einheit zum Betrachtungszeitpunkt), Ereignis (Übergang von einem in einen anderen Zustand) oder Konfiguration (gegenseitige Anordnung der Elemente einer Einheit) auf die Einheit bezogen werden. Die Anspruchsklasse spielt gerade bei der Planung der Qualitätsforderung eine zentrale Rolle. Sie bestimmt die Möglichkeiten zur Gestaltung des Umfangs der Qualitätsforderung und der Schärfe ihrer Einzelforderungen an die Qualitätsmerkmale. Es macht einen Unterschied aus, ob ich ein Fünf-Sterne-Hotel oder ein Zwei-Sterne-Hotel plane. Die Anspruchsklasse ist somit nicht die Qualität (ein oft zu beobachtender Denkfehler). Genau genommen wird nicht Qualität geplant, sondern die Qualitätsforderung, die erreicht und eingehalten werden muss, der zu entsprechen ist. Qualitätsforderungen können Kundenwünsche, Standards sein, festgelegte oder festzulegende und vorausgesetzte Forderungen. Ob der Kunde nun das Maß aller Dinge ist, muss bei genauer Betrachtung angezweifelt werden. Mit Sicherheit gibt es nicht selten Zielkonflikte zwischen Kundenforderungen und Machbarkeitsgrenzen; auch verstehen sich innovative Unternehmen nicht unbedingt in jeder Hinsicht als Erfüller von Kundenwünschen.

Die Struktur des Qualitätsbegriffs ist doppelt relational: Sie ist relational, weil Beschaffenheit und Qualitätsforderung untrennbar miteinander verknüpft sind. Systemtheoretisch könnte man sagen, Beschaffenheit und Qualitätsforderung beobachten sich gegenseitig (Waagemetapher). Im Qualitätsbegriff sind zwingend die Unterbegriffe Einheit, Beschaffenheit, Anspruchsklasse und Qualitätsforderung verflochten. Diese Relation der Schlüsselbegriffe ist interdependent. Im Begriffssystem Qualität sind die zusammengehörigen und zusammenwirkenden Elemente nicht unabhängig voneinander zu sehen. Sie bilden als Ganzes eine Einheit. Bei der Bestimmung von konkreter Qualität ist das Begriffssystem Qualität als Instrument zur Operationalisierung heranzuziehen. Damit bewahrheitet sich, was schon in der Erkenntnistheorie postuliert wurde: Begriffe sind Werkzeuge, um die Realität besser verstehen zu können. Im Kern lässt sich Qualität als Relationsbegriff kennzeichnen, in dem die Relation zwischen geforderter und realisierter Beschaffenheit bezüglich Qualitätsforderungen definiert wird.

3 Implementierung des Qualitätsmanagements Gleichgültig welche Art von Organisation sich mit Wandlungsprozessen befasst, wir haben es mit Fragen der Organisationsentwicklung zu tun, einem bevorzugten Gebiet der Organisationspsychologie und -soziologie. Die Umsetzung von QM-Konzepten und -Modellen erfordert ein geplantes Vorgehen wie auch eine sachorientierte und von der obersten Leitung getragene Führungsaufgabe. Das beginnt etwa beim verstärkten Einsatz von Teamarbeit oder Qualitätszirkeln, also des Einsatzes von Qualitätstechniken.

Man muss sich immer wieder wundern, wie wenig auf die professionelle Hilfe der Organisationsentwicklung zurückgegriffen wird. Vielfach werden solche Prozesse immer noch simpel als technisch-sachliche Umstellungen begriffen.

Entsprechend hoch ist denn auch das organisatorische Misslingen. So wie es QM-Modelle und -Systeme gibt, existieren auch Umsetzungsmodelle zum Qualitätsmanagement, die ausreichend erprobt sind. QM-Modelle als solche sind dafür direkt nicht geeignet, handelt es sich doch vor allem um Bewertungs- oder Darlegungsmodelle. Aus der Vielzahl an QM-Umsetzungsmodellen soll das Implementierungskonzept von Malorny genannt werden (Zollondz, Ketting & Pfundtner 2016, S. 653 f.). Es formuliert acht Handlungsfelder (wie Führung, Prozesse, Kunden, Gesellschaft etc.) und vier Phasen auf der Basis eines Umsetzungspfads:

1. Sensibilisierungsphase (ein Jahr),
2. Realisierungsphase (2 bis 3 Jahre),
3. Stabilisierungsphase (ein Jahr),
4. Phase der Exzellenz (laufend).

Die acht Handlungsfelder sind mit den vier Phasen verknüpft. Wie zu sehen ist, muss bis zur Stabilisierungsphase ein Zeitraum von fünf bis sechs Jahren geplant werden.

Zum umfassenden Einstieg in das Thema Qualität und Qualitätsmanagement siehe Zollondz, Ketting & Pfundtner 2016. (hdz/rp)

Literatur

Baecker, Dirk 2003: Organisation und Management. Aufsätze. Frankfurt am Main: Suhrkamp
Luhmann, Niklas 2000: Organisation und Entscheidung. Opladen: Westdeutscher Verlag
Masing, Walter u. a. (Hrsg.) 2003: Qualitätsmanagement – Tradition und Zukunft. Festschrift zum 50-jährigen Bestehen der Deutschen Gesellschaft für Qualität e. V. München: Hanser
Ohno, Taiichi 1993: Das Toyota Produktionssystem. Frankfurt am Main: Campus
Walton, Michael 1986: The Deming Management Method. New York: Perigee Books
Wessel, Karl-Friedrich 2003: Qualität – Ein Kulturbegriff in Geschichte und Gegenwart. In: Walter Masing u. a. (Hrsg.), S. 1–18
Zollondz, Hans-Dieter 2006: Grundlagen Qualitätsmanagement. Einführung in Geschichte, Begriffe, Systeme und Konzepte. München, Wien: Oldenburg (2. Aufl.)
Zollondz, Hans-Dieter; Michael Ketting & Raimund Pfundtner (Hrsg.) 2016: Lexikon Qualitätsmanagement. Handbuch des modernen Managements auf der Basis des Qualitätsmanagements. Berlin, Boston: De Gruyter Oldenbourg

Gedankensplitter
„Qualität zahlt sich auf Dauer aus." (Richard Schmitz, ehem. Direktor Brenners Park-Hotel & Spa, Baden-Baden)

Wie sieht das denn aus?

Tja, hier gilt halt Quantität vor Qualität!

Qualitätssiegel → **Qualitätszeichen**

Qualitätszeichen [quality marks]
Die Zertifizierung von Produkten, → Dienstleistungen und Managementsystemen hat sich in den letzten zwei Jahrzehnten rasant entwickelt. Zertifikate erleichtern Produkten und Unternehmen den Marktzugang. Zertifizierte Qualitäts- und Umweltmanagementsysteme finden in der unternehmerischen Praxis die häufigste Verbreitung (→ Qualitätsmanagement). Die Wirtschaft stützt sich auf Zertifizierungen, Verbrauchern dienen sie zur Orientierung und Kaufentscheidung. Die Ergebnisse einer Zertifizierung werden durch Qualitätszeichen zum Ausdruck gebracht. Der Begriff „Qualitätszeichen" ist dabei kein fest definierter Terminus, sondern wird häufig mit Gütezeichen oder -siegeln gleichgesetzt.

Einzig zu erwähnen ist, dass eine faktisch bedeutende Definition für „Gütezeichen" der RAL (Deutsches Institut für Gütesicherung und Kennzeichnung e. V.) existiert: Wörter und/oder Bilder, die als Garantieausweis von Waren oder Leistungen Verwendung finden und damit die wesentlichen, an objektiven Maßstäben gemessenen, nach der Verkehrsauffassung die Güte einer Ware oder Leistung bestimmenden Eigenschaften erfüllen (RAL 2017, o. S.). Als Wort- oder Bildzeichen stehen sie für garantierte Qualität von Waren und Dienstleistungen und werden von externen Anbietern nach objektiv messbaren Kriterien vergeben.

In den letzten drei Dekaden zeigten sich deutliche Veränderungen in der Zielsetzung von Zertifizierungen: Waren es ursprünglich vermehrt zertifizierte Qualitätsmanagementsysteme zur Verbesserung der Wertschöpfungsketten in Unternehmen, folgten in den 1990er-Jahren vor allem Produktzertifizierungen, die dem Verbraucherschutz dienten – vor allem mit Begriffen wie ‚Bio' und ‚Öko'. Mit dem verstärkten Umweltbewusstsein kamen kurz vor der Jahrtausendwende Umweltmanagementsysteme (z. B. EMAS, ISO 14001 Umweltmanagementsysteme) hinzu, mit denen das gesellschaftliche Engagement von Unternehmen an die Öffentlichkeit kommuniziert wird. Im letzten Jahrzehnt sind neben Produktzertifizierungen vor allem qualitative Bereiche hinzugekommen, die sich mit den gesellschaftlichen Zielen der Nachhaltigkeit, dem Klimaschutz sowie der sozialen und ethischen Verantwortung von Unternehmen befassen (→ Corporate Social Responsibility). Die Zertifizierung ist folglich der Gesamtprozess, der von einer i. d. R. akkreditierten Zertifizierungsstelle durchgeführt wird (Friedel & Spindler 2016, S. 6 ff.). Als Beispiel für eine Zertifizierung im Tourismus ist Service-Q zu nennen. Hier erhalten die Betriebe nach Prüfung ein Q-Siegel, das in drei Stufen vergeben wird: Stufe I konzentriert sich auf die Qualitätssicherung, Stufe II auf die Qualitätsmessung und Stufe III auf das Qualitätsmanagementsystem von Betrieben (z. B. nach ISO oder EMAS).

Auch in der Tourismusbranche dienen Qualitätszeichen dazu, die Erfüllung vorgegebener Qualitätskriterien zu signalisieren und zu garantieren. Dies gestaltet sich weitaus schwieriger als bei Sach- und Konsumgütern, da die touristische Dienstleistung immateriell, nicht lagerfähig ist sowie Leistungserbringung und Konsumption zeitlich und räumlich gleichzeitig erfolgen (Uno-actu-Prinzip). Eine objektive Beurteilung der Leistung ist für den Gast vor der Inanspruchnahme nicht möglich. Qualitätszeichen im Tourismus sollen für Transparenz sorgen und Unsicherheit bei Gästen abbauen. Sie können entweder für einzelne Leistungen oder für das Gesamtprodukt vergeben werden (Freyer & Dreyer 2004, S. 81). Sie unterscheiden sich hinsichtlich der Verbreitung (regional, landesweit, bundesweit, europaweit, weltweit), der Herausgeberschaft (extern, intern), der Beurteilung (objektiv, subjektiv), des Ansatzes (Prozesse, Mindestkriterien, Einzelkennzeichnung, Gesamtkennzeichnung), der Ziele (Qualitätssicherung, -differenzierung, Kundenbindung) und des Adressatenkreises (Gäste, Mitarbeiter) (Trimborn 2009, S. 2 f.).

Im Folgenden werden sechs Kategorien vorgestellt: Normierung, Prädikate, Klassifizierung, Qualitätssiegel/Gütesiegel, Prämierungen/Awards und Markierung/Branding. Hierbei ist anzumerken, dass die Begrifflichkeiten rund um Qualitätszeichen, Labels, Gütesiegel usw. mehr oder weniger differenziert in Wissenschaft und Praxis Anwendung finden.

1 Normierung   Das im Jahr 1917 gegründete Deutsche Institut für Normung (DIN) gilt als unabhängige Plattform für Normung und Standardisierung in Deutschland und weltweit. Mit marktgerechten Normen und Standards soll eine Rationalisierung von Qualitätsstandards erreicht werden, die den weltweiten Handel fördern und gleichzeitig dem Schutz der Gesellschaft und Umwelt sowie der Sicherheit und Verständigung dienen.

Seit 1992 gibt es in Deutschland die Touristische Informationsnorm (TIN), welche eine Sammlung von Normen, Definitionen und Standards für den Deutschlandtourismus beinhaltet; so zum Beispiel „DIN 77001 Kurzzeichen in Reisekatalogen", „DIN EN 13809 Hotels und andere Arten touristischer Unterkünfte" oder „DIN EN 15565 Berufsbild des Gästeführers". Damals ist sie vor allem als Hilfsmittel zur Verbesserung der technischen Buchbarkeit entstanden und hat sich zwischenzeitlich zu einer umfassenden Zusammenstellung entwickelt, die von → Allgemeinen Geschäftsbedingungen (AGB) über Fragen der Abgrenzung zwischen Veranstalter- und Mittlertätigkeit bis hin zu Piktogrammen und Mustertabellenköpfen von Gastgeberverzeichnissen reicht. Sie unterstützt auch die Erstellung der Kriterienkataloge der unterschiedlichen Klassifizierungssysteme (www.deutschertourismusverband.de).

2 Prädikate   Der Deutsche Tourismusverband und der Deutsche Heilbäderverband bzw. ihre Vorgängerorganisationen geben seit 1953 gemeinsam die → Begriffsbestimmungen – Qualitätsstandards für Heilbäder und Kurorte, Luftkurorte, Erholungsorte – einschließlich der Prädikatisierungsvoraussetzungen – sowie für Heilbrunnen und Heilstollen heraus, die als Grundlage für die Anerkennung von Kur- und Erholungsorten dienen. Die sogenannten Begriffsbestimmungen sind Qualitätsstandards für Kurorte, Erholungsorte und Heilbrunnen und weitestgehend materieller Bestandteil der Kurortegesetze bzw. -verordnungen der Bundesländer. Im Vordergrund der staatlichen Anerkennung steht die Überprüfung der Strukturqualität. Darüber hinaus bilden die Begriffsbestimmungen die Grundlage für die kurort-medizinische Therapie mit den ortsgebundenen → Heilmitteln. Das als Prädikat bezeichnete Gütesiegel im Gesundheitstourismus sichert somit die Qualitätsstandards der medizinischen und touristischen Infrastruktur. Im Ergebnis führt dies zu verschiedenen Artbezeichnungen: von → Erholungsorten über → Luftkurorte, → Heilklimatischen Kurorten, → Seebädern und Seeheilbädern, → Kneippkurorten und -heilbädern bis hin zu Mineral- und Moorheilbädern. Entsprechend der steigenden Anforderungen stellen die Prädikate auch eine gewisse qualitative Abstufung dar, obwohl sich aufgrund unterschiedlicher natürlicher Voraussetzungen und Heilmittel Seebäder an der Küste nur bedingt mit Luftkurorten in Mittelgebirgen vergleichen lassen.

3 Klassifizierung Unter Klassifizierung wird generell die Bildung von unterschiedlichen Klassen zur Abstufung von Leistungen bzw. Qualitätsaspekten verstanden. Klassifizierungen basieren auf Kriterienkatalogen, die von externen Prüfern – meist Fachverbänden – erstellt werden. Sie sind die Basis für die Klassifizierung. Im Vordergrund stehen meist Hardware-Faktoren; Software-Faktoren, wie z. B. der Service, werden oft nur „randseitig in den Kriterienkatalog einbezogen" (Freyer & Dreyer 2004, S. 78). Beispiele sind die → Deutsche Hotelklassifizierung, die → Deutsche Klassifizierung für Gästehäuser, Gasthöfe und Pensionen, die → DTV-Klassifizierung von Ferienhäusern, -wohnungen, Ferienzimmern und Campingplätzen sowie auch die → Wellness Stars, die zwar ein Qualitätssiegel darstellen, aber nur an Hotels verliehen werden kann, welche die offiziellen Kriterien eines 3-Sterne-Hotels nach der Deutschen Hotelklassifizierung erfüllen.

4 Qualitätssiegel/Gütesiegel Mit der Klassifizierung eng verbunden ist die Vergabe von Qualitätssiegeln oder Gütesiegeln, denn sie sind ebenfalls kundenorientiert, beurteilen die Qualität aber i. d. R. nicht nach differenzierten Klassen (Freyer & Dreyer 2004, S. 81 f.). Das Einhalten von Mindest-Qualitätsanforderungen ist Voraussetzung für die Vergabe; dennoch können Differenzierungen hinsichtlich Qualitätsumfang und zusätzlicher Besonderheiten vorgenommen werden. Eine weitere Klassifizierung gibt es jedoch nicht. Häufig werden thematische Bezüge in den Vordergrund gestellt. Als Beispiel sei das Deutsche Wellness-Zertifikat genannt, das vom Deutschen Wellness Verband e. V. in den beiden Qualitätsstufen „Basis" und „Premium" vergeben wird (www.wellnessverband.de). Auch zu erwähnen sind beispielsweise familienfreundliche Ferienorte in Baden-Württemberg (www.familien-ferien.de) oder radfahrerfreundliche Bett&Bike-Betriebe des ADFC (Allgemeiner Deutscher Fahrrad Club e. V.), die nicht an die Hotelklassifizierung gebunden sind. In Folge der verstärkten Umweltorientierung sind vermehrt Umweltgütesiegel für → Destinationen zu finden, so z. B. die → Blaue Flagge (weltweit) oder Viabono (natürliches Reisen).

5 Prämierungen/Awards Als weitere Form der neutralen Qualitätsbeurteilung dienen Auszeichnungen bzw. „Quality Awards" oder Prämierungen. Die formulierten Kriterien einer Ausschreibung dienen einer Jury als Bewertungsmaßstab für die Prämierung eingereichter Produkte oder Dienstleistungen, die sich auf die Ausschreibung beworben haben. Diese Kriterien sind für Gäste oder Dritte selten transparent. Dennoch dienen die prämierten Produkte in ihrer Funktion als Testsieger der Steigerung des Bekanntheitsgrads als auch als Benchmark für andere zur Verbesserung ihrer eigenen Qualität. Als einzige Form der Qualitätszeichen sind Prämierungen und Awards i. d. R. für den Ausgezeichneten nicht mit Kosten verbunden, sondern bringen Geld oder einen materiellen Preis ein (Freyer & Dreyer 2004, S. 83). Zu nennen sind hier der Deutsche Tourismuspreis des → Deutschen Tourismusverbands e. V. (DTV) oder aus den USA der → Malcolm Baldrige National Quality Award.

6 Markierung/Branding Während Kennzeichnungen wie Siegel, Klassifizierungen und Normierungen i. d. R. Auszeichnungen sind, die von einer übergeordneten Instanz aufgrund spezifischer Kriterien verliehen werden und einer externen Kontrolle unterliegen, definieren → Marken ihren Kern selbst. Das bedeutet, es erfolgt lediglich eine interne Kontrolle über die Einhaltung eines gewissen Markenversprechens. Die Zielsetzung liegt neben der ökonomischen Perspektive vor allem in der Erhöhung der Gästezufriedenheit, Verbesserung der Beziehungsqualität, Erhöhung des Kundenwerts, der Qualitätswahrnehmung und der Gästebindung und damit einer Verstärkung der Markentreue (Trimborn 2009, S. 3). Alles in allem sind die markenpolitischen Aktivitäten im Tourismus vor allem bei großen Reiseveranstaltern (TUI), Fluggesellschaften (Lufthansa) und Hotelunternehmen (Hilton) am weitesten fortgeschritten. (abw)

Literatur

Freyer, Walter; Axel Dreyer 2004: Qualitätszeichen im Tourismus – Begriffe und Typen. In: Klaus Weiermair; Birgit Pikkemaat (Hrsg.): Qualitätszeichen im Tourismus. (Schriften zu Tourismus und Freizeit, 3). Berlin: ESV, S. 63–92

Friedel, Rainer; Edmund A. Spindler 2016: Die Welt der Zertifizierung. In: Rainer Friedel; Edmund A. Spindler (Hrsg.): Zertifizierung als Erfolgsfaktor. Nachhaltiges Wirtschaften mit Vertrauen und Transparenz. Wiesbaden: Springer Gabler, S. 3–10

RAL 2017: Grundsätze für Gütezeichen. (https://www.ral-guetezeichen.de/wp-content/uploads/sites/2/2017/07/ral_broschuere_grundsaetze_fuer_ral_guetezeichen.pdf, zugegriffen im Dezember 2019)

Trimborn, Ralf 2009: Qualitätszeichen im touristischen Kontext. (https://www.inspektour.de/download/Qualitaetszeichen_im_touristischem_Kontext_Trimborn_090820.pdf, zugegriffen im Dezember 2019)

www.deutschertourismusverband.de

www.familien-ferien.de

www.wellnessverband.de

Quality time → **Freizeit**

Queen Size-Bett [queen size bed, queen bed, queen]
Queen-size (engl.) = besonders groß, überdurchschnittlich groß. Ein Queen Size-Bett ist ein Bett, das sich durch Übergröße auszeichnet. Im Gegensatz zum → King Size-Bett ist es allerdings weniger breit. In den USA hat das Queen Size-Bett ein Format von 60 Inches Breite und 80 Inches Länge (1 inch [Zoll] = 2,54 cm). In Europa hat das Queen Size-Bett ein Format von 1,50–1,60 Meter Breite und 2,00 Meter Länge. (Nungesser & Radinger 2018, S. 52; Vallen & Vallen 2018, S. 91). Syn.: französisches Bett, Grandlit. (wf)

Literatur
Nungesser, Stefan; Maria Th. Radinger 2018: Erfolgsfaktor Zimmer & Etage: Strategisches und
   Operatives Management. Stuttgart: Matthaes
Vallen, Gary K.; Jerome J. Vallen 2018: Check-In Check-Out: Managing Hotel Operations. Bos-
   ton: Pearson (10th ed.)

Quellland [country of origin]

Herkunftsland von → Touristen, die im Ausland unterwegs sind. (jwm)

Quellmarkt [source market, market of origin]

Geographisch abgegrenztes Gebiet, aus dem → Touristen einer → Destination
stammen. Dabei kann es sich um Länder (→ Quellland), Regionen oder auch
Orte handeln. Unterschiedliche Quellmärkte müssen im Rahmen des Marketing
vom jeweiligen → Destinationsmanagement in der Regel differenziert bearbeitet werden, da unterschiedliche räumliche Entfernungen, kulturelle Distanzen
und soziodemographische Zusammensetzungen der jeweiligen Bevölkerungen
zu anderen Zielgruppen und ihren jeweils notwendigen spezifischen Ansprachen
führen. (jwm)

Querruder [aileron]

Steuerflächen an der Hinterseite der Tragflügelenden, mit denen das Flugzeug um
die Längsachse bewegt werden kann. Im Reiseflug reichen diese Steuerflächen in
der Regel aus, um damit auch Drehungen um die Hochachse auszuführen (Kurvenflug), die sonst mit dem → Seitenruder (meist in Kombination mit dem Querruder) ausgeführt werden. (jwm)

Queue → Warteschlangen

Quick Check-out → Check-out

Quick Response Code → Mobile Applikationen (App)

Quicksearch

Quicksearch steht umgangssprachlich für eine Schnellsuche im Kontext zu kon-
tingentbasierten Warenkörben. Sie kann in eine Website integriert werden und
ermöglicht es dem Nutzer, nur durch die Eingabe von „Name", „Zeitraum" und
„Anzahl Personen" direkt an der richtigen Stelle in die Internetbuchungsmaschi-
ne z. B. von Destinationen, Airlines oder Portalen einzusteigen. Auf touristischen
Vertriebsplattformen erfolgt der Einstieg in die Buchungsstrecke über Quicksearch meist in Form eines omnipräsenten „Buchen"-Buttons. (lf)

Quick-Service Restaurant (QSR)

Quick (engl.) = schnell; service (engl.) = Bedienung. Restauranttyp, der sich durch Charakteristika auf der Produktebene (standardisiertes Angebot, begrenzte Speisenauswahl, Mitnahmemöglichkeit), Prozessebene (industriell vorproduzierte Speisen, reduzierter Service in Form von Selbstbedienung, Bestellung über Apps, Counter oder Terminal) und Strukturebene (Standardisierung der Produktion, hohe Arbeitsteilung) beschreiben lässt (siehe auch Barrows 2008, S. 426; Davis et al. 2018, S. 43; Walker 2014, S. 30). In der Folge kann die → Dienstleistung schnell und kostengünstig angeboten werden. Die Mehrheit der größten Gastronomieunternehmen in Deutschland wie McDonald's, Burger King, KFC, Nordsee oder Subway sind Quick-Service Restaurants (QSR). Die Anfänge der „schnellen gastronomischen Dienstleistung" reichen in den USA in die 1870er-Jahre zurück (Walker 2014, S. 30). Oft Synonym für → Fast Food Restaurant. (wf)

Literatur

Barrows, Clayton W. 2008: Food and Beverage Management. In: Bob Brotherton; Roy C. Wood (eds.): The SAGE Handbook of Hospitality Management. Los Angeles et al.: SAGE, pp. 421–442

Davis, Bernard et al. 2018: Food and Beverage Management. London, New York: Routledge (6th ed.)

Walker, John R. 2014: The Restaurant: From Concept to Operation. Hoboken, New Jersey: John Wiley & Sons (7th ed.)

R

RA → **Reiseanalyse**

Rack Rate

Der Begriff, der den veröffentlichten maximalen Verkaufspreis eines Hotelzimmers bezeichnet, geht auf ein bis in die 1980er-Jahre verbreitetes Organisationssystem für Hotelreservierungen zurück, dem „rack" (Vallen & Vallen 2013, S. 251, 356). Im häufig aus Metall gefertigten Karteikartensystem war pro Zimmer ein Fach vorgesehen, das der Aufbewahrung einzelner Karteikarten (room-rack slips oder reservation slips) diente (Szende & Reddy 2017, S. 2; Vallen & Vallen 2013, S. 356). Wichtige Informationen waren auf diese Weise schnell ersichtlich: Reservierungs-, Belegungs- und Reinigungsstatus, Zimmerpreis, Name, Wohnort, An- und Abreisedatum des Gastes. Room-rack slips in unterschiedlichen Farben und verschiedenen Arten von racks dienten der Übersichtlichkeit und Fehlervermeidung (Szende & Reddy 2017, S. 4 ff.; Vallen & Vallen 2013, S. 356).

Je nach Belegungsstatus wird Reisenden, die ohne Reservierung ein Hotel aufsuchen (→ Walk-in), bei Anreise die „rack rate" angeboten (Vallen & Vallen 2013, S. 251). In Deutschland ist dieser Listenpreis, den ein vollzahlender Gast bezahlen müsste, aber auf Grund von schwankender Nachfrage und Preisdifferenzierung selten bezahlt, auch heute noch manchmal an der Zimmertür oder im Schrank veröffentlicht (Vallen & Vallen 2013, S. 135–138, 177, 251). Automatisierung und yield management (→ Ertragsmanagement) lassen den Durchschnittspreis (→ average daily rate, ADR) zumeist unter die rack rate sinken. Sie dient insofern als Ausgangspunkt für Preisnachlässe und Preisdifferenzierung (Vallen & Vallen 2013, S. 251–259). Zu Messezeiten etwa sind Zimmerpreise häufig deutlich höher als der Listenpreis (Vallen & Vallen 2013, S. 251–259). (mn)

Literatur

Szende, Peter; Pooja Reddy 2017: A Fragment of the Past: The System of Hotel Front Office Racks. In: Boston Hospitality Review, 5 (2), pp. 1–11

Vallen, Gary K.; Jerome J. Vallen 2013: Check-In Check-Out: Managing Hotel Operations. Boston: Pearson (9th ed.)

Radar [radio detecting and ranging]

Von einem Radar-Gerät werden elektromagnetische Wellen ausgesendet, die von Objekten reflektiert, mit einer Antenne wieder aufgefangen und auf einem Bildschirm dargestellt werden. Radar-Geräte werden bordseitig von Schiffen zur Navigation bei schlechten Sichten verwendet. In der Luftfahrt dienen sie bodenseitig der Flugsicherung zur Lenkung von Flugzeugen, die über → Sekundärradar eindeutig identifiziert werden können. Bordseitig wird die Radar-Technik in Flugzeu-

https://doi.org/10.1515/9783110546828-019

gen zur Erkennung von Schlechtwettergebieten (Wetterradar) und zur präzisen Messung der Höhe bei der Landung (→ Höhenmesser [b]) eingesetzt. (jwm)

Radon-Therapie → **Kur**

Rad-Schiene-System [wheel-rail system]
Auf parallel und paarweise angeordneten Schienen basierende Fahrzeugsysteme werden als Rad-Schiene-Systeme bezeichnet. Hierzu zählen Eisenbahn, S-Bahn, Straßenbahn und U-Bahn. → Hochgeschwindigkeitszüge. (hdz)

Literatur
Schach, Rainer; Peter Jehle & René Naumann 2005: Transrapid und Rad-Schiene-Hochgeschwindigkeitsbahn. Ein gesamtheitlicher Systemvergleich. Berlin, Heidelberg: Springer

Ragout [ragout]
Kleingeschnittene, geschmorte Stücke (Fleisch, Fisch, Gemüse) in sämiger, würziger Soße. (bk/cm)

Rail&Fly
Kombination einer Flug- mit einer Bahnreise (→ Air-Rail). Meist ist die → Bahn der Zubringer zum Flughafen und bei vielen → Reiseveranstaltern und einigen → Fluggesellschaften ist der Preis für die Bahn im Preis für die Reise enthalten. Darüber hinaus geben manche Bahngesellschaften gegen Vorlage des Flugtickets bzw. der Flugbestätigung Sondertarife für die An- und Abreise zum bzw. vom → Flughafen. (jwm/wf)

Ranking Booster
To boost sth. (engl.) = etwas steigern, hochtreiben; ranking (engl.) = Rangordnung, Listung. Von Hotelbuchungsportalen (→ Internet Booking Engine, → Web-Portal) eingesetzte Software, die Hotels gegen Zahlung einer höheren Provision eine höhere Sichtbarkeit in Rankings erlaubt. Die bessere Sichtbarkeit (Platzierung) soll zu mehr Buchungen bzw. Umsatz führen. Dafür fallen Vermittlungsprovisionen bis zu 50 % an. Gästen ist oft nicht bewusst, dass eine höhere bzw. bessere Listung „gekauft" werden kann. Das nicht transparente Verhalten der OTAs (→ Online-Reisevermittler) in den Rankings hat zu einer politischen und rechtlichen Diskussion geführt: Die Irreführung der Verbraucher soll unterbunden werden. (wf)

Raststätte [road house]
Durch die Existenz von Verkehr und Handel und damit verbunden der Überbrückung weiter Entfernungen wurden sehr früh – in Vorderasien etwa im zweiten

Jahrtausend v. Chr. – Rastplätze an Verkehrsadern, meist an Wasserstellen, eingerichtet. Sie dienten zur Pause und Erholung von der zurückgelegten Strecke. Mit der Zeit entwickelten sich an solchen Orten je nach Nachfrage auch Verpflegungs- und Unterkunftsmöglichkeiten (Peyer 1987, S. 10). Auch heutzutage existieren Raststätten insbesondere entlang der Verkehrswege (Autobahn, Schnell-, Bundesstraßen).

Bekanntester Vertreter in Deutschland dürfte die Autobahn Tank & Rast Gruppe GmbH & Co. KG mit Sitz in Bonn sein. Hervorgegangen aus der 1951 gegründeten bundeseigenen GfN (Gesellschaft für Nebenbetriebe der Bundesautobahnen) ist die 1998 privatisierte „Tank & Rast" führender Anbieter an den Bundesautobahnen. Die rund 400 Raststätten mit ca. 50 Hotels bieten den jährlich etwa 500 Millionen Reisenden mit Tankstellen, Läden, Duschen und Toiletten, Restaurants, gastronomischen Partnern wie Burger King, Segafredo oder Coffee Fellows, Kinderspielplätzen und Außenanlagen ein weites Spektrum an → Dienstleistungen. Hinzu kommen seit 2011 Autohöfe, die nicht direkt an der Autobahn liegen. 2017 führte das Unternehmen ein Franchise-System (→ Franchise) ein (Johannes & Wölki 2005, S. 10 ff.; Tank & Rast 2020). Die Erholung von den Anstrengungen der Reise steht nach wie vor im Mittelpunkt. (wf)

Literatur

Johannes, Ralph; Gerhard Wölki 2005: Die Autobahn und ihre Rastanlagen. Geschichte und Architektur. Petersberg: Imhof

Peyer, Hans Conrad 1987: Von der Gastfreundschaft zum Gasthaus: Studien zur Gastlichkeit im Mittelalter. Hannover: Hahn

Tank & Rast 2020: Das Unternehmen. (https://tank.rast.de/unternehmen.html, zugegriffen am 16.04.2020)

Ratendisparität [room rate disparity]

Ratendisparität ist ein relativ neuer Begriff aus der Hotelbranche bezüglich der Preisgestaltung. Darunter versteht man, dass in verschiedenen Portalen im Web günstigere Raten (Übernachtungspreise) angeboten werden als auf der hoteleigenen Website. Die betroffenen Betriebe verlieren damit die Hoheit über ihre Preisgestaltung.

Ursache hierfür ist, dass Hotels geschäftlichen Großkunden bestimmte Kontingente zu sehr günstigen Preise anbieten (müssen), die nicht für den freien Markt bestimmt sind. Verschiedene Internetplattformen, sog. Metasuchmaschinen (→ Touristische Suchmaschinen) wie z. B. Trivago, veröffentlichen jedoch diese spezialisierten Angebote zusammen mit den üblichen, weniger günstigen hoteleigenen Preisen, wodurch die betroffenen Betriebe wirtschaftliche Nachteile erleiden. Ursache für die nicht gewollte Zusammenführung dieser unterschiedlichen Angebote sind meist fehlende verbindliche Absprachen, Softwarefehler und fehlendes technisches Know-how der Beherbergungsbetriebe. → Ratenparität. (bd)

Ratenparität [room rate parity]

Der Begriff Ratenparität wird der Preisgestaltung der gewerblichen Beherbergung über diverse Buchungsportale von Online-Reisevermittlern zugeordnet. Über diese Portale (z. B. HRS, booking usw.) bietet ein Hotel Endkunden Übernachtungen zum stets gleichen Zimmerpreis an. Die Vertragsbedingungen der Buchungsportale sehen hierbei aber auch häufig den „besten oder zumindest den gleich günstigen Preis" wie auf anderen (Konkurrenz-)Kanälen vor. Betroffen hiervon ist dann auch die Preisgestaltung auf der eigenen Website des Hotels. Diese sog. Bestpreisklausel wird von der Hotelbranche als benachteiligend empfunden, ist deshalb auch rechtlich sehr umstritten und in Ländern wie z. B. Frankreich Italien, Österreich und der Schweiz bereits per Gesetz verboten.

In Deutschland liegt seit 2015 zwar ebenfalls ein Verbot seitens des Bundeskartellamts aus wettbewerblichen Gründen vor, gegen das jedoch Booking.com 2019 erfolgreich Beschwerde beim OLG Düsseldorf einlegte. Das Bundeskartellamt seinerseits wehrte sich gegen das für die Hotelbranche überraschende Urteil des OLG mit einer Nichtzulassungsbeschwerde beim Bundesgerichtshof. Dessen endgültige Entscheidung steht noch aus (Stand 2020). → Ratendisparität. (bd)

Raumauslastung [room occupancy, room utilization]

In Anlehnung an die Logik der → Auslastung von Zimmern, Betten oder Sitzplätzen haben sich Kennzahlen wie die Raumauslastung herausgebildet. Die Auslastung setzt die tatsächliche Raumnachfrage in das Verhältnis zu den verfügbaren Raumkapazitäten.

In der Bankett-Abteilung (→ Bankett) wird so dann die Bankett-Raumauslastung (Event Room Occupancy, ERO) analysiert, im SPA die Behandlungs-Raumauslastung (Treatment Room Utilization, TRU). Die Auslastung kann in den Betrieben täglich, wöchentlich, monatlich und jährlich erhoben werden. Die Kennzahl wird betriebsspezifisch konkretisiert, etwa im SPA-Bereich nach Art der Anwendungen (Nungesser, Rizzato & Niederer 2020, S. 185); sie ist Ausgangspunkt für das → Ertragsmanagement. (wf)

Literatur

Goerlich, Barbara; Bianca Spalteholz 2020: Total Revenue im Hotel. Gewinnmaximierung in Logis Resort Spa Mice. Berlin: Interhoga (3. Aufl.)

Nungesser, Stefan; Dagmar Rizzato & Karin Stefanie Niederer 2020: Spa & Wellness-Management. Impulse für Optimierung und Profit. Stuttgart: Matthaes

Ready-to-drink

Getränke, die in vorbereiteter und abgepackter Form zum direkten Verzehr nach dem Kauf konzipiert sind. Beispiele hierzu sind Kaffee, Tee, Smoothies, Shakes, Energy Drinks oder → Cocktails. Die Bequemlichkeit, die in dem Getränk innewohnt, ist das zentrale Kaufargument. Abkürzung: RTD. (wf)

Real Estate Investment Trust → REIT

Rechaud [rechaud, food warmer, spirit burner]

Chaud (franz.) = warm; réchaud (franz.) = Kocher. In der Hotellerie und Gastronomie der Begriff für ein Warmhaltegerät. Bei einem Tisch-Rechaud handelt es sich um eine beheizte Platte, auf der Speisen auf oder an dem Gästetisch warm gehalten werden. Rechauds in Form von Warmhalteschränken bzw. Warmhaltetischen befinden sich in Küchen im Bereich der Speisenausgabe (→ Pass). Sie dienen dem Warmhalten der angerichteten Speisen und des Anrichtegeschirrs (etwa → Clochen, Suppentassen, Teller). Vereinzelt fallen als Synonyme auch die Begriffe chauffe-assiette bzw. chauffe-plat.

Der Begriff steht auch für transportable Kochgeräte. In dem Falle werden Rechauds als Zusatzkochgelegenheit oder im mobilen Bereich (→ Camping, → Catering) eingesetzt. Rechauds können elektrisch, mit Gas oder Spiritus betrieben werden. (wf)

Rechte und Pflichten des Pauschalreisenden [package tour traveller's rights and liabilities]

Der Reisende ist zur Bezahlung des vereinbarten Reisepreises verpflichtet (§ 651a I 2 BGB). Insoweit wird die Regelung ergänzt durch ARB, die eine Vorleistungspflicht festlegen und eine Anzahlung von in der Regel 20 % nach Vertragsschluss und eine Restzahlung nicht früher als 30 Tage vor Reiseantritt vorsehen (BGH, 09.12.2014, X ZR 13/14 und X ZR 85/12).

Als Nebenpflichten treffen ihn Mitwirkungspflichten zur Vorbereitung und Durchführung der Reise, wie die Beschaffung der persönlichen Reisedokumente (Reisepass, Visum, Impfnachweis), wobei der Veranstalter insoweit eine Informationspflicht über voraussehbare Schwierigkeiten hat, das rechtzeitige Erscheinen zur Abreise, das Tragen eines Armbandes bei → All inclusive-Reisen, wenn im Katalog darauf hingewiesen wird und das Unterlassen von Störungen durch Randalieren, welches den Veranstalter zur außerordentlichen Kündigung nach § 314 BGB berechtigt. (ef)

Literatur

Führich, Ernst 2018: Basiswissen Reiserecht. München: C. H. Beck/Vahlen (4. Aufl.; § 3 Rn. 37 ff.)
Führich, Ernst; Ansgar Staudinger 2019: Reiserecht. München: C. H. Beck (8. Aufl.; § 5 Rn. 66 ff.)

Rechte und Pflichten des Reiseveranstalters **[tour operator's rights and liabilities]**
Nach der Auswahlentscheidung des Reisenden für eine → Pauschalreise eines → Reiseveranstalters ist dieser aufgrund des Pauschalreisevertrages verpflichtet, die gebuchte Pauschalreise als Gesamtheit seiner zu erbringenden Reiseleistungen mit der Sorgfalt eines ordentlichen Kaufmanns zu verschaffen, also mit dem vereinbarten Inhalt zu planen und durchzuführen (§ 651a I, II 1 BGB). Ihn trifft insbesondere die Pflicht zur sorgfältigen Auswahl und Überwachung der → Leistungserbringer, zur Richtigkeit der Leistungsbeschreibungen und ordnungsgemäßen Leistungserbringung. Hierbei haftet der Veranstalter dem Reisenden auch für die Leistungserbringer, als ob er selbst gehandelt hätte (Erfüllungsgehilfen gem. § 278 BGB) wie zum Beispiel Hotel, Beförderungsunternehmen, Transferbus, Hobby- und Sprachkurs). Der Veranstalter haftet für das gesamte Leistungsprogramm seiner Kombination, gleichgültig welche Leistungserbringer die Reiseleistungen erbringen. Hinsichtlich des Maßstabes wird eine Leistung geschuldet, welche ein inländischer durchschnittlicher Reisender von einem ordentlichen Reiseveranstalter erwarten kann (BGH, 15.10.2002, X ZR 147/01). Rechtliche Grundlagen dieser Vertragspflichten sind:

- die zwingenden §§ 651a–y BGB, Art. 250 bis 253 EGBGB (Informationspflichten) und die wirksam in den Pauschalreisevertrag einbezogenen ergänzenden → Allgemeinen Geschäftsbedingungen (§§ 305 II, 310 I BGB);
- die Reisebestätigung in Verbindung mit der bei der Buchung gültigen Leistungsbeschreibung (Art. 250 § 5, 6 EGBGB);
- die schriftlichen oder mündlichen Zusatzvereinbarungen und
- der Reisecharakter und die Landesüblichkeit.

Inhaltlich hat der Reiseveranstalter folgende Pflichten:
- Beförderung durch Auswahl sicherer und geeigneter Luftfahrtunternehmen und Beförderer einschließlich der Transferleistungen;
- reibungslose Koordination der Reiseleistungen durch eine zeitliche Abstimmung und notwendige Aufklärungen und Informationen;
- Stellung der Unterkunft und Verpflegung entsprechend der Buchung und der nach Reiseantritt vereinbarten Zusatzleistungen (Mietwagen, Ausflug, Kurs usw.), wobei eine eigene Leistung oder eine vermittelte Fremdleistung vorliegen kann. Die Leistungserbringer sind sorgfältig auf deren Eignung und Zuverlässigkeit auszuwählen sowie regelmäßig entsprechend den örtlichen Vorschriften auf offensichtliche Sicherheitsmängel und hinsichtlich der Belegungspraxis zur Verhinderung von Überbuchungen zu überwachen.
- Beseitigung aller Reisehindernisse, wie ungefragt über die erforderlichen Einreise- und Durchreisedokumente zu unterrichten (BGH, 25.04.2006, X ZR 198/04: Einreisebestimmungen; BGH, 20.05.2014, X ZR 134/13: nicht über Gül-

tigkeit des eigenen Passes), Vorsorge bei zu erwartenden Streiks zu treffen, bestehende und drohende Gefahren und gesundheitliche Risiken mitzuteilen (BGH, 25.03.1982, VII ZR 175/81: Überfallgefahr), Voraussetzungen für eine behindertengerechte Unterkunft bei einem erkennbaren Rollstuhlfahrer zu schaffen, den Reisepreis und die Rückkehr des Reisenden bei Insolvenz nach § 651r BGB sicherzustellen. Nicht hingewiesen werden muss auf Gefahren allgemeiner Art, die der Reisende selbst erkennen muss und zu seinem allgemeinen Lebensrisiko gehören wie sein persönliches, nicht reisespezifisches Verletzungsrisiko und solche des nicht geschuldeten Umfelds des Reiseziels.

– Beistandspflichten nach § 651q BGB wie die Wahrung der körperlichen Unversehrtheit und Gesundheit des Reisenden (BGH, 25.02.1988, VII ZR 348/86: Balkonsturz; BGH, 18.07.2006, X ZR 143/05: Wasserrutsche). Schließlich hat der Reisende Anspruch auf eine örtliche Vertretung oder Reiseleitung des Reiseveranstalters.

– Der zu fordernde Sicherheitsstandard richtet sich nach den örtlichen Vorschriften und den für jedermann erkennbaren offensichtlichen Risiken (BGH, 14.12.1999, X ZR 122/97: Reitclub). (ef)

Literatur
Führich, Ernst 2018: Basiswissen Reiserecht. München: C. H. Beck/Vahlen (4. Aufl.; § 3 Rn. 37 ff.)
Führich, Ernst; Ansgar Staudinger 2019: Reiserecht. München: C. H. Beck (8. Aufl.; § 5 Rn. 56 ff.)

Recreational vehicle → **Caravan**

Reede [anchorage]
Meist vor einem Hafen gelegene Seezone, in der Schiffe vor Anker gehen können, wenn alle Hafenplätze belegt sind oder der Hafen wegen der Größe des Schiffes (zum Beispiel wegen des → Tiefgangs) nicht befahren werden kann. (jwm)

Refill
Bei Getränken der Begriff für das nochmalige Auffüllen (to refill [engl.] = wieder füllen, nachfüllen) eines leer getrunkenen Glases bzw. Bechers. → Fast Food-Restaurants bieten zuweilen die Möglichkeit eines kostenlosen Nachfüllens an eigens aufgestellten Schankanlagen. (wf)

Regenerieren [to regenerate]
Unter Regenerieren wird die Wiedererwärmung gegarter und abgekühlter Speisen auf Serviertemperatur verstanden (regenerare [lat.] = von neuem hervorbringen). Der Arbeitsschritt fällt vor allem bei Verfahren der Speisenproduktion an,

bei denen eine zeitliche Entkoppelung von Herstellung und Verzehr erfolgt (z. B. → Cook & Chill). Gewisse Speisen sind aufgrund ihrer Eigenschaften nicht zum Regenerieren geeignet (Herrmann 2016, S. 129). Zum Convenience-Grad regenerierfertiger Produkte siehe → Convenience Food. (wf)

Literatur
Herrmann, F. Jürgen (Hrsg.) 2016: Die Lehrküche. Hamburg: Handwerk und Technik (6. Aufl.)

Regionale Küche [regional cuisine]

Küche, die den regionalen Bezug betont (z. B. badische, elsässische oder schwäbische Küche). Die traditionellen Zubereitungsarten der vor Ort wachsenden Rohstoffe stehen im Mittelpunkt. Als Gegenpol wird die internationale, manchmal auch die globale Küche genannt, wobei die Polarisierung in die Irre führt (Mandelblatt 2012, S. 160). Beide Küchen sind eng miteinander verbunden und beeinflussen sich gegenseitig.

Küchen befinden sich ständig im Wandel und was gegenwärtig als traditioneller regionaler Rohstoff oder traditionelle Zubereitungsart gesehen wird, ist möglicherweise lange zuvor in die Region gebracht worden. Hall & Mitchell nennen mit dem Aufkommen von überregionalem Handel, Migrationsbewegungen und neuen Technologien drei zentrale Einflussgrößen, die über die Jahrhunderte die regionalen Küchen weltweit geprägt haben (Hall & Mitchell 2002, S. 73 ff.).

Die regionale Küche erlebt eine Renaissance. Die Gründe hierfür sind vielfältig: Reflex auf die drohende Standardisierung des Essens, Umweltzerstörung, Betonung der Vielfalt, Hervorhebung der eigenen regionalen Stärken und touristische Profilierung, da die regionale Küche stark an Touristen gerichtet ist (Pauser 2002, S. 15; Timothy 2018, S. 13 ff.).

Insbesondere bei der Entwicklung des ländlichen Tourismus wird die regionale Küche als zentraler Baustein gesehen. Ess- oder Weinpfade als Beispiele hierfür versuchen, einzelne Attraktionspunkte, die sich durch ihre gastronomischen Produkte, ihre Geschichte oder ihre Landschaften auszeichnen, sinnvoll zu verbinden (Corigliano 2002, S. 171; Timothy 2018, S. 16 f.).

Zum Zusammenspiel von Landwirtschaft, Tourismus und regionaler Küche vgl. etwa die in Baden-Württemberg entwickelte Kampagne „Schmeck den Süden" (www.schmeck-den-sueden.de); zu einer soziologischen Sicht auf die Küchen der Migranten siehe Barlösius 2016, S. 169 ff. (wf)

Literatur
Barlösius, Eva 2016: Soziologie des Essens. Eine sozial- und kulturwissenschaftliche Einführung in die Ernährungsforschung. Weinheim, Basel: Beltz Juventa (3. Aufl.)
Corigliano, Magda Antonioli 2002: The route to quality: Italian gastronomy networks in operation. In: Anne-Mette Hjalager; Greg Richards (eds.): Tourism and Gastronomy. London, New York: Routledge, pp. 166–185

Hall, Michael; Richard Mitchell 2002: Tourism as a force for gastronomic globalization and localization. In: Anne-Mette Hjalager; Greg Richards (eds.): Tourism and Gastronomy. London, New York: Routledge, pp. 71–87

Mandelblatt, Bertie 2012: Geography of Food. In: Jeffrey M. Pilcher (ed.): The Oxford Handbook of Food History. Oxford, New York: Oxford University Press, pp. 154–171

Pauser, Wolfgang 2002: Die regionale Küche: Anatomie eines modernen Phantasmas. In: Voyage – Jahrbuch für Reise- & Tourismusforschung: Reisen & Essen. Band 5. Köln: DuMont, S. 10–16

Timothy, Dallen J. 2018: Introduction: Heritage cuisines, foodways and culinary traditions. In: Dallen J. Timothy (ed.): Heritage Cusines. Traditions, identities and tourism. London, New York: Routledge, pp. 1–24

> ### ℹ Gedankensplitter
> „Ohne die Küche meiner Frau wäre ich nicht so alt geworden." (Winston Churchill, britischer Staatsmann)

Immerhin regionale Küche!

Regionalfluggesellschaft [regional airline]

Untergruppe von Linienfluggesellschaften (→ Fluggesellschaften), die in der Regel Flugzeuge mit maximal 120 Passagiersitzen einsetzen. Sie erfüllen verschiedene Aufgaben im Luftverkehr:

- Über Zubringerflüge (feeder flights) verbinden sie kleinere Regionalflughäfen mit den großen Drehkreuzen und füllen damit auch die Flugzeuge der → Netzwerkfluggesellschaften.
- Mit Direktverbindungen bieten sie Flüge an den großen Drehkreuzen vorbei (hub bypassing) zu nach ihrem Verkehrsaufkommen weniger bedeutsamen (Regional)flughäfen (thin routes).
- Sie dienen den großen Fluggesellschaften auch als Pionier bei der Entwicklung neuer Streckenverbindungen („Dosenöffner"). Durch die mit kleinerem Fluggerät verbundenen geringeren Kosten wird zum einen das Auslastungsrisiko gering gehalten, zum anderen halten sich durch die meist deutlich bessere Kostenstruktur der Regionalfluggesellschaften die Anlaufverluste in einem vertretbaren Rahmen. Wenn sich das Verkehrsaufkommen positiv entwickelt, kann die große Fluggesellschaft dann selbst die Strecke übernehmen.

Ihre Domäne sind entsprechend Kurzstrecken, die mit kleineren Flugzeugen (meist mit zwischen 19 und 120 Sitzen) beflogen werden. Die Flotten der Regionalfluggesellschaften bestehen aus Turbopropmaschinen (→ Turboprop) und für diesen Markt speziell entwickelte, kleine Düsenverkehrsflugzeuge, die aufgrund ihres Geschwindigkeitsvorteils vor allem längere Strecken profitabel bedienen können. Die Turboprops sind aber nach wie vor unverzichtbar, da vor allem mit ihnen auch kleine Flugplätze mit kurzen Start- und Landebahnen angeflogen werden können, so dass es möglich ist, die Flugnetze mit den Regionalfluggesellschaften dichter zu knüpfen.

Die meisten Regionalfluggesellschaften sind entweder in eine der großen Linienflugkonzerne integriert oder arbeiten mit ihnen zusammen. Diese Zusammenarbeit kann über wet bzw. operating lease (→ Nasscharter), in Form der Veranstaltung von Gemeinschaftsflügen (→ Codesharing) und/oder in Franchisesystemen (→ Franchise) erfolgen. Es gibt nur wenige Regionalfluggesellschaften, die sich eigenständig und ohne Kooperation mit einem großen Partner auf dem Markt behaupten. Sie geraten dabei unweigerlich in zunehmende Konkurrenz zu den → Billigfluggesellschaften, die zur Vermeidung von Kosten vor allem regionale Flughäfen anfliegen. Zum Geschäftsmodell der Regionalfluggesellschaften siehe auch Conrady, Fichert & Sterzenbach 2019, S. 231 ff. (jwm/wf)

Literatur
Conrady, Roland; Frank Fichert & Rüdiger Sterzenbach 2019: Luftverkehr. Betriebswirtschaftliches Lehr- und Handbuch. Berlin, Boston: De Gruyter Oldenbourg (6. Aufl.)

Reiseanalyse (RA)

Bei der Reiseanalyse (RA) handelt es sich um eine jährlich durchgeführte empirische Untersuchung (Befragung) zum Urlaubsreiseverhalten der deutschsprachigen Bevölkerung und ihren urlaubsbezogenen Einstellungen und Motiven (FUR 2019; Lohmann et al. 2017). Die Daten der RA werden an einer für die deutschsprachige Wohnbevölkerung ab 14 Jahren in Deutschland repräsentativen Zufallsstichprobe erhoben. Neben jährlich 7.500 persönlichen Interviews („face-to-face") werden zusätzlich 5.000 Personen online befragt.

Die RA ist ein nicht-kommerzielles Projekt, getragen von der → Forschungsgemeinschaft Urlaub und Reisen e. V. (FUR). Die Untersuchung beschäftigt sich mit Urlaubsreisen ab fünf Tagen Dauer und Kurzurlaubsreisen von zwei bis vier Tagen. Neben der Beschreibung des Urlaubs- und Reiseverhaltens der deutschsprachigen Bevölkerung ist die Erfassung der Urlaubsmotive und -interessen ein wesentlicher Bestandteil der Reiseanalyse. Auch die Erhebung von Potenzialen für → Destinationen, Urlaubsformen und Urlaubsaktivitäten sind Teil des regelmäßigen Befragungsprogramms. Bei der Entwicklung der RA wurde besonderer Wert darauf gelegt, über die Jahre hinweg methodische Kontinuität zu bewahren, dabei aber auch das aktuelle Geschehen im → Tourismus sowie bei den gesellschaftlichen und wirtschaftlichen Rahmenbedingungen einzubeziehen.

Die Daten der RA wurden zum ersten Mal für das Urlaubsreisejahr 1970 im Januar 1971 erhoben. Im Jahr 2020 wurde die 50. RA durchgeführt. Die RA ist durch die große Kontinuität der Erhebung über den langen Zeitraum, die in der Sozial- und Marktforschung weltweit so nicht zu finden ist, und durch ihre Trägerschaft einzigartig. (ml)

Literatur

FUR (Forschungsgemeinschaft Urlaub und Reisen e. V.) 2019: Erste ausgewählte Ergebnisse der 49. Reiseanalyse zur ITB 2019. Kiel

Lohmann, Martin; Ulf Sonntag & Philipp Wagner 2017: Die Reiseanalyse – Instrument für Forschung und Marketingplanung. In: Bernd Eisenstein (Hrsg.): Marktforschung für Destinationen. Berlin: Erich Schmidt, S. 193–206

> **Gedankensplitter**
> „Wir sind gefordert, uns in das Jahr 2030 zu beamen." (Klaus Michael Schindlmeier, Geschäftsführer Palatin Kongresshotel, Wiesloch)

Reiseblogs → **Blog**

Reisebüro → **Reisevermittler**

Reisebüro-Barometer [travel agency barometer]

In das Reisebüro-Barometer fließen betriebswirtschaftliche Daten von rund 1.200 Reisebüros in Deutschland ein. Zuwendungsgeber dieser Grundlagenuntersuchung ist der DRV (Deutscher Reise Verband e. V.), der dwif e. V. bearbeitet das

Projekt. Die Datenhäuser Accon-RVS, DER, taa, TUI und ZIEL liefern derzeit die benötigten Daten und ermöglichen einen hohen Erfassungsgrad. Eine Gegenüberstellung mit der Umsatzsteuerstatistik und der Vertriebsdatenbank des DRV zeigt, dass die Ergebnisse des Reisebüro-Barometers ein realistisches Abbild der Branche darstellen.

Verschiedene Kennziffern und Strukturmerkmale (z. B. Umsatz-, Erlös-, Kostenstrukturen, Betriebsergebnis, Spartenrenditen, Personalproduktivität) werden nach Beschäftigtengrößenklassen dargestellt. Bei erfolgsrelevanten Kennziffern (z. B. Erlösrendite, Betriebsergebnis pro Vollbeschäftigtenäquivalent) werden Orientierungswerte – in Form des Grenzwertes zum besten Viertel der teilnehmenden Betriebe (3. Quartil) – ausgewiesen, die ein Benchmarking für alle Nutzergruppen ermöglichen und Basis für eine aktive Umsatz-/Erlössteuerung sind. Ziel ist die Verbesserung der innerbetrieblichen Kontrollmöglichkeiten der Unternehmen. Bei deutlichen negativen Abweichungen von diesem Wert ist Handlungsbedarf zur Erfolgsverbesserung gegeben. Durch die hohe Kontinuität bei der Datenerfassung können auch die Entwicklungen im Zeitvergleich zum Vorjahr dokumentiert werden. Das dwif erfasst die Daten kontinuierlich seit 2011 und empfiehlt ein dauerhaftes Monitoring. (bh)

Reisebürofranchise → **Franchise**

Reisebürokette [travel chain]
Mehrere Reisebüros, die denselben Besitzer haben und unter gleicher Leitung stehen. Die Einzelbüros sind, anders als beim → Franchise, nicht mehr meist inhabergeführt und wirtschaftlich und rechtlich eigenständig, sondern Filialen, die direkt von der Zentrale gesteuert werden. Die Filialleiter sind Angestellte, die unmittelbar der zentralen Leitung unterstellt und damit reine Ausführungsorgane sind. → Kette. (jwm/wf)

Literatur
Dörnberg, Adrian von; Walter Freyer & Werner Sülberg 2018: Reiseveranstalter- und Reisevertriebs-Management: Funktionen – Strukturen – Prozesse. Berlin, Boston: De Gruyter Oldenbourg (2. Aufl.)
Mundt, Jörn W. 2013: Tourismus. München: Oldenbourg (4. Aufl.)

Reisebürokooperation [travel agency co-operative, ~ co-op, ~ network]
Die Welt des Reisevertriebs besteht heutzutage vornehmlich aus Reisebüroketten und Reisebürokooperationen. Gering ist die Zahl ungebundener Einzelunternehmen. Die kooperativen Gebilde im Reisevertrieb betreffen unterschiedliche Funktionsbereiche und sind von unterschiedlicher Intensität. Im Vergleich zu einem Franchise-System (→ Franchise) oder Reisebüroketten handelt es sich bei einer

Reisebürokooperation um eine eher lockere Form der Zusammenarbeit von Reisevermittlern. → Kooperationen sind daher vor allem eine Alternative für Reisebüroinhaber, die zu der Einsicht gelangen, dass es schwierig ist, als Einzelbüro zu überleben, die aber weder ihr Büro verkaufen, noch einen größeren Teil ihrer Selbständigkeit durch den Eintritt in ein Franchise-System verlieren wollen. Vor allem behalten die Reisebüros ihren eigenen Namen und gewinnen durch die Kooperation zusätzliche wirtschaftliche Freiheit.

Mit Entstehung der ersten Kooperationen in den 1980er-Jahren schlossen sich Reisebüros in erster Linie zur Verbesserung ihrer Provisionseinnahmen (→ Provision) zusammen. Es ging vor allem darum, die Umsätze der einzelnen Reisebüros zu bündeln, um damit in höhere Stufen der von den → Reiseveranstaltern gezahlten Staffelprovisionen zu gelangen. Deshalb wurden sie aus Sicht von Reiseveranstaltern auch als ‚Provisionssammelverein' (Pompl 1999, S. 8) bezeichnet. Für Reiseveranstalter war anfänglich nicht einzusehen, weshalb sie Reisebüros einer solchen losen Kooperation höhere Provisionen zahlen sollten. Schließlich wurden durch diese Kooperationen nur die Umsätze mehrerer Reisebüros zusammengefasst, ohne dass der Gesamtumsatz der Kooperation gestiegen wäre. Auf den Versuch seitens der Veranstalter, die gebündelten Umsätze der Kooperationen nicht mit höheren Provisionen zu vergüten, haben die Kooperationen mit verstärkter Marktmachtbildung reagiert. Um ihre Marktmacht durchzusetzen, wurde Reiseveranstaltern, die sich nicht auf die Zahlung höherer Provisionen an „Provisionssammelvereine" einließen, damit gedroht, sie zu boykottieren oder zumindest verstärkt andere Veranstalter zu bevorzugen. Dies war häufig von Erfolg gekrönt. Im Laufe der Jahre waren die Reiseveranstalter bemüht, eine engere Zusammenarbeit mit den Kooperationen zu gestalten und sie zu einer stärkeren Bindung zu bewegen, mit dem Ziel, die Höhe der vermittelten Umsätze für das eigene Portfolio zu steigern.

Ähnlich wie für die Franchise-Systeme wurden deshalb auch für die Kooperationen Veranstaltersortimente entwickelt, die von den Mitgliedern exklusiv bzw. bevorzugt vermittelt werden sollen. Im Erfolgsfall führen diese Geschäftsmodelle dazu, dass zum einen die Umsätze des Veranstalters überdurchschnittlich steigen und dadurch gleichzeitig der Reisebürokooperation höhere Provisionen zufließen. So manche Reisebürooperation, die zunächst nur mit dem Ziel, Umsätze zu bündeln und höhere Provisionen zu erzielen, gestartet ist, hat sich im Laufe der Jahre über die Zusammenarbeit in mehreren unternehmerischen Funktionen bis hin zu engen Marketing-Kooperationen entwickelt. Dies war die Voraussetzung dafür, Umsätze zu lenken. Mit der Zeit sind die Reisebürokooperationen im äußeren Auftreten den Franchise-System immer ähnlicher geworden.

Neben engeren Kooperationsformen bleiben aber die weniger weit gehenden Kooperationskonzepte bestehen, sodass der Begriff Reisebürokooperation mitt-

lerweile für ganz unterschiedliche Intensitäten von Zusammenarbeit der Reisebüros untereinander sowie mit den Reiseveranstaltern steht. (jwm/ad)

Literatur
Dörnberg, Adrian von; Walter Freyer & Werner Sülberg 2018: Reiseveranstalter- und Reisever-
triebs-Management: Funktionen – Strukturen – Prozesse. Berlin, Boston: De Gruyter Ol-
denbourg (2. Aufl.)
Pompl, Wilhelm 1999: Reisebüros – Einführung. In: Walter Freyer & Wilhelm Pompl (Hrsg.):
Reisebüro-Management. München, Wien: Oldenbourg, S. 3–29

Reiseentscheidung [travel decision]

Bei der Reiseentscheidung handelt es sich um die schrittweise ablaufende Lösung
eines komplexen, mentalen Auswahlprozesses für eine Urlaubsreise. So stellt sich
die Entscheidung als ein Prozess dar, an dessen Ende ein überlegtes, abwägendes
und zielorientiertes Handeln, die resultierende Wahl, steht (Pfister et al. 2017, S. 3).

Die Reiseentscheidung fällt zumeist erst nach einer längeren und komplexen
Entscheidungskette (Herrmann 2016). Potentielle Reisende müssen für die Planung und Gestaltung einer Reise eine Reihe von Teil-Entscheidungen fällen, da das
Produkt ‚Urlaubsreise' aus einzelnen Elementen besteht (wie Reiseziel, Verkehrsmittel, Unterkunft oder Aktivitäten). Die Komplexität dieser Entscheidungen wird
auch dadurch beeinflusst, dass der Urlaubsreisende in spe das ins Auge gefass-
te Gesamtprodukt und seine Komponenten nicht im Vorhinein prüfen kann. Als
Entscheidungsgrundlage dienen dem Kunden also vor allem eigene Erfahrungen
oder vermittelte Kenntnisse, die sich in Vorstellungen (images) niederschlagen.
Die Kenntnis der Determinanten des Reiseentscheidungsprozesses ist relevant, da
man darauf aufbauend das Kaufverhalten der Kunden in eine bestimmte Richtung
beeinflussen kann. Dabei spielt es keine Rolle, ob das Ziel solcher (Marketing-)
Bemühungen ein wirtschaftliches (etwa Upselling) oder ein nichtwirtschaftliches
(wie die Förderung ökologisch oder sozial verträglicher Reisen) ist.

Die Reiseentscheidung ist als Kaufentscheidung anzusehen, also als Prozess
von der Wahrnehmung eines Bedürfnisses hin zur Auswahl einer Option. Für solche Entscheidungen gibt es zahlreiche Modelle (siehe zum Beispiel Howard &
Sheth 1969; Kroeber-Riel & Weinberg 1999; Engel, Blackwell & Miniard 2005). Es
lassen sich folgende grundlegende Charakteristika der Reiseentscheidung erkennen:
- Die Reiseentscheidung ist ein Prozess.
- Subjektive Wahrnehmung, Urteile und individuelle Informationsverarbeitung spielen in diesem Prozess wichtige Rollen.
- Im Entscheidungsprozess müssen externe Informationen (zu den Bestandteilen des Reiseprodukts) und interne Informationen (zur Reisemotivation und
subjektiven Wahrnehmung) miteinander in Bezug gesetzt werden.

Allgemein kann der Prozess der Reiseentscheidung in die Phasen der Kaufentscheidung eingeteilt werden:
1. Phase: Identifizierung des Bedürfnisses,
2. Phase: Informationssuche,
3. Phase: Informationsauswertung,
4. Phase: Entscheidung,
5. Phase: Nachentscheidungsphase/Reflektion.

Spezifisch für die Reiseentscheidung ist hierbei, dass eine Vielzahl von Entscheidungen zu unterschiedlichen Zeitpunkten getroffen werden muss. So ist die Reiseentscheidung nicht nach der Auswahl einer Reisedestination abgeschlossen, sondern setzt sich in den weiteren Auswahlprozessen für eine Unterkunft, für geeignete Verkehrsmittel oder für Aktivitäten am Urlaubsort fort. Die aufgeführten Phasen der Kaufentscheidung werden vom Entscheider dabei nicht zwingend einzeln und nacheinander durchlaufen und abgeschlossen, sondern vielmehr laufen die verschiedenen Phasen ggf. auch simultan zu verschiedenen Bestandteilen des Reiseproduktes ab.

Weiter ist die Reiseentscheidung zumeist als extensiv, kognitiv gesteuerte Kaufentscheidung (Engel, Blackwell & Miniard 2005) zu klassifizieren. Bei der Reiseentscheidung sind also genaue Abwägungen und Überlegungen seitens des Entscheiders erforderlich, da Urlaubsreisen
– oft mit relativ hohen Kosten verbunden sind;
– nur selten spontan oder aus Gewohnheit gebucht werden;
– oft eine hohe emotionale Bedeutung für den Entscheidenden haben.

Die Entwicklung von Modellen der Reiseentscheidung ist von der Interdisziplinarität der Tourismuswissenschaften geprägt. Vorwiegend wurden Modelle zur mikroökonomischen und behavioristischen Analyse der Reiseentscheidung entwickelt (Reintinger et al. 2014). Mikroökonomische Modelle wie die von Papatheodorou (2001) und Seddighi und Theocharous (2002) stellen die Reiseentscheidung als funktionalen, rationalen Entscheidungsprozess unter Kosten-Nutzen-Abwägungen dar, wobei der Schwerpunkt auf das Ergebnis, also die letztendliche Wahl gelegt wird. Behavioristische Modelle (Jeng & Fesenmaier 2002; Sirakaya & Woodside 2005) kritisieren diese rationale Auslegung der Reiseentscheidung und setzen den internen affektiven und emotionalen Entscheidungsprozess sowie externe Einflüsse der Entscheidung in den Mittelpunkt. Unterscheiden lassen sich außerdem Strukturmodelle und Prozessmodelle der Reiseentscheidung (Decrop 2006). Während mikroökonomische Modelle den Fokus auf die resultierende Wahl des Entscheidungsprozesses legen, befassen sich Strukturmodelle mit den bei den Entscheidungen beteiligten Faktoren und psychologischen Instanzen und auf die Einteilung der verschiedenen Optionen in so genannte „choice sets" (Howard & Sheth 1969; Crompton 1992; Karl, Reintinger & Schmude 2015). Aus dem „available awareness set", also denjenigen Angeboten, die dem Kunden ins Bewusstsein treten, entwickelt sich nach der Unterscheidung von geeigneten und ungeeigneten Angeboten das „relevant set". Im nächsten Schritt vergleicht der potentielle Reisende genauere Informationen zu den Attributen der Angebote, und entwickelt daraus das „action set", aus dem zuletzt die Wahl der Reise getroffen wird. Kritik an Strukturmodellen bezieht sich meistens auf die starke Vereinfachung des Entscheidungsprozesses und die Vernachlässigung von affektiven und emotionalen Aspekten während der Reiseentscheidung.

Prozessmodelle zur Reiseentscheidung (wie zum Beispiel von Mansfeld 1992 oder Mathieson & Wall 1982) basieren auf Theorien des Konsumentenverhaltens (Engel, Blackwell & Miniard 2005) und legen den Fokus auf Entscheidungsabläufe und -strategien, also auf psychologische und verhaltensorientierte Aspekte (Decrop 2006, S. 33). Diese Strategien werden beeinflusst durch interne Aspekte des Entscheiders (wie Emotionen, Werte oder Reisemotive) und externe Aspekte (wie Wetter oder die politische Situation im Reiseland). Kritik an Prozessmodellen bezieht sich auf die Außerachtlassung spezifischer Charakteristika des Reiseproduktes oder die Stereotypisierung von Reisearten und Touristen (Reintinger et al. 2014, S. 111).

Zwar ist die Reiseentscheidung grundlegend als Kaufentscheidung zu betrachten, dennoch sind einige besondere Einflussfaktoren zu berücksichtigen. Die Reiseentscheidung wird durch multiple Entscheidungsvariablen geprägt, die entweder der Komplexität des Reiseproduktes zugrunde liegen (wie die Unprüfbarkeit des Produktes vor Reiseantritt) oder durch subjektive Wahrnehmungen des Entscheiders begründet sind (wie persönliche Erwartungen an die Reise). Auch externe Einflüsse wie die politische Situation oder das Risiko von Naturkatastrophen in den potentiellen Destinationen sind zunehmend von Bedeutung für die Reiseentscheidung (Williams & Baláž 2014, S. 272). Eine wichtige Einflussvariable ist das stetig wachsende Angebot an Urlaubsreisen. Bei einer großen Anzahl von Optionen steigt auch die Wertung von Einzelattributen seitens des Entscheiders (Herrmann 2016). Das wachsende Angebot ist aus Kundensicht außerdem zu umfangreich, um einen vollständigen Vergleich aller Alternativen vorzunehmen. Daher hat die Reiseentscheidung für den Touristen eher den Charakter eines ‚gereiften Entschlusses' als den einer vollständigen, formal-logischen Entscheidung (Braun & Lohmann 1989, S. 104). Mit dem wachsenden Angebot entwickelt sich zusätzlich eine zunehmende Ähnlichkeit der verschiedenen Optionen und ihrer Attribute. Dadurch werden eigentlich nachrangige Aspekte wie z. B. Bequemlichkeit (convenience) mit entscheidungsbestimmend. Hinzu treten eine ausgeprägte Preisorientierung, die auf dem deutschen Markt u. a. durch die Preisstrategien der

Reiseveranstalter und Transportunternehmen seit der zweiten Hälfte der 1990er-Jahre ausgelöst wurde, sowie der Aspekt der → Sicherheit in der → Destination (Lohmann, Aderhold & Zahl 2004; Lohmann 2018).

Neben der Angebotslage nehmen auch die Informationslage und das Informationsverhalten der Kunden Einfluss auf den touristischen Wettbewerb (Crotts 1999). Neben den traditionellen Informationsquellen wie dem → Reisebüro und Reisekatalogen wird das Internet als Quelle für Informationen immer bedeutender (Schmücker, Grimm & Weiß 2018), und die Anzahl an Reiseportalen und Buchungssystemen wird immer vielfältiger. Wegen dieser Informationsüberlastung, des zunehmenden Angebots und der damit einhergehenden Ähnlichkeit der Angebotsalternativen ist der rationale Vergleich aller Angebote für den Kunden undurchführbar. Stattdessen nimmt der Kunde eine Komplexitätsreduktion der Vielfalt der Angebote vor, wobei die Wahl für eine Urlaubsreise dann getroffen ist, wenn genügend akzeptable und geeignete Angebote verglichen wurden (Karl, Reintinger & Schmude 2015). Dabei spielen wieder individuelle Reisemotivationen des Kunden eine Rolle, da die Informationen auf Grundlage dieser Motive bewertet werden.

Weiter wirken die zu erwartenden Konsequenzen der Reise auf die Reiseentscheidung ein. Urlaubsreisen stellen kein konkretes Produkt dar, das vom Kunden im Vornherein prüfbar ist, sondern eher eine Aneinanderreihung von Leistungsversprechen der Anbieter. Durch die Vielfalt an Angeboten und die Unprüfbarkeit des Produktes vor Antritt der Reise gibt es für den Entscheider einige Unsicherheiten (Herrmann 2016).

Als Entscheidungsgrundlage stehen grundsätzlich Informationen der Anbieter, die bisherigen Erfahrungen des Kunden und Erfahrungsberichte anderer Reisender aus verschiedenen Medien zur Verfügung, die in Vorstellungen vom Reiseprodukt (Images) zusammengefasst werden. Je nach Reisemotiven werden die Konsequenzen und Attribute des Reiseproduktes unterschiedlich bewertet. Da Urlaubsreisen ein stark emotional besetztes Produkt sind, nehmen die affektiven und emotionalen Bewertungen des potentiellen Reisenden einen starken Einfluss auf den Entscheidungsprozess. → Reisemotivation. (ml/fk)

Literatur
Braun, Otmar L.; Martin Lohmann 1989: Die Reiseentscheidung. Starnberg: Studienkreis für Tourismus (StfT)
Crompton, John L. 1992: Structure of vacation destination choice sets. In: Annals of Tourism Research, 19 (3), pp. 420–434
Crotts, John C. 1999: Consumer Decision Making and Prepurchase Information Search. In: Abraham Pizam; Yoel Mansfeld (eds.): Consumer Behaviour in Travel and Tourism. New York: Haworth Press, pp. 149–168

Decrop, Alain 2006: Vacation decision making. Wallingford: CABI Pub

Engel, James F.; Roger D. Blackwell & Paul W. Miniard 2005: Consumer Behaviour. Fort Worth: The Dryden Press (10th ed.)

Herrmann, Hans-Peter 2016: Tourismuspsychologie. Berlin: Springer

Howard, John A.; Jagdish Sheth 1969: The Theory of Buyer Behavior. New York: John Wiley & Sons

Jeng, James; Daniel R. Fesenmaier 2002: Conceptualizing the travel decision-making hierarchy: A review of recent developments. In: Tourism Analysis, 7 (1), pp. 15–32

Karl, Marion; Christine Reintinger & Jürgen Schmude 2015: Reject or select: Mapping destination choice. In: Annals of Tourism Research, 54 (September), pp. 48–64

Kroeber-Riel, Werner; Peter Weinberg 1999: Konsumentenverhalten. München: Vahlen (7. Aufl.)

Lavidge, Robert J.; Gary A. Steiner 1961: A Model for Predictive Measurements of Advertising Effectiveness. In: Journal of Marketing, 25 (6), pp. 59–62

Lohmann, Martin 2018: Einfluss von Krisen und Terrorgefahr auf die touristische Nachfrage. Exkurs. In: Adrian von Dörnberg; Walter Freyer & Werner Sülberg: Reiseveranstalter- und Reisevertriebsmanagement. Berlin, Boston: De Gruyter Oldenbourg, S. 293–297 (2. Aufl.)

Lohmann, Martin; Peter Aderhold & Bente Zahl 2004: Urlaubsreisetrends 2015 – Die RA Trendstudie. Kiel: Forschungsgemeinschaft Urlaub und Reisen (F. U. R.)

Mansfeld, Yoel 1992: From motivation to actual travel. In: Annals of Tourism Research, 19 (3), pp. 399–419

Mathieson, Alister; Geoffrey Wall 1982: Tourism: Economic, physical and social impacts. Harlow: Longman Scientific & Technical

Papatheodorou, Andreas 2001: Why people travel to different places. In: Annals of Tourism Research, 28 (1), pp. 164–179

Pfister, Hans-Rüdiger; Helmut Jungermann & Katrin Fischer 2017: Die Psychologie der Entscheidung. Eine Einführung. Berlin, Heidelberg: Springer

Reintinger, Christine; Anja Berghammer; Jürgen Schmude & Dennis Joswig 2014: Wohin geht die Reise? Multiagentensimulation als Instrument der Modellierung von individuellen Reiseentscheidungsprozessen unter dem Einfluss des globalen Wandels. In: Geographische Zeitschrift, 102 (2), S. 106–121

Schmücker, Dirk; Bente Grimm & Berit Weiß 2018: Inspiration und Information: Touchpoints der Kunden auf der Customer Journey. Modulbericht zur Reiseanalyse 2018. Kiel: Forschungsgemeinschaft Urlaub und Reisen (FUR)

Seddighi, Hamid R.; Antonis L. Theocharous 2002: A model of tourism destination choice: a theoretical and empirical analysis. In: Tourism Management, 23 (5), pp. 475–487

Sirakaya, Ercan; Arch G. Woodside 2005: Building and testing theories of decision making by travelers. In: Tourism Management, 26 (6), pp. 815–832

Williams, Allan M.; Vladimir Baláž 2014: Tourism risk and uncertainty: Theoretical reflections. In: Journal of Travel Research, 54 (3), pp. 271–287

Gedankensplitter

„Von jeder Reise komme ich verändert zurück." (William Sommerset Maugham, Schriftsteller)

Reiseführer

(a) [guidebook] Bei einem Reiseführer handelt es sich um ein touristisches Printmedium, das seine Leser über touristisch relevante → Destinationen informiert und vor dem Hintergrund fortschreitender Digitalisierungsprozesse zunehmend auch als eBook-Variante verfügbar ist. In der Regel gliedern sich Reiseführer, die inhaltlich deutliche Überschneidungen mit geographischen Landeskunden aufweisen (Popp 1997), in einen allgemeinen Teil, der landeskundliche Hintergrundinformationen bereitstellt, und in einen praktischen Teil, der mit Tipps für das Reisen vor Ort aufwartet. Darüber hinaus gibt es in der Regel einen regionalen Teil, der aus einer – meist alphabetisch angeordneten – Beschreibung touristisch relevanter Orte einschließlich ihrer dazugehörigen Sehenswürdigkeiten besteht. Wie kaum ein zweites Medium sind Reiseführer als Wegweiser in die Fremde in eine Dialektik des Verständnisses von Eigenem und Fremdem eingebunden und können – in Abhängigkeit zur Qualität des jeweiligen Reiseführers – → Touristen beim fremdkulturellen Verstehen eine wertvolle Hilfe sein (Thomas-Morus-Akademie 1990; Scherle 2011).

Einhergehend mit der zunehmenden Ausdifferenzierung der touristischen Nachfrage ist auch der Reiseführermarkt in den letzten Jahren immer vielfältiger geworden. Längst haben Reiseführer den Status eines Massenmediums erlangt, das sich – in Anlehnung an Steinecke (1988) – nach seinen Funktionen und – in Anlehnung an Scherle (2001) – nach seiner konzeptionell-thematischen respektive zielgruppenspezifischen Ausrichtung typisieren lässt. Steinecke geht in seiner Reiseführer-Typisierung von zwei verschiedenen Ebenen aus: der Orientierungs- und der Vermittlerebene, wobei Reiseführer vier verschiedene Funktionen einnehmen können: Auf der Orientierungsebene fällt Reiseführern – bezogen auf die touristische Umwelt – eine Wegweiserfunktion und – bezogen auf Touristen – eine Animateurfunktion zu, wobei die konzeptionellen Schwerpunkte bei Ersterer auf der Orientierung in der Fremde und bei Zweiterer auf der Verwirklichung eigener (Freizeit-)Interessen in der Fremde liegen. Auf der Vermittlerebene nehmen Reiseführer – bezogen auf die touristische Umwelt – eine Organisatorfunktion und – bezogen auf Touristen – eine Interpretfunktion ein, wobei die konzeptionellen Schwerpunkte bei Ersterer auf der Organisation der Reise (etwa in Hinblick auf Unterkunft und Verpflegung) und bei Zweiterer auf der Vermittlung landeskundlicher Hintergrundinformationen (etwa Geschichte, Politik oder Sitten und Gebräuche) liegen. Scherle unterscheidet im Rahmen seiner Reiseführer-Typisierung, die sich vor allem bei inhaltsanalytischen Untersuchungen bewährt hat, vier verschiedene Reiseführertypen:

1. „Einsteiger"-Reiseführer dienen primär zur ersten Information der Leser über die jeweilige Destination.

2. „Generalist"-Reiseführer zeichnen sich vor allem durch ihr inhaltlich breites wie tiefes Themenspektrum aus, das den Lesern einen möglichst umfassenden Einblick in die jeweilige Destination ermöglichen soll.
3. „Individual"-Reiseführer, die früher häufig auch als „Alternativ"-Reiseführer bezeichnet wurden, wenden sich primär an Reisende, die sich ihre Destination auf eigene Faust erschließen wollen.
4. „Spezial"-Reiseführer beschränken sich in der Regel auf die vertiefte Behandlung eines Schwerpunktthemas bzw. richten sich an eine ganz spezifische Zielgruppe.

Bemerkenswert ist das Faktum, dass Reiseführer längst nicht mehr nur den im Kontext dieses Mediums gerne zitierten Bildungsbürger erreichen, sondern verstärkt auch jene Leser, die – wenn überhaupt – nur sehr eingeschränkt am klassischen Bildungstourismus interessiert sind. Dabei setzen sie verstärkt auf ausgewählte Megatrends wie Emotionalisierung, Individualisierung oder Pluralisierung der Lebensstile und kommen somit verstärkt zunehmend fragmentierten und hybriden Konsummustern entgegen. Darüber hinaus treiben die meisten Reiseführerverlage eine verstärkte Verknüpfung von Print- und Onlineangeboten voran. Mit dieser verlängern sie ihre publizistische Kompetenz in die digitale Welt hinein (→ Social Media) und nutzen forciert die vielfältigen Chancen einer multiplen Inwertsetzung von Content, dessen Halbwertszeit für das Printmedium begrenzt ist. Zu den aktuellen Innovationen zählen Apps, die Reiseführer auf das Smartphone bringen und Touristen als Audio-Guides – bis dato meist urbane – Destinationen erschließen lassen. Läuft der User an einer bestimmten Sehenswürdigkeit vorbei, bekommt er automatisch die relevanten Informationen abgespielt. Die meisten Audio-Guides, die vor allem jüngere Zielgruppen erreichen sollen, verfügen nicht nur über GPS-Ortung, sondern stellen ihren Nutzern auch individuelle Touren – mit spezifischen thematischen Schwerpunkten – zusammen (Hilgers 2017). (nsc)

Literatur
Cocking, Ben 2020: Travel Journalism and Travel Media. Identities, Places and Imaginings. London: palgrave macmillan
Hilgers, Jürgen 2017: Audio-Guides können Reiseführer fast ersetzen. (https://www.welt.de/wirtschaft/webwelt/article167612874/Audio-Guides-koennen-Reisefuehrer-fast-ersetzen, zugegriffen am 19.04.2019)
Popp, Herbert 1997: Reiseführer-Literatur und geographische Landeskunde. In: Geographische Rundschau, 49 (3), S. 173–179
Scherle, Nicolai 2001: Touristische Medien aus interkultureller Perspektive: Gedruckte Urlaubswelten aufgezeigt anhand von Reiseführern. In: Tourismus Journal, 5 (3), S. 333–351
Scherle, Nicolai 2011: Nichts Fremdes ist mir fremd. Reiseführer im Kontext von Raum und der systemimmanenten Dialektik des Verständnisses von Eigenem und Fremdem. In: Rudolf

Jaworski; Peter Oliver Loew & Christian Pletzing (Hrsg.): Der genormte Blick aufs Fremde: Reiseführer in und über Ostmitteleuropa. Wiesbaden: Harrassowitz, S. 53–70

Scherle, Nicolai; Hans Hopfinger 2007: Tourismus und Medien zu Beginn des 21. Jahrhunderts. In: Armin Günther et al. (Hrsg.): Tourismusforschung in Bayern: Aktuelle sozialwissenschaftliche Forschungsansätze. München: Profil, S. 363–370

Steinecke, Albrecht 1988: Der bundesdeutsche Reiseführer-Markt: Leseranalyse – Angebotsstruktur – Wachstumsperspektiven. Starnberg: Studienkreis für Tourismus

Thomas-Morus-Akademie (Hrsg.) 1990: Wegweiser in die Fremde: Reiseführer, Reiseratgeber, Reisezeitschriften. Bensberg: Thomas-Morus-Akademie

---

Gedankensplitter

„Fahre in die Welt hinaus. Sie ist fantastischer als jeder Traum." (Ray Bradbury, US-amerikanischer Schriftsteller)

(b) [tour guide] → Reiseleiter

Reisegepäck-Versicherung → **Risiko**

Reisegutschein → **Voucher**

Reisehäufigkeit [travel frequency, trips per traveller/tourist]
Zahl der Reisen, die ein Reisender pro Zeiteinheit (in der Regel ein Jahr) unternimmt. Die Zahl der Reisen geht auch ein in die Berechnung der → Bruttoreiseintensität. (jwm)

Gedankensplitter

„Wir reisen noch immer wie bekloppt. Seit 2010 jagt ein Rekord den anderen." (Martin Lohmann, Forschungsgemeinschaft Urlaub und Reisen e. V. (F. U. R.) über die Urlaubslust der Deutschen. In: touristik aktuell, Nr. 2, 2019)

Reiseintensität → **Bruttoreiseintensität**, → **Nettoreiseintensität**

Reisejournalismus → **Reiseführer (a)**

Reisekatalog [travel brochure]
Prospekt, in dem ein → Reiseveranstalter seine (Pauschal)reisen anbietet. In ihm werden die Reiseziele (→ Destination), die Orte und die Unterkünfte beschrieben und durch Photos und evtl. Karten illustriert. Die Preise werden in einem gesonderten Preisteil aufgeführt, der auf billigerem Papier gedruckt wird und ggfs. mit geringem Aufwand ausgetauscht werden kann.

Reisekataloge müssen sehr sorgfältig erstellt werden, weil die darin gemachten Angaben zu den im Preis inbegriffenen Leistungen als zugesicherte Eigenschaften einer Reise gelten und ihr Fehlen einen → Reisemangel ausmacht. Da es sich bei einer Pauschalreise um ein Dienstleistungsbündel (→ Dienstleistung) handelt, bei dem Kauf und Konsum zeitlich auseinanderliegen, sind die Angaben im Reisekatalog gleichbedeutend mit dem verkauften Produkt. Das konsumierte Produkt kann erst während der Reise selbst hergestellt werden. Vor diesem Hintergrund kommt dem Reisekatalog eine entscheidende Bedeutung für den Vertrieb von Veranstalterreisen zu.

Schon seit geraumer Zeit wird diskutiert, ob die Druckversion nicht ein Relikt aus alten Zeiten ist und Online-Versionen mit entsprechenden Buchungsfunktionen dagegen Stand der Dinge. Vertreter der Reisebranche als auch Kunden möchten allerdings (noch) nicht gänzlich auf die Print-Version verzichten. Die Argumente hierbei sind Angebotsübersichtlichkeit, Ansprache bestimmter Kundensegmente (ältere Generation), Flüchtigkeit des Internets, haptisches Erlebnis. Gleichwohl verdrängen und ergänzen die digitalen Lösungen die Druckversionen. Die Gründe sind offensichtlich (Papierverbrauch, Tagesaktualität, Versandkosten usw.). → Digitalisierung, → Internet Booking Engine. (jwm/wf)

Reisekrankenversicherung → **Risiko**

Reisekrankheit → **Luftkrankheit,** → **Seekrankheit**

Reiseleiter [tour guide, travel guide, tour manager, tour leader, tour director, courier]
1 Begriffliche Unterscheidungen und Stellenwert der Reiseleitung Man kennt einmal den Ortsführer, der für ein Objekt bzw. einen Ort zuständig ist und dort führt (Fremdenführer/in, → Gästeführer/in, local guide). Ebenfalls ortsgebunden ist der Standortreiseleiter, der zumeist Reisegäste mehrerer Hotels in Form von Informationstreffs und Sprechstunden betreut. Standortreiseleiter sind saisonal bei Großveranstaltern oder Agenturen beschäftigt und stellen die weitaus größte Zahl an Reiseleitern. Eine dritte Form ist die Reisebegleitung („Hostess"), die für den Service vor allem bei Busreisen zuständig ist und betreuerische und organisatorische Aufgaben hat. In der Regel arbeitet sie eng mit Ortsführern bzw. örtlichen Reiseleitern zusammen und führt nicht oder nur selten selbst. Eine vierte Form ist der Reiseleiter bzw. die Reiseleiterin und, auf inhaltlich höherem Niveau, der → Studienreiseleiter bzw. die Studienreiseleiterin, manchmal auch „Reiseführer" genannt, die in der Lage sind, Führungen abzuhalten, wenn auch in einigen Fällen örtliche Führer zur Mitarbeit herangezogen werden.

Der Dienstleistungsberuf des Reiseleiters bezieht sich in erster Linie auf den Service am Kunden, aber auch auf die Kooperation mit dem Veranstalter und den Leistungsträgern bzw. -erbringern. Die Reiseleitung ist oft der einzige persönliche Kontakt, den ein Kunde mit dem Veranstalter hat. So wird sein Bild vom Veranstalter – neben der Qualität der gebuchten Leistungen – maßgeblich durch sie geprägt und ist insbesondere bei Rund- und Studienreisen oft ein Anlass, erneut eine Reise bei einem bestimmten Veranstalter zu buchen.

2 Rechtliche Situation   Für den Beruf des Reiseleiters gibt es in Deutschland bisher, anders als in einigen Ländern der EU wie zum Beispiel Griechenland oder Spanien, weder ein staatlich geregeltes Berufsbild noch eine damit verbundene verbindliche Ausbildung und Lizenz. Die Unternehmen bilden im Allgemeinen ihre Mitarbeiter in eigener Regie aus, wobei Studiosus-Reisen in München seine Studienreiseleiter auch zertifizieren ließ.

Trotz der Dienstleistungsfreiheit in der EU werden deutsche Reiseleiter/innen in zahlreichen Ländern bei der Ausübung ihres Berufes behindert. Das Reiseleiterzertifikat des Präsidiums der Deutschen Tourismuswirtschaft (ab 1990) ist verbunden mit einer Prüfung und Lizenz, die allerdings eine freiwillige Zertifizierung ist und in den anderen europäischen Ländern nur bedingt weiterhilft, wenn der Reiseleiter nicht nur begleitet, sondern auch selber führen möchte. Im Verhältnis zum hohen Anforderungsprofil an Reiseleiter, insbesondere an Rund- und Studienreiseleiter, ist die soziale Absicherung und Bezahlung bisher meist gering.

3 Allgemeine Voraussetzungen des Reiseleiters   Der ideale Reiseleiter verfügt über eine gepflegte, der Situation angemessene Erscheinung, umfassendes Allgemeinwissen, gesellschaftliche Umgangsformen, Durchsetzungsvermögen, Hilfsbereitschaft, körperliche und geistige Belastbarkeit, Organisationstalent, Kontaktfähigkeit, Einfühlungsvermögen, geistige Aufgewecktheit, rhetorisches Talent und Fähigkeit in der Gesprächsführung, die Gabe der Improvisation, Orientierungssinn, Fremdsprachenkenntnisse, landeskundliche und kunstgeschichtliche Kenntnisse.

Folgende Sachkenntnisse und Fähigkeiten sind Bedingung, um als Reiseleiter tätig zu werden:

3.1 Sachkompetenz
– die Beherrschung der deutschen Sprache (bzw. im → Incomingtourismus zusätzlich der Sprache der Reisenden) und die ausreichende Beherrschung der Sprache des besuchten Landes (zumindest im westeuropäischen Ausland);
– Vertrautheit mit der Geschichte und Kunst, der aktuellen Situation sowie den Sitten und Gebräuchen des besuchten Landes;
– gute Orts- und Objektkenntnis.

3.2 Weitere professionelle Tätigkeitsmerkmale

- didaktisch-pädagogische Kompetenz: methodisches Können und Vermittlung von Inhalten und Erlebnissen;
- soziale Kompetenz: sozial-integrativer Führungsstil, gruppendynamische Kenntnisse und Fähigkeiten, Konfliktlösungsstrategien, Kommunikation mit der Gruppe und mit Leistungserbringern;
- organisatorische und planerische Kompetenz;
- Führungskompetenz und Durchsetzungsfähigkeit;
- überdurchschnittliche psychische und physische Belastbarkeit.

4 Aufgaben des Reiseleiters Die Aufgaben des Reiseleiters können in sechs Kategorien eingeteilt werden:

- Leiten und Betreuen;
- Vermitteln von Inhalten;
- Beurteilen von Umständen und angebotenen Leistungen;
- Beraten, Kommunizieren, Ratschläge zur Urlaubsgestaltung, Verkauf von Zusatzleistungen;
- Erneuern;
- Verwalten und Organisieren.

Im Folgenden werden die Aufgaben und die Verantwortung des Reiseleiters in Bezug auf den Reiseunternehmer, die Leistungserbringer und die Reisenden diesen sechs Kategorien zugeordnet.

4.1 Voraussetzungen Eine wichtige Voraussetzung ist der gewissenhafte Umgang mit den Materialien und Reiseunterlagen: Ein genaues Studium der Reiseroute und des Programms, der Hilfsmittel (Prospekte, allgemeine Reisebedingungen des Veranstalters, → Reiseführer, Landkarten, Stadtpläne, Öffnungszeiten und regionale Besonderheiten, Zoll-, Pass-, Visa- und Devisenbestimmungen und die entsprechende Fachliteratur) sowie ggf. die aufmerksame Prüfung der Pässe der Reiseteilnehmer, Teilnehmerlisten, Leistungsverzeichnisse, Hotellisten und Voucher mit Angaben über Zahlungen an die Hotels, Fahrkarten, Fahrpläne, Versicherungen und nicht zuletzt in- und ausländische Zahlungsmittel etc. Auch die immer häufiger eingesetzten Audiosysteme müssen sorgfältig verwaltet werden.

4.2 Betreuungsaufgaben während der Reise Die Anreise: Während der Anreise, zum Beispiel mit dem Bus, fallen verschiedene organisatorische Tätigkeiten an: der Empfang und die Begrüßung der Gäste, das Reservieren der Plätze und Feststellen der Vollständigkeit, Verteilung von Gepäckanhängern, Mithilfe bei der Gepäckverladung, Platzzuweisung für unterwegs zusteigende Reiseteilnehmer.

Die Beratungsfunktion des Reiseleiters spielt bei der Anfahrt eine wichtige Rolle: Er informiert die Reiseteilnehmer, was sie selbst zu einer guten, reibungslosen Organisation beitragen können. Er erläutert den technischen Ablauf (Zeiteinteilung), Zoll-, Pass-, Visa- und Devisenbestimmungen, Umrechnungskurse, die Art der Hotels, Sitten und Gebräuche (Umgang mit der Bevölkerung, Verhalten in Kirchen, Kleidung, Ernährung), Trinkgeldvergabe, evtl. Fotoverbote, er gibt Empfehlungen für Einkäufe, erläutert und verteilt ggf. das Audiosystem.

Die Führungs- und Leitungsfunktion der Reiseleitung kann bereits bei der Anfahrt zum Tragen kommen, indem er/sie bereits im Bus Sehenswürdigkeiten und Eigenarten der Landschaft usw. erklärt. Zum organisatorischen Bereich gehört die Festlegung von Pausen mindestens alle zwei bis drei Stunden und die Auswahl eines dafür geeigneten Ortes.

Bei der Anfahrt mit dem Zug geht der Reiseleiter gelegentlich von Abteil zu Abteil und knüpft erste Kontakte mit den Gästen. Am Ankunftsort ist der → Transfer der Gäste und des Gepäcks durch einen Bus, durch Mietwagen, Taxi oder Gepäckträger zu organisieren.

Auch bei der Flugreise versucht der Reiseleiter, am Treffpunkt und während des Fluges mit den Teilnehmern zu kommunizieren und ein Vertrauensverhältnis aufzubauen. Am Ankunftsflughafen ist der Transfer zum → Hotel, im Allgemeinen mit dem Bus, durchzuführen. Hierbei werden bereits einführende Informationen technischer Art und zu Land und Leuten vermittelt.

Im Hotel: Im Hotel fällt die Zimmerverteilung und Überprüfung der gebuchten Leistungen an, ggf. die Organisation des Koffertransports auf die Zimmer, die Veranstaltung kleiner gesellschaftlicher Ereignisse, zum Beispiel eines Begrüßungs-Drinks, Absprachen mit der Hotelverwaltung über den Speiseplan, den Zeitpunkt des morgendlichen Weckens und des Frühstücks.

Mit der Standortreiseleitung haben die Gäste erst ab dem → Flughafen oder Bahnhof des Zielortes, manchmal auch erst ab dem Hotel Kontakt, insbesondere durch ein Informationsgespräch („Empfangscocktail"), regelmäßige Sprechstunden und eine Informationstafel.

Einen sehr hohen Stellenwert für den Veranstalter hat die Behandlung von Reklamationen bei der Förderung der Kundenzufriedenheit. Die Reiseleitung sollte dabei folgende Grundsätze beachten: Auf schnelle und unauffällige Behandlung dringen, den Gast mit freundlicher Höflichkeit und entgegenkommender Sachlichkeit behandeln, Reklamationen möglichst an Ort und Stelle auffangen und beheben, Schuld nicht auf Abwesende schieben, sondern versuchen zu entschuldigen und durch kleine Extras und freundliche Worte Reklamationen auf dem Kulanzweg regeln.

Besichtigungen: Bei Stadtrundfahrten und Besichtigungen kommt vor allem die Führungsfähigkeit des Reiseleiters zur Geltung. In den organisatorisch-verwaltungstechnischen Bereich fällt die Information über Eintrittszeiten und das Lösen der Eintrittskarten; falls ein Ortsführer herangezogen wird, sind rechtzeitig vorher Zeit und Gebühren zu vereinbaren und ggf. zu bestätigen.

Die Beurteilungsfunktion des Reiseleiters kommt zum Tragen, wenn er eine neue Route testet, selbst Angebote von Hotels und Busfirmen einholt und somit eine wichtige Unterstützung für den Veranstalter darstellt.

Innovation kommt in der Kreation neuer Routen, der Erprobung kreativer Vermittlungs- und Experimentierformen sowie in der Fähigkeit, Neues zu erkennen und zu eröffnen, zum Ausdruck.

4.3 Tätigkeiten am Ende und nach der Reise Am Ende der Reise fallen mehrere organisatorische Abläufe an:

Im Allgemeinen wird vom Reiseleiter ein Abschiedsabend im Hotel oder in einem typischen Lokal organisiert, ggf. die Hotel- und Busrechnung beglichen, falls dies nicht vom Veranstalter selbst übernommen wird, → Trinkgelder an das Hotelpersonal verteilt (falls diese im Reisepreis inbegriffen sind). Der Reiseleiter informiert über die Abfahrtszeit und den Termin für die Räumung des Hotelzimmers. Der Gepäcktransport in die Halle bzw. zu den Verkehrsmitteln wird durch das Hotelpersonal und im Anschluss im Allgemeinen durch einen Bus, in manchen Fällen auch durch telefonisch zu bestellende Gepäckträger oder Taxen organisiert und schließlich die Gruppe zur Bahn oder zum Flugzeug begleitet, soweit der Reiseleiter sie nicht im Bus bis zum Heimatort betreut.

Nach der Reise hat der Reiseleiter die Abrechnung mit der Zusammenstellung der Ausgaben und Einnahmen sowie in manchen Fällen einen Reisebericht über die Zusammenstellung der Gruppe und besondere Vorkommnisse zu erstellen. In diesem werden nicht selten Kritik und Vorschläge zur Programm- und Routengestaltung ihren Niederschlag finden (Beurteilungs-, Beratungs- und Erneuerungsfunktion des Reiseleiters). (sst)

Literatur
Brückner, Dirk 2015: Let's Guide – Kleines Handbuch zur Reiseleitung. Sundern: Yunah
Gauf, Dieter 1999: RLT-Reiseleiter-Training, Aktuelles Lexikon für Ausbildung und Praxis. SVA Südwestdeutsche Verlagsanstalt (Loseblattsammlung)
Kirstges, Thorsten; Christian Schröder & Volker Born 2001: Destination Reiseleitung. Leitfaden für Reiseleiter aus der Praxis für die Praxis. München, Wien: Oldenbourg
Nonnenmann, Almut 2004: Faszination Studienreiseleitung: Eine kultur- und sozialwissenschaftliche Untersuchung zur Tätigkeit von Studienreiseleitern. Norderstedt: BoD
Scherle, Nicolai; Almut Nonnenmann 2008: Swimming in Cultural Flows: Conceptualising Tour Guides as Intercultural Mediators and Cosmopolitans. In: Journal of Tourism and Cultural Change, 6 (2), pp. 120–137
Schmeer-Sturm, Marie-Louise 2001: Reiseleitung. München, Wien: Oldenbourg
Schmeer-Sturm, Marie-Louise 2012: Reiseleitung und Gästeführung. München: Oldenbourg

Reiseleitung → **Reiseleiter,** → **Studienreiseleiter**

Reisemangel [lack of conformity of travel service]
§ 651i II BGB unterscheidet 3 Arten von Reisemängeln im Rahmen der Gewährleistung des → Reiseveranstalters für seine → Pauschalreise:
- das Fehlen einer vereinbarten Beschaffenheit der Pauschalreise;
- die Pauschalreise eignet sich nicht nach dem Vertrag vorausgesetzten Nutzen,
  oder die Pauschalreise eignet sich nicht für den gewöhnlichen Nutzen, oder
  die Pauschalreise weist eine Beschaffenheit auf, die bei Pauschalreisen der
  gleichen Art unüblich ist, oder die Pauschalreise weist eine Beschaffenheit
  auf, die der Reisende nach der Art der Pauschalreise nicht erwarten konnte;
- der Reiseveranstalter verschafft die Reiseleistungen nicht oder mit unangemessener Verspätung.

Bloße Unannehmlichkeiten und das Allgemeine Lebensrisiko des Reisenden begründen keinen Reisemangel. (ef)

Literatur
Führich, Ernst 2018: Basiswissen Reiserecht. München: C. H. Beck/Vahlen (4. Aufl.; § 6)
Führich, Ernst; Ansgar Staudinger 2019: Reiserecht. München: C. H. Beck (8. Aufl.; § 17)

Reisemittler → **Reisevermittler**

Reisemotivation [travel motivation]
Motivation ist definiert als die Gesamtheit aller Beweggründe (Motive), die Men-
schen zu Handlungen bringen, sie darin beeinflussen oder sie davon abbringen.
Motive sind innere Spannungszustände, die zielgerichtetes Handeln ermöglichen.
Die Bandbreite reicht von sehr einfachen und essentiellen Motiven wie Hunger,
Durst und Sicherheit bis hin zu komplexen Konstrukten wie Leistungsbereitschaft und Ehrgeiz. Diese sind eng mit Persönlichkeitseigenschaften verknüpft
und somit relativ stabil. Im Gegensatz dazu beschreibt Motivation eine konkrete
Aktivierung und Steuerung des Handelns in einer spezifischen Situation, beru-
hend auf mehreren Motiven. Da es sich bei Motiven und Motivation um innere
Zustände handelt, die dem handelnden Menschen selbst oft nicht bewusst sind,
ist eine wissenschaftliche Untersuchung schwierig. In der Psychologie finden
sich eine Vielzahl von teilweise widersprüchlichen Theorien zu diesem Themenfeld.
    Übertragen auf den → Tourismus kann zwischen Reisemotiven und Reisemo-
tivation unterschieden werden. Im Bereich der Reisemotive werden philosophische Fragestellungen, Aspekte der Persönlichkeit und Lernprozesse untersucht.
Die Reisemotivforschung versucht zu benennen, warum Menschen das gewohnte

Umfeld für eine begrenzte Zeit verlassen und welche Erwartungen damit verbunden sind.

MacCannell (1999) geht von dem Wunsch nach einer Verbindung mit Gesellschaft und Kultur als Reisemotiv aus. Relevant sind sowohl explizite als auch implizite Wünsche und Bedürfnisse wie beispielsweise Neugier, der Wunsch nach Abwechslung oder die Suche nach persönlicher Bestätigung. Ausgehend von der Persönlichkeits- und Motivationspsychologie (→ Tourismuspsychologie) können Merkmale definiert und analysiert werden, die einen Einfluss auf die Wahl einer → Destination, die Transportmittel, Aktivitäten in der Destination oder die Urlaubsform haben.

Ebenfalls können gesellschaftliche Zustände als Einflussfaktoren thematisiert werden (→ Tourismussoziologie). Knebel (1960) hat verschiedene Formen des Tourismus entlang eines Kontinuums geordnet, das von traditionsgeleiteten Reisen über den innengeleiteten Tourismus bis zum außengeleiteten Tourismus reicht. Letzterer dient vor allem der Steigerung des Sozialprestiges und wird im starken Maße durch Werbung beeinflusst. Die zentrale Aussage lautet, dass Wandlungen im Sozialcharakter einer Gesellschaft zu Veränderungen in der Motivation zu reisen führen.

In der empirischen Reisemotivforschung werden Motive gruppiert, z. B. Entspannungs- und Erholungsmotive, Motive der Abwechslung, Gemeinschaftsmotive sowie Motive der Bildung (→ Studienreise) und Reisen der Gesundheit zuliebe. Es finden sich circa 40 verschiedene Ansätze zur Reisemotivforschung mit rund 20 wiederkehrenden Aspekten, die in fünf bis sieben Kategorien gruppiert werden (Freyer 2015).

Neben Motiven, die Menschen zum Reisen bewegen, werden Hindernisse erforscht. Dazu gehören Bedrohungen und Gefahren durch Naturkatastrophen, gesellschaftliche Missstände und Konsequenzen des Tourismus selbst, z. B. → Overtourism (→ Flugscham). Es ist auffällig, dass bei der Erforschung von Frauenreisen (→ Gender und Tourismus) die Gründe für das Nichtreisen sowie Unsicherheiten und Ängste im Fokus der Untersuchungen stehen.

Reisemotivation als komplexes Konstrukt thematisiert die Umstände und Kräfte, die Menschen veranlassen, zu einem bestimmten Zeitpunkt, an einen bestimmten Ort, auf eine bestimmte Art und Weise zu reisen. Diese Aspekte werden zumeist als Grundlage bzw. Rahmenbedingungen für Entscheidungsprozesse (→ Reiseentscheidung) thematisiert. Wechselwirkungen und Widersprüche, z. B. Wünsche versus finanzielle Mittel oder ethische Überlegungen versus Statussymbol, werden ebenfalls aufgezeigt (Mundt 2013).

Im Vordergrund der Reisemotivforschung stehen zumeist Urlaubs- und Freizeitreisen, da bei → Geschäftsreisen von einer Notwendigkeit ausgegangen wird und somit nicht weiter nach einer Motivation gefragt wird. Eine Analyse zeigt jedoch, dass eine Geschäftsreise nicht allein aus der Notwendigkeit heraus erklärt werden kann. Aspekte des Status, ein Erleben von Gemeinschaft und Selbstaktualisierung sind ebenfalls wirksam. (kh)

Literatur

Dann, Graham 1981: Tourism Motivation: An Appraisal. In: Annals of Tourism Research, 8 (2), pp. 187–219
Freyer, Walter 2015: Tourismus. München: Oldenbourg (11. Aufl.)
Heuwinkel, Kerstin 2018: Tourismussoziologie. München: UTB
Knebel, Hans-Joachim 1960: Soziologische Strukturwandlungen im modernen Tourismus. Stuttgart: Enke
MacCannell, Dean 1999: The Tourist: A New Theory of the Leisure Class. London: Routledge (3rd ed.)
Mundt, Jörn W. 2013: Tourismus. München: Oldenbourg (4. Aufl.)
Page, Stephen J. 2019: Tourism Management. London, New York: Routledge (6th ed.)
Pearce, Philip 1993: Fundamentals of Tourist Motivation. In: Douglas G. Pearce; Richard W. Butler (eds.): Tourism Research: Critiques and Challenges. London: Routledge, pp. 85–105

Reisen für Alle → **Barrierefreies Reisen**

Reisepädagogik → **Tourismuspädagogik**

Reiseplan [itinerary]

Digitales persönliches Dokument der Deutschen Bahn für Reisen im In- und Ausland. Die in „Ihr persönlicher Reiseplan" enthaltenen Informationen betreffen Zuglauf, Anschlusszüge auf den Unterwegsbahnhöfen, Serviceleistungen im Zug oder auf den Bahnhöfen, Wege vom und zum → Bahnhof. Pünktlichkeitsinformationen erscheinen in Echtzeit (www.bahn.de).

Als Faltblatt („Ihr Reiseplan") liegt ein von der Deutschen Bahn AG herausgegebener, vorgefertigter Reiseplan in den Fernzügen (ICE, IC, EC) mitunter an den Sitzplätzen. Ihr Entstehen lässt sich bis in die 1960er-Jahre zurückverfolgen. Damals hieß er „Ihr Zugbegleiter" und wurde in den TEE-Zügen verteilt. (hdz/wf)

Reise-Portal → **Internet Booking Engine**, → **Online-Reisevermittler**, → **Touristische Suchmaschine**, → **Web-Portal**

Reisepreisminderung [travel price reduction]

Reisepreisminderung bedeutet, dass der Reisende am Reisevertrag trotz vorliegender Mängel festhält – also weder zur Selbstabhilfe noch zur Kündigung greift –, dafür aber den Reisepreis nach Reiseende im Reklamationsverfahren kürzt. Da der Reisende den Reisepreis in der Regel schon vorausbezahlt hat, verlangt er damit eine teilweise Erstattung des Preises in Geld für die Minderleistung

(§ 651m BGB). Bei der Minderung ist der Reisepreis in dem Verhältnis herabzusetzen, in welchem zur Zeit des Vertragsschlusses der Wert der Pauschalreise in mangelfreiem Zustand zu dem wirklichen Wert gestanden haben würde.

Die verschuldensunabhängige Minderung kann neben einem Schadensersatzanspruch für weitere Vermögensverluste, insbesondere für nutzlos aufgewendete Urlaubszeit, geltend gemacht werden, der allerdings nach § 651n BGB verschuldensabhängig ist. Wird dem Mangel umgehend durch den Veranstalter oder durch Selbstabhilfe abgeholfen, wie zum Beispiel durch Reparatur im Zimmer oder durch eine zumutbare Ersatzunterkunft, entfällt der Minderungsanspruch.

Voraussetzungen für die Minderung sind nach § 651m BGB (1) ein objektiv vorliegender Reisemangel einer Pauschalreise nach § 651i II BGB, den der Reisende zu beweisen hat und (2) dessen unverzügliche, nicht schuldhaft unterlassene Mängelanzeige, welche formlos wirksam ist und gegenüber dem Veranstalter, dessen Vertreter vor Ort oder dem Reisevermittler (§ 651v IV BGB) erklärt werden kann.

Die Höhe der Minderung erfolgt nach § 651m I 3 BGB durch eine Schätzung der Minderungshöhe durch einen prozentualen Abschlag vom Gesamtreisepreis. Dabei ist zu berücksichtigen, inwieweit sich die Mangelhaftigkeit einer Einzel- auf die Gesamtleistung ausgewirkt hat und über welchen Zeitraum und in welchem Maße Beeinträchtigungen vorgelegen haben. Ausgehend vom Gesamtreisepreis ist ein Tagespreis zu ermitteln, die prozentuale Minderungsquote in Abzug zu bringen und mit der Anzahl der beeinträchtigten Tage zu multiplizieren. Hilfreich ist die von Führich entwickelte Kemptener Reisemängeltabelle als Orientierungshilfe an Hand wichtiger veröffentlichter Urteile. Eine Minderungstabelle hat jedoch keine normative Bindungswirkung, und es bleiben stets die Umstände des jeweiligen Einzelfalls maßgeblich. (ef)

Literatur

Führich, Ernst 2018: Basiswissen Reiserecht. München: C. H. Beck/Vahlen (4. Aufl.; § 9)
Führich, Ernst; Ansgar Staudinger 2019: Reiserecht. München: C. H. Beck (8. Aufl.; § 21)
Kemptener Reisemängeltabelle (www.reiserechtfuehrich.com; laufend aktualisiert)

Reisepsychologie → **Tourismuspsychologie**

Reiserecht [travel law]

Das Reiserecht ist weder ein einheitliches Rechtsgebiet, noch gibt es hierfür ein einheitliches Gesetzbuch. Das Reiserecht erfasst als Querschnittsrecht alle privatrechtlichen Vorschriften, welche den Reisenden gegenüber Reiseunternehmen (→ Reiseveranstalter, → Reisevermittler, → Leistungserbringer wie Verkehrs- und Beherbergungsunternehmen) berechtigen und verpflichten. Zum Reiserecht zählen das (1) Pauschalreisevertragsrecht (→ Abschluss des Reisevertrags), das

(2) Reisevermittlungsrecht des Reisebüros und der Internet-Reiseportale und das (3) Individualreiserecht der Beförderung mit Flugzeug, Bus, Bahn und Schiff und der Gastaufnahme in Beherbergungsbetrieben. (ef)

Literatur

Führich, Ernst 2018: Basiswissen Reiserecht. München: C. H. Beck/Vahlen (4. Aufl.)

Führich, Ernst; Ansgar Staudinger 2019: Reiserecht. München: C. H. Beck (8. Aufl.)

Palandt, Otto (Hrsg.) 2021: Bürgerliches Gesetzbuch. München: C. H. Beck (§§ 651a bis y) (80. Aufl.)

Schulze, Reiner et al. 2019: Bürgerliches Gesetzbuch Handkommentar. Baden-Baden: Nomos (10. Aufl.; §§ 651 a bis y)

Tonner, Klaus; Stefanie Bergmann & Daniel Blankenburg (Hrsg.) 2018: Reiserecht. Baden-Baden: Nomos

Reiserichtlinien → **Geschäftsreisemanagement-System**

Reiserisiken → **Risiko,** → **Risikobewertung**

Reiserücktrittsversicherung → **Risiko**

Reiseunfallversicherung → **Risiko**

Reiseveranstalter **[tour operator, tour organiser]**

(a) Allgemein Reiseveranstalter sind Unternehmen, die in der Regel mindestens zwei touristische Produkte – üblicherweise Unterkunft und Transport – zu einem Paket bündeln und zu einem Pauschalpreis anbieten. Die Preise der Einzelleistungen sind für den Kunden nicht ersichtlich. Der Vertrieb erfolgt in der Regel über → Reisevermittler (online/offline), die mit einer → Provision entlohnt werden. Bei Buchung entsteht eine Vertragsbeziehung zwischen Kunde und Reiseveranstalter.

Bei den Reiseveranstaltern unterscheidet man zwischen Generalisten mit einem breiten und tiefen Angebotssortiment und Spezialisten. Zu den Generalisten zählen die (teil-)integrierten Konzerne wie Ctrip, TUI, FTI oder REWE Touristik. Spezialisten sind ausgerichtet auf Zielgebiete (z. B. Ägyptenspezialist), Zielgruppen (Jugendreisen, 50+ Reisen, …), Aktivitäten (Wanderreisen, Fahrradreisen, Tauchreisen, …), Verkehrsmittel (Flugreisen, Bahnreisen, Busreisen, Kreuzfahrten, …) oder Qualitätsniveaus (Luxusreisen, Günstig-Reisen, …). Die Kriterien der Spezialisierung werden mitunter auch kombiniert (Tauchreisen nach Ägypten). Die Spezialisierungen sind aus unternehmerischer Sicht mit unterschiedlichen Risiken behaftet. Zielgebietsspezialisten haben den Vorteil einer detaillierten Kenntnis und einer großen Kompetenz der Destination. Die Unternehmen leiden aber unausweichlich, wenn im Zielgebiet Probleme entstehen, sei es durch Politik, Naturkatastrophen oder Wandel der wirtschaftliche Verhältnisse (z. B. Wechselkursschwankungen). Eine Orientierung auf Zielgruppen hat den Vorteil, dass bei einem Ausfall bestimmter → Destinationen den Kunden/Gästen alternative Zielgebiete für die gleichen Reisewünsche angeboten werden können (Tauchen auf den Malediven oder in der Karibik anstatt in Ägypten).

Die Zahl der Reiseveranstalter in Deutschland ist schwer zu bestimmen. Dies liegt auch an der Tatsache, dass Reisevermittler bei der Kombination von Produkten rechtlich sehr schnell zum Reiseveranstalter werden (Eigenveranstaltung). Der → Deutsche Reiseverband schätzt, dass es im Jahr 2019 ca. 2.300 Reiseveranstalter gab. Davon waren ca. 320 im Verband organisiert. Die Größe der Unternehmen (nach Mitarbeitern, Umsatz und Anzahl der Gäste) ist in hohem Maße unterschiedlich. Die Marktforschung der Branchenzeitung FVW listete im Jahr 2019 53 Veranstalter namentlich auf. Nach Einschätzung der Fachzeitschrift entfällt auf diese Unternehmen ca. 68 % des Marktes für Veranstalterreisen.

Viele Reiseveranstalter wurden in den 1950er-/1960er-Jahren gegründet. Der besondere wirtschaftliche Aufschwung begann in den 1970er-Jahren. Zu Beginn war der internationale Luftverkehr reguliert und meist staatlichen Linienfluggesellschaften vorbehalten. Gemessen an den Einkommensverhältnissen waren die Preise für Flugreisen relativ hoch. Die eigentliche Entwicklung des Marktes für Urlaubsreisen mit dem Flugzeug begann mit der Organisation von Charterflügen durch die Reiseveranstalter: Veranstalter charterten Flugzeuge und verkauften Flug und Übernachtung in einem Gesamtpaket, sodass der eigentliche Flugpreis für den Kunden nicht mehr ersichtlich war. Dies erlaubte eine Umgehung der staatlich regulierten Flugtarife. In der Folge wurden neben den Linienfluggesellschaften für den rasch wachsenden Urlaubsreiseverkehr eigene Chartergesellschaften gegründet, teilweise auch als Töchter der Linienfluggesellschaften (Condor, Hapag-Lloyd, AeroLloyd, Air Berlin etc.).

Das Geschäftsmodell der → Pauschalreise war einer der wesentlichen Treiber für die schnell wachsende Tourismusindustrie rund ums Mittelmeer. Der ehemalige Generaldirektor des Ministeriums für Verkehr und Tourismus der Kanarischen Inseln, Carlos González, erklärte in den 1990er-Jahren: „Der Wohlstand kam mit dem Flugzeug".

In dieser Zeit bildeten sich auch die integrierten Reiseveranstalter: Neben der Reiseveranstaltung wurden Beteiligungen entlang der gesamten touristischen Wertschöpfungskette erworben. Dies ermöglichte eine Qualitätssicherung des gesamten touristischen Produktes und die Möglichkeit, vom wirtschaftlichen Erfolg der Leistungserbringer der verschiedenen Stufen zu partizipieren (→ Vertikale Integration).

Die Deregulierung des Flugmarktes, das Aufkommen von → Billigfluggesellschaften und Veränderungen in der Mediennutzung veränderten das Buchungsverhalten der Gäste seit der Jahrtausendwende. Dies hatte zur Folge, dass große integrierte Reisekonzerne wieder Marktanteile an kleinere, teilweise technikge-triebene Veranstalter und Spezialisten verloren haben. Im Jahr 2000 hatten die fünf größten Veranstalter einen Marktanteil von ca. 65 %. Dieser sank auf ca. 49 % im Jahr 2018. Dramatischer Höhepunkt dieses Strukturwandels war die Insolvenz des integrierten Reisekonzerns → Thomas Cook im Jahr 2019.

Dabei unterlagen die Geschäftsmodelle und -prozesse der Reiseveranstalter wesentlichen Veränderungen: Im klassischen Geschäftsmodell kauft der Ver-anstalter im Voraus feste Kontingente (Alotments) bei den Leistungserbringern (Flug, Hotel, → Incomingtourismus) ein. Der Vorteil ist eine Sicherung von knap-pen Kapazitäten zu einem garantierten Preis. Da der Veranstalter üblicherweise Kontingente über den gesamten Saisonverlauf abnimmt, sind bei diesem Mo-dell die Preise relativ konstant. Besonders knappe Produkte (gute Lagen von Hotels, Flüge zum Ferienbeginn) können mit guten Margen abgesetzt werden. Die Steuerung der Nachfrage erfolgt über das Yield-Management (→ Ertragsma-nagement). Zur Ertragsoptimierung werden Preise nach Saisonzeiten und Ab-flughäfen differenziert. Nicht verkaufte Produkte werden im Preis gesenkt (z. B. Last-Minute-Angebote) und teilweise über andere Vertriebskanäle, Veranstalter oder auf anderen → Quellmärkten angeboten. Das Risiko der Auslastung liegt im klassischen Modell beim Veranstalter. Bei Rückgang der Nachfrage wurden durch Nachverhandlungen mit Leistungserbringern nicht genutzte Kontingente teilweise an die Leistungserbringer zurückgegeben bzw. durch erhöhte Werbe-zuschüsse zusätzlich rabattiert. Allerdings sank dadurch im Zusammenspiel der Leistungserbringer die Marktmacht der Reiseveranstalter.

Beim Dynamischen Modell (X-Modell) vereinbart der Reiseveranstalter ledig-lich ein Rahmenabkommen mit den Leistungserbringern. Der Einkauf erfolgt im Augenblick der Buchung der Reise durch den Kunden/Gast. Die einzelnen Teile der Pauschalreise können individuell kombiniert werden. Der Einkauf kann di-rekt bei den Leistungserbringern (Fluggesellschaft, Hotel, Incoming-Agentur, ...) oder über Intermediäre (Bettenbanken, Consolidator, ...) erfolgen. Die Auswahl der einzelnen Teile der Reise kann der Kunde (Warenkorbsystem) oder Veranstal-ter (preisoptimierter Einkauf) übernehmen. Der zentrale Vorteil für den Veranstal-ter liegt in der Tatsache, dass kein Auslastungsrisiko übernommen wird. Auf der anderen Seite können durch hohe Nachfrage in Saisonspitzen hohe Preise aufge-rufen werden, die nicht mehr konkurrenzfähig sind (→ Reiseveranstalter (c) Dy-namische Reiseproduktion).

Aus diesem Grund kombinieren moderne Veranstalter beide Geschäftsmodel-le zu einem hybriden System: Für nachfragestarke Zeiten oder bei Produkten aus dem eigenen Konzern werden Kontingente zum Festpreis im Voraus eingekauft. Hybride Systeme verfügen über eine Vielzahl von Schnittstellen zu Leistungserbringern und Intermediären. Dies ermöglicht es, zu den günstigsten tagesaktuellen Preisen dynamisch zuzukaufen. Bei der Buchung entscheidet das System automatisch, ob eine Buchung in ein festes Kontingent oder über eine dynamische Schnittstelle erfolgt. Durch Automatisierung der Informations- und Buchungssysteme der Reisewirtschaft kommt es für die Reiseveranstalter immer mehr darauf an, deutlich zu machen, wo die Vorteile der Veranstalterreise gegenüber dem ‚Do-It-Yourself' bei Information, Buchung und Reisedurchführung liegen.

Beim Vertrieb von Reiseveranstaltern unterscheidet man zwischen Eigenvertrieb (Buchung direkt beim Veranstalter oder über konzerneigene Reisebüros) und Fremdvertrieb. Eine wesentliche Rolle spielen sowohl die technische Anbindung an Vertriebssysteme (Preisvergleichssysteme, Buchungs- und Reservierungssysteme) als auch die Provisionsmodelle.

Nach der Buchung einer Reise übernehmen Reiseveranstalter folgende Aufgaben:
- Bestätigung der Reise und Versendung der Reiseunterlagen (in Papierform oder elektronisch);
- Organisation der An- und Abreise inkl. Transfers;
- Unterkunft;
- Reiseleitung, Betreuung bei Problemen vor Ort;
- Organisation zusätzlicher Leistungen (z. B. Ausflüge).

Die Qualitätsstandards der Veranstalterleistungen sind unterschiedlich. Dies gilt zum Beispiel für die Betreuung der Gäste durch die Zielgebietsagenturen. Mal steht den Gästen eine persönliche, kompetente Betreuung vor Ort zur Verfügung. Mal beschränken sich Veranstalter auf das gesetzlich vorgeschriebene Mindestmaß und bieten ihren Gästen lediglich eine Service-Hotline mit eingeschränkten Servicezeiten. Qualitätsorientierte Reiseveranstalter verfügen über eine eigene Kundenbetreuung und ein → Beschwerdemanagement. Diese helfen bei möglichen Reisemängeln oder bearbeiten Kompensationsansprüche bei Fehl- und Mangelleistungen. (ad)

Literatur
Dörnberg, Adrian von; Walter Freyer & Werner Sülberg 2018: Reiseveranstalter- und Reisevertriebs-Management: Funktionen – Strukturen – Prozesse. Berlin, Boston: De Gruyter Oldenbourg (2. Aufl.)
Hildebrandt, Klaus (Hrsg.) 2020: Veranstalter-Dossier 2020 – Statistiken und Fakten zur Deutschen Touristik. Beilage FVW 54 (4). Hamburg
Mundt, Jörn W. (Hrsg.) 2011: Reiseveranstaltung. München, Wien: Oldenbourg (7. Aufl.)

(b) Rechtlich
1 Definition § 651a II 1 definiert nur die → Pauschalreise als eine Gesamtheit aus mindestens zwei verschiedenen Arten von Reiseleistungen für den Zweck dersel-

ben Reise. Der Unternehmer (§ 14 BGB), der die Pauschalreise zusammenstellt, anbietet und erbringt, wird als Reiseveranstalter vom Gesetz bezeichnet (Art. 3 Nr. 8 Pauschalreiserichtlinie). Nichtgewerblich handelnde Personen sind keine Unternehmer und damit nicht Reiseveranstalter. Jugendgruppen, Vereine und Betriebe, welche Reisen nur für ihre Mitglieder organisieren, können nicht als Unternehmer und damit als Veranstalter angesehen werden.

2 Abgrenzung zum Reisevermittler Das neue → Reiserecht lässt das bisherige Reisevermittlerrecht bewusst unberührt und verweist in § 651b I 1 BGB darauf, dass unbeschadet der §§ 651v und 651w BGB für die Vermittlung von Reiseleistungen weiterhin die allgemeinen Vorschriften des BGB gelten. Die Unterscheidung zwischen Reiseveranstalter und → Reisevermittler ist daher weiterhin eines der größten Praxisprobleme, da Reiseunternehmen in der Praxis dem Verbraucherschutz der strengen Vorschriften des Pauschalreisevertrages entgehen wollen und den Vermittlerstatus anstreben. Der Reisende kann daher direkt bei dem Reiseveranstalter seine Reise buchen, sich aber auch eines stationären Reisevermittlers (Reisebüro) oder eines Online-Vermittlers (→ OTA) bedienen.

§ 651b I BGB legt Abgrenzungskriterien zwischen dem Pauschalreise- und Reisevermittlungsvertrag fest. Die Abgrenzung erfolgt anhand objektiver Umstände. Die Regelung setzt mindestens zwei verschiedene Reiseleistungen zum Zweck derselben Reise voraus. Wählt der Kunde diese Leistungen in einer einzigen Vertriebsstelle des Unternehmers im Rahmen desselben Buchungsvorgangs aus, bevor er sich zur Zahlung verpflichtet, liegt eine Pauschalreise vor. Gemäß § 651b I S. 4 BGB beginnt dieser Buchungsvorgang noch nicht, wenn der Reisende lediglich beraten wird (z. B. über Angebote, Preise). Der vermeintliche Vermittler haftet jedoch auch dann als Veranstalter, wenn er die Reiseleistungen zu einem Gesamtpreis anbietet, zu verschaffen verspricht oder in Rechnung stellt. Werden einzelne Leistungen vom Vermittler addiert und unter einer Gesamtsumme in Rechnung gestellt, ist dieser als Veranstalter ersatzpflichtig. Den Gesamtpreis verbindet der Kunde typischerweise mit dem Reiseprodukt Pauschalreise. Ebenso wenig kann sich ein Unternehmer darauf berufen, lediglich Einzelverträge zu vermitteln, wenn er die Leistungen unter dem Begriff „Pauschalreise" vermarktet (§ 651b I 2 Nr. 3 BGB). Damit soll eine Irreführung des Reisenden durch ein widersprüchliches Verhalten des Unternehmens verhindert werden. Die Veranstalterstellung ist auch bei anderen Schlagworten wie „Kombireise", „→ All inclusive" oder „Komplettangebot" anzunehmen. Die Praxis sollte sich daran halten, dass bei getrennter Buchung, getrennter Rechnungsstellung und getrennter Bezahlung weder eine Pauschalreise noch eine → Vermittlung verbundener Reiseleistungen angenommen werden kann, sondern eine Vermittlung dieser Einzelleistungen vorliegt, wenn nicht die Bezeichnung „Pauschalreise oder Gesamtpreis" verwendet wird.

§ 651b II BGB definiert den Begriff der Vertriebsstelle, der insbesondere für die Buchungssituationen des § 651b I 1 Nr. 1 BGB und des § 651w I 1 Nr. 1 BGB Bedeutung hat. Hierunter fallen unbewegliche und bewegliche Gewerberäume (z. B. Bürogebäude, Messestände) oder Telefondienste. Ebenfalls als Vertriebsstelle sind Webseiten für den elektronischen Geschäftsverkehr und ähnliche Online-Verkaufsplattformen einzuordnen. Bei mehreren Webseiten handelt es sich um eine einzige Vertriebsstelle, wenn der Anschein eines einheitlichen Auftritts begründet wird.

3 Rechtsstellung des Reisevermittlers Der Vermittler ist ein rechtlich und wirtschaftlich selbständiges Unternehmen und vermittelt dem Kunden fremde Reiseleistungen in fremdem Namen und auf fremde Rechnung (BGH, 30.09.2010, Xa ZR 130/08, Führich & Staudinger 2019, § 5 Rn. 26 ff.). Der Vermittler schuldet nicht die Durchführung der Pauschalreise oder der Reiseeinzelleistung. Der Reisevermittler ist nicht nur im Vertrieb von Pauschalreisen tätig, sondern vermittelt auch Einzelleistungen wie Flugleistungen, Hotels, Ferienwohnungen, Fähren, Eintrittskarten und Reiseversicherungen.

Der Reisevermittler und der Kunde schließen einen Vermittlervertrag ab, welcher als Geschäftsbesorgungsvertrag nach § 675 BGB betrachtet wird und auf die ordnungsgemäße Vermittlung der Reiseleistungen gerichtet ist. Der Geschäftsbesorgungsvertrag begründet eigene Sorgfalts- und Informationspflichten. Der Reisende schließt damit zwei Verträge: den vermittelten Pauschalreisevertrag mit dem Veranstalter und den Geschäftsbesorgungsvertrag mit dem Reisevermittler. Ab dem Zeitpunkt der Auswahlentscheidung des Reisenden für eine konkrete Pauschalreise ist der Reisevermittler Erfüllungsgehilfe des Reiseveranstalters, so dass eine Pflichtverletzung des Vermittlers nach der Buchung dem ausgewählten Reiseveranstalter zugerechnet wird (§ 278 BGB).

Im Rahmen des Vertriebs des Reiseveranstalters hat der Vermittler in den meisten Fällen einen schriftlichen Agenturvertrag geschlossen und ist bei ständiger Vermittlung dessen Handelsvertreter nach §§ 84 ff. HGB. Als Agentur ist er mit einem gesetzlichen Provisionsanspruch nach §§ 87 ff. HGB in die Absatzorganisation des Veranstalters eingegliedert und besitzt als sein Stellvertreter eine Abschlussvollmacht (§ 164 BGB) für Reiseverträge zwischen dem Reisenden und dem Reiseveranstalter. Soweit ohne Agenturvertrag kein Handelsvertreterstatus bei einem Reisevermittler vorliegt, ist dieser nicht ständig mit der Vermittlung eines Veranstalters betraut, sondern als Händler neutraler Handelsmakler nach §§ 93 ff. HGB ohne einen gesetzlichen Provisionsanspruch. (ef)

Literatur
Führich, Ernst 2018: Basiswissen Reiserecht. München: C. H. Beck/Vahlen (4. Aufl.; § 2)
Führich, Ernst; Ansgar Staudinger 2019: Reiserecht. München: C. H. Beck (8. Aufl.; § 5 Rn. 23 ff.)

(c) Dynamische Reiseproduktion [dynamic packaging] Bei der dynamischen Produktion von Pauschalreisen werden die Prozesse der Leistungsbeschaffung, der Paketierung und Preiskalkulation sowie der Reservierung und Abwicklung (fulfillment) der Reiseleistungen automatisiert im Netzwerkverbund vollzogen. Sie werden durch die Recherche eines Reiseinteressenten gemäß seiner Wünsche ausgelöst und in Echtzeit seiner Entscheidungen interaktiv mit dem Kunden durchgeführt.

Der Reiseveranstalter betreibt im Rahmen seines → Reservierungssystems eine Dynamic Packaging Engine (DPE), oder er lässt durch Nutzung einer zentralen DPE bei einem IT-Dienstleister in seinem Namen bzw. unter seiner Marke produzieren (→ Internet Booking Engine). Die Dynamic Packaging Engine ist im Netzwerk verbunden mit internen und externen Angebotsdatenbanken, insbesondere für Flug und Hotel, im Sinne des Vorrats an paketierbaren Reiseleistungen (inventory) und zur Reservierung und Abwicklung der gebuchten Reisen. Die Recherche nach Reiseleistungen sowie Paketierung und Preiskalkulation (dynamic pricing) erfolgen automatisiert nach vorgegebenen Regeln und online in Kommunikation mit dem Reiseinteressenten bzw. Kunden.

Bei Buchung und Reservierung einer dynamisch produzierten Pauschalreise handelt es sich um eine verteilte Geschäftstransaktion, die nur vollständig abgewickelt werden darf. Nur wenn alle Einzelleistungen einer Pauschale zusammenpassen und in allen beteiligten Leistungsanbietersystemen erfolgreich reserviert werden können, ist die Reisebuchung als Paket verbindlich. Diese Grundlage sowie die oftmalige Kurzfristigkeit des Angebots von Reiseleistungen (last minute) zur Paketierung erschweren oder verhindern den Service, z. B. der Options- oder Umbuchung.

Zur Abgrenzung des Dynamic Pre-Packaging vom hier skizzierten dynamischen Produzieren in Echtzeit des Kundenwunsches siehe Internet Booking Engine und → OTDS. (uw)

Literatur

Schulz, Axel; Uwe Weithöner; Roman Egger & Robert Goecke 2015: eTourismus: Prozesse und Systeme. Berlin: De Gruyter Oldenbourg, insb. Kapitel 4.6 (2. Aufl.) (3. Aufl. in Vorbereitung)

Reisevermittler [travel agent, travel agency]

(a) Allgemein Ein Reisevermittler ist ein Absatzmittler oder Intermediär. Er vertreibt Reisen im Auftrag und Namen eines touristischen Produzenten/Leistungsträgers an den Endkunden/Gast. Sollte ein Reisevermittler selbst Reisen veranstalten, wird das Unternehmen rechtlich zum → Reiseveranstalter. Reisevermittler können virtuell/online (als → Online-Reisevermittler, Online Travel

Agent, OTA) oder offline auftreten. Die Entwicklung geht dahin, dass viele Reisebürounternehmen sowohl stationär als auch online tätig sind.

Historisch war in Deutschland – im Gegensatz zu vielen anderen Ländern –
die Funktion Reiseveranstaltung und Vertrieb von Reisen unternehmerisch strikt
getrennt. In den 1960er-Jahren haben sich Reisebürounternehmen zusammengeschlossen, um gemeinsam Reiseveranstalter zu gründen, wie zum Beispiel Scharnow, Hummel, Touropa etc., aus denen später die TUI hervorging. Bereits seit den
1950er-Jahren haben viele Reisebüros neben der Reisevermittlung Reisen in mehr
oder weniger großem Umfang veranstaltet. Schwerpunkt waren zumeist Gruppenreisen für den regionalen Quellmarkt.

Heute verschwimmen die Grenzen zwischen Reisebüro und Reiseveranstalter: Reiseveranstalter haben sich an → Reisebüroketten bzw. → Reisebürokooperationen beteiligt, und Reisebüros veranstalten selbst → Pauschalreisen.

Veränderungen in der Mediennutzung und im Buchungsverhalten hatten in
den vergangenen Jahren starke Auswirkungen auf den stationären Vertrieb. Besonders wenig beratungsintensive Produkte (z. B. Bahnfahrkarten, Linienflüge,
Städtereisen, …) werden überwiegend online und direkt beim jeweiligen Leistungsträger oder Online-Reisebüro gebucht. Dennoch gibt es in Deutschland eine
große Anzahl an Kunden, welche die Produkt- und Beratungskompetenz und den
Service des stationären Vertriebs zu schätzen wissen. Allerdings ist die Zahl der
stationären Vertriebsstellen von 15.775 im Jahr 1999 auf ca. 11.000 im Jahr 2007 gesunken. Seitdem hat sich die Zahl der Vertriebsstellen in etwa stabilisiert. Dabei
ist die durchschnittliche Größe der einzelnen Büros gewachsen.

Generell ist die Branche der Reisevermittler in Deutschland in den vergangenen Jahrzehnten durch einen starken Konzentrationsprozess (unternehmerische Zusammenschlüsse) gekennzeichnet. Reisebüroketten, Franchiseunterneh-
men (→ Franchise) und Reisebürokooperationen haben über die Jahre hinweg
Marktanteile gewonnen, sodass 2018 nur noch etwa 5,7 % ungebundene Einzelunternehmen am Markt tätig waren.

Im Jahr 2018 lag beim überwiegenden Teil der Reisebüros der Schwerpunkt
auf dem Vertrieb von Freizeitreisen. Nach den Daten des DRV (2019) machten Reisebüros in Deutschland 19,1 Mrd. € Umsatz mit Freizeitreisen und 7,8 Mrd. € mit
Geschäftsreisen.

Mögliche Unterscheidungsmerkmale von Reisebüros sind:
- Vollreisebüros mit einem breiten und tiefen Sortiment an Pauschalreisen und
  Einzelbausteinen. Sie verfügen über Anbindungen an eine Vielzahl von Bu-
  chungs- und → Reservierungssystemen und arbeiten mit einem breiten Spektrum an Leistungserbringern zusammen. Sie vermitteln Freizeit- als auch Geschäftsreisen.

- Touristische Reisebüros konzentrieren sich auf den Markt für Urlaubsreisen. Sie arbeiten oft neben einem Leitveranstalter mit mehreren weiteren Reiseveranstaltern und Leistungserbringern zusammen.
- Spezialisierte Reisebüros konzentrieren sich auf definierte Marktsegmente/ Zielgruppen, für die sie spezifische Produkte anbieten. Sie haben ein eingeschränktes Sortiment und eine Anbindung an ausgewählte Reservierungssysteme.
- Geschäftsreisebüros konzentrieren sich auf den Markt der Geschäftsreisen. Sie bieten für dieses Segment erweiterte Service-Leistungen wie Abrechnungen, Entwicklungen von Richtlinien für Geschäftsreisen, Prozessoptimierung incl. Automatisierung von Reisekostenabrechnungen an (→ Geschäftsreisemanagement-System).
- Inbound-Reisebüros / Incoming-Reisebüros / Zielgebietsagenturen / Destination Management Companies (DMC) vermitteln Reiseprodukte für ausländische Veranstalter und direkt buchende Gäste und übernehmen deren Betreuung in den jeweiligen Zielgebieten. In Ländern mit einer höheren wirtschaftlichen Bedeutung des Inbound-Tourismus sind häufig Unternehmensstrukturen anzutreffen, die sowohl im Inbound- als auch im Outbound-Tourismus tätig sind.

In vielen anderen Ländern in und außerhalb von Europa existieren hinsichtlich Reiseveranstaltung und Reisevertrieb andere Strukturen. Dies ist auch darauf zurückzuführen, dass die Märkte sich zu einem anderen Zeitpunkt entwickelt haben und dass die für die Branchenentwicklung wichtigen Unternehmer im Hinblick auf die herrschenden Marktbedingungen alternative Entscheidungen getroffen haben.

In den Anfangsjahren mit wachsendem Reisegeschäft erhielten die Reisevermittler für nahezu alle Dienstleistungen eine prozentuale → Provision auf den Umsatz. Für Leistungen ohne Provision verlangten die Reisevermittler Service-Gebühren (Transaction Fees oder Management Fees). Mit zunehmender Marktdynamik wurden die Provisionsmodelle dynamisiert. In der weiteren Folge wurde das Entgeltsystem für die Reisebüros in komplexe Anreizsysteme umgewandelt (z. B. Boni für das Erreichen bestimmter Umsatzziele). (ad)

Literatur

Deutscher Reiseverband (DRV) (Hrsg.) 2019: Der Deutsche Reisemarkt – Zahlen und Fakten 2018. Berlin

Dörnberg, Adrian von; Walter Freyer & Werner Sülberg 2018: Reiseveranstalter- und Reisevertriebs-Management: Funktionen – Strukturen – Prozesse. Berlin, Boston: De Gruyter Oldenbourg (2. Aufl.)

(b) Rechtlich

1 Begriff Reisevermittler ist, wer (1) fremde Reiseleistungen (2) in fremdem Namen und auf fremde Rechnung vermittelt. Entscheidend ist daher, dass die Fremdheit der Reiseleistungen für den Reisekunden erkennbar ist. Eine Vermittlung wird nur dann anerkannt, wenn der Vermittler als Stellvertreter des Reiseunternehmens dieses Unternehmen erkennbar offenlegt. So hat der Vermittler eines Fluges oder eines Hotelaufenthalts gegenüber dem Kunden eindeutig auf seine Vermittlerposition hinzuweisen und die vermittelten → Leistungserbringer → Fluggesellschaft und → Hotel offen zu nennen (§ 164 I BGB). Wird der Leistungserbringer nicht offen gelegt, liegt keine Vermittlung, sondern ein Eigengeschäft vor. Gegenstand der Vermittlung können nicht nur → Pauschalreisen eines Reiseveranstalters (§ 651v BGB) oder Flüge von Luftverkehrsunternehmen, sondern alle Arten von Einzelreiseleistungen sein. Typische Vermittler in der Touristik sind stationäre Reisebüros und Internet-Portale (→ Web-Portal). Auch → Touristinformationen der Gemeinden sind typische Vermittlungsstellen. Soweit sie Kataloge (→ Reisekatalog) und Verzeichnisse herausgeben, müssen die Angaben stimmen und vollständig sein, ansonsten liegen irreführende geschäftliche Angaben nach §§ 3, 5 UWG vor.

2 Vermittlung von Pauschalreisen Bei einer Pauschalreise vermittelt der Unternehmer lediglich den Pauschalreisevertrag (→ Abschluss des Reisevertrags) zwischen dem Reiseveranstalter und dem Reisenden, schuldet aber nicht die Durchführung der Reise. Das neue Reiserecht des § 651v BGB enthält eine Legaldefinition für den Reisevermittler und enthält Informationspflichten und die Inkassobefugnis für den Reisepreis. Der Reisevermittler ist dazu verpflichtet, den Reisenden gem. der Vorgaben des Art. 250 §§ 1 bis 3 EGBGB vorvertraglich zu informieren. Gemeint ist damit das zur Verfügungstellen des passenden Formblatts für Pauschalreisen, bevor der Reisevertrag zwischen dem Veranstalter und dem Kunden zustande kommt. Dabei hat der Vermittler zu beweisen, dass er dieser Aufgabe nachgekommen ist. Diese Pflicht hat der Vermittler neben dem vermittelten Reiseveranstalter gem. den Vorgaben des EGBGB. Sobald einer der Informationspflicht nachkommt, wird der jeweils andere von der Informationspflicht gem. §§ 651d I 2, 651v I 2 befreit.

Zahlungen des Pauschalreisenden auf den Reisepreis können nach Maßgabe der Voraussetzungen nach § 651 t Nr. 2 BGB entgegengenommen werden. § 651v II 2 BGB schafft eine widerlegliche gesetzliche Vermutung für eine Inkassovollmacht des Vermittlers, sofern dieser dem Kunden eine Reisebestätigung unter Beachtung der Vorgaben nach Art. 250 § 6 EGBGB aushändigt, die unter anderem auch die Angabe des Kundengeldabsicherers enthält, oder sonstige Umstände vorliegen, die dem Reiseveranstalter zuzurechnen sind. Ein solcher Umstand kann das zur Verfügungstellen des Sicherungsscheins an den Reisenden sein.

Hat der Reiseveranstalter seinen Sitz außerhalb der EU oder eines EWR-Staates, muss der Vermittler nachweisen, dass das veranstaltende Unternehmen seinen gesetzlichen Pflichten aus §§ 651 i bis 651 t BGB für die Gewährleistung bei Reisemängeln und einer Insolvenzsicherung nachkommt. Kann er diesen Nachweis nicht erbringen, haftet er selbst nach den genannten Vorschriften (BT-Drs. 18/10822, 94).

Der Reisende hat gem. § 651v IV BGB die Möglichkeit, Mängelanzeigen und andere Erklärungen neben dem Reiseveranstalter auch dem Reisevermittler gegenüber abzugeben. Solche können beispielsweise etwaige Nachrichten, Ersuchen oder Beschwerden des Kunden sein, die mit der Reise in Verbindung stehen. Der Vermittler hat die Pflicht, diese Mitteilungen unverzüglich an den Reiseveranstalter weiterzuleiten.

3 Haftung für Pflichtverletzungen Der Reisevermittler haftet nur bei einer vorsätzlichen oder fahrlässigen Pflichtverletzung der Vermittlung (Sorgfalts- und Informationsfehlern) wie bei unrichtigen Zusicherungen, welche über den Prospekt hinausgehen, bei Nichtweiterleitung von Daten und Sonderwünschen des Kunden oder bei Buchungsfehlern (§ 651x BGB) und Fehlern in der Preisberechnung. Ein vermittelter Reiseveranstalter haftet daneben als Gesamtschuldner (§ 421 BGB) für seinen Vertriebsweg, da der Vermittler sein Erfüllungsgehilfe bei der Buchung der Reise ist. (ef)

Literatur
Führich, Ernst 2018: Basiswissen Reiserecht. München: C. H. Beck/Vahlen (4. Aufl.; § 11 und § 15)
Führich, Ernst; Ansgar Staudinger 2019: Reiserecht. München: C. H. Beck (8. Aufl.; § 26)

(c) Technologisch → Online Travel Agent, → Online-Reisevermittler, → Web-Portal

Reiseversicherer **[travel insurance corporation]**
Zu den Reiseversicherern werden üblicherweise diejenigen Spezialversicherungsgesellschaften gezählt, deren Geschäftsfelder schwerpunktmäßig auf den Tourismus ausgerichtet sind. Sie verstehen sich auch als Dienstleistungsunternehmen in der Tourismusbranche.

Bei den Reiseversicherungen handelt es sich um spezielle Versicherungen für die Reise. Reiseversicherungen decken die reisetypischen Risiken ab, die der Reisende bewusst oder unbewusst eingeht, wenn er die ihm vertrauten Verhältnisse verlässt. Teilweise decken diese Risiken auch bereits allgemeine Versicherungen, wie zum Beispiel die gesetzliche Krankenversicherung oder die Hausratversicherung ab. Im engeren Sinn versteht man jedoch unter Reiseversicherungen diejenigen Versicherungen, die speziell für Reisezwecke eingeführt und von Reiseversicherern am deutschen, europäischen und außereuropäischen Markt angeboten werden. → Risiko. (hdz)

Reisevertrag → **Abschluss des Reisevertrags**

Reisewarnung [travel warning]
Die Außenministerien vieler Länder veröffentlichen auf ihren Internetseiten aktuelle Warnungen für Reisen in Länder, die mit einem über dem Normalen liegenden → Risiko verknüpft sind. Die Informationen und Warnungen beruhen vor allem auf Berichten der diplomatischen Vertretungen in diesen Ländern und Informationen des Auslandsnachrichtendienstes. Dabei werden alle Arten von Risiken herangezogen und bewertet. Das reicht im Einzelfall von unspezifischen meteorologischen Warnungen (zum Beispiel vor der Wirbelsturmsaison in der Karibik oder einem drohenden Tsunami) über gesundheitliche Risiken (zum Beispiel Gelbfieber und Malaria in vielen afrikanischen Ländern; Corona-Virus) bis hin zu Warnungen vor bestimmten Gebieten mit hoher Terrorgefahr oder Kriminalität (→ Terrorismus und Tourismus).

Nach deutschem → Reiserecht ist eine „Reisewarnung des Auswärtigen Amtes ein wesentliches, aber kein alleiniges Indiz" (Führich 2018, S. 69) für eine Gefährdung der persönlichen Sicherheit. Sie stellen kein Reiseverbot dar, sondern sollen sensibilisieren und zur Wachsamkeit aufrufen. Die ebenfalls vom Außenministerium veröffentlichten Sicherheitshinweise (travel advisories) sind dagegen reiserechtlich nicht von wesentlicher Bedeutung (a. a. O.) (www.auswaertiges-amt.de). (jwm/wf)

Literatur
Führich, Ernst 2018: Basiswissen Reiserecht. Grundriss des Pauschal- und Individualreiserechts. München: Vahlen (4. Aufl.)
Moeder, Ronald 2019: Tourismusrecht in der Unternehmenspraxis. München: UVK

REIT (Real Estate Investment Trust)
Ein REIT ist ein Unternehmen, das Immobilien im Eigentum hat, teilweise auch betreibt und finanziert. Abstrakt gesprochen, lassen sich REITs als Kapitalsammelstellen verstehen, die es Anlegern ermöglichen, durch den Kauf von Anteilen in Immobilien zu investieren. REITs investieren in unterschiedliche Arten von Immobilien, wobei oft eine Spezialisierung stattfindet, z. B. auf Büros, Einkaufszentren, Krankenhäuser, Lagergebäude oder Shopping Malls (Beals & Arabia 1999, S. 69 ff.; Nareit o. J.; Vallen & Vallen 2018, S. 45; Vogel 2012, S. 162 f.).

Das Finanzierungsinstrument kann unterschiedlich ausgestaltet sein (etwa Registrierung bei der Börsenaufsichtsbehörde vs. Nichtregistrierung; öffentlicher Handel an der Börse vs. kein öffentlicher Handel) (Nareit o. J.; Vallen & Vallen 2018, S. 45 f.).

In der Tourismusbranche erlangen REITs beispielsweise Bedeutung bei der Finanzierung von Hotelimmobilien (Vogel 2012, S. 162 f.). Die Vertragsstruktur kann im Rahmen der → funktionellen Entkopplung so gestaltet sein, dass zwischen einem Hotel-REIT (Lodging REIT) und einer Hotelbetreibergesellschaft ein weiteres Unternehmen zwischengeschaltet wird. Dieses schließt mit dem Hotel-REIT einen Mietvertrag ab und zahlt die vereinbarte Miete. Mit der Hotelbetreibergesellschaft schließt das zwischengeschaltete Unternehmen einen → Managementvertrag ab. Gewinn und Verlust fließen an das zwischengeschaltete Unternehmen, die Hotelbetreibergesellschaft erhält eine Management Fee (Frei 2000, S. 216 f.).

REITs haben auch in Europa Einzug gehalten. Während das Finanzierungsinstrument in den USA bereits 1960 eingeführt wurde (Real Estate Investment Trust Act of 1960), erwies sich die konkrete Ausgestaltung in einigen europäischen Ländern ausgesprochen langwierig. In Deutschland bremsten Unklarheiten hinsichtlich steuerlicher Fragen lange den politischen Entscheidungsprozess. 2007 hat der Bundesrat dem Gesetz abschließend zugestimmt, welches rückwirkend zum 01.01.2007 in Kraft trat. Gleichwohl sind REITs in Deutschland – im Vergleich zu den USA – ein Nischenprodukt geblieben. (wf)

Literatur

Beals, Paul; John V. Arabia 1999: Lodging REITs. In: Lori E. Raleigh; Rachel J. Roginsky (eds.): Hotel Investments: Issues & Perspectives. Lansing: Educational Institute of the American Hotel & Motel Association, pp. 69–89 (2nd ed.)

Frei, Ilona 2000: Expansionsstrategien in der Hotelindustrie: deutsche Hotelketten im internationalen Vergleich. Hamburg: Dr. Kovač (= Schriftenreihe volkswirtschaftliche Forschungsergebnisse, Bd. 569)

Liu, Peng 2010: Real Estate Investment Trusts. Performance, Recent Findings, and Future Directions. In: Cornell Hospitality Quarterly, 51 (3), pp. 415–428

Nareit o. J.: What's a REIT? (www.reit.com/what-reit, zugegriffen am 17.08.2020)

Vallen, Gary K.; Jerome J. Vallen 2018: Check-In Check-Out: Managing Hotel Operations. Boston: Pearson (10th ed.)

Vogel, Harold L. 2012: Travel industry economics: A guide for financial analysis. Cambridge: Cambridge University Press (2nd ed.)

Relaisküche → **Satellitenküche**

Release Periode → **Rückfallfrist**

Reling [railing, rail]

Unter dem aus der Schifffahrt entstammenden Begriff Reling wird ein Geländer verstanden, das um freiliegende Decks oder Öffnungen auf Schiffen herum montiert ist. Von der Art her lassen sich offene, feste, abnehmbare und auch abklappbare Typen unterscheiden. Eine Griffstange begrenzt die Reling nach oben, Durchzüge oder Leisten durchziehen die senkrechten Stützpfosten in der Waagerechten. (hdz)

Rentabilität [profitability, profit ratio]

Die Rentabilität stellt – neben der Liquidität – eines der beiden zentralen Wertziele der Unternehmenssteuerung dar. Als relative Ergebniskennzahl ist eine Rentabilität prinzipiell definiert als:

$$\frac{\text{Gewinn}}{\text{verursachende Größe}} \times 100$$

und wird nach der verwendeten Nennergröße bezeichnet. Sie stellt somit ein Maß für die Gewinn-Ergiebigkeit dar. Quellen des Gewinns können sowohl das eingesetzte Kapital als auch der erzielte Umsatz sein. Die Rentabilität wird dabei entweder für die gesamte Unternehmung oder aber für einzelne Teilbereiche oder Projekte (→ Return on Investment) ermittelt. Rentabilitäten gelten als zentrale Zielvorgabegrößen im Rahmen eines Planungs- und Kontrollsystems und sind entweder bilanziellen oder kalkulatorischen Ursprungs. Als Rentabilitäten sind geläufig:

– die Eigenkapitalrentabilität (auch Return on Equity [RoE]), die als wichtige bilanzielle Rentabilitätskennziffer aus Eigentümersicht gilt:

$$\frac{\text{Jahresüberschuss}}{\text{Eigenkapital}} \times 100$$

– die Gesamtkapitalrentabilität (auch Return on Assets [RoA] bzw. Return on Capital [RoC]), die – ebenfalls bilanziellen Ursprungs – die Ergiebigkeit des gesamten in der Unternehmung eingesetzten Kapitals, gleich welcher Herkunft zeigt,

$$\frac{\text{Jahresüberschuss} + \text{Fremdkapitalzinsen}}{\text{Eigenkapital} + \text{Fremdkapital}} \times 100$$

– die Umsatzrentabilität (auch Return on Sales [RoS]). Sie verdeutlicht, ob die Unternehmung einen profitablen Umsatz realisiert hat. Daher ist ausschließlich der Gewinn, den die Unternehmung durch den Verkauf ihrer Produkte realisiert hat (bilanzielles bzw. operatives oder kalkulatorisches Betriebsergebnis), zu berücksichtigen:

$$\frac{\text{bilanzielles oder kalkulatorisches Betriebsergebnis}}{\text{Umsatz}} \times 100$$

Über diese klassischen Rentabilitätskennziffern hinaus stehen für spezifische Analysezwecke eine ganze Reihe weiterer Berechnungsalternativen zur Verfügung (z. B. → Return on Investment, Return on Capital Employed, Return on Net Assets, CFROI u. a.). Grundsätzlich ist dabei zu beachten, dass zur jeweils gewählten Nennergröße die korrekt zugehörige Zählergröße gewählt wird, um die informationelle Validität der Rentabilitätskennziffern sicherzustellen. Auch wenn dies gewährleistet ist, müssen Rentabilitätskennziffern nochmals an Vergleichsmaß-stäben (Zeitreihenvergleiche, zwischenbetriebliche Vergleiche, → Benchmar-king) gespiegelt werden, um ihre relative Wertigkeit, z. B. im Branchenvergleich, einordnen zu können (Frage: „Sind 10 % Rentabilität ein guter oder schlechter Wert?"). (vs)

> **Gedankensplitter**
> „Geld verdient man wohl weniger in der Hotellerie als an der Hotellerie." (Hotelexperte)

Rent-a-car → **Mietwagen**

Repeater
Kunde, der ein touristisches Angebot wiederholt in Anspruch nimmt. Der Repea-ter ist vor allem im Kreuzfahrtbereich (→ Kreuzfahrttourismus) von hoher Rele-vanz. (hdz)

Reservierung → **Reservierungssystem**

Reservierungssystem [reservation system]
Reservierungssystem oder → Computer Reservierungssystem ist ein Sammelbe-griff für elektronische Anwendungssysteme zum Angebot, zur Buchung und Re-servierung von Reisen, Reiseleistungen und -service sowie zu ihrer Abwicklung.

Das Reservierungssystem eines Reiseanbieters unterstützt oder automatisiert seine Prozesse. Es besteht zumindest aus drei Hauptelementen:
– Die Basis ist die Datenbank, die zumindest die Produkt- und Angebotsdaten, die Daten der Reisebuchungen, der Reservierungen und Verfügbarkeiten so-wie die Daten der Geschäftspartner verwaltet.
– Die Software-Programme des Reservierungssystems unterstützen oder auto-matisieren die Leistungsprozesse mit Zugriff auf diese Datenbank.
– Reservierungssysteme sind i. d. R. eingebunden in übergeordnete zumeist in-ternational kooperierende Vertriebssysteme, z. B. in → Globale Distributions-systeme (GDS) und → Internet Booking Engines, und sie haben elektronische Verbindungen zu innerbetrieblichen Systemen, z. B. zur Finanzbuchhaltung. Zur Datenkommunikation sind automatisiert arbeitende Schnittstellen (inter-faces) erforderlich. Die Schnittstellen-Software des sendenden und des emp-fangenden Systems steuern die Datenkommunikation und tauschen die Da-ten in einem i. d. R. standardisierten und beidseitig interpretierbaren Daten-format aus.

Reservierungssysteme unterscheiden sich abhängig von ihren jeweiligen konkreten Einsatzgebieten. Beispielsweise unterstützen internationale → Hotel-Reservierungssysteme und hotelbetrieblich genutzte → Property Management-Systeme hotelspezifische Prozesse, globale Reservierungssysteme GDS/GRS dienen u. a. den → Fluggesellschaften als Vertriebssysteme, und ein Veranstalter-System unterstützt die betrieblichen Prozesse eines → Reiseveranstalters. In einer konkreten Betrachtung sind die Reservierungssysteme noch detaillierter zu differenzieren, denn ein Busreiseveranstalter hat beispielsweise andere Anforderungen als ein Veranstalter von Kreuzfahrten (→ Kreuzfahrttourismus), oder ein → Dynamic Packaging-Veranstalter hat unterschiedliche Prozesse im Vergleich zu einem traditionellen Veranstalter von → Pauschalreisen.

Ein (Unternehmens-)Reservierungssystem unterstützt die unternehmensinternen, betrieblichen Prozesse des konkreten Reiseanbieters.

Das setzt aber nicht voraus, dass das System auch mit einem unternehmenseigenen Server intern (inhouse) technisch betrieben werden muss. Spezialisierte IT-Dienstleister bieten Reservierungssysteme als Application Service bzw. als Software as a Service (ASP, SaaS) an. Das bedeutet, technisch wird das System durch einen spezialisierten IT-Dienstleister betrieben, ein teilnehmendes Reiseunternehmen erhält kostenpflichtig die Nutzungsrechte an dem System gemäß seinen Anforderungen. Via geschützter Internet-Verbindung und individualisierter Benutzeroberfläche (browser) erhalten die Mitarbeiter Zugriff zu ihrem System bzw. zu den Software-Funktionen und Daten, für die sie im System autorisiert sind. Die systemtechnische Verfügbarkeit und Sicherheit werden durch den Application Service Provider (ASP) gewährleistet. (uw)

Literatur
Schulz, Axel; Uwe Weithöner; Roman Egger & Robert Goecke 2015: eTourismus: Prozesse und Systeme. Berlin, Boston: De Gruyter Oldenbourg, insb. Kapitel 4. (2. Aufl.) (3. Aufl. in Vorbereitung)

Resident Manager

Resident (engl.) = Ortsansässiger, Insasse, Hausgast; Manager (engl.) = Führungskraft. Führungskraft in der Hotellerie, die den operativen Bereich von Hotels lenkt. In der Praxis oft einem → General Manager (GM) unterstellt, der sich dann auf Managementaufgaben wie Human Resources, Marketing oder Sales konzentriert. Denkbar sind Führungskonstellationen, bei denen ein General Manager mehrere Hotels in einer Stadt oder Region verantwortet und zur Unterstützung Resident Manager beigestellt bekommt, die in den einzelnen Häusern vor Ort das operative Tagesgeschäft leiten. Siehe auch → Cluster Manager. (wf)

Residential Hotel → **Condominium Hotel**

Restant [room charge]

Für Hotelgäste besteht in der Regel die Möglichkeit, → Dienstleistungen wie den Besuch der Hotelbar oder das Essen im → Restaurant in Anspruch zu nehmen, ohne diese sofort bezahlen zu müssen. Stattdessen quittiert der Gast die erhaltene Leistung, und das Hotel bucht die Forderung auf die offene Gästerechnung, die bei bzw. nach Abreise beglichen wird.

Der Begriff Restant (restare [lat.] = übrig bleiben, zurückstehen) steht insofern für den noch nicht beglichenen Zahlungsbetrag. (wf)

Restaurant [restaurant]

Gastronomischer Betrieb, der sich in der Regel durch ein gehobenes Speise- und Getränkeangebot auszeichnet.

Der Französischen Revolution kommt bei der Verbreitung von Restaurants eine besondere Rolle zu. Während es vor der Revolution nur wenige Restaurants in Paris gab, wuchs die Zahl nach der Revolution massiv an, da der Adel verfolgt und umgebracht wurde oder teilweise ins Ausland floh. Die in der Aristokratie beschäftigten Köche verloren ihre Arbeitgeber, machten sich gezwungenermaßen selbständig und gründeten Restaurants. Neuere Forschungsergebnisse relativieren allerdings die besondere Rolle der Französischen Revolution in der Entstehung von Restaurants. Als Beispiel nennen sie die Stadt Hangchow (China), in der Jahrhunderte vor der Französischen Revolution eine Restaurantkultur existierte (Kiefer 2002, Spang 2001).

Restaurants werden auch als → Meilenstein in der Entwicklung der Esskultur gesehen. Sie boten erstmalig individuelle Tische, individuelle Bestellungen (→ à la carte) und individuellen Service an. Gastronomische Vorläufer wie die Inns in Großbritannien boten eine Tagesmahlzeit (ordinary) zu einer festgelegten Uhrzeit an, Wahlmöglichkeiten gab es kaum (Kiefer 2002, S. 58 ff.). (wf)

Literatur

Davis, Bernard et al. 2018: Food and Beverage Management. London, New York: Routledge (6th ed.)

Kiefer, Nicholas M. 2002: Economics and the Origin of the Restaurant. In: Cornell Hotel and Restaurant Administration Quarterly, 43 (4), pp. 58–64

Spang, Rebecca 2001: The Invention of the Restaurant: Paris and Modern Gastronomic Culture. Cambridge: Harvard University Press

i **Kleine Story**

Im Französischen bedeutet das Verb restaurer wiederherstellen, stärken. Kochbücher und Lexika des 18. Jahrhunderts definierten Restaurants als solche Lebensmittel/Medizin, die die Fähigkeiten besaßen, Körperkräfte wieder herzustellen bzw. zu restaurieren. So wurden etwa Suppen (Kraftbrühen!) oder Branntweine als Restaurants bezeichnet. Später wurde der Begriff von den Produkten auf die Räumlichkeit übertragen (Spang 2001). (wf)

Restaurantbrigade → **Servicebrigade**

Restaurantdirektor [restaurant manager]
Position des Abteilungsleiters in sehr großen Service-Einheiten, teilweise auch Chef de restaurant genannt. Das Tätigkeitsprofil liegt vor allem im organisatorischen Bereich; ihm direkt unterstellt sind ein oder mehrere → Restaurantleiter bzw. Oberkellner. → Servicebrigade. (wf)

Restaurantfachmann/Restaurantfachfrau [restaurant specialist]
Berufsbezeichnung, gleichzeitig anerkannte Berufsausbildung im → Gastgewerbe. Die Ausbildung dauert drei Jahre, Ausbildungsorte sind der jeweilige Betrieb und die Berufsschule. Der Fokus der Ausbildung liegt auf dem Bereich Service. Zu den Ausbildungsinhalten gehören bspw. das Verkaufen und Servieren von Speisen und Getränken, die Dekoration von Räumen und Tischen oder die Planung von Veranstaltungen (DEHOGA o. J.).

Im Rahmen des Neuordnungsverfahrens werden die Ausbildungsinhalte aktualisiert. Es erfolgt eine besondere Fokussierung auf den Erwerb von Produktkompetenz bei Speisen und Getränken, auf die Gestaltung des Gästeerlebnisses, die Gästekommunikation und den Verkauf sowie auf Konzeption, Organisation und Durchführung von Veranstaltungen, Events und → Banketts. Neu hinzu kommen Ausbildungsinhalte in den Bereichen → Digitalisierung und Kommunikation sowie Anleitung und Führung von Mitarbeitern. Der Wechsel zur Prüfungsform der gestreckten Abschlussprüfung wird angestrebt. Der Ausbildungsberuf Restaurantfachmann/-frau bildet eine Berufsgruppe mit den Fachleuten für Systemgastronomie (→ Fachmann/Fachfrau für Systemgastronomie) und den → Fachkräften für Gastronomie. Das Inkrafttreten ist für August 2022 geplant. (sw)

Literatur

Bundesministerium für Wirtschaft und Energie 2019: Eckwertekatalog Restaurantfachmann und Restaurantfachfrau sowie Katalog der vorläufigen Fertigkeiten, Kenntnisse und Fähigkeiten. Nicht veröffentlichtes Skript. Bonn

DEHOGA (Hrsg.) o. J.: Berufsausbildung und Karrierechancen in Gastronomie und Hotellerie. Berlin

Köstlin, Konrad; Andrea Leonardi & Paul Rösch (Hrsg.) 2011: Kellner und Kellnerin. Eine Kulturgeschichte. Studienreihe des Touriseum, Band 4. Mailand: SilvanaEditoriale

Restaurantführer [restaurant guide]
(Online-)Publikation, die Informationen über gastronomische Betriebe (z. B. → Restaurants, Gasthöfe, → Bistros) sammelt, aufbereitet und diese dann (potentiellen) Restaurantgästen zur Verfügung stellt. Synonyme Begriffe: Gastronomieführer oder Gastroführer. Restaurantführer bieten faktische und teilweise auch wertende Informationen.

Zu den faktischen Informationen gehören Adresse, Art der Küche, Anzahl der Sitzplätze, Öffnungszeiten, Ruhetag, Anfahrts- und Parkmöglichkeiten, Zahlungsmöglichkeiten und Internetauftritt. Um die Informationsfülle zu bewältigen, werden Piktogramme eingesetzt. Mitunter besteht für die Restaurants die Möglichkeit, individuelle Textbausteine hinzuzufügen. In der Regel entscheiden sich Restaurantführer für ein geographisches Ordnungsmuster mit alphabetischer Sortierung nach Städten, Regionen oder Ländern. Eine Wertung erfolgt durch den Rückgriff auf eigene Klassifizierungen, Zertifizierungen oder (Online-) Kommentare (→ Restaurantkritik). Manche (Online-)Publikationen beziehen zusätzlich Beherbergungsbetriebe mit ein (→ Hotel- und Restaurantführer wie der → Guide Michelin, → Gusto oder → Varta-Führer).

Restaurantführer können kostenlos oder kostenpflichtig, regional, national oder international ausgerichtet sein. Sie sind als Druckausgabe und/oder online präsent (E-Book, Internetseiten, → mobile Applikation [App]). Die → Digitalisierung hat die Führer zu einem Umdenken veranlasst. Präsenz im Netz, Apps, Online-Magazine, Online-Reservierungssysteme, Online-Bewertungen und (digitale) Kooperationen mit anderen touristischen Akteuren sind inzwischen häufig Realität. Das Buch als gedruckte Form wird dennoch oft als Imageträger und nicht flüchtiges, haptisches Erlebnis fortgeführt.

Aus modelltheoretischer Sicht sind Restaurantführer Intermediäre (certification intermediaries), die auf dem Markt Informationen über die Angebotsseite sammeln, aggregieren und der Nachfrageseite zur Verfügung stellen. Sie tragen zum Abbau eines Informationsdefizits bei (Biglaiser 1993, S. 222 f.; Lizzeri 1999, S. 214 f.).

Zu einem aktuellen Online-Geschäftsmodell siehe → Guide Michelin, zu Entwicklungen auf dem deutschen Markt siehe Zwink 2019 und 2020. (wf)

Literatur
Biglaiser, Gary 1993: Middlemen as experts. In: Rand Journal of Economics, 24 (2), pp. 212–223
Dehoga Tourismus Baden-Württemberg; MBW Marketinggesellschaft (Hrsg.) 2019: Genießerland Restaurantführer. Bad Überkingen
Huter, Jessica; Lothar Eichhorn 2005: Regionale Strukturen der Spitzengastronomie in Deutschland. In: Statistische Monatshefte Niedersachsen, o. Jg. (9), S. 505–517
Lizzeri, Alessandro 1999: Information revelation and certification intermediaries. In: Rand Journal of Economics, 30 (2), pp. 214–231
Michelin Travel Partner (Hrsg.) 2020: Guide Michelin Deutschland 2020. München: Gräfe und Unzer
Oberhäußer, Markus J. (Hrsg.) 2019: Gusto Deutschland 2019/2020. Der Kulinarische Reiseführer. Landsberg/Lech: Gusto Media
VARTA-Führer (Hrsg.) 2019: Der Varta-Führer 2020. Hotels & Restaurants in Deutschland. Ostfildern: MairDumont

Zwink, Holger 2019: Guides und Portale. Branche im Umbruch. In: Allgemeine Hotel- und Gastronomie-Zeitung (AHGZ), 119 (49), S. 3

Zwink, Holger 2020: Guides stellen sich neu auf. In: Allgemeine Hotel- und Gastronomie-Zeitung (AHGZ), 120 (34/35), S. 3

Kleine Story

Gastronomische Niveauunterschiede basieren vor allem auf Wohlstand, geographischer Lage, Klima und Glaube. Nationen wie das Römische Reich pflegten schon das gute Essen. Wohlhabende konnten es sich leisten, neue Zutaten oder Zubereitungsarten anzuwenden. Arme reduzierten ihre Nahrung auf Brot, Getreide, Gemüse. Schwer vermögende Familien wie die Medici beeinflussten ganze Staaten in der Kultur des guten Essens. Vom Krieg oft heimgesuchte Gebiete wie Polen oder Belarus konnten sich kulinarisch weniger entfalten. An Handelswegen liegende Städte wurden zu Schmelztiegeln, in denen unbekannte Lebensmittel aus aller Welt eintrafen und zubereitet wurden. Erste Rezeptsammlungen entstanden dort, wo Wohlstand und Handel vorherrschten. Der Katholizismus war sinnenfroh, der Protestantismus asketisch. Luxus und Völlerei waren Reformatoren wie Luther ein Graus.

So erklärt sich auch das Südwest-Nordost-Gefälle in Deutschland. Der Südwesten erhielt kulinarische Impulse durch das nahegelegene Frankreich und Italien und wurde katholisch geprägt. Regionen, die unter römischer Herrschaft standen, kannten früh den Wein, mit dem dann auch feine Gerichte zubereitet werden konnten. Der Nordosten profitierte nicht von den Einflüssen Frankreichs und Italiens, der Protestantismus tat ein übriges. Sterneköche sind nicht ohne Grund im Südwesten konzentriert (auch Huter & Eichhorn 2005, S. 505 ff.). (wf)

Restaurantkritik [restaurant reviews]

Unter Restaurantkritik (griech.: krinein = trennen, unterscheiden, prüfen) wird die Beurteilung von Gastronomie- bzw. Restaurantleistungen verstanden. Gegenstand der Kritik können Speiseangebot, Getränkeangebot, Service und Ambiente sein. Restaurantkritik hat eine Informationsfunktion (Reduktion des Kaufrisikos, Orientierungshilfe auf dem gastronomischen Markt), Marketing-Funktion (Positionierung des Betriebs), Erziehungsfunktion (Förderung der → Esskultur in einer Gesellschaft) und eine Unterhaltungsfunktion (Konsum von unterhaltsamen Informationen; s. a. Fattorini 2000, S. 104 ff.). In Frankreich lässt sich die Restaurantkritik bis Anfang des 19. Jahrhunderts zurückverfolgen.

Der Beurteilungsprozess (notwendige Qualifikation der Tester, Anonymität, Unabhängigkeit, Beurteilungskriterien und -gewichtung, Anzahl der Stichproben, Beurteilungsfehler wie Subjektivität, Vorurteile oder Übernahme von Fremdurteilen) ist in der fachlichen Gemeinde Gegenstand von Diskussionen. Die positiven bzw. negativen ökonomischen Auswirkungen einer Restaurantkritik (etwa auf Umsatzhöhe, Kostenstruktur, Preisniveau, Image) werden genannt, wissenschaftlich belastbare Untersuchungen gibt es nur wenige. Restaurantkritiken sind immer wieder Anlass für gerichtliche Auseinandersetzungen. Die

Gerichte müssen eine Interessensabwägung vollziehen zwischen dem Grundrecht der freien Meinungsäußerung und einer unzulässigen Schmähkritik. Der Bundesgerichtshof hat in einem Urteil darauf aufmerksam gemacht, dass eine vernichtende und existenzgefährdende Kritik nicht auf der Basis eines einmaligen Restaurantbesuchs gefällt werden darf (BGH 1997, S. 14 f.; siehe auch LG Köln 2010).

Restaurantkritiken werden zum einen von → Restaurantführern wie dem → Gault&Millau, → Guide Michelin, → Gusto oder dem → Varta veröffentlicht, zum anderen erscheinen sie als (journalistische) (Online-)Beiträge in Zeitungen, Zeitschriften und im Internet über Bewertungsportale (z. B. www.tripadvisor.de oder www.yelp.de) oder → Blogs (z. B. www.eat-drink-think.de). Durch das Internet wurde die Restaurantkritik demokratisiert, Einschätzungen wurden in großer Anzahl weltweit sofort und in unterschiedlichen Formaten publik gemacht. Die professionelle Restaurantkritik der etablierten Restaurantführer wurde so in Frage gestellt. Gleichwohl scheint es so, dass die professionelle Kritik ihre Existenzberechtigung und Nische auf dem Markt gefunden hat gegenüber einer Kritik, die von nicht immer unabhängigen, vorurteilsbehafteten Laien im Netz verbreitet wird. (wf)

Literatur
BGH: Urteil vom 12. Juni 1997 (I ZR 36/95)
Davis, Bernard et al. 2018: Food and Beverage Management. London, New York: Routledge (6th ed.)
Fattorini, Joseph E. 2000: Do restaurant reviews really affect an establishment's reputation and performance? The role of food journalism in restaurant success and failure. In: Roy C. Wood (ed.): Strategic Questions in Food and Beverage Management. Oxford: Butterworth-Heinemann, pp. 97–111
Lane, Christel 2014: The Cultivation of Taste. Chefs and the Organization of Fine Dining. Oxford: Oxford University Press
LG Köln: Urteil vom 06. Oktober 2010 (28 O 652/10)
Wierlacher, Alois 2003: Kritik. In: Ders. (Hrsg.): Handbuch interkulturelle Germanistik. Stuttgart: Metzler, S. 264–271
Zwink, Holger 2020: Guides stellen sich neu auf. In: Allgemeine Hotel- und Gastronomie-Zeitung (AHGZ), 120 (34/35), S. 3

Restaurantkritiker [restaurant critic]

Person, die eine → Restaurantkritik verfasst. Die Frage nach der notwendigen fachlichen Qualifikation von Restaurantkritikern ist zentral und gleichzeitig umstritten. Auf der einen Seite gibt es Stimmen, die behaupten, dass eine gastronomische Ausbildung bzw. Vorbildung notwendig sei, etwa in Form einer gastronomischen Lehre. Andere sind der Auffassung, dass ein angelerntes gastronomisches Erfahrungswissen ausreiche. Wiederum andere vertreten die Meinung, dass die Kritikerrolle von „echten" Restaurantgästen eingenommen werden sollte. Der renommierte, inzwischen verstorbene Restaurantkritiker Gert von Paczensky formulierte das Spannungsfeld in der Bemerkung, dass „die Kenntnis über gutes Essen, nicht über gutes Kochen" relevant sei.

Bei etablierten → Restaurantführern wie dem → Gault&Millau, → Guide Michelin, → Gusto oder → Varta wird die Kritik von festangestellten oder freiberuflichen professionellen Testern anonym verfasst, bei Bewertungsportalen oder Blogs erfolgt die Kritik in der Regel von „echten" Gästen bzw. gastronomischen Laien offen, wobei manche Blogs auch von professionellen Kritikern betrieben werden. Die Digitalisierung hat die Person des professionellen Restaurantkritikers unter Druck gesetzt: „Echte" Gästemeinungen gewinnen allein schon quantitativ massiv an medialem Einfluss und fordern den kleinen Kreis von professionellen Kritikern heraus. → Restaurantkritik. (wf)

Restaurantleiter [head waiter, maître d'hôtel]
Abteilungsleiter im Servicebereich; alternative Begriffe: Oberkellner, Chef de service, Maître d'hôtel. → Servicebrigade. (wf)

Restaurantnamen → Wirtshausnamen

Restauranttester → Restaurantkritiker

Return on Investment (RoI)
Zentrale betriebswirtschaftliche Kennzahl, die in ihrer allgemeinsten Form Auskunft über die Gewinnergiebigkeit des eingesetzten Kapitals einer Unternehmung gibt (Idee der Gesamtkapital-Rentabilität; → Rentabilität). Der informationelle Nutzen des Return on Investment erschließt sich jedoch erst bei einer fokussierteren Formulierung auf unterschiedliche Unternehmensprojekte. Bezugsgröße der Rentabilitätsbeurteilung ist dann das für das jeweilige Investitionsprojekt benötigte Kapital, das in Relation zum Gewinn – zumeist dem betrieblichen (kalkulatorischen) Gewinn vor Steuern und Kapitalkosten –, der mit dieser Investition erwirtschaftet wurde (oder werden soll), gesetzt wird:

$$\frac{\text{(Projekt-)Gewinn (vor Zinsen und Steuern)}}{\varnothing \text{ investiertes Kapital}} \times 100$$

Somit wird eine direkte Zuordnung des allgemeinen Rentabilitätsgedankens nicht nur auf die Unternehmung als Ganzes, sondern auch auf einzelne (Investitions-) Projekte, Standorte oder organisatorische Bereiche wie Profit-Center, Geschäftsfelder, Märkte, Kunden usw. möglich, soweit sich der Kapitaleinsatz jeweils sinnvoll abgrenzen lässt. Diese flexible Verwendungsmöglichkeit begründet auch den Nutzen des RoI als zentrale Controlling-Kennzahl (→ Controlling), z. B. im Rahmen der Investitionsrechnung oder auch in der grundsätzlichen Analyse und Bewertung der strategischen Grundausrichtung.

Zur tiefergreifenden Analyse des Unternehmensgeschehens kann die in ihrer Ermittlung hoch verdichtete Kennzahl RoI in ein System von rechnerisch abgeleiteten Teilkennzahlen aufgelöst werden (Kennzahlenpyramide), die eine eingehende Analyse wie auch Prognose des Unternehmensgeschehens ermöglichen (vgl. Abbildung). Dabei zeigt das weitergehende Zerlegen der Umsatzrentabilität vor allem die Erlös- und Kostenstruktur des untersuchten Bereiches bis hin zu seinem Mengen- und Zeitengerüst, während die Differenzierung der Kapitalumschlagshäufigkeit die kapitaläquivalente Vermögensstruktur zur Realisierung des Ergebniszieles verdeutlicht.

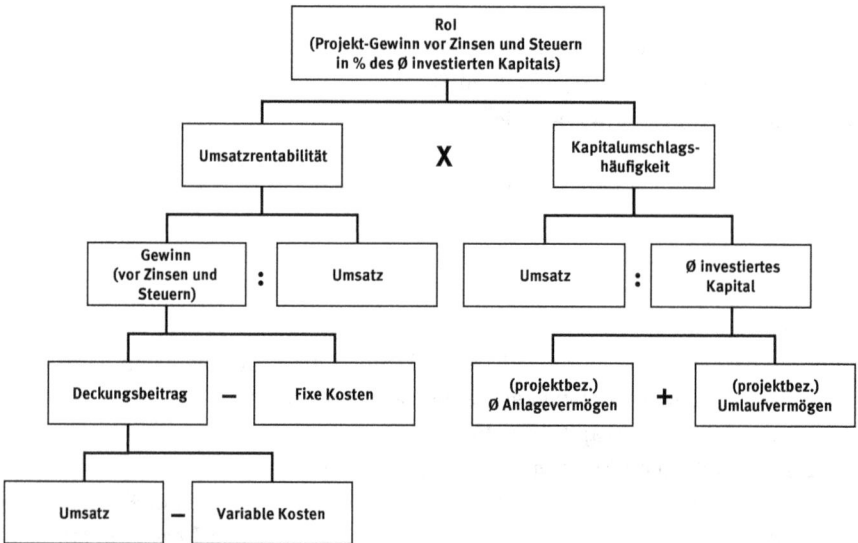

Abb. 29: Das Grundmodell des RoI-Kennzahlensystems

Durch das schrittweise, adressatengerechte Herunterbrechen der Spitzenkennzahl RoI bieten sich wesentliche Ansatzpunkte zur Planung und Kontrolle des Unternehmensgeschehens, werden Schwachstellen der bisherigen oder zukünftigen Entwicklung verdeutlicht, und es lassen sich mit Hilfe von Simulationsrechnungen alternative Ansatzpunkte im Werte-, Mengen- und Zeitengerüst zur Steuerung der Unternehmung erkennen. Dieses RoI-Kennzahlensystem stellt das älteste (1919) und bekannteste betriebswirtschaftliche Kennzahlensystem dar. Ursprünglich entwickelt von dem amerikanischen Chemiekonzern DuPont („DuPont-System of Financial Control") liegt es heute in vielen Varianten vor.

Allerdings darf der unterstellte hohe Aussagewert und die weite Verbreitung des RoI-Konzepts in der Praxis nicht darüber hinwegtäuschen, dass lediglich quantitative Größen in die Überlegungen einbezogen werden. Das weite Feld der qualitativen Einflussfaktoren und deren zunehmende Bedeutung für die Unternehmensführung bleiben unberücksichtigt. Eine weitere Einschränkung ist in der dem Konzept zumeist unterstellten immanenten Kurzfristigkeit zu sehen, die in Verbindung mit einer bspw. quartalsbezogenen Zielsetzung einhergeht. Dann besteht insbesondere die Gefahr, dass nicht unverzüglich positiv RoI-wirksame Aktionen (Investitionen, Forschungsaktivitäten, Personalentwicklungsmaßnahmen usw.) unterbleiben und die zukünftige Entwicklung der Unternehmung gefährdet wird.

Erst ein projektbezogener Rendite-Entwicklungsplan, der dem strategischen Potenzial eines profitablen Investments durch die Formulierung von Rendite-Meilensteinen gerecht wird – Verzicht auf kurzfristig abschöpfende Rendite jetzt zugunsten einer höheren und nachhaltigen Rendite später –, kann hier zu einer sinnvollen Interpretation des RoI als strategisch nutzbare Steuerungskennzahl führen. Dieses grundsätzliche Problem teilt der RoI allerdings auch mit heute als modern diskutierten sogenannten wertorientierten Kennzahlen wie dem Return on Invested Capital (ROIC), Return on Capital Employed (ROCE) oder dem Return on Net Assets (RONA). (vs)

Gedankensplitter
„Ein Hotel ist nicht zum Reichwerden." (Urs Kienberger, Waldhaus Sils Maria)

Revenue Management → **Ertragsmanagement**

Revenue Passenger Kilometres (RPK)
Die Anzahl der verkauften Flugpassagen mal der auf den gebuchten Flügen zurückgelegten Kilometer. (jwm)

Reverse vending → **Vending machines**

RevPAR
Abkürzung für (engl.): Revenue Per Available Room (Nettoerlös pro verfügbarem Hotelzimmer). Wichtige Steuerungsgröße in der internationalen Hotelbranche. Der RevPAR wird ermittelt, indem der gesamte Beherbergungsnettoerlös (einer definierten Zeitperiode) durch die Anzahl der verfügbaren Zimmer geteilt wird. Erlöse aus anderen Bereichen (etwa aus F&B oder der Wellness-Abteilung) werden nicht berücksichtigt. Zur konkreten und alternativen Berechnung siehe Hänssler 2016, S. 370.

Da nur die verfügbaren und nicht die existierenden Zimmer eines Hotels in die Kennzahl einfließen, wird eine größere Aussagekraft erzielt. Verzerrende Einflüsse wie Zimmerrenovierungen oder vom Hotel permanent intern genutzte Zimmer werden ausgeblendet.

Dem RevPAR wird immer wieder eine beschränkte Aussagekraft vorgeworfen (Ausblenden des betrieblichen Aufwands; Beschränkung auf Einnahmen aus dem Bereich ‚Rooms‘). Infolgedessen haben sich Kennzahlen wie der → GOPPAR entwickelt, die die Kritikpunkte auflösen sollen. Empirische Untersuchungen scheinen gleichwohl für eine hohe Aussagekraft des RevPAR zu sprechen (Lee; Pan & Park 2019, S. 180 ff.). (wf)

Literatur

Ginneken, Rob van 2019: Balance sheet and ratios. Theory. In: Rob van Ginneken (ed.): Hospitality Finance and Accounting. Essential Theory and Practice. New York: Routledge, pp. 20–32

Hänssler, Karl Heinz 2016: Die Analyse der Betriebsergebnisrechnung – Umsätze und Kosten in der Hotellerie. In: Ders. (Hrsg.): Management in der Hotellerie und Gastronomie – Betriebswirtschaftliche Grundlagen. Berlin, Boston: De Gruyter Oldenbourg, S. 361–382 (9. Aufl.)

Lee, Seoki; Bing Pan & Sungbeen Park 2019: RevPAR vs. GOPPAR: Property- and firm-level analysis. In: Annals of Tourism Research, 76, pp. 180–190

RevPASH

Abkürzung für (engl.): Revenue Per Available Seat Hour (Nettoerlös pro verfügbaren „seat hours“). Zeitbasierte Steuerungsgröße in der internationalen Gastronomie. Der RevPASH wird ermittelt, indem der gesamte Gastronomieerlös (einer definierten Zeitperiode) durch die in der Periode verfügbaren „seat hours“ (Anzahl der verfügbaren Sitzplätze × Stundenanzahl der Verfügbarkeit bzw. Öffnungszeit) geteilt wird. Ein Restaurant mit 150 Sitzplätzen und 10 Stunden Öffnungszeit, hat 1.500 verfügbare „seat hours“ pro Tag.

Der RevPASH ist dem → Ertragsmanagement zuzuordnen und basiert auf der Erkenntnis, dass gastronomische Betriebe nur eine begrenzte Anzahl von Sitzplätzen haben. Der Ertrag wird in der Folge von der Anzahl der Gäste, der Verweildauer und dem Umsatz pro Gast bestimmt. Zu Beispielen der Ertragssteuerung siehe → Early-Bird; → Night-Owl. (wf)

Literatur

Kimes, Sheryl E. 1999: Implementing Restaurant Revenue Management: A Five-step Approach. In: Cornell Hospitality Quarterly, 40 (3), pp. 16–21

RevPOR

Abkürzung für (engl.): Revenue Per Occupied Room (Nettoerlös pro belegtem Hotelzimmer). Wichtige Steuerungsgröße in der internationalen Hotelbranche. Der

RevPOR wird ermittelt, indem der gesamte Beherbergungsnettoerlös (einer definierten Zeitperiode) durch die Anzahl der belegten Zimmer geteilt wird.

Durch das Einbeziehen von zusätzlichen → Dienstleistungen wie → Etagenservice, Wäscheservice, Pay-TV oder SPA-Behandlungen kann die gesamte Ertragskraft der Hotelzimmer jenseits der Übernachtungsleistung aufgezeigt werden (Total RevPOR). In der Praxis gebräuchlicher ist der → RevPAR. (wf)

Rezeption [front office, reception]

Empfang bzw. auch Empfangsbereich in einem Hotel. Zentrale Aufgaben der Rezeption sind: Begrüßung des angereisten Gastes, administrative Erfassung, Anlaufstelle während des Aufenthaltes, Rechnungserstellung und Verabschiedung. Das lateinische Wort receptio bedeutet Aufnahme.

In neueren Hotelkonzepten (z. B. Living Hotels oder bei der Accor-Budgetmarke Ibis; → Budget-Hotel) wird die Rezeption mitunter aufgelöst; früher getrennte Bereiche werden zu einem Ganzen verschmolzen. Die Check-in-Formalitäten werden dann über ein Tablet an der → Bar oder in der → Lobby von Mitarbeitern bzw. Hosts ([engl.] = Gastgeber) getätigt. Motive hierfür sind Kosteneinsparungen, höhere Gästeorientierung und das Aufbrechen herkömmlicher, tradierter Prozesse. Die → Digitalisierung wird die klassische Rezeption in verschiedenen Hotelsegmenten verschwinden lassen. (wf)

Rezeptionist(in) [receptionist]

Mitarbeiter(in) an einer → Rezeption. (wf)

Ride Hailing → **Mietwagen**

Rides → **Fahrgeschäft**

Risiko [risk]

Allgemein kann hinsichtlich der Zukunftserwartungen eines Entscheidungsträgers zwischen Sicherheit (das Ergebnis einer Aktion kann sicher vorhergesagt werden) und Unsicherheit (es gibt mehrere mögliche Ergebnisse, d. h. verschiedene mögliche Realisationen einer betrachteten Größe in Abhängigkeit des Eintritts unterschiedlicher künftiger Umweltzustände) unterschieden werden. Unsicherheit wird differenziert in Unsicherheit i. e. S. (auch: Ungewissheit) und Risiko. Anders als bei Risiko sind bei Unsicherheit i. e. S. keine Eintrittswahrscheinlichkeiten verfügbar (Schneeweiß 1991, S. 35 f.). Risikosituationen können weiter unterschieden werden in Situationen mit objektiv gegebenen Wahrscheinlichkeiten (z. B. Glücksspiele) und Situationen, in denen Wahrscheinlichkeiten subjektiv geschätzt werden. Letztere sind typisch für wirtschaftliche Entscheidungssituationen (→ Risikobewertung).

Die Wortherkunft (Etymologie) ist nicht eindeutig. So entstammt der Begriff des Risikos (riscare [ital.] = wagen) wohl dem entstehenden Fern- und Seehandel in den italienischen Stadtstaaten des 12. und 13. Jahrhunderts. Er bezeichnete hier die von Untiefen ausgehenden Gefahren für die Seeschifffahrt (risco [altital.] = Klippe). Andere Quellen sehen als Ursprung den arabischen Begriff ‚rizq‘ (Versorgung/Unterhalt), der allerdings nicht nur negative Erwartungen einer Verlustgefahr, sondern auch positive Aspekte eines glücklichen Zufalls oder ein zufälliges Geschenk umfasst. Daher wird Risiko i. d. R. mit der Verlustgefahr gleichgesetzt, die aus dem unvorhergesehenen Eintritt von künftigen Ereignissen resultieren kann (Risiko i. e. S.). Teilweise wird der Risikobegriff auch um positive Aspekte (Gewinnchancen) erweitert (Risiko i. w. S.).

In der Entscheidungstheorie wird das Verhalten eines Entscheidungsträgers in Risikosituationen wie folgt differenziert (Bartholomae & Wiens 2016, S. 10 ff.):

- Risikoaversion oder Risikoscheu bezeichnet die Eigenschaft eines Entscheidungsträgers, bei der Wahl zwischen mehreren Alternativen mit gleichem Erwartungswert (= Eintrittswahrscheinlichkeit × Nutzenhöhe) die Alternative mit dem geringsten Risiko bezüglich des Ergebnisses – und damit auch dem geringstmöglichen Verlust – zu bevorzugen. Risikoscheue Entscheider bevorzugen also einen möglichst sicheren Gewinn, auch wenn dieser klein ausfällt.

- Risikoneutralität bedeutet, dass ein Entscheider bezüglich des Risikos indifferent ist, das heißt, seine Entscheidung allein anhand des Erwartungswertes trifft, ohne die konkreten Ausprägungen der Eintrittswahrscheinlichkeiten und Nutzenhöhen der einzelnen Alternativen zu berücksichtigen.

- Risikoaffinität oder Risikofreude bezeichnet die Eigenschaft eines Entscheidungsträgers, bei der Wahl zwischen mehreren Alternativen mit gleichem Erwartungswert die Alternative mit dem höchsten Risiko bezüglich des Ergebnisses – und damit auch dem höchstmöglichen Gewinn – zu bevorzugen. Risikofreudige Entscheider bevorzugen also einen möglichst hohen Gewinn, auch wenn dieser unsicher ist.

Gegen die Verlustgefahr aus dem Eintritt von zukünftigen Ereignissen bieten Versicherungsgesellschaften Risikoversicherungen an, wobei sich das Risiko hierbei als Produkt der Eintrittswahrscheinlichkeit eines Schadens und der monetär ausgedrückten Schadenshöhe bestimmt. Mit Versicherung wird das Grundprinzip der kollektiven Risikoübernahme (Versicherungsprinzip oder Äquivalenzprinzip) bezeichnet, bei dem eine Vielzahl von Versicherungsnehmern einen Geldbetrag (= Versicherungsprämie) in eine Kapitalsammelstelle (Versicherer) einzahlen, um beim Eintreten eines entsprechend versicherten Schadens, dem Versiche rungsfall, aus dieser Kapitalsammelstelle einen Schadenausgleich zu erhalten. Voraussetzung für die Versicherungsfähigkeit von Risiken ist, dass der Umfang der Schäden statistisch abschätzbar ist und demnach mit versicherungsmathematischen Methoden der von jedem Mitglied des Kollektivs benötigte Beitrag bestimmbar ist. Hinsichtlich der Art des versicherten Risikos lassen sich eine Vielzahl von Versicherungsarten unterscheiden, die zu Versicherungszweigen oder Versicherungssparten zusammengefasst werden. Zu den am meisten verbreiteten Risikoversicherungen zählen: Lebensversicherung, Krankenversicherung, Kompositversicherung (Sachversicherung, Haftpflichtversicherung), Unfallversicherung, Rechtschutzversicherung und Reiseversicherung.

Die für den Tourismus besonders bedeutsame Reiseversicherung umfasst alle Versicherungen, die die unterschiedlichen Risiken in Zusammenhang mit einer Reise absichern. Hierzu zählen im Wesentlichen:

- Reiserücktrittsversicherung: Diese Versicherung deckt Kosten ab, die entstehen, wenn eine Reise aus speziellen Gründen unerwartet nicht angetreten werden kann (Stornierungskosten). Diese Kosten können einen hohen Anteil des Reisepreises ausmachen. Versicherte Gründe sind i. d. R. der Tod, Krankheit oder Unfallverletzung, wohingegen eine Stornierung aufgrund bereits bekannter körperlicher Leiden regelmäßig nicht abgedeckt ist.
- Reiseumbuchungsversicherung: Die Reiseumbuchungsversicherung deckt die entstandenen Kosten, wenn eine Reise aus gewichtigen Gründen umgebucht werden muss. Wie auch bei der Reiserücktrittsversicherung gilt, dass die Reiseumbuchungsversicherung keine allgemeine Rücktrittsversicherung ist, sondern die Umbuchungsgründe weitgehend identisch mit den Rücktrittsgründen der Reiserücktrittsversicherung sind. Oftmals ist die Reiseumbuchungsversicherung in der Reiserücktrittsversicherung enthalten.
- Auslandskrankenversicherung: Falls der Reisende während einer Reise aufgrund einer Krankheit oder eines Unfalls ärztliche Hilfe benötigt, gleicht die Auslandskrankenversicherung den Betrag aus, der aufgrund der verschiedenen Abkommen der Sozialversicherungen mit anderen Staaten nicht von der Krankenkasse (insbesondere der gesetzlichen Krankenkasse, da hier oftmals Ausschlüsse des Versicherungsschutzes bei Auslandsreisen bestehen) beglichen wird. Außerdem werden die Kosten für einen medizinisch notwendigen Rücktransport durch die Auslandskrankenversicherung übernommen, wenn der Reisende aus Krankheitsgründen ins Heimatland transportiert werden muss.
- Reiseabbruchversicherung: Die Reiseabbruchversicherung deckt die anfallenden Mehrkosten ab, falls eine Reise aus einem wichtigen und nicht vorhersehbaren Grund vorzeitig beendet werden muss oder man zu einem verlängerten Aufenthalt gezwungen ist. Auch bei der Reiseabbruchversicherung

sind i. d. R. ähnliche Ereignisse versichert wie bei der Reiserücktrittsversicherung. Mit einer Reiseabbruchversicherung lassen sich die Kosten absichern, die der Reisende eventuell tragen muss, falls die Reise bereits angetreten wurde, aber aufgrund bestimmter Umstände abgebrochen werden muss. Die Reiserücktrittsversicherung springt somit bereits vor Reiseantritt für die entstehenden Stornierungskosten ein und die Abbruchversicherung leistet Kostenersatz, nachdem die Reise bereits angetreten wurde.

- Reisegepäckversicherung: Diese Versicherung leistet Erstattung, wenn persönliches Gepäck im Urlaub verloren geht, gestohlen oder beschädigt wird. Reisegepäck ist versichert, wenn es aufgegeben wurde oder wenn es durch strafbare Handlungen Dritter, Unfälle des Transportmittels oder Feuer- und Elementarereignisse zu Schaden oder abhanden kommt. Das Reisegepäck ist regelmäßig bis zum Zeitwert oder einer vereinbarten Höchstgrenze versichert.
- Reiseunfallversicherung: Die Reiseunfallversicherung bietet Versicherungsschutz für Unfälle und Freizeitunfälle auf Reisen. Versichert sind regelmäßig Such-, Rettungs- und Bergungskosten aufgrund eines Unfalls sowie die aus einem Unfall resultierende Invalidität oder sogar der Tod. (ap)

Literatur

Bartholomae, Florian; Marcus Wiens 2016: Spieltheorie – Ein anwendungsorientiertes Lehrbuch. Wiesbaden: Springer Gabler

Schneeweiß, Christoph 1991: Planung 1 – Systemanalytische und entscheidungstheoretische Grundlagen. Berlin u. a.: Springer

Risikobewertung [assessment of risk]

Man unterscheidet zwischen objektiver und subjektiver Risikobewertung (→ Risiko). Von objektiver Risikobewertung spricht man, wenn ein Risiko methodisch erfasst und in belegbaren statistischen Wahrscheinlichkeiten ausgedrückt wird. Ein Beispiel objektiver Risikobewertung wäre der sogenannte JACDEC (Jet Airliner Crash Data Evaluation Centre) Index, bei dem flugsicherheitsrelevante Parameter wie beispielsweise Unfälle, Alter der Flotte, Wetterverhältnisse der angebotenen Strecken und Sicherheitsbestimmungen der lokalen Flugbehörden zu einem Sicherheitsindex einzelner Fluggesellschaften verarbeitet werden.

Von subjektiver Risikobewertung spricht man, wenn man die individuelle Risikoeinschätzung einzelner Menschen ermittelt. Hier haben subjektive Erfahrungen und Erwartungen oft mehr Einfluss als statistische Wahrscheinlichkeiten. So mag für eine Person unter dem Risikoaspekt eine Urlaubsreise in den Gazastreifen noch akzeptabel sein, für eine andere nicht. Ein Dritter mag sich vor einigen Stadtteilen in Miami (USA) mehr fürchten als vor Anschlägen bei einem Badeurlaub in Ägypten. Ob solche subjektiven Risikobewertungen objektiv berechtigt sind, steht auf einem anderen Blatt. Ereignisse, die man glaubt, kontrollieren zu können, hinterlassen weniger Spuren in der Risikobewertung als solche, die außerhalb des eigenen Einflusses stehen. Die Kriminalität in einem Land beeinflusst den Tourismus beispielsweise nur wenig, wenn die Kriminalität auf bestimmte Orte oder Viertel bezogen bleibt, die man meiden (kontrollieren) kann.

Eine Risikobewertung ist eine persönliche Konstruktion auf Basis der verarbeiteten Informationen (Jungermann 1990). Entsprechend orientieren sich Experten bei der Risikoeinschätzung an der Eintrittswahrscheinlichkeit und am Schadensausmaß, Laien hingegen an Merkmalen der Risikoquellen (bekannt oder unbekannt), der Art der Risikoaussetzung (freiwillig oder unfreiwillig), der Betroffenheit und der Kontrollierbarkeit. Katastrophale Ereignisse, und seien sie noch so selten, beeinflussen das Sicherheitsgefühl erheblich.

Maßnahmen zur Erhöhung der subjektiven Sicherheit können sein: Wahl etablierter → Reiseveranstalter, Reisebetreuung durch deutschsprachige Reiseleiter, Pauschalreisen, Meidung bestimmter Länder, Meidung von Menschenmengen, ortsangemessene Kleidung und ortsangemessenes Auftreten, Lernen der Sprache des Ziellandes und ausführliches Informieren über das Zielland. Gesellschaftliche oder politische Maßnahmen zur Verbesserung der Sicherheit können sein: schärfere Sicherheitsstandards in Flughäfen, erhöhte Polizeipräsenz, häufigere und genauere Kontrollen im Zielland, Hinarbeiten auf weniger divergente Besitzverhältnisse. Die exemplarische Aufzählung verdeutlicht die Grenzen von Sicherheitsmaßnahmen: Sicherheit kostet Geld, Bequemlichkeit und Freiheit. So stößt der Anspruch auf Sicherheit an Grenzen und gerät in Konflikt mit anderen Bedürfnissen. Besonders sicher heißt oft auch besonders eingeengt. (ss/gm)

Literatur

Boven, Christine 2018: Tourismus und Terrorismus und die Rolle von Risikowahrnehmung: Forschungsansätze. In: Silke Hahn; Zeljka Neuss (Hrsg.): Krisenkommunikation in Tourismusorganisationen. Grundlagen, Praxis, Perspektiven. Wiesbaden: Springer VS, S. 19–34

Freyer, Walter; Sven Groß (Hrsg.) 2004: Sicherheit in Tourismus und Verkehr – Schutz vor Risiken und Krisen. Dresden: FIT

Jungermann, Helmut 1990: Inhalte und Konzepte der Risikokommunikation. In: Helmut Jungermann; Bernd Rohrmann & Peter M. Wiedemann (Hrsg.): Risiko-Konzepte, Risiko-Konflikte, Risiko-Kommunikation. Jülich: Forschungszentrum Jülich, S. 309–328

Pechlaner, Harald; Dirk Glaeßer (Hrsg.) 2005: Risiko und Gefahr im Tourismus. Erfolgreicher Umgang mit Krisen und Strukturbrüchen. Berlin: Erich Schmidt

Rol → **Return on Investment**

Rollweg **[taxiway (TWY)]**

Verbindungsweg für Luftfahrzeuge, der auf Flughäfen das Vorfeld mit den Start- und Landebahnen verbindet. (jwm)

Room Mix → **Zimmer-Mix**

Room only → **Übernachtung ohne Frühstück**

Room Service → **Etagenservice**

Room-Night

Room-Nights („Zimmernächte") errechnen sich durch die Multiplikation der Anzahl der Hotelzimmer mit der Anzahl der Übernachtungen. Eine Busgruppe, die bspw. 50 Zimmer für zwei Nächte belegt, erzeugt 100 Room-Nights. Der in der internationalen Hotellerie gängige Begriff kann auf die verfügbaren Room-Nights (available Room-Nights) oder auf die gebuchten bzw. belegten Room-Nights (occupied Room-Nights) abheben.

Über die Anzahl der verfügbaren Room-Nights lassen sich Beherbergungskapazitäten eines Hotels, einer Kommune oder auch einer Region für eine bestimmte Zeitperiode berechnen (z. B. 10.000 verfügbare Zimmer in einer Region × 365 Nächte bzw. Übernachtungen). Die Anzahl der gebuchten Room-Nights ist oft Verhandlungsgegenstand zwischen Hotels und Nachfragern wie Unternehmen, öffentlichen Behörden oder Fluggesellschaften. Garantiert ein Unternehmen die Abnahme eines bestimmten Zimmervolumens (z. B. mindestens 500 Room-Nights pro Jahr), räumt das Hotel im Gegenzug Vergünstigungen wie einen Vorzugspreis (→ Corporate Rate) oder ein → Upgrading ein.

Die Logik, dass Hotelzimmer nur über eine ganze Nacht (eine Room-Night) angeboten werden, wird durch die → Digitalisierung weiter aufgeweicht. Im stundenweisen Zimmerverkauf über Online-Portale werden Potenziale gesehen. In der Folge schwinden feste An- und Abreisezeiten, bestimmte Operations-Prozesse wie die Reinigung ändern sich. → Zimmerstatus (Tageszimmer). (wf)

Rooms en suite

Im Angelsächsischen ein üblicher Begriff für ein Zimmer mit angrenzendem Bad/WC. Häufig anzutreffende Unterkunftsart in Großbritannien und Irland (→ Bed and Breakfast). Der Begriff stammt aus dem Französischen (la suite [fra.] = Abfolge, Zimmerflucht). (wf)

Rôtisseur [roasting cook]

Französische Bezeichnung für den Bratenkoch. Der Rôtisseur bereitet Fleisch-, Fisch-, Geflügel- und Wildgerichte zu. Der Bereich stellt einen klassischen Posten bzw. eine Abteilung in sehr großen → Küchenbrigaden dar, oft wird die Aufgabe des Rôtisseur von dem → Saucier übernommen. (wf)

RPK → **Revenue Passenger Kilometres**

RTD → **Ready-to-drink**

Rucksacktourist [backpacker]

Rucksacktouristen bzw. backpacker unterscheiden sich aufgrund verschiedener Kriterien von anderen → Touristen: Das „Bevorzugen billiger Unterkünfte, der Wunsch, auf andere Backpacker zu treffen, eine individuell organisierte und flexible Reiseplanung, überdurchschnittlich lange Aufenthalte, der Wunsch nach informellen, erlebnisorientierten Aktivitäten" stehen in der Regel im Fokus (Binder 2005, S. 27). Die Szene ist geprägt von Heterogenität – es gibt keine homogene Backpacker-Gruppe, sondern eher eine Wertegemeinschaft, die nach Abenteuer und → Authentizität sucht.

Im Laufe der Zeit hat sich der Rucksacktourismus verändert. Das moderne Backpacking ist vielfach strukturierter als der Rucksacktourismus der vergangenen Jahrzehnte. Zum Teil ist in einigen Ländern wie Australien, Neuseeland oder Südafrika ein eigenständiger, massentauglicher Backpacker-Markt entstanden, der hohes wirtschaftliches Potential hat und zur Entwicklung einer spezifischen, touristischen Infrastruktur geführt hat (Spendlingwimmer 2011). → Hostel. (fr)

Literatur
Binder, Jana 2005: Globality. Eine Ethnographie über Backpacker. Münster: LIT
Page, Stephen J. 2019: Tourism Management. London, New York: Routledge (6th ed.)
Spendlingwimmer, Florian 2011: Aussteiger und Überlebenskünstler: Sinnfindung am anderen Ende des Planeten. Münster: LIT

Rückfallfrist [release period]

Frist, zu der von einem → Reiseveranstalter gebuchte, aber nicht in Anspruch genommene Zimmerkontingente (→ Allotmentvertrag) ohne Kosten wieder an das Hotel zurückgegeben werden können. Wenn zum Beispiel 30 Doppelzimmer in einem Hotel gebucht werden, von denen der Veranstalter bis zur Rückfallfrist von 14 Tagen vor Reiseantritt nur 20 Zimmer im Rahmen von → Pauschalreisen absetzen konnte, kann er spätestens zu diesem Zeitpunkt in der Regel kostenfrei zehn Zimmer an das Hotel zurückgeben. Zur rechtlichen Einordnung siehe Moeder 2019, S. 255 ff. (jwm/wf)

Literatur
Moeder, Ronald 2019: Tourismusrecht in der Unternehmenspraxis. München: UVK

Rückverfolgbarkeit [traceability]

Gemäß der sogenannten europäischen Basis-Verordnung VO (EG) Nr. 178/2002 wird unter Rückverfolgbarkeit die Möglichkeit verstanden, dass ein Lebensmittel, welches dazu bestimmt ist oder von dem erwartet werden kann, dass es in einem Lebensmittel verarbeitet wird, durch alle Produktions-, Verarbeitungs- und Vertriebsstufen zu verfolgen ist.

Die Pflicht für den Lebensmittelunternehmer besteht darin, dass hierzu Systeme und Verfahren eingerichtet werden, mit denen die erforderlichen Informationen den zuständigen Behörden auf Aufforderung mitgeteilt werden können. Auf nationaler Ebene werden die Anforderungen im Lebensmittel- und Futtermittelgesetzbuch (LFGB) ergänzt. Das Ziel der Rückverfolgbarkeit besteht in der Schaffung von Transparenz und einem schnellen Informationsfluss in der gesamten Lebensmittelkette, sodass im Fall einer Krise, wie beispielsweise einer Gesundheitsgefahr für den Endverbraucher, die erforderlichen Daten vorliegen. Dabei wird von der sogenannten Stufenverantwortung gesprochen. Dies bedeutet, dass jeder Beteiligte in der Lebensmittelkette eine Stufe vor- und nachgelagert nachweisen kann. In einem konkreten Fall werden die Daten und Informationen von den zuständigen Behörden zusammengefügt. (mjr)

Literatur

Amtsblatt der Europäischen Gemeinschaften (Hrsg.) 2002: Verordnung (EG) Nr. 178/2002 des europäischen Parlaments und des Rates vom 28. Januar 2002 zur Festlegung der allgemeinen Grundsätze und Anforderungen des Lebensmittelrechts, zur Errichtung der Europäischen Behörde für Lebensmittelsicherheit und zur Festlegung von Verfahren zur Lebensmittelsicherheit, Abschnitt 4 Allgemeine Anforderungen des Lebensmittelrechts, Artikel 18 Rückverfolgbarkeit. Brüssel

Bundesgesetzblatt (Hrsg.) 2005: Lebensmittel-, Bedarfsgegenstände- und Futtermittelgesetzbuch (Lebensmittel- und Futtermittelgesetzbuch – LFGB), 1.September 2005

RWY → **Start- und Landebahn**

S

Sackbahnhof → **Bahnhof**

Sättigungsbeilage **[side dish]**
Kohlenhydratreiche Lebensmittel (Nudeln, Reis, Kartoffeln); Bestandteil eines Hauptgangs zur Sättigung. (bk/cm)

Safari **[safari]**
Unter Safari wird in touristischen Kontexten sowohl die Jagdreise als auch der Ausflug zur Beobachtung von Tieren in der Wildnis verstanden. Das Wort ‚safari' stammt aus der afrikanischen Sprache Kishuaheli, wo es aus dem Arabischen ‚safer' kommend allgemein für Reise steht. Die engere Bedeutung von Safari als (Jagd-)Reise (Großwildsafari) entwickelte sich aus der Benennung für solche Reisen, bei denen Tiere in Teilen Afrikas und Indien erlegt werden. Der Begriff wird in diesem Sinn heute generell für Jagdreisen angewandt, ist also nicht geographisch eingegrenzt. Den Teilnehmern an solchen Safaris geht es um das Erlangen von Trophäen (Felle von Großkatzen, Stoßzähne von Elefanten, etc.). Diese Art des Jagdtourismus ist nicht unumstritten. So haben Reiseversicherungen Gewehre in den Versicherungsschutz der Reisegepäckversicherung nicht eingeschlossen.

Bei der unblutigen Form der Safari geht es um die Touristensafari, bei der es nicht um die Tötung, sondern die Beobachtung und das Fotografieren des großen Wildes geht. Gemeint sind häufig – wie auch bei der Großwildsafari – die ‚Big Five' (Elefant, Kaffernbüffel, Nashorn, Leopard und Löwe). Solche Foto- oder Videosafaris sind als Ausflüge in die Wildnis zu sehen, für die eine wachsende Zahl an Reiseveranstaltern Pauschalreisen konfiguriert. Zielregionen sind sehr oft die Wildreservate in Afrika.

Bei der Reiseform Safari erfolgt die Unterbringung oft in einer Lodge, dem Gästehaus in einem Naturreservat oder einem Cottage, dem nicht unterkellerten Wohngebäude. (hdz)

Saignant → **Garstufen**

Saisonhotel **[seasonal hotel]**
Beherbergungsbetrieb, der nur im Rahmen der Saison seine → Dienstleistung anbietet. Der Grund für die nicht ganzjährige Hotelöffnung ist die witterungsbedingt schwache Nachfrage außerhalb der Saisonzeiten (Walterspiel 1969, S. 27). Beispielhaft sei auf Hotelbetriebe in Skiregionen, am Meer, an Badeseen oder in → Freizeitparks verwiesen.

https://doi.org/10.1515/9783110546828-020

Saisonhotellerie stellt die Verantwortlichen vor hohe betriebswirtschaftliche Herausforderungen. Gedacht werden kann hierbei an die Umsatz generierende Zeit von nur wenigen Monaten (→ Liquidität), anfallende Kosten auch während den Schließungsphasen oder Schwierigkeiten bei der Personalrekrutierung und -bindung. Der Versuch, über eine Saisonverlängerung das betriebswirtschaftliche Problemfeld aufzulösen, scheitert oft am fehlenden touristischen Rahmenangebot außerhalb der Saison und fehlenden Ausstattungskomponenten im Hotel (z. B. Heizung). In der Konsequenz bedingen Saisonhotels als notwendige Voraussetzung für eine rentable Geschäftsführung attraktive Standorte. Antonym: Ganzjahreshotel. (wf)

Literatur
Walterspiel, Georg 1969: Einführung in die Betriebswirtschaftslehre des Hotels. Wiesbaden: Betriebswirtschaftlicher Verlag Gabler

Salamander [salamander]

Großküchengerät zur Erzeugung von starker Oberhitze. Dient zum Karamellisieren, Überbacken (Gratinieren) oder Warmhalten von Gerichten. Die Gehäuse sind in der Regel aus Edelstahl, die Heizelemente mitunter höhenverstellbar. (wf)

Salon [drawing room, parlor]

In einem → Hotel oder auf Kreuzfahrtschiffen (→ Kreuzfahrttourismus) die Bezeichnung für einen vornehm ausgestatteten Raum (salle [franz.] = Saal, Empfangssaal), in dem Veranstaltungen ausgerichtet werden können.

Ehemals wurde unter einem Salon ein Gesellschafts- bzw. Empfangszimmer verstanden, das in der gehobenen Gesellschaft – in Frankreich bereits ab dem frühen 17. Jahrhundert – für private Empfänge im eigenen Haus eingerichtet wurde. Man traf sich in regelmäßigen Zirkeln zum Gedankenaustausch über literarische, politische, künstlerische, philosophische oder private Themen. Kennzeichnend für Salons war die exponierte Stellung der Frau des Hauses (Salonière) als einladende Gastgeberin (Lillge 2007, S. 675 f.). (wf)

Literatur
Lillge, Claudia 2007: Salon. In: Dieter Burdorf; Christoph Fasbender & Burkhard Moennighoff (Hrsg.): Metzler Lexikon Literatur: Begriffe und Definitionen. Begründet von Günther und Irmgard Schweikle. Stuttgart, Weimar: J. B. Metzler, S. 675–676 (3. Aufl.)

Sanfter Tourismus → **Corporate Social Responsibility**

SARS (Severe Acute Respiratory Syndrome)

Hoch infektiöse, atypische Lungenentzündung, die 2002 in China zum ersten Mal auftrat und durch die Furcht vor Ansteckung den Reiseverkehr in und nach

Südostasien zeitweilig stark beeinträchtigt hat. Ende 2019 löste das Coronavirus (SARS-CoV-2) eine Pandemie aus. Der Ursprung des Virus ist unklar geblieben.

Das Geschehen auf der Welt kam größtenteils zum Erliegen, der Tourismus wurde mit frontaler Wucht getroffen: Länder schlossen ihre Grenzen, der Flugverkehr wurde so gut wie eingestellt, Kreuzfahrtschiffe durften Länder und Häfen nicht mehr anfahren, Hotels und gastronomische Betriebe mussten schließen, Menschen wurden von staatlicher Seite angehalten, in ihren Wohnungen zu verweilen, um die Verbreitung des Virus zu unterbinden. Die sozialen und ökonomischen Folgen sind weltweit immens, neuerliche Infektionswellen verunsicherten nahezu die ganze Welt. Die Hoffnung liegt auf geeigneten Impfstoffen. Die Implikationen dieses Virus werden sich noch lange in touristischen Angebots- und Nachfragestrukturen widerspiegeln. (jwm/wf)

SAT → **Krisenmanagement-Plan**

Satellitenkonten [satellite account]
Oftmals ist die Wirtschaftszweigsystematik, die das Statistische Bundesamt verwendet, nicht ausreichend, um z. B. die Bedeutung bestimmter, weiterer interessierender Bereiche, wie der des Umweltschutzes, des Bildungs- und Gesundheitswesens oder des → Tourismus näher darzustellen. Die interessierenden Bereiche gehen in den verschiedenen, der zur Wirtschaftszweigsystematik gehörenden Bereichen auf. Sie sind also in ihrer Bedeutung nicht erkennbar. Hier finden Satellitenkonten Verwendung, um die volkswirtschaftliche Bedeutung dieser Wirtschaftszweige herauszuarbeiten. Während die Wirtschaftszweige des Statistischen Bundesamtes angebotsorientiert gegliedert sind, d. h. sie orientieren sich an den erstellten Produkten, die die einzelnen Branchen anbieten – so bietet z. B. die Chemische Industrie Chemieprodukte und der Maschinenbau Maschinen an – lässt sich die Tourismuswirtschaft eher nachfrageseitig abgrenzen.

Alle Güter und → Dienstleistungen, die von Touristen nachgefragt werden, sind dem Tourismus zuzuordnen. Dies gilt unabhängig davon, in welchem amtlich definierten Wirtschaftsbereich diese Güter oder Dienstleistungen hergestellt wurden. Touristische Leistungen werden von sehr unterschiedlichen, amtlich definierten Branchen produziert. So erzeugt z. B. das Gastgewerbe Tourismusleistungen, die Lebensmittelbranche stellt Lebensmittel für den Tourismus her, aber auch das Verarbeitende Gewerbe produziert → Souvenirs und somit Tourismusleistungen. Will man nun die volkswirtschaftliche Bedeutung des Tourismus ermitteln, so gilt es, diese nachgefragten Tourismusleistungen bezüglich ihrer angebotsseitigen Wirkungen auf die definierten Branchen zu erfassen. Dies leisten die Tourismus-Satellitenkonten. Damit sichergestellt ist, dass diese Berechnungen auch konsistent zur amtlichen Statistik und international vergleichbar sind, bedient man sich eines anerkannten Berichtsystems, dem „Tourism Satellite Account: Recommended Methodological Framework von 2008 (TSA: RMF 2008)". Hiermit kann der Anteil des touristischen Konsums am Gesamtaufkommen der verschiedenen Güter und Dienstleistungen berechnet und die jeweilige Bedeutung des Tourismus für die einzelnen – in der offiziellen Statistik enthaltenen – Wirtschaftsbereiche ausgewiesen werden. Durch Addition der touristischen Anteile an den einzelnen Branchen ergibt sich dann die Bedeutung der Tourismuswirtschaft. Gemäß einer Studie, die im Auftrag des Bundesministeriums für Wirtschaft und Energie (BMWi) vom DIW Econ 2017 durchgeführt wurde, belief sich der touristische Gesamtkonsum im Jahr 2015 auf 287,2 Mrd. €. Der touristische Gesamtkonsum setzte sich aus 224,6 Mrd. € touristischem Konsum der Inländer und 39,6 Mrd. € touristischem Konsum der Ausländer zusammen. Hinzu kommt noch die Komponente des „anderen Konsums" mit 23 Mrd. €. Zu letzterem zählte die touristische Nutzung von Wohnraum im eigenen Besitz, touristische Anteile öffentlicher Kulturzuschüsse und Ausgaben für langlebige touristische Konsumgüter (wie z. B. Wohnmobile), die sich nicht unmittelbar in den Reiseausgaben widerspiegeln. Der touristische Gesamtkonsum ist mit einer direkten → Bruttowertschöpfung in Höhe von 105,3 Mrd. € verbunden. Diese Summe entspricht 3,9 % der gesamten Bruttowertschöpfung in Deutschland. Die Zahl der Erwerbstätigen, die 2015 unmittelbar mit der Produktion touristisch nachgefragter Güter und Dienstleistungen befasst waren, betrug 2,92 Millionen Personen. Dies entsprach 6,8 % der inländischen Gesamtbeschäftigung. → Wirtschaftsfaktor Tourismus. (hp)

Satellitenküche [satellite kitchen]

Auch Relaisküche, Ausgabeküche, Regenerierküche oder Endküche genannt. Die Satellitenküche kann als eine nachgelagerte Außenstelle einer → Zentralküche gesehen werden. Die Speisenzubereitung findet vor allem in der Zentralküche statt, die Endzubereitung erfolgt in der Satellitenküche. Die Speisen gelangen von der Satellitenküche zum Konsumenten. Aus Sicht der Organisationsgestaltung handelt es sich um ein dezentrales Küchenkonzept. Siehe im Gegensatz hierzu das zentralisierte Konzept der → Vollküche.

Zu einer anderen begrifflichen Abgrenzung von unterschiedlichen Küchentypen siehe Macher et al. 2017, S. 47; Wagner 2014, S. 16; zu detaillierten schematischen Grundrissen und Flächenbedarfen von gewerblichen Küchen siehe Kister 2019, S. 349 ff. (wf)

Literatur

Fröschl, Cornelia 2003: Architektur für die schnelle Küche: Esskultur im Wandel. Leinfelden-Echterdingen: Verlagsanstalt Alexander Koch
Kister, Johannes (Hrsg.) 2019: Neufert Bauentwurfslehre. Wiesbaden: Springer Vieweg (42. Aufl.)

Kohte, Ursula 2003: Gastro Planung & Konzepte. Handbuch für Profis. Prozesse, Berechnungen und architektonische Realisierungen. Stuttgart: Matthaes

Macher, Roswitha; Andrea Staltner; Sylvia Pehak & Elfriede Traxler 2017: Küchenmanagement und Betriebsorganisation. Linz: Trauner

Wagner, Frank 2014: Was ist eine Küche? Planungsgrundlagen – Küchentypen – Küchenarten. In: Tophotel (Hrsg.): KIT 2015. Küchenplanung – Produkte, Konzepte, Experten. Landsberg am Lech: Freizeit, S. 13–16

Saucier [sauce cook]

Französische Bezeichnung für den Saucenkoch. Der Saucier ist zuständig für die Herstellung von Saucen, Saucengerichten und Pfannengerichten. Der Bereich stellt einen klassischen Posten bzw. eine Abteilung in größeren → Küchenbrigaden dar. (wf)

Saucière [gravy boat, sauce boat]

Sauce (franz.) = Soße. Gefäß, in dem beim Service die Soße separat (→ à part) angeboten wird. Größe, Form und Material des Gefäßes variieren. Die Saucière wird auf einem Teller mit beiliegendem Löffel, der für das Schöpfen vorgesehen ist, eingesetzt (Larousse 2017, S. 785). (wf)

Literatur
Larousse (éd.) 2017: Le Grand LAROUSSE Gastronomique. Paris: Larousse Editions (6. Aufl.)

Sautieren [to sauté]

Faire sauter (franz.) = braten. Kurzbraten von zerkleinertem Gargut in hochgezogener Pfanne (Sauteuse). (bk/cm)

Schadensersatz bei Pauschalreisen [compensation for lost holiday package]

1 Allgemeines Unbeschadet der Minderung des Reisepreises (→ Reisepreisminderung) nach § 651m BGB oder der Kündigung des Pauschalreisevertrags nach § 651l BGB hat der Reisende für zusätzliche Vermögenseinbußen und Auslagen, die über den Reisepreis hinausgehen, zwei vertragliche Schadensersatzansprüche, es sei denn, der Reisemangel ist vom Reisenden (Nr. 1) oder von einem Dritten verschuldet, der weder → Leistungserbringer noch in anderer Weise an der Erbringung der von dem Pauschalreisevertrag umfassten Reiseleistungen beteiligt ist, und war für den → Reiseveranstalter nicht vorhersehbar oder nicht vermeidbar (Nr. 2). Der Ausschluss des Schadensersatzes gilt auch, wenn der Mangel durch unvermeidbare, außergewöhnliche Umstände verursacht (Nr. 3) wurde.

Zu ersetzen ist der Nichterfüllungs- einschließlich des Mangelfolgeschadens wie Körper-, Sach-, Gepäckschäden und immaterielle Schäden gem. § 253 II BGB, soweit diese nicht durch eine Preisminderung abgegolten sind. Darüber hinaus kann der Reisende wegen nutzlos aufgewendeter Urlaubszeit eine angemessene

Entschädigung in Geld nach § 651n II BGB verlangen. Dies setzt voraus, dass die Reise vereitelt oder erheblich beeinträchtigt wird. Ferner umfasst der persönliche Anwendungsbereich ebenfalls Geschäftsreisende (BT-Drs. 18/10822, 65). Gem. § 651n III BGB hat der Reiseveranstalter unverzüglich, also „ohne schuldhaftes Zögern" i. S. d. § 121 BGB, zu entschädigen. Rechtsdogmatisch ist § 651n BGB als modifizierte Verschuldenshaftung mit Beweislastumkehr zu qualifizieren.

2 Voraussetzungen Ein Schadensersatzanspruch setzt voraus, dass ein Reisemangel (§ 651i II BGB) vorliegt, eine Mängelanzeige während der Reise gemacht wird, § 651o I BGB, den Veranstalter ein Verschulden trifft (mit Beweislastumkehr), wobei der Reiseveranstalter den Einwand fehlenden Verschuldens (Entlastung) nur auf die in den § 651n I Nr. 1–3 BGB bezeichneten Fälle stützen kann:

- Verschulden des Reisenden oder Mitverschulden des Reisenden im Sinne des § 254 BGB;
- Verschulden eines Dritten, der weder Leistungserbringer noch in anderer Weise an der Erbringung der Reiseleistungen beteiligt ist, sofern dies für den Reiseveranstalter weder vorhersehbar noch vermeidbar war;
- der Reisemangel wurde durch unvermeidbare, außergewöhnliche Umstände verursacht.

Letztlich muss der Reisende einen materiellen kausalen Mangel- und Mangelfolgeschaden oder auch einen immateriellen Schaden an Körper, Eigentum, Vermögen mit Schmerzensgeld (§§ 249 ff. BGB) nachweisen.

Nach § 651n I Nr. 3 BGB ist der Anspruch des Reisenden ausgeschlossen, soweit der Reisemangel durch unvermeidbare, außergewöhnliche Umstände verursacht wurde. § 651h III 2 BGB definiert, wann Umstände unvermeidbar und außergewöhnlich sind. Dies ist der Fall, wenn sie nicht der Kontrolle der Partei unterliegen, die sich hierauf beruft, und sich ihre Folgen auch dann nicht hätten vermeiden lassen, sofern alle zumutbaren Vorkehrungen getroffen worden wären. In diesem Zusammenhang nennt der Erwägungsgrund 31 der Richtlinie Beispiele wie Kriegshandlungen, Terrorismus oder Naturkatastrophen. Insoweit wird der Begriff der Fluggastrechte-VO (EG) Nr. 261/2004 verwendet. Daher kann die Rechtsprechung hierzu im Rahmen der Auslegung herangezogen werden.

3 Nutzlos aufgewendete Urlaubszeit Nach § 651n II BGB kann der Reisende auch wegen nutzlos aufgewendeter Urlaubszeit eine angemessene Entschädigung in Geld verlangen, soweit die Reise vereitelt oder erheblich beeinträchtigt wird. Abs. 2 hat zunächst dieselben Voraussetzungen wie § 651n I und erfordert zusätzlich eine Vereitelung oder erhebliche Beeinträchtigung der Reise sowie nutzlos aufgewendete Urlaubszeit.

Vereitelt ist eine Reise, soweit der Urlauber sie gar nicht antreten kann oder diese gleich zu Anfang abgebrochen werden muss (BGH, 25.05.2018, X ZR 94/17,

NJW 2018, 3173). Eine erhebliche Beeinträchtigung liegt vor, wenn die Reise so schwer durch Mängel betroffen ist, dass die Gesamtwürdigung aller Umstände des Einzelfalls die Reise ganz oder teilweise als vertan erscheinen lässt (Führich MDR 2009, 906, 908). Bezüglich der Gesamtwürdigung ist auf die Sicht eines Durchschnittsreisenden abzustellen. Das Maß der Beeinträchtigung richtet sich im Einzelfall nach den Kriterien der Art und Umfang etwaiger Mängel, des Reisecharakters, des Reisezwecks sowie der Auswirkungen des Mangels und des Zielgebiets. Zudem muss für den Entschädigungsanspruch die Urlaubszeit nutzlos aufgewendet worden sein. Dies ist anzunehmen, soweit der vertraglich festgelegte Reisezweck wie Erholung, Bildung oder Sport infolge des Mangels verfehlt wurde. Für den Entschädigungsanspruch nach § 651n II BGB gelten auch die in Absatz 1 abschließend aufgezählten Entlastungsgründe.

Für die Berechnung des immateriellen Schadensersatzanspruchs ist seit der Malediven-Entscheidung des BGH der Reisepreis der alleinige Maßstab. Der BGH betont bei allen Entscheidungen, dass die Bemessung der Entschädigung grundsätzlich dem Tatrichter obliegt. Die Entschädigung stützt sich auf den Reisezweck, den Grad der Beeinträchtigung, der Dauer sowie dem Preis der Reise (Führich MDR 2009, 906, 912). Gilt die Reise als vollständig vereitelt, hat die Literatur bislang überwiegend eine Entschädigung in Höhe des vollen Reisepreises für angemessen erachtet (Führich 2018, § 11 Rn. 66). Der BGH hat sich dieser von der Literatur vertretenen Meinung ausdrücklich nicht angeschlossen und stuft auch eine geringere Entschädigung als angemessen ein (BGH, 25.05.2018, X ZR 94/17).

Der Veranstalter haftet neben seiner vertraglichen Schadensersatzpflicht aus § 651n BGB nach §§ 823 ff. BGB bei einer Verletzung seiner Auswahl- und Kontrollpflichten bezüglich seiner Leistungserbringer für verkehrsgefährdende Anlagen. Diese Verkehrssicherungspflicht bei fehlender Sicherheit bei Hotelanlagen, Kfz, Schiffen, Flugzeugen erfordert eine Stichprobenkontrolle augenscheinlicher Mängel und sachkundige Beauftragte, wobei Maßstab örtliche Sicherheitsvorschriften sind, jedoch keine Haftung bei unvorhersehbaren Gefahren angenommen wird, wie z. B. die Einhaltung der Sicherheitsvorschrift einer Glasscheibe für ein Hotelzimmer im Reiseland (BGH, 25.06.2019, X ZR 166/18).

4 Haftungsbegrenzung Vertragliche Schadensersatzansprüche nach § 651n BGB kann der Reiseveranstalter durch Vereinbarung, insbesondere in seinen → AGB, grundsätzlich auf das Dreifache des Reisepreises beschränken, außer es liegen Körperschäden vor (§ 651p I Nr. 1 BGB) oder die Schäden wurden schuldhaft herbeigeführt (§ 651p I Nr. 2 BGB). § 651p II BGB lässt es zu, dass sich ein Veranstalter auch auf gesetzliche Haftungsbeschränkungen aus internationalen Übereinkommen wie das → Montrealer Übereinkommen bei internationaler Luftbeförderung (MÜ) berufen kann, die zugunsten seiner Leistungserbringer gelten,

so dass er nicht mehr zahlen muss als er von einem verantwortlichen Leistungserbringer im Rückgriff verlangen kann. (ef)

Literatur
Führich, Ernst 2009: Entschädigung wegen nutzlos aufgewendeter Urlaubszeit. MDR, 906
Führich, Ernst 2018: Basiswissen Reiserecht. München: C. H. Beck/Vahlen (4. Aufl.; §§ 10, 11)
Führich, Ernst; Ansgar Staudinger 2019: Reiserecht. München: C. H. Beck (8. Aufl.; § 22)

Scheck [cheque]

Der Scheck ist eine unbedingte schriftliche Anweisung des Ausstellers an seine
Bank, zu Lasten seines Kontos einen bestimmten Betrag an den berechtigten
Scheckeinreicher zu zahlen. Die Rechtsgrundlage ist in Deutschland das Scheck-
gesetz. Es definiert die Bestandteile, die ein Scheck aufweisen muss, sowie die
Handhabung und Fristen, die im Rahmen des Scheckverkehrs zu berücksichtigen sind. Artikel I des Scheckgesetzes regelt die sechs gesetzlichen Bestandteile:
(1.) die Bezeichnung als Scheck im Text der Urkunde, und zwar in der Sprache, in
der sie ausgestellt ist, (2.) die unbedingte Anweisung, eine bestimmte Geldsumme
zu zahlen, (3.) den Namen dessen, der zahlen soll (i. d. R. die Bank), (4.) die Angabe des Zahlungsortes, (5.) die Angabe des Tages und des Ortes der Ausstellung,
(6.) die Unterschrift des Ausstellers.

Von besonderem Interesse im → Tourismus sind neben dem inländischen
auch die ausländischen Scheckgesetze. In groben Zügen entsprechen sie dem
deutschen Scheckrecht, es gilt allerdings, einige Unterschiede zu beachten. Beispielsweise bestehen häufig andere Vorlegefristen, und vordatierte Schecks werden zumeist nicht sofort, sondern erst nach Erreichen des angegebenen Datums
eingelöst. Ferner ist der Aufbau des Scheckformulars häufig nicht standardisiert. Auch schreibt das ausländische Scheckrecht nicht immer die Bezeichnung
Scheck im Text der Urkunde vor.

Im Scheckverkehr werden die folgenden Scheckarten unterschieden: Privat-
schecks (Aussteller sind Privatpersonen und andere Nichtbanken); Bankschecks
(Aussteller sind Banken); Inhaberschecks (können von jedem Inhaber zum Inkasso vorgelegt werden); Orderschecks (können nur mittels eines Indossaments
übertragen werden. Inkassoberechtigt ist derjenige, der sich mittels einer vollständigen Indossamentenkette als Berechtigter ausweisen kann); Barschecks
(hier ist eine Barauszahlung oder eine Kontogutschrift möglich); Verrechnungs-
schecks (hier ist nur eine Kontoverrechnung möglich). Jeder Scheck umfasst eine
Kombination dieser Merkmale.

Im Auslandszahlungsverkehr wird in der Regel die Kombination Order- und
Verrechnungsscheck verwendet. Denn diese Variante ist am sichersten, da sie nur
von der namentlich benannten Person eingereicht und zudem auch nur auf dessen Konto verrechnet werden kann. Insbesondere wenn die Bonität des Impor-

teurs nicht zweifelsfrei sichergestellt ist oder die Gefahr bestehen könnte, dass der Aussteller den Scheck wieder sperren lässt, wird von Seiten des Schecknehmers häufig ein Bank-Order-Scheck verlangt, da sich erstens die Bonität einer Bank leichter überprüfen lässt, und zweitens ein Bankscheck nur unter restriktiven Bedingungen gesperrt werden kann. Eine Bank würde Gefahr laufen, ihre internationale Reputation zu verlieren, wenn die von ihr ausgestellten Schecks häufiger gesperrt würden. Obwohl Scheckzahlungen in Deutschland (hier machen sie gerade mal 0,1 % der Finanztransaktionen aus) und in den meisten europäischen Staaten nahezu bedeutungslos sind, sind sie nach wie vor in Frankreich, den USA und Kanada von hoher Relevanz. (hp)

Schiffsbeförderung [ship transportation]

Die Schiffsbeförderung umfasst die Beförderung auf Passagier- und Fährschiffen von Personen und ihrem Gepäck auf Binnenschiffen und in internationalen Seegewässern. Der Beförderungsvertrag als Werkvertrag nach §§ 631 ff. BGB wird in ihrem Anwendungsbereich national durch das Binnenschifffahrtsgesetz (BinSchG) sowie die §§ 536 ff. HGB und international durch das Athener Übereinkommen 2002, in Kraft seit 24.04.2014, als Spezialgesetze verdrängt.

Im Rahmen der Schaffung einheitlicher europäischer Passagierrechte für alle Verkehrsträger ist seit 18.12.2012 die Verordnung (EU) Nr. 1177/2010 über die Fahrgastrechte im See- und Binnenschiffsverkehr in Kraft.

Kreuzfahrten (→ Kreuzfahrttourismus) als → Pauschalreisen unterliegen bei Vertragsschluss oder Werbung im Inland immer den zwingenden §§ 651a ff. BGB. → Reiseveranstalter ist in der Regel die Reederei. Das → Reisebüro oder eine Internetplattform sind in der Regel nur Vermittler der Kreuzfahrt. Der Reiseveranstalter haftet bei Schadensersatzansprüchen aufgrund von Seereisemängeln nur mit den Haftungsgrenzen des Athener Übereinkommens 2002 i. V. m. § 651p II BGB. Die Fahrgastrechte-VO Nr. 1177/2010 gilt ausdrücklich nach Art. 2 I lit. c VO auch für Fahrgäste einer Kreuzfahrt. (ef)

Literatur
Führich, Ernst 2018: Basiswissen Reiserecht. München: C. H. Beck/Vahlen (4. Aufl.; § 19)
Führich, Ernst; Ansgar Staudinger 2019: Reiserecht. München: C. H. Beck (8. Aufl.; § 46)

Schiffsmanifest → **Manifest**

Schiffsreisen → **Kreuzfahrttourismus**, → **Passagierfrachter**

Schlafkapsel → **Kapselhotel**

Schlafsaal → **Zimmertypen**

Schlafwagen → **Couchette**

Schlüsselfertig [turn-key]
Der Begriff wird bei Miet- und Pachtverträgen in der Hotellerie benutzt (→ Hotel-pacht). Er ist gesetzlich nicht definiert, ähnliche Begriffe (bezugsfertig) fließen in-einander, sorgen für Abgrenzungsschwierigkeiten und erhöhen das Risiko für den Bauherrn (z. B. Frage des Innenausbaus). Deswegen empfiehlt sich die intensive Auseinandersetzung mit der Baubeschreibung (Institut Privater Bauherren e. V. 2012, S. 6 f.).

Im Gastgewerbe ist das Wortpaar schlüsselfertig vs. → löffelfertig existent. Wird der Betrieb voll ausgestattet verpachtet (bis hin zum → Löffel), wird von einer ‚löffelfertigen' Verpachtung gesprochen. Wird der Betrieb ohne Inventar (Großinventar und Kleininventar [→ Furniture, Fittings & Equipment], IT und Systeme) verpachtet, wird von einer schlüsselfertigen oder auch bezugsfertigen Verpachtung gesprochen. Der Pächter hat bildlich gesprochen den Schlüssel überreicht bekommen und kann das Objekt (ohne Inventar) übernehmen. Größe-re Hotelgruppen fixieren über interne Bauabteilungen den nicht trennscharfen Begriff in detaillierten Baubeschreibungen, um Rechtssicherheit gegenüber Bau-unternehmen und Handwerkern an den Schnittstellen herzustellen.

Die Beschreibung wird auch bei Wohnungen, Häusern, Büroimmobilien, Flughäfen verwendet, um auf ein bezugsfertiges Objekt hinzuweisen. (wf)

Literatur
Freyberg, Burkhard von; Laura Schmidt & Elena Günther (Hrsg.) 2020: Hospitality Development. Hotelprojekte erfolgreich planen und umsetzen. Berlin: Erich Schmidt (3. Aufl.)
Institut Privater Bauherren e. V. (Hrsg.) 2012: Schlüsselfertig bauen. Die Bauverträge mit priva-ten Bauherren in der Praxis. Berlin

Schlüsselkarte → **Key Card**

Schmalrumpfflugzeug [narrow-body aircraft, single aisle aircraft]
Passagierflugzeug mit einem Kabinengang. (jwm)

Schmetterlingskreuzfahrten → **Kreuzfahrttourismus**

Schmoren [to stew, to braise]
Kombination aus dem Anbraten, Dünsten, Kochen bzw. Pochieren des Gar-guts. (bk/cm)

Schnellzüge → **Hochgeschwindigkeitszüge**

Schnitzen [to carve]
Schneiden von Obst (z. B. Melone) oder Gemüse (z. B. Tomate) mit dem Ziel, ein künstlerisches Objekt zu schaffen. Die Bearbeitungstechnik hat inzwischen so viele Anhänger gefunden, dass die Schnitzer (carver) auf internationalen Wettbewerben mit ihren kreierten Kompositionen gegeneinander antreten. (wf)

Schrankpreis → **Rack Rate**

Schroth-Kur
Das als Schroth-Kur bezeichnete Heilverfahren beruht auf der Kombination aus Trink- und Trockentagen in Kombination mit einer speziellen Ernährung, die vom Fuhrmann Johannes Schroth vor mehr als 100 Jahren entwickelt wurde. Heutzutage gibt es Variationen, die vor allem dem in der Kritik stehenden Flüssigkeitsdefizit an den Trockentagen entgegenwirken und damit als verträglicher eingestuft werden. Die → Prädikatisierung als Schroth-Kurort oder Schroth-Heilbad unterliegt in Deutschland den ‚→ Begriffsbestimmungen – Qualitätsstandards für Heilbäder und Kurorte, Luftkurorte, Erholungsorte – einschließlich der Prädikatisierungsvoraussetzungen – sowie für Heilbrunnen und Heilstollen'. (abw)

Schubumkehr [thrust reverser]
Einrichtung an Turbinentriebwerken, mit denen (ein Teil) des erzeugten Schubes zum Abbremsen des Flugzeuges nach der Landung nach vorn geleitet werden kann. Nach dem Aufsetzen und der Aktivierung der Schubumkehr wird daher noch einmal kurz (fast) Vollschub gegeben. Bei → Turbojets wird dabei der Abgasstrahl durch zwei am Triebwerk befestigte feuerfeste Klappen (reverser buckets), die sich ausgefahren hinten in einem spitzen Winkel berühren, nach schräg vorne geleitet. Bei großen → Turbofans wird in der Regel nur der kalte Sekundärkreislauf mit Klappen hinter dem Fan durch Öffnung eines großen Spalts in der Triebwerksverkleidung schräg nach vorne geleitet, während der Primärkreislauf unbeeinflusst bleibt. Da der größte Teil des Schubs durch den Sekundärkreislauf erzeugt wird, ist dies ausreichend für die gewünschte Verzögerung. Bei → Turboprops können die Propellerblätter nach dem Aufsetzen praktisch ‚umgedreht' werden (beta range), so dass der Propellerschub nicht mehr nach hinten, sondern nach vorne gelenkt wird. Deshalb können solche Flugzeuge auch selbständig rückwärts aus ihrer → Parkposition rollen. (jwm)

Schutzimpfung [vaccination]
Je nach Reisegebiet werden unterschiedliche Impfungen bei Auslandsreisen empfohlen bzw. notwendig sein. Die Impfbestimmungen und auch der Impfzeitplan

werden jeweils individuell nach dem Reiseland festgelegt. Das Sozialgesetzbuch (§ 20i SGB V n. F.) regelt den Anspruch auf Leistungen für Schutzimpfungen (www. sozialgesetzbuch-sgb.de). (hdz/wf)

Schwimmbäder → **Bäder, öffentliche**

SEA → **Suchmaschinenwerbung**

Search Engine Advertising → **Suchmaschinenwerbung**

Search Engine Marketing → **Suchmaschinenmarketing**

Search Engine Optimization → **Suchmaschinenoptimierung**

Search Engine Result Pages (SERPs)
Search Engine Result Pages (engl.) = Suchergebnisseiten. Liste aller Ergebnisse einer Suchanfrage in einer Suchmaschine. Dabei werden die Ergebnisse anhand ihrer Relevanz absteigend sortiert (www.onlinemarketing.de).

Die Relevanz wird durch Algorithmen der verschiedenen Online-Suchmaschinen festgelegt, welche die bestimmenden Faktoren weitgehend geheim halten, um Spam zu verhindern. Generell sind die Suchalgorithmen inzwischen so weit fortgeschritten, dass sie in der Regel nur Websites auf der ersten SERP anzeigen, die schnell, strukturiert und einfach eine Antwort auf die Suchanfrage liefern können. Durch → Suchmaschinenoptimierung (SEO) wird versucht, auf möglichst viele und relevante Suchanfragen eine solche Antwort liefern zu können, um so eine bessere Positionierung in den SERPs zu erreichen und mehr Besucher von den Suchmaschinen zu erhalten (de.ryte.com).

Bei touristischen Suchanfragen, wie zum Beispiel Suchen nach Flügen, Unterkünften oder Mobilitätsangeboten, wird in SERPs meist auch direkt eine Trefferliste mit den Angeboten aus verschiedenen Plattformen angezeigt. (lf/sm)

Literatur
Onlinemarketing o. J.: SERP. (https://onlinemarketing.de/lexikon/definition-serp, zugegriffen am 05.12.2019)
Ryte o. J.: SERP Rankingfaktoren. (https://de.ryte.com/wiki/SERP#Rankingfaktoren_f.C3.BCr_die_SERP, zugegriffen am 05.12.2019)
SEO United o. J.: SERP. (https://www.seo-united.de/glossar/serp/, zugegriffen am 05.12.2019)

Second sitting → **First sitting**

SECTT → **Prostitutionstourismus,** → **Sextourismus**

Seebad und Seeheilbad [seaside resort; seaside health resort]
Seebäder lassen sich in drei Kategorien unterteilen: 1. Seebäder ohne kurortmedizinischen Hintergrund, 2. Seebäder mit kurortmedizinischem Hintergrund sowie 3. Seeheilbäder, wobei die letzten beiden zu den hochprädikatisierten (→ Prädikatisierung) Heilbädern und → Kurorten gehören. Sie alle unterliegen den Qualitätsmerkmalen und Mindestvoraussetzungen nach den → Begriffsbestimmungen – Qualitätsstandards für Heilbäder und Kurorte, Luftkurorte, Erholungsorte – einschließlich der Prädikatisierungsvoraussetzungen – sowie für Heilbrunnen und Heilstollen; hierauf verweisen die Kurortgesetzlichkeiten der Bundesländer.

Seebäder mit und ohne kurortmedizinischen Hintergrund sowie Seeheilbäder müssen die grundsätzlichen Prädikatisierungsvoraussetzungen an einen → Erholungsort erfüllen. Für hochprädikatisierte Orte gelten darüber hinaus weitere allgemeine Anerkennungsvoraussetzungen bei der kurärztlichen Betreuung von Kurgästen, beispielsweise hinsichtlich der kurortmedizinischen Versorgungsstrukturen für ambulante als auch stationäre Behandlungsverfahren in Vorsorge- und Rehabilitationseinrichtungen und weiteren Maßnahmen der Qualitätssicherung.

1. **Seebäder ohne kurortmedizinischen Hintergrund:** Grundsätzlich basiert die namensgebende Artbezeichnung auf der Nutzbarkeit von Meerwässern und/oder von Komponenten des Meeresküstenklimas. Es handelt sich um klimatisch und landschaftlich bevorzugte Gemeinden oder Gemeindeteile mit einer Lage an der Meeresküste oder in deren unmittelbarer Nähe (Entfernung der Orts- oder Ortsteilmitte nicht mehr als zwei km vom Strand). Eine ausreichende Luftqualität sowie eine bioklimatisch begünstigte Lage werden vorausgesetzt, die durch regelmäßige wissenschaftliche Gutachten bestätigt werden müssen. Die vorzuhaltenden Einrichtungen sollen dazu animieren, sich möglichst häufig den Wirkfaktoren des Meeres auszusetzen, ohne dabei Anspruch auf eine Behandlung von speziellen Krankheitsbildern zu haben. Ein gepflegter und überwachter Badestand mit qualitativ und quantitativ angemessenen Dienstleistungen und Serviceeinrichtungen, ein zur Unterhaltung und Betreuung der Kurgäste einfach ausgestattetes Kommunikationszentrum mit gelegentlichen Gästeprogrammen, strandnahe Promenaden oder Wanderwege, Schutzhütten im Strandbereich und Ruheeinrichtungen, Sportanlagen und Spielangebote sowie mindestens zwei Terrainkurwege unterschiedlicher Belastbarkeitsstufen im Seeklima sind Voraussetzung für die Artbezeichnung.

2. **Seebäder mit kurortmedizinischem Hintergrund:** In Seebädern mit kurortspezifischem Hintergrund basiert die namensgebende Artbezeichnung auf der kurortmedizinischen Anwendbarkeit von Meerwässern und/oder

Komponenten des Meeresküstenklimas. Die im Seebad vorzuhaltenden, verschiedenen Anwendungsformen für die Meerwasserbäder oder -inhalationen und gegebenenfalls für Nordseeschlick oder Ostseekreide physikalischen, physikalisch-chemischen bzw. chemischen Eigenschaften sind auf die therapeutische Behandlung unterschiedlicher Krankheitsbilder ausgerichtet. Die Thalassotherapie – abgeleitet vom griechischen Wort „Thalassa" für Meer – steht für Heilverfahren aus der Kraft des Meeres. Seebäder mit kurortmedizinischem Hintergrund haben grundsätzlich dieselben medizinisch-therapeutischen/medizinisch-klimatischen Anforderungen zu erfüllen wie die Seeheilbäder, jedoch in geringerem Umfang. Entsprechendes gilt für die lufthygienischen Anforderungen an die Luftqualität und das Bioklima. Mindestens ein niedergelassener Kur- oder Badearzt muss vor Ort ansässig sein, zudem basieren die medizinisch anerkannten Indikatoren (Heilanzeigen) und Kontraindikatoren (Gegenanzeigen) auf einem medizinisch-balneologischen beziehungsweise medizinisch-klimatologischen Gutachten.

3. **Seeheilbäder:** In Seeheilbädern müssen die Mindestvoraussetzungen eines Seebads mit kurortspezifischem Hintergrund erfüllt sein; darüber hinaus sind unter anderem sowohl quantitativ als auch qualitativ weitere infrastrukturelle Einrichtungen erforderlich, wie zum Beispiel ein Kurmittelhaus oder Haus des Gastes sowie weitere medizinisch-therapeutische Angebote, mindestens ein Kur- oder Badearzt, psychologische Begleitung der Kurpatienten, Einrichtungen für sogenannte aktivierende Behandlungsformen, Übungs- und Ruheräume für Entspannungstherapiekonzepte, indikationsbezogene Diät- und Ernährungsproramme, mindestens drei Terrainkurwege mit unterschiedlichen Belastbarkeitsstufen und erhöhte Anforderungen an die Luftqualität.

Seebäder mit kurortspezifischem Hintergrund und Seeheilbäder halten somit ein Angebot von Heilbehandlungen und Einrichtungen vor, die mit dem Begriff → Kur umschrieben werden können. (abw)

Literatur

Deutscher Tourismusverband e. V.; Deutscher Heilbäderverband e. V. 2018: Begriffsbestimmungen – Qualitätsstandards für Heilbäder und Kurorte, Luftkurorte, Erholungsorte – einschließlich der Prädikatisierungsvoraussetzungen – sowie für Heilbrunnen und Heilquellen. Berlin (13. Aufl.; Fassung: 28.09.2018)

Seeheilbad → **Seebad und Seeheilbad**

Seekrankheit [sea sickness]

Als typische Reisekrankheit ist die Seekrankheit zu charakterisieren, die auf bewegter See als eine besondere Gesundheitsstörung auftritt. Vom griechischen Ausdruck kinein, der für „bewegen" steht, leitet sich der medizinische Fachbegriff für Reise- bzw. Bewegungskrankheit allgemein ab: Kinetose. Die Krankheit auf See ist demnach nicht isoliert zu betrachten, sondern gehört eingeordnet in die Kinetosen, die einen auf Reisen treffen kann, also auch beim Fliegen (→ Luftkrankheit), Bahn- oder bei Busfahrten (Oldenburg 2018, S. 96 ff.). Der englische Ausdruck (motion sickness) ist treffend. Die Reisemedizin weist auf folgende Besonderheiten hin (Kretschmer, Kuch & Scherbaum 2005, S. 56 f.; Oldenburg 2018, S. 98 f.):

– Das Einwirken verschiedenster Beschleunigungen auf das Innenohr durch Roll- und Stampfbewegungen des Schiffes, die damit konkurrierenden visuellen und akustischen Informationen sowie die Informationen von den Propriorezeptoren der Muskulatur führen zu Reaktionen des Stammhirns und des vegetativen Nervensystems. Die Symtome sind bekannt (→ Luftkrankheit).

– Die persönliche Prädisposition spielt für die Anfälligkeit eine wichtige Rolle. Die Seekrankheit ist unabhängig von Alter und Lebensphase. Auch erfahrene Seeleute, die von der Krankheit nicht betroffen waren, können plötzlich unter der Krankheit leiden.

– Das Kinetoserisiko ist auch von Reisezeit (Herbststürme), großen Unterschieden zwischen Reisesituation und den gewohnten Wohnortverhältnissen und dem Wechsel von Zeitzonen abhängig.

– Ängstliche Menschen sind häufiger betroffen, möglicherweise weil sie sich seltener solchen Situationen aussetzen und deshalb die Anpassungsmechanismen weniger trainiert haben. Vermutlich spielt die Erwartungshaltung eine große Rolle.

– Hingewiesen sei auch auf das ‚mal de débarquement', d. h., die Tatsache, dass bei Ankunft an Land nach einer mehrtägigen Seereise eine kinetose-ähnliche Symptomatik auftreten kann.

Kretschmer, Kuch und Scherbaum (2005, S. 57) bemerken, dass allen Kinetosen letztendlich ein Konflikt zwischen mehreren nicht zusammenpassenden Sinneseindrücken zugrundeliegt. (hdz/wf)

Literatur

Kretschmer, Harald; Gottfried Kuch & Helmut Scherbaum 2005: Seekrankheit. In: Dies. (Hrsg.): Reisemedizin. Beratung in der ärztlichen Praxis. München, Jena: Urban & Fischer, S. 53–59

Oldenburg, Marcus 2018: Kinetose und Reisediarrhoe. In: Volker Harth et al. (Hrsg.): Reisemedizin und Impfen: Empfehlungen für Ärzte, Betriebe und beruflich Reisende. Landsberg am Lech: ecomed Medizin, S. 96–106

Seekreuzfahrt → **Kreuzfahrttourismus**

Seemeile [nautical mile (nm)]
In der Seeschifffahrt und in der Luftfahrt gebräuchliches Entfernungsmaß. Eine nautische Meile entspricht 1.852 Metern oder 1,85 Kilometern. Geschwindigkeiten werden hier in Seemeilen pro Stunde oder → Knoten gemessen. (jwm)

Seetouristik → **Kreuzfahrttourismus**

Segway
Der Segway Personal Transporter (früher auch „Human Transporter") ist eine elektronische Mobilitätshilfe mit einer Achse, die selbst balancierend ist, eine Person befördert und seit 2001 vom Unternehmen Segway Inc. (Bedford/USA) hergestellt wurde. Das Unternehmen wurde 2015 vom chinesischen Unternehmen Ninebot übernommen. Der Segway wird stehend aufrecht gefahren und durch Gewichtsverlagerung beschleunigt bzw. gebremst. Für eine Kurvenfahrt muss die Lenkstange des Gefährts nach rechts oder links bewegt werden, wobei der Fahrer vom Fahrzeug elektronisch voll automatisch in seiner Schwerpunktlage stabilisiert wird. Dies geschieht mit Hilfe von fünf Gyroskop- und zwei Beschleunigungssensoren. Diese ermitteln 100-mal pro Sekunde Fahrzeug- und Körperposition und bringen diese in Zusammenhang. Die zentral verarbeiteten Informationen werden mit dem Fahrerwunsch überlagert. Die zentrale Rechnereinheit des Fahrzeugs gibt dann die Befehle zur Steuerung an die beiden Elektromotoren weiter (Groß 2017, S. 399 f.).
Da ein Segway nach Ansicht der EU-Kommission nicht als Straßenfahrzeug gilt, fällt die Kompetenz den einzelnen EU-Ländern zu. Das deutsche Bundesverkehrsministerium hat am 25. Juli 2009 eine Verordnung für die Zulassung von Segways in Kraft gesetzt („Verordnung über die Teilnahme elektronischer Mobilitätshilfen am Verkehr", Mobilitätshilfenverordnung – MobHV). Die Regelungen dieser Verordnung wurden durch die Elektrokleinstfahrzeuge-Verordnung (eKFV) ersetzt, welche am 15. Juni 2019 in Kraft getreten ist. Hiernach besteht keine Führerscheinpflicht bzw. Pflicht zur Vorlage einer Mofa-Prüfbescheinigung mehr, sondern jede Person ab 14 Jahren kann mit einem Elektrokleinstfahrzeug fahren. Diese Kleinstfahrzeuge müssen einen baulich angelegten Radweg oder Radfahrstreifen nutzen, sofern dieser vorhanden ist. Dies gilt unabhängig davon, ob die Radverkehrsanlage für Radfahrende benutzungspflichtig ist oder nicht. Insofern unterscheiden sich die straßenverkehrsrechtlichen Regelungen für Fahrräder und Elektrokleinstfahrzeuge. Wenn baulich angelegte Radwege oder Radfahrstreifen fehlen, dürfen mit Elektrokleinstfahrzeugen auch die Fahrbahn und außerorts auch Seitenstreifen genutzt werden. Nach der eKFV sind Elektrokleinstfahrzeu-

ge Kraftfahrzeuge und somit versicherungspflichtig. Wegen der kleinen Ausmaße und Besonderheiten in der baulichen Ausführung wurde für diese Fahrzeuge eine kleine Versicherungsplakette zum Aufkleben eingeführt (BMVI 2020).

Segways werden im Tourismus eingesetzt, beispielsweise für geführte Touren, als Verkehrsmittel auf Messen, Flughäfen, in Freizeitparks, auf Golfplätzen, in Shoppingcentern, für Werksbesichtigungen sowie für Werbemaßnahmen im öffentlichen Raum.

In den letzten Jahren entwickelten sich Alternativen zum Segway. Beispiele sind E-Boards wie Oxboard aus Holland, (selbststabilisierende) elektrische Einräder (wie SBU V3), Elektro-Motorräder mit nur einem Rad (wie RYNO), Steh-Elektroroller wie Huboway oder der Black Hawk von Personal Rover.

2020 verkündete die Presse das Produktionsende des Segway. Der hohe Preis und das zu hohe Gewicht wurden als zentrale Gründe genannt. (sg)

Literatur
BMVI – Bundesministerium für Verkehr und digitale Infrastruktur 2020: Elektrokleinstfahrzeuge – Fragen und Antworten. (https://www.bmvi.de/SharedDocs/DE/Artikel/ StV/Strassenverkehr/elektrokleinstfahrzeuge-verordnung-faq.html, zugegriffen am 27.01.2020)
Groß, Sven 2017: Handbuch Tourismus und Verkehr – Verkehrsunternehmen, Strategien und Konzepte. Konstanz, München: UVK (2. Aufl.)
ISPA – InternationalSegwayPoloAssociation 2020: History of Segway Polo. (https://segpolo. org/history-of-segway-polo/, zugegriffen am 28.01.2020)

Sehenswürdigkeit → **Reiseführer,** → **Reiseleiter**

Seitenruder [rudder]
Vertikale Steuerfläche im → Leitwerk, mit dem ein Flugzeug um die Hochachse gedreht werden kann. (jwm)

Sekundärradar [secondary surveillance radar (SSR)]
Im Gegensatz zum Primärradar (→ Radar), das nur die passive Abstrahlung von Funksignalen aufzeichnet, strahlt das erfasste Objekt (Flugzeug) mit einem Transponder ein Signal ab, das die eindeutige Zuordnung des Radarechos zu einem bestimmten Flugzeug erlaubt (selektive Abfrage). Dazu wird dem Flugzeug bei älteren Systemen von der Flugsicherung (Air Traffic Control) ein vierstelliger Zahlencode zugewiesen, der im Transponder eingestellt wird und ein eindeutiges Signal an die Bodenstation schickt. Dies ist in der Regel gekoppelt mit der Information über die Flughöhe, die vom → Höhenmesser automatisch eingespeist und auf dem Radarschirm dargestellt wird. Dadurch können Flugzeuge auch höhenmäßig gestaffelt werden. Bei neueren Systemen müssen keine Codes mehr eingestellt werden, weil jedes Flugzeug seine eigene eingebaute Identifikation hat (Transponder). (jwm)

Selbstbedienungsservice → **Serviermethoden**

Selbstbedienungsservice habe ich
mir anders vorgestellt!

Dein Schiff

Selbstbehalt [excess, retained amount, cost sharing]

Zur Vermeidung von Bagatellschäden und um die Prämie auf einer annehmba-
ren Höhe halten zu können, werden in manchen Versicherungszweigen Selbstbeteiligungen (Selbstbehalt) eingeführt. Es handelt sich um einen Abzug im Schadensfall, mit dem sich der versicherte Kunde am Schaden beteiligt. Bei der Einführung eines Selbstbehalts in den Versicherungsbedingungen einer bestimmten
Versicherungssparte unterstellt und nimmt der Versicherer an, dass die Masse der
Versicherten daran interessiert ist, sich gegen hohe Kosten im Schadensfall zu ver-
sichern, und bereit ist, geringere Schadenbelastungen selbst zu tragen.

   Bei den Reiseversicherungen sind – je nach Versicherungsprodukt und Kalkulation der Gesellschaft – Selbstbeteiligungen vorgesehen, etwa bei der Reiserück-
tritts-Versicherung, Auslandskranken-Versicherung oder der Reisegepäck-Versicherung. (hdz/wf)

Selbstbeteiligung → **Selbstbehalt**

Service Blueprint

Service (engl.) = Dienst, Dienstleistung; blueprint (engl.) = Blaupause, Entwurf. Ein Service Blueprint – teilweise auch Service Map genannt – ist eine visuelle Beschreibung einer → Dienstleistung. Das Abbilden (blueprinting bzw. mapping) der Dienstleistung kann auf unterschiedlichen Konkretisierungsstufen erfolgen; der Service Blueprint kann eine Dienstleistung als Ganzes und dann eher im Überblick darstellen oder nur ausschnittsweise und dann im Detail (Kingman-Brundage 1989, S. 30).

Service Blueprints dienen als Werkzeug für die Analyse von Dienstleistungen. Die Visualisierung reduziert die Komplexität und ermöglicht eine Untersuchung von organisatorischen Prozessen, Schnittstellen, kritischen Bereichen oder auch Wettbewerbern (Kandampully & Solnet 2018, S. 135 ff.; Mudie & Pirrie 2006, S. 62; Shostack 1987, S. 42). In der Folge können Dienstleistungsprozesse neu gestaltet („Redesign") und verbessert werden (→ Service Design).

Ein Service Blueprint veranschaulicht Prozesse und organisationsstrukturelle Aspekte (→ Organisation). Der Prozess der Dienstleistung wird gewöhnlich in Form eines Flussdiagramms oder Pfades auf einer horizontalen Achse abgebildet. Die Dienstleistung wird in einzelne Aktivitäten aufgebrochen, die chronologisch aneinander gereiht werden. Auf einer vertikalen Achse werden die organisationsstrukturellen Aspekte (Managementfunktionen, Unterstützungsfunktionen, Interaktion Dienstleister – Bedienter) abgebildet (Kingman-Brundage 1989, S. 31).

Eine Interaktionslinie (line of interaction) trennt den Kunden bzw. Gast vom Dienstleister. Entlang der Linie kommen direkte – analoge oder digitale – Kundenkontakte zustande. Die potenziellen Berührungsstellen („→ touchpoints") sind von zentraler Bedeutung für das Verhältnis des Kunden zum Unternehmen, die Dienstleistungsqualität wird an der Interaktionslinie entscheidend geprägt.

Eine Sichtbarkeitslinie (line of visibility) auf dem Service Blueprint unterscheidet die Bereiche, die für den Kunden einsehbar sind, von den Bereichen, die er nicht einsieht. „Onstage"-Aktivitäten (front-of-house) werden von „backstage"-

Aktivitäten (back-of-house) getrennt (Kingman-Brundage 1989, S. 31; Mudie & Pirrie 2006, S. 58). Das Unternehmen kann die Sichtbarkeitslinie bewusst verändern. Dadurch gewährt es dem Kunden mehr oder weniger Einsicht in den Prozess der Dienstleistungserstellung (z. B. „gläserne" Küche bzw. Front cooking in einem Restaurant versus nicht sichtbare Herstellung der Speisen).

Zur Einschätzung von Service Blueprints und den in ihnen vereinten Perspektiven (Kunde, Organisation, Mitarbeiter) siehe Fuchs & Mayer 2016, S. 1059; Kandampully & Solnet 2018, S. 138 ff.; Mudie & Pirrie 2006, S. 61 f.;→ Customer Journey; → Customer Touchpoint Management; → Moment(s) of truth. (wf)

Literatur

Ford, Robert C.; Michael C. Sturman 2020: Managing Hospitality Organizations: Achieving Excellence in the Guest Experience. Thousand Oaks: Sage (2nd ed.)

Fuchs, Wolfgang; Carla Mayer 2016: Service Blueprint. In: Hans-Dieter Zollondz; Michael Ketting & Raimund Pfundtner (Hrsg.): Lexikon Qualitätsmanagement. Handbuch des Modernen Managements auf Basis des Qualitätsmanagements. Berlin, Boston: De Gruyter Oldenbourg, S. 1059–1061 (2. Aufl.)

Kandampully, Jay; David Solnet 2018: Service Management Principles for Hospitality and Tourism. Oxford: Goodfellow (3rd ed.)

Kingman-Brundage, Jane 1989: The ABCs of Service System Blueprinting. In: Mary Jo Bitner; Lawrence A. Crosby (eds.): Designing a Winning Service Strategy. Chicago: American Marketing Association Proceedings Series, pp. 30–33

Mudie, Peter; Angela Pirrie 2006: Services Marketing Management. Oxford, Burlington: Butterworth-Heinemann (3rd ed.)

Shostack, G. Lynn 1987: Service Positioning Through Structural Change. In: Journal of Marketing, 51 (1), pp. 34–43

Service charge → **Bedienungsgeld**

Service Design

Unter Service Design versteht man einen Ansatz für die systematische Produktentwicklung, welcher sich aufgrund seines Prozesscharakters insbesondere für Dienstleistungsprodukte eignet, die einer stetigen Weiterentwicklung bedürfen. Damit ist der Ansatz des Service Designs gut im Tourismus einsetzbar (Wagner 2019, S. 22). Stärker als bei vergleichbaren Ansätzen und Methoden steht bei Service Design der Kunde im Mittelpunkt. Der Fokus auf den Kunden bzw. den Customer Value ist in der touristischen Produktentwicklung nicht neu (Herntrei 2014, S. 12 ff.). In Abgrenzung zu anderen Modellen und Ansätzen der Produktentwicklung führen Stickdorn und Schneider (2012, S. 36 ff.) fünf Charakteristika an:

Dies sei zunächst der Grundsatz, sich bestmöglich in die Kunden hineinzuversetzen, um ein möglichst positives Kundenerlebnis zu generieren (1. User centered). Dies werde u. a. dadurch ermöglicht, dass Kunden und alle weiteren relevanten Stakeholder des Unternehmensumfelds in den Designprozess eingebunden werden (2. Co-Creative). Ferner werden Dienstleistungsprodukte bzw. -prozesse in einzelne → Touchpoints sowie in Interaktionen zwischen Dienstleister und Gast dekonstruiert. Das Ziel ist eine Evaluierung dieser einzelnen Elemente einer → Dienstleistung, um diese im Hinblick auf das Kundenerlebnis sukzessive optimieren zu können (3. Sequencing). Trotz des starken Fokus auf die Kunden sei der Prozess des Service Design ganzheitlich orientiert, um das Unternehmen mit seiner Kultur, seinen Werten und bestehenden Prozessen sowie auch seiner Umwelt und ihren Auswirkungen auf das Kundenerlebnis berücksichtigen zu können (4. Holistic). Ein weiteres Charakteristikum des Service Design sind seine Bemühungen, Dienstleistungselemente sichtbar bzw. wahrnehmbar zu machen (5. Evidencing). Auf diesem Wege sollen die Gäste u. a. ein besseres Verständnis von der konsumierten Dienstleistung gewinnen, was positive Auswirkungen auf die Kundenzufriedenheit haben kann. → Service Blueprint. (mh)

Literatur

Herntrei, Marcus 2014: Wettbewerbsfähigkeit von Tourismusdestinationen. Bürgerbeteiligung als Erfolgsfaktor? (Entrepreneurial Management und Standortentwicklung). Wiesbaden: Springer Gabler

Polaine, Andy; Lavrans Løvlie & Ben Reason 2013: Service design. From insight to implementation. Brooklyn, New York: Rosenfeld Media

Stickdorn, Marc; Jakob Schneider 2012: This is service design thinking. Basics, tools, cases. Amsterdam: BIS Publishers

Stickdorn, Marc et al. 2018a: This is service design doing. Applying service design thinking in the real world: a practitioners' handbook. Sebastopol, CA: O'Reilly

Stickdorn, Marc et al. 2018b: This is service design methods. A companion to this is service design doing. Sebastopol, CA: O'Reilly

Wagner, Daniela 2019: Begriffserklärungen und Abgrenzung. In: Daniela Wagner; Martin Schobert & Georg Christian Steckenbauer (Hrsg.): Experience Design im Tourismus – eine Branche im Wandel. (Forschung und Praxis an der FH Wien der WKW). Wiesbaden: Springer Gabler, S. 21–25

Gedankensplitter
„Smile and greet." oder „Bücken, lächeln, grüßen." (Bonmot aus der Dienstleistungsbranche)

Service Level

Ein Service Level, der auch als Servicegrad oder Dienstgüte bezeichnet werden kann, beschreibt ein zu erreichendes Serviceniveau bzw. eine vereinbarte Qualität einer bestellten Leistung. Service Level, die ursprünglich aus der Informationstechnologie stammen, werden heute in vielen Bereichen eingesetzt und können für ständige oder wiederkehrende → Dienstleistungen festgelegt werden. Im → Tourismus und in der Hotellerie finden sie beispielsweise Anwendung bei der

Vergabe von IT-Dienstleistungen oder Leistungen des → Facility Managements. Für diese werden dann in einem Vertrag, dem sogenannten Service Level Agreement (SLA), zwischen Auftraggeber und Dienstleister genaue Leistungsqualitäten bzw. -ergebnisse festgehalten. So kann beispielsweise für die Reinigung ein bestimmter Grad an Sauberkeit vereinbart werden, während bei technischen Anlagen eher die Verfügbarkeit und Funktionsfähigkeit als Gütemaße entscheidend sind (Specht 2018, S. 325).

Da Qualitäten – selbst bei Verweis auf gängige Normen – nicht allgemeingültig zu bestimmen sind, liegt die Herausforderung bei der Vereinbarung von Service Leveln oft in der Schaffung eines gemeinsamen Verständnisses und einer genauen Definition. Ohne eindeutig definierte Zielzustände würde immer eine gewisse Interpretationsfähigkeit in der Ausschreibung und dem entsprechenden SLA bestehen bleiben, da eben nicht die Leistung selbst, sondern der zu erreichende Zustand Vertragsgegenstand ist (Nävy & Schröter 2013, S. 349 f.).

Neben den zu vereinbarenden Serviceniveaus umfasst ein SLA in der Regel auch Angaben zum grundsätzlichen Leistungsumfang, zu Reaktionszeiten des Anbieters und zur Art und Ablauf von Planung, Kontrolle und Dokumentation. (js)

Literatur

Nävy, Jens; Matthias Schröter 2013: Facility Services – Die operative Ebene des Facility Managements. Heidelberg: Springer

Specht, Jan 2018: Facility Management in der Hotellerie – Möglichkeiten zum wirtschaftlichen Betrieb von Hotelimmobilien. In: Tobias Ehlen; Knut Scherhag (Hrsg.): Aktuelle Herausforderungen in der Hotellerie – Innovationen und Trends. Berlin: ESV, S. 315–331

Service Level Agreement (SLA) → **Service Level**

Service Map → **Service Blueprint**

Servicebrigade [service staff, service team]
Begriff für die Gesamtheit aller Servicemitarbeiter (Restaurantmitarbeiter) in einer großen, gehobenen gastronomischen Einheit. Servicebrigaden arbeiten mit einer hohen Arbeitsteilung und sind hierarchisch tief gegliedert. Der Begriff der Brigade und die hierarchische Struktur sind – historisch gesehen – eine Anleihe aus dem militärischen Bereich. In der gehobenen Gastronomie und Hotellerie sind die Fachtermini im Servicebereich generell französisch, somit auch die Stellenbezeichnungen.

Die Aufbauorganisation (→ Organisation) einer Servicebrigade lässt sich idealtypisch wie folgt skizzieren: Geleitet wird eine Servicebrigade (brigade de service) von einem → Restaurantleiter bzw. einem ersten Oberkellner (maître d'hôtel oder Chef de service), in sehr großen Betrieben von einem → Restaurantdirektor (directeur de restaurant). Große Betriebe haben teilweise die Stelle eines zweiten oder dritten Oberkellners (stellvertretende Restaurantleiter) eingerichtet, vereinzelt auch die eines → Sommelier. Die einzelnen Stationen (rang [franz.] = Platz, Position, Revier) werden von einem Stationschef (→ Chef de rang) geführt, der unter sich einen Stellvertreter (→ Demi-Chef de rang), einen bzw. mehrere ausgelernte Servicefachkräfte/Jungkellner (→ Commis de rang und Commis) und einen bzw. mehrere Auszubildende (Apprenti Garçon) gruppiert.

Personalkostendruck, Wertewandel, Modernisierung von Serviceabläufen, Fach- und Arbeitskräftemangel führen seit geraumer Zeit zu einer Abkehr von der idealtypisch beschriebenen Hierarchie. Die Tendenz in der Aufbauorganisation lässt sich stattdessen wie folgt umreißen: Hierarchieabbau, Aufhebung der starken Spezialisierung und Redefinition von Stelleninhalten. → Guest Service Agent. (wf)

Serviced Apartments → **Boarding House**

Service-Entgelt [service charge]
In Reisebüros das Entgelt für zusätzliche → Dienstleistungen, die nicht durch Leistungsträger bzw. -erbringer vergütet werden. Hierzu zählen etwa der Ausdruck von Reiseunterlagen, das Bündeln von Service-Paketen (z. B. Reservieren von Ausflügen bei Kreuzfahrten) oder die Unterstützung bei der Abwicklung von Versicherungsschäden. Service-Entgelte spalten die Akteure in den → Reisebüros: Die Befürworter sehen in ihnen eine gezielte Erlössteigerung, die Gegner befürchten einen Verlust an Dienstleistungsorientierung und Reaktionen der → Reiseveranstalter und Kunden. Zur rechtlichen Einordnung und Zulässigkeit von Service-Entgelten siehe Führich 2018, S. 151 f. (wf)

Literatur
Führich, Ernst 2018: Basiswissen Reiserecht. Grundriss des Pauschal- und Individualreiserechts. München: Franz Vahlen (4. Aufl.)

Service-Garantie → **Dienstleistungsgarantie**

Servicegrad → **Service Level**

Servicekaufmann/-kauffrau im Luftverkehr [air transport service specialist]
Anders als das allgemeiner angelegte Berufsbild des → Luftverkehrskaufmanns ist dieser 1998 eingeführte Ausbildungsberuf kundennäher und vor allem auf (persönliche) → Dienstleistungen hin konzipiert. Daher liegt einer der Schwerpunkte der dreijährigen Ausbildung im professionellen Umgang mit Kunden. Die

Ausbildung erfolgt bei → Fluggesellschaften, → Flughäfen oder → Abfertigungs-gesellschaften. Voraussetzung ist die Beherrschung der englischen Sprache.

Servicekaufleute im Luftverkehr werden in allen operativen Bereichen dieser Unternehmen eingesetzt. Zu ihren Aufgabenbereichen gehören die Betreuung von Passagieren am Boden (zum Beispiel auch von körperbehinderten Personen) oder im Kabinendienst in der Luft (→ Flugbegleiter) sowie der → Check-in. Auf die Annahme von Reklamationen und ihre Bearbeitung werden sie ebenso vorbereitet (→ Beschwerdemanagement) wie auf die Übernahme kaufmännischer Funktionen (Buchführung, Überprüfung der Wirtschaftlichkeit von Dienstleitungen, Zahlungsverkehr). (jwm/sr)

Service-Plattform → **Airbnb,** → **Sharing Economy**

Servicescape

Wortkomposition aus ‚service' (dt.: Dienstleistung) und ‚landscape' (dt.: Land-schaft, Landschaftsraum). Der Begriff soll verdeutlichen, dass sich die → Dienst-leistung in einem physischen Raum bzw. in einer Service-Umwelt abspielt.

Bitner (1992, S. 57 ff.) legte mit ihrem Modell den ersten Grundstein einer theo-retischen Fundierung. Die Umweltdimensionen Ambiente (Temperatur, Luftqua-lität, Lärm, Hintergrundmusik, Duft etc.), Raum/Funktion (Design, Ausstattung, Möbel etc.) und Zeichen, Symbole, Artefakte (Schilder, Wegweiser, Urkunden etc.) schaffen eine ganzheitliche Umwelt (die Service-Umwelt bzw. das Servicescape). Das räumlich begrenzte Gebiet ist eine Verdichtung von Einzelaspekten und spie-gelt dabei sinnlich fassbar das Unternehmen wider (Bitner 1992, S. 60; Nerdin-ger 2011, S. 147 ff.). Es wirkt in unterschiedlicher Weise auf Dienstleister und Kun-den und deren Verhalten. Diese fühlen sich von der Service-Umwelt angezogen („approach") oder abgestoßen („avoid"). Das Modell wurde über die Jahre fort-entwickelt und um weitere Komponenten ergänzt (siehe etwa Line & Hanks 2020; Pizam & Tasci 2019; Rosenbaum & Massiah 2011). (wf)

Literatur

Bitner, Mary Jo 1992: Servicescapes: The Impact of Physical Surroundings on Customers and Employees. In: Journal of Marketing, 56 (2), pp. 57–71

Line, Nathaniel Discepoli; Lydia Hanks 2020: A holistic model of the servicescape in fast ca-sual dining. In: International Journal of Contemporary Hospitality Management, 32 (1), pp. 288–306

Nerdinger, Friedemann W. 2011: Psychologie der Dienstleistung. Göttingen u. a.: Hogrefe

Pizam, Abraham; Asli D. A. Tasci 2019: Experienscape: expanding the concept of servicescape with a multi-stakeholder and multi-disciplinary approach. In: International Journal of Hos-pitality Management, 76 (Part B), pp. 25–37

Rosenbaum, Mark S.; Carolyn Massiah 2011: An expanded servicescape perspective. In: Journal of Service Management, 22 (4), pp. 471–490

Servicestation → **Station**

Servierbrigade → **Servicebrigade**

Serviermethoden **[types of service]**

In der Hotel- und Gastronomiebranche sind unterschiedliche Serviermethoden verbreitet. Bekannt sind der Vorlege-Service, Guéridon-Service, Darbiete-Service, Teller-Service und Einsetz-Service (auch VSR & GAD 2014, S. 4 f.; Gutmayer, Stickler & Lenger 2018, S. 130 f.).

Zentrales Unterscheidungsmerkmal ist die Dienstleistungsintensität. Beim Vorlege-Service (auch französischer Service genannt) legen Service-Mitarbeiter dem Gast das Essen am Tisch von einer Platte oder Schüssel auf den vorher leer eingesetzten Teller. Beim Guéridon-Service (auch englischer Service genannt) wird das Essen von Service-Mitarbeitern auf dem → Guéridon (Beistelltisch) vor den Augen des Gastes angerichtet und danach eingesetzt. Beim Darbiete-Service (russischer Service) bedient sich der Gast von der dargebotenen Platte oder Schüssel, die die Servicekraft reicht. Der Teller-Service (auch amerikanischer Service genannt) reduziert die Service-Leistung am Gästetisch. Das Essen wird bereits in der Küche auf Tellern angerichtet und dann direkt serviert. Beim Einsetz-Service (deutscher Service) wird die Platte oder Schüssel auf den Tisch platziert, die Gäste bedienen sich selbst. Die Serviermethoden lassen sich innerhalb eines Menüs kombinieren (z. B. Vorlegen der Hauptbestandteile des Gerichts, Einsetzen der Beilagen in Schüsseln).

Der Service befindet sich seit Jahren im Umbruch. Betriebe entschlacken das traditionelle Regelwerk und lassen Serviceabläufe in einer entspannteren, zwangloseren Atmosphäre ablaufen. Hohe Personalkosten und der Mangel an Arbeits- und Fachkräften beschleunigen den Umbruch, auch Richtung Selbstbedienungsservice. (wf)

Literatur

Gutmayer, Wilhelm; Hans Stickler & Heinz Lenger 2018: Service: Die Grundlagen. Linz: Trauner (10. Aufl.)

VSR; GAD 2014: Regeln für das Servieren von Speisen und Getränken. Rosenheim, Arnsberg

---

Gedankensplitter

„Wir bedienen Sie sehr gerne an der Theke." (Aufsteller in einem Coffee-Shop)

Serviertisch → **Sideboard**

Serviettenring [napkin ring]

Halterung für eingerollte Mundstoffserviette, die aus unterschiedlichen Materialien hergestellt sein kann (z. B. Holz, Glas, Stoff, Porzellan, Edelstahl, Gold, Silber, Messing). Der Ring hat dekorativen Charakter beim Decken der Tafel und wird in der gehobenen Hotellerie und Gastronomie eingesetzt. (wf)

Sextourismus [sex tourism]

Sextourismus ist definiert als Reise mit dem Motiv, einen sexuellen Kontakt in einem anderen Land zu erleben. Dabei sind zwei Varianten hinsichtlich des Gegenübers und der Machtkonstellation zu unterscheiden: Erstens kann es sich bei dem Gegenüber um mitreisende Bekannte und Freunde, andere Touristen oder bei Geschäftsreisen um Kollegen und Kolleginnen handeln. In seltenen Fällen ist das Gegenüber eine einheimische Person, die sich freiwillig auf einen Flirt einlässt.

Die zweite Variante ist häufiger zu finden. Bei dem Gegenüber handelt es sich um eine in dem Land ansässige Person, die für den sexuellen Kontakt entlohnt (Geld, Geschenke, Gefälligkeiten) wird. In diesem Fall sollte bei erwachsenen Menschen von → Prostitutionstourismus und bei Kindern von sexueller Ausbeutung (SECTT = sexual exploitation of children in travel and tourism) gesprochen werden. (kh)

Shareholder Management → **Stakeholder-Management**

Sharing Economy

Das Phänomen beschäftigt den Tourismus gegenwärtig so wie wenig andere. Es besteht Uneinigkeit und Unklarheit über die Relevanz von Sharing Economy und deren Auswirkungen auf Unternehmen, Märkte und Gesellschaften. Herausforderungen und Chancen werden je nach Standpunkt unterschiedlich bewertet.

Eine einheitliche Definition von Sharing Economy existiert nicht. Das Bundeswirtschaftsministerium für Wirtschaft und Energie (BMWi) legt in einer von ihm in Auftrag gegebenen Studie folgende Definition zugrunde (BMWi 2018, S. 7; Busch et al. 2019, S. 20): „Zum Bereich der Sharing Economy sind solche Unternehmen zu zählen, deren Geschäftsmodell auf der webbasierten Vermittlung von temporären Nutzungsrechten zur häufig sequenziellen Nutzung von Gütern, zum Teil kombiniert mit Dienstleistungen, an wechselnde Endkonsumenten basiert. Dies umfasst Geschäftsmodelle, in denen das Unternehmen selbst die Güter bereitstellt (z. B. kommerzielles Carsharing wie DriveNow), sowie solche, bei denen fremde Güter vermittelt werden (z. B. private Unterkunftsvermittlung über Airbnb)". Zentrale Bausteine der Definition sind demnach: keine Eigentumsübertragung – Vermittlung von Transaktionen via Internet – Übertragung zeitlich begrenzter Nutzungsrechte gegen Entgelt oder ohne Entgelt – Nachfrager als Endkonsument (ebenda 2018, S. 8; Busch 2019, S. 20 f.).

Die Grundlogik hinter der Sharing Economy ist, dass Ressourcen wie PKW oder Zimmer/Wohnungen oft nicht genutzt werden. Webbasierte Vermittlungsplattformen können durch intelligente Software die Nichtnutzung reduzieren bzw. die Auslastung erhöhen, Ressourcen werden somit besser eingesetzt (Busch et al. 2019, S. 5). Die UNWTO (2017, S. 16) stellt die digitalen Plattformen in ihrer Definition von Sharing Economy in den Mittelpunkt und spricht von ‚New Platform Tourism Services' (NPTS): „The new platform tourism services will be defined as business models in which private individuals offer goods or services to visitors through digital platforms that match demand and supply. The new platform tourism services include three categories of actors: service providers, digital platforms, and the users of these services or products."

Mit der Sharing Economy entstanden und entstehen neue Märkte und digitalisierte Geschäftsmodelle, bestehende geraten unter Druck, Wertschöpfungsketten und Prozesse werden reorganisiert. Die ökonomische Arena und deren Spielregeln ändern sich (siehe etwa → Airbnb). Weltweit wurden Untersuchungen gestartet über Stellenwert und Auswirkungen der Sharing Economy, allerdings existiert wegen schwieriger Abgrenzungen, unbefriedigender Datenlage oder fehlenden amtlichen Erfassungen kein vollständiges Bild. Die UNWTO kommt in ihrem Bericht über ‚New Platform Tourism Services' („Understand, Rethink and Adapt") zu dem Schluss, dass in einem ersten Schritt diese besser untersucht werden müssen, um belastbare Daten zu gewinnen (UNWTO 2017, S. 46 ff.). Die Adaption der NPTS müsse über einen 4C-Zugang (communication, collaboration, cooperation, coordination) mit allen beteiligten Akteuren erfolgen. In einem dritten Schritt müsse der gegenwärtige regulatorische Rahmen für alle Akteure überdacht und überarbeitet werden. Ein Mehr an Regulierung sei keine zwingende Folge, im Gegenteil müsse eine Überregulierung vermieden werden. Das Ziel müsse sein, ein Gleichgewicht herzustellen zwischen der Wahrung öffentlicher Interessen auf der einen Seite und der Schaffung von Raum für Unternehmertum und Innovation auf der anderen Seite (ebenda 2017, S. 49).

Zu alternativ verwendeten Begriffen (Peer-to-Peer-Wirtschaft [P2P], Private Kurzzeit-Vermietungen, kollaborative Wirtschaft, Access Economy, Consumer-to-Consumer-Economy, On-Demand-Economy, Participative Economy, Shadow Economy) siehe Busch et al. 2019, S. 20; Eckhardt & Bardhi 2015; Hotelverband Deutschland (IHA) 2020, S. 111 ff.; World Tourism Organization (UNWTO) 2017, S. 15 ff.; WKO Fachverband Hotellerie 2016, S. 7. (wf)

Literatur

Bräutigam, Rainer; Christopher Ludwig & Christoph Spengel 2019: Steuerlicher Reformbedarf bei Service-Plattformen. Eine Analyse anhand des deutschen Airbnb-Marktes. Mannheim: ZEW

Bundesministerium für Wirtschaft und Energie (BMWi) (Hrsg.) 2018: Sharing Economy im Wirtschaftsraum Deutschland. Analyse des Stellenwerts im Allgemeinen sowie Untersuchung der Handlungsoptionen im Einzelsegment ‚Vermittlungsdienste für Privatunterkünfte'. Berlin

Busch, Christoph et al. 2019: Sharing Economy in Deutschland. Stellenwert und Regulierungsoptionen für Beherbergungsdienstleistungen. Baden-Baden: Nomos

Eckhardt, Giana M.; Fleura Bardhi 2015: The Sharing Economy isn't about sharing at all. (https://hbr.org/2015/01/the-sharing-economy-isnt-about-sharing-at-all, zugegriffen am 11.06.2019)

Hotelverband Deutschland (IHA) e. V. (Hrsg.) 2020: Hotelmarkt Deutschland 2020. Berlin: IHA-Service

WKO Fachverband Hotellerie (Hrsg.) 2016: Hotrec-Grundsatzpapier zur Sharing Economy. Übersetzung des originalen englischen Dokuments (Policy Papers on the „Sharing" Economy). Wien

World Tourism Organization (UNWTO) (ed.) 2017: New Platform Tourism Services (or the so-called Sharing Economy). Understand, Rethink and Adapt. Madrid

Shoppingtourismus [shopping tourism]

Shoppingtourismus umfasst alle Aktivitäten zum Zweck des erlebnis- bzw. freizeitorientierten Einkaufs von Gütern des nicht-alltäglichen Gebrauchs, welche während einer Reise oder einem Aufenthalt von Personen durchgeführt werden, für die der Aufenthaltsort weder hauptsächlicher noch dauernder Wohn- oder Arbeitsort ist.

Shoppingtourismus wird als flächendeckendes Phänomen in der Tourismuswirtschaft und im Handel erkannt, das in Zukunft erhebliches Potenzial für bestimmte Shopping-Destinationen im In- und Ausland aufweist (Baden-Württembergischer Industrie- und Handelskammertag 2016). Hierzu zählen insbesondere neuere Orte des Shoppingtourismus und Erlebniseinkaufs wie Shopping Malls, → Factory Outlet Center, Shopping Villages, Flagship Stores sowie → Bahnhöfe und → Flughäfen, aber auch klassische Orte des Shoppingtourismus wie Cross-Border-Shopping, Shopping Center, Innenstädte oder Tourismusdestinationen (→ Erlebniswelten).

Analog zum Tourismus kann auch beim Shoppingtourismus zwischen einer engeren und weiteren Begriffsauffassung differenziert werden: „Tourists generally shop when they travel [...]. But some tourists only travel to shop – visiting shopping meccas [...]" (Berger 2016, S. 24). Grundsätzlich findet der Vorgang des Einkaufens bzw. das Einkaufserlebnis im Rahmen einer Urlaubsreise statt, wobei das Einkaufen entweder ein zentrales oder nebensächliches, aber dennoch relevantes Motiv darstellt. Mögliche Ausprägungsformen des Shoppingtourismus sind:

– Kurzurlaubs- und Wochenendreisende, die ihren Urlaub häufig in einer Stadt verbringen, wobei Shopping ein zentrales Besuchsmotiv darstellt;
– Urlaubsreisende, die während eines längeren Urlaubsaufenthaltes Shopping-aktivitäten nachgehen oder einen Ausflug zu einer bestimmten Shoppingdestination durchführen;
– Städtetouristen, die neben kulturellen Motiven sowie dem Besuch von Veranstaltungen und Besichtigungstouren Einkaufen als Freizeitbeschäftigung ansehen;
– Kulturtouristen (→ Kulturtourismus), die neben der Befriedigung kultureller Motive auch Shoppingaktivitäten nachgehen;
– Tagesreisende, die aus Freizeitmotiven oder geschäftlichen Motiven eine Tagesreise unternehmen und dabei dem Erlebniseinkauf nachgehen;
– Geschäftsreisende, die im In- und Ausland in ihrer Freizeit shoppen gehen (z. B. am Flughafen in Form von Duty-free-Shopping).

Laut einer Studie des EHI Retail Institute (2019) profitieren im deutschen Einzelhandel vor allem Textilanbieter sowie die Branchen „Unterhaltungselektronik & Haushaltsgeräte" sowie „Parfum & Kosmetik" von (ausländischen) Shopping-Touristen. Zu der Rolle der Gastronomie in Shopping Centern (Online-Resistenz, Frequenzbringer, Erlebniswert) siehe Pfannschmidt-Wahl 2020, S. 24 ff. (sb)

Literatur

Baden-Württembergischer Industrie- und Handelskammertag (Hrsg.) 2016: Handel und Tourismus. Wie Touristen den Handel und die Innenstädte beleben. Stuttgart
Berger, Arthur Asa 2016: Theorizing Tourism. Analyzing Iconic Destinations. London, New York: Routledge
EHI Retail Institute 2019: Shopping-Tourismus. Einflussfaktoren & Entwicklung. Köln: EHI-Whitepaper
Pfannschmidt-Wahl, Jutta 2020: Shopping Center 2019. Es gilt, einzigartig zu sein! In: foodservice, 39 (5), S. 24–27

Short Take-off and Landing (STOL)

Mit diesem Begriff werden Flugzeuge bezeichnet, die nur kurze Start- und Landestrecken benötigen und entsprechend steile Anflüge ermöglichen. So kann zum Beispiel der London City Airport wegen der Kürze seiner Start- und Landebahn (Pistenlänge: nur ca. 1500 m) und der höheren Gebäude in seiner Nähe nur von solchen Maschinen angeflogen werden. Der steile Anflug (steep approach) erfordert von den Piloten Flugerfahrung. (jwm/wf)

Short-term private accomodation rentals (STR)   → **Airbnb,** → **Sharing Economy**

Sicherheit [security]

Bei der Wahl eines Reiseziels und einer touristischen → Dienstleistung (→ Reiseentscheidung) spielt die wahrgenommene Sicherheit (→ Risikobewertung) eine entscheidende Rolle (Fuchs & Peters 2005, S. 156). Das Streben nach Sicherheit ist ein menschliches Grundbedürfnis. Solange alle Sicherheitsbedürfnisse erfüllt sind, gilt Sicherheit als gegeben und selbstverständlich. Der Fokus richtet sich erst dann auf das Thema Sicherheit, wenn sie bedroht wird oder beeinträchtigt erscheint. Gee und Gain (1986, S. 7) teilen mögliche Sicherheitsbeeinträchtigungen nach den Dimensionen Kontrollierbarkeit und Eintrittsgeschwindigkeit ein. So werden Orkane beispielsweise als schnell eintretend und gering kontrollierbar, Epidemien hingegen als allmählich eintretend und mittel kontrollierbar angesehen. Besonders beeinträchtigend wirken unkontrollierbare und rasch eintretende Ereignisse. Die subjektive Sicherheit ist zentral für den Tourismus, weil die individuelle Betrachtung eines Risikos entscheidend für das Handeln ist, beispielsweise ob in Urlaub gefahren wird, wohin gefahren wird oder welche Vorsorgemaßnahmen getroffen werden (Beispiel: Corona-Virus). Eingebettet sind Reisen immer in das gesellschaftliche und politische Umfeld des Ziellandes. (ss)

Literatur

Fuchs, Matthias; Mike Peters 2005: Die Bedeutung von Schutz und Sicherheit im Tourismus: Implikationen für alpine Destinationen. In: Harald Pechlaner; Dirk Glaeßer (Hrsg.): Risiko und Gefahr im Tourismus. Erfolgreicher Umgang mit Krisen und Strukturbrüchen. Berlin: Erich Schmidt, S. 155–172

Gee, Chuck; Carolyn Gain 1986: Coping with Crisis. In: Travel & Tourism Analyst, London: Economist Publications, pp. 3–12

Pillmayer, Markus; Nicolai Scherle 2018: Krisen und Krisenmanagement im Tourismus – Eine konzeptionelle Einführung. In: Silke Hahn; Zeljka Neuss (Hrsg.): Krisenkommunikation in Tourismusorganisationen. Grundlagen, Praxis, Perspektiven. Wiesbaden: Springer VS, S. 3–18

Sicherungsschein → **Insolvenzsicherung bei Pauschalreisen**

Sideboard

Side (engl.) = Seite, Wand; board (engl.) = Brett. Möbelstück im Essbereich eines gastronomischen Betriebs, in bzw. auf dem Serviergegenstände wie Besteck, Gläser, → Menagen, → Rechauds, → Speisekarten, Teller oder Tischwäsche bereitgehalten werden (Gutmayer, Stickler & Lenger 2018, S. 90). Sideboards können fest installiert oder mobil, mit oder ohne Aufbau sein. Teilweise fallen synonym die Begriffe Anrichte, → Büfett, Mise en place-Tisch (→ Mise en place), Servante oder Serviertisch. (wf)

Literatur
Gutmayer, Wilhelm; Hans Stickler & Heinz Lenger 2018: Service: Die Grundlagen. Linz: Trauner
(10. Aufl.)

Silent Shopping → **Mystery Shopping**

Singapore Girls
Flugbegleiterinnen der Singapore Airlines. Sie gelten als Ikone einer serviceorientierten Luftfahrt, haben Kultstatus inne, sind Markenzeichen von Singapore Airlines und Symbol asiatischer Gastfreundschaft (→ Gastlichkeit). Seit 1972 werden die Flugbegleiterinnen an einer angesehenen Stewardessenschule ausgebildet, die großen Wert auf Erscheinungsbild und professionelles Auftreten legt.

Ihr Kostümkleid (Sarong Kebaya) wurde Ende der 1960er-Jahre vom französischen Couturier Pierre Balmain entworfen; es wird aus traditioneller asiatischer Batik produziert. Unterschiedliche Kleiderfarben spiegeln den Rang der Mitarbeiterinnen (Flight -, Leading-, Chief Stewardess, Inflight Manager) wider (Singapore Airlines o. J.). Die → Grooming Standards (z. B. Haarknoten, Lippenstift, Make-up, Nagellack) sind streng reglementiert.

Vereinzelt werden die ‚Singapore Girls‘ hinsichtlich ihrer Frauenrolle angegriffen: nicht zeitgemäß, fragwürdiges Frauenbild einer Dienerin, uniformes Auftreten, sexistisches Symbol. Die Fluggesellschaft arbeitet an einem neuen Image der Flugbegleiterinnen. Arabische und asiatische Fluggesellschaften haben die Perfektion der → Dienstleistung nachgeahmt. (wf)

Literatur
Singapore Airlines o. J.: The Singapore Girl. (https://www.singaporeair.com/de_DE/de/flying-withus/our-story/singapore-girl/, zugegriffen am 18.08.2020)

Single open jaw → **Gabelflug**

Single supplement → **Einzelzimmerzuschlag**

Single-Urlaub → **Alleinreisende**

Sitzladefaktor [passenger load factor]
Maß für die Auslastung aller angebotenen Flüge einer Fluggesellschaft oder der von bestimmten Strecken. Er wird in Prozent der genutzten von den angebotenen Flugsitzen ausgedrückt. (jwm)

Sitzplatz [seat]

Sitzplätze weisen eine unterschiedliche Wertigkeit auf. So werden im → Restaurant Plätze an der Wand gegenüber Sitzplätzen im Raum bevorzugt. Mögliche Erklärung: Man fühlt sich sicherer, wenn man alles im Blick hat und niemand einem „in den Rücken fallen" kann. Auch Eckplätze werden oft bevorzugt – allerdings nur, wenn sie guten Überblick über das → Restaurant bieten, nicht wenn sie sich beispielsweise im Durchgang zur Küche oder → Toilette befinden („Katzentisch"). Ähnliche Effekte gibt es bei vielen Leistungen im Tourismus. Beispielsweise bietet die vorderste Reihe in einem Bus den besten Blick. Dies ist ein objektiver Mehrwert, da bei einer Reise Geld bezahlt wird, um etwas zu sehen. Der vorderste Platz ist auch deswegen begehrt, da einige Reisegäste in hinteren Sitzreihen von Übelkeit befallen werden. Rollierende Systeme können problematisch werden, da Gäste den einmal eingenommenen Platz ungern wieder verlassen. Immer wieder für Ärger sorgen Gäste, die Liegen am Strand oder im Spa-Bereich mit Handtüchern „besetzen", ohne anwesend zu sein (Territorialverhalten). Hotelbetreiber bitten hierbei um soziales Verhalten zwischen Gästen, der Erfolg ist allerdings überschaubar. (ss/gm)

Sitzplatzreservierung (Bahn) [seat reservation]

Bestimmte Züge sind reservierungspflichtig. Dafür wird ein Reservierungsentgelt verlangt. In vielen Fällen ist das Reservieren jedoch nicht nötig, es sei denn, man möchte einen bestimmten Sitzplatz, möchte immer in Zugfahrtrichtung sitzen oder reist in Gruppen. Die Reservierung empfiehlt sich für Behinderte, für die die Bahn einen besonderen Service an den Bahnhöfen bereithält. (hdz/wf)

Sitzplatzumschlag [seat turnover]

Zeigt an, wie oft ein Sitzplatz in einer bestimmten Zeitperiode (z. B. Wochenende, Hauptsaison, Nebensaison, Oktoberfest) durch unterschiedliche Gäste belegt wurde. Berechnung: Anzahl der bedienten Gäste auf Sitzplätzen (bzw. Anzahl der servierten → Couverts)/Anzahl der verfügbaren Sitzplätze. 200 Gäste an einem Abend bei 80 vorhandenen Sitzplätzen führen zu einem Sitzplatzumschlag von 2,5, d. h. jeder Sitzplatz wurde im Durchschnitt 2,5-mal besetzt.

Betriebe versuchen gerade in Hochsaisonzeiten, über vorgegebene Zeitfenster die vorhandenen Sitzplätze mehrmals zu belegen. Ein höherer Sitzplatzumschlag führt zu höherem Umsatz, kann gleichzeitig aber eine unangenehme, hektische Atmosphäre erzeugen. Die Berechnung der Auslastung von Sitzplätzen findet auch im Zugverkehr, bei Kreuzfahrtschiffen oder Fluggesellschaften statt. → First sitting; → Sitzladefaktor. (wf)

Skål International Deutschland e. V.

Skål International Deutschland ist neben dem → Travel Industry Club einer der beiden bedeutenden deutschen Wirtschaftsclubs der Tourismusbranche. Skål International hat etwa 15.000 Mitglieder in rund 100 Ländern in knapp 400 Clubs. Deutschland ist, nach den USA, der zweitgrößte Skål-Verband. Hier gibt es etwa 900 Mitglieder in 21 Clubs (Stand Mai 2020). Bei Skål International vernetzen sich Führungskräfte aus Reise-, Freizeit- und Verkehrsindustrie. Die Mitglieder in den Clubs treffen sich regelmäßig zum Erfahrungsaustausch, zu Vorträgen und Besichtigungen. Das Motto von Skål International ist „Doing business among friends". Auszubildende und Studierende aus Ausbildungsgängen der Tourismusbranche sowie junge Angestellte bis 29 Jahre können Mitglied bei ‚Young Skål' werden. Skål-Mitglieder aus Europa gründeten 2019 Skål Europe. Viele der europäischen Clubs kämpfen mit der Überalterung ihrer Mitglieder und zurückgehenden Mitgliederzahlen.

Skål International ist der älteste Wirtschaftsclub der Tourismusbranche. Er wurde 1932 in Paris von einer Gruppe von Pariser Reisebüroagenten gegründet, die auf der neuen Flugroute Paris-Stockholm gereist und von der Gastfreundschaft in Skandinavien begeistert waren. Abgeleitet von der dabei in Schweden traditionell zur Begrüßung überreichten Schale (= Skål), mit der einem Fremden der Willkommenstrunk Skål überreicht wurde, entstand daraus der gleichnamige Gruß. Für die Clubs stehen die vier Buchstaben auch als Abkürzung für Sundhet (Gesundheit), Kärlek (Liebe), Ålder (Alter bzw. langes Leben) und Lycka (Glück). Das weltweite Generalsekretariat hat seinen Sitz in Torremolinos/Spanien (www.skal-deutschland.de). (cmb)

Skipper

(a) To skip (engl.) = abhauen, verschwinden. In der Hotelbranche der Begriff für einen Gast, der ohne Rechnungsbegleichung das Hotel verlässt. → Walk-out.

(b) Abweichend davon ist Skipper auch ein Begriff in der Schifffahrt. Dort bezeichnet er in der Regel den Schiffsführer einer Segeljacht. (wf)

Skirting → Büfettschürze

Slats → Vorflügel

Slipper

Slipper (engl.) = Hausschuh. In der gehobenen Hotellerie gehören Slipper weltweit zur Ausstattung in den Hotelzimmern, bei der → Deutschen Hotelklassifizierung werden sie im 5*-Segment zwingend vorgeschrieben (Hotelstars Union 2020,

o. S.). Sie können im Zimmer, Bad/WC und im Freizeitbereich des Hotels (z. B. Sauna, Schwimmbad, Sonnenterrasse) genutzt werden. Über eine Textilbedruckung oder -bestickung mit dem Hotelnamen übernehmen Slipper die Funktion eines Werbeträgers. Die Schuhe werden in der Regel aus Baumwoll-Frottee, Karton und Kunststoff gefertigt. (wf)

Literatur
Hotelstars Union 2020: Kriterienkatalog 2020–2025. Brüssel

Slot

(a)   Im Vorfeld bzw. in der Planungsphase beantragtes und für eine → Flugplanperiode gewährtes Zeitfenster (normalerweise 15 oder 30 Minuten) für Starts und Landungen (airport slot) sowie für An-, Ab- und Überflüge (airway slot).
(b)   Tagesaktuelles Zeitfenster, das normalerweise mit (a) übereinstimmt. Bei Abweichungen aufgrund der aktuellen Verkehrs- und/oder Wetterlage und anderer unvorhersehbarer Ereignisse kann es auf täglicher Basis neu zugewiesen werden. (jwm/sr)

Slow Food

(a)   Verbraucherorganisation, die sich ursprünglich die „Wahrung des Rechts auf Genuss" zur zentralen Aufgabe gemacht hat. Der Kultur des ‚fast life' sollte eine Kultur des Genusses und der Entschleunigung entgegengesetzt werden. Der Gedanke der „Biodiversität" im Sinne einer Vielfalt von → Esskulturen und Nahrungsmitteln stand im Mittelpunkt. 1986 Gründung in Italien, 1989 Gründung der internationalen Organisation in Frankreich. Weltweit ca. 100.000 Mitglieder, in Deutschland rund 14.000 Mitglieder (Stand: 2020).

Slowfood hat sich über die Jahrzehnte von einer lokalen Protestbewegung hin zu einer weltweit tätigen Organisation mit einer politischen Agenda entwickelt, die für ein nachhaltiges Lebensmittelsystem eintritt. Hierzu gehören der Erhalt der bäuerlichen Landwirtschaft, des Lebensmittelhandwerks und der regionalen Arten- und Sortenvielfalt, gerechte Entlohnung, eine artgerechte Viehzucht, verantwortliche Landwirtschaft, die Wertschätzung und der → Genuss von Lebensmitteln (Boyd 2018, S. 166 ff.; Petrini 2003; Slowfood o. J.). Zur historischen Entwicklung der Organisation siehe Boyd 2018.
(b)   Slow food (engl.) = langsames Essen. Slow Food wird in der allgemeinen Diskussion auch als Gegenteil von → Fast Food gesehen. Aus historischer Sicht ist dies gerechtfertigt, da die Anfänge der Organisation sich auch auf Protestaktionen gegen die geplante Eröffnung eines McDonald's in der italienischen Hauptstadt zurückverfolgen lassen (Boyd 2018, S. 166 f.; Petrini 2003, S. 24 f.). Slow Food wird gedanklich verbunden mit Qualitätsprodukten, gesunder Ernährung, regionalen gastronomischen Traditionen, ursprünglichem Genuss, nachhaltiger Produktion,

Fast Food hingegen mit gesundheitlich bedenklicher Ernährung, Globalisierung, Industrialisierung und Einheitsgeschmack. Mit Recht weisen Autoren darauf hin, dass der Aufbau der Gegenpole Slow Food versus Fast Food in Teilen gerechtfertigt sein mag, in Teilen aber in die Irre führt (Spiekermann 2003, S. 344 ff.; Wagner 2001, S. 318 ff.). → Kulinaristik. (wf)

Literatur

Boyd, Stephen W. 2018: Reflections on slow food: From ‚movement' to an emergent research field. In: Dallen J. Timothy (ed.): Heritage Cusines. Traditions, identities and tourism. London, New York: Routledge, pp. 166–179

Petrini, Carlo 2003: Slow Food. Geniessen mit Verstand. Zürich: Rotpunkt

Slowfood o. J.: Wir über uns. Slow Food weltweit. (https://www.slowfood.de/wirueberuns/slow_food_weltweit, zugegriffen am 17.08.2020)

Spiekermann, Uwe 2003: Verfehlter Gegensatz?! Fast Food contra Slow Food. In: Ernährungs-Umschau, 50 (9), S. 344–349

Wagner, Christoph 2001: Fast schon Food. Die Geschichte des schnellen Essens. Frankfurt a. M.: Lübbe

SMERF

Im internationalen Gastgewerbe benutztes Akronym zur Beschreibung unterschiedlicher Gästesegmente. Der sogenannte SMERF-Markt umfasst Gästegruppen aus dem sozialen (Social), militärischen (Military), bildungsbezogenen (Education), religiösen (Religious) und gemeinschaftlichen (Fraternal) Bereich (Barrows, Powers & Reynolds 2012, S. 291). Das ‚M' steht mitunter auch für das Gästesegment aus dem medizinischen (Medical) Bereich. (wf)

Literatur

Barrows, Clayton W.; Tom Powers & Dennis Reynolds 2012: Introduction to Management in the Hospitality Industry. Hoboken/New Jersey: John Wiley & Sons (10th ed.)

Smörgåsbord [smörgåsbord, swedish buffet]

Smorgås (schwed.) = belegtes Brot, Butterbrot; bord (schwed.) = Tisch. Ein Smörgåsbord ist ein aus der schwedischen Küche stammendes, vollwertiges kalt-warmes → Büfett. Typischerweise sind auf dem Büfett, das in der Fachwelt auch Schwedentisch genannt wird (Herrmann 2012, S. 39 f.), geräucherte und marinierte Fische (z. B. Aal, Forelle, Hering, Lachs), Wildpasteten, Suppe, Fleisch (z. B. Klöße, Rentierkeule, Roastbeef, Spanferkel), Salate, Käse und Desserts zu finden. In anderen skandinavischen Ländern existieren vergleichbare Büfett-Typen (Larousse 2017, S. 804). (wf)

Literatur

Herrmann, F. Jürgen (Hrsg.) 2012: Herings Lexikon der Küche. Jubiläumsausgabe. Haan-Gruiten: Pfanneberg (25. Aufl.)

Larousse (éd.) 2017: Le Grand LAROUSSE Gastronomique. Paris: Larousse Editions (6. Aufl.)

Social Media

1 Grundlagen Mit dem Begriff Social Media werden digitale Medienformate und -kanäle bezeichnet, die auf Vernetzung und Austausch ihrer Nutzer ausgerichtet sind. Bei den Nutzern kann es sich um Einzelpersonen, aber auch um Unternehmen oder institutionelle Akteure handeln. Die Inhalte, die über Social-Media-Kanäle ausgetauscht werden, sind oft von den Nutzern selbst generiert oder zusammengestellt (User-generated content) und werden z. B. als »Posts« einzeln oder in Gruppen geteilt. Nutzer können auf diese Inhalte mit Bewertungen (z. B. »Likes«), Kommentaren, Weiterempfehlungen oder eigenen »Reaction Posts« antworten sowie anderen Nutzern nach Interessen folgen. Dadurch entsteht ein soziales Beziehungsgeflecht.

Aufgrund ihrer Verbreitung und ihres Einflusspotentials gelten Social Media heute als Massenmedien. Dabei existieren große Social-Media-Netzwerke mit extremer Reichweite, aber auch sehr viele Dienste, die Nischenangebote bedienen. Anders als bei klassischen Formen der Massenkommunikation gilt nicht das Prinzip des »One-to-Many«, bei dem der Sender eindirektional an viele Empfänger kommuniziert. Vielmehr spricht man von »Many-to-Many Communication«, bei der die Empfänger auch zugleich Sender sein können. Social-Media-Nutzer sind automatisch immer Akteure und Produzenten innerhalb dieser Kanäle.

Social Media umfassen digitale Dienste und Plattformen zur Kommunikation und Kollaboration, etwa Blogs, Chats und Wikis, aber auch mediale Austauschplattformen für Musik, Videos und Fotos sowie soziale Netzwerke oder Foren, die spezifischen Interessensgebieten Raum für Austausch bieten. Sie dienen dem Aufbau einer Gemeinschaft (Community building) durch Zusammenführung individueller Interessen bzw. der Identifikation von gemeinsamen Eigenschaften oder Bedürfnissen (Matchmaking).

Die verbreitetsten Social-Media-Netzwerke bedienen häufig mehrere dieser Kategorien und sind dadurch für den Nutzer sowohl auf privater Ebene als auch im Lern- oder Berufsumfeld von Bedeutung. Dies reicht von Angeboten für Blended Learning, Wissensmanagement oder digitaler Echtzeit-Kollaboration bis hin zu Selfmarketing in Karrierenetzwerken. Insbesondere Dienstleistungsangebote aus der »→ Sharing Economy« greifen heute extensiv auf Social Media zurück, um Angebot und Nachfrage zusammenzuführen und Vertrauen zwischen Transaktionspartnern aufzubauen.

2 Prinzipien und Merkmale Social Media basieren auf Interaktion. Ihre Nutzung als Kommunikationsmedium kann hohe Reichweite bieten, erfordert jedoch auch ein hohes Maß an Aktivität und Aufmerksamkeit. Sie dürfen nicht als typischer Vertriebskanal verstanden werden, sondern eher als Austauschplattform für Gleichgesinnte. Grundlegende Elemente für das Funktionieren zwischenmenschlicher Bindungen bilden die Basis dieser Medienform. Ein entscheidendes

Merkmal ist dabei Glaubwürdigkeit und Vertrauen durch direkten Austausch. Dies geschieht in Social Media häufig über das »electronic Word-of-Mouth«-Prinzip: Informationen wird erhöhte Bedeutung zugeschrieben, wenn deren Herkunft aus dem unmittelbaren persönlichen Netzwerk nachvollziehbar erscheint (Minazzi 2015, S. 8).

Der Aufbau von Vertrauen in Informationsquellen wird unterstützt durch Funktionsmechanismen zur Bewertung und Steigerung der Reputation individueller Nutzer, Gruppierungen oder Kanäle. In Social Media trägt dieses Reputationsprinzip entscheidend zur Bildung großer und globaler Interessensgemeinschaften bei, aber auch zur Herausbildung sogenannter »Influencer«. Der Begriff steht für Nutzer oder Kanäle mit sehr hohem Reputationsgrad, die oft als Meinungsmacher in Sozialen Medien fungieren. Je nach Inhalt kann man dabei unterscheiden zwischen Influencern mit hoher kommunikativer Reichweite, gemessen an der absoluten Anzahl der Follower oder Likes pro Posting, und sogenannten »Micro-Influencern«, die geringere Follower-Zahlen aufweisen können, dafür jedoch Expertenstatus genießen und geringere kommunikative Streuungseffekte erzielen.

Social-Media-Content, also die medialen Inhalte, die über Social Media verbreitet werden, haben oft einen hohen audiovisuellen Anteil. Das Teilen von Fotos, Videos oder Sprachnachrichten erzielt höhere Aufmerksamkeit und oft schnellere Reaktionen als vornehmlich textbasierte Informationen. Kurze und regelmäßige Posting-Intervalle verstärken die Unmittelbarkeit des audiovisuellen Austauschs ebenso wie persönliche Tonalität und Ansprache. Je nach Plattform vermischen sich private und berufliche Kommunikation häufig, erkennbar z. B. bei Influencern in einem beiläufigen Mix aus originärem und »sponsored Content«. Die persönliche Tonalität verstärkt die emotionale Bindung der Interessensgemeinschaft der Follower zum Influencer.

3 Strategien und Ziele   Aus unternehmerischer Perspektive ist das Vernetzungsprinzip in Social Media für eine Reihe strategischer Kommunikationsziele interessant. Ausgehend vom übergeordneten Ziel der Steigerung der Bekanntheit machen Social Media die direkte Kontaktaufnahme zu potentiellen Kunden, Nutzern oder Gästen möglich. Ebenso eignen sie sich sehr gut dazu, bereits existierende Kunden auf persönliche und dadurch emotionale Weise an das Unternehmen zu binden. Entscheidend dafür ist, dass die Wahl des Social-Media-Kanals, der Inhalte und deren Aufbereitung zur kommunikativen Unternehmensstrategie passen und dadurch wiederum Glaubwürdigkeit und Authentizität vermitteln.

Eine Social Media-Strategie basiert auf einer spezifischen Analyse der Zielgruppen, deren typischem Kommunikationsverhalten bzw. interner Regeln und Codes zur Kommunikation. Zudem empfiehlt es sich, die in Frage kommenden Plattformen, Nutzergruppen oder Influencer vorab nach spezifischen Kriterien zu bewerten, etwa nach Kategorien wie Reichweite, Reputation, Relevanz und Resonanz (Oven-Krockhaus et al. 2019). Man kann hierbei insbesondere drei kommunikationsstrategische Varianten ausmachen:

– Zunächst eine inhaltliche Strategie, die auf Basis der genannten Analyse die inhaltlichen Komponenten für den entsprechenden Social Media-Kanal definiert. Im Unterschied zur Kommunikation im klassischen Marketingmix ist hier eine vielfach höhere Bereitschaft zum Experiment und zur inhaltlichen Agilität gefordert. Gemeint ist damit z. B. die spontane Verknüpfung tagesaktueller Ereignisse mit der eigenen Marke oder auch spielerisch-kreative Formate zur Neuinterpretation des Selbstverständnisses des Unternehmens.

– Eng verknüpft damit geht eine Feedback-Strategie einher. Das bedeutet beispielsweise das gezielte Management von Bewertungen, etwa über Produkttests oder über Social-Media-Stories als Formate, die sehr spezifisches Nutzerfeedback aktiv in ihre Inhalte integrieren. Hier geht es darum, die Reputationsmechanismen in Social Media und die damit ggf. verbundene Steigerung von Relevanz für die eigene Kommunikation zu nutzen. Eine eher negative Ausprägung dieser Strategie ist die Verbreitung von kommerziellen Angeboten zur Manipulation der eigenen Zahlenangaben für Fans, Likes und Followers. Eine solche Praxis birgt insbesondere für Unternehmen hohes Abmahnpotential und damit letztlich auch Reputationsverlust. Spezialisierte Anbieter für Social-Media-Management, insbesondere zur Analyse und gezielten Enwicklung des Feedbackmanagements, können bei der Wahl der strategischen Maßnahmen unterstützen.

– Die dritte strategische Variante widmet sich in einer Absenderstrategie den geplanten Botschaftern für das Kommunikationsziel. Diese müssen nicht unbedingt außerhalb des Unternehmens zu finden sein. Im Zusammenspiel mit den oben genannten Inhalts- und Feedbackstrategien können Mitarbeiter als Influencer eine bedeutende Rolle spielen, nach außen wie nach innen. Die Aktivierung von Markenbotschaftern im eigenen Unternehmen zeigt die Köpfe hinter dem Markennamen und den Produkten. Sie können der → Marke ein Gesicht geben und deren Glaubwürdigkeit unterstreichen, indem sie Authentizität und Orientierung vermitteln (Hoffmann 2016). Zudem wirkt eine solche Aktivierung im Umkehrschluss auch innerhalb des Unternehmens, indem sie parallel die Identifizierung der Mitarbeiter mit der Marke fördert. Das Unternehmen wird »shareable«.

4 Fokus: Tourismus Social Media spielen im Tourismusbereich eine bedeutende Rolle. Die digitale → Authentizität, die in ihnen angestrebt wird, beeinflusst die Art der Kommunikation über Events, Reisewege und → Destinationen. Andererseits haben Social Media auch direkte Auswirkungen darauf, wie Reisen zustande kommen, wie Reisepartner gefunden oder konkrete Buchungen durchgeführt werden. Im Vorfeld einer Reise dienen z. B. individuelle Reiseblogs (→ Blog) und deren → Storytelling dazu, in sehr persönliche Reiseerlebnisse einzutauchen und ggf. Inspirationen für das eigene Vorhaben zu sammeln. Professionelle Reiseblogger ihrerseits nutzen Social Media, um mit persönlichen, regelmäßigen und vor allem visuell aufwändig aufbereiteten Eindrücken Reichweite zu generieren und so als Influencer ihr Geschäftsmodell zu finanzieren. Im Zusammenspiel mit Reise- und Destinationsmarketing lässt sich von einer »Extended Itinerary« sprechen: Das eigentliche Reiseerlebnis wird über Social-Media-Ansprache direkt über mehrere Phasen hinweg erweitert und kann so bereits die Vorbereitung der Reise, den eigentlichen Reisezeitraum als auch die Nachbereitung und Dokumentation der Reise im eigenen sozialen Netzwerk betreffen. Für diese erlebnisorientierte Kommunikation spielen mittlerweile vor allem visuelle Plattformen wie Youtube oder Instagram eine zentrale Rolle, um das unmittelbare Kuratieren und Teilen des Erlebten über Social Media zu ermöglichen.

Neben den kommunikativen Aspekten vereinfachen Social Media aber auch typische Vertriebswege und -abläufe. So arbeiten gängige Buchungsportale (→ Web-Portal) als Aggregatoren von Reiseangeboten häufig mit Social Media-Komponenten zur Vereinfachung des Buchungsprozesses (Anmeldung, Identifikation, Kommunikation). Sharing-basierte Anbieter von Übernachtungen wie z. B. → Airbnb bauen ihr Angebot auf das »electronic Word-of-Mouth«-Prinzip auf, nicht nur beim Buchungs-, Identifikations- und Abrechnungsprozess, sondern auch in der individuellen Zusammenstellung relevanter Informationen und Serviceangebote für die Reiseinteressenten. So lässt sich die individuelle Vertrauensgrundlage vertiefen und kann die für die Buchung entscheidende Geschäftsgrundlage werden. Parallel dazu bilden speziell zusammengestellte und aus einer Interessensgruppe heraus entwickelte Sparten-Reiseführer (→ Reiseführer [a]) als Websites oder Social-Media-Kanäle wie z. B. onthegrid.city ein relevantes Medium für den Direktvertrieb und die Anbahnung des unmittelbaren Kontakts zwischen Reiseinteressenten und Destinationen. → Digitalisierung. (kb)

Literatur
Fayos-Solà, Eduardo; Chris Cooper 2019: The Future of Tourism: Innovation and Sustainability. New York: Springer
Grabs, Anne; Elisabeth Vogl & Karim-Patrick Bannour 2018: Follow me! Erfolgreiches Social Media Marketing mit Facebook, Twitter und Co. Bonn: Rheinwerk Computing
Hoffmann, Kerstin 2016: Lotsen in der Informationsflut: Erfolgreiche Kommunikationsstrategien mit starken Markenbotschaftern aus dem Unternehmen. Freiburg, München, Stuttgart: Haufe
Hotelverband Deutschland (IHA) e. V. (Hrsg.) 2020: Hotelmarkt Deutschland 2020. Berlin: IHA-Service

Lammenett, Erwin 2019: Influencer Marketing: Strategie, Konzept, Umsetzung, Chancen, Potenziale, Risiken. Roetgen: Create Space

Minazzi, Roberta 2015: Social Media Marketing in Tourism and Hospitality. Cham, Heidelberg, New York, Dordrecht, London: Springer International Publishing

Oven-Krockhaus, Ina zur; Pascal Mandelartz & Jan Steffen 2019: Bewertungen in der Kundenkommunikation von touristischen Unternehmen und Einfluss auf das Buchungsverhalten einer digitalen Zielgruppe. Bad Honnef: IUBH Discussion Papers – Tourismus & Hospitality

> *i* **Gedankensplitter**
>
> „Früher zeichnete man auf Reisen, um sich erinnern zu können, wo man war. Heute filmt man auf Reisen, um zu erfahren, wo man gewesen ist." (Albert Camus, französischer Schriftsteller)

Social Responsibility → **Corporate Social Responsibility**

SOE → **Furniture, Fittings & Equipment**

Soft Brands → **Franchise (Franchise im Gastgewerbe)**

Soft opening → **Pre-opening-Phase**

Sole-Badekur → **Kur**

Sommelier **[sommelier, wine butler, wine steward]**
Französischer Begriff für den Weinkellner (weiblich: Sommelière). Er untersteht in der Regel unmittelbar dem → Restaurantleiter. Zentrale Aufgaben des Sommeliers sind: Weineinkauf, Weinlagerung, Erstellung der Weinkarte, Beratung der Gäste bei der Weinauswahl, Weinservice. In Deutschland besteht die Möglichkeit, einen staatlich anerkannten Abschluss zum Sommelier zu machen. Häufig übernimmt der Sommelier auch die fachliche Beratung für andere Getränke, Käse oder Zigarren. Aufgrund der hohen Spezialisierung sind Sommeliers nur in sehr wenigen, gehobenen → Restaurants anzutreffen, in einem Großteil der Betriebe wird die Aufgabe von anderen Restaurantfachkräften übernommen. Synonymer Begriff: chef de vin. → Servicebrigade.

Der Begriff des Sommeliers wird auch auf andere Produkte (z. B. Brot, Tee, Kaffee) übertragen, um die hohe Expertise des Mitarbeiters in dem jeweiligen Bereich zu unterstreichen. Man spricht dann von einem Brot-Sommelier, Tee-Sommelier oder Kaffee-Sommelier. Sommelier ist keine geschützte Berufsbezeichnung. (wf)

Sommelierbesteck → **Kellnermesser**

Sondergepäck [oversized baggage]
Bei Flugreisen zählen dazu Fahrräder, Surfbretter, Ski-Ausrüstungen (auch Wasserski), Windsurfbretter und Golfausrüstungen. Für die Beförderung von Sondergepäck wird meistens ein Aufpreis für Übergepäck erhoben. → Reisegepäck-Versicherung. (hdz)

Sondertarif [special tariff]
Reduzierter Tarif, der nur unter gewissen Bedingungen eingeräumt wird (z. B. Fahrzeitenrestriktionen: Wochenendticket der → Deutsche Bahn AG, Fahrzeugeinschränkungen: Zugtyp, Mindestaufenthaltsdauer: sunday rule). (hdz)

Sonderverpflegung [special meal(s)]
Verpflegung, die über das übliche Angebot hinausreicht. Zu den besonderen Angeboten im Flugbereich: → Special Meal. (hdz)

Sorbet [sorbet, sherbet]
Eisgetränk oder halbgefrorene Speise aus Fruchtsaft, Fruchtpüree und Zucker. (bk/cm)

Soufflé [soufflé]
Souffle (franz.) = Hauch, Atem. Leichte Eierspeise beziehungsweise zarter, lockerer Auflauf. (bk/cm)

Sous-Chef [Sous-Chef]
Sous (franz.) = darunter, unter. Fachbegriff für den Stellvertreter des Küchenchefs (→ Chef de cuisine) in großen → Küchenbrigaden. (wf)

Sous-vide-Verfahren
Sous vide (franz.) = vakuumdicht. Garverfahren in der Küche, bei dem die Speisen im Vakuumbeutel bzw. unter Luftabschluss zubereitet werden. Die schonende Zubereitungsmethode erlaubt die Entkopplung von Produktionsschritten in Vor- und Endzubereitung. Zu den einzelnen Arbeitsschritten siehe Herrmann 2016, S. 128; Macher et al. 2017, S. 166. (wf)

Literatur

Herrmann, F. Jürgen (Hrsg.) 2016: Die Lehrküche: Lernfelder im Kochberuf. Hamburg: Handwerk und Technik (6. Aufl.)

Macher, Roswitha et al. 2017: Küchenmanagement und Betriebsorganisation. Linz: Trauner (Nachdruck 1. Aufl.)

Souvenir [souvenir]

Se souvenir (franz.) = sich erinnern. Ein Souvenir ist ein Gegenstand, den jemand zur Erinnerung an eine Reise mitbringt. Souvenirs werden meistens käuflich erworben. Sie stellen in den meisten Tourismusorten eine Haupteinnahmequelle für ausländische Devisen dar. An vielen touristischen Orten hat sich eine kommerzielle Souvenirindustrie herausgebildet, die auch vor religiösen Motiven nicht Halt macht. (hdz)

Soziale Medien → Social Media

Soziale Verantwortung [social responsibility]

Die zunehmend intensivere Diskussion um die verstärkt wahrnehmbaren negativen externen Effekte wirtschaftlicher Aktivitäten – ökonomische und soziale Folgen der Globalisierung, Gefährdung der natürlichen Umwelt, Klimawandel, ungebremster Ressourcenverbrauch, Missachtung von Menschenrechten u. a. – haben die Frage nach der ethischen Verantwortung unternehmerischen Handelns mit Nachdruck in das Bewusstsein der Öffentlichkeit gerückt (siehe z. B. die im Jahr 2000 initiierte Vereinbarung »Global Compact« zwischen der UNO und zahlreichen Unternehmungen weltweit [»The world's largest corporate sustainability initiative«; United Nations Global Compact 2000]) und stellen nicht zuletzt für Unternehmungen der Tourismusbranche eine zunehmende Herausforderung dar, wovon immer wieder in der öffentlichen Diskussion aufbrandende Schlagworte wie »nachhaltiger Tourismus«, »sanfter Tourismus« oder »Öko-Tourismus« zeugen (Bieger & Beritelli 2013, S. 42 ff.; Breidenbach 2002, S. 200 ff.; Freyer 2000, S. 203 ff.; Freyer 2011, 105 ff.; Mundt 2013, S. 518 f., 529 ff.). Im Rahmen unternehmensethischer Überlegungen muss sich das Management von Unternehmungen daher zunehmend mit der Frage auseinandersetzen, wie sich sein ökonomisches Handeln mit seinen moralischen Grundsätzen und denen der Gesellschaft vereinbaren lässt. Hierbei steht weniger das Problem der Legalität bzw. Illegalität unternehmerischen Handelns im Blickpunkt, als vielmehr die Frage, inwieweit sich innerhalb respektierter rechtlicher Grenzen eine moralische Basis selbstbeschränkter Legitimität entwickeln lässt. Ein derart ethisch/moralisch fundiertes Verhalten setzt daher zunächst einen reflexiven Prozess der Werteerhellung seitens der Führungskräfte innerhalb der Unternehmung voraus (→ Unternehmensphilosophie).

In diesem Kontext verdeutlicht die Idee der »Social Responsibility« bzw. der »→ Corporate Social Responsibility« (CSR) die Einstellung wie auch den konkreten Beitrag einer Unternehmung zu einer nachhaltigen Entwicklung, die gleichzeitig ihre Wettbewerbsfähigkeit sichert und die Belange der Gesellschaft respektiert (für den Tourismus Mundt 2011). Angestrebt wird somit aus Sicht der Unternehmungen wie der unterstützten Institutionen bzw. der gesamten Gesellschaft eine »win-win«-Situation.

Im Blickpunkt steht dabei nicht nur ein ethisch korrektes Verhalten gegenüber Kunden und Mitarbeitern, bewusst wird der Fokus auch auf Leistungen der Unternehmung für das soziale Umfeld erweitert: „(…) so wenig Ressourcen wie möglich zu verbrauchen, gute Arbeitsbedingungen für die Mitarbeiter zu schaffen, sich »bürgerschaftlich« im Gemeinwesen zu engagieren (…), beim Einkauf nur mit verantwortungsvollen Zulieferern zusammenzuarbeiten, hohe Standards bei Auslandsdirektinvestitionen in Schwellen- und Entwicklungsländern zu setzen und sich für gesellschaftliche Ziele einzusetzen. Hier liegt ein großes Potenzial, um eine nachhaltige Entwicklung auf Unternehmensebene und damit auch für die Gesamtgesellschaft voranzubringen" (Econsense 2007). Davon sind die Mitglieder des »Forums nachhaltige Entwicklung der Deutschen Wirtschaft«, dem auch Unternehmungen wie die → Deutsche Bahn AG und die Deutsche Lufthansa AG (→ Lufthansa) angehören, überzeugt und haben sich freiwillig zu einem entsprechenden Verhaltenskodex verpflichtet (Econsense 2020), der mittlerweile über die sozialen Verpflichtungsstandards hinaus eine Erweiterung auf den umfassenderen Zielkatalog einer nachhaltigen Entwicklung der UNO erfahren hat (United Nations Sustainable Development Goals 2015).

Neben diesen – häufig eher globale Herausforderungen thematisierenden Aktivitäten – sind im Rahmen von CSR-Initiativen auch als nachhaltig zu verstehende Partnerschaften zwischen Unternehmungen und gesellschaftlichen Gruppen wie Sozialeinrichtungen, Umweltbewegungen, Bürgerinitiativen, Bildungseinrichtungen im näheren sozialen Umfeld von Unternehmungen zu zählen. Hierfür hat sich „Corporate Citizenship (CC) … als Fachbegriff für das gemeinwohlorientierte gesellschaftliche Engagement von Unternehmen etabliert" (Labigne u. a. 2018, S. 4). Das Engagement der Unternehmungen besteht dabei in der Regel in Geldbeträgen oder im Einsatz von Mitarbeitern für soziale oder ökologische Projekte vor Ort. → Corporate Social Responsibility. (vs)

Literatur
Bieger, Thomas; Pietro Beritelli 2013: Management von Destinationen. München: Oldenbourg (8. Aufl.)
Breidenbach, Raphael 2002: Freizeitwirtschaft und Tourismus. Wiesbaden: Gabler

Econsense – Forum nachhaltige Entwicklung der Deutschen Wirtschaft e. V. 2007: CSR und Nachhaltigkeit. (http://www.econsense.de/_ueber_uns/_profil_ziele, zugegriffen am 01.05.2007)

Econsense – Forum nachhaltige Entwicklung der Deutschen Wirtschaft e. V. 2020: Mitglieder. (https://econsense.de/mitglieder, zugegriffen am 03.04.2020)

Freyer, Walter 2000: Ganzheitlicher Tourismus. Beiträge aus 20 Jahren Tourismusforschung. Dresden: FIT

Freyer, Walter 2011: Tourismus-Marketing. Marktorientiertes Management im Mikro- und Makrobereich der Tourismuswirtschaft. München: Oldenbourg (7. Aufl.)

Labigne, Anaël u. a. 2018: CC-Survey 2018: Unternehmensengagement und Corporate Citizenship in Deutschland – bessere Daten für besseres Unternehmensengagement; Zivilgesellschaft in Zahlen ZiviZ, Bertelsmann Stiftung. Essen: Verwaltungsgesellschaft für Wissenschaftspflege

Mundt, Jörn W. 2013: Tourismus. München: Oldenbourg (4. Aufl.)

Mundt, Jörn W. 2011: Tourism and Sustainable Development. Reconsidering a Concept of Vague Policies. Göttingen: Erich Schmidt

United Nations Global Compact 2000: The Ten Principles of the UN Global Compact. (https://www.unglobalcompact.org/what-is-gc/mission/principles, zugegriffen am 03.04.2020)

United Nations Sustainable Development Goals 2015: 17 Goals to Transform Our World. (https://www.un.org/sustainabledevelopment, zugegriffen am 03.04.2020)

> **Gedankensplitter**
> „The social responsibility of business is to increase its profits." (Milton Friedman, US-Ökonom)

Sozialtourismus [social tourism]

Im → Tourismus wird mit Sozialtourismus ein Teilsegment bezeichnet, in dem es darum geht, Urlaubs- und Erholungsreisen auch für wirtschaftlich schwache Bevölkerungskreise zu realisieren. Durch staatliche und andere Zuschüsse für solche Angebote wird der Grundsatz umgesetzt, allen Bürgern einer modernen Gesellschaft Reisen, → Urlaub und → Erholung zu ermöglichen. „Reisen für alle" rückt hier in den Kanon sozialer Grundrechte bzw. wird als Notwendigkeit im demokratischen Staatswesen gesehen. Heutige Zielgruppen sind vor allem Kinder und Jugendliche, Behinderte und Senioren.

Hier nicht behandelt wird der mittlerweile andere Gebrauch des Wortes Sozialtourismus in der migrationspolitischen Diskussion. Dort verschob sich in den letzten Jahren die Begriffsbedeutung hin zu einem politischen Schlagwort, unter dem die angebliche Erschleichung von Sozialleistungen durch Einwanderer verstanden wird. Auf Grund dieser Bedeutung wurde der Begriff 2013 auch zum „Unwort des Jahres" gewählt.

Historisch besonders relevant waren Angebote des Sozialtourismus vor Einsetzen des → Massentourismus in den Anfangs- und Etablierungsjahrzehnten des modernen Tourismus. Aus unterschiedlichen Motiven heraus gab es mit Aufkommen der bürgerlichen Gesellschaft und des modernen Tourismus im 19. und frühen 20. Jahrhundert den politisch-gesellschaftlichen Willen, das Reisen und touristische Angebote zu demokratisieren. Von verschiedenen Organisationen wurden deshalb sehr günstige und subventionierte Angebote eines Sozialtourismus bereitgestellt. Beispiele hierfür gibt es in Deutschland seit dem Kaiserreich. Hierzu gehören Ferien- und Freizeitheime von kirchlichen Organisationen, teilweise auch von Unternehmen für ihre Arbeitnehmer. Bis heute relevant sind aber auch das Konzept der → Jugendherbergen, das aus der aufstrebenden Jugend- und Wanderbewegung entstand, sowie das der Naturfreunde, das als Organisation im Umfeld der Arbeiterbewegung gegründet wurde (Hachtmann 2010).

Wichtig im europäischen Umfeld sind beispielsweise die britische „Workers Travel Association", die ab 1922 innerhalb des gewerkschaftlichen Sektors Vorreiter als → Reiseveranstalter für Arbeiter war (Hachtmann 2010). Im Bereich der Hotellerie kann auf die Schweizer Hotelplan-Gruppe verwiesen werden, die in den 1930er-Jahren im Umfeld der Konsumgenossenschaft Migros und dessen Gründer Gottlieb Duttweiler entstanden ist, um günstige Reiseangebote für Normalverdiener anzubieten. Die Hotelplan-Gruppe existiert bis heute als Tourismus-Säule des Migros-Konzerns, sie bedient mittlerweile die gesamte Breite der touristischen Nachfrage (Hotelplan Group 2020).

Der ursprüngliche, engere Ansatz des Sozialtourismus hat heute an Bedeutung verloren. Mit dem Eintritt in die Konsum- und Wohlstandsgesellschaft wurden touristische Angebote sehr viel günstiger, und die Kaufkraft weiter Teile der Bevölkerung ist gestiegen. In Zeiten von Billig- und Last-Minute-Reisen kann der Bedarf nach bezahlbarem Urlaub weitgehend von kommerziellen Anbietern befriedigt werden. Es gibt aber weiterhin für den Sozialtourismus relevante Reisesegmente. Genannt seien hier die Bereiche Schul-, Jugend- und Vereinsreisen, Angebote im Bereich „Barrierefreies Reisen", für Senioren oder für bedürftige Familien. Blickt man auf die Angebotsseite und die touristischen Leistungsträger, dann gibt es weiterhin relevante Strukturen, die ihren Schwerpunkt im Bereich Sozialtourismus aufweisen. Neben den oben genannten Organisationen und Vereinen im Freizeit- und Sportbereich sind vor allem gemeinnützige Familienferienstätten zu nennen, die unter der Trägerschaft von Wohlfahrtsverbänden, Kirchen und Gewerkschaften sowie einer Reihe von Stiftungen arbeiten. Die genannten Organisationen arbeiten in der Regel gemeinnützig und verfügen über eine weitverzweigte Infrastruktur im Beherbergungsbereich sowie eigenständige Programme als Reiseveranstalter. Auf Bundesebene haben sie sich zur „Bundesarbeitsgemeinschaft Familienerholung" zusammengeschlossen (Germer 2017).

Das Thema eines sozialverträglichen und weniger gewinnorientierten Tourismus gewinnt unter den neuen Rahmenbedingungen in Richtung Nachhaltige

(Tourismus)Wirtschaft (→ Corporate Social Responsibility) erneut an Bedeutung. Damit wird das Grundkonzept auf eine breitere Basis gestellt. Es geht im engeren Sinne nicht mehr nur um den bedürftigen Reisenden und Urlauber, sondern um das gesamte touristische System und dessen Sozialverträglichkeit. Auf Ebene der internationalen Vernetzung wurde dieser Neujustierung insoweit Rechnung getragen, dass das bislang existierende Büro für Sozialtourismus 1996 zur International Social Tourism Organisation (ISTO) mit Sitz in Brüssel weiterentwickelt wurde (Bélanger & Jolin 2011). (am)

Literatur

Bélanger, Charles Étienne; Louis Jolin 2011: The International Organisation of Social Tourism (ISTO) working towards a right to holidays and tourism for all. In: Current Issues in Tourism, 14 (5), pp. 475–482

Germer, Karin (Hrsg.) 2017: Familienerholung – ein Recht auf Förderung. Potentiale einer zeitgemäßen Kinder- und Jugendhilfeleistung. Köln: Bundesarbeitsgemeinschaft Familienerholung

Hachtmann, Rüdiger 2010: Tourismus und Tourismusgeschichte, Version: 1.0. In: Docupedia-Zeitgeschichte, 22.12.2010. (http://docupedia.de/zg/Tourismus_und_Tourismus geschichte, zugegriffen am 01.09.2019)

Hotelplan Group 2020: Geschichte. (https://www.hotelplan.com/geschichte/, zugegriffen am 01.07.2020)

Sozialverträglichkeit des Tourismus → **Corporate Social Responsibility, → Overtourism, → Tragekapazität**

Spätabreise → **Zimmerstatus**

Spätanreise → **Zimmerstatus**

Spaßbäder → **Bäder, öffentliche**

Special Meal (SPML)

Von den Fluggesellschaften angebotene Sondermahlzeiten für Fluggäste, die sich aus medizinischen, ethnischen, religiösen oder anderen persönlichen Gründen für speziell hergestellte Speisen (unter Beachtung genauer Zubereitungsregeln und ausschließlicher Verwendung erlaubter Zutaten) entscheiden. Die International Air Transport Association (IATA) hat diese in einer umfassenden Liste allgemeingültiger Codes mit standardisierten Regeln – Vorgaben und Verboten – veröffentlicht. Die Passagiere geben bereits bei der Buchung ihres Fluges ihre Sonderwünsche für die Bordmahlzeit an. Diese wird exklusiv für sie zubereitet und an Bord serviert. Bestimmte Fluggesellschaften bieten auf Grund ihrer nationalen

Herkunft und religiöser Vorschriften entweder ausschließlich bestimmte Sondermahlzeiten oder schließen andere kategorisch aus (arabische Fluggesellschaften: → Halal-Speisen, kein Schweinefleisch und Alkohol). Folgende Sondermahlzeiten (mit den entsprechenden IATA-Codes) werden von den meisten Fluggesellschaften angeboten (Jones 2004; Lufthansa 2019):

Vegetarische Mahlzeiten
- VGML/VVML Vegetarian – Vegan: kein Fleisch oder Fisch, einschließlich tierischer Produkte wie Honig, Eier oder Milch;
- VLML Vegetarian – Lacto-Ovo: kein Fleisch oder Fisch, tierische Produkte wie Honig, Eier oder Milch sind erlaubt;
- AVML/VOML Vegetarian – Asiatic/Oriental: kein Fleisch oder Fisch, tierische Produkte wie Honig, Eier oder Milch sind erlaubt; indischer Einfluss, insbesondere die Verwendung orientalischer Kräuter und Gewürze;
- RVML Vegeterian Raw Meal: Vegetarische Mahlzeit, deren rein pflanzliche Bestandteile in rohem Zustand serviert werden. Diese werden keinem Erhitzungs-, Vergärungs- oder sonstigem Prozess unterzogen;
- FPML Fruit: Fruchtplatte aus Obst, evtl. Gemüse, Nüsse und Käse;
- JNML/VJML Jain – Vegan: Obst und Gemüse, welches oberirdisch wächst.

Diätetische Mahlzeiten
- LSML Low Sodium: Ausschluss stark gesalzener Speisen bzw. kein Salz bei der Zubereitung der Speisen zur Vermeidung von Bluthochdruck;
- LFML Low Fat (Cholesterolfree): Ausschluss von Zutaten mit hohem Cholesterol-Wert, stattdessen Zutaten mit hohem Anteil mehrfach ungesättigter Fettsäuren und Ballaststoffe;
- LPML Low Protein: Vermeidung tierischen Eiweißes, enthalten beispielsweise in Fleisch, Fisch, Eier oder Milchprodukten. Gleichzeitig Vermeidung von Salz;
- LCML Low Calorie: Verwendung von Zutaten mit hohem Ballaststoffanteil, Vermeidung von Fett, Begrenzung der täglichen Energieaufnahme auf 1200 Kalorien;
- DBML Diabetic: Ausgeglichene Verwendung von Kohlehydraten, Fetten und Eiweißen. Vermeidung von Zucker, stattdessen hoher Ballaststoffanteil, hoher Anteil mehrfach ungesättigter Fettsäuren;
- GFML Gluten Free: Verwendung ausschließlich glutenfreier Nahrungsmittel, das heißt keine Getreideprodukte aus Weizen, Roggen, Hafer oder Gerste, zur Vermeidung allergischer Schocks bei Passagieren mit der entsprechenden Disposition;
- NLML Non-Lactose: Ausschluss von Milchprotein und Milchzucker;

- BLML Bland/Soft: leicht verdauliche, reiz- und fettarme Speisen mit geringem Anteil an Ballaststoffen, geeignet als Schonkost für Passagiere mit Beschwerden im Magen-Darm-Bereich;
- HFML High-Fibre: Ballaststoffreiche und fettarme Kost;
- PRML Low-Purine: Purinarme Kost für Passagiere mit erhöhten Harnsäure-Spiegel im Blut, beispielsweise Vermeidung von Fleisch, Hülsenfrüchten, Alkohol;
- SFML Seafood: Fisch- oder Meeresfrüchte-Menüs;
- PFML Peanut Free: Erdnussfrei.

Ethnische/Religiöse/Regionale Mahlzeiten
- KSML → Koscher: Alle Koscher-Menüs werden strikt nach jüdischen Grundsätzen unter Aufsicht eines Rabbiners zubereitet. Die Versiegelung der angerichteten Speisen garantiert die ordnungsgemäße Fertigung;
- MOML Muslim: Alle Mahlzeiten werden unter strikter Beachtung islamischer Gesetze (Scharia) zubereitet (→ Halal). Grundsätzlich sind alle Produkte des Schweins sowie Alkohol verboten;
- HNML Hindu: Alle Mahlzeiten werden unter strikter Beachtung religiöser Hindu-Vorschriften zubereitet. Grundsätzlich sind alle Fleischprodukte des Rinds verboten. Häufig sind Hindu-Gerichte vegetarisch;
- ORML Oriental: Orientalisches-chinesisches Essen;
- OBML Japanese Obento: Spezielle Darreichungsform, keine bestimmte Mahlzeit.

Kindermahlzeiten
- BBML Baby: Verschiedene Babymahlzeiten für Kinder im Alter zwischen zehn Wochen und zwei Jahren; meist werden Gläschen mit pürierten Fertiggerichten angeboten;
- CHML Child: Spezielles Kindermenü (häufig mit Fun-Elementen zum Zeitvertreib), welches den Bedürfnissen von Kindern im Alter zwischen zwei und neun Jahren gerecht wird.

Sondermahlzeiten
- CLML/CAKE: Kuchen, etwa zum Geburtstag oder Hochzeitstag;
- RFML Refugee Meal: Mahlzeiten in Verbindung mit Transporten von Flüchtlingen. (sr)

Literatur

Jones, Peter I. 2004: Flight Catering. Jordan Hill, Oxford: Elsevier Butterworth-Heinemann (2nd ed.)

Lufthansa 2019: Sondermahlzeiten. (https://www.lufthansa.com/de/de/sondermahlzeiten, zugegriffen am 13.08.2019)

Gedankensplitter

Das Maß der Speise

„Nach unserer Meinung dürften für die tägliche Hauptmahlzeit, ob zur sechsten oder neunten Stunde, für jeden Tisch mit Rücksicht auf die Schwäche einzelner zwei gekochte Speisen genügen. Wer etwa von der einen Speise nicht essen kann, dem bleibt zur Stärkung die andere. Zwei gekochte Speisen sollen also für alle Brüder genug sein. Gibt es Obst oder frisches Gemüse, reiche man es zusätzlich. Ein reichlich bemessenes Pfund Brot genüge für den Tag, ob man nur eine Mahlzeit hält oder Mittag- und Abendessen einnimmt. Essen die Brüder auch am Abend, hebe der Cellerar ein Drittel dieses Pfundes auf, um es ihnen beim Abendtisch zu geben.

War die Arbeit einmal härter, liegt es im Ermessen und in der Zuständigkeit des Abtes, etwas mehr zu geben, wenn es guttut. Doch muss vor allem Unmäßigkeit vermieden werden; und nie darf sich bei einem Mönch Übersättigung einschleichen. Denn nichts steht so im Gegensatz zu einem Christen wie Unmäßigkeit, sagt doch unser Herr: „Nehmt Euch in Acht, dass nicht Unmäßigkeit euer Herz belaste."

Knaben erhalten nicht die gleiche Menge wie Erwachsene, sondern weniger. In allem achte man auf Genügsamkeit. Auf das Fleisch vierfüßiger Tiere sollen alle verzichten, außer die ganz schwachen Kranken."

(Auszug aus: Die Regel des heiligen Benedikt, geschrieben für das um 529 gegründete Benediktinerkloster Monte Cassino; herausgegeben im Auftrag der Salzburger Äbtekonferenz)

Speiseaufzug [dumb waiter]

Kleiner Aufzug, der nur für den Transport von Speisen und Getränken verwendet werden kann, wenn sich Küche und Restaurant in verschiedenen Stockwerken eines Gebäudes oder Decks eines Schiffes befinden. (hdz)

Speisekarte [menu]

Verzeichnis der Speisen, die in einem gastronomischen Betrieb angeboten werden. Speisekarten sind ein – oft unterschätztes – Instrument der betrieblichen Kommunikationspolitik: Sie informieren (z. B. über Leistungsangebot, Preise, Öffnungszeiten, Philosophie der Küche), sollen als ‚silent salespersons' (Walker & Lundberg 2005) zum Verzehr anregen und eine betriebliche Identität und Stimmung vermitteln.

Karten lassen sich nach verschiedenen Kriterien ordnen: Die Betriebe erstellen Karten, die auf einen zeitlichen Geltungsbereich (z. B. À la carte-Karte, Frühstückskarte, Nachmittagskarte, Festtags-, Saisonkarte), eine Zielgruppe (z. B. Senioren, Kinder) oder ein Produkt (z. B. Wild, Spargel, Eis, Dessert, Wein, Cocktails, Tee) abstellen. Als Präsentationsformen kommen u. a. feste Einbände, Broschüren, Aushänge, Tafeln, Wandmalerei, Bücher, Handzettel, Tischaufsteller, Tischsets oder digitale Varianten wie Tablets, Monitore und Terminals in Frage (Fuchs & Balch 2019, S. 22).

Professionelle Kartengestaltung setzt bei den Ebenen Design, Inhalt und Formales an (Davis et al. 2018, S. 130 ff.; Fuchs & Balch 2019, S. 69 ff.; Pearlman 2018, S. 73 ff.): Beim Design kommen Gestaltungselemente wie Duftstoffe, Haptik, Farbe, Schrift oder Bilder zum Tragen. Beim Inhalt können Entscheider Ansatzpunkte wie → Storytelling, Humor, Sprachgestaltung (Wording), Reihenfolge, Platzierung, → Preisfestsetzung (Pricing), Sonderaktionen oder Zusatzangebote nutzen. Formale Aspekte zielen auf Rechtschreibung, Sprachverständlichkeit, rechtliche Vorschriften, Menüregeln (→ Menü), Konsistenz oder Sauberkeit.

Historisch lassen sich Speisekarten bis in die Antike zurückverfolgen, erste deutschsprachige Speisekarten werden in das 14./15. Jahrhundert datiert. Sie dienten als Orientierungshilfe für die eingeladenen Gäste bei Großveranstaltungen am Hofe (von Paczensky & Dünnebier 1999, S. 339 ff.). Die Datenlage widerspricht sich allerdings (Fuchs & Balch 2019, S. 31 ff.; Lander 2016, S. 27 ff.). Zu einer Zusammenstellung von welthistorischen Menus siehe Roth & Rauchhaus 2018. → Getränkekarte. (wf)

Literatur

Davis, Bernard et al. 2018: Food and Beverage Management. London, New York: Routledge (6th ed.)

Fuchs, Wolfgang; Natalie Audrey Balch 2019: Die Kartenmacher. Speise- und Getränkekarten richtig gestalten. München: UVK (2. Aufl.)

Gutmayer, Wilhelm; Hans Stickler & Heinz Lenger 2018: Service: Die Grundlagen. Linz: Trauner (10. Aufl.)

Lander, Nicholas 2016: On the menu. The world's favorite piece of paper. London: Unbound

Paczensky, Gert von; Anne Dünnebier 1999: Kulturgeschichte des Essens und Trinkens. München: Orbis

Pearlman, Alison 2018: May we suggest. Restaurant Menus and the Art of Persuasion. Chicago: Surrey Books

Roth, Tobias; Moritz Rauchhaus (Hrsg.) 2018: Wohl bekam's! In Hundert Menus durch die Weltgeschichte. Berlin: Das Kulturelle Gedächtnis (2. Aufl.)

Wachholz, Marianne; Gretel Weiss 1999: Speisekarten-Design: Grafik – Marketing – Corporate Design. Frankfurt am Main: dfv (3. Aufl.)

Walker, John R.; Donald Lundberg 2005: The Restaurant: From Concept to Operation. New York u. a.: John Wiley & Sons (4th ed.)

i **Gedankensplitter**
„Wer nicht mit am Tisch sitzt, befindet sich auf der Speisekarte." (Lobbyistenregel aus den USA)

Speisetabu [food taboo]

Abneigung einer sozialen Gemeinschaft, gewisse Nahrungsmittel zu sich zu nehmen. Die Einstellungen müssen nicht für alle Mitglieder einer Gemeinschaft (z. B.

einer Klassengesellschaft oder Kastengesellschaft) gelten: Teile können von einem Konsum gewisser Nahrungsmittel ausgeschlossen werden, andere können das Privileg exklusiv für sich in Anspruch nehmen (Harris 2005, S. 11). Speisetabus haben unterschiedliche Erklärungen: Diese können ästhetisch, hygienisch, militärisch, ökologisch, ökonomisch, politisch, rechtlich, religiös oder sozial sein (Harris 2005, S. 7 ff.; Mettke 2014, S. 80 ff.; Timothy 2018, S. 8).

Warum essen Menschen in Vietnam Mäuse, in Ecuador Meerschweinchen oder in Teilen Südchinas Hunde, warum stehen sie dort auf der → Speisekarte? Ein Grund ist der Mangel an anderen Fleischquellen. Forscher argumentieren in einer schlüssigen Formel: Wenn Tiere tot mehr Wert haben als lebendig, werden sie gegessen. Haben sie lebendig einen höheren Wert – etwa zum Schutz, Transport, Sport oder als ‚Familienmitglied' – werden sie nicht gegessen. → Esskultur. (wf)

Literatur

Harris, Marvin 2005: Wohlgeschmack und Widerwillen. Die Rätsel der Nahrungstabus. Deutsche Ausgabe. Stuttgart: Klett-Cotta (4. Aufl.)

Mettke, Thomas 2014: Lebensmittel zwischen Illusion und Wirklichkeit – Die religiösen Speisegebote. In: Stefan Leible (Hrsg.): Lebensmittel zwischen Illusion und Wirklichkeit. Bayreuth: P. C. O., S. 67–83

Timothy, Dallen J. 2018: Introduction: Heritage cuisines, foodways and culinary traditions. In: Dallen J. Timothy (ed.): Heritage Cusines. Traditions, identities and tourism. London, New York: Routledge, pp. 1–24

Kleine Story

i

Pferdefleisch ist auch heute noch kaum auf Speisekarten in Deutschland zu finden. Das Pferd hatte in der heidnischen Kultur einen besonderen Status: Es wurde als Opfertier geschlachtet, Blut und Körperteile wie der Pferdepenis zu Ritualen genutzt, das Fleisch in Opfermahlen verzehrt. Das Christentum wandte sich gegen die heidnischen Rituale, päpstliche Anordnungen verboten den Genuss von Pferdefleisch bzw. Götzenopferfleisch. Darüber hinaus besaß das Pferd ein edles Image und war in vielen Kulturen über Jahrtausende äußerst wichtig für die Kriegsführung. Fußsoldaten hatten keine Chance, gegen Reiterheere zu siegen. Gegessen wurden so eher nur kranke oder alte Tiere, vor allem von den Armen. Im Krieg und bei Hungersnöten wurden Pferde als Notnahrung gesehen (siehe auch Harris 2005, S. 89 ff.; Mettke 2014, S. 75 f.). (wf)

Speisewagen [dining car, restaurant car]

Eisenbahnwagen, in dem Speisen und Getränke angeboten werden. Das Spektrum reicht von reduzierten gastronomischen Konzepten (Selbstbedienung, Stehtische, eingeschränktes Getränke- und Speisenangebot) hin zu vollwertigen Restaurantwagen (Bedienung, Sitzmöglichkeiten, reichhaltige Getränke- und Speisenauswahl). Die Gastronomie in Zügen ist für die Betreiber eine ökonomische

Herausforderung (Hygiene, Logistik, Kühlung, Lagerung, geringer durchschnittlicher Verzehrbon bei gleichzeitig hoher Verweildauer, hohe Personalintensität). Von Starköchen entwickelte → Speisekarten und Mischkonzepte von Sitz- und Stehplätzen (Bordrestaurant und Bordbistro) sollen das gastronomische Produkt in Deutschland ansprechender machen. Zugbegleiter übernehmen zusätzlich Getränke-Service an den Reisesitzplätzen. In manchen Ländern (etwa Frankreich) wird auch ein Speise-Service an den Reisesitzplätzen offeriert (Am-Platz-Verkauf bzw. in-seat catering).

In den Anfängen der → Eisenbahn wurden Speisen und Getränke während der Fahrt nicht angeboten. Reisende hatten die Möglichkeit, während der Zugaufenthalte an den Bahnhöfen in den → Bahnhofsgaststätten zu konsumieren. Mitunter wurden auch Speise- und Getränkekörbe an den Bahngleisen zum Verkauf angeboten und in die Abteile gereicht. In den USA wurde der erste Speisewagen 1867 von dem Industriellen Pullman auf den Markt gebracht. In Europa gründete der belgische Industrielle Nagelmackers 1872 den renommierten Schlaf- und Speisewagendienst CIWL (Compagnie Internationale des Wagons-Lits). Das Unternehmen lieferte die Spezialwagen an Bahngesellschaften und hatte gleichzeitig die Konzession, diese zu betreiben. Der erste CIWL-Speisewagen in Deutschland verkehrte 1880 auf dem Abschnitt zwischen Berlin und Bebra (Griep 2002, S. 130 ff.; Stöckl 1987, S. 11 ff.). Zum Interieur und den technischen Daten von Speisewagen im → InterCity-Express (ICE) siehe Dostal 2017, S. 70 ff. (wf)

Literatur

Dostal, Michael 2017: DB-Wagen. Reisezug- und Güterwagen. München: GeraMond

Griep, Wolfgang 2002: Wie das Essen auf Räder kam: Zur Vor- und Frühgeschichte des Speisewagens. In: Voyage – Jahrbuch für Reise- & Tourismusforschung: Reisen & Essen. Band 5. Köln: DuMont, S. 123–143

Stöckl, Fritz 1987: Speisewagen: 100 Jahre Gastronomie auf der Schiene. Stuttgart: Motorbuch

Sperrzeit [curfew]

Nach dem jeweiligen → Gaststättengesetz (GastG; Bund oder Land) werden die Landesregierungen ermächtigt, allgemeine Sperrzeiten für Schank- und Speisewirtschaften festzulegen. Hiervon haben die Länder in ihren jeweiligen Gaststättenverordnungen Gebrauch gemacht. In zahlreichen Bundesländern wurde allerdings inzwischen die Sperrzeit bis auf eine sogenannte „Putzstunde" (von 5.00 bis 6.00 Uhr) aufgehoben. Die Landkreise und Gemeinden sind berechtigt, durch entsprechende Verordnungen eigene Sperrzeitregelungen zu treffen. Hiervon wird überwiegend bei der Sperrzeitregelung für die Außenbewirtung (Biergärten) Gebrauch gemacht. Aufgrund bestimmter Grenzwerte nach dem Bundesimmissionsschutzgesetz, wonach gewisse Lärmpegel mit Beginn der Nachtruhe (ab 22.00

Uhr) nicht überschritten werden dürfen, werden diese Sperrzeiten in der Regel verlängert. (bd)

Spielbank → **Casino**

Spielifizierung → **Gamification**

Spindle drink mixer
Klassischer Elektromixer in der Bar für Mixdrinks, auch mit Zutaten, die sich schwerer vermischen lassen wie Milch, Sahne und flüssiges Ei. Der Drink Mixer mit zwei Geschwindigkeitsstufen verfügt über einen Metallbecher, in dem die Zutaten mit Eis direkt mit dem Spindelstabquirl vermischt und dann mit dem → Strainer vom Eis in das Gästeglas abgeseiht werden. Das Mixen in dem Gerät erzeugt, vor allem bei der Verwendung von Sahne, etwas Schaum, wodurch der Drink mehr Volumen erhält. (tg)

Split season
Bezeichnung für den Umstand, dass eine Reise über unterschiedliche Saisonzeiten geht. Reisen, die in ein derartiges Zeitintervall fallen, greifen auf die entsprechenden Tarife zurück. (jwm)

SPML → **Special Meal**

Spoiler → **Störklappen**

Sprachreise **[taking a language course abroad]**
Ende der 1950er-Jahre von Pädagogen initiierte und geförderte Sonderform der Studien- bzw. Bildungsreise, zunächst v. a. nach Großbritannien und Frankreich, dann auch in andere Zielgebiete (Malta, Spanien, USA). Im Vordergrund stand neben Erwerb und Verbesserung von Kenntnissen der jeweiligen Landessprache auch die Begegnung mit einer anderen Kultur und Lebensweise, so dass die (in der Regel jugendlichen) Teilnehmer häufig in Privatquartieren bei einheimischen Familien untergebracht waren. Später nutzten auch Erwachsene Sprachreisen gezielt zur beruflichen Weiterqualifizierung, wobei der Aspekt der Begegnung mit einer fremden Kultur inzwischen an Bedeutung verloren hat. (hdz)

Städtetourismus **[city tourism, urban tourism]**
Städtetourismus beschreibt die Ausrichtung der Reisetätigkeit auf eine Stadt. Die Reise kann privat oder beruflich motiviert (→ Reisemotivation) sein. Berufliche

Anlässe sind Tagungen, Kongresse, Messen sowie Seminare und Schulungen (→ Messen, Kongresse und Events).

Bei privaten Reisen ziehen nicht nur Metropolen wie Barcelona, Paris und Berlin, sondern auch kleinere Städte Menschen an. Neben den Sehenswürdigkeiten stehen die Stadt bzw. das Leben in der Stadt im Vordergrund. Zentrale Aktivitäten sind das Einkaufen (→ Shoppingtourismus), der Besuch von → Bars, → Cafés, → Restaurants sowie von Kultur- und Sportveranstaltungen (→ Kulturtourismus). Es handelt sich zumeist um Reisen mit Freunden, Bekannten und Familie oder um organisierte Gruppenreisen.

Beim Städtetourismus handelt es sich häufig um Tagesreisen sowie um Kurzreisen mit ein bis drei Übernachtungen. Dieses Segment boomt, da viele Menschen über mehr → Freizeit und Einkommen verfügen. Die zentrale → Urlaubsreise wird durch eine Zweit- und Drittreise ergänzt. Die Reise ist selbst organisiert, oder es werden Flug-Hotel- bzw. Bahn-Hotel-Kombinationen gebucht. Günstige Flugpreise sind ein weiterer Faktor, der den Städtetourismus belebt und → Destinationen wie Bristol, Bergamo oder Riga auf die Agenda setzt.

In den letzten Jahren weitet sich der Aktionsradius des Städtetourismus zunehmend aus, so dass nicht nur das Zentrum, sondern ebenfalls Rand- und Wohngebiete besucht werden. Hinzu kommt, dass viele Städtetouristen nicht die klassische Beherbergung wählen, sondern preisgünstigere Optionen suchen, die neben Preisvorteilen auch → Authentizität (→ Tourismussoziologie) versprechen. Insbesondere kommerzielle Anbieter und Internetplattformen (→ Airbnb) machen das möglich. Als Konsequenz strahlt der Tourismus in Bereiche aus, die früher primär Einwohnern vorbehalten waren. Das führt zu Konflikten bis hin zu offenen Protesten (→ Overtourism). Siehe hierzu die städtetouristischen Fallstudien in Dodds & Butler 2019. (kh)

Literatur
Dodds, Rachel; Richard W. Butler (eds.) 2019: Overtourism. Issues, Realities and Solutions. Berlin, Boston: De Gruyter
Freytag, Tim; Andreas Kagermeier (Hrsg.) 2008: Städtetourismus zwischen Kultur und Kommerz. München: Profil
Kagermeier, Andreas 2020: Tourismus in Wirtschaft, Gesellschaft, Raum und Umwelt. Einführung. München: UVK (2. Aufl.)
Landgrebe, Silke; Peter Schnell (Hrsg.) 2010: Städtetourismus. München: Oldenbourg

Stakeholder-Management

Die originäre Aufgabe des Managements einer Unternehmung ist es, diese als Institution auf lange Sicht hin überlebens- und entwicklungsfähig zu halten. Als zweckorientiertes, soziales System erfüllt eine Unternehmung stets bestimmte Funktionen für die Gesellschaft und dient damit verschiedensten Gruppierungen als Instrument ihrer Interessenwahrung. Der Erfüllungsgrad dieser Funktionen bestimmt dann die extern bewertete Sinnhaftigkeit der Institution »Unternehmung« und somit ihre Existenz als autonome Einheit. Inwieweit dies gewährleistet werden kann, ist im Kern davon abhängig, ob die Unternehmung über die Festlegung ihrer Sachziele (= Produkte, Leistungen) in der Lage ist, seine Kunden wie auch die übrigen Stakeholder besser und/oder schneller zufrieden zu stellen als dies Konkurrenten oder andere Referenzunternehmungen zu tun in der Lage sind (Hinterhuber 2015, S. 80, 135) und ob auf diesem Wege die Unternehmung als problemlösende, Nutzen stiftende Einheit im Bewusstsein der »relevanten Bezugsgruppen«, der »Stakeholder«, fest verankert werden kann.

Die Bezeichnung »Stakeholder« wird für all diejenigen Gruppierungen oder auch Einzelpersonen im Umfeld einer Unternehmung verwendet, die ein spezifisches Interesse an dieser Institution bekunden. Mit »stake« bezeichnet man einen »risikobehafteten Einsatz«, es steht somit etwas für diese Stakeholder »auf dem Spiel«; ergänzt werden allerdings auch Gruppierungen, die generell von den Unternehmensaktivitäten betroffen sind bzw. – eher in einer Umkehrung der Sichtweise – für die Unternehmung überlebenskritisch sind (Bea & Haas 2019, S. 122 f.; Göbel 2017, S. 129 ff.). Durch dieses grundlegende Interesse und die sich daraus ergebende Einflussnahme der Stakeholder auf Management-Entscheidungen einer Unternehmung können sie wesentlich auf die Entwicklung einer Unternehmung einwirken.

Zu den typischen Stakeholdern einer Unternehmung werden in der Regel zunächst einmal als zentrale Gruppierung die Eigentümer (bzw. Shareholder bei einer Aktiengesellschaft) gezählt. Ihnen galt in der Vergangenheit das ausschließliche Interesse, und diese Sichtweise hat unter dem Eindruck einer wieder erstarkten Shareholder Value-Diskussion in den letzten Jahren erheblich an Gewicht gewonnen. Zentral am Nutzen wirtschaftlicher Entscheidungen für die Anteilseigner börsennotierter Kapitalgesellschaften orientiert (Aktionäre, institutionelle Anleger, share = Aktie, holder = Inhaber), ist das Shareholder Management auf die Umsetzung wertsteigernder Strategien ausgerichtet: „Geschäftsstrategien sollten nach Maßgabe der ökonomischen Renditen beurteilt werden, die sie für die Anteilseigner schaffen und die im Falle einer börsengehandelten Kapitalgesellschaft mittels Dividendenzahlungen und Kurswertsteigerungen der Aktien gemessen werden" (Rappaport 1995, S. 12). In der inhaltlich gelebten Ausgestaltung des Shareholder Managements offenbart sich dann die der Führung zugrunde liegende ethische Fundierung des Geschäftsgebarens, die → Unternehmensphilosophie: Die angestrebte Wertsteigerung kann nämlich entweder kurzfristig abschöpfend, spekulativ oder längerfristiger Natur und damit nachhaltig angelegt sein.

Die alleinige Zentrierung der Unternehmensführung auf die Interessenla-
ge der Eigenkapitalgeber wird jedoch aus dem Blickwinkel eines umfassenden
Stakeholder-Managements als grundsätzlich unzureichend erachtet – auch unter der These: „Was den Shareholdern dient, dient auch allen anderen Bezugsgruppen!" Vielmehr sind als weitere wesentliche Einflussgruppen im direkten
ökonomischen Umfeld vornehmlich die Kunden (Gäste, Reisende, je nach Be-
trachtungsstandpunkt auch nachfolgende Leistungsanbieter in der touristischen
Wertschöpfungskette u. a.), aber auch die Lieferanten (Waren- und Leistungslie-
feranten), Fremdkapitalgeber, Kooperationspartner und Wettbewerber zu identifizieren und ihre originären Interessen in den Zielkatalog einer Unternehmung
aufzunehmen (vgl. Abbildung 30). Die Mitarbeiter nehmen eine Sonderrolle als
einzige unmittelbar interne Interessengruppe ein. Die übrigen Gruppierungen,
wie staatliche Institutionen, (Fach-)Medien, Verbände (z. B. → Deutscher Hotel-
und Gaststättenverband (DEHOGA), → Deutscher Reiseverband (DRV), → Deutscher Heilbäderverband u. a.), Bürgerinitiativen usw. (→ Soziale Verantwortung),
werden hingegen eher der weiteren externen Umwelt zugerechnet, können aber
je nach situativer Einflussstärke durchaus unmittelbar in das Zentrum des Interesses des Managements rücken (weitere Beispiele finden sich bei Freyer 2011,
S. 719 ff.).

Mit einer zunehmenden Vernetzung von Wirtschaft und Gesellschaft wird
die Wahrnehmung gesellschaftlicher Verantwortung von Unternehmungen und
die Angemessenheit der Berücksichtigung externer Interessen in ihren Macht-
zentren (z. B. innerhalb des Aufsichtsrates im Rahmen einer Aktiengesellschaft)
für den wirtschaftlichen Erfolg immer bedeutender. Dies zeigen bspw. span-
nungsgeladene, kontroverse Diskussionen um die Reichweite von Shareholder-
Einflüssen auf das Management, die immer wieder aufflammende Kritik an bestehenden Mitbestimmungsregelungen wie auch die Reformdiskussionen zur
Unternehmensüberwachung im Zuge der Corporate Governance-Diskussion. Je
nach Stärke des Einflusses auf die Entscheidungsfindung des Managements einer
Unternehmung werden über rechtliche oder vertragliche Regelungen, Selbstbe-
schränkungsvereinbarungen oder gar durch Kooptation (= Einbindung kritischer
externer Interessenvertreter als legitimierte Mitglieder in die Leitungsorgane einer Unternehmung) interessenausgleichende Lösungen gesucht. Somit spielen
politische Machtprozesse und deren Steuerung innerhalb der Institution Unternehmung wie auch zwischen der Unternehmung und ihren Bezugsgruppen eine
wichtige Rolle im Führungsalltag. Der Unternehmenspolitik fällt im Rahmen einer Managementkonzeption die Aufgabe zu, einen entsprechend harmonischen
Ausgleich heterogener externer Interessen an einer Unternehmung und intern
verfolgter Ziele vorzunehmen, um so ein Gleichgewicht zwischen Umwelt und

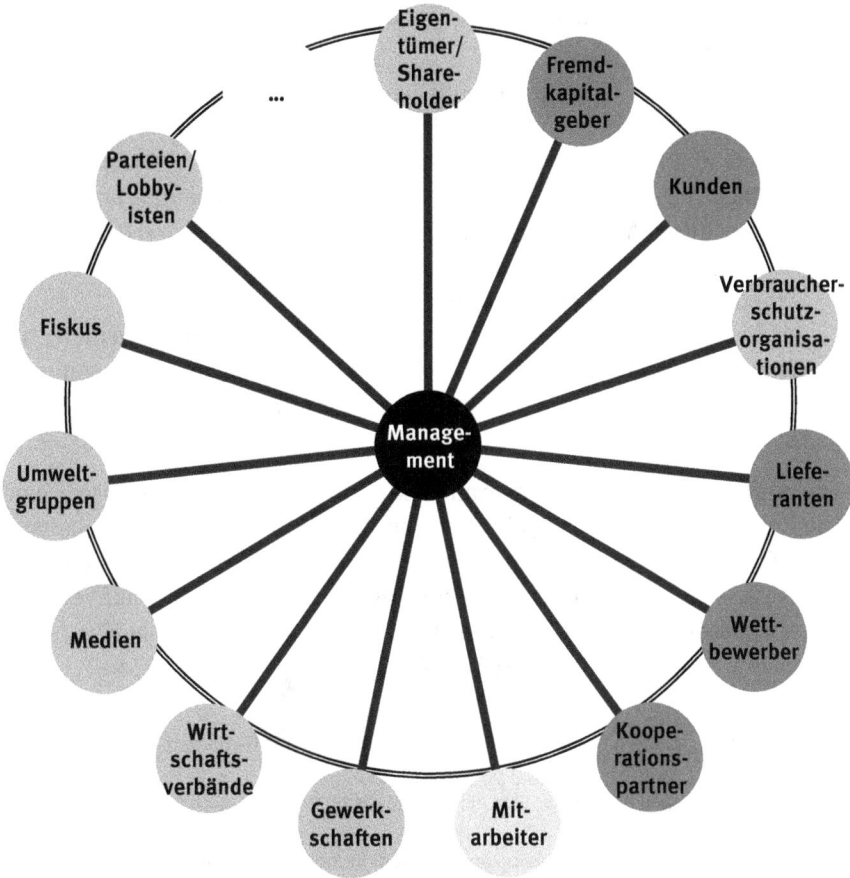

Abb. 30: Die Stakeholder einer Unternehmung als relevante Bezugsgruppen (Auswahl)

Unternehmung zu erreichen, das langfristig die Autonomie des Systems gewähr-leistet (Bleicher & Abegglen 2017, S. 257 ff.).

Dazu sind allerdings zunächst relevant einzustufende Stakeholder aus der Vielzahl der potenziellen Anspruchsgruppen zu identifizieren, ihre jeweiligen, z. T. deutlich divergierenden Interessen zu analysieren sowie ihr »Machtpoten-zial« zur Durchsetzung ihrer Ansprüche zu bewerten (vgl. Abbildung 31).

Die Relevanz der Stakeholder für die jeweilige Unternehmenssteuerung ist in einer Stakeholder-Analyse – subjektiv aus der Perspektive des Managements – festzulegen. Dabei wird folgende Vorgehensweise empfohlen (Bea & Haas 2019, S. 123 ff.; Bleicher 1994, S. 164 ff.; Göbel 2017, S. 132):

- Über ein zunächst ungerichtetes »Scanning« werden potenziell relevante Stakeholder identifiziert.
- Werden aus der Gruppe der potentiellen Stakeholder bestimmte Ausschnitte als besonders bedeutsam für die wirtschaftliche Entwicklung der Unternehmung erachtet, werden sie einer genaueren Beobachtung unterzogen (»monitoring«). Ergebnis dieser Untersuchung stellt eine Priorisierung der als relevant erachteten Ansprüche entsprechend ihrem Machtpotenzial dar. Die Entwicklung dieser Machtpotenziale ist weiterhin zu beobachten, um kritische Veränderungen möglichst rasch zu erkennen.
- Auf dieser Informationsbasis werden Chancen- und Bedrohungsszenarien als »forecast« entworfen und in ihrer Relevanz diskutiert sowie Früherkennungsindikatoren zur rechtzeitigen Identifikation von Entwicklungstrends festgelegt.

Abschließend erfahren die als relevant deklarierten Stakeholder-Interessen eine Bewertung sowie eine Ankoppelung an die strategische Entwicklungsplanung. Die so abgegrenzte Gruppe der Stakeholder ist allerdings ständig auf ihre weiterhin gegebene Relevanz wie auch – in einer dynamischen Umwelt – auf Veränderungen im Machtgefüge und in der relevanten Zusammensetzung zu überprüfen (Steinmann, Schreyögg & Koch 2013, S. 85). (vs)

Literatur
Bea, Franz Xaver; Elisabeth Göbel 2019: Organisation. Theorie und Gestaltung. München: UVK (5. Aufl.)
Bea, Franz Xaver; Jürgen Haas 2019: Strategisches Management. Stuttgart: Schäffer-Poeschel (10. Aufl.)
Bleicher, Knut 1994: Normatives Management. Politik, Verfassung und Philosophie des Unternehmens. Frankfurt, New York: Campus
Bleicher, Knut; Christian Abegglen 2017: Das Konzept Integriertes Management. Visionen – Missionen – Programme. Frankfurt, New York: Campus (9. Aufl.)
Freyer, Walter 2011: Tourismus-Marketing. Marktorientiertes Management im Mikro- und Makrobereich der Tourismuswirtschaft. München: Oldenbourg (7. Aufl.)
Göbel, Elisabeth 2017: Unternehmensethik. Grundlagen und praktische Umsetzung. Konstanz, München: UVK (5. Aufl.)
Hinterhuber, Hans H. 2015: Strategische Unternehmungsführung. Das Gesamtmodell für nachhaltige Wertsteigerung. Berlin: Erich Schmidt (9. Aufl.)
Maak, Thomas; Peter Ulrich 2007: Integre Unternehmensführung. Ethisches Orientierungswissen für die Wirtschaftspraxis. Stuttgart: Schäffer-Poeschel
Rappaport, Alfred 1995: Shareholder Value – Wertsteigerung als Maßstab für die Unternehmensführung. Stuttgart: Schäffer-Poeschel
Steinmann, Horst; Georg Schreyögg & Jochen Koch 2013: Management. Grundlagen der Unternehmensführung. Konzepte – Funktionen – Fallstudien. Wiesbaden: Springer Gabler (7. Aufl.)

Stakeholder-Gruppe	Interessenlage	Möglichkeiten der Interessendurchsetzung
Eigentümer (shareholder)	Persönliches Einkommen durch Gewinnentnahme bzw. Ausschüttung und Kursgewinnsteigerungen, Vermögensmehrung und -sicherung, Prestige, Macht	Je nach Rechtsform (Einzel-, Personen- oder Kapitalgesellschaft) unterschiedliche Möglichkeiten von der direkten Kursbestimmung bis zur reduzierten Überwachungsfunktion
Banken	Verzinsung des zur Verfügung gestellten Kapitals, Sicherung der Zinszahlung und Kredittilgung	Verbindliche Informationsbereitstellung im Rahmen eines Rating-Prozesses zur Prüfung der Kreditwürdigkeit, Vereinbarung der Kreditbedingungen, z. B. durch Laufzeit, Kredithöhe, Zinssatz u. a.
Kunden	Bedarfsgerechte Bedürfnisbefriedigung (Grundnutzen), Zuverlässigkeit des Lieferanten (Termintreue, Qualität, Service), Preiswürdigkeit der Leistung, Image, Marke, usw.	Vereinbarung von Abnahmebedingungen, Mund-zu-Mund-Propaganda, direkte Einflussnahme auf Produktentwicklung und -entstehung, mittelbare Einflussnahme über Konsumentenschutzorganisationen
Lieferanten	Profitabler Markt, konstante Kapazitätsauslastungen, langfristige Lieferbeziehungen, Solvenz des Geschäftspartners	Vereinbarung der Lieferbedingungen, z. B. Abschluss von Langzeitverträgen, garantierte Abnahmemengen, Ausschließlichkeitsverträge, Interessenverbund mit Kunden, gemeinsame Entwicklung
Mitarbeiter und Arbeitnehmervertreter	Einkommen durch leistungsgerechte Vergütung, Sicherung des Arbeitsplatzes, zufriedenstellende Arbeitsbedingungen, sinnvolle und sinngebende Arbeitsinhalte, work-life-balance	Organe entsprechend den jeweils rechtlichen Möglichkeiten der Interessenvertretung, z. B. über Gewerkschaften oder Gesetzesvorgaben wie z. B. das Betriebsverfassungsgesetz und die Mitbestimmungsgesetze
Fiskus	Sicherung termingerechter Einnahmen, insbesondere Steuerzahlungen	Gestaltung des Abgabenrechtes, insbesondere des Steuerrechts
Medien	Umsetzung des Informationsauftrages, Auflagen- und Quotensicherung, investigativer Journalismus	Sicherung von Exklusivrechten, vertrauensvolle Zusammenarbeit mit der Pressestelle der Unternehmung, Macht der öffentlichen Meinung
Umweltschutzgruppen	Bewahrung der Umwelt und verantwortungsbewusster Umgang mit natürlichen Ressourcen, Realisierung ökologisch nachhaltiger Unternehmensprozesse	Aufklärungsarbeit, Hearings, Verbandsklagen, Medienarbeit, Lobby-Arbeit
Öffentlichkeit	Z. B. ethisches Geschäftsgebaren	Beeinflussung der öffentlichen Meinung, politische und rechtliche Einflussnahme, Beeinflussung der anderen Interessengruppen

Abb. 31: Alternative Interessenlagen und »Machtmittel« verschiedener Stakeholder-Gruppierungen (vgl. u. a. Bea & Göbel 2019, S. 33 ff.; Göbel 2017, S. 133 ff.; Hinterhuber 2015, S. 22 ff.; Maak & Ulrich 2007, S. 185 ff.)

Stand aside(s)

Wichtiger Vertragsaspekt im Rahmen von Managementverträgen, mit dem sich der Hotelinvestor gegenüber dem Betreiber absichert (→ Managementvertrag). Der Investor zahlt an den Betreiber nur dann Teile der Managementgebühr, wenn er zuvor eine angemessene Verzinsung seines investierten Kapitals realisiert hat.

In der Regel bezieht sich die Vertragsklausel auf die ergebnisabhängige Komponente (→ Incentive Management Fee) der Managementgebühr. Erreicht der Investor keine angemessene Verzinsung des eingesetzten Kapitals, muss der Hotelbetreiber auf die ergebnisabhängige Komponente verzichten. Er tritt mit seinem Anspruch zur Seite (stand aside). Aus organisationstheoretischer Sicht übernimmt die Vertragskomponente eine Steuerungsfunktion. Zum theoretischen Hintergrund siehe → Agenturtheorie. (wf)

Stand by → **Warteliste**

Startbahn und Landebahn [runway (RWY)]
Sehr stark befestigte Flächen, die für Start und Landung von Flugzeugen gebaut wurden. Sie müssen so ausgelegt sein, dass sie den extremen Belastungen eines landenden Flugzeuges standhalten, bei Regen das Wasser abfließen kann und ihre Oberfläche das Bremsen von Luftfahrzeugen nach der Landung oder bei Startabbruch unterstützt. Sie werden mit zweistelligen Ziffern bezeichnet, welche die Start- bzw. → Landerichtung anzeigen. Manche Bahnen sind, wie zum Beispiel die Startbahn West (RWY 18) in Frankfurt Rhein/Main, aus Lärmschutzgründen nur für den Start von Flugzeugen zugelassen. (jwm)

Startgeschwindigkeit → **Abhebegeschwindigkeit**

Startstrecke [take-off distance, take-off run]
Strecke, die ein Flugzeug auf einer → Start-/Landebahn zurücklegt, bis es die nötige → Abhebegeschwindigkeit erreicht hat. Sie wird vor dem Start ebenso wie die Abhebegeschwindigkeit errechnet. Dabei müssen das Gewicht des Flugzeugs, der aktuelle Luftdruck, die Höhe des Flughafens über → Normalnull, die Temperatur sowie die Windrichtung und -stärke berücksichtigt werden. (jwm)

Station [station]
Gastronomische Betriebe werden im Service oft in Stationen bzw. Servicestationen eingeteilt. Stationen stellen einen abgegrenzten Arbeitsbereich dar, für dessen Betreuung ein oder mehrere Mitarbeiter ausgewählt werden. Organisational abgegrenzte Stationen sollen einen reibungslosen Service sicherstellen. Ein → Restaurant oder ein Biergarten könnte bspw. in vier Stationen mit jeweils einer bestimmten Anzahl von Tischen eingeteilt werden. Die Anzahl der zu betreuenden Tische ist abhängig vom Serviceniveau und dem Speise- und Getränkeangebot. In einem gehobenen Restaurant wird eine Station von einem Stationschef

(→ Chef de rang; rang [franz.] = Platz, Revier) geleitet. Zu organisatorisch unterschiedlichen Stationskellnersystemen siehe Gutmayer, Stickler & Lenger 2018, S. 58 ff. (wf)

Literatur
Gutmayer, Wilhelm; Hans Stickler & Heinz Lenger 2018: Service: Die Grundlagen. Linz: Trauner (10. Aufl.)

Statistik über die touristische Nachfrage → **Tourismusstatistik**

Stayover → **Zimmerstatus**

Staypattern → **Durchschnittliche Aufenthaltsdauer**

STEEPLED
Steepled (engl.) = mit Türmen, betürmt. Akronym für ein Analyseraster, etwa im Rahmen des strategischen Managements: Social (sozial), Technological (technologisch), Economic (ökonomisch), Environmental (ökologisch), Political (politisch), Legal (rechtlich), Ethical (ethisch), Demographic (demographisch). (wf)

Stereotyp **[stereotype]**
Ein Stereotyp ist die Zuschreibung von Merkmalen und Eigenschaften zu einer Personengruppe und deren einzelnen Mitgliedern, beispielsweise „Anwälte sind durchsetzungsstark und redegewandt" oder „Sie ist eine typische Anwältin, durchsetzungsstark und redegewandt". Stereotype beruhen stark auf Vereinfachungen und nur zu einem geringen Teil auf eigenen Erfahrungen. Stereotypisierungen dienen der Reduktion von Komplexität und erleichtern die Orientierung in unbekannten Situationen. Sie sind hilfreich, um Informationen zu ordnen und zu bewältigen. Auf der anderen Seite können Stereotypen verhindern, neue Erfahrungen zu machen und Unterschiede zwischen verschiedenen Menschen einer Gruppe zu erkennen. Stereotype bergen die Gefahr, sich zu Vorurteilen, das heißt negativen und schwer änderbaren Merkmalszuschreibungen mit affektiven Komponenten, beispielsweise Ablehnung, zu verfestigen. (gm/ss)

> **Gedankensplitter**
> „Der Himmel ist dort, wo Polizisten Briten sind, die Köche Franzosen, die Mechaniker Deutsche, die Liebhaber Italiener und alles von Schweizern organisiert wird. Die Hölle ist dort, wo Polizisten Deutsche sind, die Köche Schweizer, die Mechaniker Franzosen, die Liebhaber Briten und alles von Italienern organisiert wird." (Quelle unbekannt)

Stewardess → **Flugbegleiter**

Stewarding

Steward (engl.) = Ordner bei Veranstaltungen; Verwalter von Anwesen. In der Hotellerie und Gastronomie ist Stewarding eine Bezeichnung für die Spül- und Geschirrabteilung. Zu den Aufgaben der Abteilung gehören: Reinigung der Küchenräumlichkeiten, Reinigung und Pflege von Geschirr, Küchengeräten und Besteck, Entsorgung der Küchenabfälle, Geschirr- und Bestecklogistik.

Die Führung obliegt einem Chief Steward, dem Stewards bzw. Spüler und Reinigungskräfte unterstehen. Direkter Vorgesetzter des Chief Steward ist in der Regel der → Chef de cuisine. Die Abteilung stellt in größeren Hotel- und Gastronomiebetrieben einen klassischen → Outsourcing-Bereich dar. Das Arbeitsumfeld gilt als wenig attraktiv, hoher Krankenstand und Mitarbeiterfluktuation sind die Folge. (wf)

Stirrer

Der Stirrer (to stir [engl.] = rühren) ist ein Rührstab aus Kunststoff, Holz, Bambus oder Metall zum Umrühren von Mixdrinks, die vor allem in Longdrinkgläsern oder → Tumblern angerichtet sind. Stirrer sind vor allem bei gefloateten Mixdrinks (→ Floaten), wie z. B. Tequila Sunrise und den sogenannten Highballs, angebracht. Diese bestehen aus einer Basisspirituose, wie z. B. Gin und einer größeren Menge alkoholfreier Getränke, wie z. B. Tonic Water. (tg)

Stockbett → **Etagenbett**

Störklappen [spoiler]

Meist auf der Tragflügeloberseite angebrachte Klappen, die in ausgefahrenem Zustand die Luftströmung unterbrechen und damit Auftrieb und Geschwindigkeit verringern. Sie werden daher auch als Luftbremse (airbrake) bezeichnet. Sie werden zum Beispiel beim Anflug eingesetzt, um die Sinkrate des Flugzeuges zu erhöhen. Nach dem Aufsetzen werden sie (meist automatisch) ausgefahren, um den Luftwiderstand und den Andruck der Reifen auf der Landebahn (→ Start- und Landebahn) zur Verbesserung der Verzögerungswirkung der Radbremsen zu erhöhen. Während des Fluges werden sie häufig anstelle der → Querruder für die Steuerung des Flugzeuges um die Längs- und Hochachse verwendet. (jwm)

STOL → **Short Take-off and Landing**

Stopover → **Stopover-Gast,** → **Zwischenstopp**

Stopover-Gast [stopover guest]
(Hotel-)Gast aufgrund einer im Voraus geplanten Reiseunterbrechung von mindestens einer Nacht. Der Begriff wird überwiegend im Zusammenhang mit Anschlussflügen im Luftverkehr verwendet. Die angelsächsische Literatur unterscheidet dabei nicht zwingend zwischen geplanten und ungeplanten Reiseunterbrechungen und benutzt die Begriffe Stopover-Gast und → Layover-Gast mitunter synonym. (amj)

Stornogebühren → **Stornokosten**

Stornokosten [cancellation charge]
Stornokosten werden vom Reiseveranstalter auf der Basis seiner Preiskalkulation dem Reisekunden in Rechnung gestellt, wenn er die Reise storniert. Sie müssen in den Reise- und Zahlungsbedingungen formuliert worden sein. Mit der Stornierung, also dem Rücktritt vom Reisevertrag, verliert der Kunde den Anspruch auf die Reiseleistung. (hdz)

Stornorechnung → **No-show-Rechnung**

Storytelling
Grundsätzlich bezeichnet der Begriff Storytelling zunächst einmal nur das Erzählen von Geschichten. Geschichten transportieren oft tiefergehende und kulturell gelernte Bedeutungen, und sie schaffen Relevanz, indem sie im episodischen Gedächtnis Erlebnisse aktivieren. In der wissenschaftlichen und unternehmenspraktischen Literatur gibt es keine eindeutige, allgemein anerkannte Definition des Storytellings. Derzeit eine der populärsten Bedeutungen des Begriffs Storytelling meint eine Kommunikationsstrategie, vornehmlich im Kontext von Marketing und Markenführung, Public Relations sowie in der externen und internen Unternehmenskommunikation, die bewusst und geplant Narrationen (und Serien von Narrationen) zur Übermittlung von Inhalten (Content) gegenüber deklarativen, deskriptiven oder argumentativen Mitteilungsformen bevorzugt (Kocks 2017). Als Technik kommt Storytelling jedoch in weiteren Bereichen zum Einsatz, z. B. im Journalismus, bei der Produktgestaltung, in der Psychotherapie sowie in der Wissensvermittlung.

Storytelling knüpft an die grundlegenden Funktionsweisen des Gehirns an, das Erfahrungen in Form von Geschichten aufnimmt und abspeichert. Mithilfe von Geschichten können komplizierte Informationen und abstrakte Inhalte anschaulich kommuniziert und effektiv im Gedächtnis gespeichert werden. Geschichten sind bildhaft und konkret, wecken bei Rezipienten Interesse und Aufmerksamkeit und beeinflussen sämtliche kognitiven Prozesse der Informationsaufnahme, -verarbeitung und -speicherung positiv. Geschichten können zudem spezifische Emotionen vermitteln, so dass Unternehmen und ihre Leistungen ein eigenständiges und wettbewerbsdifferenzierendes Erlebnisprofil erhalten und eine höhere Identifikation mit den vermittelten (Kern-)Botschaften und/oder Werten stattfinden kann. Geschichten sind besonders glaubwürdig, werden weniger kritisch hinterfragt und sprechen unterschiedliche Sinne an (Friedmann 2019; Herbst 2014).

Je nach Anwendungsgebiet können Unternehmen verschiedene Arten von Geschichten im Storytelling nutzen, wie zum Beispiel die Geschichte des Unternehmens oder der Gründer, fiktive Geschichten, die den Rezipienten primär emotional ansprechen, wahre Geschichten (im Reportagestil), die durch ihre Authentizität besonders glaubwürdig sind oder Produktgeschichten, die die Angebotsleistungen eines Unternehmens in den Mittelpunkt der Kommunikation stellen. Unabhängig von der Form der Geschichte folgt Storytelling zumeist einer grundlegenden Dramaturgie.

Die Literaturwissenschaft kennt zahlreiche Ansätze zur Klassifizierung und Struktur von Geschichten. Eine der bekanntesten ist Freytags 5-Akte-Dramaturgie (Freytag 2012), die in klassischen Dramen Anwendung findet und den Helden von seiner Ausgangssituation durch Konflikte und Widerstände bis zur Auflösung des Konflikts begleitet. Neben Freytags 5-Akte-Dramaturgie erfreuen sich in der Unternehmenspraxis vor allem 3-Akte-Storytelling-Formate, wie beispielsweise die V-Formel von Lieber, die Story-Formel nach Carnegie, die Vorher-Nachher-Brücke sowie die Ist-Vision-Umsetzung von Duarte großer Beliebtheit.

Um zu entscheiden, welche Geschichte ein Unternehmen erzählen will, müssen die Zielgruppe und das Ziel der Kampagne bekannt sein. Storytelling lässt sich auf vielfältige Weise umsetzen: verbal bei Reden, Vorträgen oder auch in Podcasts, in schriftlicher Form oder in statischen und bewegten Bildern. Beim Digital Storytelling werden zusätzlich noch Multimedia-Applikationen integriert. Multimedial heißt in diesem Zusammenhang nicht nur, dass mehrere Medien (Bild, Ton, Text) genutzt und verbunden werden, sondern oft auch, dass der Rezipient mit der Geschichte interagieren und deren Verlauf beeinflussen kann. In gelungenen Fällen vermitteln dann mehrere Geschichten auf unterschiedlichen Kanälen und in verschiedenen Medien ein und dieselbe Grundbotschaft.

Zu Storytelling im Naturtourismus Melchert 2019; im Luxustourismus Steinecke 2019, S. 84 f.; in Speise- und Getränkekarten Fuchs & Balch 2019, S. 98 ff. (sb)

Literatur

Freytag, Gustav 2012: Die Technik des Dramas. Bearbeitete Neuausgabe des Grundlagenwerks für Theater-, Hörspiel- und Drehbuch- und Romanautoren. Berlin: Autorenhaus

Friedmann, Joachim 2019: Storytelling. Einführung in Theorie und Praxis narrativer Gestaltung. München: UVK

Fuchs, Wolfgang; Natalie Audrey Balch 2019: Die Kartenmacher. Speise- und Getränkekarten richtig gestalten. München: UVK (2. Aufl.)

Herbst, Dieter 2014: Storytelling. Konstanz und München: UVK (3. Aufl.)

Kocks, Klaus 2017: Prolog: Was aber ist eine Geschichte? Prolegomena zu einer Narrativik, die als Kulturwissenschaft wird auftreten können. In: Annika Schach (Hrsg.): Storytelling. Geschichten in Text, Bild und Film. Wiesbaden: Springer Gabler, S. IX-XIII

Melchert, Oliver 2019: Bedeutung von Storytelling im Naturtourismus. In: Hartmut Rein; Alexander Schuler (Hrsg.): Naturtourismus. München: UVK, S. 287–297

Steinecke, Albrecht 2019: Tourismus und Luxus. Serie Tourism Now. München: UVK

Gedankensplitter

„Die Geschichte funktioniert dann besonders gut, wenn sie dem Hotel einen roten Faden schenkt und sich darüber hinaus gut erzählen und auch weitererzählen lässt. Es geht nicht darum, die Story von A bis Z mitzuteilen, sondern darum, dass die Gäste viele spannende Details entdecken." (Bruno Marti, 25hours Chief Brand Officer, Interview Top Hotel)

Strainer

Der Strainer (to strain [engl.] = abseihen) ist das klassische Barsieb und besteht aus einer durchlöcherten Metallplatte mit einer flexiblen Spirale, die sich den unterschiedlich großen Öffnungen der verschiedenen Mixgefäße (Shaker, Mixbecher, Rührglas) anpasst und das Eis im Mixbecher zurückhält. Sollen feine Teilchen, wie beispielsweise Basilikum bei einem Basil Smash mit Gin, Zitronensaft und Zuckersirup, zurückgehalten werden, verwendet man zusätzlich zum Strainer noch ein Feinsieb, das beim Abseihen über das Gästeglas gehalten wird. Diese Methode wird dann als „double strain" bezeichnet. (tg)

Strategie/Strategisches Management [strategy, strategic management]

1 Strategie und Strategisches Denken Strategisches Denken in seiner allgemeinsten Form ist durch die Suche nach der »Optimalposition« auf dem Pfad der Unternehmensentwicklung charakterisiert. Die Strategie soll es ermöglichen, eine Vision oder übergeordnete Ziele der Unternehmenspolitik zu erreichen und gleichzeitig Leitlinien für das operative Tagesgeschäft bereithalten. Die bestehenden Unsicherheiten des Entscheidungsfeldes über zukünftige Entwicklungen müssen durch einen umfassenden Informationsprozess im Zeitablauf reduziert, aktuelle wie zukünftige Erfolgsquellen erkannt, aufgebaut und gepflegt und auf dieser Basis langfristig angelegte Konzepte zur Zukunftssicherung einer Unternehmung entwickelt werden. Dadurch erhält eine Unternehmung die Option, sich Veränderungen sinnvoll anzupassen oder auch eigenständig auszulösen und zu gestalten, wobei alte Verhaltensweisen zugunsten neuer aufgegeben werden müssen (Hinterhuber 2015, S. 162 f.). »Strategie« bedeutet somit, eine Reihe von Entscheidungen zur Bestimmung eines robusten Weges zur Verwirklichung einer Vision unter Berücksichtigung der jeweils aktuellen Situation zu treffen. Eine derartige »Strategie« ist somit:

- langfristig angelegt;
- betrifft die Gesamtunternehmung oder größere Teilbereiche;
- dient der Erreichung übergeordneter (genereller) Ziele der Unternehmung;
- muss dabei interne wie externe Einflussfaktoren gleichzeitig berücksichtigen und
- ist ihrer Natur nach mehrdimensional, hochgradig vernetzt und mit großer Unsicherheit behaftet.

Insbesondere die Entwicklung zukunftstragender strategischer Konzepte, die über eine ausschließlich reaktive Anpassung an externe Entwicklungen hinausgehen, bieten hierbei zukunftsträchtige Optionen zur aktiven Gestaltung und Beeinflussung des strategischen Handlungsfeldes. Ein so gedachtes strategisches Management ist auf das Erkennen und den Aufbau von Erfolgspotenzialen sowie die Pflege, Verteidigung und Ausbeutung von Erfolgspositionen ausgerichtet, für die Ressourcen bereitgestellt werden müssen. Im Kern sollte das Denken und Handeln der Führungskräfte dabei von fünf Prinzipien geleitet werden (Bleicher & Abegglen 2017, S. 369):

- von der Konzentration aller Kräfte auf zukunftsträchtige Projekte;
- von dem Streben nach einer vorteilhaften relativen Positionierung des Unternehmens gegenüber dem aktuellen Wettbewerb;
- von der Profilierung über innovative Geschäftsmodelle unter dem Eindruck sich verändernder Wettbewerbsbedingungen;
- von der Ausweitung des strategischen Netzwerkgedankens (Kooperation, Allianzen);
- von einem zweckmäßigen Risikoausgleich zur nachhaltigen Absicherung der Unternehmung auf einem ungewissen Zukunftspfad.

Aufgrund dieser allgemeinen Charakterisierung des strategischen Denkens können im weiteren die wesentlichen Inhalte näher gekennzeichnet werden, über die eine strategische Orientierung und Profilierung transparent werden soll. Dabei richtet sich das Interesse auf folgende vier Bereiche, die im Rahmen eines strategischen Managements zu entwickeln und im Rahmen eines strategischen Controllings instrumentell zu unterstützen sind (Bleicher & Abegglen 2017, S. 383 ff.):

- die Produktprogramm-(Geschäftsfeld-)Strategien,
- die Wettbewerbsstrategien,
- die Funktional-(Prozess-, Aktivitäts-)Strategien sowie
- die Ressourcen-(Potenzial-)Strategien.

2 Gestaltungsfelder strategischen Managements

2.1 Handlungsfelder eines strategischen Managements: Die Geschäftsfeld-Strategie Die Beurteilung der aktuellen wie die Festlegung der in künftigen Perioden zu verwirklichenden Geschäftsfelder stellen den zentralen Entscheidungsgegenstand des strategischen Managements einer Unternehmung dar. Unter einem strategischen Geschäftsfeld versteht man einen gedanklichen, in sich homogenen Ausschnitt der geschäftlichen Aktivitäten einer Unternehmung, der eine eigenständige, von den Kundenproblemen her abgeleitete Aufgabe am Markt erfüllt. Die strategischen Geschäftsfelder einer Unternehmung lassen sich durch folgende Merkmale voneinander unterscheiden:
- Strategische Geschäftsfelder verfügen über eine individuelle geschäftliche Entwicklung mit entsprechendem Marktrisiko im Wettbewerb.
- Sie sind eigenständig führbar durch eine sich von den übrigen Geschäftsfeldern abhebende strategische Konzeption.
- Die erforderlichen Ressourcen (materiell wie immateriell) können den strategischen Geschäftsfeldern eindeutig zugeordnet werden.
- Die Ergebnisse lassen sich eindeutig den strategischen Geschäftsfeldern zurechnen (Profit-Center oder Investment Center).

Jedes strategische Geschäftsfeld zeichnet sich somit durch ein spezifisches Produkt- oder Leistungsprogramm aus. Hierunter fasst man die Art, Menge und Qualität der längerfristig anzubietenden und damit auch überwiegend herzustellenden Produkte (Sachgüter und/oder Dienstleistungen). Mit der inhaltlichen Ausformulierung der Programmstrategie bzw. Programmpolitik wird festgelegt, welche Produkte auf den ausgewählten Märkten angeboten werden und in welche Richtung eventuelle Leistungsprogrammänderungen vorzunehmen sind.

Die Gesamtheit der aktuell realisierten strategischen Geschäftsfelder lässt sich in einem Geschäfts-Portfolio abbilden (Breidenbach 2002, S. 255 f.; Freyer 2011, S. 332 ff.; Hinterhuber 2015, S. 171 ff.). Ausgehend von übergeordneten ökonomischen Überlegungen zum Tätigkeitsfeld der Unternehmung (Vision und Politik der Unternehmung) können so die Umsatz-, Ergebnis- und Cash Flow-Träger (→ Cash Flow) in ihrem gegenwärtigen Leistungsvermögen einer ersten groben, »robusten« Beurteilung unterzogen sowie bestimmt werden, welche Geschäftsfelder es in Zukunft aufzubauen, zu pflegen, auszuschöpfen oder auch abzubauen gilt (vgl. Abbildung 32).

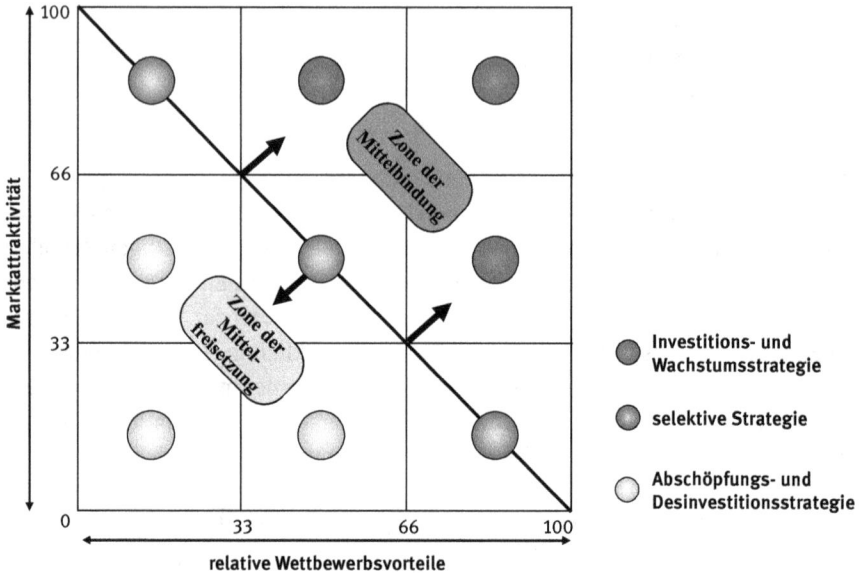

Abb. 32: Beispiel eines Geschäftsfeldportfolios (nach Hinterhuber 2015, S. 173)

2.2 Handlungsfelder eines strategischen Managements: Die Wettbewerbs-Strategie Von zentraler Bedeutung für die Entwicklung einer Unternehmung erweist sich neben dem Aufbau eines inhaltlich stimmigen Leistungsprogramms seine realisierte wie potenzielle Durchsetzungskraft im Wettbewerb. Erst die an der Konkurrenz orientierte, »relative« Positionierung der Unternehmung lässt eine hinreichende Beurteilung der zukunftsorientierten Tragkraft einer strategischen Konzeption zu. Dabei ist neben der Klarheit über das eigene Verhalten am Markt auch zukunftsorientiertes Wissen über die relevanten Verhaltensabsichten sowohl der Kunden und Lieferanten wie der unmittelbaren Konkurrenten wesentlich. Zusätzlich sind Informationen über Zustand und Entwicklungstendenzen der Branche wie bspw. sich verändernde Zugangsmöglichkeiten zu wichtigen Ressourcen, potenziell neu in den Markt eintretende Konkurrenten sowie sich abzeichnende Möglichkeiten von Produkt- und Technologiesubstitutionen von maßgeblicher Bedeutung für den strategischen Erfolg (Porter 2013, S. 37 ff.; zur Umsetzung dieser strategischen Problemstellung auf touristische Destinationen Bieger & Beritelli 2013, S. 166 ff.).

Gewinnerwartungen und Risiko der Unternehmung hängen allerdings nicht allein von der aktuellen oder zukünftigen Existenz solcher Einflüsse ab, sondern auch davon, ob es gelingt:

- eigenständige, nur schwer von der Konkurrenz überwindbare, hohe Markteintrittsbarrieren – wie Kostenvorteile, spezifisches Wissen, hoher Investitions- und damit Kapitalbedarf, traditionsgebundener Kundenstamm usw. – aufzubauen und dabei
- gleichzeitig durch hohe eigene Flexibilität sich Optionen offen zu lassen, um gefährdete und verlustbringende Geschäftsfelder durch den Abbau des betroffenen Unternehmensbereichs rechtzeitig zu verlassen, also die Marktaustrittsbarrieren – z. B. langfristige Vertragsbindungen oder hohe Fixkostenanteile in der Kostenstruktur durch spezialisierte Ressourcen – möglichst niedrig zu halten.

Zum Aufbau von Wettbewerbsvorteilen stehen grundsätzlich zwei verschiedene Möglichkeiten zur Diskussion, die sich hinsichtlich Intensität und Dauer der jeweils realisierbaren Abschirmleistung unterscheiden und in unterschiedlichster Weise variiert, erweitert oder kombiniert werden können (Breidenbach 2002, S. 265 ff.; Porter 2013, S. 73 ff.):

- Eine klassische Wettbewerbsstrategie stellt das Streben nach der umfassenden Kostenführerschaft dar. Voraussetzung hierzu sind der Aufbau beeindruckender Leistungskapazitäten sowie eine umfassende Marktpräsenz (z. B. durch ein dichtes Filialnetz), um die Masse an Leistungen über ihre geringen Stückkosten mittels entsprechend niedriger Preise in den Markt zu »drücken«. Für einen kleinen oder mittelständischen Anbieter ist diese Strategie mangels Marktgröße und damit nur schwerlich realisierbaren Kostensenkungsmöglichkeiten kaum durchsetzbar.
- Differenzierungsvorteile begründen sich in einer spezifischen »Einzigartigkeit« der Unternehmung jenseits der Kostenvorteile. In Frage kommen hier Merkmale wie Qualität, Technologie, Service, Geschwindigkeit, Flexibilität, Design oder andere spezifische Merkmale, die zu einem Präferenzvorteil beim Kunden führen. Diese Vorteile scheinen im Wettbewerbsprofil vieler Branchen und insbesondere auch für kleinere Wettbewerber im Know-how geschützten Kompetenzfeld dauerhafter nutzbar und damit Erfolg versprechender zu sein als die ausschließlich volumenbasierte Strategie der Kostenführerschaft.
- Konzentrationsvorteile entstehen schließlich dadurch, dass eine der beiden Grundstrategien nicht mehr auf die Geschäftsfelder als Ganzes angewendet wird, sondern je nach Produkt-, Markt- und Wettbewerbssituation eine unterschiedliche Teilstrategie je Geschäftsfeld verfolgt wird. Das sich dadurch ergebende Strategiebild der Gesamtunternehmung wird dann auch als »Mischstrategie« oder moderner als »hybride Strategie« bezeichnet und ist in der Realität relativ häufig vorzufinden. Gleichermaßen lassen sich unter die Über-

schrift der Konzentrationsvorteile auch typische Nischenstrategien kleinerer und mittlerer Unternehmungen einordnen. Sie besetzen häufig einen nur sehr kleinen Teilausschnitt des Branchenmarktes durch eventuell sogar nur ein einziges Produkt, das auf hoch spezialisiertem Wissen basiert. Für den Wettbewerb bleibt dann häufig dieser Markt uninteressant, da der Aufbau des Know-how zu kostspielig und das Marktvolumen zu gering ist.

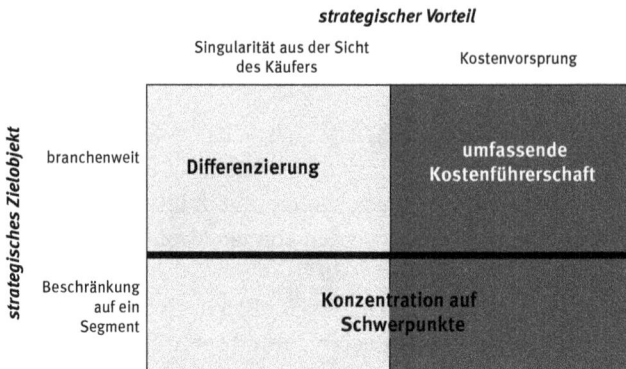

Abb. 33: Alternative Wettbewerbsstrategien (nach Porter 2013, S. 79)

2.3 Handlungsfelder eines strategischen Managements: Die Prozess- und Ressourcen-Strategie Zur Realisierung der wettbewerbsrelativen Positionierung ihres Leistungsprogramms verfügt eine Unternehmung zumeist über eine unterschiedlich strukturierte und unterschiedlich tiefe Wertschöpfungskette ihrer Aktivitäten (Porter 2014, S. 61 ff.). Auch mit Blick auf diese Prozessfolge der Leistungserstellung und Leistungsverwertung muss sich die strategische Führung der Frage nach den relativen Stärken und Schwächen auf den einzelnen Prozessstufen gegenüber dem Wettbewerb stellen und der Frage nach dem ökonomisch sinnvollen Umfang der eigenen Prozessleistung nachgehen. Hier können zur informationellen Abstützung Benchmarking-Studien (→ Benchmarking) wertvolle Hilfe leisten.

Die Gestaltung der Wertschöpfungskette spielt aus investitionspolitischen Überlegungen eine nicht zu unterschätzende Rolle, thematisiert sie doch die altbekannte Fragestellung von Eigenfertigung oder Fremdbezug bzw. in der heute gängigen Terminologie die Strategie des Insourcings bzw. → Outsourcings. Hierzu wird im Zuge von Outsourcing-Überlegungen nach internen Rationalisierungspotenzialen gesucht, um bspw. eine Senkung des Fixkostenanteils in der Kostenstruktur der Unternehmung zu erreichen. Prozesselemente, bei denen keine wesentlichen Kosten-, Qualitäts-, Zeit- oder sonstigen Vorteile zu erkennen sind, werden durch den Zukauf von Fremd-Leistungen ersetzt. Andererseits lassen sich aus dem Blickwinkel der Auslastung vorhandener Kapazitäten, der Qualitätssicherung bei Leistungen und Prozessen, der Ausweitung des Kompetenzprofils, der Wahrung der Autonomie oder auch der ergebnisorientierten Kontrollhoheit über den Leistungsprozess ebenso triftige Gründe für eine Eigenfertigung oder gar die Ausweitung der eigenen Wertschöpfungskette durch Insourcing-Entscheidungen anführen. Das sich aus diesen Investitions- und Desinvestitionsoptionen ergebende Ressourcenprofil wird durch die Verfügbarkeit, das Spektrum der Einsatzmöglichkeiten sowie die Optionen zur Bündelung der unternehmensinternen Leistungspotenziale – ihrer Markt-, Technologie-, Human- und Finanzpotenziale – bestimmt. Dabei stellen sich die Frage nach dem Grad der Integrationsfähigkeit und Flexibilität von Technologie- und Humanpotenzialen sowie die Frage nach den damit verbundenen Investitionen zu ihrem Aufbau und ihrer Pflege.

3 Der informationelle Rahmen des strategischen Managements   Zur Realisierung eines strategischen Konzeptes ist eine umfangreiche informationelle Unterstützung im Vorfeld, während und im Anschluss an den strategischen Gestaltungsprozess erforderlich.

Im Mittelpunkt der informationellen Vorbereitung steht die sogenannte SWOT- oder SOFT-Analyse (strengths, weaknesses, opportunities, and threats bzw. strengths, opportunities, faults, and threats). Die Untersuchung bestehender Chancen- und Gefahren bezieht sich im Wesentlichen auf das externe Handlungsfeld, seinen Zustand und die sich darin abzeichnenden Entwicklungen (Lombri-

Abb. 34: Strukturierung der Unternehmensumwelt nach relevanten Problemfeldern

ser & Abplanalp 2018, S. 99 ff.). Mit Hilfe von Berichten, Checklisten und/oder Profildarstellungen wird eine umfassende Analyse der ökonomischen, technologischen, sozio-kulturellen, rechtlichen und ökologischen Umwelt möglich.

Gleichzeitig bezieht man auch die eigenen Stärken und Schwächen in die strategische Analyse mit ein, um so ein wettbewerbsrelatives Kompetenzprofil der Unternehmung zu erstellen (Lombriser & Abplanalp 2018, S. 155 ff.; zur Stärken-/ Schwächen-Analyse im Tourismus Freyer 2011, S. 223 ff., 259 ff.). Die Stärken der Unternehmung werden häufig auch als ihre Kernkompetenzen bezeichnet. Die Aufgabe der Unternehmensanalyse besteht in der Abbildung des gegenwärtigen Zustandes der Unternehmung in möglichst realistischer Form. Die Erfassung der Unternehmensinformationen erfolgt zumeist in zwei Komplexen:

- Zum einen stehen die operativen Tätigkeiten, also die bisher erzielten Ergebnisse, die vorhandenen Leistungspotenziale und die Wertschöpfungskette im Analysefokus;
- zum anderen wird der Führungsbereich in seinen nicht-quantifizierbaren Dimensionen, also das Führungssystem, Organisationssystem, die Führungsmethode und das Führungskräftepotenzial oder auch die → Unternehmenskultur durchleuchtet (vgl. Abbildung 35).

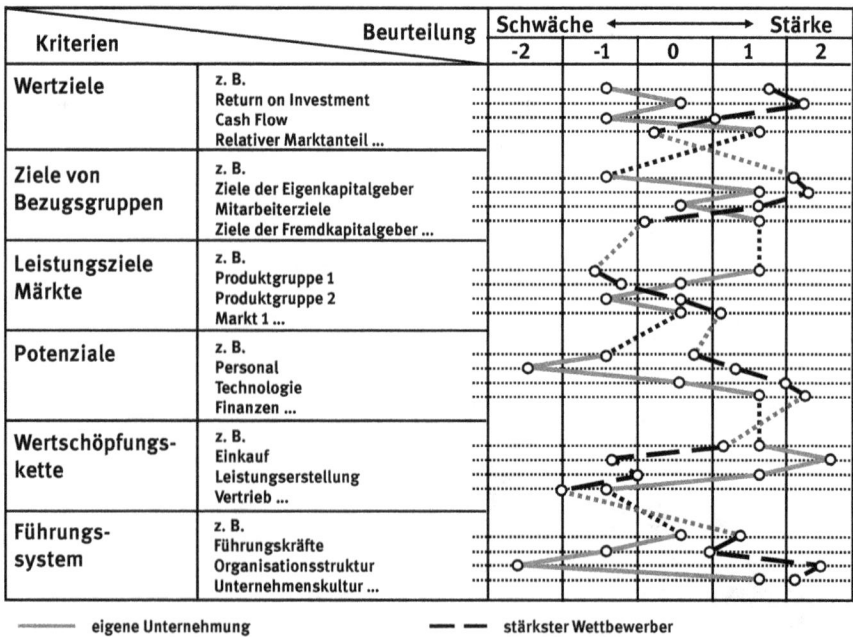

Abb. 35: Analyse von Stärken und Schwächen

Beurteilungskategorien stellen dabei einfache Soll-Ist-Vergleiche, Zeitreihenvergleiche oder auch Konkurrenz- und Branchenvergleiche dar. Jeder dieser Maßstäbe weist individuelle, spezifische Nachteile auf (Länge der Zeitperiode, Bezugsbasis u. a.), so dass letztlich nur eine qualitative, erfahrungsbasierte subjektive Bewertung verbleibt.

Werden nun die Chancen (opportunities) und Gefahren (threats) der Umweltentwicklungen mit den Stärken (strengths) und Schwächen (weaknesses) konfrontiert, lassen sich aus diesem Möglichkeitenpool vier denkbare grundsätzliche Verhaltensszenarien entwickeln:

– Der Idealfall eines Zusammenfallens von Stärke und Chance stellt zwar die zunächst günstigste denkbare Situation dar, produziert jedoch des häufigeren als unliebsame Nebenerscheinung ein gewisses Trägheitsmoment, da man sich »seiner Sache zu sicher« ist.

– Treffen hingegen besondere Kompetenzen einer Unternehmung auf gefahrenbehaftete Situationsanalysen, so bieten sich der Unternehmung die Möglichkeiten, diese Gefahren – möglicherweise einzigartig im Vergleich zur Konkurrenz – zu bewältigen oder abzumildern.

– Sieht sich eine Unternehmung in einer schwachen Kompetenzsituation externen Chancen gegenüber, so bietet sich die Gelegenheit, bestehende Defizite in dem gebotenen chancenreichen Umfeld aufzuarbeiten oder zu kompensieren. Zumeist schöpft eine Unternehmung jedoch mangels gegebener Möglichkeiten das angebotene Chancenpotenzial nicht vollständig aus und befindet sich zudem gegenüber anderen, eventuell leistungsfähigeren Wettbewerbern in einer unterlegenen Konkurrenzsituation.

– Die letzte der denkbaren Kombinationen sieht eine leistungsschwache Unternehmung mit einer gefahrenbehafteten Situation konfrontiert. Hier gilt es in besonderem Maße Schadensbegrenzung zu betreiben, wenn möglich dieses Alternativenfeld zu verlassen.

Im Zuge der Strategieumsetzung sieht sich das Management mit der Aufgabe konfrontiert, seinen strategischen Entschluss in konkrete Handlungsaufforderungen um- und durchzusetzen. Da es sich bei strategischen Fragestellungen, wie bereits angedeutet, um innovative, Wandel auslösende Problemstellungen handelt, ist mit mehr oder minder starken Implementationswiderständen zu rechnen (Steinmann, Schreyögg & Koch 2013, S. 163, 435 ff.; Welge, Al-Laham & Eulerich 2017, S. 827). Jeweils gewählte Lösungsansätze hinsichtlich des »richtigen« Zeitpunktes der Information oder der Partizipation von betroffenen Mitarbeitern an der Strategiefindung sind Ausdruck der gelebten Unternehmenskultur und des sich manifestierenden → Führungsstils. Grundsätzlich lässt sich festhalten, dass die

»soziale Investition« in die Verhaltensebene des Strategiekonzeptes umso intensiver sein muss, je umfänglicher die beabsichtigte strategische Neuausrichtung angedacht ist (Welge, Al-Laham & Eulerich 2017, S. 820 ff., 830 ff.).

Eine den Prozess beschließende, strategisch orientierte Kontrolle hat über die Planergebnissicherung hinaus noch weitere Informationen bereitzustellen, um alle Vorgänge und sich einstellende Ergebnisse eines Entscheidungsprozesses laufend zu überwachen und zu hinterfragen. Somit überlagert bzw. begleitet die strategische Kontrolle den Prozess der strategischen Willensbildung und -durchsetzung als »Qualitätssicherungsinstrument«. Folgerichtig lässt sich die »strategische Kontrolle« definieren als ein „… systematischer Prozess, der parallel zur strategischen Planung verläuft und durch Ermittlung von Abweichungen zwischen Plangrößen und Vergleichsgrößen den Vollzug der strategischen Planung überprüft" (Bea & Haas 2019, S. 257). Das strategische Kontrollmuster wird in der Regel um drei zusätzliche Elemente erweitert (Bea & Haas 2019, S. 262 ff.; Lombriser & Abplanalp 2018, S. 437 ff.; Steinmann, Schreyögg & Koch 2013, S. 253 ff.). Noch am nächsten mit dem operativen Kontrollgedanken verbunden ist die strategische Fortschritts- bzw. Durchführungskontrolle, welche die Dokumentation, Analyse und Diagnose von »Soll« und »Ist« um ein aus dem längeren strategischen Wirkungsraum resultierendes Setzen von Zwischenzielen (»milestones«) ergänzt und damit über die Frage nach einem zukünftigen »Wird« das Risiko des eingeschlagenen strategischen Kurses abzuschätzen versucht.

Weiterhin mit einem strategischen Kontrollprozess verbunden ist auch die Überprüfung der im Entscheidungszeitpunkt unterstellten Planungsprämissen, die zwar den Rahmen zur Reduktion der Problemkomplexität abgesteckt haben, sich aber durchaus im Zuge der Strategieumsetzung als kritisch, da ungeeignet oder gar falsch erweisen können. Als drittes Element wird eine generelle, ungerichtete strategische Überwachung empfohlen, die all jene grundsätzlichen Entwicklungen im Kontext der Unternehmung auffangen und verarbeiten soll, die eventuell Einfluss auf den strategischen Prozess nehmen könnten.

Als generell schwierig ist im strategischen Kontext die Festlegung geeigneter Kontrollstandards auf strategischem Niveau einzuschätzen, da die aufgrund der häufiger fehlenden Messbarkeit strategisch bedeutsamen Größen wie »strategisches Erfolgspotential«, »Kern-Fähigkeit«, »Wissen«, »Lernfähigkeit« usw. unbestimmten Charakter aufweisen. Hilfestellung kann hier der Aufbau einer geeigneten, unternehmensindividuellen → Balanced Scorecard leisten. (vs)

Literatur
Bea, Franz Xaver; Jürgen Haas 2019: Strategisches Management. Stuttgart: Schäffer-Poeschel (10. Aufl.)

Bieger, Thomas; Pietro Beritelli 2013: Management von Destinationen. München: Oldenbourg (8. Aufl.)

Bleicher, Knut; Christian Abegglen 2017: Das Konzept Integriertes Management. Visionen – Missionen – Programme. Frankfurt, New York: Campus (9. Aufl.)

Breidenbach, Raphael 2002: Freizeitwirtschaft und Tourismus. Wiesbaden: Gabler

Freyer, Walter 2011: Tourismus-Marketing. Marktorientiertes Management im Mikro- und Makrobereich der Tourismuswirtschaft. München: Oldenbourg (7. Aufl.)

Hinterhuber, Hans H. 2015: Strategische Unternehmungsführung. Das Gesamtmodell für nachhaltige Wertsteigerung. Berlin: Erich Schmidt (9. Aufl.)

Lombriser, Roman; Peter A. Abplanalp 2018: Strategisches Management. Visionen entwickeln – Strategien umsetzen – Erfolgspotenziale aufbauen. Zürich: Versus (7. Aufl.)

Porter, Michael E. 2013: Wettbewerbsstrategie. Methoden zur Analyse von Branchen und Konkurrenten. Frankfurt/Main, New York: Campus (12. Aufl.)

Porter, Michael E. 2014: Wettbewerbsvorteile. Spitzenleistungen erreichen und behaupten. Frankfurt/Main, New York: Campus (8. Aufl.)

Steinmann, Horst; Georg Schreyögg & Jochen Koch 2013: Management. Grundlagen der Unternehmensführung. Konzepte – Funktionen – Fallstudien. Wiesbaden: Springer Gabler (7. Aufl.)

Welge, Martin; Andreas Al-Laham & Marc Eulerich 2017: Strategisches Management. Grundlagen – Prozess – Implementierung. Wiesbaden: Springer Gabler (7. Aufl.)

Gedankensplitter *i*
„Im Mainstream zu schwimmen, ist gefährlich." (Hermann Bareiss, Hotelier, Hotel Bareiss)

Strategisches Einkaufs-Management (Hotel) → **Supply Chain Management (Hotel)**

Straußwirtschaft [seasonal wine tavern]

Schankbetrieb eines Winzers, auch Besen-, Hecken-, Kranzwirtschaft genannt (in Österreich: Buschenschank). Winzer dürfen – saisonal begrenzt – in geeigneten Räumlichkeiten ihre eigenen Produkte (insbesondere Wein oder Apfelwein) und einfachere Speisen anbieten. Durch das Anbringen eines Straußes, Besens oder Kranzes am Haus wird der landwirtschaftliche Betrieb als Gaststätte sichtbar gemacht.

Die Existenz von Straußwirtschaften lässt sich Jahrhunderte zurückverfolgen und kann als früher → Meilenstein in der Entwicklung von gastronomischen Betrieben gesehen werden. Da die paragastronomischen Schankbetriebe (→ Paragastronomie) geringeren gesetzlichen Auflagen (etwa bei Hygienestandards, Brandschutz oder Raumausstattung) unterliegen, werden sie von der professionellen Gastronomie mit Argwohn betrachtet. (wf)

Literatur

Mertesdorf, Anja 2003: Straußwirtschaften als touristisches Angebot (= Materialien zur Fremdenverkehrsgeographie, Heft 60). Trier: Geographische Gesellschaft Trier

Stress [stress]

Der Begriff „Stress" bedeutete im Englischen ursprünglich das Testen von Metallen oder Glas auf Belastbarkeit. Der Biochemiker Hans Selye (1907–1982) übertrug den Begriff Stress 1936 in die Psychologie und Medizin und machte den Begriff allgemein bekannt. Er stellte fest, dass bei starken Umweltbelastungen wie zum Beispiel Hitze oder Kälte ein Organismus eine unspezifische Alarmreaktion aufweist. Bei weiteren Untersuchungen zeigte sich, dass diese unspezifische Reaktion durch sehr verschiedene Ereignisse ausgelöst werden kann. Belastende Reize, sogenannte Stressoren, können physischer oder psychischer Natur sein. Selye geht von einem neutralen Stressverständnis aus und spricht von Stress, wenn der Körper auf einen Reiz mit Aktivierung reagiert. Umgangssprachlich versteht man hingegen unter Stress eine als unangenehm empfundene Situation.

Stress ist demnach die Aktivierungsreaktion des Organismus auf Forderungen und Bedrohungen – auf die so genannten Stressoren. Man unterscheidet:

– physische Stressoren: Lärm, Hitze, Kälte, Temperaturschwankungen, Luftdruckänderungen, Hunger, Infektionen, Verletzungen, schwere körperliche Arbeit, langes Autofahren, lange Arbeitszeiten, Reizüberflutung;

– psychische Stressoren: Versagensängste, Überforderung, Unterforderung, Fremdbestimmung, Zeitmangel, Hetze, Kontrollverlust;

– soziale Stressoren: Konflikte, Isolation, ungebetener Besuch, Verlust vertrauter Menschen, Mobbing.

Stress wird häufig als Außeneinfluss dargestellt, man fühlt sich äußeren Belastungen ausgeliefert. Diese Sichtweise ist unvollständig. Stress entsteht aus dem Zusammenspiel zwischen situativen Anforderungen und individuellen Beurteilungen der eigenen Ressourcen und Fähigkeiten. Entscheidend ist die jeweils subjektive Bewertung der Anforderungen, nicht allein die vermeintlich objektive Stärke eines Stressors. Empfindet man ein Ereignis nicht als bedrohlich, wird es keinen Stress auslösen. Entscheidend ist die Erwartung von Selbstwirksamkeit, also die Frage, inwieweit man sich selbst zutraut, einen Stressor bewältigen zu können. Für einen Servicemitarbeiter in einem → Hotel oder einem → Restaurant ist es daher vorteilhaft, wenn er eine umfassende Entscheidungskompetenz hat, wenn er beispielsweise sofort entscheiden kann, ob und welche Kompensation er einem Gast für einen Fehler gibt (→ Complaint ownership).

Die Folgen von Stress sind eine reduzierte kognitive Leistungsfähigkeit und eine höhere emotionale Erregbarkeit (→ Emotion), man reagiert schnell gereizt und aggressiv. Typische Situationen, in denen Touristen häufig Stress empfinden, sind die Reise zum Zielort, Dichtestress, Lärm, unvorhergesehene Ereignisse und Erwartungsenttäuschungen, beispielsweise wenn das Hotel, dessen Lage, das Verhalten des Personals etc. nicht den Erwartungen entspricht. (ss/gm)

Literatur
Litzcke, Sven; Horst Schuh & Matthias Pletke 2013: Stress, Mobbing und Burn-out am Arbeitsplatz. Heidelberg: Springer (6. Aufl.)

Gedankensplitter
„Ausruhen kann ich mich noch in der Ewigkeit." (Papst Johannes Paul II.)

Strömungsabriss [stall]

Der Auftrieb von Flugzeugen entsteht durch das geschwindigkeitsbedingte Anblasen des Flügels, dessen Profil so gestaltet ist, dass auf seiner Oberseite ein Unterdruck und auf seiner Unterseite ein – im Vergleich allerdings deutlich geringerer – Überdruck entsteht. Wenn die Geschwindigkeit zu gering, der Anstellwinkel oder der Neigewinkel im Kurvenflug zu groß wird, bilden sich Turbulenzen und die Strömung am Flügel reißt ab. Damit geht auch der Auftrieb verloren, und das Flugzeug fällt. Diese Turbulenzen führen meist schon vor dem Strömungsabriss zu Flatterschwingungen (buffeting), die den Piloten durch Schütteln des Flugzeuges alarmieren und ihn zu schnellen Gegenmaßnahmen (Aufnehmen von Geschwindigkeit durch Drücken der Flugzeugnase mit dem Höhenruder nach unten bei gleichzeitiger Erhöhung der Triebwerksleistung, Ausgleich der seitlichen Abkippneigung durch entgegengesetzten Seitenrudereinsatz) veranlassen.

Unabhängig davon, ob ein Flugzeugmuster eine solche aerodynamische Frühwarnung aufweist oder nicht, wird darüber hinaus im Flug bei Erreichen von fünf bis zehn → Knoten oberhalb der Abreißgeschwindigkeit (stall speed) ein optisches (Warnlampe) und/oder akustisches Signal (Horn, Klingel) ausgelöst. Wo – wie bei den meisten modernen Verkehrsflugzeugen – die aerodynamische Vorwarnung in Form von Flatterschwingungen nicht besteht, wird das buffeting durch elektromechanisches Schütteln der Steuersäule simuliert (stick shaker). Sollte der Pilot auch darauf nicht reagieren, wird die Steuersäule automatisch nach vorne gedrückt (stick pusher), damit das Flugzeug durch Verringerung des Anstellwinkels wieder Fahrt aufnehmen kann.

Bei der Landung wird ein Flugzeug absichtlich durch kontrolliertes Verringern der Geschwindigkeit (Zurücknahme des Schubs) in geringer Höhe über der Landebahn und leichtes Ziehen des Höhenruders zur Erhöhung des Anstellwinkels praktisch in die Nähe eines stall (Strömungsabriss) geflogen, infolgedessen es dann sinkt und auf der Bahn aufsetzt. (jwm)

Studienreise [study trip, study tour]

Bei einer Studienreise handelt es sich um eine Reise, die vor allem durch ein Bildungsinteresse motiviert (→ Reisemotivation) ist. Das äußert sich in der Auswahl

der besuchten Orte sowie in der fachkundigen Reiseleitung (→ Studienreiseleiter). Es werden besonders geschichtsträchtige und kulturell bedeutsame Destinationen aufgesucht (→ Kulturtourismus). Das Programm ist auf ein Thema und/
oder eine Region ausgerichtet. Die Reiseleitung vermittelt Wissen und gewährt
Einblick in Hintergründe und Zusammenhänge. Bei den Reisenden handelt es
sich in der Regel um Menschen mit einem höheren Bildungsniveau und Vorkennt-
nissen. Folglich liegen Alters-, Bildungsabschluss- und Einkommensdurchschnitt
über dem anderer Gruppenreisen.

Anbieter von Studienreisen sind zumeist Spezialreiseveranstalter. Bei der
Studienreise handelt es sich um eine → Pauschalreise, die den Transport zum/
vom und vor Ort, Beherbergung, Verpflegung, Eintrittsgelder und Reiseleitung
umfasst. Einzelleistungen können dazu gebucht werden. Eine Kombination mit
einem Erholungsaufenthalt ist ebenfalls möglich. Zu den klassischen Studien-
reisedestinationen wie Israel, Ägypten oder Griechenland kommen Länder wie
Südafrika oder Myanmar. (kh)

Studienreiseleiter [study tour guide]

Das Aufgabengebiet des Studienreiseleiters ähnelt dem des Rundreiseleiters
(→ Reiseleiter) auf höherem akademischen Niveau und ist den Gegebenheiten
der → Studienreise angepasst. Er übernimmt neben seinen Aufgaben als Organisator und Betreuer zusätzlich die Rolle der Gästeführung (→ Gästeführer) und
Kulturvermittlung und spannt dabei im Idealfall den Bogen zur eigenen Kultur. Eine Entwicklung der letzten Jahre zeigt, dass beim Studienreiseleiter nicht mehr so
sehr Menge und Tiefe der vermittelten Informationen geschätzt werden, „als vielmehr seine Fähigkeiten, Begegnungen herbeizuführen und die Reise anschaulich
und kreativ zu gestalten" (Nonnenmann 2004, S. 45). (sst)

Literatur

Günter, Wolfgang (Hrsg.) 2003: Handbuch für Studienreiseleiter. Pädagogischer, psychologi-
    scher und organisatorischer Leitfaden für Exkursionen und Studienreisen. München, Wien:
    Oldenbourg
Nonnenmann, Almut 2004: Faszination Studienreiseleitung. Norderstedt: Books on Demand
Schmeer-Sturm, Marie-Louise 2012: Reiseleitung und Gästeführung. München: Oldenbourg

Studio → Zimmertypen

Stunde der Wahrheit → Moment(s) of truth

Stundenhotel → Love Motel

Subcharter

Anmietung eines Teils der Kapazität eines Flugzeuges oder eines Schiffes. Anders als beim → Teilcharter wird hier der Vertrag jedoch nicht mit der → Fluggesellschaft oder der Reederei, sondern mit demjenigen gemacht, der einen Flug oder eine Schiffspassage im → Vollcharter angemietet hat. (jwm)

Suchmaschinen-Management → **Touristische Suchmaschinen**

Suchmaschinenmarketing [Search Engine Marketing, SEM]

Suchmaschinenmarketing ist der Überbegriff für alle Maßnahmen, die der Steigerung des Datenverkehrs (→ Traffic) auf der eigenen Webseite dienen, die Position in der Trefferliste verbessern und somit generell die Sichtbarkeit der Webpräsenz für den Nutzer erhöht (wirtschaftslexikon.gabler.de, www.centralstationcrm.de).

Bei der Reisebuchung ist das Suchmaschinenmarketing für alle relevanten Akteure der Tourismuswirtschaft von elementarer Bedeutung, um die eigenen touristischen Produkte online sichtbar zu machen und zu vermarkten. (lf/sm)

Literatur

Centralstation CRM 2018: SEM. (https://centralstationcrm.de/blog/sem-seo-und-sea-alles-zum-suchmaschinenmarketing, zugegriffen am 27.08.2019)

Gabler Wirtschaftslexikon 2018: Suchmaschinenmarketing. (https://wirtschaftslexikon.gabler.de/definition/suchmaschinenmarketing-53618, zugegriffen am 27.08.2019)

Horster, Eric 2015: Suchmaschinenmarketing im Tourismus. Konstanz, München: UVK

Lammenett, Erwin 2019: Praxiswissen Online-Marketing: Affiliate-, Influencer-, Content- und E-Mail-Marketing, Google Ads, SEO, Social Media, Online- inklusive Facebook-Werbung. Wiesbaden: Springer Gabler (7. Aufl.)

Suchmaschinenoptimierung [Search Engine Optimization, SEO]

Unter Suchmaschinenoptimierung versteht man die Verbesserung der Sichtbarkeit der Webpräsenz bei organischen Suchergebnissen mit einer höheren Position in der Ergebnisliste.

Die organischen Suchergebnisse werden ausschließlich durch Suchmaschinenalgorithmen generiert und können nicht durch bezahlte Maßnahmen beeinflusst werden. Wie genau der Algorithmus der Suchmaschinen arbeitet, ist weitestgehend unbekannt. Trotz allem kann die Sichtbarkeit mit verschiedenen Maßnahmen verbessert werden (www.onlinemarketing-praxis.de). Hierzu gehören: Erstellung von relevanten Inhalten in Form von Texten, Videos und Bildmaterial, Nutzung von geeigneten → Keywords, Optimierung der hinterlegten Beschreibungstexte von Mediadateien o. ä. und interne Verlinkungen auf verschiedenen Seiten der eigenen Webpräsenz.

Zudem steigen Relevanz und Glaubwürdigkeit, wenn von externen, wiederum glaubwürdigen Webseiten Links auf die eigene Internetseite führen (www. onlinemarketing.de). Ziel der Suchmaschinenoptimierung ist es, bei relevanten organischen Suchanfragen möglichst auf Position 1 angezeigt zu werden. Diese befindet sich unterhalb des Featured Snippets (→ Antwortmaschinenoptimierung, AEO) und unterhalb der bezahlten Anzeigen (→ Suchmaschinenwerbung, SEA). (lf/sm)

Literatur

Horster, Eric 2015: Suchmaschinenmarketing im Tourismus. Konstanz, München: UVK

Lammenett, Erwin 2019: Praxiswissen Online-Marketing: Affiliate-, Influencer-, Content- und E-Mail-Marketing, Google Ads, SEO, Social Media, Online- inklusive Facebook-Werbung. Wiesbaden: Springer Gabler (7. Aufl.)

Onlinemarketing o. J.: Suchmaschinenoptimierung. (https://onlinemarketing.de/lexikon/definition-suchmaschinenoptimierung-seo, zugegriffen am 27.08.2019)

Onlinemarketing Praxis o. J.: Suchmaschinenoptimierung. (https://www.onlinemarketing-praxis.de/glossar/suchmaschinenoptimierung-seo, zugegriffen am 27.08.2019)

Suchmaschinenwerbung [Search Engine Advertising, SEA]

Suchmaschinenwerbung ist die Werbeschaltung von bezahlten Anzeigen auf den Suchergebnisseiten der Suchmaschinen wie Google oder Bing (www.online marketing.de). Die Anzeigen können in Texten und Bildformaten ausgespielt werden. Dabei können nach verschiedenen, vertraglich geregelten Modellen Werbetreibende für bestimmte Suchbegriffe Anzeigen kaufen, die angezeigt werden, wenn der jeweilige Suchbegriff von einem Nutzer eingegeben wird (www.alles-online-marketing.de). Mit Suchmaschinenwerbung zielt ein Werbetreibender vor allem auf die Verbesserung der Sichtbarkeit der eigenen Produkte, Leistungen oder Webseiten-Inhalte (www.advidera.com). (sm/lf)

Literatur

Advidera 2018: Suchmaschinenwerbung. (https://www.advidera.com/blog/suchmaschinen werbung-schalten-wir-klaeren-auf-pro-und-kontra/, zugegriffen am 27.08.2019)

Alles Online Marketing 2012: Suchmaschinenwerbung. (https://alles-online-marketing.de/was-ist-sea-suchmaschinenwerbung/, zugegriffen am 27.08.2019)

Lammenett, Erwin 2019: Praxiswissen Online-Marketing: Affiliate-, Influencer-, Content- und E-Mail-Marketing, Google Ads, SEO, Social Media, Online- inklusive Facebook-Werbung. Wiesbaden: Springer Gabler (7. Aufl.)

Onlinemarketing o. J.: Suchmaschinenwerbung. (https://onlinemarketing.de/lexikon/definition-suchmaschinenwerbung-sea, zugegriffen am 27.08.2019)

Sugar-Mommy → **Prostitutionstourismus**

Suggestive Kommunikation [suggestive communication]

Suggestion (suggere [lat.] = unterschieben, eingeben) ist die Beeinflussung eines Menschen unter Umgehung dessen rationaler Prozesse. Jeder Mensch, der auf andere einwirkt, wendet Suggestion an. Dazu gehören Eltern, Lehrer, Psychologen, Verkäufer, Marketingfachleute etc. Durch Suggestion wird die grundsätzliche Mehrdeutigkeit (→ Ambiguitätstoleranz) der Welt so vereinfacht, als gäbe es nur eine zutreffende Sichtweise. Hat man sich erst einmal auf eine solcherart vereinfachte Sicht eingelassen, bleibt man dieser Sichtweise wegen der Tendenz zu konsistentem Verhalten treu. Indem man dies tut, entledigt man sich der Notwendigkeit, ständig neue Informationen zu prüfen.

Menschen handeln in sozialen Situationen häufig so, wie sie glauben oder sehen, dass andere Menschen handeln. Wer beispielsweise auf einer → Raststätte eine → Toilette benutzt, für deren Benutzung ein freiwilliger Beitrag gegeben werden soll, orientiert sich an den Münzen der Vorgänger. Deshalb entfernen die Servicemitarbeiter kleine Münzen sofort. Durch den Anblick von 50 Cent- oder Ein-Euro-Münzen wird suggeriert, dies sei die sozial angemessene Bezahlung. Das Entfernen kleinerer Münzen ist daher ein Beispiel für eine suggestive Kommunikation, hier sogar, ohne dass ein Wort gefallen wäre.

Ebenfalls suggestiv ist das Überspringen einer Frage durch das Stellen der eigentlich zweiten Frage. So kann ein Kellner fragen: 1. Wollen Sie einen Nachtisch? und 2. Wenn ja, wollen Sie Eis oder Käse? Hier hat der Gast die Möglichkeit, bei Frage 1 mit „Nein" zu antworten. Stattdessen kann der Kellner direkt fragen: Wollen Sie zum Nachtisch Eis oder Käse? Die eigentliche Frage wurde getilgt, und es bedeutet für einen Gast einen höheren Aufwand zu sagen, „Nein, ich möchte keines von beiden."

Besonders stark ist der Einfluss sympathisch wirkender Menschen. Von sympathischen Menschen lässt man sich leichter überzeugen. Einflussfaktoren auf Sympathie sind die Attraktivität, die wahrgenommene Ähnlichkeit, Lob und Anerkennung sowie Vertrautheit mit einer Person. (ss)

Literatur
Cialdini, Robert B. 2017: Die Psychologie des Überzeugens. Göttingen: Hogrefe (8. Aufl.)

Suite → Zimmertypen

Sunny side up → Over easy

Superior-Zimmer [superior room]

Superior (engl.) = besser, überlegen, höher. In der Hotellerie Bezeichnung für höherwertige Zimmer, die sich gegenüber Standardzimmern durch besondere

Merkmale auszeichnen (besserer Ausblick, bessere Ausstattung oder Lage im Hotel, Größe). Der Begriff wird nicht einheitlich verwendet. Zur Abgrenzung unterschiedlicher Zimmerklassen siehe Hänssler & Rettl 2016, S. 127. (wf)

Literatur
Hänssler, Karl Heinz; Walter Rettl 2016: Der Beherbergungsbereich. In: Karl Heinz Hänssler
(Hrsg.): Management in der Hotellerie und Gastronomie – Betriebswirtschaftliche Grundlagen. Berlin, Boston: De Gruyter Oldenbourg, S. 119–145 (9. Aufl.)

Supplément **[complimentary side dish or sauce]**
Französischer Fachbegriff für den Nachservice von Speisen (Supplement [lat.] = Ergänzung, Nachtrag). Das Nachreichen wird insbesondere beim Bankett-Service (→ Bankett) vorgenommen, oft auf einem neuen Teller. In der Regel konzentriert sich der Nachservice auf Beilagen und Saucen des Hauptgangs, seltener auf die Hauptkomponente (Fleisch, Fisch). (wf)

Supply Chain Management (Hotel)
1 Einführung Supply Chain Management (strategisches Einkaufsmanagement) ist definiert als umfassender und international abgestimmter Terminus für die strategische Managementdimension (→ Strategie) und das gesamte Gebiet des Einkaufs (Jahns 2004, S. 28 ff.).

Supply Chain Management wird angewendet zur Gewinnmaximierung oder -optimierung eines Hotels. Gewinnstreben ist für ein Hotel lebensnotwendig, schafft sie doch die Grundlagen für Wettbewerbsfähigkeit sowie die Bildung von Reserven für Re- und Neuinvestitionen und somit zur Erhaltung der Wettbewerbsfähigkeit. Seit Anfang 2000 findet Supply Chain Management in der Hotellerie verstärkt Anwendung, da durch die strategische Ausrichtung des Einkaufs die Gewinnsituation eines Hotels deutlich verbessert wird. Um den gleichen Gewinneffekt zu erzielen wie durch die Senkung der direkten Einkaufskosten von 2 %, müsste ein Hotel (Vollkostenbetrachtung) im Gegenzug eine Umsatzsteigerung von 12 % erreichen (Basis Umsatzrendite [NOP, Net Operating Profit; → Betriebsergebnis II] von 5 %). Diese Betrachtung nennt man Umsatzäquivalenzbetrachtung (Jahns, Walter & Schüffler 2006, S. 23). In Bezug auf den Gesamtumsatz eines Hotels betragen diese direkten Einkaufskosten über 30 % (Oehler & Buer 2017, S. 126 ff.). Die Wertschöpfungstiefe liegt demnach im Durchschnitt über die Branche hinweg bei unter 70 %. Im verarbeitenden Gewerbe und in der Industrie liegt die Wertschöpfungstiefe hingegen bei bis zu 20 % und weniger. Das bedeutet, dass in der Industrie etwa 80 % der Wertschöpfung durch hinzugekaufte Leistungen und Produkte erreicht wird. In der Hotellerie gibt es einen Trend zum → Outsourcing, weshalb in dieser Branche mittelfristig ebenfalls von einer Senkung der Wertschöpfungstiefe auszugehen ist. Experten rechnen mit einer

Senkung der Wertschöpfungstiefe auf ca. 60 % bis 2025. Das bedeutet, dass 40 % der erzielten Wertschöpfung durch den Zukauf von Waren und Dienstleistungen erzielt wird.

Zu den direkten Einkaufskosten (Einkaufspreis abzüglich etwaiger Skonti, Rabatte, Rückvergütungen und anderer geldwerter Vorteile etc.) müssen die indirekten Einkaufskosten addiert werden. Indirekte Einkaufskosten sind die Prozesskosten, also in erster Linie alle Arbeitsaufwendungen, die mit der Beschaffung eines Produktes oder einer Dienstleistung in Verbindung stehen (Bestandsaufnahme, Bestellung, Warenannahme und -prüfung, Rechnungsprüfung, Lagerung der Ware, Inventur, Einbringung der Ware oder Installation technischer Geräte, Ersatzbeschaffungsaufwand etc.). Die indirekten Einkaufskosten lassen sich durch den zeitlichen Aufwand für die jeweiligen Prozesse multipliziert mit den Lohnkosten recht genau ermitteln. Beide Kosten zusammen – also direkte und indirekte Einkaufskosten – werden vereinfacht gesagt Total Cost of Ownership genannt (TCO). TCO sind alle Kosten (direkte und indirekte), die mit dem Austausch, der Beschaffung und der Erhaltung eines Produktes oder einer Dienstleistung in Verbindung stehen. Je teurer ein Produkt oder ein Investitionsgut, umso niedriger sind in der Regel prozentual die indirekten Einkaufskosten. Je günstiger ein Produkt, umso höher sind prozentual gesehen die indirekten Einkaufskosten (Oehler & Buer 2017, S. 23 ff.).

Die langfristige Optimierung der Einkaufskosten funktioniert ausschließlich über einen strategischen Ansatz (Supply Chain Management). Durch kurzfristig angelegte Maßnahmen im Einkauf, wie zum Beispiel das ‚Lieferanten squeezing‘ (‚Ausquetschen‘ von Lieferanten), werden – wenn überhaupt – maximale Kosteneinsparungen (cost savings) von rund 5 bis 10 % erzielt. Langfristig ausgerichtete Strategien bewirken 40 % cost savings und mehr (Jahns 2006).

Zu den Vorteilen des Supply Chain Managements zählen: Kostensenkung durch bessere Preise und Konditionen und damit optimierte Gewinnsituation; Vermeidung, Vorbeugung oder Abfederung von zukünftigen Kostensteigerungen; bessere Verhandlungsposition; bessere Dokumentations-, Kontroll- und Steuerungsmöglichkeiten und bessere Prozesse für eine spürbare Entlastung aller Mitarbeiter und damit bessere Konzentration auf die Kernkompetenzen.

2 Module des Supply Chain Managements Um den Hoteleinkauf strategisch auszurichten, müssen folgende vier Module betrachtet werden: Ist-Analyse – Zielsetzung – Maßnahmen – Kontrolle.

2.1 Ist-Analyse Bei der Ist-Analyse wird eine Bestandsaufnahme vorgenommen. Es werden die „6 W im Einkauf" ermittelt: Wer, was, wann, wo, wie, wie viel einkauft. Überprüft werden vor allem: Bestellabläufe, Warenannahme, Warenausgabe, Inventur, Lieferantenzahl, Lieferantenart und Einkaufsvolumen total und pro Sortiment.

2.2 Zielsetzung Die Definition der Ziele des Hoteleinkaufs hilft zum einen, ein klares Bild von der Aufgabe zu bekommen, Mitarbeiter anweisen und führen zu können als auch Ergebnisse am Jahresende zu überprüfen. Die Zielsetzungen können verschiedenartig sein und auch zusammenhängen. Es kann mehrere Ziele geben wie Kostensenkung, Qualitätsverbesserung bei gleichen Kosten, Reduzierung des Arbeitsaufwands, Marketingunterstützung, bessere Transparenz und Kontrolle sowie Risikoreduzierung (zum Beispiel in Bezug auf → HACCP, Fremdreinigung).

2.3 Maßnahmen Es gibt vier Instrumentalbereiche, an denen die Maßnahmenplanung ausgerichtet werden muss. Einkauf (purchasing), Prozessmanagement, Bestellabwicklung, Kommunikation und Schulung.

Einkauf Durch den Einkauf werden die für die Beschaffungskette (supply chain) notwendigen Kriterien und dafür geeigneten Lieferanten festgelegt sowie die Zusammenarbeit mit dem ausgewählten Lieferantenstamm organisiert (Lieferantenmanagement). Die Beschaffung unterteilt sich vor allem in die drei Schwerpunkte Marktwissen, Ausschreibung, Vertragsmanagement.

Grundlage für professionellen Hoteleinkauf ist, über ein entsprechendes Marktwissen zu verfügen. Andernfalls besteht ein hohes Risiko, die Einkaufsziele nicht zu erreichen. Zum Marktwissen gehören unter anderem Antworten auf folgende Fragen: Wie sehen die jeweiligen Beschaffungsmärkte aus, welche Marktform haben sie (bspw. Oligopol, Monopol, Käufermarkt, Verkäufermarkt)? Welche Produkte gibt es? Welche Lieferanten kommen in Frage?

Grundlage der Ausschreibung ist die Definition des Bedarfes, also des benötigten Produktes oder der benötigten Leistung für das Hotel mit all seinen Spezifikationen sowie die Menge. Um eine Vergleichbarkeit zu erreichen, sollte die Ausschreibung ausführlich sein. Es gibt mehr als 20 preisbestimmende Faktoren, also Faktoren, die sich unmittelbar auf den Preis auswirken und die im Vorfeld bekannt sein müssen. Zu den preisbestimmenden Faktoren zählen unter anderem Zahlungskonditionen, Lieferbedingungen, Mengenrabatt, Konditionen für Produktlinien, Kündigungsfristen, Mindermengenzuschläge, Naturalrabatt, kostenlose Wartung, Abrufaufträge, Rückvergütungen, Preissenkung bei Lieferverzug, Schulungen, Garantieverlängerung, Lieferzeiten, Preisnachlass bei Weiterempfehlung und Werbekostenzuschüsse. Nach der Ausschreibung folgt die Auswertung und Entscheidung für den Lieferanten, der am besten den Anforderungen entspricht. Ein Hotel sollte bei der Zahl der Lieferanten, mit denen es zusammenarbeitet, restriktiv sein und das Prinzip der Lieferantenkonzentration verfolgen, da diese viele Vorteile bietet:

– Erzielung bestmöglicher Preise und Konditionen;
– höhere Aufmerksamkeit und Wahrnehmung beim Lieferanten;

- bessere Einkaufsprozesse – geringerer Aufwand Bestellwesen, Verringerung Aufwand Warenannahme;
- weniger Verwaltungsaufwand – Verringerung Belegflut/Rechnungen/Inventuraufwand;
- Zeitersparnis bei allen einkaufsverantwortlichen Mitarbeitern;
- leichtere Einarbeitung neuer Mitarbeiter;
- bessere Steuerung seitens des Hotelmanagements.

Zum Vertragsmanagement gehört die gesamte Vertragsgestaltung sowie Dokumentation des Abkommens inklusive der Kommunikation an alle Beteiligten. Zum Vertragsmanagement zählt auch die regelmäßige Kontrolle der Vertragslaufzeiten und Konditionen.

Prozessmanagement Das Prozessmanagement (→ Prozessorganisation) beschreibt und definiert die offiziellen Bestellabläufe im Hotel bis hin zur Einlagerung, Ausgabe und Inventur der bestellten Ware. Insbesondere gehören dazu:
- Abwicklung der Bestellungen (Freigaberichtlinien, Form der Bestellung, Lieferanten);
- Warenannahme (Zeit, Personen, Prüfung der Ware);
- Warenausgabe (Zeit, Personen, Transferbelege);
- Kontrolle (Rechnungen zu Vereinbarungen);
- Inventuren (Häufigkeit, Art der Inventur).

Diese Regeln und Vorgaben werden in den Einkaufsrichtlinien dokumentiert. Sie müssen allen einkaufsverantwortlichen Mitarbeitern zugänglich sein und stets wiederholt werden, um einen Erfolg in der Umsetzung zu gewährleisten.

Bestellabwicklung Mit der Bestellung bei einem Lieferanten wird die Belieferung des Hotels mit benötigten Waren und Leistungen ausgelöst. Zu den Bestellformen zählen: Telefon, Brief, Fax, Selbstabholung, E-Mail, Lieferanten-Web Shop, Online-Portale, eigenes E-Procurement-System und Bestellabholung durch Lieferant. Führend sind E-Mail, Online-Portale – und sehr stark im Kommen – eigene, lieferantenübergreifende E-Procurement-Lösungen. Telefon, Fax, Brief oder Selbstabholung sind auf dem Rückzug (Oehler & Buer 2017, S. 155). Lieferanten-Web Shops oder Online-Portale sowie lieferantenübergreifende, eigene E-Procurement-Systeme sind jedoch noch nicht für alle Sortimente beschaffungsoptimal: Je erklärungsbedürftiger ein Produkt ist (Investitionsgüter etc.) und je mehr Servicekomponenten damit verbunden sind, desto komplexer ist der elektronische Bestellweg. Allerdings gibt es erste Lösungen für die Hotellerie, die auch diese Bereiche online abbildbar machen.

Wie welche Bestellformen wann und in welchen Fällen eingesetzt werden, richtet sich nach der Einkaufstrategie des Hotels sowie den zu beschaffenden Sortimenten und Produktgruppen. Die Bestellformen müssen in jeder Hinsicht transparent und wirtschaftlich sein sowie die Ziele der Einkaufskonzentration unterstützen. Die Abstimmung der Bestellformen sollte bei Kernlieferanten mit dem Lieferpartner zusammen erfolgen, um bestmögliche Beschaffungskosten zu erzielen.

Das sogenannte E-Procurement oder auch elektronische Bestellwesen (to procure [engl.] = bestellen) beschreibt die im Rahmen der Beschaffungsabwicklung nötige Bestellabwicklung auf elektronischem (digitalem) Wege. Dafür gibt es eine sehr große Auswahl an Software-Lösungen. Alternativ zum Begriff E-Procurement taucht in der Praxis auch der Begriff (Online) Ordering auf. Diese Lösungen werden überwiegend als SaaS-Modelle (Software as a Service) zur Nutzung gegen eine Monats- oder Jahresgebühr angeboten, so dass sie nicht mehr erworben werden müssen. Die lizensierte Nutzung der Anwendungen erfolgt webbasiert über den Desktop oder per App. Der mobile Zugriff per App steht bei den meisten Anbietern im Fokus und wird vorangetrieben. Durch die Bestellabwicklung über E-Procurement-Systeme (Ordering) werden diese Bestellungen schriftlich festgehalten, sodass die Kontrolle wesentlich erleichtert und beschleunigt wird. Zudem lassen sich sehr einfach Warenkörbe auf Basis von Vergangenheitswerten für lieferantenübergreifende Ausschreibungen erstellen. Lieferanten haben den Vorteil, wenn es eine elektronische Schnittstelle zu dem E-Procurement-System gibt, dass die Auftragserfassung effizienter abläuft und somit Kosten gespart werden können, was sich wiederum preisreduzierend auswirken könnte. Besteht keine Schnittstelle, entstehen Medienbrüche, die zu erhöhtem Bearbeitungsaufwand führen und vermeintliche Vorteile vernichten. Vor jeder Einführung eines E-Procurement-Systems steht zwingend die Organisation/Reorganisation des gesamten Einkaufs eines Betriebes, da sich ansonsten die Gesamtkosten für den Einkauf erhöhen statt zu fallen. Es sollte sichergestellt werden, dass auch komplette Sortimente bestellbar sind, da andernfalls „Prozess- und Bestellbrüche" entstehen, die sich negativ auf die gesamten Einkaufskosten sowie die Transparenz auswirken. Sichergestellt werden sollte ferner, dass die Artikeldaten und Preise aktuell sind, da sonst Mehraufwände bei der Bestellung, beim Lieferanten oder bei der Steuerung und Auswertung verursacht werden.

Im Zuge der digitalen Transformation entwickeln sich nicht nur für die Vermarktung eines Hotels neue webbasierte Lösungen (digitale Gästemappen, keyless check-in etc.), sondern auch und gerade im Back Office-Bereich. Der Back Office-Bereich eines Hotels beinhaltet Verwaltung, Finanzbuchhaltung, Human Resources aber auch das gesamte Supply Chain Management. Online-Tools wie digitales Kreditorenmanagement (Management von Lieferantenrechnungen) oder Inventory-Systeme (Warenwirtschaft) spielen eine neue Rolle. Die Systeme lassen sich oft herstellerunabhängig miteinander verzahnen. Somit sind technische Lösungen gegeben, bei denen Kasse, Ordering, Inventory, Invoice sowie

Finanzbuchhaltung eng miteinander digital und webbasiert verbunden sind. Algorithmen und der Einsatz von Künstlicher Intelligenz (KI) können Bestellbedarfe prognostizieren (predictive procurement) oder vollautomatisierte Abgleiche zwischen elektronischem Lieferschein und digitaler Rechnung durchführen (Triple Match). Auch werden Einkaufspreisabweichungen „just in time" über die Systeme gemeldet. Hotels erzielen durch digitale Tools zeitliche Entlastung, Fehlerquoten werden reduziert und Transparenz erhöht.

Kommunikation und Schulung Ein Schlüssel für erfolgreiches Supply Management liegt in der Kommunikation und Schulung. Beides kommt in der Hotellerie vielfach zu kurz und bietet daher Potenziale. In einem Hotel werden Einkaufserfolge selten bekanntgemacht. Sie sollten jedoch gleichermaßen kommuniziert werden wie Umsatzergebnisse, da Einkaufsergebnisse in der Gewinnwirkung mindestens ebenbürtig sein können. Kommuniziert werden kann unter anderem:
– Welche Ziele wurden erreicht?
– Welche Kosten konnten reduziert, vermieden oder abgefedert werden?
– Welche Umsatzäquivalenz besteht zu den Einkaufserfolgen?
– Welche Abläufe haben sich verändert und verbessert?
– Welche Ziele stehen als nächstes an?
– Welche Lieferanten haben sich am besten entwickelt?

Rund 40 % der Hotellerie in Deutschland bieten keine Aus- und Weiterbildung im Einkauf an (Oehler & Buer 2017, S. 159). Der Verkaufsleiter aus der Zulieferindustrie hingegen bekommt acht Tage Fortbildung pro Jahr (Jahns, Walter & Schüffler 2006, S. 27). Dies bedeutet, dass Verkäufer und Einkäufer in Bezug auf die Ausbildung und ihr Training nicht auf Augenhöhe agieren und somit erhebliche Nachteile für Einkäufer bestehen. Diese Nachteile wirken sich häufig auf das betriebswirtschaftliche Ergebnis eines Hotels aus. Geschult werden sollten regelmäßig Verhandlungsführung, Analysemethoden, Ermittlung von cost savings, Vertragsmanagement und Dokumentation, Projektführung, -steuerung und Kommunikation.

2.4 Kontrolle Um das Supply Chain Management überprüfen zu können, muss regelmäßig eine Kontrolle stattfinden. Dies geschieht mindestens einmal im Kalenderjahr oder unterjährig in quartalsweisen Abständen bzw. bei Auffälligkeiten. Hierbei werden erzielte Kosteneinsparungen genauso überprüft wie Effizienz und Sinnhaftigkeit der Bestellabläufe und -prozesse. Fehler oder unerreichte Ergebnisse sollten gesammelt und in die zukünftige Strategieplanung übernommen werden. (joe)

Literatur
Hotelverband Deutschland (IHA) e. V. (Hrsg.) 2020: Hotelmarkt Deutschland 2020. Berlin: IHA-
    Service

Jahns, Christopher 2004: Der Paradigmenwechsel vom Einkauf zum Supply Management (Teil 14). In: Beschaffung aktuell, o. Jg. (8), S. 28–31

Jahns, Christopher 2006: Supply Management als strategischer Erfolgsfaktor. Vortrag auf dem Kongress „Top Supply" am 09.02.2006 in Leipzig

Jahns, Christopher; Stefan Walter & Christine Schüffler 2006: Einkauf in der Hotellerie – Status und Perspektiven in der 3- bis 5-Sterne-Hotellerie. St. Gallen: SMG Publishing

Oehler, Jochen; Christian Buer 2017: MACHT EINKAUF – Power-Methoden für erfolgreiches Einkaufsmanagement in der Hotellerie. Stuttgart: Matthaes

Swim-up-Zimmer [swim-up room]

Hotelzimmer oder auch Suite (Swim-up-Suite) mit direktem Zugang von der Zimmerterrasse zum Pool. Denkbar sind Pools/Whirlpools, die der Hotelgast exklusiv für sich nutzen kann oder mit einer sehr kleinen Gruppe von Hotelgästen teilt. Ebenso möglich ist, dass sich das Hotelzimmer in unmittelbarer Nähe des öffentlichen Hotelpools befindet. (wf)

Switch-Company [switch-company]

Ein Switch-System ist ein automatisiert arbeitendes elektronisches Schnittstellensystem zur Verteilung hotelbetrieblicher Angebotsdaten an übergeordnete → Hotel-Reservierungssysteme, die als Vertriebskanäle genutzt werden.

Ein Hotelunternehmen steuert seine Angebote im Rahmen seines → Property Management-Systems (PMS). Dabei wird festgelegt, welche Angebote über welche aggregierenden bzw. übergeordneten → Hotel-Reservierungssysteme vermarktet werden sollen (→ Ertragsmanagement). Das PMS überträgt mit seiner elektronischen Schnittstelle (interface) die Angebotsdaten an ein Switch-System, das seinerseits automatisiert arbeitende Schnittstellen zu kooperierenden internationalen Reservierungssystemen betreibt, insbesondere zu den → Globalen Distributionssystemen und zu den internationalen alternativen Distributionssystemen ADS (→ Hotel-Reservierungssystem). Die aus dem PMS des Hotelunternehmens übernommenen Daten werden vom Switch-System in die unterschiedlichen Formate und Darstellungsweisen der kooperierenden Hotel-Reservierungssysteme konvertiert und dorthin transferiert.

Eine internationale Switch-Company kann damit für ein Hotelunternehmen ein einheitlicher Kommunikationspartner sein, der die → Dienstleistung einer formatgerechten Verteilung der Angebotsdaten in die unterschiedlichen internationalen Hotel-Reservierungssysteme erbringt. (uw)

Literatur

Schulz, Axel; Uwe Weithöner; Roman Egger & Robert Goecke 2015: eTourismus: Prozesse und Systeme. Berlin, Boston: De Gruyter Oldenbourg, insb. Kapitel 4.3, 5.1 u. 5.2 (2. Aufl.) (3. Aufl. in Vorbereitung)

Systemgastronomie [restaurant chain]

Die Fachabteilung Systemgastronomie innerhalb des → Deutschen Hotel- und Gaststättenverbands (DEHOGA) definiert Systemgastronomie wie folgt: „Systemgastronomie betreibt, wer entgeltlich Getränke und/oder Speisen abgibt, die an Ort und Stelle verzehrt werden können, und über ein standardisiertes und multipliziertes Konzept verfügt, welches zentral gesteuert wird" (Dehoga 2016, S. 13).

Ein Merkmal der Systemgastronomie ist demnach die Standardisierung von Produkten, Prozessen und Strukturen. Multiplikation meint, dass das gastronomische Konzept mehrfach – mindestens drei Mal – auf dem Markt vertreten sein muss. Die zentrale Steuerung zielt darauf ab, dass die einzelnen Systembetriebe durch eine Unternehmenszentrale koordiniert werden.

Der → Bundesverband der Systemgastronomie (BdS) – der nicht im DEHOGA organisiert ist – hat 2012 erstmals eine Definition aufgestellt, die nahe an der obigen Definition liegt: „Wesentliches Merkmal ist ein klar definiertes Konzept, das auf zentrale Steuerung, Standardisierung und Multiplikation ausgerichtet ist." Um die Definition zu konkretisieren, hat der BdS Kriterien zu den zentralen Merkmalen entwickelt (BdS o. J.).

Die Definition von Systemgastronomie passt sich Marktveränderungen an: Die Vorgabe, dass mindestens drei Betriebe auf dem Markt vertreten sein müssen, wird relativiert bzw. aufgegeben. Der Verkauf von Speisen und Getränken außer Haus (Außer-Haus-Verkauf) wird mehr betont (Letzner & Panzenböck 2019, S. 8 f.). (wf)

Literatur

BdS (Hrsg.) o. J.: Definition Systemgastronomie. (https://www.bundesverband-systemgastro nomie.de/de/definition-systemgastronomie.html, zugegriffen am 15.07.2020)

Dehoga Bundesverband, Fachabteilung Systemgastronomie (Hrsg.) 2016: Systemgastronomie in Deutschland 2015. Berlin

Letzner, Claudia; Gerhard Panzenböck 2019: Systemgastronomie 1. Küche – Service – Magazin. Linz: Trauner (2. Aufl.)

T

Table crumber → **Crumb down-Service**

Table d'hôte

Table d'hôte (franz.) = Tisch des Gastgebers. Ursprünglich ein Tisch in einem Gasthaus, an dem sich die Gäste trafen, um Essen und Getränke einzunehmen. Das Angebot gab es zu einer festen Zeit und zu einem festen Preis. Generell gab es für den Gast nicht die Möglichkeit, aus einem variierenden Angebot auszuwählen; → À la carte-Service. (wf)

> **Gedankensplitter**
> „Der Tisch ist der Mittelpunkt des Lebens." (Jürgen Dewet Schmidt, Delikatessenhändler und Gastronom)

Table d'hôte-Service

Service-Ablauf, der sich dadurch auszeichnet, dass eine größere Gruppe von Gästen zu einem festgelegten Zeitpunkt bzw. in einer festgelegten Zeitspanne die gleiche Speisenfolge erhält. Die Speisen werden zumeist eingesetzt. Zu denken ist etwa an die Bedienung von Reisegruppen oder von Gästen in Sanatorien (auch Gutmayer, Stickler & Lenger 2018, S. 135). → À la carte-Service. (wf)

Literatur
Gutmayer, Wilhelm; Hans Stickler & Heinz Lenger 2018: Service: Die Grundlagen. Linz: Trauner (10. Aufl.)

Tafelkultur [table culture, gastronomic etiquette]

Mahlzeiten als gemeinschaftliches Ereignis unterlagen immer einem gewissen Regelwerk. Regeln waren und sind Symbole des sozialen Status und der Macht, Ausdruck von Identität, Abgrenzung nach außen, Identifikation nach innen (Frost et al. 2016, S. 74). Die Reglementierung ist bis heute allgegenwärtig: Sitzordnungen, Menüfolgen (→ Menü), Servierregeln (→ Serviermethoden), Tischsitten – sie wurden von den unterschiedlichen Kulturen bis ins Detail perfektioniert. Wo sitzt der Gastgeber, wer sitzt neben ihm, wer wird zuerst bedient, wie halte ich das Messer, wie mache ich mit dem Besteck deutlich, dass ich mit dem Essen fertig bin? Darf ich eine Speise ablehnen, muss ich den Teller leer essen? Wer nimmt das letzte Stück Brot?

→ Fast Food und „To go"-Konzepte haben mit vielen Regeln gebrochen, Clubhotellerie wie die Robinson Clubs oder Aldiana und Hotelgruppen wie 25hours

https://doi.org/10.1515/9783110546828-021

haben das Duzen des Gastes als Ausdruck ihrer → Unternehmenskultur etabliert. Casual Dining, gelockerte → Dresscodes sind weit verbreiteter Standard, das Tischgespräch wird von den neuen Medien ergänzt. Gleichwohl: Solange Essen als etwas Besonderes gilt und ihm mit Sorgsamkeit begegnet wird, solange werden Regeln existieren (Frost et al. 2016, S. 80 ff.). Zu einem Einstieg in die Tafelkultur siehe Frost et al. 2016, S. 67 ff.; Müller 2009, S. 87 ff. Zu Staatsbanketts der Bundesrepublik Deutschland als Ausdruck unserer Tafelkultur siehe Bergmann 2018. (wf)

Literatur

Bergmann, Knut 2018: Mit Wein Staat machen: Eine Geschichte der Bundesrepublik Deutschland. Berlin: Insel (2. Aufl.)

Frost, Warwick et al. 2016: Gastronomy, Tourism and the Media. Bristol: Channel View Publications

Müller, Klaus E. 2009: Kleine Geschichte des Essens und Trinkens: Vom offenen Feuer zur Haute Cuisine. München: Beck

Tagesbesucher → **Ausflügler**

Tagesgericht → **Plat du jour**

Tageszimmer → **Zimmerstatus**

Tagungswirtschaft → **Messen, Kongresse und Events**

Take-away

Take-away (engl.) = zum Mitnehmen. Speisen und Getränke, die für den mobilen Verzehr oder für den Verzehr zu Hause gedacht sind und deshalb in der Regel nicht am Verkaufsort konsumiert werden. Die Produkte sind oft standardisiert, das Angebot beschränkt. Das Bedürfnis nach einem schnellen, kleinen Essen wird gestillt (Davis et al. 2018, S. 65 ff.). Typische Beispiele sind in Großbritannien „Fish-and-Chips"-Stores, in den USA Delis und Sandwichbars, in Frankreich „Crêpes-Stände" oder in Deutschland Kebab-Stände. Siehe auch → Coffee-Shop; → Fast Food; → Home Delivery Service. (sb)

Literatur

Davis, Bernard et al. 2018: Food and Beverage Management. London, New York: Routledge (6th ed.)

Wetzlar, Jon von; Christof Buckstegen 2003: Urbane Anarchisten. Die Kultur der Imbißbude. Marburg: Jonas

Talstation → **Bergstation**

Tarifklasse Deutsche Bahn [tariff class]

Unterschieden werden zwei Tarifklassen, die 1. und 2. Klasse. Unterscheidungs-kriterien sind Komfort und das Bereitstellen zusätzlicher → Dienstleistungen, wie zum Beispiel in der 1. Klasse die Bewirtung am Platz. An ausgesuchten Knoten-punkten gibt es DB Lounges, eine besondere Dienstleistung zur Verkürzung von Wartezeiten (→ Wartezeitenmanagement) der 1. Klasse-Kunden und BahnCom-fort Kunden der Deutschen Bahn. (hdz/wf)

Taste-vin → Tâte-vin

Tatar [steak tatare, tatare]

Schabefleisch; rohes Hackfleisch vom Rind. (bk/cm)

Tâte-vin [tasting cup, tastevin]

Tâter (franz.) = befühlen, fühlen; vin (franz.) = Wein. Kleine flache, runde Schale, die von → Sommeliers in der gehobenen Gastronomie vereinzelt zum Vorkosten von Wein am Gästetisch genutzt wird.

Die Probierschale ist normalerweise mit einem Henkel versehen, kann aus un-terschiedlichen Materialien (z. B. Porzellan, Silber oder Zinn) hergestellt werden und variiert in ihrer Form von Weinregion zu Weinregion (Larousse 2017, S. 841). Die an einem Band oder an einer Kette um den Hals und an der Brust getrage-ne Schale stellt heutzutage eher ein Schmuckstück als ein für das Tagesgeschäft notwendiges Werkzeug dar (auch Lexikonredaktion Brockhaus 2009, S. 434). Syn-onym: Taste-vin. (wf)

Literatur

Larousse (éd.) 2017: Le Grand LAROUSSE Gastronomique. Paris: Larousse Editions (6. Aufl.)
Lexikonredaktion des Verlags F. A. Brockhaus (Hrsg.) 2009: Der Brockhaus, Wein: Rebsorten, Degustation, Weinbau, Kellertechnik, internationale Anbaugebiete. Mannheim, Leipzig: F. A. Brockhaus (2. Aufl.)

Tatsächliche Abflugzeit [actual time of departure (ATD)]

Zeit, zu der ein Flugzeug gestartet ist. (jwm)

Tatsächliche Ankunftszeit [actual time of arrival (ATA)]

Zeit, zu der ein Flugzeug gelandet ist. (jwm)

Taupunkt [dew point]

Temperatur, bei der die Luft gerade mit Wasserdampf gesättigt ist, die relative Luftfeuchtigkeit also 100 Prozent beträgt. Wird diese Temperatur unterschritten, kondensiert das Wasser aus, so dass Nebel, Wolken und/oder Niederschlag entstehen. (jwm)

Taxiflug [taxi flight]

Flüge, die an keinen festen Flugplan gebunden sind. Sie werden vor allem für Geschäftstermine genutzt, da sie nahezu unabhängig von Tageszeit und Wetterlage eingesetzt werden können. → Lufttaxi. (jwm)

Ich glaube nicht, dass das unser Taxiflug ist.

Taxiway → **Rollweg**

TCAS → **Kollisionswarngerät**

Teezeremonie → **Afternoon tea**

Teilcharter [partial charter]

Anmietung eines Teils der Kapazität eines Flugzeuges oder eines Schiffes. Dies trifft zum Beispiel dann zu, wenn ein → Reiseveranstalter nur 40 von 189 Flugsitzen auf den Flügen einer → Charterkette bei einer → Fluggesellschaft unter Vertrag nimmt. Analoges gilt für ein Schiff (→ Subcharter). (jwm)

Teilnutzungsrecht → **Timesharing**

Teilpauschalreise [semi package tour]

Eine Teilpauschalreise war bis zur Veränderung des Pauschalreiserechts 2018 eine von einem Reiseveranstalter organisierte Reise, die nur ein Leistungselement enthielt. Dazu gehörte zum Beispiel Angebot und Buchung eines → Ferienhauses oder einer → Ferienwohnung. Bis zur Novellierung der Pauschalreiserichtlinie 2018 galt für Deutschland in Abweichung vom europäischen Pauschalreiserecht nach § 651a (2) der gleiche rechtliche Schutz (etwa Insolvenzschutz, Storno- und Haftungsregeln) wie für alle anderen „echten" aus mehreren Leistungselementen bestehenden Pauschalreisen. Nach gegenwärtiger Rechtsauffassung kann das Pauschalreiserecht nicht auf Einzelleistungen angewendet werden. Die Rechtskonstruktion der Teilpauschalreise existiert damit nicht mehr. Einige Veranstalter bieten dem Kunden freiwillig Teile des Konsumentenschutzes der Pauschalreise auch auf Einzelprodukte an. (ad)

Literatur
Moeder, Ronald 2019: Tourismusrecht in der Unternehmenspraxis. München: UVK

Tellergeld [cake-cutting fee, catering fee]

Entgelt, das Gäste in gastgewerblichen Betrieben für die Möglichkeit bezahlen, Speisen selbst mitbringen und konsumieren zu dürfen. Zu denken ist dabei an geschlossene Veranstaltungen (→ Bankett) wie Hochzeiten, bei denen die Gäste durch das Bereitstellen der Speisen (z. B. Hochzeitstorte) vor allem Kosten sparen wollen. Das Tellergeld (taliare [spätlat.] = spalten, schneiden, zerlegen) stellt einen Ausgleich dar für erbrachte → Dienstleistungen (Lagerung, Kühlung, Service, Reinigung).

Aus Sicht der gastgewerblichen Betriebe sind Hygieneprobleme, die sich durch die externe Speisenzubereitung ergeben, ein kritischer Bereich. Mitunter wird das Tellergeld bewusst hoch angesetzt, um eine abschreckende Wirkung zu erzielen. Zu einem Entgelt für mitgebrachte Getränke siehe → Kork(en)geld. (wf)

Tellerservice → **Serviermethoden**

Terminal [terminal, terminal building]

Abgeleitet aus dem lat. terminare = begrenzen bzw. beenden, bezeichnet es die Endstation einer Verkehrsverbindung. Im Luftverkehr werden damit Gebäude auf → Flughäfen bezeichnet, in dem Passagiere in Flugzeuge ein- und aussteigen. Auf einem Flughafen kann es mehrere solcher Gebäude geben, die entweder direkt miteinander verbunden sind oder über regelmäßig verkehrende Verkehrsmittel miteinander verbunden sind. (jwm)

Terms of Trade

Terms of Trade (ToT) messen das reale Austauschverhältnis von Export- und Importgütern. Die Ermittlung der Terms of Trade erfolgt auf Basis repräsentativer Warenkörbe von Export- und Importgütern. Auf Basis dieser Warenkörbe werden Preisindizes berechnet und ins Verhältnis gesetzt. Die Terms of Trade geben dann an, wie viele durchschnittliche Importeinheiten ein Land für eine durchschnittliche Exporteinheit bekommt (Commodity Terms of Trade). Das Konzept der Terms of Trade sollte dazu dienen, die Wohlfahrtssteigerungen des Außenhandels zu messen. Eine Erhöhung der Terms of Trade steht somit für eine Verbesserung der Wohlfahrt eines Landes. (hp)

Terrorismus und Tourismus [terrorism and tourism]

Terroristische Anschläge sind eine Spezialform von Krisen, die in den letzten Jahrzehnten zugenommen haben. Terroristische Anschläge können das Reisewahlverhalten beeinflussen und damit indirekt die Tourismusindustrie (auch Page 2019, S. 22 ff.). Der Begriff Terror (terrere [lat.] = in Schrecken versetzen) erhielt während der Französischen Revolution seine heutige Wortbedeutung. Schrecken ist eines der Kernelemente in vielen Terrorismusdefinitionen. Besonders für den internationalen Rahmen des Tourismus erscheint folgende Definition geeignet, die dem Niedersächsischen Verfassungsschutzbericht entnommen ist: „Terrorismus ist der (...) Kampf für politische Ziele, die mit Hilfe von Anschlägen auf Leib, Leben und Eigentum anderer Menschen durchgesetzt werden sollen." (Niedersächsisches Ministerium für Inneres und Sport – Verfassungsschutz 2017, S. 306). Anschläge, die einen politischen, religiösen oder ideologischen Hintergrund aufweisen und die durch Gewalt einschüchtern, gehören zum Terrorismus. Auch militärische Angriffe und gewaltsame Akte von Regierungen oder halbstaatlichen Organisationen können terroristisch sein.

Nicht nur in Krisenregionen, sondern auch in Europa und den USA sind Terroropfer zu beklagen. Terrorismus gegen Touristen kann unterschiedliche Ziele haben (Freyer & Schröder 2004, S. 58 ff.):

- Tourismus als taktisches Ziel: Im Vordergrund steht die Existenzsicherung der Terrorgruppe, im Wesentlichen die Versorgung mit Geld. Touristen werden Opfer krimineller Aktivitäten wie beispielsweise Geiselnahmen und Überfälle.
- Tourismus als strategisches Ziel: Angriff auf den Tourismus als Wirtschaftsfaktor des jeweiligen Landes.
- Tourismus als ideologisches Ziel: Hier wird der Tourismus als Repräsentant ideologischer Werte, politischer Systeme oder ‚ungläubiger' Personen oder Gesellschaften angegriffen.

Sofern Touristen nicht gezielt attackiert werden, lösen Anschläge nur geringe Rückgänge im Touristenaufkommen des betroffenen Landes aus. Sobald Touristen jedoch ausdrücklich zum Ziel von Anschlägen erklärt und gezielt angegriffen werden, ändert sich dies (Glaeßer 2001, S. 79; Freyer & Schröder 2004, S. 70).Touristen als Ziel erhöhen das Medieninteresse und sichern den Terroristen ein größeres Medieninteresse als bei Tötung Einheimischer (Freyer & Schröder 2004, S. 65 f.). Neben einer solchen Mittel-Ziel-Motivation richten sich manche religiös-fundamentalistisch motivierte Terroranschläge aber auch direkt gegen Touristen und deren Lebensweise, wie dem Konsum von Alkohol und Drogen, der sexuellen Freizügigkeit, der Kleidung und dem gesamten Auftreten.

Volkswirtschaftlich ist der Tourismus in vielen Ländern einer der führenden Wirtschaftszweige. Auch daraus resultieren manche Angriffe auf Touristen. Terroranschläge können zu einem Rückgang der Touristenzahlen führen. Besonders groß ist die Wirkung, wenn Anschläge gegen Touristen sich häufen und über einen längeren Zeitraum anhalten (Pizam & Fleischer 2002, S. 339) oder wenn die Wirkung eines einzelnen Anschlags besonders katastrophal ist. Allerdings haben Anschläge häufig geringere Effekte auf die Tourismusentwicklung als noch vor wenigen Jahren. Viele Menschen haben sich scheinbar an Terroranschläge gewöhnt. Die Einstellung „Sicher ist es nirgendwo!" findet man immer häufiger. Hierzu haben auch die Anschläge in Europa beigetragen (Madrid, London, Paris, Nizza, Berlin). Damit wird das Terrorrisiko von einem ortsgebundenen zu einem generellen Risiko. In Folge schützt das Vermeiden bestimmter Länder oder Orte in Ländern nicht mehr in dem Maße wie früher. Es kann einen in Madrid ebenso treffen wie in Kairo. Zu erwarten wären Einbrüche im Touristenaufkommen in bemerkenswertem Umfang nach Terrorakten nur dann, wenn ein besonders schwerer Anschlag oder eine kontinuierliche Anschlagsserie nachhaltig die mediale Aufmerksamkeit auf sich zöge. Zu einem Forschungsüberblick zur Thematik siehe auch Boven 2018, S. 19 ff. (ss)

Literatur

Boven, Christine 2018: Tourismus und Terrorismus und die Rolle von Risikowahrnehmung: Forschungsansätze. In: Silke Hahn; Zeljka Neuss (Hrsg.): Krisenkommunikation in Tourismusorganisationen. Grundlagen, Praxis, Perspektiven. Wiesbaden: Springer VS, S. 19–34

Freyer, Walter; Alexander Schröder 2004: Tourismus und Terrorismus. In: Walter Freyer; Sven Groß (Hrsg.): Sicherheit in Tourismus und Verkehr – Schutz vor Risiken und Krisen. Dresden: FIT, S. 53–83

Glaeßer, Dirk 2001: Krisenmanagement im Tourismus. Frankfurt: Peter Lang

Niedersächsisches Ministerium für Inneres und Sport – Verfassungsschutz 2017: Verfassungsschutzbericht 2016. Hannover: Niedersächsisches Ministerium für Inneres und Sport

Page, Stephen J. 2019: Tourism Management. London, New York: Routledge (6th ed.)

Pizam, Abraham; Aliza Fleischer 2002: Severity versus Frequency of Acts of Terrorism: Which has a Larger Impact on Terrorism Demand? In: Journal of Travel Research, 40 (3), pp. 337–339

Pizam, Abraham; Ginger Smith 2000: Tourism and terrorism: a quantitative analysis of major terrorist acts and their impact on tourism destination. In: Tourism Economics, 6 (2), pp. 123–138

Tex-Mex **[Tex-Mex]**

Tex-Mex setzt sich aus den beiden Begriffen „Texas" und „Mexiko" zusammen und charakterisiert ursprünglich einen mittelamerikanischen Musikstil, der durch traditionelle mexikanische Volksmusik und Elemente des nordamerikanischen Blues und Rock'n'Roll geprägt ist. Hiervon abgeleitet bezeichnet die Tex-Mex-Küche einen typischen Kochstil, der unter Wahrung spezifischer Eigenheiten die nordmexikanische Küche mit der Südstaatenküche der USA kombiniert. Tex-Mex-Küche wird teilweise mit dem Begriff „borderfood" synonym verwendet. Kennzeichen der Tex-Mex-Küche ist die Verwendung von Bohnen, Fleisch und scharfen Gewürzen. Ihr Ursprung wird zum einen den Volksstämmen der Mayas und ihren spanischen Eroberern zugeschrieben, deren Küche eine Synthese aus alteinheimischen (z. B. aztekischen, zapotekischen, otomí, maya) und kolonial-spanischen, aber auch französischen und schwarzafrikanischen Speisen bildet. Diese setzt sich in erster Linie aus Ingredienzien wie Mais, Fleisch-, Weizen- und Milchprodukten zusammen. Zum anderen wird die Tex-Mex-Küche von den Ess-traditionen der mexikanischen Indianervölker geprägt, die sich vor allem von Maistortillas, Früchten, Bohnen und Chilischoten ernährten.

Neben Chili con Carne, einem Eintopf aus Fleisch, Bohnen, Chilischoten und sonstigen Gemüsesorten, zählen zu den bekanntesten Gerichten der Tex-Mex-Küche verschiedenartig gefüllte Tortillas, Enchiladas, Burritos und Flautas. Infolge persönlicher und regionaler Vorlieben können die Zubereitungsweisen der Tex-Mex-Gerichte sehr unterschiedlich sein. (sb)

Tex-Mex-Küche → **Tex-Mex**

TGV → **Hochgeschwindigkeitszüge**

Thalasso-Therapie → **Kur**

Thalys

Europäischer → Hochgeschwindigkeitszug, der die Metropolen Paris, Brüssel, Köln und Amsterdam (PBKA) verbindet. Das Streckennetz wurde im Lauf der Jahre um weitere Haltepunkte erweitert. Der Name Thalys ist ein Kunstwort, das in den beteiligten Ländern mühelos auszusprechen ist.

Die gleichnamige Betreibergesellschaft wurde 1995 als Kooperation zwischen den vier Ländern Frankreich, Belgien, Niederlande und Deutschland bzw. deren Bahngesellschaften SNCF, SNCB, NS und DB gegründet. 1996 wurde der erste, rotfarbige Zug in Dienst gestellt. Er ist optisch und technisch an den französischen TGV angelehnt (Dostal 2018, S. 16 f.; Thalys o. J.). Der länderübergreifende Hochgeschwindigkeitszug (bis zu 300 km/h) fordert eine aufwendige Koordination von Technik und Mitarbeitern (nationale Signalsysteme, Elektrifizierungen, Vorschriften und Sprachen). Das jährliche Aufkommen an Passagieren beträgt über 7,5 Millionen (Thalys o. J.). Der Zug wird als erfolgreiches europäisches Gemeinschaftsprojekt gewertet. (wf)

Literatur

Dostal, Michael 2018: Triebwagen und Triebzüge. Deutsche Bahn und Privatbahnen. München: GeraMond

Thalys o. J.: Multikulturelle Ambition. (https://www.thalys.com/de/de/uber-thalys/multikulturelle-ambition, zugegriffen am 17.08.2020)

Thanatourismus → Dark Tourism

Themenparks → Erlebniswelten, → Freizeitpark, → Markenwelten

Thermalheilbad → Mineral- und Thermalheilbad

Third Places

Plätze, die neben dem Zuhause (first place bzw. erster Platz) und der Arbeit (second place bzw. zweiter Platz) existieren und als wichtige Orte des sozialen Austauschs gesehen werden. → Coffee-Shops wie Starbucks positionieren sich in ihrer Werbung als „einen dritten Platz", der neben dem Zuhause und der Arbeit ein Ort der Kommunikation und Gemeinschaft sein soll. (wf)

Thomas Cook

(a) Kurzbiographie 1808–1892. Seine 1841 organisierte Eisenbahnreise von mehreren hundert Temperenzlern (Abstinenzler) von Leicester nach Loughborough gilt, obwohl sie nach heutigem Verständnis ein Ausflug war, als erste Pauschalreise. Ihr folgten aufgrund des großen Erfolgs Reisen zu weiteren Zielen in Großbritannien. 1866 führte Thomas Cook die erste → Pauschalreise nach Nordamerika durch. War hier das Schiff noch bloßes Reiseverkehrsmittel, wurde es 1872 zum hauptsächlichen Aufenthaltsort, als er eine 220-tägige Weltreise organisierte. Nachdem er 1869 mit Nilkreuzfahrten (→ Flusskreuzfahrt) begonnen hatte, baute er 1886 auch eigene Nildampfer für seine Ägyptenreisen, da das Land wegen mangelnder Verkehrsinfrastruktur kaum anders bereist werden konnte. → Thomas Cook (b) Reisekonzern. (jwm)

Literatur

Brendon, Piers 1991: Thomas Cook – 150 Years of Popular Tourism. London: Secker & Warburg

Mundt, Jörn W. 2014: Thomas Cook. Pionier des Tourismus. Konstanz, München: UVK

(b) Reisekonzern Begründet durch die erfolgreiche Durchführung von Exkursionen durch Thomas Cook (→ Thomas Cook (a) Kurzbiographie) entstand ein Reiseunternehmen, in das 1864 auch sein Sohn James Mason Cook eintrat. 1871 wurde dann die Firma Thomas Cook & Son gegründet, in dem James Mason Cook Partner seines Vaters wurde. Das Unternehmen wuchs auch durch eine Reihe innovativer Ideen.

So wurden 1868 der Hotelvoucher (→ Voucher) eingeführt, den man bei Thomas Cook & Son erwerben konnte und der vom gebuchten Hotel akzeptiert wurde, so dass man dafür kein Bargeld mit sich führen musste. 1874 folgte der ‚Thomas Cook Reisekreditbrief‘, der Vorläufer des Reiseschecks, mit dem man auch weitere Ausgaben bargeldlos tätigen bzw. sich Bargeld auf Reisen besorgen konnte. Mit Dependancen in Kairo und New York und vielen weiteren Büros sowie mit dem Vertrieb des 1851 von Thomas Cook gegründeten „Excursionist" – einem Mittelding zwischen Zeitung und modernem Reisekatalog – im gesamten englischsprachigen Raum wurde Thomas Cook & Son um 1900 das größte Reiseunternehmen der Welt.

Zu diesem Zeitpunkt hatten nach dem Tod von Thomas (1892) und von James Mason Cook (1897) bereits dessen Söhne das Unternehmen übernommen. 1928 verkauften sie es an die französisch-belgische Konkurrenz Compagnie Internationale des Wagons-Lits et des Grands Express Européens. 1948 wurde Thomas Cook & Son Bestandteil der staatlichen British Rail und kam erst 1972 wieder in private Hände, darunter die der Midland Bank, die das Unternehmen fünf Jahre später komplett übernahm. Da Thomas Cook schon lange Wechselstuben unterhielt und 1990 durch die Übernahme dieses Geschäfts von der US-amerikanischen Deak International zum weltgrößten Devisenhändler wurde, war das Unternehmen auch für Banken interessant. Dies zeigte sich auch zwei Jahre später, als die Westdeutsche Landesbank die Mehrheit bei Thomas Cook übernahm. Durch den Kauf der Traveller Cheques-Tochter der britischen Barclays Bank 1994 wurde Thomas Cook in diesem Markt zum größten Anbieter außerhalb der Vereinigten Staaten.

Es folgen bewegte Jahre mit Übernahmen, Rebrandings und Fusionen. Der älteste Reisekonzern der Welt kämpfte an verschiedenen Fronten: Das klassische Reisegeschäft und die Pauschalreise wurden vom Trend zu Individualreisen und Online-Wettbewerbern untergraben. Die Finanzkrise, eine hohe Schuldenlast durch unternehmerische Fehlinvestitionen, Brexit-Unsicherheit und dann geplatzte Übernahmespekulationen durch chinesische Investoren verschärften den Problemdruck. 2019 meldete der Reisekonzern Insolvenz an und löste eine Schockwelle in der Tourismusbranche aus. (jwm/wf)

Tiefgang [draught]

Maß für das Absinken des Schiffskörpers unter die Wasserlinie. Die Größe des Tiefgangs hängt einerseits ab von der Beladung des Schiffes, andererseits vom Wasser, in dem das Schiff fährt: In Salzwasser ist der Tiefgang niedriger als in Süßwasser, was bei Fahrten in Häfen im Binnenland durch Flüsse bzw. Flussmündungen berücksichtigt werden muss (zum Beispiel Hamburger Hafen). (jwm)

Timesharing [timesharing]

Time (engl.) = Zeit; share (engl.) = Anteil. Timesharing ist ein Nutzungsrecht an einer Wohneinheit für eine gewisse Zeitspanne, Eigentum an der Immobilie wird grundsätzlich nicht erworben. Am Ende der vertraglichen Laufzeit von bspw. 30 Jahren gehört die Wohneinheit dem Projektentwickler bzw. Betreiber und nicht dem Käufer des Wohnrechts (Vallen & Vallen 2018, S. 46 f.).

Existierten in den Anfängen einfache, starre Angebote (z. B. Kalenderwoche 20, Apartment 15 in einem bestimmten Resort über die vereinbarte Vertragslaufzeit; „fixed week"), kamen mit der Zeit flexiblere Lösungen hinzu (Auswahl zwischen mehreren Wochen; „float week"). Der Kauf von Wohnpunkten, die variabel einlösbar sind, etwa auch für Aufenthalte auf Kreuzfahrtschiffen oder Hausbooten, und angespart werden können, soll den Nutzern weitergehende Flexibilität einräumen. Auf Punkteplattformen können diese auch unter Mitgliedern gehandelt werden. Mit der Variabilität für die Kunden steigt die Komplexität für die Betreiber (Upchurch & Lashley 2006, S. 2 ff.; Vogel 2012, S. 158 f.).

Die Käufer des Wohnrechts zahlen neben dem Preis für das Nutzungsrecht zusätzlich jährliche Verwaltungs- und Instandhaltungskosten. Ein Verkauf des Wohnrechts ist möglich, allerdings schwierig zu realisieren. Projektentwickler bzw. Betreiber auf der anderen Seite profitieren durch Entwicklung, Verkauf und Verwaltung der Immobilieneinheiten mehrfach. Unsolide Verkaufspraktiken (Drückermethoden beim Verkauf einer „neuen" Urlaubsidee) beschädigten den Ruf des Geschäftsmodells, in der Folge wurde in mehreren Ländern der Gesetzgeber aktiv. Verbraucherzentralen (2017, S. 1 ff.; auch Stiftung Warentest 2010, S. 12 ff.) sehen Timesharing kritisch (hohe Investitionskosten, mangelnde Flexibilität, etwa beim Tausch von Wohneinheiten, schwieriger Wiederverkauf, komplizierte Vertragsstrukturen, Standortrisiko).

Seinen Ursprung hat das Konzept in den 1960er-Jahren in den französischen Alpen (für die Entwicklung von Skiresorts). In den 1980er- und 1990er-Jahren stiegen große US-Hotelkonzerne in den Markt ein und versuchten, über ihre Reputation, Marke, Qualitätsstandards und ethischen Grundsätze, Vertrauen in das ramponierte Modell zu bringen. Hauptmärkte in den USA sind bevorzugte Urlaubsdestinationen wie Florida oder Kalifornien, aber auch Metropolen. Der negativ besetzte Begriff wurde durch Begriffe wie ‚interval ownerships' oder ‚vacation ownerships' abgelöst, das Konzept fortentwickelt (Upchurch & Lashley 2006, S. 9 ff.; Vallen & Vallen 2018, S. 47; Vogel 2012, S. 158 f.). Siehe auch → Condominium Hotel. (wf)

Literatur

Stiftung Warentest (Hrsg.) 2010: Timesharing: Urlaub lebenslänglich. In: test, o. Jg. (08), S. 12–15

Upchurch, Randall; Conrad Lashley 2006: Timeshare Resort Operations: A Guide to Management Practice. Amsterdam et al.: Butterworth-Heinemann

Vallen, Gary K.; Jerome J. Vallen 2018: Check-In Check-Out: Managing Hotel Operations. Boston: Pearson (10th ed.)

Verbraucherzentrale 2017: Time-Sharing-Urlaub. (https://www.verbraucherzentrale.de/wissen/reise-mobilitaet/hotels-und-ferienhaeuser/timesh%20%20aringurlaub-10401, zugegriffen am 07.05.2020)

Vogel, Harold L. 2012: Travel industry economics: A guide for financial analysis. Cambridge: University Press (2nd ed.)

TIN → **Qualitätszeichen**

Tip → **Trinkgeld**

Tischbürste → **Crumb down-Service**

Tischmanieren → **Tafelkultur**

Tischmeister → **Trinkspruch**

Tischzeiten → **First sitting**

Törggelen

Das Törggelen ist Brauch in Südtirol, Italien. Dort, wo Kastanien und Wein wachsen, öffnen von Anfang Oktober bis Ende November Buschen- und Hofschänken ihre Bauernstuben. Die Wirte bringen Südtiroler Köstlichkeiten wie hausgemachte Schlutzkrapfen, Knödel, Surfleisch und Hauswürste mit Sauerkraut, süße Krapfen und gebratene Kastanien auf den Tisch, dazu wird der „Siaße" (Traubenmost) und junger Wein serviert. Der Brauch entstand, weil Bauern sich nach dem Einbringen der Ernte bei ihren Erntehelfern mit einem großen Festmahl bedanken wollten. Törggelen kommt aus dem Lateinischen "torquere", was soviel wie „Wein pressen" bedeutet. → Straußwirtschaft. (fr)

Literatur

IDM Südtirol 2020: Genussjahreszeit "Törggelen". (www.suedtirol.info/de/erleben/toerggelen, zugegriffen am 11.04.2020)

Toilette [lavatory, restroom, washroom]

Toilette bezeichnet zum einen das eigentliche Klosettbecken, zum anderen die Räumlichkeit. Letztere hat lange Zeit – nicht nur im Gastgewerbe – einen kostenintensiven Nebenaspekt der zu bereitstellenden Infrastruktur dargestellt; als Tabuthema bzw. Ort der Verschwiegenheit wurde ihr keine besondere Aufmerksamkeit geschenkt. Seit Ende des letzten Jahrhunderts entwickeln sich Toiletten verstärkt zu Designräumen und einem Baustein des betrieblichen Gesamtkonzepts. Über emotional ansprechende Materialien, Beleuchtung, Farben, Musik, Düfte oder Dekoration lassen sich die funktionalen Räume neu interpretieren und in Szene setzen (Hudson 2008, S. 6 ff.).

In Hotels werden Toiletten im öffentlichen Bereich gewöhnlich in der Nähe der → Rezeption, des → Restaurants und der Bankett-Räumlichkeiten (→ Bankett) konzipiert. Die Bauordnungen der einzelnen Bundesländer definieren rechtliche Vorgaben. Für die Dimensionierung der Toilettenanlagen existieren darüber hinaus Erfahrungswerte, die sich an der Sitzplatzkapazität ausrichten, z. B. bei Herrentoiletten zwei Urinale/≤ 50 Gastplätze oder bei Frauentoiletten ein WC/50 Gastplätze (Thomas, Norman & Katsigris 2014, S. 67 f.; Kister 2019, S. 346). Die Orientierungswerte variieren in Abhängigkeit vom Betriebstyp, eine Unterdimensionierung wird von Gästen als ärgerlich empfunden.

Bei der Unterhaltung der stark frequentierten Örtlichkeit ist vor allem auf Sauberkeit und Funktionalität zu achten. Unhygienische Toiletten verleiten Gäste zu nachlässigem Verhalten und können den betrieblichen Gesamteindruck mindern; mitunter werden Rückschlüsse auf die Hygiene in der Küche und im Service gezogen. Aufgrund der Möglichkeit einer geschlechtsspezifischen Zielgruppenansprache und der relativ langen Aufenthaltszeit werden Toiletten auch für Werbezwecke genutzt (Fuchs 2009, S. 17). Zu Gepflogenheiten und Hygienestandards in verschiedenen Ländern siehe Sedano 2015. Synonym: Abort, WC. (wf)

Literatur

Fuchs, Wolfgang 2009: Das Klo macht selten froh. In: Allgemeine Hotel- und Gastronomie-Zeitung (AHGZ), 109 (29), S. 17

Hudson, Jennifer 2008: Restroom: Zeitgenössisches Toilettendesign. Ludwigsburg: avedition

Kister, Johannes (Hrsg.) 2019: Neufert Bauentwurfslehre. Wiesbaden: Springer Vieweg (42. Aufl.)

Sedano, Nina 2015: Happy End. Die stillen Örtchen dieser Welt. Neues von der Ländersammlerin. Hamburg: Eden Books

Thomas, Chris; Edwin J. Norman & Costas Katsigris 2014: Design and Equipment for Restaurants and Foodservice: A Management View. Hoboken/New Jersey: John Wiley & Sons (4th ed.)

TOMA-Verfahren → **Globales Distributionssystem (GDS)**

Torchon

Ein aus Baumwolle oder Baumwolle und Leinen gefertigtes Tuch, das von Köchen zum Anfassen heißer Arbeitsgegenstände und gelegentlich zum Abwischen der Hände (torcher [franz.] = abwischen, putzen) genutzt wird. (wf)

Touch and go

Aufsetzen und Durchstarten eines Flugzeuges auf einer Landebahn. (jwm)

Touch down

Aufsetzen eines Flugzeuges auf einer Landebahn. (jwm)

Touchpoint

Touchpoint („Berührungspunkt") oder Point of Contact („Kontaktpunkt") bezeichnet die Schnittstelle eines Unternehmens, eines Wirtschaftsguts (Produkt oder → Dienstleistung) oder einer → Marke zu unternehmensrelevanten Stakeholdern (→ Stakeholder-Management) im B2B oder B2C-Bereich. Je nach Perspektive kann ein Touchpoint spezifischer bezeichnet werden, z. B. als Corporate Touchpoint (Schnittstelle zum Unternehmen), Brand Touchpoint (Schnittstelle zur Marke) oder Customer Touchpoint (Schnittstelle zum Kunden). Bei Kunden und Lieferanten kann der Kontakt sowohl vor, während als auch nach einer Transaktion mit dem Ziel erfolgen, kognitive, emotionale und/oder konative Prozesse zu beeinflussen (→ Customer Journey). So sollen sowohl positive Emotionen, wie Freude oder Interesse ausgelöst, als auch relevantes Unternehmens-, Produkt- oder Markenwissen vermittelt oder konkrete Handlungsimpulse ausgelöst werden (Schüller 2016). Aufgrund dieser Erfahrungen können ein klares inneres Bild sowie spezifische Einstellungen (Images) und Verhaltensdispositionen entstehen. Möglicherweise ändert sich unter dem Eindruck des Erlebten auch ein schon vorhandenes Bild oder eine vorhandene Einstellung. Touchpoints sind für ein Unternehmen wesentliche Ansatzpunkte, um das Erscheinungsbild des Unternehmens (einer Marke, eines Wirtschaftsguts, einer Dienstleistung) in der Wahrnehmung der Ziel- und Anspruchsgruppen zu verankern, idealerweise mit dem Ziel, eine Kundenbeziehung zu beginnen, eine bestehende Kundenbeziehung zu stabilisieren und positive Word-of-Mouth-Kommunikation zu generieren. Siehe auch → Customer Touchpoint Management; → Moment(s) of truth. (sb)

Literatur

Schüller, Anne M. 2016: Touch.Point.Sieg. Kommunikation in Zeiten der digitalen Transformation. Offenbach: Gabal

Tourismus [tourism]

Das Wort ‚Tourismus' geht zurück auf das griechische (= tornos) für ‚zirkelähnliches Werkzeug' und gelangte über das lateinische ‚tornare' (= runden) und das französische ‚tour' ins Englische und Deutsche. Es ist der Obergriff für „das zeitweilige Verlassen seiner gewohnten Umwelt, bei dem die Rückkehr an den Ausgangspunkt von vornehrein feststeht und ohne deren Gewissheit man die Reise gar nicht erst angetreten hätte" (Mundt 2013, S. 1 ff.). Der Aufenthaltsort ist „dabei weder hauptsächlicher und dauernder Wohn- noch Arbeitsort" (Kaspar 1991, S. 18). In der Definition der → Welttourismusorganisation (UNWTO) müssen zwischen dem Verlassen des Wohnortes und der Rückkehr mindestens eine und maximal 364 Übernachtungen stehen. Der Zweck ist dabei weitgehend unerheblich. Lange gebräuchlich war im Deutschen auch die weitgehend synonyme Bezeichnung ‚Fremdenverkehr', die in den letzten Jahren aber durch den Begriff ‚Tourismus' abgelöst wurde.

Er ist abzugrenzen vom Begriff ‚Reise', der umfassender jedwede Entfernung von einem bestimmten Ort kennzeichnet, unabhängig davon, ob man an diesen zurückkehrt oder nicht. Der Tourismus umfasst also eine Vielzahl von Reisearten, von den Privat- bis zu Dienst- und → Geschäftsreisen, auch wenn umgangssprachlich oft damit nur die privaten Urlaubsreisen bezeichnet werden.

In seiner erweiterten Form bezeichnet Tourismus zudem alle Phänomene, die mit dieser Art von Reisen verbunden sind. Dazu gehören auf der Seite der → Touristen zum Beispiel die → Reisemotivation, die → Reiseentscheidung und die Aktivitäten während einer Reise bzw. eines Aufenthaltes. Auf der Anbieterseite sind damit → Destinationen, Verkehrsunternehmen (wie zum Beispiel → Fluggesellschaften), Beherbergungsbetriebe (→ Hotel), → Reiseveranstalter und → Reisevermittler angesprochen, so dass man zusammen auch von einer Tourismuswirtschaft mit einer Reihe von tourismusspezifischen Berufen wie zum Beispiel → Reiseleiter und → Animateur sprechen kann.

Die Verhaltensweisen der Akteure sind Gegenstand sozialwissenschaftlich orientierter Tourismusforschung, die soziologische (→ Tourismussoziologie), psychologische (→ Tourismuspsychologie), pädagogische (→ Tourismuspädagogik), historische (→ Tourismusgeschichte), räumliche (→ Tourismusgeographie) und wirtschaftswissenschaftliche Aspekte (zum Beispiel → Touristische Wertschöpfungskette) des Tourismus untersucht. Zu Möglichkeiten der Erfassung des Tourismus siehe Mundt 2013, S. 10 ff.; Neumair, Rehklau & Schlesinger 2019, S. 213 ff.; Page 2019, S. 20 ff. (jwm/wf)

Literatur

Kaspar, Claude 1991: Die Tourismuslehre im Grundriß. Bern, Stuttgart: Haupt (= St. Galler Beiträge zum Tourismus und zur Verkehrswirtschaft – Reihe Tourismus, Bd. 1)

Mundt, Jörn W. 2013: Tourismus. München, Wien: Oldenbourg (4. Aufl.)

Neumair, Simon Martin; Tatjana Rehklau & Dieter Matthew Schlesinger 2019: Angewandte Tourismus-Geographie: Räumliche Effekte und Methoden. Berlin, Boston: De Gruyter Oldenbourg

Page, Stephen J. 2019: Tourism Management. London, New York: Routledge (6th ed.)

Gedankensplitter
"Don't forget the customer." (Alexis Papathanassis, Professor für Kreuzfahrttourismus an der Hochschule Bremerhaven)

Tourismusabgabe [local tourism dues for businesses]

Gemeinden in Deutschland, die ganz oder teilweise (zum Beispiel Ortsteile) als → Erholungsort, → Luftkurort oder → Heilbad und → Kurort prädikatisiert sind, dürfen von Gästen → Kurabgaben und von ortsansässigen wie von dort zeitweise beschäftigten, aber nicht ansässigen Unternehmen, die vom örtlichen → Tourismus profitieren (zum Beispiel Bauunternehmen), zweckbezogene Abgaben verlangen. Voraussetzung dafür ist der Beschluss des Gemeinderates über eine entsprechende Satzung, in der geregelt ist, welche Kriterien für die Bestimmung der Bemessungsgrundlage zugrundegelegt wird, wie hoch die Abgabe ist und wann sie fällig ist.

Die gesetzliche Grundlage dafür liefern die Kommunalabgabegesetze der Bundesländer, die diese erlassen können, weil der Bund nach Artikel 70 (1) in Verbindungen mit den Artikeln 73 und 74 GG des Grundgesetzes (GG) in diesem Bereich keine Gesetzgebungskompetenz beansprucht. In ihnen ist festgelegt, dass Gemeinden zur Deckung ihres Aufwandes für touristische Werbung und Infrastruktur Abgaben erheben können. Abgabepflichtig sind jeweils nur solche selbstständig tätigen natürlichen und juristischen Personen, die direkt (unmittelbar) oder indirekt (mittelbar) besondere wirtschaftliche Vorteile aus dem örtlichen Tourismus ziehen. In der Regel werden sie nur in dem Maße zur Finanzierung dieser Aufwendungen herangezogen, zu dem sie auch vom Tourismus profitieren. Das heißt, dass nur der Teil des Umsatzes (= Vorteilssatz) abgabenpflichtig ist, der auf den Tourismus zurückzuführen ist (→ Wirtschaftsfaktor Tourismus). Die Vorteilssätze können von Gemeinde zu Gemeinde aufgrund der spezifischen Gewerbestruktur unterschiedlich bestimmt werden und sind in einer Tourismusabgabensatzung festgehalten.

So werden zum Beispiel in einer Tourismusgemeinde Beherbergungsbetriebe (→ Hotels, → Hotelpensionen, → Campingplätze, Vermieter von → Ferienwohnungen usw.) und Badeärzte in der Regel zu 100 %, gastronomische Betriebe (→ Restaurants, → Bars usw.), aber auch Parkplätze und -häuser mit ca. 75 %, Einzelhandelsunternehmen (Lebensmitteleinzel-, Buch- und Zeitschriftenhandel usw.) mit ca. 50 %, das Baugewerbe mit ca. 25 % und Ärzte (ohne Badeärzte),

Zahnärzte, Rechtsanwälte, Fuhrbetriebe, Steuerberater usw. mit ca. 10 % veranlagt. Bemessungsgrundlage sind in der Regel nicht die tatsächlichen, sondern die gewerbespezifischen Gewinnsätze, die von der für die Gemeinde zuständigen Oberfinanzdirektion für das vorangegangene Jahr festgestellt werden. Damit ist gewährleistet, dass die Abgabe auch dann entrichtet wird, wenn in einem Jahr keine Gewinne gemacht werden. (jwm/abw)

Tourismusarchitektur [tourism architecture]

Die touristische Landschaft besteht per Definition aus einer konstruierten, so dass Tourismus ohne Architektur nicht denkbar wäre (Bijlsma, van Dijk & Geerts 2004, S. 2). Dabei liefert die Architektur – in Form von → Flughäfen, → Bahnhöfen, Brücken, Straßen oder Schienen – zunächst die notwendige Infrastruktur, um den Touristen überhaupt vom Quell- ins Zielgebiet zu bewegen. Vor Ort dient die Architektur dann zur Beherbergung, Versorgung und für berufliche oder private Aktivitäten und kann auch maßgeblich zur touristischen Attraktivität einer Destination beitragen (→ Architekturtourismus). Obwohl sich der Tourismus grundsätzlich als Dienstleistungsindustrie versteht, gehört Architektur damit zu einem seiner wichtigsten Erfolgsfaktoren (Specht 2020, S. 233). Bauwerke mit touristischer Relevanz lassen sich aber nicht nach den üblichen Maßstäben der Raumordnung und Baugesetzgebung klassifizieren. Während Wohnen, Arbeiten, Einkaufen, Produktion und Verwaltung sowie Sport und Kultur hier festgeschriebene Begriffe sind, lässt sich der Tourismus nur schwer einordnen (Romeiß-Stracke 2010, S. 11 f.). Das wird deutlich beim Versuch, die unterschiedlichen Bauwerke klar dem Touristen als Nutzer zuzuschreiben. Während das bei Beherbergungsstrukturen noch ansatzweise funktionieren kann, werden andere Immobilienarten – abhängig vom Standort – von Einheimischen und Besuchern gleichermaßen genutzt. Beispiele sind Bahnhöfe, Einkaufszentren, Museen, Restaurants und Kirchen. Auch können sich Funktion und touristische Relevanz von Bauwerken im Zeitverlauf ändern. So diente beispielsweise die Ende des 19. Jahrhunderts erbaute Hamburger Speicherstadt ursprünglich als Lagerhauskomplex. Mittlerweile ist das denkmalgeschützte Areal, das 2015 in die Liste des UNESCO-Welterbes aufgenommen wurde, eine der wichtigsten → Sehenswürdigkeiten der Hansestadt und beherbergt darüber hinaus zahlreiche andere touristische Attraktionen.

Ein einheitliches Verständnis von Tourismusarchitektur liegt bis dato nicht vor. So wird der Begriff im engeren Sinne meist für Bauwerke wie Hotels oder Freizeitanlagen verwendet, die hauptsächlich oder ausschließlich von Touristen genutzt werden (Romeiß-Stracke 2010, S. 12). Hingegen umfasst ein erweitertes Begriffsverständnis alle Arten von baulichen Strukturen mit direkter Relevanz für den Tourismus. Das schließt beispielsweise auch Kinos oder → Parks ein, insoweit diese auch von Touristen genutzt werden (Specht 2014, S. 10). Anders als beim → Architekturtourismus spielt die Attraktivität der Objekte bei der Frage der Verwendung des Begriffs „Tourismusarchitektur" keine Rolle. (js)

Literatur

Bijlsma, Like; Terenja van Dijk & Filip Geerts 2004: Architecture and the Tourist Landscape. In: Architectural Journal Oase, 64, pp. 2–15

Romeiß-Stracke, Felizitas 2010: Mehr Baukultur im Tourismus. In: Harald Pechlaner; Silvia Schön (Hrsg.): Regionale Baukultur als Erfolgsfaktor im Tourismus – Nachhaltige Vermarktung von Destinationen. Berlin: Erich Schmidt, S. 13–23

Specht, Jan 2014: Architectural Tourism. Wiesbaden: Springer

Specht, Jan 2020: Architekturtourismus. In: Axel Dreyer; Christian Antz & Martin Linne (Hrsg.): Kulturtourismus. Berlin: De Gruyter Oldenbourg, S. 233–241 (3. Aufl.)

Gedankensplitter

„In China gelten ganz andere Regeln, auch hinsichtlich Qualität. (...) Chinesen gehen kompromisslos auf Geschwindigkeit bei der Entwicklung von Hotelprojekten." (Matteo Thun, Stararchitekt)

Tourismusbeirat → **Beirat für Fragen des Tourismus beim Bundesministerium für Wirtschaft und Energie**

Tourismusdestination → **Destination**

Tourismusdichte [tourism density]

Maß zur Ermittlung der Bedeutung des Tourismus für eine Gebietseinheit. Sie gibt nach dem Beispiel der Bevölkerungsdichte das Verhältnis der Übernachtungen von Touristen (Übernachtungsdichte) oder der Ankünfte von Touristen (Ankunftsdichte) zur Gebietsgröße an.

Jedoch ist die → Tourismusintensität, die sich nicht auf die Gebietseinheit, sondern auf die jeweilige Einwohnerzahl bezieht, die gebräuchlichere Form zur Messung der Tourismusdichte. (jwm/abw)

Tourismusgeographie → **Geographie der Freizeit und des Tourismus**

Tourismusgeschichte [tourism history]

Mit Tourismusgeschichte werden drei unterschiedliche Komponenten benannt. Erstens geht es um die Geschichte des Reisens und des → Tourismus in seinen unterschiedlichen Perspektiven, Spielarten und Auswirkungen. Zweitens handelt es bei der Tourismusgeschichte um ein wissenschaftliches Fach, das sich mit den historischen Dimensionen des Reisens und des Tourismus beschäftigt. Drittens ist mit Tourismusgeschichte eine sehr wesentliche Ressource und Rahmenbedingung für die Leistungsträger im touristischen System und deren Geschäftsmodellen benannt.

1 Tourismusgeschichte als Geschichte des Reisens und des Tourismus Grundsätzlich wird zwischen vormodernen und modernen Formen des Reisens und des Tourismus unterschieden. Der entscheidende Übergang zu den modernen Formen fand mit dem Prozess der Industrialisierung in der westlichen Welt im Verlauf des 19. Jahrhunderts statt. Einen weiteren Schub erlebte das touristische System infolge der Demokratisierung und Globalisierung des Reisens in der zweiten Hälfte des 20. Jahrhunderts.

Reisen und Mobilität waren von Anfang an Teil menschlicher Zivilisationen. Treiber waren zunächst Handel, Politik und Religion, weniger dagegen Vergnügen und individueller Urlaub. Für die Blütezeit des Römischen Reiches sind die meisten Systemelemente des modernen Tourismus nachweisbar: Es gab ein Restaurant- und ein Hotelwesen, Kultur- und Freizeiteinrichtungen, Bäder und Sightseeing-Plätze, ja selbst → Reiseführer sind überliefert (Zuelow 2016, S. 6–9). Genauso im Italien der Renaissance-Zeit: Hier blühte eine ausdifferenzierte Freizeitwirtschaft, die antike und biblische Themen inszenierte und damit den großen Bedarf religiöser Wallfahrer deckte (Groebner 2018, S. 37–59).

Trotz dieser einzelnen Beispiele prägte sich das moderne touristische System erst mit der Industrialisierung der westlichen Welt und als Reaktion auf die damit verbundenen gesellschaftlichen Umbrüche aus. Ein funktionierendes Rechtssystem, freies Unternehmertum und neue kapitalistische Unternehmensformen waren der Ausgangspunkt für das Aufkommen touristischer Unternehmen (Leistungsträger). Neue Technologien führten zu neuen Reiseverkehrsmitteln – erst die → Eisenbahn, später Auto und Flugzeug – und neuen Kommunikationsformen (zunächst Telegraphie und Telefon). In ihrem Reiseverhalten orientierte sich das aufstrebende Bürgertum in einigen Punkten an adligen Vorbildern. Aber ab Mitte des 19. Jahrhunderts entstanden neue, eigenständige Formen des Tourismus. Nicht zufällig war das erste industrialisierte Land England auch Vorreiter bürgerlichen Reisens. 1841 veranstaltete → Thomas Cook, Pionier der Reisebranche, mit einer 10 km-Zugfahrt die erste → Pauschalreise. Schnell kamen Reiseangebote im ganzen Land und auf den europäischen Kontinent hinzu (Mundt 2014). Attraktivste touristische → Destination dieser Anfangsjahrzehnte war die Schweiz mit ihren Städten und der Lage in den Alpen. In Schweizer Städten entstanden die ersten → Grand Hôtels mit internationaler Ausstrahlung, und mit dem Alpinismus wurde der Grundstein für Wandern und Bergsteigen sowie Naturtourismus im umfassenderen Sinne gelegt. Frühe See- und Heilbäder legten den Grundstein dessen, was heute als „Gesundheitstourismus" verstanden wird. Bis tief ins 20. Jahrhundert hinein war der Tourismus aber wohlhabenderen, bürgerlichen Kreisen vorbehalten. Arbeiter und ärmere Schichten konnten teilweise auf Angebote im Bereich des → Sozialtourismus zurückgreifen.

Im Deutschland des 20. Jahrhunderts ist der Tourismus auch von zwei Diktaturen geprägt: Im Nationalsozialismus waren es die Aktivitäten der Massenorganisation „→ Kraft durch Freude" (KdF), die mit pauschalisierten Angeboten im Bereich Sozialtourismus Erholungsangebote für viele Normalbürger ermöglichte. Trotzdem darf nicht übersehen werden, dass auch im Nationalsozialismus rund 90 % des touristischen Angebots über kommerzielle Leistungsträger abgewickelt wurden. Insofern war der KdF-Tourismus sicherlich ein wichtiges Phänomen – aber er war nicht dominant. In der DDR war es der Gewerkschaftsverband FDGB, der mit einem eigenen Feriendienst über eine enorme touristische Infrastruktur verfügte und knapp die Hälfte des Inlandstourismus organisierte. Auch wenn das Thema Reisen im Sozialismus zurecht mit Grenzkontrollen und Reiseeinschränkungen bzgl. westlicher Destinationen verbunden wird, darf nicht vergessen werden, dass die Reiseintensität im kommunistischen Europa gerade ab den 1970er-Jahren vergleichbar hoch war. Der Binnentourismus in den Ländern war stark ausgeprägt, und bei DDR-Bürgern waren Reisen nach Ungarn, in die Tschechoslowakei und ans Schwarze Meer sehr verbreitet (Hachtmann 2010).

In Westdeutschland und anderen Industriegesellschaften setzte sich nach dem Zweiten Weltkrieg die moderne Massenkonsumgesellschaft durch (Zuelow 2016, S. 165–179). Die Reiseintensität der Bundesbürger kletterte in den 1970er-Jahren erstmals und dauerhaft über die 50 %-Marke. Damit verbunden waren ein starkes Wachstum und eine Ausdifferenzierung der Tourismuswirtschaft. Der Einstieg des Kaufhausunternehmers Neckermann in das Tourismusgeschäft in den 1960er-Jahren steht für den Trend zur günstigen Pauschalreise. Der Zusammenschluss größerer deutscher Reiseveranstalter zum TUI-Konzern bzw. die Ausbreitung und Ausdifferenzierung großer Hotelkonzerne stehen für zunehmende Konzentrationsbewegungen in der Branche.

2 Tourismusgeschichte als wissenschaftliches Fach Im Verbund der Wissenschaften handelt es bei der Tourismusgeschichte um ein kleines Fach, das stark von seinem Charakter als interdisziplinäre Brückendisziplin zwischen unterschiedlichen Fächern geprägt ist. Vorrangig ist es Grenzdisziplin zwischen der Tourismuswissenschaft und den Geschichtswissenschaften und wird insofern auch von den jeweils geltenden Boom- und Modeerscheinungen in beiden Bereichen geprägt. Da die Tourismuswissenschaft sich selbst schon als ein Bündel bzw. Themenfeld anderer Wissenschaften versteht, schlägt diese Interdisziplinarität auch auf die Tourismusgeschichte und deren Themen durch. In der Tourismuswissenschaft kommen Ansätze aus der Geographie, BWL, Psychologie und Soziologie sowie den modernen Kulturwissenschaften und Umweltwissenschaften zusammen. Insofern sind die Themenfelder und Ansätze der Tourismusgeschichte sehr unterschiedlich. Das Spektrum reicht von quantitativen Ansätzen, in der vor allem Masse, Umfang und Reichweite des touristischen Systems bestimmt wurden, bis hin zu kulturhistorischen Ansätzen, in denen Reisemotive und die kulturelle Interaktion von Ländern oder Milieus untersucht werden. Neuere Arbeiten beschäftigen sich mit der Geschichte von Wahrnehmungsmustern, also z. B. in Reiseführern, bei Ansichtskarten, in der Werbung und den damit verbundenen Konstruktionen eines touristischen Blicks.

In der historischen Forschung standen bislang das 19. Jahrhundert und damit die Formierungsphase des modernen Tourismus im Vordergrund. Einige Forschungsarbeiten gibt es zum Tourismus in den deutschen Diktaturen, insbesondere im Nationalsozialismus. Die Nachkriegszeit und damit die Etablierung des Massentourismus bis in die Gegenwart sind bislang kaum Thema der Tourismusgeschichte gewesen. Insbesondere in der Geschichtswissenschaft, aber auch in der Tourismuswissenschaft, fristen historische Tourismusthemen eher ein „Mauerblümchen-Dasein". Dieses Urteil des Historikers Rüdiger Hachtmann hat bis heute Bestand (Hachtmann 2010).

Im deutschsprachigen, aber auch im internationalen Hochschulsystem ist die Position der Tourismusgeschichte vergleichsweise schwach ausgeprägt. Eine explizite Ausrichtung von Professuren oder Lehrstühlen auf ein solches Profil gibt es nicht, und auch eigenständige Studiengänge oder Fächer wurden bislang nicht eingerichtet. Immerhin gibt es mit dem „Journal of Tourism History" seit 2009 eine eigenständige Zeitschrift, die in Zusammenarbeit mit der „International Commission for the History of Travel and Tourism (ICHTT)" erscheint (Walton 2009).

3 Tourismusgeschichte als wesentliche Ressource touristischer Leistungsträger

Ganz im Gegensatz zur schwachen akademischen Verortung der Tourismusgeschichte spielen historische Themen und historische Infrastrukturen für den heutigen Tourismus eine kaum zu unterschätzende Rolle. Neben den natürlichen Infrastrukturen machen kulturelle Ressourcen die wesentliche Rahmenbedingung bzw. Basis für die Attraktivität von Destinationen und damit deren touristischer Angebote aus. Dabei ist mit Kultur häufig Geschichte gemeint (Groebner 2018, S. 10).

Man kann sicherlich sagen, dass der moderne Tourismus in seinen unterschiedlichen Spielarten explizit oder implizit von der Ressource Geschichte lebt. Entlang der gesamten touristischen Wertschöpfungskette haben die Leistungsträger Formen entwickelt, um Geschichte in ihre Geschäftsmodelle einzubinden bzw. für diese nutzbar zu machen.

Geschichte taucht im touristischen System erstens in Form von „historischer Hardware", also Monumenten, Gebäuden und historischen Orten auf. Zweitens ist diese Hardware häufig mit Institutionen wie Museen, Erinnerungsstätten und anderen Formen der Repräsentation verbunden. Drittens sind damit wiederum die unterschiedlichsten Formen der „Software" verbunden, also der medialen Aufbereitung und Verwertung der Geschichte in Form von Text- und Bilddarstellungen, sei es das klassische Buch, der Reiseführer, die Postkarte oder ihre digitalen Äquivalente auf Webseiten, in Filmen, → Social Media oder virtuellen Realitäten. Im Marketing spricht man heute gerne von „→ Storytelling", wenn man einem touristischen Angebot Tiefenschärfe, Authentizität und Emotionalität verleihen will. Praktisch geht es dabei häufig um die Aktivierung von biografischen und kulturhistorischen Aspekten (→ Kulturtourismus) rund um Produkte und → Dienstleistungen, die die Kommunikation mit Kunden und Gästen erleichtern. Die Aufbereitung in Form eines „Storytelling" strebt häufig zu Kürze, Plakativität und Zuspitzung. (am)

Literatur

Groebner, Valentin 2018: Retroland. Geschichtstourismus und die Sehnsucht nach dem Authentischen. Frankfurt/M.: S. Fischer

Hachtmann, Rüdiger 2010: Tourismus und Tourismusgeschichte, Version: 1.0. In: Docupedia-Zeitgeschichte, 22.12.2010. (http://docupedia.de/zg/Tourismus_und_Tourismus geschichte, zugegriffen am 01.09.2019)

James, Kevin J. 2018: Histories, Meanings and Representations of the Modern Hotel. Bristol: Channel View Publications

Mundt, Jörn W. 2014: Thomas Cook. Pionier des Tourismus. Konstanz, München: UVK

Page, Stephen J. 2019: Tourism Management. London, New York: Routledge (6th ed.)

Walton, John K. 2009: Welcome to the Journal of Tourism History. In: Journal of Tourism History, 1 (1), pp. 1–6

Zuelow, Eric G. E. 2016: A History of Modern Tourism. London: Palgrave

Tourismusinformation → **Touristinformation**

Tourismusintensität **[tourism intensity]**

Kennzahl für die → Tourismusdichte in einer Gebietseinheit wie Staaten, Bundesländern, Regionen (z. B. Landkreise oder Tourismusregionen) oder Kommunen. Sie ist der Quotient aus der Anzahl gewerblicher Übernachtungen und Einwohner einer Gebietseinheit. Um eine Vergleichbarkeit zu gewährleisten, werden in der Regel die gewerblichen Übernachtungen in Beherbergungsstätten und Campingplätzen sowie entsprechenden fachlichen Betriebsteilen mit zehn und mehr Schlafgelegenheiten (bzw. bei Campingplätzen mit zehn und mehr Stellplätzen) einer Gebietseinheit einbezogen. In der Regel wird die Tourismusintensität berechnet als gewerbliche Übernachtungen pro 1.000 Einwohner. Dennoch kann es davon abweichend auch Berechnungen geben, bei denen die Anzahl der Übernachtungen pro Einwohner oder pro 100 Einwohner wiedergegeben wird. Die Tourismusintensität ist das gebräuchlichste Maß der Tourismusdichte; auch das Deutsche Statistische Bundesamt verwendet diese Kennzahl.

Sie kann als Maßzahl für die Bedeutung des → Tourismus in einer Gebietseinheit herangezogen werden. Überdurchschnittlich hohe Tourismusintensitäten
kleinerer Gemeinden können auf eine Monostruktur hinweisen, die auf eine hohe Abhängigkeit der Wirtschaft und des Arbeitsmarktes von der Konjunktur im
Tourismus hinweist (Job, Mayer & Paesler 2013, S. 6). An ihr lässt sich folglich
das wirtschaftliche Gewicht des Tourismus in einer Region besser ablesen als an
der absoluten Zahl der Übernachtungen. Wendet man eine Faustregel von Koch
(1986, S. 18 in: Job, Mayer & Paesler 2013, S. 7) an, wonach die Tausenderstelle
der Tourismusintensität (bemessen auf 100 Einwohner) mit 2,5 multipliziert den
prozentualen Beitrag des Tourismus zum regionalen Einkommen ergibt – wobei
sowohl die direkten als auch indirekten wirtschaftlichen Wirkungen berücksichtigt werden –, trägt der Tourismus in Gemeinden mit einer Tourismusintensität
von mehr als 25.000 Übernachtungen pro 1.000 Einwohnern zu etwa 6,25 % zum
regionalen Einkommen bei. Bei einer Tourismusintensität von mehr als 100.000
hängt folglich mehr als 25 % des regionalen Einkommens vom Übernachtungstourismus ab (Job, Mayer & Paesler 2013, S. 7; → Wirtschaftsfaktor Tourismus). Im
Hinblick auf die Nachhaltigkeit von Tourismus (→ Corporate Social Responsibility) ist sie auch ein Indikator für die von ihm ausgehenden Belastungen (Eurostat
2019, S. 150 f.). Bezieht man die nicht gewerblichen Übernachtungen in Privatzimmern und → Ferienwohnungen ebenfalls ein, erhöht sich die Tourismusintensität. Zudem gilt zu beachten, dass die Tourismusintensität keine Tagestouristen
berücksichtigt, die aber in manchen Tourismusorten und -regionen ein Vielfaches
der Übernachtungsgäste ausmachen. (abw)

Literatur

Eurostat 2019: Eurostat Regional Yearbook 2019, Luxemburg. (https://ec.europa.eu/eurostat/
    documents/3217494/10095393/KS-HA-19-001-EN-N.pdf/d434affa-99cd-4ebf-a3e3-
    6d4a5f10bb07, zugegriffen am 17.03.2020)
Job, Hubert; Marius Mayer & Reinhard Paesler 2013: Einführung: Tourismus in Bayern. In: Hu-
    bert Job; Marius Mayer (Hrsg.): Tourismus und Regionalentwicklung in Bayern (= Arbeits-
    berichte der ARL 9, S. 1–25). Hannover
Mundt, Jörn W. 2013: Tourismus. München: Oldenbourg (4. Aufl.)

Tourismuskaufmann/-frau (Privat- und Geschäftsreisen) [tourism advisor, tourism clerk for private and business travel]

Dreijähriger, anerkannter Ausbildungsberuf, insbesondere für Mitarbeiter von
→ (Online-)Reisevermittlern, → (Online-)Reiseveranstaltern, Incoming-Agenturen, Reedereien, Busunternehmen und Luftfahrtunternehmen in Deutschland.
Lernorte der dualen Ausbildung sind Ausbildungsbetrieb und Berufsschule
(https://berufenet.arbeitsagentur.de/berufenet/bkb/93277.pdf).

Neben der Vermittlung genereller kaufmännischer Kompetenzen gehören Kenntnisse über die Struktur und Funktionsweise des Reisemarktes, über

Verkehrsträger (→ Bahn, → Fluggesellschaften, Bus-, Mietwagenunternehmen, Reedereien) und → Leistungserbringer (Beherbergungsbetriebe, Incoming-Reiseveranstalter), über die rechtlichen Grundlagen der Reiseveranstaltung und Reisevermittlung zur Ausbildung. Erforderlich sind darüber hinaus gute Zielgebietskenntnisse, die zum Teil über → Expedientenreisen vertieft werden können und Techniken einer kundenzentrierten Gesprächsführung. Die → Digitalisierung verändert das Berufsbild: Aufgabenfelder fallen weg, neue Verfahren und Systeme (z. B. Social Customer Relationship Management, digitale Marketingstrategien) kommen hinzu. (jwm/wf)

Tourismuslobbying [tourism lobbying]

Politische Entscheidungen beeinflussen den Handlungsspielraum aller Akteure sowohl auf der Mikro- als auch auf der Makroebene (→ Tourismuspolitik). Betrachtet man öffentliche Debatten genauso wie den wissenschaftlichen Diskurs, in deren Fokus das Thema Lobbying steht, so lässt sich konstatieren, dass in der heutigen Zeit die Relevanz von Interessengruppen, sogenannten Pressure-Groups, immer größer wird. Es liegt in der Natur der Sache, dass Gruppierungen respektive ihre Vertreter versuchen, politische Entscheidungen aus rationalen Beweggründen und/oder machtpolitischen Motiven in ihrem Sinne zu beeinflussen und zu gestalten.

Im tourismusspezifischen Kontext können die verschiedenen Stakeholder als eine (etwa Hoteliers) oder als verschiedene Interessengruppen (etwa touristische Leistungsträger) identifiziert werden, die sich auf unterschiedliche Art und Weise in die tourismuspolitischen Planungs- und Entscheidungsprozesse einbringen (Dredge & Jenkins 2012, S. 25 ff.). Bei einer Interessengruppe, der sogenannten Pressure-Group, handelt es sich um jede Art von Vereinigung oder → Organisation, die direkt oder indirekt Anspruch erhebt, Politik zu beeinflussen, ohne einen eigenen Regierungsanspruch einzufordern. Sie betreiben somit Tourismuslobbying (Pillmayer & Scherle 2013b, S. 1674 ff.).

Vor dem Hintergrund zunehmend komplexer Gesellschaften bündeln Interessengruppen ihre Interessen, verfolgen eine gemeinsame Agenda und versuchen, Regierung und Gesetzgebung in ihrem Sinne zu beeinflussen. Der zentrale Vorteil kleinerer Pressure-Groups gegenüber großen, mitunter schwerfälligen Interessengruppen liegt in ihrer größeren Agilität bzw. Flexibilität. Für sie ist es in der Regel einfacher, koordinierte Strukturen zu entwickeln und ‚mit einer Stimme' zu sprechen – nicht zuletzt besteht in der Regel ein hohes Maß an Interaktion. Als konkrete Beispiele lassen sich vor allem die sogenannten Spartengewerkschaften – etwa die Gewerkschaft Deutscher Lokomotivführer (GDL) oder die Unabhängige Flugbegleiter Organisation (UFO) – anführen, deren Einfluss in den letzten Jahren enorm gewachsen ist.

Tyler und Dinan (2001, S. 461) identifizieren im touristischen Kontext sechs Arten von Interessengruppen, die alle Einfluss auf tourismuspolitische Entscheidungen nehmen: umbrella groups, professional groups, government agencies, representatives of tourism intermediaries, pressure groups sowie tradegroups/associations. Entsprechende Gruppen versuchen in der Regel frühzeitig, auf den – politischen – Entscheidungsprozess einzuwirken, um angemessene Ressourcen bzw. Renten (finanzielle Ressourcen, Informationen, Wählerstimmen, Zeit usw.) zu erhalten. Sie kooperieren mittels eigener Ressourcen oder durch Allianzen mit ähnlichen Lobbygruppen, um die Aufmerksamkeit der Politik zu gewinnen. Umgekehrt sind Lobbygruppen ihrerseits bereit, identische oder ähnliche Renten in den politischen Gestaltungsprozess einzubringen – ganz im Sinne eines „do ut des" (lateinisch: Ich gebe, damit Du gibst.).

Die Governance basiert – in Anlehnung an Hall (2011, S. 440 f.) – auf dem komplexen Verhältnis zwischen staatlicher Intervention, Selbstregulierung und den Beziehungen der Akteure. Die zentralen Formen von Governance, die dies zum Ausdruck bringen, sind insbesondere Hierarchien, Märkte, Netzwerke und Communities. Die Beziehung zwischen Lobbygruppen und politischen Entscheidungsträgern ist grundsätzlich eine interdependente Angelegenheit mit fließenden Grenzen (Pillmayer & Scherle 2013a, S. 93 ff.). Letztendlich sind jene touristischen Lobbygruppen, die den größten Einfluss im tourismuspolitischen Entscheidungsprozess ausüben, diejenigen, die über die meisten Renten verfügen und sie im Sinne eines strategischen Tourismuslobbying gezielt in Wert setzen. Siehe zu einer anderen Bedeutung → Lobby, → Open Lobby. (mp/nsc)

Literatur

Dredge, Dianne; John Jenkins 2012: Stories of Practice: Tourism Policy and Planning. New Directions in Tourism Analysis. Farnham: Ashgate Publishing

Hall, Michael C. 2011: A typology of governance and its implications for tourism policy analysis. In: Journal of Sustainable Tourism, 19 (4–5), pp. 437–457

Pillmayer, Markus; Nicolai Scherle 2013a: Tourismuslobbying als strategisches Instrumentarium für eine erfolgreiche Interessenpolitik im Spannungsfeld von Destinationsmanagement und Tourismuspolitik? Das Fallbeispiel Bayern. In: Zeitschrift für Tourismuswissenschaft, 5 (1), S. 89–106

Pillmayer, Markus; Nicolai Scherle 2013b: Tourism Lobbying in Bavaria: Between Ignorance, Parochialism and Opportunism. In: European Planning Studies, 22 (8), pp. 1671–1692

Tyler, Duncan; Claire Dinan 2001: Trade and associated groups in the English tourism policy arena. In: International Journal of Tourism Research, 3 (6), pp. 459–476

Zaugg, Brigitte 2004: Lobbying im Schweizer Tourismus: Tourismuspolitik überprüft an Grundsätzen der Neuen Politischen Ökonomie. Bern: Universität Bern Forschungsinstitut für Freizeit und Tourismus

Tourismus-Multiplikator → **Touristische Wertschöpfungskette,** → **Wirtschaftsfaktor Tourismus**

Tourismusorganisation → **Destinationsmanagementorganisation (DMO)**

Tourismusort → **Destination**

Tourismuspädagogik [tourism pedagogies]

Pädagogik ist die Wissenschaft von der Erziehung und umfasst sowohl theoretische als auch praktische Fragestellungen. Im Vordergrund stehen jene menschlichen Verhaltensaspekte, die als veränderbar angesehen werden. Die Ausrichtung an kulturell geprägten und veränderlichen Erziehungszielen macht die gesellschaftliche Bedingtheit von Pädagogik deutlich. Zentrale Begriffe sind das Lernen, Denken und die Entwicklung, wodurch sich eine Nähe zur Soziologie (→ Tourismussoziologie) und Psychologie (→ Tourismuspsychologie) ergibt.

Die Tourismuspädagogik (im deutschsprachigen oft: Reisepädagogik) adressiert Reisende als zu erziehende respektive lernfähige und -willige Wesen. Das Zielsystem ist entweder auf die persönliche Entwicklung (emanzipatorische Ziele) und/oder auf ein verantwortungsvolles, umwelt- und sozialverträgliches Reisen (aufklärerische Ziele) ausgerichtet.

Programme für Jugendliche und junge Erwachsene adressieren → interkulturelle Kompetenzen, soziale Verantwortung und Persönlichkeitsentwicklung. Hinzu kommen Studien- und Sprachreisen (→ Studienreise). Im Gegensatz zu diesen speziellen Programmen ist eine stringente tourismuspädagogische → Organisation bei den meisten Urlaubs- und Geschäftsreisen fraglich. Obwohl bei jeder Reise gelernt wird, fehlt eine systematische Ausrichtung darauf. Die Integration von einzelnen themenspezifischen pädagogischen Reisekomponenten scheint ein guter Mittelweg zu sein. Beispiele sind künstlerische Kurse und Sportprogramme sowie der gesamte Bereich der Nachhaltigkeit.

Erfolgversprechender als die Erziehung aller Reisenden zum guten Reisen ist die pädagogisch fundierte Aus- und Weiterbildung von touristischen Leistungserbringenden, insbesondere Reiseleitern (→ Reiseleiter; → Studienreiseleiter) sowie weiterer im Tourismus beschäftigter Personen. Der Aufbau von Kompetenzen in den Destinationen selbst (capacity building) ist ein wichtiger Beitrag zum verantwortungsvollen Tourismus (→ Corporate Social Responsibility). Grundlage dafür sind Ausbildungsprogramme, die nicht allein auf betriebswirtschaftliche Themen beschränkt sind. Einige Resorts machen deutlich, wie sowohl Mitarbeitende als auch Reisende im und durch Tourismus verantwortungsvolles Handeln erlernen können (Heuwinkel et al. 2020). (kh)

Literatur

Giesecke, Hermann 1965: Tourismus als neues Problem der Erziehungswissenschaft. In: Heinz Hahn (Hrsg.): Jugendtourismus. München: Schriftenreihe der Arbeitsgemeinschaft für Jugendpflege und Jugendfürsorge, S. 103–122

Günter, Wolfgang 1993: Tourismuspädagogik. In: Heinz Hahn; H. Jürgen Kagelmann (Hrsg.): Tourismuspsychologie und Tourismussoziologie. München: Quintessenz, S. 60–69

Heuwinkel, Kerstin; Julie Cheetham; Ruth Crichton & Sean Privett 2020: Von Fynbos bis Fußball – Verantwortung als Grundlage für einen nachhaltigen Tourismus am Beispiel des Grootbos Private Nature Reserve und der Grootbos Foundation in Südafrika. In: Rainer Hartmann (Hrsg.): Tourismus in Afrika: Chancen und Herausforderungen einer nachhaltigen Entwicklung. Berlin: De Gruyter, S. 166–185

Steinecke, Albrecht 1987: Reisen lernen – Lernen durch Reisen. Anmerkungen zur Notwendigkeit einer Pädagogik des Reisens. In: Universitas, 42 (7), S. 698–704

Tourismuspolitik [public tourism policy]

Tourismuspolitik kann verstanden werden als Förderung und Gestaltung des Tourismus durch staatliche Einflussnahme (Bieger 2010, S. 270). Dabei geht es um den Ausgleich verschiedener Interessen von Staat, Gesellschaft, Umwelt sowie privatwirtschaftlichen Unternehmen. Der Staat ist durch die Schaffung von Infrastruktur (Erschließung von Landschaften und Orten, Schaffung attraktiver kultureller Einrichtungen, Mobilitätsinfrastruktur usw.) sowie als Destinationsmanager häufig schon Mit-Produzent touristischer Leistungen. Ziel der Tourismuspolitik ist die Sicherung der rechtlichen, ökonomischen und gesellschaftlichen Rahmenbedingungen für die Aktivitäten der Tourismuswirtschaft (Kolbeck & Rauscher 2020, S. 37) sowie der Reisenden.

1 Handlungsbereiche Grundsätzlich kann innerhalb der Tourismuspolitik zwischen folgenden Handlungsbereichen unterschieden werden:

– Allgemeine Gestaltung des Tourismus und der touristischen Rahmenbedingungen: Tourismuspolitik kümmert sich um die grundlegenden Regeln der Zusammenarbeit und des Zusammentreffens von Tourismuswirtschaft, Einwohnern und Reisenden. So wird beispielsweise die Ein- und Ausreisepolitik oder die Besteuerung tourismusspezifischer Produkte und → Dienstleistungen geregelt. Tourismuspolitik hat zum einen die Sicht der Tourismuswirtschaft, die Angebotsseite, und zum anderen die Sicht der Reisenden, die Nachfrageseite, zu berücksichtigen.

– Gestaltung spezifischer touristischer Segmente: Einzelne Branchen oder Gruppen von Nachfragern können durch spezifische Regelungen besonders gefördert werden. Beispielhaft sind die Belange der Hotellerie und Gastronomie (Arbeitszeiten, Besteuerung, Neugründungen) oder der Verkehrsträger (Sicherstellung der Mobilität, Verkehrsgenehmigungen, Beförderungsbestimmungen) anzuführen. Bei den Reisenden ist exemplarisch die Zielgruppe der Wandertouristen zu nennen, für die Wege ausgewiesen, Instand gehalten oder zertifiziert werden.

– Gestaltung einzelner Standorte: Destinationsmanagement und -marketing wird überwiegend von kommunalen, regionalen oder nationalen tourismuspolitischen Akteuren durchgeführt, indem → Destinationen wie Orte oder Städte, Regionen (Mittelgebirge, Küstenabschnitte, Ballungszentren) oder Länder weiterentwickelt, koordiniert und vermarktet werden.

– Gestaltung der individuellen Bedingungen einzelner Tourismusakteure: Tourismuspolitik kümmert sich auch um die Belange einzelner Tourismusunternehmen. Beispielsweise wurde zur Entwicklung des Unternehmens Europapark und zur Entlastung der Anliegergemeinden eine eigene Autobahnausfahrt Europapark verwirklicht.

2 Dimensionen Zur systematischen Darstellung kann Tourismuspolitik in die drei Dimensionen Policy (Inhalte), Polity (Institutionen und Normen) und Politics (Prozesse) gegliedert werden. Zur Verdeutlichung werden Inhalte und institutionelle Rahmenbedingungen am Beispiel von Deutschland aufgezeigt (hierzu auch Kolbeck & Rauscher 2020, S. 45 ff.).

– **Policy (Inhalte):** Tourismuspolitik in Deutschland ergibt sich aus der Schnittmenge unterschiedlicher Sektorenpolitiken; sie ist eine Querschnittsdisziplin und wird nicht, wie in anderen Ländern üblich, als reine Sektorenpolitik begriffen. Ziel der Tourismuspolitik auf Bundesebene ist, die Rahmenbedingungen für eine positive Entwicklung des Tourismus in Deutschland zu gestalten. Neben den klassischen Ministerien wie Wirtschaft, Finanzen, Auswärtiges und Inneres sind auch die Verkehrs-, Umwelt-, Landwirtschafts-, Regional- und Strukturpolitik sowie die Sozial- und Bildungspolitik zum Teil maßgeblich an der Formulierung von Tourismuspolitik beteiligt. Page weist darauf hin, dass nicht nur originär tourismuspolitische Entscheidungen den Erfolg oder Misserfolg von Tourismus beeinflussen, sondern vielmehr die grundlegende politische Ausrichtung eines Landes (Page 2019, S. 283 f.)

– **Polity (Institutionen und Normen):** Die Tourismuspolitik der Bundesrepublik ist föderal strukturiert. Für die unmittelbare Planung, Ausführung und Förderung sind die Bundesländer und Kommunen zuständig. Zunehmend werden Gesetze auf europäischer Ebene gemacht, die nationalen Gestaltungsspielräume werden kleiner. Beim Deutschen Bundestag gibt es den Ausschuss für Tourismus. Dieser ist üblicherweise ein eher kleiner Ausschuss mit rund 20 Mitgliedern. Er wurde zu Beginn der 14. Wahlperiode 1998 eingerichtet (damals: Ausschuss für Fremdenverkehr) und kümmert sich seitdem um die Perspektive der Tourismuswirtschaft und um die der Reisenden. Bei der Bundesregierung ressortiert Tourismuspolitik im Bundesministerium für Wirtschaft und Energie (BMWi). Anders als in anderen Ländern, vor allem in Schwellen- und Entwicklungsländern, gibt es in Deutschland kein Tourismusministerium. Seit 2005 ernennt der jeweilige Bundeswirtschaftsminister einen Beauftragten der Bundesregierung für Tourismus. Derzeit wird diese

Funktion in Personalunion von einem Parlamentarischen Staatssekretär ausgefüllt, in der Vergangenheit wurden in diese Funktion auch Abgeordnete
der Regierungskoalition berufen. Üblicherweise veröffentlicht die Bundesregierung zum Ende einer Legislaturperiode den Tourismuspolitischen Bericht
der Bundesregierung.

Die Tourismuspolitik der 16 Bundesländer und des Bundes wird im Bund-
Länder-Ausschuss Tourismus unter Vorsitz des Bundesministeriums für
Wirtschaft und Energie (BMWi) koordiniert; dieser tagt jährlich zweimal.
Als beratendes Gremium gibt es den → Beirat für Fragen des Tourismus
beim Bundeswirtschaftsminister; dieser hat die Aufgabe, den Bundesminis-
ter für Wirtschaft und Energie im Bereich der Tourismuspolitik zu beraten.
Um die Tourismusförderung des Bundes und den Wissenstransfer zwischen
Wirtschaft, Wissenschaft und Politik institutionell zu stärken, hat das Bundeswirtschaftsministerium ein ‚Kompetenzzentrum Tourismus des Bundes‘
eingerichtet, dessen primäres Ziel die Erhebung und Vermittlung von Wissen
für Politik und Wirtschaft ist. Die zentrale staatliche Marketingorganisation
und → nationale Tourismusorganisation für das Reiseland Deutschland ist
die → DZT. Sie wird zu großen Teilen aus Mitteln des Bundeswirtschaftsmi-
nisteriums finanziert und setzt die politisch vom Ausschuss für Tourismus
und von der Bundesregierung vorgegebenen Schwerpunkte um.

Auf Ebene der Bundesländer gibt es keine einheitliche Organisationsform
der Tourismuspolitik. Häufig ressortiert das Thema Tourismus bei den Wirt-
schaftsministerien, teilweise ist es aber auch bei anderen Ministerien auf-
gehängt. In einigen Bundesländern wechselt das für Tourismus zuständige
Ressort von Legislaturperiode zu Legislaturperiode. Auf Landesebene werden
die tourismuspolitischen Vorgaben durch Landestourismusorganisationen
umgesetzt. Bei der Europäischen Union (EU) ist mit dem Lissabon-Vertrag
von 2009 erstmals eine Zuständigkeit für den Tourismus enthalten. Artikel
195 des Vertrags über die Arbeitsweise der Europäischen Union ermächtigt
die EU, die Tourismuspolitik der Mitgliedstaaten zu ergänzen, um positive
Rahmenbedingungen für die im Tourismus tätigen Unternehmen zu schaffen
und die Zusammenarbeit zwischen den Mitgliedstaaten – insbesondere durch
den Austausch bewährter Verfahren – zu unterstützen. Die Abstimmung zwischen EU-Kommission und Nationalstaaten erfolgt durch den ‚Beratenden
Ausschuss für Tourismus‘, in dem Deutschland durch die Bundesregierung
vertreten ist.

– **Politics (Prozesse):** Die Implementierung von Tourismuspolitik kann als
   Prozess des Verhandelns und Austarierens unterschiedlicher Ziele und Interessen tourismuspolitischer Anbieter und Nachfrager beschrieben werden. Neben den staatlichen Akteuren gibt es zahlreiche privatwirtschaftliche

Stakeholder (→ Stakeholder-Management), die sich durch tourismuspoliti-sche Lobbyarbeit (→ Tourismuslobbying) in den Meinungsbildungs- und Ge-setzgebungsprozess einbringen. Hier sind nationale → Tourismusverbände wie → BTW, → DRV oder → DEHOGA sowie deren regionale Untergliederun-gen zu nennen. Darüber hinaus sind Tourismuskonzerne wie die TUI Group oder die Lufthansa Group mit Repräsentanzen in der Bundeshauptstadt sowie am Sitz des Europäischen Parlaments in Brüssel vertreten. Hinzu kommen zahlreiche lokale, nationale und internationale Nichtregierungs-Organisa-tionen. (cmb)

Literatur
Bieger, Thomas 2010: Tourismuslehre – Ein Grundriss. Stuttgart: UTB (3. Aufl.)
BMWi 2017: Tourismuspolitischer Bericht der Bundesregierung. (https://www.bmwi.de/
    Redaktion/DE/Publikationen/Tourismus/tourismuspolitischer-bericht.html, zugegriffen
    am 07.05.2020)
Kolbeck, Felix; Marion Rauscher 2020: Tourismus-Management: Die betriebswirtschaftlichen
    Grundlagen. München: Vahlen (3. Aufl.)
Page, Stephen J. 2019: Tourism Management. London, New York: Routledge (6th ed.)

Tourismuspsychologie

Die Tourismuspsychologie befasst sich vor allem mit dem Erleben und Verhalten von Menschen vor, während und nach einer Reise. Stärker als die → Tourismus-soziologie fokussiert sie auf das Verhalten Einzelner und die psychischen Vor-gänge, die mit touristischen Aktivitäten verbunden sind. Das Bewusstsein von Menschen, die Entwicklung und Veränderung der Persönlichkeit über das Leben hinweg sowie Erfahrungen und Aspekte des Lernens werden mit Bezug auf den → Tourismus thematisiert. Damit handelt es sich bei der Tourismuspsychologie primär um ein Anwendungsfeld der Allgemeinen und Speziellen Psychologie und nicht um eine eigenständige Teildisziplin (Angewandte Psychologie) wie beispielsweise die Arbeits- und Wirtschaftspsychologie.

1 Themen entlang der Reisekette Entlang einer typischen Reisekette können unterschiedliche tourismuspsychologische Themengebiete benannt werden. Ein erstes Gebiet sind Reisemotive und Einstellungen. Die Reisemotivforschung ver-sucht zu benennen, warum Menschen das gewohnte Umfeld für eine begrenzte Zeit verlassen und welche Erwartungen damit verbunden sind. Relevant sind so-wohl explizite als auch implizite Wünsche und Bedürfnisse wie beispielsweise Neugier, der Wunsch nach Abwechslung oder die Suche nach persönlicher Bestä-tigung. Ausgehend von der Persönlichkeits- und Motivationspsychologie können Merkmale definiert und analysiert werden, die einen Einfluss auf die Wahl einer → Destination, das Transportmittel, Aktivitäten in der Destination oder die Ur-laubsform haben. Menschen mit ähnlichen Merkmalsausprägungen könnten zu Typen (Cluster) zusammengefasst werden, die Grundlage für Typologien sind.

Ein zweites Gebiet ist der sehr komplexe Prozess der → Reiseentscheidung. Zentrale Einflussfaktoren sind die (selektive) Aufmerksamkeit sowie bereits gemachte Erfahrungen, → Emotionen und Aspekte der Preisgestaltung. Hinzu kommt die Einflussnahme durch Menschen und Medien. Da es sich bei Reisen zumeist um hochpreisige und einzigartige Produkte handelt, ist die Entscheidung sowohl durch Risiko als auch durch Ungewissheit geprägt. Erkenntnisse aus der präskriptiven und deskriptiven Entscheidungstheorie kommen in diesem Bereich zur Anwendung.

Drittens können Aspekte des Erlebens sowie einzelne Erlebnisse während der Reise hinsichtlich psychologischer Aspekte untersucht werden. Wachsende Bedeutung haben neben der visuellen Wahrnehmung auch andere Sinneseindrücke sowie das körperliche Erleben. Die Orientierung in einem veränderten Umfeld, der Aufenthalt in einer fremden oder ungewohnten Gegend sowie das Erleben von Natur und Menschen sind mit vielfältigen kognitiven Prozessen verbunden. Das Bewusstsein von Emotionen (Freude, Überraschung, Angst, Ärger) ist während einer Reise klarer als im Alltag. Die hohe emotionale Aktivierung ist eine Besonderheit des Tourismus, die in den letzten Jahren zunehmend erforscht wird. In Zusammenhang mit der digitalen Transformation (→ Digitalisierung) muss zukünftig von gravierenden Veränderungen des Reiseerlebens durch Informationstechnologien und dort insbesondere durch soziale Medien ausgegangen werden. Durch die durchgängige kommunikative Eingebundenheit verändert sich die Bedeutung räumlicher Entfernung (→ Virtuelle Realität).

Zufriedenheitsforschung als viertes Gebiet untersucht schließlich die Verarbeitung und Bewertung der Reiseerfahrung. Tourismuspsychologische Ansätze thematisieren insbesondere Aspekte des partiellen Vergessens sowie Verzerrungen beim Erinnern. Wichtig ist dabei, dass Reiseerfahrungen einen Einfluss auf zukünftige Reiseentscheidungen haben, da sie Motive beeinflussen oder selbst zu einem Motiv werden (z. B. Wiederholung einer als schön erinnerten Reise nach einigen Jahren). Es kann von einer Reisekarriere gesprochen werden, da sich die mit Reisen verbundenen Bedürfnisse aufgrund der gemachten Erlebnisse und der damit wachsenden Erfahrung verändern.

2 Anwendungsfelder (1) Das wichtigste Anwendungsfeld tourismuspsychologischer Erkenntnisse ist der Bereich des touristischen Konsumverhaltens, insbesondere der Aspekt der Produktauswahl und der Buchung. Informations- und Kommunikationsprozesse im Tourismus sowie die Produkt- und Servicegestaltung werden ausgehend von Erkenntnissen der Konsumentenpsychologie analysiert und optimiert. Ausgehend von einer für den Tourismus unzureichenden Betrachtung als Konsumgut finden zunehmend dienstleistungsbezogene Erkenntnisse der Konsumentenpsychologie Anwendung.

(2) Angeregt durch die Debatte um verantwortungsvolles Reisen finden die Möglichkeiten und Grenzen von notwendigen Einstellungs- und Verhaltensveränderungen größere Beachtung. Das gilt sowohl für touristische Leistungserbringer als auch für Reisende. Konzepte wie der Attitude-Behavior-Gap (Unterschied zwischen der Absicht zu handeln und der tatsächlichen Ausführung; → Flugscham) ermöglichen eine Annäherung an das Thema. Da es sich jedoch um Phänomene handelt, die durch gesellschaftliche Werte und Normen beeinflusst sind, müssen tourismuspsychologische um tourismussoziologische Aspekte (→ Tourismussoziologie) erweitert werden.

(3) In der Moderne wird Identität als eine Abfolge von Identitätsprojekten verstanden. Das subjektive Innen und das gesellschaftliche Außen müssen abgeglichen und Ereignisse in die eigene Lebensgeschichte eingefügt werden. Touristische Episoden liefern wichtige Bausteine für die Schaffung einer interessanten Identität. Weiterhin ermöglichen sie die Aufnahme eines neuen Erzählstrangs bzw. Abänderungen des bisherigen.

(4) Emotionen wie Angst sowie → Stress und Verhaltensauffälligkeiten gelten als weitere tourismuspsychologische Anwendungsfelder. Bekannte Beispiele sind Burnout, Flugangst, Furcht vor terroristischen Anschlägen sowie mögliche traumatische Erfahrungen während einer Reise. Ebenfalls finden angstbesetzte Erlebnisse (z. B. Shark Cage Diving) und die Suche nach Extremsituationen (z. B. Besteigung eines Vulkans) als Elemente des Tourismus Berücksichtigung.

(5) Schließlich steht der therapeutische Nutzen von Reisen im Fokus tourismuspsychologischer Untersuchungen mit praktischer Relevanz. Untersuchungen zu positiven Effekten liegen beispielsweise beim Wandertourismus vor. Neben Glück und Zufriedenheit sind Verbesserungen des Gesundheitszustandes feststellbar.

Die genannten Anwendungsfelder sind unvollständig und müssten basierend auf einer etablierten Tourismuspsychologie definiert und ausgearbeitet werden.

3 Reisende, Leistungserbringende und lokale Bevölkerung Die genannten Anwendungsfelder stellen die Reisenden in den Mittelpunkt der Betrachtung. Tatsächlich handelt es sich zumeist mehr um eine Touristen- als um eine Tourismuspsychologie. Eine notwendige Ergänzung ist die Betrachtung psychologischer Aspekte von im Tourismus beschäftigter Personen (z. B. Betreuung und Leitung von Gästen) sowie der vom Tourismus beeinflussten Menschen (z. B. Einheimische in touristischen Zielgebieten).

Hinsichtlich der Leistungserbringenden sind die Besonderheiten der touristischen → Dienstleistungen psychologisch relevant. Erstens handelt es sich beim direkten Kundenkontakt immer um emotionale Arbeit. Die Professionalisierung und Kommerzialisierung von Emotionen hat psychische Folgen für die involvierten Personen. Zweitens sind die meisten Interaktionen durch → interkulturelle Unterschiede geprägt. Das setzt den Umgang mit Vorurteilen und → Stereotypen, die Hinterfragung der eigenen Einstellungen und Verhaltensweisen voraus. Drittens sind viele Beziehungen durch Abhängigkeiten (z. B. Fluggast – Pilot/Pilotin) und Machtunterschiede (z. B. Servicekräfte – Gast) geprägt.

Als lokale Bevölkerung werden sämtliche Menschen angesehen, die durch den Tourismus in ihrem Alltag beeinflusst werden. Mit einer zunehmenden Ausweitung des räumlichen Aktionsraums steigt die Anzahl dieser Menschen. Vor allem in urbanen Räumen verschwindet die Trennung zwischen touristischen und nicht-touristischen Gebieten. In diesem Zusammenhang müssen Einstellungen von Einheimischen gegenüber Reisenden untersucht werden. Weiterhin sind psychologische Folgen der Anwesenheit von Touristen im alltäglichen Umfeld zu untersuchen. Studien weisen steigende Alkoholsucht und im Falle von → Sextourismus und sexueller Ausbeutung schwere Traumatisierungen nach. Die Bedürfnisse und Anforderungen der lokalen Bevölkerung finden in solchen Destinationen zunehmend Gehör, wo es gelingt, diese zu organisieren und publik zu machen. (kh)

Literatur

Hahn, Heinz; H. Jürgen Kagelmann (Hrsg.) 1993: Tourismuspsychologie und Tourismussoziologie. Ein Handbuch zur Tourismuswissenschaft. München: Quintessenz
Herrmann, Hans-Peter 2016: Tourismuspsychologie. Berlin, Heidelberg: Springer
Heuwinkel, Kerstin 2018: Tourismussoziologie. München: UTB
Hochschild, Arlie Russell 2003: The managed heart. Berkeley: University of California Press (2nd ed.)
Mundt, Jörn W. 2013: Tourismus. München: Oldenbourg (4. Aufl.)
Pearce, Philip L. 2005: Tourist behaviour: Themes and conceptual schemes. Clevedon: Channel View Publications
Pearce, Philip L.; Peter F. Stringer 1991: Psychology and tourism. In: Annals of Tourism Research, 18 (1), pp.136–154

Gedankensplitter
„Um einen Stammgast zu gewinnen, braucht man Jahre, um ihn zu verlieren, nur wenige Sekunden." (Erfahrungswissen aus dem Gastgewerbe)

Tourismussatellitenkonten → **Satellitenkonten,** → **Wirtschaftsfaktor Tourismus**

Tourismussoziologie [tourism sociology]
Der Gegenstandsbereich der Soziologie ist das Wechselspiel von gesellschaftlichen Zuständen und menschlichem Handeln. Soziologie ist somit die Wissenschaft des sozialen Handelns (Max Weber), sprich des Handelns, das dem subjektiven Sinn nach auf das Verhalten anderer bezogen ist. Menschen reflektieren

ihre Handlungen („... werden sich selbst als eines Menschen unter anderen bewusst", Norbert Elias) und orientieren sich in ihrem Verhalten an dem Handeln anderer. Während des Heranwachsens werden Beobachtung, Selbstbeobachtung und das Beobachtet-Werden erlernt. Soziologische Ansätze unterscheiden sich hinsichtlich der philosophischen Grundlage (z. B. des Menschenbildes), der theoretischen Perspektive und der gewählten Methode einschließlich der empirischen Umsetzung. Während sich Rational-Choice-Theorien auf individuelle, nutzenmaximierende Individuen fokussieren, blendet die Systemtheorie den einzelnen Menschen fast aus und stellt systemimmanente, autopoietische (selbstschaffende) Vorgänge in den Vordergrund. Eine vermittelnde Position nehmen solche Theorien ein, welche die Dualität von Struktur, Figurationen und Akteurkonstellationen thematisieren. Im Gegensatz zur klassischen Soziologie, die soziale Ordnung in den Mittelpunkt der Betrachtungen stellt, fokussieren neuere Ansätze auf Transformationen, Übergänge und Mobilitäten. Dabei werden neben menschlichen Akteuren auch Objekte und die Natur als handlungsrelevant betrachtet.

Soziologische Methoden reichen von standardisierten Befragungen über Beobachtungen bis hin zu inhaltsanalytischen Verfahren und Netnographie. Der Bereich der empirischen Sozialforschung liefert umfangreiches Datenmaterial zum menschlichen Verhalten.

1 Tourismus aus soziologischer Perspektive Aus soziologischer Sicht ist → Tourismus ein komplexes gesellschaftliches und kulturelles Phänomen, das sowohl die Lebenswelten und Praktiken einzelner Menschen als auch Gruppen, Organisationen, Institutionen und Gesellschaften beeinflusst respektive von diesen geformt wird. Soziale Zustände und touristische Praktiken sind miteinander verwoben und werden durch zeitliche und räumliche Merkmale beeinflusst. Touristische Aktivitäten wirken auf das natürliche, wirtschaftliche, soziale und kulturelle Umfeld von Menschen. Sie verändern Lebenswelten und Lebenschancen, beeinflussen Beziehungen zwischen Menschen und Teilaspekte ganzer Gesellschaften. Dieses gilt sowohl für Beschäftigte im Tourismus und → Touristen als auch für Menschen in → Destinationen. In Bezug auf das Verhältnis zwischen Touristen und Einheimischen zeigen sich vielfältige Wechselwirkungen, die tourismussoziologische Forschungsgegenstände darstellen:

1. touristisches Verhalten;
2. die Interaktion zwischen Touristen, Leistungserbringenden und Einheimischen;
3. gesellschaftliche Rahmenbedingungen und Folgen von Tourismus;
4. Tourismus als soziologisches System.

Die hierbei eingesetzte große Anzahl tourismussoziologischer Konzepte (Cohen 1972) erschwert die Etablierung einer einheitlichen Tourismussoziologie.

2 Entwicklung der Tourismussoziologie Erste deutschsprachige tourismussoziologische Arbeiten finden sich bei Leopold von Wiese (1930), Walter Hunziker (1943), Hans Magnus Enzensberger (1958), Hans-Joachim Knebel (1960), Heinz Hahn (1965) und Erwin Scheuch (1969). Eine wissenschaftliche Etablierung und Institutionalisierung der Tourismussoziologie in Deutschland gelang trotz dieser frühen Ansätze nicht. Vielmehr dominieren seit den 1970er-Jahren englischsprachige Arbeiten, u. a. von Daniel Boorstin, Dean MacCannell, Nelson Graburn, Erik Cohen und John Urry. Weitere Einflüsse kommen u. a. aus Frankreich mit Joffré Dumazedier, Jean-Didier Urbain und Marie-Françoise Lanfant, nordischen Ländern (Jens Jacobsen) und zunehmend aus Asien.

Tourismuskritische und kulturpessimistische Ansätze (Turner & Ash 1975) stehen solchen gegenüber, die den Tourismus als modernes Pilgern (MacCannell 1999) und Ritual (Graburn 1983) beschreiben, das dem Menschen in der Moderne eine Orientierung und Einbettung in die Gesellschaft ermöglicht. Tourismus weist demnach strukturelle Ähnlichkeiten mit anderen sinngebenden gesellschaftlichen Phänomenen auf.

Häufig wird der Tourist als Sinnbild des Menschen in der Moderne (Bauman 2000) gesehen. Dieser ist entweder ein gesichtsloses Wesen und Teil einer in fremde Länder einfallenden Horde oder ein Pilger auf der Suche nach Sinn. Innerhalb dieser Ansätze ist Erik Cohen (1972) hervorzuheben, da seine Typologie eine grundlegende und differenzierte Darstellung touristischer Erfahrungen und damit eine Analyse des Spektrums dessen darstellt, was unter Tourist und Tourismus verstanden werden kann.

3 Tourismussoziologische Themen Die Tourismussoziologie wird von einigen zentralen Themen bestimmt. Der Ausgangspunkt ist die gesellschaftliche Bedingtheit des Reisens, insbesondere → Reisemotivation und Urlaubsverhalten, also die Frage, warum und wie Menschen reisen. Soziale Tatbestände („fait social", Émile Durkheim 1983) wie Werte und Normen, Statussymbole, Gender (→ Gender und Tourismus) und Trendthemen wie → Overtourism und → Flugscham wirken ebenso machtvoll wie ökonomische oder politische Rahmenbedingungen.

Eng verbunden mit der Frage nach dem Warum des Reisens ist die Relation zwischen Alltag und touristischer Erfahrung. Es finden sich mehrere Ansätze für die Beschreibung dieser Relation. Erstens kann Tourismus als Auszeit – negativ als Flucht aus dem Alltag oder positiv als notwendige Pause und → Erholung – verstanden werden. Zweitens kann Tourismus als modernes Ritual beschrieben werden, das eine Reaktion auf die Entfremdung in der Moderne darstellt. Menschen erfahren für eine begrenzte Zeit die An- und Einbindung in sinnhafte Strukturen. Drittens ermöglicht Tourismus eine Gegenwelt zum Gewohnten und bietet andersartige Erlebnisse. Die Andersartigkeit kann sich aus dem Erleben anderer Kulturen und Menschen ergeben oder auch aus einem veränderten Verhalten und Erleben der eigenen Person. Es werden neue, ungewohnte und unter Umständen von der Norm abweichende Verhaltensweisen ausgeübt und somit die eigene Geschichte variiert. Viertens kann Tourismus als modernes Konsumverhalten gesehen werden, das eine etablierte soziale Praxis ist und nicht weiter hinterfragt wird.

Ein weiteres zentrales Thema ist → Authentizität und neuerdings Authentication (die Macht, etwas als authentisch zu definieren). Touristen suchen demnach nach Erfahrungen, die echt sind. Die Echtheit kann real oder inszeniert sein und in einer Art Spiel oder Aufführung zwischen Touristen und Einheimischen produziert werden (Goffman 2003, Graburn 1983). In Abhängigkeit von der theoretischen Perspektive sind Touristen a) entweder nicht in der Lage, die Täuschung zu erkennen, b) lassen sie sich bereitwillig täuschen oder c) kreieren sie aktiv das Erlebnis und haben Spaß.

Urry (2011) hat mit dem Konzept des Tourist Gaze (touristischer Blick) einen Ansatz entwickelt, der die soziale Konstruktion und Organisation der touristischen Erfahrung beschreibt. Diese Vorgänge aufgreifend kann die Tourismusindustrie standardisierte und normierte Erlebnisse produzieren (→ Erlebnisgastronomie; → Erlebniswelten). Naturräume, Kulturen und Menschen werden zu konsumierbaren Massenprodukten. Rituale sind sinnliche und emotionale Erlebnisse, die in einem kollektiven Prozess erlebt werden. Tourismus kann als modernes Ritual gesehen werden, das ein temporäres Verlassen der Gesellschaft und des Alltags ermöglicht (Graburn 1983). Das gemeinsame Erleben stärkt die Gemeinschaft und strukturiert das Leben. Profane und heilige Zeiten (holidays) wechseln sich in einem tradierten Rhythmus ab. Die Lösung aus bekannten Strukturen und die daraus resultierende Anonymität gepaart mit dem Aspekt der Belohnung, die eine Reise bedeutet, dient in vielen Fällen als Entschuldigung für abweichendes Verhalten (Devianz). Typische Beispiele für Devianz im Tourismus sind Prostitution (→ Prostitutionstourismus), Alkohol- und Drogenkonsum, der verschwenderische Umgang mit natürlichen Ressourcen, Glückspiel (→ Casino), (unbewusste) Tierquälerei und Jagd. Hinzu kommen zahlreiche Handlungen, die im Alltag als „etwas über die Stränge schlagen" bezeichnet werden.

Zwei weitere eng miteinander verbundene tourismussoziologische Themenbereiche sind das Verhalten von Menschen in Gruppen sowie der Umgang mit anderen (Fremden). Der Großteil touristischer Aktivitäten findet in sozialen Gruppen statt. Menschen entwickeln in Gruppen ein Wir-Gefühl und tendieren dazu, Ähnlichkeiten zu Mitgliedern sowie Unterschiede zu Nichtmitgliedern stärker wahrzunehmen. Damit verbunden ist eine positive Eigen- und eine negative Fremdbewertung. Da sich touristische Gruppen in einem ungewohnten Umfeld bewegen, wird diese Dynamik verstärkt. Weiterhin basiert die Wahrnehmung (→ Tourismuspsychologie) und Bewertung des Gegenübers auf stereotypisierten Vorstellungen (→ Stereotyp). Landschaft, Menschen und soziale Zustände werden vereinfacht und generalisiert wahrgenommen.

Wichtige Anregungen und Erweiterungen kommen aus der Genderforschung. Dieser Bereich und entsprechende grundlegende (feministische) Theorien sind ein sehr komplexer Themenbereich, der von unterschiedlichen Debatten durchzogen ist. Neben der Forderung nach einer systematischen Berücksichtigung von Frauen steht die Gendergerechtigkeit im Vordergrund. Zentrale Begriffe in diesem Bereich sind Stereotypisierung und (sexual) Objectification. Beide stehen in engem Zusammenhang mit der systematischen Aufdeckung, Analyse und Thematisierung von Macht- und Abhängigkeitsverhältnissen von und im Tourismus.

Seit einigen Jahren sind sinnliche Erfahrungen, → Emotionen und die Einbeziehung des Körpers tourismussoziologische Themen. Tourismus ist demnach eine multisensorische Erfahrung, die nicht allein auf den Blick (the Gaze) beschränkt ist. Wesentliche Anregungen kommen aus dem Bereich der Konsumentenforschung. Sowohl positive Emotionen wie Aufregung und Freude als auch negative Ausprägungen wie Angst (z. B. Shark Cage Diving und Bungee Jumping) sind wichtige Bestandteile des touristischen Erlebens. Im direkten Zusammenhang mit der körperlichen Erfahrung stehen die Veränderungen des Reisens durch die → Digitalisierung von Informations- und Kommunikationsprozessen bis hin zum Einsatz von AR- und VR-Technologien (→ Erweiterte Realität; → Virtuelle Realität). Die wissenschaftliche Erforschung der daraus resultierenden Veränderungen ist noch lückenhaft. Der für das Reisen wesentliche Aspekt des Verlassens der gewohnten Strukturen (Scheuch 1972) verändert sich durch die kontinuierliche Einbindung in Kommunikation. Abschließend werden zunehmend nicht menschliche Akteure und Netzwerke in tourismussoziologische Studien einbezogen. Der Begriff Materialitäten verweist auf die Bedeutung materieller Dinge im Tourismus. Dazu zählen → Souvenirs ebenso wie der Sand, mit dem Touristen Sandburgen bauen.

4 Methoden und Empirie   In der Tourismussoziologie findet sich eine Vielzahl von Methoden, die aus der empirischen Sozialforschung stammen. Diese enthält Anweisungen zur wissenschaftlichen Untersuchung menschlichen Verhaltens und gesellschaftlicher Phänomene (Schnell, Hill & Esser 2018). Die standardisierte Erhebung und Auswertung von Daten wird eingesetzt, um Aussagen über Reiseabsichten und touristisches Verhalten zu ermöglichen. Komplexere Ansätze untersuchen Einstellungen, Verhaltensänderungen sowie die Auswirkungen touristischer Aktivitäten auf Reisende, Beschäftigte und Einheimische. Eine Vielzahl von Daten liegt in Form von Passagierdaten, Konsumausgaben und Bewegungsdaten vor. Hinzu kommen die Inhalte in digitaler Form, zum Beispiel Beiträge in → Social Media. Bislang dominiert der Bereich der Marktforschung, da dieser als unternehmerisch relevant erachtet und somit finanziert wird. Andere Themen werden aufgrund fehlender Finanzierung nur unsystematisch empirisch untersucht. Als Konsequenz ist die Anzahl standardisierter Verfahren und Instrumente gering. Es finden sich zwar wiederkehrende Untersuchungsdesigns, aber es existiert kein standardisiertes Vorgehen.

5 Anwendungsfelder Obwohl Tourismussoziologie als Wissenschaft des sozialen Handelns in touristischen Kontexten verstanden werden kann, findet sich keine durchgängige Anwendung soziologischer Konzepte, Theorien und Methoden. Die Etablierung einer Tourismussoziologie, die vergleichbar mit der Sport- oder Medizinsoziologie wäre, findet sich im deutschsprachigen Raum nicht. Es dominieren betriebswirtschaftliche und geographische Betrachtungsweisen, die einen anderen Fokus einnehmen.

Ziele und Aufgaben der Tourismussoziologie sind die Erforschung und Lehre der sozialen Interaktionen von im Tourismus handelnden Menschen. Die daraus zu gewinnenden Erkenntnisse können in vielfältiger Hinsicht in der Analyse, Planung und Gestaltung des Tourismussystems eingesetzt werden. Dies betrifft die gesamte Bandbreite, angefangen bei Untersuchungen zum touristischen Konsumverhalten, über die (Multi-)Kulturalität einzelner Anbieter, die Entwicklung von Strukturen in Destinationen bis hin zur Setzung politischer und rechtlicher Rahmenbedingungen im nationalen und internationalen Kontext. (kh)

Literatur
Bauman, Zygmunt 2000: Liquid Modernity. Cambridge: Polity Press
Boorstin, Daniel 1964:The Image: A Guide to Pseudo-Events in America. New York: Harper
Cohen, Erik 1972: Towards a Sociology of International Tourism. In: Social Research, 39 (1), pp. 164–182
Cohen, Scott; Erik Cohen 2019: New directions in the sociology of tourism. In: Current Issues in Tourism, 22 (2), pp. 153–172
Dumazedier, Joffré 1974: Sociology of Leisure. Amsterdam: Elsevier
Durkheim, Émile 1983: Der Selbstmord. Frankfurt/Main: Suhrkamp
Elias, Norbert 1970: Was ist Soziologie? Weinheim, München: Juventa
Enzensberger, Hans Magnus 1958: Vergebliche Brandung der Ferne. Eine Theorie des Tourismus. In: Merkur, 12 (Augustheft), S. 701–720
Goffman, Erving 2003: Wir alle spielen Theater. München: Piper
Graburn, Nelson 1983: The Anthropology of Tourism. In: Annals of Tourism Research, 10 (1), pp. 9–33
Hahn, Heinz; H. Jürgen Kagelmann (Hrsg.) 1996: Tourismuspsychologie und Tourismussoziologie. Ein Handbuch zur Tourismuswissenschaft. München, Wien: Profil
Hennig, Christoph 1999: Reiselust. Touristen, Tourismus und Urlaub. Frankfurt/Main: Suhrkamp
Heuwinkel, Kerstin 2018: Tourismussoziologie. München: UTB
Hunziker, Walter 1943: System und Hauptprobleme einer wissenschaftlichen Fremdenverkehrslehre. St. Gallen
Jacobsen, Jens 2015: Sun, sea, sociability and sightseeing: Mediterranean summer holidaymaking revisited. In: Anatolia, 26 (2), pp. 186–199

Knebel, Hans-Joachim 1960: Soziologische Strukturwandlungen im modernen Tourismus. Stuttgart: Enke

Lanfant, Marie-Françoise; John Allcock & Edward Bruner (eds.) 1995: International Tourism. Identity and Change. London: Sage

MacCannell, Dean 1999: The Tourist: A New Theory of the Leisure Class. London: Routledge (3rd ed.)

Scheuch, Erwin 1972: Soziologie der Freizeit. Köln: Kiepenheuer & Witsch

Schnell, Rainer; Paul B. Hill & Elke Esser 2018: Methoden der empirischen Sozialforschung. Berlin, München: De Gruyter Oldenbourg (11. Aufl.)

Turner, Louis; John Ash 1975: The Golden Hordes: International Tourism and the Pleasure Periphery. London: Constable

Urbain, Jean-Didier 2003: At the beach. Minneaopolis: University of Minnesota Press

Urry, John 2011: The Tourist Gaze 3.0. London: Sage (3rd ed.)

Weber, Max 1980: Wirtschaft und Gesellschaft. Tübingen: Mohr Siebeck

Wiese, Leopold von 1930: Fremdenverkehr als zwischenmenschliche Beziehung. In: Archiv für den Fremdenverkehr, 1 (1), S. 1–3

Tourismusstatistik [tourism statistics]

Bei der Tourismusbranche handelt es sich um einen nicht genau abgrenzbaren Wirtschaftszweig. Dadurch existieren verschiedene Möglichkeiten, Reisen statistisch zu erfassen: beim Transport je Nutzung des Verkehrsmittels (Transportmethode, Betriebsstatistiken), beim Grenzübertritt als Aus- oder Einreisen bei internationalem Tourismus (Grenzmethode) sowie während des Aufenthalts in den Beherbergungsbetrieben der → Destinationen (Standortmethode). Hinzu kommen Erhebungen der Reisegründe und des Reiseverhaltens durch Marktforschungsinstitute sowie Erfassungen der Deviseneinnahmen und -ausgaben im Reiseverkehr (Reiseverkehrsbilanzen) durch die Bundesbank (Mundt 2013, S. 10; Freyer 2015, S. 529; Neumair, Rehklau & Schlesinger 2019, S. 213).

Der Fokus im Folgenden liegt auf der amtlichen Statistik des Statistischen Bundesamtes in Deutschland, welches zwei grundlegende Statistiken erhebt und publiziert, die beide ausschließlich den Übernachtungstourismus erfassen: die amtliche Beherbergungsstatistik und die Statistik über die touristische Nachfrage (Neumair, Rehklau & Schlesinger 2019, S. 222). Mit dem Begriff Tourismusstatistik (früher auch Fremdenverkehrsstatistik) wird in Deutschland meist der Teil der amtlichen Statistik des Statistischen Bundesamtes bezeichnet, der das Tourismusaufkommen misst. Das Statistische Bundesamt sowie die Statistischen Ämter der deutschen Bundesländer und Stadtstaaten sind verpflichtet, über das Tourismusaufkommen in Deutschland Daten zu erheben. Ziel ist die systematische Erfassung, Auswertung, Aufbereitung und Interpretation von Daten. Das Statistische Bundesamt kategorisiert den Bereich Branchen und Unternehmen in die Sparte → Gastgewerbe und → Tourismus. Erhoben werden Ankünfte und Übernachtungen in Beherbergungsbetrieben, strukturiert nach Bundesländern,

Gemeindearten, Betriebsarten, Herkunftsländern der Gäste, Beherbergungskapazitäten und Auslastung sowie nach geöffneten Beherbergungsbetrieben und angebotenen Schlafgelegenheiten inkl. Stellplätzen auf Campingplätzen. Dabei wird differenziert nach Hotellerie, Ferienunterkünften und ähnlichen Beherbergungsstätten, Campingplätzen, Vorsorge- und Rehabilitationskliniken sowie Schulungsheimen. Die Betriebe unterliegen der Auskunftspflicht. Die Monatserhebung umfasst die Grundgesamtheit (Vollerhebung) aller Beherbergungsbetriebe mit zehn und mehr Schlafgelegenheiten, die Erhebungs- und Darstellungseinheit ist der Betrieb. Die räumliche Abdeckung umfasst Gemeinden, Kreise, Reisegebiete sowie Bundesländer und Regionen, die nach ihrer Meeresnähe, dem Grad der Verstädterung und gemäß NUTS (Nomenclature des Unités territoriales statistiques) abgegrenzt werden. Bei letzterem handelt es sich um eine geografische Systematik, nach der das Gebiet der Europäischen Union in drei Hierarchiestufen eingeteilt wird, um den grenzüberschreitenden statistischen Vergleich von EU-Regionen zu ermöglichen.

In Deutschland werden die Daten i. d. R. in der jeweiligen Kommune von der amtlichen Behörde gesammelt und an das Statistische Landesamt weitergegeben. Die Werte sind nach Monaten und Jahren differenziert abrufbar. Neben den über die Internetseite www.destatis.de abrufbaren Monatsergebnissen bzw. der monatlichen ‚Fachserie 6, Reihe 7.1 – Binnenhandel, Gastgewerbe, Tourismus' veröffentlicht das Statistische Bundesamt seit mehr als 30 Jahren den Tabellenband ‚Tourismus in Zahlen (TIZ)' mit weiteren Informationen und tief gegliederten Daten zu Reisegebieten (mit eigenem Reisegebietsschlüssel), Kreisen und Gemeinden sowie Zeitreihen zum Inlandstourismus in Deutschland. Die Monatserhebung im Gastgewerbe umfasst den Monatsumsatz sowie die Anzahl der tätigen Personen, unterteilt nach Vollzeit- und Teilzeitbeschäftigten. Zur Jahreserhebung im Gastgewerbe gehören Jahresumsatz, Investitionen, Warenbezüge und -bestände am Jahresanfang und -ende, Anzahl der Beschäftigten, Bruttoentgelte, Sozialabgaben und Subventionen. Im Jahr 2017 waren 2,4 Mio. Personen in 235.000 Unternehmen im Gastgewerbe und Tourismus tätig, mehr als 50 % arbeitete in Teilzeit, der Umsatz betrug 96 Mrd. Euro, wovon zwei Drittel in der Gastronomie und ein Drittel im Beherbergungsgewerbe erwirtschaftet wurden (Statistisches Bundesamt 2019, S. 625). Im Jahr 2018 übernachteten 185 Millionen Gäste in deutschen Beherbergungsbetrieben, im Durchschnitt blieben sie 2,6 Nächte, und jeder fünfte Gast stammte aus dem Ausland (ebenda). Zählt man die Übernachtungen in Betrieben mit weniger als 10 Betten hinzu, liegt die Zahl der touristischen Übernachtungen und Ankünfte in Deutschland noch höher (Statistisches Bundesamt 2019, S. 625). Zusammenfassend betrachtet liegen die Vorteile der amtlichen Statistiken in der Genauigkeit, Zuverlässigkeit und Vergleichbarkeit der regelmäßig erhobenen Zahlen. Die Nachteile zeigen sich darin, dass sich über die gewählte

Erhebungsmethode nur der Übernachtungstourismus, nicht aber der Tagestourismus erheben lässt. Zudem werden ausschließlich quantitative Daten erhoben; problematisch ist auch die systematische Unvollständigkeit der Erhebungen, da erst ab einer Mindestbettenzahl von zehn Betten eine Auskunftspflicht besteht (Neumair, Rehklau & Schlesinger 2019, S. 227).

Bei der Statistik über die touristische Nachfrage (Reiseverhalten) handelt es sich um eine freiwillige Erhebung von ca. 10.000 Befragten jährlich (vier Stichproben à 2.500 Haushalte pro Jahr), durch welche die Situation und Entwicklung der Bevölkerung (ab 15 Jahre) aufgezeigt wird. Sie ist gekoppelt an die in der Europäischen Union (Eurostat) gemeldete Statistik über die touristische Nachfrage; erfasst werden u. a. Monat des Reisebeginns, Verkehrsmittelwahl, Unterkunftsart, Reiseausgaben, Personenzahl etc.

Neben der amtlichen Statistik existieren in Deutschland weitere Methoden zur statistischen Erfassung des touristischen Angebots und der Nachfrage in Form von bevölkerungsrepräsentativen Umfragen. So wird seit mehr als 50 Jahren jährlich die Reiseanalyse (RA) der → Forschungsgemeinschaft Urlaub und Reisen e. V. durchgeführt, um detaillierte Erkenntnisse zur deutschen Urlaubsreisenachfrage zu generieren (www.reiseanalyse.de). Seit 1984 führt die BAT-Stiftung für Zukunftsfragen die Deutsche Tourismusanalyse (DTA) durch (www.tourismusanalyse.de). Der Reisemonitor des Allgemeinen Deutschen Automobil Club e. V. dient vorwiegend der Erfassung von Daten der Nachfrageseite seiner Mitglieder (www.adac.de). Daneben gibt es das Sparkassen-Tourismusbarometer des Ostdeutschen Sparkassenverbandes, dessen vorrangiges Ziel die kontinuierliche, problemorientierte Beobachtung der Tourismusentwicklung in den neuen Bundesländern ist, um darauf Maßnahmen zur Infrastrukturentwicklung und zum Marketing abzuleiten (www.tourismusbarometer.de). Zu den Tagesreisen der Deutschen liegt eine Grundlagenuntersuchung des Deutschen Wirtschaftswissenschaftlichen Instituts für Fremdenverkehr an der Universität München e. V. vor (www.dwif.de).

Weltweit publizieren Organisationen wie die Organisation für wirtschaftliche Zusammenarbeit und Entwicklung (OECD) in Paris (www.oecd.org) oder die → Welttourismusorganisation der Vereinten Nationen (UNWTO) in Madrid Statistiken zum weltweiten Tourismusaufkommen (www.unwto.org). In Europa erfasst das EU-Statistikamt Eurostat die nationalen Tourismusströme (https://ec.europa.eu/eurostat). Dabei ist bei den letzten drei genannten Organisationen zu bedenken, dass die hier dargestellten Ergebnisse immer auf den statistischen Erhebungen des jeweiligen Landes zurückgreifen, die aber unterschiedlichen Erhebungsmethoden unterliegen. (abw)

Literatur
Freyer, Walter 2015: Tourismus, Einführung in die Fremdenverkehrsökonomie. Berlin, Boston: De Gruyter Oldenbourg (11. Aufl.)
Mundt, Jörn W. 2013: Tourismus. München, Wien: Oldenbourg (4. Aufl.)
Neumair, Simon Martin; Tatjana Rehklau & Dieter Matthew Schlesinger 2019: Angewandte Tourismus-Geographie: Räumliche Effekte und Methoden. Berlin, Boston: De Gruyter Oldenbourg
Statistisches Bundesamt 2019: Statistisches Jahrbuch. Kapitel 26: Gastgewerbe und Tourismus. (https://www.destatis.de/DE/Themen/Querschnitt/Jahrbuch/jb-gastgewerbe-tourismus.pdf?__blob=publicationFile, zugegriffen am 14.04.2020)

Tourismustragekapazität → **Tragekapazität**

Tourismusverband **[tourism association]**
Anders als in anderen Branchen, die allein durch privatwirtschaftliche Unternehmen geprägt sind und damit deren Interessen vertretende Verbände aufweisen, ist der Staat häufig Mitproduzent touristischer Leistungen (→ Tourismuspolitik). Dies findet seinen Ausdruck im touristischen Verbandswesen, in dem sich drei Arten von Verbänden unterscheiden lassen:
(1) Fach- und Berufsverbände, die ganz überwiegend ein Zusammenschluss privatwirtschaftlicher Unternehmen sind und zum Ziel haben, deren Interessen zu vertreten. Sie unterscheiden sich prinzipiell nicht von den freiwilligen Zusammenschlüssen von Unternehmen anderer Wirtschaftszweige und -branchen, in denen die Anliegen gebündelt und gegenüber Politik und Öffentlichkeit vertreten werden. Häufig sind diese Verbände zudem Service-Organisationen ihrer Mitglieder und bieten Rechtsberatung, Vernetzungsplattformen oder auch Veranstaltungen an. Beispielhaft sind hier Fachverbände wie → DRV, → DEHOGA oder RDA zu nennen, aber auch Berufsverbände wie die Vereinigung Cockpit e. V. (VC) als Verband für Verkehrsflugführer und Flugingenieure oder der → Verband der Köche Deutschlands (VKD).
(2) Tourismusverbände, die öffentliche Aufgaben im Tourismus wahrnehmen. Sie sind eine Sonderform in der Verbandslandschaft. Zum einen werden sie nicht von privatwirtschaftlichen Unternehmen, sondern von öffentlichen Stellen gegründet, zum anderen übernehmen sie operative Aufgaben des Marketings von → Destinationen oder Freizeiteinrichtungen. Bei ihnen handelt es sich im Wesentlichen um Kooperationen verschiedener Körperschaften, die einen Teil ihres im Rahmen der Wirtschaftsförderung übernommenen Aufgabenbereiches Tourismus an diese Verbände delegieren. Beispiele sind lokale und regionale Tourismusverbände oder die deutschen Landestourismusverbände, aber auch Einrichtungen wie Naturparke (→ Natürliche Freizeiträume). Diese Arbeit wird

weitgehend aus öffentlichen Mitteln finanziert. Häufig sind diese Verbände als e. V. organisiert; zur Aufgabenerfüllung existiert begleitend eine GmbH.

(3) Touristische Interessensverbände sind Zusammenschlüsse von öffentlichen Anbietern von Tourismusleistungen (z. B. Kommunen, Regionen, Bundesländer) sowie in manchen Fällen zudem auch von privatwirtschaftlichen Verbänden. Ziel dieser touristischen Interessensverbände ist es, Lobbyarbeit für ihre Anliegen zu betreiben. Beispiele sind auf nationaler Ebene der → Deutsche Tourismusverband (DTV) oder der → Bundesverband der Deutschen Tourismuswirtschaft (BTW), der als Spitzenverband die Interessen nahezu aller im Tourismus tätigen Organisationen vertritt. Auch der → Deutsche Heilbäderverband ist mit den entsprechenden Landesverbänden auf Ebene der Bundesländer zu nennen. Diese Aufgabe wird in manchen Fällen, wie bei den Landestourismusverbänden, auch von den unter Punkt zwei genannten Organisationen neben dem Marketing übernommen (→ Tourismuslobbying). (cmb)

Tourist **[tourist]**

Die Welttourismusorganisation (UNWTO) definiert Touristen als Personen, die sich mindestens 24 Stunden und nicht mehr als ein Jahr außerhalb ihres gewöhnlichen Umfeldes aufhalten. Dies kann zu beruflichen, vergnüglichen oder anderen Zwecken erfolgen, ist jedoch nicht mit der Ausübung einer bezahlten Aktivität am besuchten Ort verbunden.

Zur Sozialfigur des Touristen, der Kritik an seinem Verhalten und seiner Reputation siehe d'Eramo 2018, S. 9 ff.; Mundt 2013, S. 244 ff.; Reif, Harms & Eisenstein 2019, S. 381 ff. (fr)

Literatur

D'Eramo, Marco 2018: Die Welt im Selfie. Eine Besichtigung des touristischen Zeitalters. Berlin: Suhrkamp

Freyer, Walter 2015: Tourismus. Einführung in die Fremdenverkehrsökonomie. Berlin, Boston: De Gruyter Oldenbourg (11. Aufl.)

Mundt, Jörn W. 2013: Tourismus. München, Wien: Oldenbourg (4. Aufl.)

Reif, Julian; Tim Harms & Bernd Eisenstein 2019: Tourist-Sein oder nicht Tourist-Sein? In: Zeitschrift für Tourismuswissenschaft, 11 (3), S. 381–402

Gedankensplitter
„Die Touristen sind eine Internationale der Neugier." (Alberto Moravia, italienischer Schriftsteller)

Touristenattraktion → **Reiseführer,** → **Reiseleiter**

Touristenmenü → **Menü**

Touristenpolizei [tourist police]

Mit den Touristenzahlen nahmen in vielen Ländern kriminelle Handlungen zu, wobei Täter sowohl Einheimische als auch Touristen selbst sein können. Unabhängig von kriminellen Handlungen können unterschiedliche kulturelle Hintergründe (→ Interkulturelle Unterschiede) zu Differenzen zwischen Einheimischen und Touristen führen. Sowohl zur Entlastung der allgemeinen Polizei als auch zur zielgerichteten Lösung typischer Probleme von Touristen wurden sogenannte Touristenpolizeien geschaffen. Im Kern kümmern sich diese Polizeieinheiten um den Schutz von Touristen. Aber auch im umgekehrten Fall, z. B. bei Fehlverhalten von Touristen wie betrunkenem Randalieren, greift die Touristenpolizei ein. Die konkreten Zuständigkeiten der Touristenpolizeien variieren. Je nach Land gehören dazu

- Kriminalitätsprävention durch Information der Touristen über kriminelle Aktivitäten sowie durch Streifengänge und Anwesenheit in touristischen Problemgebieten;
- Schutz von Sehenswürdigkeiten für Touristen und soweit erforderlich auch vor Touristen;
- Regelung von Unstimmigkeiten zwischen Einheimischen und Touristen, beispielsweise hinsichtlich Bezahlung oder Verhaltensweisen;
- Information von Touristen über Hotels und Sehenswürdigkeiten bis hin zu einer Funktion als Quasi-Reisebegleiter in einigen Ländern.

Um dem Sicherheitsbedürfnis von Touristen Rechnung zu tragen, wurden in vielen Ländern Touristenpolizeien geschaffen, beispielsweise in Thailand, Spanien, Ecuador, Ägypten, Griechenland oder Jordanien. Die Beamten besitzen in der Regel Fremdsprachenkenntnisse, werden teilweise interkulturell geschult und arbeiten häufig als eigenständige Polizeieinheit. (ss)

Touristenstraße [tourist route]

Kooperation von sehenswerten Tourismusorten, die über eine Straßenverbindung nacheinander angefahren werden können.

Die bekannteste unter den Touristenstraßen ist die Anfang der 1950er-Jahre vor allem für zahlungskräftige US-amerikanische Touristen gegründete ‚Romantische Straße‘, die Würzburg u. a. über Rothenburg ob der Tauber, Nördlingen, Augsburg und Landsberg am Lech mit Füssen verbindet. Über sie sind Ikonen des deutschen Tourismus wie die Würzburger Residenz, die zum Weltkulturerbe (→ Welterbe) gehörende Wieskirche bei Steingaden und Schloß Neuschwanstein miteinander verbunden. Vom Zusammenschluss der Orte entlang dieser Straße und dem gemeinsamen Auftritt in der Öffentlichkeit und vor allem im Ausland profitieren alle Mitglieder. Nach diesem erfolgreichen Vorbild wurden auch die

‚Deutsche Alleenstraße' (von der Insel Rügen bis zum Bodensee) und die ‚Deutsche Fachwerkstraße' gegründet. Allerdings sind sie viel länger als die Romantische Straße und haben daher einige Lücken mit längeren Strecken, die weder Orte mit Fachwerkshäusern noch Alleen aufweisen. Die Fachwerkstraße besteht daher aus einzelnen, nicht miteinander verbundenen und teilweise nahezu parallel verlaufenden Teilstücken, die zwischen Stade an der Elbe und Meersburg am Bodensee verteilt sind.

Teilweise versucht man nach diesem Modell auch touristische Wege entlang alter Handelsstraßen zu etablieren, wie das zum Beispiel in Europa für die Salzstraßen des Mittelalters und die früher von Karawanen genutzten Seidenstraßen innerhalb Asiens und nach Europa der Fall ist. Zum Routentourismus (Auto-, Fahrrad-, Wanderrouten) in Deutschland siehe auch Birker, Bormann & Störk 2019. (jwm/wf)

Literatur

Birker, Laura; Katharina Bormann & Vanessa Störk 2019: Routentourismus. Heilbronner Reihe Tourismuswirtschaft, Band 29. Berlin: uni-edition

Touristenvisum → **Visum**

Touristifizierung [touristification]

Tourismusräume existieren nicht an sich, sondern werden erst durch die Ausstattung mit touristischer Infrastruktur, deren Inanspruchnahme durch → Touristen sowie durch eine symbolische Aufladung zu Tourismusräumen. Dieser als Touristifizierung bezeichnete Prozess führt dazu, dass bis dahin touristisch wenig attraktive Stadtteile und Orte von Touristen entdeckt und für sie erschlossen werden. Oftmals folgen monostrukturelle Wirtschaftsstrukturen für Touristen in Form von → Cafés, → Bars, Supermärkten und Souvenirshops, welche die Bedürfnisse der Anwohner vernachlässigen. Wöhler (2011, S. 160) spricht auch von „Kommodifikation" von Räumen, die zu Veränderungen der kulturellen Merkmale von Räumen führt: Ursprüngliche Identität von Brauchtum und Sprache passen sich den Bedürfnissen der Touristen an, was sich unter anderem in einer ausgeprägten Kommerzialisierung von Veranstaltungen widerspiegelt. Negativ betrachtet ist dies die „Instrumentalisierung und Ausbeutung einer Destination als Wohlfühlort und Ort für Erlebnisse" (Bundeszentrale für politische Bildung 2002). (abw)

Literatur

Bundeszentrale für politische Bildung 2002: Tourismus und Nachhaltigkeit. (www.bpb.de/apuz/25895/tourismus-und-nachhaltigkeit?p=all, zugegriffen am 19.06.2019)

Wöhler, Karlheinz 2011: Touristifizierung von Räumen: Kulturwissenschaftliche und soziologische Studien zur Konstruktion von Räumen. Wiesbaden: VS

Touristik

(a) Zusammenfassende Bezeichnung für Reiseveranstalter und Reisebüros;

(b) Im Reisebüro (→ Reisevermittler) wird damit die Abteilung bezeichnet, in der Pauschalreisen vermittelt werden. Zur historischen Einordnung und Abgrenzung vom Begriff Tourismus siehe Mundt 2013, S. 3 f. (jwm)

Literatur
Mundt, Jörn W. 2013: Tourismus. München, Wien: Oldenbourg (4. Aufl.)

Touristinformation [tourist office, tourist information, tourist info point]

Informations- und Förderstelle für den Tourismus mit Sitz in den → Destinationen, oft von den jeweiligen Kommunen oder von regionalen → Destinationsmanagementorganisationen (DMO) zur Unterstützung des örtlichen Tourismus betrieben. Jede Kommune trägt selbst die Entscheidung, die freiwillige Aufgabe „Tourismus" wahrzunehmen (Deutscher Tourismusverband 2010, S. 2), so dass die dadurch entstehenden Kosten der Tourismusentwicklung als Investitionskosten zu betrachten sind. Kommunale Ziele sind: Verbesserung der Wirtschaftsstruktur, Erhaltung der Wettbewerbsfähigkeit und Weiterentwicklung der Kommune und ihrer Infrastruktur für Gäste als auch für die einheimische Bevölkerung unter Gesichtspunkten der Daseinsvorsorge (Thomas 2008, S. 211). Die ursprüngliche Aufgabe der Touristinformation ist – seit der Entstehung der Verkehrsämter in den 1920er-Jahren – der Betrieb einer Informationszentrale als erste Anlaufstelle für ankommende Gäste (Gästebetreuung), an der alle wichtigen Informationen (unentgeltlich) über die Destination (Kommune oder Region) für sie bereitgehalten und ggf. Übernachtungsmöglichkeiten (i. d. R. Provision durch vermittelte Betriebe) vermittelt werden.

Touristinformationen verfügen über ein für Gäste, aber auch für Einheimische nutzbares Front-Office mit den Aufgaben: aktiver Verkauf vermarktbarer Leistungen, direkte Information der Gäste, Bearbeitung von Gästeanfragen (persönlich, telefonisch oder schriftlich), Buchungen über das Reservierungssystem, Vermittlung von Stadt- und Gästeführungen, Kartenvorverkauf für Veranstaltungen, Erstellung und Verkauf von Werbematerialien bzw. Merchandisingprodukten wie T-Shirts, Aufkleber etc. Zum Back-Office-Bereich gehören Aufgaben wie Betreuung von Gastgebern und weiteren Akteuren vor Ort, Zusammenarbeit mit anderen touristischen Organisationen (Kooperation), Erstellung neuer Informationsmaterialien und Prospekte, Erstellung eines IT-gestützten Veranstaltungskalenders, Presse- und Öffentlichkeitsarbeit, Vorbereitung und Durchführung von touristischen Aktionen und Kampagnen, Marketing und Binnenmarketing, Erarbeitung von attraktiven Pauschalangeboten und konzeptionelle Entwicklung der touristischen Infrastruktur (Schlag 2009, S. 19 und 32 f.; Bieger & Beritelli 2013, S. 65 ff.).

Erforderlichenfalls kann auch der Betrieb der öffentlichen touristischen Infra-struktur unter Bereitstellung der dafür notwendigen Sachmittel und Personalres-sourcen zu den Aufgaben gehören. Die Organisation der → DTV-Klassifizierung von Campingplätzen sowie → Ferienwohnungen, -häusern und → Ferienzim-mern nach den Richtlinien des → Deutschen Tourismusverbands e. V. (DTV) ist ebenfalls Bestandteil der Arbeit einer Touristinformation. In Orten, in denen eine → Kurabgabe (Kurtaxe) erhoben wird, können Touristinformationen mit deren Einzug beauftragt werden sowie die Ausgabe und Sammlung von Meldescheinen der Beherbergungsbetriebe vornehmen, um diese an das Statistische Landesamt (→ Tourismusstatistik) weiterzuleiten. Die Ziele von Touristinformationen liegen u. a. in der Erhöhung des Bekanntheitsgrads der Destination, der Imagepflege sowie der Unterstützung des Wirtschaftsfaktors Tourismus vor Ort.

Touristinformationen können in unterschiedlichen Rechtsformen organi-siert sein. Seit den 1920er-Jahren war es üblich, sie im Rahmen der Wirtschafts-förderung als Regiebetrieb in der Stadt- oder Gemeindeverwaltung zu führen. Außerhalb der Verwaltung, aber immer noch unter vollständiger Kontrolle der Kommune, können Touristinformationen auch in einen Eigenbetrieb (wie zum Beispiel die meisten Stadtwerke) überführt werden. Zudem besteht die Möglich-keit, die Touristinformation als gemeinnützigen Verein zu organisieren. Tourist-informationen können auch als GmbH geführt sein; zum einen kann so frei von administrativen Einschränkungen des öffentlichen Dienstes flexibler agiert wer-den, zum anderen können die örtliche Tourismuswirtschaft bzw. touristische Leistungsträger als Gesellschafter an der GmbH eingebunden werden. Allerdings ist auch hier die Kommune als größter Anteilseigner beteiligt und bestimmt damit die Geschäftspolitik, da selbst eine formal privatisierte Touristinformation ein Zu-schussgeschäft bleibt und das Defizit von der Kommune ausgeglichen wird. Dies deshalb, weil sie mit Werbung und Verkaufsförderung für den Ort kollektive Güter herstellt, von denen auch Nutznießer und Anbieter im Ort profitieren, die selbst keinen Beitrag dazu geleistet haben.

Touristinformationen werden angehalten, sich an der strategischen Ausrich-tung der regionalen Destinationsmanagementorganisation bzw. des Landestou-rismusverbandes zu orientieren. Die lokale Ebene bis hin zu den Leistungsträgern vor Ort sind bei der Umsetzung der landesweiten Tourismusstrategie gefordert, bei der eigenen Arbeit die landesweiten Empfehlungen in Bezug auf Angebots- und Produktentwicklung, Qualitätssicherung, Gästeinformation und -betreuung zu berücksichtigen und in ihren eigenen Marketingaktivitäten einfließen zu las-sen (Tourismus- und Heilbäderverband Rheinland-Pfalz 2012, S. 8).

Zu den Anspruchsgruppen einer Touristinformation zählen bestehende und potenzielle Gäste, die einen optimalen Service über die gesamte Wertschöpfungskette, von der Erstinformation im Internet, über die zufriedenstellende Bearbeitung von Informations- und Buchungsanfragen, ein den Erwartungen entsprechendes Urlaubserlebnis vor Ort bis hin zur Betreuung bei Beschwerden und Reklamationen wünschen. Die zweite Anspruchsgruppe bilden Leistungsanbieter, die eine optimale Marktbearbeitung und gute Zusammenarbeit mit der touristischen Organisation in der Kommune voraussetzen. Die systematische Einbindung und Zusammenarbeit mit den Leistungsträgern bei Strategie und Planung, Produkt- und Angebotsentwicklung, Qualitätssicherung, beim Marketing und in den Organisations- und Arbeitsstrukturen auf lokaler Ebene sind durch den Aufbau und die Pflege von → Netzwerken unabdingbar. Die dritte Anspruchsgruppe sind lokale Entscheidungsträger (Politik, Verwaltung), von denen die Effizienz der Marktbearbeitung – gemessen anhand von Erfolgs- und Tätigkeitsnachweisen, Effizienzanalysen und regelmäßigen Berichterstattungen – gefordert wird (Tourismus- und Heilbäderverband Rheinland-Pfalz 2012, S. 9 f.).

Sowohl in Deutschland als auch international werden Touristinformationen mit einem „i" gekennzeichnet. Der Deutsche Tourismusverband e. V. ermöglicht Touristinformationen eine Zertifizierung mit der i-Marke als Qualitätssiegel (Deutscher Tourismusverband o. J.). Zu den Kriterien gehören unter anderem Transparenz der Informationsvermittlung, Ausschilderung und Auffindbarkeit vor Ort, Parkgelegenheiten in der Nähe, barrierefreier Zugang, Öffnungszeiten, Weiterbildung des Personals oder Qualität der Informationsvermittlung durch das Personal. Mittlerweile sind mehr als 700 Touristinformationen in Deutschland mit der i-Marke ausgezeichnet. (abw)

Literatur

Bieger, Thomas; Pietro Beritelli 2012: Management von Destinationen. München: Oldenbourg (8. Aufl.)

Deutscher Tourismusverband e. V. 2010: Handlungsempfehlungen des Deutschen Tourismusverbands zur Finanzierung des kommunalen Tourismus. Berlin

Deutscher Tourismusverband e. V. o. J.: DTV i-Marke. Mindestkriterien und Erläuterungen. Auszug aus dem Kriterienkatalog der Grundprüfung. (https://www.deutschertourismusver band.de/fileadmin/Mediendatenbank/PDFs/i-Marke_Kriterienkatalog2018_Auszug.pdf, zugegriffen am 18.05.2020)

Schlag, Susanne 2009: Gestaltung von Tourist-Informationen. Chancen der Service- und Verkaufsorientierung für Destinationen. Heilbronner Reihe Tourismuswirtschaft. Berlin: uni-edition

Thomas, Roland 2008: Tourismusförderung in der kommunalen Praxis. Strategien – Organisation – Marketing – Kooperation – Förderung – Finanzierung. Berlin: Erich Schmidt

Tourismus- und Heilbäderverband Rheinland-Pfalz e. V. (Hrsg.) 2012: Strukturen und Aufgaben der lokalen Ebene im Tourismus in Rheinland-Pfalz. Ein Leitfaden zur Umsetzung der Tourismusstrategie 2015 in den rheinland-pfälzischen Tourismuskommunen. (https: //rlp.tourismusnetzwerk.info/wp-content/uploads/2012/08/Leitfaden_20101.pdf, zugegriffen am 18.05.2020)

Touristische Informationsnorm (TIN) → **Qualitätszeichen**

Touristische Suchmaschinen [meta searcher]
Touristische Suchmaschinen sind keine allgemeinen Suchmaschinen des World Wide Web, mit denen nach beliebigen Suchbegriffen in ihren Schlagwort-/Index-Datenbanken recherchiert werden kann, um im Ergebnis auf relevante Web-Seiten verwiesen zu werden. Touristische Suchmaschinen ermöglichen dem Reiseinteressenten durch Eingabe seiner konkreten Reisewünsche die übergreifende (Meta-)Produktsuche in angeschlossenen Reiseanbieter-Systemen. Als Ergebnis der Angebotsrecherche stellen sie eine unverbindliche, sortierte Liste alternativer Angebote mit Verweis/Link auf die jeweiligen Anbietersysteme dar, in denen der Interessent dann seine Suche im Detail und mit verbindlichen Informationen fortsetzen kann.

Touristische Suchmaschinen übernehmen somit keine Reisemittlerfunktion (→ Online Travel Agent) und haben keine → Internet Booking Engine. Sie haben lediglich elektronische Schnittstellen (interfaces), um gemäß Kundenwunsch im eigenen Zwischenspeicher (cache) oder automatisiert in angeschlossenen und jeweils geeigneten Anbietersystemen recherchieren und den Interessenten an anbietende Systeme weiterleiten zu können.

Touristische Suchmaschinen berechnen den Reiseanbietern Gebühren. Dazu kann im Rahmen der Web-Technologie automatisiert ermittelt werden, ob die Nutzung eines Verweises/Links durch den Interessenten in einer definierten Zeitspanne zu einer Buchung geführt hat, ob also der Interessent sich zum Kunden gewandelt hat (Konversionsgebühr, conversion fee). Die konkrete Zusammenarbeit mit touristischen Suchmaschinen ist für Reiseanbieter ein Element des aktiven Suchmaschinen-Managements (search engine management, SEM). (uw)

Literatur
Schulz, Axel; Uwe Weithöner; Roman Egger & Robert Goecke 2015: eTourismus: Prozesse und Systeme. Berlin, Boston: De Gruyter Oldenbourg, insb. Kapitel 3.7 (2. Aufl.) (3. Aufl. in Vorbereitung)

Touristische Wertschöpfungskette [tourism supply chain]
1 Begriffsbestimmung   Der Begriff Wertschöpfung wird in der Volkswirtschaftlichen Gesamtrechnung verwendet. Ausgangspunkt für die Betrachtung sind die Produktionswerte von Unternehmen, die den „Wert der von inländischen Wirtschaftseinheiten getätigten Verkäufe von Gütern (Waren und → Dienstleistungen) aus eigener Produktion an andere (in- und ausländische) Wirtschaftseinheiten, ohne Gütersteuern, aber zuzüglich der produzierten und noch nicht verkauften Waren sowie bei Unternehmen auch zuzüglich der selbst erstellten Anlagen" dar-

stellen (Statistisches Bundesamt 2018, S. 351; die nachfolgend kurz dargestellten Begrifflichkeiten werden im Statistischen Jahrbuch ausführlich erläutert).

– Die Bruttowertschöpfung (zu Herstellungspreisen) ergibt sich nach Abzug der Vorleistungen von den Produktionswerten. Unter Vorleistungen werden die Güterwerte (Waren und Dienstleistungen) bezeichnet, welche ein Unternehmen von einer anderen (in- und ausländischen) Wirtschaftseinheit bezieht und letztendlich verbraucht (z. B. Rohstoffe, Bauleistungen zur Instandhaltung, Transportkosten, Benutzungsgebühren).

– Die Nettowertschöpfung ergibt sich aus der Bruttowertschöpfung nach Abzug der Abschreibungen und enthält das in den Wirtschaftsbereichen entstandene Arbeitnehmerentgelt (z. B Bruttolöhne und -gehälter, Arbeitgeberbeiträge zur Sozialversicherung, an Lebensversicherungsunternehmen und an Pensionskassen) sowie den Betriebsüberschuss und die Selbständigeneinkommen.

Basis für die Berechnung der Wertschöpfung aus der touristischen Nachfrage sind die Nettoumsätze. Die sogenannte Wertschöpfungsquote beziffert den Anteil des Nettoumsatzes, der zu Löhnen oder Gehältern wird, also in Form von Personalkosten an die Mitarbeiter ausbezahlt wird, sowie an Gewinn im Unternehmen verbleibt. Personalkosten und Gewinne zusammen werden auch als Einkommen oder Wertschöpfung bezeichnet.

Die Wertschöpfungsquoten für unterschiedliche Branchen können anhand unternehmensspezifischer Kostenstrukturen aus Betriebsvergleichen abgeleitet werden. Stellvertretend sind an dieser Stelle die seit vielen Jahren publizierten Betriebsvergleiche für die Hotellerie und Gastronomie zu nennen (dwif 2017a, S. 125 ff.; dwif 2017b, S. 16 ff.).

Für einzelne Branchen bzw. Betriebstypen existiert eine breite Palette unterschiedlicher Wertschöpfungsquoten. Alleine im → Gastgewerbe reicht die Bandbreite beispielsweise von gut 20 % bei Imbissbetrieben bis über 60 % in manchen Kurkliniken oder der Privatvermietung. Im Einzelhandel liegen die Werte niedriger; sie beginnen bei etwa 10 % im Lebensmitteleinzelhandel und gehen bis über 30 % in hochwertigeren Einzelhandelssegmenten. Auch bei den sonstigen Dienstleistungsunternehmen zeigt sich eine sehr große Spannweite. Sie reicht von rund 30 % in einzelnen Sparten im Bereich Verkehr/Transport bis zu teilweise über 70 % bei Therapieeinrichtungen oder → Touristinformationen.

2 Wertschöpfungskette

2.1 Tourismus als Querschnittsbranche
Der → Tourismus gilt als eine klassische Querschnittsbranche. Aus diesem Grund ist der Tourismus in der angebotsseitig definierten Klassifikation der Wirtschaftszweige (WZ 2008) der amtlichen Statistiken auch nicht als separater Wirtschaftszweig ausgewiesen. Angeführt werden

dort Branchen wie das Gastgewerbe, der Einzelhandel oder unterschiedlichste Dienstleistungsunternehmen. Alle diese Branchen sind aber nur zu einem bestimmten Anteil touristisch relevant. Selbst das Gastgewerbe ist nicht vollständig dem Tourismus zuzurechnen. Zwar ist im Beherbergungsbereich davon auszugehen, dass die touristische Nachfrage gegen 100 % geht, jedoch spielt in der Gastronomie der Konsum Einheimischer eine nicht zu unterschätzende Rolle, der wiederum nicht touristisch relevant ist. Deshalb kann selbst das Gastgewerbe nicht vollständig zum Tourismus gezählt werden. Von den Ausgaben der Touristen profitiert eine Vielzahl verschiedenster Unternehmen direkt. Dies zeigt ein Blick auf die Ausgabenstruktur der Tages- und Übernachtungsgäste.

2.2 Ausgabenstruktur der Übernachtungsgäste Die Übernachtungsgäste sind auf ihren Reisen aktiv und nutzen nicht nur ihre Unterkunft und besuchen Gastronomiebetriebe. Sie kaufen ein, besuchen kulturelle oder sportliche Veranstaltungen, fahren mit Ausflugsschiffen oder Bergbahnen und nehmen verschiedene Dienstleistungen in Anspruch (z. B. Kurmittel, Stadtführungen, Radverleih). Die Ausgabenstruktur der Übernachtungsgäste in gewerblichen Beherbergungsbetrieben (ohne Privatvermietung und → Camping) zeigt, dass der touristische Umsatz bei vielen Unternehmen Nutzen stiftet. Die Ausgabenstruktur der Übernachtungsgäste lässt sich wie folgt zusammenfassen (dwif 2010):

- 43,3 % der Ausgaben entfallen auf Unterkunft inkl. der im Übernachtungspreis enthaltenen Ausgaben für Mahlzeiten (z. B. → Frühstück, → Halb- und → Vollpension) und sonstigen Paketleistungen (z. B. Saunanutzung, geführte Wanderung);
- 18,8 % auf die Verpflegung im Gastgewerbe;
- 3,3 % auf Lebensmitteleinkäufe;
- 13,9 % auf den Einkauf sonstiger Waren;
- 7,7 % auf den Bereich → Freizeit und Unterhaltung (z. B. Theater, Sportveranstaltung, Kino, Museum, → Freizeitpark, Erlebnisbad);
- 2,7 % auf den lokalen Transport (z. B. ÖPNV, Schifffahrt, Bergbahnen, Taxi);
- 10,3 % auf sonstige Dienstleistungen (z. B. Kurtaxe, Kurmittel inkl. der Leistungen von Versicherungsträgern bei Kuren, Messebesuch, Kongress-/Tagungsgebühr, Parkgebühr).

2.3 Ausgabenstruktur bei Tagesreisen Auch von den Tagesausflüglern und -geschäftsreisenden profitieren je nach Hauptanlass der Tagesreise (z. B. Einkaufsausflug, Veranstaltungsbesuch, Verwandten-/Bekanntenbesuch) und den ausgeübten Aktivitäten (z. B. Skifahren, Messebesuch, Wanderung) unterschiedliche Anbieter. Von den daraus resultierenden Umsätzen entfallen (dwif 2013):

- 29,9 % auf den Besuch von Gastronomiebetrieben;
- 7,6 % auf Lebensmitteleinkäufe;

- 40,1 % auf Einkäufe sonstiger Waren;
- 12,3 % auf Eintritts-/Nutzungsgebühren für Sport, Unterhaltung etc.;
- 10,1 % auf Ausgaben für sonstige Leistungen (z. B. Pauschalarrangements, Nutzung örtlicher Verkehrsmittel, Parkplatzgebühren).

2.4 Umwegrentabilität durch Vorleistungslieferungen Von der touristischen Nachfrage profitiert also eine Vielzahl verschiedener Wirtschaftszweige. Die direkten Effekte durch die Ausgaben der Touristen liegen auf der Hand und sind leicht nachzuvollziehen. Damit die direkten Profiteure allerdings ihre Leistungsbereitschaft aufrechterhalten können, benötigen sie Zulieferungen in Form von

- Waren (z. B. Energie, Rohstoffe, Handel);
- Leistungen für den Substanzerhalt (Baugewerbe, Handwerker) und
- weitere Dienstleistungen (z. B. Werbeagentur, Versicherung, Bank/Sparkasse).

Den gesamten Betrag, der nicht zu Löhnen, Gehältern oder Gewinnen wird, geben die direkt vom Tourismus profitierenden Unternehmen für den Bezug derartiger Vorleistungen aus.

2.5 Weitere Bausteine der Wertschöpfungskette Neben den monetär weitgehend konkret messbaren Umsätzen durch Touristen und Vorleistungslieferanten gibt es zusätzliche Effekte, die von der Tourismuswirtschaft ausgehen:

- Auf der einen Seite existieren Einrichtungen, die sich – zumindest zum Teil – aus anderen Quellen finanzieren. Zu nennen sind in diesem Zusammenhang beispielsweise Touristinformationen, → Tourismusverbände, Radwege oder auch der ÖPNV. Derartige Angebote werden zum Teil von öffentlichen Stellen (z. B. Gemeinde, Landkreis, Bundesland) mitfinanziert. Nicht zu vergessen sind die Subventionen für bestimmte Projekte (z. B. Bundesmittel, EU-Projekte).
- Auf der anderen Seite sind immaterielle Wirkungen in Tourismusorten nicht zu bestreiten. Deren monetäre Bewertung ist allerdings schwierig (z. B. Imagegewinn, Kundenbindung, Erhöhung des Bekanntheitsgrades, Steigerung des Wohnwertes).

Vergessen werden vielfach auch die steuerlichen Effekte. Zu nennen sind beispielsweise die anfallenden Gemeinschaftssteuern. Dies sind Umsatz-/Mehrwertsteuer (abzüglich der enthaltenen Vorsteuer), Lohn- und Einkommensteuer der im Tourismus beschäftigten Personen sowie Grund- und Gewerbesteuer der touristischen Leistungsträger. Auf kommunaler Ebene werden diese ergänzt durch kommunale Steuern (z. B. Kurtaxe, Fremdenverkehrsabgabe, Zweitwohnungssteuer).

Die Tourismuswirtschaft ist also ein sehr komplexes System mit zahlreichen Profiteuren in praktisch allen Wirtschaftszweigen. Man spricht in diesem Zusammenhang auch von der Multiplikatorwirkung der Tourismusbranche.

3 Berechnungsbeispiel Die beschriebene Wertschöpfungskette der vom Tourismus profitierenden Unternehmen soll an einem Beispiel beschrieben werden. Grundlage ist ein → Hotel, in dem der Nettoumsatz pro Kopf und Tag 100,- € beträgt. Nachfolgend sollen die direkten und indirekten wirtschaftlichen Effekte nachvollzogen werden. Es gilt also, die Frage zu beantworten, wohin dieser Betrag letztendlich fließt.

3.1 Direkte Effekte (1. Umsatzstufe) Umgangssprachlich wird Wertschöpfung mit Einkommen gleichgesetzt. Die direkten Einkommen in einem Unternehmen (hier Hotel) lassen sich aus den Personalkosten (Löhne und Gehälter) und dem Gewinn ermitteln. Die im Rahmen von Branchenbetriebsvergleichen ermittelten Kostenstrukturen für Hotelbetriebe können in diesem Zusammenhang verwendet werden (dwif 2017b, S. 16 ff.):

- Personalkosten: 32 % des Umsatzes = 32,- €;
- Gewinn: 8 % des Umsatzes = 8,- €.

Im Rahmen dieser 1. Umsatzstufe werden also insgesamt 40,- € direkt zu Einkommen. Den Anteil des Nettoumsatzes, der zu Einkommen wird, bezeichnet man auch als Wertschöpfungsquote.

3.2 Ausgaben für Vorleistungen Die aus dem Nettoumsatz des Übernachtungsgastes verbleibenden 60,- € werden für die benötigten Vorleistungen aufgewendet. Diese kommen aus unterschiedlichen Bereichen:

- Betriebs- und Verwaltungsaufwand: 23 % des Umsatzes = 23,- €;
- Abschreibungen und Instandhaltung: 19 % des Umsatzes = 19,- €;
- Fremdkapitalzinsen: 8 % des Umsatzes = 8,- €;
- Wareneinkauf: 10 % des Umsatzes = 10,- €.

Innerhalb der genannten Kategorien profitieren wiederum zahlreiche Unternehmen. Beispielhaft seien die Investitionen in die Substanzerhaltung genannt. Gerade im Bereich des Baugewerbes gibt es viele eigenständige Gewerke, die für verschiedene Arbeiten benötigt werden (z. B. Fliesenleger, Estrichleger, Maler, Trockenbauer, Dachdecker, Sanitär-/Heizungsinstallateur, Gärtner).

3.3 Indirekte Effekte (2. Umsatzstufe) Von diesen Umsätzen der 2. Umsatzstufe wird wiederum nur ein Teil zu Einkommen. Die Wertschöpfungsquote richtet sich nach der jeweiligen Situation in den betroffenen Unternehmen.

- Zu den Betriebs- und Verwaltungsaufwendungen zählen beispielsweise Werbeagenturen, Versicherungen, Energielieferanten, Steuerberater oder der Handel. Geht man von einer Wertschöpfungsquote in diesem Bereich von rund 35 % aus, verbleiben aus 23,- € Umsatz in diesen Unternehmen Einkommenseffekte von 8,10 €.

- Von den Abschreibungen bzw. der Instandhaltung profitieren das Bauhaupt- und Nebengewerbe sowie Handwerksbetriebe. Aus 19,- € Umsatz werden bei einer Wertschöpfungsquote von etwa 30 % rund 5,70 € Einkommen.
- Für den Kredit werden Fremdkapitalzinsen fällig, die den Banken und Sparkassen zugute kommen. Dort ist die Wertschöpfungsquote mit rund 60 % verhältnismäßig hoch. Von 8,- € verbleiben 4,80 € an Gewinn im Unternehmen oder werden in Form von Personalkosten an die Mitarbeiter ausbezahlt.
- Der Wareneinkauf erfolgt über den Groß- und Einzelhandel. Bäcker, Metzger, Brauereien und viele andere Unternehmen liefern die benötigten Produkte an den Hotelier. Bei 10,- € Umsatz und einer Wertschöpfungsquote von 15 % verbleiben Einkommenswirkungen von 1,50 €.

Im Rahmen der 2. Umsatzstufe werden insgesamt 20,10 € indirekt, also bei den Vorleistungslieferanten, zu Einkommen.

3.4 Wertschöpfung insgesamt Aus der Addition der Einkommenswirkungen der 1. und der 2. Umsatzstufe ergibt sich die Gesamtwertschöpfung in Höhe von 60,05 €. Dies bedeutet, dass von jedem Gast, der in einem Hotel 100,- € pro Kopf und Tag ausgibt, rund drei Fünftel davon zu Einkommen wird. Von diesen Einkommenswirkungen entstehen rund zwei Drittel innerhalb der 1. und rund ein Drittel innerhalb der 2. Umsatzstufe. Im Prinzip können noch weitere Umsatzstufen angeführt werden. Der Bezug zur touristischen Nachfrage rückt dabei allerdings immer stärker in den Hintergrund.

4 Optimierung der Wertschöpfung Grundsätzlich lässt sich die Wertschöpfung durch effizienten Einsatz der zur Verfügung stehenden Mittel optimieren. Aus Unternehmensperspektive kann es durchaus sinnvoll sein, möglichst viele Stufen dieser Wertschöpfung innerhalb seines Unternehmens anzubieten. In einem Hotel wären dies neben der Beherbergung und Gastronomie beispielsweise ein Erlebnisbadebereich mit Sauna-, → Wellness- und Beautyangebot sowie der Verkauf verschiedener Produkte (z. B. Merchandising, Lebensmittel aus eigener Produktion, Wellnessprodukte). Ein breiteres Angebotsspektrum innerhalb eines Unternehmens anzubieten, hat Vor- und Nachteile. Ein Pauschalrezept für die richtige Strategie und Philosophie gibt es nicht; jeder Betrieb muss seinen eigenen Weg finden:

- Positiv wirkt sich auf das Unternehmen aus, dass es den Gast stärker an sich binden kann. Der Großteil der Ausgaben des Gastes und damit auch der Wertschöpfung kann damit im eigenen Unternehmen verbleiben.
- Schwierig ist es für ein Unternehmen allerdings, die Kundenbedürfnisse in allen angebotenen Segmenten optimal zu befriedigen. Eine klare Zielgruppen-

ansprache darf nicht aus den Augen verloren werden. Einerseits ist dies zur Kundenbindung nötig, andererseits lässt sich damit eine positive Mundpropaganda (Neukundengewinnung) erreichen. Beides ist für den langfristigen Erfolg eines Unternehmens wichtig.

Mit einer Erweiterung des Angebots erhöhen sich aber teilweise auch die Kosten enorm. Kosten und Nutzen müssen entsprechend abgewogen werden. (bh)

Literatur

dwif (Hrsg.) 2010: Ausgaben der Übernachtungsgäste in Deutschland. Schriftenreihe des dwif. Nr. 53. München: dwif

dwif (Hrsg.) 2013: Tagesreisen der Deutschen. Schriftenreihe des dwif. Nr. 55. München: dwif

dwif (Hrsg.) 2016: Betriebsvergleich für die Hotellerie und Gastronomie in Bayern. Sonderreihe des dwif. Nr. 80. München: dwif

dwif (Hrsg.) 2017a: Betriebsvergleich für die Hotellerie und Gastronomie in Thüringen. Sonderreihe des dwif. Nr. 81. München: dwif

dwif (Hrsg.) 2017b: Hotelbetriebsvergleich Deutschland. Sonderreihe des dwif. Nr. 82. München: dwif

dwif (Hrsg.) 2019: Hotelbetriebsvergleich Deutschland. Sonderreihe des dwif. Nr. 84. München: dwif

Statistisches Bundesamt (Hrsg.) 2018: Statistisches Jahrbuch Deutschland 2018. Wiesbaden: Statistisches Bundesamt

Touristisches Besucherleitsystem [Visitor Management (or Guidance) System]

Auf Grund ihrer mangelnden Ortskenntnis sind viele → Touristen bei An- und Abreise sowie im Zielgebiet auf Informationen und Orientierungshilfen angewiesen. Dies gilt vor allem für erstmalige Besucher, die bei der Ankunft so gut wie keine konkreten Kenntnisse über die örtlichen Gegebenheiten haben. Wichtige rechtliche Grundlagen für die Besucherleitung stellen die Straßenverkehrsordnung (StVO) und mehrere Richtlinien dar (insbesondere „Richtlinien für die touristische Beschilderung", RtB). Darüber hinaus gibt es eine Reihe weiterer Regelungen, vor allem für den Fußgänger- und Radverkehr. Hier seien z. B. das „Merkblatt zur wegweisenden Beschilderung für den Radverkehr" und das „Merkblatt zur wegweisenden Beschilderung für den Fußgängerverkehr" zu nennen. Über diese Regelungen gibt es weitere Regelungen in den Bundesländern (Groß 2017, S. 459 ff.).

Ein Leitsystem kann wie folgt definiert werden: „Ein Besucherleitsystem umfasst Instrumente und Maßnahmen, die die Gäste raumbezogen über das touristische Angebot informieren, sie vor Ort zu den Angeboten hinführen und im Bedarfsfall bezüglich der räumlichen und zeitlichen Verteilung beeinflussen. (…) Raumbezogene Informationen bedeutet, dass in den Informationen spezifische Hinweise in Form von Ortsangaben, Karten oder Wegbeschreibungen enthalten sind, so dass sie eine Leitfunktion vor Ort ausüben können" (Eilzer 2007, S. 15 f.).

Leitsysteme bestehen somit aus den drei Instrumenten Beschilderung, Lenkung und raumbezogene Information.

Das erstgenannte Instrument wird dabei als das wichtigste angesehen, und die verschiedenen Arten von Beschilderungen haben entsprechend ihrer jeweiligen Hauptfunktion wegweisenden, informierenden oder einschränkenden Charakter (Eilzer 2007, S. 27).

Wegweiser dienen der Orientierung im Vorbeigehen/-fahren, indem sie in Form eines einmaligen Hinweises auf ein nahe gelegenes Ziel zeigen oder durch wiederkehrende Hinweise eine Orientierungskette zum Ziel darstellen. Informations- und Orientierungstafeln enthalten eine oder mehrere Karten, in denen das touristische Angebot im räumlichen Zusammenhang sowie die Netzstruktur der verschiedenen Routen deutlich werden. Sie können Inhalte vermitteln, wie z. B. Auskunft über Wanderrouten und Ausflugsmöglichkeiten. Während Informations- und Orientierungstafeln an Eingangsbereichen, zentralen Orten und Knotenpunkten aufgestellt werden, kommen Wegweiser an Knotenpunkten, Kreuzungen und Einmündungen zum Einsatz. Ge- und Verbotsschilder zeigen Einschränkungen an. Erstgenannte Schilder stellen eine Art „passives Verbot" dar und versuchen, ein erwünschtes oder gefordertes Verhalten durch Nennung der erlaubten Regelung zu erwirken (z. B. Aufforderung an Radfahrer, ihr Rad zu schieben). Verbotsschilder sind demgegenüber mit einem restriktiven Charakter belegt und schließen Verhaltensweisen, Zutritte oder Nutzungen für einzelne Personengruppen explizit aus (Eilzer 2007, S. 27 ff.; MWA LSA 2005, S. 19).

Für touristische → Destinationen werden folgende Komponenten für ein touristisches Leitsystem als wichtig erachtet, die je nach geographischer Lage, Größe und Bedeutung des Tourismus usw. für die Stadt bedeutsam sind (Beyer 1995, S. 12, Freyer & Lübbert 1996, S. 93):

- Die amtliche Wegweisung bezieht die Hinweis- und Wegweisungszeichen auf den kommunalen, Landes-/Bundesstraßen sowie Autobahnen ein (StVO §40–42).
- Ein Parkleitsystem ist ein Informationssystem, das die Parkmöglichkeiten in einer Stadt anzeigt, wodurch Ortsunkundigen eine Orientierungshilfe gegeben und der Parkplatzsuchverkehr verringert wird.
- Ein Hotelleitsystem führt ortsunkundige Besucher zu den Übernachtungsmöglichkeiten und trägt zur Minderung des Hotelsuchverkehrs bei.
- Wegweisersysteme in städtischen Gebieten erleichtern Fußgängern und ggf. Radfahrern die für sie relevanten Einrichtungen aufzusuchen und wieder zum Ausgangspunkt zurückzufinden. Wegweisersysteme außerhalb städtischer Gebiete betreffen vor allem (überregionale) (Rad-)Wanderwege und Wegweisungen im ländlichen Wegenetz.

- Eine Wegweisung kann es auch für Wasserwanderer (z. B. Kanus und Hausboote), Reiter und Kutschen geben. Für erstgenannte sind wasserseitige Schilder auf Anlegestellen und Informationen über touristische Angebote in der Nähe hilfreich. Eine verbindliche rechtliche Vorgabe für die wegweisende Beschilderung von Reitwegen gibt es in Deutschland nicht. In der StVO gibt es jedoch als Ge- oder Verbotsschild das Verkehrszeichen 238 (Reitweg). Darüber hinaus wird in einigen Bundesländern die Kennzeichnung der Reitwege im Wald geregelt (z. B. Landschaftsgesetz Nordrhein-Westfalen und Waldgesetz Brandenburg).
- Ankunftsinformation: Durch Informations- und Orientierungstafeln (z. B. an → Bahnhöfen oder Parkplätzen) kann den ankommenden Besuchern eine Orientierungshilfe über Lage und Inhalt der touristischen Angebote der Stadt, Angebote des ÖPNV sowie bei Tafeln an Einfahrtstraßen auch über die Parkflächen im Innenstadtbereich gegeben werden.
- Objektinformationen (Erläuterungen zu natürlichen oder baulichen Sehenswürdigkeiten sowie geschichtlichen Ereignissen) können in Form von Tafeln, im Boden eingelassenen Steinen oder Modellen zum Abtasten (v. a. für Sehbehinderte) gegeben werden.
- Leitsysteme innerhalb öffentlicher Einrichtungen (z. B. → Flughäfen oder Sportstätten) sind auch auf Ortsunkundige ausgerichtet. Die Betreiber bedienen sich immer häufiger Informationsdesignern, die sich auf das Anbringen von Wegweisern in derartigen Einrichtungen spezialisiert haben. (sg)

Literatur

Beyer, Rolf 1995: Leitsysteme durch die Stadt. Bonn: Deutsches Seminar für Städtebau und Wirtschaft

Eilzer, Christian 2007: Besucherleitsysteme: Entwicklung und Anwendung eines Instruments zu ihrer Bewertung – Dargestellt am Beispiel des Biosphärenreservates Rhön. München: Peter Lang

Freyer, Walter; Claudia Lübbert 1996: Tourismus und Verkehr – Möglichkeiten der Ressourcenschonung durch touristische Beschilderung in Fremdenverkehrsorten. In: Wissenschaftliche Zeitschrift der TU Dresden, 45 (5), S. 89–95

Groß, Sven 2017: Handbuch Tourismus und Verkehr – Verkehrsunternehmen, Strategien und Konzepte. Konstanz, München: UVK (2. Aufl.)

MWA LSA – Ministerium für Wirtschaft & Arbeit des Landes Sachsen-Anhalt 2005: Touristisches Leitsystem in Sachsen-Anhalt – Handlungsempfehlungen und Praxisleitfaden. Magdeburg, Berlin (2. Aufl.)

Touristisches Unternehmertum [Tourism Entrepreneurship]

Die Tourismusbranche gilt als eine der wichtigsten Leitökonomien im Kontext von wirtschaftlicher Entwicklung; ein Faktum, das insbesondere auf strukturschwache und periphere Räume zutrifft. Touristisches Unternehmertum bzw. Entrepreneurship kann in diesem Zusammenhang als zentraler Motor für nachhaltiges Wirtschaftswachstum und ökonomische Diversifizierung dienen – etwa in Räumen, die eine starke Abhängigkeit vom primären oder sekundären Wirtschaftssektor aufweisen (Ateljevic & Page 2009; Kuratko 2016).

Eigentümergeführte Unternehmen bilden nach wie vor das Rückgrat der Tourismusbranche, die überwiegend von kleinen und mittelständischen Betrieben geprägt wird. In diesem Kontext spielen sogenannte „lifestyle entrepreneurs" eine nicht zu unterschätzende Rolle. Dabei handelt es sich um Unternehmer, die als oberste Maxime nicht die Gewinnmaximierung verfolgen, sondern vielmehr die Umsetzung eigener Ideen und Vorstellungen, die oftmals auch soziale Aspekte umfassen (Sheldon & Daniele 2016). Das Spektrum einschlägiger Unternehmen ist ausgesprochen heterogen und reicht von Cocktailbars über → Hostels bis hin zu Surfschulen und den Verleih von Campingbussen.

Darüber hinaus wird die Bedeutung kleiner und mittelständischer Unternehmen im → Tourismus durch Nebenerwerbsgründungen verstärkt (Bolton & Thompson 2013). Dabei handelt es sich in erster Linie um Unternehmen, die einer Einzelperson neben einem Hauptberuf ein zusätzliches Einkommen ermöglichen. Als konkretes Beispiel lässt sich hier vor allem der sogenannte „→ Urlaub auf dem Bauernhof" anführen. Der entsprechende Unternehmertyp folgt meistens weniger altruistisch geprägten Vorstellungen von einer gerne als besonders romantisch etikettierten Urlaubsform, sondern forciert vielmehr ein Zusatzeinkommen in einem sich verschärfenden Wettbewerbsumfeld.

Unternehmertum ist mit der Gründung eines eigenen Unternehmens – primär aus kommerziellen Motiven – verbunden. Dies spiegelt sich in den meisten Definitionen von Entrepreneurship wider. Im Kern geht es darum, eine unternehmerische Idee zu initiieren, zu planen, zu gestalten und zu verwirklichen (Walmsley 2019). Erfolgreiche touristische Entrepreneure erkennen Chancen, wo andere nur Risiko, Widerspruch oder – im schlimmsten Fall – Scheitern sehen (Scherle & Pillmayer 2018).

Kleine und mittelständische Betriebe werden oftmals in einem Atemzug genannt. Aufgrund der Dominanz dieser Betriebsarten im Tourismus sind Unternehmertum und Tourismusbranche naturgemäß eng miteinander verflochten. Kleine und mittelständische Betriebe findet man nicht nur im touristischen Kontext, sondern sie dominieren die Wirtschaft insgesamt. Eine allgemeingültige Differenzierung der EU lautet wie folgt:

- Kleinstbetriebe (weniger als zehn Beschäftigte);
- Kleine Betriebe (weniger als 50, aber mehr als 9 Beschäftigte);
- Mittlere Betriebe (weniger als 250, aber mehr als 49 Beschäftigte).

Viele Tourismusunternehmen wachsen bzw. schrumpfen – analog zum Baugewerbe – angesichts der ausgeprägten Saisonalität der Branche. Entsprechend der
saisonalen Nachfrage wird Personal eingestellt bzw. freigestellt. Vor diesem Hintergrund ist die Steuerung der Nachfrage eine der zentralen Herausforderungen
für Unternehmer in dieser Branche, da sie besonders häufig anfällig für externe
und unvorhersehbare Einflüsse ist. (mp/nsc)

Literatur

Ateljevic, Jovo; Stephen J. Page 2009: Tourism and Entrepreneurship. International Perspectives. Amsterdam: Elsevier

Bolton, Bill; John Thompson 2013: Entrepreneurs: Talent, Temperament and Opportunity. London: Routledge

Kuratko, Donald F. 2016: Entrepreneurship: Theory, Process and Practice. Boston/MA: Cengage
Learning

Scherle, Nicolai; Markus Pillmayer 2018: Culture of Failure oder schnödes Scheitern? Konzeptionelle Zugänge und empirische Befunde zum Scheitern in internationalen touristischen
Unternehmenskooperationen. In: Sven Groß; Julia Eva Peters; Ralf Roth; Jürgen Schmude & Anita Zehrer (Hrsg.): Wandel im Tourismus – Internationalität, Demografie und Digitalisierung (= Schriften zu Tourismus und Freizeit 23). Berlin: ESV, S. 133–150

Sheldon, Pauline, J.; Roberto Daniele 2016: Social Entrepreneurship and Tourism: Philosophy
and Practice (Tourism on the Verge). Wiesbaden: Springer

Walmsley, Andreas 2019: Entrepreneurship in Tourism. Abingdon: Routledge

Tournant [substitute]

Tourner (franz.) = drehen, im Kreis herumlaufen. Französischer Begriff für den
Vertretungskoch in größeren → Küchenbrigaden; auch Springer genannt. Der
Tournant vertritt einzelne Posten- bzw. Abteilungsköche im Falle von Urlaub,
Krankheit oder Freizeit. (wf)

Tournieren [to shape]

Tourner (franz.) = drehen, umrunden. Zuschneiden bzw. in Form schneiden von
Obst, Gemüse, Kartoffeln mit speziellem Tourniermesser. (bk/cm)

Tower → Kontrollturm

Tracking → Destination-Card-Systeme

Traffic

Unter Traffic (dt.: Verkehr) versteht man das Aufrufen von Webseiten und den folgenden Aufenthalt auf der jeweiligen Webseite. Bei jedem Besuch einer Webseite
werden Daten zwischen Nutzer und Webseiten-Server hin und her gesendet. Dieser Datenverkehr wird als ‚Web Traffic' bezeichnet (www.onlinemarketing.de). Mit
Hilfe von Analyse-Software kann anhand der Daten zum Beispiel unterschieden

werden, wie oft ein Nutzer eine bestimmte Seite besucht oder wie lange er sich auf einer entsprechenden Seite aufgehalten hat. Somit kann man Rückschlüsse auf die Attraktivität einer Webseite ziehen (www.unternehmer.de). (sm)

Literatur

Onlinemarketing o. J.: Traffic. (https://onlinemarketing.de/lexikon/definition-traffic, zugegriffen am 17.08.2019)

Unternehmer o. J.: Traffic. (https://www.unternehmer.de/lexikon/online-marketing-lexikon/traffic, zugegriffen am 17.08.2019)

Tragekapazität [carrying capacity]

Aus der Wildbiologie übernommener Begriff zur Bestimmung von Besucherkapazitätsgrenzen an einem konkreten Ort. Ursprünglich bezeichnet er die maximale Zahl von Tieren einer bestimmten Spezies, die ein ökologisches System (Biotop) ohne Störung des Gleichgewichtes beherbergen kann. Von Mitarbeitern US-amerikanischer Nationalparks wurde der Begriff dann in den 1960er-Jahren auch auf die Zahl menschlicher Besucher übertragen, welche die Naturräume ohne Störung von Flora und Fauna in abgegrenzten Zeiträumen aufnehmen können. In der Folge wurde der Begriff auch auf touristische Attraktionspunkte und → Destinationen übertragen. Dabei wurde der Begriff durch die Einfügung der Erlebnisqualität der Besucher erweitert. Damit spielt auch die Zahl der Besucher für die Besucher selbst eine wichtige Rolle, denn überfüllte Strände, Skipisten und Museen können zu einer Beeinträchtigung des Erlebnisses führen.

Es lassen sich verschiedene Dimensionen der touristischen Tragekapazität ausmachen (Zimmermann & Pizzera, 2016, S. 183):

– ökologische Kapazität – sie bezieht sich auf die Grenze der zulässigen Auswirkungen auf Flora, Fauna, Boden, Wasser und Luftqualität;
– physische Kapazität – sie ist durch die Aufnahmemöglichkeiten eines Ortes bestimmt und umfasst die Zahl der Menschen, die in einem bestimmten Raum versorgt werden können;
– ökonomische Kapazität – sie bezieht sich auf die Fähigkeit, eine touristische Entwicklung zu integrieren, ohne die lokalen Entwicklungspotenziale auszubeuten;
– soziale Kapazität – sie bezieht sich auf das Niveau von Einflüssen, bevor das Besuchererlebnis beeinträchtigt wird, umfasst aber auch die lokale Bevölkerung und Kultur und deren individuelle Perzeption von Überlastung.

Dabei gibt es keine fixen Schwellenwerte. Stattdessen müssen Destinationen in Abhängigkeit ihrer Entwicklungsziele, der ökologischen Sensibilität des Raumes, der Bedürfnisse der Zielgruppen etc. die Tragekapazitäten bestimmen. So kann die ökologische Tragekapazität eines Ortes zum Beispiel durch den Bau von Kläranlagen oder das Verbot von Diesel- oder benzingetriebenen Fahrzeugen erhöht werden. Für unterschiedliche Zielgruppen kann die soziale Kapazität unterschiedliche Grenzen aufweisen: Junge Menschen wollen in der Regel möglichst viele Gleichaltrige am Strand treffen und akzeptieren daher höhere Zahlen entsprechender Besucher des gleichen Strandabschnittes als andere. → Overtourism. (fr/jwm)

Literatur

Coccossis, Harry; Alexandra Mexa 2016: The Challenge of Tourism Carrying Capacity Assessment: Theory and Practice. London: Routledge

Wöhler, Karlheinz; Anja Saretzki 1999: Umweltverträglicher Tourismus. Grundlagen – Konzeption – Marketing. Limburgerhof: FBV

Zimmermann, Friedrich M.; Judith Pizzera 2016: Nachhaltiger Tourismus – Realität oder Chimäre? In: Friedrich M. Zimmermann (Hrsg.): Nachhaltigkeit wofür? Von Chancen und Herausforderungen für eine nachhaltige Zukunft. Berlin, Heidelberg: Springer, S. 171–200

Tragfähigkeit → **Tragekapazität**

Train à Grande Vitesse (TGV) → **Hochgeschwindigkeitszüge**

Tranchieren [to carve]

Bezeichnung für das fachgerechte Zerlegen bzw. Schneiden von Fleisch, Geflügel, Wild und anderem in Stücke bzw. Scheiben (tranche [franz.] = Scheibe).

Bis zum heutigen Tag ist Tranchieren am Gästetisch Ausdruck einer gehobenen → Gastronomie und gilt als etwas Außerordentliches. Die zeit- und personalintensive → Dienstleistung wird insbesondere aufgrund des Kostendrucks seit vielen Jahren immer mehr durch einen Tellerservice (→ Serviermethoden) ersetzt, bei dem das Zerlegen in der Küche stattfindet. Zu den Arbeitsschritten des Tranchierens siehe detailliert GastroSuisse 2014, S. 101 ff.; Gutmayer u. a. 2011, S. 6 ff. (wf)

Literatur

GastroSuisse (Hrsg.) 2014: Arbeiten am Tisch: Die hohe Kunst des Flambierens, Tranchierens, Filetierens und Servierens. Zürich: édition gastronomique

Gutmayer, Wilhelm u. a. 2011: Service: Die Meisterklasse. Linz: Trauner (3. Aufl.)

Merkle, Heidrun 2001: Tafelfreuden. Eine Geschichte des Genießens. Düsseldorf, Zürich: Artemis und Winkler

i **Kleine Story**

Das Tranchieren lässt sich bis ins Altertum zurückverfolgen (zum Folgenden Gutmayer u. a. 2011, S. 8; Merkle 2001, S. 164 f.). Am Hofe wurde das Essen als Ganzes an die Tafel gebracht und dort präsentiert. Vorschneider, sogenannte Trancheure oder scissores, zerlegten Fleisch und Geflügel kunstgerecht an Esstafeln in mundgerechte Stücke. Im Mittelalter gehörte die Fähigkeit, mit dem Tranchierbesteck umzugehen, zur Ausbildung von Pagen und war Bestandteil des sozialen Aufstiegs. Das Verb aufschneiden im Sinn von angeben oder zeigen, was man kann, hat in den Vor- bzw. Aufschneidern seinen Ursprung. (wf)

Trans-Europ-Express (TEE)

Anfang der 1950er-Jahre wurde bei den Bahngesellschaften der ehemaligen Staaten der Europäischen Wirtschaftsgemeinschaft (EWG) die Idee diskutiert, gemeinsam komfortable Schnellzüge mit hoher Eleganz zu entwickeln, die ausschließlich Wagen der ersten Klasse führen sollten. Die 1954 in Den Haag gegründete Trans-Europ-Express-Kommission (Gründungsmitglieder waren die Staatsbahnen von Belgien, der Bundesrepublik Deutschland, Frankreich, Italien, Luxemburg, Niederlande und der Schweiz) setzte diese Idee um und ließ nach vereinbarten Merkmalen Dieseltriebwagen bauen, die ausschließlich Wagen der ersten Klasse zogen. Der Zugbetrieb der sogenannten TEE-Züge wurde 1957 aufgenommen. Auf einheitliche Züge konnten sich die beteiligten Staatsbahnen, zu deren Kommission später Spanien beitrat, nicht einigen. Die ursprünglich dieselbetriebenen TEE-Triebwagen fielen wegen ihrer Formschönheit auf und wurden später teilweise elektrifiziert. 1987 wurden die letzten TEE-Verbindungen eingestellt und sind heute nur noch Eisenbahnromantik. Es erfolgte eine Integration in die europäische Zuggattung EuroCity.

Zu den technischen Daten und dem Interieur der TEE-Aussichtswagen, die nur noch als Museumszüge laufen, siehe Dostal 2017, S. 6. Pressemeldungen sprechen jüngst wieder von einem möglichen Neustart des TEE. Um ein transeuropäisches Zugnetz großflächig über Europa entstehen zu lassen, wären allerdings massive Investitionen in die Infrastruktur Voraussetzung. (hdz/wf)

Literatur
Block, Rüdiger 2004: Die TEE-Triebwagen der Deutschen Bundesbahn. Freiburg: Ek
Dostal, Michael 2017: DB-Wagen. Reisezug- und Güterwagen. München: GeraMond

Transfer → **Flughafentransfer**

Transferraum → **Mobilitätsmanagement im Tourismus**

Transit [transit]

Durchfahren eines Landes auf dem Weg in ein Drittland. Beispiel: Fahrten von den Niederlanden über Deutschland in die Schweiz. Im Luftverkehr spielt der Transit bei Umsteigeverbindungen eine wichtige Rolle. Auf den meisten internationalen Flughäfen kann man aus dem Ausland kommend umsteigen und in ein Drittland fliegen, ohne durch die Pass- und Zollkontrolle gehen zu müssen. Auf vielen internationalen → Flughäfen machen Transitpassagiere einen großen Teil der Gesamtzahl an Passagieren aus. → Transithotel. (jwm)

Transithotel [Transit Hotel]

Betriebstyp, der auf internationale Umsteigepassagiere an → Flughäfen zielt, die aufgrund fehlender Einreisegenehmigung (→ Visum) den Transitbereich nicht verlassen dürfen. Die Gäste können sich – etwa bei verpassten Anschlussflügen oder Flugverspätungen – stundenweise einmieten, ohne den Transitbereich verlassen zu müssen. In dem Betriebstyp herrschen durch den Standort strenge Sicherheitsvorschriften (Goerlich 2017, S. 12). → Flughafenhotel. (wf)

Literatur
Goerlich, Barbara 2017: Relaxen im Stundentakt. In: Allgemeine Hotel- und Gastronomie-Zeitung (AHGZ), 117 (13), S. 12

Transitkreuzfahrten → **Kreuzfahrttourismus**

Transitvisum → **Visum**

Trattoria
Eine Trattoria (trattare [ital.] = behandeln, verarbeiten) ist eine in Italien anzutreffende öffentliche Gaststätte. Der Angebotsschwerpunkt liegt gewöhnlich auf nationalen Gerichten. Im Vergleich zu einem Ristorante (→ Restaurant) sind gastronomisches Angebot, Service, Ausstattung und Ambiente schlichter. (wf)

Travel Industry Club e. V. (TIC)
Der Travel Industry Club ist neben → Skål International Deutschland einer der beiden bedeutenden deutschen Wirtschaftsclubs der Tourismusbranche. Im TIC vernetzen sich über 500 Führungspersonen der deutschen Reiseindustrie (Stand Mai 2020). Dabei ist TIC, anders als Skål, nicht in Regionalgruppen organisiert, sondern versteht sich als Netzwerk und Think Tank. Es gibt jährlich bundesweit über 30 Veranstaltungen, häufig im zeitlichen und regionalen Umfeld wichtiger Tourismusmessen oder Branchentreffen. Zukunftsthemen und Wissenstransfer stehen dabei im Mittelpunkt. TIC hat es sich zur Aufgabe gemacht, Persönlichkeiten und Unternehmen der Branche durch Preise zu würdigen und zeichnet zum Beispiel den ‚Travel Industry Manager des Jahres‘ aus. Im Young Travel Industry Club (Young TIC) sind rund 150 Studierende, Berufseinsteiger und Start-ups der Reiseindustrie ab 20 Jahren Mitglied (Stand 2020).

Der Travel Industry Club ist der jüngere der beiden touristischen Wirtschaftsclubs und wurde 2005 gegründet; die Geschäftsstelle ist in Frankfurt/Main. Auch in Österreich gibt es einen Travel Industry Club (www.travelindustryclub.de). (cmb)

Travel Management Company → **Geschäftsreisemanagement-System**

Travel Policy → **Geschäftsreisemanagement-System**

Trekking [trekking]

Trek (engl.) = anstrengender Marsch, Wanderung. Der Trekker verzichtet bewusst auf die für Touristen ganz selbstverständliche touristische Infrastruktur und begibt sich mit seinem Gepäck auf die Reise (zu Fuß, mit dem Fahrrad, Boot, Skiern etc.). Er folgt dabei den natürlichen Pfaden in unwegsamem Gelände, um die Natur so intensiv wie möglich zu erleben. Trekking-Touren werden heute auch von Veranstaltern organisiert, zum Beispiel als Expedition. Trekking wird nicht nur in fernen Ländern durchgeführt, sondern ist überall auf der Erde möglich. Begriffe wie Hiking oder Wandern werden mitunter synonym verwendet, teilweise aber auch über Kriterien wie Reisedauer, touristische Infrastruktur oder Ausrüstung abgegrenzt. (hdz/wf)

Trend [trend]

Trends sind Wandlungsprozesse oder auch Veränderungsbewegungen, die eine gewisse Konstanz und Nachhaltigkeit aufweisen und die in verschiedenen Bereichen wie Gesellschaft, Politik oder Ökonomie zu finden sind. Es handelt sich oft um große weltumspannende sozioökonomische oder strukturelle Prozesse, die Einzelpersonen nicht beeinflussen oder ändern können, die aber jeden Einzelnen in der Zukunft maßgeblich beeinflussen werden (Naisbitt 1982). Abhängig vom Geltungsbereich, der zeitlichen Wirkungsdauer, der Intensität und den Auswirkungen von Trends auf die Gesellschaft können verschiedene Arten von Trends definiert werden. Sehr kurzfristige Trends werden als Hypes, langfristige Trends als Megatrends bezeichnet (Pradel & Aretz 2008). An langfristige Trends müssen sich Unternehmen anpassen.

Der touristische Markt wird zunehmend dynamischer und komplexer. Die Auseinandersetzung mit Veränderungsprozessen und deren Treibern hilft einzuschätzen, wie sich der Markt, die Konkurrenz und die Konsumenten zukünftig verhalten werden, wo sich unter Umständen Handlungsspielräume auftun und wo entsprechend die vorhandenen Ressourcen hinfließen sollten. Ziel der Trendforschung ist es, stabile längerfristige Entwicklungen zu erkennen, den möglichen Verlauf, eine zugrunde liegende Dynamik und Zielgruppen eines Trends auszumachen und die Durchsetzung und Akzeptanz in verschiedenen Gesellschaftsgruppen abzuschätzen. (fr)

Literatur

Ehlen, Tobias; Knut Scherhag (Hrsg.) 2018: Aktuelle Herausforderungen in der Hotellerie: Innovationen und Trends. Berlin: Erich Schmidt

Naisbitt, John 1982: Megatrends: Ten New Directions Transforming Our Lives. New York: Warner Books

Pradel, Marcus; Wera Aretz 2008: Trend- und Zukunftsforschung. In: Werner Pepels (Hrsg.): Marktforschung – Organisation und praktische Anwendung. Düsseldorf: Symposion Publishing, S. 227–260 (2. Aufl.)

Triebwagen [railway traction vehicle, power unit]

Eisenbahnwagen mit eigenem Antrieb werden Triebwagen, Triebwagenzüge oder einfach Triebzüge genannt. Sie nehmen Fahrgäste auf, wie im Fall des → Inter-City-Express der Deutschen Bahn, oder können auch im Güterverkehr Fracht aufnehmen. Anders als Lokomotiven (E-Loks, Dieselloks), die als selbstfahrende Zugmaschinen die Funktion haben, angekuppelte Wagen zu ziehen, handelt es sich beim Triebwagenkonzept um ein kombinatorisches Antriebskonzept, das den Motorantrieb mit der Traglast (Personen oder Fracht) verknüpft. Moderne Fernzüge bestehen oft aus einem geschlossenen Wagenkonzept, wie zum Beispiel der Inter-City-Express. Im Normalbetrieb wird der Zug nicht getrennt. Hier nennt man die vorderen und hinteren Teile des Zuges Triebköpfe.

Neue Fahrzeugkonzepte zielen vor allem auf Flexibilität im Einsatz. Fahrzeuge mit und ohne Antrieb sollen individuell miteinander gekuppelt werden können. Zu neuen Zugkompositionen im Schienennahverkehr und dem Versuch, Vorteile von lokbespannten Zügen und Triebwagen zu vereinen, siehe Eilenberger 2018. (hdz/wf)

Literatur

Dostal, Michael 2018: Triebwagen und Triebzüge. Deutsche Bahn und Privatbahnen. München: GeraMond

Eilenberger, Uwe 2018: Innovative Nahverkehrsfahrzeuge. Fahrzeugkonzept der Baureihen 445/446. (https://www.uv-bund-bahn.de/fileadmin//Dokumente/Publikationen/BahnPraxis_B/BahnPraxisB-2018_02.pdf, zugegriffen am 22.04.2020)

Trinkgeld [tip]

In der Regel ein kleinerer Geldbetrag, der freiwillig als Anerkennung für erhaltene → Dienstleistungen von Kunden an Dienstleister gegeben wird. In vielen Sprachen (etwa franz.: le pourboire; span.: propina) wird der Betrag mit dem Trinken verbunden: Der Dienstleister soll sich mit dem Geld ein Getränk kaufen können.

Aus ökonomischer Sicht ist Trinkgeld ein interessantes Phänomen, da die Gabe freiwillig und in der Regel nach der eigentlichen Transaktion (Tausch Produkt/Dienstleistung gegen Geld) erfolgt. Trinkgeld wird nur bestimmten Berufsgruppen gegeben, oft sieht der Trinkgeldgeber den Dienstleister auch nicht mehr.

Hauptgründe für das Geben sind die Erfüllung von sozialen Normen bzw. die Vermeidung von sozialer Missbilligung, die sichtbare Anerkennung der erhaltenen Dienstleistung und der Versuch, künftige Dienstleistungen positiv zu beeinflussen (Lynn & Grassman 1990, S. 170 ff.).

Lobbyarbeit der Verbände hat im Jahr 2002 zu einer Abschaffung der Trinkgeldbesteuerung geführt (Gesetz zur Steuerfreistellung von Arbeitnehmertrinkgeldern vom 08.08.2002). Während die Thematik in Deutschland wissenschaftlich eher am Rande behandelt wird, existiert im angelsächsischen Bereich eine umfangreiche „Trinkgeld"-Literatur. Untersucht werden vor allem Trinkgeld beeinflussende Variablen, die dem Dienstleister (z. B. Geschlecht, Verhalten), dem Bedienten (z. B. Alter, Geschlecht, Ethnien) oder der Situation (z. B. Wetter) zuzuordnen sind.

Die Ursprünge des Trinkgeldgebens sind nicht eindeutig. Manche Autoren datieren das Phänomen in die Zeit der Römer und davor, andere sehen den Ursprung im Mittelalter. Viele Arbeiten nennen Kaffeehäuser und Pubs im spätmittelalterlichen England als Anfangsimpuls. Um einen bereitwilligen und umgehenden Service zu erhalten, hätten Kunden im voraus Geldstücke in aufgestellte Schüsseln oder Kisten mit der Aufschrift ‚To insure promptness' bzw. ‚To insure promptitude' (T. I. P.!) einwerfen müssen. Vereinzelt wird ‚tip' als Kurzform des englischen Verbs to tipple aufgefasst, was „gewohnheitsmäßig trinken" heißt (Azar 2003, S. 10 ff.; Segrave 1998, S. 1 ff.; Speitkamp 2008, S. 26 ff.).

International existieren unterschiedliche Trinkgeldkulturen. In manchen Ländern ist es eine einzuhaltende soziale Norm (etwa USA), in anderen Ländern (etwa Japan) unüblich bzw. sogar unerwünscht (Cousins et al. 2019, S. 229 f.; Lin 2014, S. 198 ff.). Zur geschichtlichen Entwicklung des Trinkgelds in Deutschland siehe Zenses 1952; Speitkamp 2008. Zu mehr oder weniger freiwilligen Trinkgeldern auf Kreuzfahrtschiffen siehe Davis et al. 2018, S. 358 f.; Ward 2019, S. 102 f. (wf)

Literatur

Azar, Ofer H. 2003: The history of tipping – from sixteenth-century England to United States in the 1910s. Department of Economics, Northwestern University/IL, USA

Cousins, John et al. 2019: Food & Beverage Management. Oxford: Goodfellow Publishers (5th ed.)

Davis, Bernard et al. 2018: Food and Beverage Management. London, New York: Routledge (6th ed.)

Frenzel, Mathias 2019: Trinkgeld – Geschenk oder Einkunft? In: Allgemeine Hotel- und Gastronomie-Zeitung (AHGZ), 119 (51), S. 7

Lin, Ingrid Y. 2014: Restaurant Employees' Perception of Tipping Systems Across Country Differences. In: Journal of Foodservice Business Research, 17 (3), pp. 198–214

Lynn, Michael; Andrea Grassman 1990: Restaurant Tipping: An examination of three „rational explanations". In: Journal of Economic Psychology, 11 (2), pp. 169–181

Parrett, Matthew B. 2003: The Give and Take on Restaurant Tipping. Dissertation. Virginia Polytechnic Institute and State University

Segrave, Kerry 1998: Tipping: an American social history of gratuities. Jefferson, London: McFarland & Company

Speitkamp, Winfried 2008: Der Rest ist für Sie! Kleine Geschichte des Trinkgeldes. Stuttgart: Reclam

Ward, Douglas 2019: Berlitz Cruising & Cruise Ships 2020. London: APA (28th ed.)

Zenzes, Maria 1952: Die Lohnformen im deutschen Hotel- und Gaststättengewerbe. In: Walter Thoms (Hrsg.): Handbuch für Fremdenverkehrsbetriebe. Gießen: Dr. Pfanneberg & Co., S. 325–341

Trink-Kur → **Kur**

Trinkspruch **[toast]**

Wenn Menschen an Jubiläen und Geburtstagen zuprosten, Gläser erheben und Trinksprüche aufsagen, folgen sie einer Jahrtausende alten Tradition. Weltweit feiern Menschen Feste, und Alkohol ist dabei das verbindende Element. Dadurch, dass sie zusammen trinken, unterstreichen sie den Wunsch nach Gemeinsamkeit, Entspannung und sozialen Kontakten. Auch das Phänomen der Trinksprüche ist weit verbreitet. Sie können kürzer oder länger sein, einer festen Ordnung folgen oder lose vorgetragen werden. Auf der ganzen Welt wird auf Familien und Freunde, Männer und Frauen, Gastgeber und Gäste, Vergangenheit und Zukunft, Neugeborene und Verstorbene, Frieden, Vaterland, Helden, Völkerfreundschaft, → Glück und Gesundheit getrunken.

In osteuropäischen Ländern wie Georgien oder der Ukraine gibt es bei Feiern die Position des Tamada (Tischmeister). Er ist für das Wohlergehen der Gäste verantwortlich und steuert das Tischgespräch. Gäste werden durch ihn einbezogen, indem er die Erlaubnis erteilt, einen Trinkspruch aufzusagen (Kotthoff 1995, S. 353 ff.; Mühlfried 2006, S. 83 ff.). (wf)

Literatur

Kotthoff, Helga 1995: The social semiotics of Georgian toast performances: Oral genre as cultural activity. In: Journal of Pragmatics, 24 (4), pp. 353–380
Mühlfried, Florian 2006: Postsowjetische Feiern. Das Georgische Bankett im Wandel. Stuttgart: Ibidem

[i] **Kleine Story**
Der Begriff „einen Toast aussprechen" kommt daher, dass in England ein Stück geröstetes Brot in das Trinkgefäß gelegt wurde. Das Gefäß ging bei den anwesenden Gästen reihum, und jeder trank daraus. Der, der am Ende eine kurze Tischrede (den Toast) hielt, trank das Gefäß mit dem darin liegenden Toast aus. (wf)

[i] **Gedankensplitter**
„On the ladies." (legendärer Trinkspruch von Heinrich Lübke, ehemaliger Bundespräsident)

Trockencharter **[dry charter, dry lease, aircraft leasing]**

Vermietung von Fluggerät an eine Fluggesellschaft. Hierbei wird im Gegensatz zum → Nasscharter nur das Flugzeug ohne Besatzungen und Betriebsmittel vermietet. In der Schifffahrt ist dies ebenfalls üblich und wird dort als ‚bareboat charter' bezeichnet. (jwm)

Tronc [tronc]

Tronc (franz.) = Baumstamm, Sammelbüchse, Opferstock. Im Gastgewerbe stellt das Tronc-System in erster Linie eine spezifische Art der Erfassung und Verteilung von Trinkgeldern dar.

Das → Trinkgeld wird in operativen Abteilungen mit Gästekontakt, insbesondere im → Restaurant, an der → Bar oder der → Rezeption, kollektiv gesammelt und in bestimmten Zeitrhythmen (wöchentlich, monatlich) nach einem vorab festgelegten Punkteschlüssel an die Abteilungsmitarbeiter verteilt. Der Verteilungsschlüssel basiert auf bestimmten Kriterien (z. B. Seniorität, hierarchische Position, fachliche Qualifikation, geleistete Arbeitsstunden, individuelle Leistung) und könnte etwa so aussehen, dass der Restaurantleiter 15 Punkte erhält, die → Chefs de rang 10 Punkte, die → Commis de rang 5 Punkte und Auszubildende 2 Punkte bekommen. Die Aufgabe wird von einer beauftragten Person (Tronc Master) oder dem Abteilungsleiter übernommen (Cousins 2019, S. 230).

Das System wirft Fragen der Verteilungsgerechtigkeit, Kontrolle und Besteuerung auf: Sollen andere Abteilungen ohne Gästekontakt auch am Trinkgeld beteiligt werden? Wie ist der Punkteschlüssel zu gestalten? Welches Trinkgeld fließt in den Tronc? Gibt es parallel ein Recht auf individuelles Trinkgeld? Wie sind Aushilfen oder Leihmitarbeiter zu betrachten? Wer verwaltet (Arbeitgeber, Abteilung) und verteilt das Trinkgeld? Das Verteilungssystem ist ein betriebliches Reizthema und wird in der Praxis nur teilweise eingesetzt (Theile-Ochel 2019, S. 6 f.).

Der Begriff fällt auch als Entlohnungsform bei der leistungsorientierten Vergütung von Mitarbeitern. Neben einem festen Grundgehalt existiert bspw. in → Casinos die Möglichkeit, dass Teile der Spielerträge nach Abzug der Kosten in einen Tronc fließen und über einen Verteilungsschlüssel an die Mitarbeiter im Spielbetrieb gegeben werden. Macht das Casino einen hohen Gewinn, steigt das Gehalt der Mitarbeiter. Sinkt der Gewinn des Casinos, sinkt das individuelle Gehalt. Es handelt sich in diesem Fall nicht um Trinkgeld, sondern um einen variablen Gehaltsbestandteil vom Arbeitgeber.

Zur tarifrechtlichen Ausgestaltung eines Tronc-Systems siehe beispielhaft den Manteltarifvertrag des Landes Baden-Württemberg (§ 5 II Entlohnung, Sonderregelung bei Umsatzbeteiligung). (wf)

Literatur

Cousins, John et al. 2019: Food & Beverage Management. Oxford: Goodfellow Publishers (5th ed.)

DEHOGA Baden-Württemberg 2015: Manteltarifvertrag für das Hotel- und Gaststättengewerbe in Baden-Württemberg. Stuttgart

Lin, Ingrid Y. 2014: Restaurant Employees' Perception of Tipping Systems Across Country Differences. In: Journal of Foodservice Business Research, 17 (3), pp. 198–214

Theile-Ochel, Sonja 2019: Trinkgeld-Regelung: Nur kein Neid! In: Allgemeine Hotel- und Gastronomie-Zeitung, 119 (34), S. 6–7

Tronc Master → **Tronc**

TRU → **Raumauslastung**

TSA → **Satellitenkonten,** → **Wirtschaftsfaktor Tourismus**

Tsunami → **Flutwelle**

Türanhänger [**DND sign, Do Not Disturb sign**]
Aus Karton, Holz oder Kunststoff gefertigtes Schild, das als klassisches Informationsmedium zwischen Zimmergast und Hotelmitarbeiter eingesetzt wird. Gäste können mit dem Anbringen des Anhängers an der Zimmertüraußenseite Anweisungen an → Zimmermädchen geben (Bitte Zimmer aufräumen [early Maid Service please; Room can be cleaned now], Bitte nicht stören [Please do not disturb; DND]) (Vallen & Vallen 2018, S. 431). Frühstücksbestellungen beim Zimmerservice über das Anbringen eines Türanhängers sind ebenfalls gängig.

Türanhänger gehören zur Standardausstattung eines Gästezimmers, technologische Lösungen wie Lichtsignale an der Hotelzimmertür stellen zunehmend Alternativen der Informationsübermittlung dar. (wf)

Literatur
Vallen, Gary K.; Jerome J. Vallen 2018: Check-In Check-Out: Managing Hotel Operations. Boston: Pearson (10th ed.)

> **Gedankensplitter**
> „Für einen Tag ohne Zimmerreinigung erhalten Sie einen 5 €-Gutschein für unsere Bar. Hängen Sie diesen Türanhänger bis 2 Uhr morgens an Ihre Tür. Den Gutschein erhalten Sie am nächsten Tag an der Rezeption." (Türanhänger, Hotel Indigo, InterContinental Hotels Group, Berlin)

Türsteher → **Doorman**

Tuk-Tuk [**tuk-tuk, auto rickshaw**]
Als Tuk-Tuk wird eine Auto- oder Motorrad-Rikscha bezeichnet. Das Gefährt stammt in seiner unmotorisierten Variante aus Japan und ist heute vor allem in Thailand, Indien, Pakistan, Laos u. a. Ländern in Asien als Taxi im Einsatz. Es ist Teil des Straßenlebens und Wirtschaftsfaktor für sehr viele Einmann-Unternehmen. Sicherheitstechnisch ist das Fahrzeug problematisch, da es offen ist und wenig Schutz bei Unfällen bietet, meistens auch über keinen Sicherheitsgurt verfügt. (hdz)

Tumbler

Der klassische Tumbler (engl. = Becher) ist ein niedriges zylindrisches Becherglas mit dickem Boden. Diese Becherglasform wird in der Bar traditionell den Whisk(e)y-Drinks zugeordnet. Sowohl ein Scotch on the rocks als auch der beliebte Whiskey sour werden in der Bar traditionell in Tumblern serviert. Das Glas gibt es in verschiedenen Größen und wird als Old-Fashioned-Glas bezeichnet, wenn es konisch geformt ist. Der Mixdrink Old Fashioned (engl. = althergebracht) mit den Zutaten Whiskey, Zucker, Wasser und Angostura Bitter gilt heute noch als Urform des klassischen → Cocktails. (tg)

Turbofan [turbofan]

Auch Mantelstrom-, Bypass-, Zweistromtriebwerk oder Zweikreistriebwerk genannt. Bei dieser Triebwerksart ist im Einlass ein großer Fan (Bläser) angebracht, hinter dem die damit eingesaugte Luft in zwei Ströme geteilt wird: den heißen Primär- und den kalten Sekundärkreis. Die Luft des Primärkreises wird wie bei einem → Turbojet in mehreren Stufen verdichtet und dann in Brennkammern geleitet, in die Kerosin eingespritzt wird.

Das unter hohem Druck sehr schnell ausströmende heiße Gas treibt in der Regel über einen nachgelagerten Schaufelring mit einer Welle den Fan an, bevor es durch eine Schubdüse weiter beschleunigt nach außen geleitet wird. Die Luft des Sekundärkreises fließt mit annähernd Schallgeschwindigkeit um das innere Triebwerk herum nach hinten und wird entweder noch im Triebwerk oder beim Austritt mit dem heißen Abgasstrahl vermischt. Dadurch wird nicht nur die Leistung gesteigert (ca. 70 % des Schubs werden durch den Sekundärkreislauf erzeugt), sondern im Vergleich zu → Turbojets auch der spezifische Kerosinverbrauch und die Lärmemission erheblich verringert. (jwm)

Turbojet [turbojet]

Auch Einkreistriebwerk oder Einstromtriebwerk genannt. Die Luft wird mit Schaufelringen vorn durch den Triebwerkseinlass eingesaugt, in mehreren Stufen verdichtet und dann in Brennkammern geleitet, in die Kerosin eingespritzt wird. Das unter hohem Druck sehr schnell nach hinten ausströmende heiße Gas treibt in der Regel über einen nachgelagerten Schaufelring mit einer Welle die Einlassschaufelringe an, bevor es durch eine Schubdüse weiter beschleunigt nach außen geleitet wird. (jwm)

Turboprop [turboprop, propjet]

Kunstwort aus Turbine und Propeller. Es handelt sich um ein Flugzeug mit Propellerturbinenantrieb. Der Vortrieb erfolgt hier vor allem durch die Übertragung der Triebwerksleistung auf einen Propeller mit Blattverstellung. Die sehr hohe Turbinendrehzahl wird durch ein Getriebe auf eine niedrige Propellerdrehzahl reduziert. Eine geringe zusätzliche Leistung entsteht durch den Abgasschub der Turbine. (jwm)

Turbulenz [turbulence]

Vertikale Luftbewegungen, die zu unruhigem Flug führen. Die fälschlicherweise oft ‚Luftlöcher' genannten Auf- und Abwinde haben verschiedene Entstehungsursachen. Bei An- und Abflug eines Flugzeuges können sie bei starkem horizontalen Bodenwind durch Verwirbelungen an Hügeln, Gebäuden und Bäumen spürbar werden. In Wolken entstehen sie durch die bei der Kondensation des Wassers wieder freigesetzte Lösungswärme. Auch an Luftmassengrenzen und den Grenzflächen zwischen unterschiedlichen Windrichtungen, wie sie oft in verschiedenen Höhen beobachtbar sind, entstehen Turbulenzen (→ Clear Air Turbulence). Zu den stärksten vertikalen Luftbewegungen zählen die in aktiven Gewittern. Auch vorausfliegende Luftfahrzeuge können mit ihren → Wirbelschleppen Auslöser von Turbulenzen sein. (jwm)

Turm → **Kontrollturm**

Turn around time → **Umkehrzeit**

Turndown Service → **Abdeckservice**

Turnuskreuzfahrten → **Kreuzfahrttourismus**

U

Überbuchung [overbooking]

Insbesondere bei Linienfluggesellschaften (→ Fluggesellschaft) übliche Praxis, auf einem Flug mehr Buchungen zu akzeptieren, als es der Kapazität des eingesetzten Fluggerätes entspricht. Damit wird dem Umstand Rechnung getragen, dass in der Regel nicht alle gebuchten Passagiere einen Flug auch antreten (→ Noshow). Es soll vermieden werden, dass Passagiere eigentlich ausgebuchter Flüge abgewiesen werden, obwohl sie mitfliegen könnten. Für Fluggäste bedeutet dies eine größere Anzahl von Flugoptionen, und Fluggesellschaften können damit Leerkosten vermeiden.

Wenn allerdings aus der Überbuchung ein Überverkauf wird, weil mehr als die aufgrund von Erfahrungswerten erwarteten Passagiere zum Abflugtermin erscheinen, entstehen der Fluggesellschaft Fehlmengenkosten. Ist nur eine → Beförderungsklasse zum Abflugtermin überbucht, können Passagiere auf andere umgebucht werden. Angenehm für den Passagier ist ein → Upgrading zum Beispiel von der Economy in die Business Class, unangenehm dagegen der umgekehrte Fall des → Downgrading. Im letzteren Fall muss die Fluggesellschaft die Differenz des Flugpreises rückerstatten und tut gut daran, dem Passagier auch eine Entschädigung zu zahlen, der diese Fluggesellschaft in Zukunft sonst höchstwahrscheinlich meiden wird. Ist keine Beförderung möglich, müssen Fluggesellschaften in der EU betroffene Passagiere für daraus resultierende Verspätungen entschädigen (→ Denied Boarding Compensation). Zu den rechtlichen Ansprüchen von Passagieren bei Nichtbeförderung siehe auch Conrady, Fichert & Sterzenbach 2019, S. 58 ff.; Moeder 2019, S. 269 ff.

Bei Beherbergungsbetrieben sind Überbuchungen ebenfalls üblich. Die dahinterstehende ökonomische Logik ist identisch. → Ertragsmanagement. (jwm/wf)

Literatur

Conrady, Roland; Frank Fichert & Rüdiger Sterzenbach 2019: Luftverkehr. Betriebswirtschaftliches Lehr- und Handbuch. Berlin, Boston: De Gruyter Oldenbourg (6. Aufl.)
Moeder, Ronald 2019: Tourismusrecht in der Unternehmenspraxis. München: UVK
Mundt, Jörn W. 2013: Tourismus. München: Oldenbourg (4. Aufl.)

Überführung [conveyance]

Bezeichnet im Rahmen der Auslandsreise-Krankenversicherung den Transport von im Ausland Verstorbenen zum Bestattungsort. Von Fahrzeugüberführung wird in touristischen Kontexten dann gesprochen, wenn unfall- oder pannenbedingt Kraftfahrzeuge aus dem Ausland ins Bestimmungsland transportiert werden. (hdz/wf)

https://doi.org/10.1515/9783110546828-022

Überführungsfahrt → **Positionierungskreuzfahrt**

Überführungsflug [ferry flight]
Flug, mit dem ein Flugzeug zu einem Kunden (zum Beispiel einer Fluggesellschaft) überführt wird. Bei Neuflugzeugen findet er in der Regel vom Hersteller, bei Gebrauchtflugzeugen vom vorherigen Eigentümer aus zum Kunden statt. Überführungsflüge sind auch die Flüge zu und von Wartungsunternehmen. (jwm)

Übergepäck [excess luggage, excess baggage]
Gepäckstücke, die nach Anzahl oder Gewicht die → Freigepäckgrenze für Flüge übersteigen. Zwar wird das Gepäck in der Regel mitgenommen (was bei → Regionalfluggesellschaften wegen des kleineren Fluggerätes manchmal technisch nicht möglich ist), aber es ist dafür ein Aufpreis (pro Kilogramm oder pauschal) zu entrichten, der je nach Fluggesellschaft variiert. Das Tarifgefüge für Übergepäck ist für Kunden teilweise intransparent, die Einflussgrößen für den Aufpreis unterschiedlich (z. B. Buchungsklasse, Streckenlänge, zusätzliches Gepäck vs. Übergepäck, Länderzonen). (hdz/wf)

Übernachtung mit Frühstück [bed and breakfast, continental plan]
In der Hotelbranche der Begriff für ein Leistungspaket, das die Übernachtung und eine Mahlzeit (Frühstück) pro Person pro Tag beinhaltet. Brancheninterne Abkürzung: Ü/F.

Die US-amerikanische Bezeichnung Continental Plan (CP) spielt darauf an, dass das Leistungspaket neben der Übernachtung ein kontinentales Frühstück (→ Frühstücksarten) beinhaltet. Zu unkonventionellen Konzepten von ‚Übernachtung mit Frühstück‘ siehe Scherle & Pillmayer 2018, S. 149 ff. (wf)

Literatur
Scherle, Nicolai; Markus Pillmayer 2018: Übernachten mit Frühstück war gestern – Innovative Übernachtungskonzepte vor dem Hintergrund ausgewählter gesellschaftlicher Metaprozesse. In: Tobias Ehlen; Knut Scherhag (Hrsg.): Aktuelle Herausforderungen in der Hotellerie: Innovationen und Trends. Berlin: Erich Schmidt, S. 149–161

Übernachtung ohne Frühstück [European plan, room only]
In der Hotelbranche der Begriff für ein Leistungsangebot, das nur die Übernachtung beinhaltet (pro Person pro Tag).

Die entsprechende internationale Bezeichnung European Plan (EP) wird in der Branche nicht einheitlich gebraucht. Während in den USA European Plan für Übernachtung ohne Frühstück steht, steht der Begriff in Europa mitunter für Übernachtung mit kontinentalem Frühstück (→ Frühstücksarten). Insofern werden European Plan und → Continental Plan teilweise synonym gesehen. (wf)

Übernachtungsdichte [overnight stays per square km]
Maß der → Tourismusdichte, in dem die Zahl der Übernachtungen in einer Gebietseinheit auf ihre Fläche bezogen wird (zum Beispiel Übernachtungen pro km^2). (jwm)

Überschallflugzeug → **Concorde**

Übertourismus → **Overtourism**

Überverkauf → **Überbuchung**

Überwachung [Monitoring]
Überwachung bezieht sich auf den vierten Grundsatz des HACCP-Konzepts (→ HACCP). Dabei werden Überwachungsmaßnahmen wie Messungen oder Beobachtungen bestimmter Kenngrößen oder Kriterien durchgeführt, um zu beurteilen, ob sich der → kritische Lenkungspunkt im Bereich der vorgegebenen Grenzwerte bewegt. Tägliche Temperaturkontrollen zählen zu den wesentlichen Überwachungsmaßnahmen in Küchen der → Gemeinschaftsverpflegung. (mjr)

Literatur
Amtsblatt der Europäischen Union (Hrsg.) 2004: VO (EG) Nr. 852/2004 über Lebensmittelhygiene. Straßburg
Beuth Verlag (Hrsg.) 2018: DIN 10506:2018-07 Lebensmittelhygiene – Gemeinschaftsverpflegung. Berlin
Beuth Verlag (Hrsg.) 2019: DIN 10508:2019-03 Lebensmittelhygiene – Temperaturen für Lebensmittel. Berlin

UEC → **Urban Entertainment Center**

Ü/F → **Übernachtung mit Frühstück**

Ultra-HNWIs → **High-Net-Worth-Individuals**

Ultra-Langstreckenflug [ultra-long-haul flight]
Eine mögliche Systematisierung des Luftverkehrs unterteilt nach der Streckenlänge in die Dimensionen Kurz-, Mittel- und Langstrecke (Conrady, Fichert & Sterzenbach 2019, S. 3). Zahlen, die hierbei abgrenzen sollen, sind dann beispielsweise < 1.500 km für die Kurzstrecke, < 3.500 km für die Mittelstrecke und > 3.500 km für die Langstrecke. Eine allgemeingültige Festlegung der jeweiligen Entfernung existiert allerdings nicht, was schon darauf zurückgeführt werden kann, dass Parameter wie unterschiedliche Landesgrößen oder technologischer Fortschritt die Zahlenwerte relativieren und stetig fließen lassen.

Ultra-Langstreckenflüge sind ein jüngstes Beispiel, wie technologischer Fortschritt Systematisierungen fortschreibt. Waren in den 1940er-Jahren mehrere Tage und mehrere Stop-over (→ Zwischenstopp) notwendig, um von Großbritannien nach Australien zu fliegen, ermöglichen neue Flugzeuggenerationen Direktflüge auf der sogenannten ‚kangaroo route' (z. B. London – Perth: ca. 14.500 km in 17 Stunden). Neue Streckenangebote wie London – Sydney (ca. 17.000 km in 20 Stunden) oder New York – Sydney (ca. 16.000 km in 19 Stunden) werden anvisiert (Bauer 2019). Befürworter der neuen direkten Flugverbindungen führen Argumente an wie attraktive Nischenprodukte für Vielzahler, Zeitersparnis und steigende Nachfrage nach → Punkt-zu-Punkt-Verkehr (Umgehung von Drehkreuzen). Gegner verweisen auf mangelnde Rentabilität, erhöhten Ressourcenverbrauch (Kerosin) und negative Auswirkungen auf den menschlichen Organismus (→ Jetlag). Zu den zahlreichen Einflussfaktoren auf die Rentabilität von Ultra-Langstreckenangeboten (wie Bestuhlung, Einzugsbereich, historische Verbindungen, Kerosinpreis, Reiseklasse, Streckenführung, Vielfliegerprogramme) siehe Bauer 2019. (wf)

Literatur

Bauer, Linus Benjamin 2019: Die Wiederauferstehung der Ultra-Langstrecke steht und fällt mit dem Kerosinpreis. (https://www.airliners.de/die-wiederauferstehung-ultra-langstreckenflu-kerosinpreis-analyse/52343, zugegriffen am 21.12.2019)
Conrady, Roland; Frank Fichert & Rüdiger Sterzenbach 2019: Luftverkehr. Betriebswirtschaftliches Lehr- und Handbuch. Berlin, Boston: De Gruyter Oldenbourg (6. Aufl.)

Umkehrzeit [turn around time]

Bodenzeit, die benötigt wird für das Aus- und Einsteigen der Passagiere, das Ent- und Beladen von Gepäck und ggf. von Fracht, die Betankung, die Entsorgung des Abfalls (ggf. auch der Abwässer), die Reinigung der Kabine, die Belieferung mit Getränken, Essen und ggf. Zeitungen, der Flugnach- und Vorbereitung durch die Piloten, der Sichtüberprüfung des Flugzeugs am Boden durch einen Piloten und ggf. dem Ausführen kleinerer Wartungsarbeiten und einem Besatzungswechsel. (jwm)

Umlauf → Flugzeugumlauf

Umsatz/m² [sales per square meter]

Kennzahl, die den Umsatz einer Periode (in €) ins Verhältnis zur Verkaufsfläche (Quadratmeter) setzt und so die Produktivität von Verkaufsflächen widerspiegelt. Nebenflächen wie Lager oder → Toiletten bleiben unberücksichtigt. Die Kennzahl ist relevant für gewerbliche Flächen wie → Bars, Diskotheken, Einzelhandel oder → Take-aways, bei denen Sitzplätze als Bezugsgröße größtenteils ausfallen (→ Sitzplatzumschlag).

Hoher Pacht- oder Mietzins für gewerbliche Flächen bei relativ niedrigen Umsätzen stellen für touristische Betriebe eine Herausforderung dar. → Foodcourts, → Malls, mobile Verkaufsflächen (Food Trucks), multifunktionale Flächen in Hotels (→ Open Lobby), Shop-in-Shop-Konzepte (McCafé/McDonald's) oder „to go"-Angebote sind ökonomische Reflexe auf den hohen Kostendruck. (wf)

Umsatzpacht → **Hotelpacht**

Umsteigezeit [**connecting time**]
Die Zeit, die man auf einem → Bahnhof oder → Flughafen benötigt, um eine Anschlussverbindung zu erreichen (→ Mindestumsteigezeit). (jwm)

Unaccompanied Minor (UM)
Im internationalen Luftverkehr üblicher Begriff zur Kennzeichnung alleinreisender Kinder. Kinder bestimmter Altersgruppen können bei vielen → Fluggesellschaften auch ohne Begleitperson (Eltern oder durch Erziehungsberechtigte autorisierte Personen) mitfliegen. Die Altersvoraussetzungen differieren dabei zwischen den Fluggesellschaften.

Bei der → Lufthansa dürfen Kinder unter fünf Jahren nicht alleine fliegen und solche im Alter zwischen fünf und elf Jahren nur in der Obhut des kostenpflichtigen Lufthansa-Betreuungsdienstes oder zusammen mit einer Person, die mindestens zwölf Jahre alt ist. Bei anderen Fluggesellschaften wird zum Beispiel bei internationalen Flügen von maximal sechs Stunden flugplanmäßiger Dauer ein Mindestalter von sechs Jahren vorgeschrieben, und Begleitpersonen müssen mindestens fünfzehn Jahre alt sein (Qantas). Die → Dienstleistung wird in Rechnung gestellt (Additional Service Fee, Supervision Fee). Die Kinder bekommen in der Regel eine Umhängetasche, in denen die Reisedokumente aufbewahrt werden und die in großen Lettern mit den Buchstaben ‚UM' bedruckt ist. (jwm/wf)

Understay
Under (engl.) = unter; to stay (engl.) = bleiben, wohnen, übernachten. Ein Hotelgast, der früher abreist als durch die ursprüngliche Zimmerbuchung vorgesehen. (wf)

Undertourism
Gegenentwurf beziehungsweise Antonym zum → Overtourism zur Bezeichnung von Reisen in unberührte, gering touristisch erschlossene → Destinationen fernab des → Massentourismus.

Undertourism birgt zwei Perspektiven: Nachfrager wollen als sogenannte ‚Undertourists' keine zusätzlichen Belastungen in den besuchten Destinationen erzeugen, um ihrem Wunsch nach Ursprünglichkeit und Individualität nachzukommen. Mit zunehmendem Tourismusaufkommen steigt jedoch das Risiko für diese Destinationen, Ziel des Massentourismus zu werden. Touristisch wenig erschlossene und besuchte Destinationen erhoffen sich durch den Trend zum Undertourism eine Chance zur Steigerung ihrer Bekanntheit und damit ihres Tourismusaufkommens, indem sie sich vor allem durch virales Marketing von Destinationen mit durch Overtourism entstandenen Konflikten abgrenzen. Paradoxerweise fördert die Darstellung dieser Destinationen in den sozialen Medien durch hohe Interaktionsraten wie beispielsweise Share- und Like-Zahlen deren Bekanntheit und damit das Tourismusaufkommen, wodurch der Begriff ‚Undertourism' ad absurdum geführt wird. (abw)

Uniform → **Dresscode**

Uniform System of Accounts for the Lodging Industry (USALI)
Ist ein wirksames und standardisiertes System der Rechnungslegung oder auch ein Betriebsabrechnungssystem, das sich speziell in der Hotellerie (→ Hotel) durchgesetzt hat und das weltweit verwendet wird. Es handelt sich hierbei um eine Art der Teilkostenrechnung, das heißt, es werden nur die direkt zurechenbaren Kosten einer Kostenstelle zugeordnet. Schwerpunkt des Systems ist die Erfolgsrechnung, deren Besonderheit in der Strukturierung der Hotelfunktionsbereiche sowie in der Buchung von Einzel- und Gemeinkosten liegt.

USALI ist nach Verantwortungsbereichen (Abteilungen) des Hotels gegliedert. Es wird unterschieden zwischen operativen Abteilungen (Leistungsstellen) und Serviceabteilungen. Die operativen Abteilungen erbringen ertragswirksame Leistungen. Zu diesen Abteilungen zählen die Bereiche Logis, F&B und sonstige umsatzerzielende Abteilungen. Die Serviceabteilungen verursachen bereichsübergreifende Aufwendungen, die den einzelnen operativen Abteilungen nicht genau zuzuordnen sind.

Im Rahmen von USALI erfolgt eine zeitgemäße Betriebsabrechnung, die den Leistungsstellen direkt zurechenbare Kosten ohne Umlagen von Gemeinkosten zuordnet. Die Gemeinkosten dagegen werden den operativen Abteilungen nicht zugerechnet. Zudem beinhaltet das System einen Kontenrahmen, der festlegt, welche Ertrags- und Kostenarten unter welchen Kosten- und Leistungsstellen summiert werden sollen. Dieser liefert wiederum das Gerüst zur Erstellung des betriebsindividuellen Kontenplans. Durch die Vereinheitlichung der Kontenpläne ist die Vergleichbarkeit der einzelnen Betriebe innerhalb ihrer Branche gegeben.

Problematisch bei der Anwendung von USALI ist die Tatsache, dass der Hotelier unter Umständen die Wirtschaftlichkeit der einzelnen operativen Abteilungen alleine mit Hilfe des Deckungsbeitrages beurteilt, ohne dabei die Kosten der Serviceabteilungen und die anlagebedingten Kosten zu berücksichtigen.

Vorteilhaft bei der Anwendung von USALI ist, dass es sich um ein Instrument zur Betriebs- und Konkurrenzanalyse handelt, mit dem auch betriebliche Schwachstellen aufgedeckt werden können. Aufgrund der Verwendung eines standardisierten Schemas liefert USALI aussagekräftige Daten, die eine internationale Vergleichbarkeit der Betriebe ermöglichen, die USALI anwenden. Das System eignet sich zudem für alle Betriebsgrößen. Bei Investitionsentscheidungen dient das USALI in der Regel auch als Grundlage für die Ertragsvorschaurechnung und langfristig ausgelegte Gewinn- und Verlustrechnungen (profit and loss statements). (stg/bvf)

Literatur

Scheefer, Ulrike 2016: Gliederung und Aufgaben des Rechnungswesens in der Hotellerie. In: Karl Heinz Hänssler (Hrsg.): Management in der Hotellerie und Gastronomie – Betriebswirtschaftliche Grundlagen. Berlin, Boston: De Gruyter Oldenbourg, S. 329–359 (9. Aufl.)

United Nations World Tourism Organisation → **Welttourismusorganisation**

Universal Time Coordinated (UTC)

Einheitliche Zeit, nach der weltweit der Luftverkehr abgewickelt wird. Sie entspricht der Zeit des Nullmeridians und wurde früher Greenwich Mean Time (GMT) genannt. (jwm)

Unternehmensarchitektur [corporate architecture]

Die Unternehmensarchitektur (corporate architecture) gehört zum Erscheinungsbild eines Unternehmens (corporate design), das wiederum eine Unterkategorie der Unternehmensidentität (corporate identity) darstellt.

Der gezielte Einsatz von Unternehmensarchitektur geht über die Grundanforderungen an Gebäude hinaus und nutzt deren Gestaltung als Mittel zur Kommunikation von Inhalten und Informationen über das jeweilige Unternehmen (Messedat 2005, S. 25). Durch die Architektur soll beim Kunden der Wiedererkennungswert erhöht, gleichzeitig aber auch intern die Arbeitsproduktivität gesteigert werden (Vonseelen 2012, S. 45). Damit stehen bei der Unternehmensarchitektur nicht nur ästhetische Anforderungen im Vordergrund, sondern auch der konkrete ökonomische Mehrwert.

Durch den direkten Kontakt des Kunden bzw. Gastes zum Gebäude spielt die Unternehmensarchitektur in Tourismus, Hotellerie und Gastronomie eine besondere Rolle. Anders als beispielsweise bei Bürogebäuden hat die Unternehmensarchitektur zum Kunden hin nicht mehr nur repräsentative Zwecke, sondern ist ein unverzichtbarer Bestandteil des eigentlichen Produkts. Besonders deutlich wird das bei der Beherbergungsleistung, die neben verschiedenen Services auch die Nutzung des Hotelgebäudes selbst umfasst – von der → Lobby bis hin zum eigentlichen Hotelzimmer.

Der Begriff der Unternehmensarchitektur kann unterschiedliche Bedeutungen aufweisen und birgt somit eine gewisse Verwechslungsgefahr. Deutlich wird das bei der Übersetzung ins Englische. Hier bezieht sich „corporate architecture" auf die bauliche Gestaltung der Firmenarchitektur, während „enterprise architecture" die Unternehmensarchitektur im Rahmen der Informationstechnik beschreibt. (js)

Literatur

Messedat, Jons 2005: Corporate Architecture – Development, Concepts, Strategies. Ludwigsburg: avedition

Vonseelen, Tanja 2012: Von Erdbeeren und Wolkenkratzern – Corporate Architecture – Begründung, Geschichte und Ausprägung einer architektonischen Imagestrategie. Oberhausen: Athena

Unternehmenskultur [corporate culture]

1 Grundlagen einer unternehmenskulturellen Perspektive Die Suche nach Erfolg versprechenden Konzepten zur Bewältigung der anstehenden Führungsprobleme hat neben einer Reihe sogenannter »harter« Management-Tools wie bspw. Geschäftsprozessstrukturen, Managementinformationssystemen u. a. auch eher als »weich« zu beschreibende Steuerungsmuster hervorgebracht, die stärker auf die »impliziten«, »informalen« Aspekte der Führung von Unternehmungen abstellen. Neben Fragestellungen wie → Unternehmensphilosophie, Sinn-Management, Human-Resource-Management oder Wissensmanagement gilt hier insbesondere der Frage nach der kulturellen Prägung von Unternehmungen das Hauptinteresse.

Erste Vorschläge zur Einbeziehung kultureller Aspekte in Führungsfragen wurden bereits im Zuge einer »cross cultural management«-Forschung unterbreitet, welche die Übertragbarkeit insbesondere US-amerikanischen Managementwissens in andere nationale Kulturbereiche (z. B. in lateinamerikanische, arabische oder asiatische Länder) zum Gegenstand hatte. Das Spektrum der zumeist empirisch angelegten Untersuchungen reichte dabei von der These einer völligen Kulturfreiheit der → Managementfunktionen bis hin zu heute vertretenen kulturbedingten Ansätzen (z. B. Hofstede 2001; Hofstede, Hofstede & Minkov 2017). Die Kultur stellt dann eine externe, unternehmerische Freiheitsgrade einschränkende Determinante im Entscheidungsfeld der Führung dar. Das sozio-kulturelle Umfeld einer Unternehmung wird in seiner Einfluss nehmenden Wirkung auf den Erfolg einer Unternehmung neben anderen externen Faktoren z. B. technologischer, gesetzlicher oder ökologischer Art erfasst. Die Umgebungskultur (z. B. die nationale

Kultur eines Landes wie Sitten, Gebräuche, religiöse Tabus, Stellung von Mann und Frau in der Gesellschaft u. a. oder auch regional bedingte kulturelle Besonderheiten) ist damit eine Rahmenbedingung, die sowohl vom Reisenden wie auch von der Führung touristischer Unternehmungen (z. B. bezüglich der Leistungsarten, der Werbung, der Durchsetzbarkeit einer globalen Marktstrategie, der Beurteilung international und damit multikulturell orientierter Kooperationen usw.) als begrenzender Faktor in ihre Entscheidungen einbezogen werden muss, aber auch selbst Gegenstand des eigentlichen touristischen Leistungsangebotes sein kann (Mundt 2013, S. 213 ff.; → Kulturtourismus).

Derartige sozio-kulturelle Einflüsse der Umwelt spiegeln sich zudem in den Verhaltensstrukturen aktueller wie potenzieller Unternehmensmitglieder wider und werden – indem spezifische, verschiedenartige kulturelle Elemente durch die Unternehmensmitglieder in die Unternehmung »importiert« werden – somit auch im Innenverhältnis der Unternehmung führungsrelevant, wie die Diskussion um das »Management of Diversity« (Roosevelt & Woodruff 1999) in global aufgestellten Unternehmungen gezeigt hat (→ Diversitätsmanagement).

Wie jeder soziale Verband entwickelt auch eine Unternehmung als individuelle Institution – beeinflusst durch ihre jeweilige Umgebungskultur – eine eigenständige, unverwechselbare Wertestruktur. Eine Unternehmung lässt sich somit als eine Sinngemeinschaft verstehen, die sich über die gemeinschaftliche Interpretation eines gemeinsam getragenen Geflechts von Symbolen, Mythen und Ritualen ihre lebensweltliche Realität schafft. Aus Führungsperspektive interessiert dabei insbesondere der Einfluss einer derartigen Werteprägung auf die Zielsetzung und Zielerreichung und die Möglichkeiten, diese Wertestruktur beeinflussen zu können (Simon 2000, S. 178 ff.).

2 Dimensionen der unternehmenskulturellen Prägung Die Kultur einer Unternehmung kann verstanden werden als die unternehmensindividuelle Wissens- und Wertebasis, welche die gemeinsame Sicht der Mitglieder von ihrer Unternehmung ebenso wie von der Umwelt, in der sie agieren, bestimmt und harmonisiert. Sie spannt ein unausgesprochenes Interpretationsgeflecht über die Wirklichkeit einer Unternehmung, das dem Einzelnen Orientierung und Sicherheit für sein Verhalten ermöglicht. Dies geschieht insbesondere dadurch, dass:

- die Unternehmenskultur einen Selektionsfilter für »sinnvolles« Entscheiden und Handeln liefert. Subjektiv Wichtiges wird von Unwichtigem getrennt, Interpretationsstandards für die Bewertung interner wie externer Ereignisse als »richtig« und verbindlich erklärt;
- ein einheitliches, wertekonformes Verhalten und Handeln konsistente Erwartungen über das Verhalten der übrigen Unternehmensmitglieder schafft und
- derartig kollektiv geteilte, bewährte Denkmuster für alle Beteiligten eine »mentale Stabilität« erzeugen, die auch in krisenhaften Situationen trägt.

Dieser gelebte »Geist des Hauses« prägt dann in erheblichem Maße den Prozess der Problemerkennung und Problemlösung auf allen Hierarchiestufen. Damit wird die Unternehmungskultur zum zentralen Bestimmungsfaktor des Managementpotenzials und legt die Basis für die »Intelligenz« einer Unternehmung im dynamischen Entwicklungsprozess (Simon 2000, S. 66).

Bei näherer Betrachtung lassen sich drei unterschiedliche Ebenen (Schein 1984, S. 4) einer Unternehmenskultur feststellen, die sich dem externen Betrachter allerdings unterschiedlich deutlich erschließen (vgl. Abbildung 36):

- Die kollektiv gepflegten Verhaltensweisen, Sitten und Gebräuche schlagen sich in kulturellen »Artefakten« wie der Architektur der Gebäude, der Büroeinrichtung, den Bekleidungsgewohnheiten der Mitarbeiter, dem gepflegten Sprachstil im Innenverhältnis der Unternehmensmitglieder oder gegenüber dem Gast, bestimmten Ritualen (z. B. »Mitarbeiter des Monats«, Stil der Weihnachtsfeier, Begrüßungsgeschenk für neue Kunden, Geburtstagsgruß für Stammgäste) u. ä. nieder. Diese sichtbaren Konkretisierungen der Unternehmenskultur dürfen jedoch nicht fälschlicherweise mit ihr gleichgesetzt werden, können sogar – wenn die Institution diese Bekundungen nicht verinnerlicht und in tiefer liegenden Wertestrukturen verankert hat, sondern lediglich als aufgesetzte Motivations- oder Marketingmaßnahmen mehr oder minder überzeugend wie auf der »Showbühne« realisiert – nicht einmal Bestandteil der tatsächlich gelebten Unternehmenskultur sein.
- Werte steuern auf einer darunterliegenden, eher unbewussten und damit schwerer analysierbaren Ebene das Verhalten der Unternehmensmitglieder. Sie transformieren die genereller angelegte Tiefenstruktur der originären unternehmenskulturellen Prägung hin zu gelebten, implizit bekundeten Verhaltensmustern („The way things are done around here!" [Kilmann, Saxton & Serpa 1985, S. 5]). Hier finden sich grundlegende Einstellungen zum Produkt, zum Kunden, hier ist die Qualitäts- oder Servicementalität verankert, zeigt sich das Menschenbild der Führungskräfte in ihrem gelebten Führungsstil.
- Die Kultur im eigentlichen Sinne des Wortes wird erst durch grundlegende, von den Unternehmensmitgliedern nicht mehr hinterfragte und größtenteils ihnen auch nicht mehr bewussten Annahmen (»Grundannahmen«) über den Sinn und die Realität der Unternehmung gebildet. Dies betrifft bspw. die Risiko- und die Zeitorientierung der Unternehmensmitglieder, ihre Einstellung zum aktiven Handeln wie zum gefühlten Bedrohungspotenzial durch Wandelprozesse, das als gültig unterstellte Menschenbild wie auch die Einstellung zum Umgang mit Macht (Simon 2000, S. 263 ff.). Diese Tiefenstruktur stellt den eigentlichen Kulturkern dar, alle vorgelagerten Stufen sind lediglich als Manifestationen dieses Kerns zu interpretieren.

Abb. 36: Ebenen unternehmenskultureller Prägung (Simon 2000, S. 200)

Wie jede (gesellschaftliche) Kultur weist auch die Unternehmenskultur die Neigung zu einer mehr oder weniger intensiven Subkulturbildung auf (Bleicher & Abegglen 2017, S. 301 ff.; Deal & Kennedy 1982, S. 151). Auf Basis der Gesamtkultur der Unternehmung entwickeln Teilbereiche wie Abteilungen, Arbeitsgruppen, Funktionsbereiche, Sparten usw. ein eigenständiges, bisweilen stark von der übergreifenden Unternehmenskultur abweichendes Werte- und Wissenspotenzial, bspw. begründet durch

– die Art der zu bewältigenden Aufgabe und dem damit einhergehenden Spezialisierungsgrad von Abteilungen;
– den spezifischen Kundenkontakt (z. B. Direktvertrieb, Absatzmittler, Franchisesystem (→ Franchise), e-business (→ Electronic Tourism) o. ä.);
– strukturellen Ballast wie Planungs- und Berichtssysteme;
– räumliche Trennung z. B. in Landesniederlassungen oder bei Filialsystemen u. a.

Je nach Differenzierungsgrad und den dabei freiwerdenden Fliehkräften, die einen erheblichen Abstimmungsaufwand zwischen den Zielen der Subkultur und den Zielen der Unternehmung erfordern, verursacht dieser mehr oder weniger starke Reibungsverluste und damit eine Verringerung der Effizienz der gesamten Unternehmung. Andererseits kann sich ein positives, konstruktives Wettbewerbsklima zwischen den rivalisierenden Subkulturen nutzbringend für die Unternehmung erweisen. Insbesondere aber bietet die Existenz von Subkulturen durch deren »artspezifische« Sensibilität gegenüber – für die Unternehmung als Ganzes – zentralen Fragen ein Reaktionspotenzial, das unter dynamischen Bedingungen den möglichen Verlust von Handlungsfähigkeit zu puffern und notwendige Änderungsimpulse für die Unternehmenskultur auszulösen vermag. Diese Leistung ist jedoch nur dann nutzbar, wenn die übergreifende Unternehmenskultur eine gewisse Bandbreite in der Non-Konformität der kulturellen Prägung – und damit die Existenz von Subkulturen – für zulässig erachtet bzw. sogar fördert (Bleicher & Abegglen 2017, S. 293 f.; 308 ff.).

3 Beziehungen zwischen Unternehmenskultur und Strategie Eine wesentliche Herausforderung der Führung von Unternehmungen stellt die begrenzte Fähigkeit der Entscheidungsträger dar, Komplexität und Dynamik zu verarbeiten. Dies wird umso deutlicher, je unstrukturierter die Entscheidungssituation sich darstellt, wie dies bspw. bei strategischen Problemstellungen der Fall ist (→ Strategie/Strategisches Management). Der einzelne Entscheidungsträger ist deshalb gezwungen, sich auf Basis seines Werte-, Bildungs- und Erfahrungsschatzes ein individuell geprägtes Modell über die Welt und ihre Wirkungsbeziehungen zurechtzulegen, das er zur Grundlage seines Denkens und Handelns erklärt. Neben den definierten Unternehmenszielen und den ethisch-moralischen Leitlinien der → Unternehmensphilosophie der Unternehmung bildet die kulturelle Vorprägung der Unternehmung die Grundlage einer derartige Entscheidungsfundierung. In ihrer Eigenschaft als werte- und wissensmäßiges Kondensat der zurückgelegten Historie der Unternehmensentwicklung bewirkt sie – auf informalem Wege – eine »Vor«prägung des Entscheidungsverhaltens der Unternehmensmitglieder. Über gelungene und misslungene Problemlösungen der Vergangenheit steuert sie wesentlich die spezifische Sensitivität und Wahrnehmungskraft der Entscheidungsträger gegenüber aktuellen und potenziellen Chancen und Gefahren ebenso wie den Selektionsmechanismus der Strategiewahl. Die gelebte Unternehmenskultur wird damit zu einem mehr oder weniger stark ausgebildeten Relevanzfilter, trennt subjektiv als wichtig Empfundenes von Unwichtigem, sie wird zum zentralen Leitfaden einer sich herausbildenden unternehmensspezifischen Wissensbasis (Simon 2002, S. 353). Quasi verzögerungsfrei können so bewährte Reaktionsmuster auf Forderungen der Umwelt einer Unternehmung zur Verfügung gestellt und damit Komplexität und Dynamik sinntragend verarbeitet werden.

individuelle Wissensgrenzen
und emotionale Barrieren

Leitbilder,
Grundsätze

persönliche Denkstile

Problemidentifikation

Rituale / Tabus /
Standards

Gewinnung einer
gemeinsamen
Situationsdefinition

Sprachstile/
Symbole

Entschei-
dungs-
verhalten

Generierung von
Alternativen

Geschichten /
Lebensweis-
heiten

Alternativen-
bewertung
und -auswahl

Grad an Komplexität
und Unsicherheit

Helden und
Kulturwächter

Durchsetzung und
Feedback

subjektiv wahrgenommene Eigenschaften der Problemstruktur

unternehmungskulturell, normativer Hintergrund

strategischer Entscheidungsprozess

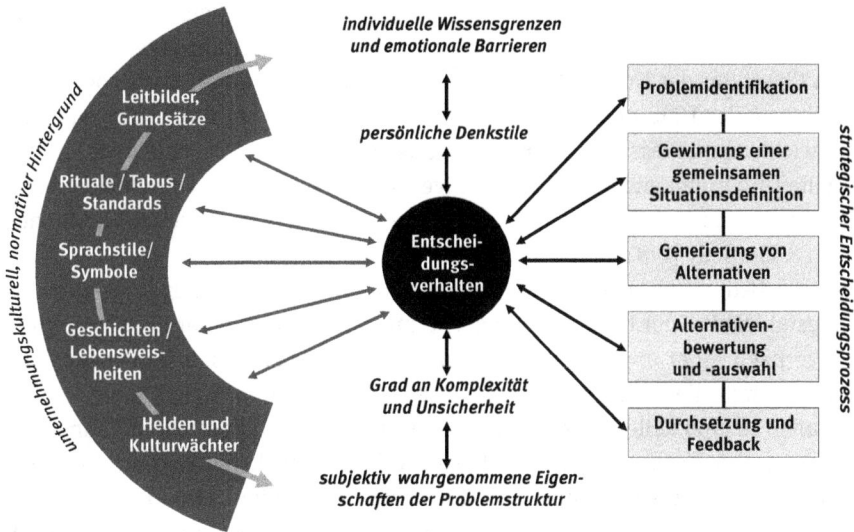

Abb. 37: Der Zusammenhang von Unternehmenskultur und strategischer Entscheidungsfindung
(nach Simon 2000, S. 367)

4 Möglichkeiten und Grenzen der Steuerung unternehmenskultureller Muster

Der Wert des Führungspotenzials, das die Kultur einer Unternehmung zur Problemlösung und damit letztlich zur Sicherung der Handlungs- und Entwicklungsfähigkeit der Unternehmung bereithält, bemisst sich in der Regel nach der Stärke bzw. Schwäche der Unternehmenskultur. Stärke wird dabei überwiegend gleichgesetzt mit einer einheitlichen und intensiven Kulturprägung, die sich in einem prägnanten Wertesystem niederschlägt und über eine Fülle an Symbolen, Ritualen, Geschichten, Kulturträgern (»Helden«) und Zeremonien transparent wird (Deal & Kennedy 1982, S. 8 ff.). Stärke oder Schwäche als Bewertungskriterien sind jedoch keine absoluten, intersubjektiven und zeitunabhängigen Eigenschaften einer Unternehmenskultur, sondern:

- bemessen sich z. B. nach der Art der Aufgabenstellung, nach der Stimmigkeit der Unternehmenskultur an sich sowie insbesondere gegenüber der bestehenden und intendierten Politik, Strategie und Struktur einer Unternehmung;
- werden durch eine Variation des Aufgaben- und Anforderungsspektrums, das von der Unternehmung zu bewältigen ist, relativiert;
- schwanken mit der Zusammensetzung der Unternehmensmitglieder im Zeitablauf.

Tradierte Werte- und Wissensbestände zur Problembewältigung verlieren ihre Geltung, neu eingebrachte und erworbene Werte und Erfahrungen verändern den Charakter der Unternehmenskultur, kurz: Nur eine situationsbezogene Betrachtung der Unternehmenskultur kann eine Beurteilung ihrer Kompetenz im Entwicklungsprozess einer Unternehmung ermöglichen. Alle Versuche, individuelle Unternehmenskulturen auf einige wenige Grundtypen zu reduzieren und zu standardisieren (bekanntestes Beispiel sind die vier Branchenkulturen nach Deal & Kennedy [1982, S. 107 ff.]), müssen fehlschlagen.

Die Bedeutung, die der Unternehmenskultur für die strategische Entwicklungsfähigkeit einer Unternehmung zukommt, provoziert in der Konsequenz die Frage nach einer angemessenen, also situationsbezogenen Beeinflussung der Kultur durch die Führung. Auch wenn eine Kultur grundsätzlich menschengeschaffen ist (von Keller 1982, S. 114), so lassen die bisher dargestellten Rahmenbedingungen der Kulturbildung – subjektiv, erfahrungsgeleitet, tradiert, informal, unbestimmt usw. – erkennen, dass die Veränderung einer kulturellen Prägung sich einem rational gesteuerten oder gar beherrschten Gestaltungsprozess weitgehend entzieht, dass sie vielmehr evolutionär spontanen Charakters ist. Ein anzustrebender Kulturwandel ist in herkömmlicher Art und Weise, auch bei noch so gewissenhafter und umfangreicher Diagnose der Ist-Kultur, nicht im Detail planbar, wie zahlreiche an der Kulturdimension gescheiterte Restrukturierungsprojekte gezeigt haben. Mit der Frage nach dem Wandel einer Unternehmenskultur wird die Führung von Unternehmungen stärker als bei allen bisherigen Fragen zur Strategie- und Strukturplanung in die Pflicht genommen, denn: Die zentrale Größe im Prozess des Kulturwandels stellt die Vorbildrolle der Führungskräfte, allen voran der obersten Leitung einer Unternehmung, dar. Nur ein im Vorbild gelebtes Wertesystem kann einen evolutorischen Änderungsprozess in Gang setzen. Die neu zu akzeptierenden Werte müssen anschlussfähig an bisherige Erfahrungswelten sein und als wesentlich und tragend für das individuelle Arbeitsumfeld empfunden werden. Nur dann verleihen sie auch im Wandel Sicherheit, vermitteln dem Einzelnen ein Gefühl der sozialen Akzeptanz und Geborgenheit (Bleicher & Abegglen 2017, S. 291 ff.).

In dem Maße, in dem die erwünschten Kulturelemente einer Unternehmung ein Klima der Zusammengehörigkeit – des »Wir«-Gefühls – zu schaffen in der Lage sind, stimmen sie die individuellen und kollektiven Bedürfnisse und Motive der Mitarbeiter aufeinander ab und erzeugen Loyalitäts- und Identifikationspotenziale. Die Kulturelemente schaffen eine Vertrauensbasis und überindividuelle Sinngemeinschaft, an deren allgemein akzeptierten Werten der einzelne wie die Gruppe sein bzw. ihr Verhalten und Denken ausrichten kann. Die Unternehmenskultur wird zum Erfolg bestimmenden, sozial integrierenden Orientierungsmuster. (vs)

Literatur

Bleicher, Knut; Christian Abegglen 2017: Das Konzept Integriertes Management. Visionen – Missionen – Programme. Frankfurt, New York: Campus (9.Aufl.)

Deal, Terrence E.; Allan A. Kennedy 1982: Corporate cultures. The rites and rituals of corporate life. Readings (Mass.): Addison Wesley

Hofstede, Geert 2001: Culture's consequences. Comparing values, behaviors, institutions and organizations across nations. Thousand Oaks, London, New Delhi: Sage (2nd ed.)

Hofstede, Geert; Gert Jan Hofstede & Michael Minkov 2017: Lokales Denken, globales Handeln. Interkulturelle Zusammenarbeit und globales Management. München: Beck (6. Aufl.)

Keller, Eugen von 1982: Management in fremden Kulturen. Ziele, Ergebnisse und methodische Probleme der kulturvergleichenden Managementforschung. Bern, Stuttgart: Paul Haupt

Kilmann, Ralph H.; Mary J. Saxton & Roy Serpa 1985: Introduction: Five key issues in understanding and changing culture. In: Ralph H. Kilmann; Mary J. Saxton & Roy Serpa (eds.): Gaining control of the corporate culture. San Francisco, London: Jossey-Bass, pp. 1–16

Mundt, Jörn W. 2013: Tourismus. München: Oldenburg (4. Aufl.)

Roosevelt, Thomas, R.; Marjori I. Woodruff 1999: Building a house for diversity. How a fable about a giraffe & an elephant offers new strategies for today's workforce. New York et al.: Amacom

Schein, Edgar 1984: Coming to a new awareness of organizational culture. In: Sloan Management Review, Winter, pp. 3–16

Simon, Volker 2000: Management, Unternehmungskultur und Problemverhalten. Wiesbaden: DUV/Gabler

Simon, Volker 2002: Führt die Kernkompetenz »Wissen« zu Vertrauenskulturen? In: Knut Bleicher; Jürgen Berthel (Hrsg.): Auf dem Weg in die Wissensgesellschaft. Veränderte Strategien, Strukturen und Kulturen. Frankfurt: FAZ, S. 343–358

Gedankensplitter

„Wer alles kann, muss alles machen." (Uta Schlagenhauf, Hotel Bareiss)

Unternehmensphilosophie [corporate philosophy, business philosophy, management philosophy]

Die Unternehmensphilosophie ist als die grundlegende, wertegetragene Leitidee des Führungshandelns zu verstehen. Sie beinhaltet in ihrem Kern ein im Führungskreis der Unternehmung konsensiertes Bündel an Normen, Überzeugungen und Werthaltungen, das zunächst das Denken und Handeln dieser Führungskräfte maßgeblich beeinflusst (Ulrich 1984, S. 312) und in der Folge nach dem Willen der Unternehmensleitung das Verhalten aller Unternehmensmitglieder lenken soll.

Eine Unternehmensphilosophie hat somit die Aufgabe, die Sinnfindung im täglichen Führungshandeln zu unterstützen sowie den Mitarbeitern auf allen Ebenen Sinn in ihrem Tun zu vermitteln. Dies wird umso wichtiger, je turbulenter sich das unternehmerische Handlungsfeld zeigt, je kontroverser die Diskussionen um den »richtigen« Weg der Unternehmensführung und Unternehmensentwicklung intern wie auch extern geführt werden (→ Soziale Verantwortung), je deutlicher der Legitimationsdruck der öffentlichen Meinung auf den Entscheidungen der Führungskräfte lastet oder je dominanter einzelne Führungskräfte das Geschick ganzer Unternehmungen bestimmen.

Im Prozess der Formulierung einer Unternehmensphilosophie gilt es zunächst, die im täglichen Führungshandeln verdeckten Einstellungen der Führungskräfte sichtbar zu machen. Weitgehend unbewusst „importieren" sie aus ihrer privaten wie beruflichen Erfahrungswelt grundlegende, individuelle wie auch tradierte kollektiv geprägte Werthaltungen (→ Unternehmenskultur) in die Unternehmung und werden dort in ihrem Entscheiden, Handeln und Verhalten durch derartige Vorprägungen implizit gesteuert. Mangels notwendiger Eigenreflexion und Kommunikation werden diese leitenden Hintergründe des Führungsverhaltens allerdings häufig nicht oder nicht hinreichend deutlich. Die Werterhellung durch eine zu formulierende Unternehmensphilosophie macht diesen Wertehintergrund nun transparent. Einmal in den Grundstrukturen geklärt und im Führungskreis der Unternehmung konsensiert, bildet dieses Wertefundament im Weiteren die Grundlage für eine absichtsvoll geleitete Verhaltenssteuerung der gesamten Unternehmung. Beispielsweise als Bestandteil eines → Leitbildes explizit formuliert, wird so im Außen- wie Innenverhältnis das zu erwartende ethisch/moralische Fundament der Unternehmensmitglieder kommunizierbar (Wertbekundung).

In ihrem Ergebnis stellt eine Unternehmensphilosophie eine alle Dimensionen der Unternehmung durchdringende Werte-Erhellung, Werte-Bekundung und Werte-Entwicklung dar (Bleicher & Abegglen 2017, S. 168 ff.). Alle Mitarbeiter müssen sich in ihrem Verhalten an diesen, in der Unternehmensphilosophie zum Ausdruck kommenden Werten der Unternehmensleitung messen lassen. Durch eine nicht prinzipiengetreue Umsetzung im täglichen Handeln würde der Nutzen einer Unternehmensphilosophie deutlich geschmälert.

Als generell im Wettbewerb stehende Unternehmensphilosophien haben sich in den letzten Jahren eine eher opportunistisch und eine stärker verpflichtet ausgelegte Werteorientierung herauskristallisiert (Ulrich & Fluri 1995, S. 58 ff.). Für eine opportunistische, dem Einzelinteresse verpflichteten Managementphilosophie gelten dabei folgende Eigenschaften als charakteristisch:
– eine zentrale Fokussierung auf das Eigentümerinteresse im Sinne eines intensiven „Shareholder Managements" („→ Stakeholder-Management");
– das Ausschöpfen und Ausbeuten aller gegebenen Ressourcen zur – häufig kurzfristigen – Optimierung finanzieller Zielsetzungen;
– eine dominante Orientierung am Kapitalmarkt;
– ein eher gering ausgeprägtes Maß an Solidarität und Loyalität gegenüber Mitarbeitern und Gesellschaft;
– eine stark individualistische, top-down geprägte → Unternehmenskultur.

Demgegenüber stehen Wertemuster einer stärker dem Gemeinwohl verpflichteten Managementphilosophie, die sich charakterisieren lässt durch:

- eine Nutzenstiftung für alle Bezugsgruppen im Sinne eines „Stakeholder-Managements";
- die Entwicklung und Pflege von Potenzialen zur nachhaltigen Sicherung der Überlebens- und Entwicklungsfähigkeit der Unternehmung;
- eine multidimensionale Zielfunktion, die Leistungs-, Finanz- und Sozialziele harmonisch integriert;
- ein hohes Maß an Solidarität und Loyalität gegenüber Mitarbeitern und Gesellschaft (Soziale Verantwortung);
- eine von Gemeinschaftsgeist und Vertrauen getragene Unternehmenskultur.

Gleich, welches Muster in welcher Intensität sich ausprägt: Ist die Unternehmensleitung in der Lage, in einem vorhandenen Sinn»vakuum« ein zukunftstragendes Sinnmodell in Gestalt einer innen wie außen akzeptierten, als fortschrittsfähig eingestuften Unternehmensphilosophie zu implementieren, kann über das Transportieren derartiger intendierter Wertestrukturen die Überlebens- und Entwicklungsfähigkeit einer Unternehmung nachhaltig unterstützt werden. (vs)

Literatur
Bleicher, Knut; Christian Abegglen 2017: Das Konzept Integriertes Management. Visionen – Missionen – Programme. Frankfurt, New York: Campus (9. Aufl.)
Ulrich, Hans 1984: Management. Bern: Paul Haupt
Ulrich, Peter; Edgar Fluri 1995: Management. Bern, Stuttgart, Wien: Paul Haupt (7. Aufl.)

Gedankensplitter
„Die Leute müssen Ketchup im Blut haben." (Quelle unbekannt)

Unvermeidbare, außergewöhnliche Umstände → **Höhere Gewalt**

UNWTO → **Welttourismusorganisation**

Upgrading

Höherstufung eines Gastes oder Passagiers von einer niedrigeren in eine höhere Zimmer- oder Kabinenkategorie bzw. → Beförderungsklasse. Dies kann gegen Aufzahlung oder ohne zusätzliche Kosten (complimentary upgrading) durch den → Leistungserbringer erfolgen. Bei dieser zweiten Art handelt es sich um eine Maßnahme der Kundenbindung, indem zum Beispiel Stammkunden, die eine niedrigere Kategorie gebucht haben, in eine höhere umgebucht werden. Dies geschieht auch dann, wenn – wie es häufiger im Linienflugverkehr vorkommt – die Economy Class überbucht wurde und man Passagiere nicht zurückweisen (Denied boarding) und auch die damit verbundenen Kosten (→ Denied Boarding

Compensation) nicht tragen möchte. Auch bei Mietwagen wird dem Mieter häufig ein größeres Fahrzeug als das gebuchte angeboten, vor allem dann, wenn das eigentlich reservierte an der Mietstation gerade nicht zur Verfügung steht. (jwm)

Urban Entertainment Center (UEC)

Urban Entertainment Center sind als spezifischere, neuere Form des Einzelhandelsimmobilientyps Shopping Center aufzufassen, die durch thematisch integrierte Freizeit- und Unterhaltungsangebote erweitert werden und eine synergetische Kombination von Unterhaltung, Erlebnis, Handel, Kommunikation und → Gastronomie darstellen. Ein Urban Entertainment Center setzt sich aus einer Vielzahl unterschiedlicher Unterhaltungs- und Erlebnisangebote, wie Multiplex-Kinos, Spiel- und Freizeit-Center, Musical-Theater, Discos, Bowling, → Casino, Beherbergungsstätten etc. zusammen, die durch erlebnisbetonte und thematisierte Handelsanbieter, Merchandising sowie thematisierte Gastronomiekonzepte und → Food Courts komplettiert werden. Dabei erfolgt schwerpunktmäßig eine Flächendominanz der Freizeit-, Unterhaltungs- und Gastronomieangebote, wohingegen Handelsangeboten nur eine zweitrangige Bedeutung zukommt. Im Idealfall sind die Grenzen zwischen den Angebotsbausteinen fließend, so dass sie für den Besucher als Gesamterlebnis wahrgenommen werden. Urban Entertainment Center haben in der Regel keine Fenster oder andere Bezüge zur Außenwelt, so dass der Besucher aus dem Alltag entführt und in eine künstliche Welt versetzt wird.

Durch die Gesamtkonzeption eines Urban Entertainment Centers entsteht ein überregionaler Anziehungspunkt mit Alleinstellungscharakter im Einzugsgebiet und hoher Marktpenetration. Der Begriff „urban" bezeichnet nicht zwingend eine innerstädtische Lage, sondern zielt primär auf den konzeptionellen Entwurf einer großstädtischen Atmosphäre ab, die auf der Dichte, Lebendigkeit und wechselseitigen Spannung der diversen Angebotskomponenten dieses Immobilientypus beruht (Besemer 2007, S. 28). Von besonderer Relevanz bei der Konzeption von Urban Entertainment Centern ist die innere Gewichtung der einzelnen Angebotsbausteine sowie die Flexibilität der Betreiber, sich schnellstmöglich an die sich verändernden Rahmenbedingungen, insbesondere an die aktuellen Trends im Freizeit- (→ Freizeit) und Konsumverhalten, anzupassen. Während ein Urban Entertainment Center baulich gesehen eine schlichte und flexibel nutzbare Hülle darstellt, ist die technische Gebäudekonstruktion in der Regel sehr aufwändig. Um ein nachhaltiges emotionales Erlebnis vermitteln zu können, kommen der Innengestaltung und Atmosphäre eine hohe Bedeutung zu. Die Nutzfläche eines UEC beträgt im Regelfall mindestens 20.000 bis 30.000 Quadratmeter. Der Erfolg dieses Centertypus in der → D-A-CH-Region ist im Vergleich zum nordamerikanischen Raum bislang eher begrenzt. Wesentliche Gründe hierfür sind zu geringe Synergie- und Nutzungseffekte zwischen den einzelnen Handels-, Freizeit- und Gastronomieangeboten, freizeitantizyklische Ladenöffnungszeiten, mangelnde Nutzungsflexibilität und geringe Folgeverwendungsfähigkeit der Immobilie, lange Planungs- und Entwicklungsdauer der Nutzungskonzeption bis zur Markteinführung, Schnelllebigkeit und Veränderlichkeit von Trends im Freizeit-, Unterhaltungs- und Gastronomiebereich, negative Ausstrahlungs-, Image- und Zielgruppeneffekte sowie die Kapitalintensität und das Investitionsrisiko der Immobilie (Besemer 2007, S. 354). → Erlebniswelten. (sb)

Literatur

Besemer, Simone 2007: Shopping-Center der Zukunft – Planung und Gestaltung. Wiesbaden: DUV Gabler Edition Wissenschaft (Nachdruck)

Jongen, Wijnand; Rainer Will 2019: Das Ende des Online Shoppings. Die Zukunft des Einkaufens in einer vernetzten Welt. Österreich Edition. Wien: Ueberreuter

Steinecke, Albrecht 2009: Themenwelten im Tourismus: Marktstrukturen – Marketing-Management – Trends. München: Oldenbourg

Urlaub [leave]

Durchgängig freie Zeit, die jedem Arbeitnehmer bei Durchzahlung des Gehaltes zusteht. In Deutschland ist der jährliche Mindesturlaub durch das Bundesurlaubsgesetz für Arbeitnehmer (BUrlG) geregelt. In den Tarifverträgen zwischen Gewerkschaften und Arbeitgeberorganisationen werden darüber hinausgehende Urlaubsregelungen getroffen, die von den organisierten Unternehmen eingehalten bzw. von der ganzen Branche übernommen werden müssen, wenn sie vom Bundesministerium für Arbeit und Soziales nach § 5 des Tarifvertragsgesetzes (TVG) für allgemeinverbindlich erklärt werden.

In der Alltagssprache wird ‚Urlaub' oft mit einer ‚→ Urlaubsreise' gleichgesetzt. Man kann aber natürlich auch Urlaub nehmen, ohne eine Reise zu machen. Die Urlaubsreisenden sind also nur eine Untermenge der Urlauber. Der Begriff ‚Urlaub' ist abgeleitet vom althochdeutschen urloup = die Erlaubnis. Im Mittelhochdeutschen wurde daraus spezifischer die Erlaubnis wegzugehen, die ein Höherstehender einem Unterstellten geben konnte. Daraus hat sich das heutige Verständnis von Urlaub entwickelt.

Die Gewährung von Urlaub ist die objektive Voraussetzung für das Durchführen von Urlaubsreisen. In Deutschland waren die Beamten des Kaiserreiches die ersten, denen nach dem Reichsbeamtengesetz von 1873 einige Tage Urlaub pro Jahr zustanden. Erst nach der Jahrhundertwende kamen auch Kontorberufe mit dem Recht auf bezahlte Urlaubstage dazu. Die überwiegende Mehrheit der arbeitenden Bevölkerung kam jedoch erst nach dem Ende des Ersten Weltkrieges im Rahmen tarifvertraglicher Regelungen in den → Genuss einiger Urlaubstage pro Jahr. Nach dem Zweiten Weltkrieg wurden die Urlaubstage so weit ausgedehnt, dass praktisch alle Bevölkerungsgruppen längere Urlaubsreisen machen konnten. Dafür mussten mit steigenden Einkommen in Jahren des ‚Wirtschaftswunders' in den 1950er-Jahren aber zunächst auch die subjektiven Voraussetzungen geschaffen werden. Denn ohne die nötigen finanziellen Mittel zur Realisierung von Reisen im Urlaub bleibt die Gewährung von Urlaub in diesem Sinne abstrakt. (jwm)

> **Gedankensplitter**
> „Urlaub ist, wenn man 14 Tage lang schlechter schläft als zuhause." (Harald Schmidt, Kabarettist)

Urlaub auf dem Bauernhof [farm tourism, farm holiday]

Konzept, das die Wirtschaftsbereiche Landwirtschaft und → Tourismus kombiniert. Eine enge Sichtweise reduziert den Urlaubstyp auf einen Übernachtungstourismus in → Ferienzimmern oder -wohnungen auf einem bewirtschafteten Bauernhof (hierzu auch Bundesministerium für Ernährung und Landwirtschaft 2017, S. 24).

Gehörten in den Anfängen Gäste mit niedrigerem Einkommen zur Zielgruppe, reicht das Potential heute von der preissensiblen Familie mit Kindern bis hin zu Gutverdienern, die auf der Suche nach Natur, Naturerleben und → Authentizität sind. Insofern stellt Urlaub auf dem Bauernhof als Teil des Agrotourismus eine Alternative auf dem Land zu intensiv genutzten touristischen Zentren (Städtetourismus, Badetourismus) dar.

Für die Anbieterseite ist das Konzept eine wichtige, zusätzliche Einkommensquelle, die das landwirtschaftliche Einkommen ergänzt. Dies gilt umso mehr für Betriebe in landwirtschaftlich ungünstigen Lagen. Urlaub auf dem Bauernhof bzw. auf dem Land wird in vielen Destinationen (etwa Belarus, Georgien oder Ukraine) als Ansatzpunkt zur wirtschaftlichen Belebung rückständiger Regionen eingesetzt.

Urlaub auf dem Bauernhof ist keine geschützte Bezeichnung, eine trennscharfe Abgrenzung existiert nicht. Zu einem Abgrenzungsvorschlag bzw. zu einer Einordnung des Urlaubskonzepts in den Agrotourismus siehe Bundesministerium für Ernährung und Landwirtschaft 2017.

Nationale und internationale Qualitätsinitiativen haben sich zur Aufgabe gemacht, das touristische Angebot für Gäste differenzierbar zu machen. Siehe beispielhaft die Qualitätskategorien des Bundesverbands „Urlaub am Bauernhof in Österreich" (Bundesverband Urlaub am Bauernhof in Österreich 2020). → Touristisches Unternehmertum. (wf)

Literatur

Bundesministerium für Ernährung und Landwirtschaft (Hrsg.) 2017: Urlaub auf dem Bauernhof. Analyse der Ist-Situation und des Marktpotentials im Agrotourismus. Berlin

Bundesverband Urlaub am Bauernhof in Österreich 2020: Qualitätskriterien. (https://www. urlaubambauernhof.at/service/qualitaetskriterien, zugegriffen am 11.01.2020)

Rein, Hartmut; Alexander Schuler (Hrsg.) 2019: Naturtourismus. München: UVK

Slocum, Susan L.; Kynda R. Curtis 2018: Food and Agricultural Tourism. Theory and Best Practice. London, New York: Routledge

Urlaubsreise [holiday, vacation]

Private Reise, die im → Urlaub meist zu Erholungszwecken (→ Erholung) unternommen wird. Sie werden nach ihrer Dauer in Kurz(urlaubs)reisen und längere Urlaubsreisen unterteilt. Kurzreisen dauern zwischen zwei und vier Tagen (ein bis drei Übernachtungen), längere Urlaubsreisen weisen eine Dauer von mindestens fünf Tagen bzw. vier Übernachtungen auf. Sie sind Hauptgegenstand der jährlichen → Reiseanalyse. Diese macht darauf aufmerksam, dass 2018 erstmals mehr Urlaubsreisen online gebucht wurden als im persönlichen Gespräch (FUR 2019, S. 44). (jwm/wf)

Literatur

FUR Forschungsgemeinschaft Urlaub und Reisen e. V. (Hrsg.) 2019: Reiseanalyse 2019. Kurzfassung der Ergebnisse. Struktur und Entwicklung der Urlaubsreisenachfrage im Quellmarkt Deutschland. Kiel

Das positive am Urlaubsstau ist, man ist nicht allein!

Urlaubsreiseintensität [departure rate for holiday trips]

Anteil von Personen im Alter ab 14 Jahren an der Gesamtbevölkerung einer Gebietseinheit (in der Regel ein Land), die mindestens eine privat veranlasste Reise von mindestens fünf Tagen Dauer in einer Periode (ein Jahr) gemacht haben. In manchen Untersuchungen wird, anders als bei der → Reiseanalyse, die Bevölkerung zum Beispiel erst ab 16 Jahren berücksichtigt. Sie kann nur mit Daten, die mit der Wohnortmethode (→ Tourismus) ermittelt wurden, berechnet werden. (jwm)

Literatur

FUR Forschungsgemeinschaft Urlaub und Reisen e. V. (Hrsg.) 2019: Reiseanalyse 2019. Kurzfassung der Ergebnisse. Struktur und Entwicklung der Urlaubsreisenachfrage im Quellmarkt Deutschland. Kiel

Mundt, Jörn W. 2013: Tourismus. München: Oldenbourg (4. Aufl.)

USALI → Uniform System of Accounts for the Lodging Industry

V

Vacant → **Zimmerstatus**

Valet Parking

Valet (engl.) = Diener, Hoteldiener. Unter Valet Parking wird das Parken von Kundenfahrzeugen verstanden. Die → Dienstleistung wird vereinzelt von → Hotels, → Restaurants, → Flughäfen, Golfclubs und Krankenhäusern angeboten. Siehe hierzu auch → Wagenmeister. (wf)

Varta-Führer [Varta Guide]

Ältester deutscher → Hotel- und → Restaurantführer. Erstauflage 1957. Er genießt hohes Ansehen in der Fachwelt. Gesellschafter sind die beiden Software-Unternehmen CAS und PTV (Karlsruhe) sowie der Verlag MairDumont (Ostfildern).

Unter den benutzten Piktogrammen war der Varta-Stern, mit dem Hotels und Restaurants ausgezeichnet wurden, lange Zeit das bekannteste Symbol. Das unternehmensintern entwickelte Sternesystem (1* bis 5*) konzentrierte sich vor allem auf die Ausstattung und war nicht vergleichbar mit anderen Sterneklassifizierungen. 2007 entschied sich der Varta-Führer, die Sterneklassifizierung des → Deutschen Hotel- und Gaststättenverbands (DEHOGA) im Führer abzubilden (→ Deutsche Hotelklassifizierung) unter gleichzeitiger Aufgabe des eigenen Klassifizierungssystems (o. V. 2007, S. 19).

Wenig später führte der Varta zusätzlich sein neues, zentrales Bewertungssymbol, den Varta-Diamant (1 Diamant bis 5 Diamanten), für Hotels und Restaurants ein. Ein mit 5 Diamanten ausgezeichnetes Hotel ist in der Varta-Bewertung „in jeder Hinsicht erstklassig und richtungsweisend für die Hotellerie", ein mit 5 Diamanten ausgezeichnetes Restaurant hat in der Varta-Bewertung „luxuriöses Flair, erstklassigen Service und außergewöhnliche Küchenleistung" (VARTA-Führer 2019b, S. 74). Unter den Diamanten angesiedelt ist das Label ‚Gut & Günstig'. Damit werden Hotels und Restaurants ausgezeichnet, die sich durch gute Ausstattung und ein ausgewogenes Preis-Leistungs-Verhältnis auszeichnen. Neben den Varta-Diamanten und dem Label ‚Gut & Günstig' gibt es den VARTA-TIPP für außergewöhnliche Betriebe, die sich in Küche, Service oder Ambiente über ihre eigentliche Bewertung hinaus auszeichnen (VARTA-Führer 2019b, S. 75). Im Varta-Führer 2020 werden über 5.000 Betriebe getestet und bewertet.

Der Führer wird inzwischen als E-Book angeboten, auf den Internetseiten werden in einem ‚Freizeit-Guide' weitere Themen präsentiert (etwa Motorradfahren, Museen, Radtouren, Wandern), die neue Zielgruppen erschließen und die Zugriffe (→ Traffic) erhöhen sollen (www.varta-guide.de). Die Integration der

https://doi.org/10.1515/9783110546828-023

Varta-Bewertungen auf Internet-Plattformen anderer Unternehmen erhöht darüber hinaus die Reichweite. Das Buch in gedruckter Form wird als Imageträger bewusst fortgeführt.

Die Bewertungen werden von hochqualifizierten Mitarbeitern (Varta-Inspektoren) mit Ausbildung und langjährigen Erfahrungen im Hotel- und Gaststättengewerbe anonym vorgenommen. Der Führer betont Neutralität und Unabhängigkeit (Varta 2019a, S. 1 f.).

Die → Digitalisierung bringt die Führer zu einem Umdenken. Das gesamte Format steht auf dem Prüfstand. Es scheint aber so, dass professionelle Kritik seine Existenzberechtigung und Nische auf dem Markt gefunden hat gegenüber einer Kritik, die von nicht immer unabhängigen, vorurteilsfreien Laien im Netz verbreitet wird. (wf)

Literatur

o. V. 2007: Varta übernimmt die offiziellen Sterne. In: DEHOGA MAGAZIN, o. Jg. (7), S. 19

VARTA-Führer (Hrsg.) 2019a: Der Varta-Führer: Wegweiser zu den besten Hotels & Restaurants in Deutschland. Pressinformation. Ostfildern

VARTA-Führer (Hrsg.) 2019b: Der Varta-Führer 2020. Hotels & Restaurants in Deutschland. Ostfildern: MairDumont

> **Gedankensplitter**
> „Nie leer laufen, immer gut verkaufen, nett sein zu den Gästen, dann gehörst zu den Besten."
> (Veronika Bouley-Dressel, Hotel Waldhorn Ravensburg)

VDR → **Verband Deutsches Reisemanagement**

Vending machines

Verkaufsautomaten (vending [engl.] = Verkauf), die gegen Entgelt ein stark begrenztes Angebot an Getränken und Snacks offerieren. Hierzu zählen vor allem Softdrinks wie Säfte, Mineralwasser, Tee, heiße Schokolade, Kaffee, aber auch Bier sowie salzige und süße Snacks. Verkaufsmaschinen werden vor allem an öffentlich zugänglichen und stark frequentierten Standorten aufgestellt.

Automaten, die benutzte Flaschen über Einzelflaschenerkennung als Leergut zurücknehmen, fallen unter den Begriff ‚reverse vending' (reverse [engl.] = rückwärts, umgekehrt). (hdz/wf)

Veranstalterreise → **Pauschalreise**

Verband der Köche Deutschlands (VKD)

1884 in Dresden gegründeter Berufsfachverband mit Sitz in Frankfurt. Der Verband spricht von rund 9.000 Mitgliedern, die in 9 Landesverbänden und 130

Zweigvereinen (Stand: 2020) organisiert sind (VKD o. J. b). Laut Satzung (§ 2) hat der Verband die Aufgabe, „nationale und internationale Interessen des Berufsstandes wahrzunehmen, die traditionelle und zukunftsorientierte Kochkunst zu fördern und Maßnahmen zur Ausbildung, Weiterbildung und Fortbildung für jedermann anzubieten" (VKD o. J. a).

Der Verband bringt sich etwa bei der Überarbeitung von Lehrberufen im Berufsbildungsausschuss des → DEHOGA Bundesverbands ein, veranstaltet Weiterbildungsseminare und Wettbewerbe und fördert den regionalen Erfahrungsaustausch. Der VKD ist Mitglied im Weltbund der Kochverbände WACS (World Association of Chefs Societies). (wf)

Literatur

VKD o. J. a: Satzung des Verbandes der Köche Deutschlands. (https://www.vkd.com/mitglied schaft/satzung/, zugegriffen am 14.01.2020)

VKD o. J. b: Über uns. (https://www.vkd.com/verband/ueber-uns/, zugegriffen am 03.07.2020)

Verband der Servicefachkräfte, Restaurant- und Hotelmeister (VSR)

1979 gegründeter Berufsfachverband mit Sitz in Rosenheim. Im VSR sind nach eigenen Angaben rund 1.800 Mitglieder (Stand: 2020) organisiert (VSR o. J. a). Laut Satzung (§ 2) ist der Verband eine Vereinigung „zur Pflege der Tafelkultur und → Gastlichkeit und hat die Aufgabe, fachliche Inhalte der Restaurant- und Hotelfachkräfte mitzubestimmen und die beruflichen Interessen dieses Berufsstandes wahrzunehmen" (VSR 2015, S. 1).

Aus- und Weiterbildung stehen im Fokus. Der Verband bringt sich etwa bei der Überarbeitung von Lehrberufen im Berufsbildungsausschuss des → DEHOGA Bundesverbands ein und veranstaltet Weiterbildungsseminare. Zentrale Zielgruppen sind Betriebe, Ausbilder, Mitarbeiter und Auszubildende. Darüber hinaus veranstaltet der VSR eigene Wettbewerbe (VSR o. J. b). (wf)

Literatur

VSR o. J. a: Startseite. (https://www.vsr-online.de/Startseite, zugegriffen am 03.07.2020)

VSR o. J. b: Über uns. (https://www.vsr-online.de/Ueber-uns, zugegriffen am 03.07.2020)

VSR 2015: Satzung VSR. (https://www.vsr-online.de/Ueber-uns, zugegriffen am 03.07.2020)

Verband Deutsches Reisemanagement (VDR)

1974 als Verband deutscher Reisestellen gegründet, vertritt der VDR die Interessen der deutschen Wirtschaft, für die → Geschäftsreisen ein wesentlicher Inputfaktor für den Produktionsprozess sind. Ohne die Schaffung bzw. den Erhalt von entsprechenden Rahmen- und Wettbewerbsbedingungen wäre auch der Wirtschafts- und Messestandort Deutschland gefährdet. Mehr als 550 Unternehmen sind im VDR organisiert (Stand: 2020). Die Namensänderung war notwendig geworden, nachdem Unternehmen zunehmend keine eigenen Reisestellen mehr unterhalten, sondern ihre Geschäftsreiseetats durch Firmendienste von meist großen Reisebüroketten bzw. speziellen Geschäftsreiseanbietern abwickeln lassen. Wichtige → Fluggesellschaften, → Hotelketten, Autovermieter, Kreuzfahrtschiffgesellschaften, die → Deutsche Bahn, Reiseversicherungen, → Flughäfen, Vermittlungsplattformen und andere Dienstleister des Geschäftsreiseverkehrs sind als Anbieter dem VDR angeschlossen.

Der Verband sieht sich als „Deutschlands größtes Netzwerk für geschäftliche Mobilität". Sein Ziel ist es, „Unternehmen und Organisationen beim Aufbau und der Professionalisierung ihres Mobilitätsmanagements effizient, modern und nachhaltig" zu unterstützen (VDR o. J.).

Neben der seit Jahren regelmäßig durchgeführten VDR-Geschäftsreiseanalyse sieht der Verband seine Hauptaufgabe darin, den Mitgliedern Möglichkeiten und Wege der Verringerung von Geschäftsreisekosten aufzuzeigen. Der Verband engagiert sich auch im Bereich der Hotelzertifizierungen. → Certified. (www.vdr-service.de). (jwm/wf)

Literatur
VDR o. J.: Der VDR. (https://www.vdr-service.de/der-verband/der-vdr, zugegriffen am 03.07.2020)

Verband Internet Reiseindustrie e. V. (VIR)

Der VIR ist der Interessensverband der deutschen digitalen Reiseindustrie. Über 90 Unternehmen und Institutionen sind Mitglied oder Fördermitglied, darunter → Online Travel Agencies (OTA), → Reiseveranstalter, Versicherungen, → Destinationen, technische Dienstleister und weitere Unternehmen der touristischen Wertschöpfungskette. Diese Mitgliedsunternehmen stellen einen wesentlichen Teil der Unternehmen dar, die Buchungen über digitale Kanäle in Deutschland realisieren.

Verbandszweck ist die Förderung der regionalen und nationalen Entwicklung der digitalen Tourismuswirtschaft und die Stärkung des Vertrauens und Ansehens der Digital-Touristik (→ Digitalisierung). Der VIR vertritt gegenüber Politik, Medien und Öffentlichkeit die Interessen seiner Mitglieder, außerdem bietet er eine Netzwerk-Plattform und Serviceleistungen. Organisatorisch ordnet er sich in vier Cluster (OTA, Supplier und Tour Operator, Service und Travel Technology Provider sowie Start-up). Der VIR wurde 2004 gegründet und hat sich seitdem zu einem einflussreichen Verband entwickelt (www.v-i-r.de). (cmb)

Verband unabhängiger selbständiger Reisebüros (VUSR)

Der VUSR wurde 2015 als Abspaltung weniger Mitglieder des → asr gegründet. Mitglieder des Verbandes sind unabhängige selbständige Reisebüros und Fördermitglieder. Zentrale Aufgabe ist die Interessensvertretung gegenüber der Politik (www.vusr.de). (ad)

Verbrauchsdatum → **Mindesthaltbarkeitsdatum**

Vergnügungsdampfer **[fun ship, pleasure boat]**
Bezeichnung für ein Passagierschiff. Der Begriff ist zunächst unspezifisch und wird sowohl für Hochseeschiffe als auch für Flussschiffe verwendet und bezieht sich auch auf reine Ausflugsdampfer. Mit der Entwicklung der Hochseekreuzfahrten (→ Kreuzfahrttourismus) in den USA in den letzten Jahrzehnten werden darunter jetzt vor allem die großen fun ships verstanden, die mit aufwendigen Shows, Spielcasinos (→ Casino [a]), Einkaufsmöglichkeiten und weiteren Unterhaltungsprogrammen an Bord aufwarten und meist für Kurzkreuzfahrten in der Karibik eingesetzt werden (→ Caribbean Carousel). (jwm)

Vergnügungspark → **Erlebniswelten,** → **Freizeitpark**

Verkaufsfahrten **[promotional trips]**
Bei Verkaufsfahrten, auch ‚shopping tours' oder Kaffeefahrten genannt, handelt es sich um Tagesausflüge, manchmal auch längere Reisen, bei denen besonders der Verkauf von Waren (z. B. Teppiche, Haushaltsartikel, Wolldecken) Zweck der Veranstaltung ist. Zielgruppe sind meist Senioren. Oft sind solche Fahrten aufgrund unseriöser Praktiken in Verruf geraten. (hdz)

Verkehrsflughafen → **Flughafen**

Verkehrsfreiheiten → **Freiheitsrechte**

Verkehrsvermeidung → **Mobilitätsmanagement im Tourismus**

Verlängerungsnacht → **Overstay**

Vermittlung verbundener Reiseleistungen **[provision of connected travel services]**
1 Neue Reisekategorie Verbundene Reiseleistungen entstehen nach dem neuen Reiserecht, wenn ein Unternehmer mindestens zwei verschiedene Arten von Reiseleistungen in bestimmten Situationen an Reisende lediglich vermittelt und nicht veranstaltet. Diese Leistungen müssen für den Zweck derselben Reise gebucht werden. Der Reisende hat dann einen sog. Basisschutz (BT-Drs. 18/10822, 94) und nicht die Rechte nach § 651e BGB (Vertragsübertragung), § 651h (Rücktritt vor Reisebeginn) und §§ 651i bis q, 651v IV BGB (Gewährleistung), die er beim Vorliegen einer → Pauschalreise hätte. Der Basisschutz besteht aus den Informationspflichten gegenüber dem Reisenden und einer Insolvenzsicherung des Vermittlers bei Agenturinkasso. Eine Pauschalreise stellt keine Art einer Reise-

leistung dar, weshalb aus einer solchen in Kombination mit einer Einzelleistung nie verbundene Reiseleistungen entstehen können wie bei Kreuzfahrt und Vermittlung der Anreise mit Bus oder Flug (Führich 2018, Rn. 234; Führich & Staudinger 2019; § 27 Rn. 2). Gleiches gilt für Versicherungsleistungen. Sie bleiben von der Reiseleistung im Sinne des neuen Reiserechts ausgenommen (BT-Drs. 18/10822, 67).

2 Zwei Buchungsvorgänge Bei Buchungen nach § 651w I 1 BGB sind zwei getrennte Verträge mit den jeweiligen Unternehmern der zu erbringenden Leistung abzuschließen. Verbundene Reiseleistungen können in zwei Fallgruppen vorliegen:

Einziger Besuch/Kontakt: Der Reisende muss entweder bei einem einzigen Besuch oder einem einzigen Kontakt mit einer Vertriebsstelle des Vermittlers mindestens zwei Arten von Reiseleistungen wie Flug und Hotel buchen für den Zweck derselben Reise. Die Verträge können dabei mit unterschiedlichen, aber auch mit demselben Unternehmer abgeschlossen werden. Der Reisende verpflichtet sich bei den verbundenen Reiseleistungen zu einer getrennten Zahlung jeder einzelnen Reiseleistung. Er kann allerdings wählen, ob er den tatsächlichen Bezahlvorgang getrennt oder gemeinsam vornehmen möchte (BT-Drs. 18/12600, 15; Führich 2018, Rn. 227). Auch wenn der Kunde sich für eine gemeinsame Bezahlung der gebuchten Leistungen entscheidet, muss er getrennte Rechnungen erhalten, da ansonsten der Anschein einer Pauschalreise erweckt werden könnte. Rechnungen, die einen Gesamtpreis enthalten, führen gem. § 651b I 2 Nr. 2, S. 3 BGB dazu, dass der Vermittler zum Reiseveranstalter wird. Der Vermittler darf keine Auflistungen, Übersichten oder Ähnliches erstellen, in denen er alle gebuchten Reiseleistungen des Kunden aufzählt und letztendlich einen gemeinsamen Endbetrag bildet.

Buchung innerhalb 24 Stunden mit gezielter Vermittlung: In der zweiten Fallgruppe verbundener Reiseleistungen hat der Reisende gem. § 651w I 1 Nr. 2 bereits einen Vertrag über eine Reiseleistung vermittelt bekommen (wie z. B. einen Flug) und sodann nach gezieltem Werben des Vermittlers noch einen weiteren Vertrag mit einem Unternehmer über eine andere Art von Reiseleistung (z. B. ein Hotel) innerhalb von 24 Stunden bei ihm gebucht. Diese 24 Stunden sind eine starre Grenze; sie beginnen ab der Bestätigung des ersten Vertragsschlusses und laufen exakt nach dem Zeitraum ab. Feiertage und Sonntage bleiben unbeachtet. Problematisch ist der Fall, bei dem der Vermittler für den Kunden zunächst allein eine Option anlegt, die erst nach einem gewissen Zeitablauf zu einer festen Buchung und somit zu einem bestehenden Vertrag führt. Die 24 Stunden beginnen dann zu laufen, sofern der Reisende ein verbindliches Angebot abgegeben hat und der Vertrag nur noch von der Annahme des Unternehmers abhängt. Erforderlich ist, dass die Buchung einer weiteren Reiseleistung innerhalb von 24 Stunden in Kombination mit einem gezielten Werben des Vermittlers für einen anderen Unternehmer erfolgt. Gezielt geworben wird, wenn der Vermittler dem Kunden bspw. durch Kataloge oder explizite Angebote, die genau zur bereits gebuchten Reiseleistung passen, eine weitere Art von Reiseleistung bei einem anderen Unternehmer vorschlägt und der Kunde diese daraufhin bucht. Die einfache Herstellung eines Kontakts zu einem anderen Unternehmer oder der Hinweis über Werbeflächen im Reisebüro sind für das gezielte Werben nicht ausreichend (BT-Drs. 18/10822, 95).

3 Ausnahmen   Die Ausnahmen des § 651a IV BGB gelten gem. § 651w I 3, 4 BGB entsprechend. Daher kann keine verbundene Reiseleistung angenommen werden, wenn die zweite gebuchte Art eine touristische Leistung ist, die weniger als 25 % des Gesamtwertes der Reise ausmacht und weder ein wesentliches Merkmal der Zusammenstellung darstellt, noch als solches beworben wurde (§ 651a IV 1 Nr. 1 BGB). Gleiches gilt, sofern die Erbringung der ersten Leistung bereits begonnen hat, bevor die touristische Leistung ausgewählt und vereinbart wurde (§ 651a IV 1 Nr. 2 BGB). Verbundene Reiseleistungen scheiden ebenfalls bei Verträgen aus, die gelegentlich geschlossen werden, nicht der Gewinnerzielung dienen und nur einem bestimmten Personenkreis angeboten werden. Auch Tagesreisen zählen zu den Ausnahmen, wobei die für Pauschalreisen bestehende Grenze von 500 € bei verbundenen Reiseleistungen gem. § 651w I 4 BGB nicht anzuwenden ist. Handelt es sich beim Reisenden um einen Unternehmer, liegen auch bei Geschäftsreisen, die auf einem zwischen Kunde und Vermittler bestehenden Rahmenvertrag beruhen und nur zu unternehmerischen Zwecken geschlossen werden, keine verbundenen Reiseleistungen vor.

4 Vorvertragliche Information   Nach § 651w II BGB ist der Vermittler verbundener Reiseleistungen verpflichtet, den Reisenden nach Maßgabe des Art. 251 EGBGB mit vier Musterformblättern der Anlagen 14–17 zu informieren. Regelmäßig kommen die Formblätter 16 oder 17 zur Anwendung. Ist der Vermittler gleichzeitig Beförderer z. B. durch ein eigenes Busunternehmen, sind die Muster 14 oder 15 zu verwenden. Die Formulare sind nach den verbindlichen Gestaltungshinweisen auszufüllen. Die Formulare enthalten im Wesentlichen einen Hinweis darauf, dass der Reisende keine Pauschalreise erwirbt und nicht die für Pauschalreisen geltenden Regelungen anwendbar sind. Die Informationen haben damit gegenüber dem Buchenden eine Warnfunktion, da sie zudem eine Unterrichtung darüber enthalten, wann eine verbundene Reiseleistung vorliegt. Eine Schriftform oder Unterschrift des Reisenden auf dem Formblatt ist nicht notwendig. Aufgrund der Beweispflicht des Vermittlers wird eine Dokumentation jedoch empfohlen, weil er dann die Ausgabe des richtigen Formblattes im vorgegebenen Moment nachweisen kann. Art. 46 c EGBGB gilt für Vermittler verbundener Reiseleistungen, die aus Staaten außerhalb des Europäischen Wirtschaftsraums agieren. Diese Kollisionsnorm verweist ebenfalls auf Art. 251 EGBGB, so dass für sie dieselben Informationspflichten bestehen wie für europäische Vermittler.

5 Insolvenzsicherung bei Agenturinkasso § 651w III BGB regelt die Insolvenzsicherung des Vermittlers bei eigenem Agenturinkasso von Zahlungen des Kunden. Nimmt der Vermittler verbundener Reiseleistungen Zahlungen des Reisenden auf Vergütungen für Reiseleistungen entgegen, hat er sicherzustellen, dass diese dem Reisenden erstattet werden, soweit Reiseleistungen von dem Vermittler verbundener Reiseleistungen selbst zu erbringen sind oder Entgeltforderungen anderer Unternehmer im Sinne des Absatzes 1 Satz 1 noch zu erfüllen sind und im Fall der Zahlungsunfähigkeit des Vermittlers verbundener Reiseleistungen ausfallen oder der Reisende im Hinblick auf erbrachte Reiseleistungen Zahlungsaufforderungen nicht befriedigter anderer Unternehmer im Sinne des Absatzes 1 Satz 1 nachkommt. Damit wird für den Kunden das Risiko ausgeschlossen, dass von ihm an den Vermittler gezahlte Gelder nicht beim Leistungserbringer ankommen und er womöglich zweimal den Preis begleichen muss.

Soweit Reiseleistungen vom Vermittler verbundener Reiseleistungen selbst zu erbringen sind, wie eine eigene Busbeförderung oder ein Flug als Reiseleistung im Sinne des § 651a III Nr. 1 BGB, ist bei Vorauskasse eine Insolvenzsicherung unumgänglich. Wenn die Insolvenzabsicherung eingreift, muss auch die Rückbeförderung des Reisenden aus dem Zielgebiet und seine Beherbergung bis zum Zeitpunkt der Rückbeförderung von der Insolvenzsicherung erfasst werden, wenn der Vermittler selbst der Beförderer ist.

Der Unternehmer, der mit dem Reisenden einen weiteren Vertrag über Reiseleistungen abschließt, ist gem. § 651w V 1 BGB dazu verpflichtet, den Vermittler verbundener Reiseleistungen über diesen Vertragsschluss zu informieren. Falls der Reisende nach dem Vertragsschluss durch den Vermittler mehrere Verträge mit unterschiedlichen Unternehmern abschließt, ist jeder von ihnen zur Unterrichtung verpflichtet. Diese Pflicht entfällt gem. § 651w V 2, sofern der Vermittler als Vertreter des Unternehmers agiert, weil dann ohnehin Kenntnis vorliegt.

Eine Insolvenzsicherung kann in drei Fällen vermieden werden: bei Direktinkasso der Leistungserbringer oder durch Zahlung etwa des Hotels ohne Vorauskasse erst im Nachgang oder mit Inkassovollmacht mit separatem insolvenzfesten Treuhandkonto. Damit fehlt es aber an der Liquidität des Reisebüros durch die Zahlungen des Kunden.

6 Sanktionen § 651w IV BGB sanktioniert die Nichterfüllung der vorvertraglichen Unterrichtung des Reisenden und der Insolvenzsicherung. Wird die Informationspflicht ohne Verwendung des Formblattes verletzt oder überhaupt kein Insolvenzschutz angeboten, kann der Reisende binnen 14 Tagen die verbundenen Verträge beim Vermittler widerrufen (§ 651w IV i. V. m. § 312 VII 2 BGB).

Erfüllt der Vermittler verbundener Reiseleistungen seine entsprechenden Verpflichtungen nicht, gelten wichtige Rechte und Pflichten, die an sich nur bei einer Pauschalreise einschlägig sind. So stehen dem Reisenden die Rechte zur Vertragsübertragung (§ 651e BGB) und zum Rücktritt vor Reisebeginn zu (§ 651h BGB). Treten während der Reise Schwierigkeiten auf, kann sich der Reisende an den zum Beistand verpflichteten Vermittler verbundener Reiseleistungen wenden (§ 651q BGB). Der Reisende kann auch die Rechte bei Reisemängeln geltend machen (§§ 651i bis 651p BGB) und schließlich Mängelanzeigen sowie andere Erklärungen bezüglich der Erbringung der Reiseleistungen an den Vermittler verbundener Reiseleistungen statt an die Leistungserbringer richten (§ 651v IV BGB). Der Vermittler verbundener Reiseleistungen rückt in dem genannten Umfang also in die Stellung eines Reiseveranstalters.

Nimmt der Vermittler verbundener Reiseleistungen Zahlungen entgegen, ohne über den erforderlichen Insolvenzschutz zu verfügen, begeht er zudem eine Ordnungswidrigkeit mit einem Bußgeld bis zu 30.000 € (§ 651w III 4 i. V. m. § 651t BGB, § 147b GewO). Besteht eine Absicherung, wird aber darüber aus Nachlässigkeit nicht mit dem richtigen Formblatt informiert, kann die Geldbuße der zuständigen Gewerbeaufsicht bis zu 5.000 € betragen. → EU-Pauschalreiserichtlinie. (ef)

Literatur
Führich, Ernst 2018: Basiswissen Reiserecht. München: C. H. Beck/Vahlen (4. Aufl.; § 13)
Führich, Ernst; Ansgar Staudinger 2019: Reiserecht. München: C. H. Beck (8. Aufl.; § 27)
Tonner, Klaus; Stefanie Bergmann & Daniel Blankenburg (Hrsg.) 2018: Reiserecht. Baden-Baden: Nomos (§ 3 Rn. 122 ff.)

Versicherungsfall [insured event]

Der Versicherungsfall ist das Ereignis, das einen unter die Versicherung fallenden Schaden verursacht. Der Eintritt des Versicherungsfalles ist die Voraussetzung für die Leistung des Versicherers. Beispiele: Der Diebstahl von Reisegepäck ist in der Reisegepäck-Versicherung ein Versicherungsfall, der Eintritt der unerwarteten schweren Erkrankung bei der versicherten Person ist in der Reiserücktrittskosten-Versicherung (RRV) ein Versicherungsfall. Die Stornierung der Reise wegen „Unabkömmlichkeit" im Betrieb ist kein Versicherungsfall. (hdz)

Vertical Take-off and Landing (VTOL)

Flugzeuge oder (Passagier)Drohnen, die senkrecht starten und landen können. Seit den 1960er-Jahren gibt es Arbeiten an Hybridmodellen mit schwenkbaren Tragflächen und entsprechend großen Propellerdurchmessern, welche die Start- und Landeeigenschaften von Helikoptern mit den Reiseflugeigenschaften von Flächenflugzeugen kombinieren sollen. Autonome, senkrecht startende und landende Elektro-Lufttaxis befinden sich in der Erprobungsphase (Airliners 2019). (jwm/wf)

Literatur

Airliners 2019: Verschiedene Konzepte für die Flugtaxi-Zukunft. (https://www.airliners.de/verschiedene-konzepte-flugtaxi-zukunft/52367, zugegriffen am 24.05.2020)

Vertikale Integration [vertical integration]

Unter vertikaler Integration versteht man den Zusammenschluss von Unternehmen unterschiedlicher Wertschöpfungsstufen. Bei der Vorwärtsintegration (in Richtung Endkunde) werden nachgelagerte Wertschöpfungsstufen in das Unternehmen eingebunden: Ein → Reiseveranstalter akquiriert z. B. → Reisebüro-Unternehmen/Reisebüroketten. Bei der Rückwärtsintegration werden vorgelagerte Wertschöpfungsstufen akquiriert: Ein Reiseveranstalter integriert z. B. Fluggesellschaften, Zielgebietsagenturen oder Hotels.

Die vertikale Integration strebt nach betriebswirtschaftlicher Optimierung zwischen Eigen- und Fremdbezug von → Dienstleistungen und Waren (Make or Buy; → Outsourcing). Integration zielt darauf ab, Kosten – insbesondere Transaktionskosten – zu senken, eine höhere Marktmacht (stärkere Wettbewerbsposition) zu erreichen und Kunden ein einheitliches Qualitätsniveau anzubieten. Oftmals werden knappe Kapazitäten aus anderen Wertschöpfungsstufen für das eigene Unternehmen gesichert (seltene Rohstoffe, Hotelbetten und Flugkapazitäten für Reiseveranstalter).

Nachteile können ein erhöhter Steuerungs- und Koordinationsaufwand sein (erhöhte Transaktionskosten) sowie die Gefahr, bei Märkten mit hoher Rivalität auf allen Stufen der Wertschöpfung Verluste zu erleiden. Nachteile der vertikalen Integration ergeben sich aus der wachsenden Komplexität des größeren Unternehmensverbunds, wozu auch häufig die Tatsache zählt, dass Waren und Dienstleistungen nicht mehr zu Marktpreisen erworben werden können, sondern erhöhte interne Verrechnungspreise angesetzt werden.

Vertikal integrierte Tourismuskonzerne entstanden in Deutschland vor allem in den 1990er-Jahren. Sie umfassen in der Regel folgende Stufen der touristischen Wertschöpfung: Vertrieb, Veranstaltung, Transport, Zielgebietsagentur und Beherbergung.

Von einem vollintegrierten Konzern spricht man, wenn sämtliche Wertschöpfungsstufen integriert sind. Wenn nur einzelne Stufen durch eigene Unternehmungen abgedeckt sind, spricht man von einer Teilintegration. Auf allen Stufen arbeiten integrierte Konzerne in der Regel auch mit Unternehmenseinheiten zusammen, die nicht zum eigenen Unternehmen gehören (z. B. ein Reiseveranstalter, der neben eigenen Reisebüros auch über fremde Reisebürounternehmen verkauft). (ad)

Literatur

Bastian, Harald; Karl Born 2004: Der integrierte Touristikkonzern: Strategien, Erfolgsfaktoren und Aufgaben. München: Oldenbourg

Dörnberg, Adrian von; Walter Freyer & Werner Sülberg 2018: Reiseveranstalter- und Reisevertriebs-Management: Funktionen – Strukturen – Prozesse. Berlin, Boston: De Gruyter Oldenbourg (2. Aufl.)

Porter, Michael E. 2014: Wettbewerbsvorteile: Spitzenleistungen erreichen und behaupten. Frankfurt/Main: Campus (8. Aufl.)

Vertrag [contract, agreement]

Eine von zwei oder mehreren Personen – den Vertragspartnern – mündlich oder schriftlich getroffene Vereinbarung, die durch Angebot und Annahme zustande kommt, wobei es für die Gültigkeit auf die Verwendung des Begriffes „Vertrag" nicht ankommt. Das Angebot, das meist aufgrund einer Beschreibung der Leistung (Hotelprospekt, Annonce, Offerte etc.) gemacht wird und als Bestellung bzw. Buchung bezeichnet wird, führt nur zu einem Vertragsschluss, wenn es vom potentiellen Vertragspartner (→ Hotel, → Reiseveranstalter, Lieferant) angenommen wird. Die Annahme erfolgt meist ausdrücklich durch Auftragsbestätigung, unter Umständen auch stillschweigend durch Bestätigungshandlungen, wie z. B. die Eintragung einer Hotelreservierung in die Hotelbuchungssoftware oder die Entgegennahme der angebotenen Leistung. → Allgemeine Geschäftsbedingungen (AGB) werden nur dann Vertragsbestandteil, wenn sie wirksam in den Vertrag einbezogen wurden. Das bedeutet, dass der andere Vertragspartner bereits bei Vertragsschluss die Möglichkeit ihrer Kenntnisnahme hatte und sich ausdrücklich oder stillschweigend mit ihnen einverstanden erklärt hat. Schriftform ist für die Gültigkeit eines Vertrages nicht erforderlich. Sie dient allerdings der Beweisbarkeit der Vereinbarung.

Nach dem lat. Grundsatz ‚pacta sunt servanda' (dt.: Verträge sind zu erfüllen) kann ein wirksam geschlossener Vertrag ohne Zustimmung des Vertragspartners nicht mehr einseitig aufgehoben werden. Erfüllt ein Vertragspartner seine Verpflichtung aus dem Vertrag nicht, macht er sich in der Regel schadenersatzpflichtig (§ 280 BGB). (gd)

Vertragsfreiheit [freedom of contract]

Ist die auch als Privatautonomie bezeichnete, verfassungsmäßig geschützte Freiheit einer geschäftsfähigen Person, selbst zu entscheiden, ob und gegebenenfalls mit welchem Vertragspartner (Abschlussfreiheit) und mit welchem Inhalt (Inhaltsfreiheit) sie einen → Vertrag schließen will, sofern sie nicht gegen zwingende Gesetze des geltenden Rechts oder die guten Sitten verstößt.

Die Abschlussfreiheit als Unterfall der Vertragsfreiheit ist eingeschränkt in Fällen, in denen Kontrahierungszwang (contrahere [lat.] = kontrahieren, einen

Vertrag schließen) besteht, insbesondere für staatliche Betriebe und Unternehmen mit Monopolstellung auf dem Markt. Eine Einschränkung der Vertrags- bzw. Abschlussfreiheit kann sich auch durch Antidiskriminierungsgesetze ergeben. So darf z. B. der Vertragsschluss nicht wegen des Geschlechts, der Rasse, der Religion, einer Behinderung oder der sexuellen Identität verweigert werden. Die Inhaltsfreiheit, also die Frage des Vertragsinhalts, wird u. a. durch eine Vielzahl von arbeitsrechtlichen Regelungen (Mutterschutz-, Schwerbehinderten-, Arbeitszeit-, Kündigungsschutzgesetz u. v. m.) eingeschränkt. (gd)

Very Important Person (VIP, V. I. P.)
Deutsche Übersetzung: sehr wichtige Person. Es handelt sich um Persönlichkeiten aus dem gesellschaftlichen Leben (Wirtschaft, Politik, Sport, Militär, Medien, Kunst, Kultur, Wissenschaft). Sie ragen aus dem gesellschaftlichen Durchschnitt aufgrund unterschiedlicher Gründe heraus (Ruhm, Vermögen, Einfluss, gesellschaftliche Position, herausragende persönliche Leistungen).

Touristische Akteure lassen VIPs eine bessere Behandlung bzw. personalisierte → Dienstleistungen zukommen (VIP Lounges in → Flughäfen; VIP treatments in → Casinos, → Hotels). Die Kriterien für einen VIP-Status werden von den Unternehmen individuell festgelegt. Der Begriff ist relativ und wurde im Laufe der Zeit immer inflationärer eingesetzt. Differenzierungen wie A-VIP, B-VIP oder Top-VIP sind der Versuch einer erneuten Hierarchisierung. (wf)

Vesper [meal, snack]
Vor allem in Süddeutschland und Österreich benutzter Begriff für eine kalte Mahlzeit, die am späten Nachmittag bzw. frühen Abend (vespera [lat.] = Abend[zeit]) eingenommen wird (vespern). Synonym: Abendbrot, Brotessen, Brotzeit. Zur kulturell bedingten unterschiedlichen zeitlichen Einordnung siehe auch Eichinger 2018, S. 370 ff.

In der katholischen Kirche ist die Vesper die Abendandacht (Dudenredaktion 2001, S. 899). (wf)

Literatur

Dudenredaktion (Hrsg.) 2001: Duden – Das Herkunftswörterbuch. Etymologie der deutschen Sprache. Band 7. Mannheim, Leipzig, Wien, Zürich: Duden (3. Aufl.)

Eichinger, Ludwig M. 2018: Das deutsche Wort Frühstück. In: Alois Wierlacher (Hrsg.): Kulinaristik des Frühstücks. Breakfast across cultures. Analysen – Theorien – Perspektiven. München: Iudicium, S. 367–373

Malaguzzi, Silvia 2007: Der gedeckte Tisch. Esskultur in der Kunst. Bildlexikon der Kunst: Band 16. Berlin: Parthas

Müller, Klaus E. 2009: Kleine Geschichte des Essens und Trinkens: Vom offenen Feuer zur Haute Cuisine. München: Beck

Kleine Story
Brot ist das Grundnahrungsmittel schlechthin. Es symbolisiert beim letzten Abendmahl den Leib Christi. In der Geschichte war und ist es ein Zeichen der Nächstenliebe und Ausdruck mühsamer Arbeit. Brot wurde eine Heiligkeit zugesprochen. Brotstücke ersetzten mitunter den Löffel. Mit ihnen wurde aus dem gemeinsamen Essenstopf getunkt oder geschöpft. Brotscheiben waren Vorläufer des Tellers. In ihnen fanden sich Suppen, Soßen oder Fleischsaft. War das Essen zu Ende, wurden die benutzten Brotscheiben in Körben für die Armen auf die Straße gestellt. Der Kumpan oder Kompagnon (panis [lat.] = Brot) ist sprachlich gesehen der Brotgenosse, also der, mit dem ich das Brot teile und gemeinsam esse (Malaguzzi 2007, S. 120 ff.; Müller 2009, S. 89, 107). (wf)

VFR → **Visiting Friends and Relatives,** → **Visual Flight Rules**

Vielflieger [frequent flyer]
Personen, die regelmäßig die Verkehrsdienste einer Fluggesellschaft und/oder die ihrer Allianzpartner in Anspruch nehmen und dafür – abgestuft nach dem Ausmaß ihrer Nutzung – einen Bonus bekommen (→ Vielfliegerprogramme). (jwm)

Vielfliegerprogramme [frequent flyer programmes]
Die US-amerikanische Fluggesellschaft American Airlines (AA) hat Anfang der 1980er-Jahre ein System von Bonusmeilen entwickelt, bei dem man für jeden Flug, den man mit „seiner" Fluggesellschaft bucht, eine bestimmte Anzahl von Gratis-Flugmeilen sammeln und innerhalb eines bestimmten Zeitraums gegen einen bestimmten Flug eintauschen kann. Nahezu jede traditionelle Linienfluggesellschaft auf der Welt hat das Rabatt- bzw. Kundenbindungssystem übernommen (Mundt 2013, S. 274). Das Kundenbindungsprogramm zielt darauf ab, besonders umsatzstarke Kunden zu erreichen und entsprechend zu belohnen. Für den Kunden werden gleichzeitig Wechselkosten („switching costs") aufgebaut, die ihn daran hindern sollen, andere Fluggesellschaften zu nutzen (Conrady, Fichert & Sterzenbach 2019, S. 464).

Vielfliegerprogramme werden seit geraumer Zeit weltweit überarbeitet, Privilegien beschnitten. Hintergrund ist der Kostendruck, der auf den Airlines lastet. Um Statuskunden besser erschließen zu können, werden vermehrt Partnerschaften mit Unternehmen eingegangen (z. B. aus dem Bereich Finanzdienstleistungen), die abseits der klassischen Reisekette liegen. Miteinander verbundene Verrechnungssysteme sollen den Kundenkreis erhöhen.

Zu Vielfliegerprogrammen als Instrument eines Customer Relationship Management und wettbewerbspolitischen, ethischen und steuerrechtlichen Fragestellungen siehe Conrady, Fichert & Sterzenbach 2019, S. 461 ff.; Steinecke 2019, S. 45 ff. (jwm/wf)

Literatur
Conrady, Roland; Frank Fichert & Rüdiger Sterzenbach 2019: Luftverkehr. Betriebswirtschaftliches Lehr- und Handbuch. Berlin, Boston: De Gruyter Oldenbourg (6. Aufl.)
Mundt, Jörn W. 2013: Tourismus. München: Oldenbourg (4. Aufl.)
Steinecke, Albrecht 2019: Tourismus und Luxus. Serie Tourism Now. München: UVK

Vielschläfer [frequent guest]

Gäste, die regelmäßig das Übernachtungsangebot eines Hotels oder einer Hotelgruppe in Anspruch nehmen und dafür – abgestuft nach dem Übernachtungsvolumen – einen Bonus bekommen (Schrand & Schlieper 2016, S. 288). Die Hotels wiederum profitieren von Skaleneffekten, die in den Management- und Operations-Abteilungen realisiert werden. (wf)

Literatur
Schrand, Axel; Thomas Schlieper 2016: Preis- und Konditionenpolitik. In: Karl Heinz Hänssler (Hrsg.): Management in der Hotellerie und Gastronomie – Betriebswirtschaftliche Grundlagen. Berlin, Boston: De Gruyter Oldenbourg, S. 285–291 (9. Aufl.)

Vierbettzimer → **Zimmertypen**

Vierdrahtverschluss → **Agraffe**

Vinaigrette [vinaigrette, vinaigrette dressing]

Vinaigre (franz.) = Essig. Kalte oder lauwarme Sauce aus saurer (Essig, Zitronensaft) und fetthaltiger Flüssigkeit (Öl, Crème fraîche); üblicherweise zum Aromatisieren von Salaten. (bk/cm)

VIP, V. I. P. → **Very Important Person**

VIR → **Verband Internet Reiseindustrie**

Virtual Kitchen → **Dark Kitchen**

Virtuelle Realität [virtual reality]

Als Virtuelle Realität (VR) wird die computergenerierte Darstellung einer dreidimensionalen Umgebung bezeichnet, mit der ein Nutzer in Echtzeit interagieren kann. Dabei wird er vollständig von der virtuellen Umwelt umgeben, die er durch Ansprache einer oder mehrerer seiner Sinne als real oder realitätsnah erlebt. Um diese Illusion zu erzeugen, kommen unterschiedliche Technologien zum Einsatz wie beispielsweise VR-Brillen (Head-Mounted-Displays, kurz HMD) oder spezielle Simulationsräume, deren Seiten aus Projektionsleinwänden bestehen (Cave Automatic Virtual Environment, kurz CAVE). Zur Steuerung können neben integrierten

Sensoren auch zusätzliche Eingabegeräte wie Datenhandschuh oder Motion Controller genutzt werden. Das Eintauchen in die virtuelle Umwelt wird als Immersion bezeichnet und beschreibt den Effekt, der beim Nutzer auftritt, wenn er die simulierte Umgebung als real empfindet. Der Grad an Immersion wird dabei wesentlich durch Darstellungsqualität und Interaktionsmöglichkeiten beeinflusst. Bei einer Vermischung von virtueller und realer Umwelt spricht man – je nach Ausprägung – von → Erweiterter Realität (augmented reality, kurz AR) oder erweiterter Virtualität (augmented virtuality, kurz AV).

In Tourismus, Hotellerie und Gastronomie gibt es vielfältige Möglichkeiten für den Einsatz Virtueller Realität. Beispiele reichen von der Simulation von Anlagen und Gebäuden im Rahmen touristischer Planungsprozesse bis hin zu Vertriebs- und Marketingaktionen. So ist es möglich, Interessenten vor einem tatsächlichen Besuch virtuellen Zugang zu Hotelzimmern, touristischen Attraktionen oder ganzen → Destinationen zu gewähren. Auch in → Freizeitparks kommt VR-Technologie zum Einsatz. Ein Beispiel ist der Europapark in Rust. Hier sehen Besucher während der Fahrt im „Alpenexpress" mithilfe einer VR-Brille eine virtuelle Umgebung, die auf die Bewegungen der Achterbahn abgestimmt ist. Werden Virtuelle oder → Erweiterte Realität im Tourismus eingesetzt, kann auch von Virtuellem Tourismus (virtual tourism) gesprochen werden. Zu einer Einschätzung, welche Rolle VR zukünftig im Tourismus spielen wird, siehe beispielhaft Aichner et al. 2019. (js)

Literatur
Aichner, Thomas et al. 2019: Virtual Reality im Tourismus. Wie VR das Destinationsmarketing verändern wird. Reihe essentials. Wiesbaden: Springer Gabler

Virtueller Pranger → **Hygienepranger**

Virtueller Tourismus → **Virtuelle Realität**

Visagebühren [visa fee, visa charge]
Entgelt für das Ausstellen eines → Visums. Sollte wegen Nichtausstellen eines Visums die Reise storniert werden, ist dies in der Reiserücktrittskosten-Versicherung (RRV) kein versichertes Ereignis. (hdz)

Visiting Friends and Relatives (VFR)
Verwandten- und Bekanntenbesuche als eine Form touristischer Aktivität. Wenn Ausgewanderte ihre Verwandten und Bekannten im jeweiligen Heimatland besuchen, wird dies im Englischen auch als roots tourism oder ethnic tourism bezeichnet. (hdz)

Visitor Management System → **Touristisches Besucherleitsystem**

Visual Flight Rules (VFR)
Sichtflugregeln. International determinierte Regeln, nach denen oberhalb festgelegter Wetterminima Flüge nach dem Prinzip „Sehen und gesehen werden" und meist mit terrestrischer Navigation durchgeführt werden. (jwm)

Visum [visa]
Bezeichnung für einen Sichtvermerk (visum [lat.] = gesehen), vor allem in Reisepässen, der für die Ein- bzw. Ausreise in gewisse Länder bei den zuständigen konsularischen Vertretungen in der Regel gegen Visagebühren (online) beantragt werden muss. Mit einer Visumspflicht wollen Länder die Kontrolle über die Einreise, Durchreise bzw. den Aufenthalt von Reisenden haben und sie kategorisieren. Ausstellerstaaten verweigern die Ein- bzw. Durchreise meist aufgrund von Informationen der Sicherheitsbehörden (Geheimdienste, Polizei, Zoll).

Mehrere Arten von Visa werden unterschieden, etwa das:
–   Touristenvisum: berechtigt Reisende zum zeitlich begrenzten Aufenthalt für touristische Zwecke; kann als Visum für ein- oder mehrmalige Ein- und Ausreisen ausgestellt werden.
–   Geschäftsvisum: berechtigt zur Abwicklung von Geschäftstätigkeiten im Zielland. Für die Ausstellung eines Geschäftsvisums ist normalerweise ein Firmenschreiben mit Firmenstempel, die genaue Adresse des Aufenthaltsortes, die geplante Aufenthaltsdauer und eventuell eine Einladung vorzulegen.
–   Studentenvisum: berechtigt zum Aufenthalt im Zielland für Studienzwecke.
–   Dauervisum: berechtigt zu mehrmaligen Ein- und Ausreisen über einen längeren Zeitraum.
–   Transitvisum: In manchen Ländern wird gegen Vorlage des Fahr- oder Flugscheins eine Aufenthaltsgenehmigung für eine kurze Zeitdauer zwecks Wechsel des Verkehrsmittels zur Weiterreise in ein anderes Land ausgestellt.
–   Arbeitsvisum: berechtigt zu zeitlich begrenzter Erwerbstätigkeit im Zielland.
–   Ausreisevisum: Manche Staaten beschränken die Ausreise eigener Staatsbürger durch ein solches Visum.

Besonders im Internet (zum Beispiel www.juraforum.de), aber auch in → Reiseführern (a) finden sich aktuelle Informationen zu Visavorschriften. → Terrorismus und Tourismus. (hdz/wf)

VKD → **Verband der Köche Deutschlands**

Vlog → **Blog**

Vlogger → **Blog**

Vogelgrippe (Geflügelpest) [avian flu]
In touristischen Kontexten sind → Epidemien von besonderer Bedeutung. Die sog. Vogelgrippe steht hier als Beispiel für die vielfältigen → Epidemieformen.

Der Virus wird über Wild- bzw. Zugvögel und ggf. auch über illegalen Handel verbreitet. Potentielle Empfänger für den Virus sind Geflügelarten, Zier- und Wildvogelarten. Sowohl für Säugetiere als auch für Menschen besteht Ansteckungsgefahr, allerdings nur bei sehr intensivem Kontakt mit dem infizierten Geflügel. Der Krankheitsverlauf kann auch beim Menschen tödlich enden (Friedrich-Löffler-Institut 2019, S. 1).

In den letzten Jahrzehnten ist es immer wieder zu Ausbrüchen gekommen, etwa in den 1990er-Jahren in Mexiko, 2006 in Mitteleuropa, 2015 in den USA, 2016 und 2019/2020 wiederum in Osteuropa, Deutschland und auch außerhalb Europas. Experten gehen davon aus, dass alle Vögel an dieser Infektion erkranken können, wobei jedoch einige Arten resistenter zu sein scheinen als andere (Friedrich-Löffler-Institut 2018; Friedrich-Löffler-Institut 2020).

Der Erreger tritt in mehreren Subtypen auf, die sich hinsichtlich ihrer Pathogenität unterscheiden. Die Kontamination erfolgt über mehrere Übertragungswege (Kontakt mit den Sekreten oder Fäkalien von infizierten Tieren, Legeeier, verseuchtes Wasser, Tierhandel, verunreinigte Personen, Geräte, Fahrzeuge etc.) (Friedrich-Löffler-Institut 2019, S. 1). (hdz/wf)

Literatur

Friedrich-Löffler-Institut (Hrsg.) 2018: Wissenschaftler weisen erstmals tödliche Vogelgrippe-Infektion beim Seeadler nach. (https://www.fli.de/de/presse/pressemitteilungen/presse-einzelansicht/wissenschaftler-weisen-erstmals-toedliche-vogelgrippe-infektion-beim-seeadler-nach/, zugegriffen am 31.01.2020)

Friedrich-Löffler-Institut (Hrsg.) 2019: Influenzainfektionen bei Geflügel und Wildvögeln. (https://www.fli.de/de/aktuelles/tierseuchengeschehen/aviaere-influenza-ai-gefluegel pest/?amp%3BL=516&cHash=fc83ca63d3abb1406a97a5c44779e0ac, zugegriffen am 31.01.2020)

Friedrich-Löffler-Institut (Hrsg.) 2020: Risikoeinschätzung zum Auftreten von HPAIV H5 in Deutschland. (https://www.openagrar.de/servlets/MCRFileNodeServlet/openagrar_derivate_00026301/FLI-Risikoeinschaetzung_HPAIV_H5_20200121.pdf, zugegriffen am 31.01.2020)

Volkseinkommen [national income]

Das Volkseinkommen (Nettonationaleinkommen zu Faktorkosten) ist die Summe aller Erwerbs- und Vermögenseinkommen, die inländischen Haushalten im Laufe einer Rechnungsperiode zugeflossen sind: Arbeitnehmerentgelte sowie Unternehmens- und Vermögenseinkommen. Den Zusammenhang zwischen Volkseinkommen und Bruttoinlandsprodukt findet man in der Verteilungsrechnung. Für 2018 gilt z. B.:

	Arbeitnehmerentgelte	1.746,1 Mrd. €
+	Unternehmens- und Vermögenseinkommen	785,9 Mrd. €
=	Volkseinkommen	2.532,0 Mrd. €
+	Produktions- und Importabgaben – staatliche Subventionen	326,5 Mrd. €
+	Abschreibungen	600,0 Mrd. €
−	Saldo der Primäreinkommen an die übrige Welt	72,5 Mrd. €
=	Bruttoinlandsprodukt	3.386,0 Mrd. €

Das Volkseinkommen wird häufig im Rahmen der Verteilungsrechnung verwendet, indem man Quoten bildet und deren Entwicklung betrachtet, z. B. die Entwicklung der Lohnquote als Verhältnis aus Arbeitnehmerentgelten (1.746,1 Mrd. €) bezogen auf das Volkseinkommen (2.532,0 Mrd. €).

Die Lohnquote liegt hier bei 0,69 oder 69 %, d. h. der Anteil der Löhne am Volkseinkommen liegt bei 69 %. Aussagefähig wird die Lohnquote jedoch erst im Vergleich mit Lohnquoten vergangener Jahre. So lag die Lohnquote 1980 noch bei 75,5 %. Dies bedeutet, dass der Anteil der Löhne in den vergangenen Jahren um 7 %-Punkte zugunsten der Unternehmens- und Vermögenseinkommen zurückgegangen ist. Um noch präzisere Aussagen hinsichtlich der Einkommensverteilung machen zu können, gilt es zudem, die Spreizung in der Lohnquote selbst, in der z. B. auch Vorstandsgehälter enthalten sind, zu betrachten. (hp)

Volks- und Bürgerpark → **Parks**

Vollcharter [full charter]
Anmietung eines ganzen Flugzeuges oder eines ganzen Schiffes, im Gegensatz hierzu → Teilcharter. Bei Flugzeugen ist dies gleichbedeutend mit → Nasscharter. Die unter Vertrag genommenen Kapazitäten können auch teilweise oder ganz weitervermietet werden (→ Subcharter). (jwm)

Volles Haus [full house]
In → Hotels die Bezeichnung für den Umstand, dass alle Gästezimmer belegt bzw. verkauft sind, in der → Gastronomie die Bezeichnung dafür, dass alle Sitzplätze belegt sind. (wf)

Vollhotel [full-service hotel]
Ein Vollhotel ist ein Hotel, welches Beherbergung und Verpflegung anbietet. Die Verpflegungsleistung wird nicht nur Hotelgästen, sondern auch Passanten angeboten, das Dienstleistungsangebot (z. B. Empfangsservice, Veranstaltungsräume, Wäschereinigung) ist erweitert. Oft wird statt von einem Vollhotel auch nur von einem → Hotel gesprochen.

Der Begriff wird als Gegenpol gesehen zu einer → Hotelpension (Beherbergung und ausschließliche Verpflegung von Hotelgästen, eingeschränktes Dienstleistungsangebot), einem → Hotel garni (Beherbergung, nur → Frühstück, unter Umständen sehr kleines Speisenangebot an Hotelgäste) oder einem → Budget-Hotel. Eine trennscharfe Abgrenzung existiert nicht.

Im angelsächsischen Bereich fällt als Gegenpol zum ‚Full-service Hotel‘ der Begriff ‚Limited-service Hotel‘. (wf)

Vollküche [fully fledged kitchen]
Küche, in der der gesamte Prozess der Speisenzubereitung (Vorbereitung, Garung, Portionierung, Anrichten) stattfindet. Die Speisen gelangen von der Vollküche aus direkt zum Konsumenten. Siehe im Gegensatz hierzu die küchenorganisatorische Trennung in → Zentralküche und → Satellitenküche.

Zu einer anderen begrifflichen Abgrenzung von unterschiedlichen Küchentypen siehe Macher et al. 2017, S. 47; Wagner 2014, S. 16; zu detaillierten schematischen Grundrissen von gewerblichen Küchen siehe Kister 2019, S. 349 ff. (wf)

Literatur
Fröschl, Cornelia 2003: Architektur für die schnelle Küche: Esskultur im Wandel. Leinfelden-Echterdingen: Verlagsanstalt Alexander Koch
Kister, Johannes (Hrsg.) 2019: Neufert Bauentwurfslehre. Wiesbaden: Springer Vieweg (42. Aufl.)

Kohte, Ursula 2003: Gastro Planung & Konzepte. Handbuch für Profis. Prozesse, Berechnungen und architektonische Realisierungen. Stuttgart: Matthaes

Macher, Roswitha; Andrea Staltner; Sylvia Pehak & Elfriede Traxler 2017: Küchenmanagement und Betriebsorganisation. Linz: Trauner

Wagner, Frank 2014: Was ist eine Küche? Planungsgrundlagen – Küchentypen – Küchenarten. In: Tophotel (Hrsg.): KIT 2015. Küchenplanung – Produkte, Konzepte, Expertisen. Landsberg am Lech: Freizeit, S. 13–16

Vollpauschalreise → **Pauschalreise (touristische Definition)**

Vollpension **[American Plan, Full American Plan, full board, full pension]**
In der Hotelbranche der Begriff für ein Leistungspaket, das die Übernachtung und drei Mahlzeiten pro Person und Tag beinhaltet (Frühstück, Mittagessen, Abendessen). Brancheninterne Abkürzung: VP.

Die internationalen Abkürzungen AP (American Plan) und FAP (Full American Plan) für Vollpension sind in betriebsinternen Prozessen in Deutschland inzwischen gängig. Der American Plan unterscheidet sich vom Full American Plan dadurch, dass bei ersterem die Gäste nur eine begrenzte Auswahlmöglichkeit beim Speisenangebot haben (in Form vorgegebener Menüs). Der Full American Plan ermöglicht den Gästen in der Regel eine Auswahl aus dem gesamten bzw. aus einem erweiterten Speisenangebot. Die Vollpension wird in den Betrieben verstärkt durch → Halbpension und → Dreiviertelpension abgelöst. (wf)

Voraussichtliche Abflugzeit **[estimated time of departure (ETD)]**
Zeit, zu der ein Flugzeug voraussichtlich starten wird. (jwm)

Voraussichtliche Ankunftszeit **[estimated time of arrival (ETA)]**
Zeit, zu der ein Flugzeug voraussichtlich landen wird. (jwm)

Vorfeld → **Flughafenvorfeld**

Vorflügel **[slats]**
Absenkbare Flügelnasen, die den Auftrieb des Flügels erhöhen und damit geringere Start- und Landegeschwindigkeiten ermöglichen (→ Landeklappen). (jwm)

Vorspeise → **Hors d'œuvre**

Voucher **[voucher]**
(Elektronischer) Gutschein, der von → Reiseveranstaltern zur Vorlage bei Leistungserbringern wie → Hotels, → Ferienfluggesellschaften, Reedereien usw. (digital) ausgestellt wird und den Reisenden vor der Reise zur Einlösung der vor-

ausbezahlten Leistungen übermittelt wird. Den Leistungserbringern dient er als Beleg (die zweite Bedeutung des englischen Begriffes) zur Abrechnung erbrachter Leistungen gegenüber dem Reiseveranstalter. Voucher können auch zur unternehmensinternen Verrechnung eingesetzt werden, etwa bei Fluggesellschaften für ein → Upgrading in eine höhere Reiseklasse.

Die ersten Hotelvoucher wurden 1868 von → Thomas Cook (a) eingeführt. Elektronische Gutscheine (eVoucher) lösen gedruckte Unterlagen zunehmend ab. Gleichwohl wird in Einzelfällen für bestimmte Leistungen der ausgedruckte Gutschein immer noch vorgeschrieben. (jwm/wf)

VP → **Vollpension**

VR → **Virtuelle Realität**

VSR → **Verband der Servicefachkräfte, Restaurant- und Hotelmeister**

VTOL → **Vertical Take-off and Landing**

VUSR → **Verband unabhängiger selbständiger Reisebüros**

W

WACS → **Verband der Köche Deutschlands**

Währung [currency]

Währung ist die Geldeinheit eines Staates, die Währungsordnung bildet die rechtliche Ordnung des Geldwesens, der Währungsraum den Geltungsbereich. Abgesehen von Kompensationsgeschäften und von Geschäften innerhalb der europäischen Währungsunion wird bei internationalen Transaktionen mindestens eine Partei mit einer fremden Währung konfrontiert. Diese muss dann für gewöhnlich in die eigene Währung umgetauscht werden. Die Austauschrelation zweier Währungen bezeichnet man als → Wechselkurs. (hp)

Wagenmeister [parking attendant]

Mitarbeiter in einem Hotel, der die Fahrzeuge der Gäste betreut. Dazu gehört das Parken der Fahrzeuge (→ Valet Parking) in der Hotelgarage, auf Anfrage ihr Betanken und Reinigen oder Chauffeurdienste. Die Position des Wagenmeisters findet man – wenn – nur in Hotels des Luxussegments. Teilweise auch Garagenmeister genannt. (wf)

Waldbaden [forest bathing]

Der Begriff sowie das Konzept des Waldbades stammen aus dem Japanischen. „Shinrin-Yoku" bedeutet „Eintauchen in die Atmosphäre des Waldes" (Lee et al. 2012). In Japan wird Shinrin-Yoku auch als Waldtherapie oder Waldmedizin bezeichnet. Die Bezeichnungen deuten darauf hin, dass Waldbaden als Produkt konzipiert ist, welches gezielt auf die Erhaltung und Verbesserung der Gesundheit abzielt (Imai 2013). Schuh und Immich (2019, S. 12) knüpfen hier an und fordern eine entsprechende Differenzierung im deutschsprachigen Raum. Waldbaden sollte nach Ansicht der Autorinnen für einen Aufenthalt im gesunden Wald stehen, Waldtherapie hingegen schließt gesundheitsfördernde und indikationsspezifische Maßnahmen unter Anleitung medizinischen Fachpersonals mit ein. Die Grundidee ist folglich, die Wirkung spezieller therapeutischer Übungen durch das besondere Waldklima wirksam zu verstärken.

Die positiven Wirkungen sind vielfältig und empirisch belegt. Dies gilt insbesondere für Zivilisationskrankheiten und deren Symptome wie → Stress, Herz-Kreislauferkrankungen, Depressionen, Atemwegserkrankungen und Schlafprobleme. Heilende Wirkungen bei bestehenden Krankheiten wurden bislang nicht nachgewiesen (Schuh & Immich 2019, S. 91). Zahlreiche esoterisch angehauch-

https://doi.org/10.1515/9783110546828-024

te Publikationen und Produkte versprechen hier mehr als die evidenzbasierte Forschung belegen kann (Markov et al. 2019).

Ausgehend von Studien und Produkten bereits etablierter Anbieter, vor allem in Japan und Südkorea, ist das Thema Waldbaden/Waldtherapie von zunehmender Bedeutung für europäische und deutsche Tourismusdestinationen (z. B. Hörnerdörfer im Allgäu) und Kurorte (z. B. Bad Iburg, Bad Rothenfelde, Bad Laer und Bad Essen im Osnabrücker Land) u. a. im deutschsprachigen Raum. Auch Hotelresorts (z. B. Falkensteiner Hotel Grand Medspa, Marienbad) haben das Thema aufgegriffen und zielgruppenspezifische Produkte und Angebote entwickelt. (mh)

Literatur

Lee, Juyoung; Bum-Jin Park; Yuko Tsunetsugu & Yoshifumi Miyazaki 2012: Forests and human health – recent trends in Japan. In: Qing Li (ed.): Forest medicine. New York: Nova Science, pp. 245–260

Markov, Sebastian; Georg Christian Steckenbauer; Markus Pillmayer & Marcus Herntrei 2019: Austria: The forest as a touristic landscape. In: Dieter Kotte; Qing Li; Won Sop Shin & Andreas Michalsen (eds.): International Handbook of Forest Therapy. Newcastle upon Tyne: Cambridge Scholars, pp. 337–355

Schuh, Angela; Gisela Immich 2019: Waldtherapie – das Potential des Waldes für Ihre Gesundheit. Berlin: Springer

Waldtherapie → **Waldbaden**

Walk-in

Gast, der ohne Vorabreservierung in einem Beherbergungsbetrieb ein Zimmer nachfragt. (wf)

Walk-in rate

Übernachtungspreis in einem Beherbergungsbetrieb für Gäste, die ohne Reservierung in einem Betrieb ankommen und ein Zimmer mieten (→ Walk-in). Auch Walk-up rate genannt. Je nach Standort und Zeit sind die Preise höher als bei einer Vorabreservierung. (wf)

Walk-out

Generell steht der Begriff walk-out für das abrupte Verlassen eines Arbeitsplatzes, einer Sitzung oder einer Organisation als Zeichen der Verärgerung oder Missbilligung. In der Hotelbranche die Bezeichnung für einen Gast, der ohne Rechnungsbegleichung das Hotel verlässt. → Skipper (a). (wf)

Walk-up rate → **Walk-in rate**

Wallfahrt [pilgrimage]

Wallfahrten werden durchgeführt, um ein heiliges Gebot zu erfüllen oder eine heilige Stätte aufzusuchen. Sie entstehen aus der Religion heraus (Sünden loswerden, Läuterung erlangen, etc.). Der Begriff entstammt dem Lateinischen (peregrinatio religiosa = zielbezogen in eine bestimmte Richtung fahren, unterwegs sein). Wallfahrten sind in allen Religionen zu finden. Germanen, Griechen und Römer hatten ihre Wallfahrtsstätten (heilige Tempel und Haine), zu denen sie Wallfahrten veranstalteten.

Wallfahrer sind nicht allein, sie führen die Wallfahrt in der Regel mit anderen durch und treffen auf dem Weg und am Ziel andere, die sie evtl. ansonsten nie getroffen hätten. Aus dem Akt der Ergebenheit kann so auch ein soziales Ereignis entstehen. Wallfahrten stellen auch einen nicht zu unterschätzenden Wirtschaftsfaktor dar. (hdz)

Wandbett [wall bed]

Ausklappbares Bett, das in der Zimmerwand verstaut werden kann. Durch das Verstauen wird tagsüber Platz geschaffen (Vallen & Vallen 2018, S. 92). Synonym: ‚hidden bed', Klappbett oder Murphy-Bett (benannt nach dem US-amerikanischen Erfinder William L. Murphy).

Mit den Jahren kamen zusätzliche Varianten auf den Markt, die das Bett in einer Kommode, einem Schrank oder Sofa verstauen. (wf)

Literatur

Vallen, Gary K.; Jerome J. Vallen 2018: Check-In Check-Out: Managing Hotel Operations. Boston: Pearson (10th ed.)

Wareneinsatzquote [food cost percentage, beverage cost percentage]

Die Wareneinsatzquote ist eine wichtige Kennzahl in der → Gastronomie. Sie wird wie folgt berechnet (in %): Wareneinsatz (in €): Warenumsatz (in €) × 100.

Da die durchschnittliche, gesamte Wareneinsatzquote wenig aussagefähig ist, wird sie für einzelne Sparten (Speisen, Getränke bzw. auch einzelne Speisen- oder Getränkegruppen) ermittelt.

Die Wareneinsatzquote (in %) für Speisen setzt dann etwa den Wareneinsatz Speisen (in €) × 100 in das Verhältnis zum Umsatz Speisen (in €), die Wareneinsatzquote (in %) für Bier setzt den Wareneinsatz Bier (in €) × 100 in das Verhältnis zum Umsatz Bier (in €) (Hänssler 2016, S. 374 f.). Die Kennzahl gibt für die Entscheider relevante Hinweise auf Preiskalkulation, Wareneinkauf und Fertigungsprozesse (z. B. Portionsgröße, Warenverderb, Schankverlust, Diebstahl).

In Betriebsvergleichen ist die Wareneinsatzquote eine gängige Kontrollgröße, in Betrieben werden Abteilungsleiter (z. B. → Küchendirektor, → Restaurantdirektor) über sie gesteuert. Als Orientierungsgröße kann im Speisebereich eine Wareneinsatzquote von ca. 25 bis 35 % angegeben werden, im Getränkebereich eine von ca. 20 bis 25 % (siehe etwa BBG-Consulting 2019). Betriebsart, Betriebsgröße, Umsatzstruktur oder Warengüte beeinflussen die Kennzahl. (wf)

Literatur

BBG-Consulting 2019: Betriebsvergleich Hotellerie & Gastronomie Deutschland 2019. Düsseldorf u. a.: BBG-Consulting

Ginneken, Rob van (ed.) 2019: Hospitality Finance and Accounting. Essential Theory and Practice. New York: Routledge

Hänssler, Karl Heinz 2016: Die Analyse der Betriebsergebnisrechnung – Umsätze und Kosten in der Hotellerie. In: Karl Heinz Hänssler (Hrsg.): Management in der Hotellerie und Gastronomie – Betriebswirtschaftliche Grundlagen. Berlin, Boston: De Gruyter Oldenbourg, S. 361–382 (9. Aufl.)

Warme Betten → **Kalte Betten**

Warmhalteplatte → **Rechaud**

Warteliste [wait list, waiting list, stand by]

Liste mit Passagieren, die noch auf einen bereits voll gebuchten Flug wollen und darauf hoffen, dass es Passagiere gibt, die ihren reservierten Flug nicht in Anspruch nehmen (→ No-show). (jwm)

Warteschlangen [waiting queues, waiting lines]

Warteschlangen lassen sich als ein Ordnungsmechanismus verstehen, mit dem Unternehmen versuchen, Ungleichgewichte zwischen Dienstleistungsnachfrage und -angebot auszugleichen. Warteschlangen können physischer und abstrakter Natur sein.

Zu den physischen Vertretern zählen die Einzelschlange (single queue) und die Mehrfachschlange (multiple queue), zu den abstrakten Vertretern die nummerierte Schlange (numbered queue) und die virtuelle Schlange (virtual queue). Zu einer anderen Einteilung von Warteschlangen (Kombination aus Schlangentyp und mehrstufigen Dienstleistungsphasen) siehe Ford & Sturman 2020, S. 366 ff.; Nerdinger 2011, S. 153 f.

Bei der Einzelschlange wird nur eine Warteschlange für Kunden gebildet, die von einem oder mehreren Kundenschaltern bedient werden kann. Der erste Kunde in der Warteschlange wird vom jeweils nächsten frei werdenden Mitarbeiter bedient. Bei der Mehrfachschlange existieren an den verschiedenen Kundenschaltern gleichzeitig Warteschlangen. Als Sonderausprägung innerhalb der Mehrfachschlange können Express-Schlangen (express lines, fast tracks) verstanden werden. In diesem Fall existiert eine Schlange, die nur für die Kunden gedacht ist, die bestimmte Voraussetzungen (besonderer Status oder Kauf einer begrenzten Anzahl von Gütern) erfüllen (Groth & Gilliland 2001, S. 81).

Nummerierte Schlangen entstehen dadurch, dass Kunden an Automaten Nummern ziehen. Die Schlange ist physisch nicht existent, über Displays werden die gezogenen Nummern aufgerufen und den Dienstleistungsschaltern zugewiesen. Virtuelle Schlangen basieren ebenfalls auf einer technologischen Lösung. Über eine Software werden Kunden in eine „unsichtbare" Warteschlange gereiht. Das Computersystem weist ihnen ein Zeitfenster zu, in dem sie bedient werden. Die eigentliche Wartezeit kann von den Kunden anderweitig genutzt werden. Disney's FASTPASS™, der 1998 in deren Resorts eingeführt wurde, war einer der Pioniere im Bereich der virtuellen Schlangen (Dickson, Ford & Laval 2005, S. 63; Ford & Sturman 2020, S. 369 f.; Kandampully & Solnet 2018, S. 41).

Die Warteschlangenkonstellation führt bei Kunden zu unterschiedlichen Wahrnehmungen. Wartende in einer Schlange nehmen vor allem die Personen als Barriere wahr, die vor ihnen stehen. Die Schlange, die sich hinter dem Wartenden bildet, wird – da sie keine Barriere bildet – weniger wahrgenommen. Einzelschlangen geben Kunden im Vergleich zu Mehrfachschlangen eine höhere Klarheit und Vorhersehbarkeit des Prozesses. Sie führen zu einem zwar langsamen, aber konstanten Fortschritt und versprechen eine höhere prozedurale Gerechtigkeit, da sie auf dem Prinzip ‚first come, first serve' bzw. ‚first in, first out' (FIFO) oder auch „Wer zuerst kommt, mahlt zuerst" beruhen. Bei einem System von Mehrfachschlangen haben Kunden zwar die Möglichkeit der Auswahl, stehen aber vor einem unlösbaren Entscheidungsproblem, da sie nicht wissen, wie schnell sich die verschiedenen Schlangen fortbewegen. Die Wartenden sind zudem von dem jeweiligen Dienstleister am Schalter abhängig (Rafaeli, Barron & Haber 2002, S. 127 ff.). Virtuelle Schlangen haben offensichtlich positive Wirkungen auf die Gäste- bzw. Kundenzufriedenheit, da diese die Wartezeit effizienter nutzen können (Ford & Sturman 2020, S. 369 f.).

Empfehlungen für die Praxis können nicht eindeutig formuliert werden, einen ‚one best way' der Schlangenkonfiguration gibt es nicht. Interessant ist, dass aus Kundensicht Schnelligkeit nicht immer das zentrale Kriterium zu sein scheint. Der Gerechtigkeit hingegen kommt ein hoher Stellenwert zu (zur psychologischen Einordnung siehe auch Nerdinger 2011, S. 155 ff.). Insofern ist nachvollziehbar, dass viele Unternehmen im Dienstleistungsbereich auf das Konzept der Einzelschlange umstellen. Um die Gerechtigkeitsproblematik bei Mehrfachschlangen zu reduzieren, ist die Einrichtung von Absperrungen sinnvoll. Sie verhindern unberechtigtes Eindringen und ‚queue jumping'. Express-Schlangen für VIP-Kunden im Rahmen des → Check-in oder → Check-out sollten aus dem Blickfeld der nicht bevorzugten Gäste genommen werden.

Zu den teilweise widersprüchlichen empirischen Ergebnissen und zum unterschiedlichen Einsatz von Warteschlangen siehe Baker & Cameron 1996; Dickson, Ford & Laval 2005; Ford & Sturman 2020, S. 358 ff.; Groth & Gilliland 2001; Hornik 1984; Kandampully & Solnet 2018, S. 38 ff.; Nerdinger 2011, S. 152 ff.; Rafaeli, Barron & Haber 2002. Zu den Auswirkungen von neuen Technologien (→ Mobile Applikationen, Self-check-in-check-out Terminals) auf Wartezeiten siehe Kokkinou & Cranage 2015; Vallen & Vallen 2018, S. 251 ff. (wf)

Literatur

Baker, Julie; Michaelle Cameron 1996: The effects of the service environment on affect and consumer perception of waiting time: an integrative review and research propositions. In: Journal of the Academy of Marketing Science, 24 (4), pp. 338–349

Dickson, Duncan; Robert C. Ford & Bruce Laval 2005: Managing real and virtual waits in hospitality and service organizations. In: Cornell Quarterly, 46 (1), pp. 52–68

Ford, Robert C.; Michael C. Sturman 2020: Managing Hospitality Organizations: Achieving Excellence in the Guest Experience. Thousand Oaks: Sage (2nd ed.)

Groth, Markus; Stephen W. Gilliland 2001: The role of procedural justice in the delivery of services. A study of customers' reactions to waiting. In: Journal of Quality Management, 6 (1), pp. 77–97

Hornik, Jacob 1984: Subjective vs. objective time measures: A note on the perception of time in consumer behavior. In: Journal of Consumer Research, 11 (1), pp. 615–618

Kandampully, Jay; David Solnet 2018: Service Management Principles for Hospitality and Tourism. Oxford: Goodfellow (3rd ed.)

Kokkinou, Alinda; David A. Cranage 2015: Why wait? Impact of waiting lines on self-service technology use. In: International Journal of Contemporary Hospitality Management, 27 (6), pp. 1181–1197

Nerdinger, Friedemann W. 2011: Psychologie der Dienstleistung. Göttingen u. a.: Hogrefe

Rafaeli, Anat; Greg Barron & Keren Haber 2002: The effects of queue structure on attitudes. In: Journal of Service Research, 5 (2), pp. 125–139

Vallen, Gary K.; Jerome J. Vallen 2018: Check-In Check-Out: Managing Hotel Operations. Boston: Pearson (10th ed.)

Warteschleife [holding pattern]

Kreisen von Flugzeugen über einem Navigationspunkt bei überlastetem Luftraum. (jwm)

Wartezeiten → **Wartezeitenmanagement**

Wartezeitenmanagement [queue management]

Wartezeit kann im Rahmen einer → Dienstleistung als die Zeitspanne verstanden werden, die zwischen der Bereitschaft eines Kunden liegt, eine Leistung zu empfangen und der dann tatsächlich stattfindenden Leistungserbringung (Taylor 1994, S. 56). Wartezeiten lassen sich unterschiedlich kategorisieren. Gängig ist eine Unterteilung in erwartete (vorherige Einschätzung), tatsächliche (objektive Zeitdauer) und empfundene Wartezeiten (subjektive Wahrnehmung). Stellt man die konkrete Dienstleistung in den Mittelpunkt, lassen sich Wartezeiten unterscheiden, die vor (pre-process), während (in-process) und nach (post-process) der Dienstleistungserstellung stattfinden (Dubé-Rioux, Schmitt & Leclerc 1989, S. 59).

Aus psychologischer Sicht ist die Wartephase kritisch einzuschätzen, weil sie aus Kundensicht einen Kontrollverlust darstellt und die Abhängigkeit vom Dienstleister verdeutlicht. Da die Nachfrage nach Dienstleistungen und das Angebot selten im Gleichgewicht sind und Dienstleistungen nicht auf Vorrat produziert werden können, ist die Entstehung von Wartezeiten faktisch unumgänglich. Über ein Wartezeitenmanagement kann versucht werden, diese möglichst gering zu halten (zu anderen Handlungsalternativen Ford & Sturman 2020, S. 361 ff.).

Unter dem Begriff Wartezeitenmanagement lässt sich die Planung, Durchführung und Kontrolle aller Maßnahmen verstehen, die ein Unternehmen in Bezug auf Wartezeiten einsetzt. Hierbei lassen sich die zwei Vorgehensweisen ‚Operations Management‘ und ‚Perceptions Management‘ unterscheiden (Katz, Larson & Larson 1991, S. 44). ‚Operations Management‘ setzt bei der faktischen Verkürzung der tatsächlichen Wartezeit an (z. B. durch den Mehreinsatz von Mitarbeitern oder durch Automatisierung von Prozessen), ‚Perceptions Management‘ versucht, die empfundene Wartezeit zu beeinflussen (z. B. durch die Gestaltung des Ambientes oder durch die Gestaltung von → Warteschlangen).

Maister (1985, S. 115 ff.) formuliert in einem viel beachteten und bis heute zitierten Artikel (etwa Ford & Sturman 2020, S. 374 ff.; Kandampully & Solnet 2018, S. 40 f.) acht Thesen, die Unternehmen als Basis für die Gestaltung des ‚Perceptions Management‘ nutzen können (zur empirischen Einschätzung etwa Dubé-Rioux, Schmitt & Leclerc 1989; Nerdinger 2011, S. 153 ff.; Taylor 1994):

1. Zeit, in der man unbeschäftigt ist, wird im Vergleich zur Zeit, in der man beschäftigt ist, als länger empfunden.
2. Auf den Dienstleistungsprozess zu warten, dauert subjektiv länger als während des Dienstleistungsprozesses zu warten.
3. Angst lässt Wartezeiten länger erscheinen.
4. Unsichere Wartezeiten erscheinen länger als bekannte und begrenzte Wartezeiten.
5. Unerklärte Wartezeiten dauern länger als erklärte.
6. Ungerechte Wartezeiten werden länger empfunden als gerechte.
7. Je wertvoller eine Dienstleistung ist, desto länger sind Kunden bereit zu warten.
8. Alleine zu warten, wird im Gegensatz zu einem Warten in der Gruppe als länger empfunden.

‚Perceptions Management' ist in der Realisierung kostengünstiger als ‚Operations Management' und wird deswegen in der Praxis bevorzugt eingesetzt. Da sich die Kerndienstleistungen in vielen Dienstleistungsunternehmen angleichen (→ Commodity) und damit nahezu austauschbar werden, versuchen Unternehmen, über die optimale Gestaltung von Randdienstleistungen – wie etwa Wartezeitenmanagement – Profil zu gewinnen. Zu Modellen der Wartezeitenwahrnehmung siehe Baker & Cameron 1996; Nerdinger 2011, S. 156 f. Zu Ansatzpunkten, die Angebot und Nachfrage von Dienstleistungen und damit Wartezeiten beeinflussen, siehe Ford & Sturman 2020, S. 361 ff.; Kandampully & Solnet 2018, S. 41 ff. (wf)

Literatur

Baker, Julie; Michaelle Cameron 1996: The effects of the service environment on affect and consumer perception of waiting time: an integrative review and research propositions. In: Journal of the Academy of Marketing Science, 24 (4), pp. 338–349

Dubé-Rioux, Laurette; Bernd H. Schmitt & France Leclerc 1989: Consumers' reactions to waiting: when delays affect the perception of service quality. In: Advances in Consumer Research, 16 (1), pp. 59–63

Ford, Robert C.; Michael C. Sturman 2020: Managing Hospitality Organizations: Achieving Excellence in the Guest Experience. Thousand Oaks: Sage (2nd ed.)

Kandampully, Jay; David Solnet 2018: Service Management Principles for Hospitality and Tourism. Oxford: Goodfellow (3rd ed.)

Katz, Karen L.; Blaire M. Larson & Richard C. Larson 1991: Prescription for the waiting-in-line blues: Entertain, enlighten, and engage. In: Sloan Management Review, 32 (2), pp. 44–53

Maister, David H. 1985: The psychology of waiting lines. In: John A. Czepiel; Michael R. Solomon & Carol F. Surprenant (eds.): The service encounter: Managing Employee-Customer Interaction in Service Businesses. Lexington: Lexington Books, pp. 113–123

Nerdinger, Friedemann W. 2011: Psychologie der Dienstleistung. Göttingen u. a.: Hogrefe

Taylor, Shirley 1994: Waiting for service: The relationship between delays and evaluations of service. In: Journal of Marketing, 58 (2), pp. 56–69

Gedankensplitter
„Der Mensch hat das Warten verlernt, darin liegt das Grundübel unserer Zeit." (William Somerset Maugham, Schriftsteller)

Wasserbadwanne → **Chafing dish**

Wasserfahrgeschäfte → **Fahrgeschäft**

Wasserflugzeug → **Amphibienflugzeug**

Wasserpark → **Bäder, öffentliche,** → **Freizeitpark**

WBE → **Internet Booking Engine**

WC → **Toilette**

Web Booking Engine → **Internet Booking Engine**

Web Check-in → **Check-in**

Web-Portal [web portal]

Dieser allgemeine Begriff steht hier für den internetbasierten Zugang des Reisekunden zum Markt der angebotenen Reisen und Reiseleistungen sowie für den webbasierten virtuellen Beratungs-, Verkaufs- und Kommunikationsraum. Das Portal gibt Reise- und Tourismusinformationen, es animiert multimedial und ermöglicht interaktive Angebotssuche und -vergleiche in Selbstbedienung der Reiseinteressenten. Es vermittelt für die entsprechenden Marktsegmente Transparenz und Beratungskompetenz und ermöglicht die Buchung der Reiseprodukte über Schnittstellen zu den entsprechenden → Reservierungssystemen. Darüber hinaus ermöglicht es die Individualisierung und Personalisierung, z. B. zum Fulfillment gebuchter Leistungen oder zum individuellen Kundenservice und Beziehungsmanagement. Eingebundene Bewertungssysteme und georeferenzierte Informationen sind Beispiele für ergänzende Services. Ein Web-Portal ist in diesem Sinne das Front-End-(Kundenkontakt-)System eines → Online-Reisevermittlers (online travel agent, OTA). Es wird den Interessenten und Kunden über die Web-Browser stationärer und mobiler Endgeräte angeboten sowie eingebunden in → mobile Applikationen.

Um die Erfüllung der Kundenwünsche und -aufträge in Echtzeit, vollständig und verbindlich durchführen zu können, agieren im Hintergrund → Internet Booking Engines (IBE). Eine IBE ist ein Software-, Datenbank- und Schnittstellen-System zur Umsetzung der Funktionen und Prozesse und steht z. B. in automatisierter Verbindung zu den Reservierungssystemen der kooperierenden Reiseanbieter. Web-Portal und Internet Booking Engine(s) bilden in ihrem Zusammenwirken das informationstechnologische System des Online-Reisevermittlers. Für spezielle Kundenwünsche oder nicht standardisierbare Aufgaben wird i. d. R. auch ein → Call- und Servicecenter in das Web-Portal eingebunden.

Mit dieser vollfunktionalen und umfänglichen Ausprägung ist das Web-Portal eines Online-Reisevermittlers abzugrenzen vom webbasierten Direktvertrieb eines einzelnen Anbieters selbst erbrachter Leistungen sowie von → touristischen Suchmaschinen (meta searcher), die lediglich unverbindliche Suchergebnisse mit Verweisen/Verlinkungen zu kooperierenden Anbietern liefern. (uw)

Literatur
Schulz, Axel; Uwe Weithöner; Roman Egger & Robert Goecke 2015: eTourismus: Prozesse und Systeme. Berlin: De Gruyter, insb. Kapitel 3.7 (2. Aufl.) (3. Aufl. in Vorbereitung)

Wechsel [bill of exchange]

Ein gezogener Wechsel ist die unbedingte schriftliche Anweisung in Form einer Urkunde (Wertpapier) des Ausstellers (Exporteur) an den Bezogenen (Importeur), eine bestimmte Geldsumme an einem bestimmten Tag, an einem festgelegten Ort, an sich selbst (Exporteur) oder einen Dritten (z. B. Lieferanten) zu bezahlen. International ist der Wechsel als Instrument zur Zahlungssicherung beliebt. Dies liegt in erster Linie an seinen gesetzlichen Grundlagen, die in allen Ländern streng und in vielen Ländern nahezu gleich sind. Denn die Basis für die Wechselgesetze der meisten europäischen und einiger außereuropäischer Länder bilden die Genfer Abkommen von 1930 zur Vereinheitlichung des Wechselrechts. Sie schlugen sich auch im deutschen Wechselgesetz von 1933 nieder, das mehrfach, zuletzt 2015 geändert wurde. Die Gleichartigkeit der Wechselgesetze trifft jedoch nicht auf die anglo-amerikanischen Länder zu.

So gilt z. B. in Großbritannien und in der Republik Irland der Bills of Exchange Act, der bereits 1882 in Kraft trat und eine völlig andere Systematik aufweist. Eine Harmonisierung ist über das UN-Wechselrecht (UNICITRAL-Wechsel) geplant, bis dahin müssen weiterhin länderspezifische Unterschiede beachtet werden. Dies gilt vor allem gegenüber Wechseln aus angloamerikanischen Ländern.

Die acht gesetzlichen Bestandteile eines Wechsels nach deutschem Wechselrecht sind: (1.) die Bezeichnung als Wechsel im Text der Urkunde, (2.) die unbedingte Anweisung, eine bestimmte Geldsumme zu zahlen, (3.) der Name des Bezogenen, (4.) die Angabe der Verfallzeit, (5.) die Angabe des Zahlungsortes, (6.) der Name dessen, an den oder an dessen Order gezahlt werden soll (Wechselnehmer), (7.) die Angabe des Ortes und des Tages der Ausstellung, (8.) die Unterschrift des Ausstellers (Wechselgeber). Eine Ausnahme bildet der Solawechsel. Er enthält im Gegensatz zum gezogenen Wechsel lediglich sieben wesentliche Bestandteile, denn hier sind Aussteller (8) und Bezogener (3) ein und dieselbe Person. Obwohl der Wechsel in Deutschland ähnlich dem Scheck stark an Bedeutung verloren hat, findet man ihn immer noch im internationalen Geschäft. (hp)

Wechselkurs [exchange rate]

Wechselkurs bezeichnet die Austauschrelation zweier Währungen. Wechselkurse lassen sich entweder unter dem Blickwinkel der Menge an ausländischen Währungseinheiten sehen, die man für eine inländische Währungseinheit erhält, der sog. Mengenkurs, oder unter dem Blickwinkel des Preises betrachten, den man für eine ausländische Währungseinheit bezahlen muss, der sog. Preiskurs. Bei einem Mengenkurs von z. B. 1,2000 US-$/€ erhält man die Menge von 1,2000 US-$ für einen €. Umgekehrt ist der Preiskurs definiert. Bei einem Preiskurs von z. B. 0,8333 €/US-$ zahlt man den Preis von 0,8333 € für einen US-$. (hp)

Weckruf **[morning call, wake-up call]**
Anruf, der eine Person zu einer bestimmten Uhrzeit aufwecken soll.

Ein Weckruf auf automatisierter Basis – etwa über die Programmierung des TV-Geräts oder Telefons auf dem Zimmer – löst seit geraumer Zeit den persönlichen Anruf ab. Ausschlaggebend hierfür sind die Einsparung von Personalkosten und die Reduktion von Fehlerquellen (Nichtausführen des Anrufs). Für das Hotel entlastend wirkt, dass sich Gäste in immer stärkerem Ausmaß mit Hilfe ihrer eigenen Smartphones selbst wecken. (wf)

Wegweisersystem → **Touristisches Besucherleitsystem**

Weiche **[railroad switch, trail switch]**
Bei der Eisenbahn eine bestimmte Gleiskonstruktion im Oberbau (deshalb auch Eisenbahnweiche), die dazu dient, dass Schienenfahrzeuge ohne Unterbrechung der Fahrt auf ein anderes Gleis wechseln können. Die Steuerung der Weichen erfolgt über Signaltechnik. Vor der Verwendung im Eisenbahnwesen bezeichnete der deutsche Begriff Weiche eine Ausweichstelle in der Flussschifffahrt. Der Begriff Weiche leitet sich also von ausweichen und nicht von weich ab. (hdz)

Weinkellner → **Sommelier**

Weintourismus → **Food Tourismus**

Wellness → **Gesundheits- und Medizintourismus**

Wellness Food → **Functional Food**

Wellness Stars
Qualitätssiegel (→ Qualitätszeichen), welches heute von der Wellness Stars Deutschland GmbH herausgegeben wird. Initiiert wurde es für Baden-Württemberg im Jahr 2004 von der Heilbäder und Kurorte Marketing Baden-Württemberg GmbH (HKM) und der Tourismus-Marketing GmbH Baden-Württemberg (TMBW), um Qualitätsstandards für den Wellness-Aufenthalt zu belegen und zu garantieren. Die Qualitätsprüfung erfolgt vor der Siegelvergabe durch einen umfassenden Kriterienkatalog. Es ist zeitlich begrenzt gültig. In regelmäßigen Abständen werden die zertifizierten Betriebe durch unabhängige Tester der TÜV Rheinland Cert GmbH im Rahmen eines Mystery Checks überprüft. Ausgezeichnet werden Wellness Hotels, Medical Wellness Hotels, Gesundheitsresorts und Thermen:
a) Wellness Hotels: Ein Hotel kann das Qualitätssiegel nur erhalten, wenn es bereits mit mindestens drei Sternen der → Deutschen Hotelklassifizierung aus-

Ah, die Touristengruppe aus Entenhausen! Ein herzliches Willkommen. Ich darf Sie direkt in unseren Wellness-Bereich einladen!

Cook & Chill

gezeichnet ist. Dementsprechend kann ein Haus bis zu fünf Wellness Stars erhalten. Die Sterne bilden in Kombination mit einem stilisierten „W" das graphische Logo. Neben grundsätzlichen Qualitätsstandards in den Bereichen Infrastruktur und Service sind Wellness-Infrastruktur, Sauna, Anwendungsräume, Vital-Küche mit ausgewogener Ernährung sowie ruhige und naturnahe Lage unabdingbar. Ein ausführlicher Kriterienkatalog umfasst alle Prüfkriterien.

b) Medical Wellness Hotels: Hotels, Kliniken, Sanatorien, Thermen, Gesundheits- und Rehabilitationszentren, die mit den Medical Wellness Stars zertifiziert wurden, bieten ihren Gästen ein auf sie abgestimmtes Präventions- und Gesundheits-Angebot in einem Wohlfühlambiente mit medizinisch-therapeutischer Betreuung unter ärztlicher Aufsicht. Ortstypische → Heilmittel sind Bestandteil der Programme.

c) Ein Resort ist eine touristische Anlage der gehobenen Kategorie, die aus einem oder mehreren Gebäudekomplexen bestehen kann. Auf dem Areal bzw. an das Areal anschließend befinden sich alle notwendigen Einrichtungen, die für einen Wellness-Aufenthalt erforderlich sind.

d) Thermen, die mit den Wellness Stars zertifiziert wurden, bieten ihren Gästen eine hochwertige Wasser- und Saunalandschaft sowie ein qualifiziertes Angebot an Wohlfühlanwendungen.

Das in Baden-Württemberg entstandene Siegel wird inzwischen auch in anderen Bundesländern sowie im Ausland verwendet. Im Jahr 2020 trugen über 50 Hotels, 34 Thermen, 12 Medical Wellness-Einrichtungen und drei Resorts in Deutschland das Siegel Wellness Stars (www.wellness-stars.de). (abw)

Welterbe [World Heritage]

Nach der „Internationalen Konvention zum Schutz des Kultur- und Naturerbes der Welt" (World Heritage Convention), die im November 1972 von der General-versammlung der UNESCO (United Nations Educational, Scientific and Cultural Organisation) in Stockholm angenommen wurde, ist es eine Aufgabe dieser Un-terorganisation der Vereinten Nationen (UN), die wichtigsten natürlichen und kul-turellen Stätten der Erde zu identifizieren und dafür Sorge zu tragen, dass sie auch den nachfolgenden Generationen erhalten bleiben.

Insgesamt gibt es in 167 Ländern insgesamt 1.121 solcher Welterbestätten (Kul-turstätten, Naturstätten), von denen mit 869 die meisten als Kulturstätten gelistet sind (Stand: 2020) (Deutsche UNESCO-Kommission 2020, S. 2). Zu Naturstätten zählen 213 Gebiete. 39 werden als gemischte Stätten beiden Kategorien zugerech-net (wie zum Beispiel der Uluru Kata-Tjuta National Park im Zentrum Australiens), 39 Stätten (wie das Wattenmeer) zählen als grenzüberschreitende/transnationa-le Stätten. 53 Stätten hat das Welterbekomitee als besonders bedroht eingestuft und in die Liste des gefährdeten Erbes der Welt eingeordnet (etwa die Altstadt von Damaskus, Syrien). Zu Weltkulturstätten gehören beispielsweise das histori-sche Zentrum von Lima in Peru, Schloss Mir in Belarus, Robben Island in Südafri-ka oder die Große Mauer in China; zu Weltnaturstätten gehören das Great Barrier Reef an der Nordostküste Australiens, die Serengeti in Tansania, der Yellowstone Nationalpark in den USA oder die Galapagosinseln in Ecuador.

Deutschland weist 46 Natur- und Kulturerbestätten aus (Stand: 2020). Dazu gehören die Grube Messel bei Darmstadt (die bis zu 47 Millionen Jahre alte Fossili-en beherbergt), der Aachener Dom, die Insel Reichenau mit ihren Klosteranlagen, die Innenstädte von Lübeck, Wismar und Stralsund oder die Hamburger Speicher-stadt.

Österreich ist auf der Liste u. a. mit den Innenstädten von Salzburg, Graz und Wien sowie Schloss Schönbrunn oder der Kulturlandschaft Wachau vertreten. In der Schweiz gibt es auf der Liste neben Kulturstätten wie den Stiftsbezirk in St. Gallen auch Naturstätten wie das Hochalpengebiet Jungfrau-Aletsch mit dem größten Gletscher Europas (Deutsche UNESCO-Kommission 2020).

Es liegt auf der Hand, dass die Aufnahme in die Welterbeliste auch von tou-ristischer Bedeutung ist. In Deutschland wurde für die Vermarktung der Verein ‚UNESCO-Welterbestätten Deutschland e. V.' 2001 gegründet, in dem u. a. die

→ Deutsche Zentrale für Tourismus (DZT) und alle jeweiligen Tourismusorganisationen vor Ort vertreten sind. Ziel des Vereins ist insbesondere die Erhöhung des Bekanntheitsgrades der deutschen Welterbestätten und die sinnvolle Koordination von → Tourismus und Denkmalschutz. Der Verein hat seine Geschäftsstelle in Quedlinburg. Für die Finanzierung stehen staatliche Programme zur Verfügung. (UNESCO; Publishing for Development 2015, S. 51). (jwm/wf)

Literatur

Deutsche UNESCO-Kommission 2020: Welterbeliste. (www.unesco.de/kultur-und-natur/welterbe/welterbe-weltweit/welterbeliste, zugegriffen am 04.07.2020)
Szczesinski, Anja; Barbara Engels 2019: UNESCO-Weltnaturerbe-Gebiete. In: Hartmut Rein; Alexander Schuler (Hrsg.): Naturtourismus. München: UVK, S. 67–74
UNESCO; Publishing for Development (eds.) 2015: World Heritage in Germany. Special Issue. No. 76. (deutsche Ausgabe). London: Publishing for Development

> **Gedankensplitter**　　　　　　　　　　　　　　　　　　　　　　　　*i*
> „Die größte Sehenswürdigkeit, die es gibt, ist die Welt – sieh sie dir an." (Kurt Tucholsky, Schriftsteller)

Welterbeliste → **Welterbe**

Weltraumtourismus [space tourism]

Der Weltraum übt seit Jahrhunderten eine große Faszination auf die Menschheit aus. Viele träumen davon, zum Mond zu fliegen oder schwerelos im All zu schweben. Während die Anfangsjahre der Weltraumfahrt Forschungszwecken vorbehalten waren, fliegen seit ca. drei Jahrzehnten auch Privatpersonen ins Weltall. Die erste Person, die privat hierfür bezahlt hat, war im Jahr 2001 Dennis Tito. Die Idee der Weltraumfahrt wurde Ende des 19. Jahrhunderts wissenschaftlich vorbereitet. Bereits 1928, als Fritz Stamer und Fritz von Opel als Erste Flugzeuge mit Raketenantrieb starteten, meldeten sich ca. 3.000 Freiwillige für eine etwaige Mondfahrt (Groß 2017, S. 438 f.).

In der wissenschaftlichen Literatur zum Weltraumtourismus lassen sich unterschiedliche Definitionen finden (z. B. Goehlich 2015, S. 18 f.; Lappas 2006, S. 159). Entsprechend der Grunddefinition (nach der → UNWTO) des → Tourismus kann der Weltraumtourismus wie folgt definiert werden: Weltraumtourismus ist das vorübergehende Verlassen des gewöhnlichen Aufenthaltsortes sowie der Aufenthalt in der Fremde, hier Weltall, aus touristischen Motiven. Weltraumtourismus im weiteren Sinn sind Reisen, bei denen man die Raumfahrt bzw. den Weltraum zwar hautnah miterlebt, allerdings nicht wirklich ins Weltall fliegt (z. B. Astronomiereisen, Parabelflüge, Besuch von Space Centern, → Freizeitparks, Planetarien oder Museen mit Weltraumbezug). Sofern diese Reisen mit einer Übernachtung verbunden sind und der gewöhnliche Aufenthaltsort verlassen wird, ist es Weltraumtourismus i. e. S. (Groß 2017, S. 432).

Somit können der terrestische Weltraumtourismus, Weltraumflüge und -aufenthalte im Weltall sowie der virtuelle Weltraumtourismus unterschieden werden. Während die ersten beiden Arten bereits verbreitet sind, können Reisen in den Weltraum je nach technischer Entwicklung der nächsten Jahre auch ein Anachronismus auf dem Weg von den künstlichen → Erlebniswelten zur virtuellen Reise sein. Wenn technische Möglichkeiten geschaffen werden, die neben optischen Reiseeindrücken auch physische Elemente vermitteln können (wie Gerüche, Wärme, UV-Strahlen), werden Reisen immer mehr auch zu Hause „erlebbar". Die Cyber-Technik, verbunden mit einer gezielten Aktivierung bestimmter Gehirnströme, kann es möglich machen, dass jedes Erlebnis mental entstehen kann. Dann wäre eine virtuelle Reise eine Alternative zum „echten" Weltraumtourismus (Freyer 2000, S. 269 f.) (→ Virtuelle Realität).

Anbieter im Weltraumtourismus sind zum einen diejenigen Unternehmen, die im terrestrischen Bereich tätig sind, also Space Center, Freizeitparks, Museen, Planetarien usw. Für Parabelflüge, Astronautentrainings, Weltraumflüge und Aufenthalte im Weltall gibt es verschiedene Anbieter. Space Adventures (USA), Incredible Adventures (USA) und German Space Shop/European Space Tourist/European Space Service (Deutschland) sowie Virgin Galactic (USA) sind einige Beispiele. Space Adventures wird dabei als der führende Anbieter von Weltraumflügen angesehen, da alle Flüge, die Touristen zur ISS unternommen haben, seitens dieses Unternehmens in Zusammenarbeit mit der russischen Raumfahrtbehörde Roskosmos organisiert wurden (Space Adventures 2020). (sg)

Literatur

Crouch, Geoffrey I. 2001: The Market for Space Tourism: Early Indications. In: Journal of Travel Research, 40 (2), pp. 213–219

Freyer, Walter 2000: Verkehrliche Wirkungen von Telekommunikation – Wirkungen aus Sicht des Tourismus. In: Walter Freyer: Ganzheitlicher Tourismus – Beiträge aus 20 Jahren Tourismusforschung. Dresden: FIT – Forschungsinstitut für Tourismus, S. 265–277

Freyer, Walter; Sven Groß 2005: Weltraumtourismus – Status quo und Zukunft der Entwicklung. In: Wissenschaftliche Zeitschrift der TU Dresden, o. Jg. (01–02), S. 32–38

Goehlich, Robert A. 2015: Textbook of Space Tourism. Berlin: epubli (2nd ed.)

Groß, Sven 2017: Handbuch Tourismus und Verkehr – Verkehrsunternehmen, Strategien und Konzepte. Konstanz, München: UVK (2. Aufl.)

Lappas, Vaios 2006: Space tourism. In: Dimitrios Buhalis; Carlos Costa (eds.): Tourism Business Frontiers – Consumers, products and industry. Oxford: Routledge, pp. 157–167

Space Adventures Ltd. 2020: Space Station. (URL:https://spaceadventures.com/experiences/space-station/, zugegriffen am 28.01.2020)

Welttourismusorganisation **[United Nations World Tourism Organization (UNWTO)]**

Die Welttourismusorganisation UNWTO ist eine Sonderorganisation der 1945 in San Francisco gegründeten Vereinten Nationen mit Sitz in Madrid. Ihr gehören 159 Staaten, sechs Territorien (zum Beispiel Puerto Rico und das belgische Flandern) sowie der Vatikanstaat und Palästina als Beobachter an. Anders als in anderen Sonderorganisationen der Vereinten Nationen, in denen in der Regel nur staatliche Organisationen vertreten sind, ist in der UNWTO auch der private Sektor repräsentiert. Als sogenannte ‚affiliate members' sind inzwischen rund 500 im → Tourismus involvierte Unternehmen, Bildungseinrichtungen und Verbände der UNWTO beigetreten (UNWTO 2020a).

Die grundsätzliche Aufgabe der UNWTO besteht in der Förderung und Entwicklung eines möglichst nachhaltigen Tourismus (→ Corporate Social Responsibility) als Beitrag zur wirtschaftlichen Entwicklung, zu internationalem Verständnis, zu Frieden, Wohlstand und Respekt für Freiheit und Menschenrechte, wobei ein besonderer Fokus auf den Entwicklungsländern liegt. Das konzeptionelle Selbstverständnis respektive die Programmarbeit der Organisation basiert primär auf zwei eng miteinander verflochtenen strategischen Zielen: einerseits eine Verbesserung der Wettbewerbsfähigkeit des touristischen Angebots der Mitgliedstaaten (etwa in Hinblick auf die Förderung von Qualität und Innovation, die Analyse des wirtschaftlichen Potentials des Tourismus oder die Bereitstellung von Informationen und Statistiken zu nationalen und internationalen Tourismustrends), andererseits eine pro-aktive Sicherung von Nachhaltigkeit und Ethik im Tourismus, etwa durch einen forcierten Einsatz für nachhaltige Tourismusformen, für ‚local communities' sowie für die Bewahrung des kulturellen Erbes (→ Welterbe) einer → Destination (Bundesministerium für Wirtschaft und Energie 2020).

Die Struktur der UNWTO (2020b) konstituiert sich primär aus den folgenden vier Einrichtungen:

1. General Assembly: Im Rahmen der alle zwei Jahre tagenden Generalversammlung werden die zentralen tourismusspezifischen Themen der Programmarbeit diskutiert und die Budgetplanung verabschiedet. Darüber hinaus findet alle vier Jahre in der Generalversammlung – die das oberste Organ der UNWTO verkörpert – die Wahl des Generalsekretärs statt.

2. Executive Council: Der sogenannte Exekutivrat fungiert als zentrales Steuerungsgremium der UNWTO und zeichnet für die Umsetzung der Programmarbeit verantwortlich.

3. Committees: Die Programmarbeit der UNWTO wird durch diverse Ausschüsse mit unterschiedlichen inhaltlichen und operativen Bereichen unterstützt. Exemplarisch sei auf das ‚Committee on tourism and competitiveness', das

‚Committee on tourism and sustainability', das ‚Committee on statistics' oder das ‚Programme and budget committee' verwiesen.

4. Secretary: Das in Madrid ansässige Sekretariat der UNWTO unter Federführung des Generalsekretärs sowie seiner rund 100 Mitarbeiter ist für die konkrete Implementierung der Programmarbeit verantwortlich.

Weit über das konzeptionelle Verständnis einer klassischen Lobbying-Organisation (→ Tourismuslobbying) hinaus, versteht sich die UNWTO nicht nur als transnationales Forum für essenzielle Fragen der → Tourismuspolitik, sondern auch als weltweit führendes Dokumentationszentrum für tourismusspezifisches Fachwissen sowie damit einhergehende Ausbildungs- und Managementkonzepte (Mundt 2004). Vor diesem Hintergrund liegt eine wichtige Aufgabe der Organisation in der Sammlung und Veröffentlichung zentraler statistischer Daten eines zunehmend vernetzten, weitgehend transnationalen Tourismus.

Zu den bekanntesten Publikationsreihen zählen das ‚Compendium of Tourism Statistics', das ‚Travel and Tourism Barometer' sowie das ‚Yearbook of Tourism Statistics'. Das Portfolio der von der UNWTO aufgegriffenen Themenkomplexe reicht von klassischen Fragen des Destinationsmanagements über den Einfluss technologischer Innovationen auf touristische Akteure bis hin zu tourismuskritischen Fragestellungen, besonders in den Bereichen Ethik und Nachhaltigkeit. Angesichts fortschreitender Diskurse bezüglich der komplexen Interdependenzen von Tourismus und Klimawandel sowie Overtourismus (→ Overtourism) spielt für die UNWTO eine Verzahnung tourismusspezifischer Anliegen mit den 17 Nachhaltigkeitszielen der Agenda 2030 eine zunehmend wichtige Rolle (Scherle 2020).

Abschließend sei angemerkt, dass seitens der scientific community, aber auch seitens einer zunehmend tourismuskritischen Öffentlichkeit die Rolle der UNWTO im Kontext eines tourismusinduzierten Klimawandels immer kritischer eingeschätzt wird (Lenzen et al. 2018). (nsc/jwm)

Literatur

Bundesministerium für Wirtschaft und Energie 2020: UNWTO. (https://www.bmwi.de/
   Redaktion/DE/Artikel/Tourismus/unwto.html, zugegriffen am 20.01.2020)
Lenzen, Manfred et al. 2018: The carbon footprint of global tourism. In: Nature Climate Change,
   8 (6), pp. 522–528
Mundt, Jörn W. 2004: Tourismuspolitik. München: Oldenbourg
Scherle, Nicolai 2020: Im Spannungsfeld von Klimawandel, Overtourism und Agenda 2030:
   Tourismus in Destinationen des Globalen Südens. In: Estelle, Herlyn; Magdalène Lévy-
   Tödter (Hrsg.): Die Agenda 2030 als Magisches Vieleck der Nachhaltigkeit: Systemische
   Perspektiven. Wiesbaden: Springer, S. 199–229
UNWTO 2020a: About UNWTO. (https://www.unwto.org/who-we-are, zugegriffen am
   20.01.2020)
UNWTO 2020b: Governing bodies. (https://www.unwto.org/structure, zugegriffen am
   20.01.2020)

Wet lease → **Nasscharter**

Whitney-System [**Whitney system**]
Das Whitney-System kann als Vorgänger bzw. bekannte Blaupause für elektronische → Hotel-Reservierungssysteme gesehen werden. Über an der Wand aufgehängte Holz- und Metallgestelle (rack (engl.] = Gestellrahmen, Metallrahmen) wurden die Reservierungen nach Ankunftstag (reservation rack), Gästenamen (information rack) und Zimmernummer (room rack) manuell geordnet. Für jeden Gast wurden bei der Reservierung Slips aus Papier erstellt, auf denen die relevanten Informationen geschrieben wurden. Die Slips wurden in kleine Metallschienen geschoben, diese wiederum in das Rack eingeordnet. Über unterschiedliche Papierfarben wurden Kategorisierungen vorgenommen (z. B. → VIP).

Begriffe wie die → Rack Rate haben in dem manuellen, nicht mehr gängigen Reservierungssystem ihren Ursprung. (wf)

Wide body → **Großraumflugzeug**

Widget
Vermutlich Wortzusammensetzung aus „window" (dt.: Fenster) und „gadget" (dt.: Vorrichtung, technische Spielerei). Ein Widget ist ein meist grafisch aufgearbeitetes Element auf dem Bildschirm eines Smartphones oder eines Desktop Computers. Dieses Element wird von einer Minianwendung gesteuert, die es dem Nutzer erlaubt, Interaktionen durchzuführen (z. B. Aktivierung mit dem Finger oder der Maus). Widgets werden oft dazu benutzt, übersichtlich und komprimiert bestimmte aktuelle Information auf dem jeweiligen Startbildschirm einzublenden, wie z. B. Wetterdaten, Nachrichten oder Börsenkurse (www.giga.de; praxistipps.chip.de).

Auf touristischen Websites werden Widgets hauptsächlich in Form von Buchungswidgets verwendet. Dadurch kann z. B. die Buchungsstrecke einer Plattform direkt in die Website eines Leistungsträgers integriert werden. → Digitalisierung. (lf)

Literatur
Chip 2019: Widget. (https://praxistipps.chip.de/was-ist-ein-widget-einfach-erklaert_42003, zugegriffen am 27.08.2019)
Giga 2015: Widgets. (https://www.giga.de/downloads/microsoft-windows/specials/was-sind-widgets-bei-android-windows-und-co/, zugegriffen am 27.08.2019)

Wiederholer → **Repeater**

Wildpark → **Freizeitpark**

Willy Scharnow-Stiftung für Touristik

Die Willy Scharnow-Stiftung für Touristik wurde 1953 vom Bremer Reiseverkehrs-kaufmann Willy Scharnow (1897–1985) – der zu den zentralen Mitbegründern des Deutschen Reisebüro- und Reiseveranstalterverbands (DRV) sowie der TUI zählt – ins Leben gerufen. Die Stiftung, die vor allem den touristischen Nachwuchs fördern möchte, hat sich in diesem Kontext in erster Linie interkulturellen Zielen verschrieben; ein Faktum, das sich auch explizit in der Stiftungsverfassung widerspiegelt: „Die Stiftung soll insbesondere die Völkerverständigung und die internationale Gesinnung fördern und dazu beitragen, dass der internationale Tourismus ein Mittel zur besseren Kenntnis und Würdigung der daran beteiligten Menschen, Völker und Länder ist. Die Verwirklichung des Stiftungszwecks erfolgt durch die Förderung der Bildungsgrundlagen und Kenntnisse über Menschen, Völker und Länder bei den am Tourismus beteiligten Personen und in Formen, die dazu geeignet sind, das Bewusstsein der gegenseitigen engen Verflechtung der Völker und Länder untereinander zu erhöhen und dadurch zur internationalen Verständigung, zur gegenseitigen Toleranz und zur positiven Auswirkung des Tourismus beizutragen." (Willy Scharnow-Stiftung für Touristik o. J.) (→ Interkulturelle Kompetenz; → Internationalisierung im Tourismus).

Die Ziele und Aktivitäten der Stiftung speisen sich nicht nur aus den persönlichen Erfahrungen Willy Scharnows als Vertreter der sogenannten Kriegsgeneration, sondern sie sind auch der Einsicht einer weitsichtigen Unternehmerpersönlichkeit geschuldet, die frühzeitig erkannt hat, dass Tourismus angesichts seines grenzüberschreitenden Charakters wertvolle interkulturelle Perspektivenwechsel ermöglichen kann.

Die in Frankfurt am Main ansässige Stiftung ist seit ihrer Gründung kontinuierlich gewachsen und weist inzwischen ein Stiftungskapital von knapp 9 Millionen € auf. Die Finanzierung der zentralen Stiftungsleistungen erfolgt vor allem durch Erträge der Vermögensverwaltung, Spenden, Sachleistungen der Partner sowie nicht zuletzt durch Kostenbeiträge von Seminarteilnehmern.

Als oberstes Entscheidungsgremium der Willy Scharnow-Stiftung für Touristik fungiert ein Kuratorium, dessen Mitglieder für einen Zeitraum von fünf Jahren gewählt werden. Die Kuratoriumsmitglieder repräsentieren das gesamte Spektrum der deutschen Touristikbranche und erfüllen ihre Tätigkeit für die Stiftung ehrenamtlich. (nsc)

Literatur
Willy Scharnow-Stiftung für Touristik o. J.: Wir über uns. (https://www.willyscharnowstiftung. de/wir-ueber-uns/, zugegriffen am 20.01.2020)

WILMA → **Boarding**

Windmesser [anemometer]

Gerät, mit dem Windrichtung und -geschwindigkeit gemessen und ggf. aufgezeichnet werden können. Er wird auf Schiffen, in Häfen und auf → Flughäfen verwendet. (jwm)

Wine on tap

In einem der Ursprungsländer des Weinbaus, Georgien, wurden erste Behältnisse und Werkzeuge der Weinbereitung aus dem 6. Jahrtausend v. Chr. gefunden (Dominé 2013, S. 16). Vom Ausgangspunkt am Kaukasus entwickelte sich die Weinkultur zunächst in Ägypten und dann in Griechenland weiter, wo Wein im 2. Jahrtausend v. Chr. in Amphoren gelagert und transportiert wurde (Dominé 2013, S. 16 f.). In der Antike waren Amphoren aus Ton, Steingut oder Bronze für die Aufbewahrung von Wein weit verbreitet (Johnson & Robinson 2013, S. 10). Durch den Handel in der Mittelmeerregion und die Ausdehnung des Römischen Reiches verbreitete sich der Weinbau über Süditalien nach Mitteleuropa (Dominé 2013, S. 17), wo zur Lagerung und zum Transport von Wein Holzfässer zum Einsatz kamen (Johnson & Robinson 2013, S. 11). In Gasthäusern und Herbergen wurde Wein vom Fass noch bis Mitte des 20. Jahrhunderts in Krügen und Karaffen aus Steingut an den Tisch gebracht (Lukacs 2012, S. 106). Ab dem 17. Jahrhundert machte die Glasbläserei, die es bereits seit der Antike gab, wichtige Qualitätsfortschritte, welche zur späteren Verbreitung einheitlich geformter Glasflaschen mit Korkverschluss als Standardverpackung für Wein führte (Lukacs 2012, S. 107 f.).

Seit Mitte des 20. Jahrhunderts ist es üblich, Wein vor dem Transport zum Kunden im Weingut oder der produzierenden Weinregion in Flaschen abzufüllen. Unabhängig von der Verpackungsart nimmt die Weinqualität ab, sobald ein Behälter geöffnet und der Wein mit Sauerstoff in Kontakt kommt, was beim glasweisen Ausschank seit jeher eine Herausforderung für die Gastronomie darstellt (Lukacs 2012; Jacob & Neal 2011). Bei einem Korkverschluss kommt das Risiko des Korkfehlers hinzu (Johnson & Robinson 2013, S. 31). Auf der Suche nach Lösungen für diese Herausforderungen wurden alternative Weinverpackungsvarianten entwickelt. Glasflaschen mit unterschiedlichen Verschlüssen (Kunststoffkork, Vinolok/Glas, Schraubverschluss), Bag-in-Box, Dosen und Tetra Pak sind heute am weitesten verbreitet.

Bei Wine on Tap handelt es sich um Wein, welcher in kleine Edelstahlfässer (z. B. 19,5 Liter-Keg) abgefüllt wird. Über eine Schankanlage wird der Wein in Gläser oder Karaffen gezapft. Die Technologie ist bekannt durch den Bierausschank „vom Fass", weicht jedoch in Hinblick auf die verwendeten Gase und Materialien ab (Pregler 2013). In Europa wird diese Art des Weinausschanks (Tisch-/Tafelwein), häufig in Form der Selbstbedienung, vor allem in der Clubhotellerie (→ Cluburlaub) und auf Kreuzfahrtschiffen genutzt. In anderen Ländern, z. B. USA, wird dieser Ausschank seit einigen Jahren auch für Premium-Weine praktiziert (Nübling & Behnke 2017, S. 68; Petre 2018; Pregler 2013). Gastronomen berichten von Verbesserungen bezüglich Weinhaltbarkeit, Müllvermeidung und Verdienstmarge; sie weisen aber auch darauf hin, dass eine reibungslose Infrastruktur, Sortenvielfalt, Logistik und Wartung der Anlage relevante Erfolgsfaktoren sind (Nübling & Behnke 2017, S. 70). US-amerikanische Restaurantgäste zeigten sich offen und zufrieden mit den konsumierten Weinen aus der Zapfanlage (Nübling & Behnke 2017, S. 69). Durch die innovationsfördernde Zusammenarbeit zwischen Weingütern, Verpackungsdienstleistern und der Gastronomie (siehe z. B. www.trywineontap.com) nimmt die internationale Verbreitung zu (Petre 2018). (mn)

Literatur
Dominé, André 2013: Wein. Potsdam: h. f.Ullmann
Jacob, Daniel; Jack Neal 2011: Efficacy of Preservation Methods Used for Wine by the Glass Programs in Restaurants. In: Journal of Culinary Science & Technology, 9 (4), pp. 212–227
Johnson, Hugh; Jancis Robinson 2013: The World Atlas of Wine. London: Mitchell Beazley (7th ed.)
Lukacs, Paul 2012: Inventing Wine: A New History of one of the World's Most Ancient Pleasures. New York, London: W. W. Norton & Company
Nübling, Michaela; Carl Behnke 2017: Wine Consumers', Restaurants', and Wineries' Perspectives of Wine on Tap. In: Wine & Viticulture Journal, 32 (1), pp. 68–71
Petre, Holly 2018: Wine on Tap Gains Momentum. (https://www.nrn.com/beverage-trends/wine-tap-gains-momentum, zugegriffen am 10.04.2020)
Pregler, Bill 2013: Wine kegs: A successful wine-by-the-glass program is a successful keg program. In: Wine Business Monthly, 20 (4), pp. 54–63

Winglet

An den Flügelspitzen angebrachte, vertikal ausgerichtete Fläche, die den wegen des Druckausgleichs (Überdruck unter und Unterdruck über der Tragfläche) durch Luftwirbel induzierten Widerstand des Tragflügels und damit den Treibstoffverbrauch verringert. (jwm)

Wintersportort [winter sports resort]

Meist in alpinen Regionen gelegene Orte mit entsprechender Schneesicherheit, in denen die Ausübung von Wintersportarten, insbesondere Skifahren, aber auch Snowboard-Fahren, Rodeln, Eislaufen, Curling usw. im Vordergrund steht. (hdz)

Wirbelschleppe [wake turbulence, vortex]

Turbulente Luftströmung, die durch den Druckausgleich (Überdruck unter und Unterdruck über der Tragfläche) an den Flügelspitzen entsteht und sich nach schräg unten hinter dem Flugzeug ausbreitet. Sie kann bei großen Flugzeugen zu so starken → Turbulenzen führen, dass dahinter fliegende kleinere Maschinen (vor allem in den kritischen Phasen von Start und Landung) zum Absturz gebracht werden können. Deshalb muss in den Flugplänen die Wirbelschleppenkategorie H (heavy), M (medium) und L (light) für die zeitliche Staffelung der Flugzeuge durch die Flugsicherung angegeben werden. (jwm)

Wirt [innkeeper, landlord]

Selbständiger Unternehmer, der einen – i. d. R. kleineren – Betrieb (→ Gasthaus, → Gaststätte, Kneipe, Wirtschaft) führt. Wirte übernehmen eine feste soziale Rolle in dörflichen und städtischen Gemeinschaften. Das Wirtshaus war und ist Ort des Miteinanders, der Diskussion, Entspannung, Rast (→ Raststätte) und der Versorgung mit Speisen und Getränken (→ Gastlichkeit).

Das mittelhochdeutsche ‚Bewirten' meint, einem Gast Essen und Trinken zu geben, ‚wirtlich' steht für ‚einem Wirt angemessen' bzw. gastlich, einladend (Dudenredaktion 2001, S. 931). Das schleichende Sterben der Dorfgasthäuser und Dorfwirtschaften führt zum Wegfall einer jahrhundertelangen gesellschaftlichen Tradition. (wf)

Literatur

Dudenredaktion (Hrsg.) 2001: Duden. Das Herkunftswörterbuch. Etymologie der deutschen Sprache. Band 7. Mannheim: Bibliographisches Institut & F. A. Brockhaus (3. Aufl.)

Gedankensplitter *i*

„Wenn eine Schankwirtin betrügt, soll man sie überführen und ins Wasser werfen." (Text auf Gesetzesstele, Mesopotamien, 1800 v. Chr.)

Wirtschaftsfaktor Campingplatz- und Reisemobil-Tourismus [campsite and motorhome tourism as an economic factor]

Die Zahl der im Rahmen von Marktanalysen ermittelten Camping- und Reisemobilstellplätze in Deutschland liegt bei rund 572.000 Standplätzen (in 6.500 Betrieben). Bei den Campingfahrzeugen zeigt sich ein stetig wachsender Bestand. Gegenwärtig ist von insgesamt etwa 1,4 Mio. Fahrzeugen auszugehen; darunter sind:

- 420.000 zugelassene Reisemobile;
- 100.000 umgebaute und als PKW zugelassene Reisemobile;
- 620.000 mobile Caravans;
- 260.000 Caravans auf Dauerstandplätzen.

Durch die Campingtouristen werden auf den → Campingplätzen und im Rahmen der anderweitigen touristischen Nutzung von Campingfahrzeugen jährlich rund

137,5 Mio. Übernachtungen und Tagesreisen generiert. Nach Segmenten unterteilt ergeben sich:

- 14,5 Mio. Tagesreisen mit dem Reisemobil;
- 13,5 Mio. Übernachtungen durch Reisemobilisten auf und außerhalb von Reisemobilstellplätzen;
- 49,7 Mio. Übernachtungen durch Touristikcamper auf Campingplätzen (inkl. Mietunterkünften);
- 59,8 Mio. Aufenthaltstage auf den Dauerstandplätzen (inkl. Verwandten- und Bekanntenbesuche).

Diese Zahlen verdeutlichen die gravierende Untererfassung dieses touristischen Marktsegmentes in der amtlichen Beherbergungsstatistik des Statistischen Bundesamtes (hierzu auch die Zusammenfassung und weiteren Erläuterungen in der Grundlagenstudie des dwif [Hrsg.] 2018).

Der Campingtourismus ist als wichtiger Wirtschaftsfaktor in Deutschland anzusehen. Durch die gesamte campingspezifische Nachfrage über alle Segmente werden in Deutschland Bruttoumsätze in einer Größenordnung von rund 12.554,6 Mio. € generiert. Enthalten sind hierin die:

- in den Zielgebieten getätigten Ausgaben der Camper in Höhe von 5.000,5 Mio. €;
- anzusetzenden Fahrtkosten für den Transfer zwischen Quell- und Zielgebiet und während des Aufenthaltes vor Ort in Höhe von 3.999,1 Mio. €;
- Investitionen in die Campingausrüstung (Fahrzeug, Campingausstattung, Sonderzubehör) in Höhe von 3.555,0 Mio. €.

Der Nettoumsatz aus dem Campingtourismus ergibt sich nach Abzug der Mehrwertsteuer vom Bruttoumsatz und liegt bei knapp 11 Mrd. €. Die Einkommenswirkungen lassen sich aus dem Nettoumsatz ableiten. Zum Einkommen zählen Löhne, Gehälter und Gewinne. Dabei wird zwischen den direkten (1. Umsatzstufe) und indirekten (2. Umsatzstufe) Effekten unterschieden. In der 2. Umsatzstufe geht es um die Einkommenseffekte bei den Vorleistungslieferanten. Hierzu zählen Warenlieferungen (zum Beispiel Bäcker, Metzger, Energieerzeuger), die Inanspruchnahme von → Dienstleistungen (zum Beispiel Werbeagentur, Steuerberater, Bank) sowie Neu- und Ersatzinvestitionen in die Substanzerhaltung. Die gesamten durch den Campingtourismus in Deutschland bewirkten Einkommen belaufen sich auf gut 5 Mrd. €. Davon entfallen jeweils etwa die Hälfte auf die 1. und die 2. Umsatzstufe. Der Campingtourismus leistet damit einen Beitrag zum gesamten Volkseinkommen in Deutschland in Höhe von beachtlichen 0,22 %.

Aus der Division des durch Campingtourismus generierten Einkommens (5.016,4 Mio. €) durch das durchschnittliche Volkseinkommen je Einwohner in Deutschland (27.540,- €) lässt sich ein Beschäftigungsäquivalent von insgesamt rund 182.000 Beziehern eines durchschnittlichen Volkseinkommens pro Kopf durch den Campingtourismus in Deutschland ableiten. Aus dem Campingplatz- und Reisemobil-Tourismus resultiert ein Steueraufkommen aus Mehrwertsteuer sowie Einkommen-/Lohnsteuer in Höhe von insgesamt rund 2,3 Mrd. €. Davon entfallen rund 70 % auf Mehrwertsteuer und 30 % auf Einkommen-/Lohnsteuer. Darüber hinaus fließen der öffentlichen Hand durch den Campingplatz- und Reisemobil-Tourismus Steuern und Abgaben in einer Größenordnung von 219 Mio. € durch die ansässigen Unternehmen zu (z. B. Gewerbesteuer, Grundsteuer, Tourismusbeitrag). (bh)

Literatur
dwif (Hrsg.) 2018: Der Campingplatz- und Reisemobil-Tourismus als Wirtschaftsfaktor – Angebot, Nachfrage und ökonomische Relevanz in Deutschland 2016/17. Schriftenreihe des dwif. Nr. 58. München: dwif

Wirtschaftsfaktor Tourismus **[tourism as an economic factor]**
1 Definitorische Abgrenzung Zum → Tourismus zählen laut → Welttourismusorganisation (UNWTO) alle Aktivitäten von Personen, die an Orte außerhalb ihrer gewohnten Umgebung reisen, sich dort zu Freizeit-, Geschäfts- oder bestimmten anderen Zwecken aufhalten und nicht länger als ein Jahr ohne Unterbrechung verweilen. Grundsätzlich wird dabei zwischen Tages- und Übernachtungsaufenthalten unterschieden:
– Zur Übernachtungsnachfrage gehören die Nächtigungen in gewerblichen (10 und mehr Betten) und privaten (weniger als zehn Betten) Beherbergungsstätten genauso wie Camper (→ Camping), Freizeitwohnsitzler oder Verwandten- und Bekanntenbesucher, die in den Privatwohnungen der Einheimischen übernachten. Hinzu kommen weitere Segmente, über die allerdings kaum Datenmaterial vorliegt (z. B. Bootsliegeplätze, Berghütten).
– Zum Tagesausflug zählt jedes Verlassen des Wohnumfeldes, mit dem keine Übernachtung verbunden ist und das
  – nicht als Fahrt zu Schule, Arbeitsplatz, Berufsausübung vorgenommen wird;
  – nicht als Einkaufsfahrt zur Deckung des täglichen Bedarfes (zum Beispiel Lebensmittel) dient und
  – nicht einer gewissen Routine oder Regelmäßigkeit unterliegt (zum Beispiel Vereinsaktivitäten, Behördengänge, Gottesdienstbesuche).

Das Wohnumfeld ist bei Großstädten mit mehr als 100.000 Einwohnern in der Regel mit dem eigenen Stadtteil und bei kleineren Orten mit der Ortsgrenze gleichzusetzen. Zum Tagesgeschäftsreiseverkehr (→ Geschäftsreisen) gehören alle Ortsveränderungen zur Wahrnehmung geschäftlicher Aufgaben. Fahrten zum ständigen oder wechselnden Arbeitsplatz (zum Beispiel Montage) fallen ebenso wenig darunter wie Fahrten innerhalb der Arbeitsplatzgemeinde (dwif 2013, S. 9 ff.).

2 Methodische Grundlagen und Datenanalysen

2.1 Methodische Vorgehensweise Die Erstellung des Tourismus-Satellitenkontos (TSA) für Deutschland orientiert sich methodisch an den Empfehlungen der internationalen Welttourismusorganisation der Vereinten Nationen, der OECD und von Eurostat. Grundlagen hierfür sind „2008 Tourism Satellite Account: Recommended Methodological Framework", „International Recommendations for Tourism Statistics 2008" sowie „Europäisches System Volkswirtschaftlicher Gesamtrechnung 2010".

Im TSA werden die klassischen Zielgebietsanalysen des dwif, welche als zentrale Grundlage für die Berechnungen des TSA anzusehen sind, beispielsweise um die im Inland verbleibenden ökonomischen Effekte bei Outgoing-Reisen ins Ausland (z. B. Reisebüros/-veranstalter), Reisekosten (für Hin- und Rückreise) oder sonstigen touristischen Konsum (z. B. staatliche Zuschüsse) ergänzt. Das TSA-System orientiert sich an den Definitionen der Volkswirtschaftlichen Gesamtrechnung und zielt auf die Bruttowertschöpfung als Maß für die wirtschaftliche Bedeutung des Tourismus und die Anzahl der Erwerbstätigen ab. Im Rahmen eines Input-Output-Modells werden auch die regionalen Vorleistungsverflechtungen berücksichtigt. Die Darstellung eines TSA ist bis auf Bundeslandebene möglich, während reine Zielgebietsbetrachtungen auf allen regionalen Ebenen vorgenommen werden können.

2.2 Berechnungsansätze

2.2.1 Berücksichtigung der Mehrwertsteuer Aus der Multiplikation des Nachfrageumfangs mit den durchschnittlichen Tagesausgaben pro Touristen ergeben sich die touristischen Bruttoumsätze. Grundlage für die Berechnung der aus dem Tourismus resultierenden Einkommenswirkungen ist der Nettoumsatz. Dieser ergibt sich nach Abzug der Mehrwertsteuer vom Bruttoumsatz. Dabei ist zu berücksichtigen, dass – je nach Ausgabenart – unterschiedliche Mehrwertsteuersätze anzusetzen sind:

- Seit 01.01.2007 beträgt der normale Mehrwertsteuersatz 19 %. Hierunter fallen die meisten Produkte und → Dienstleistungen.
- Der ermäßigte Steuersatz von 7 % kommt beispielsweise beim Einkauf bestimmter Waren wie Lebensmittel, Bücher, Zeitungen, Briefmarken, Kunst- und Sammlungsgegenstände, beim öffentlichen Personennahverkehr (bis 50 km), bei Taxen, Seilbahnen und Liften, Fähren, Eintritten in Schwimmbäder, Theater, Konzerte oder Museen (mit Ausnahme der öffentlichen Einrichtungen dieser Art, die von der Mehrwertsteuer befreit sind) zur Anwendung. Seit 2010 gilt er auch für die Beherbergungsleistungen; Verpflegungsarran-

gements (wie → Frühstück) sind hierbei nicht einbezogen, für sie sind 19 % Mehrwertsteuer zu entrichten.

- Zudem gibt es Einrichtungen und Leistungen, die komplett von der Mehrwertsteuer befreit sind. Hierzu zählen beispielsweise Heilbehandlungen, Mieten (auch Dauerstandplätze), → Jugendherbergen, Privatquartiere, Einrichtungen des Bundes, der Länder und der Gemeinden (z. B. Theater, Orchester, Museen, botanische Gärten, Zoos, Büchereien, Denkmäler), kulturelle und sportliche Veranstaltungen, Kurse, Vorträge etc. von Institutionen des öffentlichen Rechts (gemeinnützige Zwecke).

Die Ausgabenhöhe und -struktur der Tages- und Übernachtungsgäste unterscheiden sich stark. So kann die Bandbreite bei einem Tagesausflügler von 0,- € bei einem „Naturgenießer auf dem Fahrrad" bis weit über 200,- € bei einem Musical-Besucher, der anschließend einkehrt, reichen. Auch bei den Übernachtungsgästen gibt es gravierende Unterschiede zwischen den Ausgaben der Gäste in den Top-Hotels und auf Campingplätzen. Auf Grund der spezifischen Situation in einem Untersuchungsgebiet ergibt sich ein entsprechend nach Zielgruppen gewichteter durchschnittlicher Mehrwertsteuersatz.

2.2.2 Wertschöpfungsanalysen 1. und 2. Umsatzstufe In der 1. Umsatzstufe (direkte Effekte) werden die Einkommenswirkungen berücksichtigt, welche aus den direkten Ausgaben der Touristen entstehen. Dabei ist es unabhängig, in welchen Branchen Geld ausgegeben wird. Entsprechend der Ausgabenstruktur der Touristen und den Gegebenheiten im jeweiligen Untersuchungsgebiet müssen die entsprechenden Wertschöpfungsquoten angesetzt werden. Fertige ‚Schablonen' für pauschale Berechnungen gibt es nicht.

In der 2. Umsatzstufe (indirekte Effekte) werden jene Einkommenseffekte analysiert, die bei den Vorleistungslieferanten der direkten Profiteure entstehen. Hierunter fallen beispielsweise

- Zulieferungen von Waren (z. B. Brötchenlieferung des Bäckers an die Pension (→ Hotelpension), Fleischlieferung des Metzgers an das → Restaurant, Stromlieferung des Energieerzeugers, Roh-, Hilfs- und Betriebsstoffe vom Handel);
- Inanspruchnahme von Dienstleistungen (z. B. Prospektgestaltung durch die Werbeagentur, Steuerberatung durch den Steuerberater, Kreditbereitstellung durch die Bank/Sparkasse, Versicherungen);
- Investitionen zur Substanzerhaltung (z. B. Umbau in einem Hotel, Renovierungsarbeiten des Handwerkers im Restaurant).

Bei den Berechnungen der Einkommenswirkungen im Rahmen der 2. Umsatzstufe werden zuerst die Umsätze bei den Vorleistungslieferanten ermittelt. Diese ergeben sich aus der Differenz zwischen Nettoumsatz und Wertschöpfung aus der 1. Umsatzstufe. Davon wird wiederum nur ein Teil zu Einkommen. Je nach Ausgabenstruktur und Zusammensetzung der touristischen Zielgruppen ergibt sich auch hier für jedes Untersuchungsgebiet eine individuelle durchschnittliche Wertschöpfungsquote.

2.3 Datengrundlagen Ausgewertet werden sowohl angebots- als auch nachfrageseitige Erhebungen zur touristischen Relevanz einzelner Wirtschaftszweige. Neben den Daten aus der amtlichen Statistik (z. B. Beherbergungsstatistik, Input-Output-Tabellen, Inlandsproduktberechnung) werden vor allem auch Ergebnisse aus Primärerhebungen zu den Verhaltensweisen der Touristen ausgewertet.

Seit den 1980er-Jahren gibt es in unregelmäßigen Abständen Grundlagenuntersuchungen zu den „Tagesreisen der Deutschen" und zu den „Ausgaben der Übernachtungsgäste in Deutschland", die vom dwif durchgeführt wurden. Seit 2016 führt das dwif bundesweit und kontinuierlich den dwif-Tagesreisenmonitor durch, aus dem Auswertungen zum Nachfrageumfang und zum Ausgabeverhalten der Tagesgäste vorgenommen werden können. Im Rahmen dieser Online-Panel-Primärerhebung befragt das dwif pro Jahr rund 16.000 Deutsche zu ihrem Tagesreiseverhalten. Jede Woche wird das Tagesreiseverhalten der letzten Woche abgefragt. Hierbei sind alle Tagesreisen (Tagesgeschäftsreisen und Tagesausflüge mit über und unter 50 Kilometer) erfasst. Die Ergebnisse werden mit den Strukturen der Grundgesamtheit gewichtet und hochgerechnet. Zudem gibt es seit 2007 den Qualitätsmonitor Deutschland-Tourismus, bei dem unter anderem auch das Ausgabeverhalten von Übernachtungsgästen in den Zielgebieten nach unterschiedlichen Betriebstypen abgefragt wird.

3 Touristische Konsumausgaben, Wertschöpfung und Beschäftigung Die nachfolgenden Eckdaten beziehen sich auf das Jahr 2015 und sind aus dem Ergebnisbericht zum „Wirtschaftsfaktor Tourismus in Deutschland" entnommen (Bundesministerium für Wirtschaft und Energie 2017, hierzu auch den detaillierten Ergebnis- und Methodenbericht zur Studie). So lag der touristische Konsum in Deutschland im Jahr 2015 bei 287,2 Mrd. €: Auf inländische Touristen entfielen 224,6 Mrd. €, die Ausgaben ausländischer Touristen lagen bei 39,6 Mrd. € und der übergreifende andere Konsum schlägt mit 23,0 Mrd. € zu Buche.

Von diesen Gesamtausgaben gehen gut 80 % auf Privatreisende und knapp 20 % auf Geschäftsreisende zurück. Das größte Ausgabensegment der Touristen in Deutschland sind die Gaststättenleistungen (17,8 %), gefolgt von den Ausgaben für diverse Konsumgüter (z. B. Einkäufe) mit 17,3 %. Weitere Schwerpunkte liegen bei den Ausgaben für Beherbergungsleistungen (12,5 %), Luftfahrtleistungen (7,6 %), Treibstoff (7,2 %) sowie für Sport, Erholung, → Freizeit und Kultur (7,1 %) (→ Kulturtourismus).

Aus dem Umsatz mit touristisch nachgefragten Produkten ergibt sich eine direkte Bruttowertschöpfung von 105,3 Mrd. €. In Bezug auf die gesamte Bruttowertschöpfung in Deutschland entspricht dies einem Anteil von 3,9 %. Die Tourismuswirtschaft ist damit vergleichbar mit dem Einzelhandel (3,3 %), Maschinenbau (3,5 %) oder den freiberuflichen und technischen Dienstleistern (4,4 %).

Mit der Produktion touristisch nachgefragter Güter und Dienstleistungen waren rund 2,92 Mio. Erwerbstätige unmittelbar beschäftigt. Dies entspricht einem Anteil von 6,8 % an der Gesamtbeschäftigung in Deutschland. Dies verdeutlicht die hohe Beschäftigungsintensität in der Tourismusbranche. Vergleichszahlen für andere Branchen wären beispielsweise Einzelhandel (7,5 %), Gesundheitswesen (7,2 %), Baugewerbe sowie Erziehung und Unterricht (je 5,6 %), Rechts-, Steuer- und Unternehmensberatung (3,0 %) sowie Finanzdienstleister (1,6 %).

Nicht zu vernachlässigen sind die indirekten Effekte durch die Vorleistungsnachfrage der Produzenten touristischer Güter und Dienstleistungen. Zusätzlich ergeben sich daraus 76,1 Mrd. € Bruttowertschöpfung bzw. 1,25 Mio. Erwerbstätige. (bh)

Literatur

Bundesministerium für Wirtschaft und Energie (Hrsg.) 2017: Wirtschaftsfaktor Tourismus in Deutschland – Kennzahlen einer umsatzstarken Querschnittsbranche. (Projektleitung BTW, bearbeitet von DIWecon, IMT sowie dwif). Berlin

dwif (Hrsg.) 2010: Ausgaben der Übernachtungsgäste in Deutschland. Schriftenreihe des dwif. Nr. 53. München: dwif

dwif (Hrsg.) 2013: Tagesreisen der Deutschen. Schriftenreihe des dwif. Nr. 55. München: dwif

dwif (Hrsg.) 2017: Hotelbetriebsvergleich Deutschland. Sonderreihe des dwif. Nr. 82. München: dwif

dwif (Hrsg.) 2018: Der Campingplatz- und Reisemobil-Tourismus als Wirtschaftsfaktor – Angebot, Nachfrage und ökonomische Relevanz in Deutschland 2016/17. Schriftenreihe des dwif. Nr. 58. München: dwif

dwif (Hrsg.) (mehrere Jahre): Qualitätsmonitor Deutschland-Tourismus (ERV/DZT). München: dwif

Statistisches Bundesamt (Hrsg.) 2018: Statistisches Jahrbuch, Volkswirtschaftliche Gesamtrechnung, Input-Output Rechnung, Inlandsproduktberechnung, Verbraucherpreisindex, Beherbergungsstatistik sowie verschiedene Studien. Wiesbaden: Statistisches Bundesamt

UNSD/UNWTO/Eurostat/OECD (eds.) 2010: Tourism Satellite Account: Recommended Methodological Framework 2008 (TSA: RMF 2008). New York: United Nations Department of Economic and Statistical Affairs

UNWTO (eds.) 1995: Technical Manual N° 2. Collection of Tourism Expenditure Statistics. New York: United Nations Department of Economic and Statistical Affairs

UNWTO (eds.) 2010: International Recommendations for Tourism Statistics 2008 (IRTS 2008). New York: United Nations Department of Economic and Statistical Affairs

Wirtshausnamen [guest-house name]

Bereits in der Antike bzw. im Römischen Reich hatten Wirtshausbetreiber das Interesse, sich auf dem Markt zu positionieren. Namen, Figuren, Symbole, Schilder stellten Kennzeichen dar und machten Werbung. Im Mittelalter gab es keine Hausnummern, und so gaben Wirtshausnamen, die auch auf Haus- oder Wegzeichen zurückgingen, Gästen Orientierung; staatliche Kennzeichnungspflichten untermauerten den Prozess (Kunze 2008, S. 14 f.; Wallner 1970, S. 36 ff.).

Anregungen zur Namensgebung kamen vor allem aus folgenden Bereichen: Tierreich (Hahn, Hirsch, Lamm, Löwe, Schwan), Fauna (Eiche, Grüner Baum, Tanne), Standort (Almwirt, Brückenwirt, Fähre), Fabelwesen (Einhorn), biblische Motivwelt (Engel, Drei Könige), weltliche Symbole der Macht (Krone, Schwert) oder Name des Gründers oder Betreibers (Beim Sepp, Huberwirt).

Der Namensursprung ist nicht immer eindeutig (Hoffmann 1961, S. 269 ff.; Kunze 2008, S. 12 ff.; Nauwerck & Nauwerck 2018, S. 22; Wallner 1970, S. 36). Namensstudien in Deutschland deuten auf regionale Schwerpunktverteilungen hin: So gibt es den ‚Krug‘ insbesondere im Norden, die ‚Krone‘ hingegen vor allem im Süden. ‚(Zur) Linde‘ ist in Deutschland der häufigste Namen, in der Schweiz ist es das ‚Rössli‘. Offensichtlich ist die Namensgebung mit Symbolen im deutschen Sprachgebiet im Südwesten Deutschlands am häufigsten zu finden (Kunze 2008, S. 12 ff.; Nauwerck 2018, S. 79 ff.; Tack & Schulz 2018; Tack & Schulz 2019).

Die Logik ist über die Jahrhunderte mehr oder weniger geblieben. Immer noch geben Gründer (Bareiss, Sacher, Steigenberger, Hilton) oder Standorte (Das Tegernsee, Hotel Hafen Hamburg) Namen vor. Branding-Agenturen helfen darüber hinaus bei der Namensfindung und spielen mit Sprache (25hours), Emotionen (Six Senses) oder Zeitgeist (Mama Shelter). (wf)

Literatur

Hoffmann, Moritz 1961: Geschichte des deutschen Hotels. Vom Mittelalter bis zur Gegenwart. Heidelberg: Hüthig

Kunze, Konrad 2008: „Sonne“, „Hirsch“ und „Sternen“. Gasthausnamen im deutschen Südwesten. In: Momente. Beiträge zur Landeskunde von Baden-Württemberg, o. Jg. (2), S. 12–15

Nauwerck, Arnold 2018: Wirtshausnamen. Verteilung, Herkunft und Entwicklung im Schwäbisch-Alemannischen Sprachraum und seinen Nachbargebieten. Teil 1: Verteilung. Norderstedt: BoD

Nauwerck, Arnold; Gerolf Nauwerck 2018: Wirtshausnamen. Verteilung, Herkunft und Entwicklung im Schwäbisch-Alemannischen Sprachraum. Teil 2: Herkunft und Entwicklung. Norderstedt: BoD

Tack, Achim; Benjamin Schulz 2018: Restaurantnamen in Deutschland. Zum „Krug“ in den Norden, zur „Krone“ in den Süden. (https://www.spiegel.de/panorama/restaurants-in-deutschland-wo-gibt-es-welche-namen-a-1241842.html, zugegriffen am 01.06.2020)

Tack, Achim; Benjamin Schulz 2019: Restaurantnamen in Deutschland. Die „Alm“ gibt's auch in Großstädten. (https://www.spiegel.de/panorama/restaurants-in-deutschland-so-sind-die-namen-verteilt-a-1249173.html, zugegriffen am 01.06.2020)

Wallner, Ernst M. 1970: Von der Herberge zum Grandhotel. Wirtshäuser und Gastlichkeit. Konstanz: Rosgarten (2. Aufl.)

WLAN-Störerhaftung [liability for WLAN abuse]

Frage der Haftung für Urheberrechtsverletzungen bei Dritten/der Allgemeinheit zur Verfügung gestelltem Internetzugang (als „Störer"), klassischerweise in der Hotellerie.

Ursprünglich bestand die Problematik, wer für Urheberrechtsverletzungen, bspw. durch Hotelgäste, über das seitens der Unterkunft zur Verfügung gestellte WLAN haften sollte, welche naturgemäß schwerlich überwacht werden konnten. Nach früherer Rechtsprechung war der Betreiber des WLANs als „Störer" mit der Folge der „Störerhaftung" im rechtlichen Sinne für solche Urheberrechtsverletzungen mit der Folge des Schadensersatzes an den Rechteinhaber haftbar, was für die anbietenden Gästehäuser zu immensen finanziellen Schäden führen konnte.

Mittlerweile dank höchstrichterlicher Rechtsprechung (BGH mit Urteil vom 26.07.2018, AZ I ZR 64/17 sowie mit Urteil vom 07.03.2019, AZ I ZR 53/18) sowie Änderung des Telemediengesetzes gegenteilig entschieden, indem die sogenannte „unkonditionierte Störerhaftung" abgeschafft wurde. Betreiber von frei zugänglichem WLAN sind nunmehr nicht mehr dafür haftbar, wenn Nutzer hierüber Urheberrechtsverletzungen begehen. (tl)

Wohlbefinden → **Wellness**

World Happiness Report → **Glück**

World Tourism Organisation → **Welttourismusorganisation**

Wow-Effekt [wow effect]

Wow (engl.) = toll; to wow (engl.) = beeindrucken begeistern. Modewort aus dem Bereich des Dienstleistungsmanagements. Die Erfahrung des Gastes bzw. Kunden mit der → Dienstleistung soll Begeisterung auslösen, seine Erwartungen weit übertreffen, unvergesslich bleiben (Ford & Sturman 2020, S. 456 ff.). Hotelgesellschaften der Luxuskategorie räumen hierfür ihren Mitarbeitern auch Budgets ein, mit denen diese Wow-Effekte bei Gästen initiieren sollen (z. B. Kauf eines kleinen Geschenks für das mitgereiste Kind). Der Aufbau einer derartigen Dienstleistungskultur verlangt eine Daten- und Wissensbasis.

Hotelgesellschaften wie Accor erweitern bei ihrer Luxusmarke Sofitel die Zielgruppe. Nicht nur Gäste sollen überrascht und begeistert werden, sondern auch Mitarbeiter. Führungskräfte sind angehalten, herausragende Mitarbeiter mit hohem Commitment (→ Mitarbeiterbindung) zu identifizieren und bei ihnen unvergessliche Überraschungsmomente zu erzeugen als Zeichen der betrieblichen Wertschätzung.

Zu bedenken ist, dass es sich bei Kunden- und Mitarbeiterzufriedenheit um dynamische Konstrukte handelt: Einmal getätigte Handlungen fixieren das Anspruchsniveau des Gastes bzw. des Mitarbeiters in der Zukunft. (wf)

Literatur
Ford, Robert C.; Michael C. Sturman 2020: Managing Hospitality Organizations: Achieving Excellence in the Guest Experience. Thousand Oaks: Sage (2nd ed.)

W-pattern → **Charterkette,** → **Zwischenstück**

WTO → **Welttourismusorganisation (UNWTO)**

XY

Yellow Tourism

Yellow Tourism ist ein relativ neuer und nach wie vor vergleichsweise unbekannter Begriff. Das Schlagwort soll eine Sphäre im Tourismus umreißen, die existent, allerdings kaum erforscht ist. Eine erste Tagung auf Korfu (Griechenland) im Jahr 2017 kann als Startschuss gelten, Licht in die „dunkle Ecke" des Tourismus zu bringen. Yellow Tourism umschließt Kriminalität und Korruption in ganz unterschiedlichen Bereichen. Beispiele hierfür sind Geldwäsche, Steuerhinterziehung, Betrug, Ausbeutung von Mitarbeitern und Missbrauch von Umweltressourcen (Papathanassis, Katsios & Dinu 2019). Siehe zu einer aufkommenden Literatur etwa Boss & Zajic 2020. → Kriminalität und Tourismus. (wf)

Literatur

Boss, Derk J.; Alan W. Zajic 2020: Casino and Gaming Resort Investigations. New York, London: Routledge

Papathanassis, Alexis; Stavros Katsios & Nicoleta Ramona Dinu (Eds.) 2019: Yellow Tourism. Crime and Corruption in the Holiday Sector. Cham: Springer

https://doi.org/10.1515/9783110546828-025

Yield Management → **Ertragsmanagement**

Youth hostel → **Hostel,** → **Jugendherberge**

YOY

Abkürzung für: Year On Year (deut.: im Jahresvergleich; im Vergleich zum Vor-jahr). Das Kürzel findet sich oft bei Zahlenreihen, deren Werte über die Jahre ver-glichen werden. (wf)

Y-Veranstalter → **Internet Booking Engine**

Z

Zahlmeister [purser]

Purse (engl.) = Geldbeutel. Auf Schiffen wurden vom Zahlmeister eine Reihe wichtiger Aufgaben ausgeführt, so zum Beispiel die Entrichtung der Hafengebühren, die Beschaffung von Proviant (daher wurde er häufig auch Proviantmeister genannt), die Führung von Mannschafts- und ggfs. Passagierlisten (→ Manifest), die Zollabfertigung und die Auszahlung der Heuer.

Heute gibt es diese Position meist nur noch auf Kreuzfahrtschiffen (→ Kreuzfahrttourismus), auf denen er eng mit dem → Kreuzfahrtdirektor zusammenarbeitet. Im Luftverkehr bezeichnet man den Leiter/die Leiterin des Kabinenservice (→ Flugbegleiter) auf einem Flug als purser/ette bzw. Kabinenchef/in. Manche Fluggesellschaften stellen insbesondere bei Langstreckenflügen dem Purser einen Stellvertreter anbei. (jwm/wf)

Wer zahlt eigentlich unser Frühstück?

Für den schnellen Vogel ist es kostenlos!

Zechprellerei [bilking]

Bezeichnet umgangssprachlich die Tatsache, dass jemand seine Zeche (abgeleitet von der spätmittelhochdeutschen Bedeutung „gemeinsamer Schmaus"), d. h. die offene Rechnung in einem Gastronomiebetrieb, nicht bezahlt. Juristisch handelt es sich um einen → Eingehungsbetrug, sofern die Absicht, nicht zu bezahlen,

https://doi.org/10.1515/9783110546828-026

bereits bei Abschluss des → Vertrags (Bestellung) bestand. Ist sie Folge einer zu langen Wartezeit auf die Rechnung, oder hat sie der Gast schlichtweg vergessen, liegt nach deutschem Recht keine Straftat vor, da es einen Straftatbestand der Zechprellerei – anders als bspw. im Schweizer Recht – im deutschen Recht nicht gibt.

Der Gastronom hat neben seinem bestehenden Erfüllungsanspruch einen Schadensersatzanspruch (§§ 280 ff. BGB), wenn ihm nach Zahlungserinnerung Mehrkosten für die Geltendmachung seines Zahlungsanspruchs entstehen. Entfernt sich ein Gast, ohne zu zahlen, hat er das Recht, ihn – notfalls mit Gewalt – festzuhalten (sog. Festnahmerecht nach § 127 StPO). Eine Mankohaftung der Servicekraft gegenüber dem Chef scheidet aus, wenn sie die Zechprellerei nicht nachweisbar zu verantworten hat (§ 619a BGB), bspw. wenn der Gast nicht aufgrund einer vorwerfbaren Abwesenheit der Servicekraft, sondern aufgrund personeller Unterbesetzung nicht auf die Rechnung gewartet hat. (gd)

Zeltplatz → **Campingplatz**

Zentralküche [central kitchen]

Auch Produktionsküche oder Hauptküche genannt. Küche, in der Teilprozesse oder auch der gesamte Prozess der Speisezubereitung (Vorbereitung, Garung, Portionierung, Anrichten) stattfinden. Die Speisen gelangen von der Zentralküche nicht zum Konsumenten, sondern in eine nachgelagerte → Satellitenküche, wo sie endzubereitet werden. Siehe im Gegensatz hierzu das Konzept der → Vollküche. Zu einer anderen begrifflichen Abgrenzung von unterschiedlichen Küchentypen siehe Macher et al. 2017, S. 47; Wagner 2014, S. 16; zu detaillierten schematischen Grundrissen und Flächenbedarfen von gewerblichen Küchen siehe Kister 2019, S. 349 ff. (wf)

Literatur

Fröschl, Cornelia 2003: Architektur für die schnelle Küche: Esskultur im Wandel. Leinfelden-Echterdingen: Verlagsanstalt Alexander Koch

Kister, Johannes (Hrsg.) 2019: Neufert Bauentwurfslehre. Wiesbaden: Springer Vieweg (42. Aufl.)

Kohte, Ursula 2003: Gastro Planung & Konzepte. Handbuch für Profis. Prozesse, Berechnungen und architektonische Realisierungen. Stuttgart: Matthaes

Macher, Roswitha; Andrea Staltner; Sylvia Pehak & Elfriede Traxler 2017: Küchenmanagement und Betriebsorganisation. Linz: Trauner

Wagner, Frank 2014: Was ist eine Küche? Planungsgrundlagen – Küchentypen – Küchenarten. In: Tophotel (Hrsg.): KIT 2015. Küchenplanung – Produkte, Konzepte, Experten. Landsberg am Lech: Freizeit, S. 13–16

Zeppelin [zeppelin]

Zeppeline sind Starrluftschiffe, die nach ihrem Erbauer Ferdinand Graf von Zeppelin benannt werden und bei denen sich die Passagiergondel innerhalb des Traggerüstes befindet. Verglichen mit anderen Luftschiff-Typen war ihr Erfolg so groß, dass der Begriff Zeppelin häufig synonym für Starrluftschiffe gebraucht oder sogar z. T. auf alle Arten von Luftschiffen angewandt wird. Dabei gibt es Luftschiffe in drei Bauweisen. Neben den Starrluftschiffen (Gerüstluftschiffe), die ein starres Skelett mit mehreren voneinander unabhängigen Traggaszellen im Inneren aufweisen, gibt es Prallluftschiffe (unstarre Luftschiffe) und halbstarre Luftschiffe. Prallluftschiffe (auch Blimps) werden vorrangig zu Werbezwecken eingesetzt. Die halbstarren Luftschiffe (auch Kielluftschiffe) vereinen Elemente der zwei anderen Bauweisen. Sie ähneln den Prallluftschiffen, haben jedoch eine zusätzliche Verstärkung an der Unterseite (Becker & Höfling 2000, S. 14 ff.; Zeppelin 1995, S. 4).

Seit 1909 werden Zeppeline in der zivilen Luftfahrt eingesetzt: Bis 1914 beförderte die Deutsche Luftschifffahrts AG – die 1909 die erste Luftverkehrsgesellschaft der Welt war – auf mehr als 1.500 Fahrten insgesamt fast 35.000 Personen unfallfrei. Die größte Anzahl von Zeppelinen wurde während des Ersten Weltkrieges gebaut. Das vorläufige Aus seiner Luftschiffe nach dem Ersten Weltkrieg („Versailler Vertrag") erlebte Graf von Zeppelin aufgrund seines Todes im Jahr 1917 ebenso wenig wie die zweite Blüte in den 1920er- und 1930er-Jahren, die unter seinem Nachfolger Dr. Hugo Eckener zu beobachten war. 1937 leiteten das Unglück von LZ 129 „Hindenburg", das am 6. Mai 1937 bei der Landung in Lakehurst in Flammen aufging, und der heraufziehende Zweite Weltkrieg das (vorläufige) Ende der Starrluftschiffe ein (Knäusel 2002, S. 152).

Bis in die 1990er-Jahre war es ruhig um die Zeppeline. 1993 wurde eine Vorgängerin der heutigen ZLT Zeppelin Luftschifftechnik GmbH & Co KG in Friedrichshafen als Tochterfirma des Zeppelin-Konzerns gegründet, die wieder in das Luftschiffgeschäft einstieg. Der Prototyp eines neuen Typs, der Zeppelin NT, stieg im September 1997 zum ersten Mal auf und wird von der 2001 gegründeten 100%igen Tochtergesellschaft Deutsche Zeppelin-Reederei GmbH (DZR) betrieben. Hierbei handelt es sich um ein halbstarres Luftschiff, und damit ist es kein Zeppelin im eigentlichen Sinne. Nach dem LBA (Luftfahrt-Bundesamt) gab es 2018 drei Luftschiffe in Deutschland – in den fünfzehn Jahren zuvor waren es immer zwischen drei bis fünf Luftschiffe. In der Saison 2018 flogen mehr als 24.700 Passagiere mit einem Zeppelin NT der DZR und zwar in Friedrichshafen, Prag, München, Hannover und im Rheinland (LBA 2019; ZLT & DZR 2017a).

Darüber hinaus gibt es eine Reihe weiterer Unternehmen, die im 21. Jahrhundert Luftschiffe bauen, betreiben bzw. Reisen mit dem Zeppelin vermitteln oder anbieten. Die heutigen Luftschiffe können bspw. als Labor, für Überwachung von

Grenzen, Rettungseinsätze, Werbung für bestimmte Produkte oder Unternehmen über Städte bzw. für einzelne Events (→ Messen, Kongresse und Events), Lasten- und Sperrgütertransporte und die Beförderung von Reisenden (kurze Rundflüge bis mehrtägige Reisen) eingesetzt werden. Die DZR bietet in Deutschland täglich mehrere Flüge rund um den Bodensee und zeitlich begrenzte Flüge in jährlich unterschiedlichen Städten an. Die Preise variieren je nach Strecke und Flugdauer. Darüber hinaus kann u. a. ein Zeppelin gechartert und im Zeppelin geheiratet werden, oder es werden Sonderflüge im Rahmen von Firmenevents angeboten (ZLT & DZR 2017b). (sg)

Literatur

Becker, Hans-Jürgen; Rudolf Höfling 2000: 100 Jahre Luftschiffe. Stuttgart: Motorbuch

Groß, Sven 2017: Handbuch Tourismus und Verkehr – Verkehrsunternehmen, Strategien und Konzepte. Konstanz, München: UVK (2. Aufl.)

Knäusel, Hans Georg 2002: Zeppelin – Die Geschichte der Zeppelin-Luftschiffe. Konstrukteure – Technik – Unternehmen. Oberhaching: Aviatic (2. Aufl.)

LBA – Luftfahrt-Bundesamt 2019: Anzahl der in Deutschland zum Verkehr zugelassenen Luftfahrzeuge (01.03.2019). (https://www.lba.de/SharedDocs/Downloads/DE/SBl/SBl3/Statistiken/Technik/Verkehrszulassung.html;jsessionid=B20E3A3DCA044DBE2FF60410C8665BD4.live11294?nn=2092166, zugegriffen am 11.11.2019)

Zeppelin, Wolfgang von 1995: Das Zeppelin NT-Projekt. In: Sonderdruck aus „Der Adler" – Monatsschrift für Luftsport und Luftfahrt, o. Jg. (04)

ZLT – Zeppelin Luftschifftechnik GmbH & Co KG; DZR – Deutsche Zeppelin-Reederei GmbH 2017a: Historie – Von der ersten Idee bis zur Serienproduktion. (https://zeppelin-nt.de/de/zeppelin-nt/historie.html, zugegriffen am 11.11.2019)

ZLT – Zeppelin Luftschifftechnik GmbH & Co KG; DZR – Deutsche Zeppelin-Reederei GmbH 2017b: Übersicht der Zeppelin-Flüge am Bodensee. (https://zeppelin-nt.de/de/zeppelin-fluege/uebersicht.html, zugegriffen am 11.11.2019)

Zeppelinflüge → **Zeppelin**

Zero Waste Restaurant

Zero (engl.) = null; waste (engl.) = Müll. Betriebliches Konzept, das auf Nachhaltigkeit setzt, etwa durch Vermeidung von (Verpackungs-)Müll, Reduktion von Transportwegen, Eigenproduktion, reduziertes Speisenangebot sowie saisonale und regionale Orientierung. Der Begriff ist irreführend und zugespitzt zugleich. Nüchtern gesehen ist er bis dato mehr PR und Vision als Realität. → Corporate Social Responsibility. (wf)

Zertifizierung → **Certified**

Zertifizierungssysteme, nachhaltige → **Corporate Social Responsibility**

Zigarrenschrank → **Humidor**

Zimmer belegt [No vacancies]
Notiz auf Schildern im Fenster zur Straßenseite oder an Hauswänden von gastgewerblichen Betrieben, um zu signalisieren, dass kein Zimmer mehr zur Verfügung
steht (vacancy [engl.] = Leerstand). (wf)

Zimmer mit Verbindungstür → **Zimmertypen**

Zimmerarten → **Zimmertypen**

Zimmerauslastung → **Auslastung**

Zimmerausweis → **Hotelpass**

Zimmer-Check [room check]
Nach der Reinigung des Hotelzimmers durch → Zimmermädchen werden die
Zimmer von der → Hausdame, → Hausdamenassistentinnen oder sogenannten
Checkern auf Sauberkeit geprüft. Nach der Prüfung erfolgt bei Beanstandung ei-
ne Nachreinigung; ist keine Beanstandung festzustellen, erfolgt die Freimeldung
des Zimmers (→ Zimmerstatus) an die → Rezeption. Die Zimmer-Checks erfol-
gen nach einem festgelegten Procedere (Laufrichtung, Blickrichtung). Digitale
Lösungen wie Apps für Zimmerlisten, Reparaturaufträge oder Fundsachen haben
Einzug gehalten und zur Prozessoptimierung beigetragen.
   Die Kontrolle und Freimeldung werden mitunter durch die Zimmermädchen
selbst ausgeführt. Aus Sicht der Arbeitsstrukturierung handelt es sich um ein „Job
Enrichment". Das Zimmermädchen übernimmt neben der eigentlichen Ausfüh-
rungstätigkeit Kontrollaufgaben, die Tätigkeit wird somit angereichert (engl.: to
enrich). Die Eigenkontrolle hat Motivationscharakter und soll gleichzeitig Personalkosten senken. (wf)

Zimmerfrau → **Zimmermädchen**

Zimmerkarte → **Key Card**

Zimmerkategorien → **Zimmertypen**

Zimmerkontrolle → **Zimmer-Check**

Zimmermädchen [chamber maid, maid]

Stellenbezeichnung für eine Mitarbeiterin in einem Beherbergungsbetrieb, deren zentrale Aufgabe das Aufräumen und Reinigen von Gästezimmern ist. Darüber hinaus umschließt die Aufgabe die Reinigung weiterer betrieblicher Räumlichkeiten (z. B. im administrativen, öffentlichen und Mitarbeiterbereich). Organisatorisch sind Zimmermädchen dem Etagen- bzw. Hausdamenbereich zugeordnet, sie unterstehen der → Hausdame.

In großen Betrieben existiert die Position von Abendzimmermädchen. Sie übernehmen in einer Spätschicht Aufgaben, die tagsüber nicht erledigt werden können (→ Abdeckservice, Reinigung von → Tageszimmern, Zimmerreinigung von spätabreisenden Gästen). Die Reinigung von Gästezimmern und anderen betrieblichen Räumlichleiten stellen in der Beherbergungsbranche einen typischen → Outsourcing-Bereich dar. Die Tätigkeiten werden in der Praxis mehrheitlich von weiblichen Mitarbeitern bekleidet, interkulturelle Teams sind die Regel (→ Diversitätsmanagement).

Statt Zimmermädchen fallen alternativ die Begriffe Zimmerfrau, Zimmersteward(ess), Etagenfachkraft, Reinigungsmitarbeiter, Reinigungsfachkraft oder Stubenfrau. Um die Professionalität zu betonen und alle Geschlechter altersunabhängig einzubeziehen, plädieren manche Autoren für den Begriff Housekeeping-Mitarbeiter (Hanisch 1996, S. 59 ff.; Pfleger 2017, S. 35; Nungesser & Radinger 2018, S. 87).

Mitarbeiterengpässe, hohe Fluktuation, Kostendruck und ökologische Überlegungen führen dazu, dass Hotels Gäste beim → Check-in oder über ausgelegte Flyer auf den Zimmern fragen, ob sie ihre Zimmer täglich gereinigt haben möchten. Bei Verzicht auf die tägliche Reinigung bekommen die Gäste eine Gegenleistung, z. B. in Form eines Gratis-Getränks an der → Bar. (wf)

Literatur

Hanisch, Horst 1996: Zimmer und Etage: Die Arbeiten von Hausdame und Zimmermädchen in den verschiedenen Bereichen eines Hotels. Stuttgart: Matthaes (3. Aufl.)

Nungesser, Stefan; Maria Th. Radinger 2018: Erfolgsfaktor Zimmer & Etage: Strategisches und Operatives Management. Stuttgart: Matthaes

Pfleger, Andrea 2017: Bitte reinigen – aber richtig! Mit gelungenem Housekeeping-Management zum Unternehmenserfolg. Linz: Trauner

i **Gedankensplitter**
„Der letzte Blick des Zimmermädchens ist der erste Blick des Gastes." (Hotelweisheit)

Zimmermappe, digitale → **Gästemappe**

Zimmer-Mix [room mix]

Der Zimmer-Mix ergibt sich aus der Summe der in einem Beherbergungsbetrieb zu Verfügung gestellten unterschiedlichen → Zimmertypen (Anzahl an Einzelzimmern, Doppelzimmern, Suiten, Apartments usw.). Der Mix basiert auf einer strategischen Entscheidung, die bei Neu- und Umbau gefällt wird. Er wird durch Zielgruppen, Marktentwicklungen, Grundstück und Standort bestimmt (Hänssler & Rettl 2016, S. 119 ff.; Nungesser & Radinger 2018, S. 40). (wf)

Literatur

Hänssler, Karl Heinz; Walter Rettl 2016: Der Beherbergungsbereich. In: Karl Heinz Hänssler (Hrsg.): Management in der Hotellerie und Gastronomie – Betriebswirtschaftliche Grundlagen. Berlin, Boston: De Gruyter Oldenbourg, S. 119–145 (9. Aufl.)

Nungesser, Stefan; Maria Th. Radinger 2018: Erfolgsfaktor Zimmer & Etage: Strategisches und Operatives Management. Stuttgart: Matthaes

Zimmerservice → Etagenservice

Zimmerstatus [guestroom status]

Der Begriff Zimmerstatus definiert in der Hotellerie den Zustand der Hotelzimmer in Bezug auf Belegung und Sauberkeit. Der Zimmerstatus ist in der täglichen Arbeit von Hotelempfang und Hausdamenbereich von hoher Relevanz. Der Hotelempfang benötigt den aktuellen Status, um über die Zimmer entsprechend verfügen zu können, der Hausdamenbereich benötigt die Informationen als Prioritätenliste für seine Arbeit. Digitale Lösungen (wie Apps) haben den notwendigen täglichen Informationsfluss zwischen den beiden Abteilungen massiv vereinfacht. Folgende Kennungen sind in der (inter-)nationalen Hotellerie üblich (siehe auch Hanisch 1996, S. 19 ff.; Pfleger 2011, S. 101 f.; Vallen & Vallen 2018, S. 422 ff.):

- Frei (vacant): Das Hotelzimmer ist nicht belegt. Es kann bereits gereinigt sein (cleaned) und damit zur Vermietung an den Hotelempfang gemeldet werden (available for sale; ready for sale; ready to rent) oder ist noch zu reinigen (to be cleaned/dirty).
- Belegt (occupied): Das Hotelzimmer ist belegt. Es kann bereits gereinigt sein (cleaned) oder ist noch zu reinigen (to be cleaned/dirty).
- Abreise (check-out): Das Zimmer ist belegt, der Gast reist im Laufe des Vormittags ab (übliche → Check-out-Zeiten: 10 bis 12 Uhr).
- Bleibe (stayover): Das Zimmer ist belegt, der Gast reist nicht ab.
- Frühanreise (early arrival): Der Gast reist am gebuchten Tag an. Entgegen dem üblichen Zeitfenster für Anreisen (ca. 14 bis 18 Uhr) reist er früher an.
- Spätanreise (late arrival): Der Gast reist am gebuchten Tag an. Entgegen dem üblichen Zeitfenster für Anreisen (ca. 14 bis 18 Uhr) reist er später an.

- Spätabreise (late check-out): Das Zimmer ist belegt, der Gast möchte das Zimmer am Abreisetag länger als üblich nutzen (gängige Check-out-Zeiten: 10 bis 12 Uhr). Eine Rücksprache des Gastes mit dem Hotelempfang ist notwendig. Die längere Verweildauer wird unter Umständen in Rechnung gestellt.
- On change: Das Zimmer ist unlängst frei geworden, ist aber noch nicht bezugsfertig für neue Gäste.
- Außer Betrieb (out of order, OOO): Das Zimmer kann aufgrund eines Mangels (etwa technischer Defekt) nicht angeboten werden. Teilweise fallen auch die Begriffe ‚out of service' (OOS) und ‚out of inventory' (OOI). Die unterschiedlichen Kennungen zielen auf das Ausmaß des Mangels ab, eine trennscharfe Abgrenzung existiert nicht.
- Tageszimmer (day room): Das Hotelzimmer wird nur für einige Stunden (Micro Stay) genutzt, z. B. für eine vertrauliche Besprechung oder Ruhepause. Spezialisierte Online-Portale ermöglichen eine stundenweise Buchbarkeit auf Provisionsbasis. Die Gäste (etwa Geschäftsreisende, Konzertbesucher, Flugbegleiter, Zugbegleiter) reisen am selben Tag an und ab. Da sie nicht übernachten, wird in der Regel ein reduzierter Zimmerpreis in Rechnung gestellt. (wf)

Literatur

Hanisch, Horst 1996: Zimmer und Etage: Die Arbeiten von Hausdame und Zimmermädchen in den verschiedenen Bereichen eines Hotels. Stuttgart: Matthaes (3. Aufl.)
Pfleger, Andrea 2011: Housekeeping. Management im Hotel. Linz: Trauner (3. Aufl.)
Vallen, Gary K.; Jerome J. Vallen 2018: Check-In Check-Out: Managing Hotel Operations. Boston: Pearson (10th ed.)

Gedankensplitter
„Lustigerweise wollen die Gäste, die einen Late check-out anfragen, auch einen Early check-in." (Nicolas Hettel, Hoteldirektor Hotel Watthalden)

Zimmersteward(ess) → **Zimmermädchen**

Zimmertablet → **Gästemappe**

Zimmertypen [guestroom types]

In der Beherbergung können Zimmer nach unterschiedlichen Kriterien (etwa Aussichtsmöglichkeiten, Bettenanzahl, Bettengröße, Lage, qualitative Ausstattung, Stockwerk, Zimmeranzahl, Zimmergröße) differenziert werden. In der Praxis dominiert eine Typologie, die sich an Bettenanzahl und Zimmergröße orientiert. So wird normalerweise unterschieden in: Einzelzimmer, Doppelzimmer, Zweibettzimmer, Mehrbettzimmer, Schlafsaal, Appartement, Studio und Suite (hierzu auch Hanisch 1996, S. 28 ff.; Pfleger 2011, S. 142 ff.; Vallen & Vallen 2018, S. 90 ff.):

- Einzelzimmer (Single Room): Das Hotelzimmer bietet ein Bett bzw. eine Schlafgelegenheit.
- Doppelzimmer (Double Room): Das Hotelzimmer bietet zwei Betten bzw. Schlafgelegenheiten. Die beiden Betten bilden eine Einheit (Doppelbett) oder stehen als Einzelbetten direkt nebeneinander.
- Zweibettzimmer (Twin Room): Das Hotelzimmer bietet zwei Betten bzw. Schlafgelegenheiten. Die beiden Betten stehen voneinander getrennt.
- Mehrbettzimmer (Shared Room): Das Hotelzimmer bietet mehr als zwei Betten bzw. Schlafgelegenheiten. Hierzu gehören etwa das Dreibettzimmer (Triple Room) oder Vierbettzimmer (Quad Room).
- Schlafsaal (Dorm, Dormitory): Der Raum findet sich gewöhnlich in einem → Hostel, die Anzahl der (Doppelstock-)betten variiert. Statt einem Zimmer buchen Reisende ein Bett, die Ausstattung der Mehrbettzimmer bzw. Schlafsäle reduziert sich in der Regel auf den Schlafplatz und eingeschränkte Ablagemöglichkeiten und Schließfächer. Auf dem Markt existieren auch modulare Bettensysteme, mit denen die Bettenanzahl in einem Schlafsaal bzw. Mehrbettzimmer kurzfristig variiert werden kann. (→ Jugendherberge).
- Appartement (Apartment): Kennzeichnend für ein Appartement ist, dass Wohn- und Schlafsphäre getrennt sind, teilweise nur optisch, teilweise in verschiedene Räumlichkeiten. Eine Kochgelegenheit kann vorhanden sein. Im Vergleich zu Einzel- und Doppelzimmern haben Appartements ein großzügigeres Raumangebot. Der Begriff wird in der Praxis unterschiedlich ausgelegt. Synonymer Begriff: Studio.
- Suite (Suite): suite (franz.) = Folge, Abfolge, Reihe. Eine Suite bietet zwei oder mehr Zimmer zum Wohnen und Schlafen, Bad, Vorräume, teilweise eine Küche. Die Räumlichkeiten sind – im übertragenen Sinn des französischen Begriffs – direkt miteinander verbunden, zum Hotelflur besteht nur ein Zu- bzw. Ausgang. Im Vergleich zu den anderen Zimmertypen zeichnen sich Suiten durch eine sehr hochwertige Ausstattung und ein großzügiges Raumangebot aus. Innerhalb der Suiten wird nach Ausstattung und Größe wiederum unterschieden in eher kleinere Unterkünfte, die auch nur aus einem Raum bestehen können (Juniorsuite, Minisuite), und größere, sehr luxuriös ausgestattete Unterkünfte (Executive Suite, Königssuite, Präsidentensuite).
- Barrierefreies Zimmer (Accessible Room): Der Zimmertyp ist auf beeinträchtigte Gäste abgestimmt (z. B. breitere Türen, unterfahrbare Waschbecken, für Duschrollstühle geeignete Duschen).
- Zimmer mit Verbindungstür (Connecting Room): Sie überlagern die obige Einteilung. Nicht die Anzahl der Betten bzw. Zimmer ist entscheidend, sondern die Lage. Die Hotelzimmer liegen nebeneinander und sind durch eine Tür direkt miteinander verbunden. Der Zimmertyp eignet sich beispielsweise für Familien mit Kindern.

Zu den Abgrenzungen siehe auch die Ausführungen des Hotelverbands Deutschland (IHA) (https://www.iha-service.de/de/zimmertypen). (wf)

Literatur

Hanisch, Horst 1996: Zimmer und Etage: Die Arbeiten von Hausdame und Zimmermädchen in den verschiedenen Bereichen eines Hotels. Stuttgart: Matthaes (3. Aufl.)

Nungesser, Stefan; Maria Th. Radinger 2018: Erfolgsfaktor Zimmer & Etage: Strategisches und Operatives Management. Stuttgart: Matthaes

Pfleger, Andrea 2011: Housekeeping. Management im Hotel. Linz: Trauner (3. Aufl.)

Vallen, Gary K.; Jerome J. Vallen 2018: Check-In Check-Out: Managing Hotel Operations. Boston: Pearson (10th ed.)

Zimmervermittlungsportal → **Airbnb**, → **Sharing Economy**

Zoo → **Zoologischer Garten**

Zoologischer Garten [zoological garden]

Ein Zoologischer Garten, häufig auch ‚Zoo' oder Tierpark genannt, ist eine parkartige Anlage, die einen umfangreichen Tierbestand unterhält und diesen in Gehegen, Volieren, Aquarien und Terrarien zur Schau stellt. Hauptsächlich konzentriert sich der Tierbestand auf Säugetiere, Vögel und Reptilien. Gartenlandschaften mit Wasserelementen, modelliertem Gelände und einer artenreichen Flora sind typische Elemente des Erscheinungsbildes dieser Tierparks (Sheridan 2011, S. 7). Der erste Tierpark Europas entstand 1750 mit dem Tiergarten Schönbrunn in Wien. Zu diesem Zeitpunkt waren Menagerien (Gebäude zur Tierhaltung in ‚exotischem', vornehmlich maurischem Baustil), Volieren (große Vogelkäfige) und Fasanerien (Fasanengehege) beliebte Bestandteile von höfischen Barockgärten und Landschaftsparks oder ergänzten botanische Gärten (→ Parks). Entsprechend der Standortkontinuität finden sich einige wichtige europäische Zoos noch heute im Umfeld ehemaliger oder noch existenter Schlossanlagen oder Landschaftsgärten (zum Beispiel Tiergarten Schönbrunn Wien; Wilhelma Stuttgart; Ménagerie du Jardin des Plantes Paris).

Im 18. und 19. Jahrhundert wurden Zoos meist zu wissenschaftlichen Zwecken angelegt und auch zur Belehrung eines breiten Publikums geöffnet (zum Beispiel Tierpark Hagenbeck Hamburg; Burgers Zoo Arnheim). Carl Hagenbeck führte zum Ende des 19. Jahrhunderts in seinem gleichnamigen Tierpark das Gestaltungsprinzip der naturalistischen Anlagen ein, in dem er offensichtliche Barrieren vermied, so dass sich der Besucher dank aufwändiger Kulissen ins Tierreich hineinversetzt fühlen konnte. Zugleich wandte er sich teilweise von der systematischen Tierhaltung ab und präsentierte die Tiere auch nach geografischen Gesichtspunkten. Der Münchener Tierpark Hellabrunn war 1911 der erste Zoo, der das Prinzip des Geozoos umsetzte. Hierbei leben die Tiere nach Kontinenten geordnet und bewohnen in natürlichen Lebensgemeinschaften gemeinsam Anlagen. Diesem Gestaltungsprinzip fühlen sich Zoos bis heute verpflichtet (Sheridan 2011, S. 7; Siebert & Steingrube 2000, S. 40).

Im Wirtschaftsaufschwung nach dem Zweiten Weltkrieg kamen als neue Betriebsformen befahrbare Safariparks (zum Beispiel Serengetipark Hodenhagen), begehbare Affenparks wie der Affenberg Salem, Vogelparks (beispielsweise Weltvogelpark Walsrode) und große Schauaquarien hinzu. Einen Einfluss auf die Zoolandschaft hatten auch die Bundes- und Landesgartenschauen (→ Parks), in deren Zuge Zoos erweitert, umgestaltet oder neu geschaffen wurden (Verband der Zoologischen Gärten e. V. 2020, o. S.).

Der Zoobesuch ist eine bis in die heutige Zeit beliebte Freizeitbeschäftigung, die hauptsächlich von Familien unternommen wird. Moderne Zoos versuchen, ihre Besucher in die Lage zu versetzen, gefährdete Tierarten in ihren natürlichen Lebensräumen zu erleben und damit die Öffentlichkeit von der Notwendigkeit zu überzeugen, den Natur- und Artenschutz zu unterstützen und dementsprechend zu handeln (Sheridan 2011, S. 80).

Ein Trend, dessen Vorreiter im deutschsprachigen Raum der Zoo Hannover war, ist die Umwandlung bzw. Weiterentwicklung von Zoos zu Tiererlebnisparks mit den Mitteln der Thematisierung. Ein Themenpark, der auf der zur Schaustellung von Tieren beruht, ist der 1998 eröffnete Disney's Animal Kingdom Park in Orlando, Florida. Aus Gehegen werden Themenlandschaften, die vergleichbar mit → Freizeitparks durch → Fahrgeschäfte, thematisierte Gastronomie und Eventlocations angereichert werden. In Verbindung mit der Anlage von Übernachtungsmöglichkeiten (zum Beispiel Safarilodges im Safaripark Stukenbrock) entwickeln sich Tierparks von Tagesausflugszielen zu Kurzurlaubsdestinationen (→ Destinationen) weiter. (tw)

Literatur

Sheridan, Anthony 2011: Das A und O im Zoo. Europas führende zoologische Gärten 2010–2020. Münster: Schüling

Siebert, Julia; Wilhelm Steingrube 2000: Inszenierte Natur. In: Institut für Länderkunde (Hrsg.): Nationalatlas Bundesrepublik Deutschland. Freizeit und Tourismus, Bd. 10, Leipzig, Heidelberg, Berlin: Spektrum, S. 40–43

Verband der Zoologischen Gärten (VdZ) e. V. 2020: Historie von Zoos. (https://www.vdz-zoos.org/de/wissenswertes/historie-von-zoos/, zugegriffen am 16.03.2020)

Zubringerflug [commuter flight]

Flug von einem Flughafen zu einem Drehkreuz (Drehkreuzsystem), von dem aus in der Regel der Weiterflug angetreten wird. (jwm)

Zug [train]

Zug ist ein homonymer Begriff mit vielen Bedeutungsvarianten in ganz unterschiedlichen Bereichen. Im Bereich des Bahnwesens ist damit die → Eisenbahn oder ganz kurz → Bahn gemeint. Es kann aber auch ein ganzer Zug mit allen Wagen gemeint sein. Abgeleitete Begriffe, die sich selbst erklären, sind Anschlusszug, Zugführer, Zugpersonal, Zugverbindung, Zugverspätung etc. (hdz)

Zusatzstoffe [food additives]

Auf europäischer Ebene ist die Verwendung von Lebensmittelzusatzstoffen harmonisiert. Unter einem Lebensmittelzusatzstoff wird ein Stoff mit oder ohne Nährwert, der in der Regel weder selbst als Lebensmittel verzehrt noch als charakteristische Lebensmittelzutat verwendet wird, verstanden. Ein Zusatzstoff wird einem Lebensmittel aus technologischen Gründen bei der Herstellung, Verarbeitung, Zubereitung, Behandlung, Verpackung, Beförderung oder Lagerung zugesetzt, wodurch er selbst oder seine Nebenprodukte mittelbar oder unmittelbar zu einem Bestandteil des Lebensmittels werden kann oder werden können. In Küchen der → Gemeinschaftsverpflegung sind beispielsweise Antioxidationsmittel, Farbstoffe, Konservierungsstoffe, Geschmacksverstärker und Süßungsmittel kennzeichnungspflichtig (→ Kennzeichnung). (mjr)

Literatur

Amtsblatt der Europäischen Union (Hrsg.) 2008: Verordnung (EG) Nr. 1333/2008 des europäischen Parlaments und des Rates vom 16. Dezember 2008 über Lebensmittelzusatzstoffe. Straßburg

Amtsblatt der Europäischen Union (Hrsg.) 2011: Verordnung (EU) Nr. 1169/2011 des europäischen Parlaments und des Rates vom 25. Oktober 2011 betreffend die Information der Verbraucher über Lebensmittel. Straßburg

Amtsblatt der Europäischen Union (Hrsg.) 2012: Verordnung (EU) Nr. 231/2012 der Kommission vom 9. März 2012 mit Spezifikationen für die in den Anhängen II und III der Verordnung (EG) Nr. 1333/2008 des Europäischen Parlaments und des Rates aufgeführten Lebensmittelzusatzstoffe. Straßburg

Gedankensplitter
"The proof of the pudding is in the eating." (englisches Sprichwort)

Zweibettzimmer → Zimmertypen

Zwischenstopp [stopover, layover]

Geplanter Zwischenaufenthalt während einer in der Regel längeren Reise, meist mit dem Flugzeug. So kann man zum Beispiel auf der Strecke von Europa nach Australien oder Neuseeland einen Zwischenstopp in einer asiatischen Metropole (wie Bangkok, Singapur oder Kuala Lumpur) einlegen. Er beschränkt sich meist auf eine Übernachtung und kann mit kurzen Programmelementen wie Besichtigungstouren verbunden werden. (jwm)

Zwischenstück [W-pattern]

Teil einer → Charterkette, bei dem das Flugzeug vom Zielflughafen zunächst nicht zum Ausgangsflughafen, sondern zu einem meist kleineren Flughafen des → Quelllandes zurückkehrt, um von dort weitere Passagiere in das Zielgebiet zu befördern, bevor es dann zum Ausgangsflughafen zurückkehrt. Beispiel: Düsseldorf – Split – Nürnberg – Split – Düsseldorf. Split – Nürnberg – Split ist hier das Zwischenstück. (jwm)

Literatur
Mundt, Jörn W. 2013: Tourismus. München, Wien: Oldenbourg (4. Aufl.).

Kleine Story … zum Abschluss

Ein Philosophieprofessor stand vor seinen Studenten und hatte ein paar Dinge vor sich liegen. Als der Unterricht begann, nahm er ein großes leeres Mayonnaiseglas und füllte es bis zum Rand mit Golfbällen. Anschließend fragte er seine Studenten, ob das Glas voll sei. Sie stimmten ihm zu.

Der Professor nahm eine Schachtel mit Kieselsteinen, schüttete sie in das Glas und schüttelte es leicht. Die Kieselsteine rollten natürlich in die Zwischenräume der Golfbälle. Dann fragte er seine Studenten erneut, ob das Glas voll sei. Sie stimmten wieder zu und lachten.

Der Professor seinerseits nahm eine Schachtel mit Sand und schüttete ihn in das Glas. Natürlich füllte der Sand die letzten Zwischenräume im Glas aus. „Nun", sagte der Professor zu seinen Studenten, „ich möchte, dass Sie erkennen, dass dieses Glas wie Ihr Leben ist! Die Golfbälle sind die wichtigen Dinge im Leben: Ihre Familie, Ihr Partner, Ihre Gesundheit, Ihre Kinder – Dinge, die – wenn alles andere wegfiele und nur sie übrig blieben – Ihr Leben immer noch erfüllen würden.

Die Kieselsteine sind andere, weniger wichtige Dinge, wie z. B. Ihre Arbeit, Ihre Wohnung, Ihr Haus oder Ihr Auto. Der Sand symbolisiert die ganz kleinen Dinge im Leben, wie z. B. eine schöne Feier, ein neues Kleidungsstück, ein gutes Essen. Wenn Sie den Sand zuerst in das Glas füllen, bleibt kein Raum für die Kieselsteine oder die Golfbälle. So ist es auch in Ihrem Leben: Wenn Sie alle Energie für die kleinen Dinge in Ihrem Leben aufwenden, haben Sie für die großen keine Zeit mehr. Achten Sie daher auf die wichtigen Dinge, nehmen Sie sich Zeit für Ihre Kinder oder Ihren Partner, achten Sie auf Ihre Gesundheit. Es wird noch genug Zeit geben für Arbeit, Haushalt, Partys usw. Achten Sie zuerst auf Ihre Golfbälle – sie sind es, die wirklich zählen. Der Rest ist nur Sand."

Epilog:

Nach dem Unterricht nahm einer der Studenten das Glas mit den Golfbällen, den Kieselsteinen und dem Sand – bei dem mittlerweile sogar der Professor zustimmte, dass es voll war – und schüttete ein Glas Bier hinein. Das Bier füllte den noch verbliebenen Raum im Glas aus; dann war es wirklich voll.

Die Moral von der Geschichte … Egal wie erfüllt Ihr Leben ist, es ist immer noch Platz für ein Bier. (Quelle: unbekannt)

Literaturempfehlungen für den Einstieg

Gedankensplitter

„In der BWL ist etwas verloren gegangen, kaum einer schreibt mehr Bücher. Forscher veröffentlichen lediglich Beiträge in wissenschaftlichen Journals; das Thema spielt dabei keine Rolle. Hauptsache, man ist in einem der A-Journals vertreten, den entscheidenden Fachpublikationen. Bücher liefern jedoch einen ganzheitlichen Blick, sie liefern Standpunkte und Orientierung. Das fehlt heute – dadurch verliert die Wissenschaft an Relevanz." (Burkhard Schwenker, Vorsitzender des Kuratoriums der ZEIT-Stiftung)

Grundlagenlehrbücher (Auswahl, deutschsprachig, auch als E-Books):

Bieger, Thomas; Pietro Beritelli 2013: Management von Destinationen. München: Oldenbourg (8. Aufl.)

Conrady, Roland; Frank Fichert & Rüdiger Sterzenbach 2019: Luftverkehr. Betriebswirtschaftliches Lehr- und Handbuch. Berlin, Boston: De Gruyter Oldenbourg (6. Aufl.)

Dörnberg, Adrian von; Walter Freyer & Werner Sülberg 2018: Reiseveranstalter- und Reisevertriebs-Management: Funktionen – Strukturen – Prozesse. Berlin, Boston: De Gruyter Oldenbourg (2. Aufl.)

Freyer, Walter 2015: Tourismus – Einführung in die Fremdenverkehrsökonomie. Berlin: De Gruyter Oldenburg (11. Aufl.)

Führich, Ernst 2018: Basiswissen Reiserecht. Grundriss des Pauschal- und Individualreiserechts. München: Franz Vahlen (4. Aufl.)

Führich, Ernst; Ansgar Staudinger 2019: Reiserecht. München: C. H. Beck (8. Aufl.)

Gardini, Marco A. 2015: Marketing-Management in der Hotellerie. Berlin, Boston: De Gruyter Oldenbourg (3. Aufl.)

Groß, Sven 2017: Handbuch Tourismus und Verkehr – Verkehrsunternehmen, Strategien und Konzepte. Konstanz, München: UVK (2. Aufl.)

Hänssler, Karl Heinz (Hrsg.) 2021: Management in der Hotellerie und Gastronomie – Betriebswirtschaftliche Grundlagen. Berlin, Boston: De Gruyter Oldenbourg (10. Aufl.)

Henschel, U. Karla; Axel Gruner & Burkhard von Freyberg 2018: Hotelmanagement. Berlin, Boston: De Gruyter Oldenbourg (5. Aufl.)

Heuwinkel, Kerstin 2018: Tourismussoziologie. München: UTB

Kagermeier, Andreas 2020: Tourismus in Wirtschaft, Gesellschaft, Raum und Umwelt. Einführung. München: UVK (2. Aufl.)

Kolbeck, Felix; Marion Rauscher 2020: Tourismus-Management: Die betriebswirtschaftlichen Grundlagen. München: Vahlen (3. Aufl.)

Moeder, Ronald 2019: Tourismusrecht in der Unternehmenspraxis. München: UVK

Mundt, Jörn W. 2013: Tourismus. München: Oldenbourg (4. Aufl.)

Nungesser, Stefan; Dagmar Rizzato & Karin Stefanie Niederer 2020: Spa & Wellness-Management. Impulse für Optimierung und Profit. Stuttgart: Matthaes

Rein, Hartmut; Wolfgang Strasdas (Hrsg.) 2017: Nachhaltiger Tourismus. Einführung. Konstanz, München: UVK (2. Aufl.)

https://doi.org/10.1515/9783110546828-027

Schulz, Axel; Uwe Weithöner; Roman Egger & Robert Goecke 2015: eTourismus: Prozesse und Systeme. Berlin: De Gruyter Oldenbourg (2. Aufl.)

Steinecke, Albrecht; Marcus Herntrei 2017: Destinationsmanagement. Konstanz, München: UVK (2. Aufl.)

Grundlagenlehrbücher (Auswahl, angelsächsisch, auch als E-Books):

Cousins, John et al. 2019: Food & Beverage Management. Oxford: Goodfellow Publishers (5th ed.)

Davis, Bernard et al. 2018: Food and Beverage Management. London, New York: Routledge (6th ed.)

Getz, Donald; Stephen J. Page 2020: Event Studies. Theory, Research and Policy for Planned Events. London, New York: Routledge (4th ed.)

Holloway, J. Christopher; Claire Humphreys 2016: The Business of Tourism. Harlow, Essex: Pearson (10th ed.)

Kotler, Philip; John T. Bowen & Seyhmus Baloglu 2020: Marketing for Hospitality and Tourism. Harlow, Essex: Pearson (8th ed.)

Lund-Durlacher, Dagmar et al. (eds.) 2019: Corporate Sustainability and Responsibility in Tourism: A Transformative Concept. Cham: Springer

Page, Stephen J. 2019: Tourism Management. London, New York: Routledge (6th ed.)

Vogel, Harold L. 2016: Travel Industry Economics: A Guide for Financial Analysis. Switzerland: Springer International (3rd ed.)

Walker, John R. 2020: Introduction to Hospitality. Boston: Pearson Global (8th ed.)

Homepages zu offiziellen statistischen Angaben (Auswahl):

Zu Deutschland – Statistisches Bundesamt: www.destatis.de

Zur Europäischen Union – Statistisches Amt der Europäischen Union (Eurostat): https://ec. europa.eu/eurostat

Zu OECD-Ländern – Organisation for Economic Co-operation and Development (OECD): www. oecd.org

Zur Welt – World Tourism Organization (UNWTO): www.unwto.org

Autorenindex

https://doi.org/10.1515/9783110546828-028

Kurzbiographien der Autoren

Baier, Martina; Dipl.-Ök.; 1985–1991 Studium der Wirtschaftswissenschaften an der Leibniz Universität Hannover. 1992–1996 Personalreferentin (Personalentwicklung und Personalbetreuung) Otto Versand Hamburg. 1996–2001 Personalreferentin bei der TUI Group Hannover, 2001–2015 Personalleiterin der ROBINSON Club GmbH Hannover. Seit 2016 selbständig als Organisationsentwicklerin und Moderatorin. *(mb)*

Besemer, Simone Kathrin; Dr. rer. oec., Dipl.-Kommunikationsw.; 1992–1997 Studium der Gesellschafts- und Wirtschaftskommunikation an der Universität der Künste Berlin (UdK) und der State University of New York (SUNY). 1997–2005 wissenschaftliche Mitarbeiterin am Lehrstuhl für Marketing der Universität des Saarlandes und Projektmitarbeiterin am Institut für Konsum- und Verhaltensforschung in Saarbrücken. 2005 Auszeichnung der Promotionsschrift „Planung und Gestaltung von Shopping-Centern" mit dem Otto Beisheim Förderpreis. Seit 2009 Professorin für Marketing und Medien an der Dualen Hochschule Baden-Württemberg (DHBW) Ravensburg; seit 2017 Studiengangsleiterin für BWL – Medien- und Kommunikationswirtschaft: Unternehmenskommunikation und Journalismus; seit 2018 Studiengangsleiterin für BWL – Medien- und Kommunikationswirtschaft: Kommunikationsmanagement. Zudem Lehrbeauftragte im Bachelor- und Masterbereich an der Steinbeis-Hochschule Stuttgart und am CAS der DHBW in Heilbronn. *(sb)*

Beyr, Markus; kaufmännische Ausbildung, Maturant einer Handelsakademie in Wels, Österreich. Während der Schulzeit als Event-Veranstalter, Techniklieferant und kreativer Lichtgestalter aktiv. 1991–1993 Lichtdesigner für TV Shows, Konzerte, Clubbings und Festivals; 1993–2011 Transformation eines Discothekenausstatters zum Medientechnik-Marktführer. 2012 Gründung der Attraktion! GmbH, um medienbasierte Attraktionen zu erfinden, zu produzieren und zu vertreiben. 2018 Gründung der Attraktion! Studios, um hochwertige Filme und interaktive Spiele hausintern zu produzieren. Markus Beyr ist geschäftsführender Gesellschafter der Attraktion! GmbH mit Sitz in Wien. Er hat mehr als 200 4D-Attraktionen für Freizeit-, Themen-, Wasserparks, Brand Lands und Museen realisiert und neue Attraktionsformate entwickelt. Seine Produkte finden sich weltweit (Fokus: Asien und Mittlerer Osten). *(mbe)*

Bihler, Wolfgang; Prof. Dr. oec., Dipl.-Hdl., Dipl.-Betriebswirt (BA); Studium der Betriebswirtschaftslehre an der DHBW Ravensburg, Studienrichtung Industrie sowie Studium der Wirtschaftspädagogik an den Universitäten Hohenheim und Montreal. Finance Manager und Leiter Programm-Management bei Airbus. Corporate Controlling und berufsbegleitende Promotion bei der Daimler AG. Seit 2006 Professor für Unternehmensrechnung und Studiengangsleiter BWL – Industrie an der DHBW Ravensburg. *(wb)*

Birk, Klaus; Prof. Dr., M.A., Dipl.-Designer (FH); Studium Kommunikationsdesign an der Hochschule Münster und der Muthesius Kunsthochschule Kiel. Master of Arts am London College of Communication (LCC). Promotion zu Medienarchitektur und digitaler Designmethodik an der University of the Arts London (UAL). Seit 2001 Digital Design Strategist für verschiedene Designbüros in Hamburg, Stuttgart und London. 2005–2007 Dozent und künstl. Mitarbeiter an der Zürcher Hochschule der Künste (ZHdK). Seit 2012 Professor und seit 2013 Studiengangsleiter für Mediendesign an der Dualen Hochschule Baden-Württemberg Ravensburg (DHBW). Lehraufträge an verschiedenen Gestaltungshochschulen, u. a. in London, Zürich und St. Gallen. Zahlreiche nationale und internationale Auszeichnungen für die Konzeption und Gestaltung digitaler Produk-

https://doi.org/10.1515/9783110546828-029

te und Services. Referent und Fachautor zu Digitalität und Zukunftsgestaltung (www.klausbirk. com). *(kb)*

Brehm, Carsten R.; Dr. rer. pol., Dipl.-Kfm.; 1992–1997 Studium an der Justus-Liebig-Universität Gießen. 1998–2003 wissenschaftlicher Mitarbeiter und Promotion an der Universität Gießen am Lehrstuhl für Unternehmensführung und Organisation. 2000 Gründer und Gesellschafter der Unternehmensberatung eic-partner – excellence in change GmbH & Co KG, Gießen und Tätigkeit als Unternehmensberater. Seit 2006 Professor für Organisation und Unternehmensführung an der Dualen Hochschule Baden-Württemberg Ravensburg (DHBW) im Studienbereich Wirtschaft. Veröffentlichungen zu Organisation, Change-, Projekt- und Programm-Management. *(cb)*

Brittner-Widmann, Anja; Dr. phil., Dipl.-Geogr.; 1992–1998 Studium der Angewandten Geographie/Fremdenverkehrsgeographie mit den Nebenfächern Betriebswirtschaftslehre und Kunstgeschichte an der Universität Trier. Anschließend wissenschaftliche Mitarbeiterin und Promotion an der Universität Trier sowie Tätigkeit in der Tourismusberatung. 2005–2009 Professorin an der International School of Management, seit 2009 Professorin und Studiengangsleiterin an der DHBW Ravensburg in der Fakultät Wirtschaft für die Studienrichtung BWL – Tourismus, Hotellerie und Gastronomie mit dem Schwerpunkt Destinations- und Kurortemanagement. *(abw)*

Dahringer, Bernd; Ass. jur.; 1975–1980 Jurastudium an der Universität Tübingen, Erstes Staatsexamen. 1981–1984 Referendariat am Landgericht Ravensburg, Zweites Staatsexamen. 1985 Zulassung als Rechtsanwalt, im gleichen Jahr Geschäftsführer beim DEHOGA Hotel- und Gaststättenverband Baden-Württemberg e. V. bis Ende 2018. Seit 1984 Dozent an der Dualen Hochschule Baden-Württemberg Ravensburg im Studienschwerpunkt Hotel- und Gastronomiemanagement. Seit 1990 Referent an mehreren Bildungseinrichtungen für Wirtschafts- und Arbeitsrecht. *(bd)*

Dingeldey, Alexander; Prof. Dr., Dipl.-Kfm., Dipl.-Wirtschaftsinf.; Studium der Betriebswirtschaftslehre und Wirtschaftsinformatik an der Universität Regensburg und LMU München, Promotion am Lehrstuhl für Wirtschaftsgeographie in Regensburg. Arbeit als strategischer Berater für Unternehmen der touristischen Wertschöpfungskette. Gastprofessur an der HWR Berlin, seit 2014 Studiengangsleiter Reiseverkehr und Reisevertrieb an der DHBW Ravensburg. *(ad)*

Donhauser, Gerti; Rechtsanwältin; 1983–1985 Studium am Sprachen- und Dolmetscher-Institut München (Spanisch und Englisch), 1985–1991 Studium der Rechtswissenschaften an den Universitäten Konstanz und Genf (Schweiz). 1988 Mitarbeit in einer internationalen Kanzlei in Marbella (Spanien). 1992–1995 Referendariat beim Landgericht Ravensburg mit Wahlstation am Generalkonsulat Barcelona (Spanien). Seit 1995 Rechtsanwältin, seit 2000 auch Dozentin für Recht und Spanisch an der Dualen Hochschule Baden-Württemberg Ravensburg, überwiegend im Studienschwerpunkt Hotel- und Gastronomiemanagement. *(gd)*

Finger-Bénoit, Claus; Dipl.-Soz., M. A.; Animateur der ersten Stunde, studierte 1960–1968 Anglistik, Geographie und Soziologie in Kiel, Berlin und Köln. Seit 1968 als Reiseverkehrskaufmann in der touristischen Praxis (Personalentwicklung, Ausbildung und Training) tätig. Stationen waren Deutscher Studenten-Reisedienst, Bonn, TUI („twen tours"), Hannover, und Robinson Clubs, Frankfurt bis 1988. Formte und aktivierte in den 1970er- und 1980er-Jahren die Animation in den Robinson Clubs. Leiter von „animation consult" und des Instituts für Animation und Kommunikation in Frankfurt am Main. Arbeitete international in Tourismusprojekten – im Alpenraum, in den Mittelmeerländern und weltweit als Experte im Rahmen von EU-geförderten Maßnahmen (zum Beispiel in Rumänien, Süd-Pazifik, Namibia/Südafrika). Wichtigste Buchveröffentlichung: Animation im Urlaub, München, Wien: Oldenbourg 2003 (zus. mit Gayler, B.). Verstorben. *(cfb)*

Fischer, Lukas; B. A., M. A.; Studium Tourismusmanagement in Kempten, Auslandsaufenthalte in Brasilien, China, England, Spanien (Teneriffa) und Kap Verde. 2015–2017 Studium Nachhaltiges Tourismusmanagement an der Hochschule für nachhaltige Entwicklung Eberswalde. Seit 2018 Consultant bei der netzvitamine GmbH. *(lf)*

Freyberg, Burkhard von; Prof. Dr., Dipl.-Kfm.; seit 2009 lehrt Burkhard von Freyberg an der Fakultät für Tourismus der Hochschule München und ist Gastprofessor an verschiedenen bekannten Hochschulen im In- und Ausland. Er ist Geschäftsführender Gesellschafter des auf die Individualhotellerie spezialisierten Beratungsunternehmens Zarges von Freyberg Hotel Consulting, Mitgründer der Hotel Online Marketing-Agentur Online Birds und der Münchner Cocoon Hotelgroup sowie Aufsichtsratsmitglied bei den Travel Charme Hotels & Resorts. Burkhard von Freyberg ist Herausgeber und Autor diverser hotelrelevanter Publikationen, Jury Mitglied „Hotelimmobilie des Jahres" sowie im Beirat verschiedener weiterer Unternehmen und Institutionen. Vor 2009 war er mitunter mehrere Jahre bei der Treugast Unternehmensberatung als Seniorberater tätig. Burkhard von Freyberg studierte Betriebswirtschaft an der Ludwig-Maximilians-Universität (München), Universität Regensburg und an der Harvard University (Boston). Davor absolvierte er eine Hotelfachlehre im Hotel Bayerischer Hof in München und arbeitete im elterlichen Gastronomiebetrieb. *(bvf)*

Fuchs, Wolfgang; Dr. rer. pol., Dipl.-Kfm.; Ausbildung zum Hotelfachmann in einem deutschen Hotelkonzern, Auslandsaufenthalte in Großbritannien, Frankreich und Südafrika. 1986–1992 Studium der Betriebswirtschaftslehre an der Universität Mannheim, anschließend Promotionsstudium an der Universität Lüneburg und Dozent bei verschiedenen Fachhochschulen und Unternehmensberatungen. 1994–2000 Analyst in Bundesbehörde. Seit 2000 Professor an der DHBW Ravensburg (früher Berufsakademie Ravensburg), seit 2001 Studiengangsleiter Tourismusbetriebswirtschaft II (Studienschwerpunkt Hotel- und Gastronomiemanagement). 2005–2017 Teilnahme an EU-Bildungstransferprojekten (Belarus, Georgien, Ukraine), seit 2017 eingebunden in EU-Dozenten-Austauschprojekte (Serbien, Finnland). Beirat in der Marketing- und Absatzförderungsgesellschaft für Agrar- und Forstprodukte aus Baden-Württemberg mbH (MBW); Jury-Mitglied „Genussbotschafter Baden-Württemberg"; Juryvorsitzender in der Kommission zur Vergabe des Innovationspreises der Intergastra – Fachmesse für die Hotellerie und Gastronomie. Neuere Buchveröffentlichung: Die Kartenmacher: Speise- und Getränkekarten richtig gestalten. 2. Aufl., München: UVK 2019 (zus. mit Natalie A. Balch). *(wf)*

Führich, Ernst; Dr. jur. utr.; 1970–1975 Studium der Rechtswissenschaften an der Universität Würzburg. 1975–1978 Rechtsreferendar im Oberlandesgerichtsbezirk Bamberg. 1977 Promotion. 1978 2. Juristisches Staatsexamen. 1978–1980 Richter an verschiedenen bayerischen Gerichten. 1980–1986 Staatsanwalt beim Landgericht Kempten. Ab 1986 Professor für Wirtschaftsprivat-, Arbeits- und Reiserecht an der Hochschule Kempten; zusätzlich Lehraufträge an Universitäten und Hochschulen. Sachverständiger in den Gesetzgebungsverfahren zur Umsetzung der EU-Pauschalreiserichtlinien 1990, 2002 und 2017. Prof. Dr. Führich ist durch zahlreiche Veröffentlichungen als einer der führenden Reiserechtler ausgewiesen. Neuere Veröffentlichungen: Führich, Ernst; Ansgar Staudinger 2019: Reiserecht. München: C. H. Beck (8. Aufl.); Führich, Ernst 2018: Basiswissen Reiserecht. München: C. H. Beck Vahlen (4. Aufl.); Führich, Ernst 2018: Wirtschaftsprivatrecht. München: Vahlen (13. Aufl.); Führich, Ernst; Ingrid Werdan 2020: Wirtschaftsprivatrecht in Fällen und Fragen. München: Vahlen (8. Aufl.). www.reiserechtfuehrich.com *(ef)*

Gerhard, Stephan; Prof., Dipl.-Betriebsw. (FH); 1985–2015 Geschäftsführer der TREUGAST Unternehmensberatung mit Büros in München, Berlin, Shanghai und Frankfurt. Heute ist er Geschäftsführender Gesellschafter der Solutions Holding GmbH, in der die Beteiligungen an knapp dreißig Firmen gebündelt sind. Er begann seine Berater-Laufbahn nach der Ausbildung zum Hotelkaufmann, der mehrjährigen Tätigkeit in führender Position in der Hotellerie und dem Studium der Betriebswirtschaft 1982 als (Junior-)Berater bei der bbg consulting GmbH in Düsseldorf. Bevor er die TREUGAST Unternehmensberatungsgesellschaft mbH in München gründete, war er drei Jahre lang Geschäftsführender Gesellschafter bei der K&P Consulting GmbH, München. Stephan Gerhard ist neben seiner Professur an der Fachhochschule des Mittelstandes Lehrbeauftragter an mehreren Hochschulen im In- und Ausland. Darüber hinaus ist er Autor zahlreicher Veröffentlichungen und hält Vorträge zur Entwicklung des internationalen Hotel-(Immobilien-)Marktes. *(stg)*

Goerke, Thomas E.; Restaurant- und Hotelmeister, Fachbuchautor, Berufsschullehrer i. R.; 1968–1969 Hotelfachschule Bad Reichenhall, 1969–1971 Restaurantfachlehre im Steigenberger Airport Hotel, Frankfurt/Main, 1971–1986 Tätigkeiten im Service und als Restaurantleiter, stellvertretender Wirtschaftsdirektor, Wirtschaftsdirektor sowie als Geschäftsführer in verschiedenen Restaurants und Hotels in Deutschland, 1987–1989 selbständig. Seit 1990 Berufsschullehrer an der Paul-Kerschensteiner-Schule, Landesberufsschule für das Hotel- und Gaststättengewerbe in Bad Überkingen, seit 2017 SES-Experte mit Berufsbildungseinsätzen in Ruanda, Georgien und Indonesien. *(tg)*

Groß, Sven; Dr. rer. pol., Dipl.-Ing.; 1991–1993 Studium der Angewandten Geographie/Fremdenverkehrsgeographie an der Universität Trier; 1993–1998 Studium der Raumplanung an der TU Dortmund. 1998–2000 Projektleiter und Gesellschafter einer touristischen Unternehmens-/Kommunalberatung, 2001–2005 wissenschaftlicher Mitarbeiter am Lehrstuhl für Tourismuswirtschaft der TU Dresden, 2004 Promotion an der Fakultät Verkehrswissenschaften der TU Dresden. Seit 2005 Professor für Management von Verkehrsträgern an der Hochschule Harz. Seit 2007 Mitglied im New Zealand Tourism Research Institute (NZTRI), seit 2014 wissenschaftlicher Beirat der inspektour GmbH – Tourismus- und Regionalentwicklung. Mitglied im „Editorial Board" von „Tourism Review". Autor von Fachbeiträgen und -büchern in deutscher und englischer Sprache. Das Lehrbuch „Handbuch Tourismus und Verkehr – Verkehrsunternehmen, Strategien und Konzepte" wurde mit dem „ITB Buch Award 2018" ausgezeichnet. *(sg)*

Hänssler, Karl Heinz; Prof., Dipl.-Hdl.; 1971–1975 Studium der Betriebswirtschaftslehre und Wirtschaftspädagogik an der Universität Mannheim. 1976–1977 Referendariat für das Höhere Lehramt an Kaufmännischen Schulen, 1977–1983 Lehrtätigkeit an Kaufmännischen Schulen, 1983–1986 Dozent an der Berufsakademie Ravensburg (heute Duale Hochschule Baden-Württemberg Ravensburg). 1986 Ernennung zum Professor als Fachleiter für Hotel- und Gastronomiemanagement. 2006–2014 Rektor der Dualen Hochschule Baden-Württemberg Ravensburg, seit 2014 Dozent. Über viele Jahre Mitgliedschaft in zahlreichen Gremien und Organisationen der Hotellerie und Tourismuswirtschaft/-wissenschaft. Neueste Veröffentlichung als Hrsg.: Management in der Hotellerie und Gastronomie, 10. Aufl., Berlin, Boston: De Gruyter Oldenbourg 2021. *(khh)*

Harrer, Bernhard; Dr. oec. publ., Dipl.-Wirtschaftsgeogr. (wirtschafts- und sozialwissenschaftliche Richtung); Studium der Wirtschaftsgeografie, Raumforschung, Raumordnung und Landesplanung, Landschaftsökologie sowie der Volkswirtschaftslehre an der Ludwig-Maximilians-Universität und der Technischen Universität in München. Stipendiat einer Stiftung mit dem Zweck zur Förderung von Wissenschaft und Forschung. Promotion an der Betriebswirtschaftlichen Fakultät. Seit 1989 in verschiedenen Funktionen im Deutschen Wirtschaftswissenschaftlichen Institut für Fremdenverkehr e. V. (dwif e. V.) an der Universität München tätig. Seit 2009 Vorstand des dwif e. V. Nebentätigkeiten als Leiter und Betreuer von Seminaren, Redakteur, Referent, Lehrbeauftragter und Autor. Zahlreiche Publikationen zu verschiedenen Themenschwerpunkten. Zu seinen täglichen Aufgaben gehören Analysen zu den ökonomischen Effekten des Tourismus auf allen regionalen Ebenen sowie für touristische Marktsegmente, Freizeitinfrastruktur und Einrichtungen/Events. Hinzu kommen betriebsvergleichende Analysen (z. B. Gastgewerbe, Reisebüros), Marktforschungsaktivitäten, touristisches Monitoring sowie Forschungsprojekte. *(bh)*

Henschel, U. Karla; Dr. habil. oec., Dipl.-Ök.; Nach Abitur und anschließender Lehre als Kellnerin Studium der Wirtschaftswissenschaften mit der Vertiefungsrichtung Gaststätten- und Hotelwesen an der Universität Leipzig, anschließend Forschungsstudium. 1972 Promotion und 1981 Habilitation. 1972–1992 Tätigkeit als Assistentin, Oberassistentin, Dozentin und außerordentliche Professorin auf dem Fachgebiet Ökonomie des Gaststätten- und Hotelwesens an der Handelshochschule Leipzig und von 1992–1996 auf dem Gebiet Betriebswirtschaftslehre des Tourismus im Studienprogramm der Handelshochschule an der Universität Leipzig. 1996–2008 Professorin für Tourismus-Management/BWL, insbesondere Hotelmanagement und Kongresswesen an der Hochschule Harz (FH) in Wernigerode. Wichtigste Veröffentlichung: Hotelmanagement, Berlin 2018 (5. Aufl., ab 4. Aufl. zusammen mit von Freyberg, B. und Gruner, A.). *(ukh)*

Herntrei, Marcus; Prof. Dr. phil., Dipl.-Geogr., MBA; Studium der Geographie an der Ruhr-Universität Bochum, Studium des Tourismus am Willy-Scharnow-Institut der Freien Universität Berlin, berufsbegleitender Executive MBA. Tätigkeit für verschiedene Beratungsunternehmen und Leistungsträger im Tourismus. Ab 2007 wissenschaftlicher Mitarbeiter an der EURAC research (Italien), ab 2012 an der Universität Paderborn. 2013 Professur und Studiengangsleitung im Fachbereich Tourismuswirtschaft der IUBH Internationale Hochschule in Düsseldorf. 2017 Wechsel an die Technische Hochschule Deggendorf. Professur für „International Tourism Management" und Leitung des Bachelorstudiengangs „International Tourism Management/Health & Medical Tourism" sowie des Masterstudiengangs „International Tourism Development". *(mh)*

Heuwinkel, Kerstin; Prof. Dr.; seit 2005 Professorin für Internationales Tourismus-Management an der htw saar, Hochschule für Technik und Wirtschaft des Saarlandes. 2002–2005 wissenschaftliche Mitarbeiterin am Fraunhofer Institut für Software- und Systementwicklung. Lehre (u. a. Tourismussoziologie und -psychologie); Forschungsschwerpunkt derzeit auf den gesellschaftlichen Bedingungen und Auswirkungen eines verantwortungsvollen Tourismus. Neuere Veröffentlichung: Tourismussoziologie. München: UTB (2019 Auszeichnung mit dem ITB-Buchpreis). *(kh)*

Hirschfelder, Gunther; Prof. Dr. phil. habil.; Studium der Geschichtswissenschaft, Volkskunde und Agrarwissenschaft in Bonn. 1992 Promotion an der Universität Trier mit einer Dissertation über die Kölner Handelsbeziehungen im Spätmittelalter. Forschungsaufenthalt in Manchester, Assistent an der Universität Bonn, 2000 Habilitation über den Alkoholkonsum an der Schwelle zum Industriezeitalter. Vertretungsprofessuren in Mainz und Bonn. Seit 2010 Professor für Vergleichende Kulturwissenschaft an der Universität Regensburg und publizistische Tätigkeit. *(gh)*

Jaeschke, Arndt Moritz; Dipl.-Betriebsw. (BA); 1993–1996 Studium der Tourismusbetriebswirtschaftslehre in der Fachrichtung Hotellerie und Gastronomie an der Berufsakademie Ravensburg. 1997–1998 Projektleiter am Steinbeis-Transferzentrum Tourismus und Hotellerie, Ravensburg. 1997–2000 Mitarbeiter der Velomax Hallenbetriebs GmbH, Berlin, zuerst als Assistent der Geschäftsleitung im Bereich Hallengastronomie, später als Projektleiter für Veranstaltungen. 2000 Mitarbeiter des Kultur- und Kongresszentrums Jahrhunderthalle Frankfurt, zuerst als Projektleiter, ab 2004 als Prokurist. Seit 2018 Geschäftsführer des Kultur- und Kongresszentrums Jahrhunderthalle Frankfurt. Nebenberuflicher Dozent an der DHBW Ravensburg (ehemals Berufsakademie). Mitautor des von Karl Heinz Hänssler herausgegebenen Buchs „Management in der Hotellerie und Gastronomie", Berlin, Boston: De Gruyter 2021 (10. Aufl.). *(amj)*

Kaiser, Bettina; Hotel- und Restaurantmeisterin, Sommelière. Ausbildung zur Hotelfachfrau in einem Betrieb der Kooperation Romantik-Hotels. Leitungspositionen in der gehobenen Hotellerie und auf Kreuzfahrtschiffen. Aktuell Technische Oberlehrerin an der Landesberufsschule für Hotel- und Gaststättenberufe in Tettnang. Lehrbeauftragte an der DHBW Ravensburg und IHK Schwarzwald-Baar-Heuberg. Mitarbeit in dem Buch von W. Fuchs; N. A. Balch: Die Kartenmacher: Speise- und Getränkekarten richtig gestalten, 2. Aufl., München: UVK 2019. *(bk)*

Kuhn, Friedericke; M.Sc.; 2012–2015 Bachelor of Arts der Sozialwissenschaften an der Hochschule Fulda. 2015–2017 Master of Science der Tourismuswissenschaften an der Wageningen University, NL. 2016–2017 Mitarbeit im NIT, Institut für Tourismus- und Bäderforschung in Nordeuropa, Kiel. Seit 2018 Promovierende an der Leuphana Universität Lüneburg am Institut für experimentelle Wirtschaftspsychologie. *(fk)*

Liszka, Thorsten; Ass. jur.; 2005–2011 Jurastudium an der Universität Konstanz, Erstes Staatsexamen. 2011–2013 Referendariat am Landgericht Konstanz, Zweites Staatsexamen. 2013–2018 als Rechtsanwalt tätig, seit 2018 Verbandsjurist beim DEHOGA Hotel- und Gaststättenverband Baden-Württemberg e. V. *(tl)*

Lohmann, Martin; Prof. Dr. phil., Dipl.-Psych.; Studium der Psychologie in Düsseldorf, Kiel und Würzburg. 1978–1980 Studienreiseleiter in Spanien und Frankreich; 1981–1984 wiss. Mitarbeiter am Institut für Psychologie III der Universität Würzburg. 1984–1991 Forschungsreferent des Studienkreises für Tourismus e. V. (StfT) in Starnberg. Seit 1991 Leiter des NIT, Institut für Tourismus- und Bäderforschung in Nordeuropa, in Kiel, seit 2001 zudem Professor für Wirtschafts- und Tourismuspsychologie (insbesondere Konsumentenverhalten) an der heutigen Leuphana Universität Lüneburg; weitere Lehrtätigkeit in Wien, Innsbruck und Bern. *(ml)*

Luppold, Stefan; Professor an der DHBW (Duale Hochschule Baden-Württemberg) Ravensburg; leitet seit 2011 den Studiengang Messe-, Kongress- und Eventmanagement. Gründer des gleichnamigen Instituts (IMKEM) im Jahr 2009. Zuvor zwei Jahrzehnte lang in internationale Projekte der Veranstaltungs-Branche eingebunden, darunter bei Messe- und Kongressgesellschaften, Stadien, Arenen, Kultureinrichtungen sowie den Veranstaltungsabteilungen wissenschaftlicher Verbände und Event-Agenturen. Herausgeber und Autor von über 20 Fachbüchern, Mitherausgeber des 2017 veröffentlichten „Praxishandbuch Kongress-, Tagungs- und Konferenzmanagement" sowie Referent bei Branchenverbänden und Gastdozent an Hochschulen in Europa und Asien. Leitet die „Landesfachkommission Messe, Event und Tourismus" des Wirtschaftsrats Baden-Württemberg und ist Mitglied im Beirat des mice:lab Bodensee. Seit mehreren Jahren im Aufsichtsrat der Schneeweiss AG Interior. *(sl)*

Mahnke, Gesine; Dipl.-Psych.; Managementtrainerin. Studium der Psychologie und der Theaterwissenschaft in Freiburg und München. 2000–2008 Personalentwicklerin und Trainerin bei Studiosus Reisen München, verantwortlich für die Reiseleiter-Weiterbildung. Seit 2008 Trainerin für Kommunikation, Konfliktmanagement, Teamentwicklung, Führungskräfteentwicklung und Selbstmanagement. Lehrtrainerin für interkulturelle Kommunikation. *(gm)*

Mayer, Carla; B. A.; Studium an der DHBW Ravensburg im Studiengang BWL – Tourismus, Hotellerie und Gastronomie in Zusammenarbeit mit einem Betrieb der Romantik-Hotels, Auslandssemester in Südafrika. 2012–2015 Studienreferentin im Bereich BWL – Tourismus, Hotellerie und

Gastronomie II, IV und VI. Seit 2015 als Angestellte im Projektmanagement von Hotelneubauten sowie -renovierungen tätig. *(cm)*

Mayer-Bonde, Conny; Dr. rer. soc.; Professorin und Studiendekanin des Studienzentrums Tourismus, Hotellerie und Gastronomie an der DHBW Ravensburg. Studium und Promotion an der Universität Mannheim und der Universität des Saarlandes. Berufliche Stationen u. a. als City-Managerin und Bundestagsabgeordnete. Ihre Arbeitsschwerpunkte liegen im Dienstleistungs- und Tourismusmanagement, im Marketing und in der Qualitativen Sozialforschung, zudem an der Schnittstelle Tourismus und Politik. Conny Mayer-Bonde ist Mitglied zahlreicher Aufsichtsgremien und Beiräte. Sie ist auch Mitglied im Nationalen Normenkontrollrat (NKR) sowie im „Beirat für Fragen des Tourismus" beim Bundesministerium für Wirtschaft und Energie. *(cmb)*

Möhler, Stefan; Dipl.-Betriebsw. (BA); Anfang der 1990er-Jahre Studium der Verwaltungswissenschaft an der Universität Konstanz und der Tourismusbetriebswirtschaft an der Dualen Hochschule Baden-Württemberg Ravensburg (ehemals Berufsakademie Ravensburg). Anschließend Lehrbeauftragter an der DHBW und anderen Hochschulen. 1999–2012 Teilhaber der Unternehmensberatung tc-network in Hamburg. Spin-off dieses Unternehmens ist die netzvitamine GmbH, bei der Stefan Möhler seit 2012 Geschäftsführender Gesellschafter und Managementberater ist. Stefan Möhler ist Jurymitglied beim Innovationspreis des Deutschlandtourismus (Deutscher Tourismuspreis) und Speaker zu Themen der Kommunikation und Digitalisierung. *(sm)*

Müller, Armin; Dr. phil., Mag., M.A.; Studium der Kultur- und Sozialwissenschaften an der Universität Konstanz; 2005 Promotion im Bereich Unternehmens- und Wirtschaftsgeschichte; 2005–2007 Geschäftsführer und Projektleiter im Bereich Kongresstourismus und Stadtmarketing in Konstanz; Masterstudium der Betriebswirtschaftslehre am Center for Advanced Studies der DHBW; seit 2009 als Akademischer Mitarbeiter, Dozent und Studiengangsleiter für die Steinbeis-Hochschule Berlin und für die DHBW tätig. Seit 2016 Studiengangsleiter im Studienzentrum Tourismus, Hotellerie und Gastronomie der DHBW Ravensburg. *(am)*

Mundt, Jörn W.; Dr. rer. soc., Dipl.-Psych.; 1968–1973 Studium der Psychologie und Soziologie an der Universität Konstanz. 1969–1979 Mitarbeiter am Zentrum I Bildungsforschung der Universität Konstanz, ab 1975 als Projektleiter. 1979–1987 wiss. Mitarbeiter und ab 1981 Akademischer Rat am Lehrstuhl für Soziologie der TU München. 1986–1988 freier Luftfahrtjournalist und Europa-Korrespondent eines chinesischen Technik- und Wirtschaftsmagazins. 1988–1991 Projektreferent beim Studienkreis für Tourismus (StfT), Starnberg. 1991–2013 Professor im Studienbereich Wirtschaft der Berufsakademie Ravensburg (später DHBW Ravensburg) und Leiter des Studiengangs Tourismusbetriebswirtschaft I (Reiseverkehrsmanagement). Buchveröffentlichungen: Tourism and Sustainable Development (2011); Tourismus (4. Aufl. 2013); Reiseveranstaltung. Lehr- und Handbuch (Hrsg., 7. Aufl. 2011); Thomas Cook. Pionier des Tourismus (2014). Verstorben 2014. *(jwm)*

Nikitsin, Viachaslau; Dr. phil., Mag. Artium, Dipl.-Lehrer (BY); 1989–1994 Studium Geschichte, Germanistik und Pädagogik (Lehramt) an der Belarussischen Staatlichen Pädagogischen Universität Minsk. 1995–2001 Studium Tourismusgeographie, Betriebswirtschaftslehre und Sprachen an der Universität Paderborn, anschließend Promotionsstudium und Tätigkeit als wissenschaftlicher Mitarbeiter an der Universität Paderborn sowie Projektleiter und Berater bei Unternehmensberatungen. Langjährige Berufserfahrungen in Nachfolgestaaten der ehemaligen UdSSR, insb. im Aus- und Weiterbildungsbereich für den Tourismus-, Hotel- und Gastronomie-Sektor. Seit 2019 wissenschaftlicher Mitarbeiter an der Technischen Hochschule Deggendorf am European Campus Rottal-Inn in Pfarrkirchen, Bereich Bildungs- und Forschungskooperationen mit Mittel- und Osteuropa. *(vn)*

Nübling, Michaela; PhD, MSc, Dipl.-Betriebsw. (BA); 2001–2004 duales Studium der BWL an der Berufsakademie Ravensburg, Studienrichtung Tourismusbetriebswirtschaft/Hotelmanagement. 2005–2006 Tätigkeit im Hotel- und Veranstaltungsmanagement, Deutschland. 2007–2012 operatives Restaurantmanagement in einer international agierenden Hotelgruppe, USA. 2010–2012 Master-Studium in Hospitality Management an der University of Houston, Texas (Conrad N. Hilton College of Hotel and Restaurant Management). 2012–2015 Lehrassistentin für Foodservice Management and Operations und Promotion an der Purdue University Indiana, USA. Forschungsschwerpunkt: Wein. Publikationen u. a. im Journal of Foodservice Business Research. Seit 2015 Dozentin Hospitality Management, u. a. an der DHBW Ravensburg, Studienzentrum Tourismus, Hotellerie und Gastronomie; seit 2016 tätig im Marketing/PR im Bereich der Gastronomie und Weinwirtschaft. *(mn)*

Oehler, Jochen; Dipl.-Betriebsw. (FH); Ausbildung zum Einzelhandelskaufmann bei der Kaufhausgruppe E. Breuninger, Filialleiter und -betreuer mehrerer Jeans- und Sportswear-Filialen. Im Anschluss Betriebswirtschaftsstudium an der Hochschule für Wirtschaft und Gestaltung in Pforzheim sowie Redaktionsvolontariat. 1992–1999 verantwortete er als Direktor Unternehmenskommunikation die Presse- und Öffentlichkeitsarbeit der Hotelkette Best Western in Deutschland, leitete deren Weiterbildungsakademie und war in dieser Zeit auch zwei Jahre Geschäftsführer von Best Western Hotels Poland Spzoo. 2008–2015 Geschäftsführer des Start-Up-Unternehmens allinvos GmbH, an dem die progros zu 50 % beteiligt ist. Vorstand für Strategie & Supply Chain Management der DEHAG Hospitality Group (seit 2018) sowie Geschäftsführer der progros (seit 1999). Neuere Buchveröffentlichung: Jochen Oehler; Christian Buer 2017: MACHT EINKAUF. Stuttgart: Matthaes. *(joe)*

Pfeifer, Axel; Dr. rer. pol., Dipl.-Kaufm.; Studium der Betriebswirtschaftslehre an der Universität Mannheim, Studienrichtung Wirtschaftsprüfung und Treuhandwesen, Operations Research und Statistik. Promotion am Lehrstuhl für Wirtschaftsprüfung und Treuhandwesen an der Universität Mannheim zum Thema „Früherkennung von Unternehmensinsolvenzen auf Basis handelsrechtlicher Jahresabschlüsse". Langjährige Führungstätigkeit im Bereich Risikomanagement bei der Landeskreditbank Baden-Württemberg und im Sparkassen-Verbund. *(ap)*

Pfundtner, Raimund; apl. Professor, Dr. phil., M. A.; Studium der Politikwissenschaft, neueste Geschichte und neuere deutsche Literaturwissenschaft an der Albert-Ludwig-Universität Freiburg i. Br., Abschluss 1972. Referent des Rektors der Universität Dortmund, Tätigkeit in der Erwachsenenbildung; 1979–1981 persönlicher Referent des Gründungsrektors der Fernuniversität Hagen, danach wissenschaftlicher Mitarbeiter. Habilitation 1998 an der Fernuniversität im Bereich Bildungsplanung. Leiter des weiterbildenden Studiums „Vorbereitung auf Leitungsaufgaben in Schulen" (VorLAuf); seit 2007 im Ruhestand. *(rp)*

Pillmayer, Markus; Dr. rer. nat.; 1998–2004 Studium der Fächer Geographie, Soziologie und Psychologie an der Katholischen Universität Eichstätt-Ingolstadt. Verschiedene berufliche Stationen in führenden Positionen in der deutschen Tourismuswirtschaft und -politik, u. a. bei Tourismusverband München-Oberbayern e. V., Franken Tourismus Marketing GmbH, Industrie- und Handelskammer für München und Oberbayern. 2013 Promotion am Lehrstuhl für Kulturgeographie an der Katholischen Universität Eichstätt-Ingolstadt im Rahmen eines von der Deutschen Forschungsgemeinschaft (DFG) geförderten internationalen Forschungsprojekts. 2017 Berufung auf die Professur für International Destinationmanagement an der Technischen Hochschule Deggendorf. 2019 Berufung auf die Professur für Destinationsmanagement und -entwicklung an der Fakultät für Tourismus der Hochschule für angewandte Wissenschaften München. Mitglied des Arbeitskreises Tourismusforschung (AK-TF) in der Deutschen Gesellschaft für Geographie (DGfG); Mitglied der International Geographical Union (IGU) Commission of the Geography of Tourism und der Deutschen Gesellschaft für Tourismuswissenschaft e. V. (DGT). Neueste Veröffentlichung: Pillmayer, M. & Scherle, N. (2018): Krisen und Krisenmanagement im Tourismus – Eine konzeptionelle Einführung. In: Hahn, S. & Neuss, Z. (Hrsg.): Krisenkommunikation in Tourismusorganisationen. Grundlagen, Praxis, Perspektiven. Wiesbaden: Springer VS, S. 3–18. *(mp)*

Putnoki, Hans; Professor Dr. Hans Putnoki studierte Betriebs- und Volkswirtschaftslehre in Siegen, Bamberg und München. Anschließend war er als Volkswirt Makroökonomik an der Kreditanstalt für Wiederaufbau tätig. Er publizierte verschiedene Fachartikel sowie Bücher im Bereich der Finanzierung, Außenhandelsfinanzierung und Volkswirtschaftslehre. Seit 1994 unterrichtet Hans Putnoki Finanzierung und Volkswirtschaftslehre an der Dualen Hochschule Baden-Württemberg Ravensburg, früher Berufsakademie Ravensburg. *(hp)*

Raich, Frieda; Dr. Mag.; Nach dem Abitur mehrjährige Erfahrung im Beherbergungsgewerbe. 1996–2001 Studium der Betriebswirtschaftslehre an der Universität Innsbruck, Österreich. 2001–2010 wissenschaftliche Mitarbeiterin an der Europäischen Akademie Bozen, Italien. 2002–2006 Doktoratsstudium an der Universität Innsbruck – Titel der Dissertation „Governance von räumlichen Wettbewerbseinheiten – Ein Ansatz für die Tourismus-Destination". Seit 2012 tätig in Forschung und Lehre an verschiedenen Instituten im In- und Ausland. Seit 2016 Koordinatorin der Höheren Hotelfachschule am Kaiserhof Meran, Italien. *(fr)*

Reuel, Stefan; Dipl.-Agraring.; 1986–1993 Studium der Agrar- und Milchwissenschaften an der TU München-Weihenstephan. 1992–1998 Fachlicher Mitarbeiter im Bereich der Materialwirtschaft bei der LSG – Lufthansa Service GmbH München. 1999–2007 Referent in der zentralen Personalentwicklungs- und Ausbildungsabteilung der LSG Sky Chefs Deutschland GmbH in Neu Isenburg, zuständig für den Fortbildungs- und Trainingsbereich sowie die Entwicklung des akademischen Nachwuchsprogramms und die Betreuung von Studierenden. Seit 2007 Referent Kompetenztraining bei der Lufthansa Technical Training GmbH. Lehrauftrag im Studiengang BWL – Tourismus, Hotellerie und Gastronomie an der DHBW Ravensburg. *(sr)*

Revermann, Maria J.; absolvierte an der Universität Hannover u. a. die Studienfächer Lebensmittelwissenschaft, Germanistik und Berufspädagogik mit Staatsexamen. Seit Studienabschluss selbstständig. Als Dozentin in verschiedenen staatlichen und privaten Einrichtungen der Aus- und Weiterbildung im Bundesgebiet tätig, etwa an der Dualen Hochschule Baden-Württemberg Ravensburg (Lehrfach: Qualitätsmanagement). Schwerpunkte Beratungstätigkeit in der Industrie (Lebensmittel, Kosmetik, Pharma, Chemie): Aufbau und Revision von Managementsystemen sowie Qualifizierung interner Auditoren. Consultant und Auditorin für verschiedene Institutionen und Firmen im Inland und europäischen Ausland. Langjährige Erfahrung in der didaktischen und methodischen Entwicklung von Lernkonzepten. Als Herausgeberin und Autorin veröffentlicht sie regelmäßig Beiträge in Schulungswerken, Fachbüchern und -zeitschriften zu Themen wie europäisches und nationales Lebensmittelrecht, Hygiene, HACCP, Managementsysteme oder betriebliche Weiterbildung. *(mjr)*

Scherhag, Knut; Prof. Dr.; Knut Scherhag ist seit 2008 Professor für Destinationsmanagement an der Hochschule Worms. 2004 bis 2008 war er in gleicher Funktion an der Fachhochschule Oldenburg/Ostfriesland/Wilhelmshaven (jetzt: Jade Hochschule) tätig. Er ist Studiengangsleiter der touristischen Bachelorstudiengänge im Fachbereich Touristik/Verkehrswesen. Nach seinem betriebswirtschaftlichen Studium an der Universität Trier war er wissenschaftlicher Mitarbeiter an der TU Dresden bei Prof. Dr. Walter Freyer. Danach wechselte er als Senior Consultant zum Europäischen Tourismus Institut (ETI) an der Universität Trier. Promotion an der Universität Trier zum Thema Destinationsmarken. Forschungsschwerpunkt: Special Interest Tourism in der Destination (insbesondere Motorrad- und Weintourismus). *(ks)*

Scherle, Nicolai; Dr. rer. nat.; 1993–2000 Studium der Fächer Geographie, Geschichte und Journalistik an der Katholischen Universität Eichstätt-Ingolstadt und der University of London. 2005 Promotion am Lehrstuhl für Kulturgeographie an der Katholischen Universität Eichstätt-Ingolstadt. 2009 Visiting Scholar an der University of Memphis. 2012 Berufung auf die Professur für Tourismusmanagement und Interkulturelle Kommunikation an der Unternehmerhochschule BiTS in Iserlohn. 2014 Habilitation am Lehrstuhl für Kulturgeographie an der Katholischen Universität Eichstätt-Ingolstadt. 2017 Berufung auf die Professur für Interkulturelles Management und Diversity an der Hochschule für Oekonomie und Management (FOM) in München. Mitglied der Academy of Management, der Royal Geographical Society und des Kompetenznetzwerks für interkulturelle Kommunikation. Neueste Buchveröffentlichung: Kulturelle Geographien der Vielfalt: Von der Macht der Differenzen zu einer Logik der Diversität, Bielefeld: Transcript. *(nsc)*

Schmeer-Sturm, Marie-Louise; Dr. phil., Reisepädagogin, Lehramtsstudium für Grund- und Hauptschulen und Studium der Pädagogik und Kunstgeschichte, seit 1976 Tätigkeit als Gästeführerin in München und als Studienreiseleiterin, 1984–1991 wissenschaftliche Mitarbeiterin am Institut für Pädagogik an der Münchner Universität, seitdem Geschäftsführerin von ‚Reisen und Bildung GmbH', Reiseleitung und Vortragstätigkeit an Institutionen der Erwachsenenbildung. Buchveröffentlichungen u. a. Reiseleitung, München, Wien: Oldenbourg 2001 und Reiseleitung und Gästeführung. Professionelle Organisation und Führung, München: Oldenbourg 2012. *(sst)*

Schrand, Axel; Dipl.-Soz., Dipl.-Betriebsw. (FH); Ausbildung und Berufstätigkeit als Reisebürokaufmann, Studium der Betriebs- und Tourismuswirtschaft an der Hochschule München, Studium der Soziologie, Psychologie und Politologie an der Universität München. Dozent für Transdisziplinäre Tourismuslehre an süddeutschen Hochschulen, insbesondere an der Dualen Hochschule Baden-Württemberg Ravensburg. Verstorben 2020. *(axs)*

Schwadorf, Heike; Prof. Dr. rer. soc., Dipl.-Hdl., Dipl.-Betriebswirtin (BA); Studium der Betriebswirtschaftslehre an der DHBW Heidenheim, Studienrichtung Bank sowie Studium der Wirtschaftspädagogik an der Universität Hohenheim. Erfahrungen im Firmenkundengeschäft des Kreditwesens, der Unternehmensberatung sowie als wissenschaftliche Mitarbeiterin der Universität Hohenheim. Forschungsprojekte über berufliche Handlungskompetenz in dualen Bildungsgängen. Seit 2004 Professorin für Betriebswirtschaftslehre, insbesondere Unternehmensrechnung, an der DHBW Ravensburg. *(hs)*

Seibold, Sven; Dr. rer. nat., Dipl.-Psych., Diplom-Verwaltungsw. (FH); 1986–1994 Studium an der Hochschule des Bundes in Köln und an der Universität Freiburg. 1994–1999 Tätigkeit in Industrie und öffentlichem Dienst. Professor für Human Resource Management und Wirtschaftspsychologie an der Hochschule Hannover, Fakultät IV – Wirtschaft und Informatik, Abteilung Betriebswirtschaft. Forschungsschwerpunkt: Empirische Sicherheitsforschung. *(ss)*

Simon, Volker; Prof. Dr. rer. pol., Dipl.-Kfm.; Studium der Betriebswirtschaftslehre an der Universität Gießen, Promotion an der Universität Potsdam. Mitarbeiter am Lehrstuhl für Organisation und Führung, Personalwirtschaft der Universität Gießen. Forschungsmitarbeiter an der Hochschule St. Gallen, verschiedene Beratungsprojekte in Wirtschaft und Verwaltung sowie Weiterbildungsseminare für Führungskräfte verschiedener Branchen. Von 1994–2000 vollamtlicher Dozent, seit 2000 Professor an der Fakultät für Wirtschaft der Berufsakademie Ravensburg/ Dualen Hochschule Baden-Württemberg (DHBW) Ravensburg mit den Schwerpunkten Integrierte Führung, Controlling und Informationsmanagement. Seit 2007 komm. Leitung des Studiengangs Tourismusbetriebswirtschaft V (Freizeitwirtschaft), seit 2008 Prorektor, 2014–2020 Prorektor und Dekan der Fakultät Wirtschaft der DHBW Ravensburg. Verschiedene Lehraufträge an Universitäten und Hochschulen in Deutschland und der Schweiz. *(vs)*

Specht, Jan; PhD, Dipl.-Ing., MBA; 1995–2002 Studium der Architektur in Darmstadt. 2004–2006 Master of Business Administration (MBA) mit Schwerpunkt Tourismus in Koblenz. 2003–2011 Projektleiter und Unternehmensberater beim internationalen Baudienstleister Hochtief. Auslandseinsätze in Südeuropa, dem Nahen und Mittleren Osten. Mitwirkung an zahlreichen touristischen Projekten, von der Prozessoptimierung in der Hotellerie bis zur integrierten Destinationsentwicklung. Gründungsmitglied der interkulturellen Berliner Unternehmensberatung Cultelligence. 2009–2013 Promotion an der spanischen Universität von Girona zur Rolle zeitgenössischer Architektur in urbanen Tourismusdestinationen. Lehrtätigkeit an verschiedenen Hochschulen im In- und Ausland. 2010–2012 Dozent an der chinesischen Sun Yat-Sen Universität. 2012–2014 Professor für Tourismuswirtschaft an der IUBH Duales Studium. Seit 2014 Professor und Studiengangsleiter im Schwerpunkt Hotel- und Gastronomiemanagement an der DHBW Ravensburg. Neuere Buchveröffentlichung: Architectural Tourism: Building for Urban Destinations. Wiesbaden: Springer VS (2014). *(js)*

Steinbach, Almut; Dr. phil. (Internationale Geschichte) an der Universität Konstanz, 1. Staatsexamen an der Universität Bremen (Französisch und Geschichte), Master of Arts (European Studies) an der University of Bath, Master of Arts (Personalentwicklung) an der Universität Kaiserslautern. Auslandsaufenthalte in den USA, Großbritannien, Frankreich, Spanien und Singapur. Stationen im internationalen Hochschulmanagement, u. a. 2004–2006 Leitung des International Office DHBW Lörrach, 2006–2010 Geschäftsführerin des Internationalen Zentrums an der TU Clausthal, 2010–2015 Leitung des Internationalen Teams der VolkswagenStiftung. Seit 2015 Professur für International Business, Mitarbeiterführung, Personal und Organisation an der DHBW Ravensburg, daneben Weiterbildungen für Fach- und Führungskräfte im Bereich Industrie und Messe zu Führungsthemen. *(als)*

Steinecke, Albrecht; Dr. phil., Dr. h. c. (BSU), M. A.; 1969–1974 Studium der Geographie, Soziologie und Literaturwissenschaft an der Christian-Albrechts-Universität Kiel und am Trinity College Dublin. 1977 Promotion, anschließend wissenschaftlicher Mitarbeiter an der Technischen Universität Berlin und an der Universität Bielefeld sowie Lehrbeauftragter an der Freien Universität Berlin und der Universität Trier. 1987 Habilitation an der Technischen Universität Berlin. 1991–1992 Arbeitsbereichsleiter am Institut für Entwicklungsplanung und Strukturforschung GmbH der Universität Hannover. 1992–1997 Geschäftsführer des Europäischen Tourismus Instituts GmbH an der Universität Trier. 1997–2013 Professor für Wirtschafts- und Fremdenverkehrsgeographie an der Universität Paderborn und Gastprofessor an der Universität Bozen (2006–2008, 2011). Neuere Veröffentlichungen: „Filmtourismus" (2016), „Destinationsmanagement" (2017; mit Marcus Herntrei), „Kreuzfahrttourismus" (2018), „Tourismus, Parks und Gärten" (2018), „Tourismus und Luxus" (2019). *(as)*

Suchy, Günther; Dr. rer. pol., Dipl.-Volksw.; 1986–1992 Studium der Volkswirtschaftslehre an den Universitäten Freiburg und Marburg/Lahn. 1999 Auszeichnung der Promotion „Modelle zur Erhöhung der Wohneigentumsquote" mit dem Werner-Lehmann-Preis/Wissenschaftspreis der Privaten Bausparkassen. Berufserfahrung in Führungsfunktionen verschiedener Redaktionen und Kommunikationsagenturen. 2008 Ruf als Professor an die Hochschule Macromedia in Stuttgart. Seit 2010 Professor an der Dualen Hochschule Baden-Württemberg DHBW Ravensburg. Bis 2016 Studiengangsleiter im Fachbereich Unternehmenskommunikation und Journalismus. Seit 2017 Lehrprofessor an der DHBW Ravensburg. Forschung und Lehre in den Bereichen Krisenmanagement, Nachhaltigkeit und Unternehmensführung. Diverse Lehr- und Forschungsaufenthalte, u. a. für die Deutsche Gesellschaft für Internationale Zusammenarbeit GIZ in China, Chile, der Türkei und im Nahen Osten. *(gs)*

Vogt, Roland; PhD; 1994 Abschluss Fahrzeugtechnikingenieur Hochschule München. Nach diversen Führungsaufgaben im TÜV SÜD Konzern von 2003–2013 Geschäftsführer FleetCompany GmbH. Berufsbegleitendes Studium zum MBA & Eng. an der Hochschule München und an der University of Plymouth. 2014 Promotion an der University of Plymouth. 2013–2016 Leitungsstrategische Organisation und Performance Management bei TÜV SÜD Auto Service GmbH sowie Geschäftsführer der TÜV SÜD Car Registration & Services GmbH. Seit 2016 Professor für Allgemeine Betriebswirtschaft, insbesondere Strategisches Management an der FOM Hochschule für Oekonomie und Management in München. Langjähriger Flottenspezialist und Leiter des FOM KompetenzCentrum für Future Mobility (KCFM) sowie Institutsleiter des Zentrums für geschäftliche Mobilität (zegemo) mit den Bereichen Training, Forschung und Beratung in Bezug auf geschäftliche Mobilität. Forschungsschwerpunkt: Mobilität der Zukunft. Aktuelle FOM-Studie Job Mobility (Reaktionen und Verhaltensweisen von Beschäftigten auf unterschiedliche Mobilitätsangebote). Aktuelle Veröffentlichung: Nachhaltigkeit und geschäftliche Mobilität – Ein Widerspruch in sich? In: Herlyn, Estelle; Lévy-Tödter, Magdalène (Hrsg.): Die Agenda 2030 als Magisches Vieleck der Nachhaltigkeit, S. 301–319, Springer Gabler, Wiesbaden. *(rv)*

Warden, Sandra; Ass. iur, Rechtsanwältin; 1991–1998 Studium der Rechtswissenchaften an den Universitäten Köln und Genf; 1998 Erstes Juristisches Staatsexamen beim Oberlandesgericht Köln. 1998 Rechtsabteilung eines internationalen Systemgastronomieunternehmens in Düsseldorf. 1999 Personalabteilung eines Luftfahrtkonzerns in Frankfurt. 1999–2001 Juristisches Referendariat beim Landgericht Düsseldorf; 2001 Zweites Juristisches Staatsexamen beim Oberlandesgericht Düsseldorf. Seit 2001 beim Deutschen Hotel- und Gaststättenverband e. V. (DEHOGA Bundesverband) in Berlin, seit 2006 als Geschäftsführerin für die Referate Arbeitsmarkt und Tarifpolitik, Arbeits- und Sozialrecht sowie Berufsbildung und als Geschäftsführerin der Fachabteilung Systemgastronomie im DEHOGA. Mitglied in den Ausschüssen Arbeitsmarkt, Arbeitsrecht und Bildung der Bundesvereinigung der deutschen Arbeitgeberverbände (BDA). Seit 2011 Mitglied der Vertreterversammlung der Berufsgenossenschaft Nahrungsmittel und Gastgewerbe (BGN). Mitglied der Trägerversammlung des Deutschen Seminars für Tourismus (DSFT). Mitglied des Beirats „Reisen für Alle". Neuere Buchveröffentlichungen: Systemgastronomie – Kompetent in Ausbildung und Beruf (zus. u. a. mit Michael Schopohl), 2. Aufl., Hamburg 2019; Mindestlohn – Gesetzliche Rahmenbedingungen und Hinweise für die Praxis (zus. u. a. mit Heribert Jöris), 2. Aufl., Berlin 2019. *(sw)*

Weithöner, Uwe; Prof. Dr. rer. pol., Dipl.-Ökon.; 1974/75–1979 Studium der Wirtschaftswissenschaften an den Universitäten Bielefeld und Hannover. 1979–1984 wissenschaftlicher Mitarbeiter am Institut für Unternehmensplanung der Universität Hannover. 1984 Promotion. 1984–1989 Dozent und Leiter der Abteilung für Wirtschaftsinformatik bei einem privaten Bildungsträger. 1990–1993 Projektleiter bei der TUI Software GmbH in Hannover. Seit 1993/94 Professor für Wirtschaftsinformatik im Studiengang Tourismuswirtschaft an der Hochschule in Wilhelmshaven (heute: Jade Hochschule Wilhelmshaven Oldenburg Elsfleth). Bis 2008 nebenberuflich IT-Berater für Tourismusunternehmen. Seit 2008 Mitglied der Hochschulleitung als nebenberuflicher Vizepräsident, zuständig für IT- und Mediensysteme und Internationales sowie seit 2012 Studiengangsleiter des Fernstudiengangs Tourismuswirtschaft Online. Kontakt: www.u-weithoener. de. *(uw)*

Widmann, Torsten; Prof. Dr. phil., Dipl.-Geogr.; Studium der Fremdenverkehrsgeographie, Betriebswirtschaftslehre und Volkswirtschaftslehre an der Universität Trier. Seit 2007 Professor für Tourismusmanagement, zunächst als Head of Tourism Management Department an der Cologne Business School, ab 2009 Studiengangsleiter für den Studienschwerpunkt Freizeitwirtschaft im Studiengang BWL – Tourismus, Hotellerie und Gastronomie an der Dualen Hochschule Baden-Württemberg Ravensburg. Seit 2010 Direktor des Steinbeis-Transferzentrums für Tourismus und Freizeitwirtschaft. *(tw)*

Wirsig, Alexander; Dr. sc. agr., MBA; Studium der Agrarwissenschaften und Promotion in Agrarökonomie an der Universität Hohenheim. Aufbaustudium Internationales Marketing an der ESB Business School Reutlingen. 2002–2012 Partner beim Beratungsunternehmen terra fusca Ingenieure, Stuttgart für den Bereich Regional-Marketing von Lebensmitteln. Beratungseinsätze zur Eintragung von EU-geschützten geografischen Angaben und geschützten Ursprungsbezeichnungen in mehreren Bundesländern sowie in Kroatien. Seit 2012 Geschäftsführer der landeseigenen MBW Marketinggesellschaft für Agrar- und Forstprodukte aus Baden-Württemberg mbH. *(aw)*

Zollondz, Hans-Dieter; Dipl.-Soz.; 1974–1980 Studium der Soziologie an der Ludwig Maximilians Universität München. 1976–1986 wissenschaftliche Tätigkeit im Bereich der Arbeitsmarkt- und Berufsforschung. Letzte berufliche Station: Funktion eines Schulungsleiters in einem international ausgerichteten Dienstleistungsunternehmen. Dozent, Herausgeber und Autor. Aktuellste Buchveröffentlichung: Lexikon Qualitäts-Management (Mithrsg., 2. Aufl. 2016). Verbrachte seinen Lebensabend in der Auvergne/Frankreich. Verstorben 2016. *(hdz)*